왜 초보전기로 시작해야 ?

KB089495

전기기사 전문 강사 정용걸 교수가 수험생을 지도하며 축적한 30년 노하우를 담았습니다.

정용걸 교수

現 박문각 전기기사 대표 교수
現 제일전기직업전문학교 설립자
現 무지개꿈평생교육원 원장
現 종합산업교육전공 박사과정
現 세종사이버대 교수

前 에듀윌 전기기사 대표 교수
前 대산전기학원 수원학원장
前 순천향대학교 전기기사 특강 강사
前 경기과학기술대학 교수
네이버 파워지식인

전기기사 · 전기산업기사 특강

국립인천대학교 특강교수(2014~2016)
전기기술인협회 특강교수(2015~2016)
삼성전자 직원(동탄) 특강교수(2015)
신안산대학교 특강교수(2015~2016)
삼성전자 공과대학교 특강교수(2016)

주요 저서

초보전기 I, II(박문각)
전기기사·전기산업기사 기출문제집 4종(박문각)
전기기사·전기산업기사 기본서 7종(박문각)

90만 View 초보전기 I, II 무료강의 + 교재

"전기(산업)기사, 십중팔구 막히는 포인트가 있어요.
그걸 풀어주면 누구나 합격이 가능합니다.

QR 코드를 찍어 직접
정용걸 교수님의 강의를 들어 보세요.

초보전기 I

초보전기 II

전기초보의 필독서!

이 한 권의 교재만으로 불가능해 보였던 합격이 가능해집니다.

기사 · 산업기사 · 기능사 시험 안내

시행처 : 한국산업인력공단

검정기준

등급	검정기준
기사	해당 국가기술자격의 종목에 관한 공학적 기술이론 지식을 가지고 설계 · 시공 · 분석 등의 업무를 수행할 수 있는 능력 보유
산업기사	해당 국가기술자격의 종목에 관한 기술기초이론 지식 또는 숙련기능을 바탕으로 복합적인 기초기술 및 기능업무를 수행할 수 있는 능력 보유
기능사	해당 국가기술자격의 종목에 관한 숙련기능을 가지고 제작 · 제조 · 조작 · 운전 · 보수 · 정비 · 채취 · 검사 또는 작업관리 및 이에 관련되는 업무를 수행할 수 있는 능력 보유

시험과목, 검정방법, 합격기준

구분		시험과목	검정방법	합격기준
전기기사	필기	• 전기자기학 • 전력공학 • 전기기기 • 회로이론 및 제어공학 • 전기설비기술기준	객관식 4지 택일형, 과목당 20문항 (과목당 30분)	과목당 40점 이상, 전과목 평균 60점 이상 (100점 만점 기준)
	실기	전기설비 설계 및 관리	필답형 (2시간 30분)	60점 이상 (100점 만점 기준)
전기 산업기사	필기	• 전기자기학 • 전력공학 • 전기기기 • 회로이론 • 전기설비기술기준	객관식 4지 택일형, 과목당 20문항 (과목당 30분)	과목당 40점 이상, 전과목 평균 60점 이상 (100점 만점 기준)
	실기	전기설비 설계 및 관리	필답형(2시간)	60점 이상 (100점 만점 기준)
전기 기능사	필기	• 전기이론 • 전기기기 • 전기설비	객관식 4지택일형 (60문항)	60점 이상 (100점 만점 기준)
	실기	전기설비작업	작업형 (5시간 정도, 전기설비작업)	60점 이상 (100점 만점 기준)

전기분야
최다 조회수
90만 뷰

단 한권으로 빠르게

전기 기사

수빼기
/ 핵심이론 + 기출문제

최근 6개년 기출문제(2016~2021) 수록

정용걸 편저

동영상강의 www.pmg.co.kr

합격기준 박문각 자격증

PMG 박문각

이 책에 앞서서

Preface

새로운 도전의 길에 들어선 수험생 여러분!!!

전기자격증 취득은 인생의 크지 않은 목표이지만 그 외로운 싸움 앞에서 얼마나 망설이고 주저앉고, 포기하기를 반복하셨습니까?

홀로 외로이 매일 정해진 시간을 학습한다는 것이 그리 쉽지 않다는 현실만 곱씹으셨으리라 짐작됩니다. 시중에 나와 있는 모든 출판사 교재의 구성이나 해설은 학문적인 접근, 그저 활자에 지나지 않은 죽어 있는 과정이기에 어려움이 더 컸다는 걸 알고 있습니다. 그러기에 이 교재를 집필하며 가장 역점을 둔 것이 바로 살아있는 교재를 만들려 하였다는 것입니다.

전기 비전공자들이 빠른 시간 내에 합격할 수 있도록 내용 습득, 문제 이해 프로젝트를 개발하여 교재를 구성하였습니다.

이 책의 특징

첫째, 수험생이 직접 강의실에 가지 않고도 주요 과목인 회로이론과 전기자기학을 이해할 수 있도록 대한민국 최고 강사인 정용걸 원장의 강의를 수록하였습니다.

둘째, 학원 강의교재의 발췌를 통하여 학원에서의 적중도 높은 문제들을 직접 설명함으로써 수험생으로 하여금 부담을 느끼지 않고 전기전공과목에 접근하도록 꾀하였습니다.

셋째, 전기회로, 전기자기학 과목 각 장마다 실은 핵심 요점정리는 여러분의 빠른 내용 습득을 완성하는 계기가 될 것입니다.

넷째, 최근 과년도 6개년 문제를 싣고 그 해설을 학문적 접근이 아닌 학원 현장에서의 쉽고 편리한 해설을 발췌하여 수록하였으며 문제마다 해당하는 내용의 인덱스를 달아 어디에서 연유된 문제인지를 수험생 본인이 인지하고 풀어 볼 수 있도록 기존 도서의 틀을 탈피하였습니다.

다섯째, 회로이론의 요점정리와 문제풀이는 무지개꿈원격평생교육원 홈페이지에서 무료로 볼 수 있습니다.

이 교재의 최고 활용법은 반복 학습이며 절대로 반복 학습이라는 명제를 잊지 마시고 빠른 반복 학습을 바라고 또 바랍니다. 그리고 무지개꿈원격평생교육원 홈페이지(www.mukoom.com)에 각 과목에 대한 무료동영상과 유료동영상이 있으니 필요하신 분은 참고하시기 바랍니다.

이 책을 구입하여 학습하신 수험생 여러분의 바람이 꼭 성사되길 기대한다는 말로 본 교재의 공동 집필진은 머리말을 대신합니다.

저자 정용걸

동영상 교육사이트

무지개꿈원격평생교육원 http://www.mukoom.com

유튜브채널 '전기왕정원장'

01 전기기사 필기 합격 공부방법

1 초보전기 II 무료강의

전기기사의 기초가 부족한 수험생이 필수로 숙지를 하셔야 중도에 포기하지 않고 전기기사 취득이 가능합니다.
초보전기 II에는 전기기사의 기초인 전기기초, 기초용어, 기초회로, 기초자기학, 전기수학, 공학용 계산기 활용법 동영상이 있습니다.

2 초보전기 II 숙지 후에 회로이론을 공부하시면 좋습니다.

회로이론에서 배우는 R, L, C가 전기자기학, 전기기기, 전력공학 공부에 큰 도움이 됩니다.
회로이론 20문항 중 12문항 득점을 목표로 공부하시면 좋습니다.

3 회로이론 다음으로 전기자기학 공부를 하시면 좋습니다.

전기기사 시험 과목 중 과락으로 실패를 하는 경우가 많습니다.
전기자기학은 20문항 중 10문항 득점을 목표로 하시면 좋습니다.

4 전기자기학 다음으로는 전기기기를 공부하면 좋습니다.

전기기기는 20문항 중 12문항 득점을 목표로 하시면 좋습니다.

5 전기기기 다음으로 전력공학을 공부하시면 좋습니다.

전력공학은 20문항 중 16문항 득점으로 공부를 하시면 좋습니다.

6 전력공학 다음으로 전기설비기술기준 과목을 공부하시면 좋습니다.

전기설비기술기준 과목은 전기기사 필기시험 과목 중 제일 점수를 득점하기 좋은 과목으로 20문항 중 18문항 득점을 목표로 공부하시면 좋습니다.

초보전기 무료동영상 시청방법

무지개꿈평생교육원 사이트 → 무료강의 → 무료강좌 -
초보전기 II를 클릭하셔서 시청하시기 바랍니다.

---

02 확실한 합격을 위한 출발선

1 전기기사

핵심이론

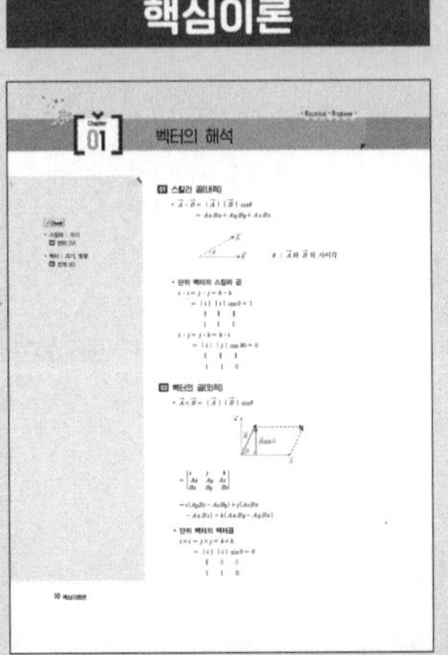

출제예상문제

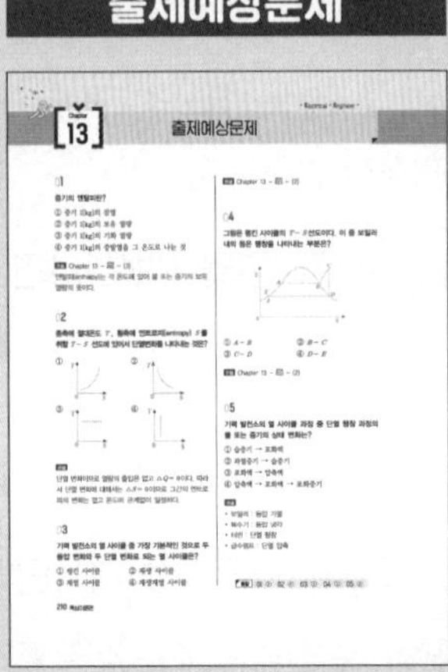

기출문제

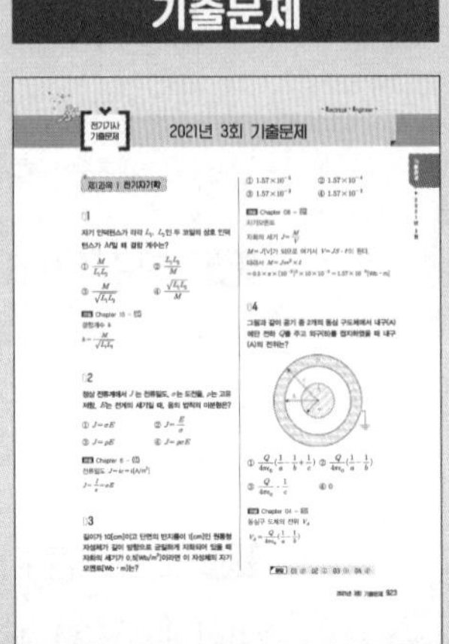

수험생들이 회로이론, 전기자기학, 전력공학 등의 과목 때문에 힘들어하는 모습을 보면서 전기기사 자격증을 취득하는 데 도움을 주기 위해 출간된 도서입니다. 회로이론, 전기자기학, 전력공학 등 어려운 과목들에서 수험생들이 힘들어 하는 내용을 압축하여 단계적으로 학습할 수 있도록 구성하였습니다.
핵심이론과 출제예상문제를 통해 학습하고, 강의를 100% 활용한다면, 기초를 보다 쉽게 정복할 수 있을 것입니다.

2 강의 이용 방법

- QR코드 리더 모바일 앱 설치 → 설치한 앱을 열고 모바일로 QR코드 스캔 → 클립보드 복사 → 링크 열기 → 동영상강의 시청
- 박문각 홈페이지(pmg.co.kr)에 접속 → 출판 · 미디어 아래 박문각출판 클릭 → 동영상강의 클릭 → 해당 과목 검색 후 클릭하여 시청

이 책의
싣는 순서

Contents

제1과목 전기자기학

핵심이론편

제2과목 전력공학

핵심이론편

이 책의
실는 순서

Contents

제3과목 전기기기

핵심이론편

핵심이론편

이 책의
실는 순서

Contents

핵심이론편

이 책의
실는 순서

Contents

제5과목 전기설비 기술기준

핵심이론편

전기기사 기출문제 및 해설

기출문제편

제 1 과목

전기자기학

핵심이론편

벡터의 해석

✓Check

- 스칼라 : 크기
  ex 전위 (V)
- 벡터 : 크기, 방향
  ex 전계 (E)

01 스칼라 곱(내적)

- $\vec{A} \cdot \vec{B} = |\vec{A}||\vec{B}|\cos\theta$
  $= AxBx + AyBy + AzBz$

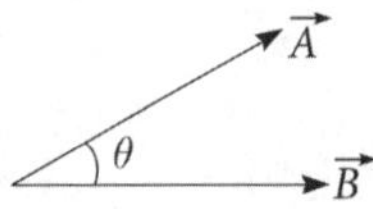

θ : $\vec{A}$와 $\vec{B}$ 의 사이각

- **단위 벡터의 스칼라 곱**

$i \cdot i = j \cdot j = k \cdot k$
$= |i||i|\cos 0 = 1$
$\quad \| \quad \| \quad \|$
$\quad 1 \quad 1 \quad 1$

$i \cdot j = j \cdot k = k \cdot i$
$= |i||j|\cos 90 = 0$
$\quad \| \quad \| \quad \|$
$\quad 1 \quad 1 \quad 0$

02 벡터의 곱(외적)

- $\vec{A} \times \vec{B} = |\vec{A}||\vec{B}|\sin\theta\vec{n}$

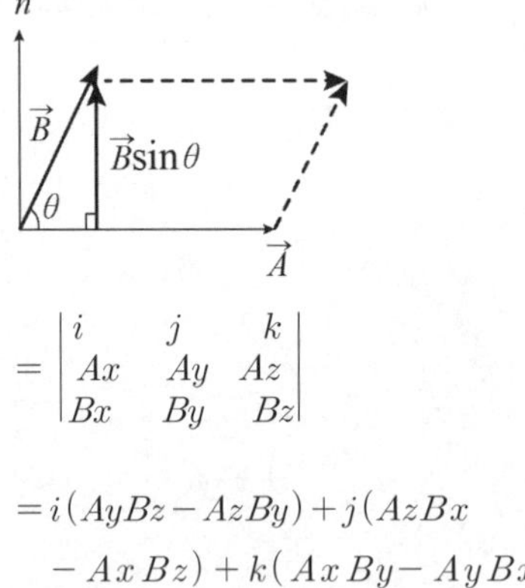

$$= \begin{vmatrix} i & j & k \\ Ax & Ay & Az \\ Bx & By & Bz \end{vmatrix}$$

$= i(AyBz - AzBy) + j(AzBx$
$- AxBz) + k(AxBy - AyBx)$

- **단위 벡터의 벡터곱**

$i \times i = j \times j = k \times k$
$= |i||i|\sin 0 = 0$
$\quad \| \quad \| \quad \|$
$\quad 1 \quad 1 \quad 0$

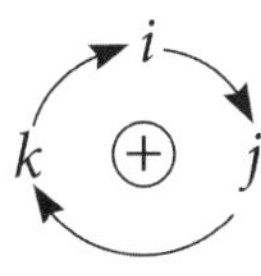

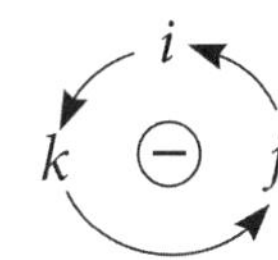

$i \times j = k$	$j \times i = -k$
$j \times k = i$	$k \times j = -i$
$k \times i = j$	$i \times k = -j$

- 평행사변형 면적　$S = |\vec{A} \times \vec{B}|$
- 삼각형 면적　$S = \frac{1}{2}|\vec{A} \times \vec{B}|$

03 스칼라의 기울기(전위 경도)

∇ : 미분연산자 (nabla) $\Rightarrow \frac{\partial}{\partial x}i + \frac{\partial}{\partial y}j + \frac{\partial}{\partial z}k$

$$\text{grad}\, V = \nabla V = \left(\frac{\partial}{\partial x}i + \frac{\partial}{\partial y}j + \frac{\partial}{\partial z}k\right) V$$

$$= \frac{\partial V}{\partial x}i + \frac{\partial V}{\partial y}j + \frac{\partial V}{\partial z}k$$

04 벡터의 발산

- $\text{div}\, \vec{E} = \nabla \cdot \vec{E}$

$$= \left(\frac{\partial}{\partial x}i + \frac{\partial}{\partial y}j + \frac{\partial}{\partial z}k\right)$$

- $(Ex\,i + Ey\,j + Ez\,k)$

$$= \frac{\partial Ex}{\partial x} + \frac{\partial Ey}{\partial y} + \frac{\partial Ez}{\partial z}$$

05 벡터의 회전

- $\text{rot}\, \vec{E} = \text{curl}\, \vec{E} = \text{cross}\, \vec{E} = \nabla \times \vec{E}$

$$= \begin{vmatrix} i & j & k \\ \frac{\partial}{\partial x} & \frac{\partial}{\partial y} & \frac{\partial}{\partial z} \\ Ex & Ey & Ez \end{vmatrix}$$

$$= i\left(\frac{\partial Ez}{\partial y} - \frac{\partial Ey}{\partial z}\right) + j\left(\frac{\partial Ex}{\partial z} - \frac{\partial Ez}{\partial x}\right)$$

$$+ k\left(\frac{\partial Ey}{\partial x} - \frac{\partial Ex}{\partial y}\right)$$

✓Check

스칼라의 기울기 : 스칼라를 벡터로 환원
벡터의 발산 : 벡터를 스칼라로 환원
벡터의 회전 : 벡터를 벡터로 환원

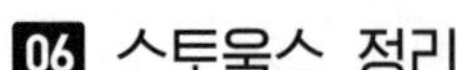

06 스토욱스 정리

⇒ 선 적분과 면적 적분의 변환식

$$\int_{\ell} E d\ell = \int_{s} \text{rot}\, E ds \Rightarrow (\text{rot}\, E = \nabla \times E)$$

07 가우스의 발산 정리

⇒ 면적 적분과 체적 적분의 변환식

$$\int_{s} E ds = \int_{v} \text{div}\, \text{E}\, \text{dv}$$

$$\Rightarrow (\text{div}\, E = \nabla \cdot E)$$

출제예상문제

01

벡터 A, B 값이 $A = i + 2j + 3k$, $B = -i + 2j + k$ 일 때 $A \cdot B$ 는 얼마인가?

① 2　② 4
③ 6　④ 8

해설 Chapter 01 – 01
스칼라 곱이므로

$$A \cdot B = A_x B_x + A_y B_y + A_z B_z = 1\times(-1) + (2\times 2) + (3\times 1) = 6$$

02

$A = A_x i + 2j + 3k$, $B = -2i + j + 2k$ 의 두 벡터가 서로 직교한다면 A_x 의 값은?

① 10　② 8
③ 6　④ 4

해설 Chapter 01 – 01
스칼라 곱에서 두 벡터가 서로 직교하므로 두 벡터의 사이각은 90°이다.
따라서 $A \cdot B = |A|\ |B| \cos 90° = 0$

$$A \cdot B = (A_x i + 2j + 3k)\cdot(-2i + j + 2k) = Ax\times(-2) + (2\times 1) + (3\times 2) = 0$$

$\therefore\ 8 = 2A_x$　　$\therefore\ A_x = \frac{8}{2} = 4$

03

두 단위 벡터간의 각을 θ 라 할 때 벡터 곱(vector product)과 관계없는 것은?

① $i\times j = -j\times i = k$
② $k\times i = -i\times k = j$
③ $i\times i = j\times j = k\times k = 0$
④ $i\times j = 0$

해설 Chapter 01 – 02

$i\times j = k = -j\times i,\ j\times k = i = -k\times j,$

$i\times i = j\times j = k\times k = 1\times 1\times \sin 0° = 0$

$k\times i = j = -i\times k$

04

다음 중 옳지 않는 것은?

① $i\cdot i = j\cdot j = k\cdot k = 0$
② $i\cdot j = j\cdot k = k\cdot i = 0$
③ $A\cdot B = AB\cos\theta$
④ $i\times i = j\times j = k\times k = 0$

해설 Chapter 01 – 01, 02

$i\cdot i = j\cdot j = k\cdot k = 1\times 1\times \cos 0° = 1$

$i\cdot j = j\cdot k = k\cdot i = 1\times 1\times \cos 90° = 0$

$i\times i = j\times j = k\times k = 1\times 1\times \sin 0° = 0$

05

V를 임의 스칼라라 할 때 $\mathrm{grad}\ V$ 의 직각 좌표에 있어서의 표현은?

① $\frac{\partial V}{\partial x} + \frac{\partial V}{\partial y} + \frac{\partial V}{\partial z}$
② $i\frac{\partial V}{\partial x} + j\frac{\partial V}{\partial y} + k\frac{\partial V}{\partial z}$
③ $\frac{\partial^2 V}{\partial x^2} + \frac{\partial^2 V}{\partial y^2} + \frac{\partial^2 V}{\partial z^2}$
④ $i\frac{\partial^2 V}{\partial x^2} + j\frac{\partial^2 V}{\partial y^2} + k\frac{\partial^2 V}{\partial z^2}$

해설 Chapter 01 – 03
스칼라의 기울기에서

$$\mathrm{grad}\ V = \nabla V = \left(\frac{\partial}{\partial x}i + \frac{\partial}{\partial y}j + \frac{\partial}{\partial z}k\right)V = \frac{\partial V}{\partial x}i + \frac{\partial V}{\partial y}j + \frac{\partial V}{\partial z}k$$

정답 01 ③ 02 ④ 03 ④ 04 ① 05 ②

06

다음 중 Stokes의 정리는?

① $\oint HdS = \int\int_s (\nabla H)\, dS$

② $\int\int BdS = \int\int_s (\nabla \cdot H)\, dS$

③ $\oint_c HdS = \int (\nabla H)\, dl$

④ $\oint_c Hdl = \int\int_s (\nabla \times H)\, dS$

해설 Chapter 01 – 06

스토욱스 정리는 선 적분과 면적 적분의 변환식이다.

07

$\int_s E\ ds = \int_{vol} \nabla \cdot Edv$ 은 다음 중 어느 것에 해당되는가?

① 발산의 정리　　② 가우스의 정리

③ 스토욱스의 정리　　④ 암페어의 법칙

해설 Chapter 01 – 07

가우스 발산정리는 면적 적분과 체적 적분의 변환식이다.

$\int_S Eds = \int_v \nabla \cdot Edv = \int_v \mathrm{div} Edv$

08

어떤 물체에 $F_1 = -3i + 4j - 5k$ 와 $F_2 = 6i + 3j - 2k$ 의 힘이 작용하고 있다. 이 물체에 F_3을 가하였을 때 세 힘이 평형이 되기 위한 F_3 은?

① $F_3 = -3i - 7j + 7k$

② $F_3 = 3i + 7j - 7k$

③ $F_3 = 3i - j - 7k$

④ $F_3 = 3i - j + 3k$

해설

$F_1 + F_2 + F_3 = 0$

$\therefore F_3 = -(F_1 + F_2)$

$= -\{(-3+6)i + (4+3)j + (-5-2)k\}$

$= -3i - 7j + 7k$

정답 06 ④ 07 ① 08 ①

Chapter 02 진공중의 정전계

01 쿨롱의 법칙

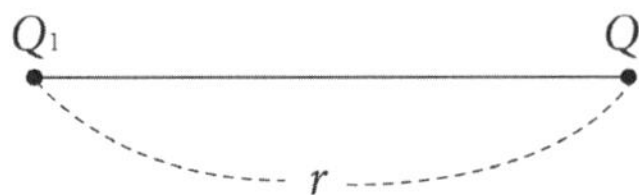

- F (힘)$= \dfrac{Q_1 Q_2}{4\pi \varepsilon_0 r^2}$ [N]

$$= 9 \times 10^9 \times \frac{Q_1 Q_2}{r^2} \text{[N]}$$

- $\varepsilon_0 =$ 진공 중의 유전율

$$= \frac{10^{-9}}{36\pi} = 8.855 \times 10^{-12} \text{[F/m]}$$

02 전계의 세기(E) ⇒ 가우스 법칙으로 유도

⇒ 단위 정전하 즉 +1 [C]에 작용하는 힘

✓Check

전계의 세기 계산 방법

① 쿨롱의 법칙 이용

② 전위 이용

③ 가우스의 정리 이용

(1) 구

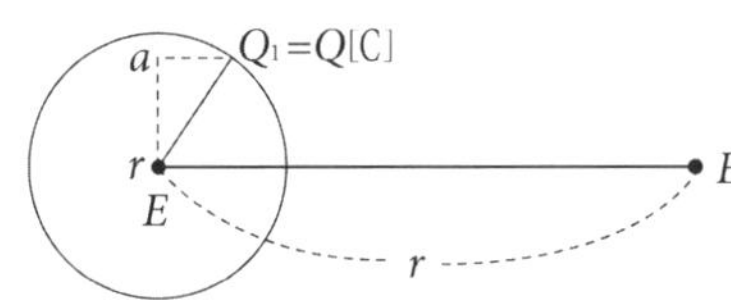

① 외부(점전하)

E (외부전계)$= \dfrac{Q}{4\pi\varepsilon_0 r^2}$

$$= 9 \times 10^9 \times \frac{Q}{r^2} \text{[V/m]} = \frac{F}{Q} \text{[N/C]}$$

$F = QE$ [N]

② 내부(단, 전하가 내부에 균일하게 분포된 경우)

E (내부전계) $= \dfrac{r \cdot Q}{4\pi\varepsilon_0 a^3}$ [V/m]

(2) 동축원통(원주)

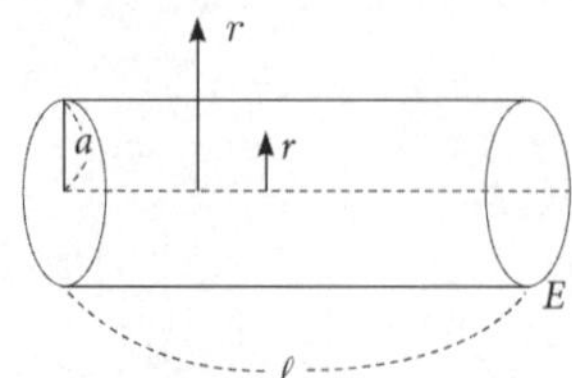

λ[c/m] : 선전하밀도

① 외부 E(무한장직선, 선전하) $= \dfrac{\lambda}{2\pi\varepsilon_0 r}$[V/m]

$= 18\times10^9\times\dfrac{\lambda}{r}$ [V/m]

(여기서 r[m] 외부거리)

② 내부(단, 전하가 내부에 균일하게 분포된 경우)

E(내부전계)$= \dfrac{r\lambda}{2\pi\varepsilon_0 a^2}$(여기서 r[m] 내부거리)

③ "ps"구(점)전하, 동축원통에서

ⓐ 내부 E=?
ⓑ 대전, 평형상태 시 내부 E=?
(전하는 표면에만 분포)
ⓒ 전하가 표면에 균일하게 분포된 경우 내부 E=?
ⓑ ⓒ 경우 내부 E=0

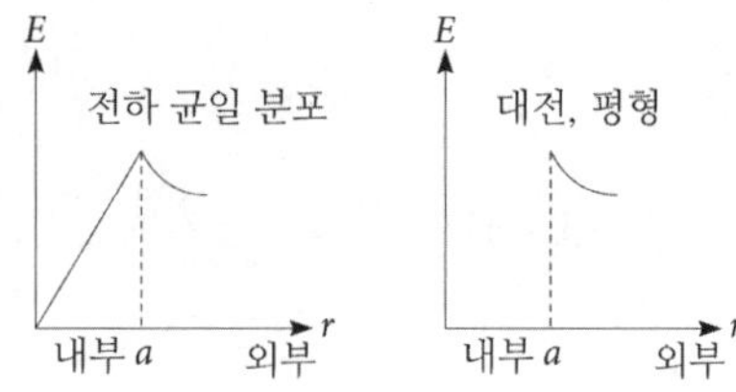

(3) 무한 평면

① σ[c/m^2](면전하 밀도)가 분포된 경우

E(전계)$= \dfrac{\sigma}{2\varepsilon_0}$[V/m]

② σ[c/m^2]이 간격 d[m]로 분포된 경우

E(외부 전계)$=\dfrac{\sigma}{\varepsilon_0}$[V/m]

E(내부 전계)=0

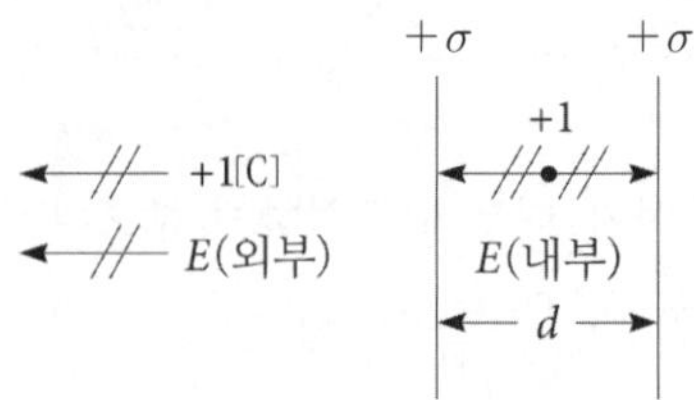

③ $\pm\sigma[c/m^2]$이 간격 $d[m]$로 분포된 경우

E(외부 전계)=0

E(내부 전계)=$\dfrac{\sigma}{\varepsilon}$[V/m]

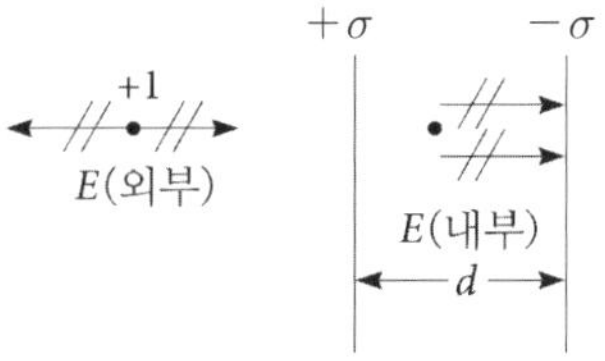

03 전계의 벡터 표시법

$\vec{E}$(벡타) = 크기 × 단위벡터
(방향)

= ( ) i + ( ) j

(1) 구(점)전하

크기 : $\dfrac{Q}{4\pi\varepsilon_0 r^2} = 9\times10^9\times\dfrac{Q}{r^2}$

단위벡터(방향)

$\dfrac{\text{벡터}}{\text{스칼라}} = \dfrac{\vec{E}}{|\vec{E}|} = \dfrac{\vec{r}}{|\vec{r}|}$

(2) 동축원통(무한장직선, 원주, 선전하밀도)

크기 : $\dfrac{\lambda}{2\pi\varepsilon_0 r} = 18\times10^9\times\dfrac{\lambda}{r}$

단위 벡터(방향)

$\dfrac{\text{벡터}}{\text{스칼라}} = \dfrac{\vec{E}}{|\vec{E}|} = \dfrac{\vec{r}}{|\vec{r}|}$

04 전계의 세기를 구하는 문제

(1) 중점에서 전계의 세기

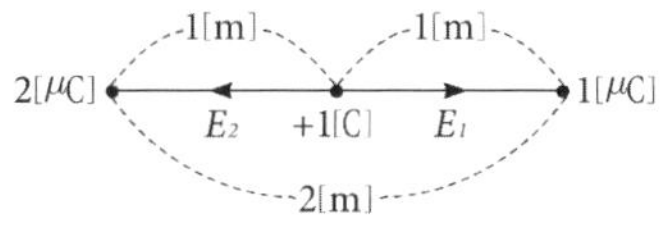

$E_1 = 9\times10^9\times\dfrac{2\times10^{-6}}{1^2}$ $\qquad E_2 = 9\times10^9\times\dfrac{10^{-6}}{1^2}$

$E = E_1 - E_2$

$= 9\times10^9\times10^{-6}\times(2-1)$

$= 9\times10^3$[V/m]

(2) 중점에서 전계의 세기

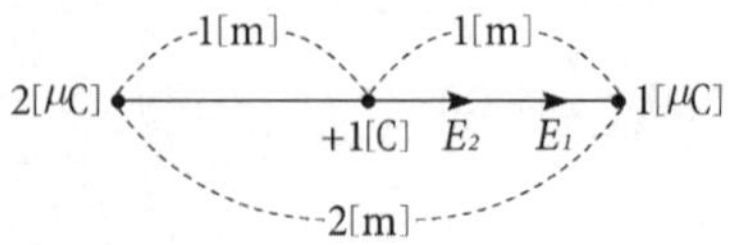

$$E_1 = 9\times10^9\times\frac{2\times10^{-6}}{1^2}$$

$$E_2 = 9\times10^9\times\frac{10^{-6}}{1^2}$$

$$E = E_1 + E_2 = 9\times10^9\times10^{-6}\times(2+1) = 27\times10^3[\mathrm{V/m}]$$

(3) 정삼각형 P 점에서의 전계의 세기

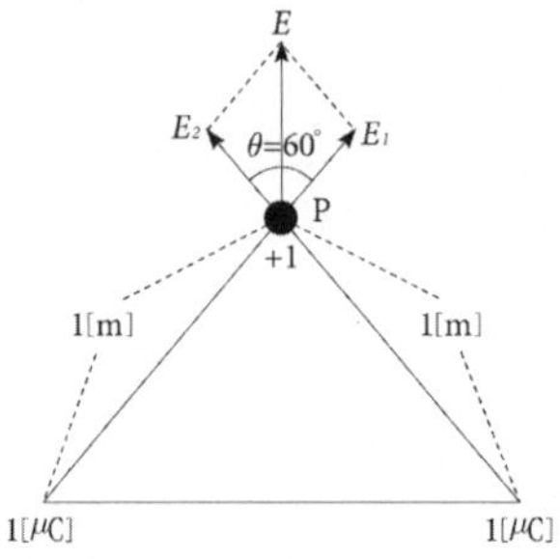

$$E = \sqrt{E_1^2+E_2^2+2E_1E_2\cos 60}\quad (E_1 = E_2,\ \cos 60 = \frac{1}{2}\ \text{이용})$$

$$= \sqrt{E_1^2+E_1^2+E_1^2} = \sqrt{3}\,E_1$$

$$= \sqrt{3}\times9\times10^9\times\frac{10^{-6}}{1^2}$$

$$= 9\sqrt{3}\times10^3[\mathrm{V/m}]$$

(4) 원점에서의 전계의 세기

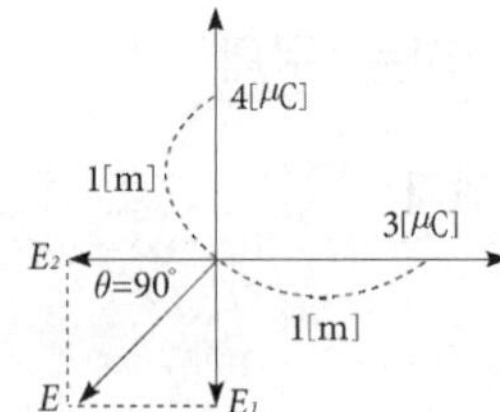

$$E = \sqrt{E_1^2+E_2^2}$$

$$= 9\times10^3\times\sqrt{4^2+3^2} = 45\times10^3[\mathrm{V/m}]$$

$$E_1 = 9\times10^9\times\frac{4\times10^{-6}}{1^2}$$

$$E_2 = 9\times10^9\times\frac{3\times10^{-6}}{1^2}$$

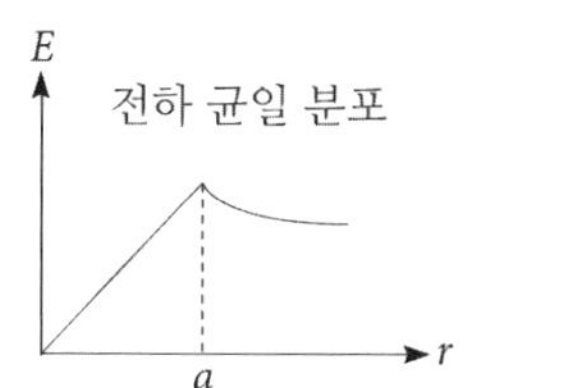

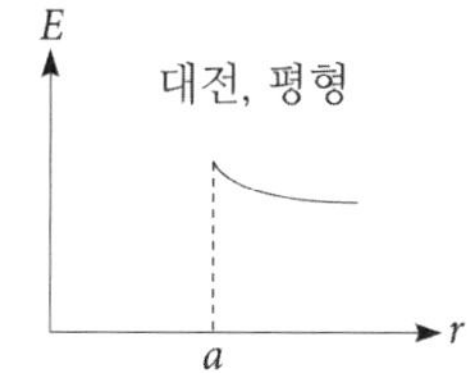

(5) 전계의 세기가 0이 되는 지점

$E = 0$

> 두 전하의 부호가 같은 경우 E=0 되는 지점은 두 전하 사이에 존재

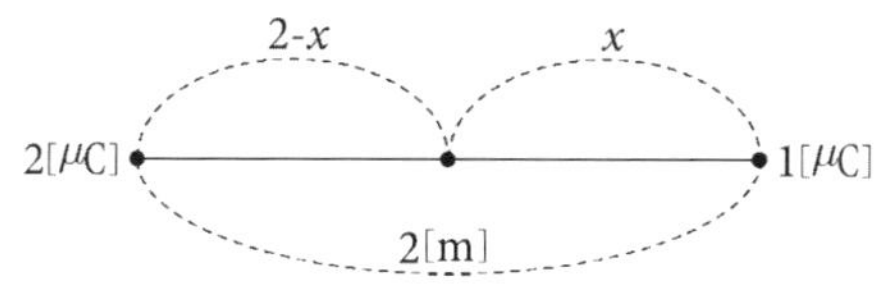

$$\frac{2 \times 10^{-6}}{4\pi\varepsilon_0(2-x)^2} = \frac{10^{-6}}{4\pi\varepsilon_0 x^2}$$

$$2x^2 = (2-x)^2$$

$$\sqrt{2}\,x = 2-x$$

$$(\sqrt{2}+1)\,x = 2$$

$$x = \frac{2(\sqrt{2}-1)}{(\sqrt{2}+1)(\sqrt{2}-1)}$$

$$= 2(\sqrt{2}-1)[\text{m}]$$

(6) 전계의 세기가 0이 되는 지점

$E = 0$

> 두 전하의 부호가 틀린 경우 $E=0$ 되는 지점은 두 전하 외부에서 절댓값이 작은 쪽에 존재

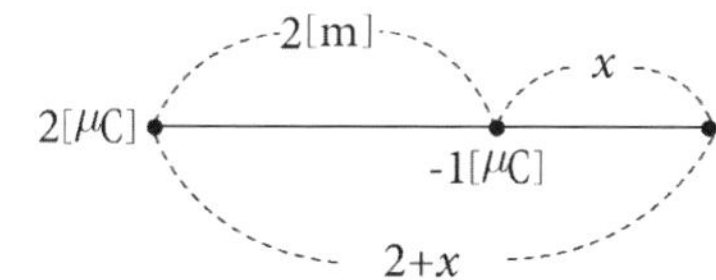

$$\frac{2 \times 10^{-6}}{4\pi\varepsilon_0(2+x)^2} = \frac{10^{-6}}{4\pi\varepsilon_0 x^2}$$

$$2x^2 = (2+x)^2$$

$$\sqrt{2}\,x = 2+x$$

$$(\sqrt{2}-1)\,x = 2$$

$$x = \frac{2(\sqrt{2}+1)}{(\sqrt{2}-1)(\sqrt{2}+1)} = 2(\sqrt{2}+1)[\text{m}]$$

05 전기력선의 성질

(1) 전기력선의 밀도는 전계의 세기와 같다.

ex E = 1[N/C]일 때
전기력선의 밀도 [개/m^2] = ?
▹ 전기력선의 밀도 = 1[개/m^2]

(2) 전기력선은 정(+)전하에서 부(-)전하에 그친다.

전기력선은 불연속 (+) → (-)
전기력선은 전하가 없는 곳에서 연속

(3) 전기력선은 전위가 높은 곳에서 낮은 곳으로 향한다.

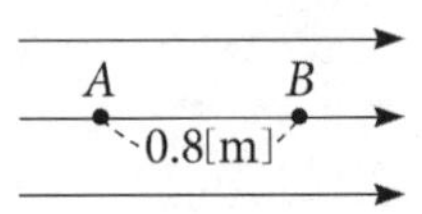

ex $E = 50$ [V/m], $V_A = 80$ [V]

$$V_B = V_A - E \cdot d = 80 - (50 \times 0.8) = 40[V]$$

(4) 대전, 평형 상태 시 전하는 표면에만 분포

E (내부) = 0
도체 내부에는 전기력선이 존재하지 않는다.

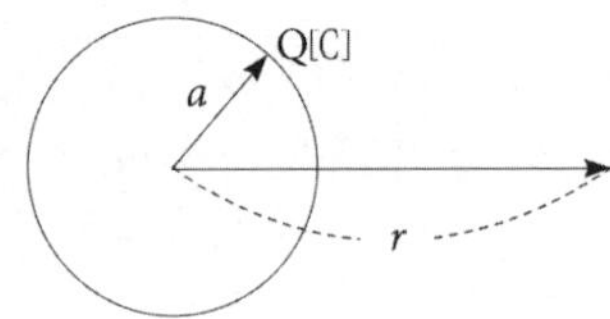

V (내부) = $\dfrac{Q}{4\pi\varepsilon_0 a}$

(등전위체적)

E (외부) = $\dfrac{Q}{4\pi\varepsilon_0 r^2}$　　V (외부) = $\dfrac{Q}{4\pi\varepsilon_0 r}$

(단, 전하가 내부에 균일하게 분포된 경우)

$E = \dfrac{rQ}{4\pi\varepsilon_0 a^3}$

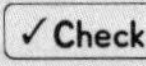

ex 대전 도체의 내부 전위 = ?
㉠ 0
㉡ 표면전위
㉢ 대지전위
㉣ ∞

답 ㉡

(5) 전기력선은 도체 표면에 수직

(등전위면)

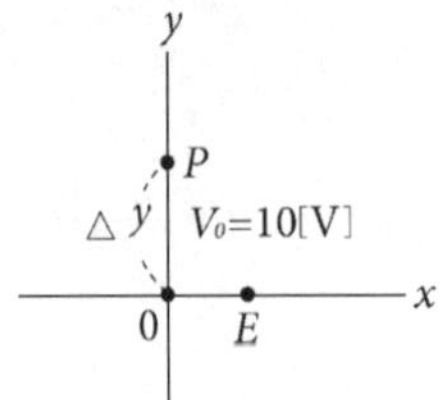

P 점 전위 =?
P 점 전위 = 10[V]

- 전기력선은 교차하지 않는다.
- 전기력선은 폐곡면(선)을 이루지 않는다.

(6) 전하는 뾰족한 부분일수록 많이 모이려는 성질

	⌒ (작은 곡선)	⌒ (큰 곡선)
곡률 반경	小	大
곡률	大	小
표면전하밀도	大	小
전계	大	小

(7) 전기력선 수 $= \dfrac{Q}{\varepsilon_0}$

전속선 수 $= Q$

06 전위 V[V]

(1) 구(점)전하

$$V(\text{전위}) = -\int_{\infty}^{r} Edx$$

(무한원점에 대한 임의의 점(r)의 전위)

> ex 전계 내에서 B점에 대한 A점의 전위?
>
> $$V = -\int_{B}^{A} Ed\ell$$

$$V(\text{외부 전위}) = \frac{Q}{4\pi\varepsilon_0 r}\,[\text{V}] = 9\times10^9\times\frac{Q}{r}$$

$$V(\text{전위}) = E\cdot r = E\cdot d = G\cdot r\ \ [\text{V}]$$

(r : 반지름, d : 간격, G: 절연내력)

(2) 동축원통 V(전위) $= \infty$

(무한장 직선, 원주)

(3) 무한 평면 V(전위) $= \infty$

(구간에 대해서 언급이 없을 때 즉, 임의의 점 (r)의 전위)

(4) λ[c/m]인 무한장 직선전하로부터 r_1, r_2 [m] 떨어진 두 점 사이의 전위차[V] = ?

($r_1 < r_2$)

$$V = \int_{r_1}^{r_2} Edx = \int_{r_1}^{r_2} \frac{\lambda}{2\pi\varepsilon_0 x}dx$$

$$= \frac{\lambda}{2\pi\varepsilon_0}[\ell_n x]_{r_1}^{r_2}$$

$$= \frac{\lambda}{2\pi\varepsilon_0}[\ell_n r_2 - \ell_n r_1]$$

$$= \frac{\lambda}{2\pi\varepsilon_0}\ell_n\frac{r_2}{r_1}\,[\text{V}]$$

07 전기 쌍극자

- V(전위)$= \dfrac{M}{4\pi\varepsilon_0 r^2}\cos\theta$ [V]$= 9\times10^9\times\dfrac{M}{r^2}cos\,\theta$

- E(전계)$=\dfrac{M}{4\pi\varepsilon_0 r^3}\sqrt{1+3\cos^2\theta}$ [V/m]

  $= 9\times10^9\times\dfrac{M}{r^3}\sqrt{1+3\cos^2\theta}$

M(전기 쌍극자 모멘트) $= Q\cdot\delta$ [C・m]

$\theta=0°$일 때 V(전위), E(전계) ⇒ 최대

$\theta=90°$일 때
- V(전위)$=0$
- E(전계)$=\dfrac{M}{4\pi\varepsilon_0 r^3}$(최소)

08 전기 이중층

- V(전위)$= \dfrac{M}{4\pi\varepsilon_0}\omega$ [V]

ω (입체각)
- 구 : $\omega=4\pi$[Sr]
- 판에 무한히 접근, 무한평면 : $\omega=4\pi$[Sr]
- $\omega=2\pi(1-\cos\theta)$[Sr]

09 전위의 기울기와 전계와의 관계

$E=-\mathrm{grad}\,V=-\nabla V$

$=-\left(\dfrac{\partial V}{\partial x}i+\dfrac{\partial V}{\partial y}j+\dfrac{\partial V}{\partial z}k\right)$

(전계와 크기는 같고 방향이 반대)

"PS" 전계 ⇒ $-\mathrm{grad}\,V$

전위경도 ⇒ $\mathrm{grad}\,V$

10 포아송의 방정식

$\nabla^2 V=-\dfrac{\rho\,[\mathrm{c/m^3}]}{\varepsilon_0}$

$\dfrac{\partial^2 V}{\partial x^2}+\dfrac{\partial^2 V}{\partial y^2}+\dfrac{\partial^2 V}{\partial z^2}=-\dfrac{\rho}{\varepsilon_0}$

$\rho\,[\mathrm{c/m^3}]$
- 체적전하밀도
- 공간전하밀도
- 원천전하밀도

※ $\nabla^2 V = 0$ (라플라스 방정식)

"ps" 전속밀도의 발산 $\mathrm{div}\, D = \rho\ [\mathrm{c/m^3}]$ $(\nabla \cdot D)$ $\frac{\partial Dx}{\partial x} + \frac{\partial Dy}{\partial y} + \frac{\partial Dz}{\partial z} = \rho\ [\mathrm{c/m^3}]$

11 전기력선의 방정식

$$\frac{dx}{Ex} = \frac{dy}{Ey} = \frac{dz}{Ez}$$

12 [전속밀도 D][표면전하밀도 ρ]

구(점)전하

$$D = \rho = \frac{\text{전속수}}{\text{면적}} = \frac{Q}{S} = \frac{Q}{4\pi r^2} = \varepsilon_0 E\ [\mathrm{c/m^2}]$$

13 전하 이동시 에너지 ⇒ 이동 시 (일)

$$W = QV\ [\mathrm{J}]$$

(1) 등전위면, 폐곡면(선)에서 전하이동(일주) 시 에너지는 전위차 $(V) = 0$ 이므로 $W = 0$

(2) $V = V_1$(큰 전위)$-\ V_2$(작은 전위)

(3) $V = E \cdot r = E \cdot d = G \cdot r\ [\mathrm{V}]$

14 대전 도체 표면에 작용하는 힘 = 정전응력

단위면적당 힘 $[\mathrm{N/m^2}]$

$$f = \frac{1}{2}\varepsilon_0 E^2 = \frac{D^2}{2\varepsilon_0} = \frac{1}{2} ED\ [\mathrm{N/m^2}]$$

$f \propto E^2 \propto D^2 \propto$ (표면전하밀도)^2

* 단위체적당 에너지$[\mathrm{J/m^3}]$

$$\omega = \frac{1}{2}\varepsilon_0 E^2 = \frac{D^2}{2\varepsilon_0} = \frac{1}{2} ED\ [\mathrm{J/m^3}]$$

Chapter 02 출제예상문제

01

진공 중에서 크기가 같은 두 개의 작은 구에 같은 양의 전하를 대전시킨 후 50[cm] 거리에 두었더니 작은 구는 서로 9×10^{-3}[N]의 힘으로 반발했다. 각각의 전하량은 몇 [C]인가?

① 5×10^{-7}　② 5×10^{-5}
③ 2×10^{-5}　④ 2×10^{-7}

해설 Chapter 02 – 01

$F=9\times10^9\times\dfrac{Q_1Q_2}{r^2}=9\times10^9\times\dfrac{Q^2}{r^2}$ 에서

$Q=\sqrt{\dfrac{F\times r^2}{9\times10^9}}=\sqrt{\dfrac{9\times10^{-3}\times0.5^2}{9\times10^9}}$

$=5\times10^{-7}$[C]

02

진공 중에 2×10^{-5}[C]과 1×10^{-6}[C]인 두 개의 점전하가 50[cm] 떨어져 있을 때 두 전하 사이에 작용하는 힘은 몇 [N]인가?

① 0.72　② 0.92
③ 1.82　④ 2.02

해설 Chapter 02 – 01

$F=9\times10^9\times\dfrac{2\times10^{-5}\times1\times10^{-6}}{0.5^2}=0.72$[N]

03

전계 중에 단위 전하를 놓았을 때 그것에 작용하는 힘을 그 점에 있어서의 무엇이라 하는가?

① 전계의 세기　② 전위
③ 전위차　④ 변화 전류

해설 Chapter 02 – 02

전계의 세기는 전계 내에서 임의의 점에 단위정전하 (+1[C])를 놓았을 때 작용하는 힘으로 나타낼 수 있다.

04

진공 중 놓인 1[μC]의 점전하에서 3[m]되는 점의 전계[V/m]는?

① 10^{-3}　② 10^{-1}
③ 10^2　④ 10^3

해설 Chapter 02 – 02 – (1)

$E=9\times10^9\times\dfrac{Q}{r^2}$

$=9\times10^9\times\dfrac{10^{-6}}{3^2}$

$=10^3$[V/m]

05

전계의 세기 1,500[V/m]의 전장에서 5[μC]의 전하를 놓으면 얼마의 힘 [N]이 작용하는가?

① 4.5×10^{-3}　② 5.5×10^{-3}
③ 6.5×10^{-3}　④ 7.5×10^{-3}

해설 Chapter 02 – 02 – (1)

$F=QE=5\times10^{-6}\times1{,}500$

$=7.5\times10^{-3}$[N]

06

진공 중 무한장 직선상 전하에서 2[m] 떨어진 곳의 전계가 9×10^6 [V/m]이다. 선전하 밀도[c/m]는?

① 10^{-3}　② 2×10^{-3}
③ 4×10^{-3}　④ 6×10^{-3}

정답 01 ① 02 ① 03 ① 04 ④ 05 ④ 06 ①

해설 Chapter 02 – 02 – (2)

$$E = \frac{\lambda}{2\pi\varepsilon_0 r} = 18 \times 10^9 \times \frac{\lambda}{r} [\text{V/m}]$$

$$\therefore \lambda = \frac{Er}{18 \times 10^9} = \frac{9 \times 10^6 \times 2}{18 \times 10^9}$$

$$= 10^{-3} [\text{c/m}]$$

07

반지름 a인 원주 대전체에 전하가 균등하게 분포되어 있을 때 원주 대전체의 내외 전계의 세기 및 축으로부터의 거리와 관계되는 그래프는?

① 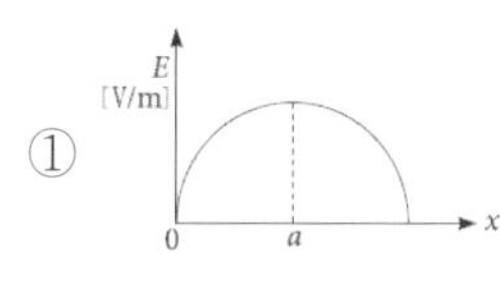

② 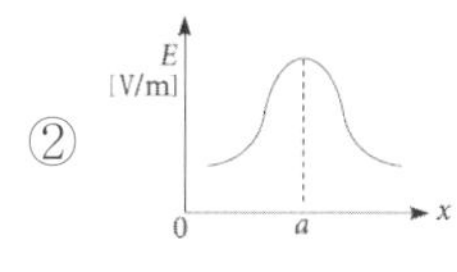

③ 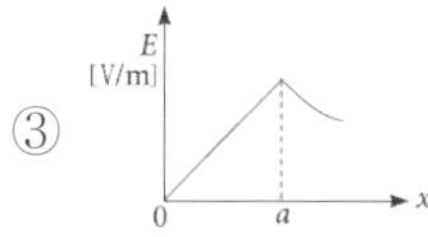

④ 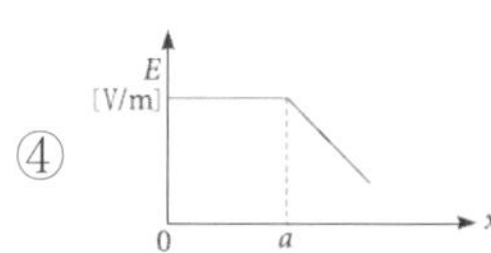

해설 Chapter 02 – 02 – (2)

$r < a$ (원주 내부) : $E_i = \frac{r \cdot \lambda}{2\pi\varepsilon_0 a^2}$ [V/m]

$r > a$ (원주 외부) : $E = \frac{\lambda}{2\pi\varepsilon_0 r}$ [V/m]

즉, 전하가 균등하게 분포되어 있을 때는 전계의 세기가 내부에서는 거리에 비례하고 외부에서는 거리에 반비례한다.

08

중공 도체의 중공부 내 전하를 놓지 않으면 외부에서 준 전하는 외부 표면에만 분포한다. 도체 내의 전계[V/m]는 얼마인가?

① 0　　② 4π

③ $\frac{1}{4\pi\varepsilon_0}$　　④ ∞

해설 Chapter 02 – 02 – (2)

전하가 표면에만 분포할 때 내부의 전계의 세기는 '0' 이다.

09

무한 평면 전하에 의한 전계의 세기는?

① 거리에 관계없다.　　② 거리에 비례한다.

③ 거리의 제곱에 비례한다.　④ 거리에 반비례한다.

해설 Chapter 02 – 02 – (3)

무한평면의 전계의 세기 $E = \frac{\rho}{2\varepsilon_0}$ [V/m]이므로 거리와 관계가 없다.

10

무한히 넓은 평면에 면밀도 δ[c/m^2]의 전하가 분포되어 있는 경우 전력선은 면에 수직으로 나와 평행하게 발산한다. 이 평면의 전계의 세기[V/m]는?

① $\frac{\delta}{2\varepsilon_0}$　　② $\frac{\delta}{\varepsilon_0}$

③ $\frac{\delta}{2\pi\varepsilon_0}$　　④ $\frac{\delta}{4\pi\varepsilon_0}$

해설 Chapter 02 – 02 – (3)

무한평면에서 전계의 세기 $E = \frac{\delta}{2\varepsilon_0}$ [V/m]

여기서 $\delta = \sigma$[c/m^2] 면전하밀도

11

진공 중에서 전하 밀도 $\pm\sigma$[c/m^2]의 무한 평면이 간격 d[m]로 떨어져 있다. $+\sigma$의 평면으로부터 r[m] 떨어진 점 P의 전계의 세기[N/C]는?

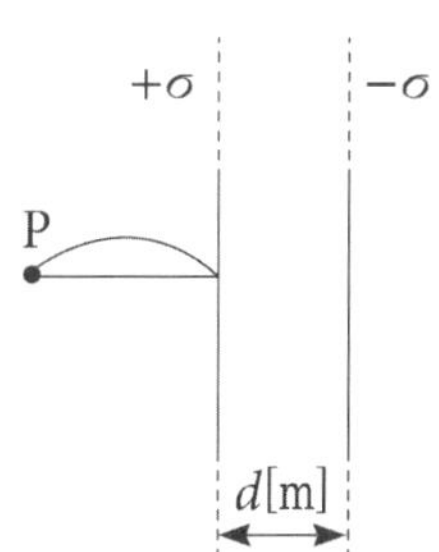

① 0

② $\frac{\sigma}{\varepsilon_0}$

③ $\frac{\sigma}{2\varepsilon_0}$

④ $\frac{\sigma}{2\varepsilon_0}\left[\frac{1}{r} - \frac{1}{r+d}\right]$

해설 Chapter 02 – 02 – (3)

면전하 밀도 $\pm\sigma$[c/m^2]가 대전되었을 때 외부의 전계는 0이다.

정답 07 ③ 08 ① 09 ① 10 ① 11 ①

12

어느 점전하에 의하여 생기는 전위를 처음 전위의 $\frac{1}{2}$이 되게 하려면 전하로부터의 거리를 몇 배로 하면 되는가?

① $\frac{1}{\sqrt{2}}$ ② $\frac{1}{2}$
③ $\sqrt{2}$ ④ 2

해설 Chapter 02 – 06 – (1)
점전하의 전위

$$V = \frac{Q}{4\pi\varepsilon_o r}$$

$$\frac{1}{2}V = \frac{Q}{4\pi\varepsilon_0 r'} = \frac{Q}{4\pi\varepsilon_0(2r)} = \frac{1}{2}V$$

$$r' = 2r$$

13

공기 중에 고립하고 있는 지름 40[cm]인 구도체의 전위를 몇 [kV] 이상으로 하면, 구 표면의 공기 절연이 파괴되는가? (단, 공기의 절연 내력은 30[kV/cm]라 한다.)

① 300[kV] 이상 ② 450[kV] 이상
③ 600[kV] 이상 ④ 1,200[kV] 이상

해설 Chapter 02 – 06 – (1)

$$r = \frac{D}{2} = \frac{40}{2} = 20[\text{cm}]$$

$$\therefore V = Gr = 30[\text{kV/cm}] \times 20[\text{cm}] = 600[\text{kV}]$$

14

한 변의 길이가 a[m]인 정육각형 ABCDEF의 각 정점에 각각 Q[C]의 전하를 놓을 때 정육각형 중심 O점의 전위[V]는?

① $\frac{3Q}{2\pi\varepsilon_0 a}$ ② $\frac{Q}{4\pi\varepsilon_0 a}$
③ $\frac{3Q}{2\pi\varepsilon_0 a^2}$ ④ $\frac{2Q}{\pi\varepsilon_0 a}$

해설 Chapter 02 – 06 – (1)

$$V = \frac{Q}{4\pi\varepsilon_0 a} \times 6 = \frac{3Q}{2\pi\varepsilon_0 a}[\text{V}]$$

15

정전계 E 내에서 점 B에 대한 점 A 전위를 결정하는 식은?

① $-\int_B^A Edl$ ② $-\int_A^B Edl$
③ $-\int_\infty^A Edl$ ④ $-\int_\infty^B Edl$

해설 Chapter 02 – 06 – (1)
점 P의 전위는 무한원점으로부터 단위정전하를 P점까지 운반하는데 요하는 일이므로

$$V_P = \int_P^\infty Edl = -\int_\infty^P Edl$$

따라서 $V = \int_A^B Edl = -\int_B^A Edl$

16

50[V/m]의 평등 전계 중의 80[V]되는 점 A에서 전계 방향으로 70[cm] 떨어진 점 B의 전위 [V]는?

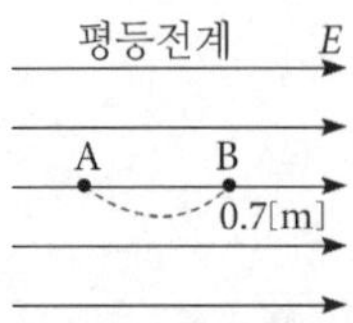

① 15 ② 30
③ 45 ④ 80

해설 Chapter 02 – 05 – (3), 06 – (1)

$$V_B = V_A - E \cdot d = 80 - 50 \times 0.7 = 45[\text{V}]$$

(전기력선은 전위가 높은 점에서 낮은 점으로 향한다.)

정답 12 ④ 13 ③ 14 ① 15 ① 16 ③

17

무한장 선전하와 무한 평면 전하에서 r [m] 떨어진 점의 전위 [V]는 각각 얼마인가?
(단, ρ_L 은 선전하 밀도, ρ_S 는 평면 전하 밀도이다.)

① 무한 직선 : $\frac{\rho_L}{2\pi\varepsilon_0}$, 무한 평면 도체 : $\frac{\rho_S}{\varepsilon}$

② 무한 직선 : $\frac{\rho_L}{4\pi\varepsilon_0}$, 무한 평면 도체 : $\frac{\rho_S}{2\pi\varepsilon_0}$

③ 무한 직선 : $\frac{\rho_L}{\varepsilon}$, 무한 평면 도체 : ∞

④ 무한 직선 : ∞, 무한 평면 도체 : ∞

해설 Chapter 02 – 06 – (2), 06 – (3)

무한장 직선 : $V = \int_r^\infty E\,dx = \int_r^\infty \frac{\lambda}{2\pi\varepsilon_0 x}dx$

$= \frac{\lambda}{2\pi\varepsilon_0}[\ln x]_r^\infty = \infty$

무한 평면 도체 : $V = \int_r^\infty E\,dx = \frac{\rho}{2\varepsilon_0}[x]_r^\infty = \infty$

18

선전하 밀도 λ[c/m]인 무한장 직선 전하로부터 각각 r_1[m], r_2[m] 떨어진 두 점 사이의 전위차 [V]는?
(단, $r_2 > r_1$ 이다.)

① $\frac{\lambda}{2\pi\varepsilon_0}\ln\frac{r_2}{r_1}$ ② $\frac{\lambda}{2\pi\varepsilon_0}\ln\frac{r_1}{r_2}$

③ $\frac{1}{2\pi\varepsilon_0}\ln\frac{r_1}{r_2}$ ④ $\frac{\lambda}{2\pi\varepsilon_0}(r_2 - r_1)$

해설 Chapter 02 – 06 – (4)

$V = \int_{r_1}^{r_2} E\,dx = \frac{\lambda}{2\pi\varepsilon_0}[\ln x]_{r_1}^{r_2}$

$= \frac{\lambda}{2\pi\varepsilon_0}\ln\frac{r_2}{r_1}$

19

그림과 같이 + q[c/m],+ q[c/m]로 대전된 두 도선이 d [m]의 간격으로 평행 가설되었을 때 이 두 도선 간에서 전위 경도가 최소가 되는 점은?

① $d/3$
② $d/2$
③ $2/3$
④ $3/5$

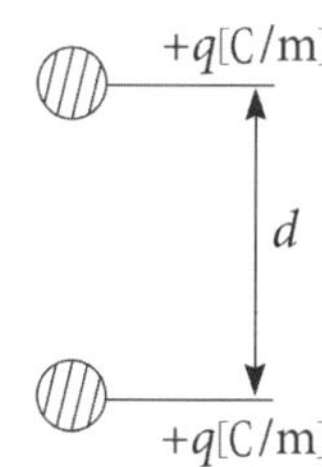

해설 Chapter 02 – 02 – (2), 04 – (1)

전위경도가 최소가 되는 지점은 전계의 세기가 0인 점을 구하는 문제이므로 부호가 같은 경우 두 선전하 사이에 존재한다. 전계의 세기가 0인 점의 거리를 x라 하면

$\frac{q}{2\pi\varepsilon_0 x} = \frac{q}{2\pi\varepsilon_0(d-x)}$

$\frac{1}{x} = \frac{1}{d-x}$

$d - x = x$

$2x = d$

$x = \frac{1}{2}d$ [m]

20

크기가 같고 부호가 반대인 두 점전하 +Q[C]과 −Q[C]이 극히 미소한 거리 δ[m]만큼 떨어져 있을 때 전기 쌍극자 모멘트는 몇 [C · m]인가?

① $\frac{1}{2}Q\delta$ ② $Q\delta$

③ $2Q\delta$ ④ $4Q\delta$

해설 Chapter 02 – 07

전기 쌍극자 모멘트 $M = Q \cdot \delta$[c · m]

정답 17 ④ 18 ① 19 ② 20 ②

21

쌍극자 모멘트 $4\pi\varepsilon_0$[C · m]의 전기 쌍극자에 의한 공기 중 한 점 1[cm], 60°의 전위[V]는?

① 0.05　　② 0.5
③ 50　　④ 5,000

해설 Chapter 02 – 07

$$V=\frac{M\cdot\cos\theta}{4\pi\varepsilon_0 r^2}=\frac{4\pi\varepsilon_0\times\cos 60°}{4\pi\varepsilon_0\times(10^{-2})^2}$$

$=5{,}000$[V]

22

전기 쌍극자에 의한 전계의 세기는 쌍극자로부터의 거리 r에 대해서 어떠한가?

① r 에 반비례한다.　　② r^2 에 반비례한다.
③ r^3 에 반비례한다.　　④ r^4 에 반비례한다.

해설 Chapter 02 – 07

전기 쌍극자에 의한 전계

$$E=\frac{M}{4\pi\varepsilon_0 r^3}\sqrt{1+3\cos^2\theta}\ \text{[V/m]}$$

23

쌍극자 모멘트가 M[C · m]인 전기 쌍극자에서 점 P의 전계는 $\theta=\frac{\pi}{2}$일 때 어떻게 되는가? (단, θ는 전기쌍극자의 중심에서 축방향과 점 P를 잇는 선분의 사이각이다.)

① 최소　　② 최대
③ 항상 0이다.　　④ 항상 1이다.

해설 Chapter 02 – 07

전기 쌍극자에 의한 전계

$$E=\frac{M}{4\pi\varepsilon_0 r^3}\sqrt{1+3\cos^2\theta}\ \text{[V/m]}$$

$\theta=0^\circ$: 최대　　$\theta=90^\circ$: 최소

24

전계와 전위 경도를 옳게 표현한 것은?

① 크기가 같고 방향이 같다.
② 크기가 같고 방향이 반대이다.
③ 크기가 다르고 방향이 같다.
④ 크기가 다르고 방향이 반대이다.

해설 Chapter 02 – 09

$E=-\text{grad}\,V=-\nabla V$

25

Poisson의 방정식은?

① $\text{div}E=-\frac{\rho}{\varepsilon_0}$　　② $\nabla^2 V=-\frac{\rho}{\varepsilon_0}$
③ $E=-\text{grad}\ V$　　④ $\text{div}\ E=\varepsilon_0$

해설 Chapter 02 – 10

포아송의 방정식 : $\nabla^2 V=-\frac{\rho}{\varepsilon_0}$

26

전기력선의 일반적인 성질로서 틀린 것은?

① 전기력선은 부전하에서 시작하여 정전하에서 그친다.
② 전기력선은 그 자신만으로 폐곡선이 되는 일은 없다.
③ 전기력선은 전위가 높은 점에서 낮은 점으로 향한다.
④ 도체내부에서 전기력선이 없다.

해설 Chapter 02 – 05

전기력선은 정전하에서 시작하여 부전하에 그친다.

정답 21 ④ 22 ③ 23 ① 24 ② 25 ② 26 ①

27

대전 도체 표면의 전하 밀도는 도체 표면의 모양에 따라 어떻게 되는가?

① 곡률이 크면 작아진다.
② 곡률이 크면 커진다.
③ 평면일 때 가장 크다.
④ 표면 모양에 무관하다.

해설 Chapter 02 – 05 – (6)
전하밀도는 전하가 뾰족한 부분에 많이 모이려는 성질이 있으므로 곡률이 크면 크고, 곡률 반지름이 크면 작다.

28

유전율 ε인 유전체 중에서 단위 전계의 세기 1[N/C]인 점에서의 전기력선의 밀도 [개/m^2]는?

① 1　　② $1/\varepsilon$
③ $1/(47\varepsilon)$　　④ 0

해설 Chapter 02 – 05 – (1)
전기력선의 밀도는 그 점에서 전계의 세기와 같다.

29

정전계 내에 있는 도체 표면에서 전계의 방향은 어떻게 되는가?

① 임의 방향
② 표면과 접선방향
③ 표면과 45°방향
④ 표면과 수직방향

해설 Chapter 02 – 05 – (5)
전기력선의 방향은 전계의 방향과 같다.

30

도체구 내부 공동의 중심에 점전하 Q[C]가 있을 때 이 도체구의 외부에 발산되어 나오는 전기력선의 수는 몇 개인가? (단, 도체 내외의 공간은 진공이라 한다.)

① 4π　　② $\frac{Q}{\varepsilon_0}$
③ Q　　④ $\frac{Q}{\varepsilon_0 \varepsilon_s}$

해설 Chapter 02 – 05 – (7)
전기력선 수 : $\frac{Q}{\varepsilon_0}$
전속선 수 : Q

31

어떤 폐곡면 내에 +8[μC]의 전하와 −3[μC]의 전하가 있을 경우, 이 폐곡면에서 나오는 전기력선의 총수는?

① 5.65×10^5 개　　② 10^7 개
③ 10^5 개　　④ 9.65×10^5 개

해설 Chapter 02 – 05 – (7)

$$N=\frac{Q_1+Q_2}{\varepsilon_0}=\frac{(8-3)\times10^{-6}}{8.855\times10^{-12}}$$
$$=5.65\times10^5[\text{개}]$$

※ 전기력선은 정전하에서 나와 부전하로 들어간다.

32

등전위면을 따라 전하 Q[C]를 운반하는 데 필요한 일은?

① 전하의 크기에 따라 변한다.
② 전위의 크기에 따라 변한다.
③ QV
④ 0

해설 Chapter 02 – 13
등전위면을 따라서 전하를 운반할 때 일은 필요하지 않다.

정답 27 ② 28 ① 29 ④ 30 ② 31 ① 32 ④

33

전계 내에서 폐회로를 따라 전하를 일주시킬 때 하는 일은 몇 [J]인가?

① ∞　　② 0
③ 부정　　④ 산출 불능

해설 Chapter 02 – 13
폐회로를 따라 단위 정전하를 일주시킬 때 전계가 하는 일은 0이다.

34

정전계의 반대 방향으로 전하를 2[m] 이동시키는 데 240[J]의 에너지가 소모되었다. 두 점 사이의 전위차가 60[V]이면 전하의 전기량[C]은?

① 1　　② 2
③ 4　　④ 8

해설 Chapter 02 – 13
$W = QV$
$\therefore\ Q = \frac{W}{V} = \frac{240}{60} = 4\,[\text{C}]$

35

면전하 밀도가 $\sigma\,[\text{c/m}^2]$인 대전 도체가 진공 중에 놓여 있을 때 도체 표면에 작용하는 정전 응력[N/m²]은?

① σ^2에 비례한다.　　② σ에 비례한다.
③ σ^2에 반비례한다.　　④ σ에 반비례한다.

해설 Chapter 02 – 14
정전응력 $f = \frac{1}{2}\varepsilon_0 E^2 = \frac{D^2}{2\varepsilon_0} = \frac{\sigma^2}{2\varepsilon_0}\,[\text{N/m}^2]$

36

두 장의 평행 평판 사이의 공기 중에서 코로나 방전이 일어난 전계의 세기가 3[kV/mm]라면 이때 도체면에 작용하는 힘[N/m²]은?

① 39.9　　② 3.8
③ 71.6　　④ 7.96

해설 Chapter 02 – 14
$E = 3\,[\text{kV/mm}] = 3\times10^6\,[\text{V/m}]$
$f = \frac{1}{2}\varepsilon_0 E^2 = \frac{1}{2}\times 8.855\times10^{-12}\times(3\times10^6)^2$
$= 39.9\,[\text{N/m}^2]$

정답 33 ② 34 ③ 35 ① 36 ①

진공중의 도체계

01 전위 계수 $\left[\frac{1}{F}\right]$

- 도체 1 의 전위
  $V_1 = P_{11}Q_1 + P_{12}Q_2$ [V]
- 도체 2 의 전위
  $V_2 = P_{21}Q_1 + P_{22}Q_2$ [V]
- 성질 $P_{rr} > 0$
  $P_{rs} = P_{sr} \geqq 0$
  $P_{rr} \geqq P_{rs}$

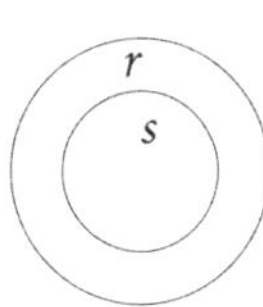

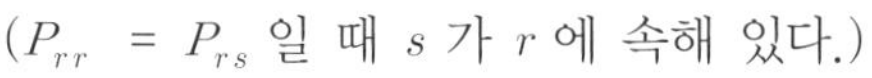
($P_{rr} = P_{rs}$ 일 때 s 가 r 에 속해 있다.)

02 용량 계수, 유도 계수[F]

- 도체 1의 전하량
  $Q_1 = q_{11}V_1 + q_{12}V_2$ [C]
- 도체 2의 전하량
  $Q_2 = q_{21}V_1 + q_{22}V_2$ [C]
- 성질 q_{rr} (용량계수) > 0
  $q_{rs} = q_{sr}$ (유도계수) $\leqq 0$
  $q_{rr} \geqq -q_{rs}$
  ($q_{rr} = -q_{rs}$ 일 때 r 이 s에 속해 있다.)

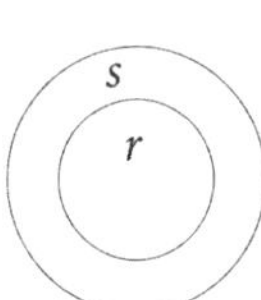

03 콘덴서 연결

(1) 직렬 연결

C_1, C_2, C_3
V_1, V_2, V_3] 문제에서 주어짐 (이미 알고 있는 수치)
내(전)압

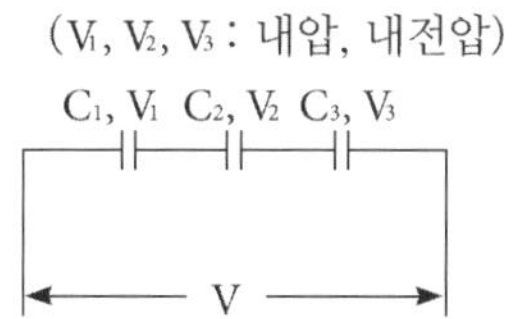

✓Check

ex 용량 및 유도 계수로 표현하라.

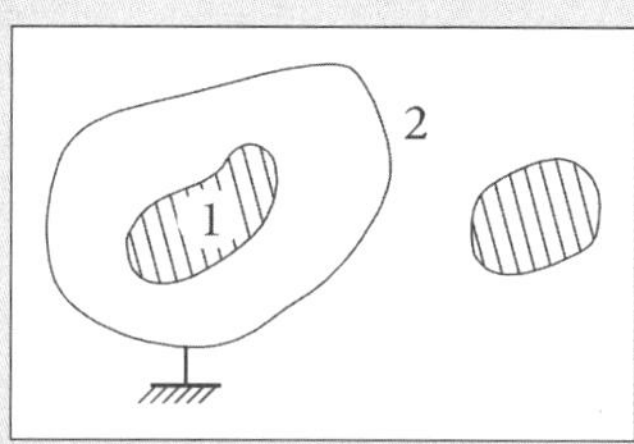

① 말로 표현 ⇒ 1이 2에 속했다.
② 전위계수로 표현 ⇒ $P_{22} = P_{21}$
③ 용량 및 유도계수로 표현
⇒ $q_{11} = -q_{12}$
$(-q_{11} = q_{21})$

① 합성 정전용량 (콘덴서 직렬은 저항 병렬)

$$C = \frac{1}{\frac{1}{C_1} + \frac{1}{C_2} + \frac{1}{C_3}} \text{ [F]}$$

② 최초로 파괴되는 콘덴서

⇒ Q 값이 적은 것이 제일 먼저 파괴

$Q_1 = C_1 V_1$, $Q_2 = C_2 V_2$, $Q_3 = C_3 V_3$

$Q_1 < Q_2 < Q_3$일 때, C_1이 제일 먼저 파괴

③ 콘덴서 파괴 전압 (V)

(가할 수 있는 최대전압, 전체내압)

먼저 파괴되는 콘덴서 구함

$Q_1 < Q_2 < Q_3$ ⇒ C_1이 먼저 파괴

$$V_1 = \frac{\frac{1}{C_1}}{\frac{1}{C_1} + \frac{1}{C_2} + \frac{1}{C_3}} V$$

$$V = \frac{\frac{1}{C_1} + \frac{1}{C_2} + \frac{1}{C_3}}{\frac{1}{C_1}} V_1 \text{ [V]}$$

(2) 병렬 연결

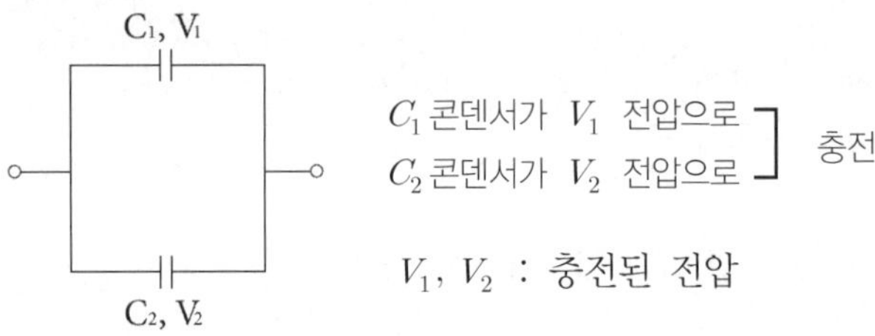

C_1 콘덴서가 V_1 전압으로 ┐
C_2 콘덴서가 V_2 전압으로 ┘ 충전

V_1, V_2 : 충전된 전압

① 합성 정전용량 (콘덴서 병렬은 저항 직렬처럼)

$C = C_1 + C_2$ [F]

② 병렬 (새로운) 전압 V[V]

$$V = \frac{Q}{C} = \frac{C_1 V_1 + C_2 V_2}{C_1 + C_2} \text{ [V]}$$

③ 병렬시 (새로운) 전하량(V :병렬시 전압)

$Q_1' = C_1 V$

$Q_2' = C_2 V$

(병렬시)전하량 = 정전용량×(병렬시)전압

✓Check

ex 반경이 r_1, r_2 전위가 V_1, V_2로 충전한 후 가느다란 도선으로 연결시 전위

$$V = \frac{r_1 V_1 + r_2 V_2}{r_1 + r_2} \text{ [V]}$$

04 정전용량

(1) 고립도체구(球)

$$C = \frac{Q}{V} = 4\pi\varepsilon_0 a \ \ [\mathrm{F}]$$

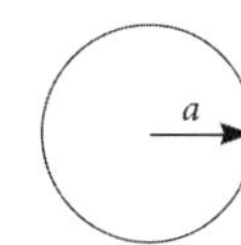

(2) 동심구

① A 도체에만 Q[C]의 전하를 준 경우 (내구)

A 도체 전위

$$V_A = \frac{Q}{4\pi\varepsilon_0}\left(\frac{1}{a} - \frac{1}{b} + \frac{1}{c}\right) [\mathrm{V}]$$

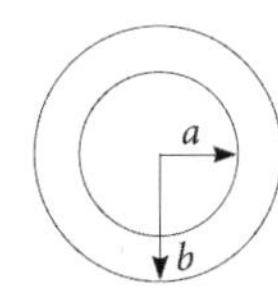

② A 도체 $+Q$[C] B 도체에 $-Q$[C]의 전하를 준 경우

㉮ 전위 $V_A = \dfrac{Q}{4\pi\varepsilon_0}\left(\dfrac{1}{a} - \dfrac{1}{b}\right) [\mathrm{V}]$

㉯ 동심구 정전용량 ($a < b$)

$$C = \frac{Q}{V_A} = \frac{4\pi\varepsilon_0}{\frac{1}{a} - \frac{1}{b}} = \frac{4\pi\varepsilon_0 ab}{b-a} [\mathrm{F}] \text{ (내구절연, 외구접지)}$$

$$C = 4\pi\varepsilon_0 \frac{ab}{b-a} + 4\pi\varepsilon_0 b \text{ (외구절연, 내구접지)}$$

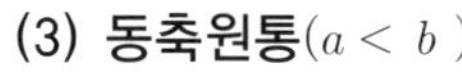

(3) 동축원통($a < b$)

• 단위길이당 정전용량

$$C = \frac{2\pi\varepsilon_0}{\ln\frac{b}{a}} [\mathrm{F/m}] \ (a < b)$$

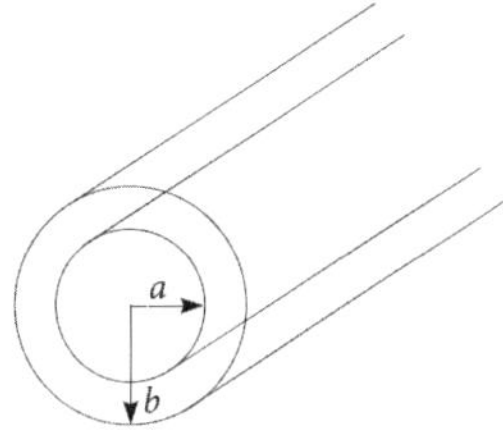

(4) 평행 도선

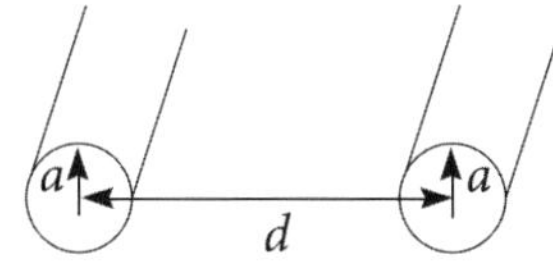

① $C = \dfrac{\pi\varepsilon_0}{\ln\frac{d}{a}} [\mathrm{F/m}]$

② a : 도선의 반지름, d : 선간거리

(5) **평행판 도체** $C = \dfrac{\varepsilon_0 S}{d}$[F]

d: 극판간격 S: 극판면적 ┌ 정사각형, 한 변의 길이 a, $S = a^2$
└ 원형, 반경 a, $S = \pi a^2$

05 콘덴서(도체) 축적되는 에너지

콘덴서 역할 ┌ 전압인가 시 충전이 된다.
└ 전하를 축적(저축)하는 기능을 가지고 있다.

(1) $W = \dfrac{1}{2}CV^2 = \dfrac{\varepsilon_0 S}{2d}V^2$ [J]

⇒ (전압일정 시) ┌ 병렬 연결
├ 전압을 가하고 있다
└ 충전하는 동안

(2) $W = \dfrac{Q^2}{2C} = \dfrac{dQ^2}{2\varepsilon_0 S}$[J]

⇒ (전하량 일정 시) ┌ 직렬 연결
├ 전원을 제거한 후
└ 충전이 끝난 후

$W = \dfrac{1}{2}QV$ [J]

$W \propto V^2 \propto Q^2$

- 정전력

(3) $F = \dfrac{\partial W}{\partial d} = -\dfrac{\varepsilon_0 S}{2d^2}V^2$ [N] ⇒ (전압 일정 시)

(4) $F = \dfrac{\partial W}{\partial d} = \dfrac{Q^2}{2\varepsilon_0 S}$ [N] ⇒ (전하량 일정 시)

(5) * **콘덴서 병렬 연결 시 에너지는 감소**

① $W_1 \neq W_2$, W (후) $<$ $W_1 + W_2$ (전)

② $W_1 = W_2$, W (후) $=$ $W_1 + W_2$ (전)

* **비누(물)방울이 합쳐질 때 에너지는 증가**

W (후) $>$ $W_1 + W_2$ (전)

출제예상문제

01

엘라스턴스(elastance)란?

① $\dfrac{1}{\text{전위차} \times \text{전기량}}$ ② 전위차×전기량

③ $\dfrac{\text{전위차}}{\text{전기량}}$ ④ $\dfrac{\text{전기량}}{\text{전위차}}$

해설

엘라스턴스 $= \dfrac{1}{\text{정전용량}} = \dfrac{\text{전위차}}{\text{전기량}}$ [daraf]

[daraf] $= \left[\dfrac{1}{\mathrm{F}}\right] = \left[\dfrac{\mathrm{V}}{\mathrm{C}}\right]$

02

도체계의 전위 계수의 설명 중 옳지 않은 것은?

① $P_{rr} \geqq P_{rs}$ ② $P_{rr} < 0$

③ $P_{rs} \geqq 0$ ④ $P_{rs} = P_{sr}$

해설 Chapter 03 – 01

$P_{rr} > 0$

03

도체Ⅰ, Ⅱ 및 Ⅲ이 있을 때 도체Ⅱ가 도체Ⅰ에 완전 포위되어 있음을 나타내는 것은?

① $P_{11} = P_{21}$ ② $P_{11} = P_{31}$

③ $P_{11} = P_{33}$ ④ $P_{12} = P_{22}$

해설 Chapter 03 – 01

① $P_{11} = P_{21}$: 2 도체가 1 도체에 속해 있다.

② $P_{11} = P_{31}$: 3 도체가 1 도체에 속해 있다.

③ $P_{11} = P_{33}$: 1 도체와 3 도체의 반지름이 같은 경우

④ $P_{21} = P_{22}$: 1 도체가 2 도체에 속해 있다.

04

진공 중에서 떨어져 있는 두 도체 A, B가 있다. A에만 1[C]의 전하를 줄 때 도체 A, B의 전위가 각각 3, 2[V]였다. 지금 A, B에 각각 2, 1[C]의 전하를 주면 도체 A의 전위 [V]는?

① 6 ② 7

③ 8 ④ 9

해설 Chapter 03 – 01

$V_1 = P_{11}Q_1 + P_{12}Q_2$

$V_2 = P_{21}Q_1 + P_{22}Q_2$

$Q_1 = 1$ [C], $Q_2 = 0$ 일 때

$V_1 = 3,\ \ V_2 = 2$

$3 = P_{11} \cdot 1 \ \Rightarrow\ P_{11} = 3$

$2 = P_{21} \cdot 1 \ \Rightarrow\ P_{21} = P_{12} = 2$

$Q_1{}' = 2$ [C], $Q_2{}' = 1$ [C] 일 때 $V_1{}' = ?$

$\therefore V_1{}' = P_{11}Q_1{}' + P_{12}Q_2{}' = 3 \times 2 + 2 \times 1$

$= 8$ [V]

05

각각 $\pm Q$[C]으로 대전된 두 개의 도체 간의 전위차를 전위 계수로 표시하면?

① $(P_{11} + P_{12} + P_{22})Q$

② $(P_{11} + 2P_{12} + P_{22})Q$

③ $(P_{11} - P_{12} + P_{22})Q$

④ $(P_{11} - 2P_{12} + P_{22})Q$

해설 Chapter 03 – 01

Q[C]으로 대전된 도체의 전위를 V_1, $-Q$[C]으로 대전된 도체의 전위를 V_2라 하면

$Q_1 = Q,\ Q_2 = -Q$에 대입하면

$V_1 = P_{11}Q_1 + P_{12}Q_2 = P_{11}Q - P_{12}Q$

정답 01 ③ 02 ② 03 ① 04 ③ 05 ④

$V_2 = P_{21}Q_1 + P_{22}Q_2 = P_{21}Q - P_{22}Q$

두 도체간의 전위차 V는

$\therefore V = V_1 - V_2$

$= (P_{11}Q - P_{12}Q) - (P_{21}Q - P_{22}Q)$

$= (P_{11}Q - P_{12}Q - P_{21}Q + P_{22}Q)$

$= (P_{11} - 2P_{12} + P_{22})Q$[V] $(P_{12} = P_{21})$

06

2개의 도체를 $+Q$[C]과 $-Q$[C]으로 대전했을 때 이 두 도체간의 정전 용량을 전위 계수로 표시하였을 때 옳은 것은? (단, 두 도체의 전위를 V_1, V_2로 하고 다른 모든 도체의 전위는 0이 된다.)

① $\dfrac{1}{P_{11} + 2P_{12} + P_{22}}$ ② $\dfrac{1}{P_{11} + 2P_{12} - P_{22}}$

③ $\dfrac{1}{P_{11} - 2P_{12} - P_{22}}$ ④ $\dfrac{1}{P_{11} - 2P_{12} + P_{22}}$

해설 Chapter 03 - 01

$Q_1 = Q$ [C], $Q_2 = -Q$ [C]을 대입하면

$V_1 = P_{11}Q_1 + P_{12}Q_2 = P_{11}Q - P_{12}Q$

$V_2 = P_{21}Q + P_{22}Q_2 = P_{21}Q - P_{22}Q$

$\therefore V = V_1 - V_2 = (P_{11} - 2P_{12} + P_{22})Q$

전위 계수로 표시한 정전 용량 C는

$C = \dfrac{Q}{V} = \dfrac{Q}{V_1 - V_2} = \dfrac{1}{P_{11} - 2P_{12} + P_{22}}$ [F]

07

여러 가지 도체의 전하 분포에 있어 각 도체의 전하를 n배 하면 중첩의 원리가 성립하기 위해서는 그 전위는 어떻게 되는가?

① $\dfrac{1}{2}n$배가 된다. ② n배가 된다.

③ $2n$배가 된다. ④ n^2배가 된다.

해설 Chapter 03 - 01

전위는 전하량에 비례하므로 $nV = nQ$

08

용량 계수와 유도 계수의 설명 중 옳지 않은 것은?

① 유도 계수는 항상 0이거나 0보다 작다.

② 용량 계수는 항상 0보다 크다.

③ $q_{11} \geq -(q_{21} + q_{31} + \cdots\cdots + q_{n1})$

④ 용량 계수와 유도 계수는 항상 0보다 크다.

해설 Chapter 03 - 02

$q_{rr} > 0$ (용량계수)

$q_{rs} = q_{sr} \leqq 0$ (유도계수)

09

그림과 같이 도체 1을 도체 2로 포위하여 도체 2를 일정전위로 유지하고, 도체 1과 도체 2의 외측에 도체 3이 있을 때 용량 계수 및 유도 계수의 성질 중 맞는 것은?

① $q_{21} = -q_{11}$

② $q_{31} = q_{11}$

③ $q_{13} = -q_{11}$

④ $q_{23} = q_{11}$

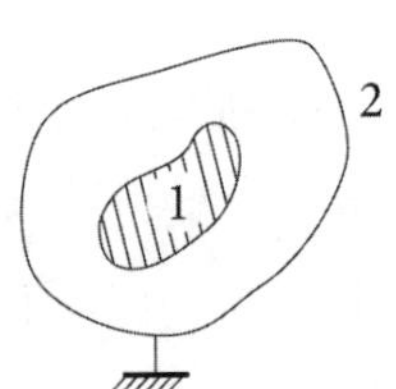

해설 Chapter 03 - 02

$q_{13} = q_{31} = 0$ 또는

$q_{11} = -q_{21}$ 에서 $q_{21} = -q_{11}$

10

절연된 두 도체가 있을 때, 그 두 체의 정전 용량을 각각 C_1[F], C_2[F] 그 사이의 상호 유도 계수를 M이라 한다. 지금 두 도체를 가는 도선으로 연결하면 그 정전 용량[F]은?

① $C_1 + C_2 + 2M$ ② $C_1 + C_2 - 2M$

③ $\dfrac{2M}{C_1 + C_2}$ ④ $\dfrac{2M}{C_1 - C_2}$

정답 06 ④ 07 ② 08 ④ 09 ① 10 ①

해설 Chapter 03 – 02

$Q_1 = q_{11}V_1 + q_{12}V_2$ [F]

$Q_2 = q_{21}V_1 + q_{22}V_2$ [F]

식에서 $q_{11} = C_1$, $q_{22} = C_2$

$q_{12} = q_{21} = M$이고, $V_1 = V_2 = V$을 대입하면

$Q_1 = (q_{11} + q_{12})V = (C_1 + M)V$[C]

$Q_2 = (q_{21} + q_{22})V = (M + C_2)V$[C]가 되어,

구하는 정전 용량 C는

$$C = \frac{Q_1 + Q_2}{V} = \frac{(C_1 + M)V + (M + C_2)V}{V}$$

$$= C_1 + C_2 + 2M$$

11

내압 1,000[V] 정전 용량 3[μF], 내압 500[V] 정전 용량 5[μF], 내압 250[V] 정전용량 6[μF]의 3 콘덴서를 직렬로 접속하고 양단에 가한 전압을 서서히 증가시키면 최초로 파괴되는 콘덴서는?

① 3[μF] ② 5[μF]
③ 6[μF] ④ 동시에 파괴된다.

해설 Chapter 03 – 03 – (1)

각 콘덴서에 축적할 수 있는 전하량은?

$Q_1 = C_1V_1 = 3\times 10^{-6}\times 1{,}000 = 3\times 10^{-3}$[C]

$Q_2 = C_2V_2 = 5\times 10^{-6}\times 500 = 2.5\times 10^{-3}$[C]

$Q_3 = C_3V_3 = 6\times 10^{-6}\times 250 = 1.5\times 10^{-3}$[C]

직렬 연결일 때 축적되는 전하량이 일정하므로 전하량이 가장 작은 C_3(6[μF])가 가장 먼저 절연 파괴되고 가장 큰 C_1(3[μF])이 가장 늦게 파괴된다.

12

내압이 1[kV]이고, 용량이 0.01[μF], 0.02[μF], 0.04[μF]인 3개의 콘덴서를 직렬로 연결하였을 때 전체 내압은 몇 [V]가 되는가?

① 1,750 ② 1,950
③ 3,500 ④ 7,000

해설 Chapter 03 – 03 – (1)

$Q_1 = C_1V_1 = 10[\mu C]$

$Q_2 = C_2V_2 = 20[\mu C]$

$Q_3 = C_3V_3 = 40[\mu C]$

$Q_1 < Q_2 < Q_3$

C_1 콘덴서가 먼저 파괴

$$V_1 = \frac{\frac{1}{C_1}}{\frac{1}{C_1} + \frac{1}{C_2} + \frac{1}{C_3}}V$$

$$V = \frac{\frac{1}{C_1} + \frac{1}{C_2} + \frac{1}{C_3}}{\frac{1}{C_1}}V_1$$

$$= \frac{\frac{1}{0.01} + \frac{1}{0.02} + \frac{1}{0.04}}{\frac{1}{0.01}}\times 1{,}000 = 1{,}750[V]$$

13

1[μF]의 콘덴서를 80[V], 2[μF]의 콘덴서를 50[V]로 충전하고 이들을 병렬로 연결할 때의 전위차는 몇 [V]인가?

① 75 ② 70
③ 65 ④ 60

해설 Chapter 03 – 03 – (2)

$$V = \frac{C_1V_1 + C_2V_2}{C_1 + C_2} = \frac{1\times 80 + 2\times 50}{1+2} = 60[V]$$

14

상당한 거리를 가진 두 개의 절연구가 있다. 그 반지름은 각각 2[m] 및 4[m]이다. 이 전위를 각각 2[V] 및 4[V]로 한 후 가는 도선으로 두 구를 연결하면 전위[V]는?

① 0.3 ② 1.3
③ 2.3 ④ 3.3

정답 11 ③ 12 ① 13 ④ 14 ④

해설 Chapter 03 - 03 - (2)

공통전위

$$V = \frac{C_1 V_1 + C_2 V_2}{C_1 + C_2}$$

$$= \frac{4\pi\varepsilon_0 r_1 V_1 + 4\pi\varepsilon_0 r_2 V_2}{4\pi\varepsilon_0 r_1 + 4\pi\varepsilon_0 r_2}$$

$$= \frac{r_1 V_1 + r_2 V_2}{r_1 + r_2}$$

$$= \frac{2\times 2 + 4\times 4}{2+4} = 3.3[\mathrm{V}]$$

15

1[μF]의 정전 용량을 가진 구의 반지름 [km]은?

① 9×10^3　② 9
③ 9×10^{-3}　④ 9×10^{-6}

해설 Chapter 03 - 04 - (1)

$C = 4\pi\varepsilon_0 a$

$$\therefore\ a = \frac{C}{4\pi\varepsilon_0} = 9\times 10^9 C$$

$$= 9\times 10^9 C = 9\times 10^9 \times 1\times 10^{-6}$$

$$= 9\times 10^3[\mathrm{m}]$$

$$= 9[\mathrm{km}]$$

16

동심구형 콘덴서의 내외 반지름을 각각 10배로 증가시키면 정전용량은 몇 배로 증가하는가?

① 5　② 10
③ 20　④ 100

해설 Chapter 03 - 04 - (2)

$$C = \frac{4\pi\varepsilon_0}{\frac{1}{a} - \frac{1}{b}}$$

$$C' = \frac{4\pi\varepsilon_0}{\frac{1}{10}\left(\frac{1}{a} - \frac{1}{b}\right)} = 10\,C$$

17

그림과 같은 두 개의 동심구로 된 콘덴서의 정전용량 [F]은?

① $2\pi\varepsilon_0$
② $4\pi\varepsilon_0$
③ $8\pi\varepsilon_0$
④ $16\pi\varepsilon_0$

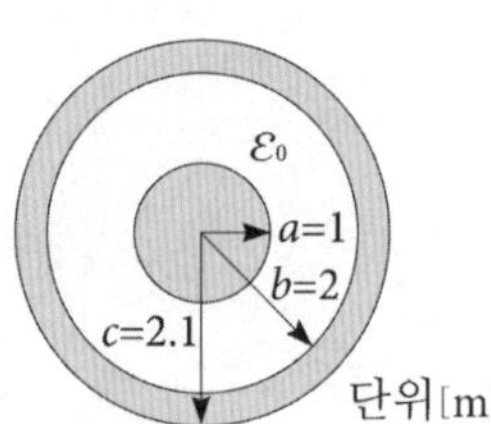

해설 Chapter 03 - 04 - (2)

$$C = \frac{4\pi\varepsilon_0}{\frac{1}{a} - \frac{1}{b}} = \frac{4\pi\varepsilon_0}{1 - \frac{1}{2}} = 8\pi\varepsilon_0$$

18

반지름 $a > b$[m]인 동심 도체구의 정전 용량[F]은? (단, 내구 절연, 외구 접지일 때이다.)

① $4\pi\varepsilon_0 a$　② $\dfrac{4\pi\varepsilon_0 ab}{a-b}$

③ $\dfrac{1}{4\pi\varepsilon_0}\times\dfrac{ab}{a-b}$　④ $\dfrac{1}{4\pi\varepsilon_0}\times\dfrac{a-b}{ab}$

해설 Chapter 03 - 04 - (2)

$a > b$ 인 경우이므로

$$C = \frac{4\pi\varepsilon_0}{\frac{1}{b} - \frac{1}{a}} = \frac{4\pi\varepsilon_0 ab}{a-b}[\mathrm{V}]$$

정답 15 ② 16 ② 17 ③ 18 ②

19

그림과 같이 동심구에서 도체 A에 Q[C]을 줄 때 도체 A의 전위[V]는? (단, 도체 B의 전하는 0이다.)

① $\frac{Q}{4\pi\varepsilon_0 C}$

② $\frac{Q}{4\pi\varepsilon_0}\left[\frac{1}{a}-\frac{1}{b}\right]$

③ $\frac{Q}{4\pi\varepsilon_0}\left[\frac{1}{a}+\frac{1}{b}\right]$

④ $\frac{Q}{4\pi\varepsilon_0}\left[\frac{1}{a}-\frac{1}{b}+\frac{1}{c}\right]$

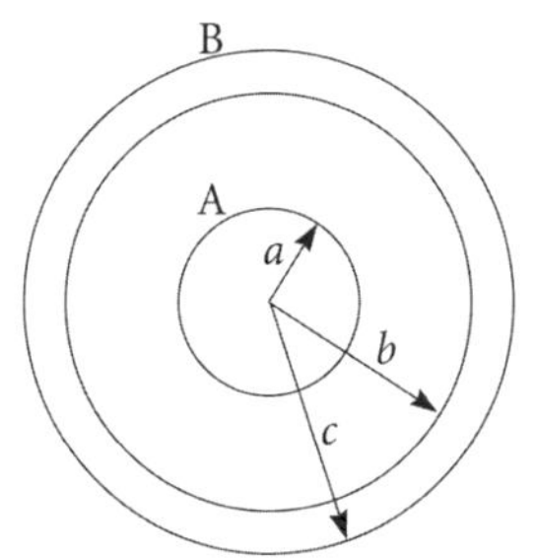

해설 Chapter 03 – 04 – (2)

$$V=\frac{Q}{4\pi\varepsilon_0}\left\{\frac{1}{a}-\frac{1}{b}+\frac{1}{c}\right\}[\text{V}]$$

20

내원통 반지름 10[cm], 외원통 반지름 20[cm]인 동축 원통 도체의 정전용량[pF/m]은?

① 100　　② 90

③ 80　　④ 70

해설 Chapter 03 – 04 – (3)

$$C=\frac{2\pi\varepsilon_0}{\ln\frac{b}{a}}\times 10^{12}=\frac{2\pi\varepsilon_0}{\ln\frac{0.2}{0.1}}\times 10^{12}$$

$$=\frac{2\pi\varepsilon_0}{\ln 2}\times 10^{12}=80[\text{pF/m}]$$

21

반지름 a [m], 선간 거리 d [m]인 평행 도선 간의 정전용량[F/m]은? (단, $d \gg a$ 이다.)

① $\frac{2\pi\varepsilon_0}{\log\frac{d}{a}}$　　② $\frac{1}{2\pi\varepsilon_0\log\frac{d}{a}}$

③ $\frac{1}{2\varepsilon_0\log\frac{d}{a}}$　　④ $\frac{\pi\varepsilon_0}{\log\frac{d}{a}}$

해설 Chapter 03 – 04 – (4)

$$C=\frac{\pi\varepsilon_0}{\ln\frac{d}{a}}[\text{F/m}]$$

여기서 $\ln=\log=2.303\log_{10}$

22

간격 d[m]인 무한히 넓은 평행판의 단위 면적당 정전용량[F/m²]은? (단, 매질은 공기라 한다.)

① $\frac{1}{4\pi\varepsilon_0 d}$　　② $\frac{4\pi\varepsilon_0}{d}$

③ $\frac{\varepsilon_0}{d}$　　④ $\frac{\varepsilon_0}{d^2}$

해설 Chapter 03 – 04 – (5)

$C=\frac{\varepsilon_0 S}{d}$ 단위면적당 정전용량이므로

$$C_0=\frac{C}{S}=\frac{\varepsilon_0}{d}[\text{F/m}^2]$$

23

평행판 콘덴서의 양극판 면적을 3배로 하고 간격을 1/2배로 하면 정전용량은 처음의 몇 배가 되는가?

① 3/2　　② 2/3

③ 1/6　　④ 6

해설 Chapter 03 – 04 – (5)

면적 S_1, 간격 d_1인 평행판 콘덴서의 정전용량을 C_1이라 하면 $C_1=\frac{\varepsilon_0}{d_1}S_1$

$d=\frac{1}{2}d_1$, $S=3S_1$이므로 구하는 정전용량 C는

$\therefore\ C=\frac{\varepsilon_0}{\frac{1}{2}d_1}\cdot 3S_1=6\frac{\varepsilon_0}{d_1}S_1=6C_1$이므로 6배가 된다.

정답 19 ④ 20 ③ 21 ④ 22 ③ 23 ④

24

콘덴서의 전위차와 축적되는 에너지와의 그림으로 나타내면 다음의 어느 것인가?

① 쌍곡선
② 타원
③ 포물선
④ 직선

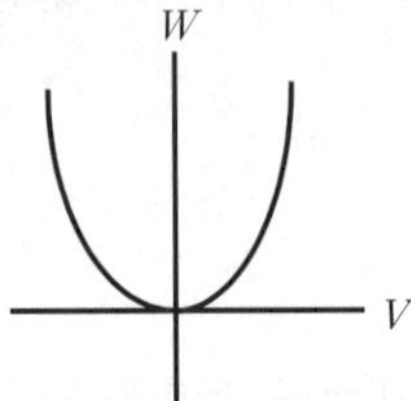

해설 Chapter 03 – 05

$$W = \frac{Q^2}{2C} = \frac{1}{2}QV = \frac{1}{2}CV^2\,[\text{J}] = k \cdot V^2$$

25

3[μF]의 콘덴서 9×10^{-4}[C]의 전하를 저축할 때의 정전 에너지[J]는?

① 0.135 ② 1.35
③ 1.22×10^{-12} ④ 1.35×10^{-7}

해설 Chapter 03 – 05

$$W = \frac{Q^2}{2C} = \frac{(9\times10^{-4})^2}{2\times(3\times10^{-6})} = \frac{81\times10^{-2}}{6} = 0.135[\text{J}]$$

26

정전용량 1[μF] 2[μF]의 콘덴서에 각각 2×10^{-4}[C] 및 3×10^{-4}[C]의 전하를 주고 극성을 같게 하여 병렬로 접속할 때 콘덴서에 축적된 에너지[J]는 얼마인가?

① 약 0.025 ② 약 0.303
③ 약 0.042 ④ 약 0.525

해설 Chapter 03 – 05

병렬 연결 : $C_0 = C_1 + C_2 = 3\times10^{-6}$

$Q_0 = Q_1 + Q_2 = 5\times10^{-4}$

$$\therefore W = \frac{Q^2}{2C} = \frac{(5\times10^{-4})^2}{2\times3\times10^{-6}} = 0.042[\text{J}]$$

27

공기 중에 고립된 지름 1[m]인 반구 도체를 10^6 [V]로 충전한 다음, 이 에너지를 10^{-5}초 사이에 방전한 경우의 평균 전력 [kW]은?

① 700 ② 1,389
③ 2,780 ④ 5,560

해설

고립된 반구 도체구의 정전 용량 C는 공기 중에서

$$C = \frac{4\pi\varepsilon_0 a}{2} = 2\pi\varepsilon_0 a\,[\text{F}]$$

에너지 $W = P\cdot t = \frac{1}{2}CV^2$에서

$$P = \frac{W}{t} = \frac{\frac{1}{2}CV^2}{t}$$

$$= \frac{\frac{1}{2}\times2\pi\times8.855\times10^{-12}\times0.5\times(10^6)^2\times10^{-3}}{10^{-5}}$$

$= 1,389\,[\text{kW}]$

정답 24 ③ 25 ① 26 ③ 27 ②

Chapter 04 유전체

01 분극의 세기(분극도)

(1) ρ (자유전하밀도, 표면전하밀도)

$= D$ (전속밀도, 진전하밀도)

ρ′(분극전하밀도) $= P$(분극의 세기)

(2) $P = \varepsilon_0(\varepsilon_s - 1)E$ [c/m2]

$P = \chi E$, {χ(분극률)$= \varepsilon_0(\varepsilon_s - 1)$ [F/m]}

$P = D\left(1 - \frac{1}{\varepsilon_s}\right)$ [c/m²]

$P = \frac{M[\text{c} \cdot \text{m}]}{v[\text{m}^3]}$ [c/m²]

02 경계조건

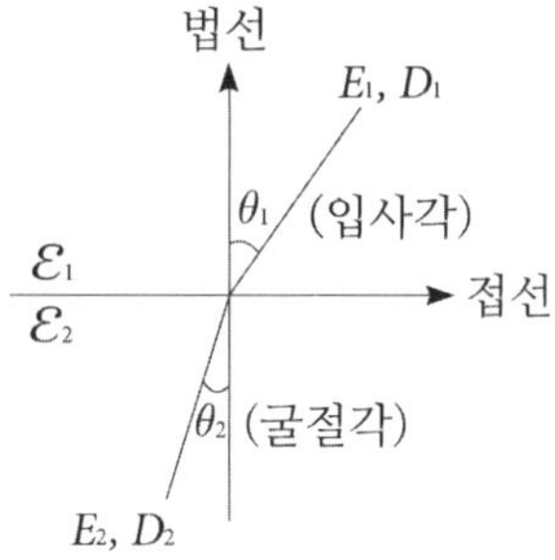

θ_1, θ_2 : 법선과 이루는 각

(1) 전속밀도의 법선성분은 같다.

$D_1 \cos\theta_1 = D_2 \cos\theta_2$

(2) 전계의 접선성분은 같다.

$E_1 \sin\theta_1 = E_2 \sin\theta_2$

(3) 굴절의 법칙

$$\frac{\tan\theta_2}{\tan\theta_1} = \frac{\varepsilon_2}{\varepsilon_1}$$

(4) 경계면에서 두 점의 전위는 같고 진전하밀도는 0이다.

✓Check

단위면적당 작용하는 힘

$f = \frac{1}{2}\varepsilon E^2 = \frac{D^2}{2\varepsilon} = \frac{1}{2}ED$ [N/m²]

(5) $\varepsilon_1 > \varepsilon_2$ 일 때

$\theta_1 > \theta_2$

$D_1 > D_2$

$E_1 < E_2$

(6) 전계가 경계면에 수직한 경우

$(\varepsilon_1 > \varepsilon_2)$, f [N/m²] =?

$(\theta = 0, D_1 = D_2 = D)$

"ps" 전계가 경계면에 수직한 경우

전속밀도는 불변

$$f = \frac{1}{2}\left(\frac{1}{\varepsilon_2} - \frac{1}{\varepsilon_1}\right)D^2 \text{ [N/m}^2\text{]}$$

(7) 전계가 경계면에 평행한 경우

$(\varepsilon_1 > \varepsilon_2)$, f [N/m²] =?

$(\theta = 90, E_1 = E_2 = E)$

$$f = \frac{1}{2}(\varepsilon_1 - \varepsilon_2)E^2 \text{[N/m}^2\text{]}$$

(8) ┌ 작용하는 힘은 유전율이 큰 쪽에서 작은 쪽으로 작용
└ 전속(선)은 유전율이 큰 쪽으로 모이려는 성질이 있다.

03 콘덴서 연결

(1) 직렬 연결 $C = \frac{S}{\frac{d_1}{\varepsilon_1} + \frac{d_2}{\varepsilon_2}} = \frac{\varepsilon_1 \cdot \varepsilon_2 \cdot S}{\varepsilon_1 d_2 + \varepsilon_2 d_1}$ [F]

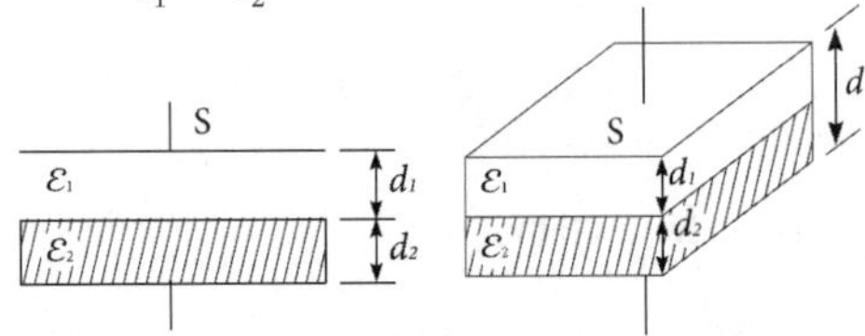

(극판의 면적은 일정, 극판의 간격은 각각 나누어진다.)

(2) 병렬 연결 $C = \frac{1}{d}(\varepsilon_1 S_1 + \varepsilon_2 S_2)$ [F]

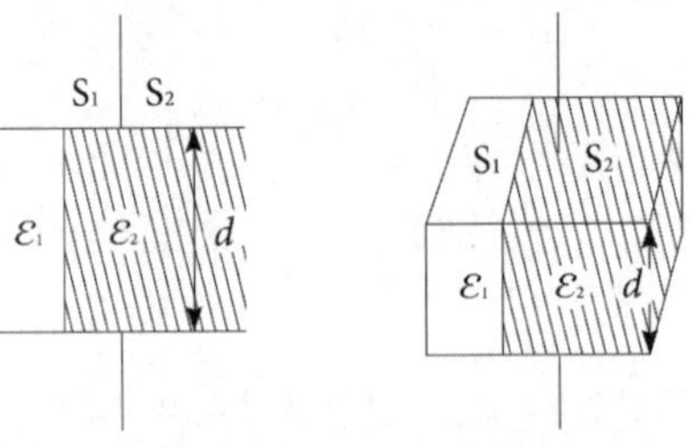

(극판의 간격은 일정, 극판의 면적은 각각 나누어진다.)

04 전속밀도의 발산

$\nabla^2 V = -\frac{\rho}{\varepsilon_0}$

$\nabla \cdot \nabla V = -\frac{\rho}{\varepsilon_0}$ $\langle E = -\nabla \cdot V \rangle$

$\nabla \cdot (-E) = -\frac{\rho}{\varepsilon_0}$

$\nabla \cdot (\varepsilon_0 E) = \rho$

$\nabla \cdot D = \rho$

$\therefore \operatorname{div} D = \nabla \cdot D = \rho\,[\mathrm{c/m^3}]$

05 패러데이관

① 패러데이관 내의 전속수는 일정하다.

② 패러데이관 양단에는 정, 부 단위 전하가 있다.

③ 진 전하가 없는 점에는 패러데이관은 연속이다.

④ 패러데이관의 밀도는 전속밀도와 같다.

⑤ 단위전위차시 발생에너지는 $\frac{1}{2}$[J]이다.

06 ε_s(비유전율)의 비례, 반비례 관계

(1) 비례

① C(정전용량)= $\frac{\varepsilon_0 \varepsilon_s S}{d} \propto \varepsilon_s$ 증가

② Q(전하량)= $CV \propto \varepsilon_s$ 증가

(2) 반비례

① V(전압)= $\frac{Q}{C} \propto \frac{1}{\varepsilon_s}$ 감소

② E(전계)= $\frac{D}{\varepsilon_0 \varepsilon_s} \propto \frac{1}{\varepsilon_s}$ 감소

(전압 일정 시 $E = \frac{V}{d} \Rightarrow \varepsilon_s$와 무관)

출제예상문제

01

면적 S [m^2], 극간 거리 d [m]인 평행한 콘덴서에 비유전율 ε_s 의 유전체를 채운 경우의 정전용량은?

① $\dfrac{\varepsilon_s S}{4\pi\varepsilon_0 d}$　② $\dfrac{4\pi\varepsilon_0 d}{S d}$

③ $\dfrac{\varepsilon_s S}{\varepsilon_0 d}$　④ $\dfrac{\varepsilon_0 \varepsilon_s S}{d}$

해설 Chapter 03 – 04 – (5)

$C = \dfrac{\varepsilon_0 \varepsilon_s S}{d}$

02

전계 E [V/m], 전속 밀도 D [c/m^2], 유전율 ε[F/m]인 유전체 내에 저장되는 에너지 밀도[J/m^3]는?

① ED　② $\dfrac{1}{2}ED$

③ $\dfrac{1}{2\varepsilon}E^2$　④ $\dfrac{1}{2}\varepsilon D^2$

해설 Chapter 02 – 14

$\omega = \dfrac{1}{2}\varepsilon E^2 = \dfrac{D^2}{2\varepsilon} = \dfrac{1}{2}ED$ [J/m^3]

03

유전체(유전율 = 9) 내의 전계의 세기가 100[V/m]일 때 유전체 내에 저장되는 에너지 밀도[J/m^3]는?

① 5.55×10^4　② 4.5×10^4

③ 9×10^9　④ 4.05×10^5

해설 Chapter 02 – 14

$\varepsilon = 9,\ E = 100$ [V/m]이므로

$\omega = \dfrac{1}{2}\varepsilon E^2 = \dfrac{1}{2}\times 9\times 100^2$

$= 4.5\times 10^4$ [J/m3]

04

평판 콘덴서에 어떤 유전체를 넣었을 때 전속밀도가 2.4×10^{-7} [c/m^2]이고 단위체적 중의 에너지가 5.3×10^{-3} [J/m^3]이었다. 이 유전체의 유전율은 몇 [F/m]인가?

① 2.17×10^{-11}　② 5.43×10^{-11}

③ 2.17×10^{-12}　④ 5.43×10^{-12}

해설 Chapter 02 – 14

에너지 밀도 $\omega = \dfrac{D^2}{2\varepsilon}$ 에서

$\varepsilon = \dfrac{D^2}{2\omega} = \dfrac{(2.4\times 10^{-7})^2}{2\times 5.3\times 10^{-3}}$

$= 5.43\times 10^{-12}$ [F/m]

05

내외 원통 도체의 반경이 각각 a, b 인 동축 원통 콘덴서의 단위길이당 정전용량[F/m]은? (단, 원통 사이의 유전체의 비유전율은 ε_s 이다.)

① $\dfrac{2\pi\varepsilon_0\varepsilon_s}{\ln\frac{b}{a}}$　② $\dfrac{2\pi\varepsilon_0}{\varepsilon_s \ln\frac{b}{a}}$

③ $\dfrac{4\pi\varepsilon_0\varepsilon_s}{\ln\frac{b}{a}}$　④ $\dfrac{4\pi\varepsilon_0}{\varepsilon_s}\ln\dfrac{b}{a}$

해설 Chapter 03 – 04 – (3)

$C = \dfrac{2\pi\varepsilon_0\varepsilon_s}{\ln\frac{b}{a}}$ [F/m]

06

비유전율이 4이고 전계의 세기가 20[kV/m]인 유전체 내의 전속밀도[μc/m^2]는?

① 0.708　② 0.168

③ 6.28　④ 2.83

정답 01 ④ 02 ② 03 ② 04 ④ 05 ① 06 ①

해설 Chapter 02 – 12

$D=\varepsilon_0\varepsilon_s E=8.855\times10^{-12}\times4\times20\times10^3$

$=0.708\times10^{-6}$ [c/m^2]

$=0.708\times10^{-6}\times10^6$ [μc/m^2]

$=0.708$ [μc/m^2]

07

유전체 내의 전속 밀도에 관한 설명 중 옳은 것은?

① 진전하만이다. ② 분극 전하만이다.
③ 겉보기 전하만이다. ④ 진전하와 분극 전하이다.

해설 Chapter 04 – 01

$D=\rho$ (표면전하밀도, 진전하)

08

유전율 $\varepsilon_0\,\varepsilon_s$의 유전체 내에 전하 Q에서 나오는 전기력선 수는?

① Q개 ② $Q/\varepsilon_0\varepsilon_s$ 개
③ Q/ε_0개 ④ Q/ε_s 개

해설 Chapter 02 – 05 – (7)

가우스 정리에 의해서 전기력선수는

$N=\oint_s E\cdot ds=\dfrac{Q}{\varepsilon}=\dfrac{Q}{\varepsilon_0\varepsilon_s}$

09

비유전율이 4인 유전체 내에 있는 1[μC]의 전하에서 나오는 전전속은 몇 [C]인가?

① 2.5×10^{-6} ② 1×10^{-6}
③ 2×10^{-6} ④ 4×10^{-6}

해설 Chapter 02 – 05 – (7)

전속수 $Q=1\times10^{-6}$

전속은 물질의 종류와 관계없이 전하량만큼 발생한다.

10

유전체에서 분극의 세기의 단위는?

① [c] ② [c/m]
③ [c/m^2] ④ [c/m^3]

해설 Chapter 04 – 01

$P=\rho'$ [c/m^2]

11

비유전율이 5인 등방유전체의 한 점에서의 전계의 세기가 10[kV/m]이다. 이 점의 분극의 세기는 몇 [c/m^2]인가?

① 1.41×10^7 ② 3.54×10^{-7}
③ 8.84×10^8 ④ 4×10^4

해설 Chapter 04 – 01

$P=\varepsilon_0(\varepsilon_s-1)E$

$=8.855\times10^{-12}\times(5-1)\times10^4$

$=3.54\times10^{-7}$ [c/m^2]

12

베이클라이트 중의 전속 밀도가 4.5×10^{-6} [c/m^2]일 때의 분극의 세기는 몇 [c/m^2]인가? (단, 베이클라이트의 비유전율은 4로 계산한다.)

① 1.350×10^{-6} ② 2.345×10^{-6}
③ 3.375×10^{-6} ④ 4.365×10^{-6}

해설 Chapter 04 – 01

$P=D\left(1-\dfrac{1}{\varepsilon_s}\right)$

$=4.5\times10^{-6}\times\left(1-\dfrac{1}{4}\right)$

$=3.37\times10^{-6}$[c/m^2]

정답 07 ① 08 ② 09 ② 10 ③ 11 ② 12 ③

13

비유전율이 $\varepsilon_s = 5$ 인 등방 유전체의 한 점에 전계의 세기가 $E = 10^4$ [V/m]일 때 이 점의 분극률의 세기 χ[F/m]는?

① $10^{-9} / 9\pi$ ② $10^{-9} / 18\pi$
③ $10^{-9} / 27\pi$ ④ $10^{-9} / 36\pi$

해설 Chapter 04 – 01

$P = \varepsilon_0(\varepsilon_s - 1)E = \chi E$, $\dfrac{1}{4\pi\varepsilon_0} = 9\times10^9$에서

$\varepsilon_0 = \dfrac{10^{-9}}{36\pi}$

$\therefore \chi = \dfrac{P}{E} = \varepsilon_0(\varepsilon_s - 1) = \dfrac{10^{-9}}{36\pi}\times(5-1) = \dfrac{10^{-9}}{9\pi}$ [F/m]

14

두 종류의 유전율 ε_1, ε_2를 가진 유전체 경계면에 전하 존재하지 않을 때 경계 조건이 아닌 것은?

① $\varepsilon_1 E_1 \cos\theta_1 = \varepsilon_2 E_2 \cos\theta_2$
② $\varepsilon_1 E_1 \sin\theta_1 = \varepsilon_2 E_2 \sin\theta_2$
③ $E_1 \sin\theta_1 = E_2 \sin\theta_2$
④ $\tan\theta_1 / \tan\theta_2 = \varepsilon_1 / \varepsilon_2$

해설 Chapter 04 – 02

경계 조건 중 $D_1\cos\theta_1 = D_2\cos\theta_2$ 는

$\varepsilon_1 E_1\cos\theta_1 = \varepsilon_2 E_2\cos\theta_2$ 이므로

$\varepsilon_1 E_1\sin\theta_1 = \varepsilon_2 E_2\sin\theta_2$는 경계 조건이 될 수 없다.

(전속밀도 $D = \varepsilon E$)

15

전계가 유리 E_1[V/m]에서 공기 E_2[V/m] 중으로 입사할 때 입사각 [θ_1]과 굴절각 [θ_2] 및 전계 E_1, E_2 사이의 관계 중 옳은 것은?

① $\theta_1 > \theta_2$, $E_1 > E_2$ ② $\theta_1 < \theta_2$, $E_1 > E_2$
③ $\theta_1 > \theta_2$, $E_1 < E_2$ ④ $\theta_1 < \theta_2$, $E_1 < E_2$

해설 Chapter 04 – 02

유리의 비유전율은 3.5~9.9이고 공기의 비유전율은 1이므로 유리의 유전율을 ε_1, 공기의 유전율을 ε_2라 하면 $\varepsilon_1 > \varepsilon_2$이므로, $\theta_1 > \theta_2$가 되어 $E_1 < E_2$가 성립된다.

16

유전율이 각각 $\varepsilon_1 = 1$, $\varepsilon_2 = \sqrt{3}$ 인 두 유전체가 그림과 같이 접해 있는 경우, 경계면에서 전기력선의 입사각 $\theta_1 = 45°$이었다. 굴절각 θ_2는 얼마인가?

① 20°
② 30°
③ 45°
④ 60°

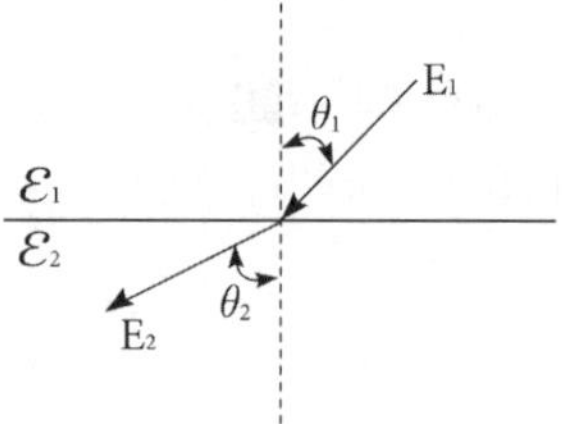

해설 Chapter 04 – 02

$\dfrac{\tan\theta_2}{\tan\theta_1} = \dfrac{\varepsilon_2}{\varepsilon_1}$ 에서

$\tan\theta_2\varepsilon_1 = \tan\theta_1\varepsilon_2$

$\tan\theta_2 = \dfrac{\varepsilon_2}{\varepsilon_1}\tan\theta_1$

$\therefore \theta_2 = \tan^{-1}\left[\dfrac{\varepsilon_2}{\varepsilon_1}\tan\theta_1\right]$

$= \tan^{-1}\left[\dfrac{\sqrt{3}}{1}\tan45°\right]$

$= \tan^{-1}[\sqrt{3}\times1] = 60°$

17

공기 중의 전계 E_1=10[kV/cm]이 30°의 입사각으로 기름의 경계에 닿을 때, 굴절각 θ_2 와 기름 중의 전계 E_2[V/m]는? (단, 기름의 비유전율은 3이라 한다.)

① 60°, $10^6 / \sqrt{3}$ ② 60°, $10^3 / \sqrt{3}$
③ 45°, $10^6 / \sqrt{3}$ ④ 45°, $10^3 / \sqrt{3}$

정답 13 ① 14 ② 15 ③ 16 ④ 17 ①

해설 Chapter 04 – 02

$$\frac{\tan\theta_2}{\tan\theta_1} = \frac{\varepsilon_2}{\varepsilon_1}$$

$$\tan\theta_2 = \frac{\varepsilon_2}{\varepsilon_1}\times\tan\theta_1 = \frac{3\varepsilon_0}{\varepsilon_0}\times\tan30^\circ = \sqrt{3}$$

$\therefore\ \theta_2 = 60^\circ$

$E_1\sin\theta_1 = E_2\sin\theta_2$

$$\therefore\ E_2 = \frac{\sin\theta_1}{\sin\theta_2}\times E_1$$

$$= \frac{\sin 30°}{\sin 60°}\times(10\times10^3/10^{-2})$$

$$= \frac{1/2}{\frac{\sqrt{3}}{2}}\times10^6 = \frac{10^6}{\sqrt{3}}\text{[V/m]}$$

18

다음은 전계 강도와 전속 밀도에 대한 경계 조건을 설명한 것이다. 옳지 않는 것은?
(단, 경계면의 진전하 분포는 없으며 $\varepsilon_1 > \varepsilon_2$로 한다.)

① 전속은 유전율이 큰 쪽으로 집속되려는 성질이 있다.
② 유전율이 큰 ε_1의 영역에서 전속 밀도(D_1)는 유전율이 작은 ε_2의 영역에서의 전속 밀도(D_2)와 $D_1 \geq D_2$의 관계를 갖는다.
③ 경계면 사이의 정전력은 유전율이 작은 쪽에서 큰 쪽으로 작용한다.
④ 전계가 ε_1의 영역에서 ε_2의 영역에서 입사될 때 ε_2에서 전계 강도가 더 커진다.

해설 Chapter 04 – 02 – (8)

$\varepsilon_1 > \varepsilon_2$이므로 $\theta_1 > \theta_2$ 가 되어

$D_1 > D_2,\ E_1 < E_2$

또한 경계면 사이의 정전력은 유전율이 큰 유전체에서 작은 유전체 쪽으로 끌리는 힘을 받는다.

19

두 유전체의 경계면에 대한 설명 중 옳지 않은 것은?

① 전계가 경계면에 수직으로 입사하면 두 유전체 내의 전계의 세기가 같다.
② 경계면에 작용하는 맥스웰 변형력은 유전율이 큰 쪽에서 적은 쪽으로 끌려가는 힘을 받는다.
③ 유전율이 적은 쪽에서 전계가 입사할 때 입사각은 굴절각보다 작다.
④ 전계나 전속밀도가 경계면에 수직 입사하면 굴절하지 않는다.

해설 Chapter 04 – 02 – (5)

수직입사이므로 $\theta_1 = \theta_2 = 0^\circ$ 이므로

$D_1 = D_2 = D,\ E_1 \neq E_2$

20

종류가 다른 두 유전체 경계면에 전하 분포가 다를 때 경계면에서 정전계가 만족하는 것은?

① 전계의 법선성분이 같다.
② 전속선은 유전율이 큰 곳으로 모인다.
③ 전속밀도의 접선성분이 같다.
④ 경계면상의 두 점 간의 전위차가 다르다.

해설 Chapter 04 – 02

$D_1\cdot\cos\theta_1 = D_2\cdot\cos\theta_2$(전속밀도의 법선성분은 같다.)

$E_1\cdot\sin\theta_1 = E_2\cdot\sin\theta_2$(전계의 법선성분은 같다.)

21

전계 E[V/m]가 두 유전체의 경계면에 평행으로 작용하는 경우 경계면의 단위면적당 작용하는 힘[N/m²]은? (단, ε_1, ε_2는 두 유전체의 유전율이다.)

① $f = \frac{1}{2}(\varepsilon_1-\varepsilon_2)E^2$　② $f = E^2(\varepsilon_1-\varepsilon_2)$
③ $f = \frac{1}{2E^2}(\varepsilon_1-\varepsilon_2)$　④ $f = \frac{1}{E^2}(\varepsilon_1-\varepsilon_2)$

정답 18 ③ 19 ① 20 ② 21 ①

해설 Chapter 04 – 02 – (7)

$f = \frac{1}{2}(\varepsilon_1 - \varepsilon_2)\, E^2\,[\mathrm{N/m^2}]$

(전계가 경계면에 평행일 때는 $\theta = 90$ 이므로

$E_1 = E_2 = E$

22

$\varepsilon_1 > \varepsilon_2$의 두 유전체의 경계면에 전계가 수직으로 입사할 때 경계면에 작용하는 힘은?

① $f = \frac{1}{2}\left[\frac{1}{\varepsilon_2} - \frac{1}{\varepsilon_1}\right] D^2$ 의 힘이 ε_1에서 ε_2로 작용한다.

② $f = \frac{1}{2}\left[\frac{1}{\varepsilon_1} - \frac{1}{\varepsilon_2}\right] E^2$ 의 힘이 ε_2에서 ε_1로 작용한다.

③ $f = \frac{1}{2}\left[\frac{1}{\varepsilon_1} - \frac{1}{\varepsilon_2}\right] D^2$ 의 힘이 ε_2에서 ε_1로 작용한다.

④ $f = \frac{1}{2}\left[\frac{1}{\varepsilon_2} - \frac{1}{\varepsilon_1}\right] E^2$ 의 힘이 ε_1에서 ε_2로 작용한다.

해설 Chapter 04 – 02 – (6)

① 전계가 경계면에 수직이면 전계 방향으로

$f = \frac{1}{2}\left[\frac{1}{\varepsilon_2} - \frac{1}{\varepsilon_1}\right] D^2[\mathrm{N/m^2}]$의 인장 응력을 받는다.

(경계면에 수직이면 $\theta_1 = \theta_2 = 0^\circ$, $D_1 = D_2 = D$)

② 전계가 경계면에 평행하면 전계와 수직 방향으로

$f = \frac{1}{2}(\varepsilon_1 - \varepsilon_2)E^2\,[\mathrm{N/m^2}]$의 압축 응력을 받는다.

(경계면에 평행이면 $\theta_1 = \theta_2 = 90^\circ$, $E_1 = E_2 = E$)

①, ② 모두 유전율이 큰 쪽(ε_1)에서 작은 쪽(ε_2)으로 끌려 들어가는 맥스웰 응력이 작용한다.

23

그림과 같이 면적이 $S[\mathrm{m^2}]$인 평행판 도체사이에 두께가 각각 l_1[m], l_2[m] 유전율이 각각 ε_1[F/m], ε_2[F/m]인 두 종류의 유전체를 삽입하였을 때의 정전용량은?

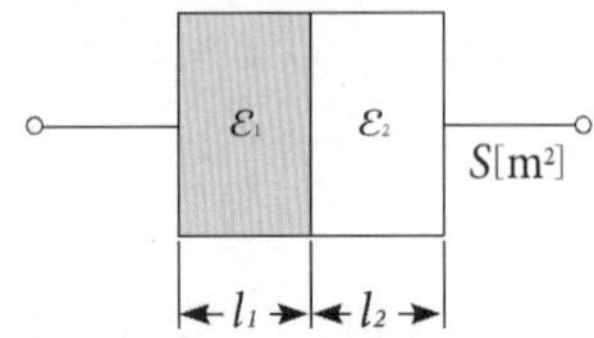

① $\dfrac{\varepsilon_2 l_1 + \varepsilon_1 l_2}{\varepsilon_1 \varepsilon_2}$　② $\dfrac{\varepsilon_2 + \varepsilon_1 S}{l_1 + l_2}$

③ $\dfrac{\varepsilon_1 \varepsilon_2 S}{\varepsilon_2 l_1 + \varepsilon_1 l_2}$　④ $\dfrac{\varepsilon_1 \varepsilon_2 S}{l_1 + l_2}$

해설 Chapter 04 – 03 – (1)

$C = \dfrac{\varepsilon_1 \cdot \varepsilon_2 S}{\varepsilon_1 d_2 + \varepsilon_2 d_1}$ 에서

$d_1 = \ell_1$, $d_2 = \ell_2$ 대입

24

그림과 같은 극판간의 간격이 d [m]인 평행판 콘덴서에서 S_1 부분의 유전체의 비유전율이 ε_{s1}, S_2 부분의 비유전율이 ε_{s2}, S_3 부분의 비유전율이 ε_{s3}일 때, 단자 AB 사이의 정전용량은?

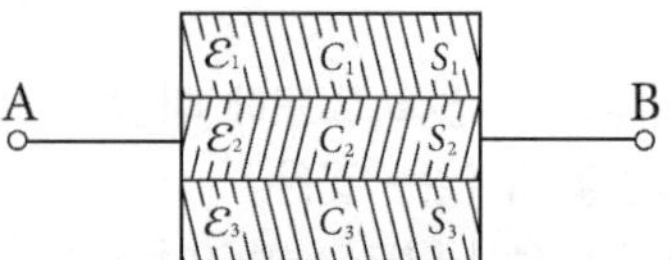

① $\dfrac{1}{d\varepsilon_0}\left[\dfrac{S_1}{\varepsilon_{s1}} + \dfrac{S_2}{\varepsilon_{s2}} + \dfrac{S_3}{\varepsilon_{s3}}\right]$

② $\dfrac{\varepsilon_0}{d}(\varepsilon_{s1} S_1 + \varepsilon_{s2} S_2 + \varepsilon_{s3} S_3)$

③ $\dfrac{\varepsilon_0}{d}(S_1 + S_2 + S_3)$

④ $\varepsilon_0 (\varepsilon_{s1} S_1 + \varepsilon_{s2} S_2 + \varepsilon_{s3} S_3)$

해설 Chapter 04 – 03 – (2)

병렬 연결이므로 C는

$$C = C_1 + C_2 + C_3 = \frac{1}{d}(\varepsilon_1 S_1 + \varepsilon_2 S_2 + \varepsilon_3 S_3)$$

$$= \frac{\varepsilon_0}{d}(\varepsilon_{s1} S_1 + \varepsilon_{s2} S_2 + \varepsilon_{s3} S_3)\ (\varepsilon = \varepsilon_0 \varepsilon_s)$$

정답 22 ① 23 ③ 24 ②

25

패러데이관에 관한 설명으로 옳지 않은 것은?

① 패러데이관은 진전하가 없는 곳에서 연속적이다.
② 패러데이관의 밀도는 전속밀도보다 크다.
③ 진전하가 없는 점에서는 패러데이관이 연속적이다.
④ 패러데이관 양단에 정, 부의 단위 전하가 있다.

해설 Chapter 04 – 05
패러데이관의 밀도는 전속밀도와 같다.

26

전속수가 Q 개일 경우 패러데이관(Faraday tube) 수는 몇 개인가? (단, D 는 전속밀도이다.)

① $1/D$ ② Q/D
③ Q ④ DQ

해설 Chapter 04 – 05
패러데이관의 밀도는 전속밀도와 같다. 즉, 전속수와 패러데이관 수는 같다.

27

공간 전하밀도 ρ[c/m³]를 가진 점의 전위가 V[V], 전계의 세기가 E[V/m]일 때 공간 전체의 전하가 갖는 에너지는 몇 [J]인가?

① $\frac{1}{2}\int_v EV dv$ ② $\frac{1}{2}\int_v \rho dv$
③ $\frac{1}{2}\int_v E^2 dv$ ④ $\frac{1}{2}\int_v V div D dv$

해설 Chapter 03 – 05, Chapter 04 – 04

$$W = \frac{1}{2}QV \Rightarrow \mathrm{div}\, D = \rho[\mathrm{C/m^3}]$$
$$= \frac{1}{2}\left(\rho\left[\frac{\mathrm{c}}{\mathrm{m}^3}\right]\times v[\mathrm{m}^3]\right)\times \mathrm{V}$$
$$= \frac{1}{2}\int_v V\,\rho\, dv$$
$$= \frac{1}{2}\int_v V\,\mathrm{div}\, D\, dv$$

28

다음 식들 중에 옳지 않는 것은?

① 라플라스(Laplace)의 방정식 $\nabla^2 V = 0$
② 발산정리 $\int_s E\cdot nds = \int_v \mathrm{div}E dv$
③ 포아송(poisson)의 방정식 $\nabla^2 V = \frac{\rho}{\varepsilon}$
④ Gauss(가우스)의 정리 $\mathrm{div}D = \rho$

해설 Chapter 02 – 10

포아송의 방정식 $\nabla^2 V = -\frac{\rho}{\varepsilon_0}$

29

다음 식 중에서 틀린 것은?

① 유전체에 대한 Gauss의 정리의 미분형 $\mathrm{div}D = -\rho$
② Pioisson의 방정식 $\nabla^2 V = -\frac{\rho}{\varepsilon_0}$
③ Laplace의 방정식 $\nabla^2 V = 0$
④ 발산 정리 $\int\int_s A\cdot nds = \int\int\int_v divAdv$

해설 Chapter 04 – 04
$\mathrm{div}D = \rho$[c/m³]

30

다음 물질 중 비유전율이 가장 큰 것은?

① 산화티탄 자기 ② 종이
③ 운모 ④ 변압기 기름

해설
산화티탄 자기 : 115 ~ 5,000
종이 : 2 ~ 2.6
운모 : 5.5 ~ 6.6
변압기 기름 : 2.2 ~ 2.4
물 : 80.7

정답 25 ② 26 ③ 27 ④ 28 ③ 29 ① 30 ①

전계의 특수해법

01 무한 평면과 점전하

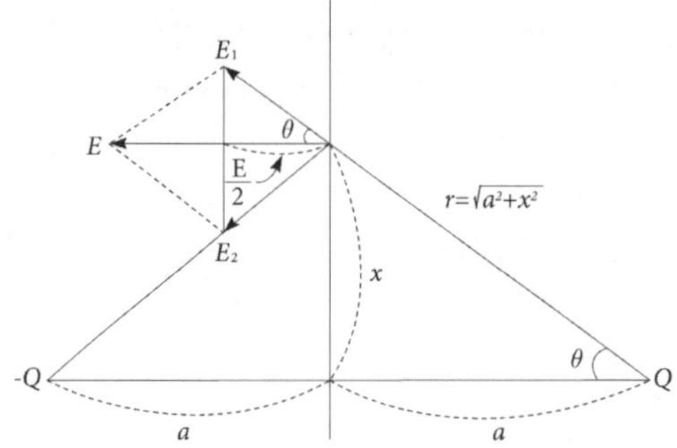

(1) 전계의 세기

$$E = \frac{Qa}{2\pi\varepsilon_0 (a^2 + x^2)^{\frac{3}{2}}} \text{[V/m]}$$

(2) 표면전하밀도(전속밀도)

$$\rho = D = -\varepsilon_0 E = -\frac{Qa}{2\pi (a^2 + x^2)^{\frac{3}{2}}} \text{[c/m}^2\text{]}$$

＊ 표면전하밀도가 최대인 지점 ($x = 0$)

$$\rho_{\max} = D_{\max} = -\frac{Q}{2\pi a^2} \text{[c/m}^2\text{]}$$

(3) 작용하는 힘

$$F = \frac{-Q^2}{4\pi\varepsilon_0 (2a)^2} = -\frac{Q^2}{16\pi\varepsilon_0 a^2} \text{[N]}$$

(−는 항상 흡인력을 의미)

(4) 에너지(일)

$$W = F \cdot a = \frac{Q^2}{16\pi\varepsilon_0 a} \text{[J]}$$

02 접지도체구와 점전하

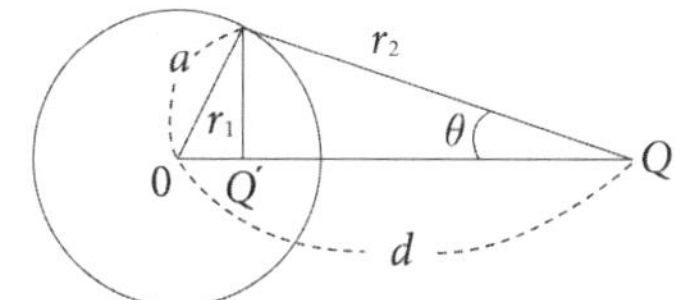

(1) 영상전하위치(접지구도체 내부)

$$\overline{OA'} = \frac{a^2}{d}$$

(2) 영상전하

$$Q' = -\frac{a}{d}Q$$

a : 접지도체구의 반지름
b : 접지도체구의 중심으로부터 점전하(Q) 사이의 거리

(3) 작용하는 힘

$$F = \frac{Q\,Q'}{4\pi\varepsilon_0\left(\frac{d^2-a^2}{d}\right)^2} \text{ (항상 흡인력)}$$

03 무한 평면과 선전하

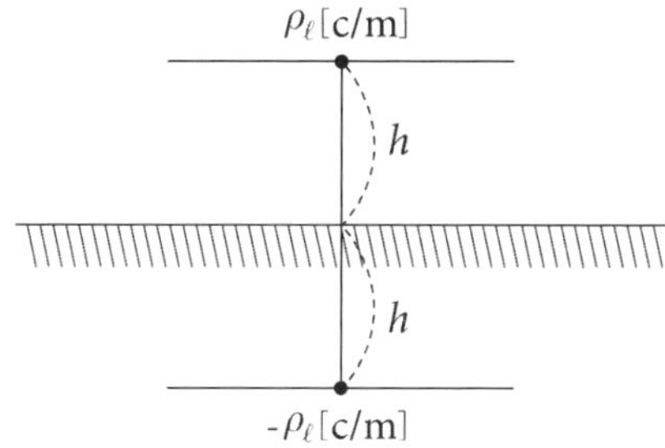

(1) P점에서의 전계의 세기

$$E = \frac{-\rho_\ell}{2\pi\varepsilon_0(2h)} = -\frac{\rho_\ell}{4\pi\varepsilon_0 h}\,[\text{V/m}]$$

(2) 단위길이당 힘

$$F = \rho_\ell E$$

$$F = \frac{-\rho_\ell^2}{4\pi\varepsilon_0 h}\,[\text{N/m}]$$

여기서 $\rho_\ell = \lambda[\text{c/m}]$ 선전하밀도

Chapter 05 출제예상문제

01

전류 $+I$와 전하 $+Q$가 무한히 긴 직선상의 도체에 각각 주어졌고 이들 도체는 진공 속에서 각각 투자율과 유전율이 무한대인 물질로 된 무한대 평면과 평행하게 놓여 있다. 이 경우 영상법에 의한 영상 전류와 영상 전하는? (단, 전류는 직류이다.)

① $-I,\ -Q$
② $-I,\ +Q$
③ $+I,\ -Q$
④ $+I,\ +Q$

해설 Chapter 05 – 01
영상 전하 $Q' = -Q$[C]이므로
영상 전류 $I' = -I$[A]이다.

02

무한 평면 도체로부터 거리 a[m]인 곳에 점전하 Q[C]이 있을 때 이 무한 평면 도체 표면에 유도되는 면밀도가 최대인 점의 전하밀도는 몇 [c/m²]인가?

① $-\dfrac{Q}{2\pi a^2}$　② $-\dfrac{Q^2}{4\pi a}$
③ $-\dfrac{Q}{\pi a^2}$　④ 0

해설 Chapter 05 – 01
전속밀도 = 표면전하밀도

$$D = -\varepsilon_0 E$$
$$= -\varepsilon_0 \frac{Qa}{2\pi\varepsilon_0(a^2+x^2)^{3/2}}$$
$$= -\frac{Qa}{2\pi(a^2+x^2)^{3/2}}\ [\mathrm{c/m^2}]$$

표면전하밀도가 최대가 되는 지점 $(x=0)$

$$D_{\max} = -\frac{Q}{2\pi a^2}\ [\mathrm{c/m^2}]$$

03

무한 평면 도체로부터 거리 d[m]의 곳에 점전하 Q[C] 있을 때 Q와 평면 도체간에 작용하는 힘[N]은?

① $\dfrac{Q}{4\pi\varepsilon_0 d^2}$　② $\dfrac{Q^2}{4\pi\varepsilon_0 d^2}$
③ $\dfrac{Q^2}{8\pi\varepsilon_0 d^2}$　④ $\dfrac{Q^2}{16\pi\varepsilon_0 d^2}$

해설 Chapter 05 – 01

$$F = \frac{-Q^2}{4\pi Q_0(2d)^2} = -\frac{Q^2}{16\pi\varepsilon_0 d^2}$$

04

반지름 a인 접지도체구의 중심에서 $d(>a)$되는 곳에 점전하 Q가 있다. 구도체에 유기되는 영상전하 및 그 위치(중심에서의 거리)는 각각 얼마인가?

① $+\dfrac{a}{d}Q$ 이며 $\dfrac{a^2}{d}$ 이다.
② $-\dfrac{a}{d}Q$ 이며 $\dfrac{a^2}{d}$ 이다.
③ $+\dfrac{d}{a}Q$ 이며 $\dfrac{a^2}{d}$ 이다.
④ $-\dfrac{d}{a}Q$ 이며 $\dfrac{d^2}{a}$ 이다.

해설 Chapter 05 – 02
접지도체구에서

영상전하$(Q') = -\dfrac{a}{d}Q$

영상전하위치$(\overline{OA'}) = \dfrac{a^2}{d}$

정답 01 ① 02 ① 03 ④ 04 ②

05

접지 구도체와 점전하간의 작용력은?

① 항상 반발력이다. ② 항상 흡인력이다.
③ 조건적 반발력이다. ④ 조건적 흡인력이다.

해설 Chapter 05 – 02

접지구도체에서 영상전하

$Q' = -\frac{a}{d}Q$

Q 와 $-\frac{a}{d}Q$ 와 작용하는 힘으로 부호가 반대방향이므로 항상 흡인력이다.

06

그림과 같이 접지된 반지름 a [m]의 도체구 중심 O에서 d [m] 떨어진 점 A에 Q [C]의 점전하가 존재할 때 A' 점에 Q'의 영상전하(image charge)를 생각하면 구도체와 점전하간에 작용하는 힘[N]은?

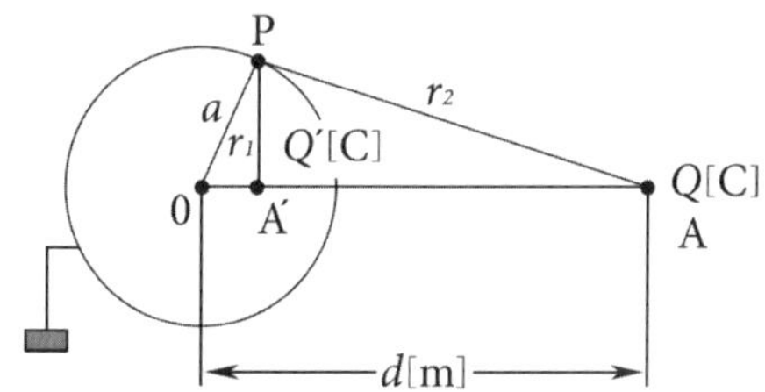

① $F = \dfrac{QQ'}{4\pi\varepsilon_0\left[\dfrac{d^2-a^2}{d}\right]}$

② $F = \dfrac{QQ'}{4\pi\varepsilon_0\left[\dfrac{d}{d^2-a^2}\right]}$

③ $F = \dfrac{QQ'}{4\pi\varepsilon_0\left[\dfrac{d^2+a^2}{d}\right]^2}$

④ $F = \dfrac{QQ'}{4\pi\varepsilon_0\left[\dfrac{d^2-a^2}{d}\right]^2}$

해설 Chapter 05 – 02

$$F = \frac{QQ'}{4\pi\varepsilon_0(\overline{A'A})^2} = \frac{QQ'}{4\pi\varepsilon_0\left(d-\dfrac{a^2}{d}\right)^2}$$

$$= \frac{QQ'}{4\pi\varepsilon_0\left(\dfrac{d^2-a^2}{d}\right)^2}$$

07

대지면에 높이 h [m]로 평행 가설된 매우 긴 선전하(선전하 밀도 λ[c/m]) 가지면으로부터 받는 힘[N/m]은?

① h 에 비례한다. ② h 에 반비례한다.
③ h^2에 비례한다. ④ h^2에 반비례한다.

해설 Chapter 05 – 03

$$F = \rho_L E = \rho_L \times \frac{-\rho_L}{2\pi\varepsilon_0(2h)}$$

$$= -9\times10^9\times\frac{\rho_L^2}{h}\,[\text{N/m}]$$

$$F \propto \frac{1}{h}$$

08

대지면에 높이 h [m]로 평행 가설된 매우 긴 선전하가 지면으로부터 단위길이당 받는 힘[N/m]은? (단, 선전하 밀도는 ρ_L [c/m]라 한다.)

① $-18\times10^9\dfrac{\rho_L^2}{h}$ ② $-18\times10^9\dfrac{\rho_L}{h}$

③ $-9\times10^9\dfrac{\rho_L^2}{h}$ ④ $-9\times10^9\dfrac{\rho_L}{h}$

해설 Chapter 05 – 03

$$F = \rho_L E = \rho_L \times \frac{-\rho_L}{2\pi\varepsilon_0(2h)}$$

$$= -9\times10^9\times\frac{\rho_L{}^2}{h}$$

정답 05 ② 06 ④ 07 ② 08 ③

09

직교하는 도체평면과 점전하 사이에는 몇 개의 영상 전하가 존재하는가?

① 2 ② 3
③ 4 ④ 5

해설

$$n = \frac{360}{\theta} - 1 = \frac{360}{90} - 1 = 3[\text{개}]$$

10

그림과 같은 직교 도체평면상 P 점에 Q[C]의 전하가 있을 때 P' 점의 영상 전하는?

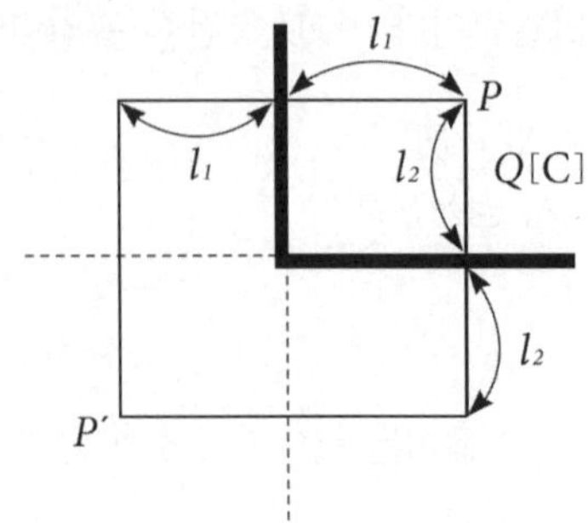

① Q^2 ② Q
③ $-Q$ ④ 0

해설 Chapter 05 – 01

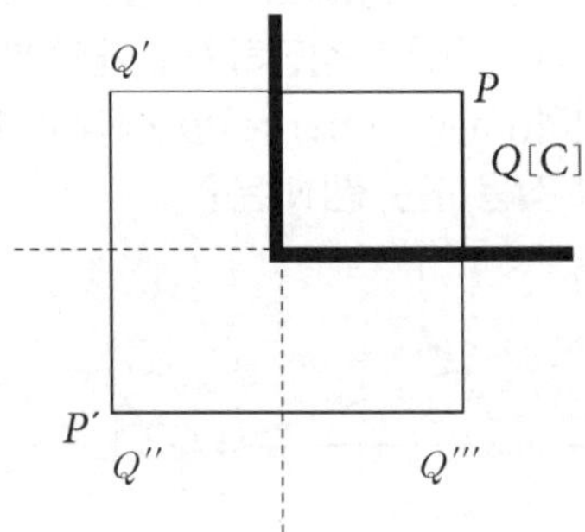

영상 전하 $Q' = -Q$[C], $Q'' = Q$[C], $Q''' = -Q$[C]이므로 P'의 전하는 $Q'' = Q$[C]이다.

정답 09 ② 10 ②

Chapter 06 전류

01 전류밀도

$$i = \frac{I}{S} = \frac{I}{\pi a^2} = k\frac{V}{\ell} = kE = Qv$$

$= nev$ [A/m^2]

Q [c/m^3] : 단위체적당 전하

v [m/s] : 속도

n [개/m^3] : 단위체적당 개수

e [C] : 전자의 전하량 1.602×10^{-19}[C]

$Q = It = ne = CV$ [C]

(n : 개수, e : 전자의 전하량)

02 도체의 저항과 저항 온도 계수

(1) $R = \rho\frac{\ell}{S} = \frac{\ell}{ks}$

- ρ : 고유저항 [Ω · m]
- k : 도전율 [℧/m] [s/m]

(2) $R_2 = R_1[1 + \partial_1(T_2 - T_1)]$

R_2 : 나중저항 R_1 : 처음저항

T_2 : 나중온도 T_1 : 처음온도

∂_1 : T_1 [℃]에서 저항온도 계수

동선인 경우 처음온도가

- 0 [℃]일 때 ⇒ $\partial_0 = \frac{1}{234.5}$
- t [℃]일 때 ⇒ $\partial_t = \frac{1}{234.5 + t}$

(3) 저항 2개가 직렬연결시 합성온도계수

$$\partial = \frac{\partial_1 R_1 + \partial_2 R_2}{R_1 + R_2}$$

03 전기 저항과 정전용량

$$RC = \rho\varepsilon, \quad R = \frac{\rho\varepsilon}{C}[F]$$

(1) 고립도체구 : $C = 4\pi\varepsilon a\,[F]$, $R = \dfrac{\rho}{4\pi a} = \dfrac{1}{4\pi a k}[\Omega]$

(2) 동심구 ($a < b$)

$$C = \frac{4\pi\varepsilon}{\frac{1}{a} - \frac{1}{b}}[F], \quad R = \frac{\rho}{4\pi}\left(\frac{1}{a} - \frac{1}{b}\right) = \frac{1}{4\pi k}\left(\frac{1}{a} - \frac{1}{b}\right)[\Omega]$$

(3) 동축원통 ($a < b$)

$$C = \frac{2\pi\varepsilon\ell}{\ln\frac{b}{a}}[F], \quad R = \frac{\rho}{2\pi\ell}\ln\frac{b}{a} = \frac{1}{2\pi\ell k}\ln\frac{b}{a}[\Omega]$$

(4) 평행도선 $C = \dfrac{\pi\varepsilon\ell}{\ln\frac{d}{a}}[F]$, $R = \dfrac{\rho}{\pi\ell}\ln\dfrac{d}{a} = \dfrac{1}{\pi\rho k}\ln\dfrac{d}{a}[\Omega]$

04 열량

$Q = mc\triangle T = 0.24pt\eta\,[cal]$

$Q\,[cal]$: 열량, $m\,[g]$: 질량

$\triangle T$: 온도차, $P\,[W]$: 전력

$t\,[sec]$: 시간, η : 효율

c : 비열(물 $c = 1$)

05 열전현상

(1) 톰슨 효과

동일한 금속도체에 두 점간에 온도차를 주고 전류를 흘리면 열의 발생 또는 흡수가 생기는 현상

(2) 펠티어 효과

두 종류의 금속으로 폐회로를 만들어 전류를 흘리면 양 접속점에서 열이 흡수되거나 발생하는 현상

(3) 제벡(제베크) 효과

두 종류의 금속을 접속하여 폐회로를 만들어 금속 접속면에 온도차가 생기면 열기전력이 발생하는 효과

Chapter 06

출제예상문제

01

대기 중의 두 전극 사이에 있는 어떤 점의 전계의 세기가 E = 3.5[V/cm], 지면의 도전율이 $k=10^{-4}$ [℧/m]일 때, 이 점의 전류 밀도[A/m^2]는?

① 1.5×10^{-2}　② 2.5×10^{-3}
③ 3.5×10^{-2}　④ 6.6×10^{-2}

해설 Chapter 06 – 01

$i=\dfrac{I}{S}=kE=Qv=nev$[A/m^2]

$I=kE$	$E=3.5$[V/cm]
$=10^{-4}\times 3.5\times 10^{2}$	$=3.5$ [V/10^{-2}m]
$=3.5\times 10^{-2}$[A/m^2]	$=3.5\times 10^{2}$[V/m]

02

다음 중 옴의 법칙은 어느 것인가? (단, k 는 도전율, ρ는 고유 저항, E는 전계의 세기이다.)

① $i=kE$　② $i=E/k$
③ $i=\rho E$　④ $i=-kE$

해설 Chapter 06 – 01

$i=\dfrac{I}{S}=kE=Qv=nev$ [A/m^2]

03

전류밀도 $i=10^{7}$ [A/m^2]이고, 단위체적의 이동전하가 $Q=8\times 10^{9}$[c/m^3] 이라면 도체 내의 전자의 이동속도 v [m/s]는?

① 1.25×10^{-2}　② 1.25×10^{-3}
③ 1.25×10^{-4}　④ 1.25×10^{-5}

해설 Chapter 06 – 01

$i=\dfrac{I}{S}=kE=Qv=nev$ [A/m^2]

$i=Qv$

$v=\dfrac{i}{Q}=\dfrac{10^{7}}{8\times 10^{9}}=0.125\times 10^{-2}$

$=1.25\times 10^{-3}$

04

전자가 매초 10^{10} 개의 비율로 전선 내를 통과하면 이것은 몇 [A]의 전류에 상당하는가? (단, 전기량은 1.602×10^{-19} [C]이다.)

① 1.602×10^{-9}　② 1.602×10^{-29}
③ $\dfrac{1}{1.602}\times 10^{-9}$　④ $\dfrac{1}{1.602}\times 10^{-29}$

해설 Chapter 06 – 01

$Q=ne=It$

$I=\dfrac{ne}{t}$

$=\dfrac{10^{10}\times 1.602\times 10^{-19}}{1}=1.602\times 10^{-9}$

05

온도 t[℃]에서 저항이 R_1, R_2이고 저항의 온도계수가 각각 α_1, α_2 인 두 개의 저항을 직렬로 접속했을 때 그들의 합성 저항온도계수는?

① $\dfrac{R_1\alpha_2+R_2\alpha_1}{R_1+R_2}$　② $\dfrac{R_1\alpha_1+R_2\alpha_2}{R_1R_2}$
③ $\dfrac{R_1\alpha_1+R_2\alpha_2}{R_1+R_2}$　④ $\dfrac{R_1\alpha_2+R_2\alpha_1}{R_1R_2}$

해설

합성저항 온도계수 $\alpha=\dfrac{R_1\alpha_1+R_2\alpha_2}{R_1+R_2}$

정답 01 ③ 02 ① 03 ② 04 ① 05 ③

06

저항 10[Ω]인 구리선과 30[Ω]의 망간선을 직렬 접속하면 합성 저항온도계수는 몇 [%]인가? (단, 동선의 저항온도계수는 0.4[%], 망간선은 0이다.)

① 0.1 ② 0.2
③ 0.3 ④ 0.4

해설

$$\alpha = \frac{R_1\alpha_1 + R_2\alpha_2}{R_1 + R_2} = \frac{(10\times 0.4)+(30\times 0)}{10+30}$$

$$= 0.1$$

07

전기저항 R과 정전용량 C, 고유저항 ρ 및 유전율 ε 사이의 관계는?

① $RC=\rho\varepsilon$ ② $\frac{R}{C}=\frac{\varepsilon}{\rho}$
③ $\frac{C}{R}=\rho\varepsilon$ ④ $R=\varepsilon C\rho$

해설 Chapter 06 – 03

$RC=\rho\varepsilon$

08

평행판 콘덴서에 유전율 9×10^{-8}[F/m], 고유 저항 $\rho=10^6$[Ω·m]인 액체를 채웠을 때 정전용량이 3[μF]이었다. 이 양극판 사이의 저항은 몇 [kΩ]인가?

① 37.6 ② 30
③ 18 ④ 15.4

해설 Chapter 06 – 03

R : 전기저항

C : 평행판 콘덴서의 정전용량

$RC=\rho\varepsilon$

$$R=\frac{\rho\varepsilon}{C}=\frac{10^6\times 9\times 10^{-8}}{3\times 10^{-6}}[\Omega]$$

$$=3\times10^4[\Omega]\times10^{-3}$$

$$=30[\text{k}\Omega]$$

09

액체 유전체를 넣은 콘덴서의 용량이 20[μF]이다. 여기에 500[kV]의 전압을 가하면 누설 전류[A]는? (단, 비유전율 $\varepsilon_s=2.2$, 고유 저항 $\rho=10^{11}$ [Ω·m]이다.)

① 4.2 ② 5.13
③ 54.5 ④ 61

해설 Chapter 06 – 03

R : 전기저항

C : 평행판 콘덴서의 정전용량

$RC=\rho\varepsilon$

$$R=\frac{\rho\varepsilon}{C}=\frac{\rho\varepsilon_0\varepsilon_s}{C}=\frac{10^{11}\times 8.855\times10^{-12}\times 2.2}{20\times10^{-6}}$$

$$=97{,}405\,[\Omega]$$

$$I=\frac{V}{R}=\frac{500\times10^3}{97{,}405}=5.13\,[\text{A}]$$

10

대지의 고유저항이 ρ[Ω·m]일 때 반지름 a[m]인 반구형 접지극의 접지저항은?

① $2\pi\rho a$ ② $\frac{2\pi\rho}{a}$
③ $\frac{\rho}{4\pi a}$ ④ $\frac{\rho}{2\pi a}$

해설 Chapter 06 – 03

$RC=\rho\varepsilon$, 구 : $C=4\pi\varepsilon a$[F], 반구 : $C=2\pi\varepsilon a$[F]

$$R=\frac{\rho\varepsilon}{C}=\frac{\rho\varepsilon}{2\pi\varepsilon a}=\frac{\rho}{2\pi a}$$

11

내구의 반지름 a, 외구의 반지름 b인 동심 구도체 간에 고유저항 ρ인 저항 물질이 채워져 있을 때의 내외 구간의 합성저항은?

① $\frac{\rho}{2\pi}\left[\frac{1}{a}-\frac{1}{b}\right]$ ② $4\pi\rho\left[\frac{1}{a}-\frac{1}{b}\right]$
③ $\frac{\rho}{4\pi}\left[\frac{1}{a}-\frac{1}{b}\right]$ ④ $2\pi\rho\left[\frac{1}{a}-\frac{1}{b}\right]$

정답 06 ① 07 ① 08 ② 09 ② 10 ④ 11 ③

해설 Chapter 06 – 03

R : 전기저항

C : 평행판 콘덴서의 정전용량

$$R = \frac{\rho\varepsilon}{C} \Rightarrow C = \frac{4\pi\varepsilon}{\frac{1}{a} - \frac{1}{b}}$$

$$= \frac{\rho\varepsilon}{\frac{4\pi\varepsilon}{\frac{1}{a} - \frac{1}{b}}}$$

$$= \frac{\rho}{4\pi}\left(\frac{1}{a} - \frac{1}{b}\right)[\Omega]$$

12

길이 l 인 동축 원통에서 내부 원통의 반지름 a, 외부 원통의 안반지름 b, 바깥반지름 c 이고 내외 원통간에 저항률 ρ인 도체로 채워져 있다. 도체간의 저항은 얼마인가? (단, 도체 자체의 저항은 0으로 한다.)

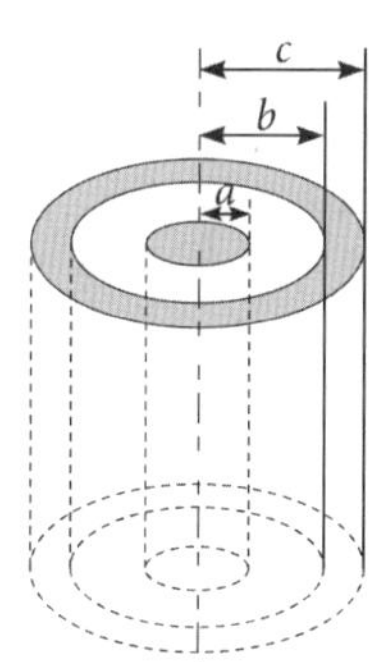

① $\frac{\rho}{\pi l}\log_{10}\frac{b}{a}$　② $\frac{\rho}{2\pi l}\log_{10}\frac{b}{a}$

③ $\frac{\rho}{\pi l}\log_e\frac{b}{a}$　④ $\frac{\rho}{2\pi l}\log_e\frac{b}{a}$

해설 Chapter 06 – 03

R : 전기저항　C : 평행판 콘덴서의 정전용량

$RC = \rho\varepsilon$

$$R = \frac{\rho\varepsilon}{C} = \frac{\rho\varepsilon}{\frac{2\pi\varepsilon l}{\log_e \frac{b}{a}}} = \frac{\rho}{2\pi l}\log_e\frac{b}{a}[\Omega]$$

13

길이 l [m], 반지름 a [m]인 두 평행 원통 전극을 d [m] 거리에 놓고 그 사이를 저항률$\rho[\Omega \cdot \mathrm{m}]$인 매질을 채웠을 때의 저항[$\Omega$]은? (단, $d \gg a$ 라 한다.)

① $\frac{\rho}{2\pi l}\ln\frac{d}{a}$　② $\frac{\rho}{\pi l}\ln\frac{d}{a}$

③ $\pi l \ln\frac{d}{a}$　④ $2\pi l \ln\frac{d}{a}$

해설 Chapter 06 – 03

R : 전기저항　C : 평행판 콘덴서의 정전용량

$RC = \rho\varepsilon$

$$R = \frac{\rho\varepsilon}{C}$$

$$= \frac{\rho\varepsilon}{\frac{\pi\varepsilon l}{\ln\frac{d}{a}}} = \frac{\rho}{\pi l}\ln\frac{d}{a}$$

14

반지름 a, b 인 두 구상 도체 전극이 도전율 k 인 매질 속에 중심간의 거리 r 만큼 떨어져 놓여 있다. 양 전극간의 저항은? (단, $r \gg a$, b 이다.)

① $4\pi k\left[\frac{1}{a} + \frac{1}{b}\right]$　② $4\pi k\left[\frac{1}{a} - \frac{1}{b}\right]$

③ $\frac{1}{4\pi k}\left[\frac{1}{a} + \frac{1}{b}\right]$　④ $\frac{1}{4\pi k}\left[\frac{1}{a} - \frac{1}{b}\right]$

해설 Chapter 06 – 03

저항 $R = R_1 + R_2 = \frac{\rho\varepsilon_1}{C_1} + \frac{\rho\varepsilon_2}{C_2}$

$$= \frac{\rho\varepsilon}{4\pi\varepsilon a} + \frac{\rho\varepsilon}{4\pi\varepsilon b}$$

$$= \frac{\rho}{4\pi}\left(\frac{1}{a} + \frac{1}{b}\right) = \frac{1}{4\pi k}\left(\frac{1}{a} + \frac{1}{b}\right)$$

정답 12 ④　13 ②　14 ③

15

전류가 흐르고 있는 도체에 자계를 가하면 도체 측면에는 정부의 전하가 나타나 두 면간에 전위차가 발생하는 현상은?

① 핀치 효과　　② 톰슨 효과
③ 호올 효과　　④ 제베크 효과

해설 Chapter 06 – 05

열전현상

1) 톰슨 효과 : 동일한 금속도체에 두 점간에 온도차를 주고 전류를 흘리면 열의 발생 또는 흡수가 생기는 현상
2) 펠티어 효과 : 두 종류의 금속으로 폐회로를 만들어 전류를 흘리면 양 접속점에서 열이 흡수되거나 발생하는 현상
3) 제베크 효과 : 두 종류의 금속을 접속하여 폐회로를 만들어 금속 접속면에 온도차가 생기면 열기전력이 발생하는 효과

16

균질의 철사에 온도 구배가 있을 때 여기에 전류가 흐르면 열의 흡수 또는 발생을 수반하는데, 이 현상은?

① 톰슨 효과　　② 핀치 효과
③ 펠티어 효과　　④ 제베크 효과

해설 Chapter 06 – 05

톰슨 효과는 동일한 금속 도체 중의 두 점간에 온도차가 있으면 전류를 흘림으로써 열의 발생 또는 흡수가 생기는 현상을 말한다.

17

두 종류의 금속으로 된 회로에 전류를 통하면 각 접속점에서 열의 흡수 또는 발생이 일어나는 현상은?

① 톰슨 효과　　② 제베크 효과
③ 볼타 효과　　④ 펠티어 효과

해설 Chapter 06 – 05

두 종류의 금속으로 폐회로를 만들어 전류를 흘리면 양 접속점에서 열이 흡수되거나 발생하는 현상을 펠티어 효과라 한다.

18

다른 종류의 금속선으로 된 폐회로의 두 접합점의 온도를 달리하였을 때 전기가 발생하는 효과는?

① 톰슨 효과　　② 핀치 효과
③ 펠티어 효과　　④ 제베크 효과

해설 Chapter 06 – 05

두 종류의 금속선으로 된 폐회로에 접합점의 온도를 달리하였을 때 전기가 발생하는 현상을 제베크 효과라 한다.

정답 15 ③ 16 ① 17 ④ 18 ④

Chapter 07

진공중의 정자계

01 쿨롱의 법칙 m_1, m_2 : 자하량[Wb]

$$F\text{(힘)} = \frac{m_1 m_2}{4\pi \mu_0 r^2}[\text{N}]$$

$$= 6.33 \times 10^4 \times \frac{m_1 m_2}{r^2}$$

μ_0(진공의 투자율)=$4\pi \times 10^{-7}$[H/m]

비교

* 정전계

Q_1, Q_2 : 전하량[Wb]

$$F = \frac{Q_1 Q_2}{4\pi\varepsilon_0 r^2}\text{ [N]}$$

$$= 9 \times 10^9 \times \frac{Q_1 Q_2}{r^2}$$

ε_0 (진공의 유전율)

$= 8.855 \times 10^{-12}$[F/m]

02 자계의 세기

(1) 구(점)자하

$$H\text{(자계)} = \frac{m}{4\pi \mu_0 r^2}[\text{AT/m}],\ [\text{A/m}]$$

$$H\text{(자계)} = \frac{F}{m}[\text{N/Wb}]$$

$$F = mH\ [\text{N}]$$

비교

* 전계의 세기

1) 구(점)전하

$$E\text{(전계)} = \frac{Q}{4\pi\varepsilon_0 r^2}\text{ [V/m]}$$

$$E = \frac{F}{Q}\text{[N/C]}$$

$$F = QE\text{ [N]}$$

(2) 동축원통(원주)

① **외부**(무한장 직선전류)

H(외부 자계)= $\dfrac{I}{2\pi r}$ [AT/m]

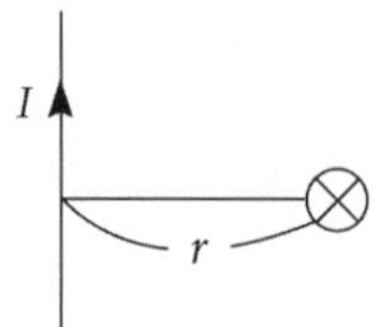

> 비교
>
> * 전계의 세기
>
> 2) 동축 원통(무한장 직선, 원주, 선전하 밀도)
>
> ① E(외부 전계)= $\dfrac{\lambda}{2\pi\varepsilon_0 r}$[V/m]
>
> ② (단, 전류가 내부에 균일하게 분포된 경우)
>
> E(내부 전계)= $\dfrac{r\lambda}{2\pi\varepsilon_0 a^2}$[V/m]

② **내부**(단, 전류가 내부에 균일하게 분포된 경우)

H(내부 자계)= $\dfrac{rI}{2\pi a^2}$ [AT/m]

※ 전류가 표면으로만 흐를 때 내부 자계의 세기

$\Rightarrow$ H(내부)=0

(3) 유한장 직선

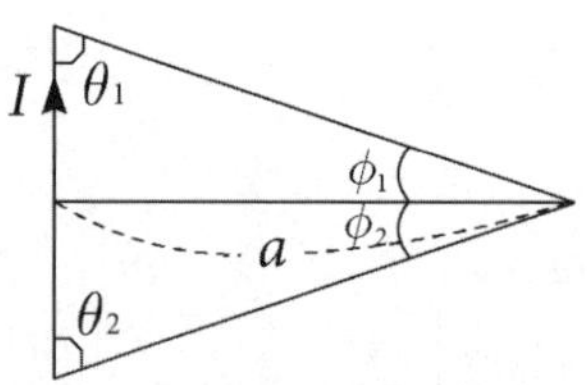

$$H= \frac{I}{4\pi a}(\cos\theta_1 + \cos\theta_2)\,[\text{AT/m}]$$

$$H= \frac{I}{4\pi a}(\sin\phi_1 + \sin\phi_2)$$

(4) 반지름이 a인 원형코일에 전류 I가 흐를 때 원형 코일중심에서 x 만큼 떨어진 지점

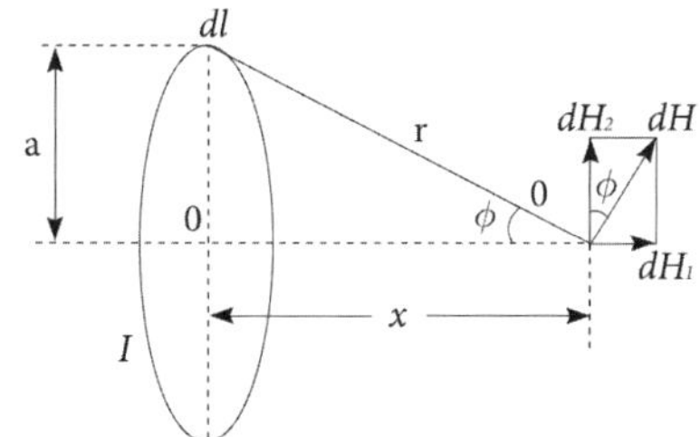

H(자계)$= \dfrac{a^2 NI}{2(a^2+x^2)^{\frac{3}{2}}}$ [AT/m]

원형코일중심 ($x=0$)의 자계 $H= \dfrac{NI}{2a}$[AT/m]

- a : 원형코일의 반지름
- N : 원형코일의 권수
- I : 원형코일에 흐르는 전류

(5) 환상 솔레노이드(무단코일, 트로이드코일)

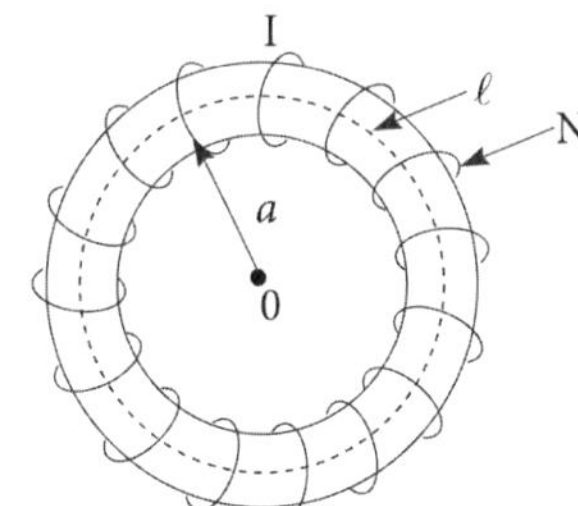

H(내부 자계) $= \dfrac{NI}{2\pi a}$[AT/m],

H(외부 자계)(중심) $= 0$

여기서 a[m] 평균 반지름

(6) 무한장 솔레노이드

H(내부자계)$= \dfrac{NI}{\ell}$[AT/m]$=n\,I$ [AT/m]

H(외부자계)$= 0$

N(권수)[회][T]

n(단위길이당 권수) [회/m], [T/m]

(7) 자계의 세기를 구하는 문제

① **정삼각형 중심**

$H= \dfrac{9I}{2\pi\ell}$ [AT/m]

② **정사각형(정방형) 중심**

$H= \dfrac{2\sqrt{2}\,I}{\pi\ell}$ [AT/m]

③ **정육각형 중심**

$$H=\frac{\sqrt{3}\,I}{\pi\ell}\ [\mathrm{AT/m}]$$

④ **반지름이 R인 원에 내접하는 정n 각형 중심**

$$H=\frac{nI}{2\pi R}\tan\frac{\pi}{n}$$

여기서 ℓ[m] : 1변의 길이, R[m] : 원의 반지름, n : 각형

03 자위(구, 점자하)

$$U(\text{자위})=\frac{m}{4\pi\mu_0 r}\ [\mathrm{AT}],\ [\mathrm{A}]$$

$$=6.33\times10^4\times\frac{m}{r}$$

비교

*전 위 $V=\dfrac{Q}{4\pi\varepsilon_0 r}$ [V]

04 자기 쌍극자 (막대 자석)

$$U(\text{자위})=\frac{M}{4\pi\mu_0 r^2}\cos\theta\ [\mathrm{AT}]$$

$$=6.33\times10^4\times\frac{M}{r^2}\cos\theta$$

$$H(\text{자계})=\frac{M}{4\pi\mu_0 r^3}\sqrt{1+3\cos^2\theta}\ [\mathrm{AT/m}]$$

$$=6.33\times10^4\times\frac{M}{r^3}\sqrt{1+3\cos^2\theta}$$

M(자기 쌍극자 모멘트) = $m\,\ell$ [Wb · m]

$\theta=0$일 때 U(자위), H(자계)⇒최대

$\theta=90$일 때

- U(자위) = 0
- H(자계) = $\dfrac{M}{4\pi\mu_0 r^3}$(최소)

비교

*전기 쌍극자

$V=\dfrac{M}{4\pi\varepsilon_0 r^2}\cos\theta$ [V]

$E=\dfrac{M}{4\pi\varepsilon_0 r^3}\sqrt{1+3\cos^2\theta}$ [V/m]

M (전기 쌍극자 멘트)= $Q\cdot\delta$[C · m]

$\theta=0$일 때

V(전위), E(전계)⇒ 최대

$\theta=90$일 때

V(전위) = 0

E(전계)= $\dfrac{M}{4\pi\varepsilon_0 r^3}$(최소)

05 자기 이중층 (판자석)

U(자위)$= \dfrac{M}{4\pi\mu_0}\omega[\mathrm{AT}]$

ω (입체각)
- 구 : $\omega = 4\pi$[Sr]
- 판에 무한히 접근 $\omega = 4\pi$[Sr]
- $\omega = 2\pi(1-\cos\theta)$[Sr]

판자석의 세기 = 판자석의 표면밀도 × 두께 = $\sigma \times \delta$

비교

* 전기 이중층

V(전위)$= \dfrac{M}{4\pi\varepsilon_0}\omega$ [V]

ω (입체각)
- 무한히 접근 시 4π
- $2\pi(1-\cos\theta)$

06 자속밀도 B [Wb/m²]

$B = \dfrac{\phi}{S} = \mu_0 H[\mathrm{Wb/m^2}]$

비교

* 전속밀도 D[c/m²]

D(전속밀도)$= \dfrac{Q}{S}$

$= \dfrac{Q}{4\pi r^2} \times \dfrac{\varepsilon_0}{\varepsilon_0}$

$= \varepsilon_0 E$ [c/m²]

07 자기력선수 $= \dfrac{m}{\mu_0}$

비교

* 진기력선수 $= \dfrac{Q}{\varepsilon_0}$

08 회전력

(1) 막대자석의 회전력

$T = M \times H$

$= MH\sin\theta$

$= m\ell H\sin\theta[\mathrm{N \cdot m}]$

∵ θ ⇒ 막대자석과 자계가 이루는 각

(2) 평면 코일의 회전력

$T = NBSI\cos\theta$ [N · m]

✓Check

※플레밍의 왼손
- 엄지 F[N]
- 검지=인지 B[Wb/m^2]
- 중지 I[A]

09 작용하는 힘

(1) 플레밍의 왼손 법칙

직선 도체에 작용하는 힘

$$F = (I \times B)\ell[\text{N}]$$
$$= IB\ell\sin\theta[\text{N}]$$
$$= I \times B\ell[\text{N}]$$

θ : 전류(I)와 자속밀도(B)가 이루는 각도

(2) 평행 도선간에 작용하는 힘

$$F = \frac{\mu_0 I_1 I_2}{2\pi r}\ [\text{N/m}]$$

[단위길이당 힘 / 1[m]당 작용하는 힘]

$$= \frac{2I_1 I_2}{r} \times 10^{-7}\ [\text{N/m}]$$

전류 동일(같은) 방향 : 흡입력
전류 반대(왕복) 방향 : 반발력

(3) 자계 내에서 전하입자에 작용하는 힘(로렌츠 힘)

$$F = q(v \times B)[\text{N}]$$
$$= qvB\sin\theta[\text{N}]$$
$$= v \times qB[\text{N}]$$

$\because$ θ : v (속도)와 B(자속밀도)가 이루는 각

※ 전계와 자계 동시에 존재 시

$$F = q\{E + (v \times B)\}\ [\text{N}]$$

(4) 유도 기전력

- 플레밍의 오른손 법칙(발전기)

  $e = (v \times B)\ell = vB\ell\sin\theta\ [\text{V}]$

  $\because$ θ : v (속도)와 B(자속밀도)가 이루는 각

(5) 자계 내에 수직으로 돌입한 전자는 원운동을 한다.

$evB\sin 90^\circ = \dfrac{mv^2}{r}$ 에서

$$r = \frac{mv}{eB}[\text{m}]$$

$$\omega = \frac{v}{r} = \frac{eB}{m}\ \left(\omega = 2\pi f = \frac{2\pi}{T}\right)[\text{rad/s}]$$

$$T = \frac{2\pi m}{eB}\ [\text{s}]$$

출제예상문제

01

유전율이 $\varepsilon_0 = 8.855 \times 10^{-12}$ [F/m]인 진공 내를 전자파가 전파할 때 진공에 대한 투자율은 얼마인가?

① 12.56×10^{-7} [Wb²/N·m²]
② 12.56×10^{-7} [eμ]
③ 12.56×10^{-7} [Wb²/N]
④ 12.56×10^{-7} [m/H]

해설 Chapter 07 – 01

$$F = \frac{m_1 m_2}{4\pi\mu_0 r^2}$$

$$\mu_0 = \frac{m_1 m_2}{F \cdot 4\pi r^2} = 4\pi \times 10^{-7}$$

$$= 12.56 \times 10^{-7} \text{ [Wb}^2\text{/N} \cdot \text{m}^2\text{]}$$

02

공기 중에서 가상 접지극 m_1, m_2 [Wb]를 r [m] 떼어 놓았을 때 두 자극간의 작용력이 F [N]이었다면 이때의 거리 r [m]는?

① $\sqrt{\dfrac{m_1 m_2}{F}}$
② $\dfrac{6.33 \times 10^4 m_1 m_2}{F}$
③ $\sqrt{\dfrac{6.33 \times 10^4 \times m_1 m_2}{F}}$
④ $\sqrt{\dfrac{9 \times 10^9 \times m_1 m_2}{F}}$

해설 Chapter 07 – 01

$$F = \frac{1}{4\pi\mu_0} \cdot \frac{m_1 m_2}{r^2} = 6.33 \times 10^4 \frac{m_1 m_2}{r^2} \text{ [N]}$$

$$r^2 = \frac{6.33 \times 10^4 \times m_1 m_2}{F}$$

$$\therefore\ r = \sqrt{\frac{6.33 \times 10^4 \times m_1 m_2}{F}}$$

03

공기 중에서 2.5×10^{-4} [Wb]와 4×10^{-3} [Wb]의 두 자극 사이에 작용하는 힘이 6.33 [N]이었다면 두 자극간의 거리[cm]는?

① 1 ② 5
③ 10 ④ 100

해설 Chapter 07 – 01

$$F = 6.33 \times 10^4 \times \frac{m_1 m_2}{r^2}$$

$$r = \sqrt{\frac{6.33 \times 10^4 \times m_1 m_2}{F}}$$

$$= \sqrt{\frac{6.33 \times 10^4 \times 2.5 \times 10^{-4} \times 4 \times 10^{-3}}{6.33}}$$

$$= 10^{-1} \text{ [m]}$$

$$= 10 \text{ [cm]}$$

04

자극의 크기 $m = 4$ [Wb]의 점자극으로 부터 $r = 4$ [m] 떨어진 점의 자계의 세기 [A/m]를 구하면?

① 7.9×10^3 ② 6.3×10^4
③ 1.6×10^4 ④ 1.3×10^3

해설 Chapter 07 – 02 – (1)

$$H = 6.33 \times 10^4 \times \frac{m}{r^2} = 6.33 \times 10^4 \times \frac{4}{4^2}$$

$$= 1.6 \times 10^4$$

05

1,000[AT/m]의 자계 중에 어떤 자극을 놓았을 때 3×10^2 [N]의 힘을 받았다고 한다. 자극의 세기[Wb]는?

① 0.1 ② 0.2
③ 0.3 ④ 0.4

정답 01 ① 02 ③ 03 ③ 04 ③ 05 ③

해설 Chapter 07 – 02 – (1)

$F = mH$

$m = \frac{F}{H} = \frac{3\times 10^2}{1{,}000} = 3\times 10^{-1}$

$= 0.3$[Wb]

06

비투자율 μ_s , 자속밀도 B 인 자계 중에 있는 m [Wb]의 자극이 받는 힘은?

① $\frac{Bm}{\mu_0\mu_s}$ ② $\frac{Bm}{\mu_0}$

③ $\frac{\mu_s\mu_0}{Bm}$ ④ $\frac{Bm}{\mu_s}$

해설 Chapter 07 – 02 – (1)

$F = mH = m\frac{B}{\mu_0\mu_s}$[N]

($B = \mu_0\mu_s H$에서 $H = \frac{B}{\mu_0\mu_s}$)

07

비오사바르의 법칙으로 구할 수 있는 것은?

① 자계의 세기 ② 전계의 세기

③ 전하 사이의 힘 ④ 자계 사이의 힘

해설

비오사바르 법칙

$\triangle H = \frac{I\cdot\triangle\ell}{4\pi r^2}\sin\theta$에서 자계의 세기를 구할 수 있다.

08

전류 I[A]에 대한 P의 자계 H[A/m]의 방향이 옳게 표시된 것은? (단, ◉ 및 ⊗는 자계의 방향 표시이다.)

①

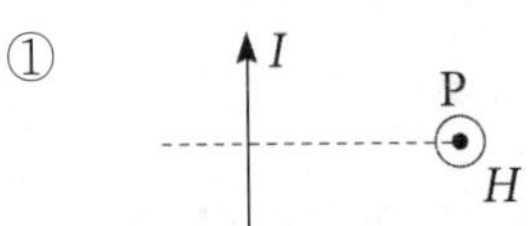

②

③

④

해설 Chapter 07 – 02 – (2)

암페어의 오른나사 법칙

09

무한 직선 도체의 전류에 의한 자계가 직선 도체로부터 1[m] 떨어진 점에서 1[AT/m]로 될 때 도체의 전류 크기는 몇 [A]인가?

① $\frac{\pi}{2}$ ② π ③ $\frac{3\pi}{2}$ ④ 2π

해설 Chapter 07 – 02 – (2)

무한장 직선에 전류 I가 흐를 때 r 만큼 떨어진 지점의 자계의 세기

$H = \frac{I}{2\pi r}$ [AT/m]

$I = 2\pi r\cdot H$

$= 2\pi\times 1\times 1$

$= 2\pi$ [A]

10

전 전류 I[A]가 반지름 a[m]의 원주를 흐를 때 원주 내부 중심에서 r[m] 떨어진 원주 내부의 점의 자계 세기 [AT/m]는?

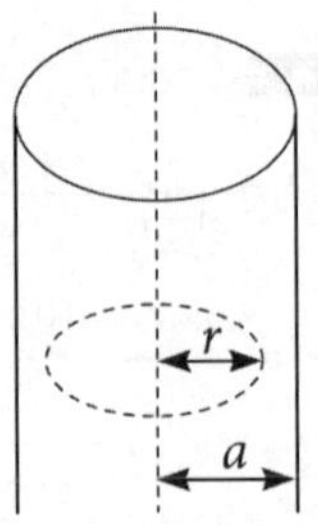

정답 06 ① 07 ① 08 ② 09 ④ 10 ①

① $\frac{rI}{2\pi a^2}$ ② $\frac{I}{2\pi a^2}$

③ $\frac{rI}{\pi a^2}$ ④ $\frac{I}{\pi a^2}$

해설 Chapter 07 – 02 – (2)

무한장 직선에 전류 I가 흐를 때 r 만큼 떨어진 지점의 자계의 세기

$$H = \frac{I}{2\pi r} \text{[AT/m]}$$

내부자계의 세기는 체적에 비례

$$H = \frac{I}{2\pi r} \times \frac{\pi r^2 l}{\pi a^2 l} = \frac{rI}{2\pi a^2} \text{[AT/m]}$$

11

단면 반지름 a 인 원통 도체에 직류 전류 I 가 흐를 때 자계 H 는 원통축으로부터의 거리 r 에 따라 어떻게 변하는가?

①

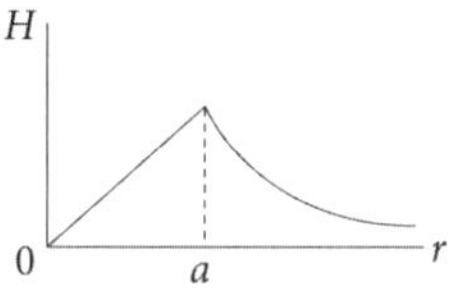

②

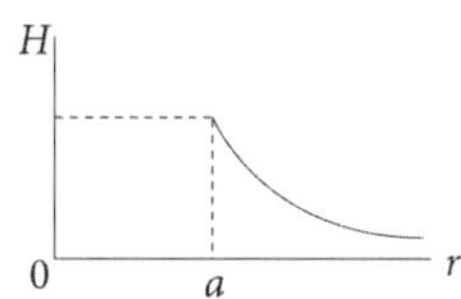

③

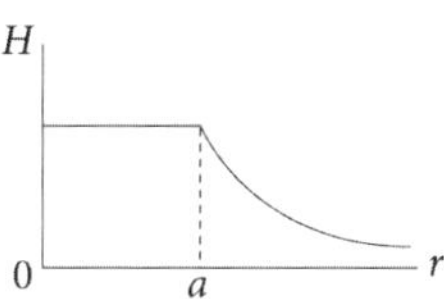

④

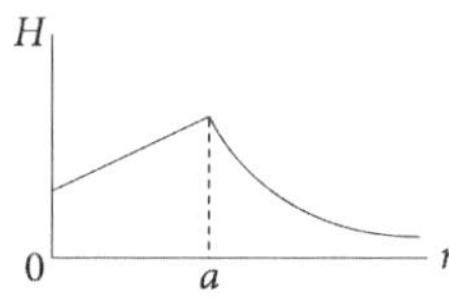

해설 Chapter 07 – 02 – (2)

H(외부의 자계) $= \frac{I}{2\pi r} \propto \frac{1}{r}$

H(내부의 자계) $= \frac{rI}{2\pi a^2} \propto r$

∴ 내부자계의 거리에 비례
외부자계는 거리에 반비례

12

무한 직선 전류에 의한 자계는 전류에서의 거리에 대하여 ( )의 형태로 감소한다. ( )에 알맞은 것은?

① 포물선 ② 원

③ 타원 ④ 쌍곡선

해설 Chapter 07 – 02 – (2)

$$H = \frac{I}{2\pi r} \propto \frac{1}{r}$$

13

그림과 같은 l_1[m]에서 l_2[m]까지 전류 I[A]가 흐르고 있는 직선 도체에서 수직 거리 a [m] 떨어진 점 P의 자계 [AT/m]를 구하면?

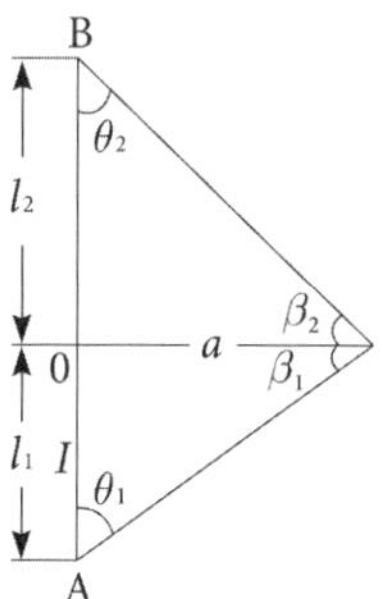

① $\frac{I}{4\pi a}(\sin\theta_1 + \sin\theta_2)$

② $\frac{I}{4\pi a}(\cos\theta_1 + \cos\theta_2)$

③ $\frac{I}{2\pi a}(\sin\theta_1 + \sin\theta_2)$

④ $\frac{I}{2\pi a}(\cos\theta_1 + \cos\theta_2)$

해설 Chapter 07 – 02 – (3)

$$H = \frac{I}{4\pi a}(\cos\theta_1 + \cos\theta_2)$$

$$H = \frac{I}{4\pi a}(\sin\beta_1 + \sin\beta_2)$$

14

그림과 같은 길이 $\sqrt{3}$ [m]인 유한장 직선 도선에 π[A]의 전류가 흐를 때 도선의 일단 B에서 수직하게 1[m] 되는 P점의 자계의 세기 [AT/m]는?

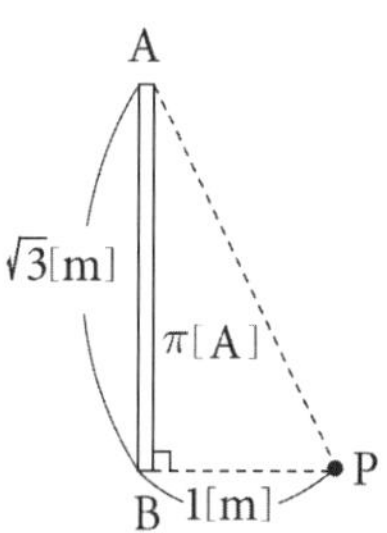

정답 11 ① 12 ④ 13 ② 14 ①

① $\frac{\sqrt{3}}{8}$　　② $\frac{\sqrt{3}}{4}$

③ $\frac{\sqrt{3}}{2}$　　④ $\sqrt{3}$

해설 Chapter 07 － 02 － (3)

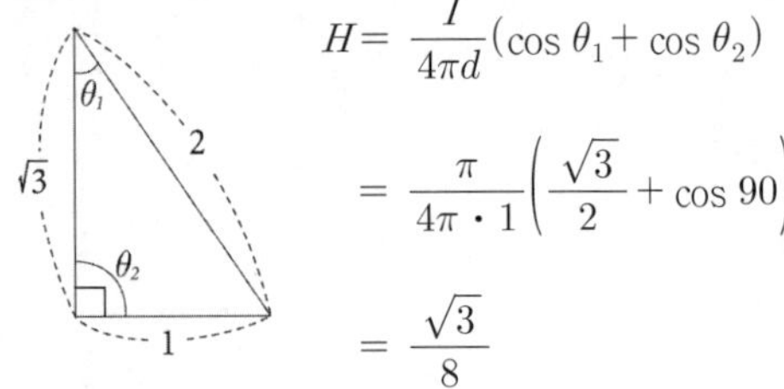

$$H=\frac{I}{4\pi d}(\cos\theta_1+\cos\theta_2)$$

$$=\frac{\pi}{4\pi\cdot 1}\left(\frac{\sqrt{3}}{2}+\cos 90\right)$$

$$=\frac{\sqrt{3}}{8}$$

15

그림과 같이 반경 a[m]인 원형코일에 전류 I[A]가 흐를 때 중심선상의 P점에서 자계의 세기는 몇 [A/m]인가?

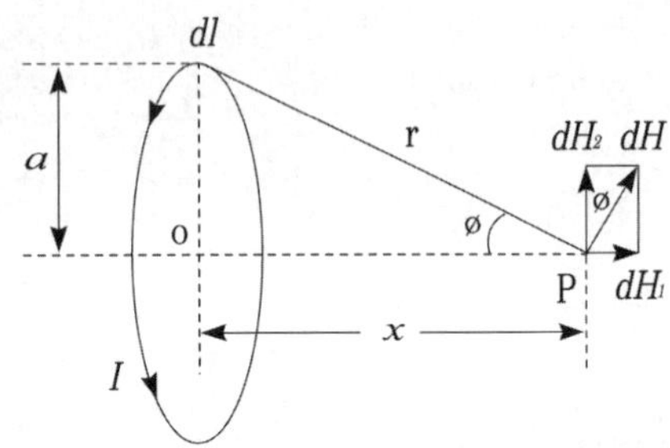

① $\frac{a^2I}{2(a^2+x^2)}$　　② $\frac{a^2I}{2(a^2+x^2)^{1/2}}$

③ $\frac{a^2I}{2(a^2+x^2)^2}$　　④ $\frac{a^2I}{2(a^2+x^2)^{3/2}}$

해설 Chapter 07 － 02 － (4)

원형코일 중심의 자계세기

$$H=\frac{a^2NI}{2(a^2+x^2)^{\frac{3}{2}}}$$

문제에서 권수에 대한 언급이 없을 때는 권수는 1로 본다.

16

반지름 a[m]인 원형코일에 전류 I[A]가 흘렀을 때 코일 중심의 자계의 세기[AT/m]는?

① $\frac{I}{2a}$　　② $\frac{I}{4a}$

③ $\frac{I}{2\pi a}$　　④ $\frac{I}{4\pi a}$

해설 Chapter 07 － 02 － (4)

반지름이 a인 원형코일에 전류 I가 흐를 때 x만큼 떨어진 지점의 자계의 세기

$$H=\frac{a^2NI}{2(a^2+x^2)^{3/2}}\text{[AT/m]}$$

원형코일 중심의 자계의 세기는 x가 0일 때의 자계의 세기($x=0$) $H=\frac{NI}{2a}$ [AT/m]

문제에서 권수에 대한 언급이 없으므로 시 (권수)는 1로 본다.

17

그림과 같이 반지름 1[m]의 반원과 2 줄의 반무한장 직선으로 된 도선에 전류가 4[A]가 흐를 때 반원의 중심 O에서의 자계의 세기는 [AT/m]는?

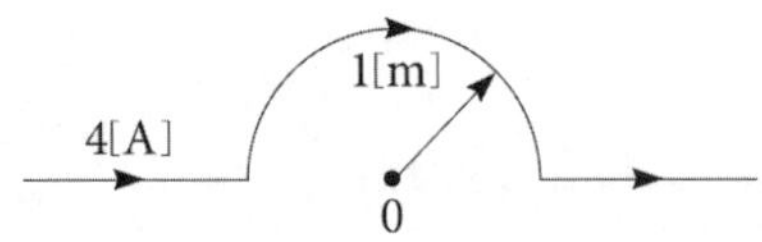

① 0.5　　② 1

③ 2　　④ 4

해설 Chapter 07 － 02 － (4)

반지름이 a인 원형코일에 전류 I가 흐를 때 x만큼 떨어진 지점의 자계의 세기

$$H=\frac{a^2NI}{2(a^2+x^2)^{3/2}}\text{[AT/m]}$$

정답 15 ④　16 ①　17 ②

원형코일 중심의 자계의 세기는 x가 0일 때의 자계의 세기

$$H = \frac{NI}{2a}\text{[AT/m]}$$

$$H = \frac{I}{2a} \times \frac{1}{2} = \frac{4}{2 \times 1} \times \frac{1}{2} = 1\text{ [AT/m]}$$

(2줄의 반무한장 직선도선 진류에 의한 중심 O점의 자계 세기는 0이다.)

18

그림과 같이 반지름 a 인 원의 일부(3/4원)에만 무한장 직선을 연결시키고 화살표 방향으로 전류 I가 흐를 때 부분 원의 중심 O점의 자계의 세기를 구한 값은?

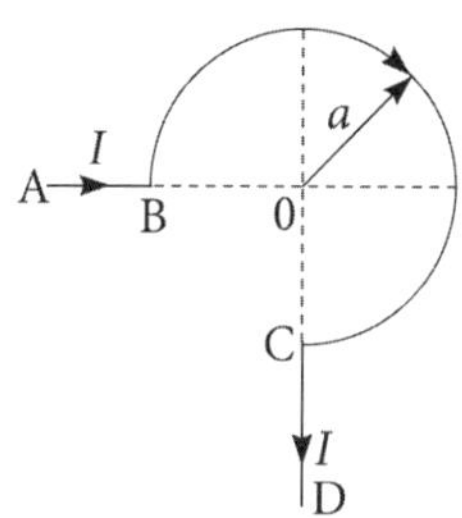

① 0　② $\frac{3I}{4a}$

③ $\frac{I}{4\pi a}$　④ $\frac{3I}{8a}$

해설 Chapter 07 − 02 − (4)

반지름이 a인 원형코일에 전류 I가 흐를 때 x 만큼 떨어진 지점의 자계의 세기

$$H = \frac{a^2NI}{2(a^2+x^2)^{3/2}}\text{ [AT/m]}$$

원형코일 중심의 자계의 세기는 x 가 0일 때의 자계의 세기

$H = \frac{NI}{2a}$ [AT/m], $\frac{3}{4}$ 원이므로

$$H = \frac{I}{2a} \times \frac{3}{4} = \frac{3I}{8a}\text{ [AT/m]}$$

(2줄의 반무한장 직선도선 진류에 의한 중심 O점의 자계 세기는 0이다.)

19

그림과 같이 반지름 a [m]인 원의 3/4 되는 점 BC 에 반무한한 직선 BA 및 CD 가 연결되어 있다. 이 회로에 I[A]를 흘릴 때 원 중심 O의 자계의 세기[AT/ m]는?

① $\frac{(\pi+1)}{2\pi a} \cdot I$

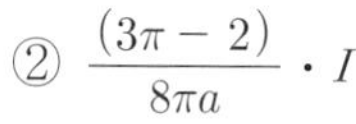

② $\frac{(3\pi-2)}{8\pi a} \cdot I$

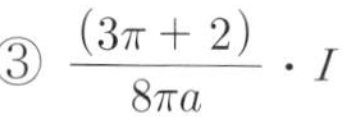

③ $\frac{(3\pi+2)}{8\pi a} \cdot I$

④ $\frac{3}{8a} \cdot I$

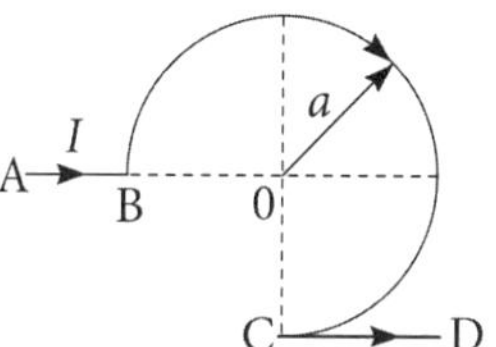

해설 Chapter 07 − 02 − (4)

H_1 : 반무한장 직선전류 I가 흐를 때 중심 O점에서 자계의 세기

H_2 : 크기가 3/4 인 원형코일에 전류 I가 흐를 때 원형코일 중심 O점에서 자계의 세기

H_3 : 반무한장 직선에 전류 I가 흐를 때 자계의 세기

$H_1 = 0$ (암페어의 오른나사 법칙에 의하여 중심 O점에서 자계의 세기는 0이다.)

$H = H_2 - H_3$ (암페어의 오른나사 법칙에 의하여 중심에서 자계세기 H_1 과 H_2 는 반대방향이다.)

$$= \left(\frac{I}{2a} \times \frac{3}{4}\right) - \left(\frac{I}{2\pi a} \times \frac{1}{2}\right)$$

$$= \frac{3I}{8a} - \frac{I}{4\pi a} = \frac{(3\pi-2)}{8\pi a}I\text{ [AT/m]}$$

20

그림과 같이 권수 N [회] 평균 반지름 r [m]인 환상 솔레노이드에 전류가 흐를 때 중심 O점의 자계의 세기 [AT/m]는?

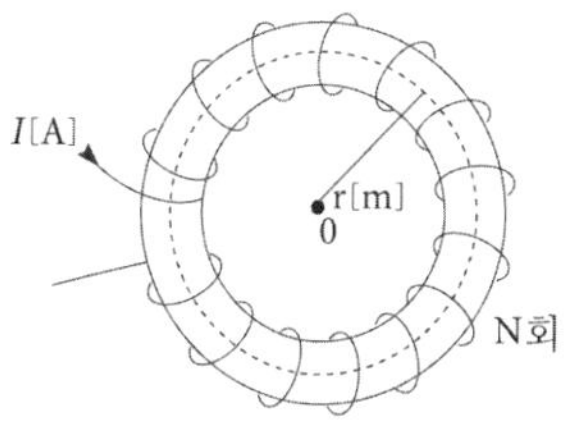

정답 18 ④ 19 ② 20 ①

① 0 ② NI

③ $\frac{NI}{2\pi r}$ ④ $\frac{NI}{2\pi r^2}$

해설 Chapter 07 – 02 – (5)

솔레노이드 외부자계 세기는 '0'이다.

21

반지름 2[m], 권수가 100회인 환상 솔레노이드의 중심에 30[AT/m]의 자계를 발생시키려면 몇 [A]의 전류를 흘려야 하는가?

① $\frac{12}{10}\pi$ ② $\frac{3}{4}\times 103$

③ $\frac{300}{2\pi}$ ④ $\frac{200}{3\pi}$

해설 Chapter 07 – 02 – (5)

환상 솔레노이드 내부자계의 세기(언급이 없을 때는 내부자계의 세기로 본다.)

$H=\frac{NI}{2\pi a}$ [AT/m]

$H=\frac{NI}{2\pi a}$

$I=\frac{2\pi aH}{N}=\frac{2\pi\times 2\times 30}{100}=\frac{12}{10}\pi$ [A]

22

환상 솔레노이드의 단위길이당 권수를 n[회/m], 전류를 I[A], 반지름을 a[m]라 할 때 솔레노이드 외부의 자계의 세기는 몇 [AT/m]인가? (단, 주위 매질은 공기이다.)

① 0 ② nI

③ $\frac{I}{4\pi\varepsilon_0 a}$ ④ $\frac{nI}{2a}$

해설 Chapter 07 – 02 – (5)

환상 솔레노이드 외부자계의 세기

$H=0$

23

1[cm]마다 권수가 100인 무한장 솔레노이드에 20[mA]의 전류를 유통시킬 때 솔레노이드 내부의 자계의 세기[AT/m]는?

① 10 ② 20

③ 100 ④ 200

해설 Chapter 07 – 02 – (6)

무한장 솔레노이드 내부자계의 세기(언급이 없을 때는 내부자계의 세기로 본다.)

$H=\frac{N}{l}I=nI$[AT/m]

N : 권수 n : 단위길이당 권수

$H=\frac{N}{l}I=\frac{100}{10^{-2}}\times 20\times 10^{-3}$

$=200$ [AT/m]

24

한 변의 길이가 2[cm]인 정삼각형 회로에 100[mA]의 전류를 흘릴 때 삼각형의 중심점 자계의 세기[AT/m]는?

① 3.6 ② 5.4

③ 7.2 ④ 2.7

해설 Chapter 07 – 02 – (7)

정삼각형 도체에 전류 I가 흐르고 한 변의 길이가 l일 때 정삼각형 중심의 자계의 세기

$H=\frac{9I}{2\pi l}$ [AT/m]

$=\frac{9\times 0.1}{2\pi\times 2\times 10^{-2}}$

$=7.2$[AT/m]

정답 21 ① 22 ① 23 ④ 24 ③

25

8[m] 길이의 도선으로 만들어진 정방형 코일에 π[A]가 흐를 때 중심에서의 자계 세기 [A/m]는?

① $\frac{\sqrt{2}}{2}$　② $\sqrt{2}$
③ $2\sqrt{2}$　④ $4\sqrt{2}$

해설 Chapter 07 – 02 – (7)
정사각형(정방형) 도체에 전류 I가 흐르고 한 변의 길이가 $\ell = 2$[m]일 때 정사각형 중심의 자계의 세기

$$H = \frac{2\sqrt{2}\,I}{\pi\ell}[\text{AT/m}] = \frac{2\sqrt{2}\times\pi}{\pi\times 2} = \sqrt{2}\,[\text{A/m}]$$

26

지름 a [m]인 원에 내접하는 정 n 변형의 회로에 I[A]가 흐를 때, 그 중심에서의 자계 세기[AT/m]는?

① $\dfrac{nI\tan\frac{\pi}{n}}{2\pi a}$　② $\dfrac{nI\sin\frac{\pi}{n}}{2\pi a}$
③ $\dfrac{nI\tan\frac{\pi}{n}}{\pi a}$　④ $\dfrac{nI\sin\frac{\pi}{n}}{\pi a}$

해설 Chapter 07 – 02 – (7)
반지름이 R 인 원에 내접하는 n 변형 도체에 전류 I가 흐를 때 중심의 자계의 세기

$$H = \frac{nI}{2\pi R}\tan\frac{\pi}{n}\,[\text{AT/m}]$$

문제에서 지름이 주어졌으므로 R 대신 $\frac{a}{2}$ 대입

$$H = \frac{nI}{\pi a}\tan\frac{\pi}{n}\,[\text{AT/m}]$$

27

반경 R 인 원에 내접하는 정 n 각형의 회로에 전류 I가 흐를 때 원중심점에서 자속 밀도는 얼마인가?

① $\dfrac{n\mu_0 I}{2\pi R}\tan\dfrac{\pi}{n}$ [Wb/m²]

② $\dfrac{\mu_0 I}{\pi R}\cos\dfrac{\pi}{n}$ [Wb/m²]

③ $\dfrac{I}{2\pi\mu_0 R}\tan\dfrac{2\pi}{n}$ [Wb/m²]

④ $\dfrac{2\pi R}{\tan\frac{\pi}{n}}$ [Wb/m²]

해설 Chapter 07 – 02 – (7)
정 n각형 중심의 자계

$$H_n = \frac{nI}{2\pi R}\tan\frac{\pi}{n}$$

$$B = \mu_0 H = \mu_0 \cdot \frac{nI}{2\pi R}\times\tan\frac{\pi}{n}\,[\text{Wb/m}^2]$$

28

한 변의 길이가 2[m]인 정방형 코일에 3[A]의 전류가 흐를 때 코일 중심에서의 자속밀도는 몇 [Wb/m²]인가? (단, 진공 중에서임)

① 7×10^{-6}　② 1.7×10^{-6}
③ 7×10^{-5}　④ 1.7×10^{-5}

해설 Chapter 07 – 02 – (7)

$$\begin{aligned} B &= \mu_0 H \\ &= \mu_0\frac{2\sqrt{2}\,I}{\pi\ell} \\ &= 4\pi\times10^{-7}\times\frac{2\sqrt{2}\times3}{\pi\times2} \\ &= 1.7\times10^{-6} \end{aligned}$$

29

자기 쌍극자에 의한 자계는 쌍극자 중심으로부터의 거리의 몇 승에 반비례하는가?

① 1　② 3/2
③ 2　④ 3

정답 25 ② 26 ③ 27 ① 28 ② 29 ④

해설 Chapter 07 − 04

$H = \frac{M}{4\pi\mu_0 r^3}\sqrt{1+3\cos^2\theta} \propto \frac{1}{r^3}$

∴ 자계는 거리 3승에 반비례

30

길이 $l = 10$[cm], 자극의 세기 $\pm 8\times10^{-6}$[Wb]인 막대 자석이 있다. 자석의 중심 O에서 수직으로 $r = 2$[m] 만큼 떨어진 점 P의 자계의 세기 [N/Wb]는? (단, $r \gg l$의 관계로 계산하여라.)

① 6.33×10^{-3}　② 1.3×10^{-2}
③ 2.6×10^{-2}　④ 6.33×10^{-2}

해설 Chapter 07 − 04

$H = \frac{M}{4\pi\mu_0 r^3}\sqrt{1+3\cos^2\theta}$ [AT/m] $\theta = 90$ $M = ml$

$= \frac{m\ell}{4\pi\mu_0 r^3}$

$= 6.33\times10^4\times\frac{8\times10^{-6}\times10^{-1}}{2^3}\times1$

$= 6.33\times10^{-3}$ [AT/m]

31

세기 M이 균일한 판자석의 S 극축으로부터 r[m] 떨어진 점 P의 자위는? (단, 점 P에서 판자석을 본 입체각을 ω라 한다.)

① $\frac{M}{4\pi\mu_0}\omega$　② $-\frac{M}{4\pi\mu_0}\omega$
③ $-\frac{M}{4\pi\mu_0 r}\omega$　④ $\frac{M}{4\pi\mu_0 r}\omega$

해설 Chapter 07 − 05

N 극 : +, S 극 : −

전기 2 중층(판자석)에서 자위

$u = -\frac{M}{4\pi\mu_0}\omega$[AT]

32

그림과 같은 자기 모멘트 M[Wb/m]인 판자석의 N과 S극측에 입체각 ω_1, ω_2인 P점과 Q점이 판에 무한히 접근해 있을 때 두 점 사이의 자위차 [J/Wb]는? (단, 판자석의 표면 밀도를 $\pm\sigma$[Wb/m^2]라 하고 두께를 δ[m]라 할 때 $M = \delta\sigma$ [Wb/m]이다.)

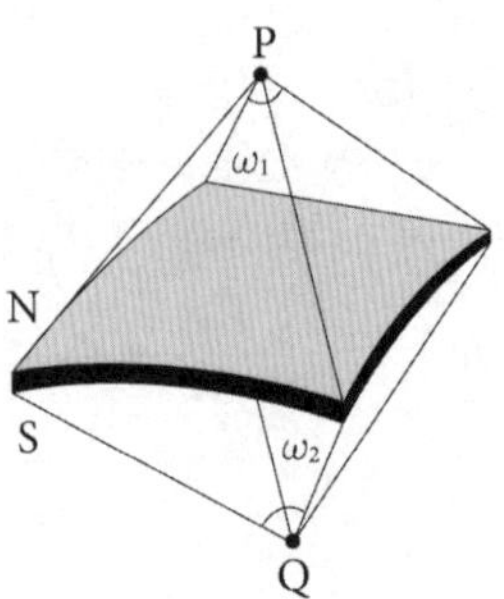

① $\frac{M}{\mu_0}$　② $\frac{M}{4\pi\mu_0}$
③ $\frac{2M}{4\pi\mu_0}(\omega_1-\omega_2)$　④ 0

해설 Chapter 07 − 05

$u = \frac{M}{4\pi\mu_0}\omega$

<ω(입체각)은 무한히 접근해 있으므로 4π로 본다.〉

$= \frac{M}{\mu_0}$

33

판자석의 표면 밀도 $\pm\sigma$[Wb/m^2]라고 하고 두께를 δ[m]라 할 때 이 판자석의 세기는?

① $\sigma\delta$　② $\frac{1}{2}\sigma\delta$
③ $\frac{1}{2}\sigma\delta^2$　④ $\sigma\delta^2$

해설 Chapter 07 − 05

판자석의 세기 = 판자석의 표면밀도 × 두께

$= \sigma\cdot\delta$ [Wb/m]

정답 30 ① 31 ② 32 ① 33 ①

34

그림과 같이 균일한 자계의 세기 H[AT/m] 내에 자극의 세기가 $\pm m$ [Wb], 길이 l [m]인 막대자석을 중심 주위에 회전할 수 있도록 놓는다. 이때 자석과 자계의 방향이 이룬 각을 θ라 하면 자석이 받는 회전력 [N·m]은?

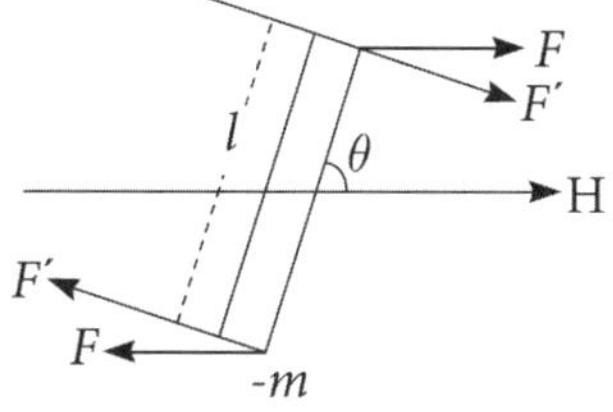

① $mHl\cos\theta$
② $mHl\sin\theta$
③ $2mHl\sin\theta$
④ $2mHl\tan\theta$

해설 Chapter 07 – 08 – (1)
막대자석의 회전력
$T = M \times H$
$= MH\sin\theta$
$= mlH\sin\theta$[N·m]

35

평등 자장 H인 곳에서 자기 모멘트 M을 자장과 수직 방향으로 놓았을 때, 이 자석의 회전력 [N·m]은?

① M/H　② H/M
③ MH　④ $1/MH$

해설 Chapter 07 – 08 – (1)
막대자석의 회전력
$T = MH\sin\theta$
$= MH\sin 90$
$= MH$[N·m]

36

자극의 세기 8×10^{-6}[Wb], 길이 5[cm]인 막대자석을 150[AT/m]의 평등 자계 내에 자계와 30°의 각도로 놓았다면 자석이 받는 회전력[N·m]은?

① 1.2×10^{-2}　② 3×10^{-5}
③ 5.2×10^{-6}　④ 2×10^{-7}

해설 Chapter 07 – 08 – (1)
막대자석의 회전력
$T = MH\sin\theta$ [N·m]
$T = mlH\sin\theta$
$= 8\times10^{-6}\times5\times10^{-2}\times150\times\sin 30$
$= 6{,}000\times10^{-8}\times\frac{1}{2}$
$= 3\times10^{-5}$ [N·m]

37

자계 B의 안에 놓여 있는 전류 I의 회로 C가 받는 힘 F의 식으로 옳은 것은?

① $F=\oint_c (Idl)\times B$　② $F=\oint_c (IB)\times dl$
③ $F=\oint_c (Idl)\cdot(B)$　④ $F=\oint_c (-IB)\cdot(dl)$

해설 Chapter 07 – 09 – (1)
전류가 흐르는 도선을 자계 내에 놓으면 작용하는 힘
$F = IBl\sin\theta = (I\times B)l$ [N],
$\oint_c 1dl = l$ 을 대입

38

1[Wb/m^2]의 자속 밀도에 수직으로 놓인 10[cm]의 도선에 10[A]의 전류가 받는 힘은?

① 0.5[N]　② 1[N]
③ 5[N]　④ 10[N]

해설 Chapter 07 – 09 – (1)
$F = IBl\sin\theta$ 에서
$F = 10\times1\times0.1\times\sin90° = 1$[N]

39

자계 내에서 도선에 전류를 흘려보낼 때 도선을 자계에 대해 60°의 각으로 놓았을 때 작용하는 힘은 30° 각으로 놓았을 때 작용하는 힘의 몇 배인가?

① 1.2　② 1.7
③ 3.1　④ 3.6

정답 34 ② 35 ③ 36 ② 37 ① 38 ② 39 ②

제1과목 ✦ 전기자기학

해설 Chapter 07 – 09 – (1)

전류가 흐르는 도선을 자계 내에 놓으면 작용하는 힘

$F = IBl \sin\theta$

$$\frac{F_{60}}{F_{30}} = \frac{\sin 60}{\sin 30} = \frac{\frac{\sqrt{3}}{2}}{\frac{1}{2}} = \sqrt{3} = 1.732$$

40

전류 I_1[A], I_2[A]가 각각 같은 방향으로 흐르는 평행 도선이 r[m] 간격으로 공기 중에 놓여 있을 때 도선 간에 작용하는 힘은?

① $\frac{2I_1 I_2}{r} \times 10^{-7}$ [N/m], 인력

② $\frac{2I_1 I_2}{r} \times 10^{-7}$ [N/m], 반발력

③ $\frac{2I_1 I_2}{r^2} \times 10^{-3}$ [N/m], 인력

④ $\frac{2I_1 I_2}{r^2} \times 10^{-7}$ [N/m], 반발력

해설 Chapter 07 – 09 – (2)

평행도선에 전류 I_1, I_2가 흐르고 r 만큼 떨어져 있을 때 평행도선에 작용하는 힘

$$F = \frac{\mu_0 I_1 I_2}{2\pi r} = \frac{2I_1 I_2}{r} \times 10^{-7}[\text{N/m}]$$

전류가 동일방향 : 흡인력(인력)
전류가 반대방향 : 반발력

41

일정한 간격을 두고 떨어진 두 개의 긴 평행 도선에 전류가 각각 서로 반대 방향으로 흐를 때 단위길이당 두 도선간에 작용하는 힘은 어떻게 되는가?

① 두 전류의 곱에 비례하고 도선간의 거리의 제곱 반비례하며 반발력이다.

② 두 전류의 곱에 비례하고 도선간의 거리의 반비례하며 반발력이다.

③ 두 전류의 곱에 비례하고 도선간의 거리의 3승에 반비례하며 흡인력이다.

④ 두 전류의 곱에 비례하고 도선간의 거리에 무관하고 흡인력이다.

해설 Chapter 07 – 09 – (2)

평행도선에 전류 I_1, I_2가 흐르고 r 만큼 떨어져 있을 때 평행도선에 작용하는 힘

$$F = \frac{\mu_0 I_1 I_2}{2\pi r} = \frac{2I_1 I_2}{r} \times 10^{-7}[\text{N/m}]$$

42

자속 밀도 B[Wb/m²]의 자계 내에서 전하량의 크기가 e[C]인 전자가 v[m/sec]의 속도로 이동할 때 전자가 받는 힘 F[N]은?

① $-ev \cdot B$ ② $ev \cdot B$

③ $ev \times B$ ④ $eB \times v$

해설 Chapter 07 – 09 – (3)

전하입자에 작용하는 힘(로렌츠힘)

$F = qvB\sin\theta$ [N]

$= q(v \times B)$, $q = e$[C]

$F = ev \times B$

43

0.2[Wb/m²]의 평등 자계 속에 자계의 방향으로 놓인 길이 30[cm]의 도선을 자계와 30°각의 방향으로 30[m/s]의 속도로 이동시킬 때 도체 양단에 유기되는 기전력은 몇 [V]인가?

① $0.9\sqrt{3}$ ② 0.9

③ 1.8 ④ 90

해설 Chapter 07 – 09 – (3)

유기 기전력

$e = vB\ell\sin\theta$

$e = 30 \times 0.2 \times 0.3 \times \sin 30 = 0.9$[V]

정답 40 ① 41 ② 42 ③ 43 ②

44

서로 절연되어 있는 폭 2[m]의 철길 위를 열차가 시속 72[km]의 속도로 달리면서 차바퀴가 지구 자계의 수직 분력 $B = 0.20\times10^{-4}$[Wb/m^2]를 끊으면 철길 사이에 발생하는 기전력[V]은?

① 8×10^{-4}　② 2×10^{-4}
③ 0.4　④ 0.2

해설 Chapter 07 – 09 – (4)
유기 기전력
$e = vB\ell\sin\theta = (v\times B)\ell$
시속 72[km]이므로 속도는
$v = 72$ [km/h]
$= 72[10^3$m/3,600 · S$] = 20$[m/s]
$\theta = 90°$
$e = 20\times0.2\times10^{-4}\times2\times\sin90$[V]
$= 8\times10^{-4}$[V]

45

자계 중에 이것과 직각으로 놓인 도체에 I[A]의 전류를 흘릴 때 f[N]의 힘이 작용하였다. 이 도체를 v[m/s]의 속도로 자계와 직각으로 운동시킬 때의 기전력 e[V]는 얼마인가?

① $\frac{fv}{I^2}$　② $\frac{fv}{I}$
③ $\frac{fv^2}{I}$　④ $\frac{fv}{2I}$

해설 Chapter 07 – 09 – (1), 09 – (4)
$f = IB\ell\sin\theta \Rightarrow B\ell\sin\theta = \frac{f}{I}$
$e = vB\ell\sin\theta$
$= v\frac{f}{I}$

46

자계 중에 한 코일이 있다. 이 코일에 전류 $I = 2$[A]가 흐르면 $F = 2$[N]의 힘이 작용한다. 또 이 코일을 $v = 5$[m/s]로 운동시키면 e[V]의 기전력이 발생한다. 기전력[V]은?

① 3　② 5
③ 7　④ 9

해설 Chapter 07 – 09 – (1), 09 – (4)
전류가 흐르는 도선을 자계 내에 놓으면 작용하는 힘
$F = IB\ell\sin\theta$[N]　$B\ell\sin\theta = \frac{F}{I}$
유기 기전력
$e = vB\ell\sin\theta$[V]
$= v\times\frac{F}{I} = 5\times\frac{2}{2} = 5$[V]

47

그림과 같이 가요성 전선으로 직사각형의 회로를 만들어 대전류를 흘렸을 때 일어나는 현상은?

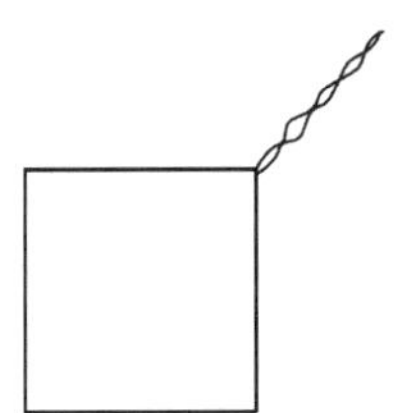

① 변함이 없다.
② 원형이 된다.
③ 맞보는 변끼리 합쳐진다.
④ 이웃하는 변끼리 합쳐진다.

해설 Chapter 07 – 09 – (2)
대전류를 흘리면 전선 상호간의 반발력에 의하여 전선이 원이 되는 현상을 스트레치 효과라고 한다.

정답 44 ① 45 ② 46 ② 47 ②

제1과목 ✦ 전기자기학

Chapter 08 자성체와 자기회로

상수

$$\mu(\text{투자율})[\text{H/m}] = \frac{\mu_0(\text{진공의 투자율})}{4\pi\times10^{-7}[\text{H/m}]} \times \frac{\mu_s(\text{비투자율})}{\text{진공(공기)}\mu_s=1}$$

> 상수
> ε(유전율)[F/m]=ε_0 (진공의 유전율)[F/m]$\times\varepsilon_s$ (비유전율)
> 8.855×10^{-12} 진공(공기) $\varepsilon_s=1$
> 유전체 $\varepsilon_s>1$

01 자화의 세기[J]

$J=\mu_0(\mu_s-1)H$

$J=\chi H \Rightarrow \chi(\text{자화율})=\mu_0(\mu_s-1)\ [\text{H/m}]$

$J=B\left(1-\dfrac{1}{\mu_s}\right)$

$J=\dfrac{M[\text{Wbm}]}{v[\text{m}^3]}[\text{Wb/m}^2]$

$M=m\ell$ (단위체적당 자기쌍극자 모멘트)

> 비교
> * 분극의 세기
> $P=\varepsilon_0(\varepsilon_s-1)E$
> $P=\chi E$
> $\Rightarrow \chi$(분극률)
> $=\varepsilon_0(\varepsilon_s-1)$ [F/m]
> $P=D\left(1-\dfrac{1}{\varepsilon_s}\right)$[c/m^2]
> $P=\dfrac{M[\text{c}\cdot\text{m}]}{v[\text{m}^3]}$[c/m^2]

02 경계조건

(1) $B_1\cos\theta_1=B_2\cos\theta_2$

(자속 밀도의 법선성분은 같다.)

(2) $H_1\sin\theta_1=H_2\sin\theta_2$

(자계의 접선성분은 같다.)

(3) 굴절의 법칙

$$\frac{\tan\theta_2}{\tan\theta_1} = \frac{\mu_2}{\mu_1}$$

(4) 경계면상의 두 점에서 자위는 같다.

(5) $\mu_1 > \mu_2$일 때

$\theta_1 > \theta_2$

$B_1 > B_2$

$H_1 < H_2$

* 경계조건

① $D_1 \cos\theta_1 = D_2 \cos\theta_2$

(전속밀도의 법선성분은 같다)

② $E_1 \sin\theta_1 = E_2 \sin\theta_2$

(전계의 접선성분은 같다)

③ 굴절의 법칙

$$\frac{\tan\theta_2}{\tan\theta_1} = \frac{\varepsilon_2}{\varepsilon_1}$$

④ $\varepsilon_1 > \varepsilon_2$일

$\theta_1 > \theta_2$

$D_1 > D_2$

$E_1 < E_2$

03 자기저항 (R_m)

$$R_m(\text{자기저항}) = \frac{\ell}{\mu S} = \frac{F}{\phi}[\text{AT/Wb}]$$

$\Rightarrow F(\text{기자력}) = NI[\text{AT}]$

(N: 권수, I: 전류, ϕ: 자속)

$$R = \frac{\ell}{kS}$$

k : 도전율

04 자속(ϕ)

$$\phi = \frac{F}{R_m} = \frac{\mu SNI}{\ell}[\text{Wb}]$$

$\phi = B \cdot S = \mu_0\mu_S HS[\text{Wb}]$

$$I = \frac{V}{R}$$

제1과목 ✦ 전기자기학

05 단위체적당 에너지(에너지밀도)

$$\omega = \frac{1}{2}\mu H^2 = \frac{B^2}{2\mu} = \frac{1}{2}HB\ [\mathrm{J/m^3}]$$

작용하는 힘

$$f = \frac{1}{2}\mu H^2 = \frac{B^2}{2\mu} = \frac{1}{2}HB\ [\mathrm{N/m^2}]$$

$$f \propto H^2 \propto B^2$$

$$F = fS\ [\mathrm{N}] = \frac{B^2}{2\mu} \times S$$

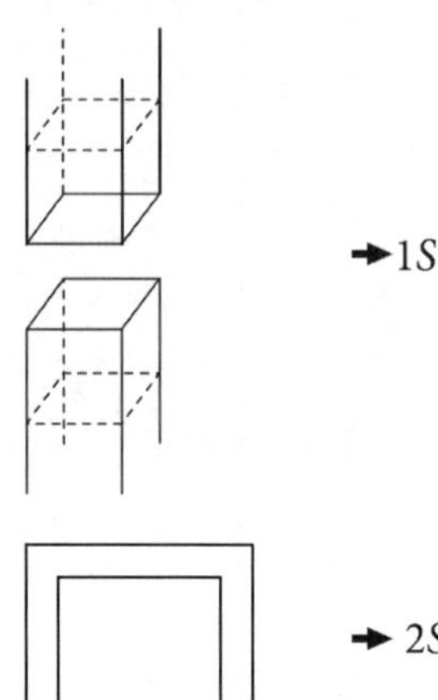

06 미소공극이 있는 철심회로의 합성자기저항

(1) 미소 공극이 있는 철심 회로의 합성 자기저항은 처음 자기 저항의 몇 배?

$$\frac{R_m'}{R_m} = \frac{R_m + R_{m0}}{R_m} = 1 + \frac{\dfrac{\ell_g}{\mu_0 \cdot s}}{\dfrac{\ell}{\mu \cdot s}} = 1 + \frac{\mu \ell_g}{\mu_0 \cdot \ell} = 1 + \frac{\mu_s \ell_g}{\ell}$$

(2) 공극의 자기저항은 철심 자기 저항의 몇 배?

$$\frac{R_{mo}}{R_m} = \frac{\dfrac{\ell_g}{\mu_0 s}}{\dfrac{\ell}{\mu s}} = \frac{\ell_g}{\ell} \cdot \frac{\mu}{\mu_0}$$

ℓ : 철심의 길이

ℓ_g : 공극의 길이

μ : 철심의 투자율

μ_0 : 공극의 투자율

* 정전계

• 단위체적당 에너지

$$\omega = \frac{1}{2}\varepsilon E^2 = \frac{D^2}{2\varepsilon} = \frac{1}{2}ED\,[\text{J/m}^3]$$

• 대전 도체 표면에 작용하는 힘
(정전 응력, 단위면적당 힘[N/m²])

$$f = \frac{1}{2}\varepsilon E^2 = \frac{D^2}{2\varepsilon} = \frac{1}{2}ED\,[\text{N/m}^2]$$

$$f \propto E^2 \propto D^2 \propto (\text{표면전하밀도})^2$$

07 히스테리시스 곡선

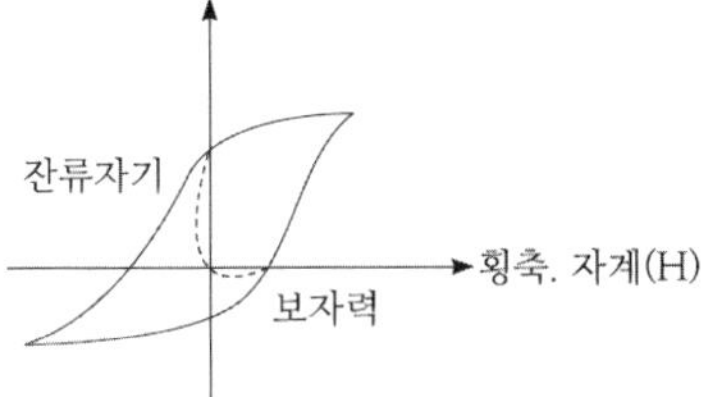

	영구자석	전자석
잔류자기	大	大
보자력	大	小
히스테리시스곡선면적	大	小

(1) 전자석의 구비조건

적은 보자력으로 큰 잔류자기를 얻고 히스테리시스 곡선면적은 작다.

(2) 강자성체 $\mu_s \gg 1$ (니켈, 코발트, 망간, 규소, 철)

상자성체 $\mu_s > 1$ (공기, 주석, 산소, 백금, 알루미늄)

역(반)자성체 $\mu_s < 1$ (납, 아연, 비스므트, 금, 은, 동)

(3) 강자성체

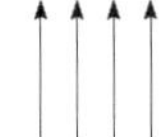

(4) 반강자성체

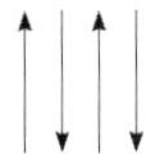

08 전기회로와 자기회로 대응관계

전기회로	자기회로
V [V] : 기전력	$F = NI$ [AT] : 기자력
I [A] : 전류	ϕ [Wb] : 자속
R [Ω] : 전기저항	R_m [AT/Wb] : 자기저항
k [℧/m] : 도전율	μ [H/m] : 투자율
i [A/m²] : 전류밀도	B [Wb/m²] : 자속밀도

Chapter 08 출제예상문제

01

100회 감은 코일에 2.5[A]의 전류가 흐른다면 기자력은 몇 [AT]이겠는가?

① 250　② 500
③ 1,000　④ 2,000

해설 Chapter 08 – 03
$F = NI = 100 \times 2.5 = 250$ [AT]

02

자계의 세기가 800[AT/m]이고, 자속밀도가 0.2[Wb/m²]인 재질의 투자율은 몇 [H/m]인가?

① 2.5×10^{-3}　② 4×10^{-3}
③ 2.5×10^{-4}　④ 4×10^{-4}

해설 Chapter 07 – 06
$B = \mu H$
$$\mu = \frac{B}{H} = \frac{0.2}{800} = 2.5 \times 10^{-4}$$

03

비투자율 $\mu_s = 400$인 환상 철심 내의 평균 자계의 세기가 $H = 3,000$[AT/m]이다. 철심 중의 자화의 세기 J[Wb/m²]는?

① 0.15　② 1.5
③ 0.75　④ 7.5

해설 Chapter 08 – 01
J : 자화의 세기
$J = \mu_0(\mu_s - 1)H$
$= 4\pi \times 10^{-7} \times (400-1) \times 3,000$
$= 1.5$[Wb/m²]

04

강자성체의 자속 밀도 B의 크기와 자화의 세기 J의 크기 사이에는?

① J는 B보다 약간 크다.
② J는 B보다 대단히 크다.
③ J는 B보다 약간 작다.
④ J는 B보다 대단히 작다.

해설 Chapter 08 – 01
자화의 세기 $J = B - \mu_0 H$[Wb/m²] $B - J = \mu_0 H$이므로 B가 J보다 약간 작다. 또는 J는 B보다 약간 작다.

05

비투자율이 50인 자성체의 자속 밀도가 0.05[Wb/m²]일 때 자성체의 자화 세기 [Wb/m²]는?

① 0.049　② 0.05
③ 0.055　④ 0.06

해설 Chapter 08 – 01
$$J = B\left(1 - \frac{1}{\mu_s}\right) = 0.05 \times \left(1 - \frac{1}{50}\right)$$
$= 0.049$ [Wb/m²]

06

길이 10[cm], 단면의 반지름 $a = 1$[cm]인 원통형 자성체가 길이의 방향으로 균일하게 자화되어 있을 때 자화의 세기가 $J = 0.5$[Wb/m²]이라면 이 자성체의 자기 모멘트[Wb · m]는?

① 1.57×10^{-4}　② 1.57×10^{-5}
③ 15.7×10^{-4}　④ 15.7×10^{-5}

정답 01 ① 02 ③ 03 ② 04 ③ 05 ① 06 ②

해설 Chapter 08 – 01

$J = \dfrac{dM}{dV} = \dfrac{M}{v}$ 여기서 v[m³] 체적

$M = J \cdot v$

$= 0.5 \times \pi a^2 l$

$= 0.5 \times \pi \times (10^{-2})^2 \times 10^{-1}$

$= 1.57 \times 10^{-5}$ [Wb · m]

07

길이 L[m], 단면적의 반지름 a[m]인 원통에 길이 방향으로 균일하게 자화되어 자화의 세기가 J[Wb/m²]인 경우 원통 양단에서의 전자극의 세기 m[Wb]는?

① J ② $2\pi a J$
③ $\pi a^2 J$ ④ $J/\pi a^2$

해설 Chapter 08 – 01

$J = \dfrac{M}{v} = \dfrac{M}{\pi a^2 \ell}$

$(M = m\ell = J \cdot \pi a^2 \ell)$[Wb · m]

$m = J \cdot \pi a^2$ [Wb]

08

길이 20[cm], 단면적이 반지름 10[cm]인 원통이 길이 방향으로 균일하게 자화되어 자화의 세기가 200[Wb/m²]인 경우 원통 양단에서의 전자극의 세기는 몇[Wb]인가?

① π ② 2π
③ 3π ④ 4π

해설 Chapter 08 – 01

$J = \dfrac{M}{v} = \dfrac{M}{\pi a^2 \ell}$

$M = m\ell = J\pi a^2 \ell$

$m = J \cdot \pi a^2$

$= 200 \times \pi \times 0.1^2$

$= 2\pi$

09

투자율이 다른 두 자성체가 평면으로 접하고 있는 경계면에서 전류밀도가 0일 때 성립하는 경계 조건은?

① $\mu_2 \tan\theta_1 = \mu_1 \tan\theta_2$ ② $\mu_1 \cos\theta_1 = \mu_2 \cos\theta_2$
③ $B_2 \sin\theta_1 = B_2 \cos\theta_2$ ④ $\mu_1 \tan\theta_1 = \mu_2 \tan\theta_2$

해설 Chapter 08 – 02

$B_1 \cos\theta_1 = B_2 \cos\theta_2$

$H_1 \sin\theta_1 = H_2 \sin\theta_2$

$\dfrac{\tan\theta_2}{\tan\theta_1} = \dfrac{\mu_2}{\mu_1} \Rightarrow \mu_2 \tan\theta_1 = \mu_1 \tan\theta_2$

10

투자율이 다른 두 자성체의 경계면에서의 굴절각은?

① 투자율에 비례한다.
② 투자율에 반비례한다.
③ 투자율의 제곱에 비례한다.
④ 비투자율에 반비례한다.

해설 Chapter 08 – 02

$\mu_1 > \mu_2$

$\theta_1 > \theta_2$

$B_1 > B_2$

$H_1 < H_2$

11

어떤 막대 철심이 있다. 단면적이 0.4[m²]이고, 길이가 0.6[m], 비투자율이 20이다. 이 철심의 자기 저항은 몇 [AT/Wb]인가?

① 3.86×10^{-4} ② 7.96×10^4
③ 3.86×10^5 ④ 5.96×10^4

해설 Chapter 08 – 03

$R_m = \dfrac{\ell}{\mu_0 \mu_s S} = \dfrac{0.6}{4\pi \times 10^{-7} \times 20 \times 0.4} = 5.97 \times 10^4$

정답 07 ③ 08 ② 09 ① 10 ① 11 ④

12

철심에 도선을 250회 감고 1.2[A]의 전류를 흘렸더니 1.5×10^{-3}[Wb]의 자속이 생겼다. 이 때 자기 저항 [AT/Wb]은?

① 2×10^5　② 3×10^5
③ 4×10^5　④ 5×10^5

해설 Chapter 08 – 03

$$\text{자기저항} = \frac{\text{기자력}}{\text{자속}}$$

$$R_m = \frac{F}{\phi} = \frac{NI}{\phi}$$

$$= \frac{250\times1.2}{1.5\times10^{-3}} = 200{,}000[\text{AT/Wb}]$$

$$= 2\times10^5$$

13

공심 환상 솔레노이드의 단면적이 10[cm^2], 평균 길이가 20[cm], 코일의 권수가 500회, 코일에 흐르는 전류가 2[A]일 때 솔레노이드의 내부 자속[Wb]은 약 얼마인가?

① $4\pi\times10^{-4}$　② $4\pi\times10^{-6}$
③ $2\pi\times10^{-4}$　④ $2\pi\times10^{-6}$

해설 Chapter 08 – 04

$$\text{자속 } \phi = \frac{\mu_0 SNI}{\ell}$$

$$= \frac{4\pi\times10^{-7}\times10\times10^{-4}\times500\times2}{20\times10^{-2}}$$

$$= \frac{20\pi\times10^{-8}}{10^{-1}}$$

$$= 2\pi\times10^{-6}[\text{Wb}]$$

14

비투자율 1,000의 철심이 든 환상 솔레노이드의 권수는 600회, 평균 지름은 20[cm], 철심의 단면적은 10[cm^2]이다. 솔레노이드에 2[A]의 전류를 흘릴 때 철심 내의 자속은 몇 [Wb]가 되는가?

① 2.4×10^{-5}　② 2.4×10^{-3}
③ 1.2×10^{-5}　④ 1.2×10^{-3}

해설 Chapter 08 – 04

$$\text{자속 } \phi = \frac{\mu SNI}{\ell} = \frac{\mu SNI}{2\pi a}$$

$$= 4\pi\times10^{-7}\times10^3\times\frac{600\times2}{2\pi\times10\times10^{-2}}\times10\times10^{-4}$$

$$= 2.4\times10^{-3}$$

여기서 $\ell = 2\pi a = \pi d$[m]이고 a[m]는 평균반지름, d[m]는 평균지름이다.

15

자기 인덕턴스 L[H]인 코일에 전류 I를 흘렸을 때 자계의 세기가 H[AT/m]였다. 이 코일을 진공 중에서 자화시키는 데 필요한 에너지 밀도[J/m^3]는?

① $\frac{1}{2}LI^2$　② LI^2　③ $\frac{1}{2}\mu_0 H^2$　④ $\mu_0 H^2$

해설 Chapter 08 – 05

자계의 에너지 밀도(단위체적당 에너지) ⇒ 진공이므로 μ_s를 1로 보았음

$$\omega = \frac{1}{2}\mu_0 H^2 = \frac{B^2}{2\mu_0} = \frac{1}{2}HB\,[\text{J/m}^3]$$

16

비투자율이 4,000인 철심을 자화하여 자속 밀도가 0.1[Wb/m^2]으로 되었을 때 철심의 단위 체적에 저축된 에너지[J/m^3]는?

① 1　② 3
③ 2.5　④ 5

해설 Chapter 08 – 05

자계의 에너지 밀도(단위체적당 에너지)

$$\omega = \frac{1}{2}\mu H^2 = \frac{B^2}{2\mu} = \frac{1}{2}HB[\text{J/m}^3]$$

$$\omega = \frac{B^2}{2\mu_0\mu_s} = \frac{0.1^2}{2\times4\pi\times10^{-7}\times4{,}000}$$

$$= 1\,[\text{J/m}^3]$$

정답 12 ① 13 ④ 14 ② 15 ③ 16 ①

17

전자석의 흡인력은 자속밀도를 B 라 할 때 어떻게 되는가?

① B 에 비례　② $B^{3/2}$에 비례
③ $B^{1.6}$에 비례　④ B^{2}에 비례

해설 Chapter 08 − 05
자계의 에너지 밀도(단위체적당 에너지)

$$\omega = \frac{1}{2}\mu H^2 = \frac{B^2}{2\mu}\text{ [J/m}^3\text{]}$$

흡인력(단위면적당 힘)

$$f = \frac{1}{2}\mu H^2 = \frac{B^2}{2\mu}\text{ [N/m}^2\text{]}$$

18

그림과 같이 진공 중에 자극 면적이 2[cm²], 간격이 0.1[cm]인 자성체 내에서 포화 자속 밀도가 2[Wb/m²]일 때 두 자극면 사이에 작용하는 힘의 크기[N]는?

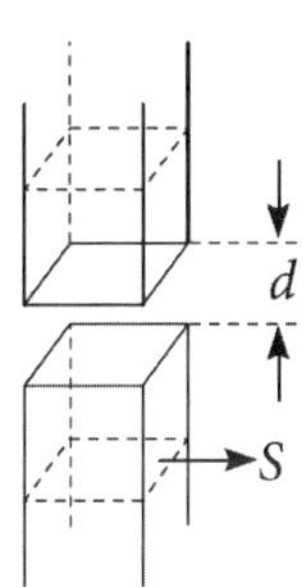

① 0.318　② 3.18
③ 31.8　④ 318

해설 Chapter 08 − 05
흡인력(단위면적당 힘)

$$f = \frac{1}{2}\mu H^2 = \frac{B^2}{2\mu} = \frac{1}{2}HB\text{ [N/m}^2\text{]}$$

$$F = \frac{B^2}{2\mu_0} \times S\text{ [N]}$$

$$= \frac{2^2}{2 \times 4\pi \times 10^{-7}} \times 2 \times 10^{-4}$$

$$= 318$$

19

단면적 $S = 100 \times 10^{-4}$ [m²]인 전자석에 자속밀도 $B = 2$ [Wb/m²]인 자속이 발생할 때, 철편을 흡입하는 힘[N]은?

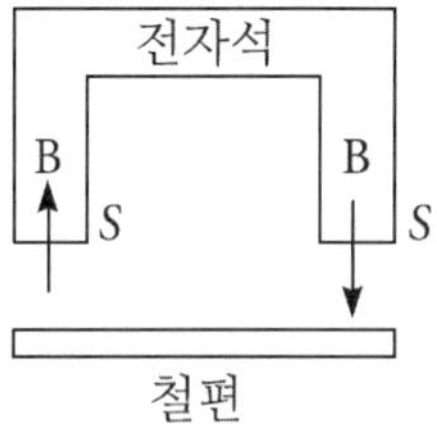

① $\frac{\pi}{2} \times 10^5$　② $\frac{1}{2\pi} \times 10^5$
③ $\frac{1}{\pi} \times 10^5$　④ $\frac{2}{\pi} \times 10^5$

해설 Chapter 08 − 05

흡인력 $f = \frac{1}{2}\mu H^2 = \frac{B^2}{2\mu} = \frac{1}{2}HB$ [N/m²]

(작용면에서 힘의 크기)

$F = \frac{B^2}{2\mu_0} \times 2S$ (주의 : 전자석의 면적이 2개)

$$= \frac{2^2}{2 \times 4\pi \times 10^{-7}} \times 2 \times 100 \times 10^{-4}$$

$$= \frac{1}{\pi} \times 10^5\text{[N]}$$

20

단면적이 같은 자기 회로가 있다. 철심의 투자율을 μ 라 하고 철심회로의 길이를 l 라 한다. 지금 그 일부에 미소공극 l_0 을 만들었을 때 자기 회로의 자기 저항은 공극이 없을 때의 약 몇 배인가?

① $1 + \frac{\mu l}{\mu_0 l_0}$　② $1 + \frac{\mu l_0}{\mu_0 l}$
③ $1 + \frac{\mu l_0}{\mu_0 l_0}$　④ $1 + \frac{\mu_0 l_0}{\mu l}$

해설 Chapter 08 − 06

$$\frac{R_m'}{R_m} = 1 + \frac{\mu l_0}{\mu_0 l}$$

정답 17 ④　18 ④　19 ③　20 ②

21

길이 1[m]의 철심(μ_r = 1,000) 자기 회로에 1[mm]의 공극이 생겼을 때 전체의 자기 저항은 약 몇 배로 증가되는가? (단, 각부의 단면적은 일정하다.)

① 1.5　　② 2
③ 2.5　　④ 3

해설 Chapter 08 – 06

$$\frac{R_m{}'}{R_m} = \frac{R_m + R_{m0}}{R_m} = 1 + \frac{\frac{\ell_g}{\mu_0 S}}{\frac{\ell}{\mu S}}$$

$$= 1 + \frac{\ell_g}{\ell} \cdot \frac{\mu}{\mu_0} = 1 + \frac{\mu_s \ell_g}{\ell}$$

$$= 1 + \frac{1000 \times 1 \times 10^{-3}}{1}$$

$$= 2$$

22

비투자율 $\mu_s = 500$, 자로의 길이 l 의 환상 철심 자기 회로에 $l_g = \dfrac{l}{500}$ 의 공극을 내면 자속은 공극이 없을 때의 대략 몇 배가 되는가? (단, 기자력은 같다.)

① 1　　② $\frac{1}{2}$
③ 5　　④ $\frac{1}{499}$

해설 Chapter 08 – 06

자기 저항

$$\frac{R_m'}{R_m} = 1 + \frac{\ell_g}{\ell} \times \frac{\mu}{\mu_0} = 1 + \frac{\frac{\ell}{500}}{1} \times \frac{500\mu_0}{\mu_0} = 2\,[\text{배}]$$

자속 $\phi = \dfrac{F}{R_m}$ 이므로 자속은 자기저항과 역수관계이므로

$\frac{1}{2}$ 배

23

공극을 가진 환영 자기 회로에서 공극 부분의 길이와 투자율은 철심 부분의 것에 각각 0.01배와 0.001배이다. 공극의 자기 저항은 철심 부분의 자기 저항의 몇 배인가?(단, 자기 회로의 단면적은 같다고 본다.)

① 9배　　② 10배
③ 11배　　④ 18배

해설 Chapter 08 – 06

길이 : $\dfrac{\ell_g}{\ell} = 0.01$ 배

투자율 : $\dfrac{\mu_0}{\mu} = 0.001$ 배

$$\frac{R_{m0}}{R_m} = \frac{\frac{l_g}{\mu_0 s}}{\frac{l}{\mu_s}} = \frac{\mu}{\mu_0} \cdot \frac{l_g}{l}$$

$$= \frac{1}{0.001} \times 0.01 = 10\,[\text{배}]$$

24

그림은 철심부의 평균 길이가 l_2, 공극의 길이가 l_1, 단면적이 S 인 자기 회로이다. 자속 밀도를 B [Wb/m²]로 하기 위한 기자력 [AT]은?

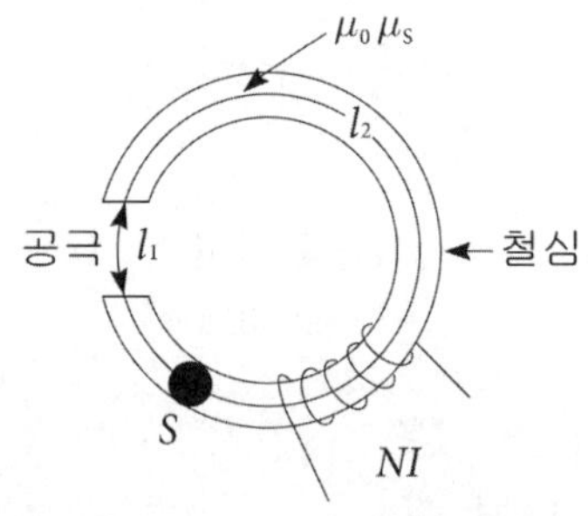

① $\dfrac{\mu_0}{B}\left[l_2 + \dfrac{\mu_s}{l_2}\right]$　　② $\dfrac{B}{\mu_0}\left[l_2 + \dfrac{l_1}{\mu_s}\right]$

③ $\dfrac{\mu_0}{B}\left[l_2 + \dfrac{\mu_s}{l_1}\right]$　　④ $\dfrac{B}{\mu_0}\left[l_1 + \dfrac{l_2}{\mu_s}\right]$

정답 21 ② 22 ② 23 ② 24 ④

해설

$$F = Hl = NI$$
$$= H_1 l_1 + H_2 l_2$$
$$= \frac{B}{\mu_0} l_1 + \frac{B}{\mu_0 \mu_s} l_2$$
$$= \frac{B}{\mu_0}\left(l_1 + \frac{l_2}{\mu_s}\right)$$

25

공극(air gap)을 가진 환상 솔레노이드에서 총 권수 N(회), 철심의 투자율 μ[H/m], 단면적 S[m^2], 길이 l [m]이고 공극의 길이 δ일 때 공극부에 자속 밀도 B [Wb/m^2]를 얻기 위해서는 몇 [A]의 전류를 흘려야 하는가?

① $\frac{N}{B}\left[\frac{l}{\mu} + \frac{\delta}{\mu_0}\right]$　② $\frac{N}{B}\left[\frac{l}{\mu_0} + \frac{\delta}{\mu}\right]$

③ $\frac{B}{N}\left[\frac{l}{\mu} + \frac{\delta}{\mu_0}\right]$　④ $\frac{B}{N}\left[\frac{l}{\mu_0} + \frac{\delta}{\mu}\right]$

해설

$$\int H d\ell = \sum I, \quad H\ell = NI$$
$$NI = H_1\ell_1 + H_2\ell_2$$
$$NI = \frac{B}{\mu}\ell + \frac{B}{\mu_0}\delta$$
$$\therefore I = \frac{B}{N}\left(\frac{\ell}{\mu} + \frac{\delta}{\mu_0}\right)$$

26

히스테리시스 곡선에서 횡축과 종축은 각각 무엇을 나타내는가?

① 자속밀도(횡축), 자계(종축)
② 기자력(횡축), 자속밀도(종축)
③ 자계(횡축), 자속밀도(종축)
④ 자속밀도(횡축), 기자력(종축)

해설 Chapter 08 – 07
종축(자속밀도), 횡축(자계)

27

히스테리스 곡선에서 횡축과 만나는 것은 다음 중 어느 것인가?

① 투자율　② 전류자기
③ 자력선　④ 보자력

해설 Chapter 08 – 07
히스테리시스 곡선에서 종축과 만나는 것 : 잔류자기
히스테리시스 곡선에서 횡축과 만나는 것 : 보자력

28

영구자석의 재료로 사용하는 철에 요구되는 사항은?

① 잔류자기 및 보자력이 작은 것
② 잔류자기가 크고 보자력이 작은 것
③ 잔류자기는 작고 보자력이 큰 것
④ 잔류자기 및 보자력이 큰 것

해설 Chapter 08 – 07
전자석 ㉠ 보자력이 작고 잔류자기가 클 것
㉡ 히스테리시스 곡선 면적이 작다.
영구자석 ㉠ 보자력이 크고 잔류자기가 클 것
㉡ 히스테리시스 곡선 면적이 크다.

29

전자석에 사용하는 연철(soft iron)은 다음 어느 성질을 가지는가?

① 잔류자기, 보자력이 모두 크다.
② 보자력이 크고 히스테리시스 곡선의 면적이 작다.
③ 보자력과 히스테리시스 곡선의 면적이 모두 작다.
④ 보자력이 크고 잔류자기가 작다.

해설 Chapter 08 – 07
전자석 ㉠ 보자력이 작고 잔류자기가 클 것
㉡ 히스테리시스 곡선 면적이 작다.
영구자석 ㉠ 보자력이 크고 잔류자기가 클 것
㉡ 히스테리시스 곡선 면적이 크다.

정답 25 ③ 26 ③ 27 ④ 28 ④ 29 ③

30

자화된 철의 온도를 높일 때 강자성이 상자성으로 급격하게 변하는 온도는?

① 퀴리(curie)점 ② 비등점
③ 융점 ④ 융해점

해설
자화된 철에 온도를 높이면 자화가 서서히 감소하다가 급격하게 강자성이 상자성으로 변하는데 이는 철의 결정을 구성하는 원자의 열운동이 심해서 자구의 배열이 파괴된다. 이때 온도를 퀴리점이라 한다.

31

인접 영구 자기 쌍극자가 크기는 같으나 방향이 서로 반대 방향으로 배열된 자성체를 어떤 자성체라 하는가?

① 반자성체 ② 상자성체
③ 강자성체 ④ 반강자성체

해설 Chapter 08 – 07
강자성체 : $\mu_s \gg 1$
상자성체 : $\mu_s > 1$
역자성체 : $\mu_s < 1$

32

아래 그림은 전자의 자기 모멘트의 크기와 배열 상태를 그 차이에 따라서 배열한 것인데 강자성체에 하는 것은?

①

②

③ 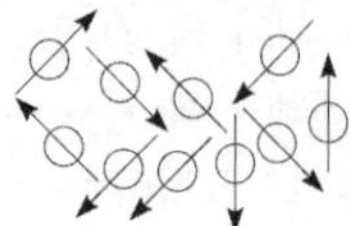

④

해설
① 반강자성체
② 강자성체
③ 상자성체
④ 훼리자성체

33

강자성체의 히스테리시스 루프의 면적은?

① 강자성체의 단위체적당의 필요한 에너지이다.
② 강자성체의 단위면적당의 필요한 에너지이다.
③ 강자성체의 단위길이당의 필요한 에너지이다.
④ 강자성체의 전체 체적의 필요한 에너지이다.

34

내부 장치 또는 공간을 물질로 포위시켜 외부 자계의 영향을 차폐시키는 방식을 자기 차폐라 한다. 자기 차폐에 좋은 물질은?

① 강자성체 중에서 비투자율이 큰 물질
② 강자성체 중에서 비투자율이 작은 물질
③ 비투자율이 1보다 작은 역자성체
④ 비투자율에 관계없이 물질의 두께에만 관계되므로 되도록 두꺼운 물질

35

강자성체의 세 가지 특성이 아닌 것은?

① 와전류 특성
② 히스테리시스 특성
③ 고투자율 특성
④ 포화 특성

해설
강자성체는 자구가 존재하며 히스테리시스 특성, 고투자율, 포화 특성이 있다.

정답 30 ① 31 ④ 32 ② 33 ① 34 ① 35 ①

36

전기 회로에서 도전도[S/m]에 대응하는 것은 자기회로에서 무엇인가?

① 자속　　② 기자력
③ 투자율　　④ 자기저항

해설 Chapter 08 – 08

전기회로와 자기회로의 대응관계

전기회로	자기회로
V (기전력) [V]	F (기자력) [AT]
I (전류) [A]	ϕ (자속) [Wb]
R (전기저항) [Ω]	R_m(자기저항) [AT/Wb]
k (도전율) [℧/m]	μ (투자율) [H/m]
i (전류밀도) [A/m^2]	B (자속밀도) [Wb/m^2]

37

자기회로와 전기회로의 대응관계를 표시하였다. 잘못된 것은?

① 자속 – 전속
② 자계 – 전계
③ 기자력 – 기전력
④ 투자율 – 도전율

해설 Chapter 08 – 08

자기회로에서 자속은 전기회로에서 전류와 대응관계가 있다.

정답 36 ③ 37 ①

Chapter 09 전자 유도

01 패러데이의 전자 유도 법칙

자속 ϕ가 변화할 때 유도 기전력

$e = -N\dfrac{d\phi}{dt}$ [V] (크기 : 패러데이 법칙, 방향 : 렌쯔법칙)

$= -N\dfrac{dB}{dt} \cdot S$ [V]

> "ps"
> $\dfrac{d\sin\omega t}{dt} = \omega\cos\omega t = \omega\sin\left(\omega t + \dfrac{\pi}{2}\right)$
> $\dfrac{d\cos\omega t}{dt} = -\omega\sin\omega t$

(1) $\phi = \phi_m \sin\omega t$ e =?

$e = -N\dfrac{d\phi}{dt}\sin\omega t$

$= -\omega N\phi_m \cos\omega t$

$= \omega N\phi_m \sin(\omega t - 90)$

(2) $\phi = \phi_m \cos\omega t$ e =?

$e = -N\dfrac{d\phi_m}{dt}\cos\omega t$

$= \omega N\phi_m \sin\omega t$

※ 유기 기전력 최댓값 (E_m)

$= \omega N\phi_m$

- ω (각속도) $=2\pi f$ [rad/s] (각주파수)
- N : 권수
- ϕ_m : 최대자속 $\phi_m = B \cdot S$[Wb]

※ 유기 기전력은 자속보다 위상이 $\frac{\pi}{2}$ (90°) 만큼 늦다.

02 표피 효과(P)와 침투 깊이(δ)

$$\delta = \sqrt{\frac{2}{\omega k \mu}}\ [\text{m}] = \frac{1}{P}$$

$\omega = 2\pi f$

k : 도전율 [℧/m], [S/m]

$\frac{1}{k} = \rho$: 고유저항[Ω·m]

μ : 투자율[H/m] ⇒ $\mu = \mu_0 \mu_s$

- **주파수 증가 시**

① 표피 효과 침투 깊이 (δ)

$\downarrow (\delta) \propto \sqrt{\frac{1}{f\uparrow}}$ 감소

② 표피 효과 $(\frac{1}{\delta})$

$\uparrow \left(\frac{1}{\delta\downarrow}\right) \propto \sqrt{f\uparrow}$ 증가

③ 저항 (R)

$\uparrow (R) = \rho \frac{\ell}{S\downarrow} \propto \sqrt{f}$ 증가

출제예상문제

01

권수 500[T]의 코일 내를 통하는 자속이 다음 그림과 같이 변화하고 있다. $\overline{bc}$ 기간 내에 코일 단자간에 생기는 유기 기전력[V]은?

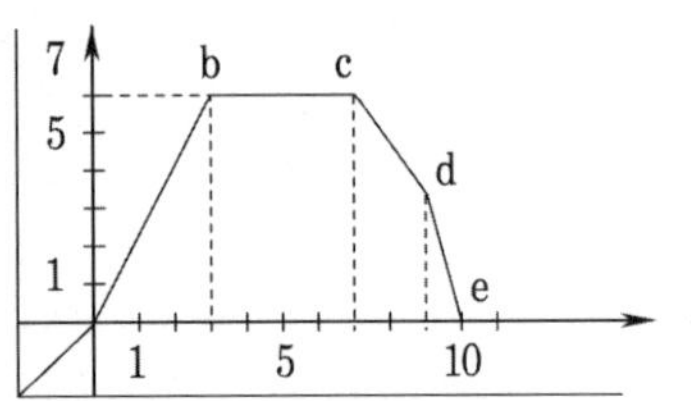

① 1.5　② 0.7
③ 1.4　④ 0

해설 Chapter 09 – 01

$e = -N\dfrac{d\phi}{dt}$

bc 구간에서 자속의 변화량이 없다. ($d\phi = 0$)

∴ 유기 기전력 (e)는 0이다.

02

페러데이의 법칙에서 회로와 쇄교하는 전자속수를 ϕ[Wb] 회로의 권회수를 N 라 할 때 유도기전력 U 는 얼마인가?

① $2\pi\mu N\phi$　② $4\pi\mu N\phi$
③ $-N\dfrac{d\phi}{dt}$　④ $-\dfrac{1}{N}\dfrac{d\phi}{dt}$

해설 Chapter 09 – 01

03

$\phi = \phi_m \sin\omega t$ [Wb]인 정현파로 변화하는 자속이 권수 N인 코일과 쇄교할 때의 유기 기전력의 위상은 자속에 비해 어떠한가?

① $\pi / 2$ 만큼 빠르다.　② $\pi / 2$ 만큼 늦다.
③ π 만큼 빠르다.　④ 동위상이다.

해설 Chapter 09 – 01

패러데이의 전자 유도 법칙에 의한 유기 기전력

$e = -N\dfrac{d\phi}{dt}$ [V]

$\phi = \phi_m \sin\omega t$

$e = -N\dfrac{d\phi}{dt} = -N\dfrac{d}{dt}(\phi_m \sin\omega t)$

$= -\omega N\phi_m \cos\omega t$

$= -\omega N\phi_m \sin(\omega t + 90)$

$= \omega N\phi_m \sin(\omega t - 90)$ [V]

∴ 유기 기전력은 자속보다 위상이 90° $\left(\dfrac{\pi}{2}\right)$만큼 뒤진다.

04

자속 ϕ[Wb]가 주파수 f[Hz]로 정현파 모양의 변화를 할 때, 즉 $\phi = \phi_m \sin 2\pi ft$[Wb]일 때, 이 자속과 쇄교하는 회로에 발생하는 기전력은 몇 [V]인가? (단, N은 코일의 권회수 이다.)

① $-\pi fN\phi_m \cos 2\pi ft$　② $-2\pi fN\phi_m \cos 2\pi ft$
③ $-\pi fN\phi_m \sin 2\pi ft$　④ $-2\pi fN\phi_m \sin 2\pi ft$

해설 Chapter 09 – 01

$e = -N\dfrac{d\phi}{dt} = -N\dfrac{d}{dt}(\phi_m \sin 2\pi ft)$

$= -2\pi fN\phi_m \cos 2\pi ft$ [V]

05

정현파 자속의 주파수를 4배로 높이면 유기 기전력은?

① 4배로 감소한다.　② 4배로 증가한다.
③ 2배로 감소한다.　④ 2배로 증가한다.

해설 Chapter 09 – 01

$\phi = \phi_m \sin\omega t$

$e = -N\dfrac{d\phi}{dt} = -N\dfrac{d}{dt}(\phi_m \sin\omega t)$

정답 01 ④　02 ③　03 ②　04 ②　05 ②

$= -\omega N\phi_m \cos\omega t$

$= -\omega N\phi_m \sin(\omega t + 90)$

$= \omega N\phi_m \sin(\omega t - 90)$ [V]

$e \propto f$

∴ 주파수를 4배로 높이면 유기 기전력도 4배로 증가

여기서 $\omega = 2\pi f$[rad/s]

06

N 회의 권선에 최댓값 1[V], 주파수 f [Hz]인 기전력을 유기시키기 위한 쇄교 자속의 최댓값[Wb]은?

① $\dfrac{f}{2\pi N}$ ② $\dfrac{2N}{\pi f}$

③ $\dfrac{1}{2\pi f N}$ ④ $\dfrac{N}{2\pi f}$

해설 Chapter 09 – 01

유기 기전력 최댓값

$E_m = \omega N\phi_m$

$1 = 2\pi f N\phi_m$

$\phi_m = \dfrac{1}{2\pi f N}$ [Wb]

07

도전율 σ, 투자율 μ인 도체에 교류 전류가 흐를 때의 표피효과는?

① 주파수가 높을수록 작다.

② 투자율이 클수록 작다.

③ 도전율이 클수록 크다.

④ 투자율, 도전율은 무관하다.

해설 Chapter 09 – 02

표피효과 침투깊이

$(\delta) = \sqrt{\dfrac{2}{\omega k\mu}}$ [m] μ : 투자율 k : 도전율

표피효과는 침투깊이와 반비례 관계 (즉, 표피효과가 좋다는 것은 표피효과

침투 깊이가 작아서 전류가 도체표면으로 많이 흐른다는 뜻)

∴ 표피효과 $\propto \dfrac{1}{\delta} \propto \sqrt{\dfrac{\omega k\mu}{2}} \propto \sqrt{f k\mu}$

08

도전율 σ, 투자율 μ인 도체에 교류 전류가 흐를 때 표피효과에 의한 침투깊이 δ는 σ와 μ, 그리고 주파수 f에 관계가 있는가?

① 주파수 f와 무관하다.

② σ가 클수록 작다.

③ σ와 μ에 비례한다.

④ μ가 클수록 크다.

해설 Chapter 09 – 02

표피효과 침투깊이

$(\delta) = \sqrt{\dfrac{2}{\omega k\mu}}$ [m] μ : 투자율 k : 도전율

도전율을 k 대신 σ로 보았음

$\delta = \sqrt{\dfrac{2}{\omega\sigma\mu}} \propto \sqrt{\dfrac{1}{f\sigma\mu}}$

σ(도전율)이 클수록 δ(표피효과 침투깊이)는 작다.

09

주파수 f = 100[MHz]일 때 구리의 표피두께(skin depth)는 대략 몇 [mm]인가?
(단, 구리의 도전율은 5.8×10^7[S/m], 비투자율은 1이다.)

① 3.3×10^{-2} ② 6.61×10^{-2}

③ 3.3×10^{-3} ④ 6.61×10^{-3}

해설 Chapter 09 – 02

표피효과 침투깊이

$(\delta) = \sqrt{\dfrac{2}{\omega k\mu}}$ [m] μ : 투자율 k : 도전율

$\delta = \sqrt{\dfrac{2}{2\pi\times100\times10^6\times5.8\times10^7\times4\pi\times10^{-7}}}\times10^3$[mm]

$= 6.61\times10^{-3}$[mm]

정답 06 ③ 07 ③ 08 ② 09 ④

10

도선이 고주파로 인한 표피효과의 영향으로 저항분이 증가하는 양은?

① $\sqrt{f}$ 에 비례 ② f 에 비례

③ f^2에 비례 ④ $\frac{1}{f}$에 비례

해설 Chapter 09 – 02

표피효과가 좋을수록 전류가 도체표면으로 많이 흐르기 때문에 전류가 흐르는 면적이 적어진다.

저항 $(R) = \rho\frac{\ell}{S} \propto \frac{1}{S}$

∴ 표피효과가 좋을수록 저항은 커진다.

표피효과 $\propto \sqrt{f}$

저항 $\propto \sqrt{f}$

11

표피효과의 영향에 대한 설명이다. 부적합한 것은?

① 전기저항을 증가시킨다.

② 상호 유도 계수를 증가시킨다.

③ 주파수가 높을수록 크다.

④ 도전율이 높을수록 크다.

해설 Chapter 09 – 02

표피효과 : 교류에서 전류가 도체 표면에 집중적으로 흐르는 현상

주파수, 전선굵기가 클수록, 전압제곱에 비례

$\delta = \sqrt{\frac{2}{\omega\sigma\mu}}$

※ 주파수(f)가 증가할 때

㉠ 표피효과 침투깊이

$(\delta)\frac{1}{\sqrt{f}}$ (감소)

㉡ 표피효과

$\left(\frac{1}{\delta}\right)\sqrt{f}$ (증가)

㉢ 저항 $R = \rho\cdot\frac{l}{s}$

$R \propto \sqrt{f}$ (증가)

정답 10 ① 11 ②

Chapter 10 인덕턴스

01 인덕턴스

(1) $e = -L\dfrac{di}{dt}$ [V]

(2) $e_1 = -L_1\dfrac{di_1}{dt}$ [V]

$e_2 = -M\dfrac{di_1}{dt}$ [V]

(3) $LI = N\phi$

(4) $M = k\sqrt{L_1 L_2}$

⇒ k (결합계수)

이상 (완전) 결합 시 $k=1$

02 인덕턴스 계산

(1) 솔레노이드

$L = \dfrac{N}{I}\phi$ [H] $\langle \phi = \dfrac{NI}{R_m}$ [Wb]$\rangle$

$= \dfrac{N^2}{R_m}$ [H] $\langle R_m = \dfrac{\ell}{\mu S}\rangle$

$= \dfrac{\mu S N^2}{\ell}$ [H] $\langle N = n\ell \rangle$

$= \mu S n^2 \ell$ [H]

$= \mu S n^2$ [H/m] 〈단위길이당 인덕턴스〉

(2) 자기저항

$R_m = \dfrac{N_1^2}{L_1} = \dfrac{N_2^2}{L_2} = \dfrac{N_1 N_2}{M}$

(3) 상호 인덕턴스

$M = \dfrac{N_1 N_2}{R_m}$ $\langle R_m = \dfrac{\ell}{\mu S}\rangle$

$= \dfrac{\mu S N_1 N_2}{\ell}$

(4) 동축 원통 (무한장 직선, 원주)

$$\therefore\ L = \frac{\mu_0 \ell}{2\pi} \ln \frac{b}{a} + \frac{\mu \ell}{8\pi} [\text{H}]$$

(외부) (내부)

(5) 평행도선

$$\therefore\ L = \frac{\mu_0 \ell}{\pi} \ln \frac{d}{a} + \frac{\mu \ell}{4\pi} [\text{H}]$$

(외부) (내부)

03 인덕턴스 접속

(1) 직렬 접속

① 가동 접속

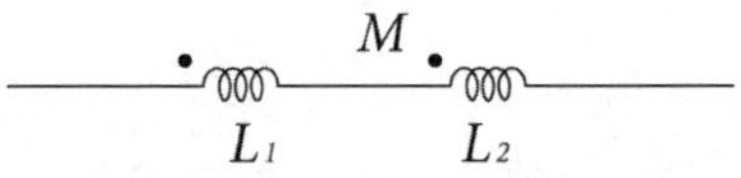

M
L_1 L_2

$$L(\text{합성 인덕턴스}) = L_1 + L_2 + 2M$$
$$= L_1 + L_2 + 2k\sqrt{L_1 L_2}$$

② 차동 접속

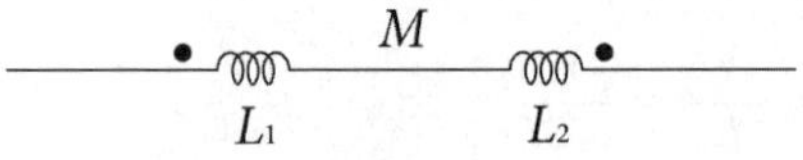

M
L_1 L_2

$$L(\text{합성 인덕턴스}) = L_1 + L_2 - 2M$$
$$= L_1 + L_2 - 2k\sqrt{L_1 L_2}$$

(2) 병렬 접속

① 가동 접속

$$L\,(\text{합성 인덕턴스}) = \frac{L_1 L_2 - M^2}{L_1 + L_2 - 2M}\,[\text{H}]$$

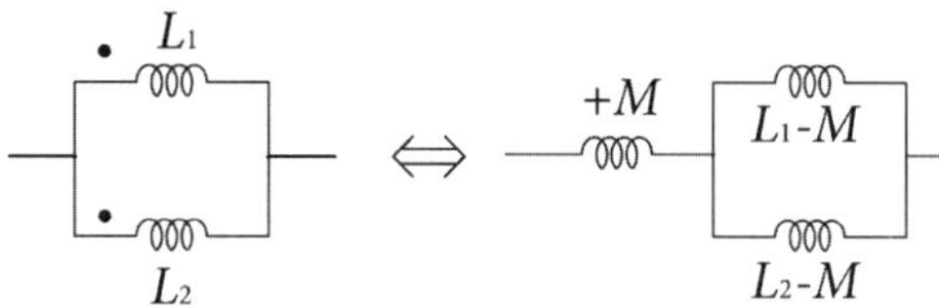

② 차동 접속

$$L\,(\text{합성 인덕턴스}) = \frac{L_1 L_2 - M^2}{L_1 + L_2 + 2M}\,[\text{H}]$$

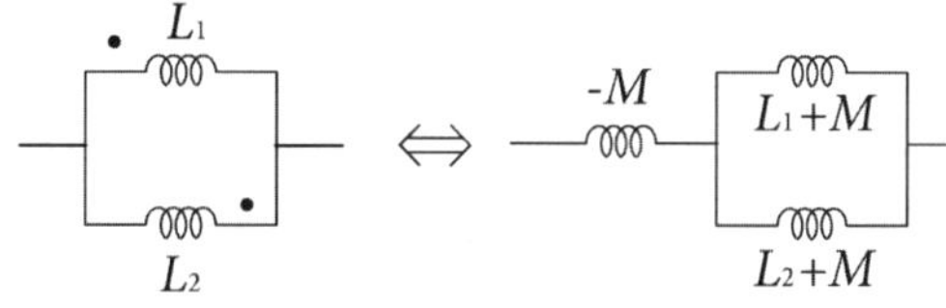

04 자계 에너지

$$W = \frac{1}{2}LI^2 = \frac{\phi^2}{2L} = \frac{1}{2}\phi I\,[\text{J}]$$

(1) $L = \dfrac{\mu S N^2}{\ell}$ (환상 솔레노이드)

(2) $L = L_1 + L_2 \pm 2M$ $\left(M = k\sqrt{L_1 L_2}\right)$ (합성 인덕턴스 직렬)

(3) $L = \dfrac{\mu \ell}{8\pi}$ (원통, 원주, 선 내부)

(4) $LI = N\phi$

Chapter 10 출제예상문제

01

두 코일이 있다. 각 코일의 자기 인덕턴스가 L_1 = 0.15[H], L_2 = 0.2[H], 상호 인덕턴스가 M = 0.1[H]라고 하면, 두 코일의 결합 계수 k는?

① 0.456　　② 0.578
③ 0.628　　④ 0.725

해설 Chapter 10 – 01

$M = k\sqrt{L_1 L_2}$ (k 는 결합계수)

$$k = \frac{M}{\sqrt{L_1 L_2}} = \frac{0.1}{\sqrt{0.15 \times 0.2}} = 0.578$$

02

그림 (a)의 인덕턴스에 전류가 그림 (b)와 같이 흐를 때 2초에서 6초 사이의 인덕턴스 전압 V_L 은 몇 [V]인가? (단, L = 1[H]이다.)

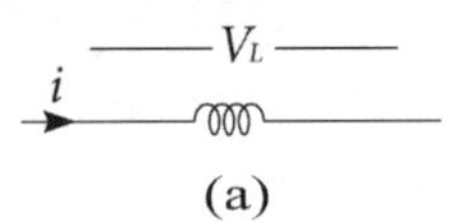

(a)

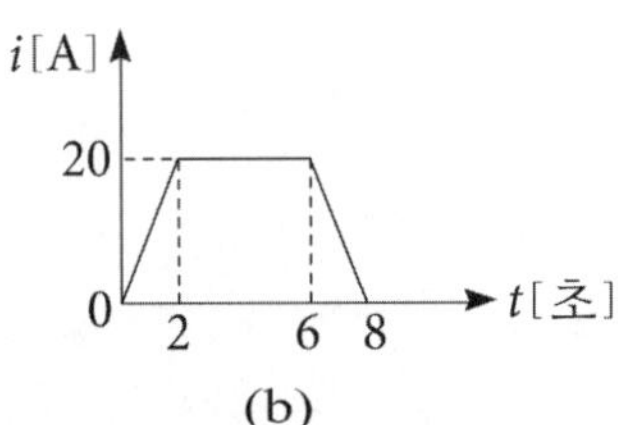

(b)

① 0　　② 5
③ 10　　④ – 5

해설 Chapter 10 – 01

$e = -L\dfrac{di}{dt}$　　L : 인덕턴스 [H]

2(초) ~ 6(초) 구간 사이에서 전류 변화량이 없다.(di = 0)

$\therefore\ e = 0$

03

전자유도에 의하여 회로에 발생되는 기전력은 자속쇄교수의 시간에 대한 감소비율에 비례한다는 ① 법칙에 따르고 특히, 유도된 기전력의 방향은 ② 법칙에 따른다. ①, ②에 알맞은 것은?

① ① 패러데이 ② 플레밍의 왼손
② ① 패러데이 ② 렌츠
③ ① 렌츠 ② 패러데이
④ ① 플레밍의 왼손 ② 패러데이

해설 Chapter 09 – 01

04

회로에 발생하는 기전력에 관련되는 법칙은 어느 것인가?

① 가우스의 법칙과 옴의 법칙
② 플레밍의 법칙과 옴의 법칙
③ 패러데이의 법칙과 렌츠의 법칙
④ 암페어의 법칙과 비오사바르의 법칙

해설 Chapter 09 – 01

패러데이의 법칙 $e = -N\dfrac{d\phi}{dt}$

전자유도에 의하여 회로에 발생하는 기전력은 자속 쇄교수의 시간 변화율에 비례한다.

05

다음 중 자기 인덕턴스의 성질을 옳게 표현한 것은?

① 항상 부(負)이다.
② 항상 정(正)이다.
③ 항상 0이다.
④ 유도되는 기전력에 따라 정(正)도 되고 부(負)도 된다.

정답 01 ② 02 ① 03 ② 04 ③ 05 ②

06

자기 인덕턴스 0.05[H]의 회로에 흐르는 전류가 매초 530[A]의 비율로 증가할 때 자기 유도 기전력 [V]을 구하면?

① −25.5 ② −26.5
③ 25.5 ④ 26.5

해설 Chapter 10 − 01

$e = -L\dfrac{di}{dt}$ L : 인덕턴스[H]

$e = -0.05 \times \dfrac{530}{1} = -26.5\,[\mathrm{V}]$

07

자기 인덕턴스 0.5[H]의 코일에 1/200[s] 동안에 전류가 25[A]로부터 20[A]로 줄었다. 이 코일에 유기된 기전력의 크기 및 방향은?

① 50[V], 전류와 같은 방향
② 50[V], 전류와 반대 방향
③ 500[V], 전류와 같은 방향
④ 500[V], 전류와 반대 방향

해설 Chapter 10 − 01

$e = -L\dfrac{di}{dt}$ L : 인덕턴스 [H]

$e = -L\dfrac{di}{dt}$ 이용

이유 : 방향을 물어보았기 때문에 정확히 $e = -L\dfrac{di}{dt}$를 이용

$e = -0.5 \times \dfrac{20-25}{\dfrac{1}{200}} = 500[\mathrm{V}]$

(+)값이므로 전류와 같은 방향

08

[ohm · sec]와 같은 단위는?

① [farad] ② [farad/m]
③ [henry] ④ [henry/m]

해설 Chapter 10 − 01

$e = L\dfrac{di}{dt}$, $L = \dfrac{e}{di}dt =$ 저항×시간[Ω·s]

∴ 인덕턴스(L)의 단위는 [henry] 또는 [Ω·s]

09

권수 200회이고, 자기 인덕턴스 20[mH]의 코일에 2[A]의 전류를 흘리면, 쇄교자속수[Wb]는?

① 0.04 ② 0.01
③ 4×10^{-4} ④ 2×10^{-4}

해설 Chapter 10 − 01

$LI = N\phi$

$\phi = \dfrac{LI}{N} = \dfrac{20\times10^{-3}}{200}\times 2$

$= 2\times10^{-4}\,[\mathrm{Wb}]$

10

권수가 N인 철심이 든 환상 솔레노이드가 있다. 철심의 투자율을 일정하다고 하면, 이 솔레노이드의 자기 인덕턴스 L은? (단, 여기서 R_m 은 철심의 자기저항이고 솔레노이드에 흐르는 전류를 I라 한다.)

① $L = \dfrac{R_m}{N^2}$ ② $L = \dfrac{N^2}{R_m}$
③ $L = R_m N^2$ ④ $L = \dfrac{N}{R_m}$

해설 Chapter 10 − 02

$L = \dfrac{N}{I}\phi$

$= \dfrac{N}{I}\cdot\dfrac{F}{R_m}$

$= \dfrac{N}{I}\cdot\dfrac{NI}{R_m} = \dfrac{N^2}{R_m}$

정답 06 ② 07 ③ 08 ③ 09 ④ 10 ②

제1과목 ✦ 전기자기학

11

그림과 같이 단면적 S[m^2], 평균 자로 길이 l [m], 투자율 μ[H/m]인 철심에 N_1, N_2 권선을 감은 무단 솔레노이드가 있다. 누설 자속을 무시할 때 권선의 상호 인덕턴스 [H]는?

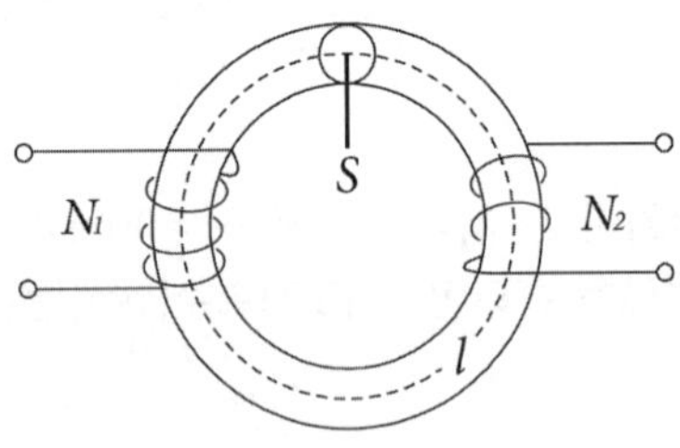

① $\dfrac{\mu N_1 N_2 S}{l^2}$

② $\dfrac{\mu N_1 N_2 S}{l}$

③ $\dfrac{\mu N_1 N_2^2 S}{l}$

④ $\dfrac{\mu N_1 N_2 S^2}{l}$

해설 Chapter 10 – 02

$M = \dfrac{\mu S N_1 N_2}{\ell}$ [H]

12

단면적 S[m^2], 자로의 길이 L[m], 투자율 μ [H/m]의 환상철심에 자로 1[m]당 n회씩 균등하게 코일을 감았을 경우의 자기 인덕턴스는 몇 [H]인가?

① $\mu n\ell S$　　② $\dfrac{\mu n^2 \ell}{S}$

③ $\mu n^2 \ell S$　　④ $\dfrac{\mu n^2 S}{\ell}$

해설 Chapter 10 – 02

$L = \dfrac{\mu S(n\ell)^2}{\ell} = \mu S n^2 \ell$[H]

13

그림과 같이 환상의 철심에 일정한 권선이 감겨진 권수 N회, 단면적 S[m^2], 평균 자로의 길이 l [m]인 환상 솔레이드에 전류 I[A]를 흘렸을 때 이 환상 솔레노이드의 자기 인덕턴스를 옳게 표현한 식은?

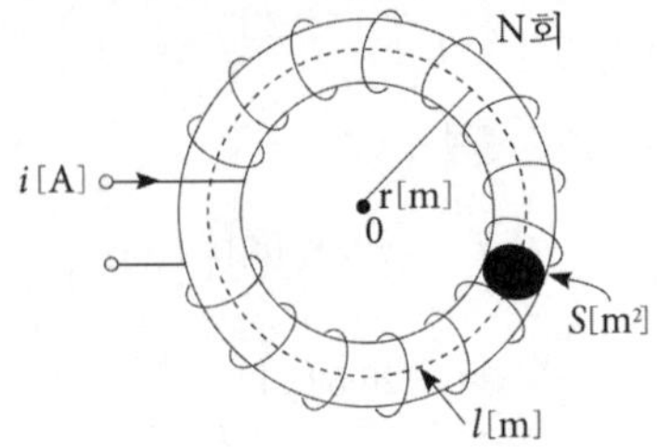

① $\dfrac{\mu^2 SN}{l}$　② $\dfrac{\mu S^2 N}{l}$　③ $\dfrac{\mu SN}{l}$　④ $\dfrac{\mu SN^2}{l}$

해설 Chapter 10 – 02

$LI = N\phi$

$L = \dfrac{N}{I} \cdot \dfrac{\mu SNI}{\ell}$

$= \dfrac{\mu SN^2}{\ell}$[H]

14

평균 반지름이 a[m], 단면적 S[m^2]인 원환 철심(투자율 μ)에 권선수 N인 코일을 감았을 때 자기 인덕턴스는?

① $\mu N^2 Sa$ [H]　　② $\dfrac{\mu N^2 S}{\pi a^2}$ [H]

③ $\dfrac{\mu N^2 S}{2\pi a}$ [H]　　④ $2\pi a \mu N^2 S$ [H]

해설 Chapter 10 – 02

$L = \dfrac{\mu SN^2}{\ell}$[H]

$L = \dfrac{\mu SN^2}{2\pi a}$[H]

여기서 $\ell = 2\pi a = \pi d$[m], a[m] 평균 반지름, d[m] 평균 지름

정답 11 ② 12 ③ 13 ④ 14 ③

15

단면적 S[m²], 자로의 길이 l [m], 투자율 μ[H/m]의 환상 철심에 1[m]당 N회 균등하게 코일을 감았을 때 자기 인덕턴스[H]는?

① $\mu N^2 l S$　② $\frac{\mu N^2 l}{S}$

③ $\mu N l S$　④ $\frac{\mu N^2 S}{l}$

해설 Chapter 10 – 02

문제에서 N이 단위길이당 권수로 주어졌으므로

$L = \frac{\mu S(N\ell)^2}{\ell} = \mu S N^2 \ell$[H]

16

그림과 같은 1[m]당 권선수 n, 반지름 a [m]의 무한장 솔레노이드의 자기 인덕턴스[H/m]는 n과 a 사이에 어떠한 관계가 있는가?

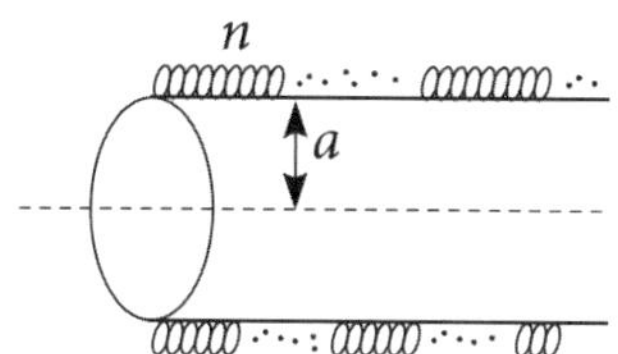

① a와는 상관없고 n^2에 비례한다.

② a와 n의 곱에 비례한다.

③ a^2와 n^2의 곱에 비례한다.

④ a^2에 반비례하고 n^2에 비례한다.

해설 Chapter 10 – 02

$L = \mu S n^2$[H/m] $= \mu \pi a^2 n^2$ [H/m]

$L \propto a^2 n^2$

여기서 S[m²] 철심의 단면적 $S = \pi a^2$[m²]

17

코일에 있어서 자기 인덕턴스는 다음의 어떤 매질 상수에 비례하는가?

① 저항률　② 유전율

③ 투자율　④ 도전율

해설 Chapter 10 – 02

$L = \frac{\mu S N^2}{\ell}$ [H]

$L \propto \mu$ (자기 인덕턴스는 투자율에 비례)

18

N회 감긴 환상 코일의 단면적이 S[m²]이고 평균 길이가 l [m]이다. 이 코일의 권수를 반으로 줄이고 인덕턴스를 일정하게 하려면?

① 길이를 1/4배로 한다.

② 단면적을 2배로 한다.

③ 전류의 세기를 2배로 한다.

④ 전류의 세기를 4배로 한다.

해설 Chapter 10 – 02

$L = \frac{\mu S N^2}{\ell}$[H]

$L' = \frac{\mu S(\frac{1}{2}N)^2}{\ell'} = \frac{\mu S N^2 \times \frac{1}{4}}{\ell \times \frac{1}{4}} = \frac{\mu S N^2}{\ell}$

즉 길이가 $\frac{1}{4}$배로 되면 된다.

정답 15 ① 16 ③ 17 ③ 18 ①

19

그림과 같이 단면적이 균일한 환상 철심에 권수 N_1인 A코일과 권수 N_2인 B코일이 있을 때 A코일의 자기 인덕턴스가 L_1[H]라면 두 코일의 상호 인덕턴스 M [H]는? (단, 누설 자속은 0이다.)

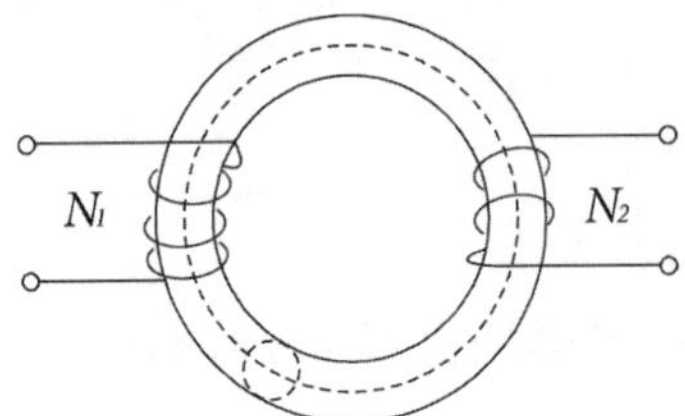

① $\dfrac{L_1 N_1}{N_2}$　② $\dfrac{N_2}{L_1 N_1}$

③ $\dfrac{N_1}{L_1 N_2}$　④ $\dfrac{L_1 N_2}{N_1}$

해설 Chapter 10 – 02

$R_m = \dfrac{N_1^2}{L_1} = \dfrac{N_1^2}{L_2} = \dfrac{N_1 N_2}{M}$ 에서

$\dfrac{N_1^2}{L_1} = \dfrac{N_1 N_2}{M}$, $M = \dfrac{N_2}{N_1} \times L_1$

여기서 $L_1 = \dfrac{N_1^2}{R_m}$[H], $L_2 = \dfrac{N_2^2}{R_m}$

20

권수 3,000회인 공심 코일의 자기 인덕턴스는 0.06[mH]이다. 지금 자기 인덕턴스를 0.135[mH]로 하자면 권수는 몇 회로 하면 되는가?

① 3,500회　② 4,500회

③ 5,500회　④ 6,750회

해설 Chapter 10 – 02 – (2)

자기저항 $R_m = \dfrac{N_1^2}{L_1} = \dfrac{N_2^2}{L_2}$ 에서

$N_2 = \sqrt{\dfrac{L_2}{L_1}} \times N_1$

$= \sqrt{\dfrac{0.135}{0.06}} \times 3{,}000 = 4{,}500$ [회]

21

균일 분포 전류 I[A]가 반지름 a [m]인 비자성 원형 도체에 흐를 때, 단위길이당 도체 내부 인덕턴스 [H/m]의 크기는? (단, 도체의 투자율을 μ_0로 가정)

① $\dfrac{\mu_0}{2\pi}$　② $\dfrac{\mu_0}{4\pi}$

③ $\dfrac{\mu_0}{6\pi}$　④ $\dfrac{\mu_0}{8\pi}$

해설 Chapter 10 – 02 – (4)

원형 도체는 동축 원통을 의미

이때 내부 인덕턴스

$L = \dfrac{\mu \ell}{8\pi} \times \dfrac{1}{\ell}$ [H/m]

$= \dfrac{\mu}{8\pi}$[H/m] (문제에서 투자율 μ를 μ_0로 봄)

$= \dfrac{\mu_0}{8\pi}$[H/m]

22

무한히 긴 원주도체의 내부 인덕턴스의 크기는 어떻게 결정되는가?

① 도체의 인덕턴스는 0이다.

② 도체의 기하학적 모양에 따라 결정된다.

③ 주위와 자계의 세기에 따라 결정된다.

④ 도체의 재질에 따라 결정된다.

해설 Chapter 10 – 02 – (4)

무한히 긴 원주도체는 무한장 직선 즉 동축 원통을 의미

이때 동축 원통의 내부 인덕턴스

$L = \dfrac{\mu \ell}{8\pi} = \dfrac{\mu_0 \mu_s \ell}{8\pi}$[H]

$L \propto \mu_s$(내부 인덕턴스는 비투자율 즉 도체의 재질에 비례)

정답 19 ④ 20 ② 21 ④ 22 ④

23

10[mH]의 두 가지 인덕턴스가 있다. 결합 계수를 0.1로부터 0.9까지 변화시킬 수 있다면 이것을 접속시켜 얻을 수 있는 합성 인덕턴스의 최댓값과 최솟값의 비는?

① 9 : 1　　② 13 : 1
③ 16 : 1　　④ 19 : 1

해설 Chapter 10 － 03

L_{max} (최댓값)

$= L_1 + L_2 + 2M$ (가동접속)

$= L_1 + L_2 + 2k\sqrt{L_1 L_2}$ (k가 0.9일 때 L_{max}값이 최대)

$= 10 + 10 + (2 \times 0.9\sqrt{10 \times 10})$ [mH]

$= 38$[mH]

L_{min} (최솟값)

$= L_1 + L_2 - 2M$ (차동접속)

$= L_1 + L_2 - 2k\sqrt{L_1 L_2}$

$= 10 + 10 - (2 \times 0.9\sqrt{10 \times 10})$

(k가 0.9일 때 L_{min}값이 최소)

$= 2$[mH]

$L_{max} : L_{min} = 38 : 2 = 19 : 1$

24

인덕턴스 L[H]인 코일에 I[A]의 전류가 흐른다면, 이 코일에 축적되는 에너지 [J]는?

① LI^2　　② $2LI^2$
③ $\frac{1}{2}LI^2$　　④ $\frac{1}{4}LI^2$

해설 Chapter 10 － 04

L인 회로에서 축적되는 에너지

$W = \frac{1}{2}LI^2$[J]

25

100[mH]의 자기 인덕턴스를 가진 코일에 10[A]의 전류를 통할 때 축적되는 에너지[J]는?

① 1　　② 5
③ 50　　④ 1000

해설 Chapter 10 － 04

$W = \frac{1}{2}LI^2$

$= \frac{1}{2} \times 100 \times 10^{-3} \times 10^2 = 5$ [J]

26

그림과 같이 각 코일의 자기 인덕턴스가 각각 L_1 = 6[H], L_2 = 2[H]이고 1, 2 코일 사이에 상호 유도에 의한 상호 인덕턴스 M = 3[H]일 때 전 코일에 저축되는 자기 에너지[J]는? (단, I = 10[A]이다.)

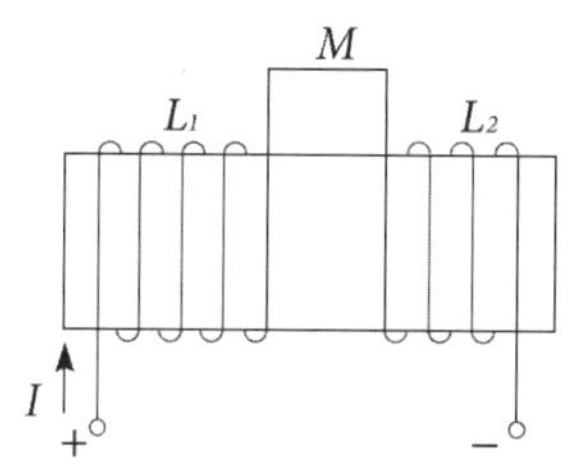

① 60　　② 100
③ 600　　④ 700

해설 Chapter 10 － 03, 04

암페어의 오른손 법칙을 이용하면 자속이 합쳐지는 방향이 아니라 빼지는 방향이다.

그러므로 직렬 연결 시 차동접속

$L = L_1 + L_2 - 2M$

L 회로에서 축적되는 에너지

$W = \frac{1}{2}LI^2$[J]

$= \frac{1}{2}(L_1 + L_2 - 2M)I^2$

$= \frac{1}{2}(6 + 2 - 2 \times 3) \times 10^2$

$= 100$[J]

정답 23 ④　24 ③　25 ②　26 ②

27

$L_1 = 5$[mH], $L_2 = 80$[mH], 결합 계수 $k = 0.5$인 두 개의 코일을 그림과 같이 접속하고 $I = 0.5$[A]의 전류를 흘릴 때 이 합성 코일에 축적되는 에너지[J]는?

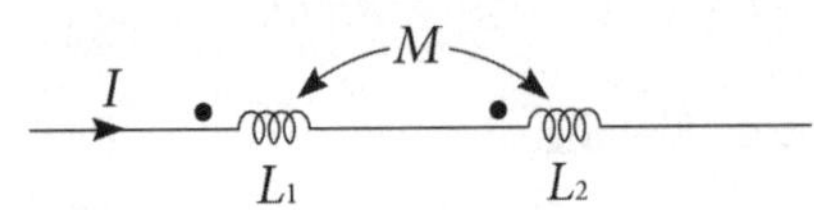

① 13.13×10^{-3}
② 26.26×10^{-3}
③ 8.13×10^{-3}
④ 16.26×10^{-3}

해설 Chapter 10 – 03, 04

$$W = \frac{1}{2}LI^2$$
$$= \frac{1}{2}(L_1 + L_2 + 2k\sqrt{L_1 L_2}) \times I^2$$
$$= \frac{1}{2} \times (5 + 80 + 2 \times 0.5 \times \sqrt{5 \times 80}) \times 10^{-3} \times 0.5^2$$
$$= 13.13 \times 10^{-3}[\text{J}]$$

28

비투자율 1,000, 단면적 10[cm^2], 자로의 길이 100[cm], 권수 1,000회인 철심 환상 솔레노이드에 10[A]의 전류가 흐를 때 저축되는 자기 에너지는 몇 [J]인가?

① 62.8 ② 6.28
③ 31.4 ④ 3.14

해설 Chapter 10 – 02, 04

$$W = \frac{1}{2}LI^2 = \frac{1}{2}\left(\frac{\mu S N^2}{\ell}\right) \cdot I^2$$
$$= \frac{1}{2}\left(\frac{4\pi \times 10^{-7} \times 1{,}000 \times 10 \times 10^{-4} \times 1{,}000^2}{1}\right) \times 10^2$$
$$= 62.8[\text{J}]$$

29

$L = 10$[H]의 회로에 전류 6[A]가 흐르고 있다. 이 회로의 자계 내에 축적되는 에너지는 몇 [W·h]인가?

① 8.3×10^{-3} ② 4×10^{-2}
③ 5×10^{-2} ④ 8×10^{-2}

해설 Chapter 10 – 04

$$W = \frac{1}{2}LI^2 = \frac{1}{2} \times 10 \times 6^2\ [\text{J}] = 180[\text{W}\cdot\text{s}]$$
$$= \frac{180}{3{,}600}[\text{W}\cdot\text{h}] = 5 \times 10^{-2}[\text{W}\cdot\text{h}]$$

정답 27 ① 28 ① 29 ③

Chapter 11

전자계

01 변위 전류 밀도 (i_d) [A/m²]

- 맥스웰 전극간에 **유전체**를 통하여 흐르는 전류
- **자계**를 발생시킴
- **전속밀도의 시간적 변화**

※ 변위전류밀도 (i_d)

$$i_d(\text{변위전류밀도}) = \frac{\partial D}{\partial t}\left(D = \varepsilon E = \varepsilon \frac{V}{d}\right)$$

> "PS"
>
> - $\partial \frac{\sin\omega t}{\partial t} \Rightarrow \omega\cos\omega t$
> - $\partial \frac{\cos\omega t}{\partial t} = -\omega\sin\omega t$

(1) $V = V_m \sin\omega t$ 일 때 변위전류밀도 (i_d)=?

$$\begin{aligned} i_d &= \frac{\partial D}{\partial t} \\ &= \frac{\partial}{\partial t}\frac{\varepsilon}{d}V_m\sin\omega t \\ &= \frac{\varepsilon}{d}V_m \times \omega\cos\omega t \\ &= \omega\frac{\varepsilon}{d}V_m\cos\omega t\ [\text{A/m}^2] \end{aligned}$$

(2) $V = V_m \cos\omega t$ 일 때 변위전류밀도 (i_d)=?

$$\begin{aligned} i_d &= \frac{\partial D}{\partial t} \\ &= \frac{\partial}{\partial t}\frac{\varepsilon}{d}V_m\cos\omega t \\ &= \frac{\varepsilon}{d}V_m \times -\omega\sin\omega t \\ &= -\omega\frac{\varepsilon}{d}V_m\sin\omega t\ [\text{A/m}^2] \end{aligned}$$

* 변위전류 (I_d)

$\Rightarrow$ 변위전류밀도 (i_d) × 면적 (S)

변위전류는 C만의 회로에서 흐르는 전류와 같다.

$$I_d = C \cdot \frac{dv}{dt}$$
$$= C \cdot \frac{d}{dt}(V_m \sin\omega t)$$
$$= \omega C V_m \cdot \cos\omega t \text{ [A]}$$
$$= \omega C V_m \sin(\omega t + 90°)$$

∴ 변위전류의 최댓값 (Id_m)

Id_m (최대) $= \omega C V_m$ [A]

02 고유(파동, 특성) 임피던스(Z_0)

$$Z_0(\text{특성 임피던스}) = \sqrt{\frac{\mu_0}{\varepsilon_0}} = \frac{E}{H} = 377 \ [\Omega]$$

E(전계) $= 377H$

H(자계) $= \frac{1}{377}E$

ex **ε_s, μ_s 가 주어진 경우**

파동 임피던스, 전계, 자계의 표현

파동 임피던스(Z_0) $= \sqrt{\frac{\mu_0 \mu_s}{\varepsilon_0 \varepsilon_s}} = 377\sqrt{\frac{\mu_s}{\varepsilon_s}}$

전계(E) $= 377\sqrt{\frac{\mu_s}{\varepsilon_s}}\,H$

자계(H) $= \frac{1}{377\sqrt{\frac{\mu_s}{\varepsilon_s}}}E$

03 전파(위상) 속도(v)

v(전파속도) $= \frac{1}{\sqrt{\varepsilon\mu}}$ [m/s]

$$v = \frac{3\times10^8}{\sqrt{\varepsilon_s \mu_s}}$$

$v = \lambda f$ [m/s]

$\lambda = \frac{v}{f}$ (진동 시 $f = \frac{1}{2\pi\sqrt{LC}}$ [Hz])

(파장)

04 포인팅 벡터 ($\vec{P}$)

$\vec{P}$ (포인팅 벡터)$= E\times H$

$\vec{P} = EH$

공기(진공)인 경우

$\Rightarrow \left(E = 377H,\ H = \dfrac{1}{377}E\right)$

$\vec{P} = 377H^2$

$\vec{P} = \dfrac{1}{377}E^2$

공기(진공)인 경우

$\vec{P} = \dfrac{P}{S} = \dfrac{P}{4\pi r^2}$ [w/m^2],[J/s · m^2]

- 포인팅 벡터 ⇒ 단위 면적을 단위 시간에 통과하는 에너지

05 전파 방정식

(1) $\mathrm{div}\,D = \rho$ [c/m^3]

$\nabla \cdot D$

(2) $\mathrm{div}\,B = 0$

$\nabla \cdot B$

(고립된 자극은 존재하지 않는다.)

(3) $\mathrm{rot}\,E = -\dfrac{\partial B}{\partial t}$

$\nabla \times E$

패러데이 전자유도 법칙을 이용
⇒ 유기 기전력에 관한 법칙
표피효과와 연관

(4) $\mathrm{rot}\,H = J + \dfrac{\partial D}{\partial t} = i$ (전류밀도)

$\nabla \times H$

J : 전도전류밀도

$\dfrac{\partial D}{\partial t}$: 변위전류밀도

$i = \mathrm{rot}\,H = \nabla \times H$

$$= \begin{vmatrix} i & j & k \\ \dfrac{\partial}{\partial x} & \dfrac{\partial}{\partial y} & \dfrac{\partial}{\partial z} \\ Hx & Hy & Hz \end{vmatrix}$$

(5) B(자속밀도) $= \text{rot } A$

$$= \nabla \times A$$

$$= \begin{vmatrix} i & j & k \\ \dfrac{\partial}{\partial x} & \dfrac{\partial}{\partial y} & \dfrac{\partial}{\partial z} \\ Ax & Ay & Az \end{vmatrix}$$

06 맥스웰의 전계와 자계에 대한 방정식

의 미	맥스웰 전자방정식
패러데이 법칙	미분형) $\text{rot}\,E = -\dfrac{\partial B}{\partial t}$ 적분형) $\oint_c E \cdot dl = -\int_s \dfrac{\partial B}{\partial t} \cdot dS$
암페어 주회적분 법칙	미분형) $\text{rot}\,H = j + \dfrac{\partial D}{\partial t}$ 적분형) $\oint_c H \cdot dl = I + \int_s \dfrac{\partial D}{\partial t} \cdot dS$
가우스 법칙	미분형) $\text{div}\,D = \rho$ 적분형) $\oint_s D \cdot dS = \int_v \rho\, dv = Q$
가우스 법칙	미분형) $\text{div}\,B = 0$ 적분형) $\oint_s B \cdot dS = 0$

Chapter 11 출제예상문제

01

유전체에서 변위전류를 발생하는 것은?

① 분극전하밀도의 시간적 변화
② 전속밀도의 시간적 변화
③ 자속밀도의 시간적 변화
④ 분극전하밀도의 공간적 변화

해설 Chapter 11 – 01

변위전류 (I_d)

$I_d = \frac{\partial D}{\partial t} \cdot S$

변위전류는 전속밀도의 시간적 변화

02

자유 공간에 있어서 변위 전류가 만드는 것은?

① 전계 ② 전속
③ 자계 ④ 자속

해설 Chapter 11 – 05

$\mathrm{rot}\,H = J + \frac{\partial D}{\partial t}$ 이므로 전속밀도의 시간적 변화(변위전류밀도)에 의해 자계발생

03

맥스웰은 전극 간의 유전체를 통하여 흐르는 전류를 (ㄱ)전류라 하고 이것도 (ㄴ)를 발생한다고 가정하였다. ( ) 안에 알맞은 것은?

① ㄱ – 전도, ㄴ – 자계
② ㄱ – 변위, ㄴ – 자계
③ ㄱ – 전도, ㄴ – 전계
④ ㄱ – 변위, ㄴ – 전계

해설 Chapter 11 – 05

$\mathrm{rot}\,H = J + \frac{\partial D}{\partial t}$ 에서 전속밀도의 시간적 변화(변위 전류밀도)에 의해 자계발생

04

변위전류밀도를 나타내는 식은? (단, D는 전속밀도, B는 자속밀도, ϕ는 자속 $N\phi$는 자속쇄교수이다.)

① $\frac{\partial \phi}{\partial t}$ ② $\frac{\partial D}{\partial t}$ ③ $\frac{\partial B}{\partial t}$ ④ $\frac{\partial (N\phi)}{\partial t}$

해설 Chapter 11 – 01

$i_d = \frac{\partial D}{\partial t}$

05

간격 d [m]인 두 개의 평행판 전극 사이에 유전율 ε의 유전체가 있을 때 전극 사이에 전압 $v = V_m \sin\omega t$를 가하면 변위 전류밀도[A/m²]는?

① $\frac{\varepsilon}{d} V_m \cos\omega t$ ② $\frac{\varepsilon}{d} \omega V_m \cos\omega t$
③ $\frac{\varepsilon}{d} \omega V_m \sin\omega t$ ④ $-\frac{\varepsilon}{d} V_m \cos\omega t$

해설 Chapter 11 – 01

변위전류밀도(i_d)

$$i_d = \frac{\partial D}{\partial t}$$
$$= \frac{\partial \varepsilon E}{\partial} \quad (E = \frac{V}{d})$$
$$= \frac{\partial}{\partial t} \varepsilon \cdot \frac{V}{d} \quad (V = V_m \sin \omega t)$$
$$= \frac{\varepsilon}{d} \frac{\partial}{\partial t} V_m \sin \omega t$$
$$= \omega \frac{\varepsilon}{d} V_m \cos \omega t \ \text{[A/m}^2\text{]}$$

06

간격 d [m]인 두 개의 평행판 전극 사이에 유전율 ε의 유전체가 있다. 전극 사이에 전압 $V_m \cos\omega t$ 를 가하면 변위전류밀도[A/m²]는?

정답 01 ② 02 ③ 03 ② 04 ② 05 ② 06 ②

① $\frac{\varepsilon}{d} V_m \cos\omega t$　② $-\frac{\varepsilon}{d}\omega V_m \cdot \sin\omega t$

③ $\frac{\varepsilon}{d}\omega V_m \cos\omega t$　④ $\frac{\varepsilon}{d} V_m \cdot \sin\omega t$

해설 Chapter 11 – 01

변위전류밀도 (i_d)

$$i_d = \frac{\partial D}{\partial t}$$
$$= \frac{\partial \varepsilon E}{\partial}\ (E = \frac{V}{d})$$
$$= \frac{\partial \varepsilon}{\partial t}\frac{V}{d}\ (V = V_m \cos\omega t)$$
$$= \frac{\varepsilon}{d}\frac{\partial}{\partial t} V_m \cos\omega t$$
$$= -\omega \frac{\varepsilon}{d} V_m \sin\omega t\ [\text{A/m}^2]$$

07

자유 공간의 고유 임피던스는? (단, ε_0는 유전율, μ_0는 투자율이다.)

① $\sqrt{\frac{\varepsilon_0}{\mu_0}}$　② $\sqrt{\frac{\mu_0}{\varepsilon_0}}$

③ $\sqrt{\varepsilon_0\mu_0}$　④ $\sqrt{\frac{1}{\varepsilon_0\mu_0}}$

해설 Chapter 11 – 02

자유공간에서 특성(고유) 임피던스(Z_0)

$Z_0 = \sqrt{\frac{\mu_0}{\varepsilon_0}}$ (자유공간은 진공을 의미)

08

자유공간의 고유 임피던스 $\sqrt{\frac{\mu_0}{\varepsilon_0}}$ 의 값은 몇 [Ω]인가?

① 10π　② 80π　③ 100π　④ 120π

해설 Chapter 11 – 02

자유공간에서 특성(고유) 임피던스

$$Z_0 = \sqrt{\frac{\mu_0}{\varepsilon_0}} = 377 = 120\pi$$

09

비유전율 $\varepsilon_s = 9$, 비투자율 $\mu_s = 1$인 공간에서의 특성 임피던스는 몇 [Ω]인가?

① 40π [Ω]　② 100π [Ω]

③ 120π [Ω]　④ 150π [Ω]

해설 Chapter 11 – 02

$$Z_0 = \sqrt{\frac{\mu_0\mu_s}{\varepsilon_0\varepsilon_s}} = 120\pi \times \sqrt{\frac{1}{9}} = 40\pi$$

10

전계 $E = \sqrt{2}\, E_e \sin\omega\left(t - \frac{z}{V}\right)$ [V/m]의 평면 전자파가 있다. 진공 중에서의 자계의 실효값[AT/m]은?

① $2.65\times10^{-1} E_e$　② $2.65\times10^{-2} E_e$

③ $2.65\times10^{-3} E_e$　④ $2.65\times10^{-4} E_e$

해설 Chapter 11 – 02

$$H_e = \frac{1}{377} E_e = 2.65\times10^{-3} E_e$$

11

유전율 ε, 투자율 μ의 공간을 전파하는 전자파의 전파 속도 v는?

① $v = \sqrt{\varepsilon\mu}$　② $v = \sqrt{\frac{\varepsilon}{\mu}}$

③ $v = \sqrt{\frac{\mu}{\varepsilon}}$　④ $v = \frac{1}{\sqrt{\varepsilon\mu}}$

해설 Chapter 11 – 03

전파속도 $(v) = \frac{1}{\sqrt{\varepsilon\mu}}$ [m/s]

12

비유전율 4, 비투자율 1인 공간에서 전자파의 전파속도는 몇 [m/sec]인가?

① 0.5×10^8　② 1.0×10^8

③ 1.5×10^8　④ 2.0×10^8

정답 07 ② 08 ④ 09 ① 10 ③ 11 ④ 12 ③

해설 Chapter 11 – 03

$$v=\frac{3\times10^8}{\sqrt{\varepsilon_s\,\mu_s}}=\frac{3\times10^8}{\sqrt{4\times1}}=1.5\times10^8$$

13

전계 E[V/m], 자계 H[AT/m]의 전자계가 평면파를 이루고, 자유 공간으로 전파될 때 단위 시간에 단위면적당 에너지[w/m^2]는?

① $\frac{1}{2}EH$　② $\frac{1}{2}EH^2$

③ EH^2　④ EH

해설 Chapter 11 – 04

포인팅 벡터 P[w/m^2]

$$\vec{P}=E\times H$$
$$=EH$$
$$=377H^2$$
$$=\frac{1}{377}E^2=\frac{P}{S}\text{[w/m}^2\text{]}$$

14

자계 실효값이 1[mA/m]인 평면 전자파가 공기 중에서 이에 수직되는 수직 단면적 10[m^2]를 통과하는 전력[W]은?

① 3.77×10^{-3}　② 3.77×10^{-4}

③ 3.77×10^{-5}　④ 3.77×10^{-6}

해설 Chapter 11 – 04

포인팅 벡터

$\vec{P}=377H^2=\frac{P}{S}$ 이용

$$P=377H^2\times S=377\times(10^{-3})^2\times10$$
$$=377\times10^{-5}=3.77\times10^{-3}$$

15

공간 도체 내에서 자속이 시간적으로 변할 때 성립되는 식은 다음 중 어느 것인가?
(단, E는 전계, H는 자계, B는 자속이다.)

① $\text{rot}\,E=\frac{\partial H}{\partial t}$　② $\text{rot}\,E=-\frac{\partial B}{\partial t}$

③ $\text{div}\,E=\frac{\partial B}{\partial t}$　④ $\text{div}\,E=-\frac{\partial H}{\partial t}$

해설 Chapter 11 – 05

$V=-\frac{\partial\phi}{\partial t}=-\int\frac{\partial B}{\partial t}ds$ (패러데이 전자유도 법칙)

$V=E\,\ell=\int Ed\ell$

$\int Ed\ell=-\int\frac{\partial B}{\partial t}ds$ 스토욱스 정리

$\left(\int Ed\ell=\int\text{rot}\,Eds\right)$

$\int\text{rot}\,Eds=-\int\frac{\partial B}{\partial t}ds$

$\therefore\ \text{rot}\,E=-\frac{\partial B}{\partial t}$

16

다음 중 미분 방정식 형태로 나타낸 맥스웰의 전자계 기초 방정식은?

① $\text{rot}\,E=-\frac{\partial B}{\partial t}$, $\text{rot}\,H=i+\frac{\partial D}{\partial t}$, $\text{div}\,D=0$, $\text{div}\,B=0$

② $\text{rot}\,E=-\frac{\partial B}{\partial t}$, $\text{rot}\,H=i+\frac{\partial B}{\partial t}$, $\text{div}\,D=\rho$, $\text{div}\,B=H$

③ $\text{rot}\,E=-\frac{\partial B}{\partial t}$, $\text{rot}\,H=i+\frac{\partial D}{\partial t}$, $\text{div}\,D=\rho$, $\text{div}\,B=0$

④ $\text{rot}\,E=-\frac{\partial B}{\partial t}$, $\text{rot}\,H=i$, $\text{div}\,D=0$, $\text{div}\,B=0$

해설 Chapter 11 – 05

전자파 방정식

① $\text{div}D=\rho$[c/m^3]

② $\text{div}B=0$

③ $\text{rot}E=-\frac{\partial B}{\partial t}$

④ $\text{rot}H=J+\frac{\partial D}{\partial t}$ ↦

($J=i$: 전도전류밀도, $\frac{\partial D}{\partial t}$: 변위전류밀도)

⑤ $B=\text{rot}\,A$

정답 13 ④ 14 ① 15 ② 16 ③

17

패러데이-노이만 전자유도법칙에 의하여 일반화된 맥스웰의 전자 방식의 형은?

① $\nabla \times H = i_c + \dfrac{\partial D}{\partial t}$

② $\nabla \cdot B = 0$

③ $\nabla \times E = -\dfrac{\partial B}{\partial t}$

④ $\nabla \cdot D = \rho$

해설 Chapter 11 - 05

$V = -\dfrac{\partial \phi}{\partial t} = -\int \dfrac{\partial B}{\partial t} ds$ (패러데이 전자유도 법칙)

$V = E \cdot \ell = \int E d\ell$

$\int E d\ell = -\int \dfrac{\partial B}{\partial t} ds$ 스토욱스 정리

$\left(\int E d\ell = \int \mathrm{rot} E ds\right)$

$\int \mathrm{rot} E ds = -\int \dfrac{\partial B}{\partial t} ds$

$\therefore\ \mathrm{rot} E = -\dfrac{\partial B}{\partial t}$

18

다음 중 전자계에 대한 맥스웰의 기본 이론이 아닌 것은?

① 자계의 시간적 변화에 따라 전계의 회전이 생긴다.
② 전도전류와 변위전류는 자계를 발생시킨다.
③ 고립된 자극이 존재한다.
④ 전하에서 전속선이 발산된다.

해설 Chapter 11 - 05

① 자계의 시간적 변화에 따라 전계의 회전이 발생한다.

$\mathrm{rot} E = -\dfrac{\partial B}{\partial t} = -\dfrac{\mu \partial H}{\partial t}$

② 전도전류와 변위전류는 자계를 발생한다.

$\mathrm{rot}\, H = J + \dfrac{\partial D}{\partial t}$

(J : 전도전류밀도, $\dfrac{\partial D}{\partial t}$: 변위전류밀도)

③ 고립된 자극이 존재하지 않으므로 자계의 발산은 없다.

$\mathrm{div} B = 0$

④ 전하에서 전속선이 발산된다.

$\mathrm{div}\, D = \rho$

19

전자계에 대한 맥스웰의 기본이론이 아닌 것은?

① 자계의 시간적 변화에 따라 전계의 회전이 생긴다.
② 전도전류는 자계를 발생시키지만, 변위전류는 자계를 발생시키지 않는다.
③ 자극은 N-S극이 항상 공존한다.
④ 전하에서는 전속선이 발산된다.

해설 Chapter 11 - 05

$\mathrm{rot} H = J + \dfrac{\partial D}{\partial t}$

전도전류와 변위전류는 자계를 발생시킨다.

20

전자파의 진행 방향은?

① 전계 E의 방향과 같다.
② 자계 H의 방향과 같다.
③ $E \times H$의 방향과 같다.
④ $H \times E$의 방향과 같다.

해설 Chapter 11 - 04

21

수평 전파는?

① 대지에 대해서 전계가 수직면에 있는 전자파
② 대지에 대해서 전계가 수평면에 있는 전자파
③ 대지에 대해서 자계가 수직면에 있는 전자파
④ 대지에 대해서 자계가 수평면에 있는 전자파

정답 17 ③ 18 ③ 19 ② 20 ③ 21 ②

제 2 과목

전력공학

핵심이론편

Chapter 01 전선로

01 가공 전선로

1. 전선

(1) 전선의 구비조건 <경기도에 비가 부내>

① 경제성이 있을 것 ② 기계적 강도가 클 것
③ 도전율이 클 것 ④ 비중(밀도)가 작을 것
⑤ 가요성이 있을 것 ⑥ 부식성이 작을 것
⑦ 내구성이 있을 것

(2) 연선

① 규격 표기법 : [N/d]
② 소선의 총수 : $N=1+3n(n+1)$
③ 연선의 지름 : $D=(2n+1)d$
④ 연선의 단면적 : $A=\dfrac{\pi d^2}{4}N\,[\mathrm{mm}^2]$

(3) 중공연선 : 단면적은 증가시키지 않고 직경을 크게 한 전선 (코로나 방지)

(4) ACSR : 강심 알루미늄 연선 ➡ 바깥지름은 크고(코로나 방지) 가볍다. (댐퍼 : 진동 방지)

(5) 표피 효과 : 교류에서 전류가 도체 표면에 집중되는 현상
➡ 주파수가 클수록, 바깥지름이 클수록 크며, 도선율, 투자율에 비례하고 온도와 반비례한다.

(6) 전선의 경제적 굵기 선정 : 캘빈의 법칙
※ 전선굵기 결정 5요소 : 허용전류, 전압강하, 기계적 강도, 코로나손, 경제성

(7) 전선의 이도 : 지지물의 높이 결정

① 이도(Dip) : $D=\dfrac{WS^2}{8T}$ [m] (T : 수평 장력, W : 합성 하중, S : 경간)

② 전선의 실제 길이 $L=S+\dfrac{8D^2}{3S}=S\times 0.1\,[\%]$ 이하[m]

③ 지지물의 평균높이 $h=H-\dfrac{2}{3}D\,[\mathrm{m}]$

※ 수평 장력 $T=\dfrac{\text{인장 하중}}{\text{안전율}}$

※ 하중

- 자체하중 – 전선자중(W_0)
- 빙설하중 – 두께 6[mm], 비중 0.9[g/cm^3]
  전선로에 고르게 분포(W_i)
  $W_i = 0.017(d+6)$ [kg/m]
- 풍압하중 – 철탑 설계시 가장 고려(수평횡하중) W_W
  빙설이 적은 지방 $W_W = PKd \times 10^{-3}$ [kg/m]
  빙설이 많은 지방 $W_W = PK(d+12) \times 10^{-3}$ [kg/m]
  $\text{부하 계수} = \dfrac{\text{합성 하중}}{\text{전선 자중}}$

(8) **오프셋(off set)** : 전선 도약에 의한 상하선 혼촉(단락) 방지

(9) **댐퍼, 아머로드** : 전선 진동방지

02 애자

(1) 목적

① 전선을 지지
② 전선과 지지물 간의 절연 간격 유지
(154[kV] – 〈표준 : 1400[mm]〉, 〈최소 : 900[mm]〉)

(2) 구비 조건

① 절연 내력이 클 것
② 절연 저항이 클 것
③ 기계적 강도가 클 것
④ 누설 전류가 작을 것

(3) 애자 종류

① 핀 애자 : 사용전압 30[kV] 이하
② 장간 애자 : 경간차가 큰 곳
③ 내무 애자 : 절연내력이 저하되기 쉬운 장소 (해안, 공장)
④ 현수 애자 : 인류, 분기, 철탑
가. 애자 크기 : 254[mm](250)
나. 애자절연 내력시험

건조 섬락 전압 – 80[kV]	주수 섬락 전압 – 50[kV]
충격 섬락 전압 – 125[kV]	유중 파괴 전압 – 140[kV]

다. 전압별 애자 개수

22.9[kV]	66[kV]	154[kV]	345[kV]
2 ~ 3	4 ~ 5	9 ~ 11	18 ~ 23

라. 애자련 전압 부담

최대 – 전선로에 가장 가까운 것
최소 – 철탑에서 1/3지점(5 → 2, 10 → 3)

마. 애자련 보호 : 아킹혼(소호각), 아킹링(소호환)

바. 애자련 효율(연능률) $\eta = \frac{V_n}{n V_1} \times 100$ V_n : 애자련의 전압

η : 애자 수량

V_1 : 1개 섬락 전압

03 지지물

(1) **철탑의 종류** – 직선형, 각도형, 인류형, 보강형, 내장형

※ **내장형(E 형철탑)** : 경간차가 큰 곳(10기마다 1기 이하 비율로 첨가)

04 지선

(1) **지선 종류** – 보통지선, 수평지선, 공동지선, Y지선, 궁지선, 지주

(2) **지선장력 및 가닥수**

① $T_0 = \frac{T}{\cos\theta}$[kg] ($T$: 수평장력, T_0 : 지선장력)

② $n = \frac{T_0}{a} \times K$ (a : 소선 인장하중, K : 안전율)

⇒ **소수점 이하 절상**

05 지중 전선로

(1) **케이블 손실** – 저항손 : 도체
유전체손 : 절연물($P_d \propto f$, $P_d \propto E^2$)
연피손 : 전자유도작용(맴돌이전류손)

(2) **케이블 매설 방법** – 직매식, 관로식, 암거식

(3) **고장점 검출방법이 아닌 것은** → 메거

(4) **송전 방식**

① 직류 – 절연계급을 낮출 수 있다. 비동기 계풍 연계 가능
단락 유량 경감
리액턴스에 의한 전압강하가 없다.

② 교류 – 회전자계를 쉽게 얻을 수 있다.
승압, 강압이 쉽다.
고압, 대전류 차단이 용이하다.

출제예상문제

01

19/1.8[mm] 경동 연선의 바깥지름은 몇 [mm]인가?

① 34.2 ② 10.8
③ 9 ④ 5

해설 Chapter 01 – 01 – (2)
$D=(1+2n)d=(1+2\times2\text{층})\times1.8=9$[mm]

02

3상 수직배치인 선로에서 오프셋을 주는 이유는?

① 유도 장해 감소 ② 난조 방지
③ 철탑 중량 감소 ④ 단락 방지

해설 Chapter 01 – 01 – (8)
상·하선간 절연간격을 유지하여 단락사고(혼촉사고) 방지

03

표피 효과에 대한 설명으로 옳은 것은?

① 전선의 단면적에 반비례한다.
② 주파수에 비례한다.
③ 전압에 반비례한다.
④ 도전율에 반비례한다.

해설 Chapter 01 – 01 – (5)
표피 효과는 전선의 단면적이 커질수록, 주파수가 클수록 커지는 것을 말한다.

04

ACSR는 동일한 길이에서 동일한 전기 저항을 갖는 경동 연선에 비하여 어떠한가?

① 바깥지름은 크고 중량은 크다.
② 바깥지름은 크고 중량은 작다.
③ 바깥지름은 작고 중량은 크다.
④ 바깥지름은 작고 중량은 작다.

해설 Chapter 01 – 01 – (4)
직경은 1.4 ~ 1.6배, 비중은 0.8배이다.

05

Kelvin의 법칙이 적용되는 것은?

① 전력손실량을 축소시킬 때
② 경제적인 전선의 굵기를 선정할 때
③ 전압강하를 축소시킬 때
④ 부하배분의 균형을 얻을 때

해설 Chapter 01 – 01 – (6)
경제적 전선 굵기 결정

06

가공 전선로의 전선 진동을 방지하기 위한 방법으로 옳지 않은 것은?

① 토셔널 댐퍼(torsional damper)의 설치
② 스프링 피스톤 댐퍼와 같은 진동 제지권을 설치
③ 경동선을 ACSR로 교환
④ 클램프나 전선 접촉기 등을 가벼운 것으로 바꾸고, 클램프 부근에 적당히 전선을 첨가

해설 Chapter 01 – 01 – (9)
ACSR은 경동선에 비하여 가벼우므로 대책이 될 수 없다.

07

경간 200[m]인 가공 전선로가 있다. 사용 전선의 길이는 경간보다 몇 [m] 더 길게 하면 되는가? (단, 사용 전선의 1[m]당 무게는 2.0[kg], 인장 하중은 4,000[kg]이고 전선의 안전율을 2로 하고 풍압하중은 무시한다.)

① $\frac{1}{2}$ ② $\sqrt{2}$
③ $\frac{1}{3}$ ④ $\sqrt{3}$

정답 01 ③ 02 ④ 03 ② 04 ② 05 ② 06 ③ 07 ③

해설 Chapter 01 – 01 – (7)

$$D=\frac{WS^2}{8T}=\frac{2\times 200^2}{8\times\frac{4,000}{2}}=5$$

$$L=S+\frac{8D^2}{3S}\text{에서 }\frac{8D^2}{3S}=\frac{8\times 5^2}{3\times 200}=\frac{1}{3}$$

08

고저차가 없는 가공 전선로에서 이도 및 전선 중량을 일정하게 하고, 경간을 2배로 했을 때, 전선의 수평 장력은 몇 배가 되는가?

① 2배 ② 4배

③ $\frac{1}{2}$배 ④ $\frac{1}{4}$배

해설 Chapter 01 – 01 – (7)

$$T=\frac{WS^2}{8D}\text{에서 }T\propto S^2=4$$

09

그림과 같이 높이가 같은 전선주가 같은 거리에 가설되어 있다. 지금 지지물 B에서 전선이 지지점에서 떨어졌다고 하면, 전선의 이도 D_2는 전선이 떨어지기 전 D_1의 몇 배가 되겠는가?

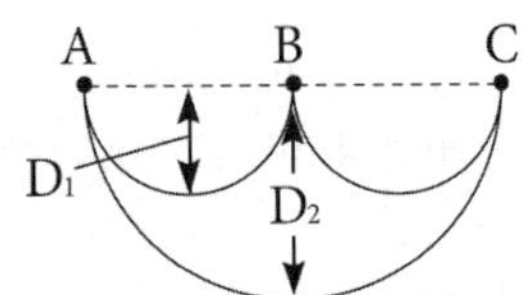

① $\sqrt{2}$ ② 2

③ 3 ④ $\sqrt{3}$

해설 Chapter 01 – 01 – (7)

$2L_1=L_2$에서

$$2\left(S+\frac{8D_1^2}{3S}\right)=2S+\frac{8D_2^2}{3\times 2S}$$

$$\therefore D_2=2D_1$$

10

가공 송전선로를 가선할 때에는 하중조건과 온도조건을 고려하여 적당한 이도(dip)를 주도록 하여야 한다. 다음 중 이도에 대한 설명으로 옳은 것은?

① 이도가 작으면 전선이 좌우로 크게 흔들려서 다른 상의 전선에 접촉하여 위험하게 된다.
② 전선을 가선할 때 전선을 팽팽하게 가선하는 것을 이도를 크게 준다고 한다.
③ 이도를 작게 하면 이에 비례하여 전선의 장력이 증가되며, 너무 작으면 전선 상호간이 꼬이게 된다.
④ 이도의 대소는 지지물의 높이를 좌우한다.

해설 Chapter 01 – 01 – (7)

이도는 전선이 늘어진 정도를 말하며, 지지물의 대·소 관계를 결정한다.

11

송전선로에 사용되는 애자의 특성이 나빠지는 원인으로 볼 수 없는 것은?

① 애자 각 부분의 열팽창의 상이
② 전선 상호간의 유도 장애
③ 누설 전류에 의한 편열
④ 시멘트의 화학 팽창 및 동결 팽창

12

핀 애자는 일반적으로 몇 [kV] 이하의 선로에 사용되는가?

① 30 ② 60

③ 154 ④ 345

해설 Chapter 01 – 02 – (3)

핀 애자는 30[kV] 이하에 사용한다.

정답 08 ② 09 ② 10 ④ 11 ② 12 ①

13

현수 애자에 대한 설명이 아닌 것은?

① 애자를 연결하는 방법에 따라 클래비스형과 볼 소켓형이 있다.
② 2 ~ 4층의 갓 모양의 자기편을 시멘트로 접착하고 그 자기를 주철제 base로 지지한다.
③ 애자의 연결개수를 가감함으로써 임의의 송전전압에 사용할 수 있다.
④ 큰 하중에 대하여는 2연 또는 3연으로 하여 사용할 수 있다.

해설 Chapter 01 – 02 – (3)
보기 ②번은 핀 애자 설명이다.

14

가공 전선로에 사용하는 현수 애자련이 10개라고 할 때 전압 부담이 최소인 것은?

① 전선에서 8번째 애자
② 전선에서 5번째 애자
③ 전선에서 3번째 애자
④ 전선에서 1번째 애자

해설 Chapter 01 – 02 – (3)
철탑으로부터 3번째 또는 전선으로부터 8번째

15

250[mm] 현수 애자 10개를 직렬로 접속한 애자련의 건조 섬락 전압이 590[kV]이고, 연효율(string efficiency)이 0.74이다. 현수 애자 한 개의 건조 섬락 전압은 약 몇 [kV]인가?

① 80 ② 90
③ 100 ④ 120

해설 Chapter 01 – 02 – (3)

$\eta = \dfrac{V_n}{nV_1}$ 에서 $V_1 = \dfrac{V_n}{n\,\eta} = \dfrac{590}{10 \times 0.74} = 80[\text{kV}]$

16

애자의 전기적 특성에서 가장 높은 전압은?

① 건조 섬락 전압
② 주수 섬락 전압
③ 충격 섬락 전압
④ 유중 파괴 전압

해설 Chapter 01 – 02 – (3)
섬락 전압
① 건조 : 80[kV] ③ 충격 125[kV]
② 주수 : 50[kV] ④ 유중 140~150[kV]

17

소호각(arcing horn)의 역할은?

① 애자의 파손을 방지한다.
② 풍압을 조절한다.
③ 송전 효율을 높인다.
④ 고주파수의 섬락 전압을 높인다.

해설 Chapter 01 – 02 – (3)
아킹혼, 아킹링 : 섬락으로부터 애자련 보호, 애자련 전압 분담 균등화

18

발 · 변전소의 애자에 대한 염해 대책 중 가장 경제적이고 용이한 방법은?

① 애자를 세척한다.
② 과절연을 한다.
③ 발수성 시료를 애자에 바른다.
④ 설비를 옥내에 한다.

해설
세정법이 가장 경제적이며 연 2회 실시한다. (제트 활선 및 고정스프레이 세정)

정답 13 ② 14 ① 15 ① 16 ④ 17 ① 18 ①

19

전선의 장력이 1,000[kg]일 때 지선에 걸리는 장력은 몇 [kg]인가?

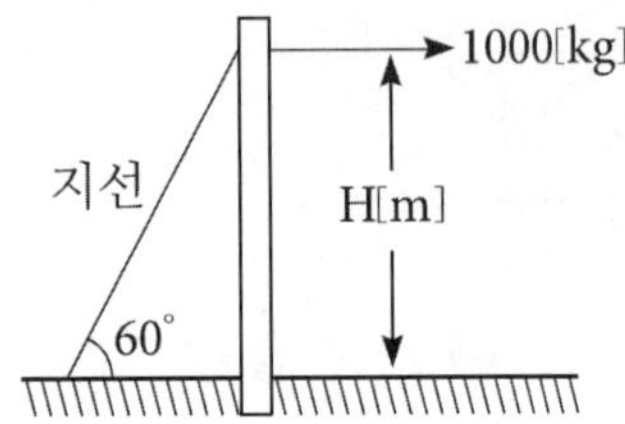

① 2,000
② 2,500
③ 3,000
④ 3,500

해설 Chapter 01 – 04 – (2)

지선장력 : $T_0 = \frac{T}{\cos\theta} = \frac{1,000}{\cos 60°} = \frac{1,000}{\frac{1}{2}}$

$= 2,000[kg]$

20

전선로의 지지물 양쪽 경간의 차가 큰 곳에 쓰이며 E 철탑이라고도 하는 철탑은?

① 인류형 철탑 ② 보강형 철탑
③ 각도형 철탑 ④ 내장형 철탑

해설 Chapter 01 – 03 – (1)

내장 철탑은 전선로의 지지물 양쪽 경간의 차가 큰 곳에 사용하며, 혹은 E형 철탑이라고도 한다.

21

지중 전선로인 전력 케이블의 고장 검출 방법으로 머리(Murray) 루프법이 있다. 이 방법을 사용하되 교류 전원 수화기를 접속시켜 찾을 수 있는 고장은?

① 1선 지락 ② 2선 단락
③ 3선 단락 ④ 1선 단선

해설

머레이 루프법 : 휘스톤 브리지 원리를 이용 1선지락 검출

22

선택 배류기는 어느 전기설비에 설치하는가?

① 급전선 ② 가공 통신 케이블
③ 가공 전화선 ④ 지하 전력 케이블

23

교류 송전 방식에 대한 직류 송전 방식의 장점에 해당되지 않는 것은?

① 기기 및 선로의 절연에 요하는 비용이 절감된다.
② 전압 변동률이 양호하고 무효 전력에 기인하는 전력 손실이 생기지 않는다.
③ 안정도의 한계가 없으므로 송전 용량을 높일 수 있다.
④ 고전압, 대전류의 차단이 용이하다.

해설 Chapter 01 – 05 – (4)

보기 ④번은 교류 송전 방식의 장점이다.

정답 19 ① 20 ④ 21 ① 22 ④ 23 ④

Chapter 02 선로 정수와 코로나

01 선로 정수 : R (저항), L (인덕턴스), C (정전용량), G (콘덕턴스) (전압, 전류, 역률 등과 무관)

(1) 인덕턴스 L [H]

① **작용 인덕턴스**(L) = $0.05+0.4605\log_{10}\dfrac{D}{r}$ [mH/km]

② **복도체 :** $\dfrac{0.05}{n}+0.4605\log_{10}\dfrac{D}{r_e}$ [mH/km]

가. 등가 선간거리 : 수평배열(일직선 배열) $\Rightarrow D'=D\cdot\sqrt[3]{2}$

삼각배열 $\Rightarrow D'=D$

사각배열 $\Rightarrow D'=D\cdot\sqrt[6]{2}$

나. 등가 반지름 : n = 2일 때 $r_e=\sqrt{r\cdot S}$

n = 4일 때 $r_e=\sqrt[4]{r\cdot S^3}$

$r_e=\sqrt[7]{r\cdot S^{7-1}}$

(2) 정전 용량 C [F]

① **작용 정전 용량**(C) = $\dfrac{0.02413}{\log_{10}\dfrac{D}{r}}$ [μF/km]

② C_s **: 대지 정전 용량,** C_m : 선간 정전 용량이 주어진 경우

가. 단상 : $C=C_s+2C_m$

나. 3상 : $C=C_s+3C_m$

③ **충전 전류** $I_c=2\pi f CE\ell=\omega CE\ell=\omega C\dfrac{V}{\sqrt{3}}\ell$

※ 작용 정전 용량 : 선로 충전전류 계산

대지 정전 용량 : 비접지 지락전류 계산

④ **충전 용량** $Q_C = 3\omega CE^2$

- △ 결선 $(E = V)$: $3\omega CV^2$
- Y 결선 $\left(E = \dfrac{V}{\sqrt{3}}\right)$: ωCV^2

(3) 연가 : 선로를 3등분, 각 상의 위치를 바꾸는 대책

① **주목적** : 선로 정수 평형

② **효과** : 유도장해 방지, 직렬 공진에 의한 이상전압 방지

02 코로나 현상(공기절연 부분파괴) : 초고압 송전계통에서 발생

(1) 전위 경도(공기절연 파괴전압) ➡ 직류 : 30[kV/cm]
교류 : 21[kV/cm]

(2) 임계전압 $E_0 = 24.3\, m_0\, m_1\, \delta\, d \log_{10} \dfrac{D}{r}$ [kV]

m_0 : 전선계수
m_1 : 날씨계수
δ : 상대공기밀도

(3) 영향 : 잡음에 의한 전파장해 및 유도장해
전선 및 바인드선 부식(오존)
송전용량 감소 (PeeK식 ⇒ $\sqrt{\dfrac{d}{2D}}$ 와 10^{-5} 들어간 것)

(4) 대책 : 임계전압을 높게(전선직경 크게)
복도체, 중공연선 사용
가선 금구 개량

03 복도체 특징

(1) 송전용량 증가 : 이유 ➡ L 감소, C 증가

(2) 코로나 방지(주목적) ➡ 전위경도 감소, 임계전압 증가

(3) 소도체 간 흡인력에 의한 충돌 ➡ 방지책 : 스페이서 설치

Chapter 02 출제예상문제

01

송전선로의 선로정수가 아닌 것은 다음 중 어느 것인가?

① 저항 ② 리액턴스
③ 정전용량 ④ 누설 콘덕턴스

해설 Chapter 02 – 01

선로정수 : 저항, 인덕턴스, 정전용량, 누설 콘덕턴스

02

3상 3선식 가공 송전선로의 선간거리가 각각 D_1, D_2, D_3일 때 등가 선간거리는?

① $\sqrt{D_1D_2+D_2D_3+D_3D_1}$
② $\sqrt[3]{D_1 \cdot D_2 \cdot D_3}$
③ $\sqrt{D_1^2+D_2^2+D_3^2}$
④ $\sqrt[3]{D_1^3+D_2^3+D_3^3}$

해설 Chapter 02 – 01 – (1)

등가 선간거리 $D=(D_1\ D_2\ D_3)^{\frac{1}{3}}$

$D=\sqrt[3]{D_1\ D_2\ D_3}$

03

4각형으로 배치된 4도체 송전선이 있다. 소도체의 반지름 1[cm], 한 변의 길이 32[cm]일 때, 소도체 간의 기하 평균 거리[cm]는?

① $32\times2^{\frac{1}{3}}$ ② $32\times2^{\frac{1}{4}}$
③ $32\times2^{\frac{1}{5}}$ ④ $32\times2^{\frac{1}{6}}$

해설 Chapter 02 – 01 – (1)

$d'=\sqrt[6]{2}\,d=\sqrt[6]{2}\times32=32\times2^{\frac{1}{6}}$

04

전선의 반지름 r[m], 소도체 간의 거리 l[m], 소도체 수 2, 선간거리 D[m]인 복도체의 인덕턴스 $L=0.4605$□$+0.025$ [mH/km]이다. □ 내의 값은?

① $\log_{10}\frac{D}{\sqrt{rl}}$ ② $\log_e\frac{D}{\sqrt{rl}}$
③ $\log_{10}\frac{l}{\sqrt{rD}}$ ④ $\log_e\frac{l}{\sqrt{rD}}$

해설 Chapter 02 – 01 – (1)

$\log_{10}\frac{D}{r_e}=\log_{10}\frac{D}{\sqrt{r\cdot l}}$

$r_e=\sqrt[n]{r\cdot S^{n-1}}$

05

반지름이 r[m]인 3상 송전선 A, B, C가 그림과 같이 수평으로 D[m] 간격으로 배치되고 3선이 완전 연가된 경우 각 인덕턴스는 몇 [mH/km]인가?

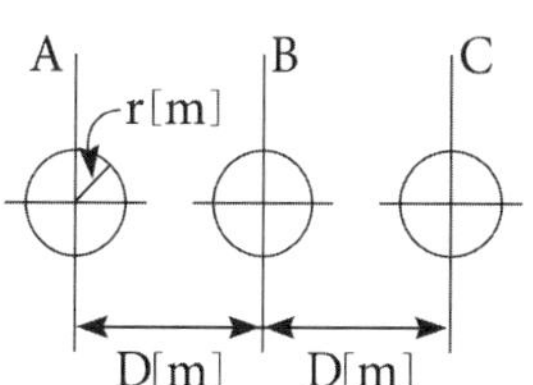

① $L=0.05+0.4605\log_{10}\frac{D}{r}$
② $L=0.05+0.4605\log_{10}\frac{\sqrt{2}D}{r}$
③ $L=0.05+0.4605\log_{10}\frac{\sqrt{3}D}{r}$
④ $L=0.05+0.4605\log_{10}\frac{\sqrt[3]{2}D}{r}$

해설 Chapter 02 – 01 – (1)

수평배열이므로 등가 선간거리

$D'=\sqrt[3]{D\cdot D\cdot 2D}=D\cdot\sqrt[3]{2}$

$\therefore L=0.05+0.4605\log_{10}\frac{D\cdot\sqrt[3]{2}}{r}$ [mH/km]

정답 01 ② 02 ② 03 ④ 04 ① 05 ④

06

등가 선간의 거리 9.37[m], 공칭 단면적 330[mm^2], 도체 외경 25.3[mm], 복도체의 ACSR인 3상 송전선의 인덕턴스[mH/km]는? (단, 소도체 간격은 40[cm]이다.)

① 1.001　② 0.010
③ 0.100　④ 1.100

해설 Chapter 02 – 01 – (1)

$$L = \frac{0.05}{2} + 0.4605\log_{10}\frac{9.37\times10^3}{\sqrt{12.65\times400}} = 1.001[\text{mH/km}]$$

07

선간 거리가 $2D$[m]이고 선로 도선의 지름이 d[m]인 선로의 단위길이당 정전 용량은 몇 [μF/km]인가?

① $\dfrac{0.02413}{\log_{10}\dfrac{4D}{d}}$　② $\dfrac{0.02413}{\log_{10}\dfrac{2D}{d}}$
③ $\dfrac{0.02413}{\log_{10}\dfrac{D}{d}}$　④ $\dfrac{0.2413}{\log_{10}\dfrac{4D}{d}}$

해설 Chapter 02 – 01 – (2)

$D = 2D$, 직경 d

$\therefore\ C = \dfrac{0.02413}{\log_{10}\dfrac{D}{r}}$ 에서

$$C = \frac{0.02413}{\log_{10}\dfrac{2D}{\left(\dfrac{d}{2}\right)}} = \frac{0.02413}{\log_{10}\dfrac{4D}{d}}$$

08

가공 송전 선로에서 선간 거리를 도체 반지름으로 나눈 값($D \div r$)이 클수록 어떠한가?

① 인덕턴스 L과 정전 용량 C는 둘 다 커진다.
② 인덕턴스는 커지나 정전 용량은 작아진다.
③ 인덕턴스와 정전 용량은 둘 다 작아진다.
④ 인덕턴스는 작아지나 정전 용량은 커진다.

해설 Chapter 02 – 01 – (1)

$L = 0.05 + 0.4605\ \text{log10}\ \dfrac{D}{r}$ 이므로 증가

$C = \dfrac{0.02413}{\log_{10}\dfrac{D}{r}}$ 이므로 감소한다.

09

단상 2선식 배전선로에서 대지 정전 용량을 C_s, 선간 정전 용량을 C_m 이라 할 때 작용 정전 용량은?

① $C_s + C_m$　② $C_s + 2C_m$
③ $C_s + 3C_m$　④ $2C_s + C_m$

해설 Chapter 02 – 01 – (2)

단상은 선간 정전 용량에 2배, 3상은 선간 정전 용량에 3배가 된다.

10

송전 선로의 정전 용량은 등가 선간거리 D가 증가하면 어떻게 되는가?

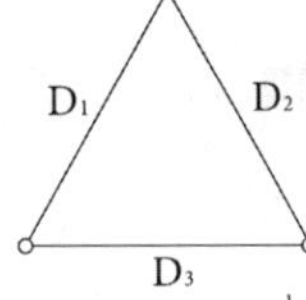

① 증가한다.
② 감소한다.
③ 변하지 않는다.
④ D^2에 반비례하여 감소한다.

해설 Chapter 02 – 01 – (2)

$C = \dfrac{0.02413}{\log_{10}\dfrac{D}{r}}$ 공식에서 C는 $\log_{10}\dfrac{D}{r}$ 에 반비례한다.

11

3상 3선식 송전 선로에 있어서 각 선의 대지 정전용량이 0.5096[μF]이고, 선간 정전 용량이 0.1295[μF]일 때 1선의 작용 정전 용량은 몇 [μF]인가?

① 0.6391　② 0.7686
③ 0.8981　④ 1.5288

정답 06 ① 07 ① 08 ② 09 ② 10 ② 11 ③

해설 Chapter 02 − 01 − (2)

$C = C_s + 3C_m = 0.5096 + 3 \times 0.1295$

$= 0.8981 [\mu F/km]$

12

연가를 하여도 효과가 없는 것은?

① 직렬 공진의 방지
② 통신선의 유도장해 감소
③ 작용 정전 용량의 감소
④ 각 상의 임피던스 평형

해설 Chapter 02 − 01 − (3)
연가의 효과
① 직렬 공진의 방지
② 통신선의 유도장해 감소
③ 선로정수의 평형

13

3상 3선식 송전선을 연가할 경우 일반적으로 전체 선로길이의 몇 배수로 등분해서 연가하는가?

① 2 ② 3
③ 4 ④ 5

해설 Chapter 02 − 01 − (3)
연가 : 전선로 각 상의 선로정수를 평형되도록 선로 전체의 길이를 3등분하여 각 상의 위치를 바꾸는 것

14

복도체에서 2본의 전선이 서로 충돌하는 것을 방지하기 위하여 2본의 전선 사이에 적당한 간격을 두어 설치하는 것은?

① 아머로드 ② 댐퍼
③ 아킹혼 ④ 스페이서

해설 Chapter 02 − 03
소도체간의 흡인력에 의한 전선 충돌현상 발생(방지책 : 스페이서)

15

송전 선로에 복도체를 사용하는 이유는?

① 코로나를 방지하고 인덕턴스를 감소시킨다.
② 철탑의 하중을 평형화한다.
③ 선로의 진동을 없앤다.
④ 선로를 뇌격으로부터 보호한다.

해설 Chapter 02 − 03
복도체 사용 − 코로나 방지, 인덕턴스 감소, 정전용량 증가

16

초고압 송전 선로에 단도체 대신 복도체를 사용할 경우에 적합하지 않은 것은?

① 전선의 작용 인덕턴스를 감소시킨다.
② 선로의 작용 정전 용량을 증가시킨다.
③ 전선 표면의 전위 경도를 저감시킨다.
④ 전선의 코로나 임계 전압을 저감시킨다.

해설 Chapter 02 − 03
복도체를 사용하면 임계전압이 증가되고 코로나가 방지된다.

17

지중선 계통은 가공선 계통에 비하여 인덕턴스와 정전 용량은 어떠한가?

① 인덕턴스, 정전 용량이 모두 크다.
② 인덕턴스, 정전 용량이 모두 작다.
③ 인덕턴스는 크고 정전 용량은 작다.
④ 인덕턴스는 작고 정전 용량은 크다.

해설
지중선 계통은 가공선 계통에 비해서 선간 거리가 작으므로 인덕턴스는 작고 정전 용량은 크다.

정답 12 ③ 13 ② 14 ④ 15 ① 16 ④ 17 ④

18

송배전 선로의 작용 정전 용량은 무엇을 계산하는 데 사용하는가?

① 비접지 계통의 1선 지락 고장시 지락 고장 전류 계산
② 정상 운전시 선로의 충전 전류 계산
③ 선간 단락 고장시 고장 전류 계산
④ 인접 통신선의 정전 유도 전압 계산

해설 Chapter 02 – 01 – (2)
정상시 선로의 충전 전류를 계산하는 데 사용한다.

19

154[kV], 60[Hz], 길이 50[km]인 3상 송전선로에서 $C_s = 0.004$ [μF/km], $C_m = 0.0012$ [μF/km]일 때 1선에 흐르는 충전전류는 몇 [A]인가?

① 6.43　　② 9.66
③ 12.73　　④ 22.05

해설 Chapter 02 – 01 – (2)

$$I_c = \frac{E}{X_c} = \omega C E \ell$$
$$= \omega(C_s + 3C_m) \times \ell \times \frac{V}{\sqrt{3}}$$
$$= 2\pi \times 60 \times (0.004 + 3 \times 0.0012) \times 10^{-6} \times 50 \times \frac{154{,}000}{\sqrt{3}}$$
$$= 12.73\,[\text{A}]$$

20

정전용량 C [F]의 콘덴서를 △ 결선해서 3상 전압 V [V]를 가했을 때의 충전용량과 같은 전원을 Y 결선으로 했을 때의 충전용량이 (△ 결선/Y 결선)는?

① $\frac{1}{\sqrt{3}}$　　② $\frac{1}{3}$
③ $\sqrt{3}$　　④ 3

해설 Chapter 02 – 01 – (2)

$$\frac{\triangle}{Y} = 3 \quad \frac{Y}{\triangle} = \frac{1}{3}$$

21

현수 애자 4개를 1련으로 한 66[kV] 송전선로가 있다. 현수 애자 1개의 절연저항이 2,000[MΩ]이라면 표준 경간을 200[m]로 할 때 1[km]당의 누설 컨덕턴스[℧]는?

① 약 0.63×10^{-9}
② 약 0.73×10^{-9}
③ 약 0.83×10^{-9}
④ 약 0.93×10^{-9}

해설
현수 애자 1련의 저항
$r = 2{,}000\,[\text{M}\Omega] \times 4 = 8 \times 10^9\,[\Omega]$
표준 경간이 200[m]이고 1[km]당 현수 애자는 5련이 설치되므로
$$R = \frac{r}{n} = \frac{8}{5} \times 10^9\,[\Omega]$$
누설 컨덕턴스
$$G = \frac{1}{R} = \frac{5}{8} \times 10^{-9}\,[℧] = 0.63 \times 10^{-9}\,[℧]$$

22

코로나 방지 대책으로 적당하지 않은 것은?

① 전선의 외경을 증가시킨다.
② 선간거리를 증가시킨다.
③ 복도체 방식을 채용한다.
④ 가선 금구를 개량한다.

해설 Chapter 02 – 02
코로나 방지 대책
㉮ 전선의 지름을 크게 한다.
㉯ 복도체를 사용한다.
㉰ 가선 금구를 개량한다.
선간거리를 증가시키려면 철탑을 보강하여야 하므로 경제적 측면에서 부적당하다.

정답 18 ② 19 ③ 20 ④ 21 ① 22 ②

23

송전전압을 높일 경우에 생기는 문제점이 아닌 것은?

① 전선 주위의 전위 경도가 커지기 때문에 코로나손, 코로나 잡음이 발생한다.

② 변압기, 차단기 등의 절연 레벨이 높아지기 때문에 건설비가 많이 든다.

③ 표준상태에서 공기의 절연이 파괴되는 전위경도는 직류에서 50[kV/cm]로 높아진다.

④ 태풍, 뇌해, 영해 등에 대한 대책이 필요하다.

해설

표준상태에서 공기의 절연파괴 전위경도는 직류에서 30[kV/cm], 교류에서 21.1[kV/cm]이다.

24

송전선에 코로나가 발생하면 전선이 부식된다. 다음의 무엇에 의하여 부식되는가?

① 산소　　② 질소

③ 수소　　④ 오존

해설

오존과 산화질소는 코로나 방전 시에 발생하며 습기와 혼합하면 질산이 되므로 전선이나 부속물을 부식시킨다.

25

1선 1[km]당의 코로나 손실 P[kW]를 나타내는 Peek 식은? (단, δ: 상대공기 밀도, D : 선간 거리[cm], d : 전선의 지름[cm], f : 주파수[Hz], E : 전선에 걸리는 대지 전압[kV], E_0 : 코로나 임계전압[kV] 이다.)

① $P=\frac{241}{\delta}(f+25)\sqrt{\frac{d}{2D}}(E-E_0)^2\times 10^{-5}$

② $P=\frac{241}{\delta}(f+25)\sqrt{\frac{2D}{d}}(E-E_0)^2\times 10^{-5}$

③ $P=\frac{241}{\delta}(f+25)\sqrt{\frac{d}{2D}}(E-E_0)^2\times 10^{-3}$

④ $P=\frac{241}{\delta}(f+25)\sqrt{\frac{2D}{d}}(E-E_0)^2\times 10^{-3}$

해설 Chapter 02 – 02

정답 23 ③ 24 ④ 25 ①

Chapter 03 송전선로 특성

01 송전선로 특성값 계산

(1) 단거리 송전선로 : R, L 존재 ➡ 집중정수회로

① 전압 강하

가. I 가 주어진 경우: $e = I(R\cos\theta + X\sin\theta)$

나. 3상이면 $\sqrt{3}$ 배

다. I 가 없으면 $e = \frac{P}{V}(R + X\tan\theta)$

② 전압 강하율 $\varepsilon = \frac{V_s - V_r}{V_r} \times 100 = \frac{e}{V_r} \times 100$

③ 전압 변동률

$\delta = \frac{V_{r0} - V_{rn}}{V_{rn}} \times 100$ ➡ $\begin{cases} V_{r0} : \text{무부하시 수전단 선간전압} \\ V_{rn} : \text{부하시 수전단 선간전압} \end{cases}$

④ 전력 손실 $P_\ell = \frac{P^2 R}{V^2 \cos^2\theta}$

전압 강하	$e = \sqrt{3}\, I(R\cos\theta + X\sin\theta)$	$e = \frac{P}{V}(R + X\tan\theta)$	$e \propto \frac{1}{V}$
전압 강하율	$\varepsilon = \frac{V_s - V_r}{V_r} \times 100$	$\varepsilon = \frac{e}{V_r} \times 100$	$\varepsilon \propto \frac{1}{V^2}$
전압 변동률	$\delta = \frac{V_{r0} - V_{rn}}{V_{rn}} \times 100$	V_{r0} : 무부하시 수전단 선간전압 V_{rn} : 부하시 수전단 선간전압	
전력 손실	$P_\ell = \frac{P^2 R}{V^2 \cos^2\theta}$	$P_\ell \propto \frac{1}{\cos^2\theta}$	$P_\ell \propto \frac{1}{V^2}$
전력 손실률	$K = \frac{P\rho\ell}{V^2 \cos^2\theta A}$	$P \propto V^2$	$A \propto \frac{1}{V^2}$

(2) 중거리 송전선로 : R, L, C 존재 ➡ T형, Ⅱ형 회로[집중정수회로]

① 4단자 정수 성질

가. A : 전압비, B : 임피던스, C : 어드미턴스, D : 전류비

나. $A = D,\ AD - BC = 1$

② 전파 방정식

$$\begin{bmatrix} E_S \\ I_S \end{bmatrix} = \begin{bmatrix} A & B \\ C & D \end{bmatrix} \begin{bmatrix} E_R \\ I_R \end{bmatrix} = \begin{bmatrix} AE_R + BI_R \\ CE_R + DI_R \end{bmatrix}$$

③ 단일회로 4단자 정수

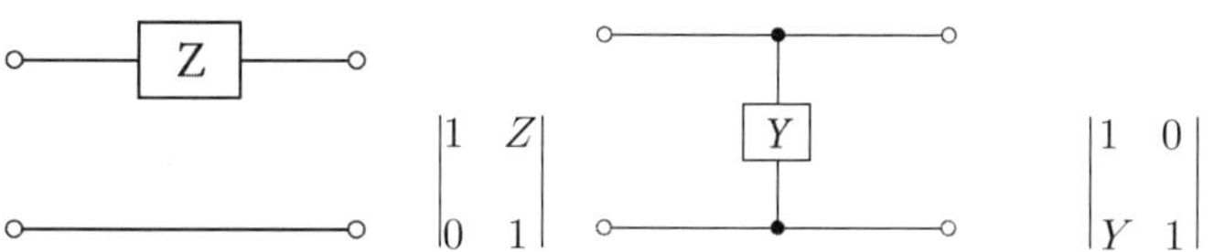

④ T형, π형 회로 4단자 정수

	T 형	π 형
A	$1+\frac{ZY}{2}$	$1+\frac{ZY}{2}$
B	$Z\left(1+\frac{ZY}{4}\right)$	Z
C	Y	$Y\left(1+\frac{ZY}{4}\right)$
D	$1+\frac{ZY}{2}$	$1+\frac{ZY}{2}$

⑤ 평행2회선 4단자 정수

A ➡ A　　　B ➡ $\frac{1}{2}$B

C ➡ 2C　　　D ➡ D

⑥ 시험법

가. 단락시험(단락전류) ➡ $I_{ss} = \frac{D}{B} E_s$

나. 무부하시험(충전전류) ➡ $I_{sc} = \frac{C}{A} E_s$

(3) 장거리 송전선로 : R, L, C, G 존재, 분포 정수 회로

① **특성(파동) 임피던스 :** 거리와 무관(일정)

$$Z_0 = \sqrt{\frac{Z}{Y}} = \sqrt{\frac{L}{C}} = 138\log\frac{D}{r} \ [\Omega]$$

가. 인덕턴스 계산: $L = 0.4605\frac{Z_0}{138}$ [mH/Km]

나. 정전용량 계산: $C = \dfrac{0.02413}{\frac{Z_0}{138}}$ [μF/Km]

② 전파 정수

$\Upsilon = \sqrt{ZY} = \sqrt{(R+j\omega L)(G+j\omega C)} = j\omega\sqrt{LC}$

③ 전파 속도(위상 속도) ➡ $v = \dfrac{\omega}{\beta} = \dfrac{1}{\sqrt{LC}}$

$L = \dfrac{Z_o}{v}$	$C = \dfrac{1}{Z_o v}$

02 전력 원선도

(1) **원의 반지름 :** $\dfrac{E_s E_r}{B}$

(2) **가로축 - 세로축** : 유효 전력 - 무효 전력

(3) **구할 수 있는 것** ➡ 유효, 무효, 피상전력, 역률, 전력 손실, 조상설비 용량

(4) **구할 수 없는 것** ➡ 코로나 손실

03 조상 설비 : 무효분을 조정하여 역률 개선

➡ **역률이 나쁜 경우 :** 전력손실 및 전압강하 증가, 설비 용량 및 전기 요금 증가

(1) **콘덴서 : 충전 전류(진상, 앞선전류)**

직렬 콘덴서	전력용(병렬) 콘덴서
$X = X_L - X_C$ 전압 강하 보상 역률이 나쁠수록 설치효과 크다	역률 개선

➡ **전력용 콘덴서 BanK 3요소**

가. 직렬 리액터 : 제5 고조파 제거. 이론상 4%, 실제 6%(이유 : 주파수 변동을 고려하여)

나. 방전 코일 : 잔류전하 방전(인체감전사고 방지)

다. 전력용 콘덴서 : 역률 개선

(2) 동기 조상기 : 무부하로 운전중인 동기 전동기

➡ 진상·지상 조정가능

	진 상	지 상	시충전	조 정
콘 덴 서	○	×	×	계 단 적
동기 조상기	○	○	○	연 속 적

(3) 분로(병렬) 리액터 : 페란티 현상 방지

➡ **페란티 현상** : 경(무)부하시 C로 인하여 V_S(송전단 전압) < V_r (수전단 전압)

(4) 리액터 종류

직렬 리액터	제5 고조파의 제거
병렬(분로) 리액터	페란티 현상 방지
소호 리액터	지락 아크의 소호
한류 리액터	차단기 용량의 경감(단락 전류 제한)

출제예상문제

01

지상 부하를 가진 3상 3선식 배전선 또는 단거리 송전선에서 선간 전압 강하를 나타낸 식은? (단, I, R, X, θ 는 각각 수전단 전류, 선로저항, 리액턴스 및 수전단 전류의 위상각이다.)

① $I(R\cos\theta + X\sin\theta)$
② $2I(R\cos\theta + X\sin\theta)$
③ $\sqrt{3}I(R\cos\theta + X\sin\theta)$
④ $3I(R\cos\theta + X\sin\theta)$

해설 Chapter 03 – 01 – (1)
$e = V_s - V_r = \sqrt{3}\,I(R\cos\theta + X\sin\theta)$

02

늦은 역률의 부하를 갖는 단거리 송전선로의 전압강하의 근사식은? (단, P는 3상 부하전력[kW], E는 선간전압[kV], R는 선로저항[Ω], X는 리액턴스[Ω], θ는 부하의 늦은 역률각이다.)

① $\dfrac{\sqrt{3}P}{E}(R + X \cdot \tan\theta)$
② $\dfrac{P}{\sqrt{3}E}(R + X \cdot \tan\theta)$
③ $\dfrac{P}{E}(R + X \cdot \tan\theta)$
④ $\dfrac{P}{\sqrt{3}E}(R \cdot \cos\theta + X \cdot \sin\theta)$

해설 Chapter 03 – 01 – (1)
$P = \sqrt{3}EI\cos\theta$ 에서 $I = \dfrac{P}{\sqrt{3}E\cos\theta}$

3상 전압 강하

$$v = V_s - V_r = \sqrt{3}I(R\cos\theta + X\sin\theta)$$
$$= \sqrt{3}\frac{P}{\sqrt{3}E\cos\theta}(R\cos\theta + X\sin\theta)$$
$$= \frac{P}{E}\left(R + X\frac{\sin\theta}{\cos\theta}\right) = \frac{P}{E}(R + X\tan\theta)$$

03

그림과 같이 수전단 전압 3.3[kV], 역률 0.85(뒤짐)인 부하 300[kW]에 공급하는 선로가 있다. 이때 송전단 전압은 약 몇 V인가?

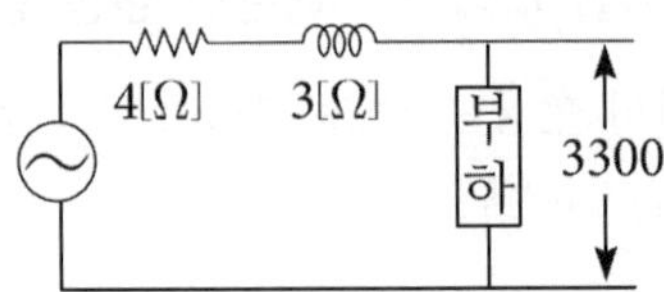

① 2,930
② 3,230
③ 3,530
④ 3,830

해설 Chapter 03 – 01 – (1)

$$V_s = V_r + I(R\cos\theta + X\sin\theta)$$
$$= 3{,}300 + \frac{300 \times 10^3}{3{,}300 \times 0.85}(4 \times 0.85 + 3 \times \sqrt{1 - 0.85^2})$$
$$= 3{,}830\,[\text{V}]$$

04

송전선의 전압 변동률은 다음 식으로 표시된다. (전압변동률) $= \dfrac{V_{R1} - V_{R2}}{V_{R2}} \times$[%]이 식에서 V_{R1}은 무엇인가?

① 무부하시 송전단 전압
② 부하시 송전단 전압
③ 무부하시 수전단 전압
④ 부하시 수전단 전압

해설 Chapter 03 – 01 – (1)
전압변동률

$$= \frac{\text{무부하시 수전단전압} - \text{부하시 수전단 전압}}{\text{부하시 수전단 전압}} \times 100\,[\%]$$

정답 01 ③ 02 ③ 03 ④ 04 ③

05

송전단 전압이 6,600[V], 수전단 전압은 6,100[V]였다. 수전단의 부하를 끊는 경우 수전단 전압이 6,300[V]라면 이 회로의 전압 강하율과 전압 변동률은 각각 몇 [%]인가?

① 3.28, 8.2 ② 8.2, 3.28
③ 4.14, 6.8 ④ 6.8, 4.14

해설 Chapter 03 – 01 – (1)

전압 강하율

$$\varepsilon = \frac{V_s - V_r}{V_r} \times 100 = \frac{6{,}600 - 6{,}100}{6{,}100} \times 100$$

$= 8.2\,[\%]$

전압 변동률

$$\delta = \frac{V_{r0} - V_r}{V_r} \times 100 = \frac{6{,}300 - 6{,}100}{6{,}100} \times 100$$

$= 3.28\,[\%]$

06

3상3선식 송전선에서 한 선의 저항이 10[Ω], 리액턴스가 20[Ω]이고, 수전단의 선간 전압은 60[kV], 부하 역률이 0.8인 경우, 전압 강하율을 10[%]라 하면 이 송전선로는 몇 [kW]가지 수전할 수 있는가?

① 18,000 ② 14,400
③ 12,000 ④ 10,000

해설

$P = \sqrt{3}\ VI\cos\theta$ 에서 I를 먼저 전압강하에서 찾는다.
전압강하율 10[%]는 수전단 전압의 10[%]를 의미한다.
따라서

$e = 6{,}000\,[\mathrm{V}]$

$= \sqrt{3}\, I(R\cos\theta + X\sin\theta)$

$$I = \frac{6{,}000}{\sqrt{3}\,(10 \times 0.8 + 20 \times 0.6)} = 173.2$$

$\therefore\ P = \sqrt{3} \times 60{,}000 \times 173.2 \times 0.8 \times 10^{-3}$

$= 14{,}400\,[\mathrm{kW}]$

07

송전거리, 전력, 손실률 및 역률이 일정하다면 전선의 굵기는?

① 전류에 비례한다.
② 전압의 제곱에 비례한다.
③ 전류에 역비례한다.
④ 전압의 제곱에 역비례한다.

해설 Chapter 03 – 01 – (1)

$$P_\ell = \frac{P^2 \cdot \rho \cdot \ell}{A \cdot V^2 \cdot \cos^2\theta} \text{ 에서 } A \propto \frac{1}{V^2}$$

08

부하 전력 및 역률이 같을 때 전압을 n배 승압하면 전압 강하율과 전력 손실은 어떻게 되는가?

	전압 강하율	전력 손실
①	$\frac{1}{n}$	$\frac{1}{n^2}$
②	$\frac{1}{n^2}$	$\frac{1}{n}$
③	$\frac{1}{n}$	$\frac{1}{n}$
④	$\frac{1}{n^2}$	$\frac{1}{n^2}$

해설 Chapter 03 – 01 – (1)

㉮ 전압 강하 $e = \frac{P}{V}(R + X\tan\theta)$

전압 강하율

$$\varepsilon = \frac{e}{V} = \frac{P}{V^2}(R + X\tan\theta) \text{ 에서}$$

$$\varepsilon \propto \frac{1}{V^2} \qquad \therefore\ \varepsilon = \frac{1}{n^2}$$

㉯ 전력 손실 $P_\ell = 3 \cdot I^2 R = \frac{P^2 R}{V^2 \cos^2\theta}$ 에서

$$P_\ell = \frac{1}{V^2} \qquad \therefore\ P_\ell = \frac{1}{n^2}$$

정답 05 ② 06 ② 07 ④ 08 ④

제2과목 ✦ 전력공학

09

종단에 V[V], P[kW], 역률 $\cos\theta$인 부하가 있는 3상 선로에서, 한 선의 저항이 R[Ω]인 선로의 전력 손실[kW]은?

① $\dfrac{R\times 10^6}{V^2\cos\theta}P^2$　　② $\dfrac{3R\times 10^6}{V^2\cos^2\theta P}$

③ $\dfrac{\sqrt{3}R\times 10^3}{V^2\cos\theta}P^2$　　④ $\dfrac{R\times 10^3}{V^2\cos^2\theta}P^2$

해설 Chapter 03 − 01 − (1)

$P_\ell = 3I^2R$에서 $I=\dfrac{P}{\sqrt{3}\ V\cos\theta}$ 를 I에 대입

$$P_\ell = 3\left(\frac{P\times 10^3}{\sqrt{3}\ V\cos\theta}\right)^2\cdot R$$
$$= \frac{P^2R}{V^2\cos^2\theta}\times 10^6[\text{W}]$$
$$= \frac{P^2R}{V^2\cos^2\theta}\times 10^3[\text{kW}]$$

10

전압과 역률이 일정할 때 전력 손실을 2배로 하면 전력은 몇 [%] 증가시킬 수 있는가?

① 약 41　　② 약 50
③ 약 73　　④ 약 82

해설 Chapter 03 − 01 − (1)

$P_\ell = \dfrac{P^2R}{V^2\cos^2\theta}$ 에서 $P_\ell \propto P^2$ 이므로

$P^2 = 2 \quad \therefore P=\sqrt{2}=1.414$

※ 전력 손실 2배시 전력은 41[%] 증가

11

T 회로의 일반회로 정수에서 $\dot{C}$는 무엇을 의미하는가?

① 저항　　② 리액턴스
③ 임피던스　　④ 어드미턴스

해설 Chapter 03 − 01 − (2)

C는 어드미턴스 차원이다.

12

송전단 전압, 전류를 각각 E_s, I_s 수전단의 전압 전류를 각각 E_R, I_R이라 하고 4단자 정수를 A, B, C, D라 할 때 다음 중 옳은 식은?

① $E_s = AE_R + BI_R$, $I_s = CE_R + DI_R$
② $E_s = CE_R + DI_R$, $I_s = AE_R + BI_R$
③ $E_s = BE_R + AI_R$, $I_s = DE_R + CI_R$
④ $E_s = DE_R + CI_R$, $I_s = BE_R + AI_R$

해설 Chapter 03 − 01 − (2)

$$\begin{bmatrix} E_s \\ I_s \end{bmatrix} = \begin{bmatrix} A & B \\ C & D \end{bmatrix}\begin{bmatrix} E_R \\ I_R \end{bmatrix} = \begin{bmatrix} AE_R + BI_R \\ CE_R + DI_R \end{bmatrix}$$

13

송전 선로의 일반 회로 정수를 A, B, C, D라 하면 다음 중 옳은 것은?

① $AD-BC=1$　　② $AB-CD=1$
③ $AC-BD=1$　　④ $AB+CD=1$

해설 Chapter 03 − 01 − (2)

14

송전 회로의 일반 회로 정수가 $A=0.7$, $B=j190$, $D=0.9$라 하면 C의 값은?

① $-j1.95\times 10^{-3}$　　② $j1.95\times 10^{-3}$
③ $-j1.95\times 10^{-4}$　　④ $j1.95\times 10^{-4}$

해설 Chapter 03 − 01 − (2)

$AD-BC=1$에서

$$C=\frac{AD-1}{B}=\frac{0.63-1}{j190}=j1.95\times 10^{-3}$$

정답 09 ④ 10 ① 11 ④ 12 ① 13 ① 14 ②

15

그림 중 4단자 정수 A, B, C, D는? (단, 여기서 E_S, I_S는 송전단 전압, 전류, E_R, I_R는 수전단 전압, 전류이고 Y는 병렬 어드미턴스이다.)

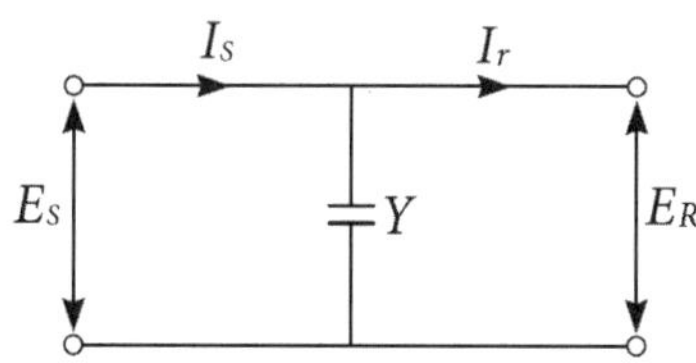

① 1, 0, Y, 1 ② 1, Y, 0, 1
③ 1, Y, 1, 0 ④ 1, 0, 0, 1

해설 Chapter 03 – 01 – (2)

16

그림과 같이 회로 정수 A, B, C, D인 송전 선로에 변압기 임피던스 Z_r를 수전단에 접속했을 때 변압기 임피던스 Z_r를 포함한 새로운 회로 정수 D_0는? (단, 그림에서 E_s, I_s는 송전단 전압, 전류이고 E_R, I_R는 수전단의 전압, 전류이다.)

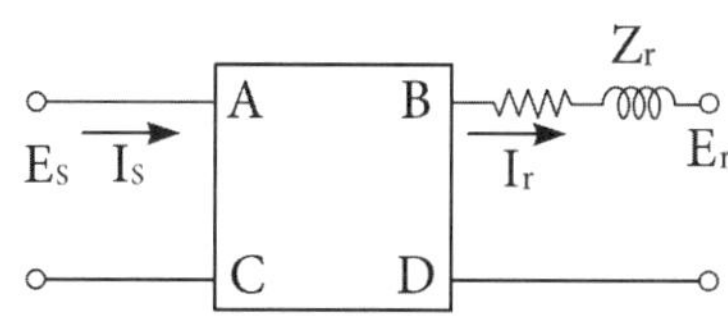

① $B+AZ_r$ ② $B+CZ_r$
③ $D+AZ_r$ ④ $D+CZ_r$

해설

$$\begin{bmatrix} A_0 & B_0 \\ C_0 & D_0 \end{bmatrix} = \begin{bmatrix} A & B \\ C & D \end{bmatrix}\begin{bmatrix} 1 & Z_r \\ 0 & 1 \end{bmatrix} = \begin{bmatrix} A & AZ_r+B \\ C & CZ_r+D \end{bmatrix}$$

$$\therefore D_0 = D + CZ_r$$

17

일반 회로 정수가 $\dot{A}, \dot{B}, \dot{C}, \dot{D}$인 선로에 임피던스가 $\dfrac{1}{\dot{Z}_T}$인 변압기가 수전단에 접속된 계통의 일반 회로 정수 중 $\dot{D}_0$는?

① $\dot{D}_0 = \dfrac{\dot{C}+\dot{D}\dot{Z}_T}{\dot{Z}_T}$

② $\dot{D}_0 = \dfrac{\dot{C}+\dot{A}\dot{Z}_T}{\dot{Z}_T}$

③ $\dot{D} = \dfrac{\dot{B}+\dot{A}\dot{Z}_T}{\dot{Z}_T}$

④ $\dot{D}_0 = \dfrac{\dot{B}+\dot{A}\dot{Z}_T}{\dot{Z}_T}$

해설

$$\begin{bmatrix} A_0 & B_0 \\ C_0 & D_0 \end{bmatrix} = \begin{bmatrix} A & B \\ C & D \end{bmatrix}\begin{bmatrix} 1 & \frac{1}{Z_T} \\ 0 & 1 \end{bmatrix} = \begin{bmatrix} A & \frac{A}{Z_T}+B \\ C & \frac{C}{Z_T}+D \end{bmatrix}$$

$$\therefore D_0 = D + \frac{C}{Z_T} = \frac{DZ_T + C}{Z_T}$$

18

일반 회로 정수가 같은 평행 2회선에서 A, B, C, D는 1회선인 경우의 몇 배로 되는가?

① $A: 2,\ B: 2,\ C: \frac{1}{2},\ D: 1$

② $A: 1,\ B: 2,\ C: \frac{1}{2},\ D: 1$

③ $A: 1,\ B: \frac{1}{2},\ C: 2,\ D: 1$

④ $A: 1,\ B: \frac{1}{2},\ C: 2,\ D: 2$

해설 Chapter 03 – 01 – (2)

1회선에서 2회선 변경시 $A = D =$ 변함없다.

$B = \frac{1}{2}$배, $C = 2$배이다.

정답 15 ① 16 ④ 17 ① 18 ③

19

그림과 같이 4단자 정수가 A_1, B_1, C_1, D_1 인 송전선로의 양단에 Z_{ts}, Z_{tr} 의 임피던스를 갖는 변압기가 연결된 경우의 합성 4단자정수 중 A의 값은?

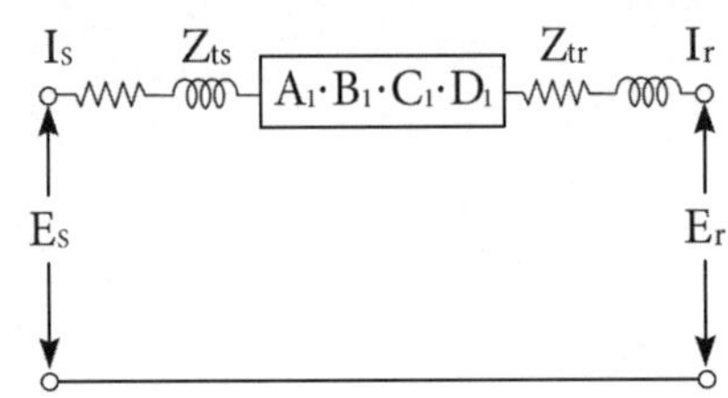

① $A = C_1$

② $A = B_1 + A_1 Z_r$

③ $A = A_1 + C_1 Z_s$

④ $A = D_1 + C_1 Z_r$

해설

$$\begin{bmatrix} A & B \\ C & D \end{bmatrix} = \begin{bmatrix} 1 & Z_s \\ 0 & 1 \end{bmatrix} \begin{bmatrix} A_1 & B_1 \\ C_1 & D_1 \end{bmatrix} \begin{bmatrix} 1 & Z_r \\ 0 & 1 \end{bmatrix}$$

$$= \begin{bmatrix} A_1 + C_1 Z_s & B_1 + D_1 Z_s \\ C_1 & D_1 \end{bmatrix} \begin{bmatrix} 1 & Z_r \\ 0 & 1 \end{bmatrix}$$

$$= \begin{bmatrix} A_1 + C_1 Z_s & (Z_1 + C_1 Z_s) Z_r + (B_1 + D_1 Z_s) \\ C_1 & C_1 Z_r + D_1 \end{bmatrix}$$

20

단위길이당 임피던스 Z, 어드미턴스 Y 인 송전선의 전파 정수는?

① $\sqrt{\frac{Y}{Z}}$ ② $\sqrt{\frac{Z}{Y}}$

③ $\sqrt{\frac{1}{ZY}}$ ④ $\sqrt{ZY}$

해설 Chapter 03 – 01 – (3)

$Z = R + j\omega L$

$Y = G + j\omega C$

특성 임피던스 $Z_0 = \sqrt{\frac{Z}{Y}}$

전파 정수 $r = \sqrt{ZY}$

21

가공 송전선의 정전 용량이 0.008[μF/km]이고, 인덕턴스가 1.1[mH/km]일 때 파동 임피던스는 약 몇 [Ω]이 되겠는가? (단, 기타 정수는 무시한다.)

① 350 ② 370

③ 390 ④ 410

해설 Chapter 03 – 01 – (3)

파동(특성) 임피던스

$$Z_0 = \sqrt{\frac{L}{C}} = \sqrt{\frac{1.1 \times 10^{-3}}{0.008 \times 10^{-6}}} \fallingdotseq 370\,[\Omega]$$

22

송전선로의 특성 임피던스를 Z [Ω], 전파정수를 α 라 할 때 이 선로의 직렬 임피던스는 어떻게 표현되는가?

① $Z\alpha$ ② $\frac{Z}{\alpha}$

③ $\frac{\alpha}{Z}$ ④ $\frac{1}{Z\alpha}$

해설

특성 임피던스 $\dot{Z}_0 = \sqrt{\frac{\dot{Z}}{\dot{Y}}}$, 전파 정수 $\dot{\alpha} = \sqrt{\dot{Z} \cdot \dot{Y}}$

$$\dot{Z}_0 \cdot \dot{a} = \sqrt{\frac{\dot{Z}}{\dot{Y}} \cdot \dot{Z}\dot{Y}} = \dot{Z}$$

23

송전선로의 특성 임피던스와 전파정수는 무슨 시험에 의해서 구할 수 있는가?

① 무부하시험과 단락시험

② 부하시험과 단락시험

③ 부하시험과 충전시험

④ 충전시험과 단락시험

해설 Chapter 03 – 01 – (2)

무부하시험에서 Y를 구하고, 단락시험에서는 Z를 구한다.

정답 19 ③ 20 ④ 21 ② 22 ① 23 ①

24

파동 임피던스가 500[Ω]인 가공 송전선 1[km] 당의 인덕턴스 L과 정전용량 C는 얼마인가?

① L = 1.67[mH/km], C = 0.0067[μF/km]
② L = 2.12[mH/km], C = 0.167[μF/km]
③ L = 1.67[H/km], C = 0.0067[F/km]
④ L = 0.0067[mH/km], C = 1.67[μF/km]

해설 Chapter 03 – 01 – (3)

$$L = 0.05 + 0.4605\log_{10}\frac{D}{r}$$

$$\fallingdotseq 0.4605 \times \frac{500}{138} = 1.67\,[\text{mH/km}]$$

$$C = \frac{0.02413}{\log_{10}\frac{D}{r}} = \frac{0.02413}{\frac{500}{138}}$$

$$= 0.0067\,[\mu\text{F/km}]$$

25

정전압 송전방식에서 전력원선도를 그리려면 무엇이 주어져야 하는가?

① 송수전단 전압, 선로의 일반정수 회로
② 송수전단 역률, 선로의 일반정수 회로
③ 조상기 용량, 수전단 전압
④ 송전단 전압, 수전단 전류

해설 Chapter 03 – 02

전력 원선도 작성 시 필요한 것
송전단 전압 : E_s
수전단 전압 : E_r
회로 정수 : A, B, C, D

26

전력 원선도의 가로축과 세로축은 각각 다음 중 어느 것을 나타내는가?

① 전압과 전류　② 전압과 전력
③ 전류와 전력　④ 유효 전력과 무효 전력

해설 Chapter 03 – 02

27

그림과 같은 회로에서 송전단 전압 및 역률 E_1, $\cos\theta_1$ 수전단의 전압 E_2, $\cos\theta_2$일 때 전류 I는?

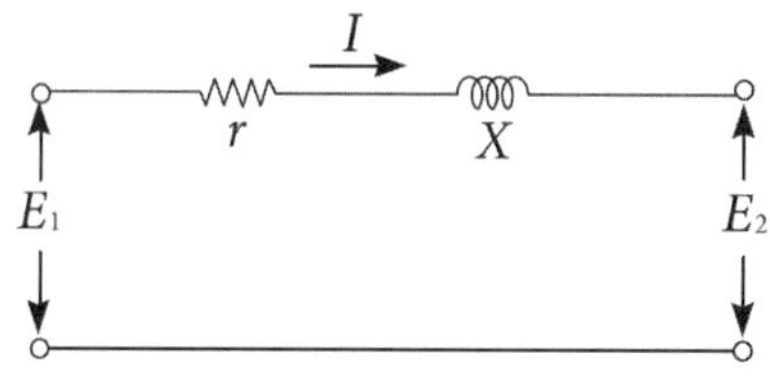

① $\dfrac{E_1\cos\theta_1 + E_2\cos\theta_2}{r}$

② $\dfrac{E_1\cos\theta_1 - E_2\cos\theta_2}{r}$

③ $\dfrac{E_1\cos\theta_1 + E_2\cos\theta_2}{\sqrt{r^2+X^2}}$

④ $\dfrac{E_1\cos\theta_1 - E_2\cos\theta_2}{\sqrt{r^2+X^2}}$

해설

그림과 같은 회로에서의 손실 전력 P_l은,

$P_l = I^2 r = P_1 - P_2 = E_1 I\cos\theta_1 - E_2 I\cos\theta_2$

정리하면,

$I^2 r = I(E_1\cos\theta_1 - E_2\cos\theta_2)$

$\therefore\ I = (E_1\cos\theta_1 - E_2\cos\theta_2)/r$

28

초고압 장거리 송전선로에 접속되는 1차 변전소에 분로 리액터를 설치하는 목적은?

① 송전용량의 증가　② 전력 손실의 경감
③ 과도 안정도의 증진　④ 페란티 효과의 방지

해설 Chapter 03 – 03 – (3)

분로(병렬) 리액터 : 페란티 현상 방지
➡ 페란티 현상 : 경(무)부하시 C로 인하여
V_S(송전단 전압) < V_r(수전단 전압)

정답 24 ① 25 ① 26 ④ 27 ② 28 ④

29

변전소 구내에서 보폭 전압을 저감하기 위한 방법으로서 잘못된 것은?

① 접지선을 얕게 매설한다.
② mesh식 접지 방법을 채용하고 mesh 간격을 좁게 한다.
③ 자갈 또는 콘크리트를 타설한다.
④ 철구, 가대 등의 보조 접지를 한다.

30

직렬축전기에 대한 설명으로 틀린 것은?

① 선로의 유도리액턴스를 보상한다.
② 수전단의 전압변동을 경감한다.
③ 전동기나 용접기 등의 시동정지에 따른 프리카의 방지에 적합하다.
④ 역률을 개선한다.

해설 Chapter 03 – 03 – (1)
역률 개선 ⇒ 진상콘덴서

31

전력계통의 전압을 조정하는 가장 보편적인 방법은?

① 발전기의 유효전력 조정
② 부하의 유효전력 조정
③ 계통의 주파수 조정
④ 계통의 무효전력 조정

해설 Chapter 03 – 03
전압 조정 – 무효전력을 조정한다.
주파수 조정 – 유효전력을 조정한다.

32

동기 조상기(A)와 전력용 콘덴서(B)를 비교한 것으로 옳은 것은?

① 조정 : A는 계단적, B는 연속적
② 전력 손실 : A가 B보다 적음
③ 무효전력 : A는 진상·지상양용, B는 진상용
④ 시송전 : A는 불가능, B는 가능

해설 Chapter 03 – 03 – (2)
• 동기 조상기 : 연속적, 진상·지상 공급, 시충전 가능
• 전력용 콘덴서 : 계단적, 진상 공급, 시충전 불가능

33

진상전류만이 아니라 지상전류도 잡아서 광범위하게 연속적인 전압조정을 할 수 있는 것은?

① 전력용 콘덴서 ② 동기 조상기
③ 분로리액터 ④ 직렬리액터

해설 Chapter 03 – 03 – (2)
동기 조상기 : 무부하로 운전중인 동기 전동기
➡ 진상·지상 조정가능

	진상	지상	시충전	조정
콘덴서	○	×	×	계단적
동기 조상기	○	○	○	연속적

34

전력용 콘덴서에 의하여 얻을 수 있는 전류는?

① 지상전류 ② 진상전류
③ 동상전류 ④ 영상전류

해설 Chapter 03 – 03 – (1)
• 앞선전류 = 충전전류 = 진상전류
• 단락전류 = 지상 = 뒤진전류

정답 29 ① 30 ④ 31 ④ 32 ③ 33 ② 34 ②

35

전력용 콘덴서를 변전소에 설치할 때 직렬 리액터를 설치코자 한다. 직렬 리액터의 용량을 결정하는 식은? (단, f_0 는 전원의 기본주파수, C는 역률개선용 콘덴서의 용량, L 은 직렬리액터의 용량임)

① $2\pi f_0 L = \dfrac{1}{2\pi f_o C}$

② $6\pi f_0 L = \dfrac{1}{6\pi f_0 C}$

③ $10\pi f_0 L = \dfrac{1}{10\pi f_0 C}$

④ $14\pi f_o L = \dfrac{1}{14\pi f_o C}$

해설 Chapter 03 – 03 – (1)
직렬리액터는 제5 고조파 제거를 목적으로 사용된다.

36

송전선로에서 사용하는 변압기 결선에 Δ 결선이 포함되어 있는 이유는?

① sin파의 제거
② 제3 고조파의 제거
③ 제5 고조파의 제거
④ 제7 고조파의 제거

해설
Δ 결선
제3 고조파의 제거

37

변압기 결선에 있어서 1차에 제3 고조파가 있을 때 2차 전압에 제3 고조파가 나타나는 결선은?

① Δ – Δ　　② Δ – Y
③ Y – Y　　④ Y – Δ

해설
제3 고조파는 △ 결선에서 소멸되지만 Y 결선에서는 나타난다.

38

전력용 콘덴서 회로의 전원 개방시 잔류 전하에 의한 인체의 위험 방지를 목적으로 설치하는 것은?

① 직렬 리액터　　② 방전 코일
③ 아킹혼　　④ 직렬 저항

해설 Chapter 03 – 03 – (1)
방전 코일(discharge coil)은 전력용 콘덴서가 전원에서 개방될 때 잔류 전하를 단시간에 방전시킬 목적으로 콘덴서와 병렬로 접속하는 장치이다.

정답 35 ③ 36 ② 37 ③ 38 ②

Chapter 04

중성점 접지와 유도 장해

01 중성점 접지

(1) 중성점 접지 목적

① 1선 지락시 전위 상승 억제하여 기계 기구의 절연 보호

② 지락 사고시 보호 계전기 동작의 확실

③ 단절연 가능

④ 안정도 증진

⑤ 지락 아크를 소멸하고 이상전압 방지

02 중성점 접지방식

(1) 비접지 방식 ➡ 저전압 단거리, △ – △ 결선

① 지락전류$I_g = \sqrt{3}\,\omega C_s V\ell$[A]

② 지락시 전위상승 $\sqrt{3}$ 배

③ △결선이므로 제3 고조파 제거

④ V 결선 가능 ➡ 출력 $P_v = \sqrt{3}\,P_n$[kVA]

이용률 $\frac{\sqrt{3}}{2} = 0.866$

출력비 $\frac{\sqrt{3}}{3} = 0.577$

(2) 직접접지방식(유효접지 : 154, 345[kV])

① 유효접지 : 1선 지락시 전위 상승이 1.3배 이하가 되도록 하는 접지 방식

② 장·단점

장점	단점
• 전위 상승이 최소 • **단절연, 저감 절연 가능** • 보호 계전기 동작 확실	• 1선 지락시 **지락 전류 최대** • 유도 장해 크다. • 과도 안정도가 나쁘다. • 대용량 차단기 필요

(3) 저항접지방식

① 지락 전류 제한 $\begin{cases} \text{저저항접지} \Rightarrow \text{직접접지경향} \\ \text{고저항접지} \Rightarrow \text{소호리액터접지경향} \end{cases}$

(4) 소호리액터 접지방식($L-C$ 병렬공진 ➡ 지락전류 제거)

① 장 · 단점

장점	단점
• 지락 전류 최소 • 과도 안정도 좋다. • 고장시 계속 운전이 가능 • 유도 장해 최소	• 단선시 직렬 공진에 의한 전위상승 최대 • 보호 계전기 동작 불확실

② 과보상 ➡ 직렬공진에 의한 이상전압 억제, $P = \frac{I_L - I_c}{I_c}$

구분	공진식	공진정도	합조도
$I_L > I_C$	$\omega_L < \frac{1}{3\omega C_S}$	과 보 상	+

③ 소호리액터 크기 $X_L = \omega L = \frac{1}{3\omega C_s} - \frac{X_t}{3}$ [Ω],

$$L = \frac{1}{3\omega^2 C_s} - \frac{X_t}{3\omega} \text{[H]}$$

④ 소호리액터 용량

$$Q_L = Q_C = 3\omega C E^2 \times 10^{-3} = \omega C V^2 \times 10^{-3} \text{[kVA]}$$

03 유도장해

(1) 전자유도장해 : 전력선-통신선 영상전류, 상호M

➡ 고장시

(2) 정전유도장해 : 전력선-통신선 영상전압, 선간C

➡ 평상시

① 이격 거리가 같을 때 $E_s = \frac{3C}{3C + C_0} E$

제2과목 ✦ 전력공학

② 이격 거리가 다를 때

$$E_s = \frac{\sqrt{C_a(C_a - C_b) + C_b(C_b - C_c) + C_c(C_c - C_a)}}{C_a + C_b + C_c + C_0} \times \frac{V}{\sqrt{3}}$$

➡ 중성점 잔류 전압을 구할 때는 C_0만 빼면 된다.

③ 유도장해 방지 대책

전력선측	통신선측
• 연가를 충분히 한다. • 이격 거리를 크게 한다. • 소호리액터 접지방식 • 고장시 신속한 제거 • 수직 교차 • 차폐선 설치(30 ~ 50[%] 경감) • 전력선 케이블화	• 절연 변압기 • 연피 케이블 • 성능 우수한 피뢰기 사용 • 배류 코일 설치 • 통신선 및 기기 절연강화

출제예상문제

01

중성점 비접지 방식에서 가장 많이 사용되는 변압기의 결선 방법은?

① △ - △
② △ - Y
③ Y - Y
④ Y - V

해설 Chapter 04 - 02 - (1)

△ - △ 결선의 이점은 파형에 고조파를 포함하지 않으며 또한 1상분의 고장시에도 V 결선으로 송전이 가능하다.

02

고전압 송전계통의 중성점 접지목적이 아닌 것은?

① 보호계전기의 신속 확실한 동작
② 전선로 및 기기의 절연비 경감
③ 고장전류 크기의 억제
④ 이상전압의 경감 및 발생방지

해설 Chapter 04 - 01 - (1)

중성점 접지의 목적

- 이상전압의 경감 및 방지
- 보호계전기의 신속 확실한 동작
- 선로 및 기기의 절연 비용 경감

03

6.6[kV], 60[Hz], 3상 3선식 비접지식에서 선로의 길이가 10[km]이고 1선의 대지 정전용량이 0.005[μF/km]일 때 1선 지락시 고장 전류 I_g [A]의 범위로 옳은 것은?

① $I_g < 1$
② $1 \leq I_g < 2$
③ $2 \leq I_g < 3$
④ $3 \leq I_g < 4$

해설 Chapter 04 - 02 - (1)

비접지 방식은 지락 고장시 지락 전류가 1[A] 미만이 되도록 한다.

04

비접지식 송전로에 있어서 1선 지락고장이 생겼을 경우 지락점에 흐르는 전류는?

① 직류
② 고장상의 전압보다 90도 늦은 전류
③ 고장상의 전압보다 90도 빠른 전류
④ 고장상의 전압과 동상의 전류

해설 Chapter 04 - 02 - (1)

대지 정전용량에 의한 90° 앞선 전류

05

3,300[V], △ 결선 비접지 배전선로에서 1선이 지락하면 전선로의 대지전압은 몇 [V]인가?

① 4,125
② 4,950
③ 5,715
④ 6,600

해설 Chapter 04 - 02 - (1)

비접지 방식의 1선 지락시 전위상승은 $\sqrt{3}$ 배이므로 $\sqrt{3} \times 3{,}300 = 5{,}715\,[\mathrm{V}]$

06

단상 변압기 3대를 △ 결선으로 운전하던 중 1대의 고장으로 V 결선할 경우 V 결선과 △ 결선의 출력비는 몇 [%]인가?

① 52.7
② 57.7
③ 66.6
④ 86.6

해설 Chapter 04 - 02 - (1)

$$\frac{P_V}{P_\triangle} = \frac{\sqrt{3}\ VI}{3\,VI} \times 100 = 57.7\,[\%]$$

정답 01 ① 02 ③ 03 ① 04 ③ 05 ③ 06 ②

07

직접접지방식이 초고압 송전선에 채용되는 이유 중 가장 적당한 것은?

① 지락고장시 병행 통신선에 유기되는 유도전압이 작기 때문에
② 지락시의 지락전류가 적으므로
③ 계통의 절연을 낮게 할 수 있으므로
④ 송전선의 안정도가 높으므로

해설 Chapter 04 – 02 – (2)
유효접지방식이 초고압 송전계통에 채용되는 이유는 1선 지락시 전위 상승이 낮기 때문이다. (계통의 절연비 절감)

08

직접 접지와 관계없는 것은?

① 과도 안정도 증진
② 기기의 절연 수준 저감
③ 계전기 동작 확실
④ 단절연 변압기 사용 가능

해설 Chapter 04 – 02 – (2)
소호리액터 접지 = 과도안정도 증진

09

송전 계통의 중성점 접지방식에서 유효 접지하는 것은?

① 저항 접지 및 직접 접지를 말한다.
② 1선 지락 사고시 건전상의 전위가 상용 전압의 1.3배 이하가 되도록 중성점 임피던스를 억제한 중성점 접지방식을 말한다.
③ 리액터 접지방식 이외의 접지방식을 말한다.
④ 저항 접지를 말한다.

해설 Chapter 04 – 02 – (2)
유효접지방식은 건전상 전위상승 1.3배 이하가 되므로 여러 방식 중 직접접지방식에 해당된다.

10

중성점 저항접지방식에서 1선 지락시의 영상전류 I_0 라고 할 때 저항을 통하는 전류는 어떻게 표현되는가?

① $\frac{1}{3}I_0$　　② $\sqrt{3}\,I_0$
③ $3I_0$　　④ $6I_0$

해설
영상분은 위상이 같으므로 전류가 3배가 된다.

11

다음 중 단선 고장시의 이상전압이 가장 큰 접지방식은? (단, 비공진 탭이나 2회선을 사용하지 않는 경우임.)

① 비접지식
② 직접 접지식
③ 소호리액터 접지식
④ 고저항 접지식

해설 Chapter 04 – 02 – (4)
소호리액터 접지방식은 지락전류는 가장 작고 이상 전압은 가장 크다.

12

㉮ 직접접지 3상 3선 방식, ㉯ 저항접지 3상 3선 방식, ㉰ 리액터(reactor) 접지 3상 3선 방식, ㉱ 비접지 3상 3선식 중 1선 지락 전류가 큰 순서대로 배열된 것은?

① ㉱ – ㉮ – ㉯ – ㉰
② ㉱ – ㉯ – ㉮ – ㉰
③ ㉮ – ㉯ – ㉱ – ㉰
④ ㉯ – ㉮ – ㉰ – ㉱

정답 07 ③ 08 ① 09 ② 10 ③ 11 ③ 12 ③

13

송전계통의 접지에 대한 설명으로 옳은 것은?

① 소호 리액터 접지방식은 선로의 정전 용량과 직렬 공진을 이용한 것으로 지락전류가 타방식에 비해 좀 큰 편이다.
② 고저항 접지방식은 이중고장을 발생시킬 확률이 거의 없으나, 비접지식보다 많은 편이다.
③ 직접접지방식을 채용하는 경우 이상전압이 낮기 때문에 변압기 선정시 단절연이 가능하다.
④ 비접지방식을 택하는 경우, 지락전류의 차단이 용이하고 장거리 송전할 경우 이중 고장의 발생을 예방하기 좋다.

해설 Chapter 04 – 02 – (2)

- 소호리액터 접지방식 : 1선 지락전류는 최소
- 고저항 접지방식 : 다중 고장이 비접지방식보다 적다.
- 비접지 방식 : 장거리 송전시 다중 고장으로 확대될 가능성이 크다.

14

소호 리액터를 송전계통에 사용하면 리액터의 인덕턴스와 선로의 정전용량이 어떤 상태로 되어 지락전류를 소멸시키는가?

① 병렬공진 ② 직렬공진
③ 고임피던스 ④ 저임피던스

해설 Chapter 04 – 02 – (4)

15

1상의 대지정전용량 C[F], 주파수 f[Hz]인 3상 송전선의 소호리액터 공진 탭의 리액턴스는 몇 [Ω]인가? (단, 소호리액터를 접속시키는 변압기의 리액턴스는 X_t[Ω]이다.)

① $\dfrac{1}{3\omega C}+\dfrac{X_t}{3}$

② $\dfrac{1}{3\omega C}-\dfrac{X_t}{3}$

③ $\dfrac{1}{3\omega C}+3X_t$

④ $\dfrac{1}{3\omega C}-3X_t$

해설 Chapter 04 – 02 – (4)

소호리액터의 크기

㉮ $\omega L=\dfrac{1}{3\omega C}-\dfrac{X_t}{3}$[Ω]

㉯ $L=\dfrac{1}{3\omega^2 C}-\dfrac{X_t}{3\omega}$[H]

X_t : 변압기 리액턴스

16

송전계통의 중성점 접지용 소호리액턴스의 인덕턴스 L은 어느 것인가? (단, 선로 한 선의 대지정전용량을 C라 한다.)

① $L=\dfrac{1}{C}$

② $L=\dfrac{C}{2\pi f}$

③ $L=\dfrac{1}{2\pi f C}$

④ $L=\dfrac{1}{3(2\pi f)^2 C}$

해설 Chapter 04 – 02 – (4)

소호리액터 접지방식 $\omega L=\dfrac{1}{3\omega C}$[Ω]에서

$L=\dfrac{1}{3\omega^2 C}=\dfrac{1}{3(2\pi f)^2 C}$

정답 13 ③ 14 ① 15 ② 16 ④

제 2 과목 ✦ 전력공학

17

어떤 선로의 양단에 같은 용량의 소호리액터를 설치한 3상 1회선 송전선로에서 전원측으로부터 선로 길이의 1/4지점에 1선 지락 고장이 일어났다면 영상전류의 분포는 대략 어떠한가?

①
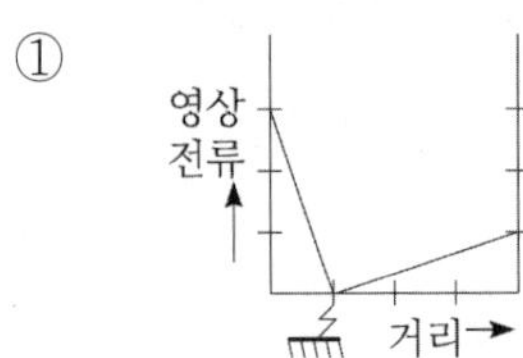

②
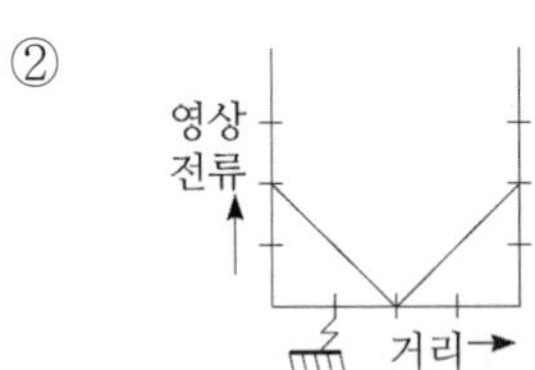

③
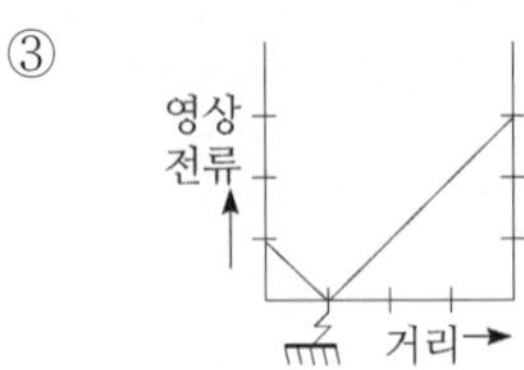

④
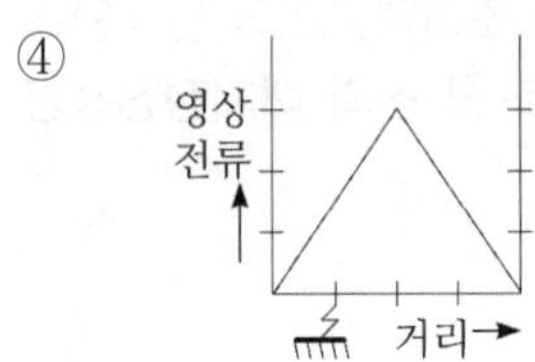

해설

고장점의 위치에 관계없이 같은 용량의 소호리액터를 설치한 경우 선로의 2등분 점에서 공진이 발생한다.

18

소호리액터 접지계통에서 리액터의 탭을 완전 공진상태에서 약간 벗어나도록 하는 이유는?

① 전력 손실을 줄이기 위하여
② 선로의 리액턴스분을 감소시키기 위하여
③ 접지 계전기의 동작을 확실하게 하기 위하여
④ 직렬공진에 의한 이상전압의 발생을 방지하기 위하여

해설 Chapter 04 – 02 – (4)

직렬 공진에 의한 이상 전압을 억제하기 위하여 10[%] 정도 과보상하는 것이 일반적이다.

19

3상 3선식 소호리액터 접지방식에서 1선의 대지 정전용량을 C[μF], 상전압 E[kV], 주파수 f[Hz]라 하면, 소호리액터의 용량은 몇 [kVA]인가?

① $6\pi f CE^2\times 10^{-3}$　② $3\pi f CE^2\times 10^{-3}$
③ $2\pi f CE^2\times 10^{-3}$　④ $\pi f CE^2\times 10^{-3}$

해설 Chapter 04 – 02 – (4)

3상 1회선 소호리액터 용량

$$Q_L = 3\times 2\pi f\times C\times 10^{-6}\times E^2\times 10^6\times 10^{-3}$$
$$= 3\times 2\pi f\, CE^2\times 10^{-3}\text{[kVA]}$$

20

그림에서 전선 m 에 유도되는 전압은?

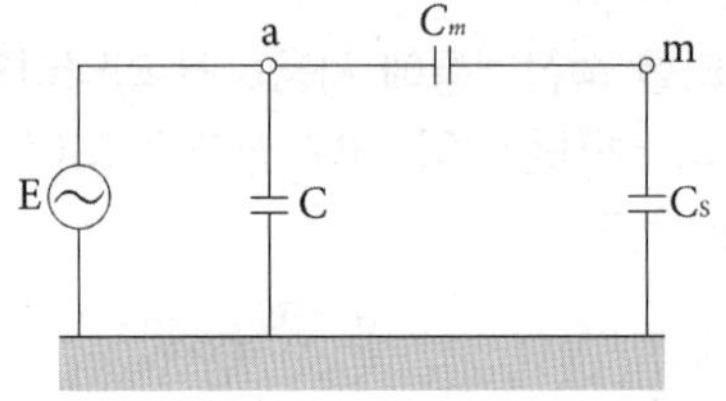

① $\dfrac{CC_sC_m}{C+C_s+C_m}E$　② $\dfrac{C}{C_s+C_m}E$
③ $\dfrac{C_m}{C_s+C_m}E$　④ $\dfrac{C_s}{C+C_m}E$

해설 Chapter 04 – 03 – (2)

직렬회로에서의 전압분배법칙을 이용
(단, 저항과 반대로 분자는 C_m이 올라간다.)

$$E_m = \frac{C_m}{C_m+C_s}E$$

정답 17 ② 18 ④ 19 ① 20 ③

21

3상 송전선로와 통신선이 병행되어 있는 경우에 통신 유도 장해로서 통신선에 유도되는 정전 유도 전압은?

① 통신선의 길이에 비례한다.
② 통신선의 길이의 자승에 비례한다.
③ 통신선의 길이에 반비례한다.
④ 통신선의 길이에 관계없다.

해설 Chapter 04 – 03 – (2)

전자 유도 전압 ($E_m = 2\pi f Ml \cdot 3I_0$)은 통신선의 길이에 비례하나 정전 유도 전압

$$E = \left(\frac{\sqrt{C_a(C_a - C_b) + C_b(C_b - C_c) + C_c(C_c - C_a)}}{C_a + C_b + C_c + C_0} \times \frac{V}{\sqrt{3}} \right)$$은

주파수 및 통신선 병행 길이와는 관계가 없다.

22

전력선에 의한 통신 선로의 전자 유도 장해의 발생 요인은 주로 어느 것인가?

① 영상전류가 흘러서
② 전력선의 전압이 통신 선로보다 높기 때문에
③ 전력선의 연가가 충분하여
④ 전력선과 통신선로 사이의 차폐 효과가 충분할 때

해설 Chapter 04 – 03 – (1)

전자 유도 전압 $E_m = j\omega Ml\,3I_0$

23

유도장해의 방지책으로 차폐선을 이용하면 유도전압을 몇 [%] 정도 줄일 수 있는가?

① 30 ~ 50　　② 60 ~ 70
③ 80 ~ 90　　④ 90 ~ 100

해설 Chapter 04 – 03 – (2)

차폐선에 의한 유도 전압의 감쇄율은 30 ~ 50[%] 정도이다.

24

그림에서 B 및 C상의 대지 정전 용량은 각각 $C[\mu F]$, A 상의 정전 용량은 0, 선간 전압은 V라 할 때 중성점과 대지 사이의 잔류 전압 E_n 은? (단, 선로의 직렬 임피던스는 무시한다.)

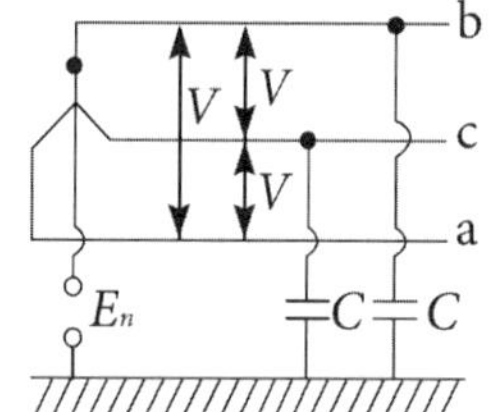

① $\frac{V}{2}$　　② $\frac{V}{\sqrt{3}}$
③ $\frac{V}{2\sqrt{3}}$　　④ $2V$

해설 Chapter 04 – 03 – (2)

중성점 잔류 전압

$$E_n = \frac{\sqrt{C_a(C_a - C_b) + C_b(C_b - C_c) + C_c(C_c - C_a)}}{C_a + C_b + C_c} \times \frac{V}{\sqrt{3}}$$

$C_a = 0$, $C_b = C_c = C$를 대입하면,

$$E_n = \frac{C}{2C} \times \frac{V}{\sqrt{3}} = \frac{V}{2\sqrt{3}}$$

25

66[kV] 송전선에서 연가 불충분으로 각 선의 대지 정전 용량이 C_a=1.1[μF], C_b=1[μF], C_c=0.9[μF]가 되었다. 이때 잔류 전압[V]은?

① 1,500　　② 1,800
③ 2,200　　④ 2,500

해설 Chapter 04 – 03 – (2)

$$E_n = \frac{\sqrt{C_a(C_a - C_b) + C_b(C_b - C_c) + C_c(C_c - C_a)}}{C_a + C_b + C_c} \times \frac{V}{\sqrt{3}}$$

$$= \frac{\sqrt{1.1(1.1-1) + 1(1-0.9) + 0.9(0.9-1.1)}}{1.1 + 1 + 0.9} \times \frac{66{,}000}{\sqrt{3}}$$

$= 2{,}200$ [V]

정답 21 ④ 22 ① 23 ① 24 ③ 25 ③

Chapter 05 고장 계산

01 퍼센트 임피던스

(1) $\% Z$

① E[V]일 때 ➡ $\%Z = \dfrac{I_n Z}{E} \times 100$

② P[kVA], V[kV]일 때 ➡ $\%Z = \dfrac{P_n Z}{10 V^2}$

(2) 단락 전류

① $Z[\Omega]$이 주어진 경우 : $I_S = \dfrac{E_n}{Z} = \dfrac{V}{\sqrt{3}\ Z}$

② $\%Z$ 이 주어진 경우 : $I_S = \dfrac{100}{\%Z} I_n \left(I_n = \dfrac{P}{\sqrt{3}\ V}\right)$

(3) 단락 용량 〈차단기 최소용량〉

① 1ϕ : $P_s = E_n \cdot I_s \times 10^{-3}$ [kVA]

② 3ϕ : $P_s = \dfrac{100}{\%Z} P_n$

③ 한류리액터 : 단락전류제한(차단기용량 감소)

02 대칭 좌표법 : 정상시 3상 평형

사고시 3상 불평형 = 영상분 + 정상분 + 역상분

(1) 대칭분

대칭분
영상분 $I_0 = \dfrac{1}{3}(I_a + I_b + I_c)$ ➡ 회로에서 대지로
정상분 $I_1 = \dfrac{1}{3}(I_a + a I_b + a^2 I_c)$ ➡ 전원에서 부하로
역상분 $I_2 = \dfrac{1}{3}(I_a + a^2 I_b + a I_c)$ ➡ 부하에서 전원으로

(2) 3상 교류 발전기 기본식

① 영상분 $V_0 = -Z_0 I_0$

② 정상분 $V_1 = E_a - Z_1 I_1$

③ 역상분 $V_2 = -Z_2 I_2$

(3) 각 사고별 대칭 좌표법 해석 결과

	정상분	역상분	영상분	
1선 지락	0	0	0	$I_0 = I_1 = I_2 \neq 0$
선간 단락	0	0	×	$I_0 = 0$
3상 단락	0	×	×	$I_1 \neq 0$, $I_2 = I_0 = 0$

※ 1선 지락시 지락전류 $I_g = \dfrac{3E_a}{Z_0 + Z_1 + Z_2}$

(4) 계통 임피던스

① 선로 임피던스 $Z_1 = Z_2 < Z_0$

② 변압기 임피던스 $Z_1 = Z_2 = Z_0$

Chapter 05 출제예상문제

01

[%]임피던스와 [Ω]임피던스와의 관계식은? (단, V : 정격전압[kV], [kVA] : 3상 용량이다.)

① $\frac{PZ}{10V^2}$　② $\frac{10PZ}{V}$

③ $\frac{10VZ}{ZP}$　④ $\frac{VZ}{P}$

해설 Chapter 05 – 01 – (1)

$$\%Z = \frac{I \cdot Z}{V} \times 100 = \frac{\frac{P}{V} \cdot Z}{V} \times 100 =$$

$$= \frac{P \times 10^3 \times Z}{V^2 \times 10^6} \times 100 = \frac{P \cdot Z}{10V^2}$$

02

%임피던스에 대한 설명 중 옳은 것은?

① 터빈 발전기의 %임피던스는 수차의 %임피던스보다 적다.
② 전기기계의 %임피던스가 크면 차단용량이 작아진다.
③ %임피던스는 %리액턴스보다 작다.
④ 직렬리액터는 %임피던스를 적게 하는 작용이 있다.

해설

차단용량 $P_s = \frac{100}{\%Z} P_n$, $P_s \propto \frac{1}{\%Z}$

03

정격 전압 66[kV], 1선의 유도 리액턴스 10[Ω]인 3상 3선식 송전선의 10,000[kVA]를 기준으로 한 %리액턴스는 얼마인가?

① 3.1　② 2.8　③ 2.3　④ 1.8

해설 Chapter 05 – 01 – (1)

$$\%X = \frac{PX}{10V^2} = \frac{10{,}000 \times 10}{10 \times 66^2} = 2.3\,[\%]$$

04

정격전압 7.2[kV], 정격차단용량 250[MVA]인 3상용 차단기의 정격차단전류는 약 몇 [kA] 정도인가?

① 10　② 20　③ 30　④ 40

해설 Chapter 05 – 01 – (2)

$P = \sqrt{3} \cdot V \cdot I_s$ 이므로

$$I_s = \frac{P}{\sqrt{3}\,V} = \frac{250}{\sqrt{3} \times 7.2} = 20\,[\text{kA}]$$

05

단락 전류는 다음 중 어느 것을 말하는가?

① 앞선전류　② 뒤진전류

③ 충전전류　④ 누설전류

해설 Chapter 05 – 01 – (2)

지상전류, 뒤진전류

06

그림과 같은 3상 송전 계통에서 송전 전압은 22[kV]이다. 지금 X점 P에서 3상 단락하였을 때의 발전기에 흐르는 단락 전류[A]는?

① 733　② 1,270

③ 2,200　④ 3,810

해설 Chapter 05 – 01 – (2)

$$I_s = \frac{E}{Z} = \frac{\frac{22{,}000}{\sqrt{3}}}{\sqrt{1^2 + 10^2}} \fallingdotseq 1{,}270\,[\text{A}]$$

정답 01 ① 02 ② 03 ③ 04 ② 05 ② 06 ②

07

그림과 같은 변전소에서 6,600[V]의 일정전압으로 유지되는 단상 2선식 배전선이 있다. 100[kVA]에 대한 %리액턴스가 고압선 8[%], 변압기 4[%], 저압선 6[%]라 하면 저압선측에 단락이 생긴 경우 고압선측에 흐르는 단락전류는 약 몇 [A]인가?

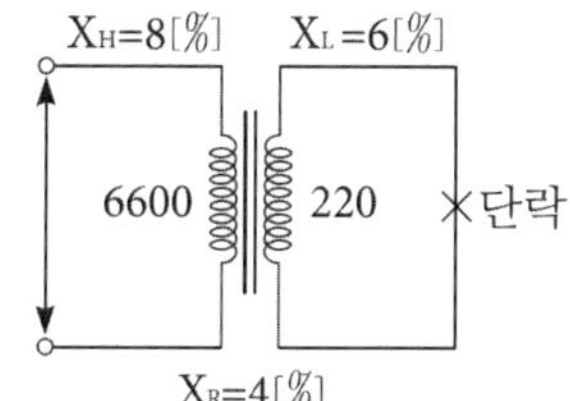

① 84 ② 189 ③ 252 ④ 378

해설 Chapter 05 – 01 – (2)

$I_s = \frac{100}{\%Z} \times I_n$ 에서

$I_s = \frac{100}{8+4+6} \times \frac{100{,}000}{6{,}600} = 84.18\,[\mathrm{A}]$

08

한류 리액터를 사용하는 가장 큰 목적은 무엇인가?

① 충전 전류의 제한 ② 접지 전류의 제한
③ 누설 전류의 제한 ④ 단락 전류의 제한

해설 Chapter 05 – 01 – (3)

09

합성 임피던스가 0.4[%](10,000[kVA]기준)인 발전소에 시설할 차단기의 필요한 차단용량은 몇 [MVA]인가?

① 1,000 ② 1,500 ③ 2,000 ④ 2,500

해설 Chapter 05 – 01 – (3)

$P_s = \frac{100}{\%Z} P_n$

$= \frac{100}{0.4} \times 10{,}000 \times 10^{-3}\,[\mathrm{MVA}]$

$= 2{,}500\,[\mathrm{MVA}]$

10

모선의 단락 용량이 10,000[MVA]인 154[kV] 변전소에서 4[kV]의 전압 변동 폭을 주기에 필요한 조상설비는 몇 [MVA] 정도 되는가?

① 100 ② 160
③ 200 ④ 260

해설

단락 용량은 전압에 비례하므로

$\frac{4}{154} \times 10{,}000\,[\mathrm{MVA}] = 260\,[\mathrm{MVA}]$

11

전력 회로에 사용되는 차단기의 용량(Interrupting capacity)은 다음 중 어느 것에 의하여 결정되어야 하는가?

① 예상 최대 단락 전류
② 회로에 접속되는 전부하 전류
③ 계통의 최고 전압
④ 회로를 구성하는 전선의 최대 허용 전류

해설

차단기 용량 = $\sqrt{3}$ × 정격전압 × 정격차단전류에서 차단전류(단락전류)에 의해 결정

12

송전선로 고장시 대칭좌표법에 의해 해석할 때 정상 및 역상 임피던스가 필요한 경우는?

① 선간 단락고장 ② 1선 접지고장
③ 1선 단선고장 ④ 3선 단선고장

해설 Chapter 05 – 02 – (3)

	정상분	역상분	영상분	
1선 지락	0	0	0	$I_0 = I_1 = I_2 \neq 0$
선간 단락	0	0	×	$I_0 = 0$
3상 단락	0	×	×	$I_1 \neq 0$, $I_2 = I_0 = 0$

정답 07 ① 08 ④ 09 ④ 10 ④ 11 ① 12 ①

제2과목 ✦ 전력공학

13

1선 접지 고장을 대칭 좌표법으로 해석할 경우 필요한 것은?

① 정상 임피던스도(diagram) 및 역상 임피던스도
② 정상 임피던스도
③ 역상 임피던스도
④ 정상 임피던스, 역상 임피던스도 및 영상 임피던스도

해설 Chapter 05 – 02 – (3)
영상전류 : 회로에서 대지로 흐르는 전류
∴ 임피던스 모두 존재

14

3상 단락 사고가 발생한 경우, 다음 중 옳지 않은 것은? (단, V_0 : 영상전압, V_1 : 정상전압, V_2 : 역상전압, I_0 : 영상전류, I_1 : 정상전류, I_2 : 역상전류이다.)

① $V_2 = V_0 = 0$　② $V_2 = I_2 = 0$
③ $I_2 = I_0 = 0$　④ $I_1 = I_2 = 0$

해설 Chapter 05 – 02 – (3)
3상 단락 사고시는 평형사고이므로 정상분만 존재한다.

15

그림과 같은 3상 발전기가 있다. a상이 지락한 경우 지락전류는 얼마인가? (단, Z_0 : 영상임피던스, Z_1 : 정상임피던스, Z_2 : 역상임피던스)

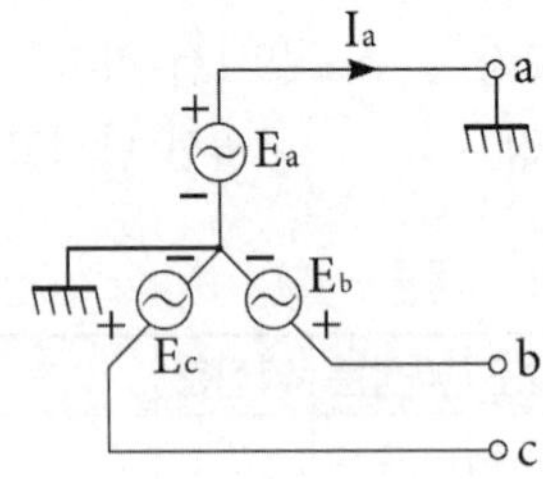

① $\dfrac{E_a}{Z_0+Z_1+Z_2}$　② $\dfrac{3E_a}{Z_0+Z_1+Z_2}$
③ $\dfrac{2Z_0E_a}{Z_0+Z_1+Z_2}$　④ $\dfrac{2Z_2E_a}{Z_1+Z_2}$

해설 Chapter 05 – 02 – (3)
대칭 좌표법과 발전기의 기본식을 이용하여 풀면

$$I_0 = I_1 = I_2 = \frac{E_a}{Z_0+Z_1+Z_2}$$

$$I_a = I_0+I_1+I_2 = 3I_0 = \frac{3E_a}{Z_0+Z_1+Z_2}$$

16

그림과 같은 회로의 영상 임피던스는?

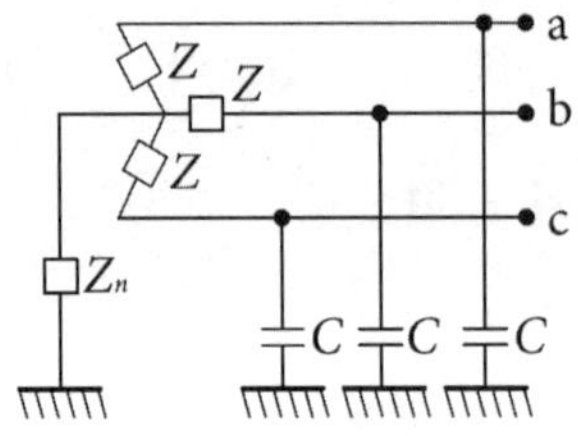

① $\dfrac{Z+3Z_n}{1+j\omega C(Z+3Z_n)}$

② $\dfrac{3Z+Z_n}{j\omega C(Z+Z_n)}$

③ $\dfrac{3Z_n}{1+j\omega CZ_n}$

④ $\dfrac{j\omega CZ}{Z+3Z_n}$

해설
영상 회로를 등가로 그려 보면(1상에 대한 임피던스만 계산)

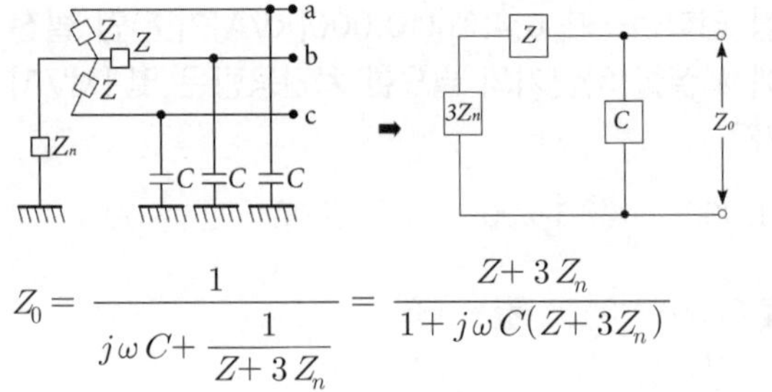

$$Z_0 = \frac{1}{j\omega C + \dfrac{1}{Z+3Z_n}} = \frac{Z+3Z_n}{1+j\omega C(Z+3Z_n)}$$

정답 13 ④ 14 ④ 15 ② 16 ①

17

송전선로의 정상, 역상 및 영상 임피던스를 각각 Z_1, Z_2 및 Z_0 라 할 때 옳은 것은?

① $Z_1 = Z_2 = Z_0$　　② $Z_1 = Z_2 > Z_0$
③ $Z_1 > Z_2 = Z_0$　　④ $Z_1 = Z_2 < Z_0$

해설 Chapter 05 − 02 − (4)
- 선　로 : $Z_1 = Z_2 < Z_0$
- 변압기 : $Z_1 = Z_2 = Z_0$

18

3본의 송전선에 동상의 전류가 흘렀을 경우 이 전류를 무슨 전류라 하는가?

① 영상전류　　② 평형전류
③ 단락전류　　④ 대칭전류

해설
크기가 같은 전류 = 평형전류
위상이 같은 전류 = 영상전류

19

A, B 및 C상 전류를 각각 I_a, I_b 및 I_c라 할 때 $I_x = \frac{1}{3}(I_a + a^2 I_b + a I_c)$, $a = -\frac{1}{2} + j\frac{\sqrt{3}}{2}$ 으로 표시되는 I_x 는 어떤 전류인가?

① 정상전류
② 역상전류
③ 영상전류
④ 역상전류와 영상전류의 합

해설 Chapter 05 − 02 − (1)
대칭 좌표법의 대칭 전압을 보면
영상전압 $V_0 = \frac{1}{3}(V_a + V_b + V_c)$
정상전압 $V_1 = \frac{1}{3}(V_a + a V_b + a^2 V_c)$
역상전압 $V_2 = \frac{1}{3}(V_a + a^2 V_b + a V_c)$

20

그림과 같은 3권선 변압기의 2차측에 1선 지락사고가 발생하였을 경우 영상전류가 흐르는 권선은?

① 1차, 2차, 3차 권선
② 1차, 2차 권선
③ 2차, 3차 권선
④ 1차, 3차 권선

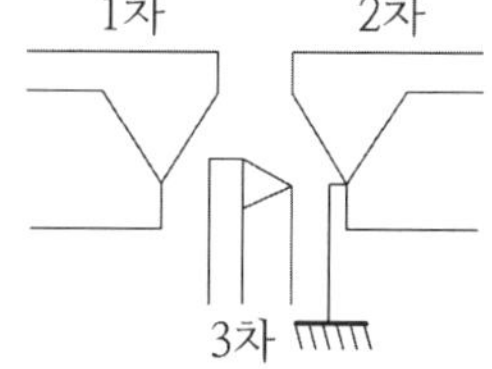

해설
1차는 비접지이므로 영상분이 존재하지 않는다.

21

다음 표는 리액터의 종류와 그 목적을 나타낸 것이다. 다음 중 바르게 짝지어진 것은?

종류	목적
㉮ 병렬리액터	ⓐ 지락 아크의 소멸
㉯ 한류리액터	ⓑ 송전 손실 경감
㉰ 직렬리액터	ⓒ 차단기의 용량 경감
㉱ 소호리액터	ⓓ 제5 고조파 제거

① ㉮ − ⓐ　　② ㉯ − ⓑ
③ ㉰ − ⓓ　　④ ㉱ − ⓓ

해설
리액터 종류

직렬 리액터	제5 고조파의 제거
병렬(분로) 리액터	페란티 현상 방지
소호 리액터	지락 아크의 소호
한류 리액터	차단기 용량의 경감 (단락 전류 제한)

정답 17 ④ 18 ① 19 ② 20 ③ 21 ③

제 2 과목 ✦ 전력공학

Chapter 06 안정도

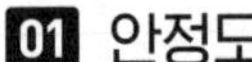

01 안정도

전력 계통에서 상호 협조 하에 동기 이탈하지 않고 안정되게 운전할 수 있는 정도

(1) 종류

① 정태 안정도 → 정상 운전시 부하를 서서히 증가
② 과도 안정도 → 부하급변, 사고시
③ 동태 안정도 → AVR 이용(속응여자방식)

(2) 정태 안정 극한 전력 $P_s = \frac{V_s V_r}{X}\sin\delta$

➡ 동기기 양단의 플라이휠 효과가 같을 때

(3) 안정도 향상 대책

계통의 직렬 리액턴스 작게	발전기,변압기 리액턴스 작게
	단락비 크게
	복도체 및 다회선 방식채용
	직렬 콘덴서 설치
전압 변동을 작게	속응여자방식(AVR) 채용
	계통을 연계
	중간 조상방식 채용
계통에 주는 충격을 작게	중성점 접지방식 채용
	고속 차단방식 채용
	재폐로 방식 채용
고장시 전력변동의 억제	조속기 동작을 신속
	제동 저항기 설치

※ 중간 조상 방식 ➡ 1차 변전소 (Y-Y-△) : 3권선 변압기
↳ 안정권선(3차 권선)

02 송전 전압 및 송전 용량 계산

(1) 송전 전압 ➡ still식(경제적인 송전전압)

$$V_s = 5.5\sqrt{0.6\ell + \frac{P}{100}}\ [\mathrm{kV}]$$

(ℓ: 선로길이[km], P : 송전용량[kW])

(2) 송전 용량

① 고유 부하법 : $P = \dfrac{V_r^2}{Z_0} = \dfrac{V_r^2}{\sqrt{\dfrac{L}{C}}}\ [\mathrm{MW}]$

② 송전용량 계수법 : $P_s = K\dfrac{V_r^2}{\ell}\ [\mathrm{kW}]$

Chapter 06 출제예상문제

01

전력계통의 안정도의 종류에 속하지 않는 것은?

① 상태 안정도　　② 정태 안정도
③ 과도 안정도　　④ 동태 안정도

해설 Chapter 06 – 01 – (1)
안정도 종류
① 정태 안정도 → 정상 운전시 부하를 서서히 증가
② 과도 안정도 → 부하급변, 사고시
③ 동태 안정도 → AVR 이용(속응여자방식)

02

과도 안정 극한 전력이란?

① 부하가 서서히 감소할 때의 극한 전력
② 부하가 서서히 증가할 때의 극한 전력
③ 부하가 갑자기 사고가 났을 때의 극한 전력
④ 부하가 변하지 않을 때의 극한 전력

해설 Chapter 06 – 01 – (1)

03

송전선로의 정상 상태 극한(최대) 송전전력은 선로 리액턴스와 대략 어떤 관계가 성립하는가?

① 송·수전단 사이의 선로 리액턴스에 비례한다.
② 송·수전단 사이의 선로 리액턴스에 반비례한다.
③ 송·수전단 사이의 선로 리액턴스의 제곱에 비례한다.
④ 송·수전단 사이의 선로 리액턴스의 제곱에 반비례한다.

해설 Chapter 06 – 01 – (2)
$P=\dfrac{E_s E_r}{X}\sin\delta$에서 $P \propto \dfrac{1}{X}$ 이다.

04

송전선로의 안정도 향상 대책과 관계가 없는 것은?

① 속응여자방식 채용　　② 재폐로 방식의 채용
③ 역률의 신속한 조정　　④ 리액턴스 조정

해설 Chapter 06 – 01 – (3)
안정도 향상 대책
㉮ 계통의 직렬 리액턴스 감소
㉯ 전압 변동률을 적게 한다.
(속응여자방식 채용, 계통의 연계, 중간조상방식)
㉰ 계통에 주는 충격을 적게 한다.
(소호리액터 접지방식, 고속차단방식, 재폐로 방식)
㉱ 고장시 발전기 입력과 출력의 불평형을 적게 한다.

05

교류 발전기의 전압 조정 장치로서 속응여자방식을 채택하고 있다. 그 목적에 대한 설명 중 틀린 것은?

① 전력 계통에 고장 발생시, 발전기의 동기 화력을 증가시킴
② 송전 계통의 안전도를 높임
③ 여자기의 전압 상승률을 크게 함
④ 전압 조정용 탭의 수동 변환을 원활히 하기 위하여

해설 Chapter 06 – 01 – (3)

06

다음 중 교류송전에서 송전거리가 멀어질수록 같은 전압에서의 송전가능전력이 감소하는 이유는 어느 것인가?

① 코로나 손실 증가
② 선로의 저항손 증가
③ 선로의 유도리액턴스 증가
④ 선로의 정전용량 증가

정답 01 ① 02 ③ 03 ② 04 ③ 05 ④ 06 ③

해설

$P = \frac{E_s E_R}{X} \sin\delta$ 에서 선로의 유도리액턴스가 커지기 때문에 송전가능전력이 감소한다.

07

다음 식은 무엇을 결정할 때 쓰이는 식인가? (단, l은 송전거리[km], P는 송전전력[kW]이다.)

$$5.5\sqrt{0.6l + \frac{P}{100}}$$

① 송전전압　② 송전선의 굵기
③ 역률개선시 콘덴서의 용량　④ 발전소의 발전전압

해설 Chapter 06 – 02 – (1)

08

송전전압을 높일 때 발생하는 경제적 문제 중 옳지 않은 것은?

① 송전전력과 전선의 단면적이 일정하면 선로의 전력 손실이 감소한다.
② 절연애자의 개수가 증가한다.
③ 변전소에 시설할 기기의 값이 고가로 된다.
④ 보수 유지에 필요한 비용이 적어진다.

09

송전선로의 송전용량을 결정할 때 송전용량계수법에 의한 수전전력을 나타낸 식은?

① $\text{수전전력} = \frac{\text{송전용량계수} \times (\text{수전단선간전압})^2}{\text{송전거리}}$

② $\text{수전전력} = \frac{\text{송전용량계수} \times \text{수전단선간전압}}{\text{송전거리}}$

③ $\text{수전전력} = \frac{\text{송전용량계수} \times (\text{송전거리})^2}{\text{수전단선간전압}}$

④ $\text{수전전력} = \frac{\text{송전용량계수} \times (\text{수전단전류})^2}{\text{송전거리}}$

해설 Chapter 06 – 02 – (2)

$P = K\frac{V^2}{l}$ [kW]　K: 용량계수, V: 송전전압, l : 송전거리

10

154[kV] 송전선로에서 송전거리가 154[km]라 할 때 송전용량 계수법에 의한 송전용량은? (단, 송전용량 계수는 1,200으로 한다.)

① 61,600[kW]　② 92,400[kW]
③ 123,200[kW]　④ 184,800[kW]

해설 Chapter 06 – 02 – (2)

송전용량 $P = K\frac{V^2}{l}$ [kW]

K: 용량계수, V: 송전전압, l : 송전거리

$P = 1{,}200 \times \frac{154^2}{154} = 184{,}800$ [kW]

11

송전단 전압이 160[kV], 수전단 전압이 150[kV], 두 전압 사이의 위상차가 45°, 전체 리액턴스가 50[Ω]이고, 선로 손실이 없다면 송전단에서 수전단으로 공급되는 전송 전력은 몇 [MW]인가?

① 139.5　② 239.5　③ 339.5　④ 439.5

해설 Chapter 06 – 01 – (2)

$P = \frac{V_s V_r}{X} \sin\delta$ 에서

$P = \frac{160 \times 150}{50} \sin 45^\circ = 339.5$ [MW]

12

무손실 송전선로에서 송전할 수 있는 송전용량은? (단, E_s : 송전단전압, E_R : 수전단전압, δ : 부하각, X : 송전선로의 리액턴스, Y : 송전선로의 어드미턴스, R : 송전선로의 저항이다.)

① $\frac{E_s E_R}{X} sin\delta$　② $\frac{E_s E_R}{R} sin\delta$
③ $\frac{E_s E_R}{Y} cos\delta$　④ $\frac{E_s E_R}{X} cos\delta$

해설 Chapter 06 – 01 – (2)

정답 07 ① 08 ④ 09 ① 10 ④ 11 ③ 12 ①

Chapter 07 이상 전압과 방호

01 이상 전압 종류

(1) 내부 이상 전압

① 선로 개폐시 ➡ 개폐서지 : 최대 6배
(방지 : 차단기 내 개폐저항기 설치)
※ 무부하 충전전류 차단시 가장 크다.

② 1선 지락시 전위 상승 - 중성점 접지

③ 무부하시 전위 상승(페란티) - 분로(병렬)리액터

④ 중성점의 잔류전압 - 연가

(2) 외부 이상 전압

① **직격뢰** : 전선로에 직격

② **유도뢰** : 뇌운에 의해 유도되는 뇌

02 외부 이상 전압 방호 대책

(1) 가공 지선

① 직격뇌 차폐, 유도뇌 차폐, 통신 유도장해 경감
: (차폐각 $\theta = 30^\circ \sim 45^\circ$) 작을수록 보호율은 좋고 시설비 고가

(2) 매설 지선 : 역섬락 방지 ➡ 철탑 접지저항을 작게 한다.

(3) 소호 장치 : 아킹링(소호환), 아킹혼(소호각)

(4) 피뢰기

03 뇌의 파형

(1) 진행파의 특성

① **국제 표준 충격파** $\begin{cases} 1 \times 40\ [\mu\text{sec}] \\ 1.2 \times 50\ [\mu\text{sec}] \end{cases}$

② **반사 계수** $\beta = \dfrac{Z_2 - Z_1}{Z_2 + Z_1}$ **반사 전압** $e_2 = \beta e_1 = \dfrac{Z_2 - Z_1}{Z_2 + Z_1} e_1$

③ **투과 계수** $r = \dfrac{2Z_2}{Z_2 + Z_1}$ **투과 전압** $e_3 = re_1 = \dfrac{2Z_2}{Z_2 + Z_1} e_1$

④ **무반사 조건** $\beta = 0 \quad \therefore Z_1 = Z_2$

⑤ **피뢰기** ┌ LA ➡ 정지기 보호 (TR 보호)
└ SA (서지 흡수기) ➡ 회전기 보호(G 보호)

(2) 구성

① **직렬 갭** : 이상전압 내습시 뇌전류 방전, 속류를 차단

② **특성요소** : 전위상승을 억제하여 기계기구 절연보호

(3) 설치장소

① 발·변전소 인입구 및 인출구 부근

② 특고압, 고압을 수전받는 수용가 인입구 부근

③ 배전용 변압기 고압, 특고압측 부근

④ 가공전선과 지중전선 접속점 부근

(4) 피뢰기 정격 전압 : 속류를 차단하는 교류 최고 전압

① **유효접지계(직접접지)** : 선로 공칭전압 0.8 ~ 1.0배

② **비유효접지계(소호, 저항, 비접지)** : 선로 공칭전압 1.4 ~ 1.6배

(5) 피뢰기 제한 전압(절연협조 기준전압)

: 뇌전류 방전시 피뢰기 양단자 사이의 전압
피뢰기 동작중 단자전압의 파고치

$$e_0 = e_3 - V = \left(\frac{2Z_2}{Z_2 + Z_1}\right)e_1 - \left(\frac{Z_1 \cdot Z_2}{Z_1 + Z_2}\right)i_a$$

(6) 선로 절연 협조의 순서 - 무조건 앞에 피뢰기가 있는 것이 답

: 피뢰기 - TR(변압기 코일 - 부싱) - 결합 콘덴서 - 애자

특성	뇌전류 방전, 속류 차단, 선로 및 기기 보호
공칭방전전류	2,500[A], 5,000[A], 10,000[A]
정격 전압	22.9 → 18(21)[kV], 154 – 144[kV]
제한 전압	뇌전류 방전시 직렬 갭에 나타내는 전압
정격 전압	속류가 차단되는 교류 최고 전압
구성	직렬 갭과 특성 요소
구비 조건	① 충격 방전개시 전압은 낮을 것 ② 상용주파 방전개시 전압은 높을 것 ③ 방전내량은 크고, 제한전압은 낮을 것 ④ 속류 차단 능력이 충분할 것

Chapter 07 출제예상문제

01

송배전 선로의 이상 전압의 내부적 원인이 아닌 것은?

① 선로의 개폐
② 아크 접지
③ 선로의 이상 상태
④ 유도뢰

해설 Chapter 07 – 01 – (1)

- 내부적 원인에 의한 이상 전압
  ㉮ 개폐 이상 전압
  ㉯ 고장시의 과도 이상 전압
  ㉰ 계통 조작과 고장시의 지속 이상 전압
- 외부적 원인에 의한 이상 전압
  ㉮ 유도뢰
  ㉯ 직격뢰

02

송전계통에서 이상전압의 방지대책이 아닌 것은?

① 철탑 접지저항의 저감
② 가공 송전선로의 피뢰용으로서의 가공지선에 의한 뇌차폐
③ 기기 보호용으로서의 피뢰기 설치
④ 복도체 방식 채택

해설 Chapter 07 – 02

이상전압의 방지대책

- 기기 보호용 피뢰기를 설치한다.
- 가공 송전선로에 대한 피뢰용으로서의 가공지선에 의한 뇌차폐 대책을 세운다.
- 가공 송전선로에 대한 피뢰용으로서의 가공지선에 의한 역섬락 대책을 세운다.
- 철탑 접지저항의 저감책을 강구한다.

03

송전선로의 개폐 조작시 발생하는 이상전압에 관한 상황에서 옳은 것은?

① 개폐 이상전압은 회로를 개방할 때보다 폐로할 때 더 크다.
② 개폐 이상전압은 무부하시보다 전부하일 때 더 크다.
③ 가장 높은 이상전압은 무부하 송전선의 충전전류를 차단할 때이다.
④ 개폐 이상전압은 상규대지 전압의 6배, 시간은 2 ~ 3초이다.

해설

무부하 충전전류 차단시 재점호에 의해 이상전압이 높다.

04

기기의 충격 전압 시험을 할 때 채용하는 우리나라의 표준 충격 전압파의 파두장 및 파미장을 표시한 것은?

① $1.5 \times 40\,[\mu\text{sec}]$ ② $2 \times 40\,[\mu\text{sec}]$
③ $1.2 \times 50\,[\mu\text{sec}]$ ④ $2.3 \times 50\,[\mu\text{sec}]$

해설 Chapter 07 – 03 – (1)

국제 표준 충격파 :
$1.0 \times 40\,[\mu\text{sec}]$, $1.2 \times 50\,[\mu\text{sec}]$

05

선로 지지물 상부에 선로와 평행하게 가설되는 가공지선의 효과가 아닌 것은?

① 정전 차폐효과 ② 코로나 차폐효과
③ 직격 차폐효과 ④ 전자 차폐효과

해설 Chapter 07 – 02 – (1)

정답 01 ④ 02 ④ 03 ③ 04 ③ 05 ③

06

철탑에서의 차폐각에 대한 설명 중 옳은 것은?

① 차폐각이 클수록 차폐효율이 크다.
② 차폐각이 클수록 정전 유도가 커진다.
③ 차폐각이 10도인 경우 차폐효율은 10[%] 정도이다.
④ 차폐각은 보통 90도 이상으로 설계한다.

해설 Chapter 07 – 02 – (1)
차폐각이 작을수록 보호 효율은 크지만 건설비는 많아진다. 기설의 송전선은 45° 정도의 것이 많으며 보호 효율은 97[%]이고 약 3[%] 가량이 전선에 직격된다.

07

154[kV] 송전선로의 철탑에 45[kA]의 직격 전류가 흘렀을 때 역섬락을 일으키지 않는 탑각 접지 저항값 [Ω]의 최고값은? (단, 154[kV]의 송전선에서 1련의 애자수를 9개 사용하였다고 하며 이때의 애자의 섬락 전압은 860[kV]이다.)

① 약 9　　② 약 19
③ 약 29　　④ 약 39

해설
역섬락을 일으키지 않는 탑각 접지 저항

$$= \frac{\text{애자의 섬락 전압}}{\text{뇌전류}} = \frac{860}{45} ≒ 19\,[\Omega]$$

08

송전선로에서 매설지선의 설치 목적은?

① 코로나 전압의 감소
② 뇌해의 방지
③ 기계적 강도의 증가
④ 절연강도의 증가

해설 Chapter 07 – 02 – (2)
매설지선은 뇌해 방지 및 역섬락 방지를 한다.

09

가공 전선과 전력선 간의 역섬락이 생기기 쉬운 때는?

① 선로 손실이 클 때
② 철탑의 접지 저항이 클 때
③ 선로 정수가 균일하지 않을 때
④ 코로나 현상이 발생할 때

해설 Chapter 07 – 02 – (2)
탑각 접지 저항이 크면 뇌전류가 대지로 방전하지 못하므로 역섬락이 발생한다.

10

파동 임피던스가 Z_1, Z_2인 두 선로가 접속되었을 때 전압파의 반사계수는?

① $\dfrac{2Z_2}{Z_2+Z_1}$　　② $\dfrac{Z_2-Z_1}{Z_2+Z_1}$

③ $\dfrac{2Z_1}{Z_2+Z_1}$　　④ $\dfrac{Z_1-Z_2}{Z_2+Z_1}$

해설 Chapter 07 – 03 – (1)

11

서지파(진행파)가 서지 임피던스 Z_1의 선로측에서 서지 임피던스 Z_2의 선로측으로 입사할 때 투과계수(투과(침입)파 전압 ÷ 입사파 전압) b를 나타내는 식은?

① $b=\dfrac{Z_2-Z_1}{Z_1+Z_2}$　　② $b=\dfrac{2Z_2}{Z_1+Z_2}$

③ $b=\dfrac{Z_1-Z_2}{Z_1+Z_2}$　　④ $b=\dfrac{2Z_1}{Z_1+Z_2}$

해설 Chapter 07 – 03 – (1)

정답 06 ② 07 ② 08 ② 09 ② 10 ② 11 ②

제2과목 ✦ 전력공학

12

그림과 같이 임피던스 Z_1, Z_2 및 Z_3를 접속한 선로의 A 쪽에서 전압파 E가 진행해 왔을 때, 접속점 B에서 무반사로 되기 위한 조건은?

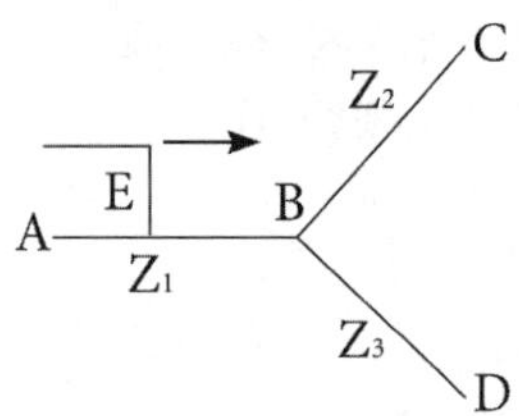

① $Z_1 = Z_2 + Z_3$　　② $\frac{1}{Z_3} = \frac{1}{Z_1} + \frac{1}{Z_2}$

③ $\frac{1}{Z_1} = \frac{1}{Z_2} + \frac{1}{Z_3}$　　④ $\frac{1}{Z_2} = \frac{1}{Z_1} + \frac{1}{Z_3}$

해설 Chapter 07 – 03 – (1)

무반사 조건은 $Z_A = Z_B$ 즉,

$$Z_1 = \frac{1}{\frac{1}{Z_2} + \frac{1}{Z_3}}$$

$$\therefore \frac{1}{Z_1} = \frac{1}{Z_2} + \frac{1}{Z_3}$$

13

파동 임피던스 $Z_1 = 500\,[\Omega]$, $Z_2 = 300\,[\Omega]$인 두 무손실 선로 사이에 그림과 같이 저항 R을 접속하였다. 제1 선로에서 구형파가 진행하여 왔을 때 무반사로 하기 위한 R의 값은 몇 $[\Omega]$인가?

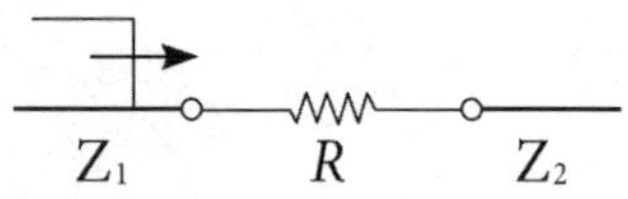

① 100　　② 200

③ 300　　④ 500

해설 Chapter 07 – 03 – (1)

무반사 조건에서 $Z_1 = R + Z_2$이므로

$\therefore R = Z_1 - Z_2 = 500 - 300 = 200\,[\Omega]$

14

피뢰기의 구조는 다음 중 어느 것인가?

① 특성요소와 소호리액터
② 특성요소와 콘덴서
③ 소호리액터와 콘덴서
④ 특성요소와 직렬 갭(gap)

해설 Chapter 07 – 04 – (1)

피뢰기의 구조

㉮ 직렬 갭 : 속류 차단, 뇌전류 방전
㉯ 특성 요소 : 전위상승을 억제하여 기계기구 절연보호
㉰ 실드링 : 전기적, 자기적 충격으로부터 보호

15

피뢰기의 직렬 갭의 역할은?

① 속류 차단　　② 특성요소 보호

③ 저압분배개선　　④ 손실 감소

해설 Chapter 07 – 04 – (1)

직렬 갭 : 이상전압 내습시 뇌전류를 방전하고 속류를 차단한다.

16

피뢰기의 설명으로 옳지 않은 것은?

① 충격방전 개시 전압이 낮을 것
② 상용 주파 방전 개시 전압이 낮을 것
③ 제한 전압이 낮을 것
④ 속류 차단능력이 클 것

해설 Chapter 07 – 04 – (5)

피뢰기의 구비조건

- 충격 방전 개시 전압이 낮을 것
- 상용 주파 방전 개시 전압이 높을 것
- 제한 전압이 낮을 것
- 속류 차단성능이 클 것

정답 12 ③　13 ②　14 ④　15 ①　16 ②

17

유효접지계통에서 피뢰기의 정격전압을 결정하는 데 가장 중요한 요소는?

① 선로 애자련의 충격섬락전압
② 내부이상전압 중 과도이상전압의 크기
③ 유도뢰의 전압의 크기
④ 1선지락 고장시 건전상의 대지전위 즉, 지속성 이상전압

해설 Chapter 07 – 04 – (3)
피뢰기 정격전압이란 속류의 차단이 되는 최고 교류전압으로 그 크기 결정은 $V = \alpha\beta V_m$ [V] 로 표시하며 여기서, α : 접지계수, β : 유도계수, V_m : 공칭전압이다.

18

피뢰기의 정격전압이란?

① 충격 방전 전류를 통하고 있을 때의 단자전압
② 충격파의 방전 개시전압
③ 속류의 차단이 되는 최고의 교류전압
④ 상용 주파수의 방전 개시전압

해설 Chapter 07 – 04 – (3)
피뢰기의 정격전압은 속류 차단이 되는 교류의 최고전압을 말한다.

19

송변전 계통에 사용되는 피뢰기의 정격 전압은 선로의 공칭 전압의 보통 몇 배로 선정하는가?

① 직접접지계 : 0.8 ~ 1.0배, 저항 또는 소호리액터 접지 : 0.7 ~ 0.9배
② 직접접지계 : 1.0 ~ 1.3배, 저항 또는 소호리액터 접지 : 1.4 ~ 1.6배
③ 직접접지계 : 0.8 ~ 1.0배, 저항 또는 소호리액터 접지 : 1.4 ~ 1.6배
④ 직접접지계 : 1.0 ~ 1.3배, 저항 또는 소호리액터 접지 : 0.7 ~ 0.9배

해설 Chapter 07 – 04 – (3)

20

송전 계통에서 절연 협조의 기본이 되는 것은?

① 피뢰기의 제한 전압
② 애자의 섬락 전압
③ 변압기 부싱의 섬락 전압
④ 권선의 절연 내력

해설 Chapter 07 – 04 – (5)
피뢰기 제한전압 : 뇌전류 방전 중 피뢰기 양단자에 나타나는 전압으로 절연협조의 기준이 된다.

21

서지 흡수기를 설치하는 장소는?

① 변전소 인입구 ② 변전소 인출구
③ 발전기 부근 ④ 변압기 부근

해설 Chapter 07 – 04
서지 흡수기는 회전기를 보호한다.

정답 17 ④ 18 ③ 19 ③ 20 ① 21 ③

Chapter 08

보호 계전기 및 개폐기

01 보호 계전기

(1) 구비 조건

① 고장개소, 정도, 위치를 정확히 파악할 것
② 소비 전력이 작을 것
③ 후비 보호 능력이 있을 것
④ 동작이 예민하고 오동작이 없을 것

(2) 동작시간 분류

① 순한시 계전기 – 즉시 동작
② 정한시 계전기 – 전류 크기와 관계없이 일정 시간 후 동작
③ 반한시 계전기 – 시간과 전류가 반대로 동작
④ 반–정 계전기 – 반한시 특성후 정한시 동작(**긴 것이 답**)

(3) 기능상 분류

단락 보호	① 과전류 계전기 ② 과전압 계전기 ③ 거리 계전기 – 기억 작용(고장 후에도 고장 전 전압을 잠시 유지) ④ 방향 단락 계전기
지락 보호	① 접지 계전기 : ZCT와 조합하여 사용 – 선택 접지 계전기(SGR) ➡ 2회선 방식에 사용 – 방향 접지 계전기(DGR) ➡ 환상 선로
발전기 · 변압기 내부고장 검출	① 부흐홀츠 계전기(변압기 보호) – TR 주탱크와 콘서베이터 연결파이프 도중 설치 ② 차동 계전기 – 양쪽 전류의 차로 동작 ③ 비율 차동 계전기
계기용 변성기	① CT – 대전류를 소전류(5[A])로 변성 – 점검시 2차측 단락(2차측 절연보호) ② PT – 고압을 저압(110[V])으로 변성 ③ PCT – 한 탱크 속에 PT와 CT 조합(MOF) ④ ZCT – 영상전류 검출 ⑤ GPT – 영상전압 검출(2차측 무조건 $110\sqrt{3}$)

02 개폐 장치

(1) 종류

단로기	무부하 전류 개폐	전류 차단능력이 없다. (소호매질無) ➡ 회로 접속변경
개폐기	무부하 전류 개폐 부하 전류 개폐	배전선로 고장 또는 보수점검시 정전구간 축소
차단기	무부하 전류 개폐 부하 전류 개폐 고장전류 차단	정격 차단 전류(단락전류) 제한 ➡ 차단기 용량 감소(한류 리액터)

※ 전력용 퓨즈(P.F) : 배전선로 보호 차단기 대용으로 사용

① **장점** - 소형 경량이며 경제적
- 고속차단, 차단용량이 크다.

② **단점** - 재투입이 불가능
- 과도 전류에 용단되기 쉽다.

(2) 동작 책무

① **일반형** : A형 ➡ O - 1분 - CO - 3분 - CO
B형 ➡ CO - 15초 - CO

② **고속형** : O - θ (t초) - CO - 1분 - CO

(3) 소호 매질에 의한 분류

종류	특징	소호 매질
O C B 유입차단기	• 소호 능력이 크다. • 방음 설비가 필요 없다. • 화재의 위험이 있다.	절연유
A B B 공기차단기	• 소음이 크다. • 압축공기 10 ~ 30[kg/cm^2] • 투입과 차단을 압축 공기 ➡ 임펄스 차단기	압축 공기

제2과목 ✦ 전력공학

A C B 기중차단기	• 소음이 크다. • 대기상태에서 전로의 개폐 및 소호	대 기
M B B 자기차단기	• 화재 위험이 적다. • 보수 점검 용이 • 고유주파수에 차단능력이 좌우되지 않는다.	전자력
V C B 진공차단기	• 소음이 작다. • 차단 시간이 짧다. • 보수 점검 용이	고진공
G C B 가스차단기	• 절연 내력이 높다. • 소호 능력이 우수함(공기의 약 100배) • 무색, 무취, 무해, 불연성	SF_6

(4) 차단 시간 : 개극 시간 + 아크 시간 (3 ~ 8 [Hz])

(5) 차단기 정격 차단 용량(3상기준)

= $\sqrt{3}$ × 정격 전압(회복전압) × 정격차단전류

(6) 차단기와 단로기 조작 순서

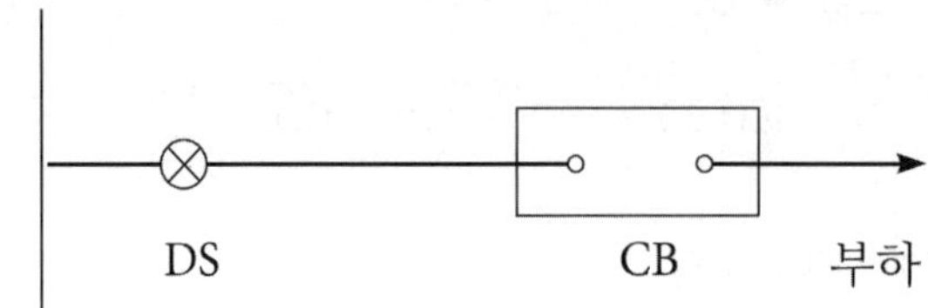

① **정전** : CB → DS

② **급전** : DS → CB

③ **인터록** : 상대 동작 금지회로

➡ 차단기가 열려 있어야만 단로기 개폐 가능

출제예상문제

01

보호계전기의 한시 특성 중 정한시에 관한 설명을 바르게 표현한 것은?

① 입력 크기에 관계없이 정해진 시간에 동작한다.
② 입력이 커질수록 정비례하여 동작한다.
③ 입력 150[%]에서 0.2초 이내에 동작한다.
④ 입력 200[%]에서 0.04초 이내에 동작한다.

해설 Chapter 08 – 01 – (2)

02

그림과 같은 특성을 갖는 계전기의 동작 시간 특성은?

① 반한시 특성 ② 정한시 특성
③ 비례한시 특성 ④ 반한시성 정한시 특성

해설 Chapter 08 – 01 – (2)

03

과부하 또는 외부의 단락 사고시에 동작하는 계전기는?

① 차동 계전기 ② 과전압 계전기
③ 과전류 계전기 ④ 부족 전압 계전기

해설 Chapter 08 – 01 – (3)
과부하, 단락 사고시 ⇒ 과전류가 흐르고 이를 제거하는 계전기는 과전류 계전기

04

과전류계전기(O.C.R)의 탭(tap) 값을 옳게 설명한 것은?

① 계전기의 최대 부하전류
② 계전기의 최소 동작전류
③ 계전기의 동작시한
④ 변류기의 권수비

해설
과전류 계전기 탭 설정 전류부터 동작하므로 최소 동작전류가 된다.

05

전압이 정정치 이하로 되었을 때 동작하는 것으로서 단락 고장 검출 등에 사용되는 계전기는?

① 부족 전압 계전기
② 비율 차동 계전기
③ 재폐로 계전기
④ 선택 계전기

해설
- 전압이 정정값 이하시 동작 : 부족 전압 계전기
- 전압이 정정값 초과시 동작 : 과전압 계전기

06

중성점 저항 접지 방식의 병행 2회선 송전 선로의 지락사고 차단에 사용되는 계전기는?

① 선택 접지 계전기 ② 과전류 계전기
③ 거리 계전기 ④ 역상 계전기

해설 Chapter 08 – 01 – (3)
병행 2회선의 지락 사고시에 선택 접지 계전기가 동작

정답 01 ① 02 ① 03 ③ 04 ② 05 ① 06 ①

07

변압기의 내부고장 보호용으로 사용되는 계전기는?

① 거리 계전기
② 과전압 계전기
③ 방향 계전기
④ 비율 차동 계전기

해설 Chapter 08 – 01 – (3)
비율 차동 계전기 : 변압기 보호용

08

배전반에 연결되어 사용 중인 P.T와 C.T를 점검할 때에는?

① C.T는 단락
② C.T와 P.T 모두 단락
③ C.T와 P.T 모두 개방
④ P.T는 단락

해설 Chapter 08 – 01 – (3)
PT는 전원과 병렬로 연결되고 CT는 회로와 직렬로 연결시키므로, PT는 개방 상태, CT 는 개방이 되면 부하 전류에 의하여 소손이 되므로 CT의 점검시에는 반드시 2차측을 단락시켜야 한다.

09

MOF(metering out fit)에 대한 설명으로 옳은 것은?

① 계기용 변성기의 별명이다.
② 계기용 변류기의 별명이다.
③ 한 탱크 내에 계기용 변성기, 변류기를 장치한 것이다.
④ 변전소 내의 계기류의 총칭이다.

해설 Chapter 08 – 01 – (3)

10

보호계전기가 구비하여야 할 조건이 아닌 것은?

① 보호동작이 정확 확실하고 강도가 예민할 것
② 열적 기계적으로 견고할 것
③ 가격이 싸고, 또 계전기의 소비 전력이 클 것
④ 오래 사용하여도 특성의 변화가 없을 것

해설 Chapter 08 – 01 – (1)
보호계전기 구비조건
- 고장의 정도, 위치를 정확히 파악할 것
- 동작이 예민할 것
- 소비전력이 적고 경제적일 것
- 후비보호 능력이 있을 것

11

그림과 같이 200/5인 변류기의 1차측에 150[A]의 3상 평형 전류가 흐를 때 전류계 A3에 흐르는 전류는 몇 [A]인가?

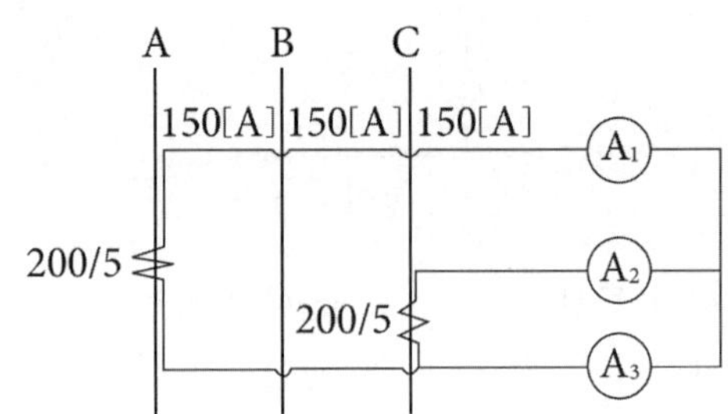

① 3.75　② 5.25
③ 6.75　④ 7.25

해설

$A_1 = A_2 = 150 \times \frac{5}{200} = 3.75$ [A]이고

$A_3 = \dot{A}_1 + \dot{A}_2$ 이다.

A_1 과 A_2 는 120° 위상차를 갖는다.

$A_3 = \sqrt{A_1^2 + A_2^2 + 2A_1A_2\cos\theta}$

$= \sqrt{3.75^2 + 3.75^2 + 2 \times 3.75^2 \times \cos 120^\circ}$

$= 3.75$ [A]

정답 07 ④ 08 ① 09 ③ 10 ③ 11 ①

12

변전소에서 비접지 선로의 접지 보호용으로 사용되는 계전기에 영상 전류를 공급하는 계전기는?

① C.T ② G.P.T ③ Z.C.T ④ P.T

해설 Chapter 08 – 01 – (3)

G.P.T는 영상 전압을 공급하며 영상 전류는 Z.C.T가 공급한다.

13

66[kV] 비접지 송전 계통에서 영상 전압을 얻기 위하여 변압기가 66,000/110[V]인 PT 3개를 그림과 같이 접속하였다. 66[kV] 선로측에서 1선 지락 고장시 PT 2차측 개방단에 나타나는 전압[V]은?

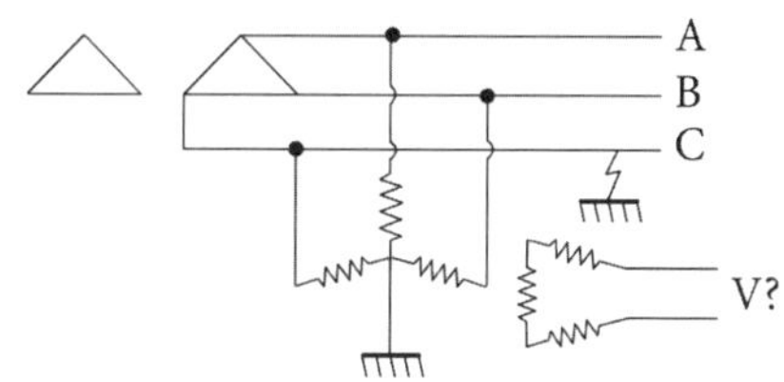

① 약 110 ② 약 190 ③ 약 220 ④ 약 330

해설 Chapter 08 – 01 – (3)

영상전압은 동위상이며, PT 2차측에는 다같이 $\frac{110}{\sqrt{3}}$[V]로 나타난다.

그러므로 개방단에는 $\frac{110}{\sqrt{3}} \times 3$[V]가 된다.

14

그림과 같은 회로 중 영상 전압을 검출하는 방법은?

①

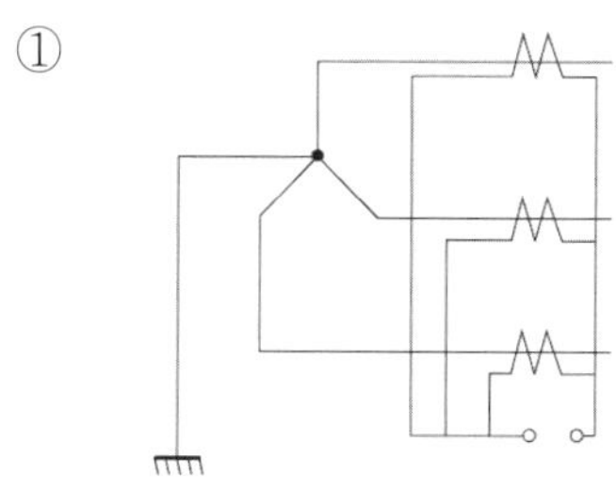

②

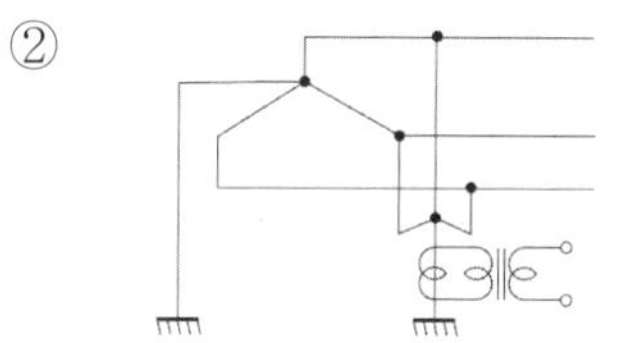

③

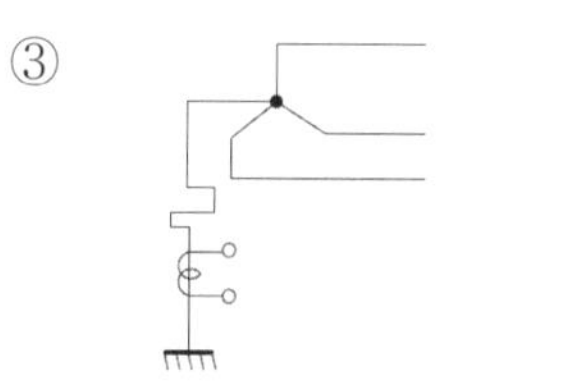

④

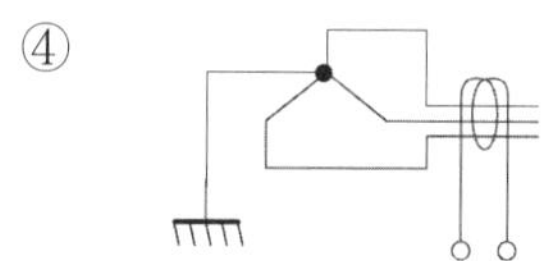

해설

①, ③, ④는 영상 전류를 검출하는 방법이다.

15

3상 결선 변압기의 단상 운전에 의한 소손 방지 목적으로 설치하는 계전기는?

① 차동 계전기 ② 역상 계전기
③ 과전류 계전기 ④ 단락 계전기

해설

3상 변압기가 단상으로 운전되면 역상분이 존재하므로 역상 계전기로 결상을 검출한다.

16

선로의 단락 보호 또는 계통 탈조 사고의 검출용으로 사용되는 계전기는?

① 접지 계전기 ② 역상 계전기
③ 재폐로 계전기 ④ 거리 계전기

해설 Chapter 08 – 01 – (3)

거리 계전기는 선로 보호용 계전기로 전압 및 전류를 입력량으로 하여 전류의 전압에 대한 비의 함수가 예정치 이하일 때 동작한다.

정답 12 ③ 13 ② 14 ② 15 ② 16 ④

제2과목 ✦ 전력공학

17

모선 보호에 사용되는 계전 방식은?

① 과전류 계전 방식 ② 전력 평형 보호 방식
③ 표시선 계전 방식 ④ 전류 차동 계전 방식

해설
모선 보호 계전 방식의 종류
㉮ 전류 차동 보호 방식
㉯ 전압 차동 보호 방식
㉰ 위상 비교 방식
㉱ 환상 모선 보호 방식
㉲ 방향 거리 계전 방식

18

환상 선로의 단락 보호에 사용하는 계전 방식은?

① 방향 거리 계전 방식 ② 비율 차동 계전 방식
③ 과전류 계전 방식 ④ 선택 접지 계전 방식

해설
방향 계전기 + 단락 계전기 = 방향 단락 계전기(방향 거리 계전기)

19

전원이 양단에 있는 방사상 송전선로의 단락보호에 사용되는 계전기는?

① 방향 거리 계전기(DZ) - 과전압 계전기(OVR)의 조합
② 방향 단락 계전기(DS) - 과전류 계전기(OCR)의 조합
③ 선택 접지 계전기(SGR) - 과전류 계전기(OCR)의 조합
④ 부족 전류 계전기(USR) - 과전압 계전기(OVR)의 조합

해설
전원이 2군데 이상 환상 선로의 단락 보호 ⇒ 방향 거리 계전기(DZ)
전원이 2군데 이상 방사 선로의 단락 보호 ⇒ 방향 단락 계전기(DS)와 과전류 계전기(OC)를 조합

20

6.6[kV] 고압 배전선로(비접지 선로)에서 지락보호를 위하여 특별히 필요치 않은 것은?

① 과전류 계전기(OCR) ② 선택 접지 계전기(SGR)
③ 영상 변류기(ZCT) ④ 접지 변압기(GPT)

해설
지락보호시 필요 계전기 : 방향지락 계전기(DGR), 선택지락계전기(SGR)
영상 변류기(ZCT) - 영상 전류 공급
접지 변압기(GPT) - 영상 전압 공급

21

부하 전류가 흐르는 전로는 개폐할 수 없으나 기기의 점검이나 수리를 위하여 회로를 분리하거나 계통의 접속을 바꾸는데 사용하는 것은?

① 차단기 ② 단로기
③ 전력용 퓨즈 ④ 부하 개폐기

해설 Chapter 08 - 02 - (1)
단로기는 회로를 분리하거나 계통의 접속을 바꾸는 데에만 사용한다.

22

선로 개폐기(LS)에 대한 설명으로 틀린 것은?

① 책임 분계점에 전선로를 구분하기 위하여 설치한다.
② 3상 선로 개폐기는 3개가 동시에 조작되게 되어 있다.
③ 부하 상태에서도 개방이 가능하다.
④ 최근에는 기중 부하 개폐기나 LBS로 대체되어 사용하고 있다.

해설
선로 개폐기는 한국 전력과 자가용 수용가 간의 책임 분계점에 전선로를 구분하기 위한 기구로서 단로기와 같이 소호 능력이 없으므로 무부하 상태에서 선로의 개방이 가능하다.

정답 17 ④ 18 ① 19 ② 20 ① 21 ② 22 ③

23

고압 배선 선로의 고장 또는 보수 점검시 정전 구간을 축소하기 위하여 사용되는 기기는?

① 유입 개폐기(OS) 또는 기중 개폐기(AS)
② 컷아웃 스위치(COS)
③ 캐치 홀더(catch holder)
④ 단로기(DS)

해설 Chapter 08 – 02 – (1)
문제를 충족시키는 것은 구분 개폐기(section switch)이며 종류로는 유입 개폐기(OS), 기중 개폐기(AS), 진공 개폐기(VS) 등이 있다.

24

단로기에 대한 다음 설명 중 옳지 않은 것은?

① 소호장치가 있어서 아크를 소멸시킨다.
② 회로를 분리하거나, 계통의 접속을 바꿀 때 사용한다.
③ 고장 전류는 물론 부하전류의 개폐에도 사용할 수 없다.
④ 배전용의 단로기는 보통 디스커넥팅바로 개폐한다.

해설 Chapter 08 – 02 – (1)

25

다음 개폐장치 중에서 고장전류의 차단능력이 없는 것은?

① 진공 차단기(V.C.B)
② 유입 개폐기(O.S)
③ 리클로저(Recloser)
④ 전력 퓨즈(power fuse)

해설 Chapter 08 – 02 – (1)

26

차단기의 차단 용량은 [MVA]로 나타낼 때에 고려해야 할 항목은?

① 차단 전류, 회복 전압
② 차단 전류, 회복 전압, 상계수
③ 회복 전압, 차단 전류, 회로의 역률
④ 회복 전압, 차단 전류, 주파수

해설 Chapter 08 – 02 – (5)
차단 용량[MVA] 또는 [kVA] = $\sqrt{3}$ ×정격전압 혹은 회복전압×차단전류
위의 식은 3상인 경우이며, 단상이면 $\sqrt{3}$ 을 곱하지 않는다.

27

차단기의 차단 책무가 가벼운 것은?

① 중성점 저항 접지 계통의 지락 전류 차단
② 중성점 직접 접지 계통의 지락 전류 차단
③ 중성점을 소호리액터로 접지한 장거리 송전선로의 충전 전류 차단
④ 송전 선로의 단락 사고시의 차단

해설
고장 전류가 가장 작은 것은 소호리액터 접지시 충전 전류이다.

28

차단기의 개방시 재점호를 일으키기 가장 쉬운 경우는?

① 1선 지락 전류인 경우
② 무부하 충전 전류인 경우
③ 무부하 변압기의 여자 전류인 경우
④ 3상 단락 전류인 경우

해설
재점호는 C(정전용량)에 의해 발생

정답 23 ① 24 ① 25 ② 26 ② 27 ③ 28 ②

제2과목 ✦ 전력공학

29

전력용 퓨즈는 주로 어떤 전류의 차단을 목적으로 사용하는가?

① 충전 전류 ② 과부하 전류
③ 단락 전류 ④ 과도 전류

해설 Chapter 08 – 02 – (1)
전력용 퓨즈는 단락 보호용으로 사용된다.

30

차단기의 정격 투입 전류는 정격 차단 전류(실효값)의 몇 배를 표준으로 하는가?

① 1.5 ② 2.5
③ 3.5 ④ 5

해설
정격 투입 전류는 정격 조건하에서 규정의 동작 책무와 동작 상태에 따라 투입할 수 있는 투입 전류 한도를 말하며, 투입 전류 최초의 주파 순간값으로 표시하며 정격 차단 전류의 2.5배의 값이 된다.

31

차단기의 정격 차단 시간은?

① 고장 발생부터 소호까지의 시간
② 트립 코일 여자부터 소호까지의 시간
③ 가동접촉자 시동부터 소호까지의 시간
④ 가동접촉자 개극부터 소호까지의 시간

해설 Chapter 08 – 02 – (4)
차단기의 정격 차단 시간이란 트립 코일 여자로부터 아크 소호까지의 시간을 말하며 3, 5, 8[Hz]의 규격이 있다.

32

재폐로 차단기에 대한 설명으로 옳은 것은?

① 배전선로용은 고장구간을 고속 차단하여 제거한 후 다시 수동조작에 의해 배전이 되도록 설계된 것이다.
② 재폐로계전기와 함께 설치하여 계전기가 고장을 검출하여 이를 차단기에 통보, 차단하도록 된 것이다.
③ 3상 재폐로 차단기는 1상의 차단이 가능하고 무전압 시간을 약 20 ~ 30초로 정하여 재폐로 하도록 되어 있다.
④ 송전선로의 고장구간을 고속 차단하고 재송전하는 조작을 자동적으로 시행하는 재폐로 차단장치를 장비한 자동차단기이다.

해설
계통의 안정도를 향상시킬 목적으로 차단기가 차단되어 사고가 소멸된 후 자동적으로 송전선을 투입하는 일련의 동작을 재폐로라 한다.

33

차단기의 표준 동작 책무가 O – 1 분 – CO –3 분 – CO 부호인 것은 다음 어느 경우에 적합한가? (단 O : 차동 동작, CO : 투입 동작, 투입 동작에 뒤따라 곧 차단 동작이다.)

① 일반 차단기
② 자동 개폐로용
③ 정격 차단 용량 50[mA] 미만의 것
④ 차단 용량 무한대의 것

해설 Chapter 08 – 02 – (2)
차단기의 표준 동작 책무

일반용 ┌ 갑 O – 1분 – CO – 3분 – CO
　　　 └ 을 CO – 15초 – CO

고속도 재투입용 O – θ (t 초) – CO – 1분 – CO

정답 29 ③ 30 ② 31 ② 32 ④ 33 ①

34

고속도 재투입용 차단기의 표준 동작 책무는? (단, t는 임의 시간간격으로 재투입시간을 말하며 O = 차단동작, C = 투입동작, CO = 투입 동작에 계속하여 차단동작을 하는 것을 말한다.)

① O – 1분 – CO
② CO – 15초 – CO
③ CO – 1분 – CO – t초 – CO
④ O – t초 – CO – 1분 – CO

해설 Chapter 08 – 02 – (2)

35

차단기의 고속도 재폐로 목적은?

① 고장의 신속한 제거 ② 안정도 향상
③ 기기의 보호 ④ 고장전류 억제

36

투입과 차단을 다 같이 압축공기의 힘으로 하는 것은?

① 유입 차단기 ② 팽창 차단기
③ 제호 차단기 ④ 임펄스 차단기

해설 Chapter 08 – 02 – (3)

37

자기 차단기의 특징 중 옳지 않은 것은?

① 화재의 위험이 적다.
② 보수, 점검이 비교적 쉽다.
③ 전류 절단에 의한 와전류가 발생되지 않는다.
④ 회로의 고유 주파수에 차단 성능이 좌우된다.

해설 Chapter 08 – 02 – (3)

38

그림은 유입 차단기의 구조도이다. A의 명칭은?

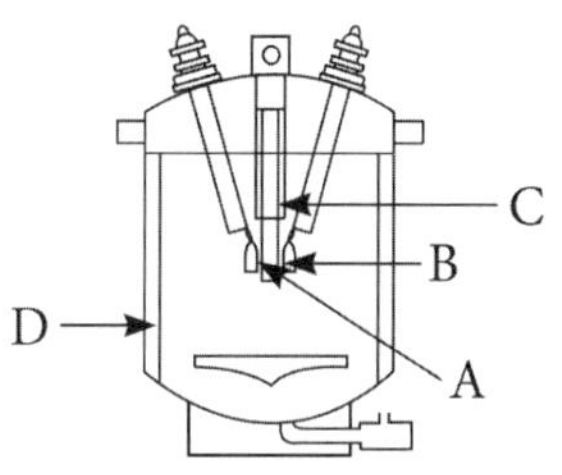

① 절연 liner ② 승강간
③ 가동 접촉자 ④ 고정 접촉자

39

SF_6 가스 차단기의 설명으로 잘못된 것은?

① SF_6 가스는 절연내력이 공기의 2 ~ 3이고 소호능력이 공기의 100 ~ 200배이다.
② 아크에 의해 SF_6 가스가 분해되어 유독 가스를 발생시킨다.
③ 밀폐구조이므로 소음이 없다.
④ 근거리 고장 등 가혹한 재기전압에 대해서도 우수하다.

해설 Chapter 08 – 02 – (3)
SF_6 가스는 무색, 무취, 무해 가스이므로 유독 가스는 발생되지 않는다.

40

인터록(interlock)의 설명으로 옳게 된 것은?

① 차단기가 열려 있어야만 단로기를 닫을 수 있다.
② 차단기가 닫혀 있어야만 단로기를 닫을 수 있다.
③ 차단기와 단로기는 제각기 열리고 닫힌다.
④ 차단기의 접점과 단로기의 접점이 기계적으로 연결되어 있다.

해설 Chapter 08 – 02 – (6)

정답 34 ④ 35 ② 36 ④ 37 ④ 38 ③ 39 ② 40 ①

Chapter 09 배전선로의 구성

01 배전방식 종류

(1) 가지식(수지상식)

① **지역** : 농·어촌 지역

② **특징** :
- 전압 강하가 크다. ➡ 플리커 현상(깜박거림)
- 정전 범위가 넓다.
- 용량 증설이 쉽고, 시설비가 싸다.

(2) 환상식(loop식)

① **지역** : 중·소도시

② **특징** : 고장개소 $\frac{\text{GDP}}{\text{인구}}$ 리 조작이 용이하다.

(3) 저압 뱅킹 방식 ➡ 변압기 2대 이상 저압측 병렬연결

① **지역** : 부하가 밀집된 시가지

② **특징** : 부하의 융통성을 도모하는 방식

③ **캐스케이딩 현상** : 저압선의 고장으로 인해 건전한 변압기 일부 또는 전부가 차단되는 현상

④ **캐스케이딩 방지책** : 자동고장 구분 개폐기 설치

(4) 네트워크 방식(망상식)

① **지역** : 대형 빌딩

② **특징** :
- **무정전 공급**가능(신뢰도 우수)
- **인축 접지사고 많다.**
- 고장시 전류가 역류 – 방지 : 네트워크 프로텍터 설치

③ **네트워크 프로텍터 3요소**
- 저압 차단기
- 저압 퓨즈(캐치 홀더)
- 방향성 계전기

02 전기 방식

(1) $1\phi 3\omega$

① **결선 조건** : 2차측 중성선에 접지할 것
동시 동작형 개폐기 사용할 것
중성선 퓨즈 사용 금지

② **장점** :
- 1선당 공급 전력 증가 (1.33배)
- 전선 소요량 감소 (37.5%)
- 2종의 전원을 얻을 수 있다.

$e \propto \frac{1}{V}$ (감 소)	$P_\ell \propto \frac{1}{V^2}$ (감 소)
$A \propto \frac{1}{V^2}$ (감 소)	$P \propto V^2$ (증 가)

③ **단점** :
- 부하 불평형시 전력 손실 크다.(가장 큰 것-$3\phi 4\omega$)
- 전압 불평형 발생 - 중성선 단선 or 부하 불평형시

④ **전압 불평형 방지책** : 저압 밸런서 설치

(2) **각 전기 방식별 비교($1\phi 2\omega$ 기준)**

전기방식	전력	1선당 공급전력		전력손실	전선 중량비 (전력 손실비)
$1\phi 2\omega$	$VI\cos\theta$	$\frac{VI}{2}$	1	$2I^2R$	1 (100)
$1\phi 3\omega$	$2VI\cos\theta$	$\frac{2VI}{3}$	1.33		$\frac{3}{8}$ (37.5)
$3\phi 3\omega$	$\sqrt{3}VI\cos\theta$	$\frac{\sqrt{3}VI}{3}$	1.15	$3I^2R$	$\frac{3}{4}$ (75)
$3\phi 4\omega$	$3VI\cos\theta$	$0.75VI$	1.5		$\frac{1}{3}$ (33.3)

※ 저항비를 물어보면 무조건 ➡ $\frac{1}{2}$

※ $3\phi 3\omega$에 대한 $3\phi 4\omega$의 전력손실비

$$\text{전력손실비} = \frac{3\phi 4\omega}{3\phi 3\omega} = \frac{\frac{1}{3}}{\frac{3}{4}} = \frac{4}{9}$$

※ 송전선로에 적당한 전기방식 ➡ $3\phi 3\omega$

※ $3\phi 4\omega$ 특징 ➡ 1선당 공급전력 최대. 전선 소요량 최소.
부하 불평형시 전력손실 최대.

Chapter 09 출제예상문제

01

변전소의 역할에 대한 설명으로 옳지 않은 것은?

① 유효 전력과 무효 전력을 제어한다.
② 전력을 발생하고 분배한다.
③ 전압을 승압 또는 강압한다.
④ 전력 조류를 제어한다.

02

배전선을 구성하는 방식으로 방사상식에 대한 설명으로 옳은 것은?

① 부하의 분포에 따라 수지상으로 분기선을 내는 방식이다.
② 선로의 전류 분포가 가장 좋고 전압 강하가 적다.
③ 수용증가에 따른 선로연장이 어렵다.
④ 사고시 무정전 공급으로 도시배전선에 적합하다.

해설 Chapter 09 – 01 – (1)

03

루프 배전의 이점은?

① 전선비가 적게 든다.
② 농촌에 적당하다.
③ 증설이 용이하다.
④ 전압 변동이 적다.

해설 Chapter 09 – 01 – (2)
루프배선의 이점은 선로의 도중에 고장 발생시, 고장 개소의 분리 조작이 용이하여 그 부분을 빨리 분리시킬 수 있고 전류의 통로에 융통성이 있으므로 전력 손실과 전압 강하가 적다.

04

저압 뱅킹(banking) 배전 방식이 적당한 지역은?

① 바람이 많은 어촌
② 대용량 화학 공장
③ 부하가 밀집된 시가지
④ 농어촌

해설 Chapter 09 – 01 – (3)
고압선에 접속한 두 대 이상의 변압기의 저압측을 병렬 접속하는 방식을 저압 뱅킹 방식이라 하며 부하가 밀집된 시가지에 좋다.

05

저압 뱅킹 배전 방식에서 저전압의 고장에 의하여 건전한 변압기의 일부 또는 전부가 차단되는 현상은?

① 플리커(Flicker)
② 캐스케이딩(Cascading)
③ 밸런서(Balancer)
④ 아킹(Arcing)

해설 Chapter 09 – 01 – (3)

06

각 전력계통을 연락선으로 상호 연결하면 여러 가지의 장점이 있다. 옳지 않은 것은?

① 각 전력계통의 신뢰도가 증가한다.
② 경제급전이 용이하다.
③ 단락용량이 적어진다.
④ 주파수의 변화가 적어진다.

정답 01 ② 02 ① 03 ④ 04 ③ 05 ② 06 ③

07

저압 배전계통의 구성에 있어서 공급 신뢰도가 가장 우수한 계통 구성방식은?

① 방사상방식　② 저압 네트워크방식
③ 환상식방식　④ 뱅킹방식

해설 Chapter 09 – 01 – (4)
동일 모선에서 나오는 2회선 이상의 급전선으로 공급하여 저압 수용가에 무정전 공급이 되도록 한 것이 저압 네트워크 방식으로 신뢰도가 좋다.

08

다음과 같은 특징이 있는 배전 방식은?

- 전압 강하 및 전력 손실이 경감된다.
- 변압기 용량 및 저압선 동량이 절감된다.
- 부하 증가에 대한 탄력성이 향상된다.
- 고장 보호 방법이 적당할 때 공급 신뢰도가 향상되며, 플리커 현상이 경감된다.

① 저압 네트워크 방식　② 고압 네트워크 방식
③ 저압 뱅킹 방식　④ 수지상 배전 방식

해설 Chapter 09 – 01 – (3)

09

다음 그림이 나타내는 배전 방식은 다음 중 어느 것인가?

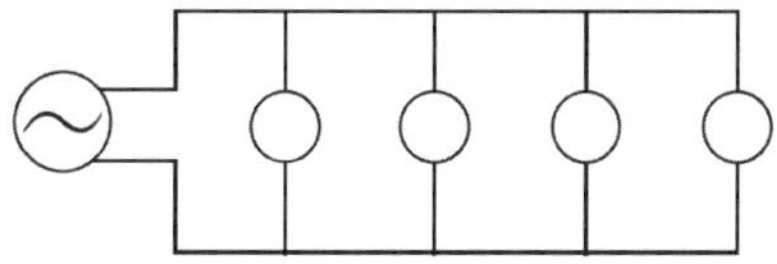

① 정전압 병렬식　② 정전류 직렬식
③ 정진압 직렬식　④ 정전류 병렬식

10

저압 단상 3선식 배전 방식의 단점은?

① 절연이 곤란하다.
② 전압의 불평형이 생기기 쉽다.
③ 설비 이용률이 나쁘다.
④ 2종의 전압을 얻을 수 있다.

해설 Chapter 09 – 02 – (1)
중성선 단선에 의한 전압 불평형이 생기기 쉽다. (경부하 측 전위 상승)

11

저압 밸런서를 필요로 하는 방식은?

① 3상 3선식　② 3상 4선식
③ 단상 2선식　④ 단상 3선식

해설 Chapter 09 – 02 – (1)

12

단상 3선식에 대한 설명 중 옳지 않은 것은?

① 불평형 부하시 중성선 단선 사고가 나면 전압 상승이 일어난다.
② 불평형 부하시 중선선에 전류가 흐르므로 중성선에 퓨즈를 삽입한다.
③ 선간 전압 및 선로 전류가 같을 때 1선당 공급 전력은 단상 2선식의 133[%]이다.
④ 전력 손실이 동일할 경우 전선 총중량은 단상 2선식의 37.5[%]이다.

해설 Chapter 09 – 02 – (1)
단상 3선식 전기 방식에서는 중성선이 단선 사고가 나면 전압 상승이 일어나므로 어떠한 경우라도 중성선에는 퓨즈를 삽입해서는 안 된다.

정답 07 ② 08 ③ 09 ① 10 ② 11 ④ 12 ②

제2과목 ✦ 전력공학

13

다음 설명 중 옳지 않은 것은?

① 저압 뱅킹방식은 전압동요를 경감할 수 있다.
② 밸런서는 단상 2선식에 필요하다.
③ 수용률이란 최대 수용전력을 설비용량으로 나눈 값을 퍼센트로 나타낸다.
④ 배전선로의 부하율이 F일 때 손실계수는 F와 F^2 사이의 값이다.

해설 Chapter 09 – 02 – (1)
밸런서는 단상 3선식에 필요한 설비이다.

14

송전전력, 송전거리, 전선로의 전력 손실이 일정하고 같은 재료의 전선을 사용한 경우 단상 2선식에서 전선 한 가닥마다의 전력을 100[%]라 하면, 단상 3선식에서는 133[%]이다. 3상 3선식에서는 몇 [%]인가?

① 57 ② 87
③ 100 ④ 115

해설 Chapter 09 – 02 – (2)

$$\frac{3상\ 3선식}{단상\ 2선식} = \frac{\frac{\sqrt{3}}{3}}{\frac{1}{2}} \times 100$$

$$= \frac{2\sqrt{3}}{3} \times 100 = 115$$

15

동일한 조건하에서 3상 4선식 배전선로의 총 소요 전선량은 3상 3선식의 것에 비해 몇 배 정도로 되는가? (단, 중성선의 굵기는 전력선의 굵기와 같다고 한다.)

① $\frac{1}{3}$ ② $\frac{3}{4}$
③ $\frac{3}{8}$ ④ $\frac{4}{9}$

해설 Chapter 09 – 02 – (2)

$$전선중량비 = \frac{3\phi 4\omega}{3\phi 3\omega} = \frac{\frac{1}{3}}{\frac{3}{4}} = \frac{4}{9}$$

16

동일 전력을 동일 선간 전압, 동일 역률로 동일 거리에 보낼 때 사용하는 전선의 총 중량이 같으면 3상 3선식인 때와 단상 2선식일 때의 전력 손실비는?

① 1 ② $\frac{3}{4}$
③ $\frac{2}{3}$ ④ $\frac{1}{\sqrt{3}}$

해설 Chapter 09 – 02 – (2)

$$전력손실비 = \frac{3\phi 3\omega}{1\phi 2\omega} = \frac{\frac{3}{4}}{1} = \frac{3}{4}$$

17

공통중성선 다중접지 3상 4선식 배전선로에서 고압측(1차측) 중성선과 저압측(2차측) 중성선을 전기적으로 연결하는 목적은?

① 저압측의 단락 사고를 검출하기 위함
② 저압측의 접지 사고를 검출하기 위함
③ 주상 변압기의 중성선측 부싱(bushing)을 생략하기 위함
④ 고저압 혼촉시 수용가에 침입하는 상승전압을 억제하기 위함

해설
고저압 혼촉시 고압측의 큰 전압이 저압측을 통하여 수용가에 영향을 준다.

정답 13 ② 14 ④ 15 ④ 16 ② 17 ④

18

1대의 주상 변압기에 역률(늦음) $\cos\theta_1$, 유효 전력 P_1[kW]의 부하와 역률(늦음) $\cos\theta_2$, 유효 전력 P_2[kW]의 부하가 병렬로 접속되어 있을 경우 주상 변압기에 걸리는 피상 전력은 몇 [kVA]인가?

① $\dfrac{P_1}{\cos\theta_1}+\dfrac{P_2}{\cos\theta_2}$

② $\sqrt{\left(\dfrac{P_1}{\cos\theta_1}\right)^2+\left(\dfrac{P_2}{\cos\theta_2}\right)^2}$

③ $\sqrt{(P_1+P_2)^2+(P_1\tan\theta_1+P_2\tan\theta_2)^2}$

④ $\sqrt{\left(\dfrac{P_1}{\sin\theta_1}\right)^2+\left(\dfrac{P_2}{\sin\theta_2}\right)^2}$

해설

합성 유효전력 $P=P_1+P_2$

합성 무효전력 $Q=Q_1+Q_2$

$Q_1=P_1\tan\theta_1,\ Q_2=P_2\tan\theta_2$

∴ 피상전력

$P_a=\sqrt{(P_1+P_2)^2+(P_1\tan\theta_1+P_2\tan\theta_2)^2}$

19

우리나라 배전 방식 중 가장 많이 사용하고 있는 것은?

① 단상 2선식　② 3상 3선식

③ 3상 4선식　④ 2상 4선식

해설 Chapter 09 – 02 – (2)

전선 소요량이 가장 작기 때문에 경제적이지만, 불평형 부하의 손실이 가장 크다.

20

우리나라의 특고압 송전방식으로 가장 많이 사용되고 있는 것은?

① 단상 2선식　② 3상 3선식

③ 3상 4선식　④ 2상 4선식

해설 Chapter 09 – 02 – (2)

정답 18 ③ 19 ③ 20 ②

Chapter 10 배전선로의 전기적 특성

01 각 점의 전위 계산

(1) 말단 집중 부하

① **직류** : $e = IR$ (2선 기준)

② **교류** : $e = I(R\cos\theta + X\sin\theta)$ (단상 2선 기준)

$e = \sqrt{3}\, I(R\cos\theta + X\sin\theta)$ (3상 1선 기준)

(2) 분포 부하

A, B, C, R_1, R_2, I_1, I_2

$V_B = V_A - (I_1 + I_2) R_1$

$V_C = V_B - I_2 R_2$

(3) 부하별 전압강하와 전력손실

	전압 강하	전력 손실
말단 집중 부하	$e = IR$	$P_\ell = I^2 R$
평등 분산 부하	$e' = \frac{1}{2} e$	$P_\ell' = \frac{1}{3} P_\ell$
송전단 일수록 커지는 분산부하	$e' = \frac{1}{3} e$	$P_\ell' = \frac{1}{5} P_\ell$

02 수요와 부하

(1) **수용률** $= \frac{\text{최대수용 전력[kW]}}{\text{부하 설비 용량[kW]}} \times 100\,[\%]$

➡ 단독 수용가 변압기 용량 산출시 [kVA] $= \frac{\text{수용률} \times \text{설비용량}}{\cos\theta}$

(2) **부등률** $= \dfrac{\text{각각의 최대 수용 전력의 합}}{\text{합성 최대 수용 전력}} \geq 1$

➡ 다수 수용가 변압기 용량 산출시 $[\text{kVA}] = \dfrac{\sum(\text{설비용량} \times \text{수용률})}{\text{부등률} \times \cos\theta \times \text{효율}}$

(3) **부하율** $= \dfrac{\text{평균 수용 전력}}{\text{최대 수용 전력}} \times 100[\%]$

$= \dfrac{\text{사용 전력량} / \text{시간}}{\text{최대 전력}} \times 100[\%]$

➡ 시간 : 일부하율(24), 월부하율(30×24), 연부하율(365×24)

(4) **항상 1보다 크거나 같은 것 ➡ 부등률**

(5) **손실 계수 (H)와 부하율(F)의 관계**

$1 \geq F \geq H \geq F^2 \geq 0$

03 역률 개선시 콘덴서 용량

(1) $\cos\theta_1$**에서** $\cos\theta_2$ **개선시**

$$Q_c = P(\tan\theta_1 - \tan\theta_2) = P\left(\frac{\sqrt{1-\cos^2\theta_1}}{\cos\theta_1} - \frac{\sqrt{1-\cos^2\theta_2}}{\cos\theta_2}\right)[\text{kVA}]$$

(2) **역률 100[%] 개선시**

$Q_c = P_r = P_a\sqrt{1-\cos^2\theta}\,[\text{kVA}]$

$= P \cdot \tan\theta$

출제예상문제

01

전선의 굵기가 균일하고 부하가 균등하게 분산 분포되어 있는 배전선로의 전력 손실은 전체 부하가 송전단으로부터 전체 전선로 길이의 어느 지점에 집중되어 있는 손실과 같은가?

① $\frac{3}{4}$ ② $\frac{2}{3}$ ③ $\frac{1}{3}$ ④ $\frac{1}{2}$

해설 Chapter 10 – 01 – (3)

02

분산부하의 배전선로에서 선로의 전력손실은?

① 전압강하에 비례한다.
② 전압강하에 반비례한다.
③ 전압강하의 자승에 비례한다.
④ 전압강하의 자승에 반비례한다.

해설
전압강하는 전류에 비례, 전력 손실은 전류 제곱에 비례이므로 $P_\ell \propto e^2$

03

단상 2선식의 교류 배전선이 있다. 전선 한 줄의 저항은 0.15[Ω], 리액턴스는 0.25[Ω]이다. 부하는 무유도성으로 100[V], 3[kW]일 때 급전점의 전압은 약 몇 [V]인가?

① 100 ② 110
③ 120 ④ 130

해설 Chapter 10 – 01 – (2)

$$V_s = V_r + 2IR = 100 + 2 \times \frac{3,000}{100} \times 0.15$$
$$= 109\,[\text{V}]$$

04

그림과 같이 A, B 양 지점에 각각 I_1, I_2의 집중 부하가 있고 양단의 전압강하를 모두 균등하게 할 때 전선이 가장 경제적으로 되는 급전점 P는 A점으로부터 몇 [km]인가?

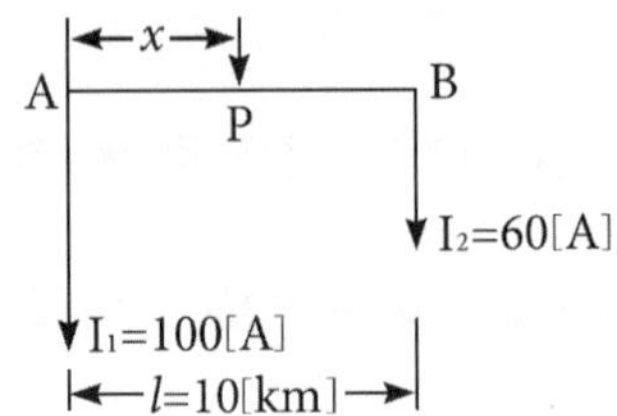

① 2.55 ② 3.75
③ 5.45 ④ 6.25

해설
전압강하가 같으므로
$e_A = e_B$ 에서
$I_1 \times x = I_2 \cdot (10 - x)$
$100 \cdot x = 60(10 - x) = 600 - 60x$
$100x + 60x = 600$
$x = \frac{600}{160} = 3.75\,[\text{km}]$

05

그림과 같은 단상 2선식 배선에서 인입구 A점의 전압이 100[V]라면 C점의 전압[V]은? (단, 저항값은 1선의 값으로 AB간 0.05[Ω], BC간 0.1[Ω]이다.)

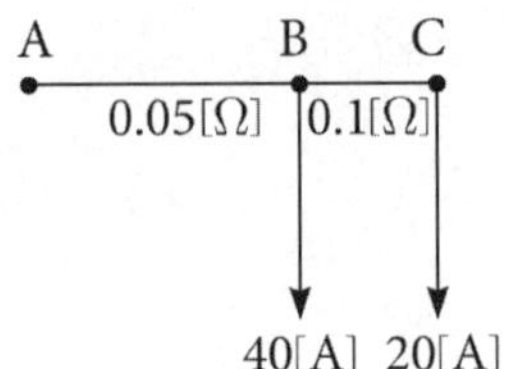

① 90 ② 94 ③ 96 ④ 97

정답 01 ③ 02 ③ 03 ② 04 ② 05 ①

해설 Chapter 10 – 01 – (2)

$V_B = 100 - 2IR = 100 - 2 \times 60 \times 0.05$
$= 94\,[\mathrm{V}]$

$V_C = V_B - 2IR = 94 - 2 \times 20 \times 0.1$
$= 90\,[\mathrm{V}]$

06

송전단일수록 커지는 분산 부하는 모든 부하가 송전단에서 어느 지점에 있을 때 전압강하와 같은가?

① $\frac{1}{5}$ ② $\frac{2}{3}$
③ $\frac{1}{2}$ ④ $\frac{1}{3}$

해설 Chapter 10 – 01 – (3)

부하별 전압강하와 전력손실

	전압 강하	전력 손실
말단 집중 부하	$e = IR$	$P_\ell = I^2 R$
평등 분산 부하	$e' = \frac{1}{2}e$	$P_\ell' = \frac{1}{3}P_\ell$
송전단 일수록 커지는 분산부하	$e' = \frac{1}{3}e$	$P_\ell' = \frac{1}{5}P_\ell$

07

부하율이란?

① $\frac{\text{피상 전력}}{\text{부하 설비 용량}} \times 100\,[\%]$

② $\frac{\text{부하 설비 용량}}{\text{피상 전력}} \times 100\,[\%]$

③ $\frac{\text{최대 수용 전력}}{\text{평균 수용 전력}} \times 100\,[\%]$

④ $\frac{\text{평균 수용 전력}}{\text{최대 수용 전력}} \times 100\,[\%]$

해설 Chapter 10 – 02 – (3)

08

수전용량에 비해 첨두부하가 커지면 부하율은 그에 따라 어떻게 되는가?

① 낮아진다.
② 높아진다.
③ 변하지 않고 일정하다.
④ 부하의 종류에 따라 달라진다.

해설 Chapter 10 – 02 – (3)

첨두 부하 설비가 증가하면 부하율은 떨어진다.

09

수용률이란?

① 수용률 $= \frac{\text{평균 전력}[\mathrm{kW}]}{\text{최대 수용 전력}[\mathrm{kW}]} \times 100$

② 수용률 $= \frac{\text{개개의 최대수용 전력의 합}[\mathrm{kW}]}{\text{합성 최대수용 전력}[\mathrm{kW}]} \times 100$

③ 수용률 $= \frac{\text{최대 수용 전력}[\mathrm{kW}]}{\text{수용설비 용량}[\mathrm{kW}]} \times 100$

④ 수용률 $= \frac{\text{설비 전력}[\mathrm{kW}]}{\text{합성 최대수용 전력}[\mathrm{kW}]} \times 100$

해설 Chapter 10 – 02 – (1)

10

배전계통에서 부등률이란?

① $\frac{\text{최대 수용 전력}}{\text{설비 용량}}$

② $\frac{\text{부하의 평균 전력의 합}}{\text{부하 설비의 최대전력}}$

③ $\frac{\text{각 부하의 최대 수용 전력의 합}}{\text{각 부하를 종합했을 때의 최대 수용 전력}}$

④ $\frac{\text{최대 부하시의 설비 용량}}{\text{설비 용량}}$

해설 Chapter 10 – 02 – (1)

부등률은 부하의 동시 사용정도를 나타내며, 1보다 크거나 같다.

정답 06 ④ 07 ④ 08 ① 09 ③ 10 ③

11

수용설비 개개의 최대 수용전력의 합[kW]을 합성최대 수용전력[kW]으로 나눈 값은?

① 부하율 ② 수용률
③ 부등률 ④ 역률

해설 Chapter 10 – 02 – (2)

$$수용률 = \frac{최대\ 수용전력[kW]}{수용\ 설비용량[kW]} \times 100\,[\%]$$

$$부하율 = \frac{평균\ 수용전력[kW]}{최대\ 수용전력[kW]} \times 100\,[\%]$$

$$부등률 = \frac{각각의\ 최대\ 수용전력합[kW]}{합성\ 최대\ 수용전력[kW]} \geq 1$$

12

수용률이 크다, 부등률이 크다, 부하율이 크다라는 것은 다음의 어떤 것에 가장 관계가 깊은가?

① 항상 같은 정도의 전력을 소비하고 있다.
② 전력을 가장 많이 소비할 때에는 쓰지 않는 기구가 별로 없다.
③ 전력을 가장 많이 소비하는 시간이 지역에 따라 다르다.
④ 전력을 가장 많이 소비하는 시간이 지역에 따라 같다.

13

총 설비 용량 80[kW], 수용률 75[%], 부하율 80[%]인 수용가의 평균전력[kW]은?

① 36 ② 42
③ 48 ④ 54

해설 Chapter 10 – 02 – (3)

평균전력 = 최대전력(설비용량 × 수용률) × 부하율
= (80 × 0.75) × 0.8 = 48[kW]

14

어떤 구역에 3상 배전선으로 전력을 공급하는 변전소가 있다. 이 구역 내의 설비 부하는 전등 2,000[kW], 동력 3,000[kW]이고 수용률은 각기 0.5, 0.6이라 한다. 이 변전소에서 공급하는 최대 용량은 약 몇 [kVA]인가? (단, 배선 전로의 전력 손실률을 전등, 동력 모두 10[%]로 하고 부하 역률은 전등, 동력 모두 변전소에서 0.8로 하며 전등, 동력 부하간의 부등률은 1.25라 한다).

① 2,980 ② 3,080
③ 3,500 ④ 4,000

해설

$$최대용량 = \frac{2{,}000 \times 0.5 + 3{,}000 \times 0.6}{1.25 \times 0.8} \times 1.1 = 3{,}080\,[kVA]$$

15

연간 전력량 E[KWh], 연간 최대전력 W[KW]인 경우의 연부하율은?

① $\frac{E}{W}$ ② $\frac{W}{E}$
③ $\frac{8{,}760\,W}{E}$ ④ $\frac{E}{8{,}760\,W}$

해설 Chapter 10 – 02 – (3)

연부하율

$$= \frac{연간\ 전력량/(365 \times 24)}{연간\ 최대\ 전력} \times 100$$

$$= \frac{E}{8{,}760\,W} \times 100\,[\%]$$

16

설비용량이 각각 75[kW], 80[kW], 85[kW]의 부하설비가 있다. 수용률이 60[%]라면 최대 수요 전력은 몇 [kW]인가?

① 144 ② 240 ③ 360 ④ 400

정답 11 ③ 12 ② 13 ③ 14 ② 15 ④ 16 ①

해설 Chapter 10 – 02 – (1)

최대 수용 전력

$= (75 + 80 + 85) \times 0.6 = 144\,[\text{kW}]$

17

어떤 건물에서 총 설비 부하 용량이 850[kW], 수용률 60[%]라면, 변압기 용량은 최소 몇 [kVA]로 하여야 하는가? (단, 여기서 설비 부하의 종합 역률은 0.75이다.)

① 500 ② 650 ③ 680 ④ 740

해설

변압기 용량

$= \dfrac{\text{설비 용량} \times \text{수용률}}{\text{역률}} = \dfrac{850 \times 0.6}{0.75} = 680\,[\text{kVA}]$

18

154/6.6[kV], 5,000[kVA]의 3상 변압기 1대를 시설한 변전소가 있다. 이 변전소의 6.6[kV] 각 배전선에 접속한 부하설비 및 수용률이 다음 표와 같고 각 배전선간의 부등률을 1.17로 하였을 때 변전소에 걸리는 최대 전력은 약 몇 [kW]인가?

배전선	부하설비[kW]	수용률[%]
a	4,716	24
b	1,635	74
c	3,600	48
	4,094	32

① 4,186 ② 4,356 ③ 4,598 ④ 47,280

해설

$\text{부등률} = \dfrac{\text{각각의 최대 수용전력합[kW]}}{\text{합성 최대 수용전력[kW]}}$ 이므로

$\text{합성최대 수용전력} = \dfrac{\text{각각의 최대 수용 전력합}}{\text{부등률}}$

$= \dfrac{4716 \times 0.24 + 1,635 \times 0.74 + 3,600 \times 0.48 + 4,095 \times 0.32}{1.17}$

$= 4,598\,[\text{kW}]$

19

정격 10[kVA]의 주상 변압기가 있다. 이것의 2차측 일부하 곡선이 다음 그림과 같을 때 1일의 부하율은 몇 [%]인가?

① 52.3
② 54.3
③ 56.3
④ 58.3

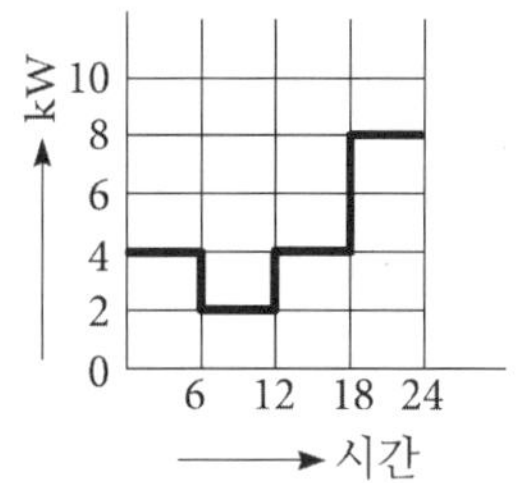

해설 Chapter 10 – 02 – (3)

$\text{부하율} = \dfrac{\text{평균 전력}}{\text{최대 전력}}$

$= \dfrac{(4 \times 6 + 2 \times 6 + 4 \times 6 + 8 \times 6)}{8 \times 24} \times 100$

$= 56.25\,[\%]$

20

배전선로의 부하율이 F일 때 손실 계수 H는?

① $H = F$ ② $H = \dfrac{1}{F}$

③ $F^2 \leq H \leq F$ ④ $H = F^3$

해설 Chapter 10 – 02 – (5)

$1 \geq F \geq H \geq F^2 \geq 0$

21

배전선로의 손실 경감과 관계없는 것은?

① 승압 ② 다중접지방식 채용

③ 부하의 불평형 방지 ④ 역률 개선

해설 Chapter 03 – 01 – (1)

전력손실 $P_\ell = I^2 R = \dfrac{P^2 \rho \ell}{A V^2 \cos^2\theta}$ 에서

$P_\ell \propto I^2$, $P_\ell = \dfrac{1}{V^2}$, $P_\ell \propto \dfrac{1}{\cos^2\theta}$ 이므로

다중접지방식과 관계가 없다.

정답 17 ③ 18 ③ 19 ③ 20 ③ 21 ②

제2과목 ✦ 전력공학

22

설비 용량 900[kW], 부등률 1.2, 수용률 50[%]일 때 합성 최대 전력은 몇 [kW]인가?

① 300 ② 375
③ 400 ④ 415

해설 Chapter 10 – 02 – (2)

합성 최대 전력 $= \dfrac{900 \times 0.5}{1.2} = 375\,[\text{kW}]$

23

최대 전류가 흐를 때의 손실이 50[kW]이며 부하율이 55[%]인 전선로의 평균 손실은 몇 [kW]인가? (단, 배전선로의 손실 계수 H는 0.38이다.)

① 7 ② 11
③ 19 ④ 31

해설

평균 전력 손실 = 최대 전력 손실 × 손실계수

$= 50 \times 0.38 = 19\,[\text{kW}]$

24

부하 역률 0.8를 0.95로 개선하면 선로 손실은 약 몇 [%]정도 경감되는가? (단, 수전단 전압의 변화는 없다고 한다.)

① 15 ② 16
③ 29 ④ 41

해설

$$\frac{P_\ell'}{P_\ell} = \frac{\dfrac{1}{0.95^2}}{\dfrac{1}{0.8^2}} = \left(\frac{0.8}{0.95}\right)^2 = 0.71$$

∴ 29[%] 정도 감소한다.

25

불평형 부하에서 역률은?

① $\dfrac{\text{유효 전력}}{\text{각 상의 피상 전력의 산술합}}$

② $\dfrac{\text{유효 전력}}{\text{각 상의 피상 전력의 벡터합}}$

③ $\dfrac{\text{무효 전력}}{\text{각 상의 피상 전력의 산술합}}$

④ $\dfrac{\text{무효 전력}}{\text{각 상의 피상 전력의 벡터합}}$

해설

$$\cos\theta = \frac{P}{P_a} = \frac{P}{\sqrt{P^2 + P_r^2}}$$

26

부하가 P[kW]이고, 그의 역률이 $\cos\theta_1$인 것을 $\cos\theta_2$로 개선하기 위해서는 전력용 콘덴서가 몇 [kVA] 필요한가?

① $P(\tan\theta_1 - \tan\theta_2)$

② $P\left(\dfrac{\cos\theta_1}{\sin\theta_1} - \dfrac{\cos\theta_2}{\sin\theta_2}\right)$

③ $\dfrac{P}{(\tan\theta_1 - \tan\theta_2)}$

④ $\dfrac{P}{(\cos\theta_1 - \cos\theta_2)}$

해설 Chapter 10 – 03 – (1)

$$Q_c = P(\tan\theta_1 - \tan\theta_2)$$
$$= P\left(\frac{\sin\theta_1}{\cos\theta_1} - \frac{\sin\theta_2}{\cos\theta_2}\right)$$
$$= P\left(\frac{\sqrt{1-\cos^2\theta_1}}{\cos\theta_1} - \frac{\sqrt{1-\cos^2\theta_2}}{\cos\theta_2}\right)$$

정답 22 ② 23 ③ 24 ③ 25 ② 26 ①

27

어떤 공장의 소요전력이 100[kW]이며, 이 부하의 역률이 0.6일 때, 역률을 0.9로 개선하기 위한 전력용 콘덴서의 용량은 약 몇 [kVA]인가?

① 30　　② 60
③ 85　　④ 90

해설 Chapter 10 – 03 – (1)

$$Q_c = P\left(\frac{\sin\theta_1}{\cos\theta_1} - \frac{\sin\theta_2}{\cos\theta_2}\right)$$
$$= 100\left(\frac{0.6}{0.8} - \frac{\sqrt{1-0.9^2}}{0.9}\right) = 85\,[\text{kVA}]$$

28

역률 80[%]인 10,000[kVA]의 부하를 갖는 변전소에 2,000[kVA]의 콘덴서를 설치해서 역률을 개선하면 변압기에 걸리는 부하[kW]는 대략 얼마쯤 되겠는가?

① 8,000　　② 8,500
③ 9,000　　④ 9,500

해설

개선 후 역률

$$\cos\theta_2 = \frac{8{,}000}{\sqrt{8{,}000^2 + (6{,}000-2{,}000)^2}} \fallingdotseq 0.9$$

∴ 역률 개선 후의 유효 전력 $P = 10{,}000 \times 0.9$
$\fallingdotseq 9{,}000\,[\text{kW}]$

29

피상 전력 P[kVA], 역률 $\cos\theta$인 부하를 역률 100[%]로 개선하기 위한 전력용 콘덴서의 용량은 몇 [kVA]인가?

① $P\sqrt{1-\cos^2\theta}$　　② $P\tan\theta$
③ $P\cos\theta$　　④ $P\dfrac{\sqrt{1-\cos^2\theta}}{\cos\theta}$

해설 Chapter 10 – 03 – (2)

$$Q_c = P\sin\theta = P\sqrt{1-\cos^2\theta}$$

30

3상 배전 선로의 말단에 지상역률 80[%] 160[kW]인 평형 3상 부하가 있다. 부하점에 부하와 병렬로 전력용 콘덴서를 접속하여 선로손실을 최소로 하려면 전력용 콘덴서 용량은 몇 [kVA]가 필요한가? (단, 여기서 부하단 전압은 변하지 않는 것으로 한다.)

① 96　　② 120
③ 128　　④ 200

해설 Chapter 10 – 03 – (2)

$$Q_c = P\tan\theta = 160 \times \frac{0.6}{0.8} = 120\,[\text{kVA}]$$

31

옥내 배선의 지름을 결정하는 가장 중요한 요소는?

① 절연 저항　　② 허용 전류
③ 전력 손실　　④ 무효 전력

해설 Chapter 01 – 01 – (6)

- 전선 굵기 결정 3요소 : 허용전류(가장 중요), 전압 강하, 기계적 강도
- 전선 굵기 결정 5요소 : 허용전류(가장 중요), 전압 강하, 기계적 강도, 코로나손, 경제성

32

주상 변압기에 시설하는 캐치 홀더는 다음 어느 부분에 직렬로 삽입하는가?

① 1차측 양선
② 1차측 1선
③ 2차측 비접지측선
④ 2차측 접지된 선

해설

주상 변압기 2차측 보호에는 캐치 홀더를 사용한다.

정답　27 ③　28 ③　29 ①　30 ②　31 ②　32 ③

제2과목 ✦ 전력공학

33

일반적으로 부하의 역률을 저하시키는 원인이 되는 것은?

① 전등의 과부하
② 선로의 충전 전류
③ 유도 전동기의 경부하 운전
④ 동기 조상기의 중부하 운전

해설

L 부하는 역률을 저하시킨다.

34

100[V]의 수용가를 220[V]로 승압했을 때 특별히 교체하지 않아도 되는 것은?

① 백열 전등의 전구
② 옥내 배선의 전선
③ 콘센트와 플러그
④ 형광등의 안정기

해설

$A \propto \dfrac{1}{V^2}$ 이므로 전선의 단면적은 감소한다. 따라서 전선은 교체하지 않아도 된다.

35

22.9[kV-Y] 배전 선로 보호 협조 기기가 아닌 것은?

① 퓨즈 컷아웃 스위치
② 인터럽터 스위치
③ 리클로저
④ 섹셔너라이저

해설

인터럽터 스위치는 부하전류 개폐는 가능하지만, 고장 전류는 차단할 수 없다.

정답 33 ③ 34 ② 35 ②

Chapter 11 배전선로의 관리와 보호

01 배전 전압 조정

(1) 주상 변압기 탭 변환 : 부하 말단

(2) 승압기 : 배전선로 길이가 길고, 전압강하가 클 때

① **승압기 용량** : $\omega = \dfrac{e_2}{E_2} \times \dfrac{W}{\cos\theta}$ [kVA]

② **승압 후 전압** : $E_2 = E_1\left(1 + \dfrac{e_2}{e_1}\right)$

(3) 유도 전압 조정기 : 부하 변동이 심한 곳

출제예상문제

01

배전선의 전압 조정장치가 아닌 것은?

① 유도 전압 조정기
② 승압기
③ 주상변압기의 탭 전환
④ 섹셔널라이저

해설 Chapter 11 – 01
섹셔널라이저는 배전선로에 설치되어 있는 자동재폐로 개폐기이다.

02

배전선의 전압을 조정하는 방법은?

① 병렬 콘덴서 사용
② 중성점 접지
③ 영상 변류기 설치
④ 주상 변압기 탭 전환

해설 Chapter 11 – 01
배전선 전압조정장치 : 유도 전압조정기, 승압기, 주상변압기 탭 전환

03

부하에 따라 전압변동이 심한 급전선을 가진 배전 변전소의 전압 조정장치는?

① 유도전압조정기　② 직렬리액터
③ 계기용 변압기　④ 전력용 콘덴서

해설 Chapter 11 – 01 – (3)

04

배전용 변전소의 주변압기는?

① 단권 변압기　② 삼권 변압기
③ 체강 변압기　④ 체승 변압기

해설
체승 변압기 : 승압용(송전), 체강 변압기 : 강압용(배전)

05

정격 전압 1차 6,600[V], 2차 210[V]의 단상 변압기 두 대를 승압기로 V결선하여 6,300[V]의 3상 전원에 접속한다면 승압된 전압 [V]은?

① 6,600　② 6,500
③ 6,300　④ 6,200

해설 Chapter 11 – 01 – (2)

$$E_2 = E_1\left(1+\frac{e_2}{e_1}\right) = 6{,}300\left(1+\frac{210}{6{,}600}\right)$$
$$= 6{,}500\,[\text{V}]$$

06

단상 교류 회로로써 3,300/220[V]의 변압기를 그림과 같이 접속하여 60[kW], 역률 0.85의 부하에 공급하는 전압을 상승시킬 경우, 몇 [kVA]의 변압기를 택하면 좋은가? (단, AB점 사이의 전압은 3,000[V]로 한다.)

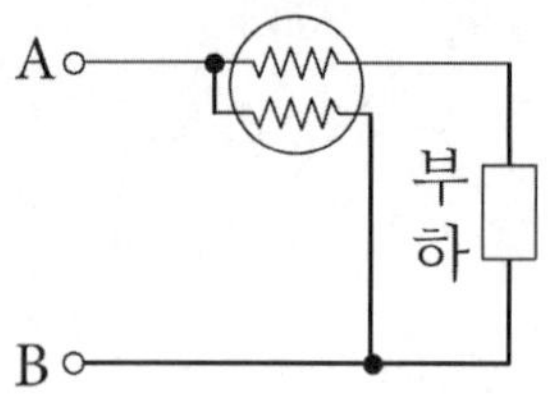

① 3　② 4
③ 5　④ 6

정답 01 ④ 02 ④ 03 ① 04 ③ 05 ② 06 ③

해설 Chapter 11 – **01** – (2)

$$E_2 = E_1\left(1+\frac{e_2}{e_1}\right) = 3{,}000\left(1+\frac{220}{3{,}300}\right)$$

$$= 3{,}200\,[\mathrm{V}]$$

승압기 용량

$$\omega = \frac{e_2}{E_2} \times W$$

$$= \frac{220}{3{,}200} \times \frac{60}{0.85}$$

$$= 4.85\,[\mathrm{kVA}]$$

∴ 5[kVA]

07

수전 설비와 병렬로 자가용 발전기가 설치된 회로에서 발전기쪽으로 전류가 흐를 경우 동작하는 계전기를 자동제어 기구 번호로 나타내면?

① 51
② 67
③ 80
④ 90

해설

51 : 과전류 계전기
67 : 전력 방향 계전기, 지락 방향 계전기
80 : 유속 계전기(미국)
90 : 자동 전압 조정기

08

옥내 배선의 보호 방법이 아닌 것은?

① 과전류 보호
② 지락 보호
③ 전압 강하 보호
④ 절연 접지 보호

제2과목 ✦ 전력공학

정답 07 ② 08 ③

Chapter 12

발전공학 - 수력발전

물 ┌ 위치 에너지 / 압력 에너지 / 속도 에너지 ⇒ 수 차 (기계 에너지) ⇒ 발전기 (전기 에너지)

01 수력 발전소 종류

(1) 낙차에 의한 분류
- 수로식 – 자연적 하천하류의 구배 이용
- 댐식 – 유량이 많고 낙차가 작은 곳
- 댐수로식
- 유역 변경식

(2) 유량에 의한 분류
- 유입식, 저수지식, 조정지식
- 양수식 – 첨두부하용으로 적합 (연간 발전비용 절감)

02 수력학

- 바닥면 압력 $P_0 = \omega SH$
- 단위면적당 압력 $P = \dfrac{\omega SH}{S} = \omega H\,[\mathrm{kg/m^2}]$

  - ω : 1[m^3]의 물중량
  - S : 물 단면적[m^2]
  - H : 물의 높이[m]

(1) 수두

① **위치 수두** : $H\,[\mathrm{m}]$

② **압력 수두** : $H_g = \dfrac{P}{\omega} = \dfrac{P}{1000}\,[\mathrm{m}]$

③ **속도 수두** : $H_v = \dfrac{v^2}{2g}\ (v = \sqrt{2gH}\ )$

(2) 베르누이의 정리 : 각 점에서 에너지 합은 같다.

$$H_1 + \frac{P_1}{\omega} + \frac{v_1^2}{2g} = H_2 + \frac{P_2}{\omega} + \frac{v_2^2}{2g}$$

(3) 연속성 원리 : 각 점에서의 유량은 같다.

〈유량 = 관의 단면적(A) × 물의 속도(v)〉

$Q = A_1 V_1 = A_2 V_2$ [m^3/sec]

03 하천유량과 낙차

(1) 유량도 – 매일 유량 변동기록(월별 하천유량을 알 수 있다.)

(2) 유황곡선 – 유량도를 기초. 유량이 큰 순서로 배열. 연간 발전계획의 기초자료

- 갈수량 : 1년 365일 중 355일은 이것보다 내려가지 않는 유량
- 저수량 : 1년 365일 중 275일은 이것보다 내려가지 않는 유량
- 평수량 : 1년 365일 중 185일은 이것보다 내려가지 않는 유량
- 풍수량 : 1년 365일 중 95일은 이것보다 내려가지 않는 유량

(3) 적산 유량곡선 – 매일 수량을 적산하여 기록.
댐설계. 저수지 용량 결정

(4) 연평균 유량 $Q = \dfrac{\dfrac{a}{1,000} \times b \times k}{365 \times 24 \times 3,600}$

a : 강수량[mm], b : 유역면적[m^2], k : 유출계수$= \dfrac{\text{하천 유량}}{\text{강수량}}$

(5) 유량 측정법

① **유속 측정** – 유속계법 : 대용량 수력 발전소에 적합
부자측정법, 염수속도법, 수압시간법, 피토우관법

② **직접 측정** – 언측법 : 소하천. 수로용
수위관측법, 염분법

(6) 낙차의 종류

① **총낙차** : 취수구 수면 ~ 방수구 수면

② **정낙차** : 수조 수면 ~ 방수구 수면(발전기 정지상태)

③ **겉보기 낙차** : 수조 수면 ~ 방수구 수면(발전기 운전상태)

④ **유효 낙차** : 총낙차 - 손실낙차(실제 이용낙차)

04 발전소 출력

(1) 이론 출력 $P = 9.8QH$[kW]

(2) 실제 출력 $P = 9.8QH\eta_t \cdot \eta_g$ (η_t : 수차효율, η_g : 발전기효율)
$= 9.8QH\eta$ ($\eta = \eta_t \cdot \eta_g$ 종합효율)

05 수력 설비

(1) 취수구 : 물을 수로로 도입하는 구조물
- 제수문 - 유량조절
- 스크린 - 오물제거
- 침사지 - 토사침전배제

(2) 수로

① **무압 수로** - 기울기(구배)

보통 : $\dfrac{1}{1,000} \sim \dfrac{1}{1,500}$

소용량 : $\dfrac{1}{600}$

대용량 : $\dfrac{1}{2,000} \sim \dfrac{1}{3,000}$, 유속 2[m/s]

② **압력 수로** - 기울기(구배) $\dfrac{1}{300} \sim \dfrac{1}{400}$ 유속 3 ~ 4[m/s]

(3) 수조

① **상수조**(무압 수로)

② **조압 수조**(압력 수로) : 수압관 보호

- 단동서지 탱크
- 차동서지 탱크 - 상승관(라이저), 서징 주기가 가장 빠름.
- 수실서지 탱크 - 저수지 이용수심 클 때
- 제수공 서지 탱크

(4) 수압관로 : 직경 4 ~ 5[m]

① **수압 조정기** - 수차유량조절(관내 압력상승 방지)

② **공기 밸브** - 관내 진공상태를 방지 위해 공기 주입

(5) 수차

① **충동 수차** - 흡출관 불필요. 펠턴 수차 - 고낙차용
↳ (압력수두 → 속도수두)

니들밸브 - 물의 속도 조절
디플렉터 - 유수방향 전환, 수격작용 방지
(전향장치)

② **반동 수차**

중낙차용
- 프란시스 수차 : 양수발전소 펌프
- 사류 수차 : 변낙차 변부하의 특성이 좋다.

저낙차용
- 프로펠러 수차 : 효율이 낮다. 특유속도 ↑
- 카플란 수차 : 효율이 높다. 무구속 속도 ↑
- 튜블러 수차 : 조력 발전에 이용

③ **특유속도** : 유수와 러너와의 상대속도

$$N_s = \frac{N \cdot P^{\frac{1}{2}}}{H^{\frac{5}{4}}}$$

- N : 회전수
- P : 출력[kW]
- H : 유효낙차[m]

※ 특유속도가 크면 경부하시 효율저하가 심하다.

		특유 속도
고낙차	펠턴 수차	$12 \leq N_s \leq 23$
중낙차	프란시스 수차	$N_s \leq \frac{20,000}{H+20} + 30$
	사류 수차	$N_s \leq \frac{20,000}{H+20} + 40$
저낙차	프로펠러 수차 카플란 수차	$N_s \leq \frac{20,000}{H+20} + 50$

(6) **조속기** - 수차 속도를 일정 유지

① **동작 순서** : 평속기 → 배압 밸브 → 서보 모터 → 복원기구

(7) 수차 입구 밸브

① 존슨 밸브(니들밸브) - 고낙차 대수량(펠턴수차), 300[m]

② 슬루스 밸브 - 고낙차 소수량, 200[m]

③ 나비형 밸브 - 중낙차, 150[m]

④ 회전형 밸브 - 저낙차 30~100[m]

(8) 공동현상(Cavitation)

: 유수중에 저압부가 생겨 기포가 생기는 현상

① 장해
- 금속부분 부식
- 진동, 소음 발생
- 출력, 효율 저하

② 방지
- 적당한 회전수 선정
- 낙차 감소
- 스테인레스강 사용

06 낙차 변화에 의한 특성변화

(1) 회전수 $\frac{N_2}{N_1} = \left(\frac{H_2}{H_1}\right)^{\frac{1}{2}}$

(2) 유량 $\frac{Q_2}{Q_1} = \left(\frac{H_2}{H_1}\right)^{\frac{1}{2}}$

(3) 출력 $\frac{P_2}{P_1} = \left(\frac{H_2}{H_1}\right)^{\frac{3}{2}}$

출제예상문제

01

유수가 갖는 에너지가 아닌 것은?

① 위치 에너지 ② 수력 에너지
③ 속도 에너지 ④ 압력 에너지

해설 Chapter 12 – 01

02

수차 발전기의 출력 P, 수두 H, 수량 Q 및 회전수 N 사이에 성립하는 관계는?

① $P \propto QN$ ② $P \propto QH$
③ $P \propto QH^2$ ④ $P \propto QHN$

해설 Chapter 12 – 02
$P = 9.8\,QH\eta$ 에서 $P \propto QH$ 이다.

03

수압관 안의 1점에서 흐르는 물의 압력을 측정한 결과 7[kg/cm^2]이고, 유속을 측정한 결과 49[m/sec]이었다. 그 점에서의 압력 수두는 몇 [m]인가?

① 30 ② 50
③ 70 ④ 90

해설 Chapter 12 – 02
7[kg/cm^2] = 70,000[kg/m^2]

$$H = \frac{P}{\omega} = \frac{P}{1{,}000} = \frac{70{,}000}{1{,}000} = 70\,[\text{m}]$$

04

전력 계통의 경부하시 또는 다른 발전소의 발전 전력에 여유가 있을 때, 이 잉여 전력을 이용해서 전동기로 펌프를 돌려 물을 상부의 저수지에 저장하였다가 필요에 따라 이 물을 이용해서 발전하는 발전소는?

① 조력발전소
② 양수식 발전소
③ 유역 변경식 발전소
④ 수로식 발전소

해설 Chapter 12 – 01 – (2)
양수식 발전소는 하부 저수지로부터 양수하는 혼합식과 유입되는 양이 없이 양수된 수량만으로서 발전하는 순양수식의 2가지가 있다.

05

유효 낙차 100[m], 최대 사용 수량 20[m^3/s], 설비 이용률 70[%]의 수력발전소의 연간 발전 전력량[kWh]은 대략 얼마인가? (단, 수차 발전기의 종합 효율은 85[%]이다.)

① 25×10^6 ② 50×10^6
③ 100×10^6 ④ 200×10^6

해설 Chapter 12 – 04
연간 발생 전력량
$= 9.8\,QH\eta\,U \times 365 \times 24\,[\text{kWh}]$
$\eta = 0.85$ 이므로
$9.8 \times 20 \times 100 \times 0.85 \times 0.7 \times 365 \times 24 \fallingdotseq 100 \times 10^6\,[\text{kWh}]$

정답 01 ② 02 ② 03 ③ 04 ② 05 ③

06

평균 유효 낙차 46[m], 평균 사용 수량 5.5[m^3/s]이고, 유효 저수량 43,000[m^3]의 조정지를 가진 수력발전소가 그림과 같은 부하 곡선으로 운전할 때 첨두 출력 발전량[kW]은?(단, 수차 및 발전기의 종합 효율은 80[%]이다.)

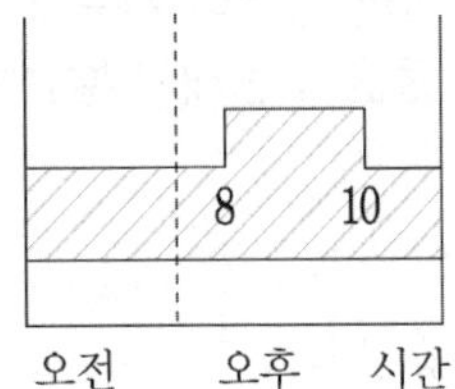

① 4.523 ② 4.137
③ 4.120 ④ 4.225

해설 Chapter 12 – 04

평균 출력

$P_1 = 9.8\,QH\eta = 9.8 \times 5.5 \times 46 \times 0.8$

$= 1{,}983.5\,[\text{kW}]$

첨두 부하시 증가 유량

$Q = \dfrac{43{,}000}{2\text{시간} \times 3{,}600\text{초}} = 5.972\,[\text{m3/s}]$

이때 출력

$P_2 = 9.8 \times 5.972 \times 46 \times 0.8 = 2{,}153.7\,[\text{kW}]$

$\therefore$ 첨두 출력 $P = P_1 + P_2 = 4{,}137.2\,[\text{kW}]$

07

유효 낙차 400[m]의 수력발전소가 있다. 펠턴 수차의 노즐에서 분출하는 물의 속도를 이론값의 0.95배로 한다면 물의 분출 속도는 몇 [m/sec]인가?

① 42 ② 59.5
③ 62.6 ④ 84.1

해설 Chapter 12 – 04

물이 노즐로부터 분출하는 유수의 속도 v 는

$v = \sqrt{2gH} = \sqrt{2 \times 9.8 \times 400} \times 0.95$

$= 84.116\,[\text{m/s}]$

08

수력발전소의 댐(dam)의 설계 및 저수지 용량 등을 결정하는데 사용되는 가장 적합한 것은?

① 유량도 ② 유황 곡선
③ 수위 유량 곡선 ④ 적산 유량 곡선

해설 Chapter 12 – 03 – (3)

09

그림과 같은 유황 곡선을 가진 수력 지점에서 최대사용 수량 OC로 1년간 계속 발전하는데 필요한 저수지의 용량은?

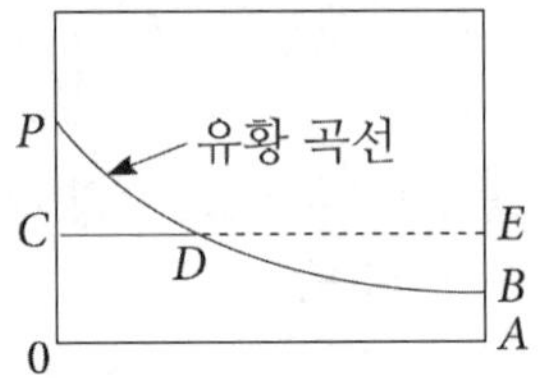

① 면적 OCPBA
② 면적 OCDEBA
③ 면적 DEB
④ 면적 PCD

해설

최대 사용 수량 OC로 1년간 계속 발전할 때, 부족 수량은 면적 DEB에 상당한 수량이므로, 이 면적에 상당한 수량만큼 저수해 두면 된다.

10

유역 면적 365[km^2]의 발전 지점에서 연 강수량이 2,400[mm]일 때 강수량의 1/3이 이용된다면 연평균 수량 [m^3/s]은?

① 5.26 ② 7.26
③ 9.26 ④ 11.26

정답 06 ② 07 ④ 08 ④ 09 ③ 10 ③

해설 Chapter 12 – 03 – (4)

연평균 유량

$$= \frac{365 \times 1{,}000^2 \times \frac{2{,}400}{1{,}000} \times \frac{1}{3}}{365 \times 24 \times 3{,}600}$$

$= 9.26\,[\text{m}^3/\text{s}]$

11

수력 발전용 중력 댐의 설계에 있어서 댐에 미치는 모든 힘의 합력이 댐 저부의 중앙 1/3 이내에 들어가야 한다는 것은 다음 무엇을 위한 조건인가?

① 자체 각 부에 장력이 생기지 않는 조건
② 댐이 압괴되지 않는 조건
③ 댐의 전복하지 않는 조건
④ 댐이 활동하지 않는 조건

해설

합력이 중앙 1/3을 벗어나면 댐 자체에 장력이 작용하는 부분이 생기는데, 콘크리트는 압축에 대해서 강하지만, 장력에는 약하다.

12

폭 B[m]인 수로를 가로 막고 있는 네모꼴 수문에 작용하는 전압력[kg]은 얼마인가?
(단, 물의 단위부피당의 무게는 ω[kg/m³]이다.)

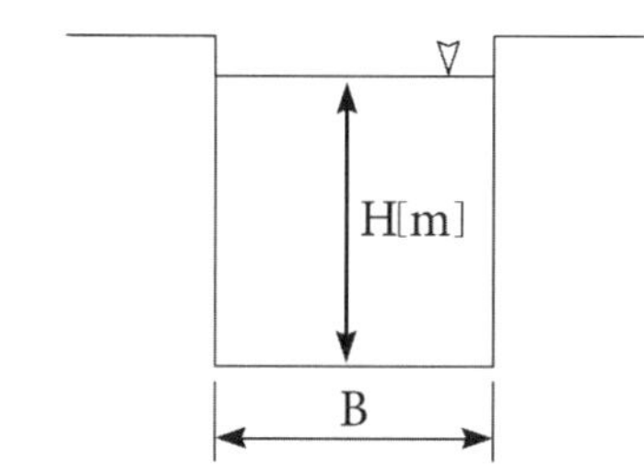

① $\omega B \frac{H}{2}$　② $\omega B H^2$
③ $\omega B H$　④ $\omega B \frac{H^2}{2}$

해설

폭 B[m]이고 수심 H[m]인 곳의 압력은 ωHB [kg/m²]이다.
수문 전체 수압

$$P\,[\text{kg}] = \int_H^0 \omega HB\,dH = \frac{1}{2}\omega BH^2\,[\text{kg}]$$

13

취수구에 제수문을 설치하는 목적은?

① 낙차를 높인다.　② 홍수위를 낮춘다.
③ 유량을 조정한다.　④ 모래를 배제한다.

해설 Chapter 12 – 05 – (1)

취수구 구조물 :
- 제수문 – 유량 조절
- 스크린 – 오물 제거
- 침사지 – 토사 침전

14

조압 수조(서지 탱크)의 설치 목적은?

① 조속기의 보호　② 수차의 보호
③ 여수의 처리　④ 수압관의 보호

해설 Chapter 12 – 05 – (3)

15

수조에 대한 설명으로 옳은 것은?

① 무압 수로의 종단에 있으면 조압 수조, 압력 수로의 종단에 있으면 헤드 탱크라 한다.
② 헤드 탱크의 용량은 최대 사용 수량의 1 ~ 2시간에 상당하는 크기로 설계된다.
③ 조압 수조는 부하변동에 의하여 생긴 압력 터널 내의 수격압이 압력 터널에 침입하는 것을 방지한다.
④ 헤드 탱크는 수차의 부하가 급증할 때에는 물을 배제하는 기능을 가지고 있다.

정답 11 ① 12 ④ 13 ③ 14 ④ 15 ③

제2과목 ✦ 전력공학

해설 Chapter 12 – 05 – (3)
수조(물탱크)의 헤드 탱크의 용량은 최대 사용 수량의 1～2분에 상당하는 크기로 설계해야 한다.

16

압력수두를 속도수두로 바꾸어서 적용시키는 수차는?

① 프란시스 수차
② 카플란 수차
③ 펠턴 수차
④ 사류 수차

해설 Chapter 12 – 05 – (5)
충동수차(펠턴) : 압력수두 → 속도수두로 변환

17

흡출관이 필요하지 않은 수차는?

① 펠턴 수차 ② 프란시스 수차
③ 카플란 수차 ④ 사류 수차

해설 Chapter 12 – 05 – (5)
흡출관 : 반동수차 러너출구 ～ 방수면까지 접속관 → 낙차를 늘리기 위해 사용 충동수차에는 없다.

18

수력발전소에서 사용되는 수차 중 15[m] 이하의 저낙차에 적합하여 조력발전용으로 알맞은 수차는?

① 카플란 수차 ② 펠톤 수차
③ 프란시스 수차 ④ 튜블러 수차

해설 Chapter 12 – 05 – (5)
펠톤 수차 : 300[m] 이상 고낙차용
카플란 수차 : 중·저낙차용
프란시스 수차 : 중낙차용
튜블러 수차 : 15[m] 이하 저낙차용

19

유효 낙차 81[m], 출력 10,000[kW], 특유 속도 164[rpm]인 수차의 회전 속도는 약 몇 [rpm]인가?

① 185 ② 215 ③ 350 ④ 400

해설 Chapter 12 – 05 – (5)

$$N_s = N\frac{P^{\frac{1}{2}}}{H^{\frac{5}{4}}}$$

$$N = N_s\frac{H^{\frac{5}{4}}}{P^{\frac{1}{2}}} = \frac{164\times 81^{\frac{5}{4}}}{10{,}000^{\frac{1}{2}}}$$

$$= \frac{164\times 81\sqrt{\sqrt{81}}}{\sqrt{10{,}000}}$$

$$= \frac{164\times 81\times 3}{100}$$

$$= 398.5\,[\text{rpm}] \fallingdotseq 400\,[\text{rpm}]$$

20

특유 속도가 높다는 것은?

① 수차의 실제의 회전수가 높다는 것이다.
② 유수에 대한 수차 러너의 상대 속도가 빠르다는 것이다.
③ 유수의 유속이 빠르다는 것이다.
④ 속도 변동률이 높다는 것이다.

해설 Chapter 12 – 05 – (5)

21

특유 속도가 큰 수차일수록 옳은 것은?

① 낮은 부하에서의 효율의 저하가 심하다.
② 낮은 낙차에서는 사용할 수 없다.
③ 회전자의 주변 속도가 작아진다.
④ 회전수가 커진다.

해설 Chapter 12 – 05 – (5)

정답 16 ③ 17 ① 18 ④ 19 ④ 20 ② 21 ①

22

수력 발전소에서 특유속도(特有速度)가 가장 높은 수차(水車)는?

① Pelton 수차
② Propeller 수차
③ Francis 수차
④ 모든 수차의 특유속도는 동일하다.

해설 Chapter 12 – 05 – (5)

특유속도 N_s는 출력 P[kW], 유효낙차를 H[m], 회전속도를 N[rpm]이라 하면 $N_s = N\dfrac{P^{\frac{1}{2}}}{H^{\frac{5}{4}}}$로 표시된다. 동일 축력에서 낙차가 커지면 N_s는 작아진다.

펠톤 수차는 고낙차에 쓰이는 수차이므로 특유속도가 가장 적다. 프로펠러 수차 350～800, 프란시스 수차 65～350, 펠톤 수차 12～21

23

낙차 290[m], 회전수 500[rpm]인 수차를 225[m]의 낙차에서 사용할 때의 회전수[rpm]는?

① 400 ② 440
③ 480 ④ 520

해설 Chapter 12 – 06 – (1)

$\dfrac{N_2}{N_1} = \left(\dfrac{H_2}{H_1}\right)^{\frac{1}{2}}$ 에서

$N_2 = \sqrt{\dfrac{225}{290}} \times 500 = 440\,[\text{rpm}]$

24

유효낙차 50[m]에서 출력 7,500[kW]되는 수차가 있다. 유효낙차가 2.5[m]만큼 저하되면 출력은 몇 [kW]가 되겠는가? (단, 수차의 수구개도는 일정하며, 효율의 변화는 무시한다.)

① 6,650 ② 6,755
③ 6,850 ④ 6,945

해설 Chapter 12 – 06 – (3)

$\dfrac{P_2}{P_1} = \left(\dfrac{H_2}{H_1}\right)^{\frac{3}{2}}$ 에서

$P_2 = \left(\dfrac{47.5}{50}\right)^{\frac{3}{2}} \times 7{,}500 = 6{,}945\,[\text{kW}]$

25

수차 발전기에 제동권선을 장비하는 주된 목적은?

① 정지시간 단축
② 발전기 안정도의 증진
③ 회전력의 증가
④ 과부하 내량의 증대

해설

발전기의 안정도 향상 대책
① 정태 극한 전력을 크게 한다. (정상 리액턴스 작게)
② 난조 방지(플라이 휠 효과 선정, 제동권선 설치)
③ 단락비를 크게 한다.

26

회전 속도의 변화에 따라서 자동적으로 유량을 가감하는 장치를 무엇이라 하는가?

① 공기 예열기 ② 과열기
③ 여자기 ④ 조속기

정답 22 ② 23 ② 24 ④ 25 ② 26 ④

27

수력발전소의 수차 발전기를 정지시키고자 다음과 같은 동작을 하였다. 동작 순서가 옳은 것은?

① 주 밸브(main valve)를 닫음과 동시에 제수문을 닫는다. ② 여자기의 여자전압을 내려 발전기의 전압을 내린다. ③ 주개폐기를 열어 무부하로 한다. ④ 조속기의 유압 조정장치를 핸들에 옮겨 니들 밸브 또는 가이드변을 닫아 수차를 정지시키고 곧 주변을 닫는다.

① ①-②-③-④
② ④-③-②-①
③ ②-④-①-③
④ ③-②-④-①

해설
수차발전기를 정지시킬 때의 순서
① 무부하로 만든다.
② 발전기 전압을 내린다.
③ 수차를 정지한다.
④ 제수문을 닫는다.

28

부하 변동이 있을 경우 수차(또는 증기 터빈)입구의 밸브를 조작하는 기계식 조속기의 각 부의 동작 순서는?

① 평속기 → 복원 기구 → 배압 밸브 → 서보 전동기
② 배압 밸브 → 평속기 → 서보 전동기 → 복원 기구
③ 평속기 → 배압 밸브 → 서보 전동기 → 복원 기구
④ 평속기 → 배압 밸브 → 복원 기구 → 서보 전동기

해설 Chapter 12 - 05 - (6)

29

수차의 조속기가 너무 예민하면?

① 탈조를 일으키게 된다.
② 수압 상승률이 크게 된다.
③ 속도변동률이 작게 된다.
④ 전압변동이 작게 된다.

해설
수차의 조속기가 예민하면 난조를 일으키기 쉽고 심하게 되면 탈조까지 일으킬 수 있다.
발전기 관성 모멘트가 크든가, 또는 자극에 제동권선이 있으면 난조는 방지된다.

정답 27 ④ 28 ③ 29 ①

Chapter 13 발전공학 - 화력발전

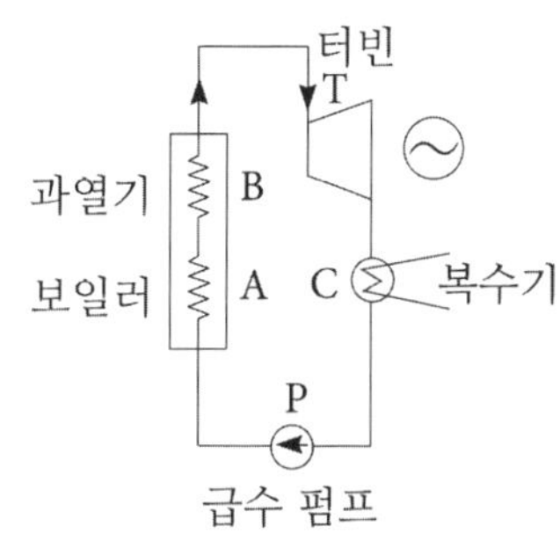

- 열에너지 → 전기에너지
- 증기 및 급수 흐르는 순서 : 절탄기→보일러→과열기→터빈→복수기

01 열역학 개요

(1) 열량

① 1[kcal] : 표준기압, 순수한 물 1[kg]을 1[℃] 올리는데 필요한 열량

② 1[BTU] = 0.252[kcal]

(2) 온도

① **섭씨**[℃]

② **화씨**[°F]

③ **절대온도**[°k]

T[°k] = t[℃] + 273.15

(3) 물과 증기

① **포화 온도** : 물이 증기로 변화하는 온도

② **포화 증기** : 물이 증발하는 온도에서의 증기

③ **포화 증기 보유 열량** = 액체열 + 증발열

〈100[kcal]〉 〈539[kcal]〉

④ **과열 증기** : 액체열 + 증발열 + 과열증기비열×과열도

⑤ **엔탈피**[kcal/kg] : 물 또는 증기 1[kg]이 보유하고 있는 열량

⑥ **엔트로피**[kcal/kg.°k] : 절대온도에 대한 엔탈피의 변화

$$S = \frac{i}{T}$$

02 열사이클

(1) 카르노 사이클 – 가장 이상적인 사이클

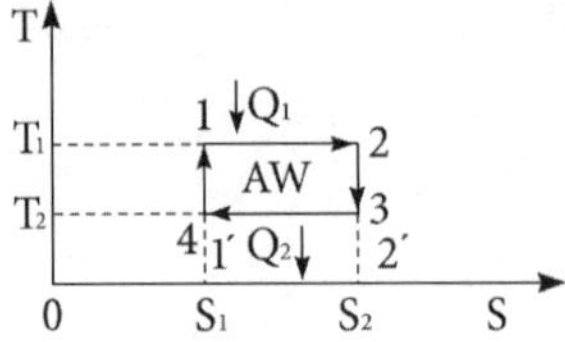

(2) 랭킨 사이클 – 기본적인 사이클

※ 순환과정 : 등압가열 → 단열팽창 → 등압냉각 → 단열압축

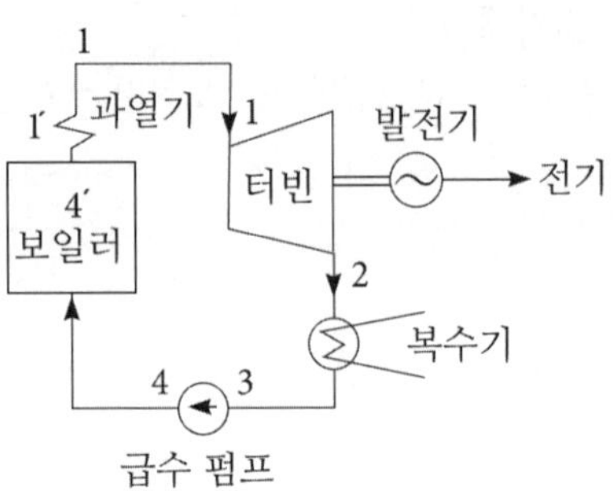

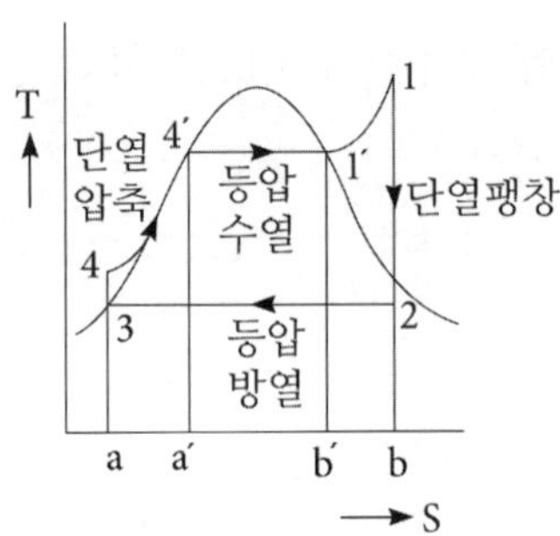

(3) 재생 사이클 – 증기 일부추기 급수가열

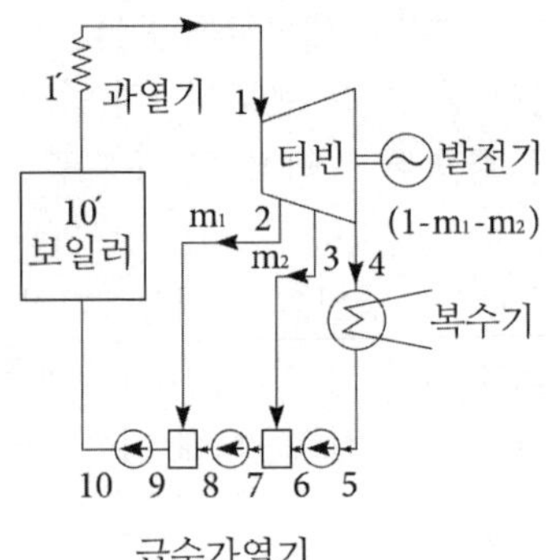

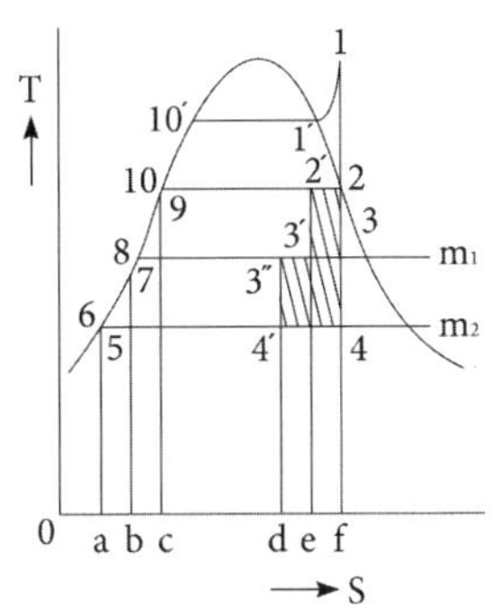

(4) **재열 사이클** [터빈의 증기 전부를 재 가열하여 터빈에 공급 / 터빈 날개 부식 방지. 열효율 향상

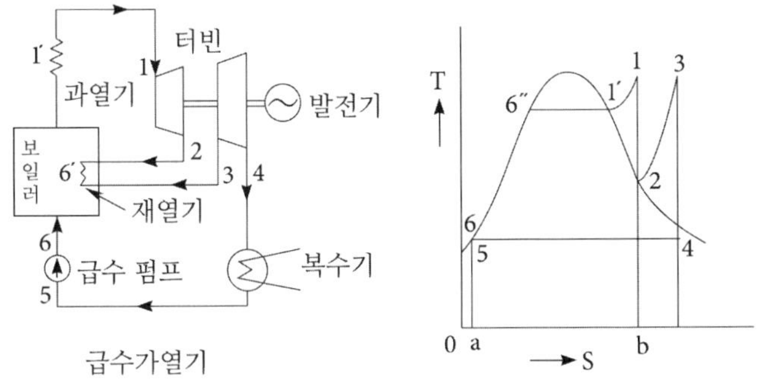

(5) **재생 · 재열 사이클 → 대용량 기력발전소에 사용**

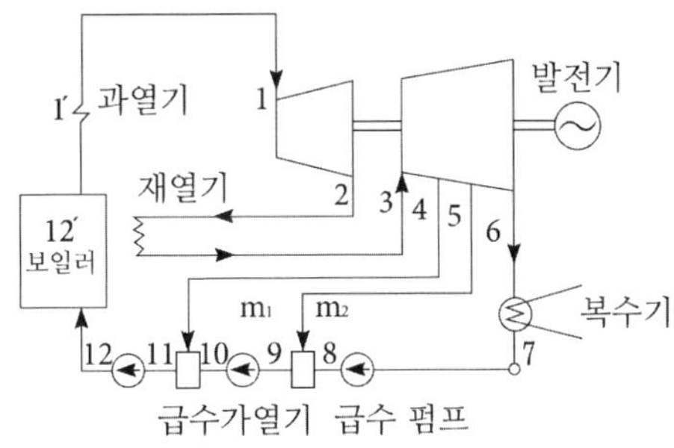

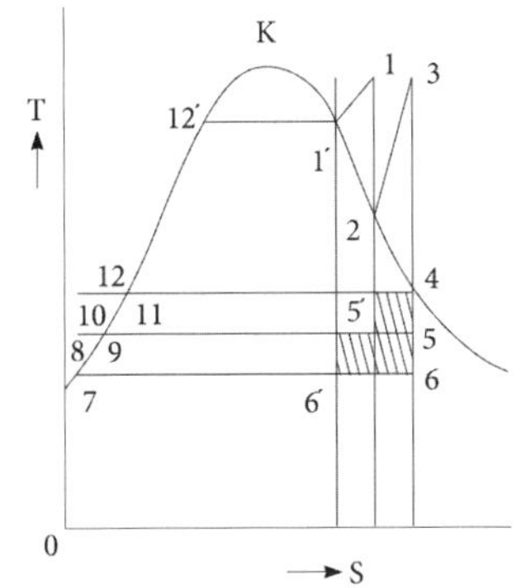

03 연료와 연소장치

(1) 고체 연료 연소장치

① 스토커식 – 석탄을 덩어리 상태 연소(소규모 보일러)
② 미분탄식 – 석탄을 분쇄(대용량 기력발전소)

장점	단점
① 부하 변동에 대한 적응성이 좋다. ② 연소 조절이 쉽고 뱅킹 손실이 적다. ③ 보일러 효율이 높다. ④ 중유 등과 혼합이 쉽다.	집진장치 필요 (재가 날린다.)

(2) 액체 연료 연소장치

① 증기 분사식
② 압력 분사식
③ 공기 분사식

(3) **공기 과잉률** – 석탄 1[kg]을 완전연소시 필요한 이론 공기량 α_0 실제 공급 공기량 α의 비

$$\mu = \frac{\alpha}{\alpha_0} \quad (\alpha > \alpha_0)$$

① **스토커식** ⇒ 1.4 ~ 1.7배
② **미분탄식** ⇒ 1.2 ~ 1.4배
③ **중유버너** ⇒ 1.05배

04 보일러 및 부속설비

(1) 보일러 분류

① **자연 순환식** : 물과 증기의 비중차를 이용
(드럼과 다수의 증발관으로 구성)
② **강제 순환식** : 보일러 하강관 도중에 순환펌프 설치
(대용량 보일러)
③ **관류 보일러** : **드럼이 없다.** 구조 간단.
↳ 이유 : 물을 임계온도·임계압력에서 증기로 바로 바꾸기 때문

(2) 부속설비

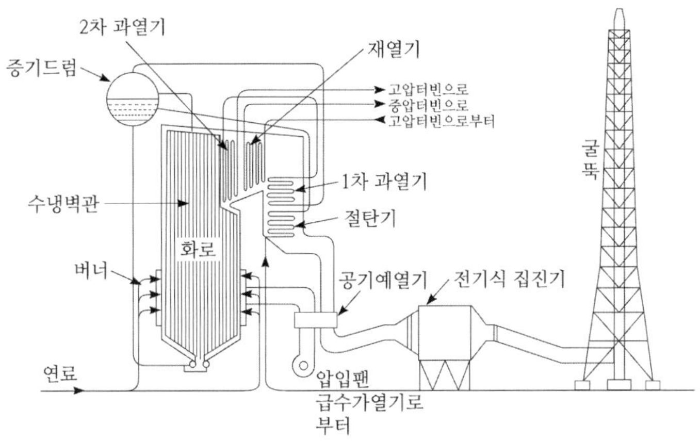

① **과열기** : 포화증기 → 과열증기(고온고압)

② **재열기** : 고압터빈 내의 증기를 추기하여 증기를 재가열

③ **절탄기** : 배기가스 여열을 이용하여 급수가열
(연료절약 4~11[%])

④ **공기 예열기** : 연도를 통해 나가는 여열을 통하여 공기가열

⑤ **집진장치** : 미분탄 방식에 필수

집진장치
- 기계식 - 사이클론식
- 전기식 - 코트렐 집진기 (효율 ↑, 많이 사용)
  - 양극 - 집진극
  - 음극 - 방전극
- 수세식

⑥ **복수기** : 터빈에서 분출된 증기를 냉각

가. 표면 복수기
- 수관에 증기를 접촉시켜 냉각(기력 발전소)
- 냉각 면적 : 0.05~0.15[m^2/kW]
- 열손실 : 50[%]

⑦ **순환펌프** : 복수기에 냉각수를 보내주는 펌프

⑧ **급수처리 - 탈기기** : 급수 중의 산소제거

(3) 보일러의 급수영향

① **스케일** : 열통과율 저하의 원인(스케일과 진흙)

② **포밍** : 보일러 표면에 거품이 일어나는 현상

③ **프라이밍** : 부하가 갑자기 증가하여 압력이 떨어졌을 때 일어나는 보일러 물의 비등 현상

④ **케리오버** : 터빈에 장해 주는 것

(4) 보일러의 효율

$$\eta = \frac{\omega(i-i_c)}{WH}$$

- ω : 증발량
- i : 발생 증기의 엔탈피[kcal/kg]
- i_0 : 급수의 엔탈피[kcal/kg]
- W : 공급 연료량[kg/h]
- H : 발열량

05 터빈 및 발전소 효율

(1) 터빈의 분류

① **동작원리에 따른 분류**
- 충동 터빈(수력의 펠턴수차와 같다.)
- 반동 터빈
- 혼식 터빈 = 충동 + 반동

② **배기가스 사용목적**
- 복수 터빈 : 터빈 배기가스 전부를 복수
- 추기 터빈 : 터빈 배기가스 일부 복수
  일부는 공업용 증기로 사용
- 배압 터빈 : 터빈 배기가스 전부를 공업용 증기로 사용

③ **증기 터빈 구조 ⇒ 수차와 비슷**
↳ 증기 누설 방지 - 래버린드 패킹, 물 패킹, 탄소환 패킹

④ **증기 터빈 효율**

$$\eta = \frac{860P}{\omega(i_1 - i_2)}$$

- P : 터빈 출력
- ω : 사용 증기량
- i_1 : 터빈 입구 엔탈피
- i_2 : 복수기 입구 엔탈피

⇒ 증기의 이론속도 $v = 91.5\sqrt{i_1 - i_2}$

⑤ **발전소 효율** $\eta = \frac{860W}{MH} \times 100$

- M : 연료의 질량[kg]
- H : 발열량[kcal]
- W : 전력량

→ $= \frac{\text{총 발생전력량을 열량으로 환산}}{\text{소비된 연료의 전 발열량}}$

출제예상문제

01

증기의 엔탈피란?

① 증기 1[kg]의 잠열
② 증기 1[kg]의 보유 열량
③ 증기 1[kg]의 기화 열량
④ 증기 1[kg]의 증발열을 그 온도로 나눈 것

해설 Chapter 13 – 01 – (3)
엔탈피(enthalpy)는 각 온도에 있어 물 또는 증기의 보유 열량의 뜻이다.

02

종축에 절대온도 T, 횡축에 엔트로피(entropy) S를 취할 $T-S$ 선도에 있어서 단열변화를 나타내는 것은?

①
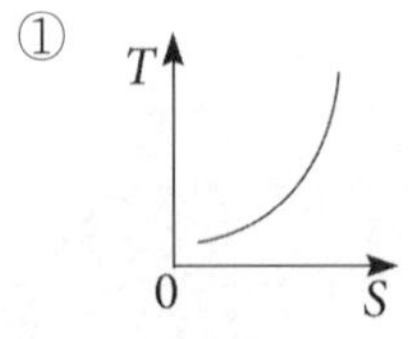

②
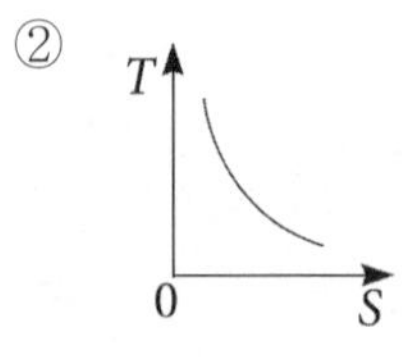

③
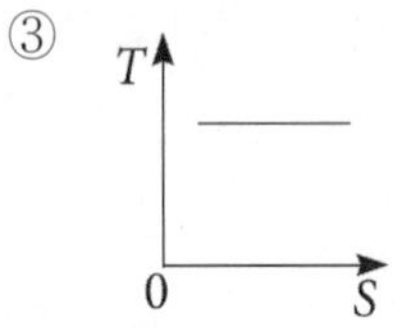

④
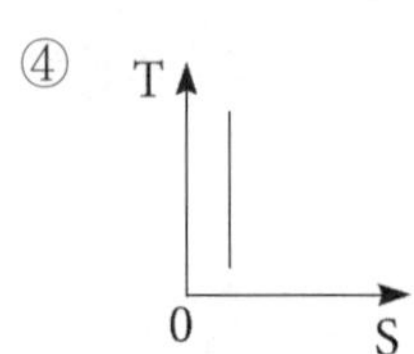

해설
단열 변화이므로 열량의 출입은 없고 $\triangle Q=0$이다. 따라서 단열 변화에 대해서는 $\triangle S=0$이므로 그간의 엔트로피의 변화는 없고 온도에 관계없이 일정하다.

03

기력 발전소의 열 사이클 중 가장 기본적인 것으로 두 등압 변화와 두 단열 변화로 되는 열 사이클은?

① 랭킨 사이클 ② 재생 사이클
③ 재열 사이클 ④ 재생재열 사이클

해설 Chapter 13 – 02 – (2)

04

그림은 랭킨 사이클의 $T-S$선도이다. 이 중 보일러 내의 등온 팽창을 나타내는 부분은?

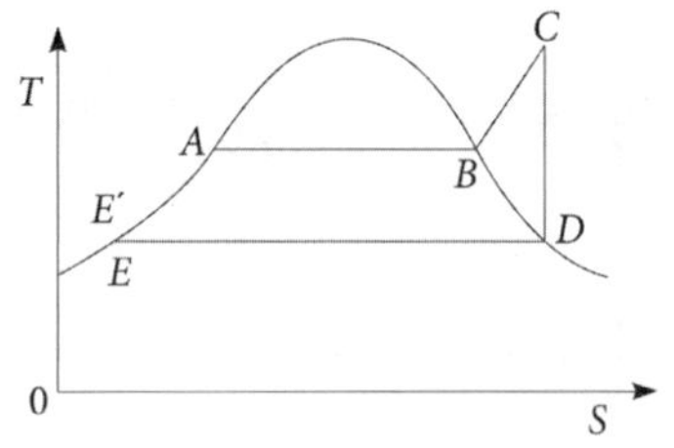

① $A-B$ ② $B-C$
③ $C-D$ ④ $D-E$

해설 Chapter 13 – 02 – (2)

05

기력 발전소의 열 사이클 과정 중 단열 팽창 과정의 물 또는 증기의 상태 변화는?

① 습증기 → 포화액
② 과열증기 → 습증기
③ 포화액 → 압축액
④ 압축액 → 포화액 → 포화증기

해설
- 보일러 : 등압 가열
- 복수기 : 등압 냉각
- 터빈 : 단열 팽창
- 급수펌프 : 단열 압축

정답 01 ② 02 ④ 03 ① 04 ① 05 ②

06

화력 발전소에 있어서 증기 및 급수가 흐르는 순서는?

① 절탄기 → 보일러 → 과열기 → 터빈 → 복수기
② 보일러 → 절탄기 → 과열기 → 터빈 → 복수기
③ 보일러 → 과열기 → 절탄기 → 터빈 → 복수기
④ 절탄기 → 과열기 → 보일러 → 터빈 → 복수기

해설 Chapter 13 – 01

07

랭킨 사이클이 취하는 급수 및 증기의 올바른 순환 과정은?

① 등압가열 → 단열팽창 → 등압냉각 → 단열압축
② 단열팽창 → 등압가열 → 단열압축 → 등압냉각
③ 등압가열 → 단열압축 → 단열팽창 → 등압냉각
④ 등온가열 → 단열팽창 → 등온압축 → 단열압축

해설 Chapter 13 – 02 – (2)

08

그림과 같은 사이클을 무슨 사이클인가?

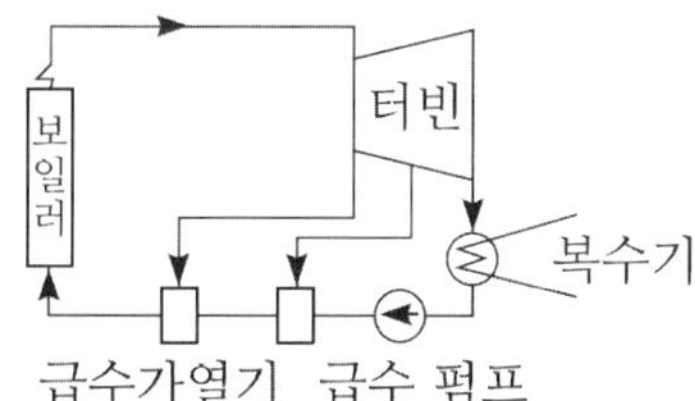

① 랭킨 사이클
② 재생 사이클
③ 재열 사이클
④ 재생재열 사이클

해설 Chapter 13 – 02 – (3)
재생 사이클 : 증기 일부를 추기하여 급수가열에 이용

09

최근의 고압고온을 채용한 기력 발전소에서 채용되는 열 사이클로서 그림과 같은 장치 선도의 열 사이클은?

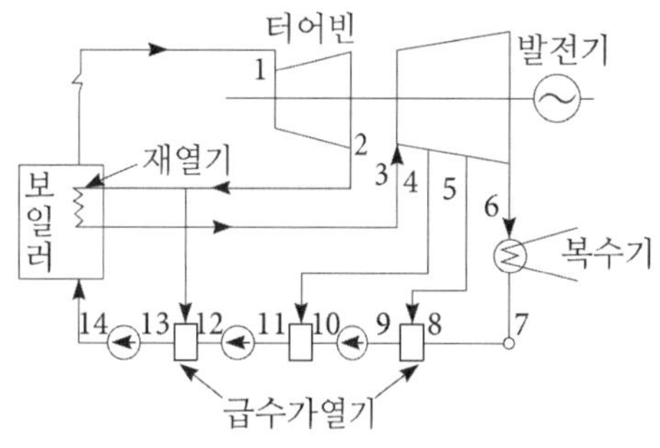

① 랭킨　　② 재생
③ 재열　　④ 재열재생

해설 Chapter 13 – 02 – (5)
재열 사이클과 재생 사이클의 특징을 이용하여 대용량 기력 발전소에 이용한다.

10

화력 발전소에서 발전 효율을 저하시키는 원인으로 가장 큰 손실은?

① 소내용 동력
② 터빈 및 발전기의 손실
③ 연돌 배출 가스
④ 복수기 냉각수 손실

해설 Chapter 13 – 04 – (2)
터빈에서 분출된 증기를 냉각시키나 열손실(50[%])이 크다.

정답 06 ① 07 ① 08 ② 09 ④ 10 ④

11

기력 발전소의 연소 효율을 높이는 다음 방법 중 미분탄 연소 발전소에서는 하지 않아도 되는 방법은?

① 공기 예열기로 2차 연소용 공기의 온도를 올린다.
② 수냉벽을 사용한다.
③ 재생재열 사이클을 채용한다.
④ 절탄기로 급수를 가열한다.

해설 Chapter 13 – 03 – (1)
미분탄 연소 방식의 연소 효율 향상 대책
㉠ 화로에 수냉벽 설치하여 복사열 급수에 흡수
㉡ 공기 예열기 사용
㉢ 절탄기 사용
㉣ 저질탄, 무연탄 연소 가능
㉤ 적은 양의 과잉 공기로 완전 연소

12

출력 30,000[kW]의 화력발전소에서 6,000[kcal/kg]의 석탄을 매시간에 15톤의 비율로 사용하고 있다고 한다. 이 발전소의 종합 효율은 몇 [%]인가?

① 28.7　② 31.7
③ 33.7　④ 36.7

해설 Chapter 13 – 05 – (1) – ⑤

$$\therefore \eta = \frac{860\,W}{m\,H} = \frac{860 \times 30{,}000}{15 \times 1{,}000 \times 6{,}000} = 0.287 = 28.7\,[\%]$$

13

최대출력 5,000[kW], 일부하율 60[%]로 운전하는 화력 발전소가 있다. 5,000[kcal/kg]의 석탄 4,300[ton]을 사용하여 50일간 운전하면 발전소의 종합 효율은 몇 [%]인가?

① 14.4　② 40.4
③ 20.4　④ 30.4

해설 Chapter 13 – 05 – (1) – ⑤

$$\eta = \frac{860\,W}{mH} = \frac{860 \times 5{,}000 \times 0.6 \times 24}{4{,}300 \times 10^3 \times 5{,}000} \times 100 = 14.4\,[\%]$$

※ 사용전력량[kWh] = 최대전력 × 부하율 × 시간

14

다음 중 출력 20,000[kW]의 화력발전소가 부하율 80[%]로 운전할 때 1일의 석탄소비량은 약 몇 [ton]인가? (단, 보일러 효율 80[%], 터빈의 열사이클 효율 35[%], 터빈효율 85[%], 발전기 효율 76[%] 석탄의 발열량은 5,500[kcal/kg]이다.)

① 272　② 293
③ 312　④ 333

해설 Chapter 13 – 05 – (1) – ⑤

$\eta = \dfrac{860\,W}{mH}$ 에서

$$m = \frac{860\ W}{\eta \cdot\ H} = \frac{860 \times 20{,}000 \times 0.8 \times 24}{0.18 \times 5{,}500} \times 10^{-3}\,[\text{ton}] \fallingdotseq 333\,[\text{ton}]$$

※ 종합효율

$$\eta = \eta_b \cdot \eta_c \cdot \eta_t \cdot \eta_G = 0.8 \times 0.35 \times 0.85 \times 0.76 = 0.18$$

15

터빈 발전기에 있어서 수소 냉각 방식을 공기 냉각 방식과 비교한 것 중 수소 냉각 방식의 특징이 아닌 것은?

① 동일 기계에서 출력을 증가할 수 있다.
② 풍손이 작다.
③ 권선의 수명이 길어진다.
④ 코로나 발생이 심하다.

해설 Chapter 13 – 05 – (1) – ⑤
수소 냉각 방식 : 코로나 전압이 높아 코로나 발생이 작다.

정답 11 ③ 12 ① 13 ① 14 ④ 15 ④

16

증기 터빈의 장·단점 중 옳지 않은 것은?

① 과열 증기나 고진공인 때의 효율이 매우 낮다.
② 고효율을 내기 위하여는 대용량의 복수기가 필요하다.
③ 과부하 용량이 크고 또한 과부하시의 효율이 높다.
④ 고속도기므로 날개 및 축수 등의 손상이 심하다.

해설 Chapter 13 – 05 – (1) – ⑤
과열증기나 고진공 시 효율이 높다.

17

냉각수를 복수기에 보내 주는 펌프의 명칭은?

① 배수 펌프 ② 복수 펌프
③ 급수 펌프 ④ 순환 펌프

해설 Chapter 13 – 04 – (2) – ⑦

18

터빈에서 배기되는 증기를 용기 내로 도입하여 물로 냉각하면 증기는 응결하고 용기 내는 진공이 되며, 증기를 저압까지 팽창시킬 수 있다. 이렇게 하면 전체의 열낙차를 증가시키고, 증기 터빈의 열효율을 높일 수 있는데 이러한 목적으로 사용되는 설비는?

① 조속기 ② 복수기
③ 과열기 ④ 재열기

해설 Chapter 13 – 04 – (2) – ⑥

19

화력 발전소에서 재열기의 목적은?

① 급수를 예열한다. ② 석탄을 건조한다.
③ 공기를 예열한다. ④ 증기를 가열한다.

해설 Chapter 13 – 04 – (2) – ②

20

기력 발전소에서 절탄기의 용도는?

① 보일러 급수를 가열한다.
② 포화증기를 과열한다.
③ 연소용 공기를 예열한다.
④ 석탄을 건조한다.

해설 Chapter 13 – 04 – (2) – ③

21

증기 터빈의 팽창도중에서 증기를 추출하는 형태의 터빈은?

① 복수 터빈 ② 배압 터빈
③ 추기 터빈 ④ 배기 터빈

해설 Chapter 13 – 05 – (1) – ②

22

석탄 연소 화력 발전소에서 사용되는 집진 장치의 효율이 가장 큰 것은?

① 전기식 집진기
② 수세식 집진기
③ 원심력선 집진 장치
④ 직렬 결합식

해설 Chapter 13 – 04 – (2)

정답 16 ① 17 ④ 18 ② 19 ④ 20 ① 21 ③ 22 ①

23

발전소 원동기로서 가스 터빈의 특징을 증기 터빈과 내연기관에 비교하였을 때 옳은 것은?

① 기동시간이 짧고 조작이 간단하여 첨두부하 발전에 적당하다.
② 평균효율이 증기 터빈에 비하여 대단히 낮다.
③ 냉각수가 비교적 많이 들고 설비가 복잡하여 보수가 어렵다.
④ 소음이 비교적 작고 무부하일 때 연료의 소비량이 적게 된다.

해설

가스 터빈의 장점
① 소형 경량으로 건설비가 싸고 유지비가 적다.
② 기동시간이 짧고 부하의 급변에도 잘 견딘다.
③ 냉각수를 다량으로 필요치 않다.

24

화력 발전소의 위치 선정시에 고려하지 않아도 좋은 것은?

① 전력 수요지에 가까울 것
② 값싸고 풍부한 용수와 냉각수가 얻어질 것
③ 연료의 운반과 저장이 편리하며 지반이 견고할 것
④ 바람이 불지 않도록 산으로 둘러싸일 것

해설

화력 발전소 위치 선정시 고려사항
① 전력 수요지에 가까울 것
② 풍부한 용수와 냉각수가 얻어질 것
③ 연료의 운반과 저장이 편리할 것
④ 지반이 견고할 것

25

기력 발전소에서 포밍의 원인은?

① 과열기의 손상 ② 냉각수의 부족
③ 급수의 불순물 ④ 기압의 과대

해설 Chapter 13 – 04 – (3)
포밍
보일러 표면에 거품이 일어나는 현상

26

스팀 트랩의 작용은?

① 증기의 건조 ② 증기의 누설 방지
③ 증기류 ④ 응결수의 배제

정답 23 ① 24 ④ 25 ③ 26 ④

발전공학 - 원자력발전

핵 분열시 발생되는 에너지를 이용

↳ $W = m \cdot c^2$ [J] ┌ m : 질량[kg]
└ c : 광속[m/s]

01 원자로의 구성

↳ 화력 발전소의 보일러와 같다.

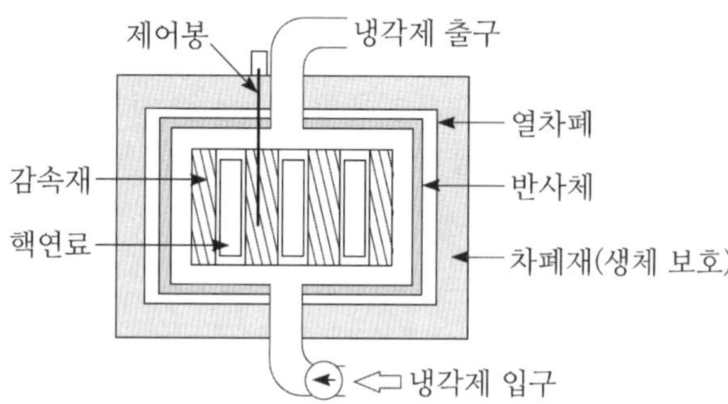

(1) 핵 연료 : $_{92}U^{233}$, $_{92}U^{235}$, $_{94}Pu^{239}$

$_{92}U^{235}$: 질량 결손시 에너지 0.215[amu] = 200[MeV]

↳ 1[g]당 1[MW/day] = 석탄 3.3[t]에서 발생에너지

(2) 감속재 : 핵분열 시 고속 중성자를 열 중성자로 감속

- **온도계수** : 감속재 온도 1[℃] 변화에 대한 반응도의 변화
- **재료** : 경수(H_2O), 중수(D_2O), 흑연(C), 베릴륨(Be)
  ↳ 감속비 가장 크다.

(3) 제어재 : 중성자 수 조절(중성자 흡수단면적 클 것)

- **재료** : 붕소(B), 카드뮴(cd), 하프늄(Hf)

(4) 냉각재 : 핵분열 시 열에너지를 외부로 인출

- **재료** : 경수, 중수, 헬륨(He), 이산화탄소, 액체나트륨(Na)

(5) 반사재 : 열에너지가 외부로 인출되는 것을 차폐. 연료소모량 감소

- 경수, 중수, 흑연, 베릴늄

(6) 차폐재 : 핵 분열시 2 ~ 3 중성자가 발생하고 항상 α, β, γ 선 발생

- α : 헬륨에서 발생, β : 전자에서 발생, γ(방사능) : 파장↓, 투과력↑
- **차단벽** : H_2O, 콘크리트 (생체 차폐)
- **열 차폐** : PS강판

02 원자로의 종류

(1) 경수로

① **비등수형(BWR)** - 원자로 내의 증기와 물 분리 후 증기를 터빈에 공급
- 열교환기 불필요

- 연료 : 저농축 우라늄
- 감속재 : 경수
- 냉각재 : 경수

② **가압수형(PWR)** - 비등수형 단점보완(우리나라 대부분)
- 열교환기 필요

- 연료 : 저농축 우라늄
- 감속재 : 경수
- 냉각재 : 경수

(2) 중수

① **가압중수형(PHWR)** - 월성 원자력

- 연료 : 천연 농축우라늄
- 감속재 : 중수(D_2O)
- 냉각재 : 중수(D_2O)

Chapter 14 출제예상문제

01

원자로에서 열중성자를 U^{235} 핵에 흡수시켜 연쇄 반응을 일으키게 함으로써 열에너지를 발생시키는데, 그 방아쇠 역할을 하는 것이 중성자원이다. 다음 중 중성자를 발생시키는 방법이 아닌 것은?

① α 입자에 의한 방법
② β 입자에 의한 방법
③ γ 선에 의한 방법
④ 양자에 의한 방법

해설
중성자를 발생시키는 방법으로는 다음과 같은 것이 있다.
① α 입자에 의한 방법
② γ 선에 의한 방법
③ 양자 또는 중성자에 의한 방법

02

원자로는 화력발전소의 어느 부분과 같은가?

① 내열기 ② 복수기
③ 보일러 ④ 과열기

해설 Chapter 14 – 01
원자로란 제어된 상태에서 핵분열 연쇄반응을 일으키도록 한 장치로서 화력발전소의 보일러와 같은 것으로, 핵분열 반응에 참여하는 중성자 에너지 영역이 주로 고에너지인가, 중에너지인가 혹은 저에너지인가에 따라서 고속 중성자로, 중속 중성자로, 열 중성자로 나뉜다.

03

원자력 발전의 기본 원리가 되는 원자력 에너지 이론에 의하면 질량 1[kg]의 물질이 완전히 에너지로 변환되면 그 에너지는 약 몇 [kWh]에 해당되는 전력량과 같은가?

① 1.5×10^{10} ② 1.5×10^{7}
③ 2.5×10^{10} ④ 2.5×10^{7}

해설 Chapter 14 – 01
$E=mC^2=1\times(3\times10^8)^2=9\times10^{16}$[J]
1[kWh] $=3.6\times10^6$[J]이므로
$E=\dfrac{9\times10^{16}}{3.6\times10^6}=2.5\times10^{10}$[kWh]

04

증식비가 1보다 큰 원자로는?

① 경수로 ② 고속 중성자로
③ 중수로 ④ 흑연료

해설
고속 증식로의 증식비 : 1.1 ~ 1.4

05

원자로에서 고속 중성자를 열중성자로 만들기 위하여 사용되는 재료는?

① 제어재 ② 감속재
③ 냉각재 ④ 반사재

해설 Chapter 14 – 01 – (2)

정답 01 ② 02 ③ 03 ③ 04 ② 05 ②

06

원자로의 감속재가 구비하여야 할 성질 중 적합하지 않은 것은?

① 중성자의 흡수 단면적이 작을 것
② 원자량이 큰 원소일 것
③ 중성자의 충돌 확률이 높을 것
④ 감속비가 클 것

해설 Chapter 14 – 01 – (2)
감속재는 고속 중성자를 열중성자로 바꾸는 작용을 하므로 중성자 흡수 면적이 작고 탄성 산란에 의해 감속되는 정도가 크고, 원자량이 적은 원소일수록 좋다.

07

다음 중 감속재로 가장 적당하지 않은 것은?

① 경수 ② 중수
③ 산화베릴륨 ④ 무기화합물

해설 Chapter 14 – 01 – (2)
감속재로서는 중성자 흡수가 적고 탄성 산란에 의해 감속되는 정도가 큰 것이 좋으며 중수, 경수, 산화베릴륨, 흑연 등이 사용된다. 또한 감속재의 성질인 감속능(slowing down power)과 감속비(moderating ratio)의 값이 클수록 감속재로서 우수하다.

08

감속재의 온도 계수란?

① 감속재의 시간에 대한 온도 상승률
② 반응에 아무런 영향을 주지 않는 계수
③ 감속재의 온도 1[℃] 변화에 대한 반응도의 변화
④ 열중성자로에의 양(+)의 값을 갖는 계수

해설 Chapter 14 – 01 – (2)

09

원자로의 냉각재가 갖추어야 할 조건으로 틀린 것은?

① 열용량이 작을 것
② 중성자의 흡수단면적이 작을 것
③ 냉각재와 접촉하는 재료를 부식하지 않을 것
④ 중성자와 흡수단면적이 큰 불순물을 포함하지 않을 것

해설
냉각재 : 원자로에서 발생한 열에너지를 외부로 꺼내는 역할
- 중성자 흡수가 적을 것
- 비열, 열전도율이 클 것
- 유도 방사능이 적을 것

10

다음에서 가압수형 원자력 발전소에 사용하는 연료, 감속재 및 냉각재로 적당한 것은?

① 연료 : 천연 우라늄, 감속재 : 흑연감속, 냉각재 : 이산화탄소 냉각
② 연료 : 농축 우라늄, 감속재 : 중수감속, 냉각재 : 경수냉각
③ 연료 : 저농축 우라늄, 감속재 : 경수감속, 냉각재 : 경수냉각
④ 연료 : 저농축 우라늄, 감속재 : 흑연감속, 냉각재 : 경수냉각

해설 Chapter 14 – 02 – (1) – ②

정답 06 ② 07 ④ 08 ③ 09 ① 10 ③

11

원자력 발전소에서 비등수형 원자로에 대한 설명으로 틀린 것은?

① 연료로 농축 우라늄을 사용한다.
② 감속재로 헬륨 액체 금속을 사용한다.
③ 냉각재로 경수를 사용한다.
④ 물을 노내에서 직접 비등시킨다.

해설 Chapter 14 – 02 – (1) – ①
비등수형 원자로(BWR)는 감속재 및 냉각재로서 물을 사용한다.

12

비등수형 원자로의 특색이 아닌 것은?

① 방사능 때문에 증기는 완전히 기수분리를 해야 한다.
② 열 교환기가 필요하다.
③ 기포에 의한 자기 제어성이 있다.
④ 순환 펌프로서는 급수 펌프뿐이므로 펌프 동력이 작다.

해설 Chapter 14 – 02 – (1) – ①
① 열교환기가 필요 없다.
② 증기는 기수분리, 급수는 양질의 것이어야 한다.
③ 출력변동에 대한 출력특성은 가압수형보다 못하다.
④ 펌프 동력이 적어도 된다.

13

가스 냉각형 원자로에 사용하는 연료 및 냉각재는?

① 농축 우라늄, 헬륨
② 천연 우라늄, 탄소가스
③ 천연 우라늄, 질소
④ 농축 우라늄, 수소가스

해설
가스 냉각형 원자로
연료 – 천연우라늄
감속재 – 흑연
냉각재 – 탄소가스

정답 11 ① 12 ② 13 ②

전기기사
·
산업기사
정용걸
전기기사

제 3 과목

전기기기

핵심이론편

Chapter 01 기전력

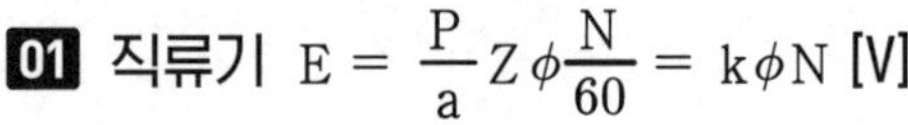

01 직류기 $E = \frac{P}{a} Z\phi \frac{N}{60} = k\phi N$ [V]

총자속수 $P\phi = \pi D \ell B$, $B = \frac{P\phi}{\pi D \ell}$

$E = V \pm I_a R_a$ [V]

02 변압기

$E = 4.44\, f N \phi_m = 4.44\, f N B_m A$ [V]

03 동기기

$E = 4.44\, f \phi k\omega \cdot \omega$ [V]

04 유도기

$E = 4.44\, f \phi k\omega N$ [V]

05 정류기

(1) 회전 변류기

$$\frac{E}{E_d} = \begin{cases} 1\phi : \frac{1}{\sqrt{2}} \\ \frac{I}{I_d} = \frac{2\sqrt{2}}{m \cdot \cos\theta} \\ 3\phi : \frac{\sqrt{3}}{2\sqrt{2}} \\ 6\phi : \frac{1}{2\sqrt{2}} \end{cases}$$

(2) 수은 정류기

$3\phi\ E_d = 1.17E$ $\qquad \frac{I}{I_d} = \frac{1}{\sqrt{m}}$

$6\phi\ E_d = 1.35E$

(3) 반파

$E_{do} = \frac{\sqrt{2}}{\pi} E = 0.45E$

$$I_d = \frac{E_d}{R} = \frac{P_d}{E_d} = 0.45\,I$$

$$E_{d\alpha} = 0.45E\left(\frac{1+\cos\alpha}{2}\right)$$

$$PIV = \sqrt{2}\,E$$

(4) 전파

$$E_{d0} = \frac{2\sqrt{2}}{\pi}E = 0.9E \quad I_d = \frac{E_d}{R} = 0.9\,I$$

$$E_{d\alpha} = 0.9E\left(\frac{1+\cos\alpha}{2}\right)$$

$$PIV = 2\sqrt{2}\,E$$

(5) 단상 전파 맥동률 : 48[%]

3상 반파 맥동률 : 17[%]

3상 전파 맥동률 : 4[%] → 맥동률이 가장 작다.

(6) 인버터 : 직류 → 교류

컨버터 : 교류 → 직류

쵸퍼제어 : 직류전압제어, 위상제어-교류전압제어

사이크론 컨버터 : 교류 → 교류, 주파수 변환기

(7) 교류전압 = 맥동률×정류회로 부하전압

Chapter 02 권선법

01 직류기

① 현재 사용되는 권선법 : 고상권, 폐로권, 이층권
② 중권(병렬권) $a = p = b$, 저전압 대전류, $a = mp$
③ 파권(직렬권) $a = 2 = b$, 고전압 소전류, $a = 2m$
m : 다중도

02 변압기 - 권선의 분할조립 : 누설 리액턴스 감소

$(L \propto N^2)$

누설 변압기(=용접기) - ① 누설 리액턴스가 크다.
② 전압변동이 크다.

03 동기기

(1) **분포권** - 고조파 감소, 기전력 파형 개선
누설 리액턴스 감소

$$k_d = \frac{\sin\frac{\pi}{2m}}{q\sin\frac{\pi}{2mq}} \qquad q = \frac{s}{pm}$$

q : 매극매상당 슬롯수

(2) **단절권** - 고조파 제거, 기전력 파형 개선
동량 감소 → 기구의 축소

$$k_p = \sin\frac{1}{2}\beta\pi \qquad \beta = \frac{코일간격}{극간격}$$

(3) **제5 고조파 감소시키기 위해** $\frac{코일간격}{극간격} = 0.8$

04 유도기

(1) **농형** : 속도 조정이 어렵다.

(2) **권선형** : 속도 조정이 용이하다.

Chapter 03 전기자 반작용

01 직류기 : 전기자 전류에 의해 계자극에 영향을 주는 현상

(1) **감자 기자력** $AT_d = \frac{2\alpha}{\pi} \cdot \frac{Z}{P} \cdot \frac{I_a}{2a}$ [AT/P]

전기각 $\alpha =$ 기하각$\times \frac{P}{2}$

기하각 $= \frac{2\times \text{전기각}}{P}$

(2) 보극이 없는 직류기 brush 이동(양호한 정류의 목적)

(3) 발전기 – 회전 방향
전동기 – 회전 반대 방향

(4) **방지법** – 보극, 보상권선(전기자 전류와 반대 방향)

(5) **영향** $\phi \downarrow$ 발전기 : $E\downarrow$, $V\downarrow$, $P\downarrow$
전동기 : $N\uparrow$, $T\downarrow$

02 동기기

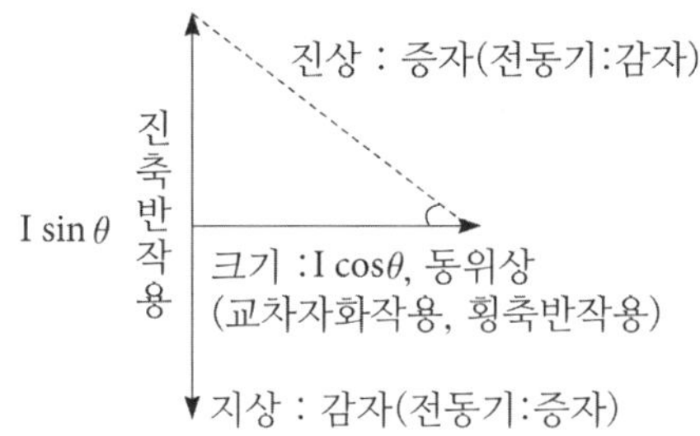

$Z_s = r_a + j\,x_s \fallingdotseq x_s = x_a + x_\ell$

x_s : 동기 리액턴스

x_ℓ : 누설 리액턴스

(1) **동기 임피던스** $Z_s \fallingdotseq x_s$

(2) **동기 리액턴스** – 지속 단락 전류 제한 $I_s = \frac{E}{x_s}$

(3) **누설 리액턴스** – 순간(돌발) 단락 전류 제한

(4) **단락시** – 처음은 큰 전류이나 점차 감소

Chapter 04 순환전류(병렬운전조건)

01 직류기

(1) 극성, 단자전압 일치(용량무관)

$V = E_1 - I_1R_1 = E_2 - I_2R_2$. $I = I_1 + I_2$

(2) 외부 특성이 수하특성일 것

(수하 특성 : 누설 변압기, 용접기)

(3) 균압선 : 직권, 복권

↳ (안정운전)

02 변압기

1ϕ ① 극성, 권수비, 정격전압 일치(용량, 출력무관)

② %임피던스 강하가 같을 것

3ϕ - ③ 상회전 방향과 각 변위가 같을 것

Y - Y 와 △ - △ : 짝수(○), 홀수(X)

03 동기기

※ 무효순환전류가 흐르는 원인

㉮ 기전력의 차

㉯ 여자전류(= 계자전류)의 변화

※ 무효순환전류가 미치는 영향

㉮ 지역률(역률이 나빠진다.)

㉯ 지상전류(90° 뒤지는 전류가 발생)

(1) 기전력의 크기 : 무효순환전류 $I_c = \frac{E_r}{2Z_s}$ [A]

(= 무효횡류)

E_r : 기전력의 차

(2) 기전력의 위상 : 동기화 전류 $I_{cs} = \frac{E}{Z_s} \sin\frac{\delta}{2}$ [A]

(= 유효횡류)

(3) 기전력의 주파수 : 난조 발생

① 난조원인 : 부하의 급변, 조속기감도 예민, 전기자 저항이 클 때

② 방지법 : 제동권선

(4) 기전력의 파형

(5) 수수전력 $= \frac{E^2}{2Z_s} \sin\delta$

(6) 동기화력 $= \frac{E^2}{2Z_s} \cos\delta$

Chapter 05 전압변동률

01 직류기 $\varepsilon = \dfrac{V_0 - V}{V} \times 100 = \dfrac{I_a R_a}{V} \times 100$

(1) $\varepsilon \oplus$ 분권, 타여자

(2) **평복권**($V_0 = V$) : 무부하전압 = 정격전압

(3) $V_0 = 119\,[V]$, $\varepsilon = 6\,[\%]$, $V = ?$

$\dfrac{119}{1.06} = 112.3\,[V]$

(4) $N = 1{,}500\,[rpm]$, $\varepsilon = 5\,[\%]$, $N_0 = ?$

$1{,}500 \times 1.05 = 1{,}575\,[rpm]$

02 동기기 $\varepsilon = \dfrac{V_0 - V}{V} \times 100 = \dfrac{E - V}{V} \times 100$

$$E = \sqrt{(\cos\theta)^2 + (\sin\theta + x_s)^2}$$

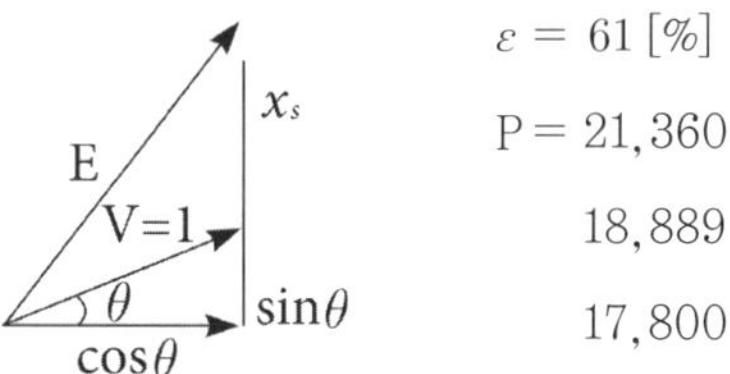

$\varepsilon = 61\,[\%]$

P = 21,360

18,889

17,800

03 변압기 $\varepsilon = \dfrac{V_{20} - V_{2n}}{V_{2n}} \times 100$

$$= P\cos\theta \pm q\sin\theta$$

(1) (+) 지역률, (−) 진역률

(2) 역률 100[%] $\varepsilon = P$

(3) 최대 전압 변동률 $\cos\theta_m = \dfrac{P}{Z}$

(4) $V_1 = aV_{20} = a(1 + \varepsilon)V_{2n}$

$$V_{1s} = I_{1n} Z_{21} = \frac{P_n}{V_{1n}} \sqrt{(r_1 + a^2 r_2)^2 + (x_1 + a^2 x_2)^2}$$

(5) 임피던스 전압 : 정격전류 인가시 변압기 내 전압 강하

(6) $V_{1s} = \frac{\%Z}{100} V_{1n}$

(7) $I_s = \frac{100}{\%Z} I_n$

↳ $5\% \rightarrow 20I_n$

$4\% \rightarrow 25I_n$

(8) $\%P = \frac{P_s}{P_n} \times 100$

(9) $\%q = \frac{I_{1n} x_{21}}{V_{1n}} \times 100$

$Z_{21} = 6 + j\,8 \Rightarrow 2\,[\%]$

$Z_{21} = 6.2 + j\,7 \Rightarrow 1.75\,[\%]$

Chapter 06 특성곡선

01 직류기

(1) 무부하 포화 곡선 $E-I_f$ 관계곡선

(2) 부하 포화 곡선 $V-I_f$ 관계곡선

(3) 속도토크특성 곡선 $n-T$ 관계곡선
순서 : 직 → 가 → 분 → 차

(4) $\dfrac{dT_L}{dn} \rangle \dfrac{dT_M}{dn}$ T_L : 부하 토크
T_L : 전동기 토크

02 동기기

3상 단락곡선 I_s-I_f 관계곡선

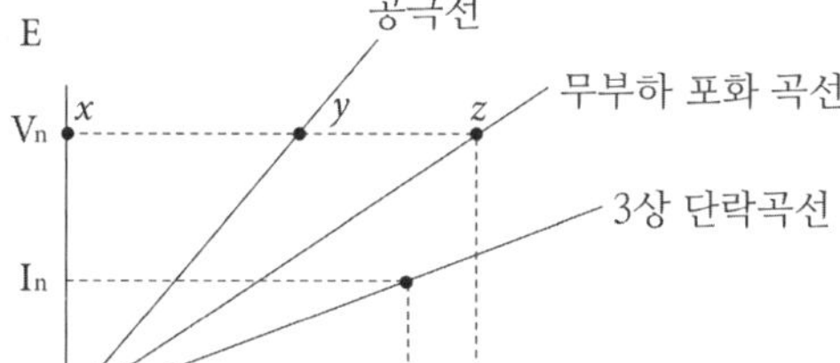

(1) 3상단락 곡선(곡선⇒직선 : 전기자반작용)

(2) 포화율 $\delta = \dfrac{yz}{xy}$
(공극선, 무부하 포화 곡선으로부터 구할 수 있다.)

(3) $Z_s = \dfrac{E}{I_s}[\Omega]$,

(4) $Z_S' = \dfrac{1}{K_s} = \dfrac{P_n Z_s}{V^2} = \dfrac{I_n}{I_s}[p.u]$

(5) 단락비 $k_s = \dfrac{i_1}{i_2}$
(무부하 포화 곡선, 3상단락 곡선으로부터 구할 수 있다.)

(6) **단락비 大** : 안정도 ⬆
(철기계) 전압변동률 ⬇
효율 ⬇
송전선 충전 용량 ⬆

(7) **단락비 크기** : 수차 > 터빈

(8) 위상특성 곡선 I_a-I_f 관계곡선(P 일정)

(9) 역률 → 부하각
위상 → 출 력

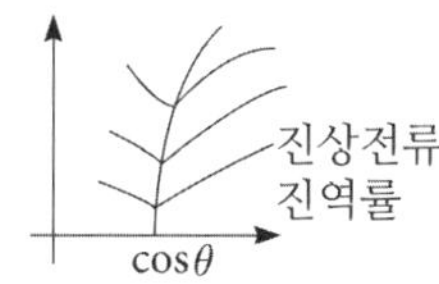

속도제어

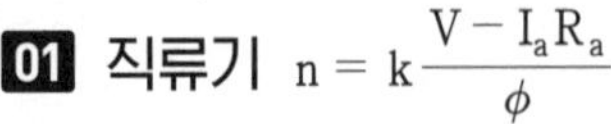

01 직류기 $n = k\frac{V - I_a R_a}{\phi}$

(1) **저항제어**

(2) **계자제어** – 정출력제어

(3) **전압제어** – 가장 광범위한 제어

(워어 드레오너드방식과 일그너방식 차이점 – 플라이휠)

전기자 주변속도 $v = \pi D \frac{N}{60}$ [m/s]

02 동기기 $N_s = \frac{120}{P} f$

(1) $P = 4$, $N_s = 1{,}800$

(2) $P = 6$, $N_s = 1{,}200$

(3) $P = 8$, $N_s = 900$

회전자 주변속도 $v = \pi D \frac{N_s}{60}$ [m/s]

03 유도기

(1) **농형**

① 주파수 제어 – 역률이 가장 우수
인견공업의 pot 전동기,
선박의 전기추진기

② 극수 변환법

③ 전압 제어법

④ 저항제어 – 장점 : 구조 간단, 조작 용이

(2) **권선형**

① 2차 저항법

② 2차 여자법 : 회전자기전력과 같은 주파수전압을 인가(= 슬립주파수)

③ 종속 접속법

㉮ 직렬 종속법 $N = \frac{120}{P_1 + P_2} f$

㉯ 차동 접속법 $N = \frac{120}{P_1 - P_2} f$

㉰ 병렬 접속법 $N = 2 \times \frac{120}{P_1 + P_2} f$

Ec 감소	Ec 상승

손실

01 직류기

(1) 고정손 – 철손, 기계손(베어링손, 마찰손, 풍손)

(2) 부하손 – 동손, 표유부하손

(3) 최대효율조건 : 고정손 = 부하손

(4) 규소강판 + 성층철심 사용 ➡ 철손 감소
(P_h 손 감소) (P_e 손 감소)

02 변압기

(1) 등가 회로 시험

① 권선저항측정법
② 무부하시험(개방시험) – 철손, 여자 전류, 여자어드미턴스
③ 단락시험 – 임피던스와트(동손), 임피던스전압

(2) 최대효율조건

① 전손실 : $P_i + P_c$, $P_i = P_c$

② $\frac{1}{m}$ 손실 : $P_i + \left(\frac{1}{m}\right)^2 P_c$, $P_i = \left(\frac{1}{m}\right)^2 P_c$

㉮ $\frac{1}{m} = \sqrt{\frac{P_i}{P_c}} \times 100 = \sqrt{\frac{1}{2}} \times 100 = 70\,[\%]$

㉯ $\frac{P_i}{P_c} = \left(\frac{1}{m}\right)^2 = \left(\frac{3}{4}\right)^2 = 9 : 16$

③ 와류손 $P_e = \delta_e (k f \cdot t \cdot f \cdot B_m)^2$ t :규소강판두께
$P_e \propto V^2$ f 무관

④ $\downarrow B_m \propto \frac{1}{f\uparrow}$ 철손↓, 여자전류↓
%임피던스↑, 누설 리액턴스↑

Chapter 09

효율

01 직류기

(1) $\eta_{발} = \dfrac{출력}{입력} = \dfrac{출력}{출력 + 손실} \times 100$

(2) $\eta_{전} = \dfrac{출력}{입력} = \dfrac{입력 - 손실}{입력} \times 100$

02 변압기

(1) $\eta_{전} = \dfrac{출력}{출력 + 손실} = \dfrac{P_n \cos\theta}{\mathrm{P_n} \cos\theta + P_i + P_c} \times 100$

(2) $\eta_{\frac{1}{m}} = \dfrac{\dfrac{1}{m} P_n \cos\theta}{\dfrac{1}{m} \mathrm{P_n} \cos\theta + P_i + \left(\dfrac{1}{m}\right)^2 P_c} \times 100$

03 유도기 $\eta_2 = \dfrac{P_o}{P_2} = \dfrac{(1-S)P_2}{P_2}$

$= (1-\mathrm{S}) = \dfrac{\mathrm{N}}{\mathrm{N_s}} = \dfrac{\omega}{\omega_s}$

(ω : 회전자 각속도, ω_s : 동기 각속도)

Chapter 10 토크

01 직류기

(1) $T = \dfrac{60 I_a(V - I_a R_a)}{2\pi N}$ [N・m]

(2) $T = \dfrac{PZ}{2\pi a}\phi I_a$ [N・m]

(3) $T = 0.975\dfrac{P_m}{N} = 0.975\dfrac{EI_a}{N}$ [kg・m]

$E = \dfrac{PZ\phi N}{60a} = V - I_a R_a$ [V]

(4) **직권 전동기** $T \propto I^2 \propto \dfrac{1}{N^2}$

① 전차용 전동기 사용 – 기동 토크 클 때 도가 작다.

② 분권, 타여자 전동기 $T \propto I \propto \dfrac{1}{N}$

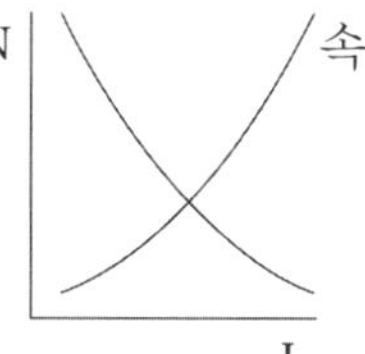

02 동기기

토크는 공급 전압에 비례

03 유도기

(1) $T = \dfrac{P_2}{\omega_s} = \dfrac{P_2}{\dfrac{4\pi f}{P}}$ [N・m]($P_{c2} = SP_2$ 적용)

(2) $T = 0.975\dfrac{P_2}{N_s}$ [kg・m] P_2 : 동기와트

(3) $T = \dfrac{P_0}{\omega} = \dfrac{P_0}{(1-s)\dfrac{4\pi f}{P}}$ [N・m]

(4) $T = 0.975\dfrac{P_0}{N}$ [kg・m]

(5) $T = k \cdot \dfrac{SE_2^2 r_2}{r_2^2 + (Sx_2)^2}$

(6) $T \propto V^2$, $S \propto \dfrac{1}{V^2}$

(7) $S_{Tm} = \dfrac{r_2}{x_2}$

$T_m = k \cdot \dfrac{E_2^2}{2x_2}$

T_m : 최대 토크 일정

Chapter 11 기동

01 직류기 $I_aS = \dfrac{V}{R_a + SR} = 1.2I_n(120\% I_n)$

$1.5I_n$

$1.7I_n$

(1) 기동전류 小 → 기동저항 大
(I_aS) (SR)

(2) 계전전류 大 → 계자저항기 小
(I_f) (FR)

02 동기기

(1) 동기 전동기를 기동시 유도 전동기를 기동 전동기로 사용 → 2극을 적게,

(2) 유도기 ⇒ SN_s 만큼 늦기 때문

03 유도기

(1) 농형 유도 전동기

① 전전압 기동 – 5[kW] 이하
② Y–△ 기동 – 5~15[kW] 미만
③ 기동보상기법 – 15[kW] 이상
$T_s \propto V^2, I_s \propto V$

(2) 권선형 유도 전동기 – 2차 저항법(게르게스법)

(3) 단상유도 전동기 기동 토크 대소관계

반발기동형 → 반발유도형 → 콘덴서기동형
(brush) (기동 토크 우수)
→ 분상기동형 → 세이딩코일형
(R :대, X :소)

04 기동 전류는 작고, 기동 토크는 큰 것이 좋은 기기

Chapter 12 부하분담

01 직류기 - 계자전류 ↓, 부하분담 ↓

02 변압기

$$\frac{P_a}{P_b} = \frac{P_A}{P_B} \times \frac{\%Z_b}{\%Z_a}$$

03 동기기

B기 역률을 좋게 하려면
- B기의 여자를 약하게
- A기의 여자를 강하게

직류기

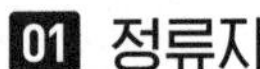

01 정류자

(1) 편수 $k = \frac{u}{2}S$

(2) 위상차 $\theta = \frac{2\pi}{K}$

(3) 전압 $e_a = \frac{PE}{k}$

02 brush

(1) 탄소 brush
(접촉저항 크기 때문에 직류기 사용)

(2) 금속 흑연질 brush
(전기분해 등의 저전압 대전류용 기계기구)

03 정류곡선

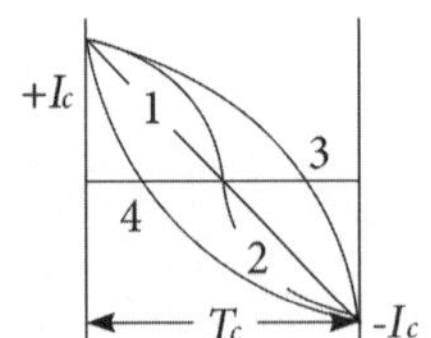

(1) 직선 정류
(2) 정현파 정류] 불꽃 없는 정류

① 저항 정류 – 탄소 brush 설치
② 전압 정류 – 보극 설치
⇒ 평균 리액턴스 전압 상쇄

(3) 부족 정류(정류말기)

(4) 평균 리액턴스 전압

$e' > e_L = L \cdot \frac{2I_c}{T_c}$

(5) 방지책
① 보극, 탄소 brush
② 리액턴스 전압을 줄인다(인덕턴스를 적게).
③ 정류주기 길게
④ 회전속도 적게
⑤ 단절권 사용

04 여자방식

- ▶ 타여자
- ▶ 자여자 – 직권, 분권, 복권
  → 잔류자기 존재

(1) 타여자

$$E = V + I_a R_a$$

$$I_a = I = \frac{P}{V}$$

(2) 직권

$$E = V + I_a(R_a + R_s)$$

$$I_a = I = \frac{P}{V}[A]$$

(3) 분권 발전기

$$E = V + I_a R_a$$

$$I_a = I + I_f = \frac{P}{V} + \frac{V}{R_f}$$

(4) 분권 전동기

$$E = V - I_a R_a$$

$$I_a = I - I_f = \frac{P}{\eta V} - \frac{V}{R_f}$$

(5) 복권기

$$E = V + I_a(R_a + R_s)$$

$$I_a = I + I_f = \frac{P}{V} + \frac{V}{R_f}[A]$$

(6) 복권 발전기

- 직권기 사용 : 분권 계자 권선 개방
- 분권기 사용 : 직권 계자 권선 단락

(7)

여자방식	발전기	전동기
타여자	발전한다.	회전한다.
자여자	㉮ 발전하지 않는다. ㉯ 잔류자기 소멸	㉮ 변하지 않는다. ㉯ 회전하지 않는다.

※ 자여자 : 직권, 분권, 복권기

(8) 무부하에서 자여자로 전압을 확립하지 못하는 것

: 직권기

① 분권 전동기 : 정속도 전동기
(무여자하지 마라 : 계자권선단선)

② 직권 전동기 : 전차용 전동기
(무부하하지 마라 : 벨트운전 ×)
↳ 기어, 체인 연결

③ 직권 전동기 속도 N

$$n = k\frac{V - I(R_a + R_s)}{I} \times 60\,[rpm]$$

05 절연물의 허용온도

E종 - 120[℃], B종 - 130[℃], H종 - 180[℃]

06 전기동력계법 : 대형 직류기의 토크, 출력측정

(소형-와전류제동기, 프로니브레이크법)

07 $T = \omega \cdot L = 0.975\frac{P_m}{N}$ [kg · m]

온도시험법 - 반환부하법 : Blondel 법, Kapp 법, Hopkinson 법

Chapter 14 변압기

01 여자전류 $I_0 = Y_0 V_1$ [A]

(여자전류 = 무부하전류 = 1차 전류)

① 자화전류 $I\varnothing = \sqrt{I_0^2 - (\frac{P_i}{V_1})^2}$ [A]

② $P_i = G_0 V_1^2$ [W]

02 변압기의 구비조건

① 절연내력이 클 것
② 점도가 낮고 냉각효과가 클 것
③ 인화점이 높고 응고점이 낮을 것
④ 고온에서 산화하지 않고, 석출물이 생기지 않을 것

03 절연내력시험 - 유도시험

04 열화방지책 : 콘서베이터

05 변압기내 발생가스 : 수소

06 감극성(표준) $V = V_1 - V_2$

V U
⋮ ⋮
v u

07

$\sqrt{3}$ ↓ $\sqrt{3}$ ↑

△ ⟶ (V) ⟶ △

↳ $PV = \sqrt{3} \times$1대 용량

① 단상 변압기 4대 : $PV - V = 2\sqrt{3}P$ [kVA]

② 출력비 57.7[%]→유도기 : 자속비 $\frac{\phi Y}{\phi \triangle} = 0.577$

③ 이용률 86.6[%]

08 상수변환

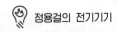

(1) $3\phi \rightarrow 2\phi$: scott 결선(= T 결선)

$$a_T = \frac{\sqrt{3}}{2} Ⓐ \quad \begin{cases} \dfrac{3{,}300}{200} = 14.3 \\ \dfrac{3{,}300}{220} = 12.99 \end{cases}$$

(2) $3\phi \rightarrow 6\phi$: Fork 결선, 이용률 86.6[%]

09 단권 변압기(승압기)

(1) Y결선 $\dfrac{\omega}{W} = \dfrac{V_h - V_\ell}{V_h}$ $\quad V_h = V_\ell\left(1 + \dfrac{1}{a}\right)$

(2) V결선 $\dfrac{\omega}{W} = \dfrac{2}{\sqrt{3}} \cdot \dfrac{V_h - V_\ell}{V_h}$

(3) △결선 $\dfrac{\omega}{W} = \dfrac{Vh^2 - V\ell^2}{\sqrt{3}\,Vh\,V\ell}$

V_h : 승압 후 전압 W : 부하용량
V_ℓ : 승압 전 전압 ω : 변압기용량(자기용량)

10 보호 계전기 - 부흐홀츠 계전기

〈변압기 우선, 수은접점 사용〉

차동 계전기

비율차동 계전기

Chapter 15 동기기

01 회전계자형

① 절연이 용이, 기계적 튼튼
② 계자권선의 전원이 직류저전압으로 소요진력이 작다.
③ 전기자 권선은 고전압으로 결선이 복잡

02 Y 결선

① 이상전압 방지 대책 용이
② 고조파에 의한 순환전류가 흐르지 않는다.
③ 선간전압이 상전압의 $\sqrt{3}$ 배이므로 전압이 높다.
(출력이 꼭 증가하는 것은 아니다.)

03 출력

① 원통형 $P = \frac{EV}{x_s}\sin\delta$ $\delta = 90^\circ$ 최댓값
(비돌극형)

② 돌극형 $x_d > x_q$ $\delta = 60^\circ$
x_d : 직축 반작용 리액턴스
x_q : 횡축 반작용 리액턴스

04 동기 전동기

① 정속도전동기, 속도가변이 안 된다.
② 역률조정할 수 있다.
③ 유도전동기에 비해 전부하 효율 양호
④ 기동특성이 나쁘다.

Chapter 16 유도기

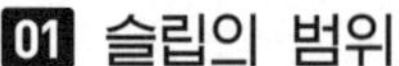

01 슬립의 범위

① 전동기 $0 < S < 1$
② 발전기 $S < 0$
③ 제동기 $1 < S < 2$

02 슬립 $S = \frac{N_s - N}{N_s}$

$N = (1-S)N_s = \eta_2 N_s$ [rpm]

① 정회전시 $S = \frac{N_s - N}{N_s}$ $0 < S < 1$
② 역상시 $S = \frac{N_s + N}{N_s}$ $1 < S < 2$

03 $S = \frac{N_s - N}{N_s} = \frac{E_2 S}{E_2} = \frac{f_2 S}{f_2} = \frac{P_{c2}}{P_2}$

04 $\frac{E_1}{E_{2s}} = \frac{k\omega_1 N_1}{Sk\omega_2 N_2} = \frac{\alpha}{S}$

05 $E_{2s} = SE_2$, $f_{2s} = Sf_2$

06 $I_{2s} = \frac{SE_2}{\sqrt{r_2^2 + (SX_2)^2}} = \frac{E_2}{\sqrt{\left(\frac{r_2}{S}\right)^2 + x_2^2}}$ [A]

→ 계산문제 ⇒ 43[A] → 공식문제

07 $R' = r_2' \left(\frac{1}{S} - 1\right) = \alpha^2 \beta\, r_2 \left(\frac{1}{S} - 1\right)$ [Ω]

$P_0 = 3I_1^2 R'$ [W]

$I_1' = \frac{1}{\alpha\beta} I_2$

08 출력

$$P_0 = P_2 - P_{c2} = (1-S)P_2 = \left(\frac{1-S}{S}\right)P_{c2}$$

$$P_{c2} = SP_2$$

$$\therefore P_{c2} = \frac{S}{1-S}(P_0 + P_m)$$

09 비례추이 : 권선형 유도 전동기

(1) 최대 토크 갖는 슬립

$$S_{tm} = \frac{r_2}{\sqrt{r_1^2 + (X_1 + X_2')^2}} = 49\,[\%]$$

(2) 최대 토크로 기동하고자 할 때 외부삽입 저항

$$R' = \sqrt{r_1^2 + (X_1 + X_2)^2} - r_2[\Omega]$$

(3) 기동 토크를 전부하 토크와 같게 하고자 할 때

$$R' = \left(\frac{1-S_t}{S_t}\right) r_2\,[\Omega] = 4.9\,[\Omega]$$

S_t : 전부하 슬립

(4) 등가 부하저항

$$R = r_2\left(\frac{1}{S} - 1\right)[\Omega]$$

4[%] → $24r_2$

5[%] → $19r_2$

10 비례추이 할 수 없는 것 : 출력, 효율, 2차 동선(저항)

11 원선도 크기 : $\frac{E}{x}$(원선도 지름의 크기 결정)

① 저항측정

② 무부하시험

③ 구속시험(단락시험)

12 원선도에서 구하지 못하는 것 : 기계적 출력

13 역률 $\cos\theta = \frac{OP'}{OP}$

2차 효율 $\eta_2 = \frac{PQ}{PR}$

제 3 과목 ✦ 전기기기

14 유도전압 조정기

(1) 1ϕ **유도전압 조정기** : 단권 변압기 원리
(교번자계 이용)

단락권선 설치 - 누설 리액턴스감소로 기기 내 전압강하방지

$\omega = E_2 I_2 \times 10^{-3}$ [kVA]

(2) 3ϕ **유도전압 조정기** : 3상 유도 전동기
(회전자계이용)

$\omega = \sqrt{3}\, E_2 I_2 \times 10^{-3}$ [kVA]

Chapter 17 직류기

01 직류 발전기

(1) 플레밍의 오른손 법칙(발전기)　운동 E ⇒ 전기 E

① **엄지** : 운동속도 v[m/s]

② **검지** : 자속밀도 $B=\frac{\phi}{S}$[Wb/㎡]

③ **중지** : 기전력 e[V]

$$e=B\cdot l\cdot v\sin\theta[V]$$

(2) 플레밍의 왼손 법칙(전동기)　전기 E ⇒ 운동 E

① **엄지** : F 힘[N]

② **검지** : B 자속밀도=$\frac{\phi}{S}$[Wb/㎡]

③ **중지** : I 전류[A]

(3) 앙페르의 오른나사 법칙

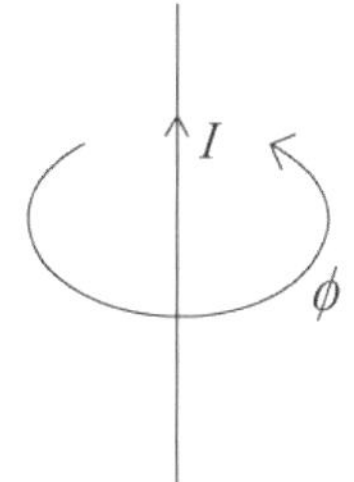

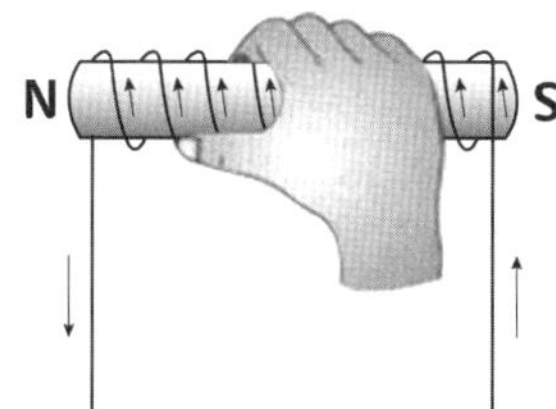

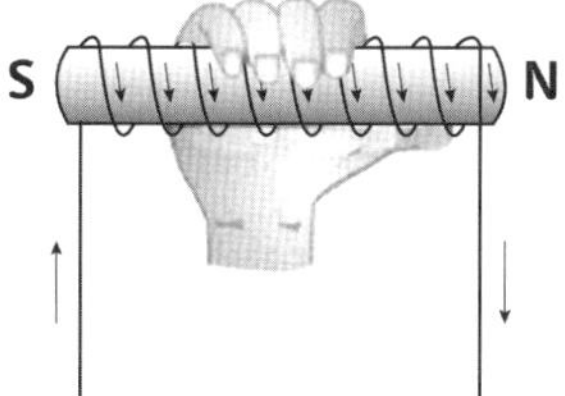

1. 구성요소

(1) 계자(고정자) : 자속 ϕ[Wb]을 발생

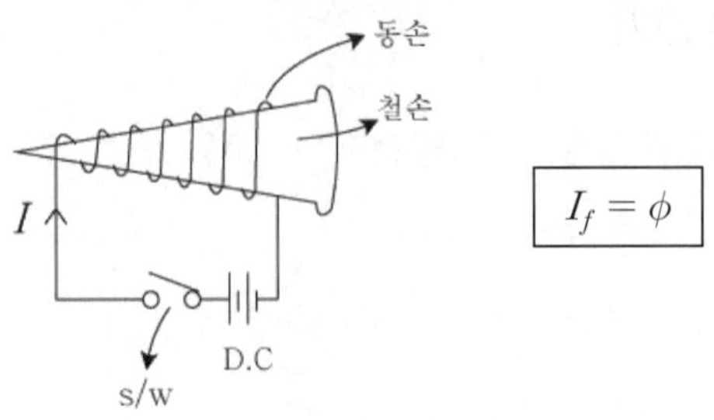

$$I_f = \phi$$

(2) 전기자(회전자) : 자속을 끊어서 기전력을 발생

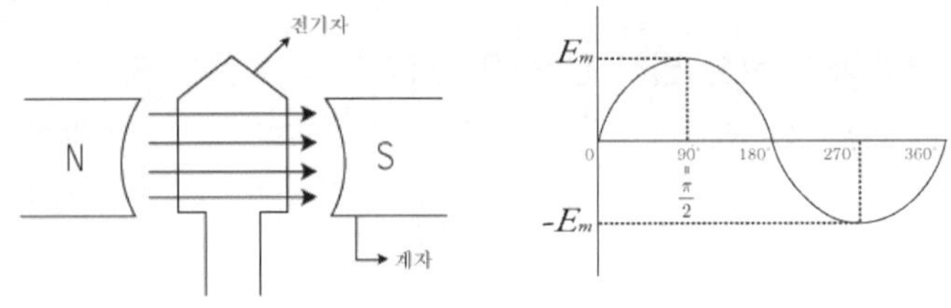

┌ 4[%] → 3.5[%]

철손 $P_i \downarrow$ < 히스테리 시스손 $P_h \downarrow$: 규소 강판 사용
　　　　　　　와류손(맴돌이 전류손) $P_e \downarrow$: 성층 철심

└ 0.35~0.5[㎜]

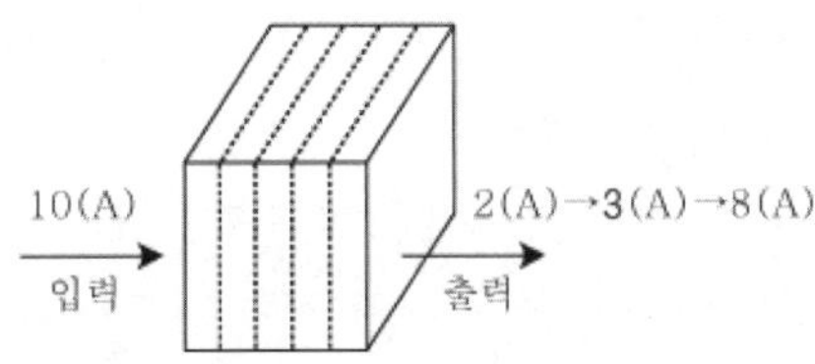

(3) 정류자(AC ⇒ DC)

① **정류자 편수** $K=\frac{Z}{2}=\frac{\mu}{2}s$　　z : 총 도체수

② **위상차** $\theta=\frac{2\pi}{K}=\frac{2\pi}{m}$　　s : 전슬롯수(홈수) ⇒ 구멍수

③ **정류자 편간전압** $e_k=\frac{PE}{K}$　　μ : 한 슬롯내의 코일 변수

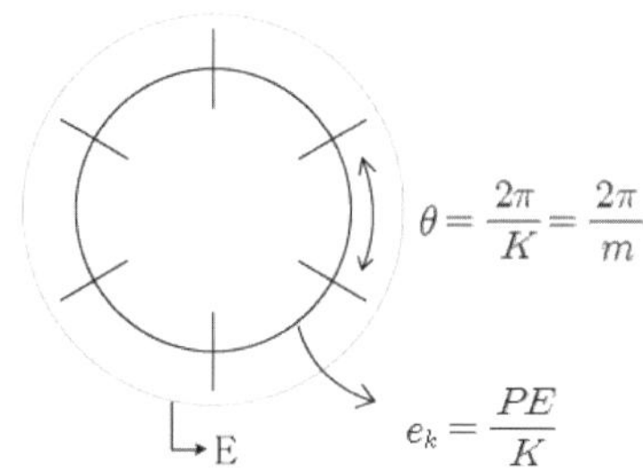

(4) 브러쉬 : 내부회로 ⇒ 외부회로

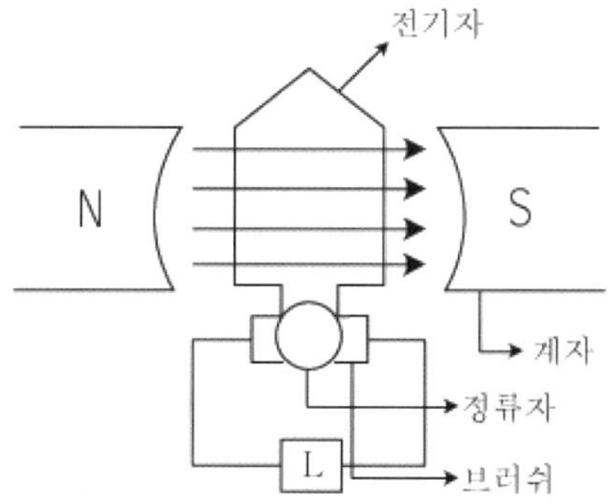

① **탄소 브러쉬** : 접촉 저항이 크다.
② **금속 흑연질 브러시** : 전기분해에 의해 저전압・대전류에 사용
③ **브러시 압력** : 0.15~0.25[kg/㎠]

※ 직류기의 3대 요소 : 계자, 전기자, 정류자

2. 전기자 권선법

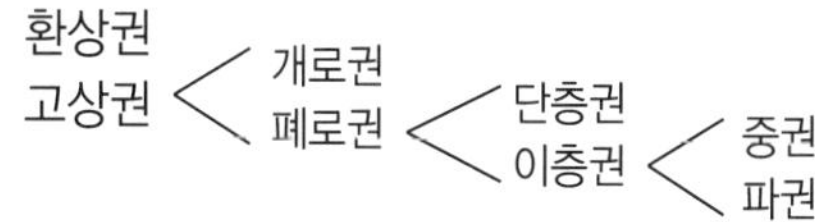

① **직류기의 권선법 3가지** : 고상권 · 폐로권 · 이층권

↱ 병렬회로수

- 중권(병렬권) a=p
- 파권(직렬권) a=2

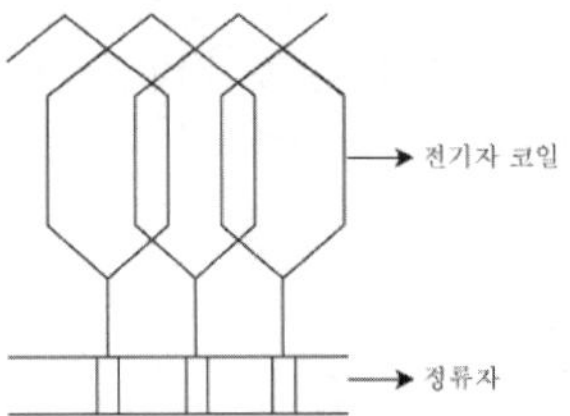

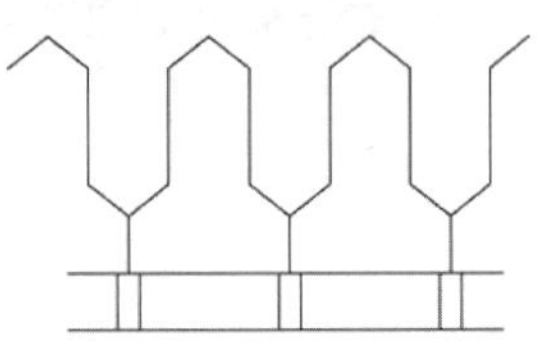

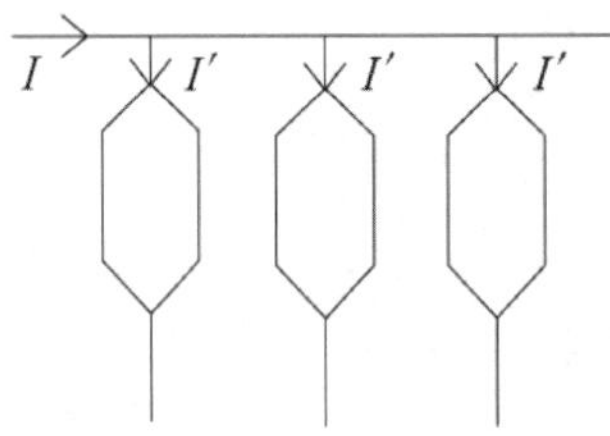

ex p=4

- 중권(병렬권) a=p 저전압 · 대전류
- 파권(직렬권) a=2 고전압 · 소전류

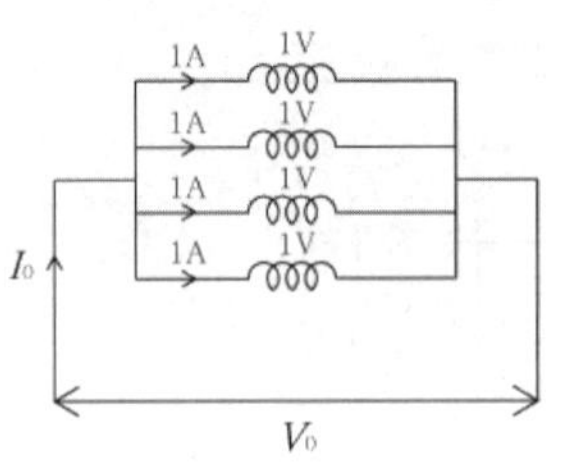

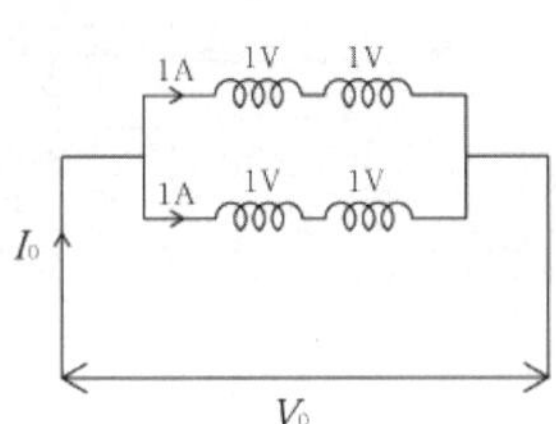

- 중권과 파권의 차이점

	중권(병렬권)	파권(직렬권)
1) a, b	a=p=b	a=2=b
2) 용도	저전압 · 대전류	고전압 · 소전류
3) 다중도(m)	a=mp	a=2m
4) 균압선(균압환)	O	X

= 균압모선

↳ 병렬 운전을 안정하게 운전하기 위하여

3. 직류 발전기의 유기기전력 E

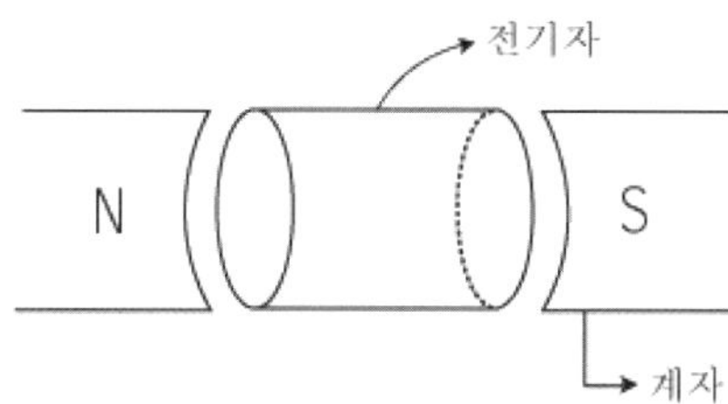

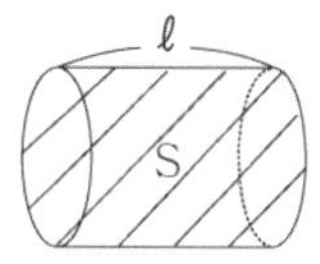

원둘레 $2\pi r = \pi D$

(=바퀴의 크기)

1) $e = B \cdot l \cdot v\sin\theta$[V]

2) $B = \dfrac{\phi}{S} = \dfrac{P\phi}{\pi Dl}$[Wb/㎡]

3) $v = \pi D\dfrac{N}{60}$[m/s]

4) $E = \dfrac{P}{a}Z\phi\dfrac{N}{60} = K\phi N$[V]

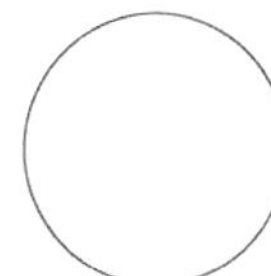

$v = \pi Dn = \pi D\dfrac{N}{60}$[m/s]

n : 회전수[rps]

N : 회전수[rpm]

↑↑ 중권 a=p ↑↑

파권 a=2 ↓↑

4. 전기자 반작용

주자속(계자극=계자자속)에 영향을 주는 현상

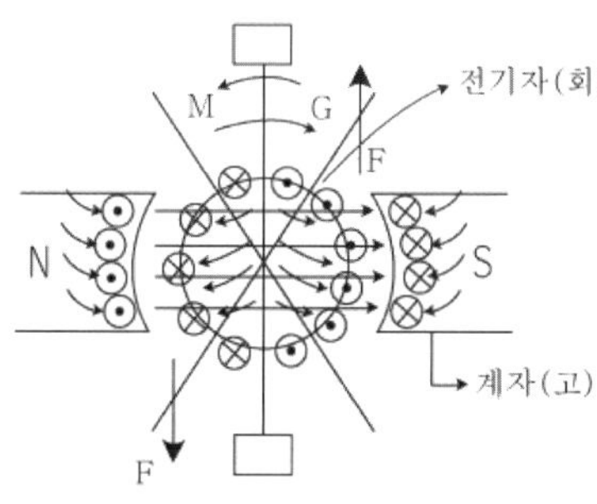

⊗ : 들어가는 방향

⊙ : 나오는 방향

(1) 영향

① 편자작용 → 중성축 이동 → 브러쉬 이동 < G : 회전방향 / M : 회전 반대 방향

② 감자작용

③ 불꽃(섬락) 발생

(2) 방지법

① 보상권선 : 전기자 권선의 전류 방향과 반대(전기자와 직렬 연결)

② 보극 설치(전압정류)

(3) 전기자 반작용에 의한 기자력

① **감자 기자력** $AT_d = \frac{I_a Z}{2ap} \cdot \frac{2\alpha}{180}$ [AT/pole]

② **교차 기자력** $AT_c = \frac{I_a Z}{2ap} \cdot \frac{\beta}{180}$ [AT/pole]

5. 정류(AC ⇒ DC)

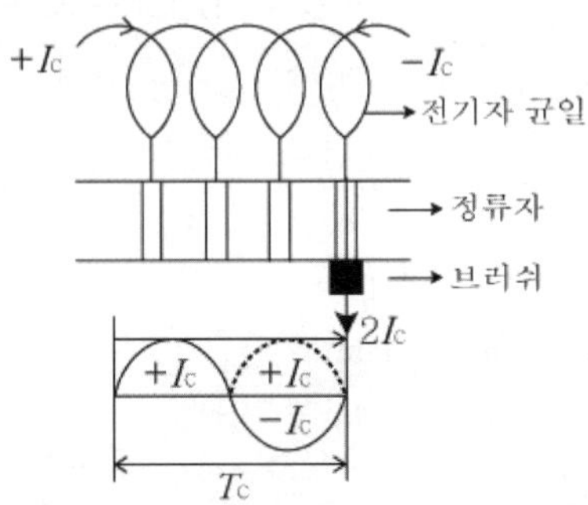

(1) 평균 리액턴스 전압 e_L[V]

렌츠의 법칙

$$e = L\frac{di}{dt}$$

$$e_L = L\frac{2I_c}{T_c} \text{[V]}$$

(2) 정류곡선

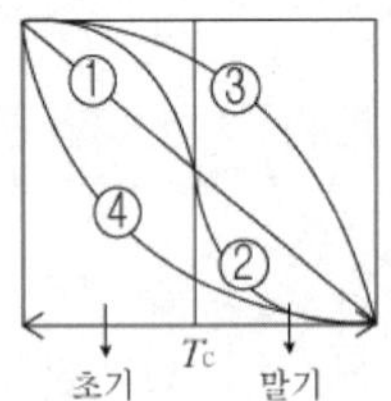

① 직선적인 정류
② 정현파 정류
(①, ② 이상적인(양호한) 정류)
③ 부족 정류 : 정류 말기에 불꽃(섬락) 발생
④ 과 정류 : 정류 초기에 불꽃(섬락) 발생

(3) 양호한 정류를 얻는 방법

① 평균 리액턴스 전압 감소($e_L \downarrow$) ⇒ 보극 설치(전압정류)

② 인덕턴스 감소(L↓)

③ 정류주기 길게($T_c \uparrow$)

④ 속도 (v) 느리게

⑤ 탄소 브러쉬 설치(저항정류)

$e_L = L\frac{2I_c}{T_c}$ $T_c = \frac{b-\delta}{v}$ (b: 브러쉬 두께, δ: 절연물 두께)

6. 발전기의 종류

(1) 타여자 발전기 : 외부로부터 전압을 공급받아서 발전(잔류자기 ×)

(2) 자여자 발전기 : 자기자신 스스로 발전(잔류자기 ○)

- 직권 발전기 : 계자 권선과 전기자 권선이 직렬로 연결
- \+
- 분권 발전기 : 계자 권선과 전기자 권선이 병렬로 연결
- ||
- 복권 발전기
  - 외분권
    - 가동복권
      - 평복권
      - 과복권
    - 차동복권
  - 내분권

*** 발전기의 종류**

1) 타여자 발전기(잔류자기 X)

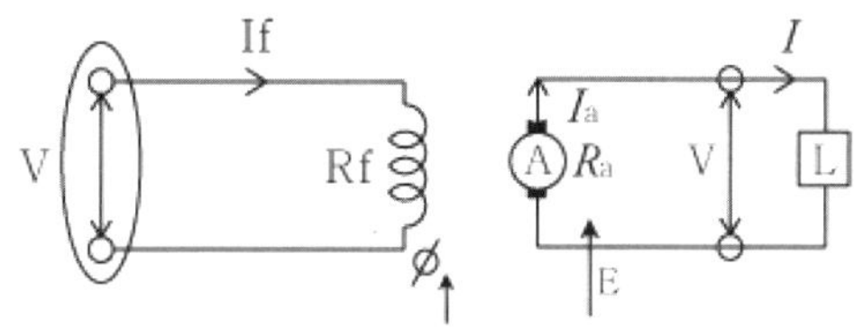

① $I_a = I = \frac{P}{V}$[A]

② 입력=출력+손실

E=V+I_aR_a[V]

③ 무부하시 I=0

$V_0 = E$ 전압확립이 된다.

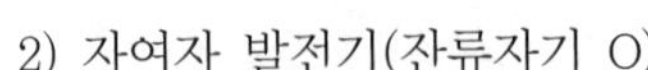

2) 자여자 발전기(잔류자기 O)

(1) 직권 발전기(직렬)

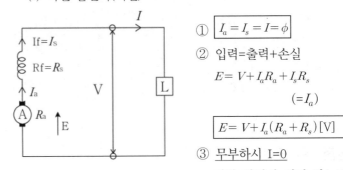

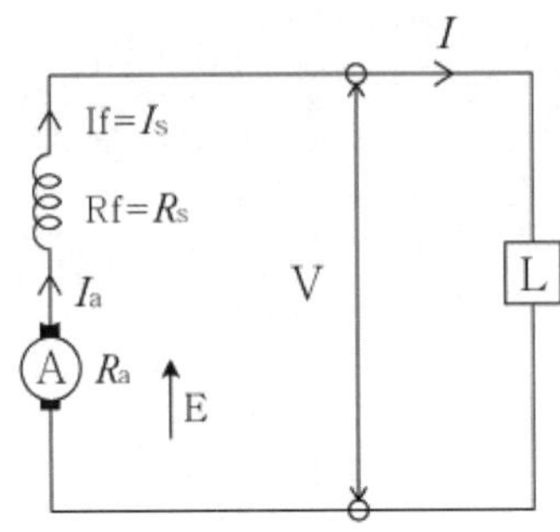

① $I_a = I_s = I = \phi$

② 입력=출력+손실

$E = V + I_a R_a + I_s R_s$

$(=I_a)$

$E = V + I_a(R_a + R_s)[V]$

③ 무부하시 I=0

전압 확립이 되지 않는다.

(2) 분권 발전기(병렬)

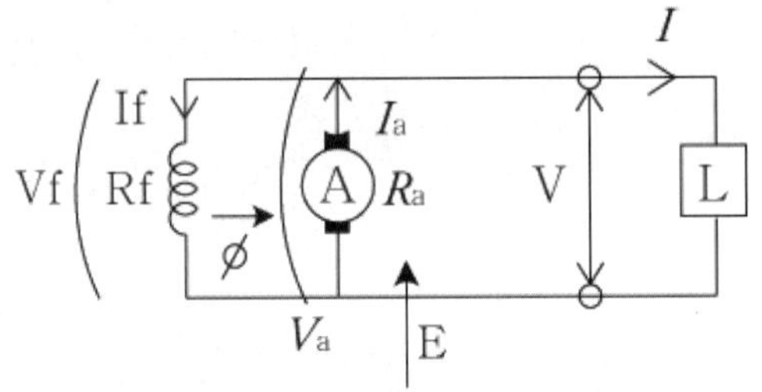

① $I_a = I + I_f = \dfrac{P}{V} + \dfrac{V}{R_f}[A]$ $\xrightarrow{\text{무부하시}}$ $I_a = I_f = \dfrac{V}{R_f}$

② 입력=출력+손실

$E = V + I_a R_a + e_a + e_b[V]$

③ 무부하시 I=0

전압확립이 된다.

$I_a = I_f$

$V = I_f \cdot R_f$

(2-1) 분권 전동기

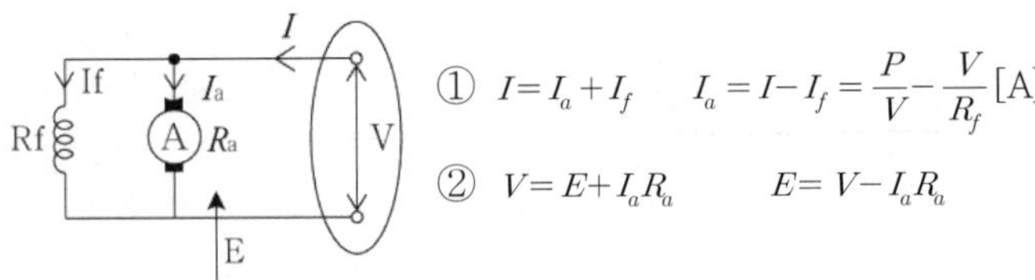

① $I = I_a + I_f$ $\quad$ $I_a = I - I_f = \dfrac{P}{V} - \dfrac{V}{R_f}[A]$

② $V = E + I_a R_a$ $\quad$ $E = V - I_a R_a$

$$E=\frac{P}{a}Z\phi\frac{N}{60}=K\phi N$$ 중권 a=p, 파권 a=2

$$E=V+I_aR_a$$

(3) 복권 발전기(직권+분권) — 외분권 / 내분권

① 외분권 ② 내분권

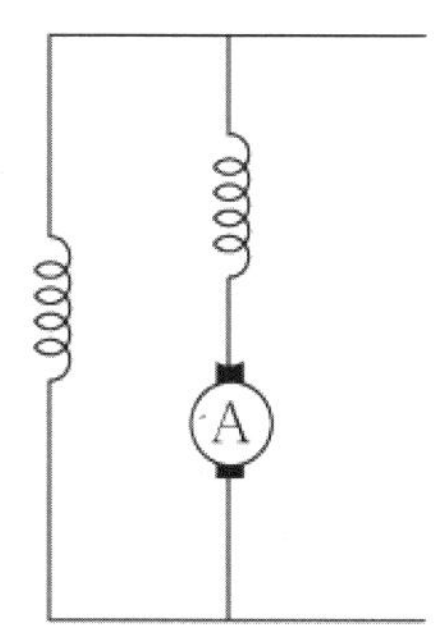

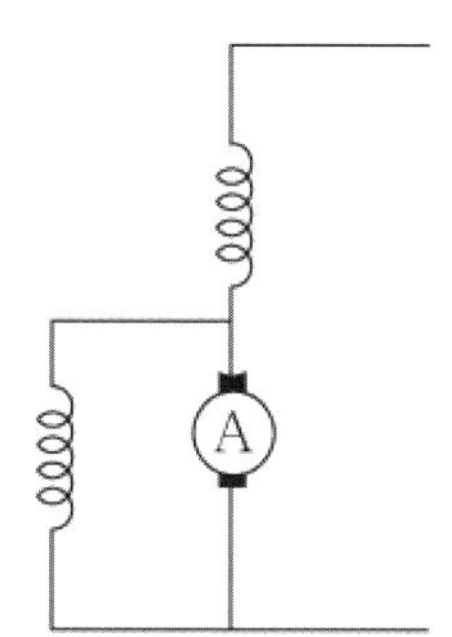

가) 복권 발전기를 분권 발전기로 사용시 : 직권 계자 권선 단락

나) 복권 발전기를 직권 발전기로 사용시 : 분권 계자 권선 개방

다) 가동 복권 발전기 ⇔ 차동 복권 전동기

라) 차동 복권 발전기 ⇔ 가동 복권 전동기

7. 직류 발전기의 특성 곡선

(1) 무부하 특성 곡선 : I_f와 E의 관계

(2) 부하 특성 곡선 : I_f와 V의 관계

(3) 내부 특성 곡선 : I와 E의 관계

(4) 외부 특성 곡선 : I와 V의 관계

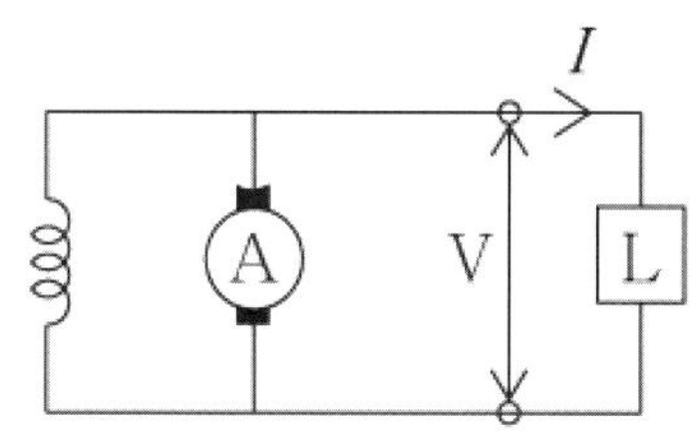

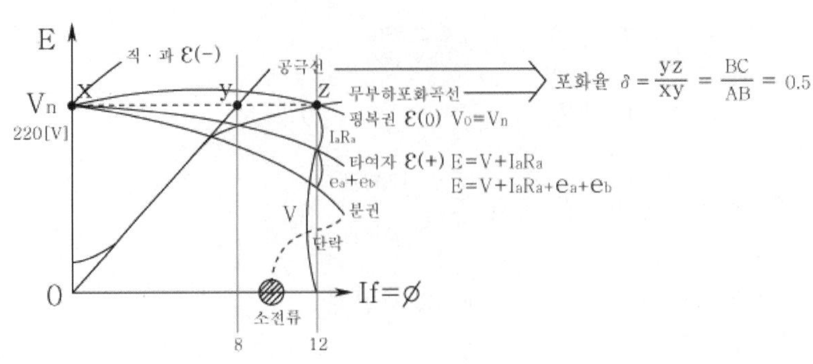

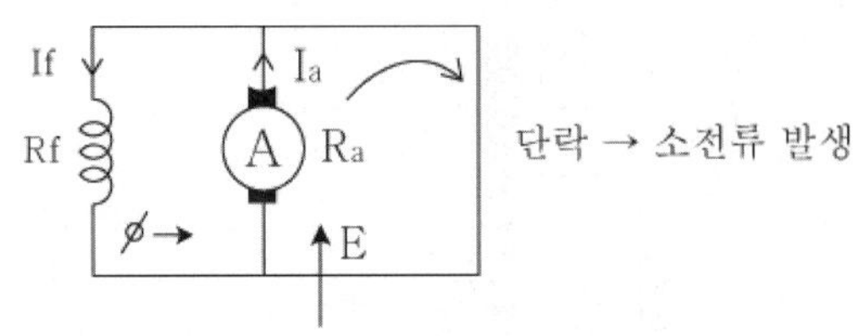

8. 자여자 발전기의 전압확립 조건

(1) 잔류자기가 존재

(2) 계자저항 < 임계저항

(3) 회전방향이 잔류자기의 방향과 일치

(4) 역회전 ⇒ 잔류자기 소멸 ⇒ 발전되지 않는다.(전압 확립이 되지 않는다.)

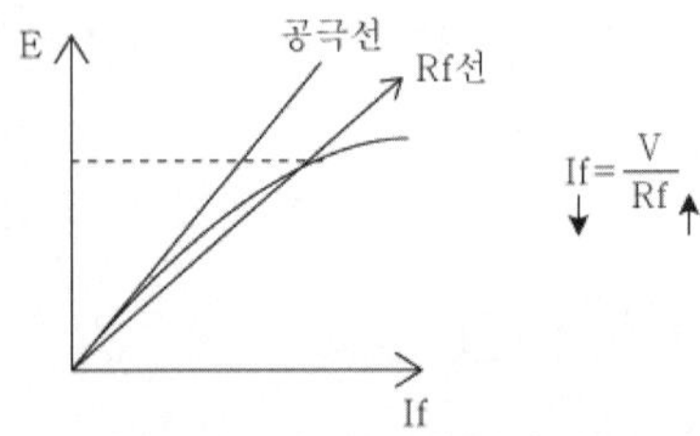

9. 전압 변동률 ϵ

↱ 무부하시 전압

$$\epsilon = \frac{V_0 - V_n}{V_n} \times 100 = \frac{I_a R_a}{V_n} \times 100$$

↳ 정격전압

(1) $\epsilon(+)$: 분 · 타 · 차

(2) $\epsilon(0)$: 평($V_0 = V_n$)

(3) $\epsilon(-)$: 직 · 복(과복권)

$V_0 = V_n \times (\epsilon + 1)$

$V_n = V_0 / (\epsilon + 1)$

※ 과복권 발전기: 무부하일 때보다 부하가 증가한 경우에 단자전압이 상승하는 발전기

10. 직류 발전기의 병렬 운전 조건 ≠ 용량 · 출력

(1) 극성 일치

(2) 단자(정격)전압 일치

(3) 외부 특성 곡선이 수하특성일 것

용접기(누설 변압기) < 누설 리액턴스가 크다. / 전압 변동률이 크다.

$$I = \frac{P}{V}$$

↓↑ ↓↑

(4) **균압선(환)설치** : 직 · 복(과복권)

02 직류 전동기

1. 전동기의 종류

(1) 타여자 전동기

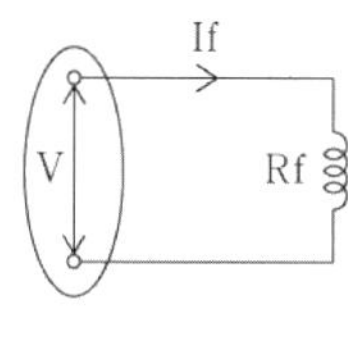

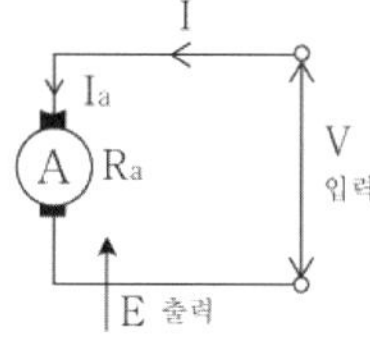

① $\boxed{I_a = I = \frac{P}{V}}$

② 입=출+손

$V = E + I_a R_a$

$\boxed{E = V - I_a R_a}$

(2) 자여자 전동기

① 직권 전동기(직렬)

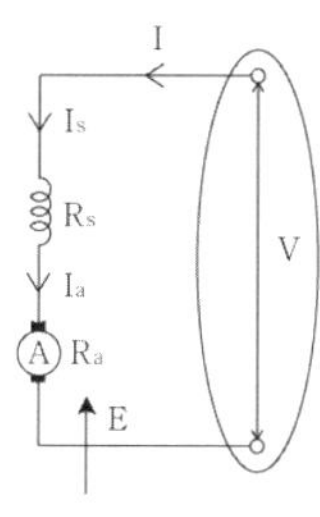

㉠ $\boxed{I_a = I_s = I = \phi}$

㉡ 입=출+손

$V = E + I_s R_s + I_a R_a$

$(= I_a)$

$V = E + I_a (R_a + R_s)$

$\boxed{E = V - I_a (R_a + R_s)}$

② 분권 전동기(병렬)

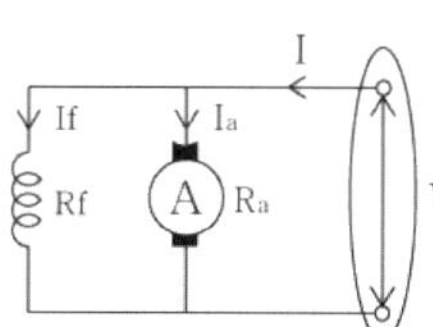

㉠ $I = I_a + If$

$\boxed{I_a = I - If = \frac{P}{V} - \frac{V}{Rf} [A]}$

㉡ 입=출+손

$V = E + I_a R_a$

$\boxed{E = V - I_a R_a [V]}$

2. 토크 T [N · m] [kg · m]

분 · 타 $E=V-I_aR_a$
직 $E=V-I_a(R_a+R_s)$

(1) $T=\frac{P}{\omega}=\frac{P}{2\pi\frac{N}{60}}=\frac{60P}{2\pi N}=\frac{60E\cdot I_a}{2\pi N}$ [N · m]

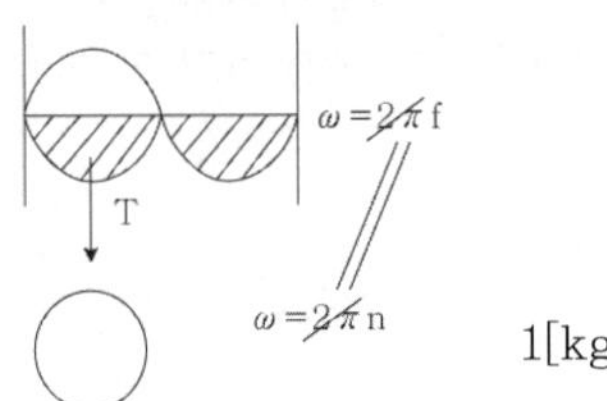

1[kg · m]=9.8[N · m]

(2) $T=\frac{60P}{2\pi N}\times\frac{1}{9.8}=0.975\frac{P}{N}=0.975\frac{E\cdot I_a}{N}$ [kg · m]

(3) $T=\frac{60I_a}{2\pi N}\cdot\frac{P}{a}Z\phi\frac{N}{60}=\frac{PZ\phi}{2\pi a}I_a$[N · m]/9.8[kg · m]

(4) $T=\frac{PZ\phi}{2\pi a}I_a=K\phi I_a$[N · m]

3. 회전수 n[rps] N[rpm]

$E=K\phi N$

$N=\frac{E}{K\phi}$[rpm]　　$K=\frac{PZ}{60a}$

$n=K\frac{E}{\phi}$[rps]×60[rpm]

분 · 타 $E=V-I_aR_a$
직 $E=V-I_a(R_a+R_s)$

4. 비례관계

(1) 직권 전동기(전차용 · 기중기)

$T=K\phi I_a$, $n=K\frac{E}{\phi}$　　$I_a=I_s=I=\phi$

$\Downarrow$ I_a　　$\Downarrow$ I_a

$T\propto I_a^2\propto\frac{1}{N^2}$ 정격전압 · 무부하 ⇒ 위험속도에 도달

↓↑　↑↓ ⇒ 기어나 체인 방식 사용

(2) 분권 전동기

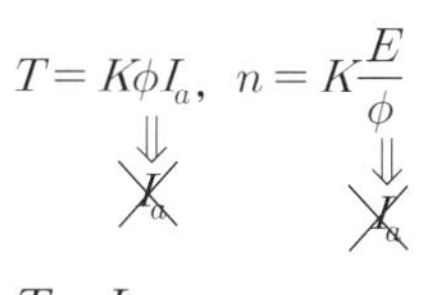

$T\propto I_a$

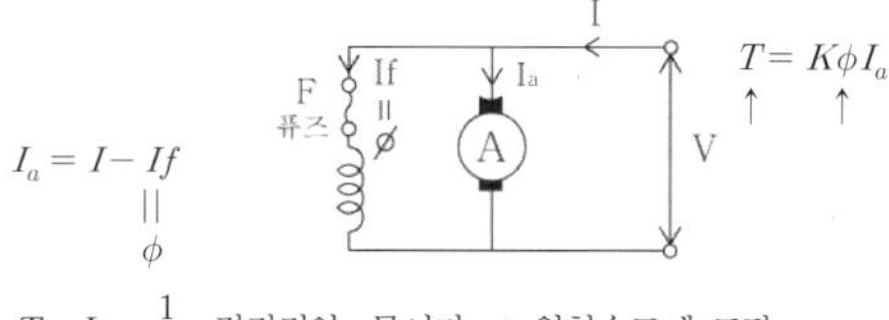

$T\propto I_a \propto \frac{1}{N}$ 정격전압·무여자 ⇒ 위험속도에 도달

⇒ 퓨즈 삽입 금지

5. 속도 변동률 ϵ

$$\epsilon = \frac{N_0 - N_n}{N_n}\times 100$$

$$N_0 = N_n\times(\epsilon+1)$$

$$N_n = N_0/\epsilon+1$$

- 속도 변동률 大 → 小
  직 → 가 → 분 → 차
- 토크 변동률 大 → 小
  직 → 가 → 분 → 차

6. 분권 전동기의 기동시 운전

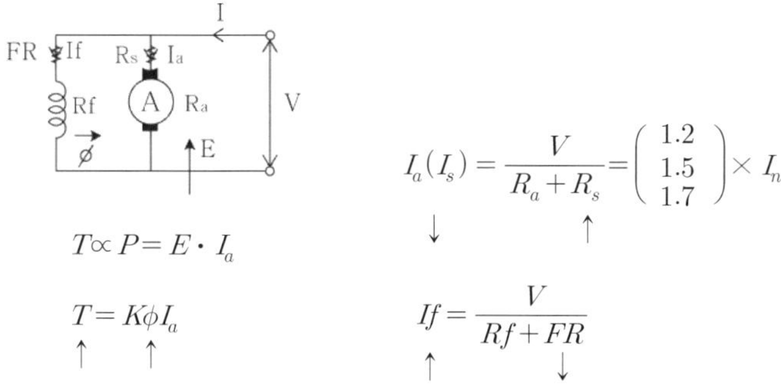

$$I_a(I_s) = \frac{V}{R_a+R_s} = \begin{pmatrix}1.2\\1.5\\1.7\end{pmatrix}\times I_n$$

$T\propto P = E\cdot I_a$

$T = K\phi I_a$ (↑ ↑)

$If = \frac{V}{Rf+FR}$ (↑ ↓)

(1) 기동시 기동전류↓　(2) 기동시 기동저항↑

(3) 기동시 계자전류↑　(4) 기동시 계자저항↓ $FR = 0$

7. 속도 제어법 ≠ 2차 여자법

$$n = K\frac{V - I_aR_a}{\phi} = If = \frac{V}{Rf}$$

↑　↓　↓　↑

(1) **계자 제어법** : 정출력 제어

(2) **전압 제어법** : 속도 제어가 광범위·운전 효율이 좋다.(정토크 제어)
- 워어드 레오너드 방식 : 정밀한 장소
- 일그너 방식 : 부하 변동이 심한 곳
  fly-wheel 설치

(3) **저항 제어법** : 손실이 크다.

8. 제동법

(1) **발전 제동** : 전동기를 발전기로 작동시켜 회전체의 운동에너지를 전기(열)에너지로 변환시켜 제동

(2) **회생 제동** : 전동기의 단자전압보다 역기전력을 더 크게 하여 제동하는 방식
~ 반환

(3) **역상(역전) 제동** : 3상 중 2상의 접속을 반대로 접속하여 제동 (플러깅 제동)

9. 직류기의 손실 및 효율

(1) 손실

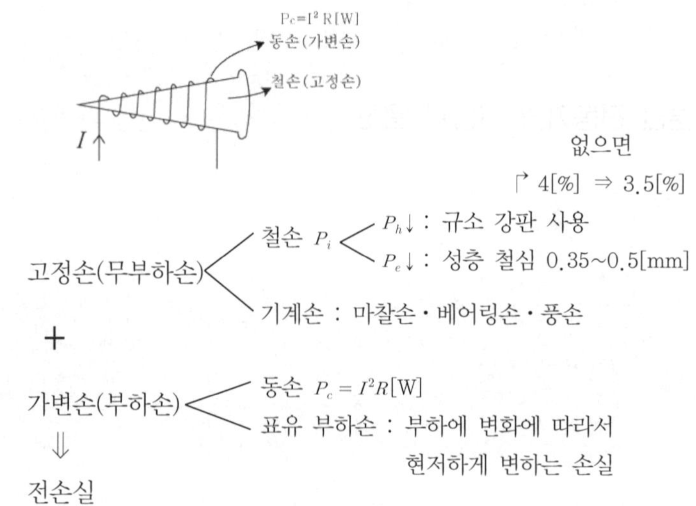

(2) 효율 η

① $\eta = \frac{출력}{입력} \times 100$ 입력=출력+손실

② $\eta_G = \frac{출력}{입력} \times 100 = \frac{출력}{출력 + 손실} \times 100$

③ $\eta_M = \frac{출력}{입력} \times 100 = \frac{입력 - 손실}{입력} \times 100$

④ 최대 효율 조건

고정손 = 가변손
(무부하손) (부하손)
(철손) (동손)

10. 온도시험

(1) **실부하법**

(2) **반환부하법** : 카프법 · 홉킨스법 · 브론델법 ≠ 프로니 브레이크법
키크법

11. 토크 측정

(1) **대형 직류기의 토크 측정** : 전기 동력계법

(2) **소형 직류기의 토크 측정** : 프로니 브레이크법

12. 절연 종별에 따른 허용온도

절연종별	Y	A	E	B	F	H	C
허용온도	90℃	105℃	120℃	130℃	155℃	180℃	180℃초과

Chapter 17 출제예상문제

01

전기분해 등에 사용되는 저전압 대전류의 직류기에는 어떤 질의 브러시가 가장 적당한가?

① 탄소질 ② 흑연질
③ 금속 흑연질 ④ 금속

해설 Chapter 13 – 02
금속 흑연질 brush : 전기 분해 등의 저전압 대전류용 기계기구 사용

02

직류기에 탄소 브러시를 사용하는 이유는 주로 어떻게 되는가?

① 고유 저항이 작다. ② 접촉 저항이 작다.
③ 접촉 저항이 크다. ④ 고유 저항이 크다.

해설 Chapter 13 – 02
탄소 brush : 접촉저항이 크기 때문에 직류기에 사용

03

직류기의 다중 중권 권선법에서 전기자 병렬 회로수 a 와 극수 p 사이에는 어떤 관계가 있는가? (단, 다중도는 m 이다.)

① $a=m$ ② $a=2m$
③ $a=p$ ④ $a=mp$

해설 Chapter 02 – 01
① 중권(병렬권) – 저전압, 대전류용 기계 기구
단중중권 : $a=p=b$
다중중권 : $a=mp$ m : 다중도
② 파권(직렬권) – 고전압, 소전류용 기계 기구
단중파권 : $a=2=b$
다중파권 : $a=2m$ m : 다중도

04

직류분권 발전기의 전기자 권선을 단중 중권으로 감으면?

① 병렬 회수로는 항상 2이다.
② 높은 전압, 작은 전류에 적당하다.
③ 균압선이 필요 없다.
④ 브러시수는 극수와 같아야 한다.

해설 Chapter 02 – 01
① 중권(병렬권) – 저전압, 대전류용 기계 기구
단중중권 : $a=p=b$
다중중권 : $a=mp$ m : 다중도
② 파권(직렬권) – 고전압, 소전류용 기계 기구
단중파권 : $a=2=b$
다중파권 : $a=2m$ m : 다중도

05

4극 중권 직류 발전기의 전전류가 I[A]이면, 각 전기자 권선에 흐르는 전류 몇 [A]인가?

① I ② $2I$
③ $I/2$ ④ $I/4$

해설 Chapter 02 – 01
중권 $a=p=b=4$
전전류 I[A], 전기자병렬회로수 $a=4$
각 전기자 권선에 흐르는 전류는 $\frac{I}{4}$[A]

06

직류기의 권선을 단중 파권으로 감으면?

① 내부 병렬 회로수가 극수만큼 생긴다.
② 내부 병렬 회로수는 극수에 관계없이 언제나 2이다.
③ 저압 대전류용 권선이다.
④ 균압환을 연결해야 한다.

정답 01 ③ 02 ③ 03 ④ 04 ④ 05 ④ 06 ②

해설 Chapter 02 – 01

① 중권(병렬권) – 저전압, 대전류용 기계 기구

단중 중권 : $a = p = b$

다중 중권 : $a = mp$ m : 다중도

② 파권(직렬권) – 고전압, 소전류용 기계 기구

단중 파권 : $a = 2 = b$

다중 파권 : $a = 2m$ m : 다중도

07

전기자 도체의 굵기, 권수, 극수가 모두 동일할 때 단중 파권은 단중 중권에 비해 전류와 전압의 관계는?

① 소전류 저전압 ② 대전류 저전압
③ 소전류 고전압 ④ 대전류 고전압

해설 Chapter 02 – 01

① 중권(병렬권) – 저전압, 대전류용 기계 기구

단중 중권 : $a = p = b$

다중 중권 : $a = mp$ m : 다중도

② 파권(직렬권) – 고전압, 소전류용 기계 기구

단중 파권 : $a = 2 = b$

다중 파권 : $a = 2m$ m : 다중도

08

자극수 4, 슬롯 40, 슬롯 내부 코일변수 4인 단중 중권 정류자편수는?

① 10 ② 20 ③ 40 ④ 80

해설 Chapter 13 – 01

편수 $k = \frac{u}{2}S = \frac{4}{2} \times 40 = 80$ [개]

09

유기 기전력 260[V], 극수가 6, 정류자 편수 162인 직류 발전기의 정류자 편간 평균 전압은 얼마인가? (단, 중권이라 한다.)

① 9.63[V] ② 10.63[V]
③ 8.63[V] ④ 7.63[V]

해설 Chapter 13 – 01

전압 $e = \frac{PE}{k} = \frac{6 \times 260}{162} = 9.63$ [V]

P : 극수, E : 기전력, k : 편수

10

자속밀도를 0.6[Wb/m²], 도체의 길이를 0.3[m], 속도를 10[m/s]라 할 때 도체 양단에 유기되는 기전력은?

① 0.9[V] ② 1.8[V]
③ 9[V] ④ 18[V]

해설

기전력 $e = B\ell v$[V]

$= 0.6 \times 0.3 \times 10 = 1.8$ [V]

11

직류 발전기의 극수가 10이고 전기자 도체수가 500이며 단중 파권일 때 매극의 자속수가 0.01[Wb]이면 600[rpm] 때의 전기력[V]는?

① 150 ② 200
③ 250 ④ 300

해설 Chapter 01 – 01

$E = \frac{PZ\varnothing N}{60a}$[V]

파권 : $a = 2 = b$

$= \frac{10 \times 500 \times 0.01 \times 600}{60 \times 2} = 250$ [V]

12

포화하고 있지 않은 직류 발전기의 회전수가 $\frac{1}{2}$로 감소되었을 때 기전력을 전과 같은 값으로 하자면 여자를 속도 변화 전에 비해 얼마로 해야 하는가?

① $\frac{1}{2}$배 ② 1배
③ 2배 ④ 4배

정답 07 ③ 08 ④ 09 ① 10 ② 11 ③ 12 ③

해설 Chapter 01 – 01

E : 기전력, k : 기계상수, ϕ : 여자전류, N : 회전수

$$E = \frac{PZ\phi N}{60a} = k\phi N[\text{V}],\ k = \frac{PZ}{60a}$$

$$E = k\phi N[\text{V}],\ \phi \propto \frac{1}{N} = \frac{1}{\frac{1}{2}} = 2\text{ 배}$$

13

어떤 타여자 발전기가 800[rpm]으로 회전할 때 120[V] 기전력을 유도하는데 4[A]의 여자 전류를 필요로 한다고 한다. 이 발전기를 640[rpm]으로 회전하여 140[V]의 유도 기전력을 얻으려면 몇 [A]의 여자 전류가 필요한가? (단, 자기회로의 포화 현상은 무시한다.)

① 6.7 ② 6.4
③ 5.98 ④ 5.8

해설 Chapter 01 – 01

$E = 120[\text{V}],\ \phi = 4[\text{A}],\ N = 800[\text{rpm}]$

$\rightarrow E = k\phi N[\text{V}] \qquad E = 120[V]$

$E' = 140[\text{V}],\ \phi' = ?,\ N' = 640[\text{rpm}]$

$\rightarrow E' = k\phi' N'[\text{V}] \qquad E' = 140[V]$

$$\phi' = \frac{E'}{kN'} = \frac{140}{0.0375 \times 640} = 5.8[\text{A}]$$

동일 기계이므로

$$k = \frac{E}{\phi N} = \frac{120}{4 \times 800} = 0.0375$$

14

전기자 반작용이 직류 발전기에 영향을 주는 것을 설명한 것이다. 틀린 것은?

① 전기적 중성축을 이동시킨다.
② 자속을 감소시켜 부하시 전압 강하의 원인이 된다.
③ 정류자편간 전압이 불균일하게 되어 섬락의 원인이 된다
④ 전류의 파형은 찌그러지나 출력에는 변화가 없다.

해설 Chapter 03 – 01

전기자 반작용의 영향

$\phi \downarrow$
- 발전기 : $E\downarrow,\ V\downarrow,\ P\downarrow$ (자속이 감소시 기전력이 감소하므로 출력도 감소한다.)
- 전동기 : $N\uparrow,\ T\downarrow$

(E : 기전력, V : 단자전압, P : 출력, N : 속도, T : 토크)

15

전기자 반작용을 방지하기 위한 보상 권선의 전류 방향은?

① 전기자 권선의 전류 방향과 같다.
② 전기자 권선의 전류 방향과 반대이다.
③ 계자 권선의 전류 방향과 같다.
④ 계자 권선의 전류 방향과 반대이다.

해설 Chapter 03 – 01

보상 권선의 전류

전기자 권선의 전류 방향과 반대가 되도록 한다.

16

직류기에서 정류 코일의 자기 인덕턴스를 L 이라 할 때 정류 코일의 전류가 정류 기간 T_c 사이에 I_c 에서 $-I_c$ 로 변한다면 정류 코일의 리액턴스 전압(평균값)은?

① $L\frac{2I_c}{T_c}$ ② $L\frac{I_c}{T_c}$
③ $L\frac{2T_c}{I_c}$ ④ $L\frac{T_c}{I_c}$

해설 Chapter 13 – 03

$$e_L = L \cdot \frac{di}{dt}[\text{V}]\text{에서}$$

$$= L \cdot \frac{2I_c}{T_c}[\text{V}]$$

정답 13 ④ 14 ④ 15 ② 16 ①

17

다음은 직류 발전기의 정류 곡선이다. 이 중에서 정류 말기에 정류의 상태가 좋지 않은 것은?

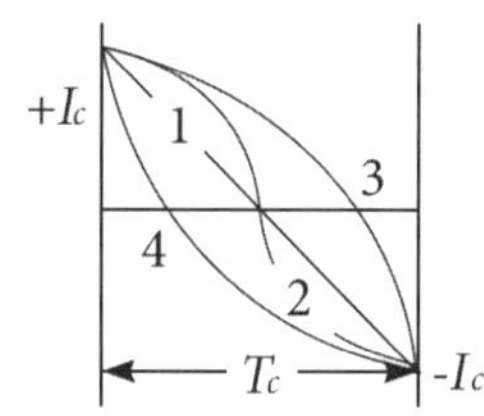

① 1　　② 2
③ 3　　④ 4

해설 Chapter 13 – 01

① 직선 정류(가장 이상적인 정류 곡선), ② 정현파 정류 → 불꽃 없는 정류
③ 부족 정류 – 정류 말기 : brush 뒤편에서 불꽃(문제의 그림 3번)
④ 과 정 류 – 정류 초기 : brush 앞편에서 불꽃(문제의 그림 4번)

18

직류기에서 양호한 정류를 얻는 조건이 아닌 것은?

① 정류 주기를 크게 한다.
② 전기자 코일의 인덕턴스를 작게 한다.
③ 평균 리액턴스 전압을 브러시 접촉면 전압 강하보다 크게 한다.
④ 브러시의 접촉 저항을 크게 한다.

해설 Chapter 13 – 03

양호한 정류를 얻으려면
A : brush 사이의 전압강하
B : 평균 리액턴스 전압
A > B

19

전압 정류의 역할을 하는 것은?

① 보상 권선　　② 리액턴스 코일
③ 보극　　④ 탄소 브러시

해설 Chapter 13 – 03

불꽃 없는 정류
- ① 저항 정류 : 탄소 brush 사용하여 단락전류 제한
- ② 전압 정류 : 보극을 설치하여 평균리액턴스 전압 상쇄

20

직류기의 정류 작용에 관한 설명으로 틀린 것은?

① 리액턴스 전압을 상쇄시키기 위해 보극을 둔다.
② 정류 작용은 직선 정류가 되도록 한다.
③ 보상 권선은 정류 작용에 큰 도움이 된다.
④ 보상 권선이 있으면 보극은 필요 없다.

해설 Chapter 13 – 03

양호한 정류를 얻기 위한 방지책
① 보극, 탄소 brush 설치
② 리액턴스 전압을 낮게(인덕턴스 작게)
③ 정류 주기를 길게 한다.
④ 회전 속도를 작게 한다.
⑤ 단절권 사용

21

직류기에 있어서 불꽃 없는 정류를 얻는데 가장 유효한 방법은?

① 탄소브러시와 보상권선
② 보극과 탄소브러시
③ 자기포화와 브러시의 이동
④ 보극과 보상권선

정답 17 ③　18 ③　19 ③　20 ④　21 ②

해설 Chapter 13 – 03

양호한 정류를 얻기 위한 방지책

① 보극, 탄소 brush 설치
② 리액턴스 전압을 낮게(인덕턴스 작게)
③ 정류 주기를 길게 한다.
④ 회전 속도를 작게 한다.
⑤ 단절권 사용

“PS” 보극 – 정류작용
보상권선 – 전기자 반작용 방지

22

유기 기전력 210[V], 단자 전압 200[V], 5[kW]인 분권 발전기의 계자 저항이 500[Ω]이면 그 전기자 저항[Ω]은?

① 0.2 ② 0.4 ③ 0.6 ④ 0.8

해설 Chapter 13 – 04

분권 발전기 $E = V + I_a R_a$[V]

$I_a R_a = E - V$

$$R_a = \frac{E - V}{I_a} = \frac{210 - 200}{25.4} = 0.4\,[\Omega]$$

$$I_a = I + I_f = \frac{P}{V} + \frac{V}{R_f}$$

$$= \frac{5{,}000}{200} + \frac{200}{500} = 25.4$$

$$= 25.4\,[\mathrm{A}]$$

23

직류 발전기의 무부하 포화 곡선은 다음 중 어느 관계를 표시한 것인가?

① 계자전류 대 부하전류
② 부하전류 대 단자전압
③ 계자전류 대 유기기전력
④ 계자전류 대 회전속도

해설 Chapter 06 – 01

발전기 특성 곡선
무부하 포화 곡선 : 유기기전력(E)과 계자전류(I_f)와의 관계 곡선

24

직류 발전기의 부하 포화 곡선은 다음 어느 것의 관계인가?

① 단자전압과 부하전류 ② 출력과 부하전력
③ 단자전압과 계자전류 ④ 부하전류와 계자전류

해설 Chapter 06 – 01

발전기 특성 곡선
부하 포화 곡선 : 단자전압(V)과 계자전류(I_f)와의 관계 곡선

25

무부하에서 자기 여자로 전압을 확립하지 못하는 직류 발전기는?

① 타여자 발전기 ② 직권 발전기
③ 분권 발전기 ④ 차동복권 발전기

해설 Chapter 13 – 04

무부하시 직권 발전기는 $I_a = I = I_f = 0$이므로 전압을 확립하기가 어렵다.

26

직류분권 발전기를 서서히 단락 상태로 하면 다음 중 어떠한 상태로 되는가?

① 과전류로 소손된다. ② 과전압이 된다.
③ 소전류가 흐른다. ④ 운전이 정지된다.

해설

분권 발전기를 단락하면 전압의 저하로 작은 소전류가 발생한다.

27

직류기에서 전압변동률이 (+)값으로 표시되는 발전기는?

① 과복권 발전기 ② 직권 발전기
③ 평복권 발전기 ④ 분권 발전기

정답 22 ② 23 ③ 24 ③ 25 ② 26 ③ 27 ④

해설 Chapter 05 – 01

전압 변동률 ε

ε ⊕ : 분권, 타여자 발전기

ε 0 : 평복권($V_0 = V$)

V_0 : 무부하 전압, V : 정격전압

28

무부하에서 119[V] 되는 분권 발전기의 전압변동률이 6[%]이다. 정격 전부하 전압 [V]은?

① 11.22 ② 112.3 ③ 12.5 ④ 125

해설 Chapter 05 – 01

$V_0 = 119\,[\mathrm{V}],\ \varepsilon = 6\,[\%],\ V = ?$

$V = \dfrac{119}{1.06} = 112.3\,[\mathrm{V}]$

29

직류분권 발전기를 병렬 운전을 위해서는 발전기 용량 P와 정격 전압 V는?

① P는 임의, V는 같아야 한다.
② P와 V가 임의
③ P는 같고 V는 임의
④ P와 V가 모두 같아야 한다.

해설 Chapter 04 – 01

직류 발전기 병렬 운전 조건

① 극성, 단자 전압일치〈용량 무관〉
② 외부 특성곡선이 수하특성일 것
③ 균압선 설치 : 목적 – 안정운전(직권, 복권)
④ $V = E_1 - I_1 R_1 = E_2 - I_2 R_2\,[\mathrm{V}]$
  $I = I_1 + I_2\,[\mathrm{A}]$

30

A, B 두 대의 직류 발전기를 병렬 운전하여 부하에 100[A]를 공급하고 있다. A발전기의 유기 기전력과 내부 저항은 110[V]와 0.04[Ω]이고, B발전기의 유기 기전력과 내부 저항은 112[V]와 0.06[Ω]이다. 이때 A발전기에 흐르는 전류[A]는?

① 4 ② 6 ③ 40 ④ 60

해설 Chapter 04 – 01

$V = E_1 - I_1 R_1 = E_2 - I_2 R_2$

$= 110 - 0.04 I_1 = 112 - 0.06 I_2$

$= 110 - 0.04 I_1 = 112 - 0.06(100 - I_1)$

$4 = 0.1 I_1$

$I = I_1 + I_2 = 100\,[\mathrm{A}]$

$I_2 = 100 - I_1$ 대입

$I_1 = 40\,[\mathrm{A}]$

$I_2 = 60\,[\mathrm{A}]$

31

직류 발전기를 병렬 운전할 때 균압선이 필요한 직류기는?

① 분권 직류기, 직권 발전기
② 분권 발전기, 복권 발전기
③ 직권 발전기, 복권 발전기
④ 분권 발전기, 단극 발전기

해설 Chapter 04 – 01

직류 발전기 병렬 운전

균압선 : 직권, 복권 설치

설치 이유 : 안전 운전을 위하여

32

직류분권 전동기에서 운전 중 계자권선의 저항을 증가하면 회전속도의 값은?

① 감소한다. ② 증가한다.
③ 일정하다. ④ 관계없다.

해설 Chapter 03 – 01

전동기 자속 ϕ(=계자 전류) 감소 → 속도 N 증가 → 토크 T 감소

$R_f \uparrow,\ I_f \downarrow (=\phi \downarrow),\ N \uparrow$

정답 28 ② 29 ① 30 ③ 31 ③ 32 ②

제 3 과목 ✦ 전기기기

33

전기자 저항 0.3[Ω], 직권 계자 권선의 저항 0.7[Ω]인 직권 전동기에 110[V]를 가하였더니 부하전류가 10[A]이었다. 이때 전동기의 속도[rpm]는? (단, 기계 정수는 2이다.)

① 1,200 ② 1,500
③ 1,800 ④ 3,600

해설

직권 전동기 속도 $N = k\dfrac{V - I_a(R_a + R_s)}{\phi} \times 60$[rpm]

$I_a = I$ 이므로

$$N = k\frac{V - I(R_a + R_s)}{I} \times 60$$

$$= 2 \times \frac{110 - 10(0.3 + 0.7)}{10} \times 60$$

$$= 1{,}200\,[\text{rpm}]$$

34

직권 전동기의 전원극성을 반대로 하면?

① 회전방향은 변하지 않는다.
② 반대방향으로 된다.
③ 정지한다.
④ 속도가 과대하게 된다.

해설 Chapter 13 – 04

35

직류직권 전동기에서 벨트(belt)를 걸고 운전하면 안 되는 이유는?

① 손실이 많아진다.
② 직결하지 않으면 속도 제어가 곤란하다.
③ 벨트가 벗겨지면 위험속도에 도달한다.
④ 벨트가 마모하여 보수가 곤란하다.

해설 Chapter 13 – 04
위험속도가 되는 경우 – 직권 전동기 : 무부하시
분권 전동기 : 무여자시

36

직권 전동기에서 위험속도가 되는 경우는?

① 저전압, 과여자 ② 정격전압, 무부하
③ 정격전압, 과부하 ④ 전기자에 저저항 접속

해설 Chapter 13 – 04
위험속도가 되는 경우 – 직권 전동기 : 무부하시
분권 전동기 : 무여자시

37

직류분권 전동기를 무부하로 운전 중 계자 회로에 단선이 생겼다. 다음 중 옳은 것은?

① 즉시 정지한다.
② 과속도로 되어 위험하다.
③ 역전한다.
④ 무부하이므로 서서히 정지한다.

해설 Chapter 13 – 04
계자회로에 단선 ⇒ 무여자 상태

38

직류분권 전동기에서 위험한 상태로 놓인 것은?

① 정격전압, 무여자 ② 저전압, 과여자
③ 전기자에 고저항 접속 ④ 계자에 저저항 접속

해설 Chapter 13 – 04
분권 전동기의 특성
정격전압으로 무여자 운전시 위험속도에 도달할 우려가 있다.

39

다음 설명 중 잘못된 것은?

① 전동차용 전동기는 저속에서 토크가 큰 직권전동기를 쓴다.
② 승용엘리베이터는 워드-레너드방식이 사용된다.
③ 기중기용으로 사용되는 전동기는 직류분권 전동기이다.
④ 압연기는 정속도 가감속도 가역운전이 필요하다.

정답 33 ① 34 ① 35 ③ 36 ② 37 ② 38 ① 39 ③

40

정격속도 1,732[rpm]의 직류직권 전동기의 부하 토크가 3/4으로 감소하였을 때 회전수[rpm]는 대략 얼마인가? (단, 자기포화는 무시한다.)

① 1,155 ② 1,550
③ 1,750 ④ 2,000

해설 Chapter 10 – 01

직권 전동기 $T \propto I^2 \propto \frac{1}{N^2}$ $T \propto \frac{1}{N^2}$

$1 : \frac{1}{(1{,}732)^2}$

$\left(\frac{3}{4}\right) : \frac{1}{N^2}$

$N = 2{,}000\,[\text{rpm}]$

41

직류직권 전동기의 회전수를 반으로 줄이면 토크는 약 몇 배인가?

① 1/4 ② 1/2
③ 4 ④ 2

해설 Chapter 10 – 01

직권 전동기

$T \propto \frac{1}{N^2} = \frac{1}{\left(\frac{1}{2}\right)^2} = 4$ 배

42

직류직권 전동기를 정격 전압에서 전부하 전류 100[A]로 운전할 때 부하 토크가 1/2로 감소하면 그 부하전류는 약 몇 [A]인가? (단, 자기 포화는 무시한다.)

① 60 ② 71
③ 80 ④ 91

해설 Chapter 10 – 01

직권 전동기 $T \propto I^2$

$1 : (100)^2$

$I = \sqrt{\frac{1}{2}} \times 100 = 71\,[\text{A}]$

$\frac{1}{2} : I^2$

43

직류분권 전동기가 있다. 총도체수 100, 단중 파권으로 자극수는 4, 자속수 3.14[Wb], 부하를 가하여 전기자에 5[A]가 흐르고 있으면 이 전동기의 토크[N · m]는?

① 400 ② 450
③ 500 ④ 550

해설 Chapter 10 – 01

토크 $T = \frac{PZ}{2\pi a}\phi I_a\,[\text{N}\cdot\text{m}]$, 파권 : $a = 2 = b$

$= \frac{4 \times 100}{2\pi \times 2} \times 3.14 \times 5 = 500\,[\text{N}\cdot\text{m}]$

44

직류 전동기의 역기전력이 200[V], 매분 1,200[rpm]으로 토크 16.2[kg · m]를 발생하고 있을 때의 전기자 전류는 몇 [A]인가?

① 120 ② 100
③ 80 ④ 60

해설 Chapter 10 – 01

토크 $T = 0.975\frac{P_m}{N} = 0.975\frac{E \cdot I_a}{N}\,[\text{kg}\cdot\text{m}]$

$16.2 = 0.975 \times \frac{200\,I_a}{1{,}200}$, $I_a = 100\,[\text{A}]$

45

다음 중에서 직류 전동기의 속도 제어법이 아닌 것은?

① 계자 제어법 ② 전압 제어법
③ 저항 제어법 ④ 2차 여자법

해설 Chapter 07 – 01

속도 제어법

$n = k\frac{V - I_a R_a}{\phi}$

① 저항 제어법 – 효율 불량
② 계자 제어법 – 정출력 제어

정답 40 ④ 41 ③ 42 ② 43 ③ 44 ② 45 ④

③ 전압 제어법 – 가장 광범위한 속도 제어
㉠ 워드–레너드 방식 – 소형 부하
㉡ 일그너 방식 – 부하변동이 심한 곳의 속도 제어
플라이휠 효과 이용
제강, 제철, 압연 등에 사용

46

직류 전동기의 속도 제어법에서 정출력 제어에 속하는 것은?

① 전압 제어법 ② 계자 제어법
③ 워드–레너드 제어법 ④ 전기자 저항 제어법

해설 Chapter 07 – 01

47

워드–레너드 방식과 일그너 방식의 차이점은?

① 플라이휠을 이용하는 점이다.
② 직류 전원을 이용하는 점이다.
③ 전동 발전기를 이용하는 점이다.
④ 권선형 유도 발전기를 이용하는 점이다.

해설 Chapter 07 – 01
㉠ 워드–레너드 방식 – 소형 부하
㉡ 일그너 방식 – 부하변동이 심한 곳의 속도 제어
플라이휠 효과 이용
제강, 제철, 압연 등에 사용

48

효율 80[%], 출력 10[kW] 직류발전기의 전손실[kW]은?

① 1.25 ② 1.5
③ 2.0 ④ 2.5

해설 Chapter 09 – 01
손실 = 입력 – 출력 = 12.5 – 10 = 2.5[kW]
효율 $\eta = \frac{출력}{입력}$, 입력 $= \frac{출력}{효율} = \frac{10}{0.8} = 12.5$[kW]

49

직류기의 효율이 최대로 되는 경우는?

① 기계손 = 전기자 동손
② 와류손 = 히스테리시스손
③ 전부하 동손 = 철손
④ 부하손 = 고정손

해설 Chapter 08 – 01
직류기의 최대 효율 조건 : 고정손 = 부하손

50

대형 직류 전동기의 토크를 측정하는데 가장 적당한 방법은?

① 와전류 제동기
② 프로니 브레이크법
③ 전기 동력계
④ 반환 부하법

해설 Chapter 13 – 07
직류기 토크 측정법
① 대형기 – 전기동력계
② 소형기 – 프로니브레이크법, 와전류 제동기

51

전기 기기에 사용되는 절연물의 종류 중 H종 절연에 해당되는 최고허용온도 [℃]는?

① 105 ② 120
③ 155 ④ 180

해설 Chapter 13 – 05
절연물의 허용온도 종류(YAE배추씨)

절연의 종류	Y	A	E	B	F	H	C
최고허용 온도[℃]	90	105	120	130	155	180	180 초과

정답 46 ② 47 ① 48 ④ 49 ④ 50 ③ 51 ④

변압기

01 변압기

1. 절연유의 구비조건

(1) 절연 내력이 클 것

(2) 점도(점성)가 낮을 것

(3) 인화점이 높을 것

(4) 응고점이 낮을 것

* 컨서베이터 : 열화 방지

* 유입 변압기에 기름을 사용하는 목적 ≠ 효율을 좋게 하기 위하여

2. 자기 인덕턴스 및 누설 리액턴스

렌츠 $e = L\dfrac{di}{dt}$

패러데이 $e = N\dfrac{d\phi}{dt}$

L → X

I

$$LI = N\phi \qquad L = \frac{N\phi}{I} = \frac{N\frac{\mu sNI}{l}}{I} = \frac{\mu sN^2}{l}$$

$L \propto N^2$(권선의 분할조립 ⇒ 누설 리액턴스 감소)

3. 변압기의 유기기전력과 권수비

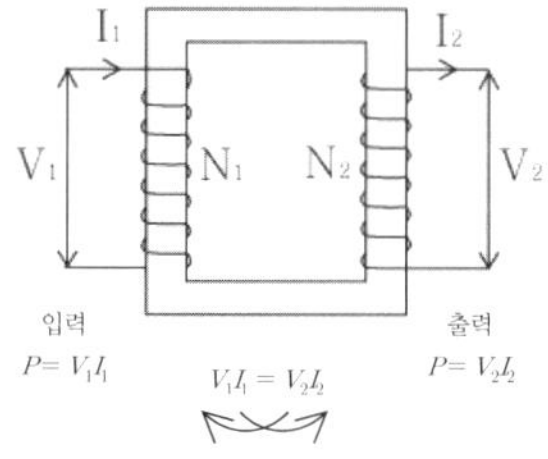

(1) $E = 4.44fN\phi = 4.44fNBS$

$$a = \frac{E_1}{E_2} = \frac{4.44fN_1\phi}{4.44fN_2\phi} = \frac{N_1}{N_2}$$

(2) $a = \dfrac{E_1}{E_2} = \dfrac{N_1}{N_2} = \dfrac{V_1}{V_2} = \dfrac{I_2}{I_1} = \sqrt{\dfrac{R_1}{R_2}} = \sqrt{\dfrac{X_1}{X_2}} = \sqrt{\dfrac{Z_1}{Z_2}}$

(3) 총 임피던스 $Z_0 = Z_1 + a^2 Z_2$

(4) 입력$[Kw]$? $P = V_1 I_1 \cos\theta \times 10^{-3}[Kw]$

(5) 출력$[KVA]$? $P = V_1 I_1 \cos\theta \times 10^{-3}[Kw]$

• 변압기의 등가회로

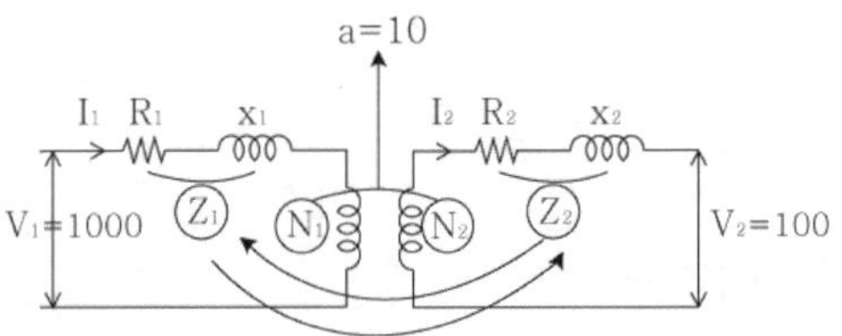

2차를 1차로 환산

$$Z_1 = \frac{V_1}{I_1} = \frac{aV_2}{\frac{I_2}{a}} = a^2 \frac{V_2}{I_2} = a^2 Z_2$$

$$Z_1 = a^2 Z_2 \qquad a^2 = \frac{Z_1}{Z_2} \qquad a = \sqrt{\frac{Z_1}{Z_2}}$$

$$R_1 = a^2 R_2 \qquad a^2 = \frac{R_1}{R_2} \qquad a = \sqrt{\frac{R_1}{R_2}}$$

4. 변압기의 등가회로 및 여자회로

(1) 변압기의 등가회로 작성시 필요한 시험

① 권선의 저항 측정 시험

② 무부하(개방) 시험 : 철손, 여자전류, 여자 어드미턴스

③ 단락 시험 : 동손, 임피던스, 단락전류

(2) 여자회로

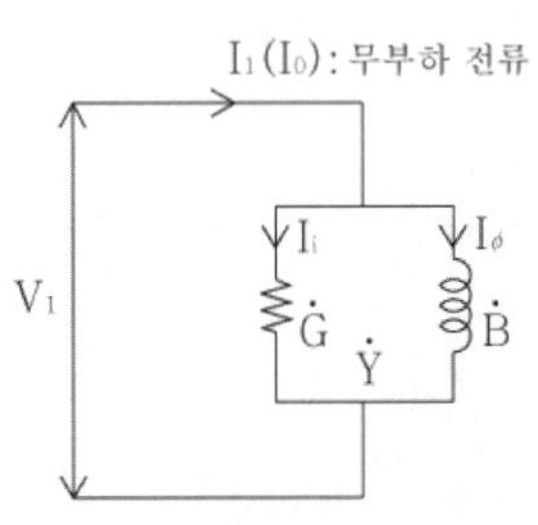

Ii : 철손 전류
Iϕ : 자화전류(자속을 만드는 전류)

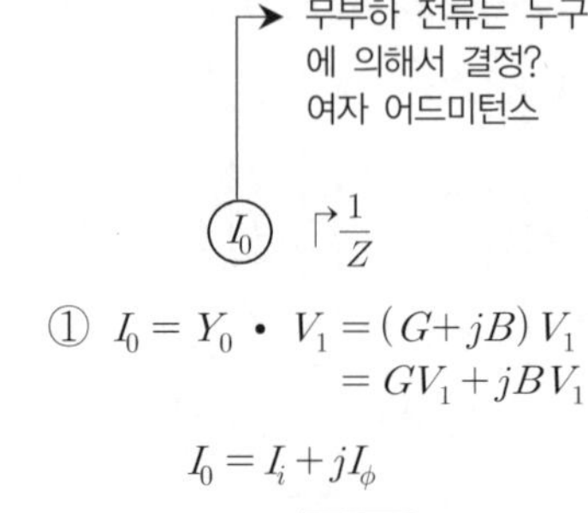

① $I_0 = Y_0 \cdot V_1 = (G+jB)V_1 = GV_1 + jBV_1$

$I_0 = I_i + jI_\phi$

$I_0 = \sqrt{I_i^2 + I_\phi^2}$

② $I_\phi = \sqrt{I_0^2 - (\frac{P_i}{V_1})^2} = 0.072[\text{A}]$

③ $P_i = V_1 \cdot I_i = V_1 \cdot \frac{V_1}{R} = \frac{V_1^2}{R} = G_0 \cdot V_1^2$

$G_0 = \frac{P_2^i}{V_1^2}$

5. 전압 강하율

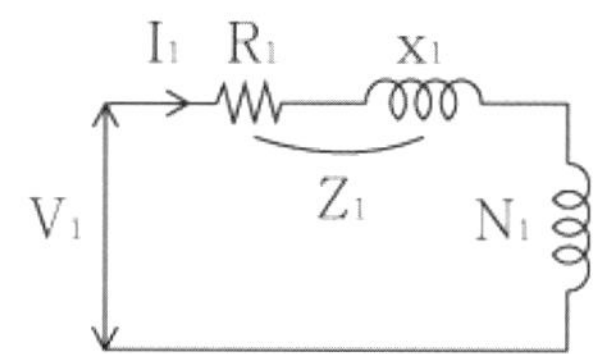

(1) 저항 강하율 $\%R = P$

↱ 동손(임피던스 와트)

$$\%R = P = \frac{I_{1n} \cdot R_1}{V_{1n}} \times \frac{I_{1n}}{I_{1n}} = \frac{P_c}{P_n}$$

[V] [A] ↳ 변압기 용량

임피던스 전압을 걸 때의 입력을 임피던스 와트라고 한다.

$$\%R = P = \frac{I_{1n} \cdot R_1}{V_{1n}} \times 100 = \frac{P_c}{P_n} \times 100$$

(2) 리액턴스 강하율 $\%x = q$

$$\%x = q = \frac{I_{1n} \cdot x_1}{V_{1n}} \times 100$$

(3) 임피던스 강하율 $\%Z$

↱ 임피던스 전압 : 1차 정격전류를 흘렸을 때 변압기 내의 전압강하

$$\%Z = \frac{I_{1n} \cdot Z_1}{V_{1n}} \times 100 = \frac{V_{1s}}{V_{1n}} \times 100$$

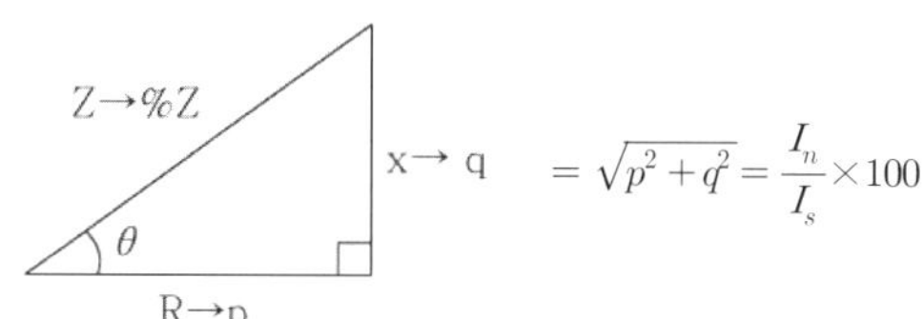

$$= \sqrt{p^2 + q^2} = \frac{I_n}{I_s} \times 100$$

↱ 임피던스 전압 : 1차 정격전류를 흘렸을 때 변압기 내의 전압강하

$$\%Z = \frac{I_{1n} \cdot Z_1}{V_{1n}} \times 100 = \frac{V_{1s}}{V_{1n}} \times 100 = \sqrt{p^2 + q^2} = \frac{I_n}{I_s}$$

6. 단락전류 I_s

$$\%Z = \frac{I_n}{I_s} \times 100$$

$$V \cdot I_s = \frac{100}{\%Z} I_n \cdot V$$

$$P_s = \frac{100}{\%Z} P_n$$

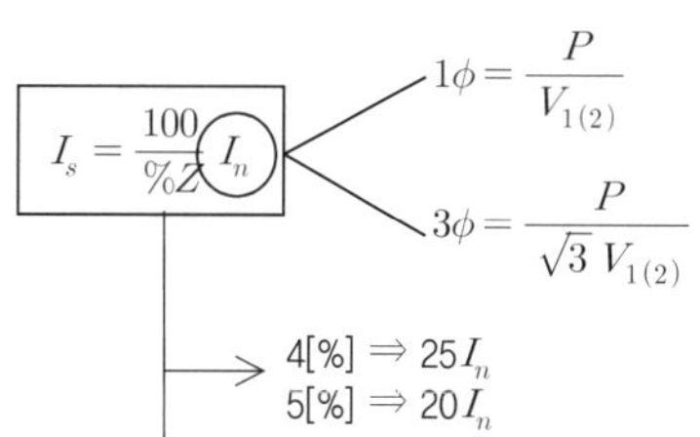

제3과목 ✦ 전기기기

7. 전압 변동률 ϵ

$$\epsilon = \frac{V_{20} - V_{2n}}{V_{2n}} \times 100 = p\cos\theta \pm q\sin\theta$$

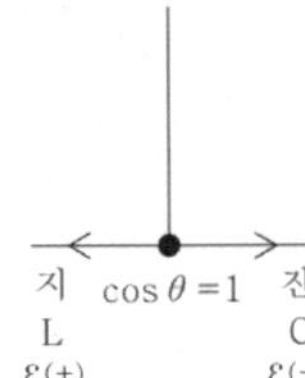

조건

① $\epsilon(+)$: 지역률　　$\epsilon(-)$: 진역률

② 역률 100[%]　　$\epsilon = p$(저항 강하율)

③ 최대 전압 변동률 $\epsilon_m = \%Z = \sqrt{p^2+q^2}$

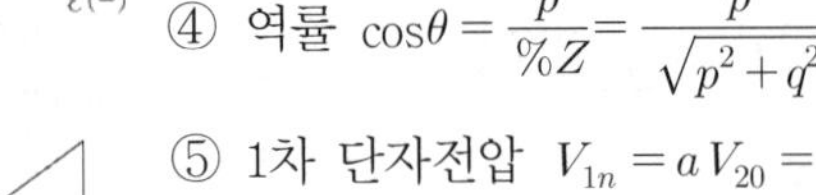

④ 역률 $\cos\theta = \dfrac{p}{\%Z} = \dfrac{p}{\sqrt{p^2+q^2}}$

$\sqrt{p^2+q^2}$ = %Z, q, p, θ

⑤ 1차 단자전압 $V_{1n} = aV_{20} = a(1+\epsilon) \cdot V_{2n}$

직류기에서 $\epsilon = \dfrac{V_0 - V_n}{V_n}$　$V_0 = (1+\epsilon) \cdot V_n$

8. 변압기의 병렬운전 조건 ≠ 용량 · 출력

(1) 극성 · 권수비 · 단자전압 일치 ⎫
(2) $\%Z$ 일치 (r, x 비가 일치) ⎭ $1\phi TR$

(3) 상회전 방향과 각 변위가 일치 − $3\phi TR$
　↳ 위상

(4) **가능** : 짝수
불가능 : 홀수

A기	B기	
△-Y와	△-Y	
30° −	30°	= 0°
△-△와	△-Y	
30° −	0°	= 30°

(5) **부하분담비**

$$\frac{P_a}{P_b} = \frac{P_A}{P_B} \cdot \frac{\%Z_b}{\%Z_a}$$

↓ 분담용량　↓ 정격용량　↳ 누설 임피던스

용량은 비례하고 누설 임피던스는 반(역)비례

합성용량 ⇒ 임피던스가 작은 것을 기준을 잡는다.

9. 극성시험

(1) 감극성(우리나라 기준)

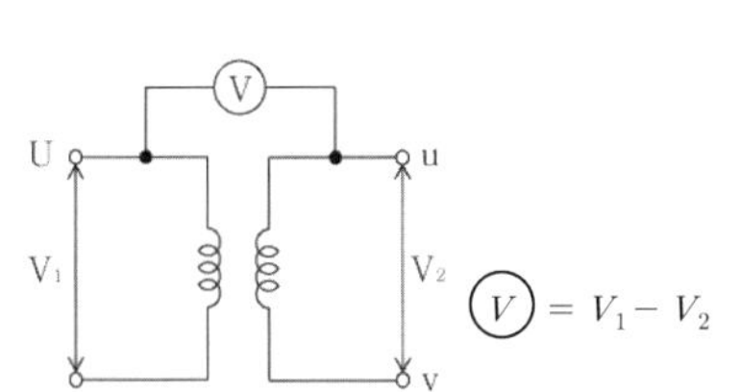

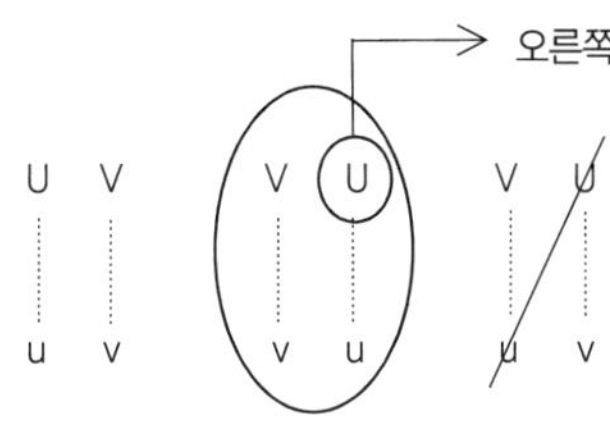

(2) 가극성 $V = V_1 + V_2$

10. 변압기의 3상 결선

(1) Y결선(성형 결선)

① $V_l = \sqrt{3}\,V_p < 30^\circ$

② $I_l = I_p$

③ $P_y = \sqrt{3}\,V_n I_n = \sqrt{3} \cdot \sqrt{3}\,V_p \cdot I_p = 3P$

(2) △결선(환상 결선)

① $V_l = V_p$

② $I_l = \sqrt{3}\,I_p < -30^\circ$

③ $P_\triangle = \sqrt{3}\,V_l I_l = \sqrt{3}\,V_p \sqrt{3}\,I_p = 3P$

(3) V결선

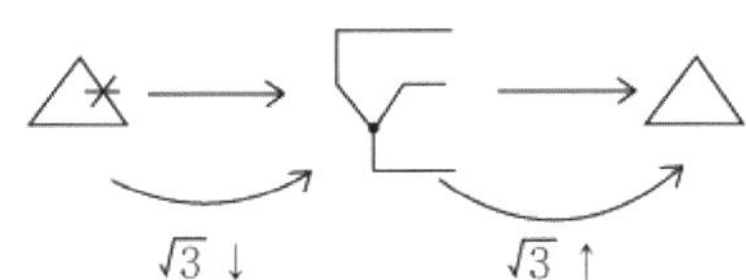

1대증설

① $V_l = V_p$

② $I_l = I_p$

③ $P_v = \sqrt{3}\,V_l I_l = \sqrt{3}\,V_p I_p = \sqrt{3}\,P$

④ 이용률 = $\dfrac{\sqrt{3}\,P}{2P} \times 100 = 86.6[\%]$

⑤ 출력비 = $\dfrac{\sqrt{3}\,P}{3P} \times 100 = 57.7[\%]$

11. 변압기의 손실

$E = 4.44fNBS$

$B = \frac{E}{4.44fNS}$

$B = \frac{E}{f}$

(1) 와류손

↱ 철심의 두께

$P_e = \delta_e (k \cdot t \cdot f \cdot B_m)^2$

↓ ↓ ↓ ↓

상수 파형률 주파수 자속밀도

k :파형률 $P_e \propto t^2$ f:무관계 $P_e \propto t^2$

(2) 히스테리시스손 $Ph \propto f \cdot B_m^2$

$Ph \propto \frac{E^2}{f}$	$Pi \propto \frac{1}{f}$	$B \propto \frac{1}{f}$	$X_\ell \propto f$

12. 효율 η

(1) $\eta = \frac{출력}{출력+손실} = \frac{P(\frac{1}{m})}{(\frac{1}{m})P + P_i + P_c(\frac{1}{m})^2} \times 100$

① 전손실 : $P_i + P_c$ $P_c = I^2R[\mathrm{W}]$

② 최대 효율 조건 : $P_i = P_c$

③ $\frac{1}{m}$ 부하시 전손실 : $P_i + P_c(\frac{1}{m})^2$

④ $\frac{1}{m}$ 부하시 최대효율 조건 : $P_i = P_c(\frac{1}{m})^2$

$(\frac{1}{m})^2 = \frac{P_i}{P_c}$

$\frac{1}{m_\eta} = \sqrt{\frac{P_i}{P_c}}$

⑤ 전일효율 – 사용시간이 짧다.

$24P_i = t \cdot P_c$

$P_i < P_c$

무부하손을 작게 한다.

02 특수 변압기

1. 단권 변압기(승압용)

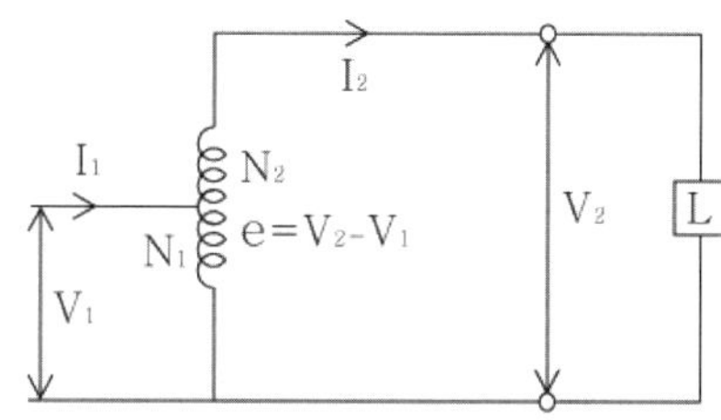

= 변압기 용량 = 등가용량

(1) $\dfrac{\text{자기용량}}{\text{부하용량}} = \dfrac{(V_2 - V_1) \cdot I_2}{V_2 \cdot I_2} = \dfrac{V_2 - V_1}{V_2} = \dfrac{V_h - V_l}{V_h}$

= 선로용량

$V_h = (1 + \dfrac{1}{a}) \cdot V_l$

$V_1 : N_1$

$V_2 : N_1 + N_2$

$V_2 = (\dfrac{N_1 + N_2}{N_1}) \cdot V_1$

항상 부하용량이 크다. 부>자

$V_2 = (1 + \dfrac{1}{a}) \cdot V_1$

$V_h = (1 + \dfrac{1}{a}) \cdot V_l$

(2) V결선 : $\dfrac{\text{자기용량}}{\text{부하용량}} = \dfrac{2}{\sqrt{3}} \cdot \dfrac{V_h - V_l}{V_h}$ • $1\text{대 용량} = \dfrac{\text{자기용량}}{2}$

(3) △결선 : $\dfrac{\text{자기용량}}{\text{부하용량}} = \dfrac{V_h^2 - V_l^2}{\sqrt{3} V_h V_l}$

2. 상수 변환

(1) $3\phi \Rightarrow 2\phi$

① 메이어결선

② 우드브리지결선

③ 스코트(T)결선

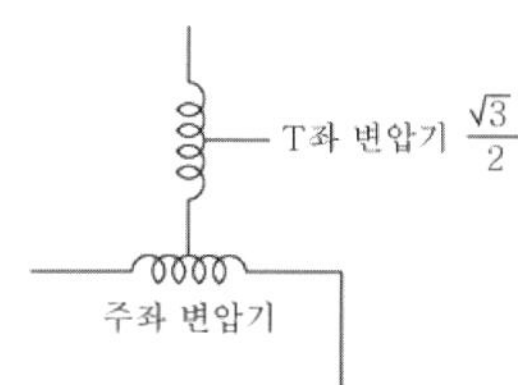

T좌 변압기의 권수비=주좌 변압기의 권수비$\times \dfrac{\sqrt{3}}{2}$

$= \dfrac{V_1}{V_2} \times \dfrac{\sqrt{3}}{2}$

=14.3, 12.99

(2) $3\phi \Rightarrow 6\phi$

① 2중 Y결선
② 2중 △결선
③ 대각결선
④ 포크결선
⑤ 환상결선

3. 변압기 내부고장 보호에 사용되는 계전기

① 차동 계전기
② 부흐 홀쯔 계전기
③ 비율 차동 계전기

4. 절연 내력 시험

① 유도 시험
② 가압 시험
③ 1단 접지 충격 전압 시험

5. 계기용 변성기(MOF) ⇒ 전력 수급용 계기용 변성기

(1) 계기용 변압기(PT)

2차측 전압 : 110[V]

(2) 변류기 (CT)

2차측 전류 : 5[A]

① 변류기 개방시 2차측 단락하는 이유 : 2차측 절연보호
② $I_1 = I_2 \times CT$비 (벡터합)
③ $I_1 = \dfrac{I_2}{\sqrt{3}} \times CT$비 (벡터차)

Chapter 18 출제예상문제

01

변압기의 누설 리액턴스를 줄이는 가장 효과적인 방법은 어느 것인가?

① 권선을 분할하여 조립한다.
② 권선을 동심 배치한다.
③ 코일의 단면적을 크게 한다.
④ 철심의 단면적을 크게 한다.

해설 Chapter 02 – 02
철심의 권선을 분할 조립하면 누설 리액턴스를 감소시킬 수 있다.

02

변압기유로 쓰이는 절연유에 요구되는 특성이 아닌 것은?

① 응고점이 낮을 것
② 절연 내력이 클 것
③ 인화점이 높을 것
④ 점도가 클 것

해설 Chapter 14 – 02
변압기의 구비 조건
① 절연내력이 클 것
② 점도가 낮고, 냉각효과가 클 것
③ 인화점은 높고, 응고점은 낮을 것
④ 고온에서 산화하지 않고 석출물이 생기지 않을 것

03

변압기에 콘서베이터(conservator)를 설치하는 목적은?

① 열화 방지 ② 통풍 장치
③ 코로나 방지 ④ 강제 순환

해설 Chapter 14 – 04
※ 열화
- 원인 : 공기 중의 수분 흡수, 부하의 급변
- 영향 : 절연내력 저하, 침식 작용, 냉각효과 감소
- 방지 : 콘서베이터 설치, 질소 봉입, 흡착제.

※ 열화방지법 – 콘서베이터 설치

04

변압기의 누설 리액턴스는? (여기서, N은 권수이다.)

① N에 비례한다. ② N^2에 비례한다.
③ N에 무관하다. ④ N에 반비례한다.

해설 Chapter 02 – 02

$e = L \cdot \dfrac{di}{dt} = N\dfrac{d\phi}{dt}$ [V]에서 $LI = N\phi$,

$$L = \frac{N\phi}{I} = \frac{N \times \frac{\mu A N I}{\ell}}{I}$$

$$= \frac{\mu A N^2}{\ell} \qquad \therefore L \propto N^2$$

05

1차 전압이 2,200[V], 무부하 전류가 0.088[A] 철손이 110[W]인 단상 변압기의 자화 전류[A]는?

① 0.05 ② 0.038
③ 0.072 ④ 0.088

해설 Chapter 14 – 01

$$I_\phi = \sqrt{I_0^2 - \left(\frac{P_i}{V_1}\right)^2}$$

$$= \sqrt{(0.088)^2 - \left(\frac{110}{2,200}\right)^2} = 0.072(\text{A})$$

정답 01 ① 02 ④ 03 ① 04 ② 05 ③

06

그림과 같은 정합 변압기(matching transformer)가 있다. R_2에 주어지는 전력이 최대가 되는 권선비 a는?

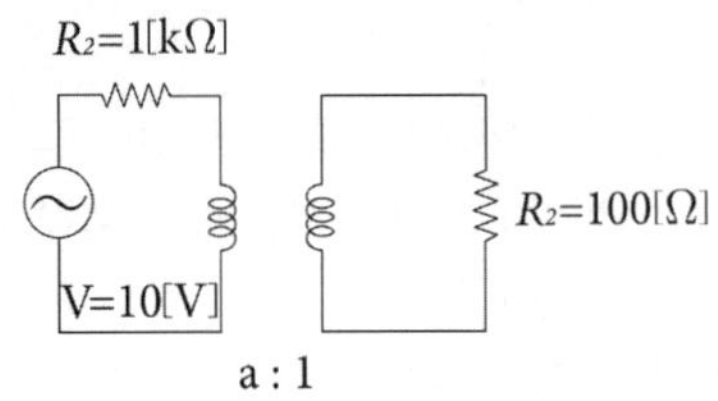

① 약 2 ② 약 1.16 ③ 약 2.16 ④ 약 3.16

해설

2차를 1차로 등가 변환시

$R_1 = a^2 R_2$

$a = \sqrt{\dfrac{R_1}{R_2}} = \sqrt{\dfrac{1,000}{100}} = \sqrt{10} = 3.16$

07

변압기의 임피던스 전압이란?

① 정격전류가 흐를 때의 변압기 내의 전압 강하
② 여자전류가 흐를 때의 2차측 단자 전압
③ 정격전류가 흐를 때의 2차측 단자 전압
④ 2차 단락전류가 흐를 때의 변압기 내의 전압 강하

해설 Chapter 05 – 02

$V_{1s} = I_{1n} Z_{21}$: 임피던스 전압 – 정격전류 인가시 변압기 내 전압 강하

08

3,300/210[V], 5[kVA] 단상 변압기가 퍼센트 저항 강하 2.4[%], 리액턴스 강하 1.8[%]이다. 임피던스 전압 [V]은?

① 99 ② 66 ③ 33 ④ 21

해설 Chapter 05 – 03

$V_{1s} = \dfrac{\%Z \times E}{100} = \dfrac{3 \times 3,300}{100} = 99\,[\text{V}]$

$\%Z = \sqrt{p^2 + q^2} = \sqrt{(2.4)^2 + (1.8)^2} = 3\,[\%]$

09

10[kVA], 2,000/100[V] 변압기에서 1차에 환산한 등가 임피던스는 6.2 +j 7[Ω]이다. 이 변압기의 %리액턴스 강하는?

① 3.5 ② 1.75 ③ 0.35 ④ 0.175

해설 Chapter 05 – 03

$\%q = \dfrac{I_{1n} x_{21}}{V_{1n}} \times 100 = \dfrac{5 \times 7}{2,000} \times 100$

$= 1.75\,[\%]$

$Z_{21} = r_{21} + j\,x_{21} = 6.2 + j\,7$, $x_{21} = 7$이므로

$I_{1n} = \dfrac{P_n}{V_{1n}} = \dfrac{10 \times 10^3}{2,000} = 5\,[\text{A}]$

10

영상변압기가 있다. 전부하에서 2차 전압을 115[V]이고, 전압변동율은 2[%]이다. 1차 단자 전압을 구하시오. (단, 1, 2차 권선비는 20이다.)

① 2,356[V] ② 2,346[V]
③ 2,336[V] ④ 2,326[V]

해설 Chapter 05 – 03

1차측 전압

$V_1 = a\,V_{20} = a(1+\varepsilon)\,V_{2n}$

$= 20 \times (1 + 0.02) \times 115 = 2,346\,[\text{V}]$

11

변압기에서 등가 회로를 이용하여 단락 전류를 구하는 식은?

① $I_{1s} = V_1 / (Z_1 + a^2 Z_2)$
② $I_{1s} = V_1 / (Z_1 \times a^2 Z_2)$
③ $I_{1s} = V_1 / (Z_1^2 + a^2 Z_2)$
④ $I_{1s} = V_1 / (Z^2 + a^2 Z_2)$

해설

$I_{1s} = \dfrac{V_1}{Z_{21}} = \dfrac{V_1}{Z_1 + a^2 Z_2}\,[\text{A}]$

정답 06 ④ 07 ① 08 ① 09 ② 10 ② 11 ①

12

임피던스 강하가 5[%]인 변압기가 운전 중 단락되었을 때 그 단락 전류는 정격전류의 몇 배인가?

① 15배　② 20배
③ 25배　④ 30배

해설 Chapter 05 – 03

$$I_s = \frac{100}{\%Z} I_n = \frac{100}{5} I_n = 20\, I_n$$

13

2대의 변압기로 V 결선하여 3상 변압하는 경우 변압기 이용률 [%]은?

① 57.8　② 86.6
③ 66.6　④ 100

해설 Chapter 14 – 07

이용률

$$= \frac{P_V}{2\text{대 용량}} = \frac{\sqrt{3}\times 1\text{대 용량}}{2\times 1\text{대 용량}} = \frac{\sqrt{3}}{2} = 0.866$$

14

△ 결선 변압기의 한 대가 고장으로 제거되어 V 결선으로 공급할 때 공급할 수 있는 전력은 고장 전 전력에 대하여 몇 [%]인가?

① 86.6　② 75.0
③ 66.7　④ 57.7

해설 Chapter 14 – 07

출력비

$$= \frac{\text{고장 후 출력}}{\text{고장 전 출력}} = \frac{P_V}{P_\triangle} = \frac{\sqrt{3}\times 1\text{대 용량}}{3\times 1\text{대 용량}}$$

$$= \frac{\sqrt{3}}{3} = \frac{1}{\sqrt{3}}$$

$$= 0.577$$

15

3상 배전선에 접속된 V 결선의 변압기에서 전부하시의 출력을 P[kVA]라 하면 같은 변압기 한 대를 증설하여 △ 결선하였을 때의 정격 출력 [kVA]은?

① $\frac{1}{4}P$　② $\frac{2}{\sqrt{3}}P$
③ $\sqrt{3}P$　④ $2P$

해설 Chapter 14 – 07

$$P_V = \sqrt{3}\times 1\text{대 용량} = \frac{P_\triangle}{\sqrt{3}}$$

$$P_\triangle = \sqrt{3}\, P_V$$

16

용량 P[kVA]인 동일 정격의 단상 변압기 4대로 낼 수 있는 3상 최대 출력 용량[kVA]은?

① $2\sqrt{3}P$　② $\sqrt{3}P$
③ $4P$　④ $3P$

해설 Chapter 14 – 07

단상 변압기 4대 : P_{V-V} 결선

$$P_{V-V} = 2\sqrt{3}\, P$$

"PS" 2대로 V 결선시 1뱅크 용량은 $\sqrt{3}\,P$,
2뱅크(4대)의 용량은 $2\sqrt{3}\,P$

17

2[kVA]의 단상 변압기 3대를 써서 △ 결선하여 급전하고 있는 경우 1대가 소손되어 나머지 2대로 급전하게 되었다. 이 2대의 변압기는 과부하를 20[%]까지 견딜 수 있다고 하면 2대가 부담할 수 있는 최대 부하[kVA]는?

① 약 3.46　② 약 4.15
③ 약 5.16　④ 약 6.92

해설 Chapter 14 – 07

$2\sqrt{3}\times 1.2 = 4.15$[kVA]

정답 12 ② 13 ② 14 ④ 15 ③ 16 ① 17 ②

18

변압기의 병렬 운전에서 필요한 조건은?
(단, A : 극성을 고려하여 접속할 것
B : 권수비가 상등하며 1차, 2차의 정격 전압이 상등할 것
C : 용량이 꼭 상등할 것
D : 퍼센트 임피던스 강하가 같을 것
E : 권선의 저항과 누설리액턴스의 비가 상등할 것)

① A, B, C, D　　② B, C, D, E
③ A, C, D, E　　④ A, B, D, E

해설 Chapter 04 – 02

19

1차 및 2차 정격 전압이 같은 2대의 변압기가 있다. 그 용량 및 임피던스 강하가 A는 5[kVA], 3[%], B는 20[kVA], 2[%]일 때 이것을 병렬 운전하는 경우 부하를 분담하는 비는?

① 1 : 4　　② 2 : 3
③ 3 : 2　　④ 1 : 6

해설 Chapter 12 – 02

$$\frac{P_a}{P_b} = \frac{P_A}{P_B} \times \frac{\%Z_b}{\%Z_a} = \frac{5}{20} \times \frac{2}{3} = \frac{10}{60} = \frac{1}{6}$$

분담비는 1 : 6

20

3상 전원에서 2상 전원을 얻기 위한 변압기의 결선 방법은?

① Δ　　② T
③ Y　　④ V

해설 Chapter 14 – 08

상수변환

$3\phi \to 2\phi$: scott 결선(= T 결선)

$3\phi \to 6\phi$: Fork 결선

21

권수가 같은 A, B 두 대의 단상 변압기로서 그림과 같이 스코트 결선을 할 때 P가 A의 중점이면 Q는 B 권선은?

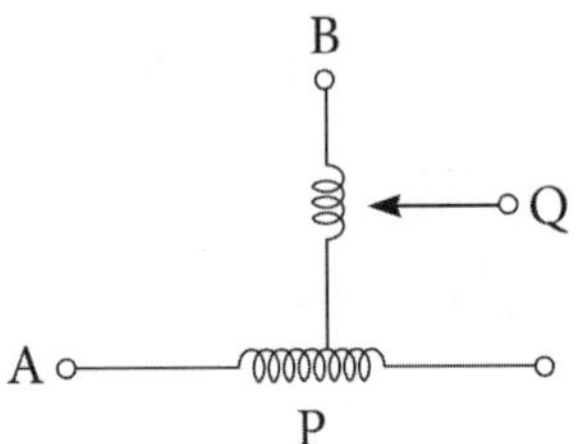

① $\frac{\sqrt{3}}{2}$점　　② $\frac{1}{2}$점
③ $\frac{1}{\sqrt{3}}$점　　④ $\frac{1}{\sqrt{2}}$점

해설 Chapter 14 – 08

T 좌 변압기 권수비 $a_T = \frac{\sqrt{3}}{2}a$

22

1차 전압 V_1, 2차 전압 V_2인 단권 변압기를 V결선 했을 때 변압기 용량(등가 용량)과 2차측 출력(부하 용량)과의 비는?

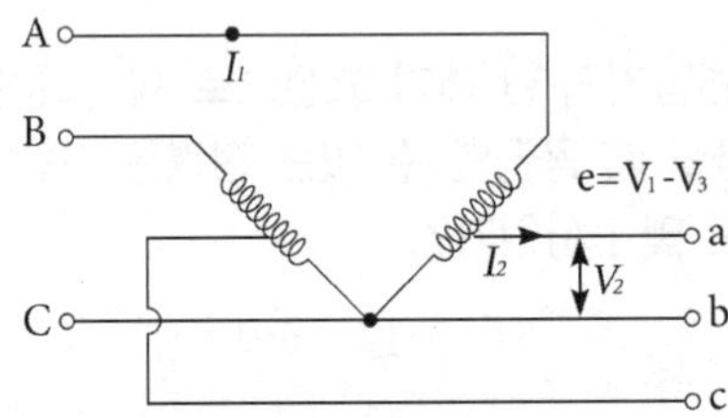

① $\frac{2}{\sqrt{3}} \cdot \frac{V_1 - V_2}{V_1}$　　② $\frac{\sqrt{3}}{2} \cdot \frac{V_1 - V_2}{V_1}$
③ $\frac{1}{2} \cdot \frac{V_1 - V_2}{V_1}$　　④ $\frac{1}{\sqrt{3}} \cdot \frac{V_1 - V_2}{V_1}$

해설 Chapter 14 – 09

정답 18 ④　19 ④　20 ②　21 ①　22 ①

23

용량 1[kVA], 3,000/200[V]의 단상 변압기를 단권 변압기로 결선해서 3,000/3,200[V]의 승압기로 사용할 때 그 부하 용량[kVA]은?

① 16 ② 15
③ 1 ④ $\frac{1}{16}$

해설 Chapter 14 – 09

$$\frac{\omega}{W} = \frac{V_h - V_\ell}{V_h}$$

$$\frac{1}{W} = \frac{3,200 - 3,000}{3,200}$$

$\therefore$ $W = 16$ [kVA]

24

변압기를 병렬 운전하는 경우에 불가능한 조합은?

① △–△ 와 Y–Y ② △–Y 와 Y–△
③ △–Y 와 △–Y ④ △–Y 와 △–△

해설 Chapter 04 – 02

25

변압비 30 : 1의 단상 변압기 3대를 1차 Δ, 2차 Y로 결선하고 1차에 선간 전압 3,300[V]를 가했을 때의 무부하 2차 선간 전압[V]은?

① 250 ② 220
③ 210 ④ 190

해설

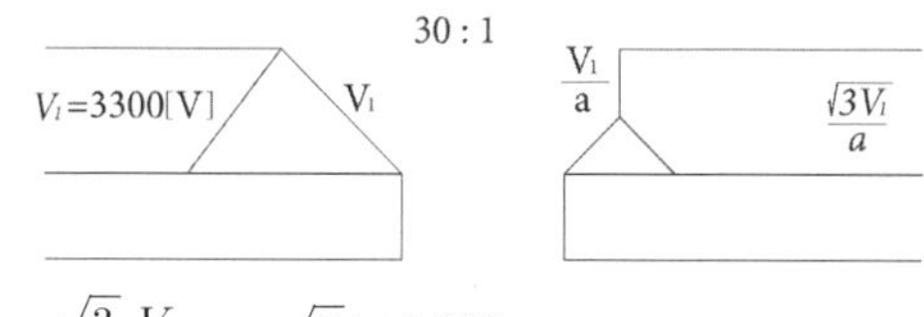

$$V_2 = \frac{\sqrt{3}\ V_1}{a} = \frac{\sqrt{3} \times 3,300}{30} = 190\,[\text{V}]$$

26

단상 100[kVA], 13,200/200[V] 변압기의 저압측 선전류 중에 포함되는 유효분[A]은?
(단, 역률 0.8 지상이다.)

① 300 ② 400
③ 500 ④ 700

해설

저압측 선전류 I_{2n}

$$I_{2n} = \frac{P}{V_{2n}} = \frac{100 \times 10^3}{200} = 500\,[\text{A}]$$

500[A] ⎡ 유효분 500[A] × 0.8 = 400[A]
⎣ 무효분 500[A] × 0.6 = 300[A]

∴ 유효분 400[A]

27

변압기의 효율이 가장 좋을 때의 조건은?

① 철손 = $\frac{1}{2}$동손 ② $\frac{1}{2}$ 철손 = 동손
③ 철손 = 동손 ④ 철손 = $\frac{1}{3}$동손

해설 Chapter 08 – 02

최대 효율 조건 : 철손 = 동손

28

전부하시 동손 90[W], 철손 40[W]의 변압기의 효율이 최대로 되는 부하는 전부하의 몇 [%]인가?

① 약 50[%] ② 약 67[%]
③ 약 80[%] ④ 약 100[%]

해설 Chapter 08 – 02

$$P_i = \left(\frac{1}{m}\right)^2 P_c$$

$$\frac{1}{m} = \sqrt{\frac{P_i}{P_c}} \times 100 = \sqrt{\frac{40}{90}} \times 100 = 67\,[\%]$$

정답 23 ① 24 ④ 25 ④ 26 ② 27 ③ 28 ②

29

전부하에 있어 철손과 동손의 비율이 1 : 2인 변압기의 효율이 최대인 부하는 전부하의 대략 몇 [%]인가?

① 50 ② 60
③ 70 ④ 80

해설 Chapter 08 – 02

$$\frac{1}{m} = \sqrt{\frac{P_i}{P_c}} \times 100 = \sqrt{\frac{1}{2}} \times 100 = 70\,[\%]$$

30

변압기 운전에 있어 효율이 최고가 되는 부하는 전부하의 70[%]였다고 하면 전부하에 있어 이 변압기의 철손과 동손의 비율은?

① 1 : 1 ② 1 : 2
③ 1 : 3 ④ 1 : 5

해설 Chapter 08 – 02

$P_i = 1$, $P_c = 2$일 때 효율은 70[%]

31

주상변압기에서 보통 동손과 철손의 비는 (a)이고, 최대 효율이 되기 위해서는 동손과 철손의 비는 (b)이다. (　　)의 알맞은 것은?

① a = 1 : 1, b = 1 : 1
② a = 2 : 1, b = 1 : 1
③ a = 1 : 1, b = 2 : 1
④ a = 3 : 1, b = 3 : 1

해설 Chapter 08 – 02

$P_i = 1$, $P_c = 2$일 때 효율은 70[%]

최대효율조건은 철손 = 동손, 따라서 1 : 1

32

변압기의 철손 P_i [kW], 전부하 동손이 P_c [kW]인 때 정격 출력의 $\frac{1}{m}$ 인 부하를 걸었을 때 전손실[kW]은 얼마인가?

① $(P_i + P_c)\left[\frac{1}{m}\right]^2$ ② $P_i\left[\frac{1}{m}\right]^2 + P_c$
③ $P_i + P_c\left[\frac{1}{m}\right]^2$ ④ $P_i + P_c\left[\frac{1}{m}\right]$

해설 Chapter 08 – 02

전부하시 전손실 = $P_i + P_c$

$\frac{1}{m}$ 부하시 전손실 = $P_i + \left(\frac{1}{m}\right)^2 P_c$

33

3/4 부하에서 효율이 최대인 주상 변압기는 전부하시에 있어서의 철손과 동손의 비는?

① 3 : 4 ② 4 : 3
③ 9 : 16 ④ 16 : 9

해설 Chapter 08 – 02

$$P_i = \left(\frac{1}{m}\right)^2 P_c$$

$$\frac{P_i}{P_c} = \left(\frac{1}{m}\right)^2 = \left(\frac{3}{4}\right)^2 = 9 : 16\,[\%]$$

34

용량 10[kVA], 철손 120[W], 전부하 동손 200[W]인 단상 변압기 2대를 V 결선하여 부하를 걸었을 때, 전부하 효율은 몇 [%]인가? (단, 부하의 역률은 $\frac{\sqrt{3}}{2}$ 이라 한다.)

① 98.3 ② 97.9 ③ 97.2 ④ 96.8

정답 29 ③ 30 ② 31 ② 32 ③ 33 ③ 34 ②

해설 Chapter 09 – 02

전부하 효율

$$\eta = \frac{출력}{입력} \times 100 = \frac{출력}{출력 + 손실} \times 100$$

$$= \frac{P_n \cos\theta}{P_n \cos\theta + P_i + P_c} \times 100$$

V 결선 – 1대 변압기용량× $\sqrt{3}$

용량 10[kVA] 이므로 V 결선시 $10\sqrt{3}$ [kVA]

$$= \frac{10\sqrt{3} \times 10^3 \times \frac{\sqrt{3}}{2}}{10\sqrt{3} \times 10^3 \times \frac{\sqrt{3}}{2} + 120 + 200} \times 100$$

$= 97.9\,[\%]$

35

사용 시간이 짧은 변압기의 전일 효율을 좋게 하기 위해서는 P_i (철손)와 P_c (동손)와의 관계는?

① $P_i > P_c$ ② $P_i < P_c$
③ $P_i = P_c$ ④ 무관계

해설

전일 효율을 좋게 하려면

① $P_i < P_c$

② 전부하 시간이 짧을수록 무부하손을 적게 한다.

36

변압기의 전일 효율을 최대로 하기 위한 조건은?

① 전부하 시간이 짧을수록 무부하손을 적게 한다.
② 전부하 시간이 짧을수록 철손을 크게 한다.
③ 부하 시간에 관계없이 전부하 동손과 철손을 같게 한다.
④ 전부하 시간이 길수록 철손을 적게 한다.

해설

전일 효율을 좋게 하려면

① $P_i < P_c$

② 전부하 시간이 짧을수록 무부하손을 적게 한다.

37

3,300[V], 60[Hz]용 변압기의 와류손이 360[W]이다. 이 변압기를 2,750[V], 50[Hz]에서 사용할 때 와류손[W]은?

① 100 ② 150 ③ 200 ④ 250

해설 Chapter 08 – 02

$P_e \propto V^2$, f 무관

360 : (3,300)^2

P_e' : (2,750)^2

$$P_e' = \left(\frac{2,750}{3,300}\right)^2 \times 360 = 250\,[\text{W}]$$

38

변압기에서 생기는 철손 중 와류손(eddy current loss)은 철심의 규소 강판 두께와 어떤 관계가 있는가?

① 두께에 비례 ② 두께의 2승에 비례
③ 두께의 1/2승에 비례 ④ 두께의 3승에 비례

해설 Chapter 08 – 02

$P_e = \delta_e (kf, t, f, B_m)^2$

t : 규소 강판

kf : 파형률

δ_e : 재료상수

B_m : 자속밀도

39

변압기의 부하 전류 및 전압이 일정하고 주파수만 낮아지면?

① 철손이 증가 ② 철손이 감소
③ 동손이 증가 ④ 동손이 감소

해설 Chapter 08 – 02

$$\uparrow B_m \propto \frac{1}{f\downarrow}$$

주파수가 낮아지면 자속밀도(B_m) 증가

철손・여자전류 증가, %Z(%임피던스) 감소

정답 35 ② 36 ① 37 ④ 38 ② 39 ①

제 3 과목 ✦ 전기기기

40

변압기의 개방회로시험으로 구할 수 없는 것은?

① 무부하 전류　② 동손
③ 히스테리시스 손실　④ 와류손

해설 Chapter 08 – 02
등가회로시험
① 권선저항 측정
② 무부하시험 : 철손, 여자전류
③ 단락시험 : 임피던스와트(동손), 임피던스 전압

41

변압기의 2차측을 개방하였을 경우 1차측에 흐르는 전류는 무엇에 의하여 결정되는가?

① 여자 어드미턴스　② 누설 리액턴스
③ 저항　④ 임피던스

해설 Chapter 14 – 01
$I_0 = Y_0 V_1$
여자전류 I_0 는 여자 어드미턴스 Y_0 에 의해 결정된다.

42

변압기 여자전류, 철손을 알 수 있는 시험은?

① 유도시험　② 부하시험
③ 무부하시험　④ 단락시험

해설 Chapter 08 – 02
등가회로시험
① 권선저항 측정
② 무부하시험 : 철손, 여자전류
③ 단락시험 : 임피던스와트(동손), 임피던스 전압

43

부흐홀츠 계전기로 보호되는 기기는?

① 변압기　② 발전기
③ 동기 전동기　④ 회전 변류기

해설 Chapter 14 – 10
변압기 내부 고장 보호 계전기
1) 부흐홀츠 계전기
2) 차동 계전기
3) 비율자동 계전기

44

주상 변압기의 고압측에는 몇 개의 탭을 내놓았다. 그 이유는?

① 예비 단자용
② 수전점의 전압을 조정하기 위하여
③ 변압기의 여자전류를 조정하기 위하여
④ 부하전류를 조정하기 위하여

45

아크 용접용 변압기가 전력용 일반 변압기보다 다른 점이 있다면?

① 권선의 저항이 크다.
② 누설 리액턴스가 크다.
③ 효율이 높다.
④ 역률이 좋다.

해설 Chapter 02 – 02
전력용 변압기 – 누설 리액턴스가 작다.
자기누설 변압기 – ① 누설 리액턴스가 크다.
② 전압변동률이 크다.
③ 수하특성
④ 용도 – 용접용, 네온관 등, 아크 등

정답 40 ② 41 ① 42 ③ 43 ① 44 ② 45 ②

Chapter 19 동기기

01 동기 발전기(교류 발전기) (회전 계자형) (Y결선)

1. 구조

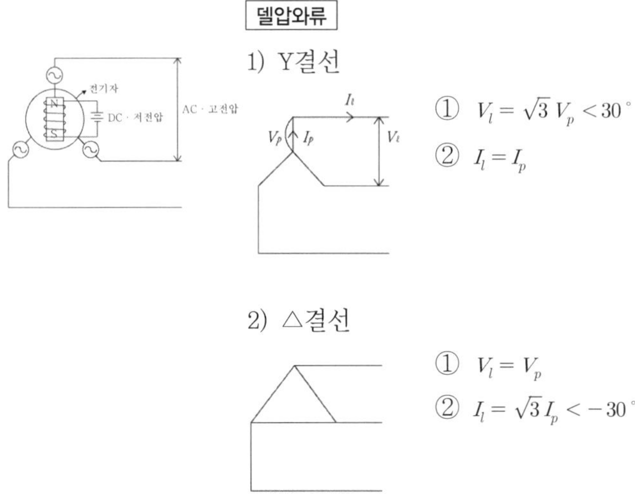

2) △결선

① $V_l = V_p$

② $I_l = \sqrt{3}\,I_p < -30°$

(1) 회전 계자형을 쓰는 이유≠기전력의 파형 개선

(2) 전기자 권선을 Y결선으로 하는 이유 중 △결선과 비교했을 때 장점이 아닌 것은?
출력을 더욱 증대시킬 수 있다.

참고 1) 회전 계자형을 쓰는 이유

① 기계적으로 튼튼하다.

② 절연이 용이하다.

③ 전기자 권선은 전압이 높고 결선이 복잡하여 인출선이 많다.

④ 계자 회로는 직류 저전압으로 소요전력이 적게 든다.

참고 2) 3상시 전기자 권선을 Y(성형)결선 하는 이유

① 이상전압을 방지할 수 있다.

② 상전압이 낮기 때문에 코로나 및 열화방지

③ 고조파 순환전류가 흐르지 않는다.

2. 돌극기와 비돌극기의 차이점

	용도	속도	극수	단락비	리액턴스	최대 출력시 부하각δ
1) 돌극기(철극기)	수차 발전기	저속	많다	크다	$x_d > x_q$	60°
2) 비돌극기(비철극기) = 원통형 회전자	터빈 발전기	고속	적다	작다	$x_d = x_q$	90°

3. 동기속도 N_s

- 주파수 f[Hz]

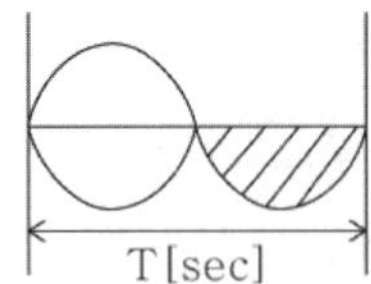

$\omega = 2\pi f$ — 314 $f=50$, 377 $f=60$

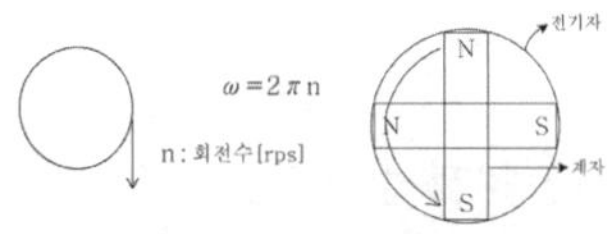

극수 2극짜리가 한바퀴 돌면 1[Hz]

극수 4극짜리가 한바퀴 돌면 2[Hz]

$$f = \frac{P}{2} \times n \qquad n = \frac{2f}{P} \times 60$$

$$N_s = \frac{120f}{P} \text{[rpm]}$$

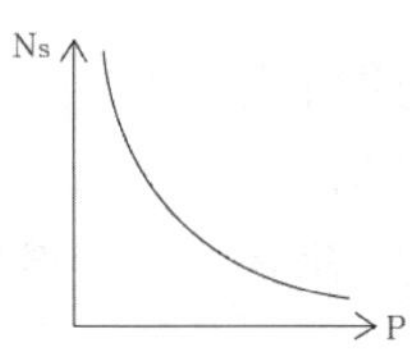

주변속도 $v = \pi D \frac{N_s}{60}$ [m/s]

$v =$ 극수 × 극간격 × $\frac{N_s}{60}$ [m/s]

지름이 안 주어질 경우

극수 12

극간격 1[m]

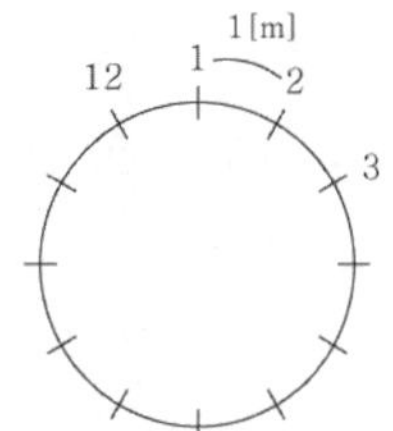

4. 권선계수(권선법) ≠ 전절권, 집중권 권선계수

$k_w = k_p \times k_d = 0.9\text{xx} \times 0.9\text{xx}$

$= 0.8\text{xx}$가 답이 된다.

(1) 단절권 = ~~전절권~~

① 단절권 계수 k_p

$$k_p = \frac{\text{단절권 } E\text{의 합}}{\text{전절권 } E\text{의 합}} = \sin\frac{\beta\pi}{2} = 0.9\text{xx}$$

180°

$$\beta = \frac{\text{코일간격}}{\text{극간격}} = \frac{\text{코일간격}}{s/p} < 1$$

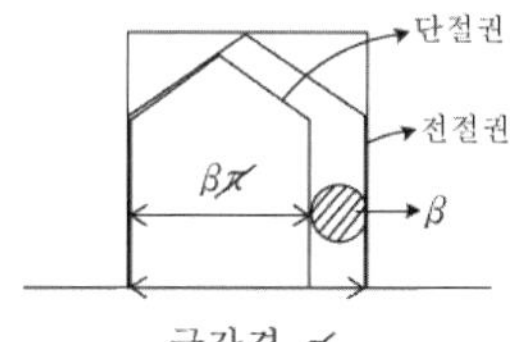

ex 구멍수가 54개, 극수 6극

극과극 사이의 간격 $= \frac{54}{6} = 9$

② 특징 < 동량이 감소(권선이 절약) / 고조파를 제거하여 기전력의 파형개선

③ 5고조파 제거시 β의 크기 : 0.8

(2) 분포권 = ~~집중권~~

① 분포권 계수 k_d

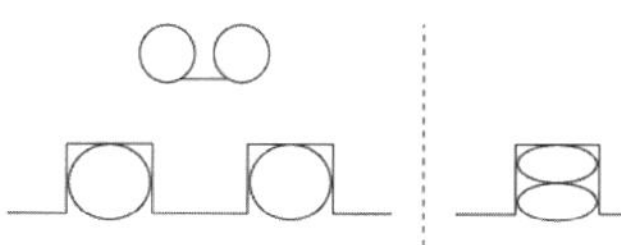

$$k_d = \frac{\sin\frac{n\pi}{2m}}{q\sin\frac{n\pi}{2mq}} = \frac{\frac{1}{2}}{q\sin\frac{\pi}{2mq}} = 0.9\text{xx}$$

q: 매극 매상당 슬롯수 $= \frac{s}{p \times m}$

p　　m　　s

m : 상수(3)

② 특징 < 누설 리액턴스 감소 / 고조파를 제거하여 기전력의 파형 개선

③ 집중권 : q가 1개

분포권 : q가 2개 이상

제3과목 ✦ 전기기기

5. 동기 발전기의 유기기전력 E=유도기의 유기기전력 ≒ 변압기의 유도기전력

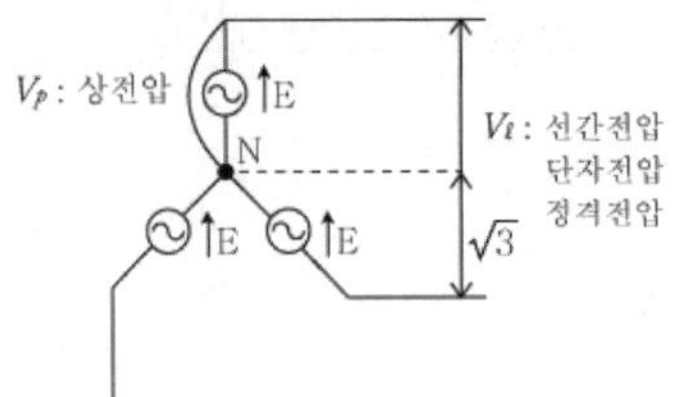

$V_l = \sqrt{3}\, V_p$

$V_l = \sqrt{3}\, E$

$E = \boxed{4.44 k_w \cdot f \cdot N \cdot \phi\ [\text{V}]}$

$E = 4.44 k_w fNBS$(변압기 쪽)

6. 전기자 반작용

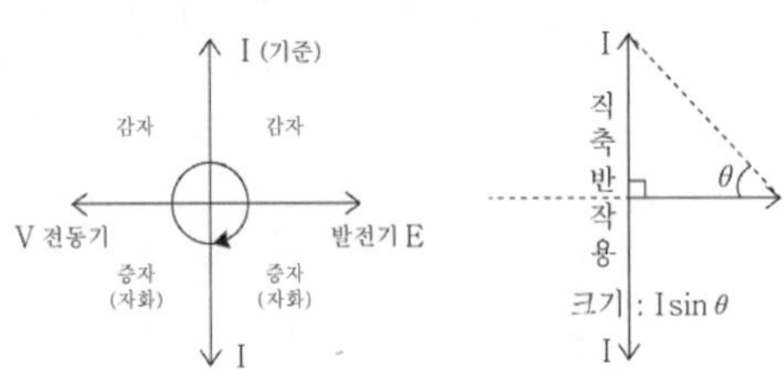

1) 횡축반작용 = 교차자화 작용 동위상
   크기 : $I\cos\theta$
2) 직축반작용 성분(크기): $I\sin\theta$

7. 동기 발전기의 등가회로

(1) 동기 임피던스 Z_s

① $Z = R + jx = \sqrt{R^2 + x^2}$

↓

$Z_s = R_a + jx_s = R_a + j(x_a + x_l) = \sqrt{R_a^2 + (x_a + x_l)^2}$

0.1 10

$Z_s \fallingdotseq x_s = (x_a + x_l)$

(2) 1상당 출력 P(비돌극형) [kw]

$P = \dfrac{E \cdot V}{x_s} \sin\delta \times 10^{-3} \times ③$ ↱ 3상당 출력시

- 돌극형 $\delta = 60°$ $x_d > x_q$
- 비돌극형 $\delta = 90°$

8. 3상 단락곡선

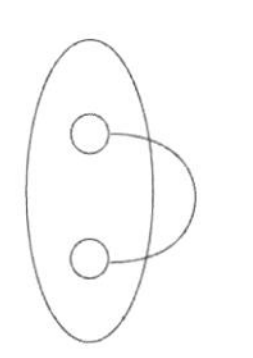

선간전압 ↰ ↱ 상전압

$$I = \frac{V}{Z} \Rightarrow \frac{E}{Z_s} = \frac{E}{x_s}[\text{A}]$$

$$\frac{V}{\sqrt{3}}$$

$$I_s = \frac{E}{Z_s} = \frac{E}{x_s}[\text{A}]$$

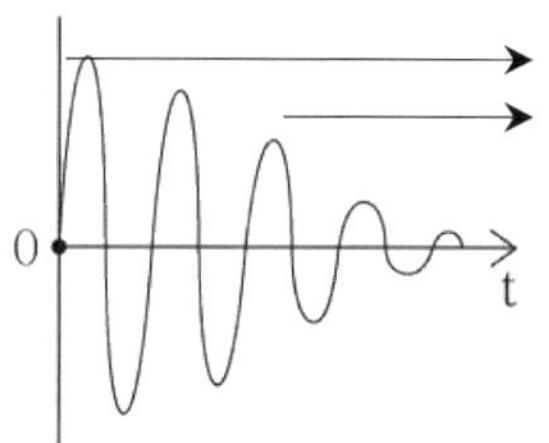

→ 순간(돌발)단락전류 제한 : 누설 리액턴스

→ 지속단락전류 제한 : 동기 리액턴스

단락시 : 처음은 큰 전류이나 점차로 감소한다.

9. 단락비 K_s

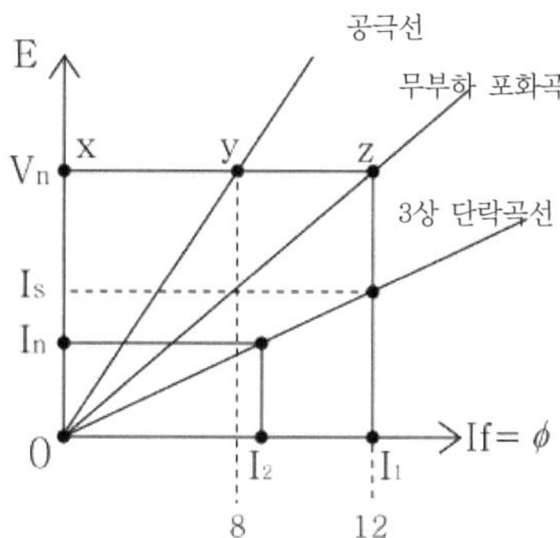

포화율 $\delta = \frac{yz}{xy} = \frac{BC}{AB} = 0.5$

단락비 $K_s = \frac{I_1}{I_2} = \frac{I_f'}{I_f''} = \frac{I_{f_0}}{I_{f_s}} = \frac{I_s}{I_n}$

(직선이 되는 이유 : 전기자 반작용)

(구할 수 없는 것 : 전기자 반작용)

- 동기 임피던스율 $\%Z_s$

$$\%Z_s = \frac{I_n \cdot Z_s}{V} \times 100 \Rightarrow \frac{I_n \cdot Z_s}{E} \times 100 = \frac{\frac{P}{\sqrt{3}\,V} \cdot Z_s}{\frac{V}{\sqrt{3}}} \times 100 = \frac{P \cdot Z_s}{V^2} \times 100$$

$$\%Z_s = \frac{I_n \cdot Z_s}{\frac{V}{\sqrt{3}}} \times 100 = \frac{\sqrt{3}\,I_n \cdot Z_s}{V} \times 100$$

$$\%Z_s = \frac{1}{K_s} = \frac{P \cdot Z_s}{V^2} = \frac{\sqrt{3}\,I_n Z_s}{V \Rightarrow E} = \frac{I_n}{I_s}$$

선간으로 주어진다.

① 단락비 ② 용량 ③ 공식 ④ 단락전류

- 단락비가 큰 기계(철기계)의 특징
  ① 안정도가 높다.
  ② 전압변동률이 작다.
  ③ 용량이 커진다.
  ④ 효율이 나쁘다.
  ⑤ 동기 임피던스가 작다.
  $Z_s = x_s = w_L = 2\pi fL$
  ↓ ↓ ↓ ↓
- 안정도 향상 대책
  ① 속응여자 방식 채용
  ② 단락비 크게
  ③ 관성 모멘트(플라이휠 효과) 크게
  ④ 영상Z, 역상Z 크게
  ⑤ 정상Z, 동기Z 작게

10. 전압변동률 ϵ

$$\epsilon = \frac{V_0 - V_n}{V_n} \times 100$$

(1) 유도 부하 L : $\epsilon(+)$ $(V_0 > V_n)$

(2) 용량 부하 C : $\epsilon(-)$ $(V_0 < V_n)$

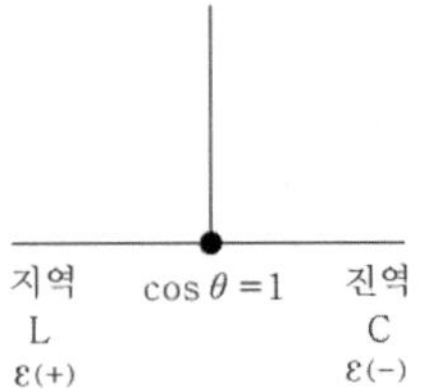

11. p.u법(단위법)

① ϵ < 61%, $x_s = 0.8$[p.u] / 52%, $x_s = 0.6$[p.u]

② P < 10000 / 17800 / 18889 / 21360

$\epsilon = [\sqrt{\cos^2\theta + (\sin\theta + X_s[P \cdot U]^2)} - 1] \times 100[\%]$

(전압변동률)

$P_m = \frac{\sqrt{\cos^2\theta + (\sin\theta + X_s[P \cdot U]^2)}}{X_s} \times P_n[KVA]$

(최대출력) P_n: 정격출력

③ $I = 113$[A], $x_s = 1.00$[p.u]

12. 동기 발전기의 병렬 운전 조건≠용량 · 출력 · 회전수 (키위주고파)

(1) 기전력의 크기가 같을 것≠무효 순환 전류 발생(무효 횡류)

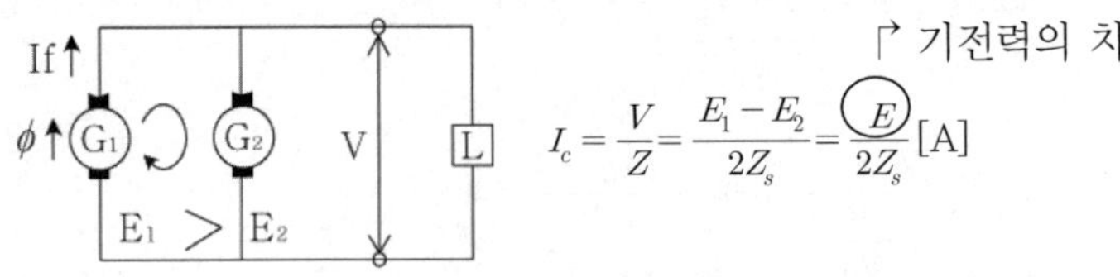

$$I_c = \frac{V}{Z} = \frac{E_1 - E_2}{2Z_s} = \frac{E}{2Z_s}[\text{A}]$$

(2) 기전력의 위상이 같을 것≠유효 순환전류 발생(유효 횡류=동기화 전류)

① 동기화 전류 $I_s = \frac{E}{Z_s}\sin\frac{\delta}{2}$ = 천사 = 100.4[A]

② 수수전력 $P = \frac{E^2}{2Z_s}\sin\delta \times 10^{-3}$

③ 동기화력 $P=\frac{E^2}{2Z_s}\cos\delta$ (P ↓, Z_s ↑)

x_s ↑ ($x_s = Z_s$) < ϵ (전압변동률) ↑, P (동기화력) ↓

(3) 기전력의 주파수가 같을 것 ≠ 난조발생 $\xrightarrow{\text{방지법}}$ 제동권선 설치

(4) 기전력의 파형이 같을 것 ≠ 고주파 무효 순환전류 발생

(5) 상회전 방향이 일치할 것

02 동기 전동기

1. 동기 전동기의 기동법

(1) 자기동법(기동시 계자권선을 단락시키는 이유 : 고전압 유도에 의한 절연파괴 위험방지)

(2) 기동 전동기법

2. 토크 T [kg · m]

$$T=0.975\frac{P}{N_s}[W]$$

$$P=\frac{T \cdot N_s}{0.975}=1.026 N_s \cdot T[\text{W}]$$

↓ 동기와트 ↓ 상수 ↓ 일정 ↓ 토크

동기와트=토크

3. 동기 전동기의 특징

① 속도가 일정하다.

② 역률 1로 운전할 수 있다.(역률이 가장 좋다.)

③ 효율이 좋다.

④ 역률을 조정할 수 있다.

4. 위상 특성 곡선(V곡선)

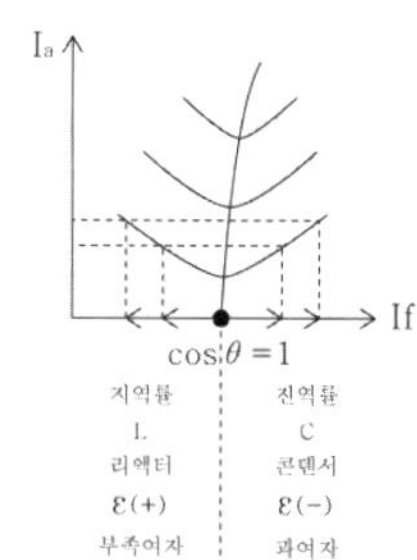

- I_a와 I_f의 관계곡선 P : 일정 V : 일정
- I_a가 최소 $\cos\theta=1$
- I_f가 변화 < $\cos\theta$ 변화, I_a는 증가

Chapter 19 출제예상문제

01

극수 6, 회전수 1,000[rpm]의 교류 발전기와 병렬 운전하는 극수 8의 교류 발전기의 회전수는?

① 500[rpm]　② 750[rpm]
③ 1,000[rpm]　④ 1,500[rpm]

해설 Chapter 07 – 02

$P=6,\ N_s=1,000\,[\text{rpm}]$

$P'=8,\ N_s'=?$

$N_s'=\dfrac{120}{P}f=\dfrac{120}{8}\times 50=750\,[\text{rpm}]$

주파수가 동일하므로

$f=\dfrac{N_s P}{120}=\dfrac{1,000\times 6}{120}=50\,[\text{Hz}]$

02

60[Hz] 12극 회전자 외경 2[m]의 동기 발전기에 있어서 자극면의 주변 속도[m/s]는?

① 30　② 40　③ 50　④ 60

해설

$v=\pi D\dfrac{N}{60}=3.14\times 2\times\dfrac{600}{60}=62.8\,[\text{m/s}]$

$N_s=\dfrac{120}{P}f=\dfrac{120}{12}\times 60=600\,[\text{rpm}]$

03

동기 발전기에 회전 계자형을 사용하는 경우가 많다. 그 이유로 적합하지 않은 것은?

① 전기자보다 계자극을 회전자로 하는 것이 기계적으로 튼튼하다.
② 기전력의 파형을 개선한다.
③ 전기자 권선은 고전압으로 결선이 복잡하다.
④ 계자 회로는 직류 저전압으로 소요 전력이 작다.

해설 Chapter 15 – 01

회전계자형
① 절연이 용이 기계적으로 튼튼하다.
② 계자 권선의 전원이 직류전압으로 소요전력이 작다.
③ 전기자 권선은 고전압으로 결선이 복잡하다.
"PS" 기전력의 파형개선 : 분포권, 단절권

04

전기자 권선법이 아닌 것은?

① 분포권　② 전절권　③ 2층권　④ 중권

해설 Chapter 02 – 03

05

교류 발전기에서 권선을 절약할 뿐 아니라 특정 고조파분이 없는 권선은?

① 전절권　② 집중권　③ 단절권　④ 분포권

해설 Chapter 02 – 03

분포권 – ① 고조파 감소시켜 기전력의 파형개선
　② 누설 리액턴스 감소
단절권 – ① 고조파 제거하여 기전력의 파형개선
　② 동량과 철량이 절약되고, 기계 길이가 축소된다.

06

코일 피치와 극간격의 비를 β라 하면 동기기의 기본파 기전력에 대한 단절계수는 다음의 어느 것인가?

① $\sin\beta\pi$　② $\sin\dfrac{\beta\pi}{2}$　③ $\cos\beta\pi$　④ $\cos\dfrac{\beta\pi}{2}$

해설 Chapter 02 – 03

단절권 계수 $K_p=\sin\dfrac{1}{2}\beta\pi$

$\beta=\dfrac{\text{코일간격}}{\text{극간격}}$

정답 01 ② 02 ④ 03 ② 04 ② 05 ③ 06 ②

07

3상 동기 발전기에서 권선 피치와 자극 피치의 비를 13 / 15인 단절권으로 하였을 때의 단절권 계수는 얼마인가?

① $\sin\frac{13}{15}\pi$ ② $\sin\frac{15}{26}\pi$

③ $\sin\frac{13}{30}\pi$ ④ $\sin\frac{15}{13}\pi$

해설 Chapter 02 – 03

단절권 계수 $K_p = \sin\frac{1}{2}\beta\pi = \sin\frac{1}{2}\times\frac{13}{15}\pi$

$= \sin\frac{13}{30}\pi$

08

3상 동기 발전기의 각 상의 유기 기전력 중에서 제5 고조파를 제거하려면 코일간격/극간격을 어떻게 하면 되는가?

① 0.8 ② 0.5 ③ 0.7 ④ 0.6

해설 Chapter 02 – 03

09

동기 발전기에서 기전력의 파형을 좋게 하고 누설 리액턴스를 감소시키기 위하여 채택한 권선법은?

① 집중권 ② 분포권

③ 단절권 ④ 전절권

해설 Chapter 02 – 03

10

동기 발전기의 권선을 분포권으로 하면?

① 집중권에 비하여 합성 유도 기전력이 높아진다.

② 권선의 리액턴스가 커진다.

③ 파형이 좋아진다.

④ 난조를 방지한다.

해설 Chapter 02 – 03

분포권

기전력의 파형 개선

11

3상 동기 발전기의 매극 매상 슬롯수를 3이라 할 때 분포권 계수를 구하여라.

① $6\sin\frac{\pi}{18}$ ② $3\sin\frac{\pi}{9}$

③ $\frac{1}{6\sin\frac{\pi}{18}}$ ④ $\frac{1}{3\sin\frac{\pi}{18}}$

해설 Chapter 02 – 03

분포권 계수 $K_d = \frac{\sin\frac{\pi}{2m}}{q\sin\frac{\pi}{2mq}}$

$= \frac{\sin\frac{\pi}{2\times3}}{3\sin\frac{\pi}{2\times3\times3}} = \frac{1}{6\sin\frac{\pi}{18}}$

q : 매극매상당 슬롯수

m : 상수

12

동기기의 전기자 권선법 중 단절권, 분포권으로 하는 이유 중 가장 중요한 목적은?

① 높은 전압을 얻기 위해서

② 일정한 주파수를 얻기 위해서

③ 좋은 파형을 얻기 위해서

④ 효율을 좋게 하기 위해서

해설 Chapter 02 – 03

분포권과 단절권의 채택 이유

기전력의 파형 개선

정답 07 ③ 08 ① 09 ② 10 ③ 11 ③ 12 ③

13

6극 60[Hz] Y결선 3상 동기 발전기의 극당 자속이 0.16[Wb] 회전수 1,200[rpm] 1상의 감긴 수 186, 권선계수 0.96이면 단자전압 [V]은?

① 13,183　　② 12,254
③ 26,366　　④ 27,456

해설 Chapter 01 – 03

단자 전압(=선간 전압) $V = \sqrt{3}\,E$

$V = \sqrt{3} \times 4.44 f \phi k\omega . \omega\,[\mathrm{V}]$

$= \sqrt{3} \times 4.44 \times 60 \times 0.16 \times 0.96 \times 186$

$= 13{,}183\,[\mathrm{V}]$

14

동기 발전기에서 전기자 전류를 I, 유기 기전력과 전기자 전류와 위상각을 θ 라 하면 횡축 반작용을 하는 성분은?

① $I\cot\theta$　　② $I\tan\theta$
③ $I\sin\theta$　　④ $I\cos\theta$

해설 Chapter 03 – 02

전기자 반작용

1) 횡축 반작용(교차자화작용) – 전기자 전류가 유기 기전력과 동위상
　크기 : $I\cos\theta$
2) 직축 반작용
　① 감자작용 : 전기자 전류가 유기 기전력보다 위상이 $\pi / 2$ 뒤질 때 자속이 감소
　② 증자작용 : 전기자 전류가 유기 기전력보다 위상이 $\pi / 2$ 앞설 때 자속이 증가

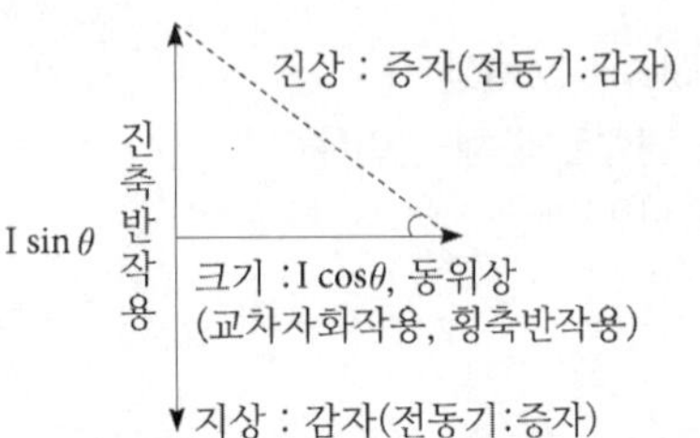

15

동기 발전기에서 앞선 전류가 흐를 때 다음 중 어느 것이 옳은가?

① 감자 작용을 받는다.
② 증자 작용을 받는다.
③ 속도가 상승한다.
④ 효율이 좋아진다.

해설 Chapter 03 – 02

전기자 반작용

발전기의 경우 앞선 전류가 흐르면 증자 작용을 받는다.

16

동기 발전기에서 유기 기전력과 전기자 전류가 동상인 경우의 전기자 반작용은?

① 교차 자화 작용　　② 증자 작용
③ 감자 작용　　④ 직축 반작용

해설 Chapter 03 – 02

전기자 반작용

동상인 경우 횡축 반작용(교차 자화 작용)이 나타난다.

17

동기 전동기에서 위상에 관계없이 감자 작용을 할 때는 어떤 경우인가?

① 진전류가 흐를 때
② 지전류가 흐를 때
③ 동상 전류가 흐를 때
④ 전류가 흐를 때

해설 Chapter 03 – 02

전기자 반작용

전동기의 경우 앞선 전류(진전류)가 흐르면 감자 작용을 받는다.

정답 13 ① 14 ④ 15 ② 16 ① 17 ①

18

정격전압을 E[V], 정격전류를 I[A], 동기 임피던스를 Z_s[Ω]이라 할 때 퍼센트 동기 임피던스 Z_s'는? (이때, E[V]는 선간전압이다.)

① $\frac{I \cdot Z_s}{\sqrt{3}} E \times 100$
② $\frac{I \cdot Z_s}{3E} \times 100$
③ $\frac{\sqrt{3} \cdot I \cdot Z_s}{E} \times 100$
④ $\frac{I \cdot Z_s}{E} \times 100$

해설 Chapter 06 – 02

$$\% Z_s = \frac{I_n Z_s}{E} \times 100 = \frac{I_n Z_s}{\frac{V}{\sqrt{3}}} \times 100$$
$$= \frac{\sqrt{3} I_n Z_s}{V} \times 100$$

E : 상전압, V : 선간전압

19

8,000[kVA], 6,000[V]인 3상 교류 발전기의 %동기 임피던스가 80[%]이다. 이 발전기의 동기 임피던스는 몇 [Ω]인가?

① 3.6 ② 3.2 ③ 3.0 ④ 2.4

해설 Chapter 06 – 02

$$\% Z_s = \frac{1}{K_s} = \frac{P_n Z_s}{V^2} = \frac{I_n}{I_s} \times 100$$

$\%Z_s$: % 동기 임피던스, K_s : 단락비
Z_s : 동기 임피던스, I_n : 정격전류
I_s : 단락전류

$$\%Z_s = \frac{P_n Z_s}{V^2}$$
$$0.8 = \frac{8{,}000 \times 10^3 \times Z_s}{(6{,}000)^2}$$
$$Z_s = \frac{(6{,}000)^2 \times 0.8}{8{,}000 \times 10^3} = 3.6\,[\Omega]$$

20

동기기에서 동기 임피던스 값과 실용상 같은 것은? (단, 전기자 저항은 무시한다.)

① 전기자 누설 리액턴스 ② 동기 리액턴스
③ 유도 리액턴스 ④ 등가 리액턴스

해설 Chapter 03 – 02

$Z_s = r_a + j x_s ≒ x_s$

동기 임피던스는 실용상 동기 리액턴스와 같이 본다.

21

그림은 3상 동기 발전기의 무부하 포화 곡선이다. 이 발전기의 포화율은 얼마인가?

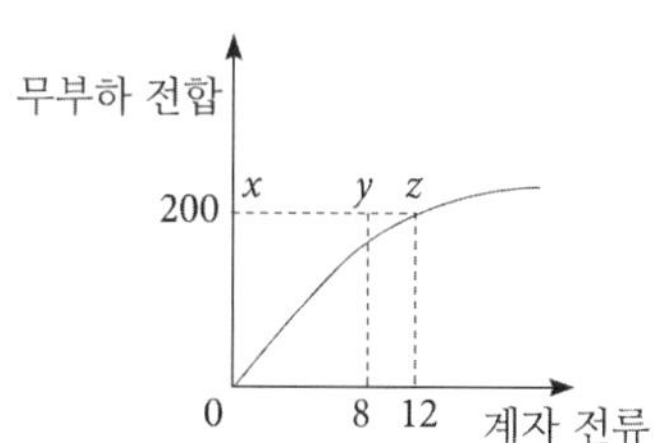

① 0.5 ② 0.67
③ 0.8 ④ 1.5

해설 Chapter 06 – 02

포화율 $\delta = \frac{\text{포화정도}}{\text{정격전압}} = \frac{yz}{xy} = \frac{4}{8} = 0.5$

22

무부하 포화 곡선과 공극선을 써서 산출할 수 있는 것은?

① 동기 임피던스 ② 단락비
③ 전기자 반작용 ④ 포화율

해설 Chapter 06 – 02

발전기 특성 곡선
무부하 포화 곡선과 공극선을 이용하여 포화율을 산출할 수 있다.

정답 18 ③ 19 ① 20 ② 21 ① 22 ④

23

3상 66,000[kVA], 22,900[V] 터빈 발전기의 정격 전류[A]는?

① 2,882 ② 962 ③ 1,664 ④ 431

해설

$$I = \frac{P}{\sqrt{3}\,V} = \frac{66{,}000 \times 10^3}{\sqrt{3} \times 22{,}900} = 1{,}664\,[\mathrm{A}]$$

24

정격출력 10,000[kVA], 정격전압 6,600[V], 정격역률 0.8인 3상 동기 발전기가 있다. 동기 리액턴스 0.8[p.u]인 경우의 전압변동률[%]은?

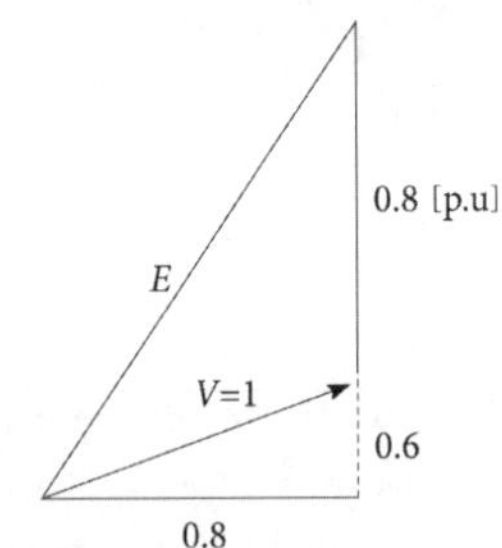

① 13 ② 20 ③ 25 ④ 61

해설 Chapter 05 – 02

$$E = \sqrt{(\cos\theta)^2 + (\sin\theta + X_s)^2}\ [\mathrm{p.u}]$$
$$= \sqrt{(0.8)^2 + (0.6 + 0.8)^2} = 1.61\,[\mathrm{p.u}]$$
$$\varepsilon = \frac{V_0 - V}{V} \times 100 = \frac{E - V}{V} \times 100$$
$$= \frac{1.61 - 1}{1} \times 100$$
$$= 61\,[\%]$$

25

동기 발전기의 돌발 단락 전류를 주로 제한하는 것은?

① 동기 리액턴스 ② 누설 리액턴스
③ 권선 저항 ④ 역상 리액턴스

해설 Chapter 03 – 02

x_s : 동기 리액턴스 – 지속 단락 전류 제한($I_s = \dfrac{E}{x_s}$[A])

x_ℓ : 누설 리액턴스 – 순간(돌발) 단락 전류 제한

26

발전기의 단자 부근에서 단락이 일어났다고 하면 단락 전류는?

① 계속 증가한다.
② 처음은 큰 전류이나 점차로 감소한다.
③ 일정한 큰 전류가 흐른다.
④ 발전기가 즉시 정지한다.

해설 Chapter 03 – 02

27

동기 발전기가 운전 중 갑자기 3상 단락을 일으켰을 때, 그 순간 단락 전류를 제한하는 것은?

① 전기자 누설 리액턴스와 계자 누설 리액턴스
② 전기자 반작용
③ 동기 리액턴스
④ 단락비

해설 Chapter 03 – 02

28

1상의 유기 전압 E[V], 1상의 누설 리액턴스 X[Ω] 1상의 동기 리액턴스 X_s [Ω]인 동기 발전기의 지속 단락 전류[A]는?

① $\dfrac{E}{X}$ ② $\dfrac{E}{X_s}$ ③ $\dfrac{E}{X + X_s}$ ④ $\dfrac{E}{X - X_s}$

해설 Chapter 03 – 02

지속 단락 전류

$$I_s = \frac{E}{X_s}$$

정답 23 ③ 24 ④ 25 ② 26 ② 27 ① 28 ②

29

3상 동기 발전기가 있다. 이 발전기의 여자 전류 5[A]에 대한 1상의 유기 기전력이 600[V]이고 그 3상 단락 전류는 30[A]이다. 이 발전기의 동기 임피던스[Ω]는 얼마인가?

① 2 ② 3 ③ 20 ④ 30

해설 Chapter 06 – 02

$$Z_s = \frac{E}{I_s} = \frac{600}{30} = 20\,[\Omega]$$

30

동기 발전기의 동기 리액턴스는 3[Ω]이고 무부하시의 선간 전압이 220[V]이다. 그림과 같이 3상 단락되었을 때 단락 전류[A]는?

① 24 ② 42.3 ③ 73.3 ④ 127

해설 Chapter 03 – 02

$$I_s = \frac{E}{Z_s} = \frac{\frac{V}{\sqrt{3}}}{Z_s} = \frac{\frac{220}{\sqrt{3}}}{3} = 42.3\,[\text{A}]$$

$$Z_s \fallingdotseq x_s = 3\,[\Omega]$$

31

3상 동기 발전기의 단락비를 산출하는 데 필요한 시험은?

① 외부 특성 시험과 3상 단락 시험
② 돌발 단락 시험과 부하 시험
③ 무부하 포화 시험과 3상 단락 시험
④ 대칭분의 리액턴스 측정 시험

해설 Chapter 06 – 02

단락비 : 무부하 포화곡선과 3상 단락곡선으로부터 구할 수 있다.

$$K_s = \frac{i_1}{i_2}$$

$$= \frac{\text{정격전압을 유기하는데 필요한 여자전류}}{\text{정격전류와 같은 단락전류를 유기하는데 필요한 여자전류}}$$

32

동기 발전기의 단락비를 계산하는 데 필요한 시험의 종류는?

① 동기화 시험, 3상 단락 시험
② 부하 포화 시험, 동기화 시험
③ 무부하 포화 시험, 3상 단락 시험
④ 전기자 반작용 시험, 3상 단락 시험

해설 Chapter 06 – 02

33

동기 발전기의 단락 시험, 무부하 시험으로부터 구할 수 없는 것은?

① 철손 ② 단락비
③ 전기자 반작용 ④ 동기 임피던스

해설 Chapter 06 – 02

34

3상 교류 동기 발전기를 정격 속도로 운전하고 무부하 정격 전압을 유기하는 계자 전류를 i_1, 3상 단락에 의하여 정격 전류 I를 흘리는데 계자 전류를 i_2라 할 때 단락비는?

① $\frac{I}{i_1}$ ② $\frac{i_2}{i_1}$
③ $\frac{I}{i_2}$ ④ $\frac{i_1}{i_2}$

해설 Chapter 06 – 02

정답 29 ③ 30 ② 31 ③ 32 ③ 33 ③ 34 ④

제3과목 ✦ 전기기기

35

정격 용량 10,000[kVA], 정격 전압 6,000[V], 단락비 1.2 되는 동기 발전기의 동기 임피던스[Ω]는?

① $\sqrt{3}$　② 3　③ $3\sqrt{3}$　④ 3^2

해설 Chapter 06 – 02

$\frac{1}{K_s} = \frac{P_n Z_s}{V^2}$

$\frac{1}{1.2} = \frac{10^4 \times 10^3 \times Z_s}{(6000)^2}$

$Z_s = 3\,[\Omega]$

36

동기기의 3상 단락 곡선이 직선이 되는 이유는?

① 누설 리액턴스가 크므로　② 자기 포화가 있으므로
③ 무부하 상태이므로　④ 전기자 반작용으로

해설 Chapter 06 – 02

3상 단락곡선이 전기자 반작용의 영향에 의해 직선화되었다.

37

단락비가 큰 동기기는?

① 안정도가 높다.　② 전압변동률이 크다.
③ 기계가 소형　④ 반작용이 크다.

해설 Chapter 06 – 02

단락비가 크다(=철의 기계)
전압변동률, 효율 ↓
안정도, 송전선 충전용량 ↑

38

동기기의 구성 재료가 구리(Cu)가 비교적 적고 철(Fe)이 비교적 많은 기계는?

① 단락비가 작다.　② 단락비가 크다.
③ 단락비와 무관하다.　④ 전압 변동률이 크다.

해설 Chapter 06 – 02

단락비가 크다 = 철기계

39

동기기(돌극형)에서 직축 리액턴스 x_d 와 횡축 리액턴스 x_q 는 그 크기 사이에 어떤 관계가 성립하는가? (단, x_s 는 동기 리액턴스이다.)

① $x_q = x_d = x_s$　② $x_q > x_d$
③ $x_d > x_q$　④ $x_q = 2x_d$

해설 Chapter 15 – 03

돌극형 : $x_d > x_q$
x_d : 직축반작용 리액턴스
x_q : 횡축반작용 리액턴스

40

동기 발전기의 병렬 운전에서 특히 같게 할 필요가 없는 것은?

① 기전력　② 주파수
③ 임피던스　④ 전압 위상

해설 Chapter 04 – 03

동기 발전기의 병렬운전 조건
① 기전력의 크기가 같을 것 →
　무효순환전류(무효 횡류) 발생
② 기전력의 위상이 같을 것 →
　동기화전류(유효 횡류) 발생
③ 기전력의 주파수가 같을 것 → 난조 발생
④ 기전력의 파형이 같을 것 →
　고조파 순환전류 발생

"PS" 무효순환전류 $I_c = \frac{E_r}{2Z_s}$[A]　E_r : 기전력의 차

난조 : 부하가 급변하는 경우 회전속도가 동기속도를 중심으로 진동하는 현상
원인 : ① 부하의 급변
② 조속기 감도 예민
③ 전기자 저항이 너무 클 때
방지법 : 제동권선 설치

정답 35 ② 36 ④ 37 ① 38 ② 39 ③ 40 ③

41

2대의 동기 발전기를 병렬 운전할 때 무효 횡류(무효 순환 전류)가 흐르는 경우는?

① 부하 분담의 차가 있을 때
② 기전력의 파형에 차가 있을 때
③ 기전력의 위상차가 있을 때
④ 기전력 크기에 차가 있을 때

해설 Chapter 04 – 03

42

동기 발전기의 병렬 운전 중 계자를 변화시키면 어떻게 되는가?

① 무효순환 전류가 흐른다.
② 주파수 위상이 변한다.
③ 유효순환 전류가 흐른다.
④ 속도 조정률이 변한다.

해설 Chapter 04 – 03
계자전류를 변화시키면 기전력의 크기가 변하므로 무효순환전류 발생

43

병렬 운전하는 두 동기 발전기에서 스위치를 투입할 때 다음과 같은 경우 동기화 전류가 흐르는 것은 두 발전기의 기전력이 어떠할 때인가?

① 기전력의 파형이 다를 때
② 부하 분담의 차가 있을 때
③ 기전력의 크기가 다를 때
④ 기전력의 위상에 차가 있을 때

해설 Chapter 04 – 03
병렬 운전 조건
동기화 전류 → 기전력의 위상차가 있을 때

44

3상 동기 발전기의 자극면에 제동 권선을 설치하는 이유는 무엇인가?

① 출력 증가　② 역률 개선
③ 난조 방지　④ 효율 개선

해설 Chapter 04 – 03
제동 권선
난조를 방지한다.

45

발전기의 부하가 불평형이 되어 발전기의 회전자가 과열 소손되는 것을 방지하기 위하여 설치하는 계전기는?

① 역상 과전압 계전기
② 역상 과전류 계전기
③ 계자 상실 계전기
④ 비율 차동 계전기

해설 Chapter 14 – 10
단락사고 보호 : 차동 계전기, 비율 차동 계전기

46

발전기 권선의 층간 단락 보호에 가장 적합한 계전기는?

① 과부하 계전기　② 차동 계전기
③ 온도 계전기　④ 접지 계전기

해설 Chapter 14 – 10
단락사고 보호 : 차동 계전기, 비율 차동 계전기

정답 41 ④ 42 ① 43 ④ 44 ③ 45 ② 46 ②

Chapter 20 유도기

01 3상 유도 전동기

1. 슬립 s

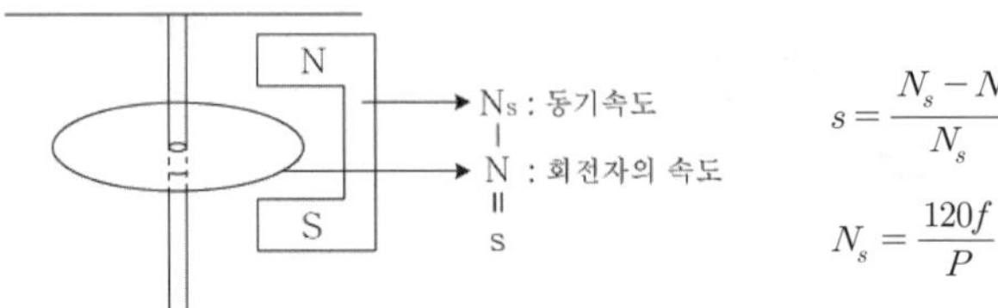

$$s = \frac{N_s - N}{N_s}$$

$$N_s = \frac{120f}{P}$$

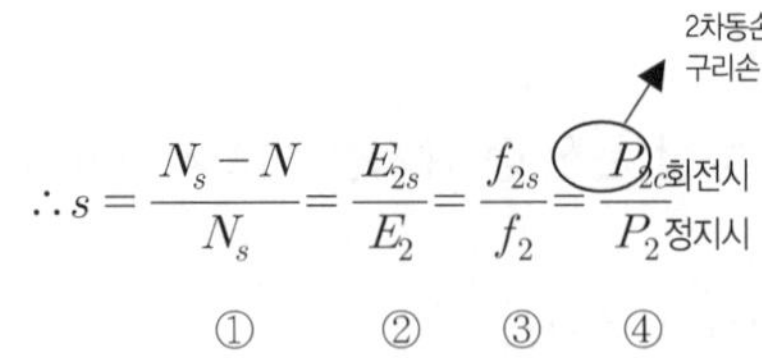

$$\therefore s = \frac{N_s - N}{N_s} = \frac{E_{2s}}{E_2} = \frac{f_{2s}}{f_2} = \frac{P_{2c}}{P_2}$$

① ② ③ ④

2. 회전자의 속도 N

$$s = \frac{N_s - N}{N_s}$$

$$N_s - N = sN_s$$

$$-N = sN_s - N_s$$

$$N = N_s - sN_s$$

$$N = (1-s)N_s = (1-s)\frac{120f}{P}\,[\text{rpm}]$$

유도기가 동기기에 비해서
극수가 2극만큼 적은 이유?
속도가 sN_s만큼 늦기 때문에

3. 슬립의 범위

(1) 전동기 $0 < s < 1$

(2) 발전기 $s < 0$

(3) 제동기(역상기) $1 < s < 2,\ 2-s$

↳ 1.97

$$s = \frac{N_s - (-N)}{N_s} = \frac{N_s + N}{N_s}$$
$$= 1 + \frac{N}{N_s} = 1 + 1 - s = 2 - s$$

4. 회전시 권수비 α'

• 유기기전력

$E = 4.44k_w fN\phi$

(1) 정지시 권수비 α

$$\alpha = \frac{E_1}{E_2} = \frac{4.44k_{w_1}fN_1\phi}{4.44k_{w_2}fN_2\phi} = \frac{k_{w_1}N_1}{k_{w_2}N_2}$$

(2) 회전시 권수비 α'

$$\alpha' = \frac{E_1}{E_{2s}} = \frac{4.44k_{w_1}fN_1\phi}{s\,4.44k_{w_2}fN_2\phi} = \boxed{\frac{k_{w_1}N_1}{s\,k_{w_2}N_2}} = \boxed{\frac{\alpha}{s}}$$

5. 1차 1상으로 환산한 I_1

상수비 β, 권수비 α, $I_1 = ?$

$$\beta = \frac{m_1}{m_2} \qquad \alpha = \frac{k_{w_1}N_1}{k_{w_2}N_2} = \frac{I_2}{I_1}$$

$$\frac{m_1}{m_2} \cdot \frac{k_{w_1}N_1}{k_{w_2}N_2} = \frac{I_2}{I_1} \qquad I_1 = \frac{m_2}{m_1} \cdot \frac{k_{w_2}N_2}{k_{w_1}N_1} \cdot I_2 = \boxed{\frac{I_2}{\beta \cdot \alpha}}$$

6. 회전시 2차전류 I_{2s}

$$I_2 = \frac{\cancel{V_2}}{Z_2} \Rightarrow E_2$$

$$I_{2s} = \frac{E_{2s}}{Z_{2s}} = \frac{sE_2}{\sqrt{r_2^2 + (sx_2)^2}} \times \frac{\frac{1}{s}}{\frac{1}{s}} = \boxed{\frac{E_2}{\sqrt{(\frac{r_2}{s})^2 + x_2^2}}} \fallingdotseq 43\,[A]$$

$$x = x_L = \omega_L = 2\pi fL$$

주파수가 존재하기 때문에 회전시 조건에 의해 슬립이 들어간다.

7. 2차 출력 정수 = 등가저항

$$R = r_2(\frac{1}{s} - 1)$$

→ 4[%] ⇒ $24r_2$

→ 5[%] ⇒ $19r_2$

8. 전력의 변환

P_0 : 출력　　P_2 : 입력　　P_{2c} : 동손

(1) 출력=입력-동손

$$P_0 = P_2 - P_{2c} = P_2 - sP_2 = (1-s)P_2 = (\frac{N}{N_s})P_2 = (\frac{1-s}{s})P_{2c}$$

$$P_{2c} = sP_2$$

$$s = \frac{P_{2c}}{P_2} \qquad P_2 = \frac{P_{2c}}{s}$$

$$\therefore P_0 = P_2 - P_{2c} = (1-s)P_2 = (\frac{N}{N_s})P_2 = (\frac{1-s}{s})P_{2c}$$

(2) 2차동손

$$P_{2c} = (\frac{s}{1-s})(P_0 + P_m) \Rightarrow 475[\mathrm{W}]$$

↓

기계손

(3) 2차 효율 η_2

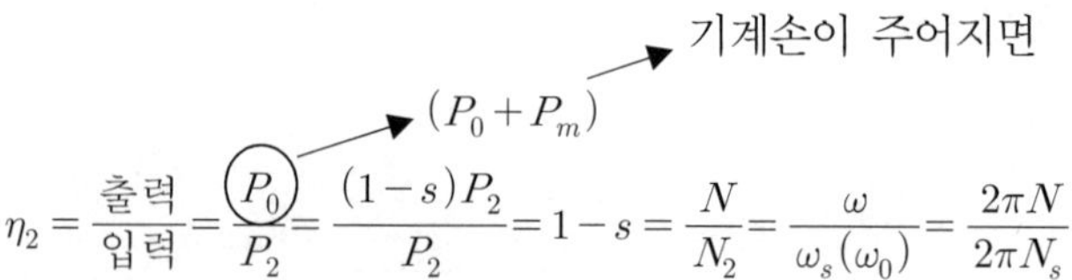

$$\eta_2 = \frac{출력}{입력} = \frac{P_0}{P_2} = \frac{(1-s)P_2}{P_2} = 1 - s = \frac{N}{N_2} = \frac{\omega}{\omega_s(\omega_0)} = \frac{2\pi N}{2\pi N_s}$$

(4) 비례관계

$P_2 : P_0 : P_{2c} = 1 : 1-s : s$

P_2가 기준 $P_2 : (1-s)P_2 : sP_2$

9. 토크 T [N · m] [kg · m]

$T = \frac{60P}{2\pi N}$[N · m]

$T = 0.975\frac{P}{N}$[kg · m]

입력 $\frac{P_2}{N_s}$

1) $T = \frac{60P_2}{2\pi N_s}$[N · m] → 동기와트

2) $T = 0.975\frac{P_2}{N_s}$[kg · m] → 동기와트

$T \propto P_2 \propto \frac{1}{N_s}$

출력 $\frac{P_0}{N}$

3) $T = \frac{60P_0}{2\pi N}$[N · m]

4) $T = 0.975\frac{P_0}{N}$[kg · m]

$$T = \frac{P_0}{\omega} = \frac{P_0}{2\pi\frac{N}{60}} = \frac{P_0}{\frac{2\pi}{60}(1-s)N_s} = \frac{P_0}{\frac{2\pi}{60}(1-s)\frac{120f}{P}}$$

P_0(기계적출력) $= T \cdot (1-s) \cdot \frac{4\pi f}{P}$,
$T \propto P P_0 \, \alpha f$ (극수)

(5) 비례관계

$$T=\frac{P_2}{\omega_s}=\frac{1}{\omega_s}E_2 \cdot I_2 \cdot \cos\theta_2 \quad \left(\frac{1}{\omega_s} \rightarrow K\right)$$

$$=K \cdot E_2 \cdot \frac{sE_2}{\sqrt{r_2^2+(sx_2)^2}} \cdot \frac{R_2}{\sqrt{r_2^2+(sx_2)^2}}$$

$$\boxed{T=K \cdot \frac{sE_2^2 \cdot R_2}{r_2^2+(sx_2)^2}} \qquad T \propto V^2 \propto \frac{1}{s}$$

$$s \propto \frac{1}{V^2}$$

(6) 최대 토크시 슬립의 크기

$$T=K \cdot \frac{sE_2^2 \cdot R_2}{r_2^2+(sx_2)^2}$$

$\uparrow \infty$ ≠0 =1

$r_2^2=(sx_2)^2$ $s \propto r_2$ T_m : 일정 변하지 않는다.

$s=\frac{r_2}{x_2}$

10. 비례추이 : 3상 권선형 유도 전동기

↳ 비례추이 할 수 없는 것? 출력 · 효율 · 2차동손 · 동기속도 · 저항

11. 원선도

(1) 원선도 작성시 필요한 시험≠슬립측정

① 권선의 저항 측정 시험

② 무부하(개방) 시험

③ 구속 시험

(2) 그림

① 2차 효율 $=\frac{\overline{DP}}{\overline{CP}}=\frac{\overline{PQ}}{\overline{PR}}$

② 역률 $=\frac{OP'}{OP}$

③ 원선도의 지름 $=\frac{E}{X}=\frac{V_1}{X}$

(3) 구할 수 없는 것? 기계적 출력, 기계손

12. 속도 제어법≠1차 저항법

(1) 농형

① 주파수 제어법 : 선박의 전기추진·인견공업의 포트모터
　↳ 역률이 우수

② 극수 변환법

③ 전압 제어법 : SCR 위상각

(2) 권선형+분권

저항으로 속도 조정이 된다.
속도 변동률이 작다.

① 2차 저항법 : 비례추이
　↳ 구조가 간단, 조작이 용이

② 종속법

가) 직렬종속 $= \dfrac{120f}{P_1 + P_2}$ → 합

나) 병렬종속 $= \dfrac{120f}{P_1 + P_2} \times 2 = \dfrac{240f}{P_1 + P_2}$

다) 차동종속 $= \dfrac{120f}{P_1 - P_2}$

③ 2차 여자법 : 슬립 주파수의 전압을 가하여 속도를 제어

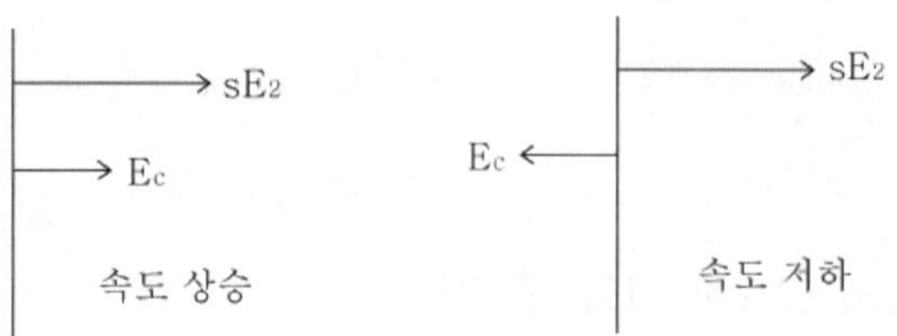

13. 기동법

(1) 농형

① 직입기동(전전압 기동) : 5(kw) 이하

② Y-△기동 : 5~15(kw) 정도

③ 기동 보상기법 : 15(kw) 이상

④ 리액터 기동

(2) 권선형

① 2차 저항 기동

② 게르게스법

14. 유도기의 이상현상

(1) 크로우링 현상 ⇒ 농형유도전동기　고정자와 회전자 슬롯수가 적당하지 않을 경우 소음이 발생하는 현상

소음 발생 ⇒ 사구채용
방지책

(2) 게르게스 현상 ⇒ 권선형유도전동기

전류에 고조파가 포함되어 3상 운전중 1선의 단선사고가 일어나는 현상

① 영향 : 속도가 감소하며, 운전은 지속되나 전류가 증가하며 소손의 우려가 있다.

② s=0.5 수준으로 계속 운전

15. 고조파 차수 h

(1) 기본파와 같은 방향 (+)

$h=3n+1$　(13고조파)

(2) 기본파와 반대 방향 (−)

$h=3n-1$　(5고조파)

(3) 회전자계가 발생하지 않는다.

$h=3n$　(9고조파)

(4) 속도

$\frac{1}{h}$의 속도

02 단상 유도 전동기

* 기동 토크 大 → 小　| 반 → 콘 → 분 → 세 |

반발 기동형 → 반발 유도형 → 콘덴서 기동형 → 분상 기동형 → 세이딩 코일형

↳ 브러쉬 기동　↳ 기동 토크가 크고 역률이 우수 소음이 작다.　↳ R:大 X:小

03 유도 전압 조정기

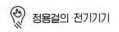

1. 단상 유도 전압 조정기 (단권 변압기)

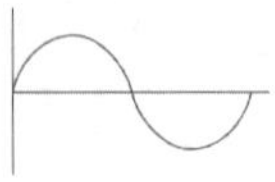

① 교번자계

② 위상차가 없다.

③ 단락 권선이 필요

↳ 누설 리액턴스에 의한 전압강하 경감

④ $P_2 = \underline{E_2} I_2 \times 10^{-3}$[KVA]

↳ 조정전압 100 ±30

2. 3상 유도 전압 조정기 (3상 유도 전동기)

① 회전자계

② 위상차가 있다.

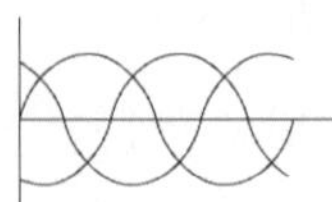

③ 단락권선 X

④ $P_2 = \sqrt{3}\,\underline{E_2} I_2 \times 10^{-3}$[KVA]

↳ 조정전압

3. 조정범위

① $V_2 = V_1 + E_2 \cos\alpha = 350[V]$ V_1:전원전압

② $V_1 \pm E_2$까지 E_2:2차권선의 유기전압

③ $V_1 + E_2$에서 $V_1 - E_2$까지 α:1차와 2차권선의 축 사이의 각도

Chapter 20

출제예상문제

01

유도 전동기의 슬립(slip) S의 범위는?

① $1 > S > 0$ ② $0 > S > -1$
③ $0 > S > 1$ ④ $-1 < S < 1$

해설 Chapter 16 – 01

슬립의 범위

전동기 $0 < S < 1$

발전기 $S < 0$

제동기 $1 < S < 2$

02

유도 전동기로 동기 전동기를 기동하는 경우, 유도 전동기의 극수를 동기 전동기의 극수보다 2극 적게 하는 이유는? (단, N_s는 동기속도, S는 슬립이다.)

① 같은 극수로는 유도기가 동기속도보다 SN_s 만큼 늦으므로
② 같은 극수로는 유도기가 동기속도보다 $(1-S)N_s$ 만큼 늦으므로
③ 같은 극수로는 유도기가 동기속도보다 SN_s 만큼 빠르므로
④ 같은 극수로는 유도기가 동기속도보다 $(1-S)N_s$ 만큼 빠르므로

해설 Chapter 11 – 02

$S = \frac{N_s - N}{N_s}$

$N_s - N = SN_s$ 이므로 유도 전동기 회전속도 N보다 SN_s 만큼 늦는다.

03

1차 권수 N_1, 2차 권수 N_2, 1차 권선 계수 K_{W_1}, 2차 권선 계수 K_{W_2} 인 유도 전동기가 슬립 S로 운전하는 경우 전압비는?

① $\frac{K_{W_1}N_1}{K_{W_2}N_2}$ ② $\frac{K_{W_2}N_2}{K_{W_1}N_1}$
③ $\frac{K_{W_1}N_1}{SK_{W_2}N_2}$ ④ $\frac{SK_{W_2}N_2}{K_{W_1}N_1}$

해설 Chapter 16 – 04

$\frac{E_1}{E_{2s}} = \frac{K_{W_1}N_1}{SK_{W_2}N_2} = \frac{\alpha}{S}$

04

회전자가 슬립 S로 회전하고 있을 때 고정자, 회전자의 실효 권수비를 α라 하면, 고정자 기전력 E_1과 회전자 기전력 E_{2s} 와의 비는?

① $\frac{\alpha}{S}$ ② $S\alpha$
③ $(1-S)\alpha$ ④ $\frac{\alpha}{1-S}$

해설 Chapter 16 – 04

$\frac{E_1}{E_{2s}} = \frac{K_{W_1}N_1}{SK_{W_2}N_2} = \frac{\alpha}{S}$

05

슬립 4[%]인 유도 전동기의 정지시 2차 1상 전압이 150[V]이면 운전시 2차 1상 전압[V]은?

① 9 ② 8
③ 7 ④ 6

해설 Chapter 16 – 03

$E_{2s} = SE_2 = 0.04 \times 150 = 6\,[\text{V}]$

정답 01 ① 02 ① 03 ③ 04 ① 05 ④

06

6극 200[V], 10[kW]의 3상 유도 전동기가 960[rpm]으로 회전하고 있을 때의 회전시 기전력의 주파수[Hz]는? (단, 전원의 주파수는 60[Hz]이다.)

① 12 ② 8 ③ 6 ④ 4

해설 Chapter 16 – 03

$$f_2S = Sf_2 = \frac{N_s - N}{N_s} f_2$$

$$= \frac{1{,}200 - 960}{1{,}200} \times 60$$

$$= 12\,[\text{Hz}]$$

07

유도 전동기의 슬립이 커지면 커지는 것은?

① 회전수 ② 권수비
③ 2차 효율 ④ 2차 주파수

해설 Chapter 16 – 03

$f_2S = Sf_2$

08

3상 권선형 유도 전동기에서 1차와 2차간의 상수비, 권수비 β, α 이고 2차 전류가 I_2일 때 1차 1상으로 환산한 $I_2{}'$는?

① $\frac{\alpha}{I_2\beta}$ ② $\alpha\beta I_2$
③ $\frac{\beta I_2}{\alpha}$ ④ $\frac{I_2}{\beta\alpha}$

해설 Chapter 16 – 07

09

유도 전동기의 2차 동손을 P_c, 2차 입력을 P_2, 슬립을 S라 할 때 이들 사이의 관계는?

① $S = P_c / P_2$ ② $S = P_2 / P_c$
③ $S = P_2 \cdot P_c$ ④ $S = S \cdot P_2 \cdot P_c$

해설 Chapter 16 – 03

$P_0 = P_2 - P_{c2} = P_2 - SP_2 = (1-S)\,P_2$

P_0 : 출력, P_2 : 입력, P_{c2} : 손실

"PS" $P_{c2} = SP_2$

$$\eta_2 = \frac{P_0}{P_2} = \frac{(1-S)\,P_2}{P_2} = (1-S)$$

$$= \frac{N}{N_s} = \frac{\omega_0}{\omega_s}$$

η_2 : 2차 효율

N_s : 동기속도, N : 회전자속도

ω_s : 동기각속도, ω_0 : 회전각속

10

60[Hz], 220[V], 7.5[kW]인 3상 유도 전동기의 전부하시 회전자 동손이 0.485[kW], 기계손이 0.404[kW]일 때 슬립은 몇 [%]인가?

① 6.2 ② 5.8
③ 5.5 ④ 4.9

해설 Chapter 16 – 03

$P_{c2} = SP_2$

$$S = \frac{P_{c2}}{P_2} = \frac{P_{c2}}{P_0 + P_{c2}}$$

$$= \frac{P_{c2}}{P_0 + P_m + P_{c2}} \times 100 \qquad P_m \text{ : 기계손}$$

$$= \frac{0.485}{7.5 + 0.404 + 0.485} \times 100$$

$$= 5.8\,[\%]$$

11

20극의 권선형 유도 전동기를 60[Hz]의 전원에 접속하고 전부하로 운전할 때 2차 회로의 주파수가 3[Hz]이었다. 또, 이때의 2차 동손이 500[W]이었다면 기계적 출력[kW]은?

① 8.5 ② 9.0
③ 9.5 ④ 10

정답 06 ① 07 ④ 08 ④ 09 ① 10 ② 11 ③

해설 Chapter 16 – 08

$$P_0 = \frac{1-S}{S} P_{c2} \times 10^{-3} [\text{kW}]$$

$$= \left(\frac{1-0.05}{0.05}\right) \times 500 \times 10^{-3} = 9.5 [\text{kW}]$$

$$S = \frac{f_{2s}}{f_2} = \frac{3}{60} = 0.05$$

12

3상 유도 전동기가 있다. 슬립 S[%]일 때 2차 효율은 얼마인가?

① 1 − S　② 2 − S
③ 3 − S　④ 4 − S

해설 Chapter 09 – 03

유도 전동기 2차 효율(η_2)

$\eta_2 = (1-S)$

13

슬립 6[%]인 유도 전동의 2차측 효율은 몇 [%]인가?

① 94　② 84　③ 90　④ 88

해설 Chapter 09 – 03

$\eta_2 = (1-S) = (1-0.06) \times 100 = 94 [\%]$

14

200[V], 60[Hz], 4극 20[kW]의 3상 유도 전동기가 있다. 전부하일 때의 회전수가 1,728[rpm]이라 하면 2차 효율[%]은?

① 45　② 56　③ 96　④ 100

해설 Chapter 09 – 03

$$\eta_2 = \frac{N}{N_s} = \frac{1,728}{1,800} \times 100 = 96 [\%]$$

$P = 4$, $f = 60$ [Hz]일 때 $N_s = 1,800$ [rpm]

15

극수 P의 3상 유도 전동기가 주파수 f [Hz], 슬립 S, 토크 T [N·m]로 운전하고 있을 때 기계적 출력 [W]은?

① $\frac{4\pi f}{P} \cdot T(1-S)$　② $\frac{4P^2}{\pi} \cdot T(1-S)$
③ $\frac{4\pi f}{P} \cdot T \cdot S$　④ $\frac{\pi f}{2P} \cdot T(1-S)$

해설 Chapter 10 – 03

$$T = \frac{P_0}{\omega} = \frac{P_0}{2\pi \frac{N}{60}} = \frac{P_0}{\frac{2\pi}{60}(1-S)\frac{120}{P}f}$$

$$= \frac{P_0}{(1-S)\frac{4\pi f}{P}} [\text{N} \cdot \text{m}]$$

$$P_0 = T \cdot (1-S) \frac{4\pi f}{P} [\text{W}]$$

16

3상 유도 전동기에서 동기 와트로 표시되는 것은?

① 토크　② 동기 각속도
③ 1차 입력　④ 2차 출력

해설 Chapter 10 – 03

$$T = 0.975 \frac{P_2}{N_s} [\text{kg} \cdot \text{m}]$$

2차 입력 P_2를 토크 T로 표현할 때 P_2를 동기 와트라 한다.

17

유도 전동기의 특성에서 토크와 2차 입력, 동기속도의 관계는?

① 토크는 2차 입력과 동기속도의 자승에 비례한다.
② 토크는 2차 입력에 비례하고, 회전속도에 반비례한다.
③ 토크는 2차 입력에 비례하고, 동기속도에 반비례한다.
④ 토크는 2차 입력 동기속도의 곱에 비례한다.

정답 12 ① 13 ① 14 ③ 15 ① 16 ① 17 ③

제 3 과목 ✦ 전기기기

해설 Chapter 10 – 03

$T = 0.975\dfrac{P_2}{N_s}$ [kg·m]

토크는 2차 입력 P_2와 비례, 동기속도 N_s와 반비례

18

220[V], 3상 유도 전동기의 전부하 슬립이 4[%]이다. 공급 전압이 10[%] 저하된 경우의 전부하 슬립[%]은?

① 4 ② 5 ③ 6 ④ 7

해설 Chapter 10 – 03

$T = K \cdot \dfrac{S{E_2}^2 r_2}{{r_2}^2 + (Sx_2)^2}$

$T \propto V^2$, $S \propto \dfrac{1}{V^2}$ 이므로

$S \propto \dfrac{1}{V^2}$

$4 : \dfrac{1}{(220)^2}$

$S' : \dfrac{1}{(220 \times 0.9)^2}$

$S' = 5\,[\%]$

19

다음 3상 유도 전동기의 특성 중 비례추이를 할 수 없는 것은?

① 토크 ② 역률
③ 1차 전류 ④ 효율

해설 Chapter 16 – 10

비례추이 할 수 없는 것 : 출력, 효율, 2차 동손

20

유도 전동기의 토크 속도 곡선이 비례추이(proportional shifting)한다는 것은 그 곡선이 무엇에 비례해서 이동하는 것을 말하는가?

① 슬립 ② 회전수
③ 공급 전압 ④ 2차 합성 저항

해설 Chapter 16 – 09

권선형 유도 전동기의 비례 추이한다는 것은 2차측의 저항값을 조절하여 슬립의 크기를 조절해 기동 전류는 작게 하며 기동의 토크는 크게 한다.

21

3상 유도 전동기에서 2차측 저항을 2배로 하면 그 최대 토크는 몇 배로 되는가?

① 2배 ② $\sqrt{2}$배
③ 1/2배 ④ 변하지 않는다.

해설 Chapter 10 – 03

22

유도 전동기의 원선도를 그리는 데 필요치 않은 시험은?

① 저항 측정 ② 무부하 시험
③ 구속 시험 ④ 슬립 측정

해설 Chapter 16 – 11

원선도 : ① 저항측정
② 무부하시험
③ 구속시험

23

유도 전동기 원선도에서 원의 지름은? (단, E를 1차 전압, r는 1차로 환산한 저항, x를 1차로 환산한 누설 리액턴스라 한다.)

① rE에 비례 ② rxE에 비례
③ $\dfrac{E}{r}$에 비례 ④ $\dfrac{E}{x}$에 비례

해설 Chapter 16 – 11

원선도

원의 지름 $\dfrac{E}{x}$에 비례한다.

정답 18 ② 19 ④ 20 ④ 21 ④ 22 ④ 23 ④

24

유도 전동기의 원선도에서 구할 수 없는 것은?

① 1차 입력　② 1차 동손
③ 동기 와트　④ 기계적 출력

해설 Chapter 16 – 11
원선도상 구할 수 없는 값
기계적 출력, 기계적 손실

25

유도 전동기의 기동에서 Y–△ 기동은 몇 [kW] 범위의 전동기에서 이용되는가?

① 3[kW] 이상
② 5 ~ 15[kW]
③ 15[kW] 이상
④ 용량에 관계없이 이용이 가능하다.

해설 Chapter 16 – 12
기동법 – 농형
㉠ 전전압 기동 : 5[kW] 이하
㉡ Y–△ 기동 : 5 ~ 15[kW] 미만
㉢ 기동 보상기에 의한 기동 : 15[kW] 이상

26

농형 유도 전동기의 기동법이 아닌 것은?

① 전전압 기동
② Y–△ 기동
③ 기동 보상기에 의한 기동
④ 2차 저항에 의한 기동

해설 Chapter 11 – 03
기동법 ┌ 농형
㉠ 전전압 기동 : 5[kW] 이하
㉡ Y–△ 기동 : 5 ~ 15[kW] 미만
㉢ 기동 보상기에 의한 기동 : 15[kW] 이상
└ 권선형 : 2차 저항법

27

유도 전동기의 기동 방식 중 권선형에만 사용할 수 있는 방식은?

① 리액터 기동　② Y–△ 기동
③ 2차 회로의 저항 삽입　④ 기동 보상기

해설 Chapter 11 – 03
기동법 ┌ 농형
㉠ 전전압 기동 : 5[kW] 이하
㉡ Y–△ 기동 : 5 ~ 15[kW] 미만
㉢ 기동 보상기에 의한 기동 : 15[kW] 이상
└ 권선형 : 2차 저항법

28

9차 고조파에 의한 기자력의 회전 방향 및 속도는 기본파 회전 자계와 비교할 때 다음 중 적당한 것은?

① 기본파와 역방향이고 9배의 속도
② 기본파와 역방향이고 1/9배의 속도
③ 기본파와 동방향이고 9배의 속도
④ 회전 자계를 발생하지 않는다.

29

권선형 유도 전동기의 저항 제어법의 장점은?

① 부하에 대한 속도 변동이 크다.
② 구조가 간단하며 제어 조작이 용이하다.
③ 역률이 좋고 운전 효율이 양호하다.
④ 전부하로 장시간 운전하여도 온도 상승이 적다.

해설 Chapter 11 – 03
저항 제어의 장점
구조가 간단하고 조작이 용이한 특성이 있다.

정답 24 ④ 25 ② 26 ④ 27 ③ 28 ④ 29 ②

30

인견 공업에 사용되는 포트 모터(POT MOTOR)의 속도 제어는?

① 주파수 변화에 의한 제어
② 극수 변환에 의한 제어
③ 1차 회전에 의한 제어
④ 저항에 의한 제어

해설 Chapter 07 – 03

속도 제어법
- 농　형 ㉠ 주파수 제어법(인견공업의 pot 전동기, 선박의 전기 추진기)
　㉡ 극수 제어법
- 권선형 ㉠ 저항 제어법
　㉡ 2차 여자법(회전자에 슬립 주파수의 전압을 공급하여 속도 제어)
　㉢ 종속 제어법
　　ⓐ 직렬 종속
　　$N = \frac{120}{P_1 + P_2} f$ [rpm]
　　ⓑ 차동 종속
　　$N = \frac{120}{P_1 - P_2} f$ [rpm]
　　ⓒ 병렬 종속
　　$N = 2 \times \frac{120}{P_1 + P_2} f$ [rpm]

31

유도 전동기의 속도 제어법이 아닌 것은?

① 극수 변환법
② 2차 여자법
③ 1차 저항법
④ 주파수 제어법

해설 Chapter 07 – 03

속도 제어법에는 2차 여자법, 주파수 제어법, 극수 변환법, 저항 제어법, 종속 제어법 등이 있다.

32

60[Hz]인 3상 8극 및 2극의 유도 전동기를 차동 종속으로 접속하여 운전할 때의 무부하 속도[rpm]는?

① 3,600　② 1,200　③ 900　④ 720

해설 Chapter 07 – 03

차동 종속

$N = \frac{120}{P_1 - P_2} f = \frac{120}{8 - 2} \times 60 = 1,200$ [rpm]

33

극수 P_1, P_2의 두 3상 유도 전동기를 종속 접속(connection)하였을 때의 이 전동기의 동기 속도는 어떻게 되는가? (단, 전원 주파수는 f_1 [Hz]이고 직렬 종속이다.)

① $\frac{120 f_1}{P_1}$　② $\frac{120 f}{P_2}$
③ $\frac{120 f_1}{P_1 + P_2}$　④ $\frac{120 f_1}{P_1 \times P_2}$

해설 Chapter 07 – 03

직렬 종속 $N = \frac{120}{P_1 + P_2} f$

34

8극과 4극 2개의 유도 전동기를 종속법에 의한 직렬 종속법으로 속도 제어를 할 때 전원 주파수가 60[Hz]인 경우 무부하 속도[rpm]는?

① 600　② 900
③ 1,200　④ 1,800

해설 Chapter 07 – 03

직렬 종속 $N = \frac{120}{P_1 + P_2} f = \frac{120}{8 + 4} \times 60 = 600$ [rpm]

정답 30 ①　31 ③　32 ②　33 ③　34 ①

35

유도 전동기의 회전자에 슬립 주파수의 전압을 공급하여 속도 제어를 하는 방법은?

① 2차 저항법 ② 직류 여자법
③ 주파수 변환법 ④ 2차 여자법

해설 Chapter 07 – 03

36

그림에서 SE_2 는 유도 전동기의 2차 유기전압, E_c 는 2차 여자를 위하여 외부에서 가한 슬립 주파수의 전압이다. 여기서 E_c 를 바르게 설명한 것은?

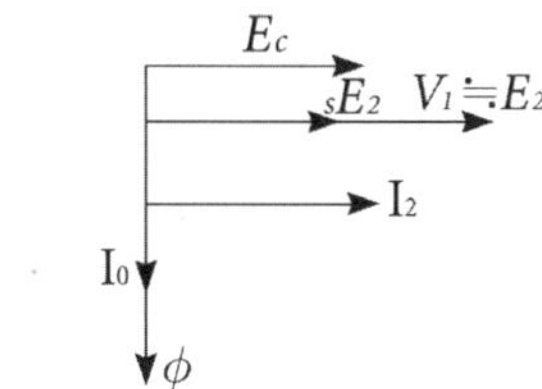

① 속도를 상승하게 한다.
② 속도를 감소하게 한다.
③ 속도에 관계없다.
④ 역률을 없어지게 한다.

해설 Chapter 07 – 03

37

권선형 유도 전동기와 직류 분권 전동기와의 유사한 점 두 가지는?

① 정류자가 있다. 저항으로 속도 조정이 된다.
② 속도 변동률이 작다. 저항으로 속도 조정이 된다.
③ 속도 변동률이 작다. 토크가 전류에 비례한다.
④ 속도가 가변, 기동 토크가 기동 전류에 비례한다.

해설 Chapter 04
권선형 유도 전동기와 직류 분권 전동기 유사점
① 속도변동률이 작다.
② 저항으로 속도를 조정한다.

38

크로링 현상은 다음의 어느 것에서 일어나는가?

① 농형 유도 전동기 ② 직류 직권 전동기
③ 회전 변류기 ④ 3상 변압기

해설
- 농형 유도 전동기 : 크로링(crowling) 현상
- 권선형 유도 전동기 : 게르게스 현상

39

단상 유도 전동기를 기동 토크가 큰 순서로 되어 있는 것은 어느 것인가?

① 반발 기동, 분상 기동, 콘덴서 기동
② 분상 기동, 반발 기동, 콘덴서 기동
③ 반발 기동, 콘덴서 기동, 분상 기동
④ 콘덴서 기동, 분상 기동, 반발 기동

해설 Chapter 11 – 03
단상유도 전동기 토크 大 → 小
반발기동형 → 반발유도형 →
(brush 설치)
콘덴서기동형 → 분상기동형 → 세이딩코일형
(기동특성 우수) (R:大, X:小)

40

저항 분상 기동형 단상 유도 전동기의 기동 권선의 저항 R 및 리액턴스 X 의 주권선에 대한 대소 관계는?

① R : 대, X : 대 ② R : 대, X : 소
③ R : 소, X : 대 ④ R : 소, X : 소

해설 Chapter 11 – 03
단상유도 전동기 토크 大 → 小
반발기동형 → 반발유도형 →
(brush 설치)
콘덴서기동형 → 분상기동형 → 세이딩코일형
(기동특성 우수) (R:大, X:小)

정답 35 ④ 36 ① 37 ② 38 ① 39 ③ 40 ②

41

유도 전동기의 슬립을 측정하려고 한다. 다음 중 슬립의 측정법이 아닌 것은?

① 직류 밀리볼트계법 ② 수화기법
③ 스트로보 스코프법 ④ 프로니브레이크법

해설
프로니브레이크법 : 토크 측정법

42

3상 전압 조정기의 원리는 어느 것을 응용한 것인가?

① 3상 동기 발전기
② 3상 변압기
③ 3상 유도 전동기
④ 3상 교류자 전동기

해설 Chapter 16 – 14
유도 전압 조정기
① 단상 유도 전압 조정기 (원리 : 단권 변압기)
　단락권선 설치 : 누설 리액턴스에 의한 전압강하 경감
② 3상 유도 전압 조정기 (원리 : 3상 유도 전동기)

43

단상 유도 전압 조정기에 단락 권선을 1차 권선과 수직으로 놓는 이유는?

① 2차 권선의 누설 리액턴스 강하를 방지
② 2차 권선의 주파수를 변환시키는 작용
③ 2차의 단자 전압과 1차의 전압의 위상을 같게 한다.
④ 부하시에 전압 조정을 용이하게 하기 위해서

해설 Chapter 16 – 14

44

단상 유도 전압 조정기에서 단락 권선의 역할은?

① 철손 경감
② 전압 강하 경감
③ 절연 보호
④ 전압 조정 용이

해설 Chapter 16 – 14

45

단상 유도 전압 조정기와 3상 유도 전압 조정기의 비교 설명으로 옳지 않은 것은?

① 모두 회전자와 고정자가 있으며 한편에 1차 권선을, 다른 편에 2차 권선을 둔다.
② 모두 입력 전압과 이에 대응한 출력 전압 사이에 위상차가 있다.
③ 단상 유도 전압 조정기에는 단락 코일이 필요하나 3상에서는 필요 없다.
④ 모두 회전자의 회전각에 따라 조정된다.

해설 Chapter 16 – 14

46

단상 유도 전압 조정기에서 1차 전원 전압을 V_1이라 하고 2차의 유도 전압을 E_2라고 할 때 부하 단자 전압을 연속적으로 가변할 수 있는 조정 범위는?

① $0 \sim V_1$까지
② $V_1 + E_2$까지
③ $V_1 - E_2$까지
④ $V_1 + E_2$에서 $V_1 - E_2$까지

해설 Chapter 16 – 14

정답 41 ④ 42 ③ 43 ① 44 ② 45 ② 46 ④

47

정격 2차 전류 I_2, 조정 전압 E_2일 때 3상 유도 전압 조정기 출력[kVA]은?

① $2E_2 I_2 \times 10^{-3}$　② $\sqrt{3}\, E_2 I_2 \times 10^{-3}$

③ $3E_2 I_2 \times 10^{-3}$　④ $E_2 I_2 \times 10^{-3}$

해설 Chapter 16 – 14

3상 유도 전압 조정기

$\omega = \sqrt{3}\, E_2 I_2 \times 10^{-3}$ [kVA]

E_2 : 조정 전압

I_2 : 2차 전류

48

단상 유도 전압 조정기의 1차 권선과 2차 권선의 축 사이의 각도를 α 라 하고 양권선의 축이 일치할 때 2차 권선의 유기 전압을 E_2 , 전원 전압을 V_1 , 부하측의 전압을 V_2 라고 하면 임의의 각 α 일 때 V_2 를 나타내는 식은?

① $V_2 = V_1 + E_2 \cos\alpha$　② $V_2 = V_1 - E_2 \cos\alpha$

③ $V_2 = E_2 + V_1 \cos\alpha$　④ $V_2 = E_2 - V_1 \cos\alpha$

해설

2차 전압은 전원 전압을 기준으로 조정 전압을 가변하는 것이 전압 조정기 특성이므로

$V_2 = V_1 + E_2 \cos\alpha$

49

단상 유도 전압 조정기의 1차 전압 100[V], 2차 전압 100±30[V] 2차 전류는 50[A]이다. 이 유도 전압 조정기의 정격용량[kVA]은?

① 1.5　② 3.5

③ 5　④ 6.5

해설 Chapter 16 – 14

$\omega = E_2 I_2 \times 10^{-3}$ [kVA], E_2: 조정 전압 30[V]

$= 30 \times 50 \times 10^{-3} = 1.5$ [kVA]

정답 47 ② 48 ① 49 ①

Chapter 21 정류기

(AC ⇒ DC)

↓ ↓

입력 출력(부하)

01 회전변류기

(1) 전압비

$$\frac{E_a}{E_d}=\frac{1}{\sqrt{2}}\sin\frac{\pi}{m}$$

E_a : 교류(실효값), E_d : 직류, m : 상수

① 1ϕ : $\frac{E_a}{E_d}=\frac{1}{\sqrt{2}}$ (기준)

② 3ϕ : $\frac{E_a}{E_d}=\frac{\sqrt{3}}{2\sqrt{2}}$

③ 6ϕ : $\frac{E_a}{E_d}=\frac{1}{2\sqrt{2}}$

(2) 전류비

$$\frac{I}{I_d}=\frac{2\sqrt{2}}{m\cos\theta}$$

I : 교류(실효값), I_d : 직류

02 수은 정류기

(1) 전압비

$$\frac{E_a}{E_d}=\frac{\frac{\pi}{m}}{\sqrt{2}\sin\frac{\pi}{m}}$$

① 3ϕ반파(기준)

$E_d=1.17E\cdot\cos\alpha$

② 3ϕ전파(6ϕ반파)

$E_d=1.35E\cdot\cos\alpha$

(2) 전류비

$$\frac{I}{I_d}=\frac{1}{\sqrt{m}}\rightarrow \text{상수}$$

ex 3ϕ 수은 정류기 $I_d=100[\text{A}]$ $I=?$

$I=\frac{100}{\sqrt{3}}[\text{A}]$

03 정류회로 (AC ⇒ DC)

(1) 1ϕ반파 (다이오드 1개)

① $E_d = \dfrac{\sqrt{2}E}{\pi} = 0.45E - e$

↓ ↓ ↳ 손실

직류(출력) 교류(입력)

② $I_d = \dfrac{E_d}{R} = \dfrac{\frac{\sqrt{2}}{\pi}E - e}{R} = \dfrac{\sqrt{2}E}{\pi R} = \dfrac{\sqrt{2}}{\pi}I = 0.45I$

③ $I_d = \dfrac{\sqrt{2}}{\pi}I = \dfrac{1}{\pi}I_m$

④ PIV $= \sqrt{2}\,V$

(첨두 역전압)

⑤ 점호각이 주어질 경우(SCR)

$E_d = 0.45E(\dfrac{1+\cos\alpha}{2})$ → 점호각

(2) 1ϕ전파 (다이오드 2개 이상)

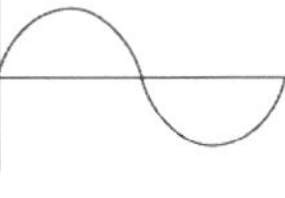

① $E_d = \dfrac{2\sqrt{2}E}{\pi} = 0.9E - e$

② $I_d = \dfrac{E_d}{R} = \dfrac{\frac{2\sqrt{2}}{\pi}E}{R} = \dfrac{2\sqrt{2}E}{\pi R} = \dfrac{2\sqrt{2}}{\pi}I = 0.9I$

③ $I_d = \dfrac{2\sqrt{2}}{\pi}I = \dfrac{2}{\pi}I_m$

④ PIV $= 2\sqrt{2}\,V$

⑤ 점호각이 주어질 경우(SCR)

$E_d = 0.9E(\dfrac{1+\cos\alpha}{2})$ (단, L=∞일 경우 $E_d = 0.9E\cos\alpha\,[V]$)

04 맥동률 r

$r = \dfrac{\text{교류분의 전압}}{\text{직류분의 전압}} \times 100[\%]$

교류분의 전압 = 맥동률 × 직류분의 전압(부하전압)

① 1ϕ반파 : 121[%] f

② 1ϕ전파 : 48[%] 2f

③ 3ϕ반파 : 17[%] 3f

④ 3ϕ전파 : 4[%] 6f

(6ϕ반파)

맥동률이 가장 작은 방식

05 정류 효율 η

$$\eta = \frac{\text{직류전력}}{\text{교류전력}} \times 100[\%]$$

① 1ϕ반파 : 40.6[%] $= \frac{4}{\pi^2} \times 100$

② 1ϕ전파 : 81.2[%] $= \frac{8}{\pi^2} \times 100$

③ 3ϕ반파 : 96.5[%]

④ 3ϕ전파 : 99.8[%]
(6ϕ반파)

06 다이오드의 보호 방법

(1) **직렬연결** : 과전압으로부터 보호

(2) **병렬연결** : 과전류로부터 보호

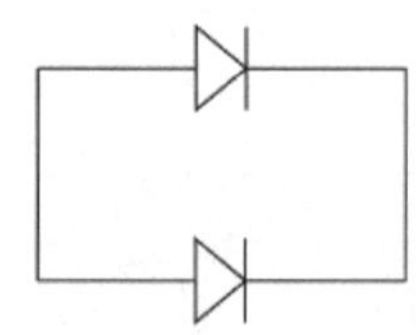

- 인버터 : 직류 ⇒ 교류
- 컨버터 : 교류 ⇒ 직류
- 사이클로 컨버터 : 교류전력 ⇒ 교류전압(주파수 변환기)
  AC ⇒ AC
- 전압 제어 < 직류 : 초퍼형 인버터 / 교류 : 위상 제어

07 반도체 소자

① SCR : 단방향 3단자

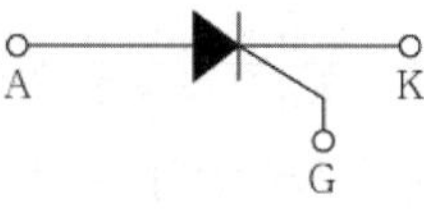

② SCS : 단방향 4단자

③ SSS : 쌍방향 2단자

④ DIAC : 쌍방향 2단자

⑤ TRIAC : 쌍방향 3단자

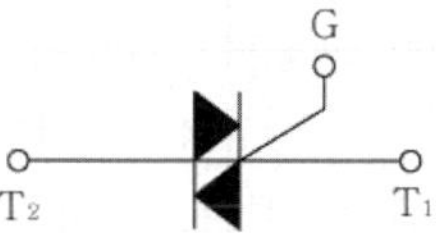

08 [전기가 = 기하각 $\times \frac{P}{2}$]

Chapter 21

출제예상문제

01

6상 회전 변류기의 직류측 전압 E_d 와 교류측 전압 E_a 의 실효값과의 비 $\frac{E_d}{E_a}$ 는 어느 것인가?

① $\sqrt{2}/2$ ② $\sqrt{2}$ ③ $\sqrt{3}$ ④ $2\sqrt{2}$

해설 Chapter 01 – 05

단상 $\frac{E}{E_d} = \frac{1}{\sqrt{2}}$ E_d : 직류측 전압

3상 $\frac{E}{E_d} = \frac{\sqrt{3}}{2\sqrt{2}}$ E : 교류측 전압

6상 $\frac{E}{E_d} = \frac{1}{2\sqrt{2}}$

문제에서 $\frac{E_d}{E_a}$ 이므로 $2\sqrt{2}$

02

6상 회전 변류기에서 직류 600[V]를 얻으려면 슬립 링 사이의 교류전압을 몇 [V]로 하여야 하겠는가?

① 약 212 ② 약 300
③ 약 424 ④ 약 848

해설 Chapter 01 – 05

$\frac{E}{E_d} = \frac{1}{2\sqrt{2}}$

$E = \frac{E_d}{2\sqrt{2}} = \frac{600}{2\sqrt{2}} = 212\,[\mathrm{V}]$

03

회전 변류기의 직류측 전압을 조정하려는 방법이 아닌 것은?

① 직렬 리액턴스에 의한 방법
② 부하시 전압 조정 변압기를 사용하는 방법
③ 동기 승압기를 사용하는 방법
④ 여자 전류를 조정하는 방법

04

회전 변류기의 직류측 전압을 조정하려는 방법이 아닌 것은?

① 변압기의 탭 변환법
② 유도 전압 조정기의 사용
③ 저항 조정
④ 리액턴스 조정

05

다이오드를 사용한 정류 회로에서 과대한 부하 전류에 의해 다이오드가 파손될 우려가 있을 때의 조치로서 적당한 것은?

① 다이오드 양단에 적당한 값의 콘덴서를 추가한다.
② 다이오드 양단에 적당한 값의 저항을 추가한다.
③ 다이오드를 직렬로 추가한다.
④ 다이오드를 병렬로 추가한다.

해설

다이오드 연결

- 다이오드의 직렬연결 : 과전압으로부터 보호
- 다이오드의 병렬연결 : 과전류로부터 보호

06

다이오드를 사용한 정류 회로에서 여러 개를 직렬로 연결하여 사용할 경우 얻는 효과는?

① 다이오드를 과전류로부터 보호
② 다이오드를 과전압으로부터 보호
③ 부하 출력의 맥동률 감소
④ 전력 공급의 증대

정답 01 ④ 02 ① 03 ④ 04 ③ 05 ④ 06 ②

07

어떤 정류기의 부하 전압이 2,000[V]이고 맥동률이 3[%]이면 교류분은 몇 [V] 포함되어 있는가?

① 20　　② 30
③ 50　　④ 60

해설 Chapter 01 – 05

교류전압 = 맥동률 × 정류회로 부하 전압

$2{,}000 \times 0.03 = 60\,[\mathrm{V}]$

08

사이리스터(thyristor) 단상 전파 정류 파형에서의 저항 부하시 맥동률[%]은?

① 17　　② 48
③ 52　　④ 83

해설 Chapter 01 – 05

09

다음 정류기 중에서 맥동율이 가장 작은 방식은?

① 단상 반파 정류기
② 단상 전파 정류기
③ 삼상 반파 정류기
④ 삼상 전파 정류기

해설 Chapter 01 – 05

10

사이클로 컨버터란?

① 실리콘 양방향성 소자이다.
② 제어정류기를 사용한 주파수 변환기이다.
③ 직류 제어소자이다.
④ 전류 제어장치이다.

해설 Chapter 01 – 05

11

직류에서 교류로 변환하는 기기는?

① 인버터　　② 사이크로 컨버터
③ 초퍼　　④ 회전 변류기

해설 Chapter 01 – 05

12

인버터(inverter)의 전력 변환은?

① 교류 – 직류로 변환
② 직류 – 직류로 변환
③ 교류 – 교류로 변환
④ 직류 – 교류로 변환

해설 Chapter 01 – 05

13

교류전력을 교류로 변환하는 것은?

① 정류기　　② 초퍼
③ 인버터　　④ 사이크로 컨버터

해설 Chapter 01 – 05

14

단상 반파 정류 회로에서 변압기 2차 전압의 실효값을 E[V]라 할 때 직류전류 평균값 [A]은 얼마인가? (단, 정류기의 전압 강하는 e [V]이다.)

① $\dfrac{\left[\dfrac{\sqrt{2}}{\pi}E - e\right]}{R}$　　② $\dfrac{1}{2} \cdot \dfrac{E-e}{R}$

③ $\dfrac{2\sqrt{2}}{\pi} \cdot \dfrac{E}{R}$　　④ $\dfrac{\sqrt{2}}{\pi} \cdot \dfrac{E-e}{R}$

정답 07 ④ 08 ② 09 ④ 10 ② 11 ① 12 ④ 13 ④ 14 ①

해설 Chapter 01 − 05

반파 : $E_d = \frac{\sqrt{2}}{\pi} E = 0.45E$

$I_d = \frac{E_d}{R} = \frac{0.45E}{R} = 0.45I$

$I_d = \frac{E_d}{R} = \frac{\frac{\sqrt{2}}{\pi}E}{R} = \frac{\sqrt{2}}{\pi} I$

최대 역전압 $PIV = \sqrt{2}E$

전파 : $E_d = \frac{2\sqrt{2}}{\pi}E = 0.9E$

$I_d = \frac{E_d}{R} = \frac{0.9E}{R} = 0.9I$

$I_d = \frac{E_d}{R} = \frac{\frac{2\sqrt{2}}{\pi}E}{R} = \frac{2\sqrt{2}}{\pi} I$

최대 역전압 $PIV = 2\sqrt{2}E$

15

위상제어를 하지 않은 단상반파 정류회로에서 소자의 전압강하를 무시할 때 직류 평균치 E_d 는 얼마인가? (단, E : 직류권선의 상전압(실효치))

① $E_d = 1.46E$ ② $E_d = 1.17E$
③ $E_d = 0.90E$ ④ $E_d = 0.45E$

해설 Chapter 01 − 05

16

단상 반파정류로 직류전압 150[V]를 얻으려고 한다. 최대 역전압(Peak Inverse Voltage PIV) 몇 볼트 이상의 다이오드를 사용하여야 하는가? (단, 정류회로 및 변압기의 전압강하는 무시한다.)

① 약 105[V] ② 약 166[V]
③ 약 333[V] ④ 약 470[V]

해설 Chapter 01 − 05

$PIV = \sqrt{2}E = \sqrt{2} \times 333 = 471\,[\text{V}]$

$E_d = 0.45E,\ E = \frac{E_d}{0.45} = \frac{150}{0.45} = 333\,[\text{V}]$

17

반파정류회로에서 직류전압 200[V]를 얻는데 필요한 변압기 2차 전압은? (단, 부하는 순저항이고, 정류기의 전압강하는 15[V]로 한다.)

① 약 400[V] ② 약 478[V]
③ 약 512[V] ④ 약 642[V]

해설 Chapter 01 − 05

$E_d = 0.45E - e$

$E = \frac{E_d + e}{0.45} = \frac{200 + 15}{0.45} = 478\,[\text{V}]$

18

그림과 같은 정류 회로에서 I_a (실효치)의 값은?

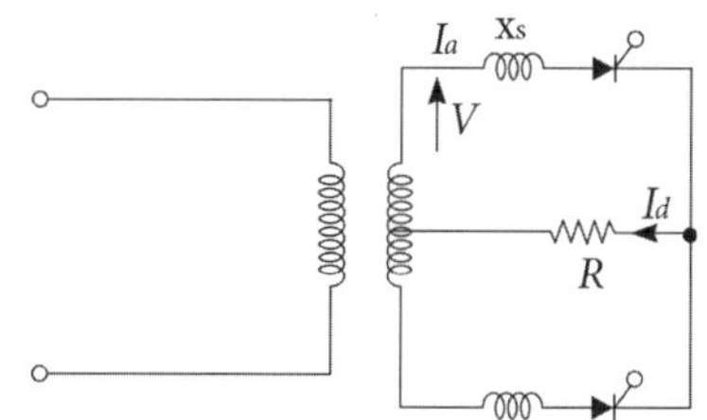

① $1.11I_d$ ② $0.707I_d$
③ I_d ④ $\sqrt{\frac{\pi-\alpha}{\pi}} \cdot I_d$

해설 Chapter 01 − 05

$I_d = 0.9I,\ I = \frac{1}{0.9}I_d = 1.11I_d$

19

1,000[V]의 단상 교류를 전파정류에서 150[A]의 직류를 얻는 정류기의 교류측 전류는 몇 [A]인가?

① 125[A] ② 116[A]
③ 166[A] ④ 106[A]

해설 Chapter 01 − 05

$I_d = 0.9I,\ I = \frac{I_d}{0.9} = \frac{150}{0.9} = 166\,[\text{A}]$

정답 15 ④ 16 ④ 17 ② 18 ① 19 ③

제3과목 ✦ 전기기기

20

권수비가 1 : 2인 변압기(이상 변압기로 한다.)를 사용하여 교류 100[V]의 입력을 가했을 때 전파 정류하면 출력 전압의 평균값[V]은?

① $\frac{400\sqrt{2}}{\pi}$

② $\frac{300\sqrt{2}}{\pi}$

③ $\frac{600\sqrt{2}}{\pi}$

④ $\frac{200\sqrt{2}}{\pi}$

해설

$E_d = \frac{2\sqrt{2}}{\pi}E$

권수비 1 : 2일 때 출력측 전압이므로

$E_d = \frac{2\sqrt{2}}{\pi}E \times 2 = \frac{2\sqrt{2}}{\pi} \times 100 \times 2$

$= \frac{400\sqrt{2}}{\pi}$ [V]

21

사이리스터 2개를 사용한 단상 전파 정류 회로에서 직류 전압 100[V]를 얻으려면 1차에 몇 [V]의 교류 전압이 필요하며, PIV가 몇 [V]인 다이오드를 사용하면 되는가?

① 111, 222　② 111, 314
③ 166, 222　④ 166, 314

해설 Chapter 01 – 05

$E_d = 0.9E,\ E = \frac{E_d}{0.9} = \frac{100}{0.9} = 111$ [V]

$PIV = 2\sqrt{2}E = 2\sqrt{2} \times 111 = 314$ [V]

22

그림과 같은 정류 회로에 정현파 교류 전원을 가할 때 가동 코일형 전류계의 지시(평균값)[A]는? (단, 전원 전류의 최댓값은 I_m 이다.)

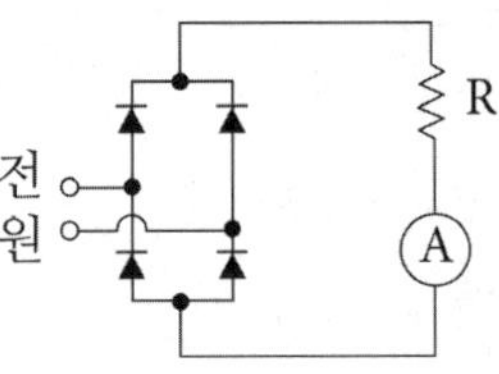

① $\frac{I_m}{\sqrt{2}}$　② $\frac{2}{\pi}I_m$

③ $\frac{I_m}{\pi}$　④ $\frac{I_m}{2\sqrt{2}}$

해설 Chapter 01 – 05

$I_d = \frac{2\sqrt{2}}{\pi}I = \frac{2}{\pi}I_m$

23

그림과 같은 정류회로에서 전류계의 지시값은 얼마인가? (단, 전류계는 가동코일형이고 정류기 저항은 무시한다.)

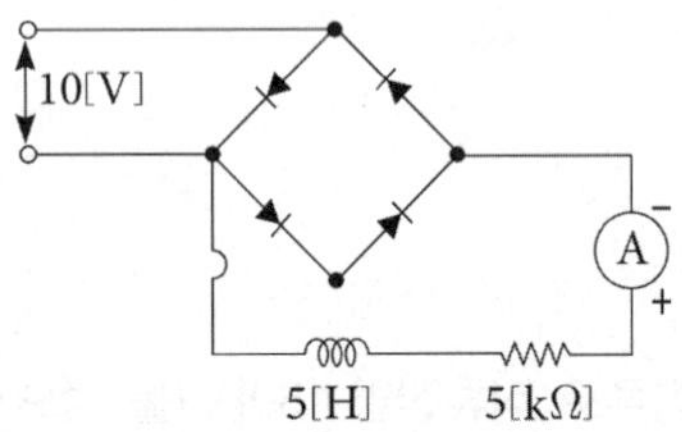

① 1.8[mA]　② 4.5[mA]
③ 6.4[mA]　④ 9.0[mA]

해설

$I_d = \frac{E_d}{R} = \frac{0.9E}{R} = \frac{0.9 \times 10}{5{,}000} = 1.8 \times 10^{-3}$ [A]

1.8×10^{-3} [A] $= 1.8$ [mA]

정답 20 ① 21 ② 22 ② 23 ①

제 4-1 과목

회로이론

핵심이론편

Chapter 01 직류 회로 및 정현파 교류

01 직류 회로

(1) 전류

$$I = \frac{V}{R}\ [\mathrm{A}]$$

$$I = \frac{Q}{t}\ [\mathrm{C/S}]$$

$$Q = I \cdot t = \int I dt\ \ [\mathrm{C}]$$

(2) 저항의 접속

① 직렬 연결 (전류 일정)

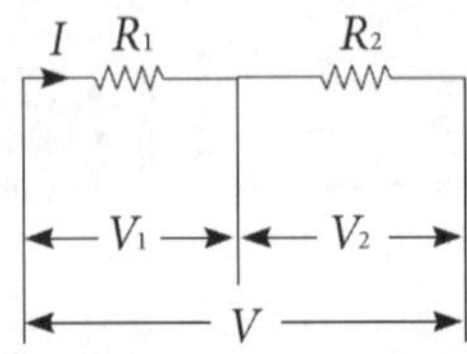

$$V_1 = \frac{R_1}{R_1 + R_2} \times V$$

$$V_2 = \frac{R_2}{R_1 + R_2} \times V$$

② 병렬 연결 (전압 일정)

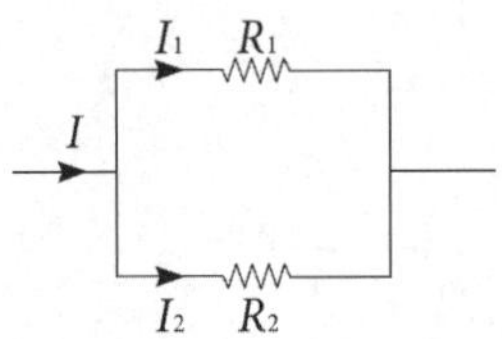

$$I_1 = \frac{R_2}{R_1 + R_2} \times I$$

$$I_2 = \frac{R_1}{R_1 + R_2} \times I$$

02 정현파 교류

(1) 실효값과 평균값

실효값 : $I = \sqrt{\frac{1}{T}\int_0^T i^2 dt}$

평균값 : $I_{au} = \frac{1}{T}\int_0^T i\,dt$

: 가동 코일형 계기 지시값
직류분
평균면적

파형	실효값	평균값
정현파	$\frac{V_m}{\sqrt{2}}$	$\frac{2V_m}{\pi}$
정현반파	$\frac{V_m}{2}$	$\frac{V_m}{\pi}$
삼각파	$\frac{V_m}{\sqrt{3}}$	$\frac{V_m}{2}$
구형반파	$\frac{V_m}{\sqrt{2}}$	$\frac{V_m}{2}$
구형파	V_m	V_m

(2) 파형률과 파고율

$\text{파형률} = \frac{\text{실효값}}{\text{평균값}}$

$\text{파고율} = \frac{\text{최댓값}}{\text{실효값}}$ (실효값의 분모값과 같다)

(3) 위상 및 위상차

$i_1 = I_m \sin(\omega t + 0°)$

$i_2 = I_m \sin\left(\omega t + \frac{\pi}{2}\right)$

$i_3 = I_m \sin\left(\omega t - \frac{\pi}{2}\right)$

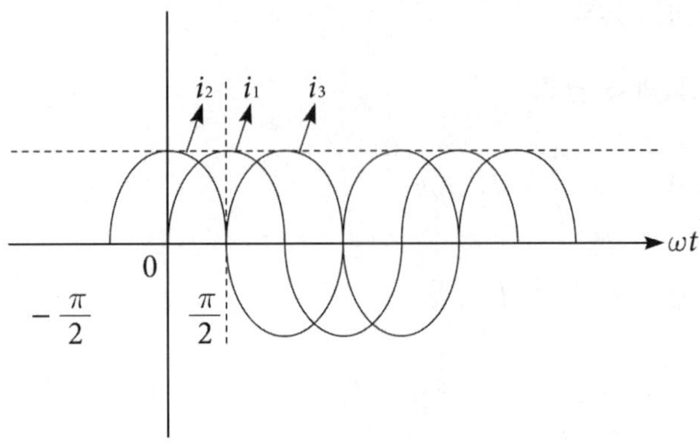

ex $v = 100\sqrt{2}\sin(\omega t + 60°)$

$i = 10\sqrt{2}\sin(\omega t + 30°)$

$\theta = 60° - 30° = 30°$

ex $v = 100\sqrt{2}\cos(\omega t - 30°)$

$= 100\sqrt{2}\sin(\omega t + 60°)$

$i = 10\sqrt{2}\sin(\omega t + 30°)$

$\theta = 60° - 30° = 30°$

(4) 복소수의 계산

Z = 실수 $+j$ 허수 $= 3 + j\,4$

$= \sqrt{(\text{실수})^2 + (\text{허수})^2} \angle \tan^{-1}\frac{\text{허수}}{\text{실수}}$

$= \sqrt{3^2 + 4^2} \angle \tan^{-1}\frac{4}{3}$

$= 5 \angle 53.13°$(극좌표)

출제예상문제

01

$R=1$ [Ω]의 저항을 그림과 같이 무한히 연결할 때, a, b간의 합성 저항은?

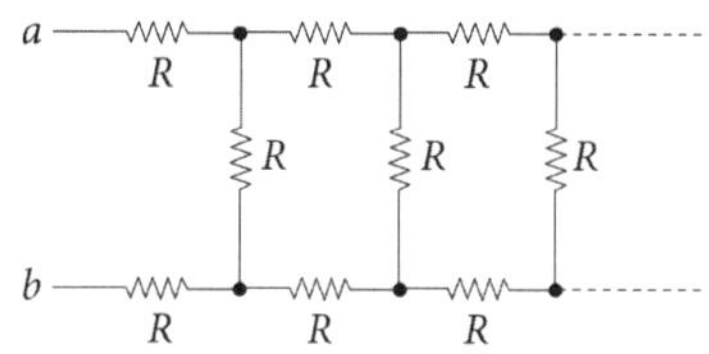

① 0 ② 1 ③ ∞ ④ $1+\sqrt{3}$

해설

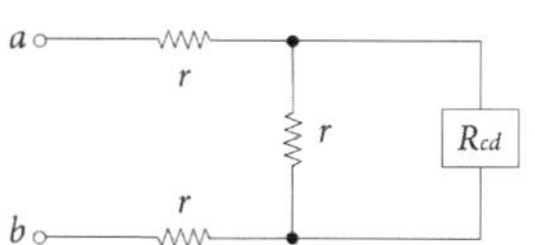

그림의 등가 회로에서 $R_{ab}=2r+\dfrac{r\cdot R_{cd}}{r+R_{cd}}$ 이며

$R_{ab}=R_{cd}$ 이므로

$r\,R_{ab}+{R_{ab}}^2=2r^2+2r\cdot R_{ab}+r\cdot R_{ab}\,ab$

여기서 $r=1$ [Ω]를 대입하면 $R_{ab}=1+\sqrt{3}$

02

회로에서 E_{30} 과 E_{15} 는 몇 [V]인가?

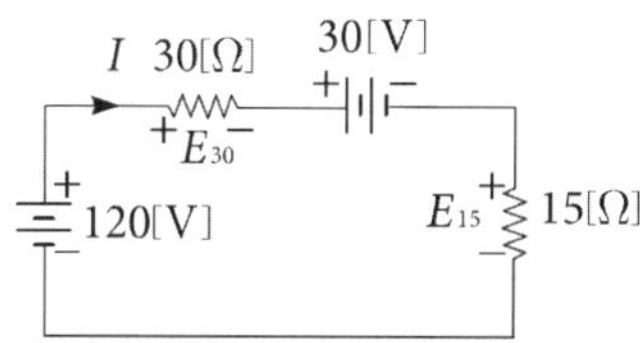

① 60, 30 ② 70, 40
③ 80, 50 ④ 50, 40

해설

$I=\dfrac{V}{R}=\dfrac{E_1+E_2}{R_1+R_2}=\dfrac{120-30}{30+15}=2$ [A]

$\therefore\ E_{30}=I\cdot R=2\times30=60$ [V]

$E_{15}=I\cdot R=2\times15=30$ [V]

03

두 전원 E_1 과 E_2 를 그림과 같이 접속했을 때 흐르는 전류 I[A]는?

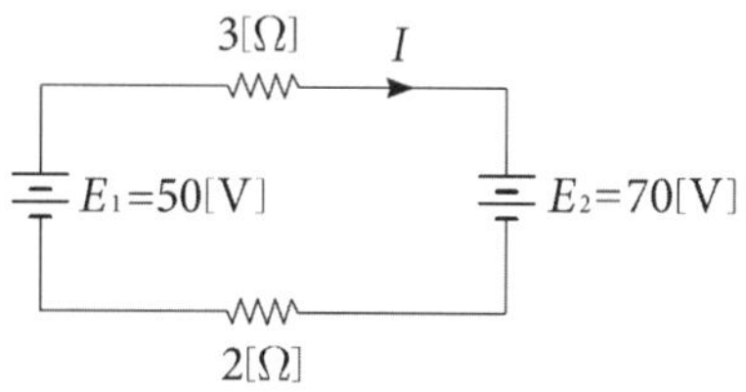

① 4 ② −4
③ 24 ④ −24

해설 Chapter 01 – 01 – (1)

$I=\dfrac{V}{R}=\dfrac{E_1-E_2}{R_1+R_2}$

(전류의 방향을 기준으로 기전력의 정(+), 역(−)을 설정)

$=\dfrac{50-70}{2+3}=-4$ [A]

04

그림과 같은 회로에서 S를 열었을 때 전류계의 지시는 10[A]였다. S를 닫을 때 전류계의 지시 [A]는?

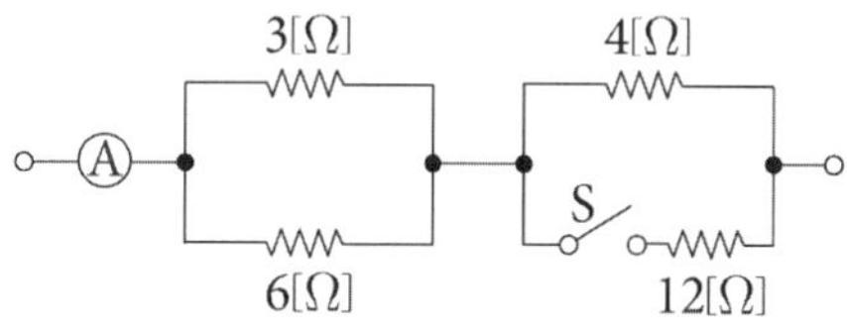

① 8 ② 10
③ 12 ④ 15

정답 01 ④ 02 ① 03 ② 04 ③

해설

$S \rightarrow$ off 시

$R_0 = 2 + 4 = 6\,[\Omega]$

$I = 10$ [A]

$\therefore\ V = I \cdot R_0 = 60\,[\text{V}]$

$S \rightarrow$ on 시

$R_0 = 2 + \left(\dfrac{4 \cdot 12}{4 + 12}\right) = 5\,[\Omega]$

$V = 60\,[\text{V}]$ $\because$ 병렬시 전압일정

$\therefore\ I = \dfrac{V}{R_0} = \dfrac{60}{5} = 12\,[\text{A}]$

05

그림과 같은 회로에 일정한 전압이 걸릴 때 전원에 R_1 및 100[Ω]을 접속하였다. R_1 에 흐르는 전류를 최소로 하기 위한 R_2 의 값[Ω]은?

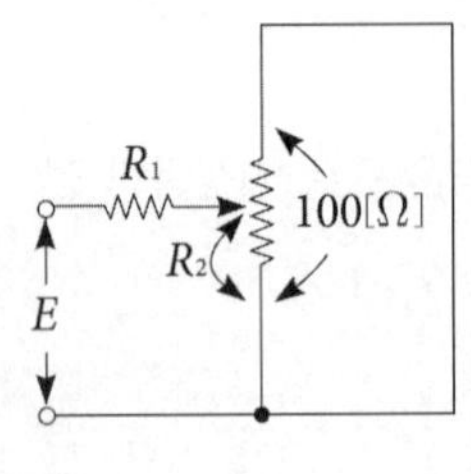

① 25 ② 50 ③ 75 ④ 100

해설

전류 최소조건은 저항 최대조건이므로 R_2 에 대하여 R_0 를 미분하여 0이 되는 조건을 구한다.

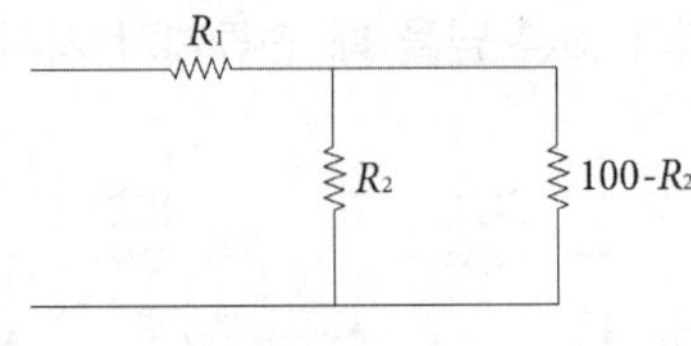

〈등가회로〉

$$R_0 = R_1 + \frac{R_2(100 - R_2)}{R_2 + (100 - R_2)}$$

$$= R_1 + \frac{-R_2^2 + 100R_2}{100}$$

$$\frac{dR_0}{dR_2} = 0\ (\text{평형조건})$$

$$\therefore\ \frac{d}{dR_2}\left(R_1 + \frac{-R_2^2 + 100R_2}{100}\right) = 0$$

$$-2R_2 + 100 = 0$$

$$\therefore\ R_2 = 50\ [\Omega]$$

06

정현파 교류의 서술 중 전류의 실효값을 나타낸 것은? (단, T는 주기파의 주기, i는 주기 전류의 순시값이다.)

① $\dfrac{2}{T}\displaystyle\int_0^{\frac{T}{2}} i\,dt$

② $\sqrt{i^2\text{의 1주 기간의 평균값}}$

③ $\dfrac{2\sqrt{2}}{\pi}\sqrt{\dfrac{1}{T}\displaystyle\int_0^{T} i^2 dt}$

④ $\dfrac{2\pi}{T}\displaystyle\int_0^{\frac{T}{2}} i\,dt$

해설 Chapter 01 – 02 – (1)

$$I = \sqrt{\frac{1}{T}\int_0^{\pi} i^2\,dt}$$

07

그림과 같은 제형파의 평균값은?

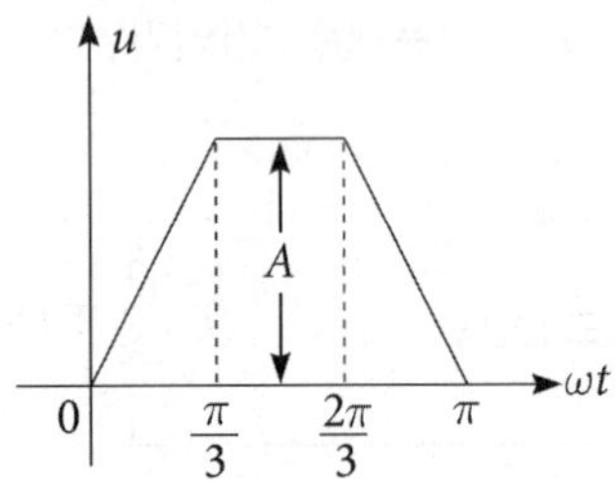

① $\dfrac{2A}{3}$ ② $\dfrac{2A}{2}$ ③ $\dfrac{A}{3}$ ④ $\dfrac{A}{2}$

해설

$$\text{평균값} = \text{평균 면적} = \frac{\text{면적}}{\text{주기}} = \frac{\frac{2}{3}\pi \times A}{\pi} = \frac{2}{3}A$$

정답 05 ② 06 ② 07 ①

08

어떤 정현파 전압의 평균값이 191[V]이면 최댓값[V]은?

① 약 150　　② 약 250
③ 약 300　　④ 약 400

해설 Chapter 01 – 02 – (1)

$V_a = 191 = \frac{2}{\pi} V_m$

$V_m = 191 \times \frac{\pi}{2} = 300$

09

정현파 교류의 평균값에 어떠한 수를 곱하면 실효값을 얻을 수 있는가?

① $\frac{2\sqrt{2}}{\pi}$　　② $\frac{\sqrt{3}}{2}$
③ $\frac{2}{\sqrt{3}}$　　④ $\frac{\pi}{2\sqrt{2}}$

해설 Chapter 01 – 02 – (1)

$I_a = \frac{2}{\pi} I_m \cdot x = I = \frac{I_m}{\sqrt{2}} \quad x = \frac{\pi}{2\sqrt{2}}$

10

그림과 같은 $i = I_m \sin \omega t$ 인 정현파 교류의 반파 정류 파형의 실효값은?

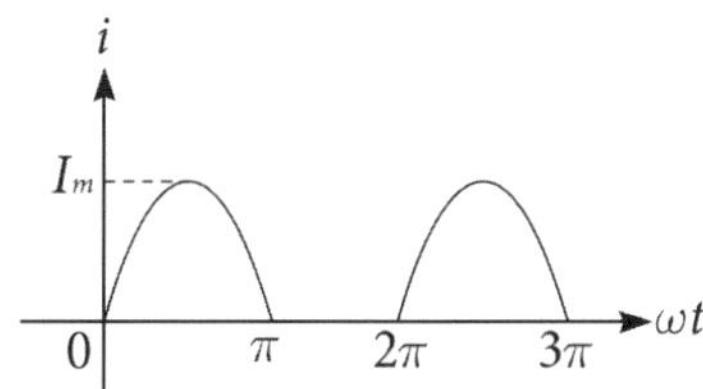

① $\frac{I_m}{\sqrt{2}}$　　② $\frac{I_m}{\sqrt{3}}$
③ $\frac{I_m}{2\sqrt{2}}$　　④ $\frac{I_m}{2}$

해설 Chapter 01 – 02 – (1)

11

그림과 같은 파형의 실효값은?

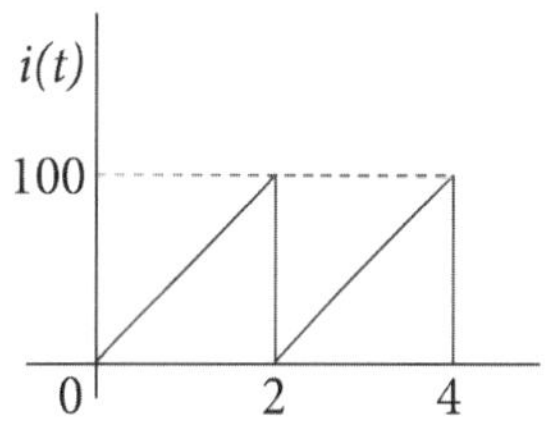

① 47.7　　② 57.7
③ 67.7　　④ 77.5

해설 Chapter 01 – 02 – (1)

그림의 파형이 톱니전파(=삼각파)이므로 실효값은

$I = \frac{I_m}{\sqrt{3}} = \frac{100}{\sqrt{3}} = 57.7\,[\text{A}]$

12

그림과 같은 파형을 가진 맥류 전류의 평균값이 10[A]라면 전류의 실효값[A]은?

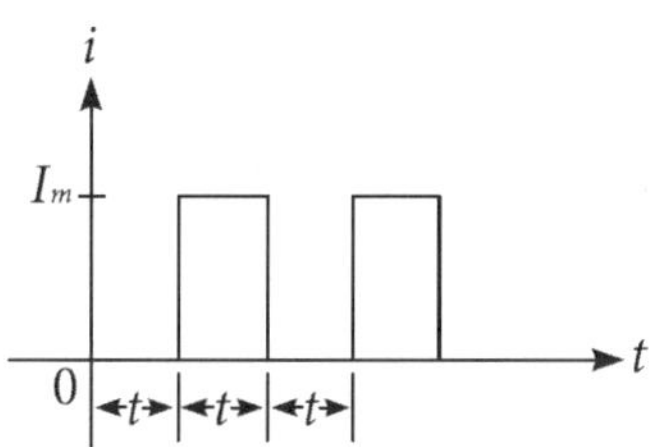

① 10　　② 14
③ 20　　④ 28

해설 Chapter 01 – 02 – (1)

$I_a = 10, \quad \frac{I_m}{2} = 20$

$I = \frac{I_m}{\sqrt{2}}$

$I = \frac{20}{\sqrt{2}} = 10\sqrt{2} ≒ 14$

정답 08 ③　09 ④　10 ④　11 ②　12 ②

13

그림과 같은 파형의 맥동 전류를 열선형 계기로 측정한 결과 10[A]이었다. 이를 가동 코일형 계기로 측정할 때 전류의 값은 몇 [A]인가?

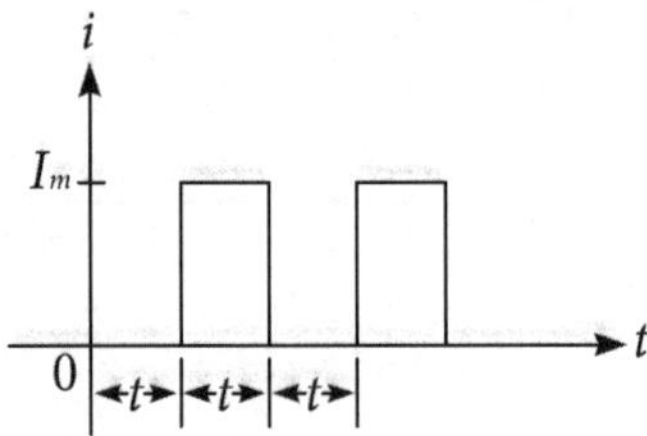

① 7.07　　② 10
③ 14.14　　④ 17.32

해설 Chapter 01 - 02 - (1)

열선형 계기 측정값 = 실효값=10[A]

가동 코일형 계기 측정값=평균값

$\therefore\ I = \dfrac{I_m}{\sqrt{2}} = 10 \quad \therefore\ I_m = 10\sqrt{2}$

$I_a = \dfrac{I_m}{2} = \dfrac{10\sqrt{2}}{2} = 5\sqrt{2} = 7.07$

14

그림과 같은 전압 파형의 실효값[V]은?

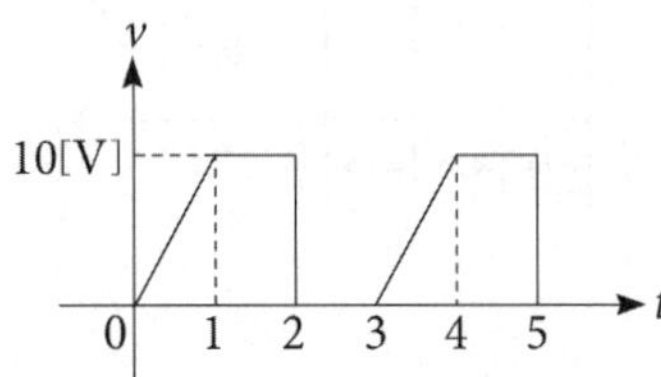

① 5.67　　② 6.67
③ 7.57　　④ 8.57

해설 Chapter 01 - 02 - (1)

$v = \sqrt{\dfrac{1}{T}\displaystyle\int_0^T V^2 dt}$

$= \sqrt{\dfrac{1}{3}\left\{\displaystyle\int_0^1 (10t)^2 dt + \int_1^2 10^2 dt\right\}}$

$= \dfrac{20}{3}$

≒ 6.67[A]

15

그림과 같은 $v = 100\sin\omega t$ 인 정현파 교류 전압의 반파 정류파에 있어서 사선 부분의 평균값[V]은?

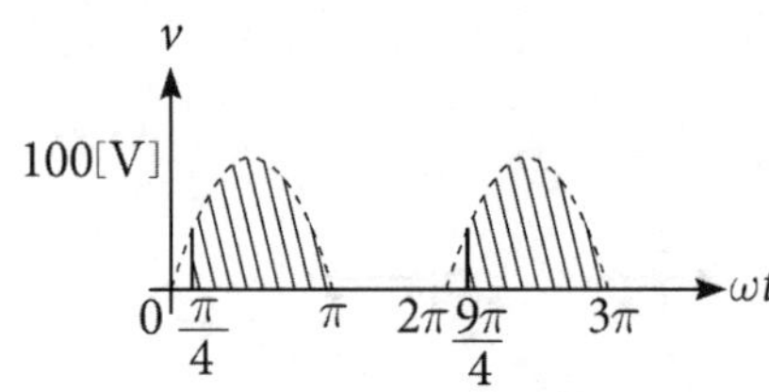

① 27.17　　② 37
③ 45　　④ 51.7

해설 Chapter 01 - 02 - (1)

$V_{av} = \dfrac{1}{2\pi}\displaystyle\int_{\frac{\pi}{4}}^{\pi} v\, d(\omega t)$

$= \dfrac{1}{2\pi}\displaystyle\int_{\frac{\pi}{4}}^{\pi} 100\sin\omega t\, d(\omega t)$

$= \dfrac{100}{2\pi}\left[-\cos\omega t\right]_{\frac{\pi}{4}}^{\pi} = \dfrac{100}{2\pi}\left(1 + \dfrac{1}{\sqrt{2}}\right)$

$= 27.17$

16

다음 중 파형률이 1.11이 되는 파형은?

①　　②

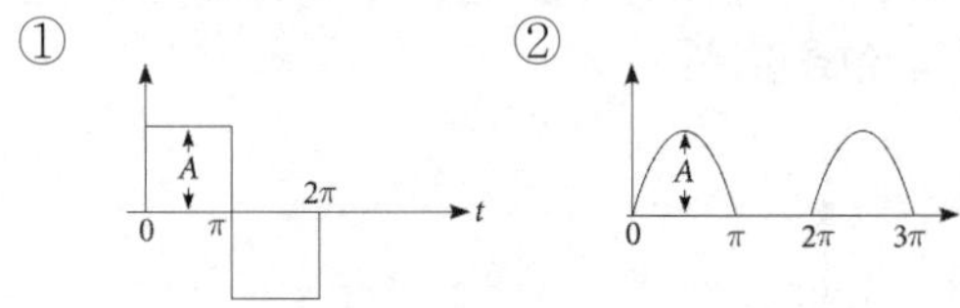

③　　④

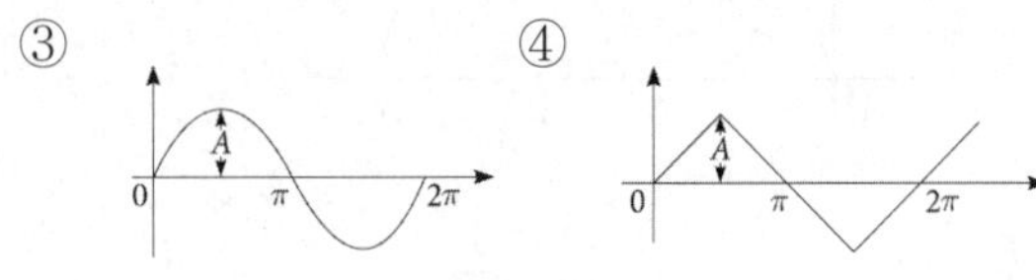

해설 Chapter 01 - 02 - (1)

정답 13 ① 14 ② 15 ① 16 ③

17

그림과 같은 파형의 파고율은?

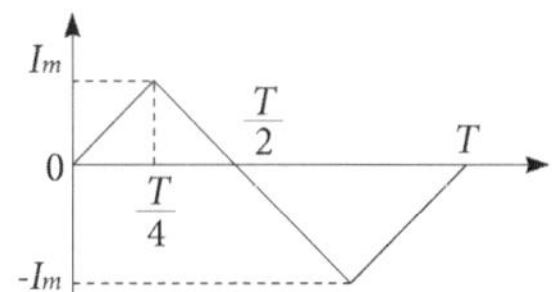

① $\frac{1}{\sqrt{3}}$ ② $\frac{2}{\sqrt{3}}$
③ $\sqrt{3}$ ④ $\sqrt{6}$

해설 Chapter 01 – 02 – (2)

$$\text{파고율} = \frac{\text{최댓값}}{\text{실효값}} = \frac{I_m}{\frac{I_m}{\sqrt{3}}} = \sqrt{3}$$

18

$i = I_m \sin\left(\omega t - \frac{\pi}{4}\right)$**와** $v = V_m \sin\left(\omega t - \frac{\pi}{6}\right)$**와의 위상차는?**

① $\frac{\pi}{12}$ ② $\frac{\pi}{3}$
③ $\frac{5\pi}{12}$ ④ $\frac{7\pi}{12}$

해설 Chapter 01 – 02 – (3)

$$\theta = \left|-\frac{\pi}{4} - \left(-\frac{\pi}{6}\right)\right|$$
$$= \left|-\frac{3\pi}{12} + \frac{2}{12}\pi\right| = \left|-\frac{\pi}{12}\right| = \frac{\pi}{12}$$

(**Tip** 위상차·전위차는 절댓값을 씌우고 풀어줍니다.)

19

$v = V_m \sin(\omega t + 30^\circ)$**와** $i = I_m \cos(\omega t - 100^\circ)$**와의 위상차는 몇 도인가?**

① 40° ② 70° ③ 130° ④ 210°

해설 Chapter 01 – 02 – (3)

i를 sin파로 변환하면

$i = I_m \sin(\omega t - 10^\circ)$

$\therefore \theta = |30 - (-10)| = 40^\circ$

20

정현파 교류 $i = 10\sqrt{2}\sin\left(\omega t + \frac{\pi}{3}\right)$**[A]를 복소수의 극좌표형으로 표시하면 어느 것인가?**

① $10\sqrt{2} \angle \frac{\pi}{3}$ ② $10 \angle 0$
③ $10 \angle \frac{\pi}{3}$ ④ $10 \angle -\frac{\pi}{3}$

해설 Chapter 01 – 02 – (4)

$10 \angle \frac{\pi}{3}$ (크기는 항상 실효값으로 표현)

21

$v = 100\sqrt{2}\sin\left(\omega t + \frac{\pi}{3}\right)$**를 복소수로 표시하면?**

① $50\sqrt{3} + j50\sqrt{3}$ ② $50 + j50\sqrt{3}$
③ $50 + j50$ ④ $50\sqrt{3} + j50$

해설 Chapter 01 – 02 – (4)

$$V = 100 \angle \frac{\pi}{3} = 100(\cos 60^\circ + j\sin 60^\circ)$$
$$= 100\left(\frac{1}{2} + j\frac{\sqrt{3}}{2}\right) = 50 + j50\sqrt{3}$$

22

$i_1 = 20\sqrt{2}\sin\left(\omega t + \frac{\pi}{3}\right)$**[A],** $i_2 = 10\sqrt{2}\sin\left(\omega t - \frac{\pi}{6}\right)$**[A]의 합성 전류[A]를 복소수로 표시하면?**

① $18.66 - j12.32$ ② $18.66 + j12.32$
③ $12.32 - j18.66$ ④ $12.32 + j18.66$

해설 Chapter 01 – 02 – (4)

$$I_1 = 20 \angle 60^\circ = 20(\cos 60^\circ + j\sin 60^\circ)$$
$$= 10 + j10\sqrt{3}$$
$$I_2 = 10 \angle -30^\circ = 10(\cos 30^\circ - j\sin 30^\circ)$$
$$= 5\sqrt{3} - j5$$
$$\therefore I = I_1 + I_2 = 18.66 + j12.32$$

정답 17 ③ 18 ① 19 ① 20 ③ 21 ② 22 ②

제4과목 ✦ 회로이론

23

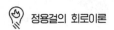

$i_1 = \sqrt{72}\sin(\omega t - \phi)$ [A]와 $i_2 = \sqrt{32}\sin(\omega t - \phi - 180^\circ)$와의 차에 상당하는 전류는?

① 2[A] ② 6[A]
③ 10[A] ④ 12[A]

해설 Chapter 01 - 02 - (4)

$i_1 = 6\angle 0^\circ = 6(\cos 0^\circ + j\sin 0^\circ) = 6$

$i_2 = 4\angle -180^\circ = 4(\cos -180^\circ + j\sin 180^\circ)$
$= -4$

$\therefore I_1 - I_2 = 6 - (-4) = 10$ [A]

24

$A_1 = 20\left(\cos\frac{\pi}{3} + j\sin\frac{\pi}{3}\right)$, $A_2 = 5\left(\cos\frac{\pi}{6} + j\sin\frac{\pi}{6}\right)$로 표시되는 두 벡터가 있다. $A_3 = A_1 / A_2$의 값은 얼마인가?

① $10\left(\cos\frac{\pi}{3} + j\sin\frac{\pi}{3}\right)$

② $10\left(\cos\frac{\pi}{6} + j\sin\frac{\pi}{6}\right)$

③ $4\left(\cos\frac{\pi}{3} + j\sin\frac{\pi}{3}\right)$

④ $4\left(\cos\frac{\pi}{6} + j\sin\frac{\pi}{6}\right)$

해설 Chapter 01 - 02 - (4)

$A_1 = 20\angle 60^\circ$

$A_2 = 5\angle 30^\circ$

$\therefore A_3 = A_1 / A_2 = \frac{20\angle 60^\circ}{5\angle 30^\circ} = 4\angle 30^\circ$

$= 4\left(\cos\frac{\pi}{6} + j\sin\frac{\pi}{6}\right)$

25

$I_1 = 5\left(\cos\frac{\pi}{6} + j\sin\frac{\pi}{6}\right)$와 $I_2 = 4\left(\cos\frac{\pi}{3} + j\sin\frac{\pi}{3}\right)$로 표시되는 벡터의 곱은?

① $20 + j20$ ② $10 + j20$
③ $20 + j10$ ④ $j20$

해설 Chapter 01 - 02 - (4)

$I_1 = 5\angle 30^\circ$

$I_2 = 4\angle 60^\circ$

$I = I_1 \times I_2 = 5\angle 30^\circ \times 4\angle 60^\circ = 20\angle 90^\circ$
$= 20(\cos 90^\circ + j\sin 90^\circ) = j20$

정답 23 ③ 24 ④ 25 ④

Chapter 02

기본 교류 회로

• R 만의 회로

R

$$Z = R$$
$$v = Ri$$
$$i = \frac{v}{R}$$
$$W = I^2 Rt = \frac{V^2}{R} \cdot t \text{ [J]}$$

• L 만의 회로

L

$$Z = j\omega L$$
$$v = L\frac{di}{dt}$$
$$i = \frac{1}{L}\int v\,dt$$
$$W = \frac{1}{2}LI^2 \text{ [J]}$$

• C 만의 회로

C

$$Z = \frac{1}{j\omega C} = -j\frac{1}{\omega C}$$
$$v = \frac{1}{C}\int i\,dt$$
$$i = C\frac{dv}{dt}$$
$$W = \frac{1}{2}CV^2 \text{ [J]}$$

01 R 만의 회로

$$i = \frac{v}{Z} = \frac{v}{R}$$
$$= \frac{V_m}{R}\sin\omega t \text{ [A]}$$

02 L 만의 회로

$$Z = j\omega L = \omega L \angle 90°$$
$$i = \frac{v}{Z} = \frac{V_m \sin\omega t}{\omega L \angle 90°}$$
$$= \frac{V_m}{\omega L}\sin(\omega t - 90°)$$

03 C 만의 회로

$$Z = \frac{1}{j\omega C} = -j\frac{1}{\omega C} = \frac{1}{\omega C}\angle -90°$$
$$i = \frac{v}{Z} = \frac{V_m \sin\omega t}{\frac{1}{\omega C}\angle -90°}$$
$$= \omega C V_m \sin(\omega t + 90°)$$

04 $R-L$ 직렬 회로

$$Z = R + j\omega L = \sqrt{R^2 + (\omega L)^2}\angle \tan^{-1}\frac{\omega L}{R}$$
$$i = \frac{v}{Z} = \frac{V_m \sin\omega t}{\sqrt{R^2 + (\omega L)^2}\angle \tan^{-1}\frac{\omega L}{R}}$$
$$= \frac{V_m}{\sqrt{R^2 + (\omega L)^2}}\sin\left(\omega t - \tan^{-1}\frac{\omega L}{R}\right)$$
$$\cos\theta = \frac{R}{|Z|} = \frac{R}{\sqrt{R^2 + (\omega L)^2}}$$
$$\sin\theta = \frac{\omega L}{|Z|} = \frac{\omega L}{\sqrt{R^2 + (\omega L)^2}}$$
$$v = Ri + L\frac{di}{dt}$$
$$= \sqrt{V_R{}^2 + V_L{}^2}$$

05 $R-C$ 직렬 회로

$$Z = R - j\frac{1}{\omega C}$$

$$= \sqrt{R^2 + \left(\frac{1}{\omega C}\right)^2} \angle -\tan^{-1}\frac{1}{R\omega C}$$

$$i = \frac{V}{Z}$$

$$= \frac{V_m \sin\omega t}{\sqrt{R^2 + \left(\frac{1}{\omega C}\right)^2} \angle -\tan^{-1}\frac{1}{R\omega C}}$$

$$= \frac{V_m}{\sqrt{R^2 + \left(\frac{1}{\omega C}\right)^2}}$$

- $\sin\left(\omega t + \tan^{-1}\frac{1}{R\omega C}\right)$

$$\cos\theta = \frac{R}{|Z|} = \frac{R}{\sqrt{R^2 + \left(\frac{1}{\omega C}\right)^2}}$$

$$\sin\theta = \frac{\frac{1}{\omega C}}{|Z|} = \frac{\frac{1}{\omega C}}{\sqrt{R^2 + \left(\frac{1}{\omega C}\right)^2}}$$

$$v = Ri + \frac{1}{C}\int i\, dt = \sqrt{V_R^2 + V_C^2}$$

06 $R-L-C$ 직렬 회로

(1) $\omega L > \frac{1}{\omega C}$

$$Z = R + j\left(\omega L - \frac{1}{\omega C}\right)$$

$$= \sqrt{R^2 + \left(\omega L - \frac{1}{\omega C}\right)^2}$$

$$\angle \tan^{-1}\frac{\omega L - \frac{1}{\omega C}}{R}$$

$$i = \frac{v}{Z}$$

$$= \frac{V_m \sin\omega t}{\sqrt{R^2 + \left(\omega L - \frac{1}{\omega C}\right)^2} \angle \tan^{-1}\frac{\omega L - \frac{1}{\omega C}}{R}}$$

$$= \frac{V_m}{R^2 + \left(\omega L - \frac{1}{\omega C}\right)^2}$$

- $\sin\left(\omega t - \tan^{-1}\frac{\omega L - \frac{1}{\omega C}}{R}\right)$
- $\cos\theta = \frac{R}{|Z|} = \frac{R}{\sqrt{R^2 + \left(\omega L - \frac{1}{\omega C}\right)^2}}$

07 $R-L$ 병렬 회로

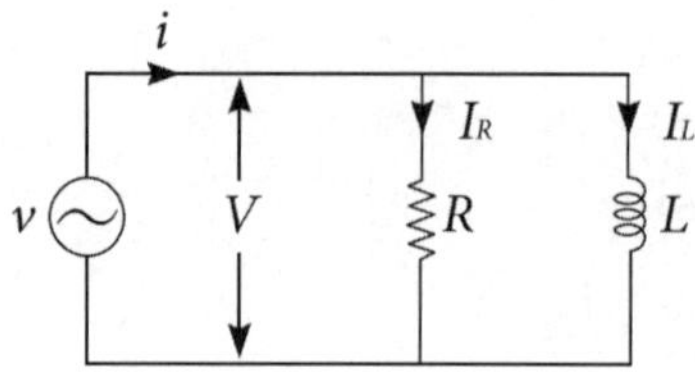

$$Y = \frac{1}{R} - j\frac{1}{\omega L}$$

$$\cos\theta = \frac{\frac{1}{R}}{|Y|} = \frac{\frac{1}{R}}{\sqrt{\left(\frac{1}{R}\right)^2 + \left(\frac{1}{\omega L}\right)^2}}$$

$$= \frac{\omega L}{\sqrt{R^2 + (\omega L)^2}}$$

$$\sin\theta = \frac{\frac{1}{\omega L}}{|Y|} = \frac{\frac{1}{\omega L}}{\sqrt{\left(\frac{1}{R}\right)^2 + \left(\frac{1}{\omega L}\right)^2}}$$

$$= \frac{R}{\sqrt{R^2 + (\omega L)^2}}$$

※ 전류

$$I = I_R + I_L$$
$$= \frac{V}{R} - j\frac{V}{\omega L}$$
$$= \frac{V}{R} - j\frac{V}{XL}$$

08 $R-C$ 병렬회로

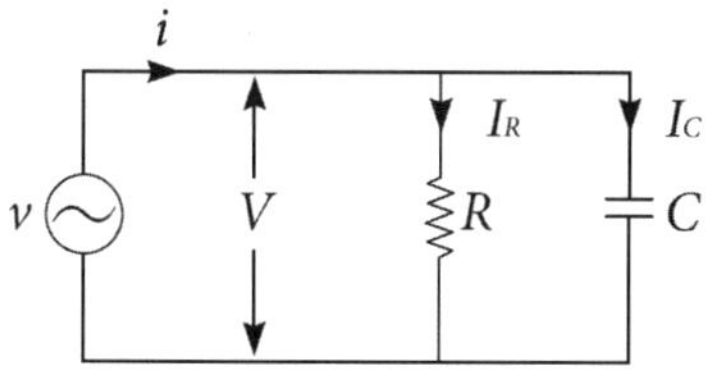

$$Y = \frac{1}{R} + j\omega C$$

$$\cos\theta = \frac{\frac{1}{R}}{|Y|} = \frac{\frac{1}{R}}{\sqrt{\left(\frac{1}{R}\right)^2 + (\omega C)^2}}$$
$$= \frac{\frac{1}{\omega C}}{\sqrt{R^2 + \left(\frac{1}{\omega C}\right)}}$$

$$\sin\theta = \frac{\omega C}{|Y|}$$
$$= \frac{\omega C}{\sqrt{\left(\frac{1}{R}\right)^2 + (\omega C)^2}}$$
$$= \frac{R}{\sqrt{R^2 + \left(\frac{1}{\omega C}\right)^2}}$$

※ 전류

$$I = I_R + I_C = \frac{V}{R} + j\frac{V}{\frac{1}{\omega C}}$$
$$= \frac{V}{R} + j\frac{V}{X_C}$$

09 $R-L-C$ 병렬 회로

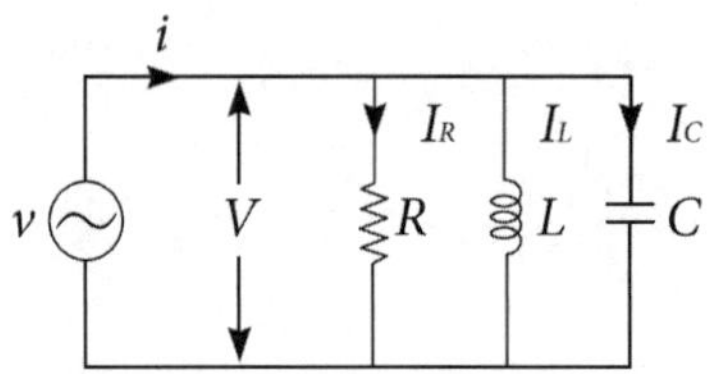

$$Z = R + j\left(\omega L - \frac{1}{\omega C}\right)$$

$$Y = \frac{1}{R} + j\left(\omega C - \frac{1}{\omega L}\right)$$

$$I = I_R + I_L + I_C$$
$$= \frac{V}{R} + j\left(\frac{V}{X_C} - \frac{V}{X_L}\right)$$

10 공진

(1) 직렬 공진

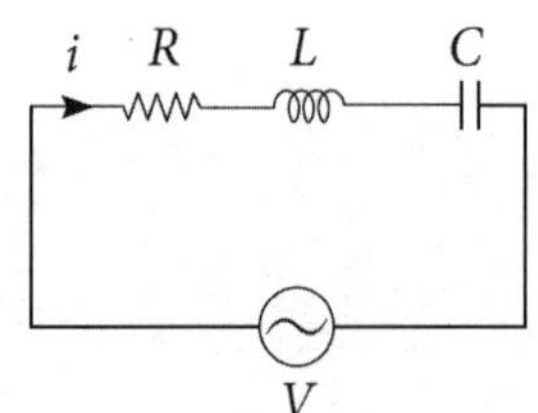

$Z = R + j\left(\omega L - \frac{1}{\omega C}\right)$ (공진 : 허수부 = 0)

$$f = \frac{1}{2\pi\sqrt{LC}}$$

선택도 $Q = \frac{f_r}{f_2 - f_1} = \frac{\omega_r}{\omega_2 - \omega_1}$

$$= \frac{V_L}{V} = \frac{V_C}{V} = \frac{\omega L}{R}$$
$$= \frac{1}{R\omega C} = \frac{1}{R}\sqrt{\frac{L}{C}}$$

※ 직렬 공진 조건

① 전압과 전류가 동상이다.

② 역률이 1이다.

③ 전류가 최대가 된다.

(2) 병렬 공진

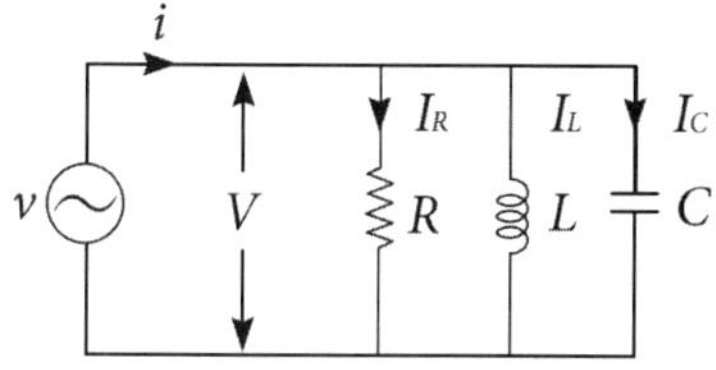

$$I = Y \cdot V$$

$$Y = \frac{1}{R} + j\left(\omega C - \frac{1}{\omega L}\right)$$

(공진 : 허수부 = 0)

$$\omega C = \frac{1}{\omega L}$$

$$\therefore\ f = \frac{1}{2\pi\sqrt{LC}} \quad \left(I = \frac{V}{Z} = Y \cdot V\right)$$

선택도

$$Q = \frac{f_r}{f_2 - f_1} = \frac{\omega_r}{\omega_2 - \omega_1}$$

$$= \frac{I_L}{I} = \frac{I_C}{I}$$

$$= \frac{R}{\omega L} = R\omega C = R\sqrt{\frac{C}{L}}$$

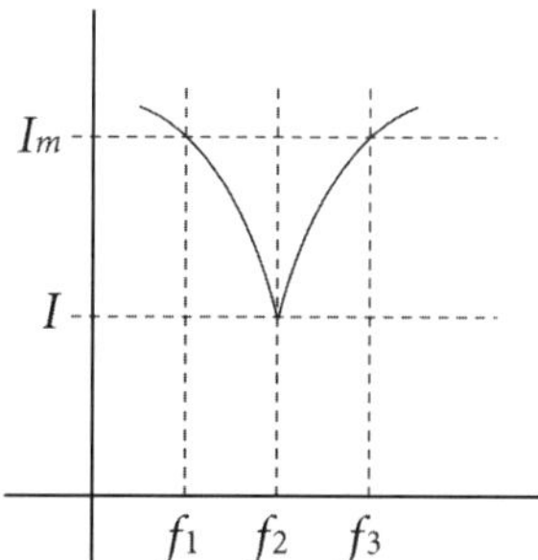

※ 병렬 공진 조건

① 전입과 전류가 동상이다.
② 역률이 1이다.
③ 전류가 최소가 된다.

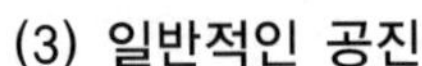

(3) 일반적인 공진

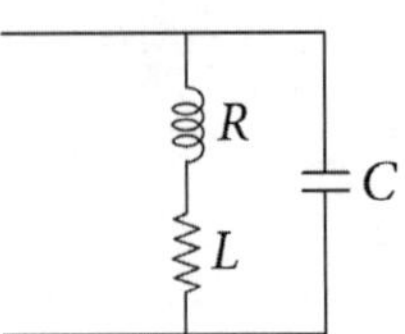

$$Y = j\omega C + \frac{1}{R + j\omega L} = j\omega C + \frac{R - j\omega L}{R^2 + (\omega L)^2}$$

(공진 : 허수부 = 0)

$$= \frac{R}{R^2 + (\omega L)^2} + \left(\omega C - \frac{\omega L}{R^2 + (\omega L)^2}\right)$$

$$\omega C = \frac{\omega L}{R^2 + (\omega L)^2}$$

① $C = \dfrac{L}{R^2 + (\omega L)^2} \left(\dfrac{1}{R^2 + (\omega L)^2} = \dfrac{C}{L}\right)$

② $X_C = \dfrac{1}{\omega C} = \dfrac{R^2 + (\omega L)^2}{\omega L}$

③ $Y = \dfrac{R}{R^2 + (\omega L)^2} = \dfrac{C}{L} R$

$R^2 + (\omega L)^2 = \dfrac{L}{C}$, $\omega L = \sqrt{\dfrac{L}{C} - R^2}$

④ $\omega = \sqrt{\dfrac{1}{LC} - \left(\dfrac{R}{L}\right)^2}$

⑤ $f = \dfrac{1}{2\pi} \sqrt{\dfrac{1}{LC} - \left(\dfrac{R}{L}\right)^2}$

$= \dfrac{1}{2\pi \sqrt{LC}} \sqrt{1 - \dfrac{C}{L} R^2}$

출제예상문제

01

0.1[H]인 코일의 리액턴스가 377[Ω]일 때 주파수[Hz]는?

① 600　　② 360
③ 120　　④ 60

해설 Chapter 02 – 02

$L = 0.1$ [H]

$X_L = 377 = \omega L = 2\pi f L$

$f = \dfrac{377}{2\pi L} = \dfrac{377}{2\pi \times 0.1} = 600$ [Hz]

02

그림과 같은 회로에서 전류 i를 나타낸 식은?

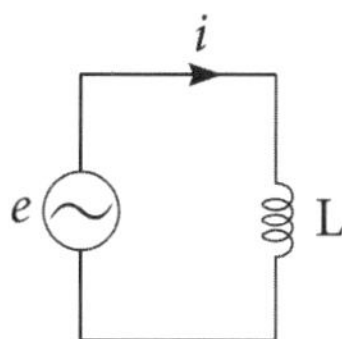

① $L\int e\,dt$　　② $\dfrac{1}{L}\int e\,dt$
③ $L\dfrac{de}{dt}$　　④ $\dfrac{1}{L}\dfrac{de}{dt}$

해설 Chapter 02 – 02

03

콘덴서와 코일에서 실제적으로 급격히 변화할 수 없는 것이 있다. 그것은 다음 중 어느 것인가?

① 코일에서 전압, 콘덴서에서 전류
② 코일에서 전류, 콘덴서에서 전압
③ 코일, 콘덴서 모두 전압
④ 코일, 콘덴서 모두 전류

해설 Chapter 02 – 02, 03

$v_L = L\dfrac{di}{dt}$ 에서 i가 급격히($t=0$ 인 순간) 변화하면 v_L이 ∞가 되는 모순이 생기고, $i_c = C\dfrac{dv}{dt}$ 에서 v가 급격히 변화하면 i_c가 ∞가 되는 모순이 생긴다.

04

어떤 코일에 흐르는 전류가 0.01[s] 사이에 일정하게 50[A]에서 10[A]로 변할 때 20[V]의 기전력이 발생한다고 하면 자기 인덕턴스[mH]는?

① 200　　② 33
③ 40　　④ 5

해설 Chapter 02 – 02

$di = 50 \sim 10$

$dt = 0.01$

$e = 20$ [V]

$e = -L\dfrac{di}{dt}$

$L = -e\dfrac{dt}{di}$

$= -20\dfrac{10^{-2}}{10-50} \times 10^3$ [mH]

$= 5$ [mH]

05

1[H]의 인덕턴스에 그림과 같은 전류를 흘린 경우, 유기되는 역기전력의 파형모양은?

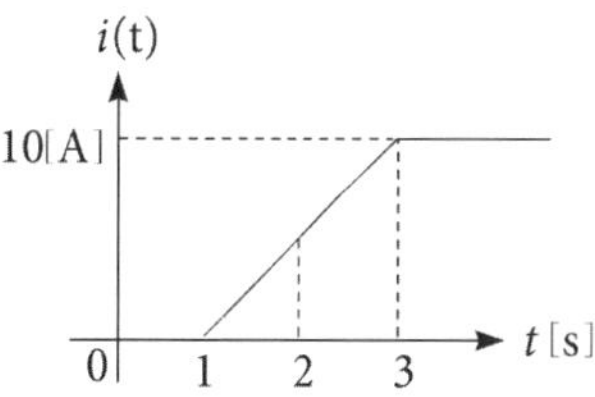

정답 01 ① 02 ② 03 ② 04 ④ 05 ②

①
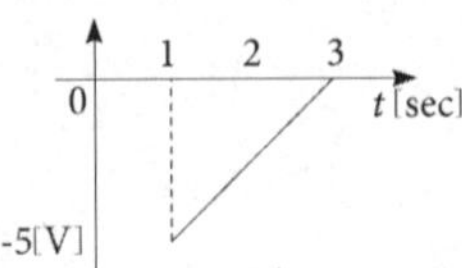

②
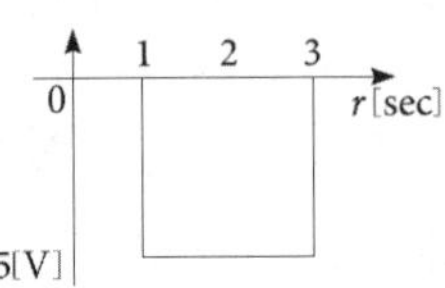

③
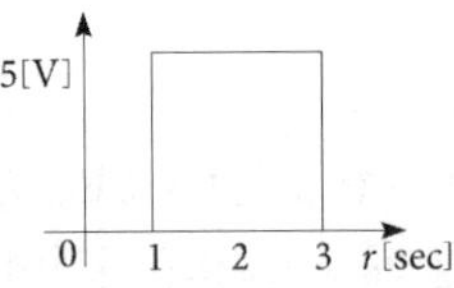

④
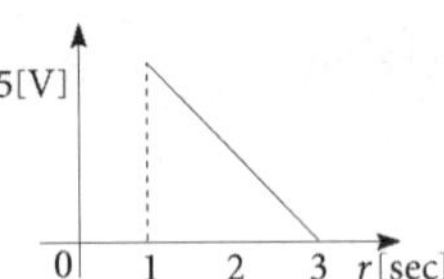

해설 Chapter 02 – 02

$L = 1\,[\text{H}]$

$e = -L\dfrac{di}{dt} = -1\dfrac{10-0}{3-1} = -5\,[\text{V}]$

06

인덕턴스 $L = 20$ [mH]인 코일에 실효값 $V = 50$ [V], 주파수 $f = 60$ [Hz]인 정현파 전압을 인가했을 때 코일에 축적되는 평균 자기 에너지 W_L [J]은?

① 0.44 ② 4.4
③ 0.63 ④ 6.3

해설

$$W_L = \frac{1}{2}LI^2 = \frac{1}{2}L\cdot\left(\frac{V}{\omega_L}\right)^2$$

$$= \frac{50^2}{8\pi^2\times 60^2\times 20\times 10^{-3}} = 0.44\,[\text{J}]$$

07

어떤 콘덴서를 300[V]로 충전하는 데 9[J]의 에너지가 필요하다. 이 콘덴서의 정전 용량[μF]은?

① 100 ② 200
③ 300 ④ 400

해설

$$W_c = \frac{1}{2}CV^2$$

$$C = \frac{2W}{V^2} = \frac{2\times 9\times 10^6}{(300)^2} = 200\,[\mu\text{F}]$$

08

0.1[μF]의 정전 용량을 가지는 콘덴서에 실효값 1,414[V], 주파수 1[kHz], 위상각 0인 전압을 가했을 때 순시값 전류[A]는?

① $0.89\sin(\omega t + 90°)$
② $0.89\sin(\omega t - 90°)$
③ $1.26\sin(\omega t + 90°)$
④ $1.26\sin(\omega t - 90°)$

해설 Chapter 02 – 03

$C = 0.1\,[\mu\text{F}]$

$V = 1{,}414\angle 0°\,[\text{V}]$

$f = 1\,[\text{kHz}]$

$i = I_m\sin(\omega t \pm \theta)$

$$i = \frac{2{,}000\angle 0°}{\dfrac{1}{\omega C}\angle -90°}$$

$\left(V = 1{,}414 = \dfrac{V_m}{\sqrt{2}} \quad \therefore\ V_m = 1{,}414\sqrt{2} = 2{,}000\right)$

$= 1.26\angle 90° ≒ 1.26\sin(\omega t + 90°)$

정답 06 ① 07 ② 08 ③

09

$R=50$ [Ω], $L=200$ [mH]의 직렬 회로가 주파수 $f=50$ [Hz]의 교류에 대한 역률은 몇 [%]인가?

① 52.3 ② 82.3
③ 62.3 ④ 72.3

해설 Chapter 02 – 04

$X_L=\omega L=2\pi\times50\times200\times10^{-3}$

$=20\pi=62.8$

$\cos\theta=\dfrac{R}{|Z|}=\dfrac{50}{\sqrt{50^2+62.8^2}}=0.623$

∴ 62.3[%]

10

100[V], 50[Hz]의 교류 전압을 저항 100[Ω], 커패시턴스 10[μF]의 직렬 회로에 가할 때 역률은?

① 0.25 ② 0.27
③ 0.3 ④ 0.35

해설 Chapter 02 – 05

$R-C$ 직렬

$\cos\theta=\dfrac{R}{|Z|}=\dfrac{R}{\sqrt{R^2+\left(\dfrac{1}{\omega C}\right)^2}}$

$=\dfrac{100}{\sqrt{100^2+\left(\dfrac{1}{2\pi\times50\times10\times10^{-6}}\right)^2}}$

$=0.3$

11

$R=100$ [Ω], $C=30$ [μF]의 직렬 회로에 $f=60$ [Hz], $V=100$ [V]의 교류 전압을 인가할 때 전류[A]는?

① 0.45 ② 0.56
③ 0.75 ④ 0.96

해설 Chapter 02 – 05

$R-C$ 직렬

$X_c=\dfrac{1}{\omega C}=\dfrac{1}{2\pi\times60\times30\times10^{-6}}=88.4$

$I=\dfrac{V}{Z}=\dfrac{V}{\sqrt{R^2+X_c^2}}$

$=\dfrac{100}{\sqrt{100^2+88.4^2}}=0.75$ [A]

12

R–L 직렬 회로에 10[V]의 교류 전압을 인가하였을 때 저항에 걸리는 전압이 6[V]이었다면 인덕턴스에 유기되는 전압[V]은?

① 4 ② 6 ③ 8 ④ 10

해설 Chapter 02 – 04

$V=\sqrt{V_R{}^2+V_L{}^2}$

∴ $V_L=\sqrt{V^2-V_R{}^2}=8$ [V]

13

그림과 같은 직렬 회로에서 각 소자의 전압이 그림과 같다면 a, b 양단에 가한 교류 전압[V]은?

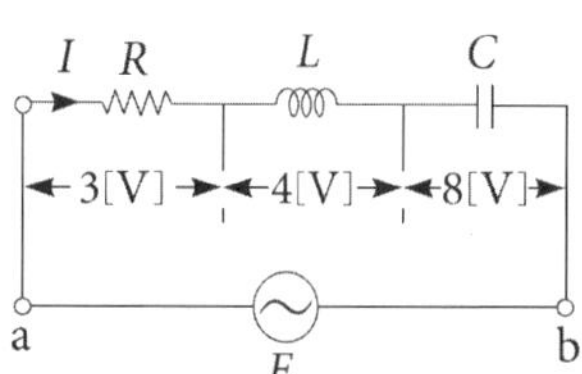

① 2.5 ② 7.5 ③ 5 ④ 10

해설 Chapter 02 – 06

$V=\sqrt{V_R{}^2+(V_L-V_c)^2}$

$=\sqrt{3^2+(4-8)^2}=5$

정답 09 ③ 10 ③ 11 ③ 12 ③ 13 ③

14

저항 R 과 유도 리액턴스 X_L 이 병렬로 접속된 회로의 역률은?

① $\dfrac{\sqrt{R^2+X_L^2}}{R}$　　② $\sqrt{\dfrac{R^2+X_L^2}{X_L}}$

③ $\dfrac{R}{\sqrt{R^2+X_L^2}}$　　④ $\dfrac{X_L}{\sqrt{R^2+X_L^2}}$

해설 Chapter 02 – 07

$R-X$ 병렬

$\cos\theta = \dfrac{X}{|Z|} = \dfrac{X}{\sqrt{R^2+X^2}}$

15

그림과 같은 회로의 역률은 얼마인가?

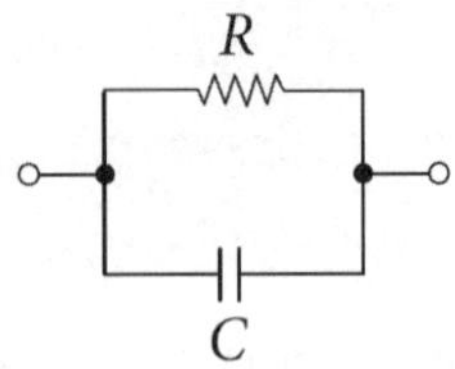

① $1+(\omega RC)^2$　　② $\sqrt{1+(\omega RC)^2}$

③ $\dfrac{1}{\sqrt{1+(\omega RC)^2}}$　　④ $\dfrac{1}{1+(\omega RC)^2}$

해설 Chapter 02 – 08

$R-C$ 병렬

$$\cos\theta = \frac{X_c}{|Z|} = \frac{\frac{1}{\omega C}}{\sqrt{R^2+\left(\frac{1}{\omega C}\right)^2}} \times \frac{\omega C}{\omega C}$$

$$= \frac{1}{\sqrt{1+(R\omega C)^2}}$$

16

저항 3[Ω]과 리액턴스 4[Ω]을 병렬로 연결한 회로에서의 역률은?

① $\dfrac{3}{5}$　② $\dfrac{4}{5}$　③ $\dfrac{3}{7}$　④ $\dfrac{3}{4}$

해설 Chapter 02 – 07

$R-X$ 병렬

$\cos\theta = \dfrac{X}{Z} = \dfrac{4}{5} = 0.8$

17

저항 30[Ω], 용량성 리액턴스 40[Ω]의 병렬 회로에 120[V]의 정현파 교류 전압을 가할 때의 전 전류[A]는?

① 3　② 4　③ 5　④ 6

해설 Chapter 02 – 07

$R-C$ 병렬

$I = I_R + I_C$

$= \dfrac{V}{R} + j\dfrac{V}{X_C} = \dfrac{120}{30} + j\dfrac{120}{40}$

$= 4 + j3 = 5$

18

시불변, 선형 $R-L-C$ 직렬 회로에 $v = V_m \sin\omega t$ 인 교류 전압을 가하였다. 정상 상태에 대한 설명 중 옳지 않은 것은?

① 이 회로의 합성 리액턴스는 양 또는 음이 될 수 있다.
② $\omega L < 1/\omega C$ 이면 용량성 회로이다.
③ $\omega L > 1/\omega C$ 이면 유도성 회로이다.
④ $\omega L = 1/\omega C$ 이면 공진 회로이며 인덕턴스 양단에 걸린 전압은 RI_0 이다.

해설 Chapter 02 – 06

인덕턴스 양단의 전압 $V_L = I \cdot X_L$

정답 14 ④ 15 ③ 16 ② 17 ③ 18 ④

19

공진 회로의 Q가 갖는 물리적 의미와 관계없는 것은?

① 공진 회로의 저항에 대한 리액턴스의 비
② 공진 곡선의 첨예도
③ 공진시의 전압 확대비
④ 공진 회로에서 에너지 소비 능률

해설 Chapter 02 – 10

20

$R=10$ [Ω], $L=10$ [mH], $C=1$ [μF]인 직렬 회로에 100[V]의 전압을 인가할 때 공진의 첨예도 Q는?

① 1 ② 10
③ 100 ④ 1,000

해설 Chapter 02 – 10

$$Q=\frac{1}{R}\sqrt{\frac{L}{C}}$$
$$=\frac{1}{10}\sqrt{\frac{10\times10^{-3}}{10^{-6}}}=10$$

21

$R-L-C$ 직렬 회로에서 전원 전압을 V라 하고 L 및 C에 걸리는 전압을 각각 V_L 및 V_c라 하면 선택도 Q를 나타내는 것은 어느 것인가? (단, 공진 각주파수는 ω_r 이다.)

① $\frac{CL}{R}$ ② $\frac{\omega_r R}{L}$
③ $\frac{V_L}{V}$ ④ $\frac{V}{V_c}$

해설 Chapter 02 – 10

$$Q=\frac{V_L}{V}=\frac{V_c}{V}=\frac{\omega L}{R}=\frac{1}{R\omega C}$$
$$=\frac{1}{R}\sqrt{\frac{L}{C}}$$

22

어떤 $R-L-C$ 병렬 회로가 병렬 공진되었을 때 합성 전류는?

① 최소가 된다.
② 최대가 된다.
③ 전류는 흐르지 않는다.
④ 전류는 무한대가 된다.

해설 Chapter 02 – 10

제4과목 ✦ 회로이론

정답 19 ④ 20 ② 21 ③ 22 ①

Chapter 03

교류 전력

01 단상 교류의 전력

$$P = VI\cos\theta$$
$$= I^2 R \text{ (직렬)} = \frac{V^2}{R} \text{(병렬)}$$
$$= P_a \cdot \cos\theta \text{[W]}$$

$$P_r = V \cdot I\sin\theta$$
$$= I^2 \cdot X \text{(직렬)} = \frac{V^2}{X} \text{(병렬)}$$
$$= P_a \cdot \sin\theta \text{[Var]}$$

02 복소 전력

$$V = V_1 + jV_2$$
$$I = I_1 + jI_2$$
$$P_a = \overline{V} I = (V_1 - jV_2)(I_1 + jI_2)$$
$$= (V_1 I_1 + V_2 I_2) + j(V_1 I_2 - V_2 I_1) = P + jP_r$$

03 역률과 무효율

$$\cos\theta = \frac{P}{P_a} = \frac{P}{VI} = \frac{P}{\sqrt{P^2 + P_r^2}}$$
$$= \frac{R}{|Z|} = \frac{G}{|Y|}$$
$$\sin\theta = \frac{P_r}{P_a} = \frac{P_r}{VI} = \frac{P_r}{\sqrt{P^2 + P_r^2}}$$

04 최대전력 공급조건

(1) $Z_g = R_g,\ Z_L = R_L,\ R_L = R_g$

(2) $Z_g = R_g + jX_g$
$Z_L = \overline{Z_g} = R_g - jX_g$

(3) $P_{\max} = \dfrac{V^2}{4R}$ [W]

✓Check

입력측이 L 또는 C인 회로

$$P_{\max} = \frac{V^2}{2X_L} = \frac{V^2}{2X_C}$$

출제예상문제

01

$V = 100 \angle 60^\circ$ [V], $I = 20 \angle 30^\circ$ [A]일 때 유효 전력[W]은 얼마인가?

① $1,000\sqrt{2}$　② $1,000\sqrt{3}$
③ $\dfrac{2,000}{\sqrt{2}}$　④ $2,000$

해설 Chapter 03 – 01

$P = VI\cos\theta$ [W]
$= 100 \times 20\cos 30^\circ = 1,000\sqrt{3}$ [W]

02

어떤 회로에 전압 v 와 전류 i 각각
$v = 100\sqrt{2}\sin\left(377t + \dfrac{\pi}{3}\right)$[V],
$i = \sqrt{8}\sin\left(377t + \dfrac{\pi}{6}\right)$[A]일 때 소비전력[W]은?

① 100　② $200\sqrt{3}$
③ 300　④ $100\sqrt{3}$

해설 Chapter 03 – 01

$P = VI\cos\theta = 100 \times 2 \times \cos 30^\circ = 100\sqrt{3}$
$(\because \sqrt{8} = 2\sqrt{2})$

03

어떤 회로에 전압 $v(t) = V_m\cos(\omega t + \theta)$ 를 가했더니 전류 $i(t) = I_m\cos(\omega t + \theta + \phi)$ 가 흘렀다. 이때 회로에 유입하는 평균 전력은?

① $\dfrac{1}{4}V_m I_m\cos\phi$　② $\dfrac{1}{2}V_m I_m\cos\phi$
③ $\dfrac{V_m I_m}{\sqrt{2}}$　④ $V_m I_m\sin\phi$

해설 Chapter 03 – 01

04

어떤 부하에 $v = 100\sin\left(100\pi t + \dfrac{\pi}{6}\right)$[V]의 기전력을 가하니 $i = 10\cos\left(100\pi t - \dfrac{\pi}{3}\right)$[A]이었다. 이 부하의 소비 전력은 몇 [W]인가?

① 250　② 433
③ 500　④ 866

해설 Chapter 03 – 01

$P = \dfrac{V_m I_m}{2}\cos\theta$ [W]
$= \dfrac{100 \times 10}{2}\cos 0^\circ = 500$ [W]

05

어느 회로의 전압과 전류가 각각 $v = 50\sin(\omega t + \theta)$ [V], $i = 4\sin(\omega t + \theta - 30^\circ)$ [A]일 때, 무효 전력[Var]은 얼마인가?

① 100　② 86.6
③ 70.7　④ 50

해설 Chapter 03 – 01

$P_r = \dfrac{V_m I_m}{2}\sin\theta$ [Var]
$= \dfrac{50 \times 4}{2}\sin 30^\circ = 50$ [Var]

06

$V = 100 + j30$ [V]의 전압을 어떤 회로에 인가하니 $I = 16 + j3$ [A]의 전류가 흘렀다. 이 회로에서 소비되는 유효 전력[W] 및 무효 전력[Var]은?

① 1,690, 180　② 1,510, 780
③ 1,510, 180　④ 1,690, 780

정답 01 ② 02 ④ 03 ② 04 ③ 05 ④ 06 ①

해설 Chapter 03 – 02

$P_a = \overline{V} \cdot I = (100 - j30)(16 + j3)$
$= 1{,}690 - j180$

07

저항 $R = 3\,[\Omega]$과 유도 리액턴스 $X_L = 4\,[\Omega]$이 직렬로 연결된 회로에 $v = 100\sqrt{2}\,\sin\omega t$ [V]인 전압을 가하였다. 이 회로에서 소비되는 전력[kW]은?

① 1.2 ② 2.2
③ 3.5 ④ 4.2

해설 Chapter 03 – 01

$Z = \sqrt{3^2 + 4^2} = 5$

$I = \dfrac{V}{Z} = \dfrac{100}{5} = 20$

$P = I^2 \cdot R = 20^2 \times 3 = 1{,}200\,[\text{W}]$
$= 1.2\,[\text{kW}]$

08

R = 40[Ω], L = 80[mH]의 코일이 있다. 이 코일에 100[V], 60[Hz]의 전압을 인가할 때 소비되는 전력[W]은?

① 100 ② 120
③ 160 ④ 200

해설

$X_L = \omega_L = 2\pi f \cdot L = 2\pi \times 60 \times 80 \times 10^{-3} = 30$

$\therefore\ I = \dfrac{V}{Z} = \dfrac{V}{\sqrt{R^2 + {X_L}^2}} = \dfrac{100}{\sqrt{40^2 + 30^2}} = 2$

$\therefore\ P = I^2 \cdot R = 2^2 \times 40 = 160$

09

저항 R, 리액턴스 X와의 직렬 회로에 전압 V가 가해졌을 때 소비 전력은?

① $\dfrac{R}{\sqrt{R^2 + X^2}}$ ② $\dfrac{X}{\sqrt{R^2 + X^2}}$

③ $\dfrac{R}{R^2 + X^2}V^2$ ④ $\dfrac{X}{R^2 + X^2}V^2$

해설 Chapter 03 – 01

10

역률 0.8, 부하 800[kW]를 2시간 사용할 때의 소비 전력량[kWh]은?

① 1,000 ② 1,200
③ 1,400 ④ 1,600

해설

$W = P \cdot t$ [Wh] $= 800 \times 2 = 1{,}600$ [kWh]

11

역률 0.8, 소비 전력 800[W]인 단상 부하에서 30분간의 무효 전력량[Var·h]은?

① 200 ② 300
③ 400 ④ 800

해설

$P = 800$, $P_r = 600$

$W_r = P_r \cdot t$ [Var·h] $= 600 \times \dfrac{1}{2} = 300$ [Var·h]

정답 07 ① 08 ③ 09 ③ 10 ④ 11 ②

12

다음의 회로에서 $I_1 = 2e^{-j\pi/3}$, $I_2 = 5e^{j\pi/3}$, $I_3 = 1$이다. 이 단상 회로에서의 평균 전력[W] 및 무효 전력[Var]은?

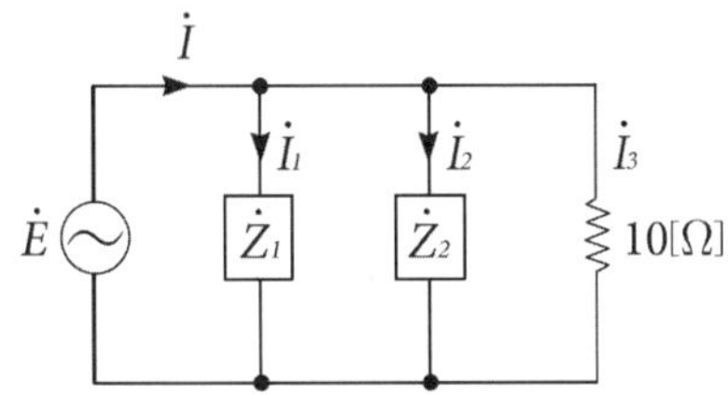

① 10[W], −9.75[Var]
② 20[W], 19.5[Var]
③ 20[W], −19.5[Var]
④ 45[W], 26[Var]

해설 Chapter 03 – 02

- $I_1 = 2\angle\frac{-\pi}{3} = 2(\cos60^\circ - j\sin60^\circ)$
  $= 1 - j\sqrt{3}$
- $I_2 = 5\angle\frac{\pi}{3} = 5(\cos60^\circ + j\sin60^\circ)$
  $= 2.5 + j2.5\sqrt{3}$
- $I_3 = 1$
  $E = R_3 I_3 = 10 \times 1 = 10$
  $I = I_1 + I_2 + I_3 = 4.5 + j2.6$

$\therefore P_a = \overline{E} \cdot I = 10(4.5 + j2.6)$
$= 45 + j26$
$P = 45$, $P_r = 26$

13

내부 저항 r [Ω]인 전원이 있다. 부하 R에 최대 전력을 공급하기 위한 조건은?

① $r = 2R$
② $R = r$
③ $R = 2\sqrt{r}$
④ $R = r^2$

해설 Chapter 03 – 04

$R = r$

14

그림과 같이 전압 E와 저항 R로 된 회로의 단자 a, b 사이에 적당한 저항 R_L을 접속하여 R_L에서 소비되는 전력을 최대로 하게 했다. 이때 R_L에서 소비되는 전력은?

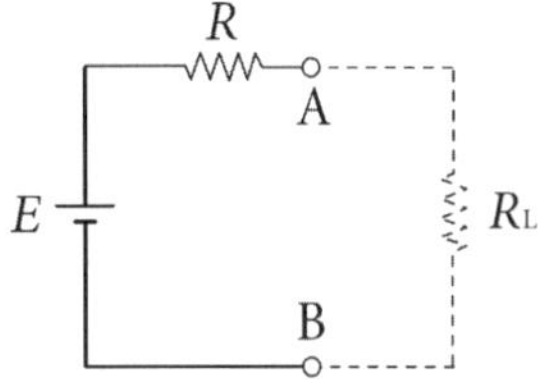

① $\frac{E^2}{4R}$
② $\frac{E^2}{2R}$
③ $\frac{E^2}{3R_L}$
④ $\frac{E}{R_L}$

해설 Chapter 03 – 04

$P = I^2 \cdot R_L = \left(\frac{E}{R + R_L}\right)^2 \cdot R_L$

$(\because R_L = R)$

$P_{\max} = \left(\frac{E}{R + R}\right)^2 \times R$

$= \frac{E^2}{4R}$

15

부하 저항 R_L이 전원의 내부 저항 R_0의 3배가 되면 부하 저항 R_L에서 소비되는 전력 P_L은 최대 전송 전력 P_m의 몇 배인가?

① 0.89
② 0.75
③ 0.5
④ 0.3

정답 12 ④ 13 ② 14 ① 15 ②

16

그림과 같은 교류 회로에서 저항 R 을 변화시킬 때 저항에서 소비되는 최대 전력[W]은?

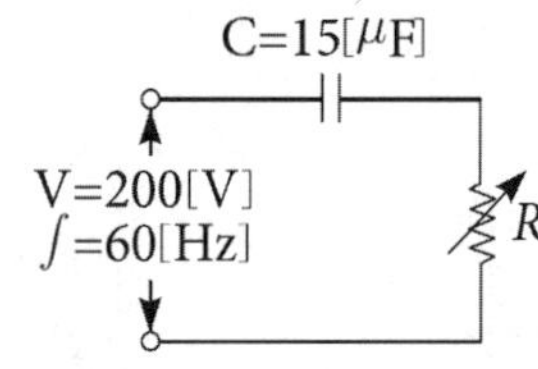

① 95
② 113
③ 134
④ 154

해설 Chapter 02 – 04

17

그림과 같은 회로에서 전압계 3개로 단상 전력을 측정하고자 할 때의 유효 전력은?

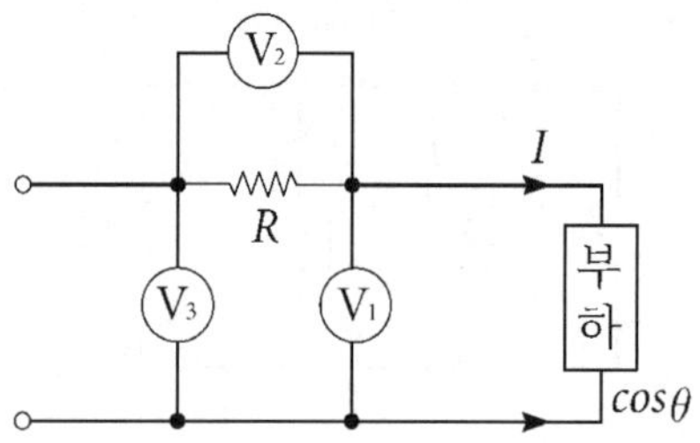

① $\frac{1}{2R}(V_3^2 - V_1^2 - V_2^2)$

② $\frac{1}{2R}(V_3^2 - V_1^2)$

③ $\frac{R}{2}(V_3^2 - V_1^2 - V_2^2)$

④ $\frac{R}{2}(V_2^2 - V_1^2 - V_3^2)$

해설

$$P = VI\cos\theta$$

$$= V_1 \cdot \frac{V_2}{R} \times \frac{V_3^2 - V_2^2 - V_1^2}{2V_1V_2}$$

$$= \frac{1}{2R}(V_3^2 - V_2^2 - V_1^2)$$

$$\left(\because I = \frac{V_2}{R},\ V_3 = \sqrt{V_1^2 + V_2^2 + 2V_1V_2\cos\theta},\ \cos\theta = \frac{V_3^2 - V_2^2 - V_1^2}{2V_1V_2}\right)$$

정답 16 ② 17 ①

• Electrical • Engineer •

Chapter 04 상호유도회로 및 브리지 회로

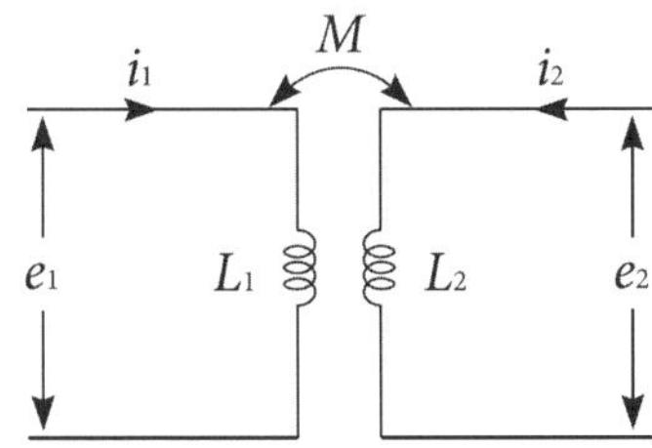

$$e_1 = -L_1\frac{di_1}{dt}$$

$$e_2 = -M\frac{di_1}{dt} \quad (M = k\sqrt{L_1L_2})$$

$$e = L\frac{di}{dt} \quad (\text{단자전압})$$

01 인덕턴스의 직렬연결

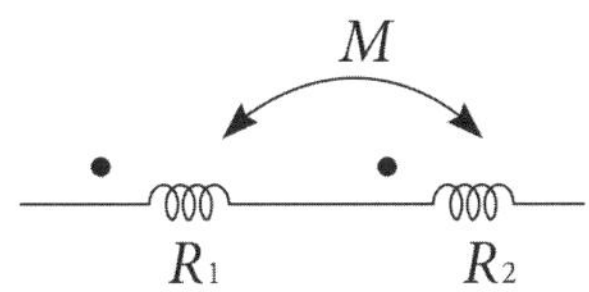

$$L_1 = L_1 + L_2 \pm 2M$$
$$= L_1 + L_2 \pm k\sqrt{L_1L_2}\ [\text{H}]$$

02 인덕턴스의 병렬연결

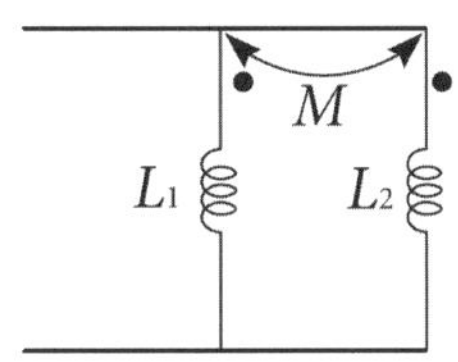

$$L = \frac{L_1L_2 - M^2}{L_1 + L_2 - 2M}\ [\text{H}]$$

03 등가회로

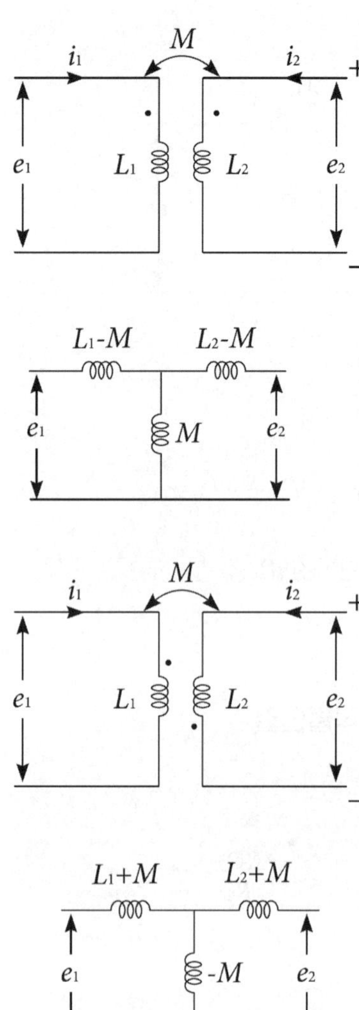

04 권수비

$$n = \frac{n_1}{n_2} = \frac{V_1}{V_2} = \frac{I_2}{I_1} = \frac{L_1}{M} = \frac{M}{L_2}$$

$$= \sqrt{\frac{L_1}{L_2}} = \sqrt{\frac{Z_1}{Z_2}}$$

출제예상문제

01

인덕턴스 L_1, L_2 가 각각 3[mH], 6[mH]인 두 코일간의 상호 인덕턴스 M 이 4[mH]라고 하면 결합 계수 k 는?

① 약 0.94
② 약 0.44
③ 약 0.89
④ 약 1.12

해설

$$k = \frac{M}{\sqrt{L_1 L_2}} = \frac{4}{\sqrt{3 \times 6}} = 0.94$$

02

그림과 같은 회로에서 $i_1 = I_m \cos\omega t$ [A]일 때 개방된 2차 단자에 나타나는 유기 기전력 e_2 는 얼마인가?

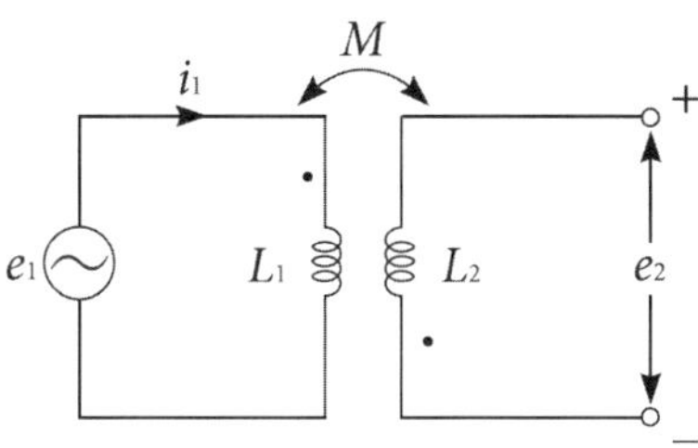

① $\omega M I_m \cos\omega t$
② $\omega M I_m \sin(\omega t - 90^\circ)$
③ $\omega M I_m \sin(\omega t + 90^\circ)$
④ $\omega M I_m \sin\omega t$

해설

$$e_2 = -M\frac{di}{dt}$$
$$= -M\frac{d}{dt}(I_m \cos\omega t)$$
$$= \omega M I_m \sin\omega t$$

03

그림과 같은 인덕터 전체의 자기 인덕턴스 L [H]은?

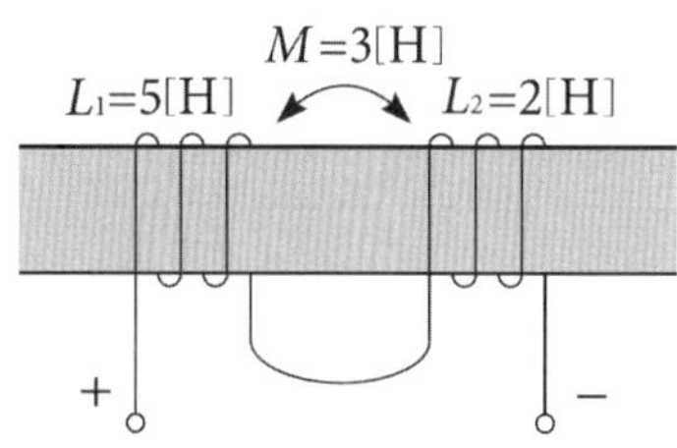

① 1　　② 3
③ 7　　④ 13

해설 Chapter 04 − 01

직렬 가동 결합이므로

$$L_0 = L_1 + L_2 + 2M$$
$$= 5 + 2 + 2 \times 3 = 13\,[\text{H}]$$

04

다음 회로의 A, B 간의 합성 임피던스 Z_0 를 구하면?

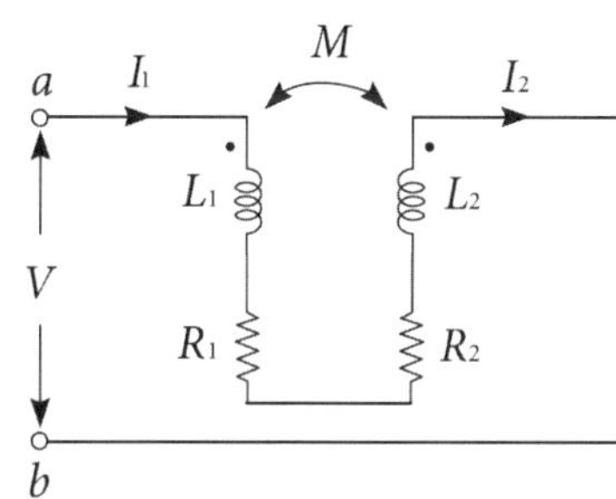

① $R_1 + R_2 - j\omega M$
② $R_1 + R_2 - 2j\omega M$
③ $R_1 + R_2 + j\omega(L_1 + L_2 - 2M)$
④ $R_1 + R_2 + j\omega(L_1 + L_2 + 2M)$

해설 Chapter 04 − 01

정답 01 ① 02 ④ 03 ④ 04 ③

05

그림과 같은 회로에서 합성 인덕턴스는?

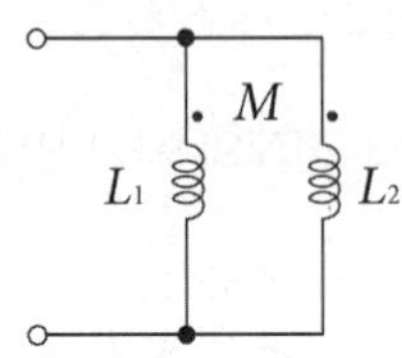

① $\dfrac{L_1 L_2 + M^2}{L_1 + L_2 - 2M}$

② $\dfrac{L_1 L_2 - M^2}{L_1 + L_2 - 2M}$

③ $\dfrac{L_1 L_2 + M^2}{L_1 + L_2 + 2M}$

④ $\dfrac{L_1 L_2 - M^2}{L_1 + L_2 + 2M}$

해설 Chapter 04 – **02**

병렬 가극성

06

25[mH]와 100[mH]의 두 인덕턴스가 병렬로 연결되어 있다. 합성 인덕턴스의 값[mH]은 얼마인가? (단, 상호 인덕턴스는 없는 것으로 한다.)

① 125 ② 20

③ 50 ④ 75

해설 Chapter 04 – **02**

$$L_0 = \frac{L_1 L_2}{L_1 + L_2} (M = 0)$$

$$= \frac{25 \times 100}{25 + 100} = 20$$

07

그림과 같은 이상 변압기에 대하여 성립되지 않는 식은? (단, n_1 , n_2는 1차 및 2차 코일의 권수이다.)

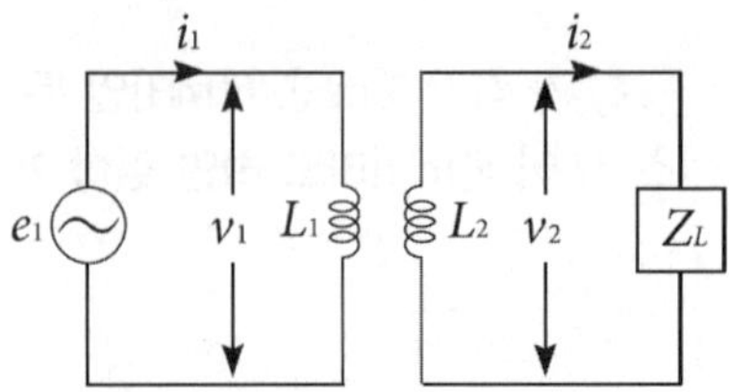

① $v_1 i_1 = v_2 i_2$ ② $\dfrac{v_2}{v_1} = \dfrac{n_2}{n_1} = \dfrac{1}{n}$

③ $\dfrac{i_2}{i_1} = \dfrac{n_1}{n_2} = n$ ④ $n = \sqrt{\dfrac{L_2}{L_1}}$

해설 Chapter 04 – **04**

$$n = \frac{n_1}{n_2} = \frac{L_1}{M} = \frac{M}{L_2}$$

$$= \sqrt{\frac{R_1}{R_2}} = \sqrt{\frac{L_1}{L_2}} = \sqrt{\frac{Z_1}{Z_2}}$$

08

그림과 같은 회로(브리지 회로)에서 상호 인덕턴스 M을 조정하여 수화기 T에 흐르는 전류를 0으로 할 때 주파수는?

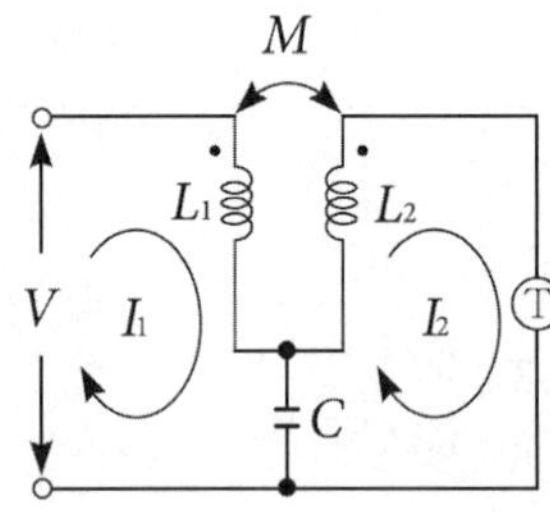

① $\dfrac{1}{2\pi MC}$ ② $\sqrt{\dfrac{1}{2\pi MC}}$

③ $2\pi MC$ ④ $\dfrac{1}{2\pi}\sqrt{\dfrac{1}{MC}}$

정답 05 ② 06 ② 07 ④ 08 ④

해설

$$\omega M = \frac{1}{\omega C}$$

$$\omega^2 = \frac{1}{MC}$$

$$\omega = \frac{1}{\sqrt{MC}}$$

$$f = \frac{1}{2\pi\sqrt{MC}}$$

09

그림과 같은 캠벨 브리지(Campbell bridge)회로에서 I_2가 0이 되기 위한 C의 값은?

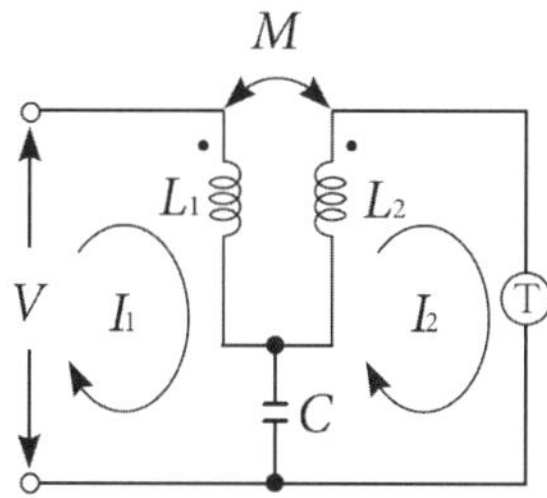

① $\frac{1}{\omega L}$ ② $\frac{1}{\omega^2 L}$
③ $\frac{1}{\omega M}$ ④ $\frac{1}{\omega^2 M}$

해설

공진조건

$$\omega M = \frac{1}{\omega C}$$

$$C = \frac{1}{\omega^2 M}$$

10

그림과 같은 회로에서 접점 a와 접점 b의 전압이 같을 조건은?

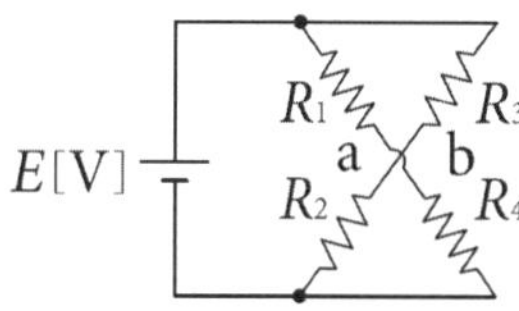

① $R_1 R_2 = R_3 R_4$
② $R_1 + R_3 = R_2 R_4$
③ $R_1 R_3 = R_2 R_4$
④ $R_1 R_2 = R_3 + R_4$

정답 09 ④ 10 ①

Chapter 05 벡터 궤적

회로의 종류	임피던스 궤적	어드미턴스 궤적
I, V, R, L	x, $R=0$, $R=\infty$, 0	0, G, $R=\infty$, $-j\frac{1}{X_L}$, Y, B, $R=0$
I, V, R, L	x, $X_L=\infty$, Z, $X_L=0$, 0, R_1, R	B, $\frac{1}{R_0}$, 0, G, Y, $X_L=0$, $X_L=\infty$
I, V, R, C	0, R, Z, $-jX_0$, $R=0$, $R=\infty$	B, $R=0$, $j\frac{1}{X_0}$, Y, $R=\infty$, 0, G
I, V, R_0, C	0, R_1, R, $X_L=0$, Z, x, $X_L=\infty$	B, $X_0=\infty$, $X_0=0$, Y, 0, G, $\frac{1}{R_0}$
I, V, G, B_0	x, $G=0$, $j\frac{1}{B_0}$, Z, $R=\infty$, 0, R	0, G, Y, $-jB_0$, B, $G=0$, $G=\infty$
I, V, G_0, B	x, $B=\infty$, Z, $B=0$, 0, $\frac{1}{G_0}$, R	0, G_0, G, $B=0$, Y, B, $B=\infty$
I, V, G_0, B	0, R, $R=\infty$, $j\frac{1}{B_0}$, Z, x, $G=0$	B, $G=0$, $G=\infty$, $-jB_0$, Y, 0, G
I, V, G_0, B	$\frac{1}{G_0}$, 0, R, Z, $B=0$, $B=\infty$, x	B, $B=0$, Y, $B=\infty$, 0, G_0, G

Chapter 06 일반선형 회로망

(1) 회로망 기하학

(2) 전압, 전류원

전압원 ↔ 전류원

직렬연결 ↔ 병렬연결

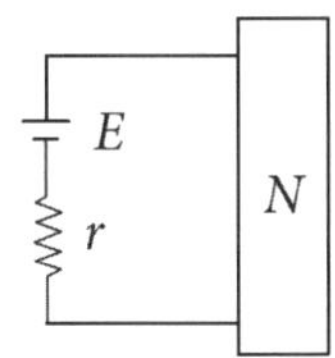

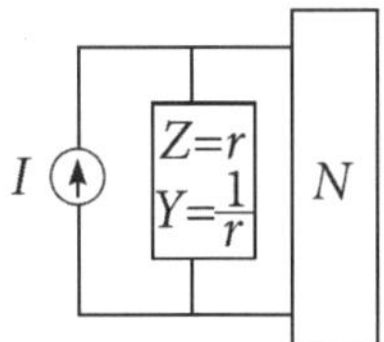

※ 이상적인 전압원의 내부저항은 0이고
이상적인 전류원의 내부저항은 ∞이다.

∴ 전압원 : 단락 (0)
전류원 : 개방 (∞)

01 중첩의 원리

전압원 또는 전류원이 2개 이상 존재할 경우, 각각 단독으로 존재했을 때 흐르는 전류의 합

ex

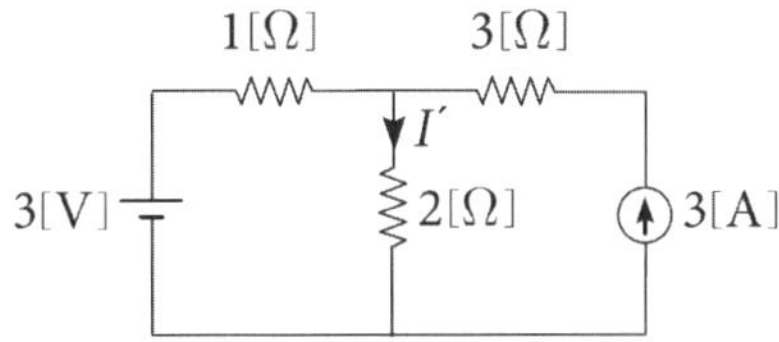

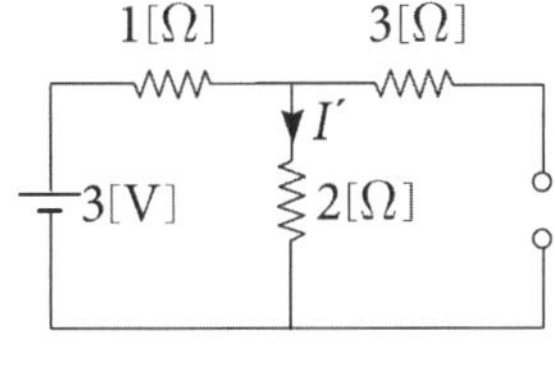

$$I' = \frac{3}{1+2} = 1\,[\mathrm{A}]$$

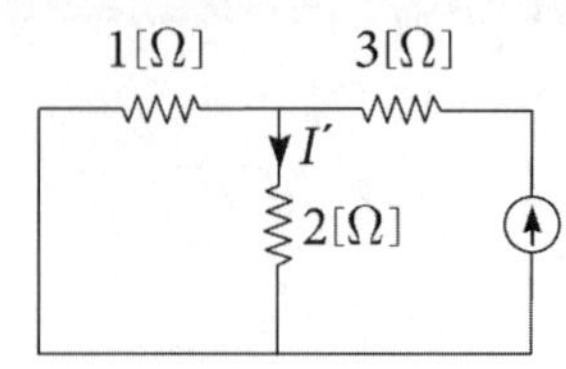

$$I'' = \frac{1}{1+2} \times 3 = 1\,[A]$$

$$\therefore\ I = I' + I'' = 1 + 1 = 2[A]$$

02 테브낭의 정리

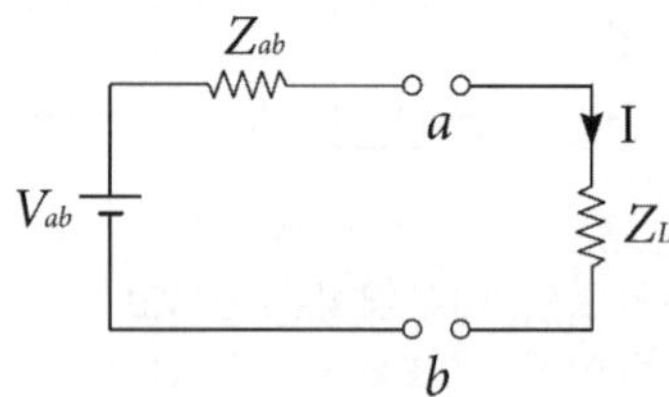

$$I = \frac{V_{ab}}{Z_{ab} + Z_L}[A]$$

V_{ab} : a , b측에 걸리는 전압

ex

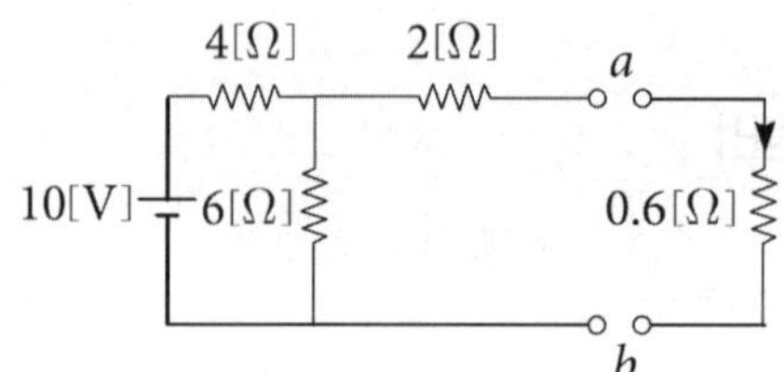

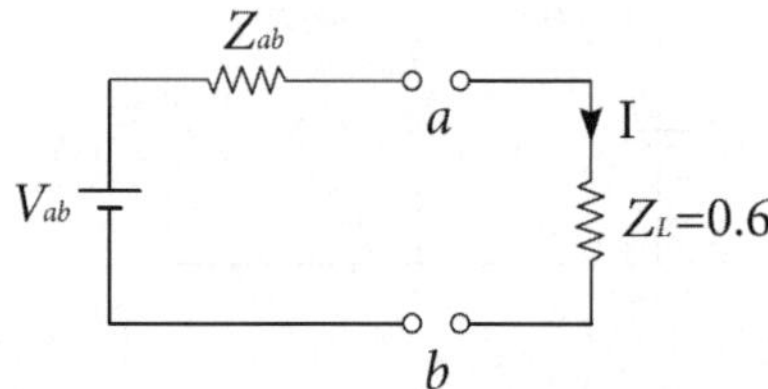

Z_{ab} : a , b 측에서 본 입력측 임피던스

$$V_{ab} = \frac{6}{4+6} \times 10 = 6[V]$$

$$Z_{ab} = 2 + \frac{4 \times 6}{4+6} = 4.4[\Omega]$$

$$I = \frac{V_{ab}}{Z_{ab} + Z_L} = \frac{6}{4.4+0.6} = 1.2[A]$$

ex

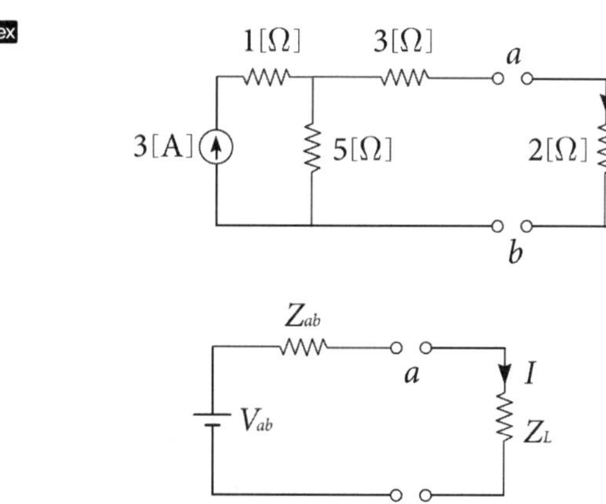

$V_{ab} = 5 \times 3 = 15[\mathrm{V}]$

$Z_{ab} = 3 + 5 = 8[\Omega]$

$I = \dfrac{V_{ab}}{Z_{ab} + Z_L} = \dfrac{15}{8+2} = 1.5[\mathrm{A}]$

03 밀만의 정리

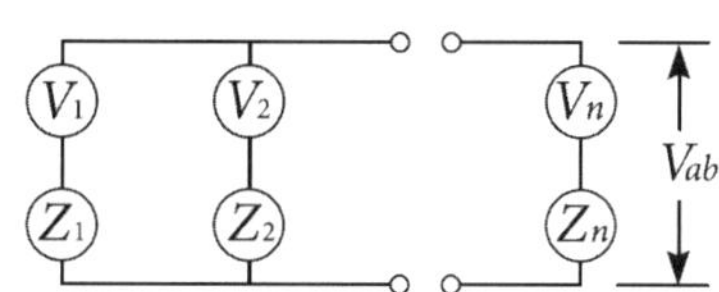

$$◎\ V_{ab} = \frac{\dfrac{V_1}{Z_1} + \dfrac{V_2}{Z_2} + \cdots + \dfrac{V_n}{Z_n}}{\dfrac{1}{Z_1} + \dfrac{1}{Z_2} + \cdots + \dfrac{1}{Z_n}}$$

$$= \frac{Y_1 V_1 + Y_2 V_2 + \cdots\ Y_n V_n}{Y_1 + Y_2 + \cdots + Y_n}$$

04 가역정리

$V_1 I_1 = V_2 I_2$

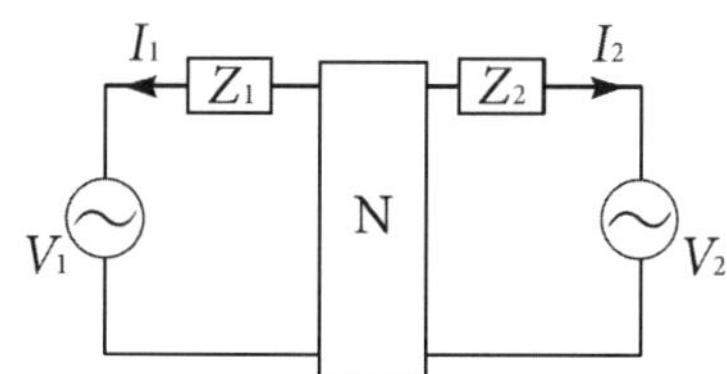

제4과목 ✦ 회로이론

출제예상문제

01

키르히호프의 전압 법칙의 적용에 대한 서술 중 옳지 않은 것은?

① 이 법칙은 집중 정수 회로에 적용된다.
② 이 법칙은 회로 소자의 선형, 비선형에는 관계를 받지 않고 적용된다.
③ 이 법칙은 회로 소자의 시변, 시불변성에 구애를 받지 않는다.
④ 이 법칙은 선형 소자로만 이루어진 회로에 적용된다.

02

그림의 (a), (b)가 등가가 되기 위한 I_g[A], R[Ω]의 값은?

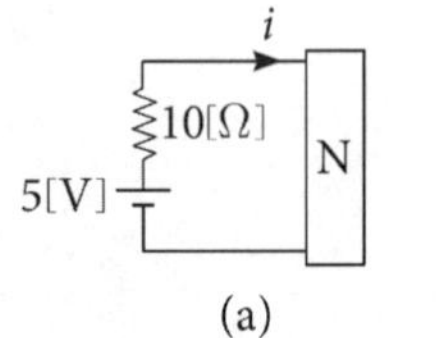

(a)

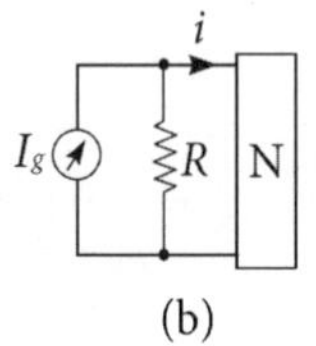

(b)

① 0.5, 10 ② 0.5, $\frac{1}{10}$
③ 5, 10 ④ 10, 10

해설 Chapter 06 – 02

$I_g = \frac{V}{R} = \frac{5}{10} = 0.5$

$R = 10$

03

그림과 같은 회로에서 전압 v [V]는?

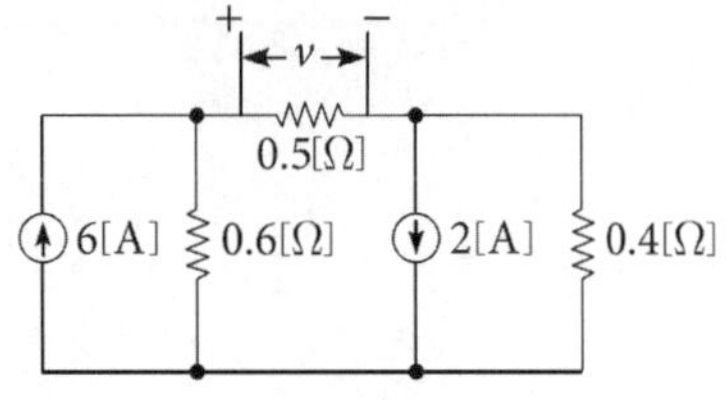

① 약 0.93
② 약 0.6
③ 약 1.47
④ 약 1.5

해설

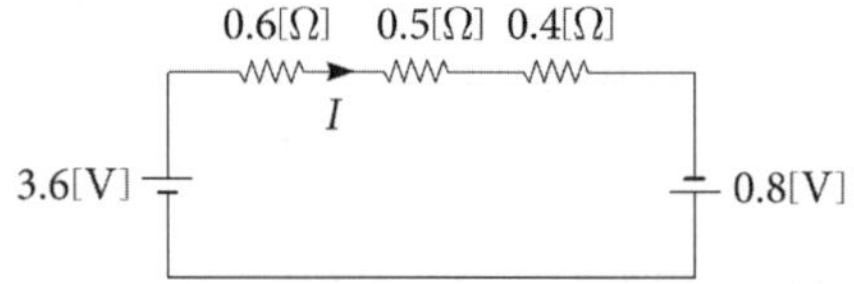

※ 중첩의 원리를 이용해서 풀이하는 것이 아니라, 전압원·전류원 등가변환을 통해서 해석한다. 즉, 그림에서와 같이 6[A]의 전류와 병렬저항 0.6[Ω]을 하나의 전류원으로 보고 전압원으로 변경하는 것이다. 그럼 3.6[V]의 전압과 직렬저항 0.6[Ω]으로 변경된다. 오른쪽 회로도 마찬가지로 변경한다.

$I = \frac{V_0}{R_0} = \frac{4.4}{1.5} = 2.93$ [A]

$V = I \cdot R = 2.93 \times 0.5 \fallingdotseq 1.47$

04

이상적인 전압 전류원에 관하여 옳은 것은?

① 전압원 내부 저항은 ∞이고 전류원의 내부 저항은 0이다.
② 전압원의 내부 저항은 0이고 전류원의 내부 저항은 ∞이다.
③ 전압원, 전류원의 내부 저항은 흐르는 전류에 따라 변한다.
④ 전압원의 내부 저항은 일정하고 전류원의 내부 저항은 일정하지 않다.

정답 01 ④ 02 ① 03 ③ 04 ②

05

그림의 회로에서 a, b 사이의 단자 전압[V]은?

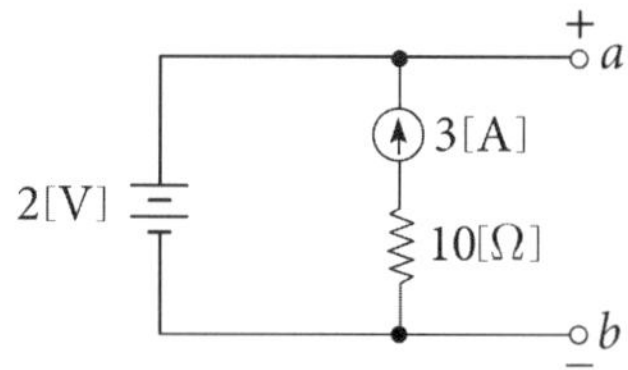

① +2　　② −2
③ +5　　④ −5

06

그림의 회로에서 저항 20[Ω]에 흐르는 전류[A]는?

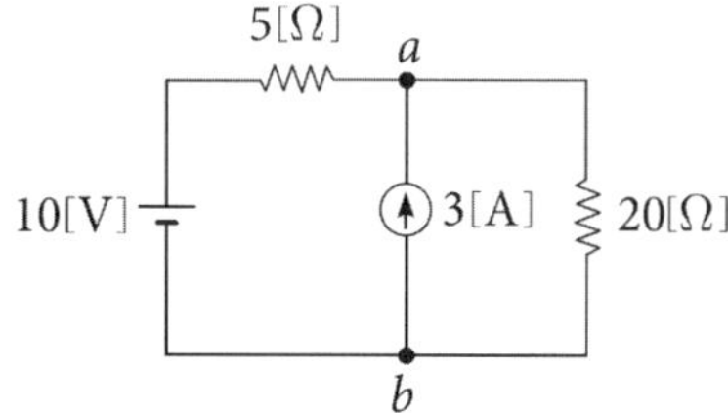

① 0.4　　② 1
③ 3　　④ 3.4

해설 Chapter 06 − 01
중첩의 원리에 의하여
1) 전류원 개방
10[V]에 의한 전류 :

$$I' = \frac{10}{5+20} = 0.4\,[\text{A}]$$

2) 전압원 단락
3[A]에 의한 전류 :

$$I'' = \frac{5}{5+20} \times 3 = 0.6\,[\text{A}]$$

$\therefore\ I = I' + I'' = 0.4 + 0.6 = 1.0\,[\text{A}]$

07

그림과 같은 회로에서 2[Ω]의 단자전압[V]은?

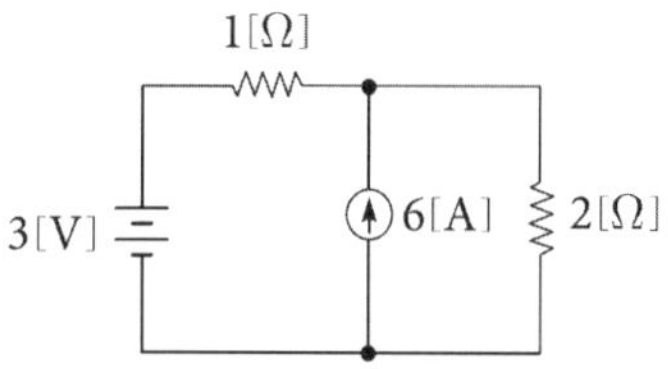

① 3　　② 4　　③ 6　　④ 8

해설 Chapter 06 − 01
중첩의 원리
1) 전류원 개방시

$$I' = \frac{V}{R} = \frac{3}{3} = 1\,[\text{A}]$$

2) 전압원 단락시

$$I' = \frac{1}{1+2} \times 6 = 2\,[\text{A}]$$

$\therefore\ I = I' + I'' = 3\,[\text{A}]$
$V = I \cdot R = 3 \times 2 = 6\,[\text{V}]$

08

그림과 같은 회로에서 전류 I[A]는?

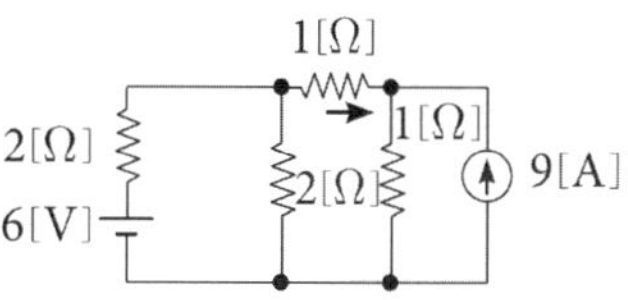

① 1　　② 3　　③ −2　　④ 2

해설 Chapter 06 − 01
1) 전류원 개방시

$$I = \frac{6}{3} = 2\,[\text{A}]$$

$$I' = \frac{2}{2+2} \times 2 = 1\,[\text{A}]$$

2) 전압원 단락시(Tip 주어진 전류 방향에 유의)

$$I'' = \frac{1}{1+2} \times 9 = -3\,[\text{A}]$$

$\therefore\ I' + I'' = -2\,[\text{A}]$

정답 05 ① 06 ② 07 ③ 08 ③

09

그림과 같은 회로에서 20[Ω]의 저항이 소비하는 전력[W]은?

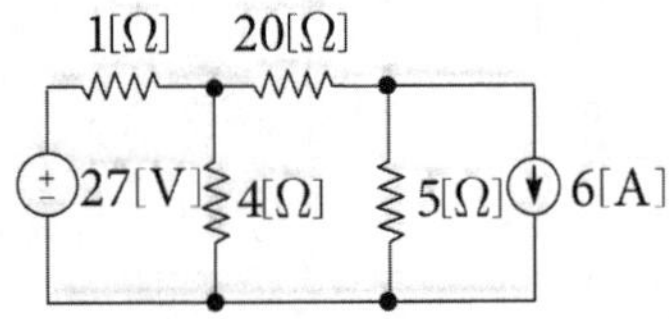

① 14
② 27
③ 40
④ 80

해설 Chapter 06 – 01

10

테브낭의 정리를 이용하여 그림 (a)의 회로를 (b)와 같은 등가 회로로 만들려고 할 때 V와 R의 값은?

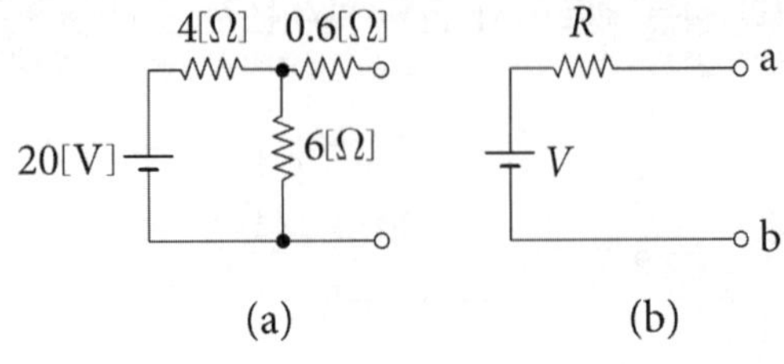

① 20[V], 3[Ω]
② 12[V], 3[Ω]
③ 20[V], 10[Ω]
④ 12[V], 10[Ω]

해설 Chapter 06 – 02

테브낭의 정리

$$V_{ab} = V = \frac{6}{4+6} \times 20 = 12\,[\text{V}]$$

$$Z_{ab} = R = 0.6 + \frac{4 \cdot 6}{4+6} = 3\,[\Omega]$$

11

그림과 같은 회로에서 a, b 단자에 나타나는 전압 V_{ab} 는 몇 [V]인가?

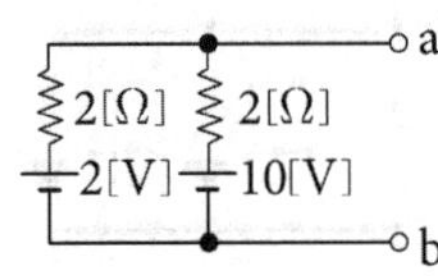

① 10　　② 12
③ 8　　④ 6

해설 Chapter 06 – 03

밀만의 정리

$$V_{ab} = \frac{\frac{2}{2} + \frac{10}{2}}{\frac{1}{2} + \frac{1}{2}} = 6\,[\text{V}]$$

12

그림과 같은 회로에서 $V_1 = 110$[V], $V_2 = 120$[V], $R_1 = 1$[Ω], $R_2 = 2$[Ω]일 때 a, b 단자에 5[Ω]의 R_3를 접속하면 a, b간의 전압 V_{ab} [V]는?

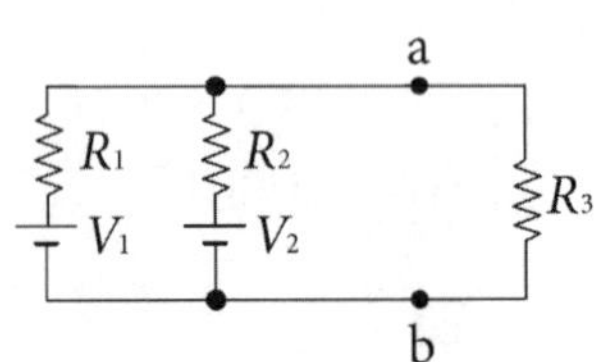

① 85　　② 90
③ 100　　④ 105

해설 Chapter 06 – 03

$$V_{ab} = \frac{\frac{110}{1} + \frac{120}{2}}{\frac{1}{1} + \frac{1}{2} + \frac{1}{5}} = 100\,[\text{V}]$$

정답 09 ④ 10 ② 11 ④ 12 ③

13

그림과 같은 회로망에서 Z_a 지로에 300[V]의 전압을 가했을 때, Z_b 지로에 30[A]의 전류가 흘렀다. Z_b 지로에 200[V]의 전압을 가했을 때 Z_a 지로에 흐르는 전류[A]는?

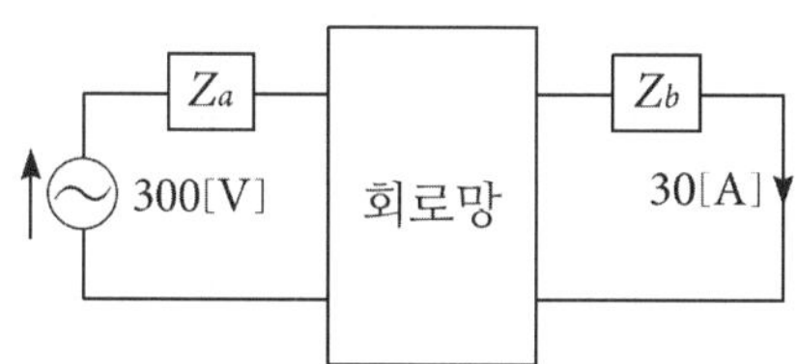

① 10　② 20
③ 30　④ 40

해설 Chapter 06 – 04

$E_a I_a = E_b I_b$

$I_a = \dfrac{E_b \cdot I_b}{E_a} = \dfrac{30 \times 200}{300} = 20\,[\text{A}]$

14

그림과 같은 회로에서 $E_1 = 1\,[\text{V}]$, $E_2 = 0\,[\text{V}]$일 때의 I_2와 $E_1 = 0\,[\text{V}]$, $E_2 = 1\,[\text{V}]$일 때의 I_1 을 비교하였을 때 옳은 것은?

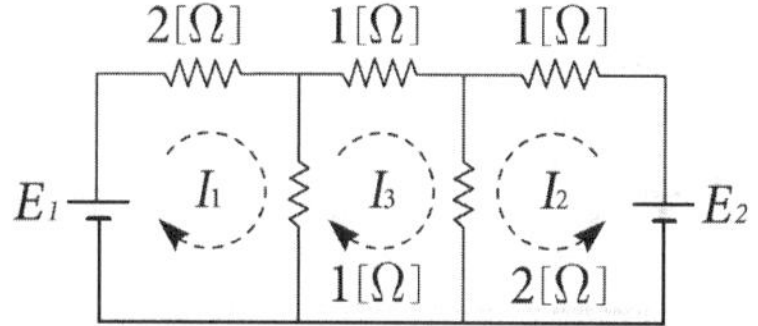

① $I_1 > I_2$　② $I_1 < I_2$
③ $I_1 = I_2$　④ $I_1 < I_3 < I_2$

해설 Chapter 06 – 04

가역정리에 의하여 I_1과 I_2는 같다.

정답 13 ② 14 ③

Chapter 07 다상교류

01 3 상

(1) Y 결선

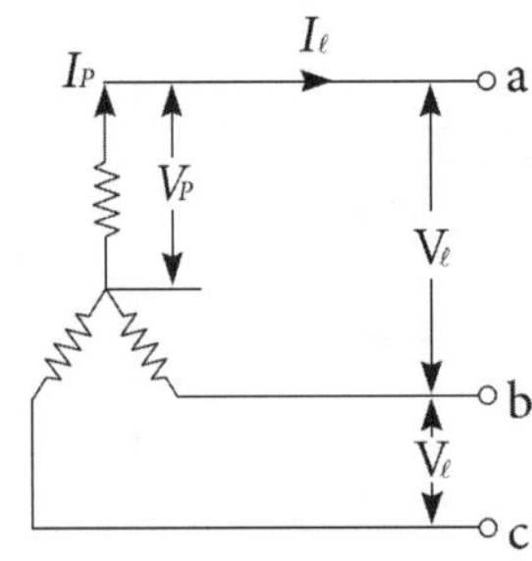

$V_\ell = \sqrt{3}\ V_P\ ,\ \ I_\ell = I_P$

V_ℓ은 V_P보다 위상이 30°만큼 앞선다.

(2) △ 결선

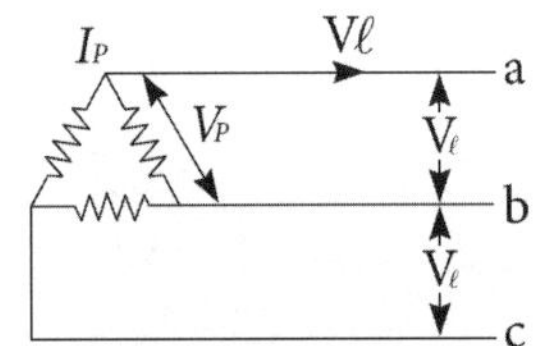

$V_\ell = V_P\ ,\ \ I_\ell = \sqrt{3}\ I_P$

I_ℓ은 I_P 보다 위상이 30°만큼 뒤진다.

(3) 전력

$$P = 3V_P I_P \cdot \cos\theta = \sqrt{3}\ V_\ell I_\ell \cdot \cos\theta$$

$$= 3I_P^2 R = 3 \cdot \frac{V_P^2}{R} = P_a \cos\theta [W]$$

$$P_r = 3V_P I_P \cdot \sin\theta = \sqrt{3}\ V_\ell I_\ell \cdot \sin\theta$$

$$= 3I_P^2 X = 3 \cdot \frac{V_P^2}{X} = P_a \sin\theta [var]$$

02 n 상

$$V_\ell = \left(2\sin\frac{\pi}{n}\right) \times V_P\ \ [\text{Y}]$$

$$I_\ell = \left(2\sin\frac{\pi}{n}\right) \times I_P\ \ [\triangle]$$

$$\theta = \frac{\pi}{2} - \frac{\pi}{n} = \frac{\pi}{2}\left(1 - \frac{2}{n}\right)$$

03 임피던스의 변환

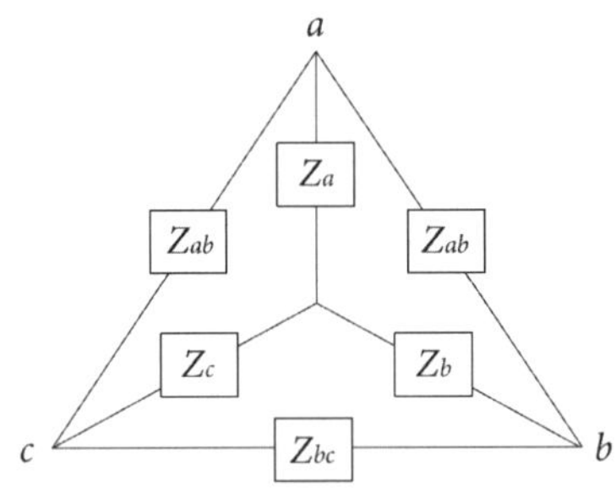

$$\triangle \rightarrow \mathrm{Y} : Z_a = \frac{Z_{ab} \cdot Z_{ca}}{Z_{ab} + Z_{bc} + Z_{ca}}$$

$$Z_b = \frac{Z_{ab} \cdot Z_{bc}}{Z_{ab} + Z_{bc} + Z_{ca}}$$

$$Z_c = \frac{Z_{bc} \cdot Z_{ca}}{Z_{ab} + Z_{bc} + Z_{ca}}$$

※ $\Delta \rightarrow \mathrm{Y}$로 변환

임피던스 : $\frac{1}{3}$배

선전류 : $\frac{1}{3}$배

소비전력 : $\frac{1}{3}$배

Y → △ :

$$Z_{ab} = \frac{Z_a \cdot Z_b + Z_b \cdot Z_c + Z_c \cdot Z_a}{Z_c}$$

$$Z_{bc} = \frac{Z_a \cdot Z_b + Z_b \cdot Z_c + Z_c \cdot Z_a}{Z_a}$$

$$Z_{ca} = \frac{Z_a \cdot Z_b + Z_b \cdot Z_c + Z_c \cdot Z_a}{Z_b}$$

※ $Y \rightarrow \Delta$로 변환

임피던스 : 3배

선전류 : 3배

소비전력 : 3배

04 2전력계법

$$P_1 = VI\cos(30° - \theta)[\mathrm{W}]$$

$$P_2 = VI\cos(30° + \theta)[\mathrm{W}]$$

$$P = P_1 + P_2 = \sqrt{3}\, VI \cdot \cos\theta[\mathrm{W}]$$

$$\cos\theta = \frac{P_1 + P_2}{2\sqrt{P_1^2 + P_2^2 - P_1 \times P_2}}$$

05 V결선

$$P_r = \sqrt{3}\, P_a[\mathrm{KVA}]$$

$$\text{이용률} = \frac{\sqrt{3}\, P_a}{2P_a} = \frac{\sqrt{3}}{2} = 0.866$$

$$\text{출력비} = \frac{\sqrt{3}\, P_a}{3P_a} = \frac{\sqrt{3}}{3} = 0.577$$

✓Check

ex $n = 3\ (3\phi)$ 일 때

$$V\ell = (2sm\frac{\pi}{3}) \times V_P = \sqrt{3}\, V_P$$

- $\theta = \frac{\pi}{2} - \frac{\pi}{3} = \frac{\pi}{6}$
- $P = 3V_P I_P \cdot \cos\theta$
  $= \frac{3}{2 \cdot \sin\frac{\pi}{3}} V_\ell I_\ell \cdot \cos\theta$
  $= 3I_P^2 \cdot R[\mathrm{W}]$

출제예상문제

01

그림과 같이 순저항으로 된 회로에 대칭 3상 전압을 가했을 때 각 선에 흐르는 전류가 같으려면 R의 값 [Ω]은?

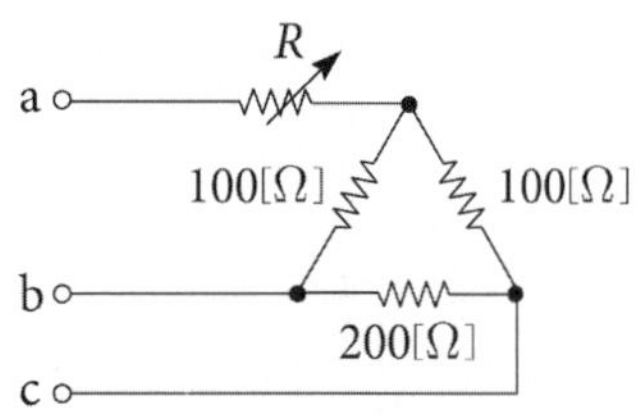

① 20 ② 25 ③ 30 ④ 35

02

R[Ω]인 3개의 저항을 같은 전원에 △ 결선으로 접속시킬 때와 Y 결선으로 접속시킬 때 선전류의 크기비 $\left(\frac{I_\Delta}{I_Y}\right)$는?

① $\frac{1}{3}$ ② $\sqrt{6}$ ③ $\sqrt{3}$ ④ 3

해설

$$\frac{I_\Delta}{I_Y} = \frac{Z_\Delta}{Z_Y} = 3$$

03

△ 결선된 부하를 Y결선으로 바꾸면 소비 전력은 어떻게 되겠는가? (단, 선간전압은 일정하다.)

① 3 배 ② 9 배
③ $\frac{1}{9}$ 배 ④ $\frac{1}{3}$ 배

해설

$\Delta \rightarrow Y$ 변환하면 소비전력은 $\frac{1}{3}$ 배

04

평형 3상 회로에서 임피던스를 Y 결선에서 △ 결선으로 하면 소비전력은 몇 배가 되는가?

① 3 ② $\frac{1}{\sqrt{3}}$
③ $\sqrt{3}$ ④ $\frac{1}{3}$

05

각 상의 임피던스가 $Z = 6 + j8$ [Ω]인 평형 Y 부하에 선간 전압 220[V]인 대칭 3상 전압이 가해졌을 때 선전류는 약 몇 [A]인가?

① 11.7 ② 12.7
③ 13.7 ④ 14.7

해설

$$I_\ell = I_p = \frac{V_p}{Z} = \frac{\frac{220}{\sqrt{3}}}{10} = \frac{22}{\sqrt{3}} = 12.7$$

06

각 상의 임피던스가 $Z = 16 + j12$ [Ω]인 평형 3상 Y 부하에 정현파 상전류 10[A]가 흐를 때, 이 부하의 선간 전압의 크기[V]는?

① 200 ② 600
③ 220 ④ 346

해설

$3\phi(Y)$

$$\left.\begin{array}{l} Z = 16 + j12 = 20 \\ I_p = 10 \end{array}\right) V_p = Z \cdot I_p = 200$$

$$\therefore V_\ell = \sqrt{3}\, V_p = 200\sqrt{3} = 346$$

정답 01 ② 02 ④ 03 ④ 04 ① 05 ② 06 ④

07

전원과 부하가 다같이 △ 결선된 3상 평형 회로가 있다. 전원 전압이 200[V], 부하 임피던스가 $6+j8$ [Ω]인 경우 선전류[A]는?

① 20 ② $\frac{20}{\sqrt{3}}$

③ $20\sqrt{3}$ ④ $10\sqrt{3}$

해설

3ϕ(△ 결선)

$$I_\ell = \sqrt{3}\,I_p = \sqrt{3}\times\frac{V_p}{Z} = \sqrt{3}\times\frac{200}{10} = 20\sqrt{3}$$

08

3상 유도 전동기의 출력이 5[HP], 전압 200[V], 효율 90[%], 역률 85[%]일 때, 이 전동기에 유입되는 선전류는 약 몇 [A]인가?

① 4 ② 6 ③ 8 ④ 14

해설

$$I_\ell = \frac{P}{\sqrt{3}\ V_\ell \cos\theta\,\eta} = \frac{5\times746}{\sqrt{3}\times200\times0.85\times0.9} = 14$$

09

부하 단자 전압이 220[V]인 15[kW]의 3상 평형 부하에 전력을 공급하는 선로 임피던스 $3+j2$ [Ω]일 때, 부하가 뒤진 역률 80[%]이면 선전류[A]는?

① 약 $26.2-j19.7$ ② 약 $39.36-j52.48$

③ 약 $39.37-j29.53$ ④ 약 $19.7+j26.4$

해설

3ϕ

$V=220$

$P=15$ [kW]

$Z=3+j2$

$\cos\theta=0.8$

$\therefore P=\sqrt{3}\,VI\cos\theta$

$$I=\frac{15\times10^3}{\sqrt{3}\times220\times0.8}=49.2\,[\text{A}]$$

$\dot{I}=I(\cos\theta-j\sin\theta)=49.2(0.8-j0.6)$

$=39.39-j29.54$

(∵ (−)인 이유 : 뒤진역률이므로)

10

$Z=24+j7$ [Ω]의 임피던스 3개를 그림과 같이 성형으로 접속하여 a, b, c 단자에 200[V]의 대칭 3상 전압을 인가했을 때 흐르는 전류[A]와 전력[W]은?

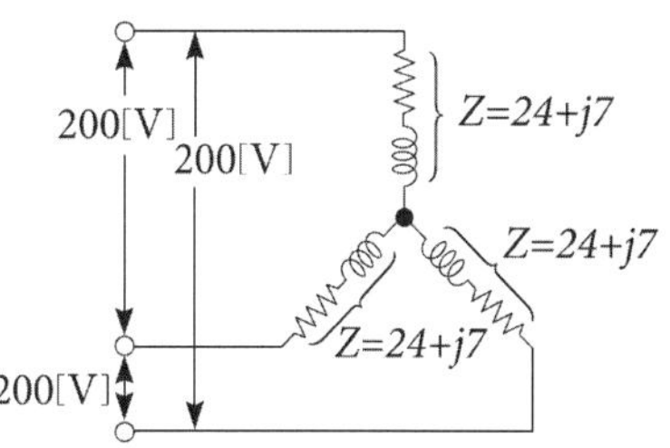

① $I\fallingdotseq4.6,\ P=1{,}536$ ② $I\fallingdotseq6.4,\ P=1{,}636$

③ $I\fallingdotseq5.0,\ P=1{,}500$ ④ $I\fallingdotseq6.4,\ P=1{,}346$

해설

$3\phi(Y)$

$Z=24+j7$

$V_\ell=200$

$I_\ell=I_p=4.61$

$$I_p=\frac{V_p}{Z}=\frac{\frac{200}{\sqrt{3}}}{25}=\frac{8}{\sqrt{3}}=4.61\,[\text{A}]$$

$P=3I_p^2\cdot R=3\times4.61^2\times24=1{,}536$ [W]

11

한 상의 임피던스가 $Z=20+j10$ [Ω]인 Y결선 부하에 대칭 3상 선간 전압 200[V]를 가할 때 유효 전력[W]은?

① 1,600 ② 1,700

③ 1,800 ④ 1,900

정답 07 ③ 08 ④ 09 ③ 10 ① 11 ①

해설

$3\phi(Y)\quad Z = 20 + j10 = \sqrt{20^2 + 10^2} = \sqrt{500}$

$$I_p = \frac{V_p}{Z} = \frac{\frac{200}{\sqrt{3}}}{\sqrt{500}} = \frac{200}{\sqrt{1,500}} = 5.16$$

$\therefore P = 3I_P^2 \cdot R = 3 \times 5.16^2 \times 20 = 1,600[\mathrm{W}]$

12

대칭 n 상에서 선전류와 상전류 사이의 위상차[rad]는?

① $\frac{\pi}{2}\left(1-\frac{2}{n}\right)$　② $2\left(1-\frac{2}{n}\right)$

③ $\frac{n}{2}\left(1-\frac{2}{\pi}\right)$　④ $\frac{\pi}{2}\left(1-\frac{n}{2}\right)$

해설 Chapter 07 – 02

13

다상 교류 회로의 설명 중 잘못된 것은? (단, $n=$ 상수이다.)

① 평형 3상 교류에서 △ 결선의 상전류는 선전류의 $\frac{1}{\sqrt{3}}$과 같다.

② n 상 전력 $P = \frac{1}{2\sin\frac{\pi}{n}} V_l I_l \cos\theta$ 이다.

③ 성형 결선에서 선간 전압과 상전압과의 위상차는 $\frac{\pi}{2}\left(1-\frac{2}{n}\right)$ [rad]이다.

④ 비대칭 다상 교류가 만드는 회전 자계는 타원 회전 자계이다.

해설 Chapter 07 – 02

14

대칭 6상식의 성형 결선의 전원이 있다. 상전압이 100[V]이면 선간 전압[V]이면 선간 전압[V]은 얼마인가?

① 600　② 300　③ 220　④ 100

해설 Chapter 07 – 02

$V_\ell = 2\sin\frac{\pi}{n} V_p$

$\therefore n = 6$ 이므로 $V_\ell = V_p = 100[\mathrm{V}]$

15

대칭 5상 기전력의 선간 전압과 상전압의 위상차는 얼마인가?

① 27°　② 36°　③ 54°　④ 72°

해설 Chapter 07 – 02

$n = 5$

$\theta = \frac{\pi}{2}\left(1-\frac{2}{5}\right) = \frac{3}{10}\pi = 54^\circ$

16

대칭 3상 전압을 그림과 같은 평형 부하에 인가할 때 부하의 역률은 얼마인가?

(단, R = 9[Ω], $\frac{1}{\omega C}$ = 4[Ω]이다.)

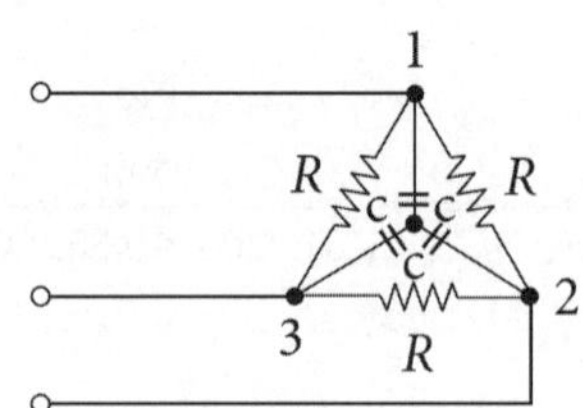

① 1　② 0.96　③ 0.8　④ 0.6

해설

$[R-C$ 병렬$]\ R = 3,\ X_c = 4$

$\therefore \cos\theta = \frac{X_c}{X} = \frac{4}{5} = 0.8$

17

2전력계법을 써서 3상 전력을 측정하였더니 각 전력계가 + 500[W], + 300[W]를 지시하였다. 전전력[W]은?

① 800　② 200　③ 500　④ 300

정답 12 ① 13 ② 14 ④ 15 ③ 16 ③ 17 ①

해설

$P = |W_1| + |W_2| = 500 + 300 = 800$

18

두 개의 전력계를 사용하여 평형 부하의 역률을 측정하려고 한다. 전력계의 지시가 각각 P_1, P_2라 할 때 이 회로의 역률은?

① $\dfrac{\sqrt{P_1 + P_2}}{P_1 + P_2}$ ② $\dfrac{P_1 + P_2}{P_1^2 + P_2^2 - 2P_1P_2}$

③ $\dfrac{P_1 + P_2}{2\sqrt{P_1^2 + P_2^2 - P_1P_2}}$ ④ $\dfrac{2P_1P_2}{\sqrt{P_1^2 + P_2^2 - P_1P_2}}$

19

대칭 3상 전압을 공급한 3상 유도 전동기에서 각 계기의 지시는 다음과 같다. 유도 전동기의 역률은? (단, $W_1 = 2.36$ [kW], $W_2 = 5.95$ [kW], $V = 200$ [V], $A = 30$ [A]이다.)

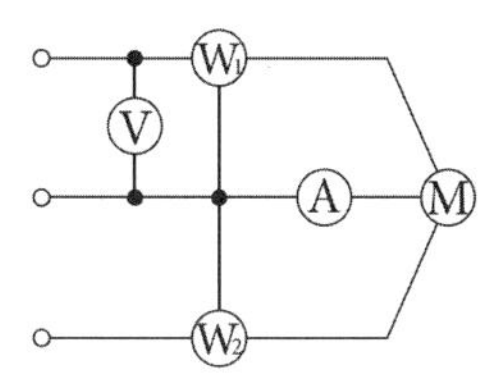

① 0.60 ② 0.80 ③ 0.65 ④ 0.86

해설

$$\cos\theta = \frac{W_1 + W_2}{\sqrt{3}\ VI} = 0.799$$

20

3상 전력을 측정하는 데 두 전력계 중에서 하나가 0이었다. 이때의 역률은 어떻게 되는가?

① 0.5 ② 0.8 ③ 0.6 ④ 0.4

해설

$\cos\theta = \dfrac{P_1 + P_2}{2\sqrt{{P_1}^2 + {P_2}^2 - P_1P_2}}$ 에서

$P_1 = P$, $P_2 = 0$ 이면

$\cos\theta = \dfrac{P}{2P} = \dfrac{1}{2} = 0.5$

21

단상 전력계 2개로 3상 전력을 측정하고자 한다. 전력계의 지시가 각각 200[W], 100[W]를 가리켰다고 한다. 부하의 역률은 약 몇 [%]인가?

① 94.8 ② 86.6 ③ 50.0 ④ 31.6

해설

한 전력계가 다른 전력계의 2배인 경우 역률은 0.866

22

10[kVA]의 변압기 2대로 공급할 수 있는 최대 3상 전력[kVA]은?

① 20 ② 17.3 ③ 14.1 ④ 10

해설

$P_v = \sqrt{3}P_\triangle$ 이므로 $P = \sqrt{3} \times 10 = 17.3$

23

단상 변압기 3대를 △ 결선하여 부하에 전력을 공급하고 있다. 변압기 1대의 고장으로 V 결선으로 한 경우 공급할 수 있는 전력과 고장 전 전력과의 비율[%]은?

① 57.7 ② 66.7 ③ 75.0 ④ 86.6

24

V 결선 변압기 이용률[%]은?

① 57.7 ② 86.6 ③ 80 ④ 100

정답 18 ③ 19 ② 20 ① 21 ② 22 ② 23 ① 24 ②

대칭좌표법

01 비대칭 전류에 의한 대칭분 전류

- 영상 전류 $I_0 = \frac{1}{3}(I_a + I_b + I_c)$
- 정상 전류

$$I_1 = \frac{1}{3}(I_a + aI_b + a^2 I_c)$$

$$= \frac{1}{3}(I_a + I_b \angle 120° + I_c \angle -120°)$$

- 역상 전류

$$I_2 = \frac{1}{3}(I_a + a^2 I_b + aI_c)$$

$$= \frac{1}{3}(I_a + I_b \angle -120° + I_c \angle 120°)$$

02 대칭분 전류에 의한 비대칭 전류

◎ $I_a = I_0 + I_1 + I_2$

$I_b = I_0 + a^2 I_1 + aI_2$

$I_c = I_0 + aI_1 + a^2 I_2$

03 발전기 기본식

◎ $V_0 = \quad -Z_0 I_0$

$V_1 = E_a - Z_1 I_1$

$V_2 = \quad -Z_2 I_2$

04 불평형률

$$= \frac{\text{역상분}}{\text{정상분}} \times 100$$

$$= \frac{I_2}{I_1} \times 100$$

$$= \frac{\frac{1}{3}(I_a + a^2 I_b + aI_c)}{\frac{1}{3}(I_a + aI_b + a^2 I_c)} \times 100$$

Chapter 08 출제예상문제

01

대칭 좌표법에 관한 설명 중 잘못된 것은?

① 불평형 3상 회로 비접지식 회로에서는 영상분이 존재한다.
② 대칭 3상 전압에서 영상분은 0이 된다.
③ 대칭 3상 전압은 정상분만 존재한다.
④ 불평형 3상 회로의 접지식 회로에서는 영상분이 존재한다.

02

상순이 a, b, c 인 불평형 3상 전류 I_a, I_b, I_c 의 대칭분을 I_0, I_1, I_2 라 하면 이때 대칭분과의 관계식 중 옳지 못한 것은?

① $\frac{1}{3}(I_a + I_b + I_c)$
② $\frac{1}{3}(I_a + I_b\angle 120° + I_c\angle -120°)$
③ $\frac{1}{3}(I_a + I_b\angle -120° + I_c\angle 120°)$
④ $\frac{1}{3}(-I_a - I_b - I_c)$

해설 Chapter 08 – 01

03

3상 비대칭 전압을 V_a, V_b, V_c 라고 할 때 영상 전압 V_0 는?

① $\frac{1}{3}(V_a + aV_b + a^2V_c)$ ② $\frac{1}{3}(V_a + a^2V_b + aV_c)$
③ $\frac{1}{3}(V_a + V_b + V_c)$ ④ $\frac{1}{3}(V_a + a^2V_b + V_c)$

해설 Chapter 08 – 01

04

대칭 좌표법을 이용하여 3상 회로의 각 상전압을 다음과 같이 쓴다.

$$V_a = V_{a0} + V_{a1} + V_{a2}$$
$$V_b = V_{a0} + V_{a1}\angle -120° + V_{a2}\angle +120°$$
$$V_c = V_{a0} + V_{a1}\angle +120° + V_{a2}\angle -120°$$

이와 같이 표시될 때 정상분 전압 V_{a1} 을 옳게 계산한 것은? 상순은 a, b, c 이다.

① $\frac{1}{3}(V_a + V_b + V_c)$
② $\frac{1}{3}(V_a + V_b\angle 120° + V_c\angle -120°)$
③ $\frac{1}{3}(V_a + V_b\angle -120° + V_c\angle 120°)$
④ $\frac{1}{3}(V_a\angle 120° + V_b + V_c\angle 120°)$

해설 Chapter 08 – 01

05

V_a, V_b, V_c 가 3상 전압일 때 역상 전압은?
(단, $a = e^{j\frac{2}{3}\pi}$ 이다.)

① $\frac{1}{3}(V_a + aV_b + a^2V_c)$
② $\frac{1}{3}(V_a + a^2V_b + aV_c)$
③ $\frac{1}{3}(V_a + V_b + V_c)$
④ $\frac{1}{3}(V_a + a^2V_b + V_c)$

해설 Chapter 08 – 01

정답 01 ① 02 ④ 03 ③ 04 ② 05 ②

06

불평형 3상 전류 $I_a = 15 + j2$[A], $I_b = -20 - j14$[A], $I_c = -3 + j10$[A]일 때의 영상 전류 I_0는?

① $2.67 + j0.36$　② $-2.67 - j0.67$
③ $15.7 - j3.25$　④ $1.91 + j6.24$

해설 Chapter 08 - 01

$I_0 = \frac{1}{3}(I_a + I_b + I_c) = -2.67 - j0.67$

07

각 상의 전류가 $i_a = 30\sin\omega t$[A], $i_b = 30\sin(\omega t - 90^\circ)$[A], $i_c = 30\sin(\omega t + 90^\circ)$[A]일 때 영상 전류[A]는?

① $10\sin\omega t$
② $10\sin\frac{\omega t}{3}$
③ $\frac{30}{\sqrt{3}}\sin(\omega t + 45^\circ)$
④ $30\sin\omega t$

해설 Chapter 08 - 01

$I_0 = \frac{1}{3}(I_a + I_b + I_c)$

$= \frac{1}{3}(30\angle 0^\circ + 30\angle -90^\circ + 30\angle 90^\circ)$

$= 10\angle 0^\circ$

$\therefore\ I_0 = 10\sin\omega t$

08

불평형 전류 $I_a = 400 - j650$[A], $I_b = -230 - j700$[A], $I_c = -150 + j600$[A]일 때 정상분 I_1[A]은?

① $6.66 - j250$
② $-179 - j177$
③ $572 - j223$
④ $223 - j572$

해설 Chapter 08 - 01

09

대칭 3상 전압 V_a, V_b, V_c를 a상을 기준으로 한 대칭분은?

① $V_0 = 0$, $V_1 = V_a$, $V_2 = aV_a$
② $V_0 = V_a$, $V_1 = V_a$, $V_2 = V_a$
③ $V_0 = 0$, $V_1 = 0$, $V_2 = a^2V_a$
④ $V_0 = 0$, $V_1 = V_a$, $V_2 = 0$

10

대칭 좌표법에서 불평형률을 나타내는 것은?

① $\frac{영상분}{정상분} \times 100$　② $\frac{정상분}{역상분} \times 100$
③ $\frac{정상분}{영상분} \times 100$　④ $\frac{역상분}{정상분} \times 100$

11

어느 3상 회로의 선간 전압을 측정하였더니 120[V], 100[V] 및 100[V]이었다. 이때 역상 전압 V_2의 값은 약 몇 [V]인가?

① 9.8　② 13.8　③ 96.2　④ 106.2

12

전류의 대칭분을 I_0, I_1, I_2 유기 기전력 및 단자 전압의 대칭분을 E_a, E_b, E_c 및 V_0, V_1, V_2라 할 때 교류 발전기의 기본식 중 정상분 V_1 값은?

① $-Z_0I_0$　② $-Z_2I_2$
③ $E_a - Z_1I_1$　④ $E_b - Z_2I_2$

해설 Chapter 08 - 03

$V_0 = -Z_0I_0$

$V_1 = E_a - Z_1I_1$

$V_2 = -Z_2I_2$

정답 06 ② 07 ① 08 ③ 09 ④ 10 ④ 11 ② 12 ③

13

그림과 같이 중성점을 접지한 3상 교류 발전기의 a상이 지락되었을 때의 조건으로 맞는 것은?

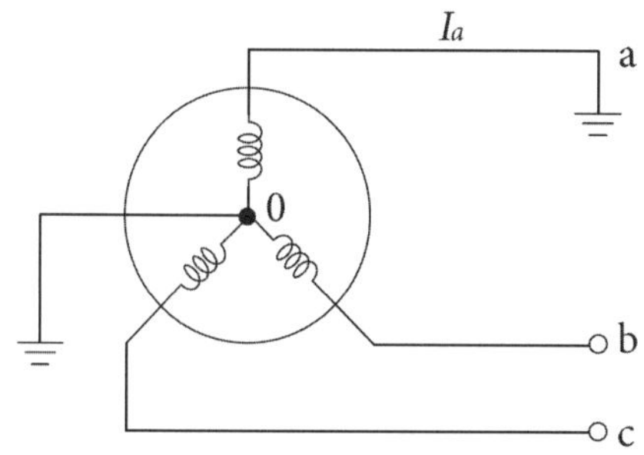

① $I_0 = I_1 = I_2$

② $V_0 = V_1 = V_2$

③ $I_1 = -I_2,\ I_0 = 0$

④ $V_1 = -V_2,\ V_0 = 0$

해설

a 선 지락이므로 $I_b = I_c = 0$이다.

$$I_0 = \frac{1}{3}(I_a + I_b + I_c)$$

$$I_1 = \frac{1}{3}(I_a + aI_b + a^2 I_c)$$

$$I_2 = \frac{1}{3}(I_a + a^2 I_b + aI_c)$$

$$\therefore\ I_0 = I_1 = I_2 = \frac{1}{3}I_a$$

14

그림과 같은 평형 3상 교류 발전기의 b, c 선이 직접 단락되었을 때의 단락 전류 I_b 의 값은? (단, Z_0 는 영상 임피던스, Z_1 은 정상 임피던스, Z_2 는 역상 임피던스이다.)

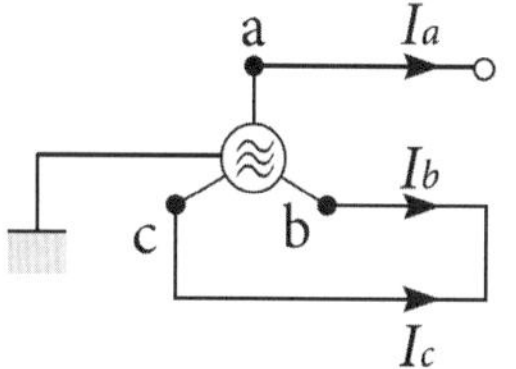

① $\dfrac{(a^2-a)E_a}{Z_1+Z_2}$ ② $\dfrac{3E_a}{Z_0+Z_1+Z_2}$

③ $\dfrac{3E_a}{Z_0+Z_1+Z_2+Z_0Z_2}$ ④ $\dfrac{aE_a}{Z_1+Z_2}$

해설

아래의 조건은

$V_b = V_c$, $I_a = 0$, $I_b = -I_c$

대칭분으로 표시하면

$$V_0 + a^2 V_1 + aV_2 = V_0 + aV_1 + a^2 V_2$$

$$I_0 = \frac{1}{3}(I_a + I_b + I_c) = 0$$

$$I_0 + a^2 I_1 + aI_2 = -(I_0 + aI_1 + a^2 I_2) \quad ,\ (\therefore\ I_1 = -I_2)$$

발전기 기본식에 대입하면

$$E_a - Z_1 I_1 = -Z_2 I_2 = Z_2 I_1$$

$$\therefore\ I_1 = \frac{E_a}{Z_1+Z_2}\ ,\ I_2 = -I_1\ ,\ I_0 = 0$$

$$\therefore\ I_b = I_0 + a^2 I_1 + aI_2 = \frac{(a^2-a)E_a}{Z_1+Z_2}$$

정답 13 ① 14 ①

비정현파 교류

01 푸리에 급수에 의한 전개

$$f(t) = a_0 + \sum_{n=1}^{\infty} a_n \cos n\,\omega t \quad + \sum_{n=1}^{\infty} b_n \sin n\,\omega t$$

02 비정현파의 대칭

(1) 여현대칭(우함수)

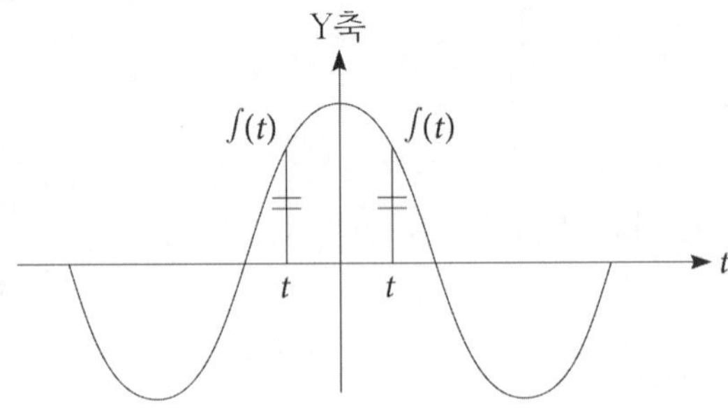

㉠ $f(t) = f(-t)$ (y 축 대칭)

㉡ $b_n = 0$

$$f(t) = a_0 + \sum_{n=1}^{\infty} a_n \cos n\,\omega t$$

(2) 정현대칭(기함수)

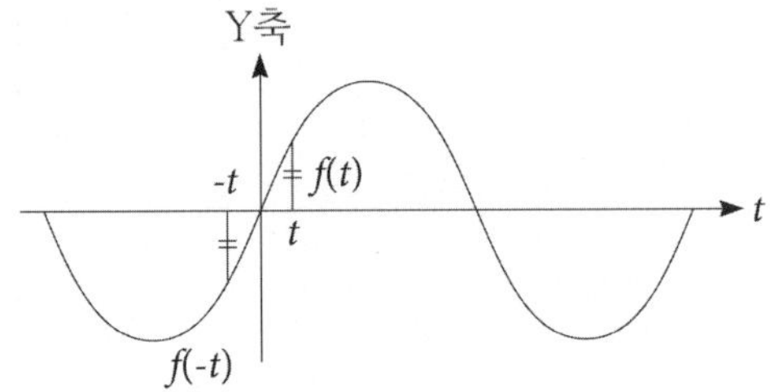

① $f(t) = -f(-t)$ (원점 대칭)

② $a_0 = 0 \quad a_n = 0$

$$f(t) = \sum_{n=1}^{\infty} b_n \sin n\,\omega t$$

(3) 반파 대칭

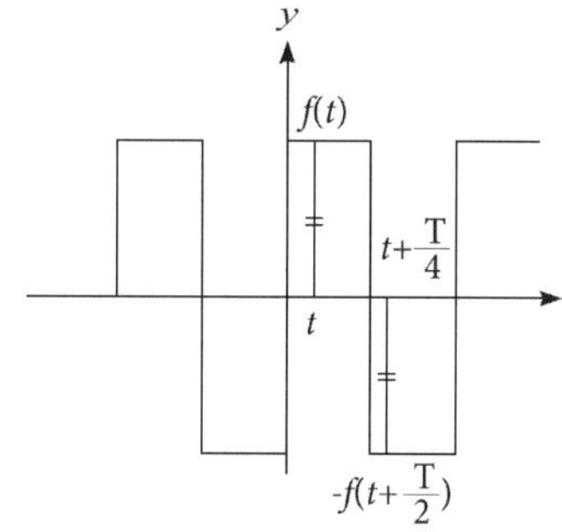

① $f(t) = -f\left(t + \frac{T}{2}\right)$

② $a_0 = 0$

$f(t) = \sum_{n=1}^{\infty} a_n \cos n\,\omega t + \sum_{n=1}^{\infty} b_n \sin n\,\omega t$

($n=$ 1, 3, 5 …… 홀수항 = 기수항)

03 비정현파의 실효값과 전력

$V = \sqrt{2}\,V_1 \sin\omega t + \sqrt{2}\,V_2 \sin 2\omega t + \ldots$

$i = \sqrt{2}\,I_1 \sin(\omega t + \theta_1) + \sqrt{2}\,I_2 \sin(2\omega t + \theta_2) + \ldots$

$V = \sqrt{V_1^2 + V_2^2 + \ldots}$,

$I = \sqrt{I_1^2 + I_2^2 + \ldots}$

$P = V_1 I_1 \cos\theta_1 + V_2 I_2 \cos\theta_2 + \ldots$

$\cos\theta = \frac{P}{P_a} = \frac{P}{V \cdot I}$

$= \frac{V_1 I_1 \cos\theta_1 + V_2 I_2 \cos\theta_2 + \ldots}{\sqrt{V_1^2 + V_2^2 + \ldots} \times \sqrt{I_1^2 + I_2^2 + \ldots}}$

◎ 왜형률

$D = \frac{\text{전고조파의 실효값}}{\text{기본파의 실효값}} = \frac{\sqrt{I_2^2 + I_3^2 + \ldots}}{I_1}$

04 비정현파의 임피던스 계산

$R-L$ 직렬 회로 $R-C$ 직렬 회로

$Z_1 = R + j\,\omega L$ $\quad Z_1 = R - j\frac{1}{\omega C}$

$Z_2 = R + j2\,\omega L$ $\quad Z_2 = R - j\frac{1}{2\omega C}$

$Z_3 = R + j\,3\omega L$ $\quad Z_3 = R - j\frac{1}{3\omega C}$

⋮ ⋮

ex $R-L$ 직렬회로에서 제3고조파 전류의 실효값

$I_3 = \frac{V_3}{Z_3} = \frac{V_3}{\sqrt{R^2 + (3\omega L)^2}}$

제 4 과목 ✦ 회로이론

출제예상문제

01

비정현파를 여러 개의 정현파 합으로 표시하는 방법은?

① 키르히호프의 법칙
② 노튼의 정리
③ 푸리에 분석
④ 테일러 분석

해설 Chapter 09 – 01

02

비정현파의 푸리에 급수에 의한 전개에서 옳게 전개한 $f(t)$는?

① $\sum_{n=1}^{\infty} a_n \sin n\omega t + \sum_{n=1}^{\infty} b_n \sin n\omega t$

② $\sum_{n=1}^{\infty} a_n \sin n\omega t + \sum_{n=1}^{\infty} b_n \cos n\omega t$

③ $a_0 + \sum_{n=1}^{\infty} a_n \cos n\omega t + \sum_{n=1}^{\infty} b_n \sin n\omega t$

④ $\sum_{n=1}^{\infty} a_n \cos n\omega t + \sum_{n=1}^{\infty} b_n \cos n\omega t$

해설 Chapter 09 – 01

03

비정현파를 나타내는 식은?

① 기본파 + 고조파 + 직류분
② 기본파 + 직류분 – 고조파
③ 직류분 + 고조파 – 기본파
④ 교류분 + 기본파 + 고조파

해설 Chapter 09 – 01

04

주기적인 구형파의 신호는 그 주파수 성분이 어떻게 되는가?

① 무수히 많은 주파수의 성분을 가진다.
② 주파수 성분을 갖지 않는다.
③ 직류분만으로 구성된다.
④ 교류 합성을 갖지 않는다.

해설 Chapter 09 – 01

05

ωt 가 0에서 π 까지 $i = 10$ [A], π 에서 2π 까지는 $i = 0$ [A]인 파형을 푸리에 급수로 전개하면 a_0 는?

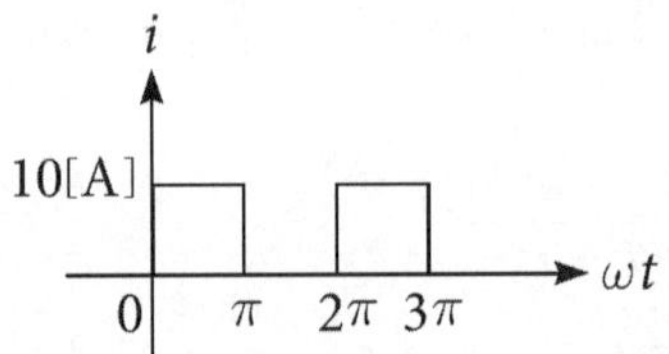

① 14.14　　② 10
③ 7.05　　④ 5

해설

구형반파이므로 a_0 (직류분 = 평균값) $= \frac{I_m}{2} = \frac{10}{2} = 5$

06

왜형률이란 무엇인가?

① $\frac{\text{전고조파의 실효값}}{\text{기본파의 실효값}}$　　② $\frac{\text{전고조파의 평균값}}{\text{기본파의 평균값}}$

③ $\frac{\text{제3고조파의 실효값}}{\text{기본파의 실효값}}$　　④ $\frac{\text{우수 고조파의 실효값}}{\text{기수 고조파의 실효값}}$

해설 Chapter 09 – 03

정답 01 ③ 02 ③ 03 ① 04 ① 05 ④ 06 ①

07

비정현파의 실효값은?

① 최대파의 실효값
② 각 고조파 실효값의 합
③ 각 고조파 실효값의 합의 제곱근
④ 각 고조파 실효값의 제곱의 합의 제곱근

해설 Chapter 09 – 03

$V = \sqrt{V_1^2 + V_2^2 + V_3^2 + \dots}$

08

비정현파의 전압이 $v = \sqrt{2} \cdot 100\sin\omega t + \sqrt{2} \cdot 50\sin 2\omega t + \sqrt{2} \cdot 30\sin 3\omega t$ **[V]일 때 실효치는 약 몇 [V]인가?**

① 13.4 ② 38.6 ③ 115.7 ④ 180.3

해설 Chapter 09 – 03

$V = \sqrt{V_1^2 + V_2^2 + V_3^2} = \sqrt{10^2 + 60^2 + 30^2}$
$= 115.7[\text{V}]$

09

전류 $i = 30\sin\omega t + 40\sin(3\omega t + 45^\circ)$ **[A]의 실효값[A]은?**

① 25 ② $25\sqrt{2}$
③ $35\sqrt{2}$ ④ 50

해설 Chapter 09 – 03

$I = \sqrt{\left(\frac{30}{\sqrt{2}}\right)^2 + \left(\frac{40}{\sqrt{2}}\right)^2} = \frac{50}{\sqrt{2}} = 25\sqrt{2}$

10

비정현파 전압 $v = 100\sqrt{2}\sin\omega t + 50\sqrt{2}\, sin 2\omega t + 30\sqrt{2}\sin 3\omega t$ **의 왜형률은?**

① 1.0 ② 0.8 ③ 0.5 ④ 0.3

해설 Chapter 09 – 03

$D = \frac{\sqrt{50^2 + 30^2}}{100} = 0.58$

11

기본파의 40[%]인 제3 고조파와 20[%]인 제5 고조파를 포함하는 전압파의 왜형률은?

① $\frac{1}{\sqrt{2}}$ ② $\frac{1}{\sqrt{3}}$
③ $\frac{2}{\sqrt{3}}$ ④ $\frac{1}{\sqrt{5}}$

해설 Chapter 09 – 03

$D = \frac{\sqrt{0.4^2 + 0.2^2}}{1} = 0.447 = \frac{1}{\sqrt{5}}$

12

어떤 회로가 단자전압과 전류가
$v = 100\sin\omega t + 70\sin 2\omega t + 50\sin(3\omega t - 30^\circ)$
$i = 20\sin(\omega t - 60^\circ) + 10\sin(3\omega t + 45^\circ)$ **일 때, 회로에 공급되는 평균전력은 얼마인가?**

① 565[W] ② 525[W]
③ 495[W] ④ 465[W]

해설 Chapter 09 – 03

$P = \frac{100 \times 20}{2}\cos 60^\circ + \frac{50 \times 10}{2}\cos 75^\circ$
$= 564.7[\text{W}]$

13

다음과 같은 왜형파 전압 및 전류에 의한 전력[W]은?

$$v = 100\sin\omega t + 50\sin(3\omega t + 60^\circ)$$
$$i = 20\cos(\omega t - 30^\circ) + 10\cos(3\omega t - 30^\circ)$$

① 750 ② 1,000
③ 1,299 ④ 1,732

정답 07 ④ 08 ③ 09 ② 10 ③ 11 ④ 12 ① 13 ①

해설 Chapter 09 - 03

$P = \frac{100 \times 20}{2}\cos 60^\circ + \frac{50 \times 10}{2}\cos 0^\circ$

$= 500 + 250 = 750\,[W]$

14

그림과 같은 파형의 교류 전압 v 와 전류 i 간의 등가 역률은? (단, $v = V_m \sin \omega t$,

$i = I_m\left(\sin \omega t - \frac{1}{\sqrt{3}}\sin 3\omega t\right)$ 이다.)

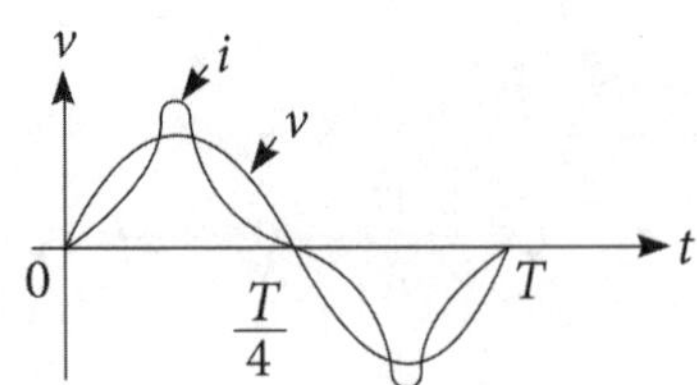

① $\frac{\sqrt{3}}{2}$　② $\frac{1}{2}$

③ 0.8　④ 0.9

해설 Chapter 09 - 03

유효 전력 $P = \frac{V_m I_m}{2}$ 이므로

$V = \frac{V_m}{\sqrt{2}}$, $I = \frac{I_m}{\sqrt{2}}\sqrt{1 + \left(\frac{1}{\sqrt{3}}\right)^2}$ 을 대입하면

$\cos\theta = \frac{P}{VI} = \dfrac{\frac{V_m I_m}{2}}{\frac{V_m}{\sqrt{2}} \cdot \frac{\sqrt{2}\, I_m}{\sqrt{3}}} = \frac{\sqrt{3}}{2}$

15

$R-L$ 직렬 회로에 $v = 10 + 100\sqrt{2}\sin\omega t + 100\sqrt{2}\sin(3\omega t + 60^\circ) + 100\sqrt{2}\sin(5\omega t + 30^\circ)$ [V]인 전압을 인가할 때 제3 고조파 전류의 실효값 [V]은? (단, $R = 8\,[\Omega]$, $\omega L = 2\,[\Omega]$ 이다.)

① 10　② 5

③ 3　④ 1

해설

$I_3 = \frac{V_3}{Z_3} = \frac{V_3}{R + j3\omega L} = \frac{100}{8 + j3 \times 2} = 10[A]$

16

전류가 1[H]의 인덕터를 흐르고 있을 때 인덕터에 축적되는 에너지 [J]는?
(단, $i = 5 + 10\sqrt{2}\sin 100t + 5\sqrt{2}\sin 200t$ [A] 이다.)

① 150　② 100

③ 75　④ 50

해설

$L = 1$

$i = 5 + 10\sqrt{2}\sin 100t + 5\sqrt{2}\sin 200t$

$W = \frac{1}{2}LI^2 = \frac{1}{2} \times 1 \times 150 = 75[J]$

$(\because I = \sqrt{5^2 + 10^2 + 5^2})$

17

5[Ω]의 저항에 흐르는 전류가 $i = 5 + 14.14\sin 100t + 7.07\sin 200t$ [A]일 때 저항에서 소비되는 평균 전력[W]은?

① 150　② 250

③ 625　④ 750

해설

$I = \sqrt{5^2 + 10^2 + 5^2}$

$P = I^2 \cdot R = 150 \times 5 = 750\,[W]$

정답 14 ① 15 ① 16 ③ 17 ④

2단자 회로망

01 영점과 극점

$$Z(s) = \frac{(S+1)(S+2)}{(S+3)(S+4)} = \frac{\text{영점}}{\text{극점}}$$

$(S+1)(S+2) = 0$

$S = -1 \quad S = -2$ (단락상태)

$(S+3)(S+4) = 0$

$S = -3 \quad S = -4$ (개방상태)

02 역회로

구동점 임피던스 Z_1, Z_2인 2개의 2단자 회로망이 있을 때 $Z_1 \cdot Z_2 = k^2$의 관계가 있을 때 k에 관한 역회로라 한다.

저　　항(R) ↔ 콘덕턴스(G)
인덕턴스(L) ↔ 정전용량(C)
직렬연결　　↔ 병렬연결

$$Z_1 \cdot Z_2 = k^2$$

$$j\omega L \cdot \frac{1}{j\omega C} = k^2$$

$$\therefore K^2 = \frac{L}{C}$$

$$K = \sqrt{\frac{L}{C}}$$

03 정저항 회로

2단자 회로망의 구동점 임피던스가 주파수와 관계없이 일정한 저항값으로만 표시되는 회로

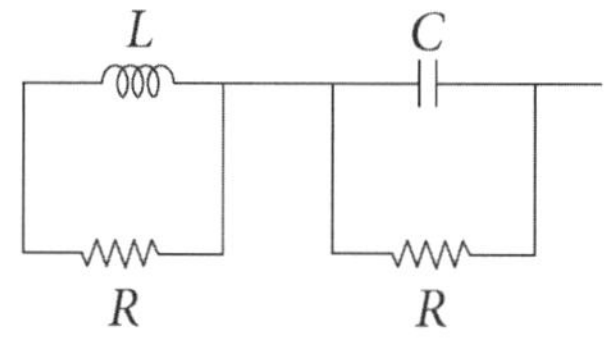

$$Z_1 \cdot Z_2 = R^2$$

$$j\omega L \cdot \frac{1}{j\omega C} = R^2$$

$$\therefore \frac{L}{C} = R^2$$

출제예상문제

01

그림과 같은 회로의 구동점 임피던스[Ω]는?

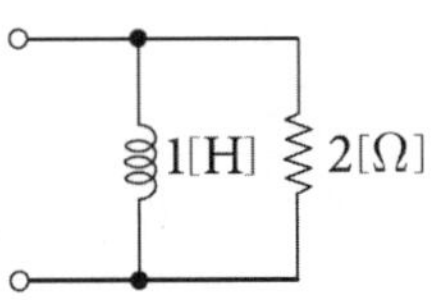

① $2+j\omega$
② $\dfrac{2\omega^2+j4\omega}{3}$
③ $\dfrac{\omega^2+j8\omega}{4+\omega^2}$
④ $\dfrac{2\omega^2+j4\omega}{4+\omega^2}$

해설

$$Z(s)=\frac{2\cdot S}{2+S}=\frac{2j\omega}{2+j\omega}\cdot\frac{(2-j\omega)}{(2-j\omega)}$$
$$=\frac{2\omega^2+j4\omega}{4+\omega^2}$$

02

그림과 같은 2단자망의 구동점 임피던스[Ω]는? (단, $s=j\omega$ 이다.)

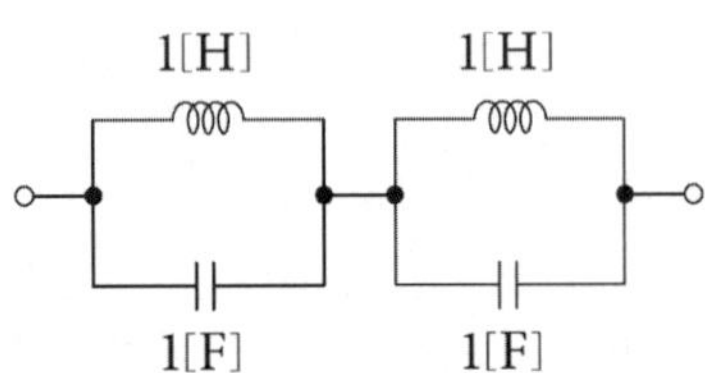

① $\dfrac{S}{S^2+1}$
② $\dfrac{1}{S^2+1}$
③ $\dfrac{2S}{S^2+1}$
④ $\dfrac{3S}{S^2+1}$

해설

$$Z(s)=\frac{S\times\dfrac{1}{S}}{S+\dfrac{1}{S}}\times 2=\frac{2}{\dfrac{S^2+1}{S}}=\frac{2S}{S^2+1}$$

03

임피던스 함수가 $Z(s)=\dfrac{4S+2}{S}$로 표시되는 2단자 회로망은 다음 중 어느 것인가?

① 4 1/2 (저항 – 커패시터)

② 4 2 (저항 – 커패시터)

③ 4 1/2 (저항 – 인덕터)

④ 4 2 (저항 – 인덕터)

해설

$$Z(s)=\frac{4S+2}{S}=\frac{4S}{S}+\frac{2}{S}=4+\frac{2}{S}$$

$\therefore\ R=4,\ C=\dfrac{1}{2}$

04

임피던스 $Z(s)$ 가 $Z(s)=\dfrac{S+30}{S^2+2RLS+1}$[Ω]으로 주어지는 2단자 회로에 직류 전류원 30[A]를 가할 때, 이 회로의 단자 전압[V]은? (단, $S=j\omega$ 이다.)

① 30
② 90
③ 300
④ 900

해설

직류 회로 : $S=0$

$\therefore\ Z(s)=\dfrac{30}{1}=30,\ I=30$[A]

$\therefore\ V=900$[V]

정답 01 ④ 02 ③ 03 ① 04 ④

05

임피던스 $Z(s)$ 가 $\dfrac{S+50}{S^2+3S+2}$ [Ω]으로 주어지는 2단자 회로에 직류 전원 100[V]를 인가할 때 회로의 전류[A]는?

① 4 ② 6 ③ 8 ④ 10

해설

직류 회로 : $S=0$

$\therefore\ Z(s)=\dfrac{50}{2}=25,\ I=100\,[\mathrm{A}]$

$\therefore\ I=\dfrac{V}{Z}=4\,[\mathrm{A}]$

06

2단자 임피던스 함수 $Z(s)$ 가 $Z(s)=\dfrac{(S+2)(S+3)}{(S+4)(S+5)}$ 일 때 극은?

① −2, −3 ② −3, −4
③ −1, −2, −3 ④ −4, −5

해설 Chapter 10 − 01

극점은 분모가 0 이 되는 조건

$\therefore\ S=-4,-5$

07

그림과 같은 유한 영역에서 극, 영점 분포를 가진 2단자 회로망의 구동점 임피던스는?

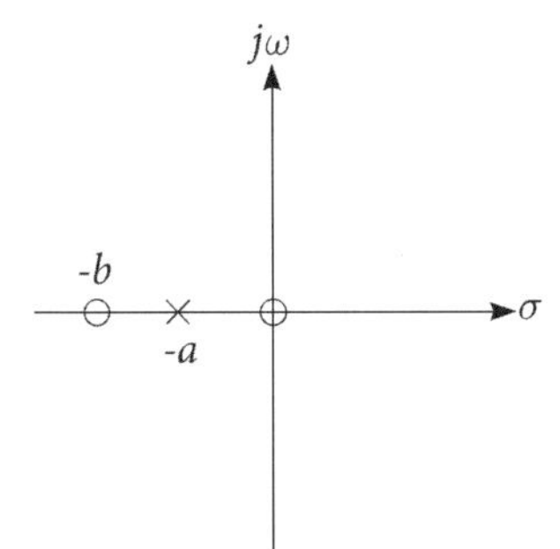

① $\dfrac{HS(S+b)}{(S+a)}$

② $\dfrac{H(S+a)}{S(S+b)}$

③ $\dfrac{S(S+b)}{H(S+a)}$

④ $\dfrac{S+a}{HS(S+b)}$

해설 Chapter 10 − 01

영점 $0,-b$

극점 $-a$

08

구동점 임피던스에 있어서 영점(zero)은?

① 전류가 흐르지 않는 경우이다.
② 회로를 개방한 것과 같다.
③ 회로를 단락한 것과 같다.
④ 전압이 가장 큰 상태이다.

해설 Chapter 10 − 01

09

구동점 임피던스에 있어서 극점(pole)은?

① 전류가 많이 흐르는 상태를 의미한다.
② 단락 회로 상태를 의미한다.
③ 개방 회로 상태를 의미한다.
④ 아무 상태도 아니다.

해설 Chapter 10 − 01

정답 05 ① 06 ④ 07 ① 08 ③ 09 ③

10

그림과 같은 회로가 정저항 회로가 되기 위해서 C [μF]는? (단, $R=100$ [Ω], $L=10$ [mH]이다.)

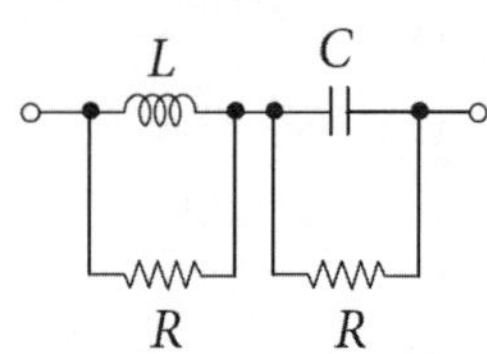

① 1 ② 10
③ 100 ④ 1,000

해설 Chapter 10 – 03

정저항 회로

$R^2=\frac{L}{C}$

$\therefore\ C=\frac{L}{R^2}=\frac{10\times10^{-3}\times10^6}{10^4}$ [μF] $=1$

11

다음 회로가 정저항 회로로 되기 위한 R 의 값은?

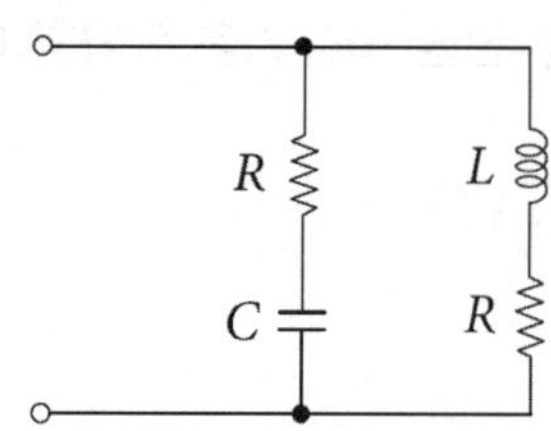

① $\frac{1}{\sqrt{LC}}$ ② $\sqrt{LC}$

③ $\sqrt{\frac{L}{C}}$ ④ $\sqrt{\frac{C}{L}}$

해설 Chapter 10 – 03

정저항 회로 $R=\sqrt{\frac{L}{C}}$

정답 10 ① 11 ③

Chapter 11 4단자 회로망

01 $Z-P$ [T]

$V_1 = Z_{11} I_1 + Z_{12} I_2$

$V_2 = Z_{21} I_1 + Z_{22} I_2$

$Z_{11} = \frac{V_1}{I_1}$ $I_2 = 0$(개방)

ex

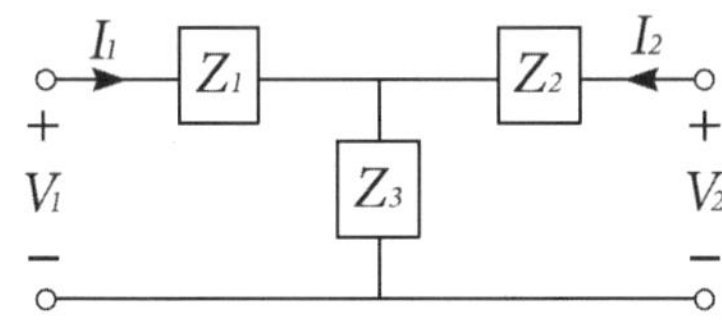

$Z_{11} = I_1$ 전류가 흐를 때 걸쳐 있는 임피던스 합

$Z_{11} = Z_1 + Z_3$

$Z_{22} = I_2$ 전류가 흐를 때 걸쳐 있는 임피던스 합

$Z_{22} = Z_2 + Z_3$

$Z_{12} = Z_{21} = I_1$과 I_2의 공통되는 임피던스

$Z_{12} = Z_{21} = Z_3(-Z_3)$

02 $Y-P$ [π]

$I_1 = Y_{11} V_1 + Y_{12} V_2$

$I_2 = Y_{21} V_1 + Y_{22} V_2$

$Y_{11} = \frac{I_1}{V_1}$ $V_2 = 0$ (단락)

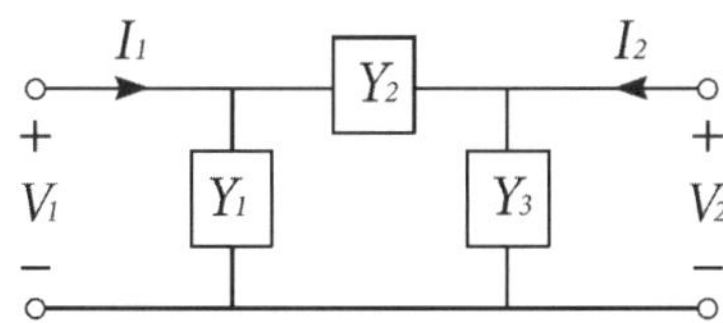

Y_{11} : V_1 전압에 걸쳐 있는 어드미턴스의 합

$Y_{11} = Y_1 + Y_2$

Y_{22} : V_2 전압에 걸쳐 있는 어드미턴스의 합

$Y_{22} = Y_2 + Y_3$

$Y_{12} = Y_{21}$: V_1과 V_2 전압에 공통되는 어드미턴스

$$Y_{12} = Y_{21} = -Y_2$$

03 $F-P$

$$V_1 = AV_2 + BI_2$$
$$I_1 = CV_2 + DI_2$$

$A = \left.\dfrac{V_1}{V_2}\right|_{I_2=0}$: 출력측 개방 (1+↘)

$B = \left.\dfrac{V_1}{I_2}\right|_{V_2=0}$: 출력측 단락 (직렬성분)

$C = \left.\dfrac{I_1}{V_2}\right|_{I_2=0}$: 출력측 개방 (병렬성분)

$D = \left.\dfrac{I_1}{I_2}\right|_{V_2=0}$: 출력측 단락 (1+↙)

04 변압기와 자이레이타

(1) 변압기

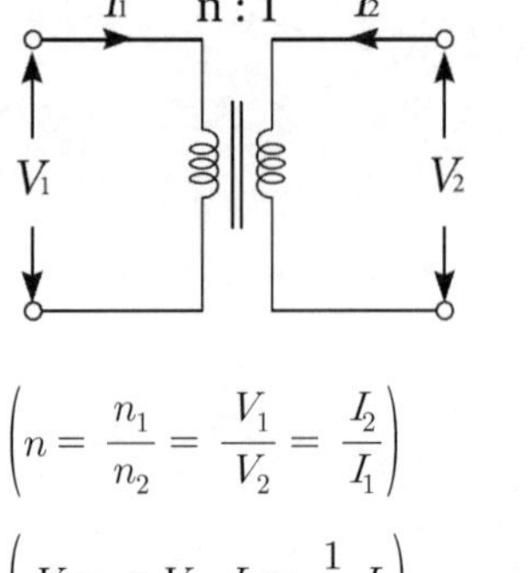

$$\left(n = \frac{n_1}{n_2} = \frac{V_1}{V_2} = \frac{I_2}{I_1}\right)$$

$$\left(V_1 = nV_2,\ I_1 = \frac{1}{n}I_2\right)$$

$$V_1 = nV_2 + 0I_2 \qquad \therefore \begin{bmatrix} n & 0 \\ 0 & \dfrac{1}{n} \end{bmatrix}$$
$$I_1 = 0V_2 + \frac{1}{n}I_2$$

(2) 자이레이타

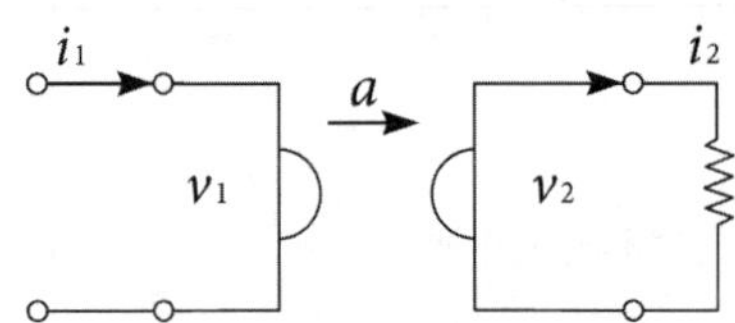

$(V_1 = aI_2,\ V_2 = aI_1)$

$V_1 = 0\ V_2 + aI_2$

$I_1 = \frac{1}{a} V_2 + 0 I_2$

$$\therefore \begin{bmatrix} 0 & a \\ \frac{1}{a} & 0 \end{bmatrix}$$

05 영상 임피던스와 전달정수

• 영상 임피던스

$$Z_{01} = \sqrt{\frac{AB}{CD}}$$

$$Z_{02} = \sqrt{\frac{BD}{AC}}$$

$$Z_{01} \cdot Z_{02} = \frac{B}{C}$$

$$\frac{Z_{02}}{Z_{01}} = \frac{D}{A}$$

• 전달정수

$$\theta = \log e (\sqrt{AD} + \sqrt{BC})$$

$$= \cos h^{-1} \sqrt{AD}$$

$$= \sin h^{-1} \sqrt{BC}$$

출제예상문제

01

그림과 같은 T 형 4단자 회로의 임피던스 파라미터 중 Z_{22} 는?

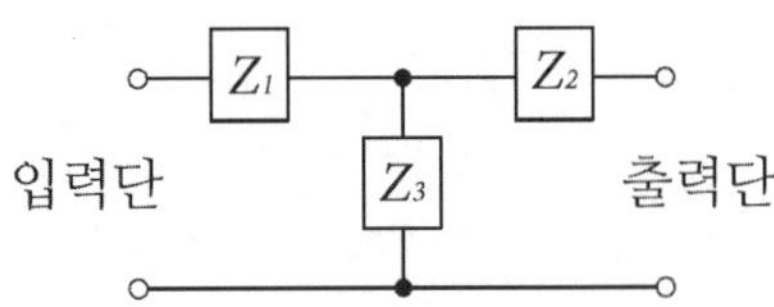

① Z_3
② $Z_1 + Z_3$
③ $Z_2 + Z_3$
④ $Z_1 + Z_2$

해설 Chapter 11 – 01

$Z_{22} = Z_2 + Z_3$

02

그림과 같은 π 형 4단자 회로의 어드미턴스 상수 중 Y_{22} 는?

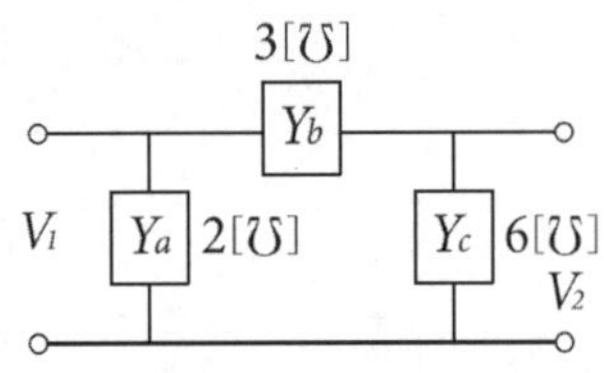

① 5[℧]
② 6[℧]
③ 9[℧]
④ 11[℧]

해설 Chapter 11 – 02

$Y_{22} = Y_b + Y_c = 3 + 6 = 9 \quad [℧]$

03

그림과 같은 4단자망을 어드미턴스 파라미터로 나타내면 어떻게 되는가?

10[Ω]
1 — 2
1′ — 2′

① $Y_{11} = 10,\ Y_{21} = 10,\ Y_{22} = 10$
② $Y_{11} = \frac{1}{10},\ Y_{21} = \frac{1}{10},\ Y_{22} = \frac{1}{10}$
③ $Y_{11} = 10,\ Y_{21} = \frac{1}{10},\ Y_{22} = 10$
④ $Y_{11} = \frac{1}{10},\ Y_{21} = 10,\ Y_{22} = \frac{1}{10}$

해설 Chapter 11 – 02

Y_{11} : V_1 에 걸리는 Y 의 합 $= \frac{1}{10}$

$Y_{12} = Y_{21}$: V_1 과 V_2 에 공통으로 걸리는 Y 의 합$= \frac{1}{10}$

Y_{22} : V_2 에 걸리는 Y 의 합 $= \frac{1}{10}$

04

그림과 같은 4단자망의 개방 순방향 전달 임피던스 Z_{21} [Ω]과 단락 순방향 전달 어드미턴스 Y_{21} 은?

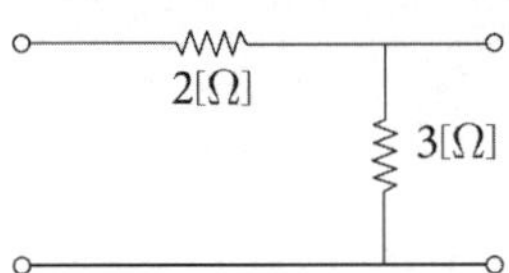

① $Z_{21} = 5,\ Y_{21} = -\frac{1}{2}$
② $Z_{21} = 3,\ Y_{21} = -\frac{1}{3}$
③ $Z_{21} = 3,\ Y_{21} = -\frac{1}{2}$
④ $Z_{21} = 3,\ Y_{21} = -\frac{5}{6}$

정답 01 ③ 02 ③ 03 ② 04 ③

해설 Chapter 11 – 01, 02

T형 구성 : $Z_{21} = 3$ [Ω]

Π형 구성 : $Y_{21} = -\frac{1}{2}$ [℧]

05

4단자 A, B, C, D 중에서 어드미턴스의 차원을 가진 정수는 어느 것인가?

① A ② B ③ C ④ D

해설 Chapter 11 – 03

06

4단자 회로망에 있어서 출력 단자 단락시 입력 전류와 출력 전류의 비를 나타내는 것은?

① A ② B ③ C ④ D

해설 Chapter 11 – 03

07

그림과 같은 회로에서 4단자 정수 A, B, C, D의 값은?

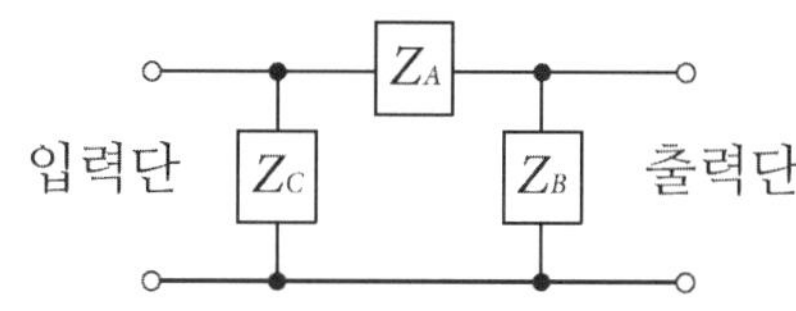

① $A = 1 + \frac{Z_A}{Z_B}$, $B = Z_A$, $C = \frac{Z_A + Z_B + Z_C}{Z_B Z_C}$, $D = \frac{1}{Z_B Z_C}$

② $A = 1 + \frac{Z_A}{Z_B}$, $B = Z_A$, $C = \frac{1}{Z_B}$, $D = 1 + \frac{Z_A}{Z_B}$

③ $A = 1 + \frac{Z_A}{Z_B}$, $B = Z_A$, $C = \frac{Z_A + Z_B + Z_C}{Z_B Z_C}$, $D = 1 + \frac{Z_A}{Z_C}$

④ $A = 1 + \frac{Z_A}{Z_B}$, $B = Z_A$, $C = \frac{1}{Z_B}$, $D = 1 + \frac{Z_A}{Z_B}$

해설 Chapter 11 – 03

08

그림과 같이 종속 접속된 4단자 회로의 합성 4단자 정수 중 D의 값은?

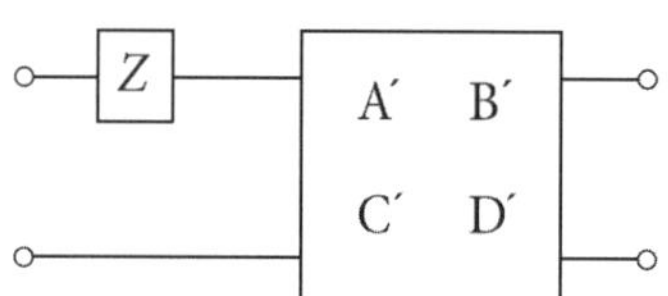

① $A' + ZC'$ ② $B' + ZD'$
③ $A' + ZD'$ ④ D'

해설

$$\begin{bmatrix} 1 & Z \\ 0 & 1 \end{bmatrix}\begin{bmatrix} A' & B' \\ C' & D' \end{bmatrix}$$

$$= \begin{bmatrix} A' + ZC' & B' + ZD' \\ C' & D' \end{bmatrix}$$

09

다음 결합 회로의 4단자 정수 A, B, C, D 파라미터 행렬은?

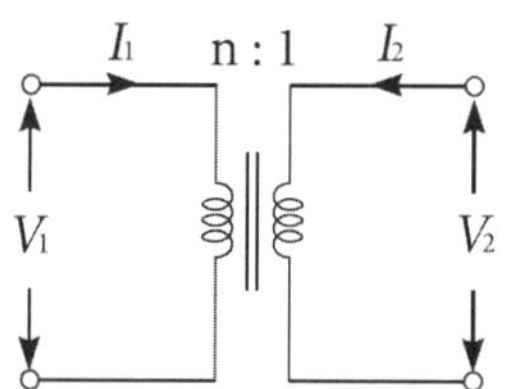

정답 05 ③ 06 ④ 07 ③ 08 ④ 09 ①

제 4 과목 ✦ 회로이론

① $\begin{bmatrix} n & 0 \\ 0 & \frac{1}{n} \end{bmatrix}$　② $\begin{bmatrix} 1 & n \\ \frac{1}{n} & 0 \end{bmatrix}$

③ $\begin{bmatrix} 0 & n \\ \frac{1}{n} & 1 \end{bmatrix}$　④ $\begin{bmatrix} \frac{1}{n} & 0 \\ 0 & n \end{bmatrix}$

해설 Chapter 11 – 04

10

이상 변압기를 포함하는 그림과 같은 회로의 4단자 정수 $\begin{bmatrix} A & B \\ C & D \end{bmatrix}$는?

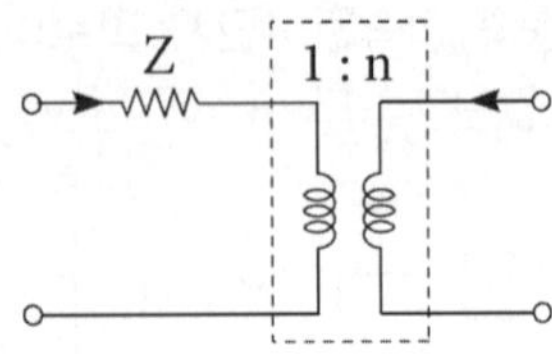

① $\begin{bmatrix} n & 0 \\ Z & \frac{1}{n} \end{bmatrix}$　② $\begin{bmatrix} 0 & \frac{1}{n} \\ nZ & 1 \end{bmatrix}$

③ $\begin{bmatrix} \frac{1}{n} & nZ \\ 0 & n \end{bmatrix}$　④ $\begin{bmatrix} n & 0 \\ \frac{Z}{n} & Z \end{bmatrix}$

해설 Chapter 11 – 04

$$\begin{bmatrix} 1 & Z \\ 0 & 1 \end{bmatrix}\begin{bmatrix} \frac{1}{n} & 0 \\ 0 & n \end{bmatrix} = \begin{bmatrix} \frac{1}{n} & n \cdot Z \\ 0 & n \end{bmatrix}$$

11

그림은 자이레이터(gyrator) 회로이다. 4단자 정수 A, B, C, D는?

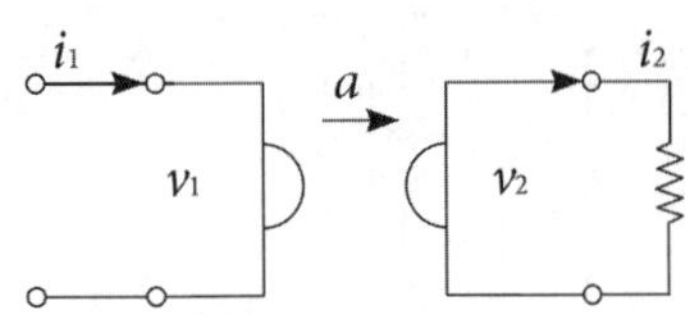

① $A=a,\ B=0,\ C=0,\ D=\frac{1}{a}$

② $A=0,\ B=a,\ C=\frac{1}{a},\ D=0$

③ $A=a,\ B=0,\ C=\frac{1}{a},\ D=0$

④ $A=0,\ B=\frac{1}{a},\ C=a,\ D=0$

해설 Chapter 11 – 04

12

4단자 회로에서 4단자 정수를 A, B, C, D라 하면 영상 임피던스 Z_{01}, Z_{02}는?

① $Z_{01}=\sqrt{\frac{AB}{CD}},\ Z_{02}=\sqrt{\frac{BD}{AC}}$

② $Z_{01}=\sqrt{AB},\ Z_{02}=\sqrt{CD}$

③ $Z_{01}=\sqrt{\frac{BD}{AC}},\ Z_{02}=\sqrt{ABCD}$

④ $Z_{01}=\sqrt{\frac{AC}{BD}},\ Z_{02}=\sqrt{ABCD}$

해설 Chapter 11 – 05

13

어떤 4단자망의 입력 단자 $1, 1'$ 사이의 영상 임피던스 Z_{01}과 출력 단자 $2, 2'$ 사이의 영상 임피던스 Z_{02}가 같게 되려면 4단자 정수 사이에 어떠한 관계가 있어야 하는가?

① $AD=BC$　② $AB=CD$

③ $A=D$　④ $B=C$

해설 Chapter 11 – 05

정답 10 ③ 11 ② 12 ① 13 ③

14

L형 4단자 회로에서 4단자 정수가 $A = \frac{15}{4}$, $D = 1$이고 영상 임피던스 $Z_{02} = \frac{12}{5}$ [Ω]일 때 영상 임피던스 Z_{01} [Ω]의 값은 얼마인가?

① 12 ② 9 ③ 8 ④ 6

해설 Chapter 11 – 05

$Z_{01} \cdot Z_{02} = \frac{B}{C}$,

$\frac{Z_{02}}{Z_{01}} = \frac{D}{A}$ 에서

$Z_{01} = \frac{A}{D} \times Z_{02} = \frac{15}{4} \times \frac{12}{5} = 9$

15

그림과 같은 회로의 영상 임피던스 Z_{01}, Z_{02} 는?

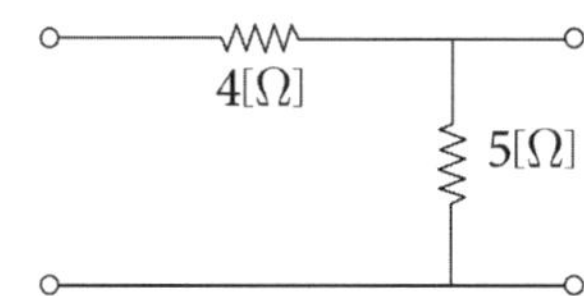

① $Z_{01} = 9\,[\Omega]$, $Z_{02} = 5\,[\Omega]$
② $Z_{01} = 4\,[\Omega]$, $Z_{02} = 5\,[\Omega]$
③ $Z_{01} = 4\,[\Omega]$, $Z_{02} = \frac{20}{9}\,[\Omega]$
④ $Z_{01} = 6\,[\Omega]$, $Z_{02} = \frac{10}{3}\,[\Omega]$

해설 Chapter 11 – 05

$A = 1 + \frac{4}{5} = \frac{9}{5}$, $B = 4$, $C = \frac{1}{5}$, $D = 1$

$$Z_{01} = \sqrt{\frac{AB}{CD}} = \sqrt{\frac{\frac{9}{5} \times 4}{\frac{1}{5}}} = 6$$

$$Z_{02} = \sqrt{\frac{DB}{CA}} = \sqrt{\frac{1 \times 4}{\frac{1}{5} \times \frac{9}{5}}} = \sqrt{\frac{100}{9}} = \frac{10}{3}$$

16

그림과 같은 4단자망 영상 전달함수 θ 는?

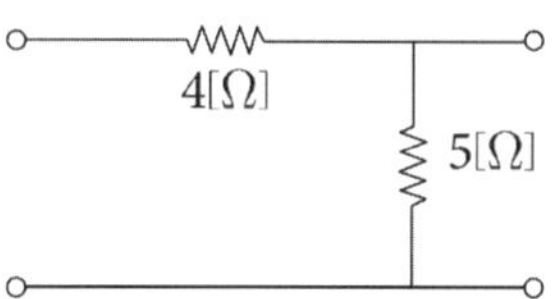

① $\sqrt{5}$
② $\log_e \sqrt{5}$
③ $\log_e \frac{1}{\sqrt{5}}$
④ $5 \log_e \sqrt{5}$

해설 Chapter 11 – 05

$\theta = \log_e (\sqrt{AD} + \sqrt{BC})$

$= \log_e \left(\sqrt{\frac{9}{5}} + \sqrt{\frac{4}{5}} \right) = \log_e \sqrt{5}$

정답 14 ② 15 ④ 16 ②

제4과목 ✦ 회로이론

Chapter 12

분포정수회로

• 분포정수회로의 기초방정식

① 직렬 임피던스 $Z = R + j\omega L$

② 병렬 어드미턴스 $Y = G + j\omega C$

• 특성 임피던스와 전파정수

① 특성 임피던스

(파동 임피던스 : Z_0)

$$Z_0 = \sqrt{Z \times \frac{1}{Y}} = \sqrt{\frac{Z}{Y}}$$

$$\therefore\ Z_0 = \sqrt{\frac{R + j\omega L}{G + j\omega C}}$$

② 전파정수(r)

$r = \sqrt{ZY} = \alpha + j\beta$

(α : 감쇄정수, β : 위상정수)

01 무손실 선로

$R = G = 0$

$$Z_0 = \sqrt{\frac{Z}{Y}} = \sqrt{\frac{j\omega L}{j\omega C}} = \sqrt{\frac{L}{C}}$$

$$r = \sqrt{Z \cdot Y} = \sqrt{j\omega L \cdot j\omega C} = j\omega\sqrt{LC}$$

$\alpha = 0$, $\beta = \omega\sqrt{LC}$

02 무왜형 선로

$$\frac{R}{L} = \frac{G}{C}$$

$$Z_0 = \sqrt{\frac{Z}{Y}} = \sqrt{\frac{R + j\omega L}{G + j\omega C}} = \sqrt{\frac{L}{C}}$$

$$r = \sqrt{Z \cdot Y}$$

$$= \sqrt{(R + j\omega L) \cdot (G + j\omega C)}$$

$$= \sqrt{RG} + j\omega\sqrt{LC}$$

($\alpha = \sqrt{RG}$, $\beta = \omega\sqrt{LC}$)

03 속도

$$v = \lambda f = \frac{2\pi}{\beta} f$$

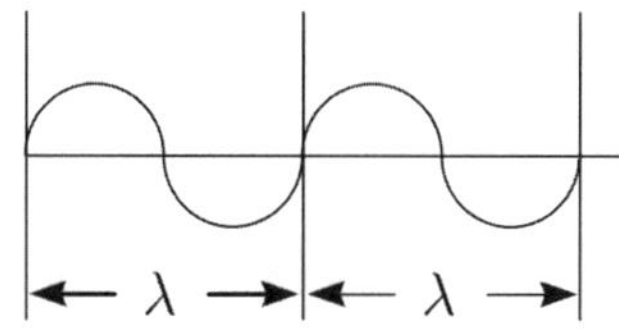

$$\left(\lambda = \frac{2\pi}{\beta}\right)$$

$$= \frac{\omega}{\beta} = \frac{1}{\sqrt{LC}} \text{ [m/s]} (v = \lambda f \text{ [m/s]})$$

※ $\lambda\beta = 2\pi$ (람보 투파이),
$\omega = \beta v$ (오메 배부른 것)

04 반사 계수 및 정재파비

$$\rho = \frac{Z_L - Z_0}{Z_L + Z_0}, \quad S = \frac{1+\rho}{1-\rho}$$

출제예상문제

01

분포 정수 회로에서 직렬 임피던스를 Z, 병렬 어드미턴스를 Y라 할 때, 선로의 특성 임피던스 Z_0는?

① ZY ② $\sqrt{ZY}$

③ $\sqrt{\dfrac{Y}{Z}}$ ④ $\sqrt{\dfrac{Z}{Y}}$

02

전송 선로에서 무손실일 때 L = 96[mH], C = 0.6[μF]이면 특성 임피던스[Ω]는?

① 500 ② 400

③ 300 ④ 200

해설 Chapter 12 – 01

$$Z_0 = \sqrt{\frac{L}{C}} = \sqrt{\frac{96\times10^{-3}}{0.6\times10^{-6}}} = 400$$

03

선로의 단위길이당 분포 인덕턴스, 저항, 정전 용량, 누설 컨덕턴스가 각각 L, R, C, G라 하면 전파 정수는?

① $\dfrac{\sqrt{R+j\omega L}}{G+j\omega C}$

② $\sqrt{(R+j\omega L)(G+j\omega C)}$

③ $\sqrt{\dfrac{R+j\omega L}{G+j\omega C}}$

④ $\sqrt{\dfrac{G+j\omega C}{R+j\omega L}}$

해설 Chapter 12 – 02

$r = \sqrt{Z\cdot Y} = \sqrt{(R+j\omega L)(G+j\omega C)}$

04

무손실 선로의 정수 회로에서 감쇠 정수 α와 위상정수 β의 값은?

① $\alpha = \sqrt{RG}, \beta = \omega\sqrt{LC}$

② $\alpha = 0, \beta = \omega\sqrt{LC}$

③ $\alpha = \sqrt{RG}, \beta = 0$

④ $\alpha = 0, \beta = \dfrac{1}{\sqrt{LC}}$

해설 Chapter 12 – 01

$R=0$, $G=0$, $\alpha=0$

05

선로의 분포 정수 R, L, C, G 사이에 $\dfrac{R}{L} = \dfrac{G}{C}$의 관계가 있으면 전파 정수 γ는?

① $RG+j\omega LC$

② $RL+j\omega CG$

③ $\sqrt{RG}+j\omega\sqrt{LC}$

④ $\sqrt{RL}+j\omega GC$

해설 Chapter 12 – 02

$\gamma = \sqrt{Z\cdot Y} = \sqrt{RG}+j\omega\sqrt{LC}$

06

분포 정수 회로가 무왜 선로로 되는 조건은? (단, 선로의 단위길이당 저항을 R, 인덕턴스를 L, 정전 용량을 C, 누설 컨덕턴스를 G라 한다.)

① $RC=LG$ ② $RL=CG$

③ $R=\sqrt{\dfrac{L}{C}}$ ④ $R=\sqrt{LC}$

해설 Chapter 12 – 02

정답 01 ④ 02 ② 03 ② 04 ② 05 ③ 06 ①

07

위상 정수 $\frac{\pi}{4}$[rad/m]인 전송 선로에서 10[MHz]에 대한 파장[m]은?

① 10 ② 8 ③ 6 ④ 4

해설 Chapter 12 – 03

$\lambda\beta = 2\pi$

$\therefore \lambda = \frac{2\pi}{\beta} = \frac{2\pi}{\frac{\pi}{4}} = 8[\text{m}]$

08

위상 정수가 $\frac{\pi}{8}$[rad/m]인 선로의 1[MHz]에 대한 전파 속도[m/s]는?

① 1.6×10^7 ② 9×10^7
③ 10×10^7 ④ 11×10^7

해설 Chapter 12 – 03

$\omega = \beta v$

$\therefore v = \frac{\omega}{\beta} = \frac{2\pi\times10^6}{\frac{\pi}{8}} = 1.6\times10^7[\text{m/s}]$

09

분포 정수 회로에서 각 주파수 $\omega = 30$[rad/s]이고, 위상 정수 $\beta = 2$ [rad/km]일 때 위상 속도[m/min]는 얼마인가?

① 9×10^4 ② 9×10^5
③ 250 ④ 150

해설 Chapter 12 – 03

$v = \frac{\omega}{\beta} = \frac{30}{2\times10^{-3}} = 15\times10^3\times60$

$= 900\times10^3$

$= 9\times10^5\,[\text{m/min}]$

10

단위길이의 인덕턴스 L[H], 정전용량 C[F]의 선로에서의 진행파 속도는?

① $\sqrt{\frac{L}{C}}$ ② $\sqrt{\frac{C}{L}}$
③ $\frac{1}{\sqrt{LC}}$ ④ $\sqrt{LC}$

해설 Chapter 12 – 03

11

통신 선로의 종단을 개방했을 때의 입력 임피던스를 Z_f, 종단을 단락했을 때의 입력 임피던스를 Z_s 라고 하면 특성 임피던스 Z_0 를 표시하는 것은?

① $\frac{Z_f}{Z_s}$ ② $\sqrt{\frac{Z_s}{Z_f}}$
③ $Z_f Z_s$ ④ $\sqrt{Z_s Z_f}$

12

전송 선로의 특성 임피던스가 50[Ω]이고 부하 저항이 150[Ω]이면 부하에서의 반사 계수는?

① 0 ② 0.5 ③ 0.7 ④ 1

해설 Chapter 12 – 04

$\rho = \frac{Z_L - Z_0}{Z_L + Z_0} = \frac{150-50}{150+50} = \frac{100}{200} = \frac{1}{2}$

$= 0.5$

13

$Z_L = 3Z_0$인 선로의 반사 계수 ρ 및 전압 정재파비 S를 구하면? (단, Z_L : 부하 임피던스, Z_0 : 선로의 특성 임피던스이다.)

① $\rho = 0.5,\ S = 3$ ② $\rho = -0.5,\ S = -3$
③ $\rho = 3,\ S = 0.5$ ④ $\rho = -3,\ S = -0.5$

해설 Chapter 12 – 04

$\rho = \frac{Z_L - Z_0}{Z_L + Z_0} = \frac{3Z_0 - Z_0}{3Z_0 + Z_0} = 0.5$

$S = \frac{1+\rho}{1-\rho} = \frac{1+0.5}{1-0.5} = 3$

정답 07 ② 08 ① 09 ② 10 ③ 11 ④ 12 ② 13 ①

제4과목 ✦ 회로이론

Chapter 13 라플라스 변환

※ $\mathcal{L}[f(t)] = \int_0^\infty f(t) \cdot e^{-st}\, dt = F(s)$

01 $\mathcal{L}[t^n] = \dfrac{n!}{S^{n+1}}$

$(4! = 4 \times 3 \times 2 \times 1)$

02 $\mathcal{L}[t \cdot e^{-at}] = \dfrac{1}{S^2}\Big|_{S=S+a}$

$= \dfrac{1}{(S+a)^2}$

03 $\mathcal{L}[\sin\omega t] = \dfrac{\omega}{S^2+\omega^2}$

04 $\mathcal{L}[\cos\omega t] = \dfrac{S}{S^2+\omega^2}$

05 $\mathcal{L}[u(t-a)] = \dfrac{1}{S}e^{-aS}$

06 초기값 정리 :

$\lim_{t \to 0} f(t) = \lim_{s \to \infty} S \cdot F(s)$

최종값 정리 :

$\lim_{t \to \infty} f(t) = \lim_{s \to 0} S \cdot F(s)$

07 $\mathcal{L}\left[\dfrac{d}{dt}f(t)\right] = S \cdot F(s) - f(0)$

$\mathcal{L}\left[\int f(t)\, dt\right] = \dfrac{F(s)}{S} + \dfrac{f'(0)}{S}$

08 $\mathcal{L}[t^n \cdot f(t)] = (-1)^n \cdot \dfrac{d^n}{dS^n}F(s)$

※ 라플라스 역변환

09 인수분해 가능

(부분분수 → 지수함수)

$$F(s) = \frac{1}{S^2+3S+2}$$
$$= \frac{1}{(S+1)(S+2)}$$
$$= \frac{K_1}{S+1} + \frac{K_2}{S+2}$$
$$= \frac{1}{S+1} + \frac{-1}{S+2}$$
$$K_1 = F(s) \times (S+1) \mid_{S=-1}$$
$$= \frac{1}{(S+1)(S+2)} \times (S+1) \mid_{S=-1}$$
$$= 1$$
$$K_2 = F(s) \times (S+2) \mid_{S=-2}$$
$$= \frac{1}{(S+1)(S+2)} \times (S+2) \mid_{S=-2}$$
$$= -1$$
※ $f(t) = e^{-t} - e^{-2t}$

10 인수분해 불가능(완전제곱 → sin 함수)
→ cos 함수

$$F(s) = \frac{1}{S^2+2S+2} = \frac{1}{(S+1)^2+1^2}$$
$$f(t) = \sin \cdot e^{-t}$$
$$F(s) = \frac{2S+3}{S^2+2S+2} = \frac{2(S+1)+1}{(S+1)^2+1^2}$$
$$= \frac{2(S+1)}{(S+1)^2+1} + \frac{1}{(S+1)^2+1^2}$$
$$f(t) = 2 \cdot \cos t \cdot e^{-t} + \sin t \cdot e^{-t}$$

11 중근(부분 분수)

$$F(s) = \frac{1}{S(S+1)^2}$$
$$= \frac{K_1}{S} + \frac{K_2}{(S+1)^2} + \frac{K_3}{S+1}$$
$$K_1 = F(s) \times S \mid_{S=0} = 1$$
$$K_2 = F(s) \times (S+1)^2 \mid_{S=-1} = -1$$
$K_3 = -K_1$ (K_1의 반수)
$$= -1$$
$$= \frac{1}{S} + \frac{-1}{(S+1)^2} + \frac{-1}{(S+1)}$$
$$f(t) = 1 - t \cdot e^{-t} - e^{-t}$$

Chapter 13 출제예상문제

01

함수 $f(t)$ 의 라플라스 변환은 어떤 식으로 정의되는가?

① $\int_{-\infty}^{\infty} f(t)\,e^{st}\,dt$　　② $\int_{-\infty}^{\infty} f(t)\,e^{-st}\,dt$

③ $\int_{0}^{\infty} f(t)\,e^{-st}\,dt$　　④ $\int_{0}^{\infty} f(t)\,e^{st}\,dt$

해설

시간이 0 ~ ∞까지 표현

02

단위 램프 함수 $\rho(t) = tu(t)$ 의 라플라스 변환은?

① $\frac{1}{S^2}$　② $\frac{1}{S}$　③ $\frac{1}{S^3}$　④ $\frac{1}{S^4}$

03

$f(t) = 3t^2$ 의 라플라스 변환은?

① $\frac{3}{S^2}$　　② $\frac{3}{S^3}$

③ $\frac{6}{S^2}$　　④ $\frac{6}{S^3}$

해설 Chapter 13 – 01

$$\mathcal{L}[f(t) = 3t^2] = \frac{3\times 2!}{S^{2+1}} = \frac{6}{S^3}$$

04

$f(t) = te^{-at}$ 일 때 라플라스 변환하면 $F(s)$ 의 값은?

① $\frac{2}{(S-a)^2}$　　② $\frac{1}{S(S+a)}$

③ $\frac{1}{(S+a)^2}$　　④ $\frac{1}{S+a}$

해설 Chapter 13 – 02

$f(t) = t\,e^{-at}$

$$F(s) = \frac{1}{S^2}\Big|_{S=S+a} = \frac{1}{(S+a)^2}$$

05

$\pounds[\sin t] = \frac{1}{S^2+1}$ 을 이용하여 ⓐ $\pounds[\cos \omega t]$, ⓑ $\pounds[\sin at]$를 구하면?

① ⓐ $\frac{1}{S^2-a^2}$, ⓑ $\frac{1}{S^2-\omega^2}$

② ⓐ $\frac{1}{S+a}$, ⓑ $\frac{S}{S+\omega}$

③ ⓐ $\frac{S}{S^2+\omega^2}$, ⓑ $\frac{a}{S^2+a^2}$

④ ⓐ $\frac{1}{S+a}$, ⓑ $\frac{1}{S-\omega}$

해설 Chapter 13 – 03, 04

$$\pounds[\cos\omega t] = \frac{S}{S^2+\omega^2}$$

$$\pounds[\sin at] = \frac{a}{S^2+a^2}$$

06

$f(t) = \sin t + 2\cos t$ 의 라플라스 변환은?

① $\frac{2S}{S^2+1}$　　② $\frac{2S+1}{(S+1)^2}$

③ $\frac{2S+1}{S^2+1}$　　④ $\frac{2S}{(S+1)^2}$

해설

$f(t) = \sin t + 2\cos t$

$$F(s) = \frac{1}{S^2+1} + \frac{2S}{S^2+1} = \frac{2S+1}{S^2+1}$$

정답 01 ③ 02 ① 03 ④ 04 ③ 05 ③ 06 ③

07

$\mathcal{L}\left[\frac{d}{dt}\cos\omega t\right]$의 값은?

① $\frac{S^2}{S^2+\omega^2}$　② $\frac{-S^2}{S^2+\omega^2}$

③ $\frac{\omega^2}{S^2+\omega^2}$　④ $\frac{-\omega^2}{S^2+\omega^2}$

해설

$f(t)=\frac{d}{dt}\cos\omega t=-\omega\sin\omega t$

$F(s)=\frac{-\omega^2}{S^2+\omega^2}$

08

그림과 같은 단위 계단 함수는?

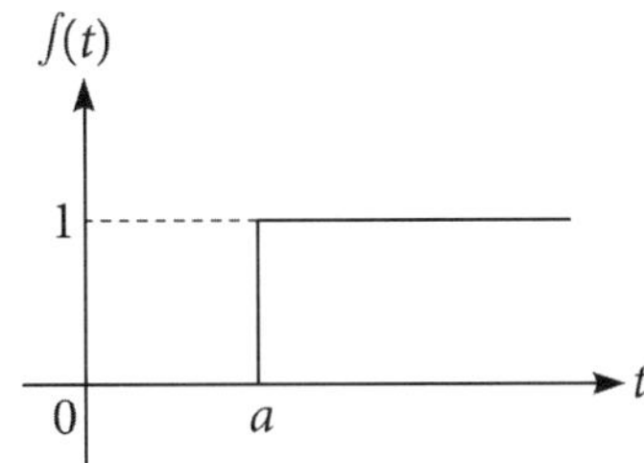

① $u(t)$　② $u(t-a)$

③ $u(a-t)$　④ $-u(t-a)$

해설 Chapter 13 – 05

09

다음과 같은 펄스의 라플라스 변환은 어느 것인가?

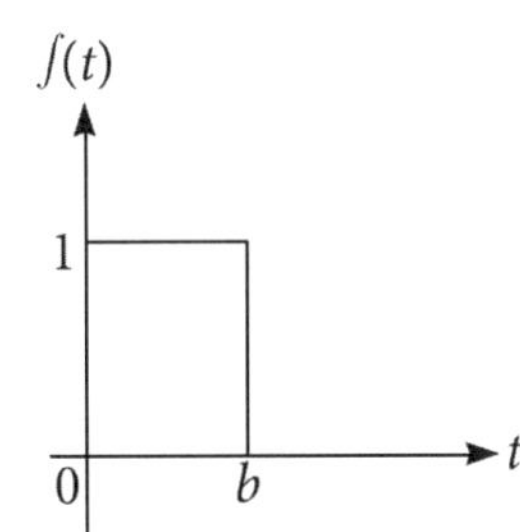

① $\frac{1}{S}\cdot e^{bt}$

② $\frac{1}{S}\cdot e^{-bt}$

③ $\frac{1}{S}(1-e^{-bs})$

④ $\frac{1}{S}(1+e^{-bs})$

해설 Chapter 13 – 05

$f(t)=u(t)-u(t-b)$

$F(s)=\frac{1}{S}-\frac{1}{S}e^{-bs}=\frac{1}{S}(1-e^{-bs})$

10

그림과 같이 높이가 1인 펄스의 라플라스 변환은?

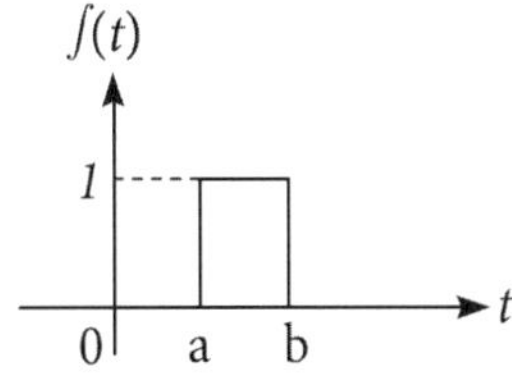

① $\frac{1}{S}(e^{-as}+e^{-bs})$

② $\frac{1}{S}(e^{-as}-e^{-bs})$

③ $\frac{1}{a-b}\left(\frac{e^{-as}+e^{-as}}{S}\right)$

④ $\frac{1}{a-b}\left(\frac{e^{-as}-e^{-bs}}{S}\right)$

해설 Chapter 13 – 05

$f(t)=1u(t-a)-1u(t-b)$

$F(s)=\frac{1}{S}e^{-as}-\frac{1}{S}e^{-bs}=\frac{1}{S}(e^{-as}-e^{-bs})$

정답 07 ④ 08 ② 09 ③ 10 ②

제4과목 ✦ 회로이론

11

$v_i = Ri(t) + L\frac{di(t)}{dt} + \frac{1}{C}\int i(t)\,dt$ 에서 모든 초기 조건을 0으로 한 라플라스 변환은?

① $\frac{CS}{LCS^2 + RCS + 1}V_i(s)$

② $\frac{1}{LCS^2 + RCS + 1}V_i(s)$

③ $\frac{LCS}{LCS^2 + RCS + 1}V_i(s)$

④ $\frac{C}{LCS^2 + RCS + 1}V_i(s)$

해설

$$v(t) = Ri(t) + \frac{di(t)}{dt} + \frac{1}{C}\int i(t)\,dt$$

$$V(s) = \left(R + LS + \frac{1}{CS}\right)I(s)$$

$$I(s) = \frac{1}{R + LS + \frac{1}{CS}}V(s) \times \frac{CS}{CS}$$

$$= \frac{CS}{LCS^2 + RCS + 1}V(s)$$

12

$\frac{dx}{dt} + 3x = 5$ 의 라플라스 변환은?

(단, $x(0_+) = 0$ 이다.)

① $\frac{5}{S+3}$　② $\frac{3}{S(S+5)}$

③ $\frac{3S}{S+5}$　④ $\frac{5}{S(S+3)}$

해설

초기값이 '0'이므로 $\frac{dx}{dt} + 3X = 5$에서

$$(S+3)X(s) = \frac{5}{S}$$

$$X(s) = \frac{5}{S(S+3)}$$

13

$\pounds[f(t)] = F(s)$ 일 때에 $\lim_{t\to\infty} f(t)$ 는?

① $\lim_{s\to 0} F(s)$　② $\lim_{s\to 0} SF(s)$

③ $\lim_{s\to\infty} F(s)$　④ $\lim_{s\to\infty} SF(s)$

14

다음과 같은 2개의 전류의 초기값 $i_1(0^+)$, $i_2(0^+)$ 가 옳게 구해진 것은?

$$I_1(s) = \frac{12(S+8)}{4S(S+6)} \qquad I_2(s) = \frac{12}{S(S+6)}$$

① 3, 0　② 4, 0

③ 4, 2　④ 3, 4

해설 Chapter 13 – 06

초기값 정리

- $\lim_{t\to 0} i_1(t) = \lim_{s\to\infty} S\,i_1(s)$

  $= \lim_{s\to\infty} S \cdot \frac{12(S+8)}{4S(S+6)} = 3$

- $\lim_{t\to 0} i_2(t) = \lim_{s\to\infty} S\,i_2(s)$

  $= \lim_{s\to\infty} S \cdot \frac{12}{S(S+6)} = \frac{0}{\infty} = 0$

15

$F(s) = \frac{3S + 10}{S^3 + 2S^2 + 5S}$ 일 때 $f(t)$ 의 최종값은?

① 0　② 1

③ 2　④ 8

해설 Chapter 13 – 06

정답 11 ① 12 ④ 13 ② 14 ① 15 ③

16

$\sin(\omega t+\theta)$ 의 라플라스 변환은?

① $\dfrac{\omega \sin\theta}{S^2+\omega^2}$　② $\dfrac{\omega \cos\theta}{S^2+\omega^2}$

③ $\dfrac{\cos\theta+\sin\theta}{S^2+\omega^2}$　④ $\dfrac{\omega \cos\theta+S\sin\theta}{S^2+\omega^2}$

해설

$f(t)=\sin(\omega t+\theta)=\sin\omega t\cos\theta+\cos\omega t\sin\theta$

$F(s)=\dfrac{\omega\cos\theta}{S^2+\omega^2}+\dfrac{S\sin\theta}{S^2+\omega^2}=\dfrac{\omega\cos\theta+S\sin\theta}{S^2+\omega^2}$

17

$f(t)=\sin t\cos t$ 의 라플라스 변환은?

① $\dfrac{1}{S^2+4}$　② $\dfrac{1}{S^2+2}$

③ $\dfrac{1}{(S+2)^2}$　④ $\dfrac{1}{(S+4)^2}$

해설

$f(t)=\sin t\cdot\cos t$

$\because\ \sin(t+t)=\sin t\cos t+\cos t\sin t=2\sin t\cos t$

$\therefore\ \sin t\cdot\cos t=\dfrac{1}{2}\sin 2t$

$\therefore\ \mathcal{L}\left[\dfrac{1}{2}\sin 2t\right]=\dfrac{1}{2}\cdot\dfrac{2}{S^2+2^2}=\dfrac{1}{S^2+4}$

18

그림과 같은 파형의 라플라스 변환은?

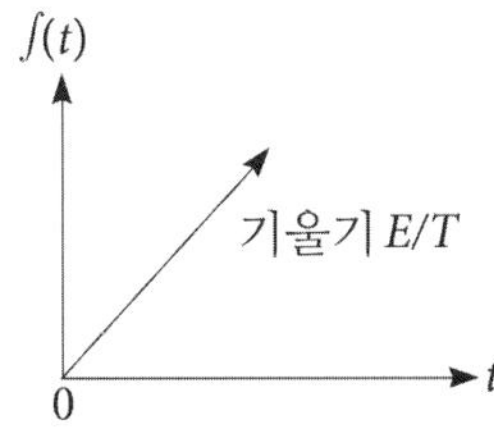

① $\dfrac{E}{S^2}$　② $\dfrac{E}{TS^2}$

③ $\dfrac{E}{S}$　④ $\dfrac{E}{TS}$

해설

$f(t)=\dfrac{E}{T}t\,u(t)$

$F(s)=\dfrac{E}{T}\cdot\dfrac{1}{S^2}=\dfrac{E}{TS^2}$

19

그림과 같은 게이트 함수의 라플라스 변환은?

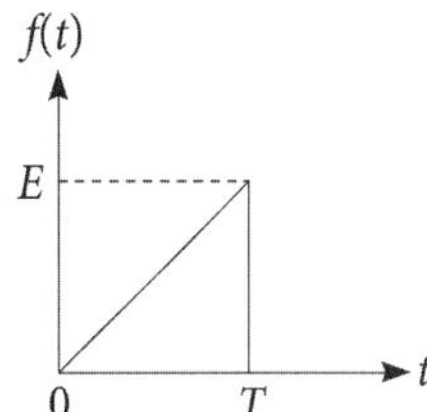

① $\dfrac{E}{TS^2}[1-(TS+1)e^{-TS}]$

② $\dfrac{E}{TS^2}[1+(TS+1)e^{-TS}]$

③ $\dfrac{E}{TS^2}(TS+1)e^{-TS}$

④ $\dfrac{E}{TS^2}(TS-1)e^{-TS}$

해설

$f(t)=\dfrac{E}{T}t\,u(t)-\dfrac{E}{T}(t-T)\,u(t-T)$
$\quad -Eu(t-T)$

$F(s)=\dfrac{E}{T}\cdot\dfrac{1}{S^2}-\dfrac{E}{T}\cdot\dfrac{1}{S^2}e^{-TS}-Ee^{-TS}$

$=\dfrac{E}{TS^2}(1-e^{-TS}-TSe^{-TS})$

$=\dfrac{E}{TS^2}\ \{1-(TS+1)e^{-Ts}\}$

정답 16 ④ 17 ① 18 ② 19 ①

제4과목 ✦ 회로이론

20

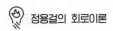

$f(t) = \mathcal{L}^{-1}\dfrac{1}{S(S+1)}$ 은?

① $1+e^{-t}$ ② $1-e^{-t}$

③ $\dfrac{1}{1-e^{-t}}$ ④ $\dfrac{1}{1+e^{-t}}$

해설 Chapter 13 – 09

$F(s) = \dfrac{1}{S(S+1)} = \dfrac{k_1}{S} + \dfrac{k_2}{S+1}$

$k_1 = F(s) \times S|_{S=0} = 1$,

$k_2 = F_{(s)} \times (S+1)|_{S=-1} = -1$,

$\therefore F(s) = \dfrac{1}{S} - \dfrac{1}{S+1}$

$\therefore f(t) = 1 - e^{-t}$

21

$F(s) = \dfrac{S+1}{S^2+2S}$ 로 주어졌을 때 $F(s)$ 의 역변환을 한 것은?

① $\dfrac{1}{2}(1+e^{t})$ ② $\dfrac{1}{2}(1-e^{-t})$

③ $\dfrac{1}{2}(1+e^{-2t})$ ④ $\dfrac{1}{2}(1-e^{-2t})$

해설 Chapter 13 – 09

$F(s) = \dfrac{S+1}{S(S+2)} = \dfrac{k_1}{S} + \dfrac{k_2}{S+2}$

$k_1 = F(s) \times S|_{S=0} = \dfrac{1}{2}$

$k_2 = F(s) \times (S+2)|_{S=-2} = \dfrac{1}{2}$

$\therefore F(s) = \dfrac{1}{2}\left(\dfrac{1}{S} + \dfrac{1}{S+2}\right)$

$f(t) = \dfrac{1}{2}(1+e^{-2t})$

22

$f(t) = \mathcal{L}^{-1}\left[\dfrac{1}{S^2+6S+10}\right]$ 의 값은 얼마인가?

① $e^{-3t}\sin t$ ② $e^{-3t}\cos t$

③ $e^{-t}\sin 5t$ ④ $e^{-t}\sin 5\omega t$

해설 Chapter 13 – 10

$F(s) = \dfrac{1}{S^2+6S+10} = \dfrac{1}{(S+3)^2+1}$

$\therefore f(t) = e^{-3t}\sin t$

23

$F(s) = \dfrac{2(S+1)}{S^2+2S+5}$ 의 시간 함수 $f(t)$는 어느 것인가?

① $2e^{-t}\cos 2t$ ② $2e^{t}\cos 2t$

③ $2e^{-t}\sin 2t$ ④ $2e^{t}\sin 2t$

해설 Chapter 13 – 10

$F(s) = \dfrac{2(S+1)}{S^2+2S+5} = \dfrac{2(S+1)}{(S+1)+2^2}$

$\therefore f(t) = 2 \cdot e^{-t}\cos 2t$

정답 20 ② 21 ③ 22 ① 23 ①

Chapter 14 과도현상

01 $R-L$ 직렬 회로

(1) $i(t)=\dfrac{E}{R}\left(1-e^{-\frac{R}{L}t}\right)$ [A]

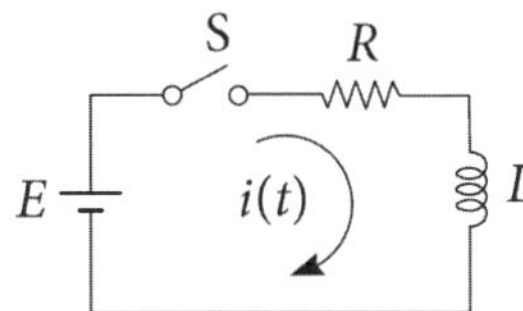

시정수 $\tau=\dfrac{L}{R}$

정상전류 : $i_s=\dfrac{E}{R}$ [A]

(2) $t=\dfrac{L}{R}$ $\quad i(t)=0.632\cdot\dfrac{E}{R}$ [A]

(3) $V_R=Ri(t)=E\left(1-e^{-\frac{R}{L}t}\right)$ [V]

(4) $V_L=L\cdot\dfrac{di(t)}{dt}=E\cdot e^{-\frac{R}{L}t}$ [V]

(5) $S\rightarrow off$ $\quad i(t)=\dfrac{E}{R}\cdot e^{-\frac{R}{L}t}$ [A]

02 $R-C$ 직렬 회로

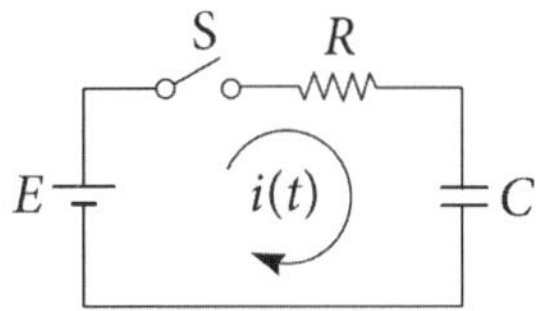

$\therefore\ q(t)=CE\left(1-e^{-\frac{1}{RC}t}\right)$ [C]

(1) $i(t)=\dfrac{dq(t)}{dt}=\dfrac{E}{R}\cdot e^{-\frac{1}{RC}t}$ [A]

$\tau=RC$

(2) $t = RCi(t) = 0.368 \cdot \frac{E}{R}$ [A]

(3) $V_R = Ri(t) = E \cdot e^{-\frac{1}{RC}t}$ [V]

(4) $V_c = \frac{q(t)}{C} = E\left(1 - e^{-\frac{1}{RC}t}\right)$ [V]

(5) **방전시** : $i(t) = -\frac{E}{R}e^{-\frac{1}{RC}t}$ [A]

03 $R-L-C$ 직렬 회로

$R^2 > 4\frac{L}{C}$: 비진동

$R^2 = 4\frac{L}{C}$: 임계진동

$R^2 < 4\frac{L}{C}$: 진동

04 $L-C$ 직렬

$$q(t) = CE\left(1 - \cos\frac{1}{\sqrt{LC}}t\right) \text{[C]}$$

※ 불변의 진동전류(sin파 곡선)가 나타난다.

(1) $i(t) = \frac{dq(t)}{dt}$

$$= \frac{d}{dt}\left[CE\left(1 - \cos\frac{1}{\sqrt{LC}}t\right)\right]$$

$$= CE\left[0 + \frac{1}{\sqrt{LC}} \cdot \sin\frac{1}{LC}t\right]$$

$$= \frac{E}{\sqrt{\frac{L}{C}}}\sin\frac{1}{\sqrt{LC}}t \text{ [A]}$$

(2) $v(c) = \frac{q(t)}{C}$

$$= E\left(1 - \cos\frac{1}{\sqrt{LC}}t\right) \text{[V]}$$

(3) $V_c = 2E$

출제예상문제

01

전기 회로에서 일어나는 과도 현상은 그 회로의 시정수와 관계가 있다. 이 사이의 관계를 옳게 표현한 것은?

① 회로의 시정수가 클수록 과도 현상은 오랫동안 지속된다.
② 시정수는 과도 현상의 지속 시간에는 상관되지 않는다.
③ 시정수의 역이 클수록 과도 현상은 천천히 사라진다.
④ 시정수가 클수록 과도 현상은 빨리 사라진다.

02

그림과 같은 회로에서 스위치 S를 닫을 때의 전류 $i(t)$ [A]는?

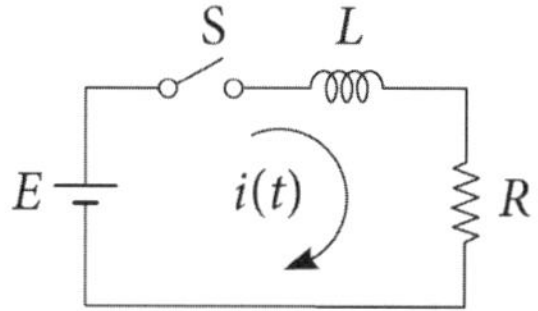

① $\frac{E}{R}e^{-\frac{R}{L}t}$　　② $\frac{E}{R}\left(1-e^{-\frac{R}{L}t}\right)$

③ $\frac{E}{R}e^{-\frac{L}{R}t}$　　④ $\frac{E}{R}\left(1-e^{-\frac{L}{R}t}\right)$

해설 Chapter 14 – **01**

$$i(t)=\frac{E}{R}\left(1-e^{-\frac{R}{L}t}\right)$$

03

그림에서 $t=0$ 일 때 S를 닫았다. 전류 $i(t)$ [A]를 구하면?

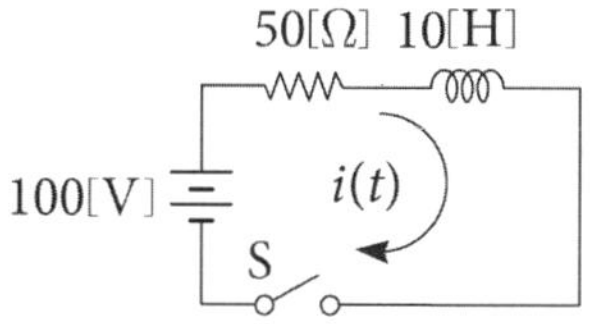

① $2(1+e^{-5t})$　　② $2(1-e^{5t})$

③ $2(1-e^{-5t})$　　④ $2(1+e^{5t})$

해설 Chapter 14 – **01**

$R-L$ 직렬 과도 현상

$$i(t)=\frac{E}{R}\left(1-e^{-\frac{R}{L}t}\right)=\frac{100}{50}\left(1-e^{-\frac{50}{10}t}\right)$$
$$=2(1-e^{-5t})$$

04

다음 그림에서 스위치 S를 닫을 때 시정수의 값은? (단, $L=10$ [mH], $R=10$ [Ω]이다.)

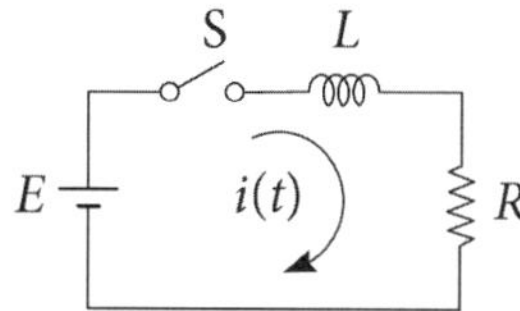

① 10^{3}[초]　　② 10^{-3}[초]

③ 10^{2}[초]　　④ 10^{-2}[초]

해설 Chapter 14 – **01**

$R-L$ 직렬 과도 현상

$$\tau=\frac{L}{R}=\frac{10\times10^{-3}}{10}=10^{-3}$$

05

코일의 권수 $N=1{,}000$, 저항 $R=20$[Ω]이다. 전류 $I=10$[A]를 흘릴 때 자속 $\phi=3\times10^{-2}$[Wb]이다. 이 회로의 시정수[s]는?

① 0.15　　② 3

③ 0.4　　④ 4

정답 01 ①　02 ②　03 ③　04 ②　05 ①

해설

$$L = \frac{N\phi}{I} = \frac{1,000\times 3\times 10^{-2}}{10} = 3$$

$$\therefore \tau = \frac{L}{R} = \frac{3}{20} = 0.15$$

06

자계 코일의 권수 $N = 1,000$, 저항 R[Ω]으로 전류 $I = 10$ [A]를 통했을 때의 자속 $\phi = 2\times 10^{-2}$ [Wb]이다. 이 회로의 시정수가 0.1[s]라면 저항 R[Ω]는?

① 0.2 ② $\frac{1}{20}$ ③ 2 ④ 20

해설

$$L = \frac{N\phi}{I} = \frac{10^3\times 2\times 10^{-2}}{10} = 2$$

$$\therefore \tau = \frac{L}{R} \Rightarrow R = \frac{L}{\tau} = \frac{2}{0.1} = 20[\Omega]$$

07

그림과 같은 회로에서 정상 전류값 i_s [A]는? (단, t = 0에서 스위치 S를 닫았다.)

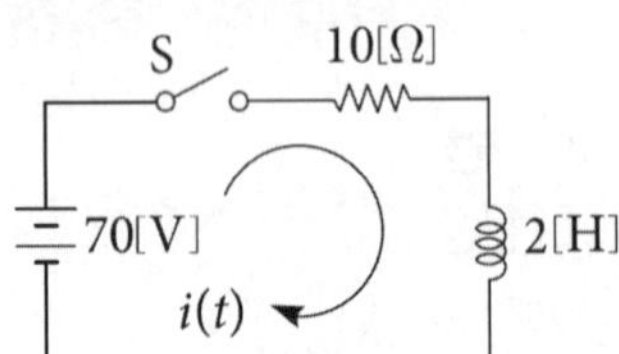

① 0 ② 7 ③ 35 ④ −35

해설

정상전류 $i_s = \frac{E}{R} = \frac{70}{10} = 7$ [A]

08

$R-L$ 직렬 회로에서 스위치 S를 닫아 직류 전압 E[V]를 회로 양단에 급히 인가한 후 $\frac{L}{R}$[s] 후의 전류 I[A]는?

① $0.632\frac{E}{R}$ ② $0.5\frac{E}{R}$

③ $0.368\frac{E}{R}$ ④ $\frac{E}{R}$

해설 Chapter 14 – 01

09

시정수 τ인 $R-L$ 직렬 회로에 직류 전압을 인가할 때 $t=\tau$의 시각에 회로에 흐르는 전류는 최종값의 약 몇 [%]인가?

① 37 ② 63 ③ 73 ④ 86

해설 Chapter 14 – 01

10

시정수 τ를 갖는 $R-L$ 직렬회로에 직류전압을 가할 때 $t = 2\tau$ 되는 시간에 회로에 흐르는 전류는 최종치의 약 몇 [%]가 되는가?

① 98 ② 95 ③ 86 ④ 63

해설 Chapter 14 – 01

11

그림과 같은 $R-L$ 회로에서 스위치 S를 열 때 흐르는 전류 i [A]는 어느 것인가?

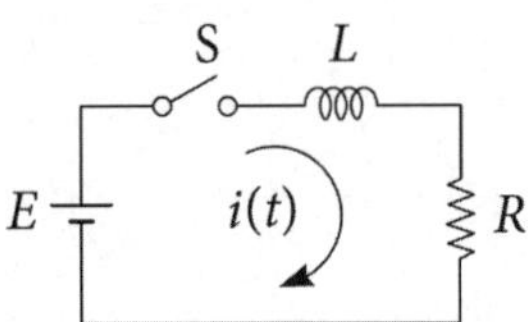

① $\frac{E}{R}\varepsilon^{\frac{R}{E}t}$ ② $\frac{E}{R}\left(1-\varepsilon^{\frac{R}{L}t}\right)$

③ $\frac{E}{R}\varepsilon^{-\frac{R}{L}t}$ ④ $\frac{E}{R}\left(1-\varepsilon^{-\frac{R}{L}t}\right)$

해설 Chapter 14 – 01

정답 06 ④ 07 ② 08 ① 09 ② 10 ③ 11 ③

12

$R-L$ 직렬 회로에서 그의 양단에 직류 전압 E를 연결 후 스위치 S를 개방하면 $\frac{L}{R}$[s] 후의 전류값[A]은?

① $\frac{E}{R}$ ② $0.5\frac{E}{R}$

③ $0.368\frac{E}{R}$ ④ $0.632\frac{E}{R}$

해설 Chapter 14 – 01

13

그림과 같은 회로에서 스위치 S를 닫았을 때 L에 가해지는 전압은?

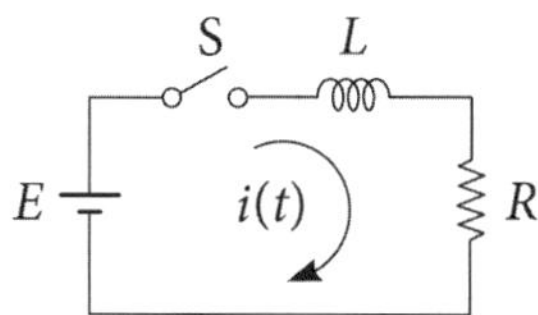

① $\frac{E}{R}e^{-\frac{R}{L}t}$ ② $\frac{E}{R}e^{\frac{L}{R}t}$

③ $Ee^{-\frac{R}{L}t}$ ④ $Ee^{\frac{L}{R}t}$

해설 Chapter 14 – 01

$$V_L = L\frac{di(t)}{dt} = E\,e^{-\frac{R}{L}t}$$

14

그림과 같은 회로에서 $t=0$에서 S를 닫았을 때 $(V_L)_{t=0}=100$[V], $\left(\frac{di}{dt}\right)_{t=0}=50$[A/s] 이다. L[H]의 값은?

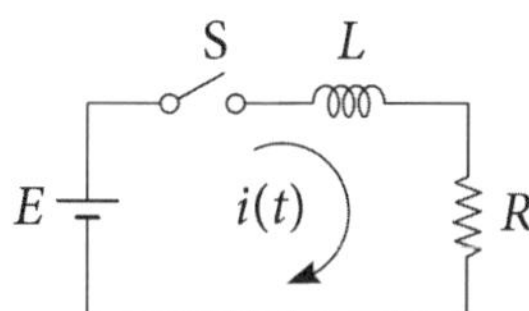

① 20 ② 10 ③ 2 ④ 6

해설

$$e = L\frac{di}{dt} \quad \therefore\ L = \frac{e}{\frac{di}{dt}} = \frac{100}{50} = 2[\text{H}]$$

15

그림과 같은 저항 R[Ω]과 정전 용량 C[F]의 직렬 회로에서 잘못 표현된 것은?

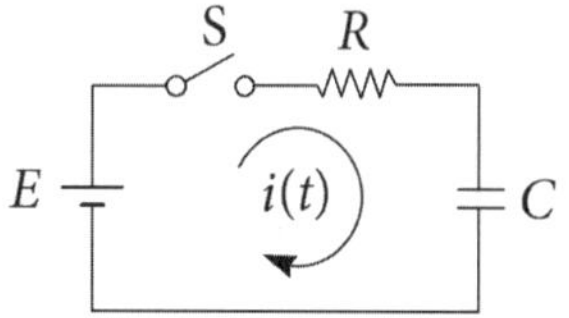

① 회로의 시정수는 $\tau = RC$[s]이다.
② $t=0$에서 직류 전압 E[V]를 인가했을 때 t[s] 후의 전류 $i = \frac{E}{R}e^{-\frac{1}{RC}t}$ [A]이다.
③ $t=0$에서 직류 전압 E[V]를 인가했을 때 t[s] 후의 전류 $i = \frac{E}{R}\left(1-e^{-\frac{1}{RC}t}\right)$ [A]이다.
④ $R-C$ 직렬 회로에 직류 전압 E[V]를 충전하는 경우 회로의 전압 방정식은 $Ri + \frac{1}{C}\int i\,dt = E$이다.

해설 Chapter 14 – 02

16

그림과 같은 $R-C$ 직렬 회로에 $t=0$에서 스위치 S를 닫아 직류 전압 100[V]를 회로의 양단에 급격히 인가하면 그때의 충전 전하[C]는? (단, $R=10$[Ω], $C=0.1$[F]이다.)

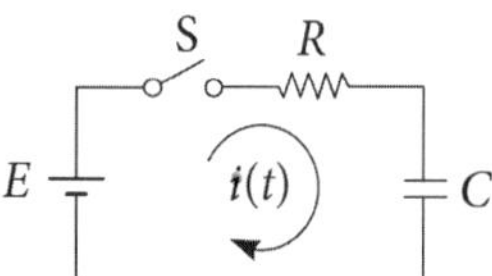

① $10(1-e^{-t})$ ② $-10(1-e^{t})$
③ $10e^{-t}$ ④ $-10e^{t}$

정답 12 ③ 13 ③ 14 ③ 15 ③ 16 ①

해설 Chapter 14 − 02

$q(t) = CE(1-e^{-\frac{1}{RC}t}) = 10(1-e^{-t})$

17

그림과 같은 회로에서 스위치 S를 닫을 때 콘덴서의 초기 전하를 무시하고 회로에 흐르는 전류를 구하면?

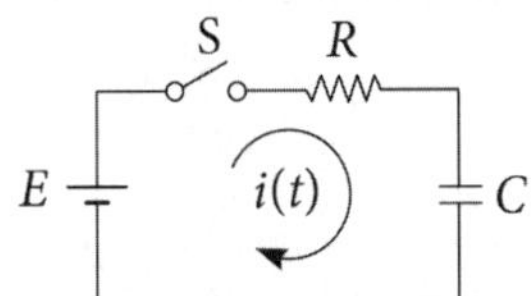

① $\frac{E}{R}e^{\frac{C}{R}t}$　② $\frac{E}{R}e^{\frac{R}{C}t}$

③ $\frac{E}{R}e^{-\frac{1}{CR}t}$　④ $\frac{E}{R}e^{\frac{1}{CR}t}$

해설 Chapter 14 − 02

$i(t) = \frac{E}{R}e^{-\frac{1}{CR}t}$

18

그림의 회로에서 콘덴서의 초기 전압을 0[V]로 할 때 회로에 흐르는 전류 $i(t)$ [A]는?

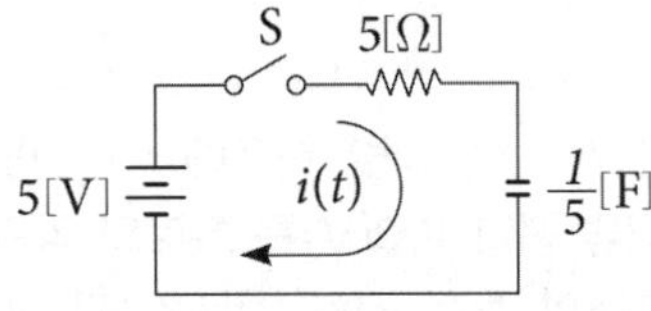

① $5(1-e^{-t})$　② $1-e^{-t}$

③ $5e^{-t}$　④ e^{-t}

해설 Chapter 14 − 02

19

$R-C$ 직렬 회로의 시정수 τ[s]는?

① RC　② $\frac{1}{RC}$　③ $\frac{C}{R}$　④ $\frac{R}{C}$

해설 Chapter 14 − 02

20

저항 $R = 5{,}000\,[\Omega]$, 정전 용량 $C = 20\,[\mu F]$가 직렬로 접속된 회로에 일정 전압 $E = 100$ [V]를 인가하고, $t = 0$ 에서 스위치를 넣을 때 콘덴서 단자 전압[V]은? (단, 처음에 콘덴서는 충전되지 않았다.)

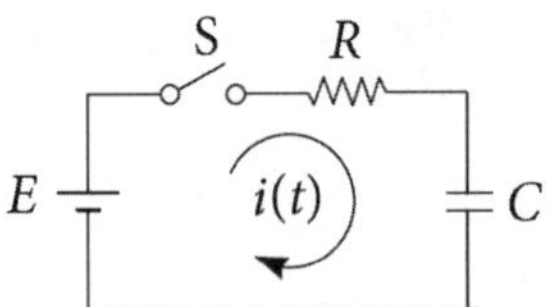

① $100(1-e^{10t})$　② $100e^{-10t}$

③ $100(1-e^{-10t})$　④ $100e^{10t}$

해설 Chapter 14 − 02

$$V_c = E(1-e^{-\frac{1}{RC}t}) = 100(1-e^{-10t})$$

21

그림과 같은 회로에서 스위치 S를 닫을 때 방전 전류 $i(t)$ 는?

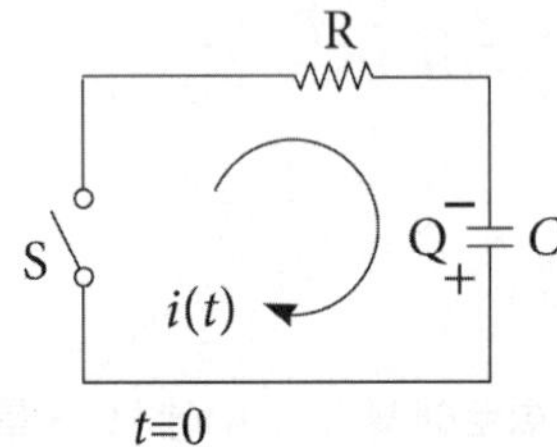

① $-\frac{Q}{RC}e^{-\frac{1}{RC}t}$　② $\frac{Q}{RC}e^{-\frac{1}{RC}t}$

③ $-\frac{Q}{RC}(1-e^{-\frac{1}{RC}t})$　④ $-\frac{Q}{RC}(1+e^{\frac{1}{RC}t})$

해설 Chapter 14 − 02

정답 17 ③ 18 ④ 19 ① 20 ③ 21 ②

22

$R-L-C$ 직렬 회로에서 $R=100\,[\Omega]$,
$L=0.1\times 10^{-3}$[H], $C=0.1\times 10^{-6}$[F]일 때 이 회로는?

① 진동적이다.
② 비진동이다.
③ 정현파 진동이다.
④ 진동일 수도 있고 비진동일 수도 있다.

해설 Chapter 14 – 03

$$10^4 > 4\times\frac{0.1\times 10^{-3}}{0.1\times 10^{-6}} = 10^4 > 4\times 10^3$$

∴ 비진동

23

저항 R, 인덕턴스 L, 콘덴서 C의 직렬 회로에서 발생되는 과도 현상이 진동이 되지 않는 조건은?

① $\left(\frac{R}{2L}\right)^2 - \frac{1}{LC} < 0$

② $\left(\frac{R}{2L}\right)^2 - \frac{1}{LC} > 0$

③ $\left(\frac{R}{2L}\right)^2 = \frac{1}{LC}$

④ $\frac{R}{2L} = \frac{1}{LC}$

해설 Chapter 14 – 03

$\left(\frac{R}{2L}\right)^2 - \frac{1}{LC} > 0$ → 비진동적

$\left(\frac{R}{2L}\right)^2 - \frac{1}{LC} < 0$ → 진동적

$\left(\frac{R}{2L}\right)^2 - \frac{1}{LC} = 0$ → 임계적

24

$R-L-C$ 직렬 회로에서 진동 조건은 어느 것인가?

① $R < 2\sqrt{\frac{C}{L}}$ ② $R < 2\sqrt{\frac{L}{C}}$

③ $R < 2\sqrt{LC}$ ④ $R < \frac{1}{2\sqrt{LC}}$

해설 Chapter 14 – 03

25

그림과 같은 V_0로 충전된 회로에서 $t=0$일 때 S를 닫을 때의 전류 $i(t)$는?

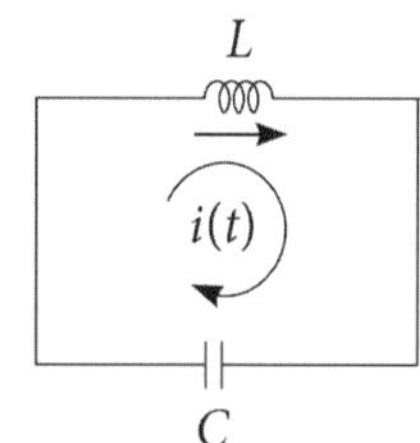

① $\frac{V_0}{\sqrt{\frac{L}{C}}}e^{-t\sqrt{LC}}$

② $\frac{V_0}{\sqrt{\frac{L}{C}}}\sin\frac{1}{\sqrt{LC}}t$

③ $\frac{V_0}{\sqrt{\frac{L}{C}}}\cos\frac{1}{\sqrt{LC}}t$

④ $\frac{V_0}{\sqrt{\frac{L}{C}}}\left(1-e^{-\frac{t}{\sqrt{LC}}}\right)$

해설 Chapter 14 – 04

$i(t)$ 에는 sin이 표현된다.

정답 22 ② 23 ② 24 ② 25 ②

26

그림과 같은 회로에서 정전 용량 C[F]를 충전한 후 스위치 S를 닫아 이것을 방전하는 경우의 과도 전류는? (단, 회로에는 저항이 없다.)

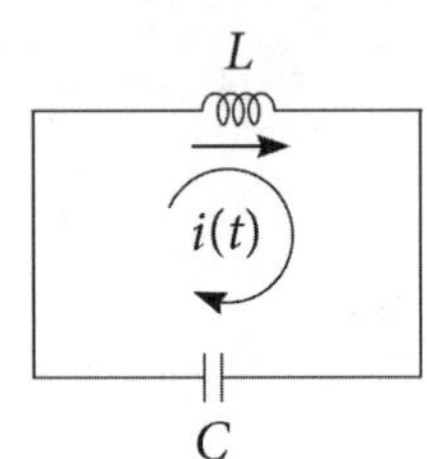

① 불변의 진동 전류
② 감쇠하는 전류
③ 감쇠하는 진동 전류
④ 일정값까지 증가하여 그 후 감쇠하는 전류

해설 Chapter 14 – 04
sin파 곡선이 표현

27

$L-C$ 직렬 회로에 직류 기전력 E를 $t=0$에서 갑자기 인가할 때 C에 걸리는 최대 전압은?

① E ② 0
③ ∞ ④ $2E$

해설 Chapter 14 – 04
$V_c = 2E$

28

정상 상태일 때 $t=0$에서 스위치 S를 열 때 흐르는 전류는?

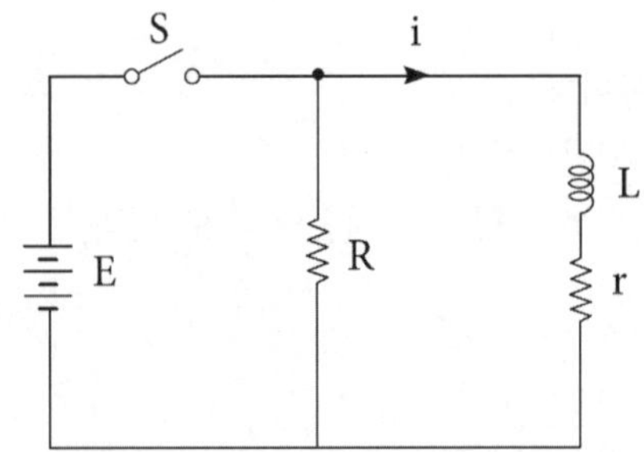

① $\frac{E}{R}e^{-\frac{R+r}{L}t}$

② $\frac{E}{r}e^{-\frac{R+r}{L}t}$

③ $\frac{E}{r}e^{-\frac{L}{R+r}t}$

④ $\frac{E}{R}e^{-\frac{L}{R+r}t}$

정답 26 ① 27 ④ 28 ②

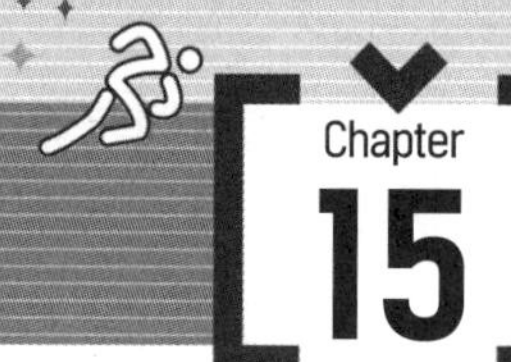

Chapter 15 전달함수

01 $G(s) = \frac{C(s)}{R(s)} = \frac{Y(s)}{X(s)}$

$= \frac{V_0(s)}{V_i(s)} = \frac{출\,Z(s)}{입\,Z(s)}$

ex

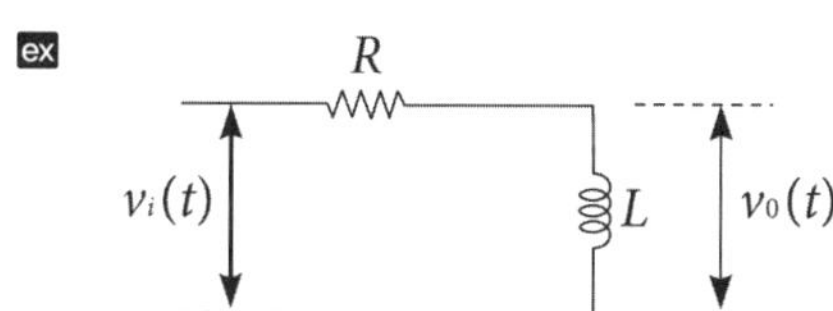

$$G(s) = \frac{v_0(s)}{v_i(s)} = \frac{LS}{R+LS}$$

ex

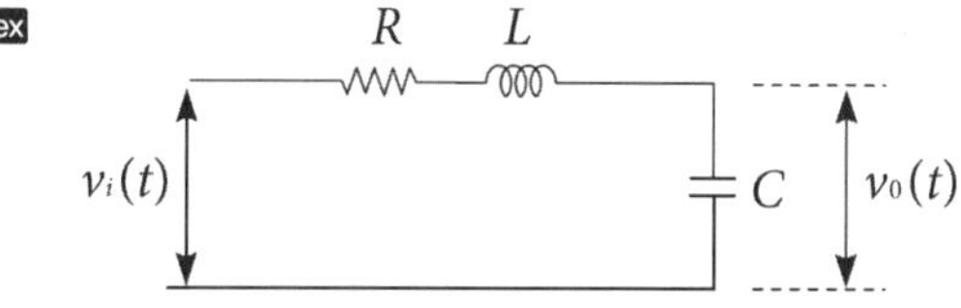

$$G(s) = \frac{\frac{1}{CS}}{R+LS+\frac{1}{CS}}$$

$$= \frac{1}{LCS^2+RCS+1}$$

02 • $G(s) = \frac{V(s)}{I(s)} = Z(s)$

: 회로가 병렬$= \frac{1}{Y(s)}$

• $G(s) = \frac{I(s)}{V(s)} = Y(s)$

: 회로가 직렬 $= \frac{1}{Z(s)}$

03

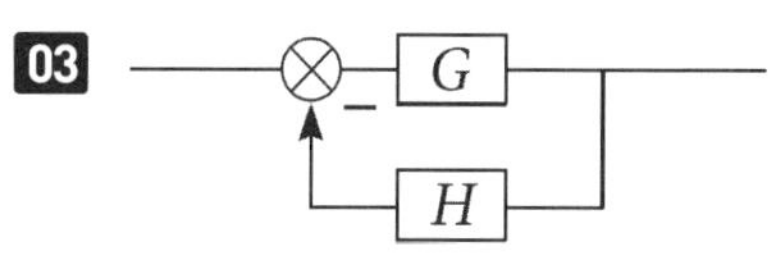

$$G(s) = \frac{G}{1+GH}$$

Chapter 15 출제예상문제

01

다음 사항 중 옳게 표현된 것은?

① 비례요소의 전달함수는 $\frac{1}{TS}$ 이다.

② 미분요소의 전달함수는 K 이다.

③ 적분요소의 전달함수는 TS 이다.

④ 1차 지연요소의 전달함수는 $\frac{K}{TS+1}$ 이다.

해설

비례요소(k), 미분요소(TS), 적분요소$\left(\frac{1}{TS}\right)$,

1차 지연요소$\left(\frac{K}{TS+1}\right)$

02

그림과 같은 액면계에서 $q(t)$ 를 입력, $h(t)$ 를 출력으로 본 전달함수는?

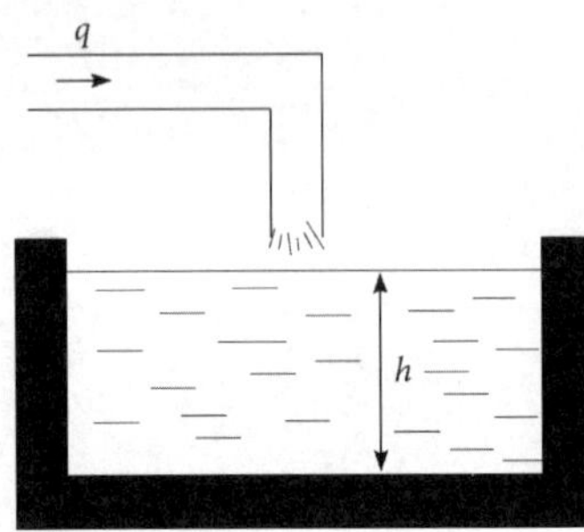

① $\frac{K}{S}$　② KS　③ $1+KS$　④ $\frac{K}{1+S}$

해설

단면적 A

$$h(t) = \frac{1}{A}\int q(t)\,dt$$

$$H(s) = \frac{1}{AS}Q(s)$$

$$\therefore\ G(s) = \frac{H(s)}{Q(s)} = \frac{1}{AS} = \frac{k}{S}$$

03

어떤 계를 표시하는 미분 방정식이 $\frac{d^2y(t)}{dt^2} + 3\frac{dy(t)}{dt} + 2y(t) = \frac{dx(t)}{dt} + x(t)$ 라고 한다. $x(t)$ 는 입력, $y(t)$ 는 출력이라고 한다면 이 계의 전달함수는 어떻게 표시되는가?

① $\frac{S^2+3S+2}{S+1}$

② $\frac{2S+1}{S^2+S+1}$

③ $\frac{S+1}{S^2+3S+2}$

④ $\frac{S^2+S+1}{2S+1}$

해설

S의 변환식

$$(S^2+3S+2)\,Y(s) = (S+1)\,X(s)$$

$$\therefore\ G(s) = \frac{Y(s)}{X(s)} = \frac{S+1}{S^2+3S+2}$$

04

$\frac{V_0(s)}{V_i(s)} = \frac{1}{S^2+3S+1}$ 의 전달함수를 미분방정식으로 표시하면?

① $\frac{d^2}{dt^2}v_0(t) + 3\frac{d}{dt}v_0(t) + v_0(t) = v_i(t)$

② $\frac{d^2}{dt^2}v_i(t) + 3\frac{d}{dt}v_i(t) + v_i(t) = v_0(t)$

③ $\frac{d^2}{dt^2}v_i(t) + 3\frac{d}{dt}v_i(t) + \int v_i(t)\,dt = v_0(t)$

④ $\frac{d^2}{dt^2}v_0(t) + 3\frac{d}{dt}v_0(t) + \int v_0(t)\,dt = v_i(t)$

정답 01 ④ 02 ① 03 ③ 04 ①

05

어떤 계의 임펄스 응답(impulse response)이 정현파 신호 $\sin t$ 일 때 이 계의 전달함수와 미분방정식을 구하면?

① $\frac{1}{S^2+1}$, $\frac{d^2y}{dt^2}+y=x$

② $\frac{1}{S^2-1}$, $\frac{d^2y}{dt^2}+2y=2x$

③ $\frac{1}{2S+1}$, $\frac{d^2y}{dt^2}-y=x$

④ $\frac{1}{2S^2-1}$, $\frac{d^2y}{dt^2}-2y=2x$

해설

$$G(s)=\frac{Y(s)}{X(s)}=\pounds\left[\frac{\sin t}{\delta(t)}\right]=\frac{\frac{1}{S^2+1}}{1}=\frac{1}{S^2+1}$$

$$\therefore\ G(s)=\frac{Y(s)}{X(s)}=\frac{1}{S^2+1}$$

$$(S^2+1)\,Y(s)=X(s)$$

$$\frac{d^2y(t)}{dt^2}+y(t)=x(t)$$

06

그림과 같은 회로의 전달함수는? (단, $v_i(t)$ 는 입력, $v_0(t)$ 는 출력 신호이다.)

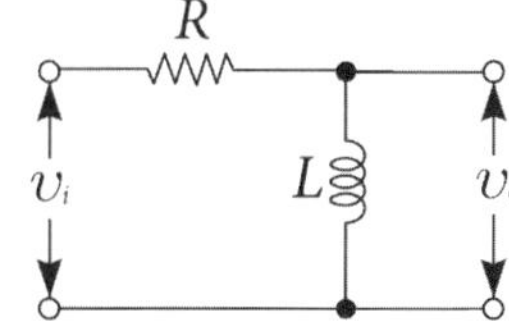

① $\frac{L}{R+LS}$ ② $\frac{LS}{R+LS}$

③ $\frac{RS}{R+LS}$ ④ $\frac{RLS}{R+LS}$

해설 Chapter 15 – 01

$$G(s)=\frac{LS}{R+LS}$$

07

그림과 같은 회로의 전달함수는? (단, $\frac{L}{R}=T$: 시정수이다.)

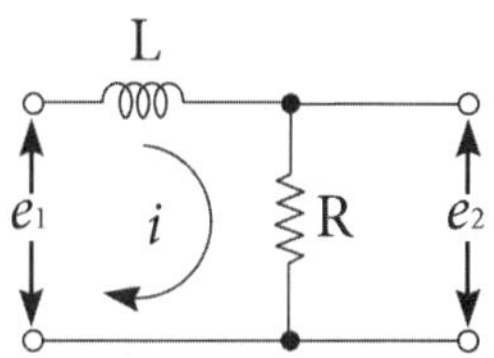

① $\frac{1}{TS^2+1}$ ② $\frac{1}{TS+1}$

③ TS^2+1 ④ $TS+1$

해설 Chapter 15 – 01

$$G(s)=\frac{R}{LS+R}\times\frac{\frac{1}{R}}{\frac{1}{R}}=\frac{1}{\frac{L}{R}S+1}=\frac{1}{TS+1}$$

08

그림과 같은 회로의 전압비 전달함수 $\frac{v_2(s)}{v_1(s)}$ 는?

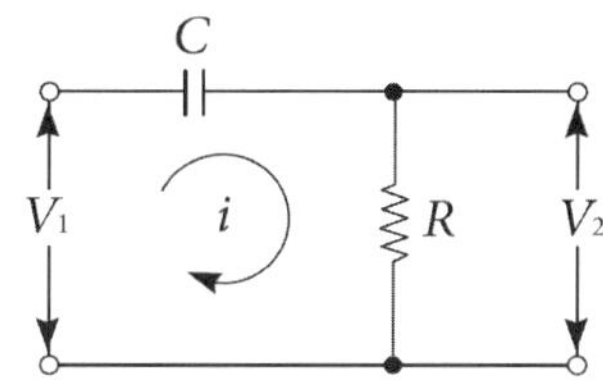

① $\frac{R}{1+RCS}$ ② $\frac{RCS}{1-RCS}$

③ $\frac{RCS}{1+RCS}$ ④ $\frac{R}{1-RCS}$

해설 Chapter 15 – 01

$$G(s)=\frac{V_2}{V_1}=\frac{R}{\frac{1}{CS}+R}\times\frac{CS}{CS}=\frac{RCS}{1+RCS}$$

정답 05 ① 06 ② 07 ② 08 ③

제4과목 ✦ 회로이론

09

그림과 같은 회로의 전달함수는? (단, $T=RC$이다.)

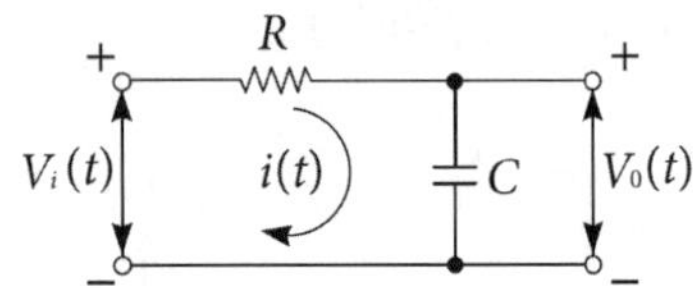

① $\dfrac{1}{TS^2+1}$　　② $\dfrac{1}{TS+1}$

③ TS^2+1　　④ $TS+1$

해설 Chapter 15 − 01

$$G(s)=\frac{\frac{1}{CS}}{R+\frac{1}{CS}}\times\frac{CS}{CS}=\frac{1}{RCS+1}$$

$$=\frac{1}{TS+1}$$

10

그림과 같은 회로의 전달함수는? (단, $T_1=R_2C$, $T_2=(R_1+R_2)C$ 이다.)

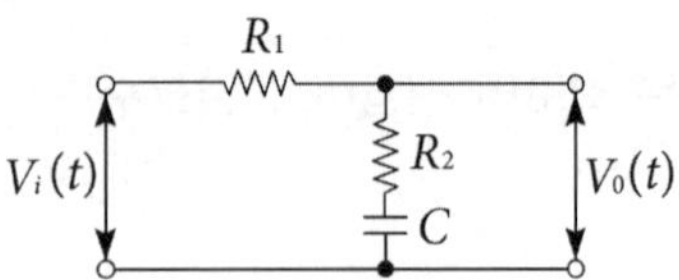

① $\dfrac{T_1}{T_2S+1}$　　② $\dfrac{T_2S}{T_1S+1}$

③ $\dfrac{T_1S+1}{T_2S+1}$　　④ $\dfrac{T_1(T_1S+1)}{T_2(T_2S+1)}$

해설 Chapter 15 − 01

11

그림과 같은 회로의 전달함수 $\dfrac{V_0(t)}{V_i(t)}$ 는?

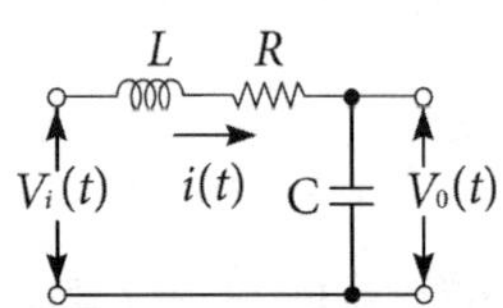

① $\dfrac{1}{LCS^2+RCS+1}$　　② $\dfrac{CS}{LCS^2+RCS+1}$

③ $\dfrac{LS}{LCS^2+RCS+1}$　　④ $\dfrac{LCS^2}{LCS^2+RCS+1}$

해설

$$G(s)=\frac{V_0}{V_i}=\frac{\frac{1}{CS}}{LS+R+\frac{1}{CS}}\times\frac{CS}{CS}$$

$$=\frac{1}{LCS^2+RCS+1}$$

12

그림과 같은 회로에서 $v_i(t)$ 를 입력 전압 $v_0(t)$ 를 출력 전압이라 할 때 전달함수는?

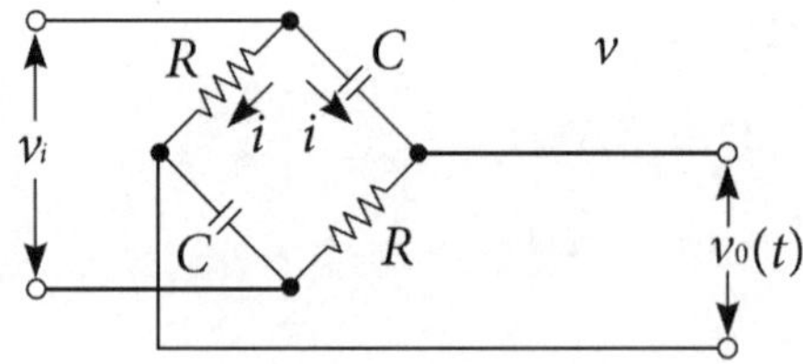

① $\dfrac{RCS-1}{RCS+1}$　　② $\dfrac{1}{RCS+1}$

③ $\dfrac{RCS+1}{RCS-1}$　　④ $\dfrac{1}{RCS-1}$

해설

$$v_i=\left(R+\frac{1}{CS}\right)\cdot I(s)$$

$$v_0=\left(R-\frac{1}{CS}\right)\cdot I(s)$$

$$G(s)=\frac{v_0}{v_i}=\frac{\left(R-\frac{1}{CS}\right)\cdot I(s)}{\left(R+\frac{1}{CS}\right)\cdot I(s)}=\frac{RCS-1}{RCS+1}$$

13

그림과 같은 회로의 전달함수 $\frac{V_0(s)}{I(s)}$ 는? (단, 초기 조건은 모두 0으로 한다.)

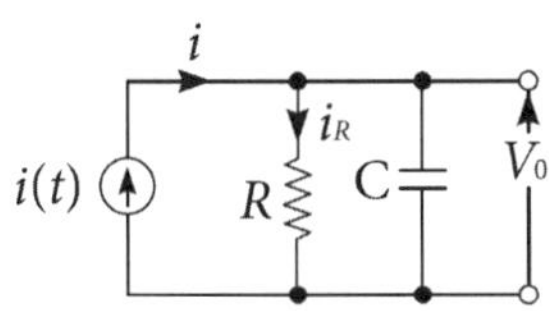

① $\frac{1}{RCS+1}$　② $\frac{R}{RCS+1}$

③ $\frac{C}{RCS+1}$　④ $\frac{RCS}{RCS+1}$

해설

$G(s) = \frac{V(s)}{I(s)} = Z(s)$ 그러나 회로는 병렬이므로,

$G(s) = \frac{1}{Y(s)}$ 이다.

$\therefore\ Y(s) = \frac{1}{R} + CS$

$G(s) = \frac{1}{\frac{1}{R}+CS} \times \frac{R}{R} = \frac{R}{RCS+1}$

14

그림과 같은 $R-L-C$ 회로망에서 입력전압을 $e_i(t)$, 출력량을 전류 $i(t)$ 로 할 때, 이 요소의 전달함수는 어느 것인가?

① $\frac{RS}{LCS^2+RCS+1}$　② $\frac{RLS}{LCS^2+RCS+1}$

③ $\frac{LS}{LCS^2+RCS+1}$　④ $\frac{CS}{LCS^2+RCS+1}$

해설

$$G(s) = \frac{i(t)}{e(t)} = Y = \frac{1}{Z} = \frac{1}{R+LS+\frac{1}{CS}} \times \frac{CS}{CS}$$
$$= \frac{CS}{LCS^2+RCS+1}$$

15

그림과 같은 계통의 전달 함수는?

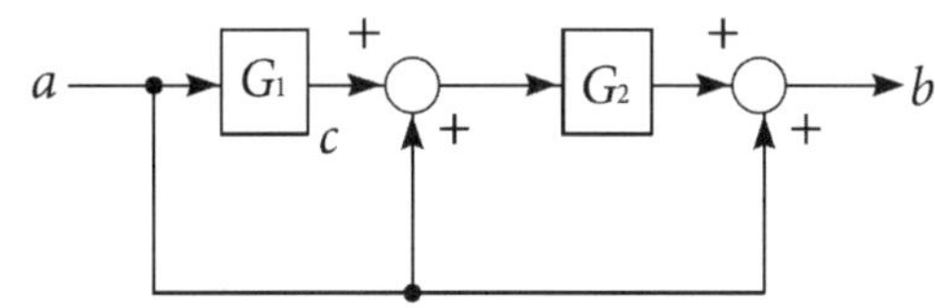

① $G_1G_2G_3+1$

② $G_1G_2+G_2+1$

③ $G_1G_2+G_2G_3$

④ $G_1G_2+G_1+1$

해설 Chapter 15 − 03

16

그림과 같은 궤환 회로의 종합 전달함수는?

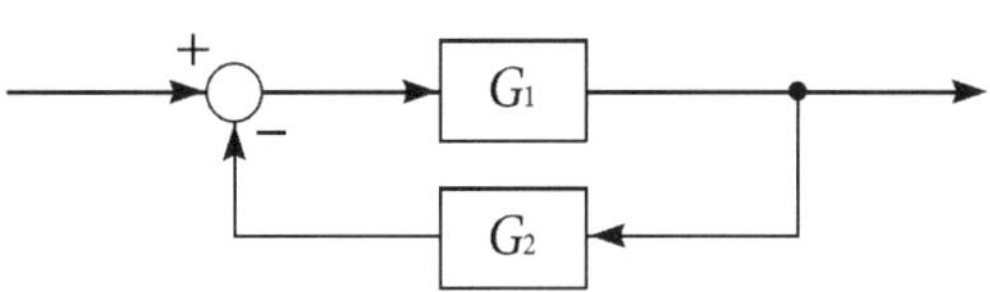

① $\frac{1}{G_1}+\frac{1}{G_2}$　② $\frac{G_1}{1-G_1G_2}$

③ $\frac{G_1}{1+G_1G_2}$　④ $\frac{G_1G_2}{1+G_1G_2}$

해설 Chapter 15 − 03

$$G(s) = \frac{G_1}{1+G_1G_2}$$

정답 13 ② 14 ④ 15 ② 16 ③

전기기사
·
산업기사
정용걸
전기기사

전기기사 필기
Electricity Technology

제 4-2 과목

제어공학

핵심이론편

자동 제어계

01 폐회로 제어계의 구성

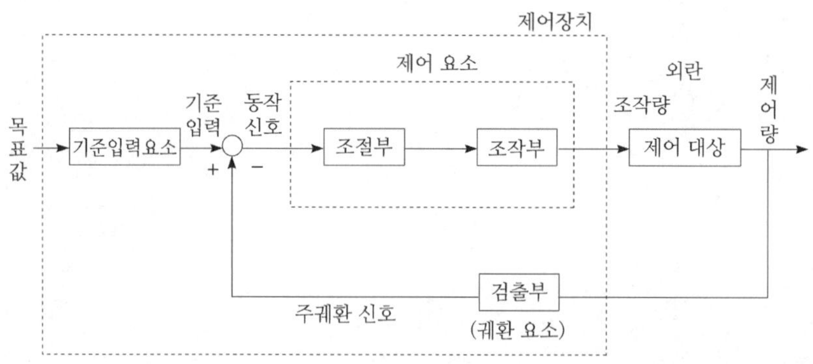

※ 동작신호 : 기준 입력과 주궤환량과의 차로서 제어계의 동작을 일으키는 원인이 되는 신호

02 자동 제어계의 분류

(1) 제어량의 종류에 따른 분류

① **서보기구** : 물체의 위치, 방위, 자세 등의 기계적인 변위를 제어량으로 하는 제어계

ex 비행기, 선박 방향제어계, 추적용레이더, 자동평형기록계

② **프로세서 제어** : 온도, 유량, 압력, 밀도, 액위, 농도 등의 공업 프로세서의 상태량을 제어량으로 하는 제어계

ex 온도, 압력제어장치

③ **자동조정** : 전압, 전류, 속도, 주파수 등을 제어량으로 하는 것

ex 발전기의 조속기제어, 정전압장치

(2) 제어량의 성질에 따른 분류

① **정치제어** : 목표값이 시간에 대하여 변화하지 않는 제어로서 프로세스 제어 또는 자동조정이 이에 속한다.

② **추치제어**

㉮ 프로그램제어 : 미리 정해진 프로그램에 따라 제어량을 변화시키는 것을 목적

ex 열차의 무인운전, 무조정사인 엘리베이터

㈏ 추종제어 : 미지의 임의의 시간적 변화를 하는 목표값에 제어량을 추종시키는 것을 목적

ex 대공포의 포신제어, 자동아날로그 선반 등

㈐ 비율제어 : 목표값이 다른 양과 일정한 비율관계를 가지고 변화하는 경우의 제어

ex 보일러자동연소제어, 암모니아 합성프로세스제어

(3) 제어동작에 따른 분류

① **ON-OFF동작** : 사이클링(cycling), 오프셋(잔류편차)을 일으킴, 불연속 제어

② **비례동작(P동작)** : 사이클링은 없으나 오프셋(잔류편차)을 일으킴

③ **적분동작(I동작)** : 오프셋(잔류편차)을 소멸시킴

④ **미분동작(D동작)** : 오차가 커지는 것을 미연에 방지

⑤ **비례적분동작(PI동작)** : 제어결과가 진동하기 쉽다.

전달함수 $G(s) = K_p\left(1 + \frac{1}{T_i s}\right)$

⑥ **비례미분동작(PD동작)** : 속응성을 개선한다.

전달함수 $G(s) = K_p(1 + T_d s)$

⑦ **비례적분미분동작(PID동작)** : 정상특성과 응답속응성을 동시에 개선한다.

전달함수 $G(s) = K_p\left(1 + T_d s + \frac{1}{T_i s}\right)$

단, 여기서 K_p : 비례감도

T_d : 미분시간 = 레이트시간

T_i : 적분시간

출제예상문제

01

다음 그림 중 ①에 알맞은 신호 이름은?

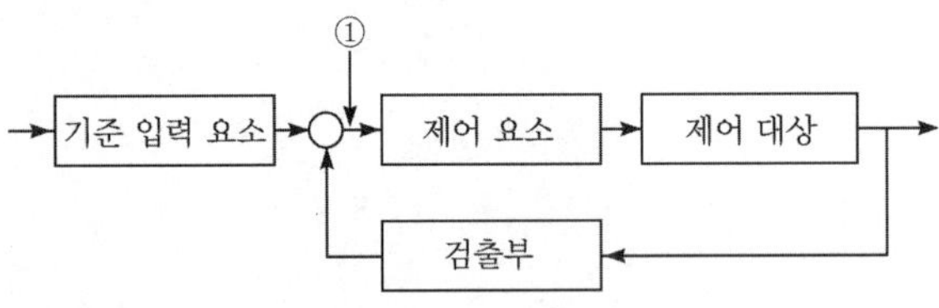

① 기준입력　　② 동작신호
③ 조작량　　④ 제어량

해설 Chapter 01 – 01
동작 신호 : 기준입력요소를 제어요소로 변환하여 주는 신호

02

제어요소는 무엇으로 구성되는가?

① 비교부와 검출부
② 검출부와 조작부
③ 검출부와 조절부
④ 조절부와 조작부

해설 Chapter 01 – 01
제어요소 : 조절부, 조작부
Tip 절부와 작부

03

제어요소가 제어대상에 주는 양은?

① 기준 입력　　② 동작 신호
③ 제어량　　④ 조작량

해설 Chapter 01 – 01
자동차를 예로 든다면 연료를 의미하는 것이다.

04

다음 요소 중 피드백 제어계의 제어장치에 속하지 않는 것은?

① 설정부　　② 조절부
③ 검출부　　④ 제어대상

해설 Chapter 01 – 01
01의 그림에서처럼 제어대상은 제어장치의 외부에 존재한다.

05

피드백 제어에서 반드시 필요한 장치는 어느 것인가?

① 구동 장치
② 응답속도를 빠르게 하는 장치
③ 안정도를 좋게 하는 장치
④ 입력과 출력을 비교하는 장치

해설
비교부가 있어야만 오차를 정정할 수 있다.

06

피드백 제어계의 특징이 아닌 것은?

① 정확성이 증가한다.
② 대역폭이 증가한다.
③ 구조가 간단하고 설치비가 저렴하다.
④ 계의 특성 변화에 대한 입력대 출력비의 감도가 감소한다.

해설
구조가 복잡하며 초기 설치비가 많이 든다.

정답 01 ② 02 ④ 03 ④ 04 ④ 05 ④ 06 ③

07

피드백 제어계에서 제어요소에 대한 설명 중 옳은 것은?

① 목표값에 비례하는 신호를 발생하는 요소이다.
② 조작부와 검출부로 구성되어 있다.
③ 조절부와 검출부로 구성되어 있다.
④ 동작신호를 조작량으로 변환하는 요소이다.

해설 Chapter 01 – 01

Tip [1-1]의 블록다이어그램 표를 꼭 기억할 것!!

08

다음 용어 설명 중 옳지 않은 것은?

① 목표값을 제어할 수 있는 신호로 변환하는 장치를 기준 입력 장치
② 목표값을 제어할 수 있는 신호로 변환하는 장치를 조작부
③ 제어량을 설정값과 비교하여 오차를 계산하는 장치를 오차 검출기
④ 제어량을 측정하는 장치를 검출단

해설 Chapter 01 – 01

조작부 : 제어명령을 증폭시켜 직접 제어대상을 제어하는 부분

09

다음은 D.C 서보 전동기(D.C servo motor)의 설명이다. 틀린 것은?

① D.C 서보 전동기는 제어용의 전기적 동력으로 주로 사용된다.
② 이 전동기는 평형형 지시 계기의 동력용으로 많이 쓰인다.
③ 모터의 회전각과 속도는 펄스 수에 비례한다.
④ 피드백이 필요치 않아 제어계가 간단하고 염가이다.

해설

서보 전동기의 속도는 입력전압에 비례한다.

10

인가 직류 전압을 변화시켜서 전동기의 회전수를 800[rpm]으로 하고자 한다. 이 경우 회전수는 어느 용어에 해당하는가?

① 목표값 ② 조작량
③ 제어량 ④ 제어대상

해설

제어량(=출력) : 제어 대상의 물리량 값

11

전기로의 온도를 900[℃]로 일정하게 유지시키기 위하여, 열전온도계의 지시값을 보면서 전압조정기로 전기로에 대한 인가전압을 조절하는 장치가 있다. 이 경우 열전온도계는 어느 용어에 해당하는가?

① 검출부 ② 조작량
③ 조작부 ④ 제어량

해설

제어량의 값이 소정의 상태에 따라 신호를 발생하는 부분을 검출부라 한다.

12

자동조정계가 속하는 제어계는?

① 추종제어 ② 정치제어
③ 프로그램 제어 ④ 비율제어

해설 Chapter 01 – 02 – (2)

정치제어 : 목표값이 시간에 따라 변화하지 않는 제어

13

자동제어의 추치제어 3종이 아닌 것은?

① 프로세스 제어 ② 추종제어
③ 비율제어 ④ 프로그램 제어

정답 07 ④ 08 ② 09 ③ 10 ③ 11 ① 12 ② 13 ①

제4과목 ✦ 제어공학

해설 Chapter 01 – 02 – (2)
프로세스 제어는 목표값이 변화하지 않는 정치제어

14

피드백 제어계 중 물체의 위치, 방위, 자세 등의 기계적 변위를 제어량으로 하는 것은?

① 서보 기구 ② 프로세스 제어
③ 자동 조정 ④ 프로그램 제어

해설 Chapter 01 – 02 – (1)
서보 기구 : 물체의 위치·방위·자세 등을 제어, 목표값이 임의의 변화에 추종한다.

15

제어계를 동작시키는 기준으로서 직접 제어계에 가해지는 신호는?

① 기준 입력 신호 ② 동작 신호
③ 조절 신호 ④ 주 피드백 신호

16

자동 제어 분류에서 제어량에 의한 분류가 아닌 것은?

① 서보 기구 ② 프로세스 제어
③ 자동 조정 ④ 정치 제어

해설 Chapter 01 – 02
1) 제어량의 종류에 의한 분류 : 서보, 프로세스, 자동조정
2) 제어량의 성질에 의한 분류 : 정치, 추치 제어

17

열차의 무인 운전을 위한 제어는 어느 것에 속하는가?

① 정치 제어 ② 추종 제어
③ 비율 제어 ④ 프로그램 제어

해설 Chapter 01 – 02 – (2)
프로그램 제어 : 미리 정해진 프로그램에 따라 제어량을 변화시키는 것을 목적으로 하는 제어

18

프로세스 제어의 제어량이 아닌 것은?

① 물체의 자세 ② 액위면
③ 유량 ④ 온도

해설 Chapter 01 – 02 – (1)
프로세스 제어의 제어량 : 압력·온도·유량·액면·밀도·농도 등

19

목표값이 미리 정해진 시간적 변화를 하는 경우 제어량을 그것에 추종시키기 위한 제어는?

① 프로그래밍 제어 ② 정치 제어
③ 추종 제어 ④ 비율 제어

해설 Chapter 01 – 02 – (2)
프로그램 제어 : 미리 정해진 프로그램에 따라 제어량을 변화시키는 것을 목적으로 하는 제어

20

연속식 압연기의 자동 제어는 다음 중 어느 것인가?

① 정치 제어 ② 추종 제어
③ 프로그래밍 제어 ④ 비례 제어

해설 Chapter 01 – 02 – (2)
목표값이 항상 일정해야 한다.

정답 14 ① 15 ① 16 ④ 17 ④ 18 ① 19 ① 20 ①

21

무조종사인 엘리베이터의 자동 제어는?

① 정치 제어 ② 추종 제어
③ 프로그래밍 제어 ④ 비율 제어

해설 Chapter 01 – 02 – (2)
프로그램 제어 : 미리 정해진 프로그램에 따라 제어량을 변화시키는 것을 목적으로 하는 제어

22

다음의 제어량에서 추종제어에 속하지 않는 것은?

① 유량 ② 위치
③ 방위 ④ 자세

해설 Chapter 01 – 02 – (1)
추종제어의 제어량 : 위치・방위・자세・각도

23

서보 기구에서 직접 제어되는 제어량은 주로 어느 것인가?

① 압력, 유량, 액위, 온도
② 수분, 화학성분
③ 위치, 각도
④ 전압, 전류, 회전속도, 회전력

해설 Chapter 01 – 02 – (1)
추종제어의 제어량 : 위치・방위・자세・각도

24

동작 중 속응도와 정상 편차에서 최적 제어가 되는 것은?

① PI동작 ② P동작
③ PD동작 ④ PID동작

해설 Chapter 01 – 02 – (3)
PID제어(비례 미분 적분 제어)는 정상 편차・응답 속응성에서 최적이다.

25

잔류 편차가 있는 제어계는?

① 비례 제어계(P 제어계)
② 적분 제어계(I 제어계)
③ 비례 적분 제어계(PI 제어계)
④ 비례 적분 미분 제어계(PID 제어계)

해설 Chapter 01 – 02 – (3)
비례 제어(P 제어)에서는 잔류 편차(off set)를 피할 수 없다.

26

off-set를 제거하기 위한 제어법은?

① 비례제어 ② 적분제어
③ on-off 제어 ④ 미분제어

해설 Chapter 01 – 02 – (3)
적분제어(I 제어) : 잔류 편차 제거에 탁월하다.

27

비례 적분 제어 동작의 특징에 해당하는 것은?

① 간헐 현상이 있다.
② 응답의 안정성이 작다.
③ 잔류 편차가 생긴다.
④ 응답의 진동 시간이 길다.

해설 Chapter 01 – 02 – (3)
비례 적분 제어 : 잔류 편차가 없으나 간헐 현상이 생긴다.

정답 21 ③ 22 ① 23 ③ 24 ④ 25 ① 26 ② 27 ①

28

진동이 일어나는 장치의 진동을 억제시키는 데 가장 효과적인 제어 동작은?

① on-off 동작　② 비례 동작
③ 미분 동작　④ 적분 동작

해설 Chapter 01 – 02 – (3)
미분제어 : 진동억제에 탁월하다.

29

정상 특성과 응답 속응성을 동시에 개선시키려면, 다음 어느 제어를 사용해야 하는가?

① P 제어　② PI 제어
③ PD 제어　④ PID 제어

해설 Chapter 01 – 02 – (3)
PID 제어 : 최적 제어로서 정상특성에 응답 속응성을 동시에 개선한다.

30

PID 동작은 어느 것인가?

① 사이클링과 오프셋이 제거되고 응답속도가 빠르며 안정성이 있다.
② 응답속도를 빨리 할 수 있으나 오프셋은 제거되지 않는다.
③ 오프셋은 제거되나 제어 동작에 큰 부동작 시간이 있으면 응답이 늦어진다.
④ 사이클링을 제거할 수 있으나 오프셋이 생긴다.

해설 Chapter 01 – 02 – (3)
PID 제어 : 최적 제어

31

PI 제어 동작은 프로세스 제어계의 지상 특성 개선에 흔히 쓰인다. 이것에 대응하는 보상 요소는?

① 지상 보상 요소
② 진상 보상 요소
③ 지진상 보상 요소
④ 동상 보상 요소

해설 Chapter 01 – 02 – (3)
① PD 제어 : 속응성 개선, 진상 보상 요소
② PI 제어 : 정상특성 개선, 지상 보상 요소

32

시퀀스 제어에서, 다음 중 틀린 말은?

① 조합논리회로도 사용된다.
② 기계적 계전기도 사용된다.
③ 전체 계통에 연결된 스위치가 일시에 동작할 수도 있다.
④ 시간 지연 요소도 사용된다.

해설
순차제어로서 일시에 동작하지 않는다.

33

제어계에 가장 많이 이용되는 전자요소는?

① 증폭기　② 변조기
③ 주파수 변환기　④ 가산기

해설
연산 증폭기는 적분기, 미분기, 부호 변환기, 스케일 변환기, 가산기, 전압·전류 변환기 등에 이용된다.

정답 28 ③ 29 ④ 30 ① 31 ① 32 ③ 33 ①

34

연산 증폭기(op-amp)의 응용 회로가 아닌 것은?

① 디지털 반가산 증폭기
② 아날로그 가산 증폭기
③ 적분기
④ 미분기

해설
반가산 증폭기에는 응용되지 않는다.

35

비교기록용 오차검출기로 주로 사용되는 증폭기는?

① 완충 증폭기
② 연산 증폭기
③ 전력 증폭기
④ 차동 증폭기

해설
비교기록 오차검출기로 차동 증폭기가 널리 쓰인다.

36

일반적으로 선형 제어계의 주파수 특성은?

① 저주파 여파기 특성
② 중간 주파 여파기 특성
③ 대역 주파 여파기 특성
④ 고주파 여파기 특성

37

변위 → 압력으로 변환시키는 장치는?

① 벨로우즈 ② 가변저항기
③ 다이어프램 ④ 유압분사관

38

변위 → 전압 변환 장치는?

① 벨로우즈 ② 노즐 플래퍼
③ 서미스터 ④ 차동변압기

39

다음 중 온도를 전압으로 변환시키는 요소는?

① 열전대 ② 차동변압기
③ 측온저항 ④ 광전지

40

PD 조절기와 전달함수 $G(s) = 1.02 + 0.002S$ 의 영점은?

① -510 ② $-1,020$
③ 510 ④ $1,020$

해설
$1.02 + 0.002S = 0 \quad \therefore S = -510$

41

PD 제어 동작은 공정 제어계의 무엇을 개선하기 위하여 쓰이고 있는가?

① 정연성 ② 속응성
③ 안정성 ④ 이득

해설 Chapter 01 – 02 – (3)
PD 제어는 응답속응성이 개선된다.

정답 34 ① 35 ④ 36 ① 37 ④ 38 ④ 39 ① 40 ① 41 ②

42

비례 적분 동작을 하는 PI 조절계의 전달 함수는?

① $K_p\left(1+\frac{1}{T_iS}\right)$　② $K_p+\frac{1}{T_iS}$

③ $1+\frac{1}{T_iS}$　④ $\frac{K_p}{T_iS}$

해설 Chapter 01 – 02 – (3)

43

적분 시간이 2분, 비례 감도가 5인 PI 조절계의 전달 함수는?

① $\frac{1+5S}{0.4S}$　② $\frac{1+2S}{0.4S}$

③ $\frac{1+5S}{2S}$　④ $\frac{1+0.4S}{2S}$

해설 Chapter 01 – 02 – (3)

$$G(s) = K_p\left(1+\frac{1}{T_iS}\right) = 5\left(1+\frac{1}{2S}\right)$$

$$= 5+\frac{5}{2S} = \frac{10S+5}{2S}\times\frac{0.2}{0.2}$$

$$= \frac{2S+1}{0.4S}$$

44

어떤 자동 조절기의 전달 함수에 대한 설명 중 옳지 않은 것은?

$$G(s) = K_p\left(1+\frac{1}{T_iS}+T_dS\right)$$

① 이 조절기는 비례 – 적분 – 미분 동작 조절기이다.

② K_p를 비례 감도라고도 한다.

③ T_d는 미분시간 또는 레이트시간이라 한다.

④ T_i는 리셋이다.

해설

T_i : 적분시간

45

조작량 $y(t)$가 다음과 같이 표시되는 PID 동작에서 비례 감도, 적분시간, 미분시간은?

$$y(t) = 4z(t)+1.6\frac{d}{dt}z(t)+\int z(t)dt$$

① 2, 0.4, 4　② 2, 4, 0.4

③ 4, 4, 0.4　④ 4, 0.4, 4

해설 Chapter 01 – 02 – (3)

$$Y(s) = \left(4+1.6S+\frac{1}{S}\right)Z(s)$$

$$\therefore\ G(s) = \frac{Y(s)}{Z(s)} = 4\left(1+0.4S+\frac{1}{4}S\right)$$

$$\therefore\ K_p = 4$$

$$T_i = 4$$

$$T_d = 0.4$$

정답 42 ① 43 ② 44 ④ 45 ③

Chapter 02

라플라스 변환

01 $\mathcal{L}[f(t)] = \int_0^{\infty} f(t) \cdot e^{-st} dt = F(s)$: 라플라스의 정의

① $\mathcal{L}[1] = \int_0^{\infty} 1 \cdot e^{-st} dt = \frac{1}{-S}\left[e^{st}\right]_0^{\infty}$

$= -\frac{1}{S}[0-1]$

$= \frac{1}{S}$

② $\mathcal{L}[t] = \int_0^{\infty} t \cdot e^{st} dt$

$$\int u\frac{dv}{dx}dx = u \cdot v - \int \frac{du}{dx} \cdot vdx$$

$$= \left[t \cdot \left(-\frac{1}{S}\right)e^{-st}\right]_0^{\infty} - \int_0^{\infty} 1 \cdot \left(-\frac{1}{S}\right)e^{st}dt$$

$$= -\left(-\frac{1}{S}\right)\int_0^{\infty} e^{-st}dt$$

$$= -\left(-\frac{1}{S}\right)^2\left[e^{-st}\right]_0^{\infty}$$

$$= -\left(-\frac{1}{S}\right)^2[0-1]$$

$$= \frac{1}{S^2}$$

③ $\mathcal{L}[e^{-at}] = \int_0^{\infty} e^{-et} \cdot e^{-st}dt$

$$= \int_0^{\infty} e^{-(s+a)t}dt$$

$$= \left[-\frac{1}{(S+a)}e^{-(s+a)t}\right]_0^{\infty}$$

$$= \frac{1}{-(S+a)}[0-1]$$

$$\boxed{= \frac{1}{S+a}}$$

(1) $\mathcal{L}[t^n] = \dfrac{n!}{S^{n+1}}(4! = 4\times3\times2\times1)$

ex 1) $\mathcal{L}[1] = \mathcal{L}[t^\circ] = \dfrac{0!}{S^{0+1}} = \dfrac{1}{s}$

ex 2) $\mathcal{L}[t] = \dfrac{1!}{S^{1+1}} = \dfrac{1}{S^2}$

ex 3) $\mathcal{L}[3t^2] = 3\times\dfrac{2!}{S^{2+1}} = \dfrac{6}{S^3}$

(2) $\mathcal{L}[t\cdot e^{-at}] = \dfrac{1}{S^2}\Big|_{s=s+a} = \dfrac{1}{(S+a)^2}$

ex $\mathcal{L}[t\cdot e^{at}] = \dfrac{1}{S^2}\Big|_{s=s-a} = \dfrac{1}{(S-a)^2}$

※ $\sin\omega t = \dfrac{e^{j\omega t}-e^{-j\omega t}}{2j}$ → sin 함수를 지수함수로 나타낸 것

$\cos\omega t = \dfrac{e^{j\omega t}+e^{-j\omega t}}{2}$ → cos 함수를 지수함수로 나타낸 것

(3) $$\begin{aligned}\mathcal{L}[\sin\omega t] &= \mathcal{L}\left[\frac{e^{j\omega t}-e^{-j\omega t}}{2j}\right]\\ &= \frac{1}{2j}\left[\int_0^\infty (e^{j\omega t}-e^{-j\omega t})\cdot e^{-st}dt\right]\\ &= \frac{1}{2j}\left[\int_0^\infty e^{-(s-j\omega)t}dt - \int_0^\infty e^{-(s+j\omega)t}dt\right]\\ &= \frac{1}{2j}\left[\frac{1}{S-j\omega}-\frac{1}{S+j\omega}\right] = \frac{\omega}{S^2+\omega^2}\end{aligned}$$

ex $\mathcal{L}[e^{-at}\sin\omega t]$

$= \dfrac{w}{S^2+w^2}\Big|_{s=s+a}$

$= \dfrac{\omega}{(S+a)^2+\omega^2}$

(4) $\mathcal{L}\,[\cos\omega t] = \mathcal{L}\left[\dfrac{e^{j\omega t}+e^{-j\omega t}}{2}\right]$

$$= \frac{1}{2}\left[\int_0^{\infty}(e^{j\omega t}+e^{-j\omega t})\cdot e^{-st}dt\right]$$

$$= \frac{1}{2}\left[\int_0^{\infty}e^{-(s-j\omega)t}dt+\int_0^{\infty}e^{-(s+j\omega)t}dt\right]$$

$$= \frac{1}{2}\left[\frac{1}{S-j\omega}+\frac{1}{S+j\omega}\right]$$

$$= \boxed{\frac{s}{S^2+\omega^2}}$$

(5) $\boxed{\mathcal{L}\,[u(t-a)] = \dfrac{1}{S}e^{-as}}$

ex 1)

$f(t) = u(t)$

$F(s) = \dfrac{1}{S}$

ex 2)

$f(t) = u(t-a)$

$F(s) = \dfrac{1}{S}e^{-as}$

ex 3)

$f(t) = u(t) - u(t-a)$

$F(s) = \dfrac{1}{S} - \dfrac{1}{S}e^{-as}$

ex 4)

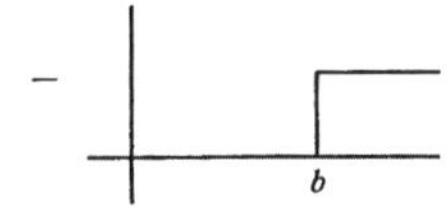

$f(t) = u(t-a) - u(t-b)$

$F(s) = \dfrac{1}{S}e^{-as} - \dfrac{1}{S}e^{-bs}$

$= \dfrac{1}{S}\left(e^{-as} - e^{-bs}\right)$

(6)

$$\mathcal{L}\left[\frac{d}{dt}f(t)\right] = S \cdot F(s) - f(0)$$

$$\mathcal{L}\left[\int f(t)dt\right] = \frac{F(s)}{S} + \frac{f'(0)}{S}$$

(7)

초기값 정리 : $\lim_{t \to 0} f(t) = \lim_{s \to \infty} S \cdot F(s)$

최종값 정리 : $\lim_{t \to \infty} f(t) = \lim_{s \to 0} S \cdot F(s)$

(8)

$$\mathcal{L}\left[t^n f(t)\right] = (-1)^n \cdot \frac{d^n}{dS^n} F(s)$$

ex $\mathcal{L}\left[t \cdot \sin\omega t\right]$

$$= (-1) \cdot \frac{d}{dS}\left(\frac{\omega}{S^2 + \omega^2}\right)$$

$$= (-1) \cdot \frac{\omega'(S^2+\omega^2) - \omega(S^2+\omega^2)}{(S^2+\omega^2)^2}$$

$$= (-1) \cdot \frac{0 - 2\omega S}{(S^2+\omega^2)^2}$$

$$= \frac{2\omega S}{(S^2+\omega^2)^2}$$

ex $\mathcal{L}\left[t \cdot \cos\omega t\right] = (-1)\frac{d}{dS}\left(\frac{S}{S^2+\omega^2}\right)$

$$= (-1)\frac{S'(S^2+\omega^2) - S(S^2+\omega^2)'}{(S^2+\omega^2)^2}$$

$$= \frac{S^2 - \omega^2}{(S^2+\omega^2)^2}$$

02 라플라스 역변환

(1) 인수분해 가능(부분 분수 → 지수 함수)

$$F(s) = \frac{1}{S^2+3S+2} = \frac{1}{(S+1)(S+2)}$$

$$= \frac{k_1}{S+1} + \frac{k_2}{S+2} = \frac{1}{S+1} - \frac{1}{S+2}$$

$$k_1 = F(s) \times (S+1) \mid_{s=-1}$$
$$= \frac{1}{(S+1)(S+2)} \times (S+1) \Big|_{s=-1} = 1$$
$$k_2 = F(s) \times (S+2) \mid_{s=-2}$$
$$= \frac{1}{(S+1)(S+2)} \times (S+2) \Big|_{s=-2} = -1$$
$$f(t) = k_1 \cdot e^{-t} + k_2 \cdot e^{-2t}$$
$$= e^{-t} - e^{-2t}$$

(2) 인수분해 불가능(완전 제곱꼴 → sin 함수, → cos 함수)

ex $F(s) = \dfrac{1}{S^2+2S+2} = \dfrac{1}{(S+1)^2+1^2}$

$\therefore f(t) = \sin t e^{-t}$

ex $F(s) = \dfrac{2S+3}{S^2+2S+2} = \dfrac{2(S+1)+1}{(S+1)^2+1^2}$

$= \dfrac{2(S+1)}{(S+1)^2+1} + \dfrac{1}{(S+1)^2+1^2}$

$\therefore f(t) = 2 \cdot \cos t \cdot e^{-t} + \sin t \cdot e^{-t}$

(3) 중근(부분 분수)

$$F(s) = \frac{1}{S(S+1)^2}$$
$$= \frac{k_1}{S} + \frac{k_2}{(S+1)^2} + \frac{k_3}{S+1}$$
$$k_1 = F(s) \times S \mid_{s=0} = 1$$
$$k_2 = F(s) \times (S+1)^2 \mid_{s=-1} = -1$$
$$k_3 = [F(s) \times (S+1)^2] \frac{d}{dS} \ {}_{s=-1} = -\frac{1}{S^2} \ {}_{s=-1} = -1$$
$$\therefore = \frac{1}{S} + \frac{-1}{(S+1)^2} + \frac{-1}{S+1}$$
$$k_3 = -k_1$$
$$f(t) = 1 - t \cdot e^{-t} - e^{-t}$$

제4과목 ✦ 제어공학

출제예상문제

01

그림과 같은 직류 전압의 라플라스 변환을 구하면?

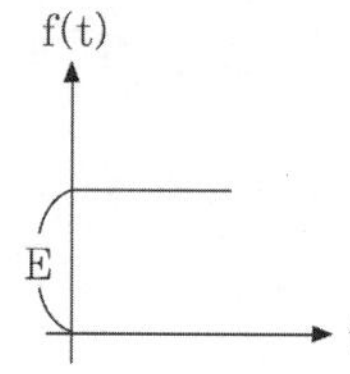

① $\dfrac{E}{S-1}$　② $\dfrac{E}{S+1}$

③ $\dfrac{E}{S}$　④ $\dfrac{E}{S^2}$

해설

$\mathcal{L}[E \cdot u(t)] = \dfrac{E}{s}$

02

$f(t) = t^2$의 라플라스 변환은?

① $\dfrac{2}{S}$　② $\dfrac{2}{S^2}$　③ $\dfrac{2}{S^3}$　④ $\dfrac{2}{S^4}$

해설

$\mathcal{L}[t^2] = \dfrac{2!}{S^{2+1}} = \dfrac{2}{S^3}$

03

$\cos wt$의 라플라스 변환은?

① $\dfrac{S}{S^2-w^2}$　② $\dfrac{S}{S^2+w^2}$

③ $\dfrac{w}{S^2-w^2}$　④ $\dfrac{w^2}{S^2+w^2}$

해설

$\mathcal{L}[\cos wt] = \dfrac{S}{S^2+w^2}$

04

$f(t) = 1 - e^{-at}$의 라플라스 변환은? (단, a는 상수이다.)

① $u(s) - e^{-as}$　② $\dfrac{2S+a}{S(S+a)}$

③ $\dfrac{a}{S(S+a)}$　④ $\dfrac{a}{S(S-a)}$

해설

$f(t) = 1 - e^{-at}$

$$F(s) = \frac{1}{S} - \frac{1}{S}\bigg|_{s=S+a} = \frac{1}{S} - \frac{1}{S+a} = \frac{a}{S(S+a)}$$

05

그림과 같이 표시되는 파형을 함수로 표시하는 식은?

① $3u(t) - u(t-2)$

② $3u(t) - 3u(t-2)$

③ $3u(t) + 3u(t-2)$

④ $3u(t+2) - 3u(t)$

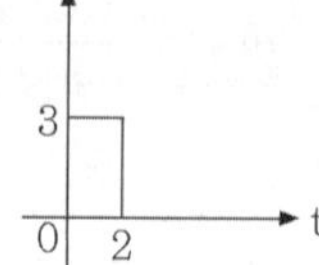

06

함수 $f(t) = te^{at}$를 옳게 라플라스 변환시킨 것은?

① $F(s) = \dfrac{1}{(S-a)^2}$

② $F(s) = \dfrac{1}{S-a}$

③ $F(s) = \dfrac{1}{S(S-a)}$

④ $F(s) = \dfrac{1}{S(S-a)^2}$

정답 01 ③　02 ③　03 ②　04 ③　05 ②　06 ①

해설

$$\mathcal{L}(t \cdot e^{at}) = \frac{1}{S^2}\Big|_{s=s-a}$$

$$= \frac{1}{(S-a)^2}$$

07

$e^{-2t}\cos 3t$의 라플라스 변환은?

① $\frac{S+2}{(S+2)^2+3^2}$ ② $\frac{S-2}{(S-2)^2+3^2}$

③ $\frac{S}{(S+2)^2+3^2}$ ④ $\frac{S}{(S-2)^2+3^2}$

$$\mathcal{L}(e^{-2t} \cdot \cos 3t) = \frac{S}{S^2+3^2}\Big|_{s=s+2}$$

$$= \frac{S+2}{(S+2)^2+3^2}$$

08

$f(t) = \sin(wt+\theta)$의 라플라스 변환은?

① $\frac{w\sin\theta}{S^2+w^2}$ ② $\frac{2S+1}{(S+1)^2}$

③ $\frac{\cos\theta+\sin\theta}{S^2+w^2}$ ④ $\frac{w\cos\theta+s\sin\theta}{S^2+w^2}$

해설

$$f(t) = \sin(\omega t+\theta) = \sin\omega t\cos\theta + \cos\omega t\sin\theta$$

$$F(s) = \frac{\omega\cos\theta}{S^2+\omega^2} + \frac{S\sin\theta}{S^2+\omega^2} = \frac{\omega\cos\theta+S\sin\theta}{S^2+\omega^2}$$

09

$\mathcal{L}[\cos(10t-30^\circ)\cdot u(t)]$는?

① $\frac{S+1}{S^2+100}$ ② $\frac{S+30}{S^2+100}$

③ $\frac{0.866s}{S^2+100}$ ④ $\frac{0.866s+5}{S^2+100}$

해설

$$\mathcal{L}(\cos(10t-30^\circ)\cdot u(t))$$

$$= \mathcal{L}(\cos 10t \cdot \cos 30^\circ + \sin 10t \cdot \sin 30^\circ)$$

$$= \frac{\sqrt{3}}{2} \cdot \frac{S}{S^2+10^2} + \frac{1}{2} \cdot \frac{10}{S^2+10^2}$$

$$= \frac{0.866s+5}{S^2+10^2}$$

10

$f(t) = \mathcal{L}[e^{-4t}\cos(10t-30^\circ)\cdot u(t)]$는?

① $\frac{0.866S+10}{(S+4)^2+100}$ ② $\frac{0.866S+5}{(S+4)^2+100}$

③ $\frac{0.866(S+4)+5}{(S+4)^2+100}$ ④ $\frac{0.866S+5}{S^2+100}$

해설

$$f(t) = \frac{0.866S+5}{S^2+10^2}\Big|_{s=s+4}$$

$$= \frac{0.866(S+4)+5}{(S+4)^2+10^2}$$

11

그림과 같은 RAMP함수의 Laplace 어느 것인가?

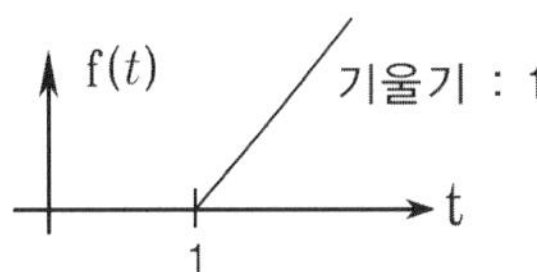

① $e^{s}\cdot\frac{1}{S^2}$ ② $e^{-s}\cdot\frac{1}{S^2}$

③ $e^{2s}\cdot\frac{1}{S^2}$ ④ $e^{-2s}\cdot\frac{1}{S^2}$

정답 07 ① 08 ④ 09 ④ 10 ③ 11 ②

제4과목 ✦ 제어공학

12

다음 파형의 Laplace 변환은?

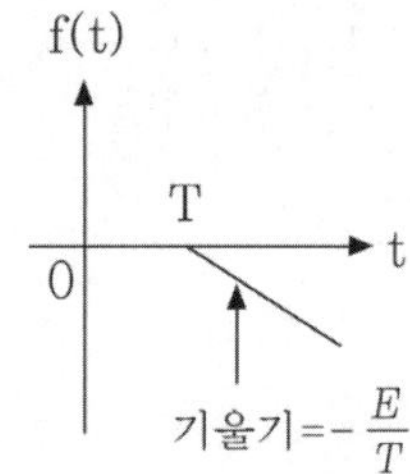

① $\frac{E}{T}e^{-Ts}$
② $-\frac{E}{TS}e^{-Ts}$
③ $-\frac{E}{TS^2}e^{-Ts}$
④ $\frac{E}{TS^2}e^{-Ts}$

13

$F(s)=\frac{1}{S(S-1)}$ 의 라플라스 역변환은?

① $1-e^t$
② $1-e^{-t}$
③ e^t-1
④ $e^{-t}-1$

해설

$$F(s)=\frac{1}{S(S-1)}=\frac{k_1}{S}+\frac{k_2}{S-1}$$

$$k_1=F(s)\times S|_{s=0}=\left.\frac{1}{S-1}\right|_{s=0}=-1$$

$$k_2=F(s)\times(S-1)|_{s=1}=\left.\frac{1}{S}\right|_{s=0}=1$$

$$F(s)=\frac{-1}{S}+\frac{1}{S-1}$$

그러므로
$F(t)=-1+e^t$

14

$\mathcal{L}^{-1}\left(\frac{S}{(S+1)^2}\right)$ 는?

① $e^{-t}-te^{-t}$
② $e^{-t}-2te^{-t}$
③ $e^{-t}+2te^{-t}$
④ $e^{-t}+te^{-t}$

해설

$$F(s)=\frac{S}{(S+1)^2}=\frac{S+1}{(S+1)^2}+\frac{-1}{(S+1)^2}=\frac{1}{S+1}+\frac{1}{(S+1)^2}$$

그러므로
$F(t)=e^{-t}-te^{-t}$

15

$F(s)=\frac{S+2}{(S+1)^2}$ 의 시간함수 $F(t)$ 는?

① $f(t)=e^{-t}+te^{-t}$
② $f(t)=e^{-t}-te^{-t}$
③ $f(t)=e^t+(e^t)^2$
④ $f(t)=e^{-t}+(e^{-t})^2$

해설

$$F(s)=\frac{(S+1)}{(S+1)^2}=\frac{S+1}{(S+1)^2}+\frac{1}{(S+1)^2}=\frac{1}{S+1}+\frac{1}{(S+1)^2}$$

그러므로
$F(t)=e^{-t}+t\cdot e^{-t}$

16

$f(s)=\frac{1}{(S+1)^2(S+2)}$ 의 역라플라스 변환을 구하여라.

① $e^{-t}+te^{-t}+e^{-2t}$
② $-e^{-t}+te^{-t}+e^{-2t}$
③ $e^{-t}-te^{-t}+e^{-2t}$
④ $e^t+te^t+e^{2t}$

정답 12 ③ 13 ③ 14 ① 15 ① 16 ②

해설

$$f(s) = \frac{1}{(S+1)^2(S+2)}$$
$$= \frac{K_1}{(S+1)^2} + \frac{K_2}{(S+1)} + \frac{K_3}{(S+2)}$$

$$K_1 = \lim_{S\to -1}(S+1)^2 \cdot F(s) = \left[\frac{1}{S+2}\right]_{S=-1} = 1$$

$$K_2 = \lim_{S\to -1}\frac{d}{ds}\left(\frac{1}{S+2}\right) = \left[\frac{-1}{(S+2)^2}\right]_{S=-1} = -1$$

$$K_3 = \lim_{S\to -2}(S+2) \cdot F(s) = \left[\frac{1}{(S+1)^2}\right]_{S=-2} = 1$$

$$f(s) = \frac{1}{(S+1)^2} - \frac{1}{(S+1)} + \frac{1}{(S+2)}$$

$$\therefore f(t) = \mathcal{L}^{-1}[F(s)] = te^{-t} - e^{-t} + e^{-2t}$$

17

임의의 함수 $f(t)$에 대한 라플라스 변환 $\mathcal{L}[f(t)] = F[s]$ 라고 할 때 최종값 정리는?

① $\lim_{s\to 0} F(s)$　　② $\lim_{s\to\infty} SF(s)$

③ $\lim_{s\to\infty} F(s)$　　④ $\lim_{s\to 0} SF(s)$

해설

$$\lim_{t\to\infty} f(t) = \lim_{s\to 0} S \cdot F(s)$$

18

어떤 제어계의 출력이 $C(s) = \dfrac{5}{S(S^2+2S+2)}$ 로 주어질 때 출력의 시간 함수 $C(t)$의 정상값은?

① 5　　② 2

③ $\dfrac{2}{5}$　　④ $\dfrac{5}{2}$

해설

$$\lim_{t\to 0} f(t) = \lim_{s\to\infty} S \cdot C(s)$$
$$= \lim_{s\to 0}\frac{5}{S^2+2S+2} = \frac{5}{2}$$

19

$F(s) = \dfrac{5S+3}{S(S+1)}$ 의 정상값 $f(\infty)$는?

① 3　　② −3

③ 2　　④ −2

해설

$$F(\infty) = \lim_{s\to 0} S \cdot F(s)$$
$$= \lim_{s\to 0}\frac{5S+3}{S+1} = 3$$

20

다음과 같은 2개의 전류의 초기값 $i_1(0_+)$, $i_2(0_+)$가 옳게 구해진 것은?

$$I_1(s) = \frac{12(S+8)}{4S(S+6)} \qquad I_2(s) = \frac{12}{S(S+6)}$$

① 3, 0　　② 4, 0

③ 4, 2　　④ 3, 4

해설

초기값 정리

- $\lim_{t\to 0} i_1(t) = \lim_{s\to\infty} S\, i_1(S)$
$$= \lim_{s\to\infty} S \cdot \frac{12(S+8)}{4S(S+6)} = \frac{12\infty}{4\infty} = 3$$

- $\lim_{t\to 0} i_2(S) = \lim_{s\to\infty} S\, i_2(S)$
$$= \lim_{s\to\infty} S \cdot \frac{12}{S(S+6)} = \frac{0}{\infty} = 0$$

정답 17 ④ 18 ④ 19 ① 20 ①

Chapter 03 전달 함수

01 정의

모든 초기값을 0으로 한 상태에서 입력 라플라스에 대한 출력 라플라스와의 비를 전달함수라 한다.

$$\xrightarrow[R(s)]{r(t)} \boxed{G(s)} \xrightarrow[C(s)]{c(t)}$$

$$\therefore\ G(s) = \frac{\mathcal{L}\,[c(t)]}{\mathcal{L}\,[r(t)]} = \frac{C(s)}{R(s)}$$

02 직렬회로의 전달함수 : 입력 임피던스에 대한 출력임피던스와의 비를 말한다.

(1) 소자에 따른 임피던스

$$R \Rightarrow R\,[\Omega],\ L \Rightarrow LS\,[\Omega],\ C \Rightarrow \frac{1}{CS}\,[\Omega]$$

03 병렬회로의 전달함수 : 합성 어드미턴스의 역수값, 즉, 합성임피던스를 구한다.

(1) 소자에 따른 어드미턴스

$$R \Rightarrow \frac{1}{R}\,[\mho],\ L \Rightarrow \frac{1}{LS}\,[\mho],\ C \Rightarrow CS\,[\mho]$$

04 제어요소의 전달함수

(1) 비례 요소 $G(s) = \dfrac{Y(s)}{X(s)} = K$ (K : 이득 정수)

(2) 미분 요소 $G(s) = \dfrac{Y(s)}{X(s)} = KS$

(3) 적분 요소 $G(s) = \dfrac{Y(s)}{X(s)} = \dfrac{K}{S}$

(4) 1차 지연 요소 $G(s)=\dfrac{Y(s)}{X(s)}=\dfrac{K}{TS+1}$

(5) 2차 지연 요소 $G(s)=\dfrac{Y(s)}{X(s)}=\dfrac{K\omega_n^2}{S^2+2\delta\omega_n S+\omega_n^2}$

(단, $\delta=\xi$ 은 감쇠 계수 또는 제동비, ω_n 은 고유 주파수)

(6) 부동작 시간 요소 $G(s)=\dfrac{Y(s)}{X(s)}=Ke^{-LS}$

(단, L : 부동작 시간)

05 운동계와 전기계의 상대적 관계

전기계	운동계	
	병진운동(직선운동)	회전운동
전압 $V(t)$	힘 $f(t)$	토크 $T(t)$
전류 $I(t)$	속도 $v(t)$	각속도 $\omega(t)$
전하량 $q(t)$	변위 $x(t)$	각변위 $\theta(t)$
저항 R	점성마찰계수 $B=\mu$	회전마찰계수 $B=\mu$
인덕턴스 L	질량 M	관성모멘트 J
정전용량 C	스프링상수 K	비틀림상수 K

(1) 인덕턴스에 의한 전압

$$V_L(t)=L\frac{di(t)}{dt}=L\frac{d^2q(t)}{dt^2}\ [\mathrm{V}]$$

(2) 질량에 작용하는 힘

$$f(t)=M\frac{dv(t)}{dt}=M\frac{d^2x(t)}{dt^2}\ [\mathrm{N}]$$

(3) 관성모멘트에 의한 토크(회전력)

$$T(t)=J\frac{d\omega(t)}{dt}=J\frac{d^2\theta(t)}{dt^2}\ [\mathrm{N\cdot m}]$$

출제예상문제

01

질량, 속도, 힘을 전기계로 유추(analogy)하는 경우 옳은 것은?

① 질량 = 임피던스, 속도 = 전류, 힘 = 전압
② 질량 = 인덕턴스, 속도 = 전류, 힘 = 전압
③ 질량 = 저항, 속도 = 전류, 힘 = 전압
④ 질량 = 용량, 속도 = 전류, 힘 = 전압

해설 Chapter 03 – 05
운동계를 전기계로 유추 : 질량(인덕턴스), 변위(전기량), 힘(전압), 속도(전류)

02

$R-L-C$ 회로와 역학계의 등가 회로에서 그림과 같이 스프링 달린 질량 M의 물체가 바닥에 닿아 있을 때 힘 F를 가하는 경우로 L은 M에, $\frac{1}{C}$은 K에, R은 f에 해당한다. 이 역학계에 대한 운동 방정식은?

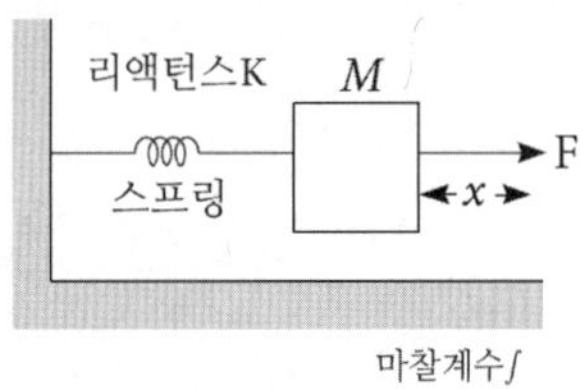

① $F = Mx + f\frac{dx}{dt} + K\frac{d^2x}{dt^2}$

② $F = M\frac{dx}{dt} + fx + K$

③ $F = M\frac{d^2x}{dt^2} + f\frac{dx}{dt} + Kx$

④ $F = M\frac{dx}{dt} + f\frac{d^2x}{dt^2} + K$

해설 Chapter 03 – 05
역학계에 대한 운동 방정식 :

$$F = M\frac{d^2x(t)}{dt^2} + f\frac{dx(t)}{dt} + Kx(t)$$

03

회전 운동계의 각속도를 전기적 요소로 변화하면?

① 전압 ② 전류
③ 정전 용량 ④ 인덕턴스

해설 Chapter 03 – 05
속도 → 전류

04

직류 전동기의 각변위를 $\theta(t)$라 할 때, 전동기의 회전 관성 J_m과 전동기의 토크 T_m 사이에는 어떠한 관계가 있는가?

① $T_m(t) = J_m\int_0^t \theta(\tau)\,d\tau$

② $T_m(t) = J_m\,\theta(t)$

③ $T_m(t) = J_m\frac{d}{dt}\theta(t)$

④ $T_m(t) = J_m\frac{d^2}{dt^2}\theta(t)$

해설 Chapter 03 – 05
뉴튼의 법칙(토크와 변위 사이의 관계) :

$$T_m(t) = J_m\frac{d^2\theta(t)}{dt^2}$$

05

그림과 같은 질량–스프링–마찰계의 전달 함수 $G(s) = X(s)/F(s)$는 어느 것인가?

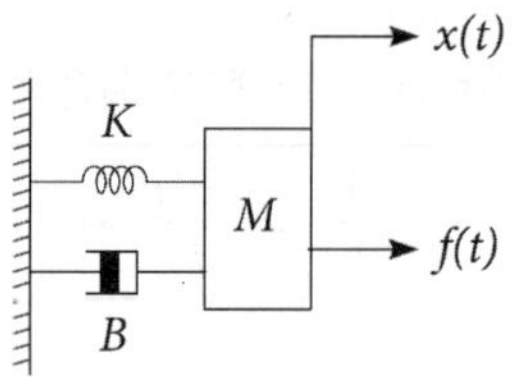

정답 01 ② 02 ③ 03 ② 04 ④ 05 ①

① $\dfrac{1}{MS^2+BS+K}$

② $\dfrac{1}{MS^2-BS-K}$

③ $\dfrac{1}{MS^2-BS+K}$

④ $\dfrac{1}{MS^2+BS-K}$

해설 Chapter 03 – 05

스프링·마찰계의 운동 방정식은

$M\dfrac{d^2y(t)}{dt^2}+B\dfrac{dy(t)}{dt}+Ky(t)=f(t)$를 라플라스 변환하면

$(MS^2+BS+K)\,Y(s)=F(s)$

$\therefore\ G(s)=\dfrac{Y(s)}{F(s)}=\dfrac{1}{MS^2+BS+K}$

06

그림과 같은 기계적인 회전 운동계에서 토크 $T(t)$를 입력으로, 변위 $\theta(t)$를 출력으로 하였을 때의 전달 함수는?

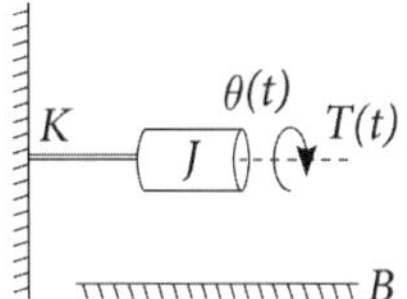

① $\dfrac{1}{JS^2+BS+K}$

② JS^2+BS+K

③ $\dfrac{S}{JS^2+BS+K}$

④ $\dfrac{JS^2+BS+K}{S}$

해설

기계적 회전 운동계의 방정식은

$J\dfrac{d^2\theta(t)}{dt^2}+B\dfrac{d\theta(t)}{dt}+K\cdot\theta(t)=T(t)$를 라플라스 변환

$(JS^2+BS+K)\theta(s)=T(s)$

$\therefore\ G(s)=\dfrac{\theta(s)}{T(s)}=\dfrac{1}{JS^2+BS+K}$

정답 06 ①

제4과목 ✦ 제어공학

Chapter 04 블록선도의 신호흐름선도

01 블록선도의 기호

(1) **화살표(→)** : 신호의 진행방향을 표시

(2) **전달요소(□)** : 입력신호를 받아서 적당히 변환된 출력 신호를 만드는 부분

(3) **가합점(⊗)** : 두 개 이상의 신호를 가합점의 부호에 따라 더하고 빼주는 것

(4) **인출점 = 분기점(●)** : 한 개의 신호를 두 계통으로 분기하기 위한 점

02 블록선도

(1) **직렬 결합** : 전달요소의 곱으로 표현한다.

$$G(s) = \frac{C(s)}{R(s)} = G_1(s) \cdot G_2(s)$$

(2) **병렬 결합** : 가합점의 부호에 따라 전달요소를 더하거나 뺀다.

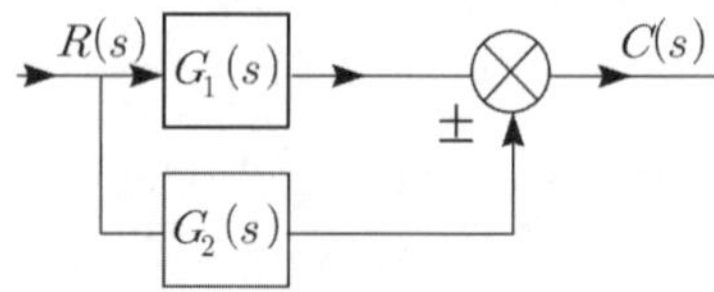

$$G(s) = \frac{C(s)}{R(s)} = G_1(s) \pm G_2(s)$$

(3) **피드백 결합** : 출력 신호 $C(s)$ 의 일부가 요소 $H(s)$을 거쳐 입력측에 피드백(feed back)되는 결합 방식이며, 그 합성 전달 함수는 다음과 같다.

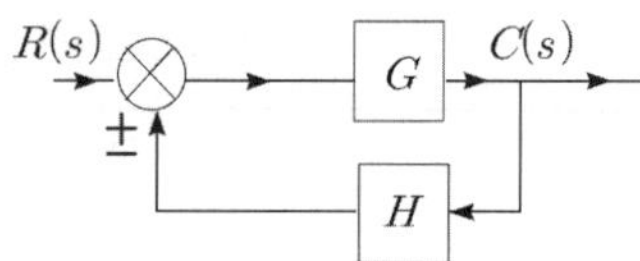

$$G(s) = \frac{C(s)}{R(s)} = \frac{G}{1 \mp GH} = \frac{\sum 전향경로이득}{1 - \sum 루프이득}$$

① **전향경로이득 :** 입력에서 출력으로 가는 동일 진행 방향의 전달요소들의 곱
② **루프이득 :** 피드백되는 부분의 전달요소들의 곱
③ G : 전향 전달함수
④ GH : 개루프 전달함수
⑤ H : 피드백 전달요소
⑥ $H=1$: 단위 피드백 제어계
⑦ $1 \mp GH = 0$: 특성방정식 = 전달함수의 분모가 0이 되는 방정식
⑧ **극점 :** 특성방정식의 근=전달함수의 분모가 0이 되는 근(극점의 표기 ⇒ ×)
⑨ **영점 :** 전달함수의 분자가 0이 되는 근(영점의 표기 ⇒ ○)

03 신호흐름 선도

(1) 피드백 전달함수

- Pass → 입력에서 출력으로 가는 방법
- Loop → feed back

ex 1)

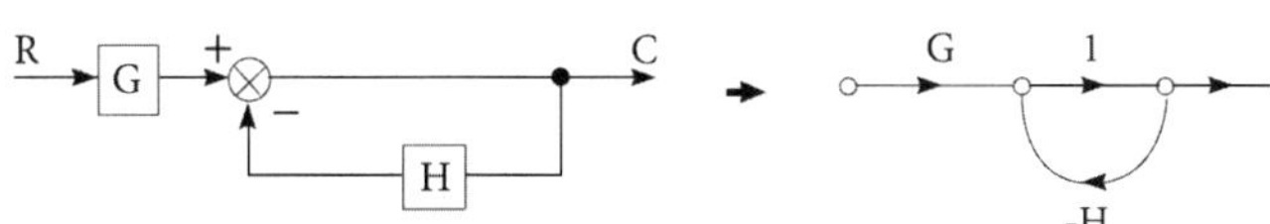

- Pass : G $\qquad \therefore\ G(s) = \dfrac{G}{1+H}$
- Loop : $-H$

$$G(s) = \frac{P_1 + P_2 + P_3}{1 - L_1 - L_2 \cdots\cdots}$$

ex 2)

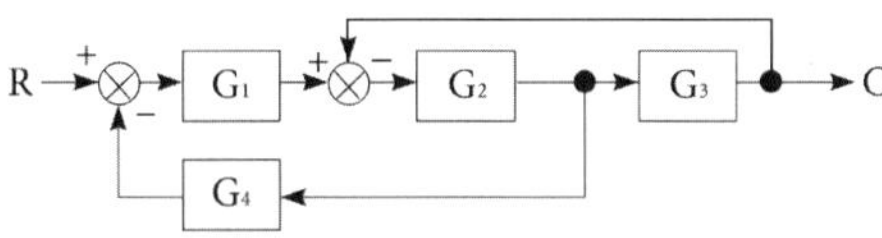

- pass : $G_1 \cdot G_2 \cdot G_3$
- Loop1 : $-G_2 G_3$
- Loop2 : $-G_1 G_2 G_4$

$$\therefore\ G(s) = \frac{P_1}{1 - L_1 - L_2}$$

$$= \frac{G_1 \cdot G_2 \cdot G_3}{1 + G_2 G_3 + G_1 G_2 G_4}$$

제4과목 ✦ 제어공학

 3)

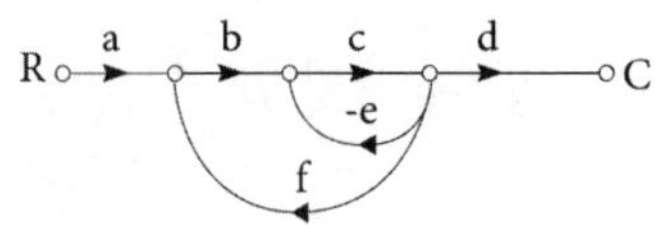

- $P_1 = abcd$
- $L_1 = -ce$
- $L_2 = bcf$

$$G(s) = \frac{P_1}{1 - L_1 - L_2}$$

$$\frac{C}{R} = \frac{abcd}{1 + ce - bcf}$$

(2) Loop가 Pass와 무관할 때

ex 1)

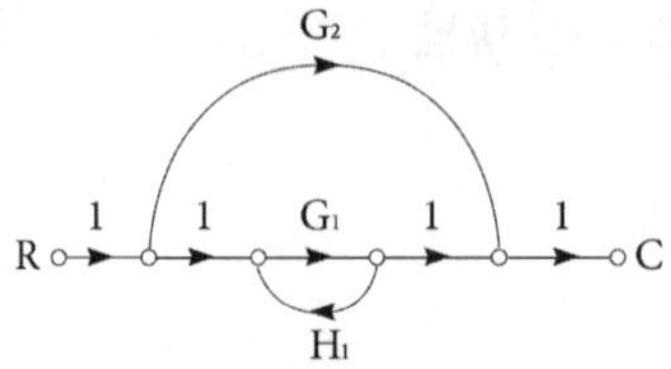

- $P_1 = G_1$
- $P_2 = G_2$
- $L_1 = G_1 H_1$

$$G(s) = \frac{P_1 + P_2}{1 - L_1}$$

$$\frac{C}{R} = \frac{P_1 + P_2(1 - L_1)}{1 - L_1} = \frac{G_1 + G_2(1 - G_1 H_1)}{1 - G_1 H_1}$$

(3) 2중 입력으로 된 블록선도의 출력 C는

ex 1)

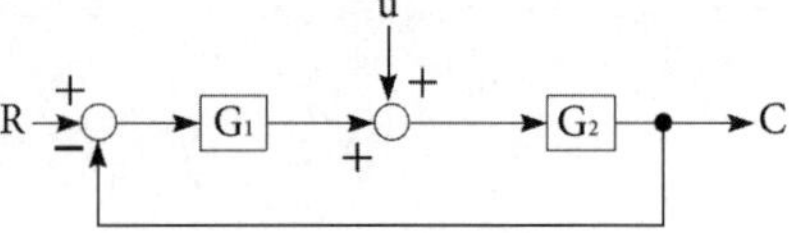

$$C = uG_2 + RG_1G_2 - CG_1G_2$$

$$C(1 + G_1G_2) = uG_2 + R(G_1G_2)$$

$$\therefore\ C = \left[\frac{G_2}{1 + G_1G_2}\right](RG_1 + u)\Big\},\quad C = \frac{G_1G_2}{1 + G_1G_2}R + \frac{G_2}{1 + G_1G_2}u$$

이렇게 두 가지의 결과치를 유추할 수 있다.

04 연산 증폭기(OP amp)

(1) 이상적인 연산 증폭기의 특성

- 입력저항 $R_i = \infty$
- 출력저항 $R_0 = 0$
- 전압이득 $V = \infty$
- 대역폭 $= \infty$

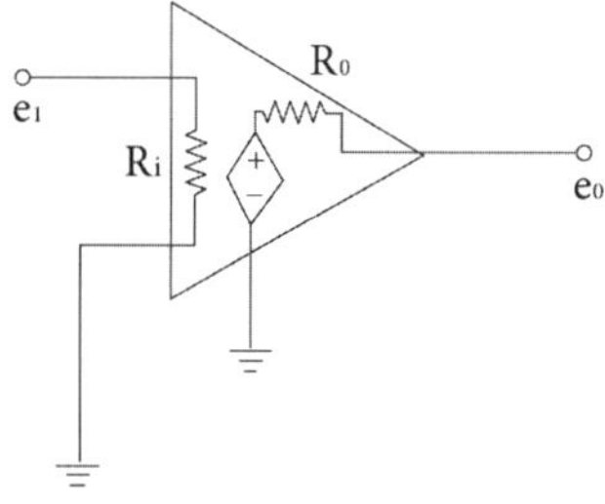

(2) 연산 증폭기의 종류

① 증폭회로(부호 변환기)

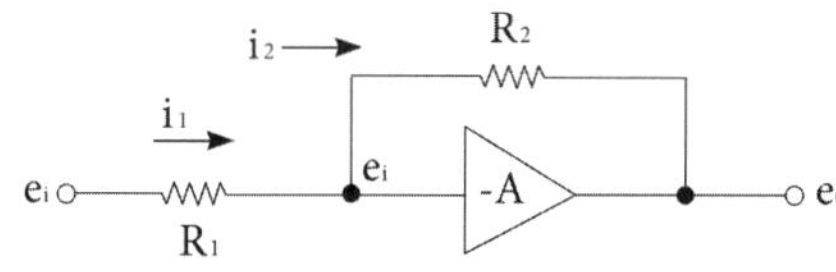

$$e_0 = -\frac{R_2}{R_1}e_i$$

② 적분기

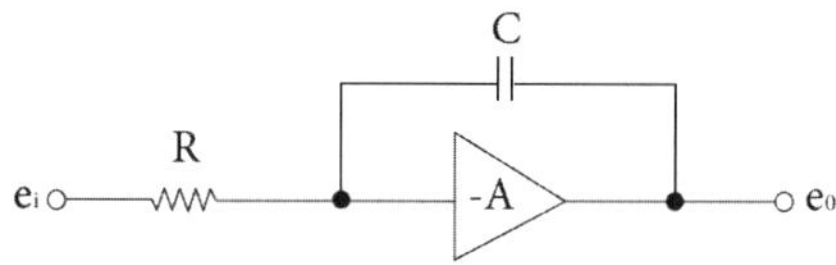

$$e_0 = -\frac{1}{RC}\int e_i\,dt$$

③ 미분기

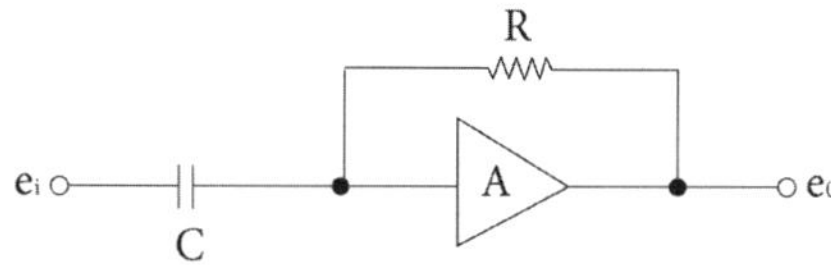

$$e_0 = -RC\frac{de_i}{dt}$$

Chapter 04 출제예상문제

01

자동 제어계의 각 요소를 Block 선도로 표시할 때에 각 요소를 전달함수로 표시하고 신호의 전달 경로는 무엇으로 표시하는가?

① 전달함수 ② 단자
③ 화살표 ④ 출력

해설 Chapter 04 – 01

블록과 블록은 화살표로 전달 경로를 표시한다.

02

다음 중 개루프 시스템의 주된 장점이 아닌 것은?

① 원하는 출력을 얻기 위해 보정해 줄 필요가 없다.
② 구성하기 쉽다.
③ 구성단가가 낮다.
④ 보수 및 유지가 간단하다.

해설

개루프 시스템의 단점 : 목표값을 일정하게 하기 위해 지속적으로 보정해 주어야 한다.

03

블록선도에서 $C(s)=R(s)$ 라면 전달함수 $G(s)$ 는?

① 1 ② -1 ③ ∞ ④ 0

해설 Chapter 04 – 02

$G(s)=\dfrac{R(s)}{C(s)}$ 이므로 1이다.

04

단위 피드백계에서 입력과 출력이 같으면 G(전향 전달 함수)의 값은 얼마인가?

① $|G|=1$ ② $|G|=0$
③ $|G|=\infty$ ④ $|G|=0.707$

해설 Chapter 04 – 02

$$G(s)=\frac{C}{R}=1=\frac{G}{1+G}$$

$$\therefore\ \frac{G}{1+G}=1$$

$$\frac{1}{\frac{1}{G}+1}=1 \qquad \therefore\ G=\infty$$

05

그림과 같은 피드백 회로의 종합 전달 함수는?

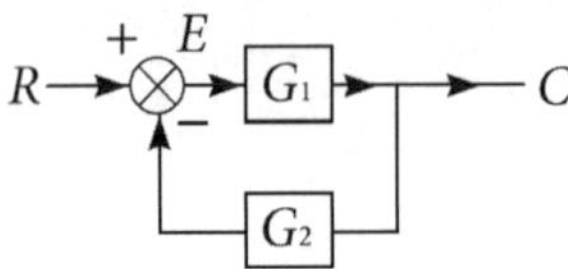

① $\dfrac{1}{G_1}+\dfrac{1}{G_2}$ ② $\dfrac{G_1}{1-G_1G_2}$
③ $\dfrac{G_1}{1+G_1G_2}$ ④ $\dfrac{G_1G_2}{1+G_1G_2}$

해설 Chapter 04 – 02 – (3)

$$G(s)=\frac{P}{1-L}=\frac{G_1}{1-(-G_1G_2)}=\frac{G_1}{1+G_1G_2}$$

정답 01 ③ 02 ① 03 ① 04 ③ 05 ③

06

다음과 같은 블록 선도의 등가 합성 전달 함수는?

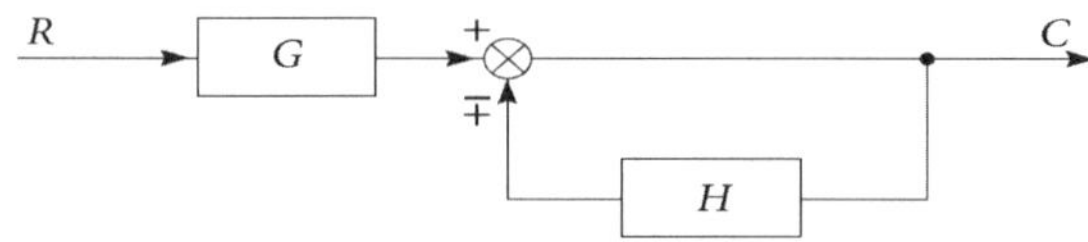

① $\dfrac{1}{1 \pm GH}$　　② $\dfrac{G}{1 \pm GH}$

③ $\dfrac{G}{1 \pm H}$　　④ $\dfrac{1}{1 \pm H}$

해설 Chapter 04 － 02 － (3)

$$G(s) = \frac{P}{1-L} = \frac{G}{1-(\mp H)} = \frac{G}{1 \pm H}$$

07

그림의 두 블록 선도가 등가인 경우 A요소의 전달 함수는?

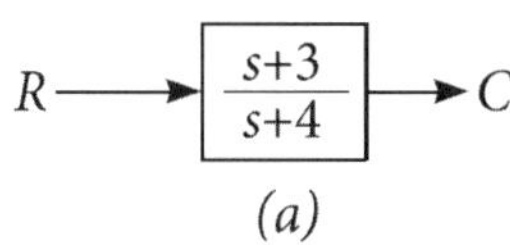

(a)

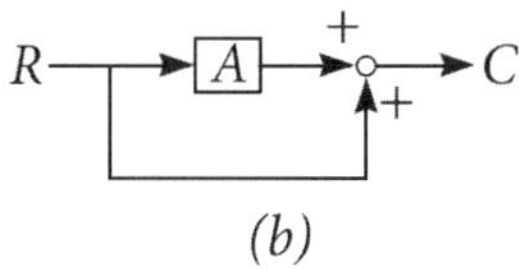

(b)

① $\dfrac{-1}{S+4}$　　② $\dfrac{-2}{S+4}$

③ $\dfrac{-3}{S+4}$　　④ $\dfrac{-4}{S+4}$

해설 Chapter 04 － 02 － (3)

(a) $G(s) = \dfrac{S+3}{S+4}$

(b) $G(s) = A+1$

(a) = (b) 이면

$$A+1 = \frac{S+3}{S+4}$$

$$A = \frac{S+3}{S+4} - 1$$

$$\therefore\ A = \frac{-1}{S+4}$$

08

다음 블록 선도의 등가 변환에서 (　)에 맞는 것은?

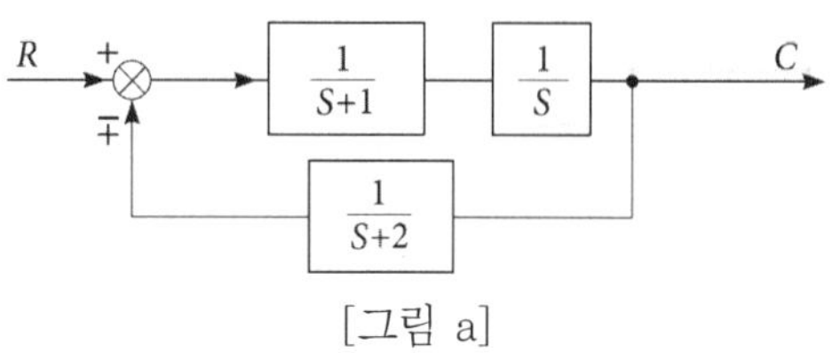

[그림 a]

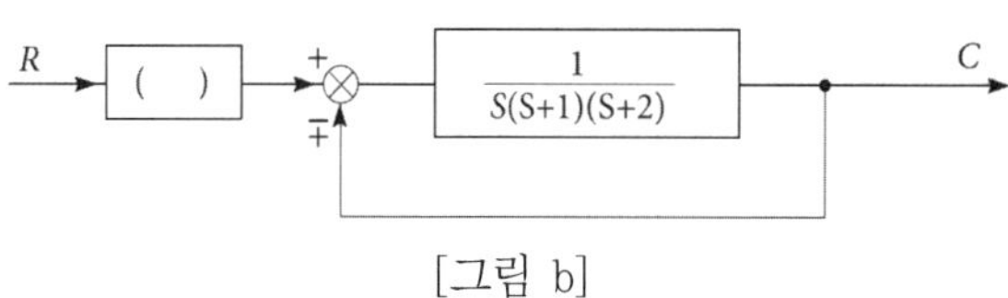

[그림 b]

① $S+2$　　② $S+1$

③ S　　④ $S(S+1)(S+2)$

해설 Chapter 04 － 02 － (3)

(a) $$\frac{\dfrac{1}{S(S+1)}}{1+\dfrac{1}{S(S+1)(S+2)}} = \frac{\dfrac{1}{S(S+1)}}{\dfrac{S(S+1)(S+2)+1}{S(S+1)(S+2)}} = \frac{S+2}{S(S+1)(S+2)+1}$$

(b) $$\frac{\square \cdot \dfrac{1}{S(S+1)(s+2)}}{1+\dfrac{1}{S(S+1)(S+2)}} = \frac{\square}{S(S+1)(S+2)+1}$$

∴ 그림 (a) = 그림 (b)이므로 $\square = S+2$

정답 06 ③　07 ①　08 ①

09

특성방정식이 $S^3+S^2+S=0$일 때 이 계통은?

① 안정하다. ② 불안정하다.
③ 조건부 안정이다. ④ 임계상태이다.

해설
부호의 변화가 없었으니 S^0의 자리가 '0'이므로 임계상태이다.

10

그림과 같은 블록 선도에서 등가 전달 함수는?

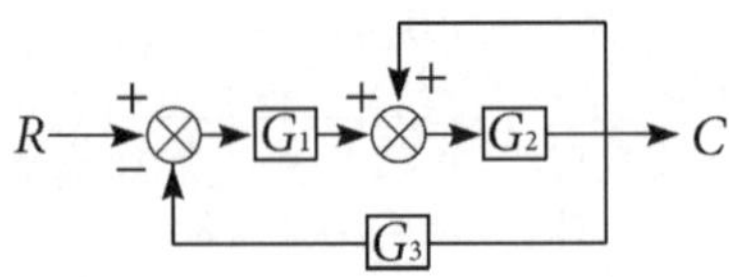

① $\dfrac{G_1G_2}{1+G_2+G_1G_2G_3}$ ② $\dfrac{G_1G_2}{1-G_2+G_1G_2G_3}$

③ $\dfrac{G_1G_3}{1+G_2+G_1G_2G_3}$ ④ $\dfrac{G_2G_3}{1-G_2+G_1G_2G_3}$

해설 Chapter 04 − 02 − (3)

11

그림과 같은 블록 선도에 대한 등가 전달 함수를 구하면?

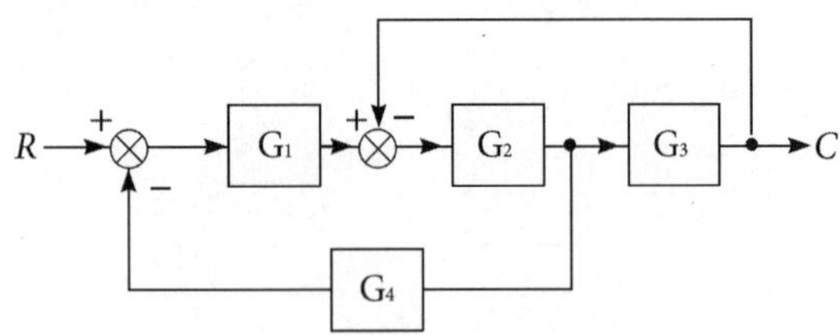

① $\dfrac{G_1G_2G_3}{1+G_2G_3+G_1G_2G_4}$ ② $\dfrac{G_1G_2G_3}{1+G_1G_2+G_1G_2G_3}$

③ $\dfrac{G_1G_2G_4}{1+G_1G_2+G_1G_2G_4}$ ④ $\dfrac{G_1G_2G_3}{1+G_2G_3+G_1G_2G_3}$

해설 Chapter 04 − 02 − (3)

pass $= G_1G_2G_3$

Loop1 $= -G_2G_3$

Loop2 $= -G_1G_2G_4$

$$\therefore G(s) = \frac{P}{1-L_1-L_2} = \frac{G_1G_2G_3}{1+G_2G_3+G_1G_2G_4}$$

12

그림과 같은 피드백 회로의 종합 전달 함수는?

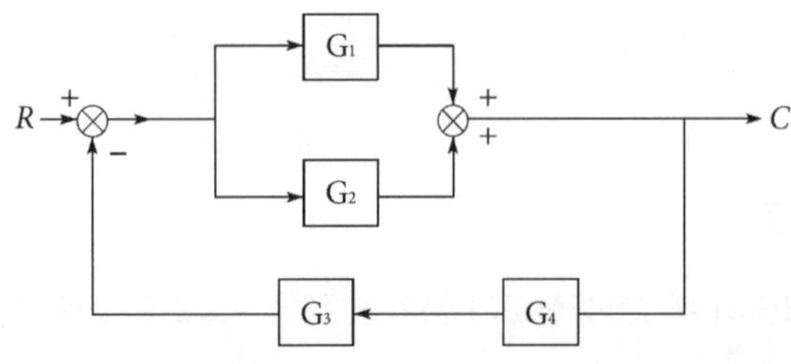

① $\dfrac{G_1G_2}{1+G_1G_2+G_3G_4}$

② $\dfrac{G_1+G_2}{1+G_1G_3G_4+G_2G_3G_4}$

③ $\dfrac{G_1+G_2}{1+G_1G_2G_3G_4}$

④ $\dfrac{G_1G_2}{1+G_4G_2+G_3G_1}$

해설 Chapter 04 − 02 − (3)

pass $= G_1+G_2$

Loop1 $= -G_1G_3G_4$

Loop2 $= -G_2G_3G_4$

$$\therefore G(s) = \frac{P}{1-L_1-L_2} = \frac{G_1+G_2}{1+G_1G_3G_4+G_2G_3G_4}$$

정답 09 ④ 10 ② 11 ① 12 ②

13

$r(t)=2,\ G_1=100,\ H_1=0.01$ **일 때** $c(t)$ **를 구하면?**

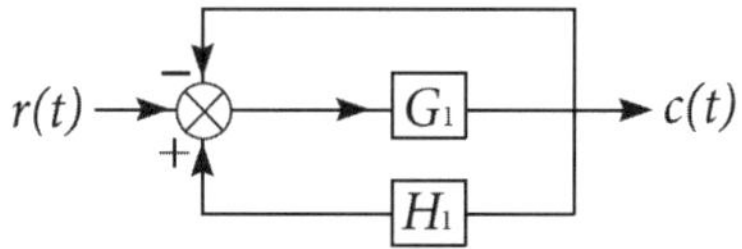

① 2　② 5
③ 9　④ 10

해설 Chapter 04 − 02 − (3)

$$G(s)=\frac{c(t)}{r(t)}=\frac{G_1}{1+G_1-G_1H_1}$$

$$=\frac{100}{1+100-1}=1=\frac{c(t)}{2}$$

$\therefore\ c(t)=2$

14

그림의 블록 선도에서 전달 함수로 표시한 것은?

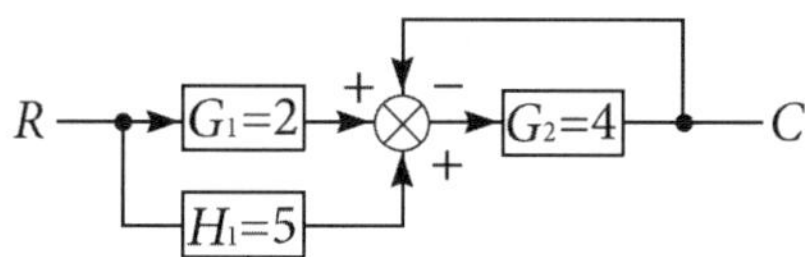

① $\frac{12}{5}$　② $\frac{16}{5}$
③ $\frac{20}{5}$　④ $\frac{28}{5}$

해설 Chapter 04 − 02 − (3)

$(RG_1+RH_1-C)G_2=C$

$RG_1G_2+RH_1G_2-CG_2=C$

$R(G_1G_2+H_1G_2)=C(1+G_2)$

$$G(s)=\frac{C}{R}=\frac{G_1G_2+H_1G_2}{1+G_2}$$

$$=\frac{G_2(G_1+H_1)}{1+G_2}$$ 이므로

$G_2=2,\ G_2=4,\ H_1=5$를 대입하면

$$\therefore\ G(s)=\frac{4(2+5)}{1+4}=\frac{28}{5}$$

15

그림과 같은 블록 선도에서 C **는?**

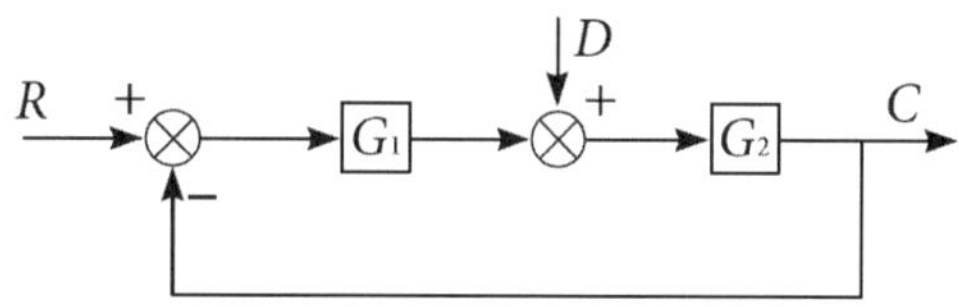

① $C=\frac{G_1G_2}{1+G_1G_2}R+\frac{G_1}{1+G_1G_2}D$

② $C=\frac{G_1G_2}{1+G_1G_2}R+\frac{G_2}{1+G_1G_2}D$

③ $C=\frac{G_1G_2}{1+G_1G_2}R+\frac{G_1G_2}{1+G_1G_2}D$

④ $C=\frac{G_1G_2}{1+G_1G_2}R+\frac{G_1G_2}{1-G_1G_2}D$

해설 Chapter 04 − 02 − (3)

입력이 R 과 D 두 곳이므로

$$G_1(s)=\frac{C}{R}=\frac{G_1G_2}{1+G_1G_2}$$

$$G_2(s)=\frac{C}{D}=\frac{G_2}{1+G_1G_2}$$

$\therefore\ G_1(s)+G_2(s)=C$

$$=\frac{G_1G_2}{1+G_1G_2}R+\frac{G_2}{1+G_1G_2}D$$

16

다음 블록 선도를 옳게 등가변환한 것은?

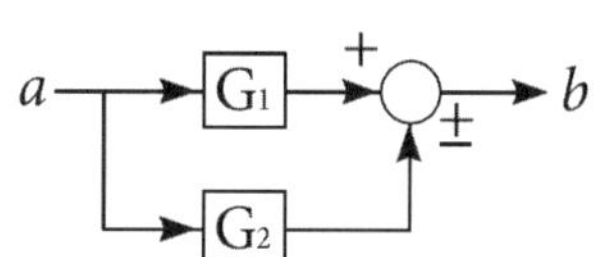

정답 13 ① 14 ④ 15 ② 16 ④

제 4 과목 ✦ 제어공학

①
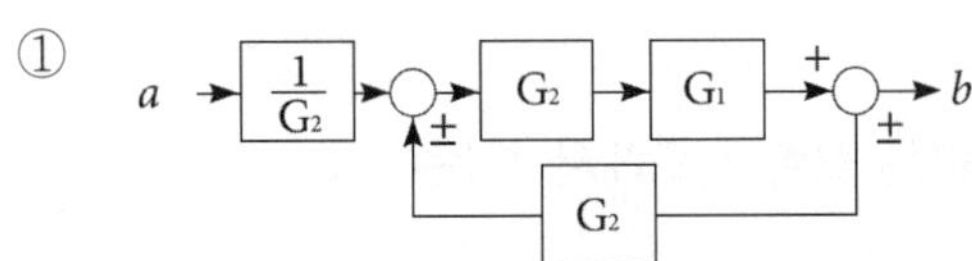

②
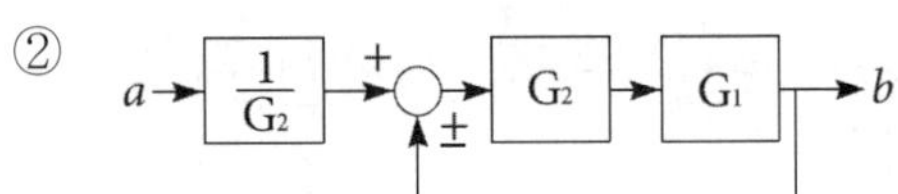

③
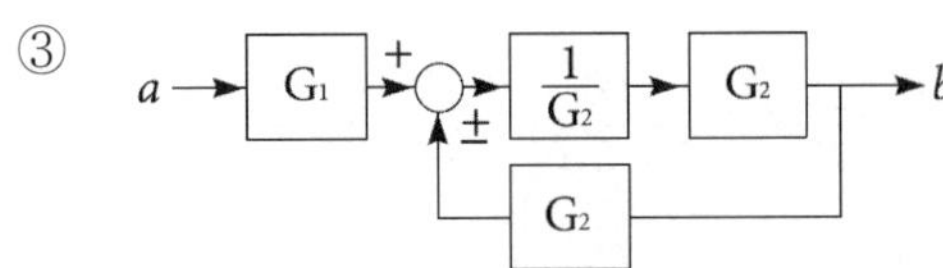

④

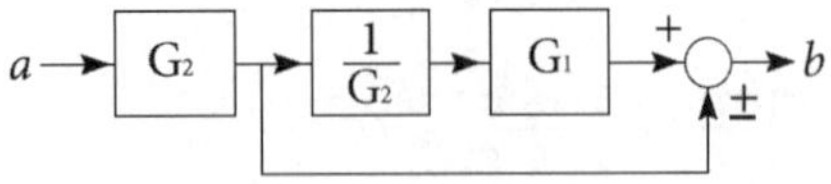

해설
$G(s) = G_1 + G_2$ 와 결과치가 같은 것
④번 보기의
$$G(s) = G_2 + G_2 \cdot \frac{1}{G_2} \cdot G_1 = G_1 + G_2$$

17

그림에서 x 를 입력, y 를 출력으로 했을 때의 전달 함수는? (단, $A \gg 1$ 이다.)

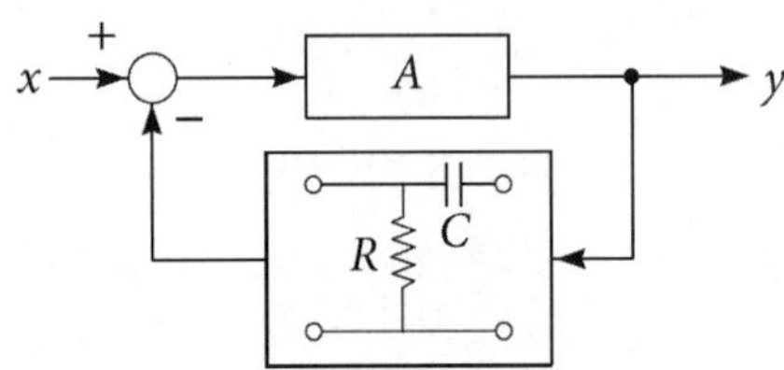

① $G(s) = 1 + \frac{1}{RCS}$　② $G(s) = \frac{RCS}{1+RCS}$
③ $G(s) = 1 + RCS$　④ $G(s) = \frac{1}{1+RCS}$

해설 Chapter 04 − 02 − (3)
$$G(s) = \frac{A}{1 + \frac{RCS \times A}{1+RCS}} \times \frac{1}{A}$$
$$= \frac{1}{\frac{1}{A} + \frac{RCS}{1+RCS}} \ (A \gg 1 \text{ 이므로})$$
$$= \frac{1}{\frac{RCS}{1+RCS}} = \frac{1+RCS}{RCS} = 1 + \frac{1}{RCS}$$

18

그림의 신호 흐름 선도에서 $\frac{C}{R}$ 는?

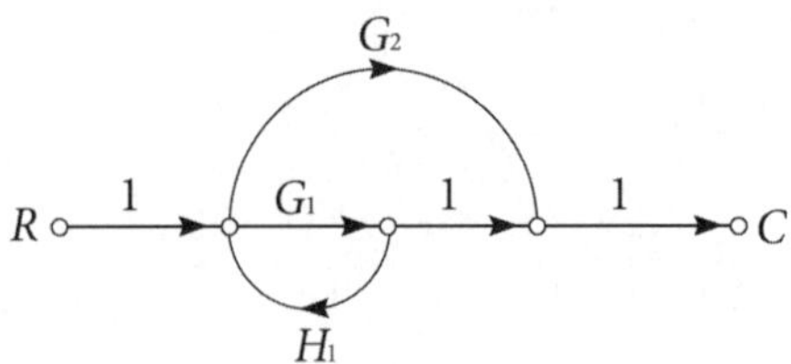

① $\frac{G_1+G_2}{1-G_1H_1}$　② $\frac{G_1G_2}{1-G_1H_1}$
③ $\frac{G_1+G_2}{1+G_1H_1}$　④ $\frac{G_1G_2}{1+G_1H_1}$

해설 Chapter 04 − 03 − (1)
pass $= G_1 + G_2$
Loop $= G_1H_1$
$$G(s) = \frac{P}{1-L} = \frac{G_1+G_2}{1-G_1H_1}$$

19

그림과 같은 신호 흐름 선도에서 $\frac{C}{R}$ 의 값은?

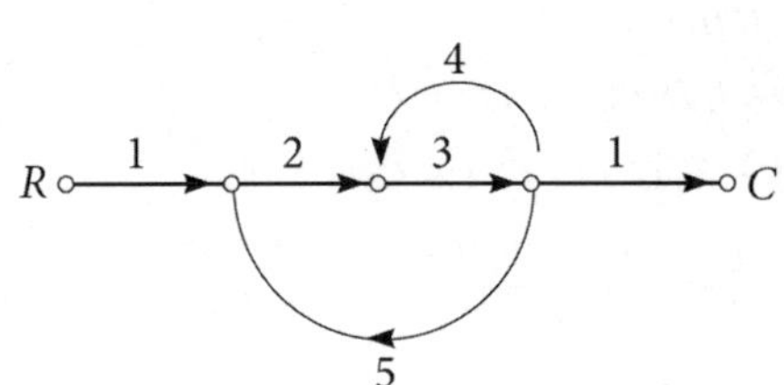

① $-\frac{1}{41}$　② $-\frac{3}{41}$　③ $-\frac{5}{41}$　④ $-\frac{6}{41}$

정답 17 ① 18 ① 19 ④

해설 Chapter 04 – 03 – (1)

pass $= 2\times3 = 6$

Loop1 $= 3\times4 = 12$

Loop2 $= 2\times3\times5 = 30$

$$\therefore\ G(s) = \frac{P}{1-L_1L_2} = \frac{G}{1-12-30}$$

$$= -\frac{6}{41}$$

20

그림의 신호 흐름 선도에서 $\frac{C}{R}$는?

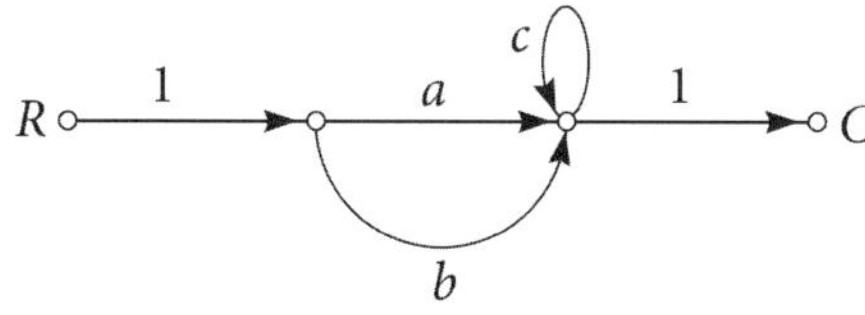

① $\frac{ac}{1-b}$　② $\frac{a+c}{1-b}$

③ $\frac{ab}{1-c}$　④ $\frac{a+b}{1-c}$

해설 Chapter 04 – 03 – (1)

pass1 $= a$

pass2 $= b$

Loop $= c$

$$\therefore\ G(s) = \frac{P_1+P_2}{1-L} = \frac{a+b}{1-c}$$

21

그림의 신호 흐름 선도에서 $\frac{C}{R}$는?

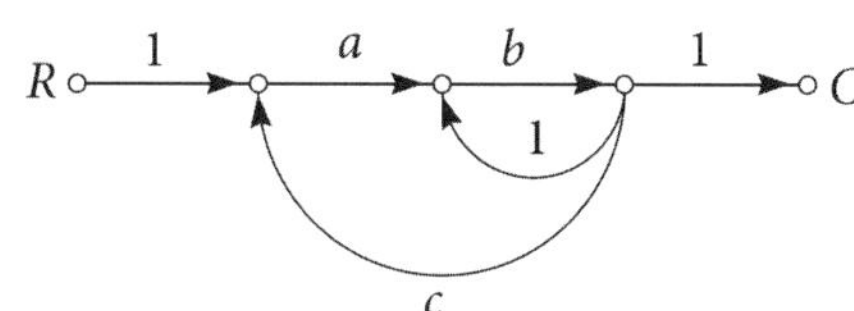

① $\frac{ab}{1+b-abc}$　② $\frac{ab}{1-b-abc}$

③ $\frac{ab}{1-b+abc}$　④ $\frac{ab}{1-ab+abc}$

해설 Chapter 04 – 03 – (1)

pass : $= a\cdot b$

Loop1 $= b$

Loop2 $= a\cdot b\cdot c$

$$\therefore\ G(s) = \frac{P}{1-L_1-L_2} = \frac{a\cdot b}{1-b-abc}$$

22

그림의 신호 흐름 선도에서 $\frac{C}{R}$를 구하면?

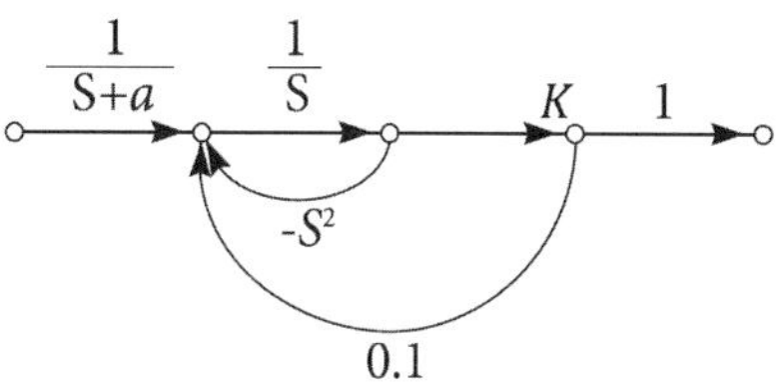

① $(S+a)(S^2-S-0.1K)$

② $(S-a)(S^2-S-0.1K)$

③ $\frac{K}{(S+a)(S^2-S-0.1K)}$

④ $\frac{K}{(S+a)(S^2+S-0.1K)}$

해설 Chapter 04 – 03 – (1)

$$G(s) = \frac{\frac{K}{S(S+a)}}{1+S-\frac{0.1K}{S}}\times\frac{S(S+a)}{S(S+a)}$$

$$= \frac{K}{S(S+a)+S^2(S+a)-(S+a)0.1K}$$

$$= \frac{K}{(S+a)\cdot(S^2+S-0.1K)}$$

정답 20 ④　21 ②　22 ④

23

다음 신호 흐름 선도의 전달 함수는?

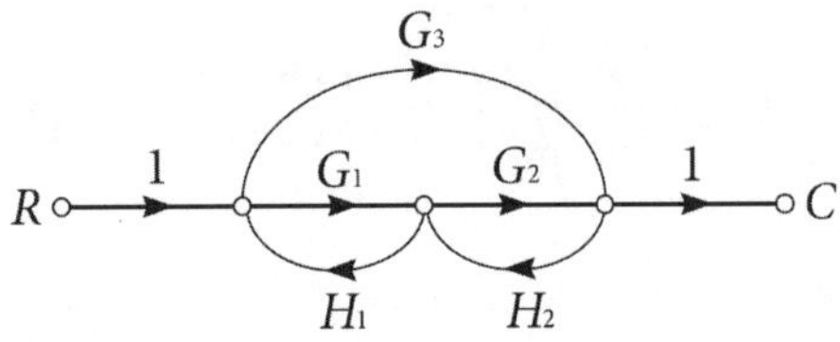

① $\dfrac{G_1G_2+G_3}{1-(G_1H_1+G_2H_2)-G_3H_1H_2}$

② $\dfrac{G_1G_2+G_3}{1-(G_1H_1-G_2H_2)}$

③ $\dfrac{G_1G_2-G_3}{1-(G_1H_1-G_2H_2)}$

④ $\dfrac{G_1G_2-G_3}{1-(G_1H_1+G_2H_2)}$

해설 Chapter 04 – 03 – (1)

pass1 $= G_1G_2$

pass2 $= G_3$

Loop1 $= G_1 \cdot H_1$

Loop2 $= G_2 \cdot H_2$

Loop3 $= G_3 \cdot H_1 \cdot H_2$

$$\therefore\ G(s) = \frac{P_1+P_2}{1-L_1-L_2-L_3} = \frac{G_1G_2+G_3}{1-G_1H_1-G_2H_2-G_3H_1H_2}$$

24

그림과 같은 신호 흐름 선도에서 $C(s)\,/\,R(s)$ 의 값은?

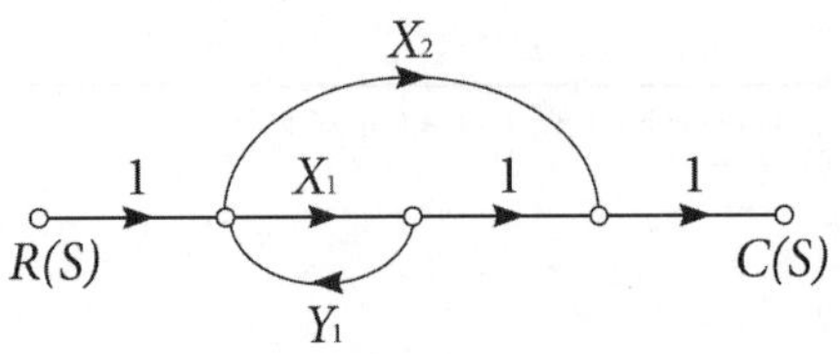

① $\dfrac{C(s)}{R(s)}=\dfrac{X_1}{1-X_1Y_1}$

② $\dfrac{C(s)}{R(s)}=\dfrac{X_2}{1-X_1Y_1}$

③ $\dfrac{C(s)}{R(s)}=\dfrac{X_1X_2}{1-X_1Y_1}$

④ $\dfrac{C(s)}{R(s)}=\dfrac{X_1+X_2}{1-X_1Y_1}$

해설 Chapter 04 – 03 – (1)

pass1 $= X_1$

pass2 $= X_2$

Loop $= X_1 \cdot Y_1$

$$\therefore\ G(s) = \frac{P_1+P_2}{1-L} = \frac{X_1+X_2}{1-X_1Y_1}$$

25

그림과 같은 신호 흐름 선도에서 전달 함수 $\dfrac{C(s)}{R(s)}$ 는?

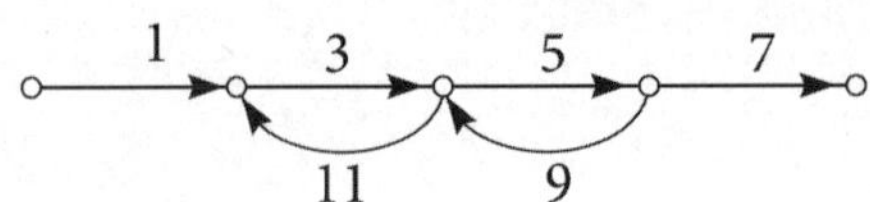

① $-\dfrac{8}{9}$　　② $\dfrac{4}{5}$

③ $-\dfrac{105}{77}$　　④ $-\dfrac{105}{78}$

해설 Chapter 04 – 03 – (1)

pass $= 3\times5\times7 = 105$

Loop1 $= 3\times11 = 33$

Loop2 $= 5\times9 = 45$

$$\therefore\ G(s) = \frac{P}{1-L_1-L_2} = \frac{105}{1-33-45} = -\frac{105}{77}$$

정답 23 ① 24 ④ 25 ③

26

그림의 신호 흐름 선도에서 y_2/y_1의 값은?

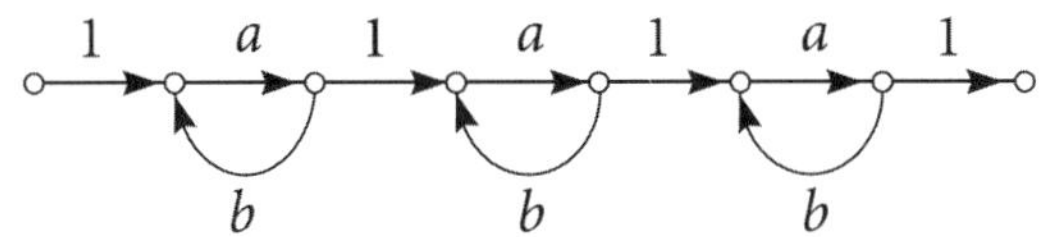

① $\dfrac{a^3}{(1-ab)^3}$ ② $\dfrac{a^3}{(1-3ab+a^2b^2)}$

③ $\dfrac{a^3}{1-3ab}$ ④ $\dfrac{a^3}{1-3ab+2a^2b^2}$

해설 Chapter 04 – **04**

pass $= a\times a\times a = a^3$

- Loop를 3개 부분으로 나누어 계산

  Loop1 $= 1-ab$

  Loop2 $= 1-ab$

  Loop3 $= 1-ab$

$$\therefore G(s) = \frac{a^3}{(1-ab)\times(1-ab)\times(1-ab)} = \frac{a^3}{(1-ab)^3}$$

(∵ 각 루프가 독립적으로 직렬 연결)

27

다음 연산 증폭기의 출력 X_3는?

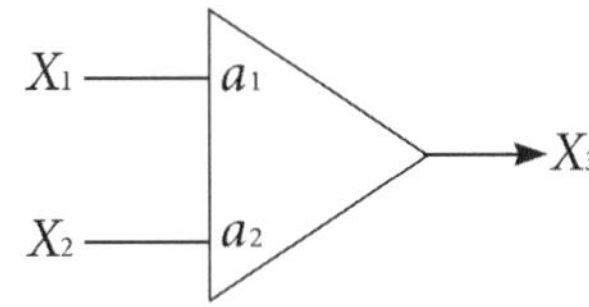

① $-a_1X_1-a_2X_2$ ② $a_1X_1+a_2X_2$

③ $(a_1+a_2)(X_1+X_2)$ ④ $-(a_1-a_2)(X_1+X_2)$

해설 Chapter 04 – **04**

$X_3 = -a_1X_1 - a_2X_2$

28

그림과 같이 연산 증폭기를 사용한 연산 회로의 출력 항은 어느 것인가?

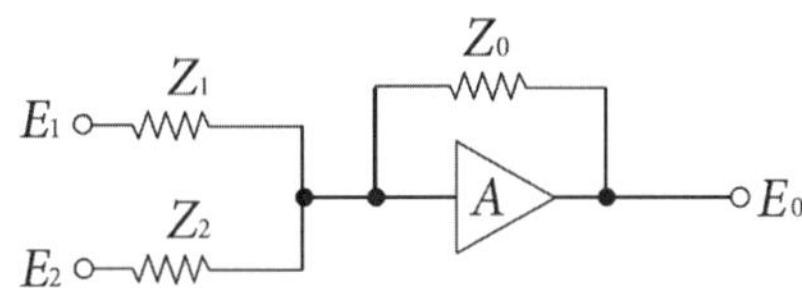

① $E_0 = Z_0\left(\dfrac{E_1}{Z_1}+\dfrac{E_2}{Z_2}\right)$

② $E_0 = -Z_0\left(\dfrac{E_1}{Z_1}+\dfrac{E_2}{Z_2}\right)$

③ $E_0 = Z_0\left(\dfrac{E_1}{Z_2}+\dfrac{E_2}{Z_2}\right)$

④ $E_0 = -Z_0\left(\dfrac{E_1}{Z_2}+\dfrac{E_2}{Z_2}\right)$

해설 Chapter 04 – **04**

$$E_0 = -\frac{Z_0}{Z_1}E_1 - \frac{Z_0}{Z_2}E_2 = -Z_0\left(\frac{E_1}{Z_1}+\frac{E_2}{Z_2}\right)$$

29

그림과 같은 연산 증폭기에서 출력 전압 V_0을 나타낸 것은? (단, V_1, V_2, V_3는 입력신호이고, A는 연산 증폭기의 이득이다.)

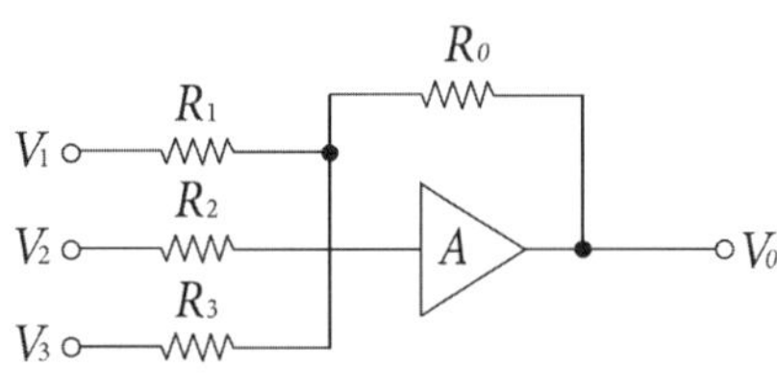

$R_1 = R_2 = R_3 = R$

정답 26 ① 27 ① 28 ② 29 ④

제4과목 ✦ 제어공학

① $V_0 = \frac{R_0}{3R}(V_1 + V_2 + V_3)$

② $V_0 = \frac{R}{R_0}(V_1 + V_2 + V_3)$

③ $V_0 = \frac{R_0}{R}(V_1 + V_2 + V_3)$

④ $V_0 = -\frac{R_0}{R}(V_1 + V_2 + V_3)$

해설 Chapter 04 – 04

$$V_0 = -\frac{R_0}{R}V_1 - \frac{R_0}{R}V_2 - \frac{R_0}{R}V^3$$
$$= -\frac{R_0}{R}(V_1 + V_2 + V_3)$$

30

이득에 10^7인 연산증폭기 회로에서 출력 전압 V_0를 나타내는 식은? (단, V_i는 입력 신호이다)

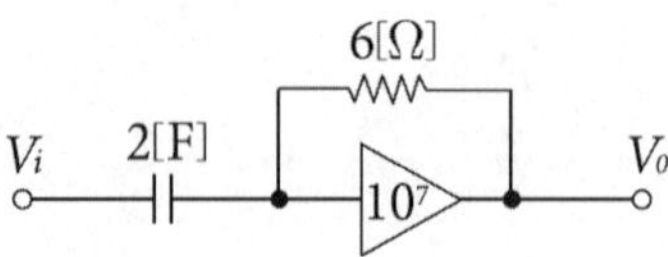

① $V_0 = -12\frac{dV_i}{dt}$

② $V_0 = -8\frac{dV_i}{dt}$

③ $V_0 = -0.5\frac{dV_i}{dt}$

④ $V_0 = -\frac{1}{8}\frac{dV_i}{dt}$

해설 Chapter 04 – 04

〈미분기〉 $V_0 = -RC\frac{dV_i}{dt} = -2\times 6\frac{dV_i}{dt}$
$$= -12\frac{dV_1}{dt}$$

31

다음 연산 기구의 출력으로 바르게 표현된 것은? (단, OP 증폭기는 이상적인 것으로 생각한다)

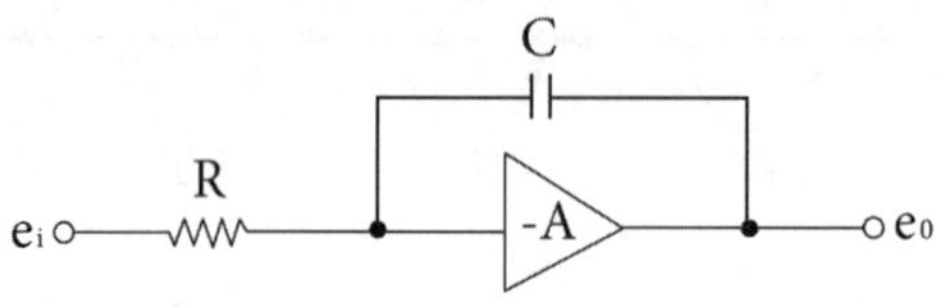

① $e_0 = -\frac{1}{RC}\int e_i \cdot dt$

② $e_0 = -\frac{1}{RC}\frac{de_i}{dt}$

③ $e_0 = -RC\int e_i \cdot dt$

④ $e_0 = -\frac{C}{R}\int e_i \cdot dt$

해설

〈적분기〉 $e_0 = -\frac{1}{RC}\int e_i\,dt$

32

연산 증폭기의 성질에 관한 설명 중 옳지 않은 것은?

① 전압 이득이 매우 크다.
② 입력 임피던스가 매우 작다.
③ 전력 이득이 매우 크다.
④ 입력 임피던스가 매우 크다.

해설 Chapter 04 – 04

연산 증폭기의 특징
㉠ 출력 임피던스가 작다.
㉡ 입력 임피던스가 크다.
㉢ 증폭도가 매우 크다.
㉣ +, − 두 개의 전원을 필요로 한다.

정답 30 ① 31 ① 32 ②

Chapter 05 자동 제어계의 과도응답

01 응답(=출력)

어떤 요소 또는 계에 가해진 입력에 대한 출력의 변화를 응답이라 하며 제어계의 정확도의 지표가 된다.

(1) 응답의 종류

① **임펄스 응답** : 기준입력이 임펄스함수인 경우의 출력

② **인디셜 응답** : 기준입력이 단위계단함수인 경우의 출력

③ **램프(경사)응답** : 기준입력이 단위램프함수인 경우의 출력

(2) 응답의 계산 $c(t) = \mathcal{L}^{-1} G(s)R(s)$

단, $G(s)$: 전달함수, $R(s)$: 입력라플라스 변환

(3) 과도응답의 기준입력

① **단위계단입력 :** 기준입력이 $r(t) = u(t) = 1$ 인 경우

② **등(정)속도입력 :** 기준입력이 $r(t) = t$ 인 경우

③ **등(정)가속도입력 :** 기준입력이 $r(t) = \frac{1}{2}t^2$ 인 경우

02 자동제어계의 시간응답특성

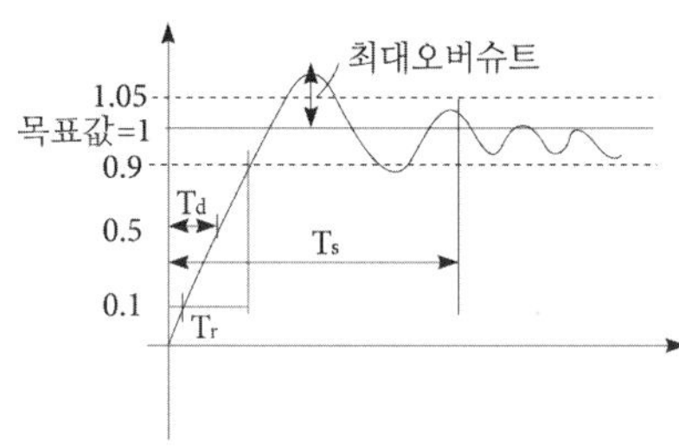

(1) 오버슈트(overshoot) : 응답이 목표값(최종값)을 넘어가는 양

$$백분율오버슈트 = \frac{최대오버슈트}{최종목표값} \times 100[\%]$$

$$상대오버슈트 = \frac{최대오버슈트}{최종희망값} \times 100[\%]$$

(2) 감쇠비 : 과도응답이 소멸되는 속도를 양적으로 표현한 값

$$감쇠비 = \frac{제2의\ 오버슈트}{최대오버슈트}$$

(3) 지연시간(T_d) : 응답이 최종목표값의 50%에 도달하는 데 걸리는 시간

(4) 상승시간(T_r) : 응답이 최종목표값의 10%에서 90%에 도달하는 데 걸리는 시간

(5) 정정시간 = 응답시간(T_s) : 응답이 최종목표값의 허용오차 범위(±5%) 이내에 안착하는 데 걸리는 시간

03 자동제어계의 과도응답

(1) 부궤환 제어계의 전달함수

$$G(s) = \frac{C(s)}{R(s)} = \frac{G}{1+GH}$$

(2) 특성방정식 $= 1 + GH = 0$

(3) 극점(×) : 특성방정식의 근

(4) 영점(○) : 전달함수의 분자가 0이 되는 근

(5) 특성방정식의 근의 위치와 응답

① 특성방정식의 근이 제동비(실수)축상에 존재

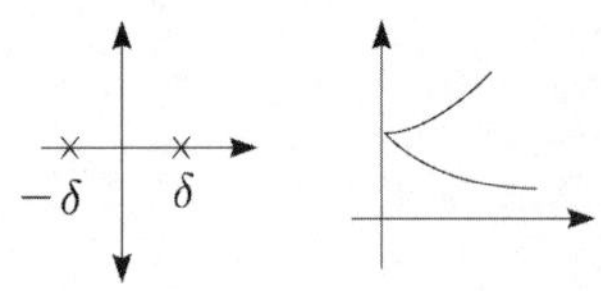

② 특성방정식의 근이 허수축상에 존재(무한진동)

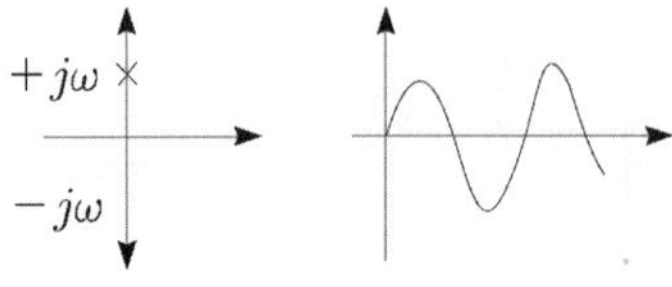

③ 특성방정식의 근이 좌반부에 존재(감쇠진동)

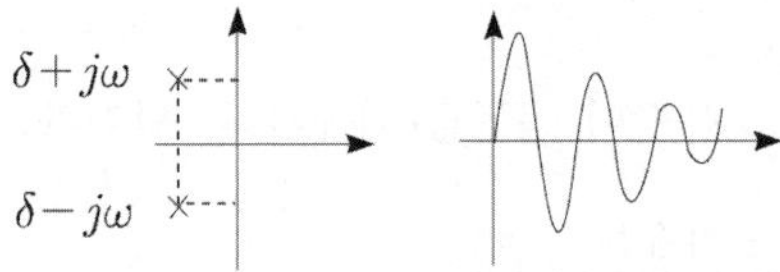

④ 특성방정식의 근이 우반부에 존재(진동폭이 증가)

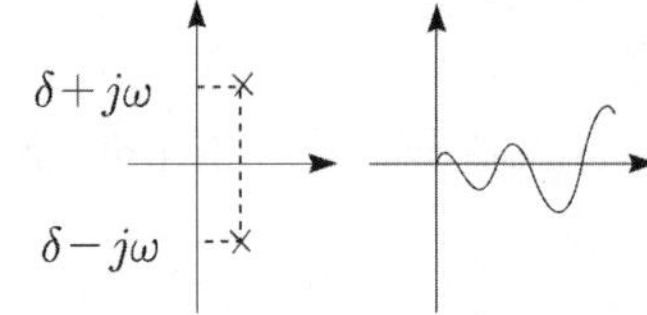

(6) 특성방정식의 근이 좌반부에 존재시 안정하며 우반부에 존재시 불안정하다.

04 2차계의 과도응답

(1) 2차계의 전달함수 $G(s) = \dfrac{Y(s)}{X(s)} = \dfrac{K\omega_n^2}{S^2 + 2\delta\omega_n S + \omega_n^2}$

단, $\delta = \xi$: 감쇠 계수 또는 제동비, ω_n : 고유 주파수

$\sigma = \delta\omega_n$: 제동계수, $\tau = \dfrac{1}{\sigma} = \dfrac{1}{\delta\,\omega_n}$: 시정수

$\omega = \omega_n\sqrt{1-\delta^2}$: 과도진동주파수

(2) 제동비에 따른 제동조건

$G(s) = \dfrac{\omega_n^2}{S^2 + 2\delta\omega_n S + \omega_n^2}$ (δ : 제동비, ω_n : 고유진동수)

$\delta > 1$: 과제동
$\delta < 1$: 부족제동(감쇠)
$\delta = 1$: 임계제동
$\delta = 0$: 무제동

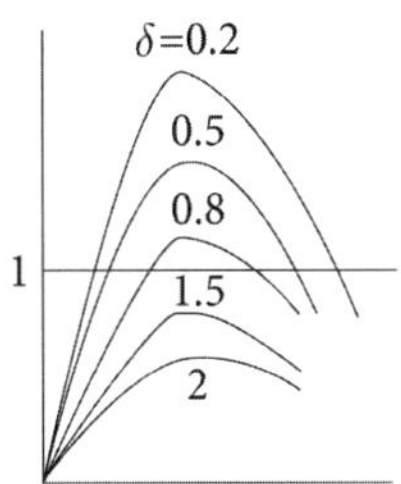

ex 2차계에서 감쇠율?

$(S^2 + 5S + 9)\ Y(s) = 9X(s)$

$\dfrac{Y(s)}{X(s)} = \dfrac{9}{S^2 + 5S + 9}$

$\omega_n^2 = 9$ $\qquad \omega_n = 3$

$2\delta\omega_n = 5$ $\qquad \therefore\ \delta = \dfrac{5}{6}$

출제예상문제

01

시간영역에서 자동제어계를 해석할 때 기본 시험 입력에 사용되지 않는 입력은?

① 정속도 입력(ramp input)
② 단위 계단 입력(unit step input)
③ 정가속도 입력(parabolic funtion input)
④ 정현파 입력(sine wave input)

해설 Chapter 05 – 01 – (3)
기준입력 종류
① 계단 입력
② 정속도 입력
③ 정가속도 입력

02

자동제어계에서 Weight function이라 불리는 것은?

① error 함수 ② 전달함수
③ impulse ④ over damp

해설
impulse 함수 : unit weight function(단위 하중 함수)

03

다음 임펄스 응답에 관한 말 중 옳지 않는 것은?

① 입력과 출력만 알면 임펄스 응답을 알 수 있다.
② 회로소자의 값을 알면 임펄스 응답은 알 수 있다.
③ 회로의 모든 초깃값이 0일 때 입력과 출력을 알면 임펄스 응답을 알 수 있다.
④ 회로의 모든 초깃값이 0일 때 단위 임펄스 입력에 대한 출력이 임펄스 응답이다.

해설 Chapter 05 – 01 – (1)
입력과 출력을 알면 임펄스 응답을 알 수 있다.

04

어떤 제어계에 입력 신호를 가하고 난 후 출력 신호가 정상 상태에 도달할 때까지의 응답을 무엇이라고 하는가?

① 시간 응답 ② 선형 응답
③ 정상 응답 ④ 과도 응답

해설
입력을 가하고 난 후 출력이 정상값에 도달할 때까지의 응답을 과도응답이라 한다.

05

단위 계단 입력 신호에 대한 과도 응답을 무엇이라 하는가?

① 임펄스 응답 ② 인디셜 응답
③ 노멀 응답 ④ 램프 응답

해설 Chapter 05 – 01
• 하중함수 → 임펄스 응답
• 단위계단함수 → 인디셜 응답

06

임펄스 응답이 다음과 같이 주어지는 계의 전달함수는?

$$c(t) = 1 - 1.8e^{-4t} + 0.8e^{-9t}$$

① $\frac{36S}{(S+4)(S+9)}$ ② $\frac{36}{(S+4)(S+9)}$
③ $\frac{36}{S(S+4)(S+9)}$ ④ $\frac{(S+4)}{S(S+4)(S+9)}$

정답 01 ④ 02 ③ 03 ② 04 ④ 05 ② 06 ③

해설

$$G(s) = \frac{C(s)}{R(s)} = \frac{\mathcal{L}[c(t)]}{\mathcal{L}[\delta(t)]}$$
$$= \frac{1}{S} - \frac{1.8}{S+4} + \frac{0.8}{S+9}$$
$$= \frac{(S+4)(S+9) - 1.8S(S+9) + 0.8S(S+4)}{S(S+4)(S+9)}$$
$$= \frac{S^2 + 13S + 36 - 1.8S^2 - 16.2S + 0.8S^2 + 3.2S}{S(S+4)(S+9)}$$
$$= \frac{36}{S(S+4)(S+9)}$$

07

전달 함수 $G(s) = \frac{1}{S+1}$ 인 제어계의 인디셜 응답은?

① $1-e^{-t}$ ② e^{-t}
③ $1+e^{-t}$ ④ $e^{-t}-1$

해설

$$G(s) = \frac{C(s)}{R(s)} = \frac{\mathcal{L}[c(t)]}{\mathcal{L}[u(t)]} = \frac{C(s)}{\frac{1}{S}} = \frac{1}{S+1}$$
$$\therefore C(s) = \frac{1}{S(S+1)} = \frac{k_1}{S} + \frac{k_2}{S+1}$$
$$= \frac{1}{S} - \frac{1}{S+1}$$
$$\therefore c(t) = 1 - e^{-t}$$

08

어떤 제어계의 입력으로 단위 임펄스가 가해졌을 때 출력이 te^{-3t} 이었다. 이 제어계의 전달함수를 구하면?

① $\frac{1}{(S+3)^2}$ ② $\frac{t}{(S+1)(S+2)}$
③ $t(S+2)$ ④ $(S+1)(S+2)$

해설 Chapter 05 – 02 – (1)

$$G(s) = \frac{C(s)}{R(s)} = \frac{\mathcal{L}[t\,e^{-3t}]}{\mathcal{L}[\delta(t)]} = \frac{\frac{1}{(S+3)^2}}{1}$$
$$= \frac{1}{(S+3)^2}$$

09

오버슈트에 대한 설명 중 옳지 않은 것은?

① 계단 응답 중에 생기는 입력과 출력 사이의 최대 편차량이 최대 오버슈트이다.
② 상대 오버슈트$=\frac{\text{최대 오버슈트}}{\text{최종의 희망값}} \times 100$
③ 자동 제어계의 정상 오차이다.
④ 자동 제어계의 안정도의 척도가 된다.

해설 Chapter 05 – 02 – (1)
오버슈트가 제어계의 정상오차는 아니다.

10

과도 응답의 소멸되는 정도를 나타내는 감쇠비(decay ratio)는?

① 최대 오버슈트 / 제2 오버슈트
② 제3 오버슈트 / 제2 오버슈트
③ 제2 오버슈트 / 최대 오버슈트
④ 제2 오버슈트 / 제3 오버슈트

해설 Chapter 05 – 02 – (2)

11

자동 제어계에서 과도 응답 중 지연 시간을 옳게 정의한 것은?

① 목표값의 50[%]에 도달하는 시간
② 목표값이 허용 오차 범위에 들어갈 때까지의 시간
③ 최대 오버슈트가 일어나는 시간
④ 목표값의 10~90[%]까지 도달하는 시간

해설 Chapter 05 – 02 – (3)
지연시간(시간 늦음)은 응답이 최초로 정상값(목표값)의 50[%] 되는데 걸리는 시간이다.

정답 07 ① 08 ① 09 ③ 10 ③ 11 ①

12

어떤 제어계의 단위 계단 입력에 대한 출력 응답 $c(t)$ 가 다음과 같이 주어진다. 지연 시간 T_d[s]는?

$$c(t) = 1 - e^{-2t}$$

① 0.346 ② 0.446
③ 0.693 ④ 0.793

해설 Chapter 05 – 02 – (3)

$t \to T_d$ 이므로 $c(t) = 0.5$ 이다.

$0.5 = 1 - e^{-2 \times Td}$

$\frac{1}{e^{2Td}} = 1 - 0.5 = \frac{1}{2}$

$\therefore\ e^{2Td} = 2$ (양변에 $\log_e$ 를 취하면)

$\log_e e^{2Td} = \log_e 2$

$\therefore\ 2T_d = \log e\ 2$

$\therefore\ T_d = 0.346$

13

과도 응답에서 상승 시간 t_r는 응답이 최종값의 몇 [%]까지 상승하는 시간으로 정의되는가?

① 1 ~ 100 ② 10 ~ 90
③ 20 ~ 80 ④ 30 ~ 70

해설 Chapter 05 – 02 – (4)

상승시간은 응답이 정상값(목표값)의 10 ~ 90[%]에 도달하는데 걸리는 시간

14

정정 시간(settling time)이란?

① 응답의 최종값의 허용 범위가 10 ~ 15[%] 내에 안정되기까지 요하는 시간
② 응답의 최종값의 허용 범위가 5 ~ 10[%] 내에 안정되기까지 요하는 시간
③ 응답의 최종값의 허용 범위가 ±5[%] 내에 안정되기까지 요하는 시간
④ 응답의 최종값의 허용 범위가 0 ~ 2[%] 내에 안정되기까지 요하는 시간

해설 Chapter 05 – 02 – (5)

정정시간은 응답이 최종값의 허용범위 ±5[%] 이내에 안정되기까지 요하는 시간이다.

15

2차 제어계에서 최대 오버슈트(over shoot)가 일어나는 시간 t_P, 고유진동수 ω_n, 감쇠율 δ 사이에는 어떤 관계가 있는가?

① $t_P = \frac{\pi}{\omega_n\sqrt{1+2\delta^2}}$

② $t_P = \frac{\pi}{\omega_n\sqrt{1-2\delta^2}}$

③ $t_P = \frac{\pi}{\omega_n\sqrt{1+\delta^2}}$

④ $t_P = \frac{\pi}{\omega_n\sqrt{1-\delta^2}}$

해설

최대 오버슈트가 발생할 조건

$t_P = \frac{\pi}{\omega_n\sqrt{1-\delta^2}}$

16

$G(s) = \frac{S+1}{S^2+2S-3}$ **의 특성방정식의 근은 얼마인가?**

① −2, 3 ② 1, −3
③ 1, 2 ④ 1

해설 Chapter 05 – 03 – (2)

특성방정식 : 분모 $= 0$

$\therefore\ S^2 + 2S - 3 = 0$

$(S-1)(S+3) = 0$

$S = 1, -3$

정답 12 ① 13 ② 14 ③ 15 ④ 16 ②

17

S평면(복소평면)에서의 극점 배치가 그림과 같을 경우 이 시스템의 시간 영역에서의 동작은?

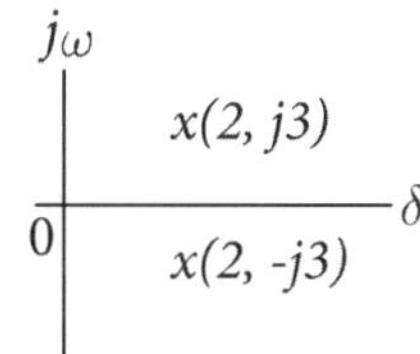

① 감쇠 진동한다.
② 점점 진동이 커진다.
③ 같은 진폭으로 진동한다.
④ 진동하지 않는다.

해설 Chapter 05 – 03 – (5)
극점의 위치가 우반면에 존재하면 진동은 증폭된다.
또한 극점의 위치가 좌반면에 존재하면 감쇠진동한다.

18

회로망 함수의 라플라스 변환이 $I/S+a$로 주어지는 경우 이의 시간영역에서 동작을 도시한 것 중 옳은 것은?

①
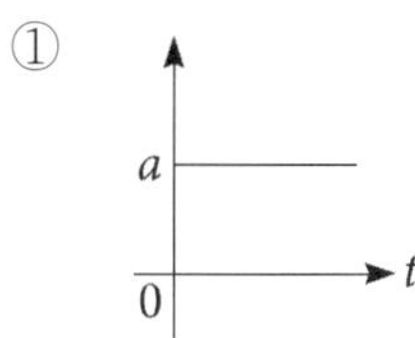

②
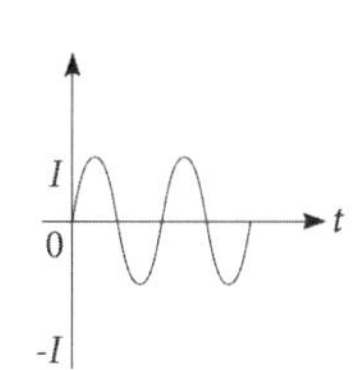

③
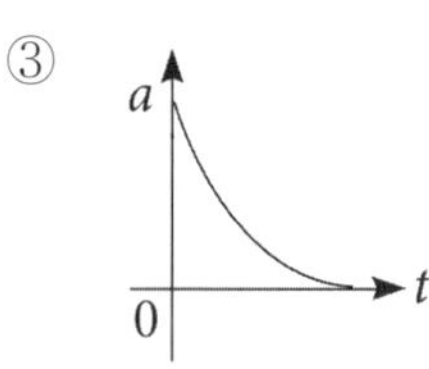

④
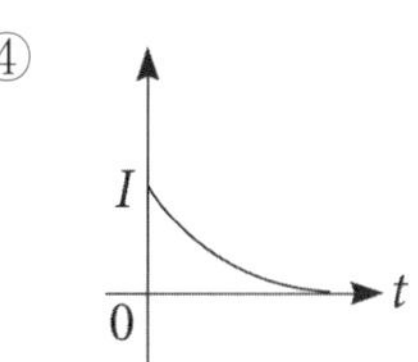

해설

$$F(s)=\frac{I}{S+a} \qquad \therefore\ f(t)=I\cdot e^{-at}$$

크기는 I이며 지수적으로 감소하는 그래프이다.

19

그림의 그래프에 있는 특성방정식의 근의 위치는?

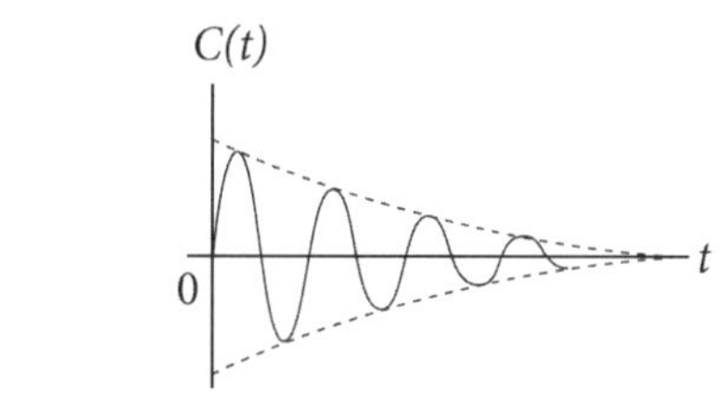

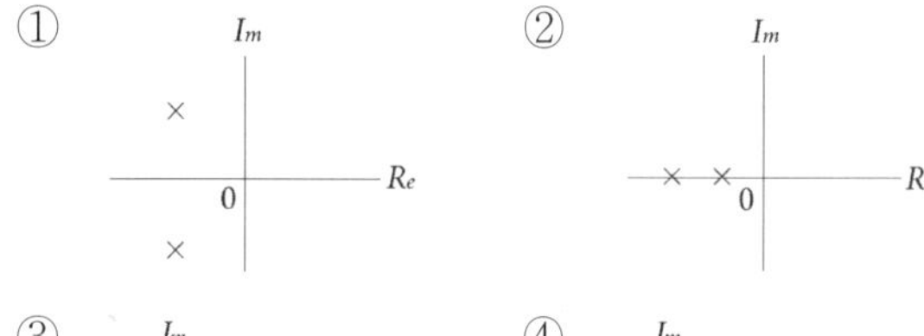

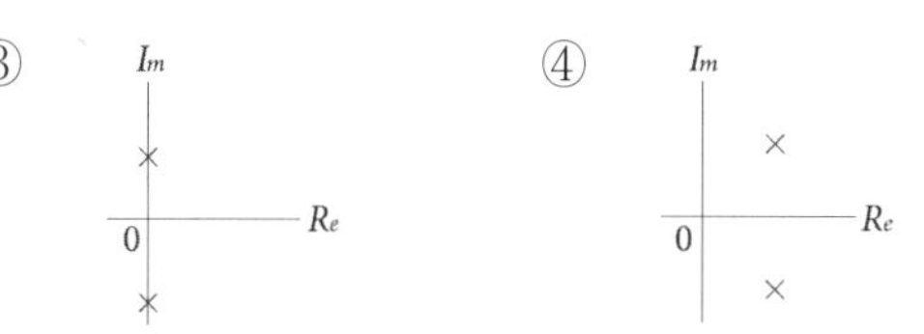

해설 Chapter 05 – 03 – (5)
감쇠진동 : 극점의 위치가 좌반면에 존재한다.

20

어떤 제어계의 전달함수의 극점이 그림과 같다. 이 계의 고유 주파수 ω_n과 감쇠율 δ는?

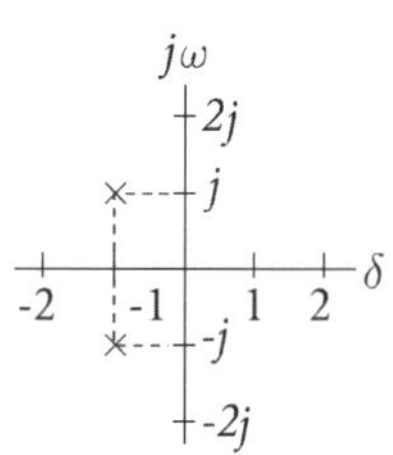

① $\omega_n=\sqrt{2},\ \delta=\sqrt{2}$ ② $\omega_n=2,\ \delta=\sqrt{2}$
③ $\omega_n=\sqrt{2},\ \delta=\frac{1}{\sqrt{2}}$ ④ $\omega_n=\frac{1}{\sqrt{2}},\ \delta=\sqrt{2}$

해설 Chapter 05 – 04 – (1)

정답 17 ② 18 ④ 19 ① 20 ③

21

$M(s) = \dfrac{100}{S^2+S+100}$ 으로 표시되는 2차계에서 고유 진동주파수 ω_n 은?

① 2　　② 5
③ 10　　④ 20

해설 Chapter 05 – 04 – (1)
2차계의 전달함수

$$G(s) = \frac{\omega_n^2}{S^2+2\delta\omega_n S+\omega_n^2}$$

$\therefore \omega_n = 10$
(여기서, δ : 감쇠계수, ω_n : 고유 주파수)

22

특성방정식 $S^2+S+2=0$을 갖는 2차계의 제동비(damping ratio)는?

① 1　　② $\dfrac{1}{\sqrt{2}}$
③ $\dfrac{1}{2}$　　④ $\dfrac{1}{2\sqrt{2}}$

해설 Chapter 05 – 04 – (1)
$\omega^2 = 2$
$\therefore \omega_n = \sqrt{2}$, $2\delta\omega_n = 1$ 이므로
$\delta = \dfrac{1}{2\sqrt{2}}$

23

다음 미분방정식으로 표시되는 2차계가 있다. 감쇠율은 얼마인가? (단, y는 출력, x는 입력이다.)

$$\frac{d^2y}{dt^2}+5\frac{dy}{dt}+9y=9x$$

① 5　　② 6　　③ $\dfrac{6}{5}$　　④ $\dfrac{5}{6}$

해설 Chapter 05 – 04 – (1)

$$G(s) = \frac{Y(s)}{X(s)} = \frac{9}{S^2+5S+9}$$

$\omega_n^2 = 9$, $\omega_n = 3$, $2\delta\omega_n = 5$
$\therefore \delta = \dfrac{5}{6}$ (Tip 5–4–3 ex) 참조)

24

그림과 같은 궤환 제어계의 감쇠 계수(제동비)는?

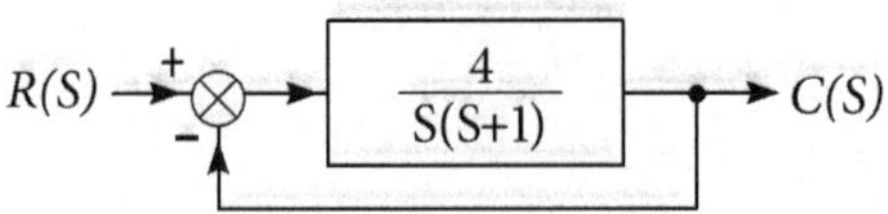

① 1　　② $\dfrac{1}{2}$
③ $\dfrac{1}{3}$　　④ $\dfrac{1}{4}$

해설 Chapter 05 – 04 – (1)
특성방정식

$$1+\frac{4}{S(S+1)} = \frac{S^2+S+4}{S^2+S} = 0$$

$\therefore S^2+S+4 = 0$
$\omega_n^2 = 4$, $\omega_n = 2$, $2\delta\omega_n = 1$
$\therefore \delta = \dfrac{1}{4}$

25

2차 제어계에 대한 설명 중 잘못된 것은?

① 제동 계수의 값이 작을수록 제동이 적게 걸려 있다.
② 제동 계수의 값이 1일 때 가장 알맞게 제동되어 있다.
③ 제동 계수의 값이 클수록 제동은 많이 걸려 있다.
④ 제동 계수의 값이 1일 때 임계 제동되었다고 한다.

해설 Chapter 05 – 04 – (2)
$\delta < 1$ 일 때 부족 제동(감쇠 진동)이다.

정답 21 ③ 22 ④ 23 ④ 24 ④ 25 ②

26

제동비가 1보다 점점 작아질 때 나타나는 현상은?

① 오버슈트가 점점 작아진다.
② 오버슈트가 점점 커진다.
③ 일정한 진폭을 가지고 무한히 진동한다.
④ 진동하지 않는다.

해설 Chapter 05 − 04 − (2)

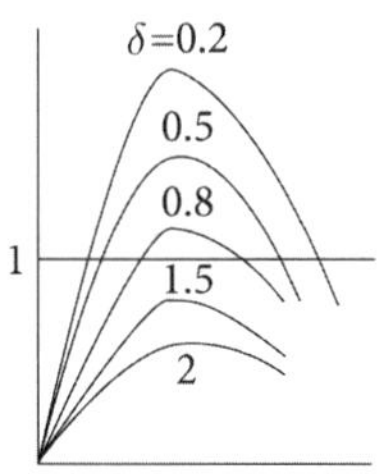

27

다음과 같은 계통의 시정수[s]는?

$$2\frac{d^2y}{dt^2}+4\frac{dy}{dt}+8y=8x$$

① 5　② 3　③ 2　④ 1

해설 Chapter 05 − 04 − (1)

라플라스 변환하면

$$G(s)=\frac{Y(s)}{X(s)}=\frac{8}{2S^2+4S+8}$$

$$=\frac{4}{S^2+2S+4}$$

$\frac{\omega_n^2}{S^2+2\delta\omega S+{\omega_n}^2}$ 과 비교하면

$\omega_n=2,\ \delta=\frac{1}{2}$

시정수 $\tau=\frac{1}{\omega_n\delta}=\frac{1}{1}=1\,[\mathrm{s}]$

28

전달함수 $G(j\omega)=\frac{1}{1+6j\omega+9(j\omega)^2}$ 의 고유 각 주파수는?

① 9　② 3　③ 1　④ 0.33

해설 Chapter 05 − 04 − (1)

$$G(s)=\frac{1}{9S^2+6S+1}\times\frac{1}{9}$$

$$=\frac{\frac{1}{9}}{S^2+\frac{2}{3}S+\frac{1}{9}}$$

$\therefore\ \omega_n=\frac{1}{3}=0.33$

29

전달 함수 $\frac{C(s)}{R(s)}=\frac{25}{S^2+6S+25}$ 인 2차계의 과도 진동 주파수 $\omega_n{}'$ 는?

① 3[rad/s]　② 4[rad/s]
③ 5[rad/s]　④ 6[rad/s]

해설 Chapter 05 − 04 − (1)

과도 진동주파수

$\omega_n{}'=\omega_n\sqrt{1-\delta^2}\ \ (\omega_n=5,\ \delta=0.6)$

$\therefore\ \omega_n{}'=5\sqrt{1-0.6^2}=5\times0.8=4$

30

특성방정식 $S^2+2\delta\omega_nS+\omega_n^2=0$ 인 계가 무제동 진동을 할 경우 δ 의 값은?

① $\delta=0$　② $\delta<1$　③ $\delta=1$　④ $\delta>1$

해설 Chapter 05 − 04 − (2)

$\delta<1$: 부족 제동(감쇠진동)
$\delta>1$: 과제동(비진동)
$\delta=1$: 임계상태(임계진동)
$\delta=0$: 무제동(무한진동)

정답 26 ② 27 ④ 28 ④ 29 ② 30 ①

제4과목 ✦ 제어공학

31

특성방정식 $S^2+2\delta\omega_n S+\omega_n^2=0$에서 δ를 제동비라고 할 때 $\delta<1$인 경우는?

① 임계진동 ② 강제진동
③ 감쇠진동 ④ 완전진동

해설 Chapter 05 − 04 − (2)
$\delta<1$: 부족 제동
$\delta>1$: 과제동
$\delta=1$: 임계상태
$\delta=0$: 무제동

32

2차 시스템의 감쇠율(damping ratio) δ가 $\delta<1$이면 어떤 경우인가?

① 비감쇠 ② 과감쇠
③ 발산 ④ 부족감쇠

해설 Chapter 05 − 04 − (2)
$\delta<1$: 부족 제동 $\delta>1$: 과제동
$\delta=1$: 임계상태 $\delta=0$: 무제동

33

폐경로 전달함수가 $\dfrac{\omega_n^2}{S^2+2\,\delta\omega_n S+\omega_n^2}$으로 주어진 단위 궤환계가 있다. $0<\delta<1$인 경우에 단위계단 입력에 대한 응답은?

①
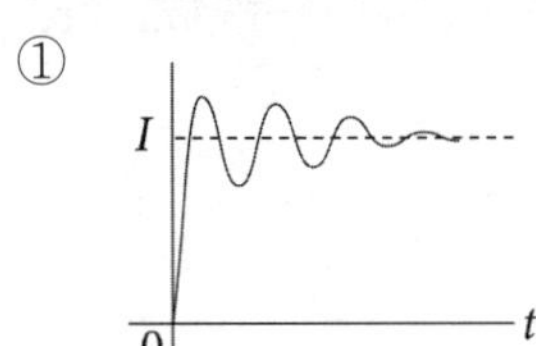

②
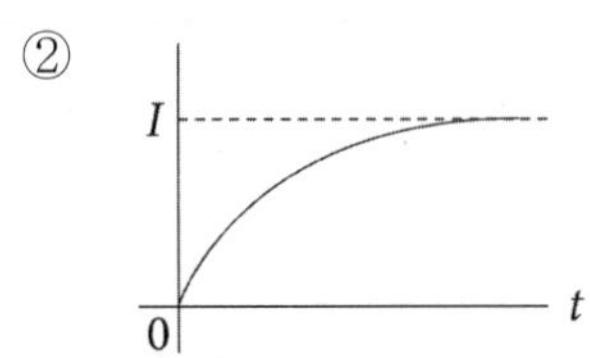

③
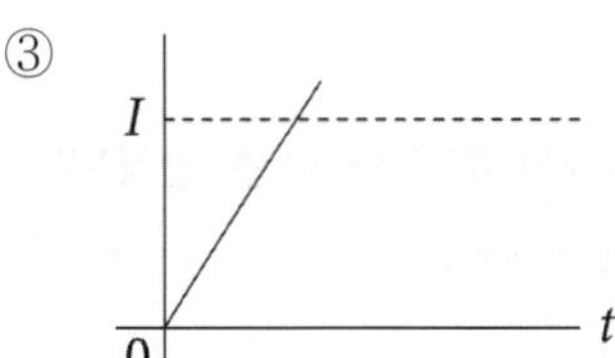

④
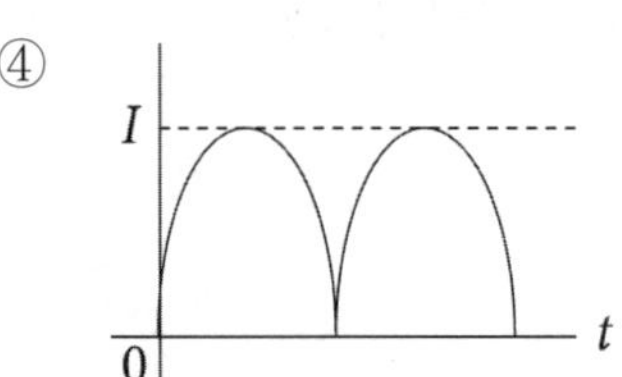

해설 Chapter 05 − 04 − (2)
가장 안정적인 응답 $0<\delta<1$

34

$R-L-C$ 직렬 회로에서 부족 제동인 경우 감쇠 진동의 고유 주파수 f는?

① 공진 주파수보다 크다.
② 공진 주파수보다 작다.
③ 공진 주파수에 관계없이 일정하다.
④ 공진 주파수와 같이 증가한다.

해설
부족제동의 경우 고유 주파수 f는 공진 주파수 f_r 보다 작다.

35

전달함수 $G(j\omega)=\dfrac{1}{1+j6\omega+9(j\omega)^2}$의 요소의 인디셜 응답은?

① 진동
② 임계진동
③ 지수함수적으로 증가
④ 비진동

정답 31 ③ 32 ④ 33 ① 34 ② 35 ②

해설 Chapter 05 - 04 - (2)

특성방정식 $9s^2+6s+1=0$

$$s^2+\frac{2}{3}s+\frac{1}{9}=0$$

$$S^2+2\delta\omega_n S+\omega_n^2=s^2+\frac{2}{3}s+\frac{1}{9}=0$$

$$\omega_n=\frac{1}{3}$$

$$2\delta\omega_n=\frac{2}{3}\quad \delta=1$$

36

전달함수 $G(j\omega)=\dfrac{1}{1+j\omega+(j\omega)^2}$ 인 요소의 인디셜 응답은?

① 직류　　② 임계진동
③ 진동　　④ 비진동

해설 Chapter 05 - 04 - (2)

$G(j\omega)=\dfrac{1}{1+j\omega+(j\omega)^2}$ 은 2차 지연요소의 전달함수인 $G(s)=\dfrac{1}{S^2+S+1}$ 과 $G(s)=\dfrac{\omega_n}{S^2+2\delta\omega_n S+\omega_n^2}$ 과 같으므로 $\omega_n=1$ 이고, $\delta=\dfrac{1}{2}$ 이므로 진동조건이다.

37

어떤 회로의 영입력 응답(또는 자연응답)이 다음과 같다. $V(t)=84(e^{-t}-e^{-6t})$ 다음의 서술에서 잘못된 것은?

① 회로의 시정수 1, 1/6 두 개다.
② 이 회로는 2차 회로이다.
③ 이 회로는 과제동되었다.
④ 이 회로는 임계제동되었다.

해설 Chapter 05 - 04 - (2)

$$\mathcal{L}[84(e^{-t}-e^{-6t})]=84\left(\frac{1}{S+1}-\frac{1}{S+6}\right)$$

$$=84\left[\frac{(S+6)-(S+1)}{(S+1)(S+6)}\right]$$

$$=84\left[\frac{5}{S^2+7S+6}\right]=70\left[\frac{6}{S^2+7S+6}\right]$$

여기서, $2\delta\omega_n S=7S$, $\omega_n^2=6$ 이므로

$$\therefore\ 2\sqrt{6}\,\delta=7$$

$$\therefore\ \delta=\frac{7}{2\sqrt{6}}=1.42$$

따라서, $\delta>1$ 이면 과제동, 비진동이 된다.

38

그림의 단위 계단 함수의 주파수의 연속 스펙트럼은?

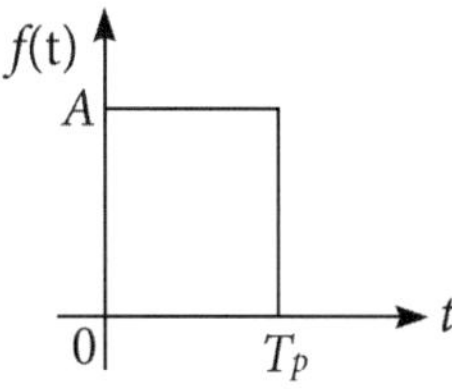

① $AT_p\left|\dfrac{\sin(\omega T_p/2)}{\omega T_p/2}\right|$

② $AT_p\,|\sin(\omega T_p/2)|$

③ $AT_p\left|\dfrac{\cos(\omega T_p/2)}{\omega T_p/2}\right|$

④ $\left|\dfrac{\sin(\omega T_p/2)}{\omega T_p/2}\right|$

정답 36 ③ 37 ④ 38 ①

제4과목 ✦ 제어공학

Chapter 06 편차와 감도

01 정상편차(e_{ss}) : 단위부궤환 제어계의 입력과 출력의 편차 $E(s) = R(s) - C(s) = \dfrac{1}{1+G(s)}R(s)$에 대한 최종값을 정상편차라 한다.

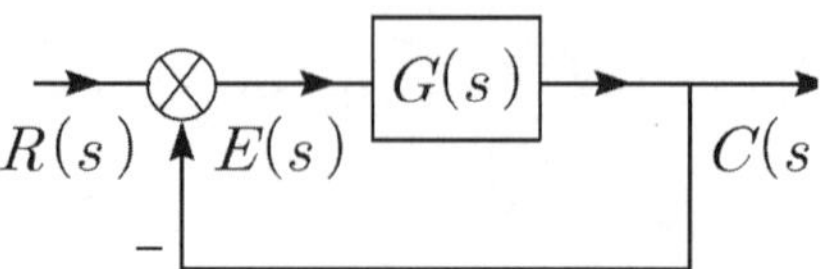

$$e_{ss} = \lim_{t\to\infty} e(t) = \lim_{s\to 0} S \cdot E(s) = \lim_{s\to 0} \frac{S}{1+G(s)}R(s)$$

(단, $G(s)$ 는 전향전달함수)

(1) **단위계단입력** : 기준입력 $r(t) = u(t) = 1$, $\mathrm{R(s)} = \dfrac{1}{\mathrm{S}}$

(2) **단위램프입력** : 기준입력 $r(t) = t$, $R(s) = \dfrac{1}{S^2}$

(3) **포물선 입력** : 기준입력 $r(t) = \dfrac{1}{2}t^2$, $R(s) = \dfrac{1}{S^3}$

02 정상편차의 종류

(1) **정상위치편차**(e_{ssp}) : 단위부궤환 제어계에 단위계단입력이 가하여진 경우의 정상편차를 정상 위치편차라 한다.

$$e_{ssp} = \lim_{S=0}\frac{S}{1+G(s)}R(s) = \lim_{S=0}\frac{S}{1+G(s)} \times \frac{1}{S} = \lim_{S=0}\frac{1}{1+G(s)}$$
$$= \frac{1}{1+\lim\limits_{S=0}G(s)} = \frac{1}{1+K_p}$$

단, $K_p = \lim\limits_{S=0}G(s)$: 위치편차상수

(2) **정상속도편차**(e_{ssv}) : 단위부궤환 제어계에 단위램프입력이 가하여진 경우의 정상편차를 정상속도편차라 한다.

$$e_{ssv} = \lim_{S=0}\frac{S}{1+G(s)}R(s) = \lim_{S=0}\frac{S}{1+G(s)} \times \frac{1}{S^2} = \lim_{S=0}\frac{1}{S+SG(s)}$$
$$= \frac{1}{\lim\limits_{S=0}SG(s)} = \frac{1}{K_v}$$

단, $K_v = \lim\limits_{S=0}SG(s)$: 속도편차상수

(3) 정상가속도편차(e_{ssa}) : 단위부궤환 제어계에 포물선입력이 가하여진 경우의 정상편차를 정상가속도편차라 한다.

$$e_{ssa}=\lim_{S=0}\frac{S}{1+G(s)}R(s)=\lim_{S=0}\frac{S}{1+G(s)}\times\frac{1}{S^3}=\lim_{S=0}\frac{1}{S^2+S^2G(s)}$$

$$=\frac{1}{\lim_{S=0}S^2G(s)}=\frac{1}{K_a}$$

단, $K_a=\lim_{S=0}S^2G(s)$: 가속도편차상수

03 자동제어계의 형의 분류

개루프 전달함수 $G(s)H(s)$의 원점$(s=0)$에 있는 극점의 수에 의해서 분류한다.

$G(s)H(s)=\dfrac{K}{S^N}$ 에서

$N=0$ 이면 0형 제어계, $N=1$ 이면 1형 제어계,

$N=2$ 이면 2형 제어계, $N=3$ 이면 3형 제어계가 된다.

(1) 형의 분류에 의한 정상편차 및 편차상수

형	K_p	K_v	K_a	e_{ssp}	e_{ssv}	e_{ssa}	비고
0	K	0	0	$\frac{R}{1+K}$	∞	∞	계단입력 : $\frac{R}{S}$
1	∞	K	0	0	$\frac{R}{K}$	∞	속도입력 : $\frac{R}{S^2}$
2	∞	∞	K	0	0	$\frac{R}{K}$	가속도입력 : $\frac{R}{S^3}$
⋮							

04 감도

주어진 요소 K에 의한 계통의 폐루프 전달함수 T의 미분 감도는

$S_{K_1}^T=\dfrac{K_1}{T}\cdot\dfrac{dT}{dK_1}$ 에 의해서 구한다.

단, $T=\dfrac{C(s)}{R(s)}$ 인 폐루프 전달함수이다.

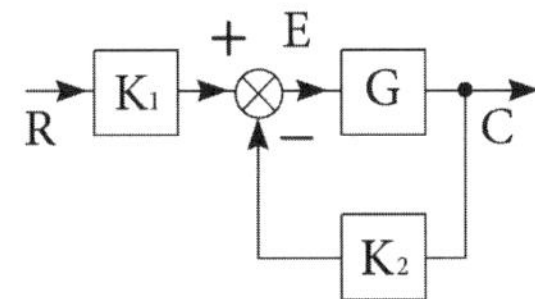

✓Check

ex 그림과 같은 블록 선도의 제어계에서 K_1에 대한 $T=\frac{C}{R}$의 감도 $S_{K_1}^T$는?

sol 먼저 전달함수 T를 구하면

$T=\dfrac{C}{R}=\dfrac{K_1G(s)}{1+G(s)K_2}$ 이므로

감도 공식에 대입하면

$$S_{K_1}^T=\frac{K_1}{T}\cdot\frac{dT}{dK_1}$$

$$=\frac{K_1}{\frac{K_1G(s)}{1+G(s)K_2}}\cdot\frac{d}{dK_1}\left(\frac{K_1G(s)}{1+G(s)K_2}\right)K_1$$

$$=\frac{1+G(s)K_2}{G(s)}\cdot\frac{G(s)}{1+G(s)K_2}=1$$ 이 된다.

제 4 과목 ✦ 제어공학

Chapter 06 출제예상문제

01

다음 중 속도 편차상수는?

① $\lim_{s\to 0} G(s)$　② $\lim_{s\to 0} SG(s)$

③ $\lim_{s\to 0} S^2G(s)$　④ $\lim_{s\to 0} S^3G(s)$

해설 Chapter 06 − 02 − (2)

- 위치 편차상수 $K_p = \lim_{s\to 0} G(s)$
- 속도 편차상수 $K_v = \lim_{s\to 0} S\,G(s)$
- 가속도 편차상수 $K_a = \lim_{s\to 0} S^2\,G(s)$

02

단위 부궤환계에서 단위 계단 입력이 가하여졌을 때의 정상 편차는? (단, 개루프 전달 함수는 $G(s)$이다.)

① $\dfrac{1}{1+\lim_{s\to 0} G(s)}$　② $\dfrac{1}{\lim_{s\to 0} SG(s)}$

③ $\dfrac{1}{\lim_{s\to 0} S^2G(s)}$　④ $\dfrac{1}{\lim_{s\to 0} S^3G(s)}$

해설 Chapter 06 − 02 − (1)

정상위치 편차

$$e_{ss} = \lim_{s\to 0}\frac{S}{1+G(s)}\cdot R(s) = \lim_{s\to 0}\frac{S}{1+G(s)}\times\frac{1}{S} = \lim_{s\to 0}\frac{1}{1+G(s)} = \frac{1}{1+\lim_{s\to 0} G(s)}$$

03

개루프 전달 함수 $G(s) = \dfrac{1}{S(S^2+5S+6)}$ 인 단위 궤환계에서 단위 계단입력을 가하였을 때의 잔류 편차(offset)는?

① 0　② 1/6　③ 6　④ ∞

해설 Chapter 06 − 02 − (1)

$r(t) = u(t) \qquad \therefore\ R(s) = \dfrac{1}{S}$

$$e_{ss} = \lim_{s\to 0}\frac{S}{1+G(s)}R(s) = \lim_{s\to 0}\frac{S}{1+G(s)}\cdot\frac{1}{S} = \lim_{s\to 0}\frac{1}{1+G(s)} = \lim_{s\to 0}\frac{1}{1+\dfrac{1}{S(S^2+2S+6)}} = \lim_{s\to 0}\frac{S(S^2+2S+6)}{S(S^2+2S+6)+1} = 0$$

04

개루프 전달함수 $G(s)$가 다음과 같이 주어지는 단위 피드백계에서 단위 속도 입력에 대한 정상 편차는?

$$G(s) = \frac{10}{S(S+1)(S+2)}$$

① $\dfrac{1}{2}$　② $\dfrac{1}{3}$　③ $\dfrac{1}{4}$　④ $\dfrac{1}{5}$

해설 Chapter 06 − 02 − (1)

$$e_{ssv} = \frac{1}{\lim_{s\to 0} SG(s)} = \frac{1}{\lim_{s\to 0} s\cdot\dfrac{10}{S(S+1)(S+2)}} = \frac{1}{\dfrac{10}{2}} = \frac{1}{5}$$

정답 01 ② 02 ① 03 ① 04 ④

05

다음에서 입력 $r(t)=5t$ 일 때 상태 편차는 얼마인가?

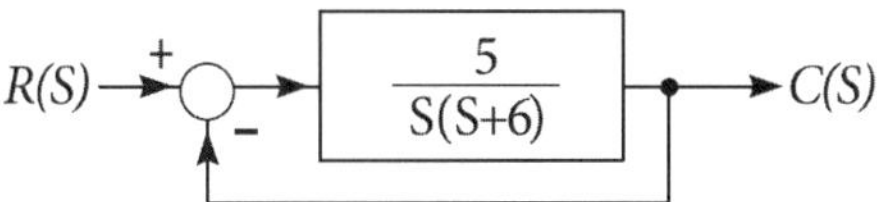

① $e_{ss}=2$　② $e_{ss}=4$
③ $e_{ss}=6$　④ $e_{ss}=\infty$

해설 Chapter 06 – 02 – (2)

$r(t)=5t \;\therefore\; R(s)=\dfrac{5}{S^2}$

$$e_{ssv}=\lim_{s\to 0}\frac{S}{1+G(s)}R(s)$$

$$=\lim_{s\to 0}\frac{S}{1+\dfrac{5}{S(S+6)}}\cdot\frac{5}{S^2}$$

$$=\lim_{s\to 0}\frac{5}{S+\dfrac{5}{S+6}}=6$$

06

그림에 블록 선도로 보인 안정한 제어계의 단위 경사 입력에 대한 정상 상태오차는?

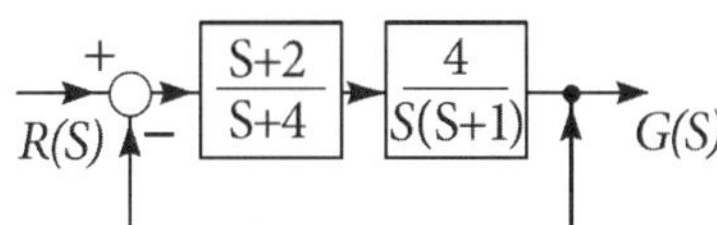

① 0　② $\dfrac{1}{4}$
③ $\dfrac{1}{2}$　④ ∞

해설 Chapter 06 – 02 – (2)

$$e_{ssv}=\lim_{s\to 0}\frac{S}{1+G(s)}\cdot\frac{1}{S^2}$$

$$=\lim_{s\to 0}\frac{1}{S+SG(s)}$$

$$=\lim_{s\to 0}\frac{1}{SG(s)}$$

$$=\lim_{s\to 0}\frac{1}{S\cdot\dfrac{4(S+2)}{S(S+1)(S+4)}}$$

$$=\lim_{s\to 0}\frac{1}{\dfrac{4(S+2)}{(S+1)(S+4)}}=\frac{1}{2}$$

07

$G(s)H(s)=\dfrac{K}{TS+1}$ 일 때 이 계통은 어떤 형인가?

① 0형　② 1형　③ 2형　④ 3형

해설 Chapter 06 – 03

㉮ 0형 : $\dfrac{1}{1+K_p}$ (위치 편차)

㉯ 1형 : $\dfrac{1}{K_v}$ (속도 편차)

㉰ 2형 : $\dfrac{1}{K_a}$ (가속도 편차)

08

$G_{c1}(s)=K,\ G_{c2}(s)=\dfrac{1+0.1S}{1+0.2S},\ G_p(s)=\dfrac{200}{S(S+1)(S+2)}$ 인 그림과 같은 제어계에 단위 램프 입력을 가할 때 정상 편차가 0.01이라면 K의 값은?

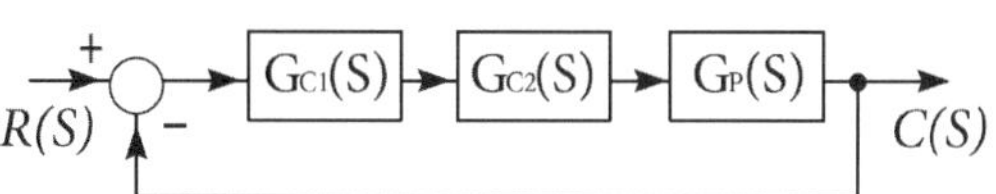

① 0.1　② 1　③ 10　④ 100

해설 Chapter 06 – 02 – (2)

속도편차 상수

$$K_v=\lim_{s\to 0}S\cdot\frac{200K(1+0.1S)}{S(S+1)(S+2)(1+0.2S)}$$

$$=100K$$

속도 편차는 $e_{ss}=\dfrac{1}{K_v}=\dfrac{1}{100K}=0.01$

$\therefore\ K=1$

정답 05 ③ 06 ③ 07 ① 08 ②

제 4 과목 ✦ 제어공학

09

그림과 같은 블록 선도로 표시되는 제어계는 무슨 형인가?

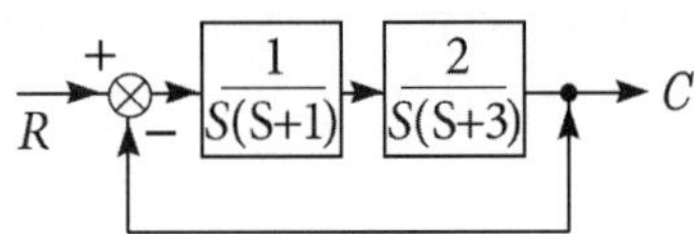

① 0형 ② 1형 ③ 2형 ④ 3형

해설 Chapter 06 − 03

$$G(s)\,H(s) = \frac{2}{S^2(S+1)(S+3)}$$

분모가 S에 관한 2차식이므로 2형 제어계이다.

10

계단 오차 상수를 K_p 라 할 때 1형 시스템의 계단 입력 $u(t)$ 에 대한 정상 상태 오차 e_{ss} 는?

① 1 ② $\frac{1}{K_p}$ ③ 0 ④ ∞

해설 Chapter 06 − 03

$e_{ss} = \lim\limits_{s \to 0} \frac{S}{1+G(s)} R(s) = \lim\limits_{s \to 0} \frac{1}{1+\frac{K_p}{S^n}}$ 에서 $n = 1$ 일 때 $e_{ss} = 0$

11

어떤 제어계에서 단위 계단 입력에 대한 정상 편차가 유한값이다. 이 계는 무슨 형인가?

① 0형 ② 1형 ③ 2형 ④ 3형

해설 Chapter 06 − 03

① 0형 : $\frac{1}{1+K_p}$ (위치 편차)

② 1형 : $\frac{1}{K_v}$ (속도 편차)

③ 2형 : $\frac{1}{K_a}$ (가속도 편차)

12

단위 램프 입력에 대하여 속도 편차 상수가 유한값을 갖는 제어계의 형은?

① 0형 ② 1형
③ 2형 ④ 3형

해설 Chapter 06 − 03

① 0형 : $\frac{1}{1+K_p}$ (위치 편차)

② 1형 : $\frac{1}{K_v}$ (속도 편차)

③ 2형 : $\frac{1}{K_a}$ (가속도 편차)

13

다음 그림의 보안 계통에서 입력 변환기 K_1에 대한 계통의 전달 함수 T 의 감도는 얼마인가?

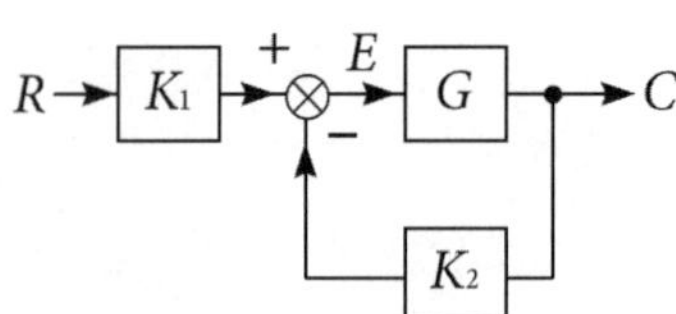

① −1 ② 0
③ 0.5 ④ 1

해설 Chapter 06 − 04

$$T = \frac{GK_1}{1+GK_2}$$

$$\therefore C_{K_1}^T = \frac{K_1}{T} \cdot \frac{dT}{dK_1}$$

$$= \frac{K_1}{\frac{GK_1}{1+GK_2}} \cdot \frac{d}{dK_1}\left(\frac{GK_1}{1+GK_2}\right)$$

$$= \frac{1+GK_2}{G} \cdot \frac{G(1+GK_2)}{(1+GK_2)^2}$$

$$= 1$$

정답 09 ③ 10 ③ 11 ① 12 ② 13 ④

14

그림의 블록 선도에서 폐루프 전달함수 $T=\frac{C}{R}$에서 H에 대한 감도 S_H^T는?

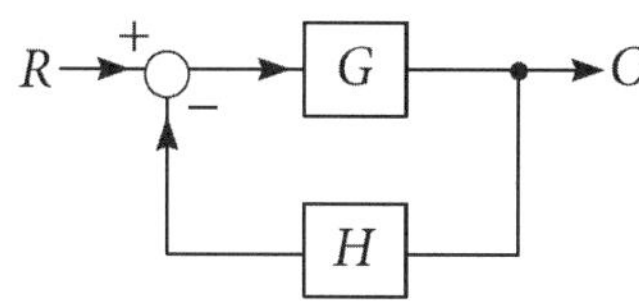

① $\frac{-GH}{1+GH}$

② $\frac{-H}{(1+GH)^2}$

③ $\frac{H}{1+GH}$

④ $\frac{-H}{1+GH}$

해설 Chapter 06 − 04

$$T=\frac{C}{R}=\frac{G}{1+GH}$$

$$\therefore S_H^T=\frac{H}{T}\cdot\frac{dT}{dH}$$

$$=\frac{H}{\frac{G}{1+GH}}\cdot\frac{d}{dH}\left(\frac{G}{1+GH}\right)$$

$$=\frac{-GH}{1+GH}$$

정답 14 ①

Chapter 07 주파수 응답

01 주파수 응답

전달함수 $G(s)$ 에서 s 대신 $j\omega$ 인 주파수 입력 $x(t)$ 에 대한 출력 $y(t)$ 를 주파수 응답이라 한다.
또한 $G(j\omega)$ 를 주파수 전달함수라고 한다.

(1) **진폭비** $= |G(j\omega)| = \sqrt{\text{실수부}^2 + \text{허수부}^2}$

(2) **위상차** $\theta = \tan^{-1}\dfrac{\text{허수부}}{\text{실수부}}$

02 벡터궤적

ω 를 0에서 ∞ 로 변화시 주파수 전달함수 $G(j\omega)$ 의 크기와 위상의 변화를 궤적으로 표현한 그림이다.

(1) **1차 지연요소**

$$G(s) = \frac{1}{1+Ts} = \frac{1}{1+j\omega T} = \frac{1}{1+\omega^2 T^2}(1-j\omega T)$$

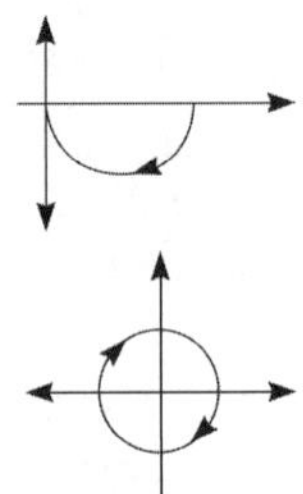

(2) **부동작 시간요소**

$$G(s) = e^{-Ls} = e^{-j\omega L} = \cos\omega L - j\sin\omega L$$

※ 실수부 + 허수부

하수부

실수부

$$|\ | = \sqrt{\text{실수부}^2 + \text{허수부}^2}$$

$$\theta = \tan^{-1}\frac{\text{허수부}}{\text{실수부}}$$

$$G(s) = \frac{K}{1+Ts} \qquad s \leftarrow j\omega$$

$$G(j\omega) = \frac{K}{1+j\omega T} \qquad |\,G(j\omega)\,| = \frac{K}{\sqrt{1^2+(\omega T)^2}}$$

$$\angle = \frac{K\angle 0^\circ}{\tan^{-1}\omega T}$$

$$\therefore\ |\,G(j\omega)\,| = \sqrt{1^2+(\omega T)^2}$$

$$\angle 0^\circ - \tan^{-1}\omega T$$

ex 1) $G(j\omega) = \dfrac{K}{1+j\omega T}$

$|\,G(j\omega)\,| = \dfrac{K}{\sqrt{1^2+(\omega T)^2}}\ \angle 0^\circ - \tan^{-1}\omega T$

- $\lim_{\omega\to 0} |\,G(j\omega)\,| = \dfrac{K}{1} = K$

  $\angle = 0^\circ$

- $\lim_{\omega\to\infty} |\,G(j\omega)\,| = \dfrac{K}{j\omega T} = 0$

  $\angle = -90^\circ$

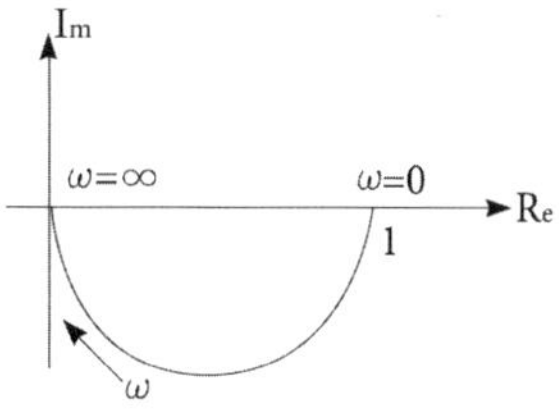

ex 2) $\dfrac{K}{(1+j\omega T_1)(1+j\omega T_2)}$

- $\lim_{\omega\to 0} |\,G(j\omega)\,| = \dfrac{K}{1} = K \quad \angle = 0^\circ$

- $\lim_{\omega\to\infty} |\,G(j\omega)\,| = \dfrac{K}{(j\omega)^2 T_1 T_2} = 0$

  $\angle = -180^\circ$

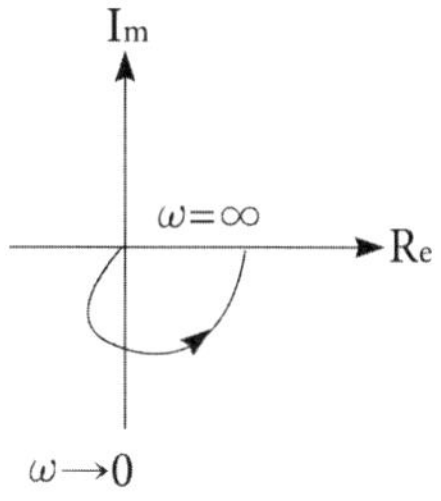

ex 3) $\dfrac{K}{j\omega(1+j\omega T)}$ ($\omega\to 0$ 시 분모 가로안만 대입)

- $\lim_{\omega\to 0} |\,G(j\omega)\,| = \dfrac{K}{j\omega} = \infty$

  $\angle = -90^\circ$

- $\lim_{\omega\to\infty} |\,G(j\omega)\,| = \dfrac{K}{(j\omega)^2 T} = 0$

  $\angle = -180^\circ$

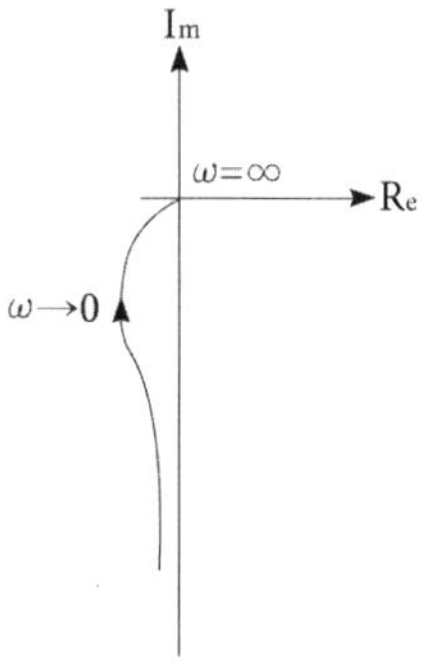

ex 4) $\dfrac{K}{j\omega(1+j\omega T_1)(1+j\omega T_2)}$

- $\lim_{\omega \to 0} |G(j\omega)| = \dfrac{K}{j\omega} = \infty$

  $\angle = -90^\circ$

- $\lim_{\omega \to \infty} |G(j\omega)| = \dfrac{K}{(j\omega)^3 T_1 T_2} = 0$

  $\angle = -270^\circ$

Im, Re, $\omega=\infty$, $\omega \to 0$

03 보드 선도

(1) 이득과 위상

① 이득 $g = 20\log|G(j\omega)|$ [dB]

② 위상 $\theta = \angle G(j\omega)$ (단, $j = 90^o$, $-j = \dfrac{1}{j} = -90^o$)

ex 1) $G(s) = e^{-LS}$에서 $\omega = 100$ [rad/sec]일 때 이득[dB]은?

$G(j\omega) = e^{-j\omega L}$ $\quad |G(j\omega)| = 1$

$\therefore\ 20\log 1 = 0$ [dB]

ex 2) $G(s) = \dfrac{1}{0.1s(0.01s+1)}$ 에서 $\omega = 0.1$ [rad/s] 일 때 이득 및 위상각 ?

$G(j\omega) = \dfrac{1}{0.1j\omega(0.01j\omega+1)}$

$|G(j\omega)| = \dfrac{1}{0.01\sqrt{0.001^2+1^2}}$ (너무 적으므로 제외시킴)

$\fallingdotseq \dfrac{1}{0.01} = 10^{-2}$

$20\log 10^2 = 40\log 10$ $\quad \therefore\ 40$ [dB]

$\angle = -90^\circ \left(\leftarrow \dfrac{1}{j\omega 0.1}\right)$

ex 3) $G(s)H(s) = \dfrac{2}{(s+1)(s+2)}$ (개루프)의 이득여유 ?

$|G(j\omega)| = \dfrac{2}{\sqrt{\omega^2+1}\sqrt{\omega^2+4}}$ (ω가 값이 주어지지 않으면 $\omega = 0$에서 시작한다.)

$\lim_{\omega \to 0} \dfrac{2}{2} = 1$

$20\log \dfrac{1}{1} = 0$ [dB]

ex 4) $G(s)\,H(s) = \dfrac{K}{(s+1)(s-2)}$ 40[dB]일 때 $K=$?

$|\,G(j\omega)\,| = \dfrac{K}{\sqrt{\omega^2+1}\,\sqrt{\omega^2+2^2}}$

(ω가 값이 주어지지 않으면 $\omega = 0$에서 시작한다.)

$\lim\limits_{\omega \to 0} |\,G(j\omega)\,| = \dfrac{K}{2}$

$20\log\dfrac{2}{K} = 40\,[\mathrm{dB}]$

$\therefore\ K = \dfrac{1}{50}$

04 주파수 특성에 관한 제정수

(1) 대역폭

입력에 대한 출력의 비 $G(s) = \dfrac{C(s)}{R(s)} = 0.707 = \dfrac{1}{\sqrt{2}}$ 일 때의 주파수 ω를 말한다. 대역폭이 넓으면 넓을수록 응답속도가 빠르다.

(2) 공진정점 $M_P = \dfrac{1}{2\delta\sqrt{1-\delta^2}}$

① 공진정점이 크면 과도응답시 오버슈트가 커지며 불안정하다.

② 최적 $M_p = 1.1 \sim 1.5$

(3) 공진주파수 $\omega_P = \omega_n\sqrt{1-2\delta^2}$

: 공진정점이 일어나는 주파수

(4) 분리도 : 분리도가 예리할수록 큰 공진정점을 동반하므로 불안정하기 쉽다.

(5) 절점 주파수 : 실수와 허수가 같을 때의 ω값

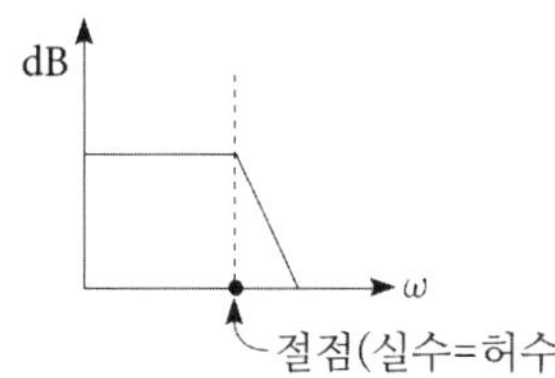

ex 1) $G(s) = \dfrac{1}{1+5s}$ 일 때 절점에서 절점주파수 $\omega_0 =$?

$\dfrac{1}{1+5j\omega}$ $1 = 5\omega$

$\therefore\ \omega = \dfrac{1}{5} = 0.2$

제4과목 ✦ 제어공학

ex 2) $G(j\omega)=\dfrac{1}{1+j\omega T}$ 인 제어계에서 절점주파수일 때 이득은?

$1=\omega T \qquad \omega=\dfrac{1}{T}$

$\dfrac{1}{1+j} \qquad |G(j\omega)|=\dfrac{1}{\sqrt{1+1}}=\dfrac{1}{\sqrt{2}}$

$\therefore\ 20\log\dfrac{1}{\sqrt{2}}=-3.01[\text{dB}]$

(6) 이득 곡선

ex 1) $G(s)=\dfrac{10}{(s+1)(10s+1)}$ 의 보드 선도의 이득곡선은?

절점 1, 0.1

$20\log 10-20\log\sqrt{\omega^2+1}-20\log\sqrt{(10\omega)^2+1}$

① $\omega<0.1 \qquad \omega\to 0$

$20\log 10=20[\text{dB/dece}]$

② $0.1<\omega<1 \qquad \omega\to 0.5$

$20\log 10-20\log 10\omega$

$=20\log 10-20\log 10-20\log\omega$

$\fallingdotseq -20[\text{dB/dece}]$

③ $\omega>0 \qquad \omega\to\infty$

$20\log 10-20\log\omega-20\log\omega 10$

$=20\log 10-20\log\omega-20\log 10-20\log\omega$

$\fallingdotseq -40[\text{dB/dece}]$

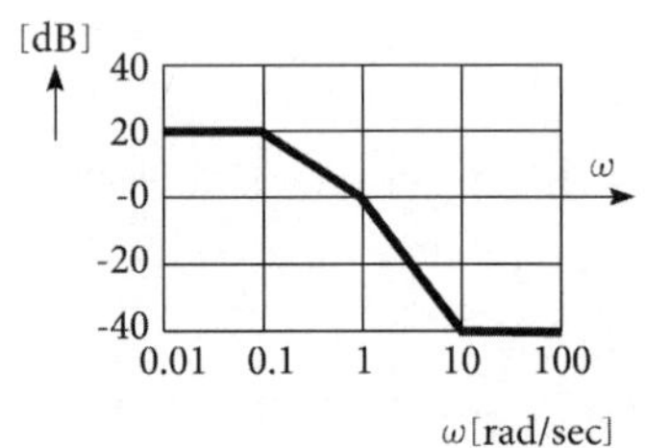

출제예상문제

01

전달함수 $G(j\omega) = \frac{1}{1+j\omega T}$의 크기와 위상각을 구한 값은? (단, $T > 0$ 이다.)

① $G(j\omega) = \frac{1}{\sqrt{1+\omega^2 T^2}} \angle -\tan^{-1}\omega T$

② $G(j\omega) = \frac{1}{\sqrt{1-\omega^2 T^2}} \angle -\tan^{-1}\omega T$

③ $G(j\omega) = \frac{1}{\sqrt{1+\omega^2 T^2}} \angle \tan^{-1}\omega T$

④ $G(j\omega) = \frac{1}{\sqrt{1-\omega^2 T^2}} \angle \tan^{-1}\omega T$

해설 Chapter 07 – 01

크기는 $|G(j\omega)| = \left|\frac{1}{1+j\omega T}\right|$

$= \frac{1}{\sqrt{1+(\omega T)^2}}$

위상각 $\theta = -\tan^{-1}\omega\frac{T}{1} = -\tan^{-1}\omega T$

02

전달함수 $G(s) = \frac{20}{3+2s}$을 갖는 요소가 있다. 이 요소에 $\omega = 2$인 정현파를 주었을 때 $|G(j\omega)|$를 구하면?

① $|G(j\omega)| = 8$

② $|G(j\omega)| = 6$

③ $|G(j\omega)| = 2$

④ $|G(j\omega)| = 4$

해설 Chapter 07 – 01

$G(j\omega) = \left.\frac{20}{3+2j\omega}\right|_{\omega=2}$ 이므로

$G(j\omega) = \left.\frac{20}{3+2j\omega}\right|_{\omega=2}$

$= \frac{20}{3+j4} = \frac{20}{\sqrt{3^2+4^2}} = 4$

03

벡터 궤적이 그림과 같이 표시되는 요소는?

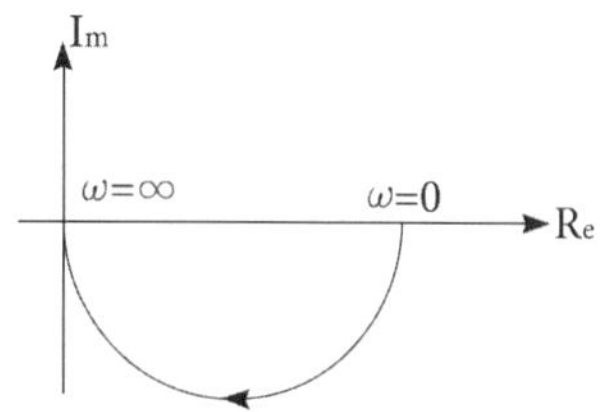

① 비례 요소　　② 1차 지연 요소

③ 2차 지연 요소　　④ 부동작 시간 요소

해설 Chapter 07 – 02 – (1)

1차 지연요소 전달함수 $G(s) = \frac{1}{1+j\omega T}$ 에서 ω를 $0 \sim \infty$ 까지 변화시키면 중심 $\left(\frac{1}{2}, 0\right)$, 반지름 $\frac{1}{2}$ 인 반원이 된다.

04

벡터 궤적이 그림과 같이 표시되는 요소는?

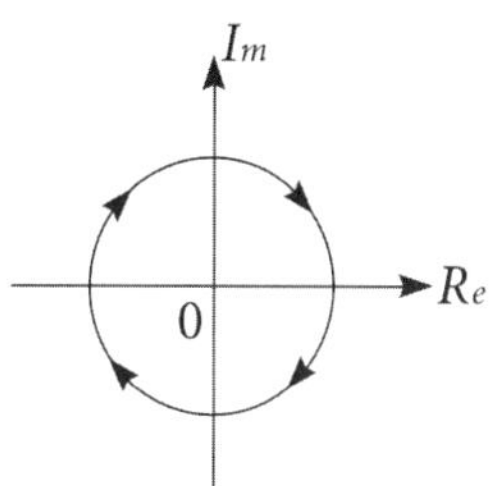

① 비례 요소　　② 1차 지연 요소

③ 부동작 시간 요소　　④ 2차 지연 요소

해설 Chapter 07 – 02 – (2)

부동작 시간요소 전달함수

$G(s) = e^{-Ls} = 1 \angle G(j\omega) = -\omega L$

∴ ω를 $0 \sim \infty$ 까지 변화시키면 원주상을 시계 방향으로 회전하는 크기가 1인 원이 된다.

정답 01 ① 02 ④ 03 ② 04 ③

05

$G(s) = \dfrac{K}{s(1+Ts)}$ 의 벡터 궤적은?

①
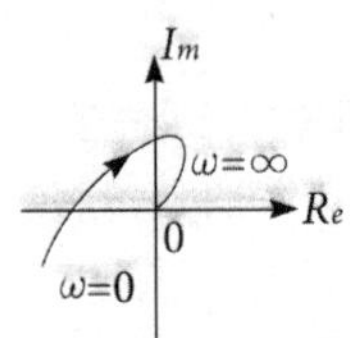

②
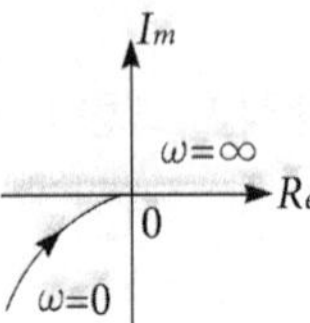

③
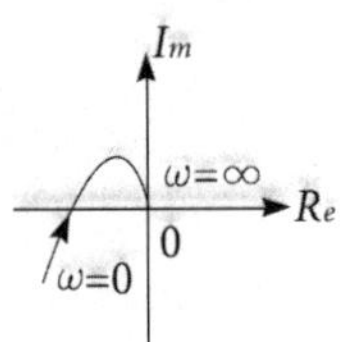

④
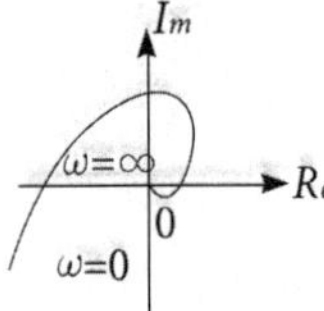

해설 Chapter 07 − 02

$G(j\omega) = \dfrac{K}{j\omega(1+j\omega T)}$

㉠ $\omega \to 0$

(크기) : $\lim_{\omega\to 0} |G(j\omega)|$

$= \lim_{\omega\to 0} \left| \dfrac{K}{j\omega} \right| = \infty$

(각도) : $\lim_{\omega\to 0} \angle G(j\omega)$

$= \lim_{\omega\to 0} \angle \dfrac{K}{j\omega} = -90^{\circ}$

㉡ $\omega \to \infty$

(크기) : $\lim_{\omega\to \infty} |G(j\omega)|$

$= \lim_{\omega\to \infty} \left| \dfrac{K}{(j\omega)^2 T} \right| = 0$

(각도) : $\lim_{\omega\to \infty} \angle G(j\omega)$

$= \lim_{\omega\to \infty} \angle \dfrac{K}{(j\omega)^2 \cdot T} = -180^{\circ}$

06

$G(s) = \dfrac{K}{(1+T_1S)(1+T_2S)(1+T_3S)}$ 의 벡터 궤적은?

①
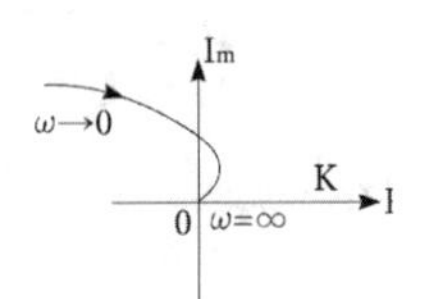

②
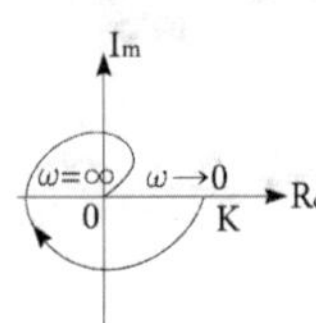

③
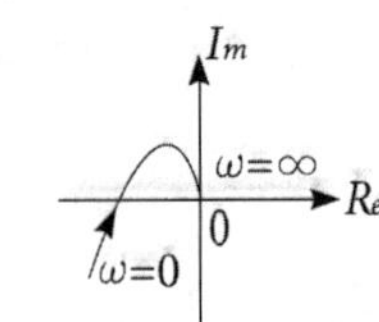

④
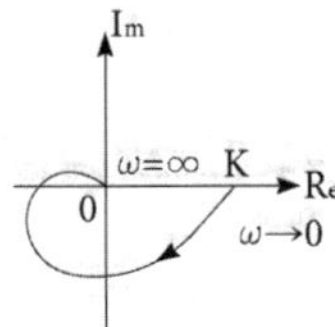

해설 Chapter 07 − 02

$G(j\omega)$

$= \dfrac{K}{(1+j\omega T_1)(1+j\omega T_2)(1+j\omega T_3)}$

㉠ $\omega \to 0$ (크기) $\lim_{\omega\to 0}|G(j\omega)|$

$= \lim_{\omega=0}\left|\dfrac{K}{(1+j\omega T_1)(1+j\omega T_2)(1+j\omega T_3)}\right| = K$

(각도) $\lim_{\omega\to 0} \angle G(j\omega)$

$= \lim_{\omega=0}\angle \dfrac{K}{(1+j\omega T_1)(1+j\omega T_2)(1+j\omega T_3)} = \angle K = 0^{\circ}$

($\because$ K는 상수)

㉡ $\omega \to \infty$ (크기) $\lim_{\omega\to\infty}|G(j\omega)|$

$= \lim_{\omega\to\infty}\left|\dfrac{K}{(j\omega)^3 T_1 T_2 T_3}\right| = 0$

(각도) $\lim_{\omega\to\infty} \angle G(j\omega)$

$= \lim_{\omega\to\infty} \angle \dfrac{K}{(j\omega)^3 T_1 T_2 T_3} = 270^{\circ}$

07

전압비 10^7 의 이득[dB]은?

① 7 ② 70 ③ 100 ④ 140

해설 Chapter 07 − 03 − (1)

$g = 20\log|G(j\omega)| = 20\log 10^7$

$= 7\times 20\log 10 = 140$ [dB]

Tip $\log 10 = \log_{10} 10$ (상용로그) $= 1$

정답 05 ② 06 ④ 07 ④

08

$G(j\omega)=j\,0.1\omega$ 에서 $\omega=0.01$ [rad/s] 일 때 계의 이득[dB]은?

① −100 ② −80 ③ −60 ④ −40

해설 Chapter 07 − 03 − (1)

$g=20\log|G(j\omega)|=20\log|0.001j|$

$=20\log\left|\dfrac{1}{1{,}000}j\right|$

$=20\log 10^{-3}=-3\times 20=-60$ [dB]

09

$G(s)=20s$ 에서 $\omega=5$[rad/s] 일 때 계의 이득[dB]은?

① 60 ② 40 ③ 30 ④ 20

해설 Chapter 07 − 03 − (1)

$g=20\log|G(j\omega)|=20\log|j\omega\cdot 20|$

($\omega=5$ 대입)

$=20\log|j100|=20\log 10^{2}=2\times 20$

$=40$ [dB]

10

$G(j\omega)=5j\omega$ 에서 $\omega=0.02$ 일 때 이득[dB]은 얼마인가?

① 20 ② 10 ③ −20 ④ −10

해설 Chapter 07 − 03 − (1)

$g=20\log|G(j\omega)|$

$=20\log(5\times 0.02)=20\log 0.1$

$=-20$ [dB]

11

주파수 전달함수 $G(j\omega)=\dfrac{1}{j\,100\omega}$ 인계에서 $\omega=0.1$ [rad/s]일 때의 이득[dB]과 위상각은?

① 40, −90° ② 20, −90°
③ −40, −90° ④ −20, −90°

해설 Chapter 07 − 03 − (1)

$g=20\log|G(j\omega)|=20\log\left|\dfrac{1}{j100\omega}\right|$

$=20\log\left|\dfrac{1}{j\omega}\right|=20\log\dfrac{1}{10}$

$=-20$ [dB]

$\theta=\angle G(j\omega)=\angle\dfrac{1}{j100\omega}=\angle\dfrac{1}{j10}$

$=-90^{\circ}$

12

$G(s)=\dfrac{1}{1+sT}$ 에서 $\omega T=10$ 일 때 $|G(j\omega)|$의 값[dB]은?

① 10 ② 20
③ −10 ④ −20

해설 Chapter 07 − 03 − (1)

$g=20\log|G(j\omega)|=20\log\left|\dfrac{1}{1+j\omega T}\right|$

($\omega T=10$ $\therefore\ \omega T\gg 1$ 이므로 '1'은 무시한다.)

$=20\log\left|\dfrac{1}{j\omega T}\right|=20\log\dfrac{1}{10}=20\log 10^{-1}=-1\times 20$

$=-20$ [dB]

13

$G(s)=e^{-Ls}$ 에서 $\omega=100$ [rad/s]일 때 이득[dB]은?

① 0 ② 20
③ 30 ④ 40

해설 Chapter 07 − 03

$G(s)=e^{-Ls}=e^{-j\omega L}$

$\therefore\ |G(s)|=1$

$g=20\log 1=20\log 10^{0}=0\times 20=0$

정답 08 ③ 09 ② 10 ③ 11 ④ 12 ④ 13 ①

14

$G(s)=\dfrac{1}{0.1s(0.01s+1)}$ **에서** $\omega=0.1[\text{rad/s}]$ **일 때 이득 [dB]과 위상각은?**

① -40[dB], $-180°$　② 100[dB], $-90°$
③ 40[dB], $-90°$　④ -100[dB], $-180°$

해설 Chapter 07 – 03

- $g=20\log|G(j\omega)|$

$=20\log\left|\dfrac{1}{j\omega 0.1(0.01j\omega+1)}\right|$

($\omega=0.1$ 대입, $0.001 \ll 1$이므로 0.001은 무시한다.)

$=20\log\left|\dfrac{1}{j0.01}\right|=20\log 10^2=+2\times 20$

$=+40$[dB]

- $\theta=\angle G(j\omega)=\angle\dfrac{1}{j0.01}=-90^\circ$

15

$G(s)=\dfrac{1}{s(s+1)}$ **에서** $\omega=10[\text{rad/s}]$ **일 때 주파수 전달함수의 이득[dB]은?**

① -10　② -20　③ -30　④ -40

해설 Chapter 07 – 03 – (1)

$g=20\log|G(j\omega)|=20\log\left|\dfrac{1}{j\omega(j\omega+1)}\right|$

($\omega=10$ 대입, $10 \gg 1$이므로 1은 무시한다.)

$=20\log\left|\dfrac{1}{j10\cdot j10}\right|=20\log 10^{-2}$

$=-2\times 20$

$=-40$[dB]

16

$G(s)=s$ **의 보드 선도는?**

① $+20$[dB/dec]의 경사를 가지며 위상각은 $90°$
② -20[dB/dec]의 경사를 가지며 위상각은 $-90°$
③ $+40$[dB/dec]의 경사를 가지며 위상각은 $180°$
④ -40[dB/dec]의 경사를 가지며 위상각은 $-180°$

해설 Chapter 07 – 03 – (1)

$g=20\log|G(j\omega)|=20\log|j\omega|$

$=20\log\omega$

$\omega=0.1$일 때 $g=-20$[dB]

$\omega=1$일 때 $g=0$[dB]

$\omega=10$일 때 $g=20$[dB]

그러므로 20[dB/dec]의 경사를 가지며

$\theta=\angle G(j\omega)=\angle j\omega=90^\circ$

17

$G(j\omega)=K(j\omega)^3$ **의 보드 선도는?**

① 20[dB/dec]의 경사를 가지며 위상각은 $90°$
② 40[dB/dec]의 경사를 가지며 위상각은 $-90°$
③ 60[dB/dec]의 경사를 가지며 위상각은 $180°$
④ 60[dB/dec]의 경사를 가지며 위상각은 $270°$

해설 Chapter 07 – 03 – (1)

위상각 θ는 $j=90^\circ$이므로

$j^3=3\times 90^\circ=270^\circ$이다.

18

$G(s)=K/s$ **인 적분 요소의 보드 선도에서 이득 곡선의 1 decade당 기울기[dB]는?**

① $+20$[dB/dec]의 경사를 가지며 위상각은 $90°$
② -20[dB/dec]의 경사를 가지며 위상각은 $-90°$
③ $+40$[dB/dec]의 경사를 가지며 위상각은 $180°$
④ -40[dB/dec]의 경사를 가지며 위상각은 $-180°$

해설 Chapter 07 – 03 – (1)

위상각 θ는 $\dfrac{1}{j}=-90^\circ$이다.

19

$G(j\omega)=4j\omega^2$ **의 계의 이득이 0[dB]이 되는 각주파수는?**

① 1　② 0.5　③ 4　④ 2

정답 14 ③　15 ④　16 ①　17 ④　18 ②　19 ②

해설 Chapter 07 – 03 – (1)

$g = 20\log \mid G(j\omega) \mid = 0$

$\therefore\ G(j\omega) = 4\omega^2 = 1$

$\therefore\ \omega^2 = \frac{1}{4}$

$\omega = \frac{1}{2} = 0.5$

20

폐loop(루프)전달함수 $G(s) = \frac{\omega_n^2}{s^2 + 2\delta\omega_n s + \omega_n^2}$ 인 2차계에 대해서 공진값 M_p 는?

① $M_p = \omega_n\sqrt{1-2\delta^2}$　② $M_p = \frac{1}{2\delta\sqrt{1-\delta^2}}$
③ $M_p = \omega_n\sqrt{1-\delta^2}$　④ $M_p = \frac{1}{\sqrt{1-2\delta^2}}$

해설 Chapter 07 – 04 – (2)

$M_p = \frac{1}{2\delta\sqrt{1-\delta^2}}$

21

2차 제어계에 있어서 공진정점 M_p가 너무 크면 제어계의 안정도는 어떻게 되는가?

① 불안정하게 된다.　② 안정하게 된다.
③ 불변이다.　④ 조건부 안정이 된다.

해설 Chapter 07 – 04 – (2)

공진 정점 M_p가 크면 오버슈트가 커진다.
즉, 불안정하게 된다.

22

분리도가 예리(sharp)해질수록 나타나는 현상은?

① 정상오차가 감소한다.
② 응답속도가 빨라진다.
③ M_p 의 값이 감소한다.
④ 제어계가 불안정하여진다.

해설 Chapter 07 – 04 – (4)

분리도가 예리해질수록 M_p 값이 증가하며, 오버슈트가 증가한다. 그러므로 제어계가 불안정하다.

23

$G(s) = \frac{1}{1+5s}$ 일 때 절점에서 절점 주파수 ω_0 를 구하면?

① 0.1[rad/s]　② 0.5[rad/s]
③ 0.2[rad/s]　④ 5[rad/s]

해설 Chapter 07 – 04 – (5)

$G(j\omega) = \frac{1}{1+j\omega 5}$　$\therefore\ 1 = 5\omega$

$\omega = \frac{1}{5} = 0.2\,[\text{rad/s}]$

24

$G(j\omega) = \frac{1}{1+j10\omega}$ 로 주어지는 계의 절점 주파수는 몇 [rad/sec]인가?

① 0.1　② 1
③ 10　④ 11

해설 Chapter 07 – 04 – (5)

$G(j\omega) = \frac{1}{1+j10\omega}$　$\therefore\ 1 = 10\omega$

$\omega = \frac{1}{10} = 0.1$

25

페루프 전달함수 $G(s) = \frac{1}{2s+1}$ 인 계의 대역폭(BW)은 몇 [rad]인가?

① 0.5　② 1
③ 1.5　④ 2

정답 20 ② 21 ① 22 ④ 23 ③ 24 ① 25 ①

제4과목 ✦ 제어공학

해설 Chapter 07 – 04 – (5)

대역폭 $= \dfrac{1}{\sqrt{2}}$

$\therefore\ G(j\omega) = \dfrac{1}{\sqrt{(2\omega)^2 + 1^2}} = \dfrac{1}{\sqrt{2}}$

$\therefore\ (2\omega)^2 + 1 = 2$

$\therefore\ \omega = \dfrac{1}{2} = 0.5\,[\text{rad/s}]$

26

어떤 계통의 보드 선도 중 이득 선도가 그림과 같은 때 이에 해당하는 계통의 전달함수는?

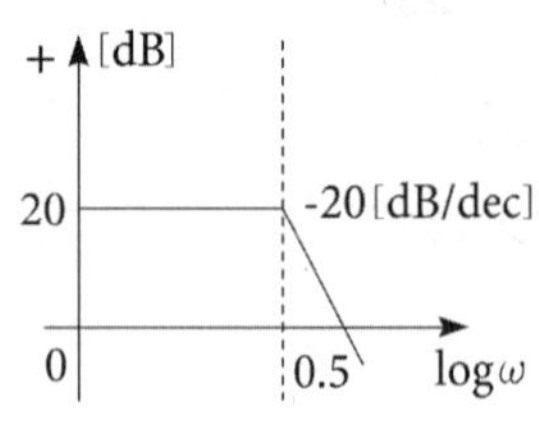

① $\dfrac{20}{5S+1}$ ② $\dfrac{10}{2S+1}$

③ $\dfrac{10}{5S+1}$ ④ $\dfrac{20}{2S+1}$

해설 Chapter 07 – 04 – (6)

27

$G(s) = \dfrac{10}{(s+1)(10s+1)}$ **의 보드(bode) 선도의 이득 곡선은?**

①

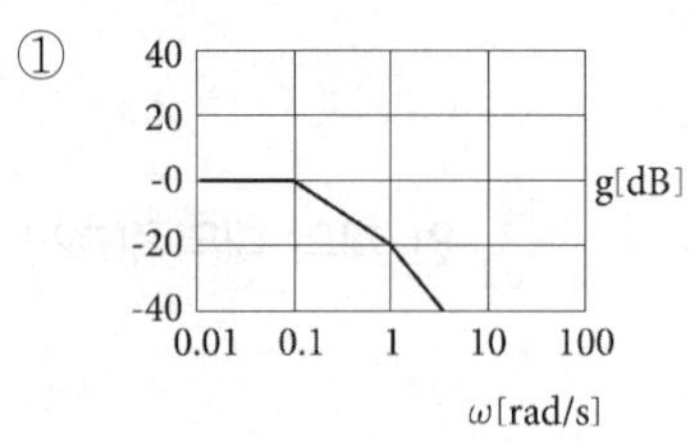

②

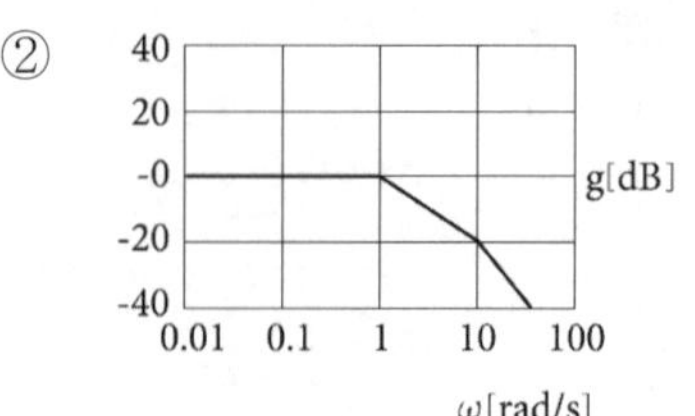

③

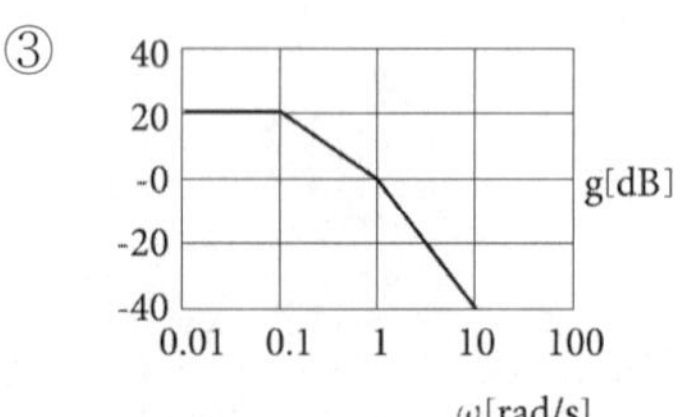

④

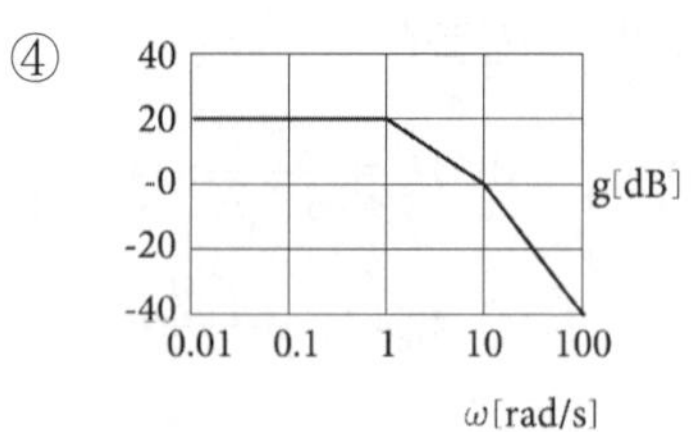

해설 Chapter 07 – 04 – (6)

절점은 0.1, –1이며 처음 시작은 $\omega < 0.1$에서 $g = 20$ [dB]이므로 ③번 이득곡선을 나타낸다.

28

전향이득이 증가할수록 어떤 변화가 오는가?

① 오버슈트가 증가한다.

② 빨리 정상 상태에 도달한다.

③ 오차가 증가한다.

④ 입상 시간이 늦어진다.

해설

전향이득이 증가하면 오버슈트가 증가한다.

정답 26 ② 27 ③ 28 ①

Chapter 08 안정도

01 루드의 안정 판별법

특성방정식이 다음과 같다고 하자.

$$F(s) = 1 + G(s)H(s) = a_0 S^4 + a_1 S^3 + a_2 S^2 + a_3 S^1 + a_4 S^0 = 0$$

(1) 안정 필요조건

특성방정식의 모든 차수가 존재하여야 하며 부호의 변화가 없어야 한다.

(2) 안정판별법

① **제1단계** : 특성방정식의 계수를 다음과 같이 두 줄로 나열한다.

$$\begin{matrix} a_0 & a_2 & a_4 \\ a_1 & a_3 & 0 \end{matrix}$$

② **제2단계** : 다음 표와 같은 루드 수열을 계산하여 만든다.
(4차 방정식의 경우)

S^4	a_o	a_2	a_4
S^3	a_1	a_3	0
S^2	$\dfrac{a_1 a_2 - a_3 a_o}{a_1} = A$	$\dfrac{a_1 a_4 - a_o \times 0}{a_1} = a_4$	0
S^1	$\dfrac{A a_3 - a_1 a_4}{A} = B$	0	0
S^o	a_4	0	0

③ **제3단계** : 2단계에서 작성한 루드의 표에서 제1열의 원소 부호를 조사한다. 이때 제1열의 원소의 부호가 변화가 없으면 안정하고, 만일 부호의 부호가 변화하면 변화하는 수만큼 불안정한 근의 수 (s평면 우반 평면에 존재하는 근의 수)를 갖는다.

ex $S^3 + 2S^2 + 3S + 1 = 0$

			제1열
S^3	1	3	1
S^2	2	1	2
S^1	$\dfrac{6-1}{2}$		$\dfrac{5}{2}$
S^0	1		1

∴ 안정

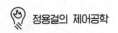

ex 1) $6S^3+2S^2+2S+2=0$

S^3	6	2	6
S^2	2	2	2
S^1	$\frac{4-12}{2}$		-4
S^0	2		2

∴ 불안정(2개의 우반구 근). 부호의 변화가 2번

유형 1 특성방정식 $S^3-4S^2-5S+6=0$로 주어지는 계는 안정한가? 우방평면에 근을 몇 개 가지는가?

S^3	1	-5	1
S^2	-4	6	-4
S^1	$\frac{20-6}{-4}$		$-\frac{14}{4}$
S^0	6		6

∴ 불안정 우방평면에 2개

유형 2 특성방정식 $S^3+2S^2+KS+5=0$에서 안정하기 위한 K의 값은?

S^3	1	K	1
S^2	2	5	2
S^1	$\frac{2K-5}{2}$		$\frac{2K-5}{2}$
S^0	5		5

$\therefore\ \frac{2K-5}{2}>0$

$2K-5>0$

$K>\frac{5}{2}$

유형 3 feed back 제어계에서 안정하기 위한 K의 범위는?

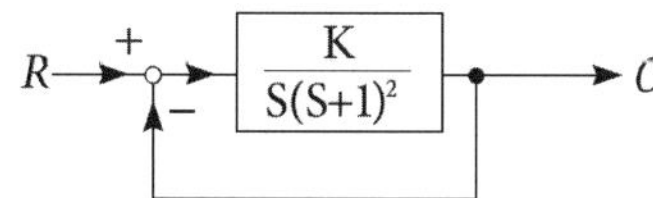

$$S(S+1)^2+K=0$$
$$S^3+2S^2+S+K=0$$

S^3	1	1
S^2	2	K
S^1	$\frac{2-K}{2}$	
S^0	K	

$K>0$

$\frac{2-K}{2} \rangle 0 \quad K<2 \qquad \therefore 0<K<2$

유형 4 $2S^4+4S^2+3S+6=0$

S^4	2	4	6	
S^3	0	3	0	0 대신 e 대입
S^2	$\frac{4e-6}{e}$	$\frac{6e-0}{e}$		$\lim_{e\to 0}\frac{4e-6}{e}=-\infty$
s^1	$\frac{-3e^2+6e-9}{2e-3}$			$\lim_{e\to 0}\frac{-3e^2+6e-9}{2e-3}=3$
S^0	6			$\therefore 2 \quad 0 \quad -\infty \quad 3 \quad 6$

$\therefore$ 불안정

02 나이퀴스트의 안정판별

(1) 이득여유와 위상여유

① **이득여유**(gain margin) : GM $=20\log\frac{1}{|GH|}\Big|_{w=0}$[dB]

② 안정계에 요구되는 여유는 다음과 같다.

㉮ 이득여유 GM = 4~12[dB]

㉯ 위상여유 PM = 30~60°

(2) 나이퀴스트 선도의 안정판별

나이퀴스트의 벡터도가 부의 실수축과 교차하는 부분이 단위원안에 있으면 안정하다.

출제예상문제

01

그림과 같은 보드 위상 선도를 가지는 회로망은 어떤 보상기로 사용될 수 있는가?

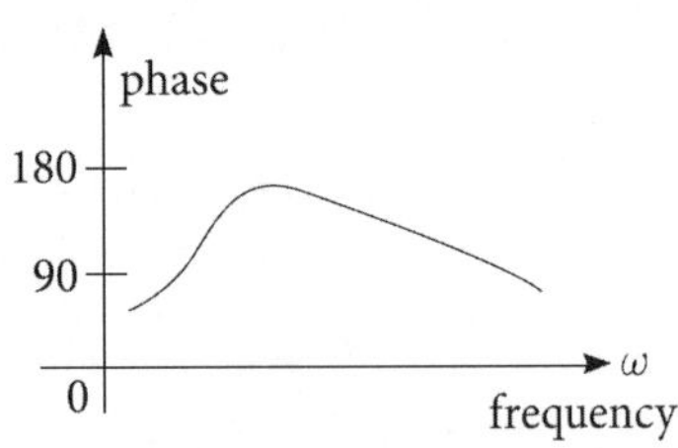

① 진상 보상기 ② 지상 보상기
③ 지진상 보상기 ④ 진・지상 보상기

02

루드-후르비츠 표를 작성할 때 제1열 요소의 부호 변환은 무엇을 의미하는가?

① S - 평면의 좌반면에 존재하는 근의 수
② S - 평면의 우반면에 존재하는 근의 수
③ S - 평면의 허수축에 존재하는 근의 수
④ S - 평면의 원점에 존재하는 근의 수

해설 Chapter 08 - 01 - (2)
제1열 요소의 부호 변환은 S - 평면의 우반면에 존재하는 근의 수를 말한다.

03

다음 안정도 판별법 중 $G(s)\,H(s)$의 극점과 영점이 우반평면에 있을 경우 판정 불가능한 방법은?

① Routh - Hurwitz 판별법
② Bode 선도
③ Nyquist 판별법
④ 근궤적법

해설
보드 선도는 극점과 영점이 우반면에 존재하는 경우에는 판정이 불가능하다.

04

다음 안정도 판별법 중 루프 전달 함수의 극점과 영점이 S평면의 우반에 있을 경우 판정할 수 없는 방법은?

① 보드 선도 판별법 ② 근궤적법
③ 고유값 분별법 ④ 나이퀴스트 판별법

해설
보드 선도는 극점과 영점이 우반 평면에 존재하는 경우 판정이 불가능하다.

05

특성방정식의 근이 S 복소 평면의 음의 반평면에 있으면 이 계는 어떠한가?

① 안정 ② 중안정
③ 조건부 안정 ④ 불안정

해설
전달함수의 극점과 영점이 S 편면 우반면에 있으면, 불안정, 좌반면에 있으면 안정하다.

06

어떤 제어계의 특성방정식이 $S^2+aS+b=0$일 때 안정 조건은?

① $a=0,\ b<0$ ② $a<0,\ b<0$
③ $a>0,\ b<0$ ④ $a>0,\ b>0$

해설 Chapter 08 - 01 - (1)
부호의 변화가 없어야 한다. S^2이 + 이므로 $a, b>0$이다.

정답 01 ① 02 ② 03 ② 04 ① 05 ① 06 ④

07

다음 특성방정식 중 안정될 필요조건을 갖춘 것은?

① $S^4+3S^2+10S+10=0$
② $S^3-S^2-5S+10=0$
③ $S^3+2S^2+4S-1=0$
④ $S^3+9S^2+20S+12=0$

해설 Chapter 08 – 01 – (1)
차수가 모두 존재하고 부호가 변화가 없어야 한다.

08

특성방정식이 $S^4+2S^3+5S^2+4S+2=0$로 주어졌을 때 이것을 후르비츠(Hurwitz)의 안정 조건으로 판별하면 이 계는?

① 안정　② 불안정
③ 조건부 안정　④ 임계 상태

해설
특성방정식 $F(s)=a_0S^4+a_1S^3+a_2S^2+a_3S^1+a_4=0$에서 $a_0=1,\ a_1=2,\ a_2=5,\ a_3=4,\ a_4=2$이므로

$D_1=a_1=2$

$$D_2=\begin{vmatrix}a_1 & a_3\\ a_0 & a_2\end{vmatrix}=\begin{vmatrix}2 & 4\\ 1 & 5\end{vmatrix}=6$$

$$D_3=\begin{vmatrix}a_1 & a_3 & a_5\\ a_0 & a_2 & a_4\\ 0 & a_1 & a_3\end{vmatrix}=\begin{vmatrix}2 & 4 & 0\\ 1 & 5 & 2\\ 0 & 2 & 4\end{vmatrix}=16$$

∴ $D_1,\ D_2,\ D_3>0$이므로 안정하다.

09

특성방정식 $S^3-4S^2-5S+6=0$로 주어지는 계는 안정한가? 또 불안정한가? 또 우반 평면에 근을 몇 개 가지는가?

① 안정하다, 0개
② 불안정하다, 1개
③ 불안정하다, 2개
④ 임계 상태이다, 0개

해설 Chapter 08 – 01 – (2)
루드 후르비츠 표

S^3	1	−5
S^2	−4	6
S^1	$\frac{20-6}{-4}$	0
S^0	6	

∴ 1열 부호 변환이 두 번 있으므로 불안정하며 우반평면에 근 2개를 가지고 있다.

10

제어계의 종합 전달 함수 $G(s)=\dfrac{S}{(S-3)(S^2+4)}$에서 안정성을 판정하면 어느 것인가?

① 안정하다.　② 불안정하다.
③ 알 수 없다.　④ 임계 상태이다.

해설
특성방정식 $S^3-3S^2+4S-12=0$
후르비츠 판별법에서

$$D_1-\begin{vmatrix}a_1 & a_3\\ a_0 & a_2\end{vmatrix}=\begin{vmatrix}-3 & -12\\ 1 & 4\end{vmatrix}=-12-(-12)=0$$

$D_1=a_1=-3<0$
$D_2=0$이므로 제어계는 불안정하다.

11

특성방정식이 $S^3+S^2+S=0$일 때 이 계통은?

① 안정하다.　② 불안정하다.
③ 조건부 안정이다.　④ 임계상태이다.

해설
부호의 변화가 없었으나 S^0의 자리가 '0'이므로 임계상태이다.

정답 07 ④ 08 ① 09 ③ 10 ② 11 ④

12

안정된 제어계의 특성근이 2개의 공액복소근을 가질 때 이 근들이 허수축 가까이에 있는 경우 허수축에서 멀리 떨어져 있는 안정된 근에 비해 과도응답 영향은 어떻게 되는가?

① 천천히 사라진다. ② 영향이 같다.
③ 빨리 사라진다. ④ 영향이 없다.

13

특성방정식 $S^4+7S^3+17S^2+17S+6=0$의 특성근 중에는 양의 실수부를 갖는 근이 몇 개 있는가?

① 1 ② 2
③ 3 ④ 없다.

해설 Chapter 08 – **01** – (2)
제1열의 부호 변환이 없으므로 모두 음의 반평면(좌반부)에 존재한다.

14

$S^4+6S^3+11S^2+6S+k=0$인 특성방정식을 갖는 제어계가 안정하기 위한 조건은?

① $11 < k < 36$ ② $10 < k < 20$
③ $6 < k < 11$ ④ $0 < k < 10$

해설 Chapter 08 – **01** – (2)
루드–후르비츠 표

S^4	1	11	K	
S^3	6	6	0	
S^2	$\dfrac{66-6}{6}=10$	K		제1열의 부호가 변화하지 않아야 안정하므로
S^1	$\dfrac{60-6K}{10}$			$\therefore K > 0$이고,
S^0	K			$60-6K > 0$

$6K < 60$
$K < 10$
$\therefore 0 < K < 10$

15

특성방정식이 $S^3+2S^2+KS+10=0$로 주어지는 제어계가 안정하기 위한 K의 값은?

① $K > 0$ ② $K > 5$
③ $K < 0$ ④ $0 < K < 5$

해설 Chapter 08 – **01** – (2)
루스의 표를 작성하면

S^3	1	K
S^2	2	10
S^1	$(2K-10)/2$	0
S^0	10	

와 같으며, 제1열의 부호가 변화하지 않아야 안정한 시스템이므로 $2K\ 10 > 0$
$\therefore K > 5$

16

다음 그림과 같은 제어계가 안정하기 위한 K의 범위는?

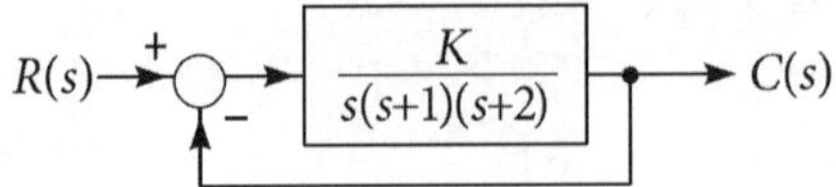

① $K > 0$ ② $K < 6$
③ $6 > K > 0$ ④ $8 > K > 0$

해설 Chapter 08 – **01** – (2)
특성방정식은 $S(S+1)(S+2)+K$
$= S^3+3S^2+2S+K=0$

루드 – 후르비츠표

S^3	1	2	
S^2	3	K	1열의 부호 변환이 없어야 안정하다.
S^1	$\dfrac{6-K}{3}$	0	$\dfrac{6-K}{3} > 0,\ K > 0$
S^0	K		$\therefore 0 < K < 6$

정답 12 ① 13 ④ 14 ④ 15 ② 16 ③

17

다음과 같은 단위 궤환 제어계가 안정하기 위한 K의 범위를 구하면?

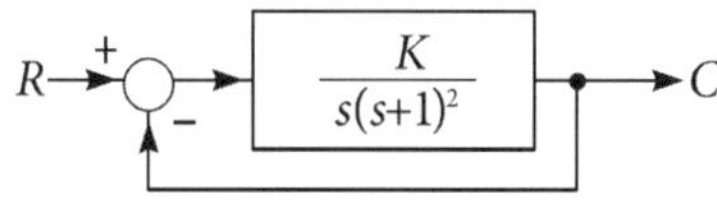

① $K > 0$　　② $K > 1$
③ $0 < K < 1$　　④ $0 < K < 2$

해설 Chapter 08 – 01 – (2)

특성방정식 $S(S+1)^2+K$
$= S^3+2S^2+S+K=0$

루드 – 후르비츠표

S^3	1	1	
S^2	2	K	1역의 부호 변환이 없어야 하므로
S^1	$\frac{2-K}{2}$		$\therefore \frac{2-K}{2} > 0$
S^0	K	$K > 0$	$\therefore 0 < K < 2$

18

특성방정식이 다음과 같이 주어질 때 불안정근의 수는?

$$S^4+S^3-3S^2-S+2=0$$

① 0　　② 1　　③ 2　　④ 3

해설 Chapter 08 – 01 – (2)

S^4	1	-3	2
S^3	1	-1	0
S^2	$\frac{-3+1}{1}=-2$		2
S^1	$\frac{2-2}{-2}=0$		
S^0	2		

∴ 제1열 부호 변환이 2번 있으므로 불안정한 근의 개수는 2개이다.

19

피드백 제어계의 전주파수 응답 $G(j\omega)H(j\omega)$의 나이퀴스트 벡터도에서 시스템이 안정한 궤적은?

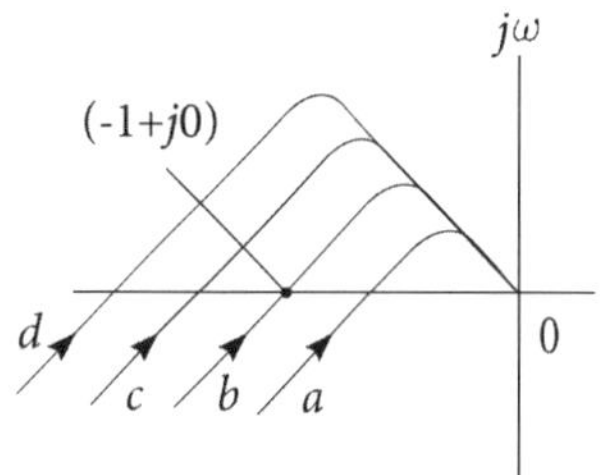

① a
② b
③ c
④ d

해설 Chapter 08 – 02 – (2)

나이퀴스트 선도에서 시스템이 안정하기 위한 궤적은 $(-1, j0)$ 점을 포위하지 않고 회전하여야 한다.

20

Nyquist 판정법의 설명으로 틀린 것은?

① Nyquist 선도는 제어계의 오차 응답에 관한 정보를 준다.
② 계의 안정을 개선하는 방법에 대한 정보를 제시해 준다.
③ 안정성을 판정하는 동시에 안정도를 제시해준다.
④ Routh–Hurwitz 판정법과 같이 계의 안정 여부를 직접 판정해준다.

해설

나이퀴스트 선도는 제어계의 주파수 응답에 관한 정보를 준다.

정답 17 ④ 18 ③ 19 ① 20 ①

제4과목 ✦ 제어공학

21

Nyquist 경로에 포위되는 영역에 특성 방정식의 근이 존재하지 않으면 제어계는 어떻게 되는가?

① 안정 ② 불안정
③ 진동 ④ 발산

해설 Chapter 08 – 02 – (2)
나이퀴스트 선도에서 시스템이 안정하기 위한 궤적은 $(-1, j0)$ 점을 포위하지 않고 회전하여야 한다.

22

$GH(j\omega) = \dfrac{10}{(j\omega+1)(j\omega+T)}$ **에서 이득 여유를 20[dB]보다 크게 하기 위한 T의 범위는?**

① $T > 1$ ② $T > 10$
③ $T < 0$ ④ $T > 100$

23

제어계의 공진 주파수, 주파수 대역폭, 이득 여유 주파수, 위상 여유 주파수 등은 계통의 무슨 평가 척도가 되는가?

① 안정도 ② 속응성
③ 이득 여유 ④ 위상 여유

해설
문제의 열거 내용은 안정도의 척도가 된다.

24

보상기에서 원래 시스템에 극점을 첨가하면 일어나는 현상은?

① 시스템의 안정도가 감소된다.
② 시스템의 과도응답시간이 짧아진다.
③ 근궤적을 S-평면의 원칙으로 옮겨준다.
④ 안정도와는 무관하다.

해설
극점을 첨가하면 시스템의 안정도가 감소한다.

25

어떤 제어계의 보드 선도에 있어서 위상 여유가 45° 일 때 이 계통은?

① 안정하다. ② 불안정하다.
③ 조건부 안정이다. ④ 무조건 불안정이다.

해설 Chapter 08 – 02 – (1)
제어계의 여유 :
㉠ 이득 여유 4 ~ 12[dB]
㉡ 위상 여유 30 ~ 60° 일 때 안정하다.

26

보드 선도에서 이득 여유는 어떻게 구하는가?

① 크기 선도에서 0~20[dB] 사이에 있는 크기 선도의 길이이다.
② 위상 선도가 0°축과 교차되는 점에 대응되는 [dB]값의 크기이다.
③ 위상 선도가 −180°k축과 교차하는 점에 대응되는 이득의 크기[dB]값이다.
④ 크기 선도에서 −20 ~ 20[dB] 사이에 있는 크기[dB] 값이다.

해설
이득여유 : 위상선도가 −180° 선을 끊는 점의 이득의 부호를 바꾼 [dB] 값이다.

27

보드 선도의 안정 판정에 대한 설명 중 옳은 것은?

① 위상 곡선이 −180° 점에서 이득값이 양이다.
② 이득 (0[dB]) 축과 위상(−180°) 축을 일치시킬 때 위상 곡선이 위에 있다.
③ 이득곡선의 0[dB] 점에서 위상차가 180° 보다 크다.
④ 이득여유는 음의 값, 위상여유는 양의 값이다.

정답 21 ① 22 ④ 23 ① 24 ① 25 ① 26 ③ 27 ②

해설

보드 선도 안정판정 : 위상선도가 −180° 축과 교차하는 경우 위상여유가 '0'보다 크면 안정, '0'보다 작으면 불안정하다.

28

보드 선도에서 이득 곡선이 0[dB]인 점을 지날 때의 주파수에서 양의 위상 여유가 생기고 위상 곡선이 −180° 을 지날 때 양의 이득 여유가 생긴다면 이 폐루프 시스템의 안정도는 어떻게 되겠는가?

① 항상 안정
② 항상 불안정
③ 안정성 여부를 판가름할 수 없다.
④ 조건부 안정

해설

보드 선도 안정판정 : 위상선도가 −180° 축과 교차하는 경우 위상여유가 '0'보다 크면 안정, '0'보다 작으면 불안정하다.

29

계의 특성상 감쇠 계수가 크면 위상여유가 크고 감쇠성이 강하여 (A)는 좋으나 (B)는 나쁘다. A, B를 올바르게 묶은 것은?

① 이득여유, 안정도
② 오프셋, 안정도
③ 응답성, 이득여유
④ 안정도, 응답성

해설

감쇠계수(δ)가 크면 안정도가 향상되나 응답성(속응성)은 저하한다.

정답 28 ① 29 ④

Chapter 09

근궤적

01 근궤적의 작도법

개루프 전달함수 $G(s)H(s)$의 극점, 영점과 특성방정식의 근 사이의 관계로부터 근궤적을 그리는 방법은 다음과 같다.

(1) 근궤적의 출발점 : $G(s)\,H(s)$ 의 극점

(2) 근궤적의 종착점 : $G(s)\,H(s)$ 의 영점

(3) 근궤적의 개수 N

z : $G(s)\,H(s)$의 유한 영점의 개수

p : $G(s)\,H(s)$의 유한 극점의 개수라 하면

$z > p$ 이면 $N = z$로 $p > z$ 이면 $N = p$로 정한다.

또는 개루프 전달함수의 특성 방정식의 최고차 차수와 같다.

(4) 근궤적의 대칭성

특성방정식의 근이 실근 또는 공액 복소근을 가지므로 근궤적은 실수축에 대하여 대칭이다.

(5) 근궤적의 점근선의 각도 α_K

$\alpha_K = \dfrac{(2K+1)\pi}{p-z}$ (단, $K = p-z$ 전까지의 양의 정수)

(6) 점근선의 교차점

① 점근선은 실수축상에서만 교차하고 그 수는 $n = P - z$ 이다.
② 실수축상에서의 점근선의 교차점 σ

$$\sigma = \frac{\sum G(s)H(s)\text{의 극점} - \sum G(s)H(s)\text{의 영점}}{p - z}$$

(7) 실수축상의 근궤적 존재범위

$G(s)H(s)$의 실극점과 실영점의 총수가 짝수개이면 $-\infty$에서 오른쪽으로 진행시 짝수 번째 실극점 또는 실영점을 만나는 부분의 구간에 근궤적 존재하고 홀수 번째이면 존재하지 아니한다.

ex 1) $G(s)\,H(s) = \dfrac{K}{S(S+4)(S+5)}$

- 극점 0.　−4.　−5
- 영점 ×

존재구간
-5　-5　0
(홀수구간만 존재)

① **근의 궤적 영역**

0 ~ −4　　　−5 ~ −∞

② **실수축과의 교차점**

$\dfrac{\text{극점의 총합} - \text{영점의 총합}}{P - Z}$ (P : 극점의 수, Z : 영점의 수)

$= \dfrac{(-4-5)-(0)}{3-0} = -3$

③ 각 $\dfrac{(2K+1)\pi}{P-Z}$　$K=0$　$\dfrac{\pi}{3} = 60^\circ$

$K=1$　$\dfrac{3\pi}{3} = 180^\circ$

$K=2$　$\dfrac{5\pi}{3} = 300^\circ$

④ **점근선**

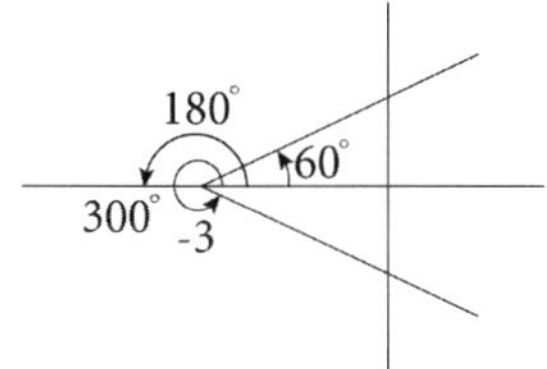

⑤ **이탈점, 분지점**(Break away)

$1 + G(s)\,H(s) = 0$ 상태에서 $\dfrac{dK}{dS} = 0$

ex 2) $G(s)H(s) = \dfrac{K}{S(S+1)}$ 극점 : 0, -1 영점 : ×

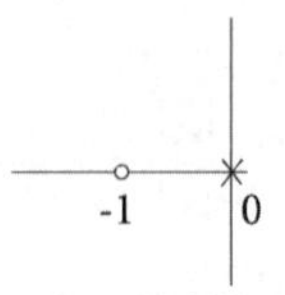

홀수구간만 존재

① **영역**

② $\dfrac{-1-0}{2-0} = -\dfrac{1}{2}$

③ $\dfrac{(2K+1)\pi}{P-Z}$ $K=0$ $\dfrac{\pi}{2-0} = 90^\circ$

$K=1$ $\dfrac{3\pi}{2-0} = 270^\circ$

④ **점근선**

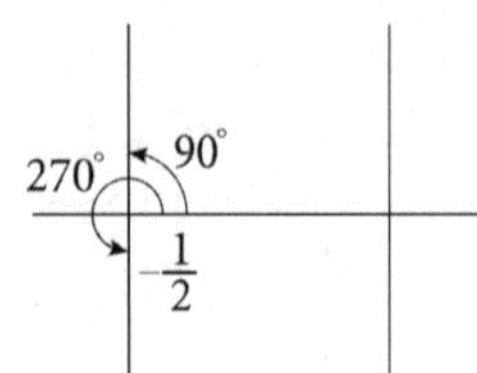

⑤ **이탈점**

$1+G(s)H(s)=0$ 에서 $\dfrac{dK}{dS}=0$

$1+\dfrac{K}{S(S+1)}=0$

$\dfrac{S(S+1)+K}{S(S+1)}=0$

$S(S+1)+K=0$

$K=(S^2+S)$

$\dfrac{dK}{dS}=0$ $\dfrac{d}{dS}(S^2+S)$

$2S+1=0$ $2S=-1$ $S=-\dfrac{1}{2}$

∴ 영역 -1 ~ 0 사이에 있기 때문에 답은 $S=-\dfrac{1}{2}$ 될 수 있음.

Chapter 09 출제예상문제

01

근궤적은 개루프 전달함수의 어떤 점에서 출발하여 어떤 점에서 끝나는가?

① 영점에서 출발, 극점에서 끝난다.
② 영점에서 출발, 영점에서 되돌아와 끝난다.
③ 극점에서 출발, 영점에서 끝난다.
④ 극점에서 출발, 극점에서 되돌아와 끝난다.

해설 Chapter 09 – 01 – (1), (2)
근궤적의 출발점(극점), 종착점(영점)으로 이루어졌다.

02

$G(s)\,H(s) = \dfrac{k}{S^2(S+1)^2}$ **에서 근궤적의 수는?**

① 4 ② 2 ③ 1 ④ 0

해설 Chapter 09 – 01 – (3)
P(극점의 수) $= 4$, Z(영점의 수) $= 0$
$\therefore\ Z < P$이고 $N = P$이므로 $N = 4$이다.

03

어떤 제어 시스템의 $G(s)\,H(s)$가 $\dfrac{K(S+3)}{S^2(S+2)(S+4)(S+5)}$ 에서 근궤적의 수는?

① 1 ② 3 ③ 5 ④ 7

해설 Chapter 09 – 01 – (3)
근궤적의 수(N)는 극점의 수(P)와 영점수(Z)에서 $Z < P$이고 $N = P$이므로 $\therefore\ N = 5$

04

근궤적은 무엇에 대하여 대칭인가?

① 원점 ② 허수축
③ 실수축 ④ 대칭성이 없다.

해설 Chapter 09 – 01 – (4)
특성방정식의 근이 실근 또는 공액 복소근을 가지므로 근궤적은 실수축에 대하여 대칭이다.

05

근궤적이 S 평면의 $j\omega$ 축과 교차할 때 폐루프의 제어계는?

① 안정하다. ② 불안정하다.
③ 임계 상태이다. ④ 알 수 없다.

해설 Chapter 09 – 01 – (4)
근궤적이 $j\omega$ 축과 교차할 때는 특성근의 실수부가 '0' 일 때와 같고 그 상태는 임계 안정상태이다.

06

개루프 전달함수 $G(s)\,H(s)$가 다음과 같은 계의 실수축상의 근궤적은 어느 범위인가?

$$G(s)\,H(s) = \frac{K}{S(S+4)(S+5)}$$

① 0과 -4 사이의 실수축상
② -4과 -5 사이의 실수축상
③ -5와 -8 사이의 실수축상
④ 0과 -4, -5와 $-\infty$ 사이의 실수축상

해설 Chapter 09 – 01 – (7)
근의 궤적 영역
$0 \sim -4$, $-5 \sim -\infty$ 사이의 실수축상에 존재한다.

07

전달함수가 $G(s)H(s) = \dfrac{K}{S(S+2)(S+8)}$ 인 $K \geq 0$ 의 근궤적에서 분지점은?

① -0.93 ② -5.74 ③ -1.25 ④ -9.5

정답 01 ③ 02 ① 03 ③ 04 ③ 05 ③ 06 ④ 07 ①

08

개루프 전달함수 $G(s)\,H(s)$ 가 다음과 같은 계의 실수축상의 근궤적은 어느 범위는 어떻게 되는가?

$$G(s)H(s)=\frac{K(S+1)}{S(S+2)}$$

① 원점과 (−2) 사이
② 원점과 점(−1) 사이와 (−2)에서 (−∞) 사이
③ (−2)와 (−∞) 사이
④ 원점과 (+2) 사이

해설 Chapter 09 − 01 − (7)

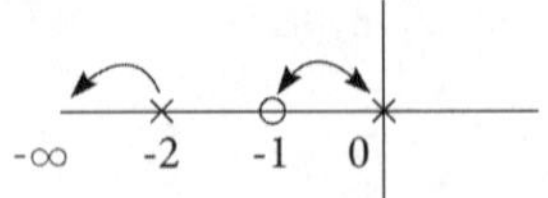

09

근궤적의 점근선과 실수축과의 교차점은?

① $\sigma=\dfrac{\sum G(s)H(s)\text{의 극}+\sum G(s)H(s)\text{의 영점}}{p-z}$
② $\sigma=\dfrac{\sum G(s)H(s)\text{의 극}-\sum G(s)H(s)\text{의 영점}}{p-z}$
③ $\sigma=\dfrac{\sum G(s)H(s)\text{의 극}+\sum G(s)H(s)\text{의 영점}}{p+z}$
④ $\sigma=\dfrac{\sum G(s)H(s)\text{의 극}-\sum G(s)H(s)\text{의 영점}}{p+z}$

해설 Chapter 09 − 01 − (6)

10

루프 전달함수 $G(s)H(s)$ 가 다음과 같이 주어지는 부궤환계에서 근궤적 점근의 실수축과의 교차점은?

$$G(s)\,H(s)=\frac{K}{S(S+4)(S+5)}$$

① −3　② −2　③ −1　④ 0

해설 Chapter 09 − 01 − (6)

$\dfrac{\sum P-\sum Z}{P-Z}$ (P : 극점의 수, Z : 영점의 수)

$=\dfrac{(-4-5)-(0)}{3-0}=-3$

11

근궤적을 그리려 한다.
$G(s)\,H(s)=\dfrac{K(S-2)(S-3)}{S^2(S+1)(S+2)(S+4)}$ 에서 점근선의 교차점은 얼마인가?

① −6　② −4　③ 6　④ 4

해설 Chapter 09 − 01 − (6)

$p=0,\ -1,\ -2,\ -4$ (5개), $z=2,\ 3$ (2개)

$\sigma=\dfrac{\sum\text{극점}-\sum\text{영점}}{p-z}$

$=\dfrac{(-4-2-1)-(2+3)}{5-2}$

$=\dfrac{-12}{3}=-4$

12

$G(s)H(s)=\dfrac{K(S+5)}{S(S+2)(S+3)}$ 에서 근궤적의 점근선이 실수축과 이루는 각은?

① 90°, 180°　② 180°, 270°
③ 90°, 270°　④ 0°, 300°

13

개루프 전달함수 $G(s)\,H(s)=\dfrac{K}{S(S+2)(S+4)}$ 의 근궤적인 $j\omega$ 축과 교차하는 점은?

① $\omega=\pm 2.828$ [rad/sec]　② $\omega=\pm 1.414$ [rad/sec]
③ $\omega=\pm 5.657$ [rad/sec]　④ $\omega=\pm 14.14$ [rad/sec]

정답 08 ② 09 ② 10 ① 11 ② 12 ③ 13 ①

14

근궤적에 관하여 다음 중 옳지 않은 것은?

① 근궤적이 허수축을 끊은 K의 값은 일정하지 않다.
② 점근선은 실수축에서만 교차한다.
③ 근궤적은 실수축에 관하여 대칭이다.
④ 근궤적의 개수는 극 또는 영의 수와 같다.

해설 Chapter 09 – 01 – (7)
이탈점은 -0.42 또는 -3.5가 된다.

15

근궤적의 성질 중 옳지 않은 것은?

① 근궤적은 실수축에 관해 대칭이다.
② 근궤적은 개루프 전달 함수의 극으로부터 출발한다.
③ 근궤적은 가지수는 특성 정식의 차수와 같다.
④ 점근선은 실수축과 허수축상에서 교차한다.

해설 Chapter 09 – 01 – (4), (6)
근궤적의 점근선은 실수축에서만 교차한다.

16

근궤적은 무엇에 대하여 대칭인가?

① 원점 ② 허수축
③ 실수축 ④ 대칭점이 없다.

해설 Chapter 09 – 01 – (4)
개루프 제어계의 복소근은 반드시 공액 복소쌍을 이루므로 근궤적은 실수측에 대해서 대칭을 이룬다.

17

개루프 전달함수가
$G(s)\,H(s) = \dfrac{K}{S(S+1)(S+3)(S+4)}$, $K>0$일 때 근궤적에 관한 설명 중 맞지 않는 것은?

① 근궤적의 가지수는 4이다.
② 점근선의 각도는 $\pm 45°$, $\pm 135°$이다.
③ 이탈점은 -0.424, -2이다.
④ 근궤적이 허수축과 만날 때 $K=26$이다.

18

개루프 전달 함수가 다음과 같을 때 이 계의 이탈점(break away)은?

$$G(s)\,H(s) = \frac{K(S+4)}{S(S+2)}$$

① $S=-1.172$
② $S=-6.828$
③ $S=-1.172,\ -6.828$
④ $S=0,\ -2$

해설 Chapter 03 – 01 – (7)
이 계의 특성방정식은

$G(s)\,H(s) = \dfrac{K(S+4)}{S(S+2)}$ 이므로

$$1+G(s)\,H(s) = \frac{S(S+2)+K(S+4)}{S(S+2)} = 0$$

또는

$S(S+2)+K(S+4)=0$ ········· ①

①을 고쳐 쓰면

$K = -\dfrac{S(S+2)}{S+4}$ ········· ②

②를 s에 관하여 미분하면

$\dfrac{dK}{dS} = \dfrac{-(2S+2)(S+4)+S(S+2)}{(S+4)^2}$

$=0$ ········· ③

③을 간단히 하면

$S^2+8S+8=0$ ········· ④

④를 풀면
$S_1=-1.172$, $S_2=-6.828$,
따라서 분지점은 $a=-1.172$, $b=-6.828$이다.

정답 14 ④ 15 ④ 16 ③ 17 ③ 18 ③

제4과목 ✦ 제어공학

Chapter 10 상태방정식

01 상태방정식

계통방정식이 n차 미분방정식일 때 이것을 n개의 1차 미분방정식으로 바꾸어서 행렬을 이용하여 표현한 것을 상태방정식이라 한다.

• 계통식 $\frac{d^2x}{dt^2} + 2\frac{dx}{dt} + 5x = r(t)$

상태변수 $x_1 = x$, $x_2 = \dot{x_1} = \frac{dx}{dt}$

$$\dot{x_2} = \frac{d^2x}{dt^2} = -5x_1 - 2x_2 + r(t)$$

$$\begin{bmatrix} \dot{x_1} \\ \dot{x_2} \end{bmatrix} = \begin{bmatrix} 0 & 1 \\ -5 & -2 \end{bmatrix} \begin{bmatrix} x_1 \\ x_2 \end{bmatrix} + \begin{bmatrix} 0 \\ 1 \end{bmatrix} r(t) = AX(t) + Br(t)$$

위의 행렬식에서 $A = \begin{bmatrix} 0 & 1 \\ -5 & -2 \end{bmatrix}$를 계수행렬이라 한다.

ex 1) $\frac{d^3 C(t)}{dt^3} + 5\frac{d^2 C(t)}{dt^2} + \frac{d C(t)}{dt} + 2C(t) = r(t)$ 의

계수행렬 A는

$$x_1(t) = C(t)$$

$$x_2(t) = \frac{d}{dt}C(t)$$

$$x_3(t) = \frac{d^2}{dt^2}C(t)\,Z$$

$$\dot{x_1}(t) = x_2(t)$$

$$\dot{x_2}(t) = x_3(t)$$

$$\dot{x_3}(t) = -2x_1(t) - x_2(t) - 5x_3(t) + r(t)$$

$$\begin{bmatrix} \dot{x_1}(t) \\ \dot{x_2}(t) \\ \dot{x_3}(t) \end{bmatrix} = \begin{bmatrix} 0 & 1 & 0 \\ 0 & 0 & 1 \\ -2 & -1 & -5 \end{bmatrix} \begin{bmatrix} x_1(t) \\ x_2(t) \\ x_3(t) \end{bmatrix} + \begin{bmatrix} 0 \\ 0 \\ 1 \end{bmatrix} r(t)$$

ex 2)

$$G(s)=\frac{C(s)}{R(s)}=\frac{\frac{10}{S(S+1)}}{1+\frac{10}{S(S+1)}}=\frac{10}{S(S+1)+10}=\frac{10}{S^2+S+10}$$

$$(S^2+S+10)\,C(s)=10\,R(s)$$

$$\frac{d^2\,C(t)}{dt^2}+\frac{d\,C(t)}{dt}+10\,C(t)=10\,r(t)$$

$$x_1=C(t) \qquad \dot{x}_1=x_2$$

$$x_2=\frac{d}{dt}\,C(t) \qquad \dot{x}_2=-10x_1-x_2+10r$$

02 상태천이행렬 $\phi(t)$: 기본행렬이라고도 한다.

(1) $\phi(t)=e^{At}=\mathcal{L}^{-1}[sI-A]^{-1}$

(2) $\phi(0)=I$ 　단, $I=\begin{bmatrix}1&0\\0&1\end{bmatrix}$인 단위행렬

(3) $\phi^{-1}(t)=\phi(-t)$

(4) $\dot{\phi}(t)=A\phi(t)$

(5) $[\phi(t)]^k=\phi(kt)$

ex $A=\begin{bmatrix}0&1\\-1&-2\end{bmatrix}$ 천이행렬?

$$\begin{bmatrix}S&0\\0&S\end{bmatrix}-\begin{bmatrix}0&1\\-1&-2\end{bmatrix}=\begin{bmatrix}S&-1\\1&S+2\end{bmatrix}$$

$$(SI-A)^{-1}=\frac{1}{S(S+2)+1}\begin{bmatrix}S+2&1\\-1&S\end{bmatrix}$$

$$=\frac{1}{S^2+2S+1}\begin{bmatrix}S+2&1\\-1&S\end{bmatrix}$$

$$=\begin{bmatrix}\frac{S+2}{(S+1)^2}&\frac{1}{(S+1)^2}\\\frac{-1}{(S+1)^2}&\frac{S}{(S+1)^2}\end{bmatrix}$$

$$\phi(t) = \mathcal{L}^{-1}\{(sI-A)^{-1}\}$$

$$\therefore \begin{bmatrix} e^{-t}+te^{-t} & te^{-t} \\ -te^{-t} & e^{-t}-te^{-t} \end{bmatrix} = \begin{bmatrix} (t+1)e^{t} & te^{-t} \\ -te^{-t} & (-t+1)e^{-t} \end{bmatrix}$$

03 특성방정식

$|sI-A|=0$을 만족하는 방정식을 제어계의 특성방정식이라 하며 이때의 s 값을 특성방정식의 근 또는 고유값이라 한다.

04 Z 변환

$f(t)$	$F(s)$	$F(z)$
$\delta(t)$	1	1
$u(t)$	$\frac{1}{s}$	$\frac{z}{z-1}$
e^{-at}	$\frac{1}{s+a}$	$\frac{z}{z-e^{-aT}}$

(1) s평면의 z평면으로의 사상

① **s평면 허수축**$(j\omega)$ → 원점에 중심을 둔 단위원주상에 사상 (임계 안정)

② **s평면 좌반평면** → 원점에 중심을 둔 단위원 내부에 사상 (안정)

③ **s평면 우반평면** → 원점에 중심을 둔 단위원 외부에 사상 (불안정)

(2) 초기치 정리

$$\lim_{t=o} f(t) = \lim_{s\to\infty} SF(s) = \lim_{z\to\infty} F(z)$$

(3) 최종치 정리

$$\lim_{t=\infty} f(t) = \lim_{Z\to 1} (1-\frac{1}{Z})F(z)$$

출제예상문제

01

$\frac{d^2x}{dt^2}+\frac{dx}{dt}+2x=2u$ 의 상태 변수를 $x_1=x$, $x_2=\frac{dx}{dt}$ 라 할 때 시스템 매트릭스(system matrix)는?

① $\begin{bmatrix} 0 & 2 \\ 1 & 1 \end{bmatrix}$ ② $\begin{bmatrix} 0 & 1 \\ -2 & -2 \end{bmatrix}$

③ $\begin{bmatrix} 0 & 1 \\ -2 & -1 \end{bmatrix}$ ④ $\begin{bmatrix} 0 \\ 2 \end{bmatrix}$

해설 Chapter 10 – 01

$$\frac{d^2x}{dt^2}+1\frac{dx}{dt}+2x=2u$$

$$\begin{bmatrix} \dot{x}_1 \\ \dot{x}_2 \end{bmatrix} = \begin{bmatrix} 0 & 1 \\ -2 & -1 \end{bmatrix}\begin{bmatrix} x_1 \\ x_2 \end{bmatrix} + \begin{bmatrix} 0 \\ 2 \end{bmatrix}u$$

$\therefore$ A 계수 행렬 $\begin{bmatrix} 0 & 1 \\ -2 & -1 \end{bmatrix}$

B 계수 행렬 $\begin{bmatrix} 0 \\ 2 \end{bmatrix}$

02

다음의 상태방정식의 설명 중 옳은 것은?

$$X=\begin{bmatrix} -1 & 1 & 0 \\ 0 & -1 & 0 \\ 0 & 0 & -2 \end{bmatrix}\cdot X+\begin{bmatrix} 0 \\ 1 \\ 1 \end{bmatrix}\cdot U,$$

$$Y=[1\ \ 0\ \ 0]\cdot X$$

① 이 시스템은 가제어이다.
② 이 시스템은 가제어가 아니다.
③ 이 시스템은 가제어가 아니고 가관측이다.
④ 가제어성 여부를 따질 수 없다.

03

다음의 상태선도에서 가관측정(observability)에 대해 설명한 것 중 옳은 것은?

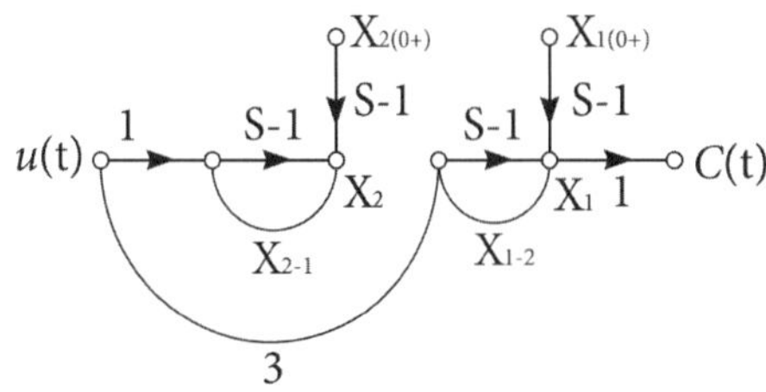

① X_1 은 관측할 수 없다.
② X_2 은 관측할 수 없다.
③ X_1, X_2 모두 관측할 수 없다.
④ 이 계통은 완전히 가관측에 있다.

04

상태방정식 $\frac{d}{dt}x(t)=Ax(t)+B_U(t)$, 출력방정식 $y(t)=C_X(t)$ 에서, $A=\begin{bmatrix} -1 & 1 \\ 0 & -3 \end{bmatrix}$, $B=\begin{bmatrix} 0 \\ 1 \end{bmatrix}$, $C=[0\ \ 1]$ 일 때, 다음 설명 중 맞는 것은?

① 이 시스템은 가제어하고(controllable), 가관측하다(observable).
② 이 시스템은 가제어하나(controllable), 가관측하지 않다(unobservable).
③ 이 시스템은 가제어하지 않으나(uncontrollable), 가관측하다(observable).
④ 이 시스템은 가제어하지 않고(uncontrollable), 가관측하지 않다(unobservable).

정답 01 ③ 02 ① 03 ② 04 ②

05

다음 방정식으로 표시되는 제어계가 있다. 이 계를 상태방정식 $x = Ax + Bu$로 나타내면 계수 행렬 A는 어떻게 되는가?

$$\frac{d^3c(t)}{dt^3} + 5\frac{d^2c(t)}{dt^2} + \frac{dc(t)}{dt} + 2c(t) = r(t)$$

① $\begin{bmatrix} 0 & 1 & 0 \\ 0 & 0 & 1 \\ -2 & -1 & -5 \end{bmatrix}$　② $\begin{bmatrix} 0 & 0 & 1 \\ 1 & 0 & 0 \\ 5 & 1 & 2 \end{bmatrix}$

③ $\begin{bmatrix} 0 & 0 & 1 \\ 1 & 0 & 0 \\ 0 & 5 & 2 \end{bmatrix}$　④ $\begin{bmatrix} 0 & 1 & 0 \\ 1 & 0 & 0 \\ -2 & -1 & 0 \end{bmatrix}$

해설 Chapter 10 – 01

$$\frac{d^3c(t)}{dt^3} + 5\frac{d^2c(t)}{dt^2} + 1\frac{dc(t)}{dt} + 2c(t) = r(t)$$

$\therefore$ A 계수 행렬 $\begin{bmatrix} 0 & 1 & 0 \\ 0 & 0 & 1 \\ -2 & -1 & -5 \end{bmatrix}$

06

다음 계통의 상태 방정식을 유도하면?
(단, 상태 변수를 $x_1 = x$, $x_2 = \dot{x}$, $x_3 = \ddot{x}$ 로 놓았다.)

$$x''' + 5x'' + 10x' + 5x = 2u$$

① $\begin{bmatrix} \dot{x}_1 \\ \dot{x}_2 \\ \dot{x}_3 \end{bmatrix} = \begin{bmatrix} 0 & 1 & 0 \\ 0 & 0 & 1 \\ -5 & -10 & -5 \end{bmatrix}\begin{bmatrix} x_1 \\ x_2 \\ x_3 \end{bmatrix} + \begin{bmatrix} 0 \\ 0 \\ 2 \end{bmatrix}u$

② $\begin{bmatrix} \dot{x}_1 \\ \dot{x}_2 \\ \dot{x}_3 \end{bmatrix} = \begin{bmatrix} 0 & 1 & 0 \\ 0 & 0 & 1 \\ -5 & -10 & -5 \end{bmatrix}\begin{bmatrix} x_1 \\ x_2 \\ x_3 \end{bmatrix} + \begin{bmatrix} 2 \\ 0 \\ 0 \end{bmatrix}u$

③ $\begin{bmatrix} \dot{x}_1 \\ \dot{x}_2 \\ \dot{x}_3 \end{bmatrix} = \begin{bmatrix} -5 & 0 & 0 \\ -10 & 1 & 0 \\ -5 & 0 & 1 \end{bmatrix}\begin{bmatrix} x_1 \\ x_2 \\ x_3 \end{bmatrix} + \begin{bmatrix} 2 \\ 0 \\ 0 \end{bmatrix}u$

④ $\begin{bmatrix} \dot{x}_1 \\ \dot{x}_2 \\ \dot{x}_3 \end{bmatrix} = \begin{bmatrix} -5 & 0 & 0 \\ -10 & 1 & 0 \\ -5 & 0 & 1 \end{bmatrix}\begin{bmatrix} x_1 \\ x_2 \\ x_3 \end{bmatrix} + \begin{bmatrix} 0 \\ 2 \\ 0 \end{bmatrix}u$

해설 Chapter 10 – 01

$x''' + 5x'' + 10x' + 5x = 2u$

$$\begin{bmatrix} \dot{x}_1 \\ \dot{x}_2 \\ \dot{x}_3 \end{bmatrix} = \begin{bmatrix} 0 & 1 & 0 \\ 0 & 0 & 1 \\ -5 & -10 & -5 \end{bmatrix}\begin{bmatrix} x_1 \\ x_2 \\ x_3 \end{bmatrix} + \begin{bmatrix} 0 \\ 0 \\ 2 \end{bmatrix}u$$

(−) 부호를 붙인다.

07

상태방정식 $x'(t) = Ax(t) + Br(t)$ 인 제어계의 특성 방정식은?

① $|SI-A| = 0$　② $|SI-B| = 0$
③ $|SI-A| = I$　④ $|SI-B| = I$

해설

$|SI-A| = 0$을 만족하는 방정식을 제어계의 특성방정식이라 하며 이때 S값을 근 또는 고유값이라 한다.

08

$A = \begin{bmatrix} 0 & 1 \\ -3 & -2 \end{bmatrix}, B = \begin{bmatrix} 4 \\ 5 \end{bmatrix}$ 인 상태방정식 $\frac{dx}{dt} = Ax + Br$ 에서 제어계의 특성방정식은?

① $S^2 + 4S + 3 = 0$　② $S^2 + 3S + 2 = 0$
③ $S^2 + 3S + 4 = 0$　④ $S^2 + 2S + 3 = 0$

해설

$$|SI-A| = \begin{bmatrix} S & 0 \\ 0 & S \end{bmatrix} - \begin{bmatrix} 0 & 1 \\ -3 & -2 \end{bmatrix}$$

$$= \begin{bmatrix} S & -1 \\ 3 & S+2 \end{bmatrix} = \frac{1}{S(S+2)+3}$$ 에서

분모 – 0 (특성방정식)

$\therefore$ $S^2 + 2S + 3 = 0$

정답 05 ① 06 ① 07 ① 08 ④

09

상태방정식 $\dot{x} = Ax(t) + Bu(t)$ 에서 $A = \begin{bmatrix} 0 & 1 \\ -2 & -3 \end{bmatrix}$, $B = \begin{bmatrix} 0 \\ 1 \end{bmatrix}$ 일 때 고유값은?

① $-1, -2$
② $1, 2$
③ $-2, -3$
④ $2, 3$

해설 Chapter 10 – 03

$|SI - A|$ 의 근이 고유값

$\therefore \begin{bmatrix} S & 0 \\ 0 & S \end{bmatrix} - \begin{bmatrix} 0 & 1 \\ -2 & -3 \end{bmatrix} = \begin{bmatrix} S & -1 \\ 2 & S+3 \end{bmatrix}$

$S(S+3)+2 = 0$

$S^2 + 3S + 2 = 0$

$(S+1)(S+2) = 0$

$S = -1, -2$

10

다음과 같은 상태방정식의 고유값 λ_1, λ_2 는?

$$\begin{bmatrix} \dot{X}_1 \\ \dot{X}_2 \end{bmatrix} = \begin{bmatrix} 1 & -2 \\ -3 & 2 \end{bmatrix} \begin{bmatrix} X_1 \\ X_2 \end{bmatrix} + \begin{bmatrix} 2 & -3 \\ -4 & 3 \end{bmatrix} \begin{bmatrix} t_1 \\ t_2 \end{bmatrix}$$

① 4, −1
② −4, 1
③ 8, −1
④ −8, 1

해설 Chapter 10 – 03

$$|SI - A| = \begin{bmatrix} S & 0 \\ 0 & S \end{bmatrix} - \begin{bmatrix} 1 & -2 \\ -3 & 2 \end{bmatrix}$$

$$= \frac{1}{(S-1)(S-2)-6}$$ 에서

- 분모 = 0 (특성방정식)

  $S^2 - 3S + 2 - 6 = 0$

  $\therefore S^2 - 3S - 4 = 0$

  $(S+1)(S-4) = 0$

  $\therefore S = -1, 4$

11

천이행렬에 관한 서술 중 옳지 않은 것은? (단, $\dot{x} = Ax + Bu$ 이다.)

① $\phi(t) = e^{At}$
② $\phi(t) = \mathcal{L}^{-1}[SI - A]$
③ 천이행렬은 기본행렬이라고도 한다.
④ $\phi(s) = [SI - A]^{-1}$

해설 Chapter 10 – 02 – (1)

$\phi(t) = \mathcal{L}^{-1}[sI - A]^{-1}$

12

state transition matrix(狀態遷移行列) $\phi(t) = e^{At}$ 에서 $t = 0$ 의 값은?

① e　　② I
③ e^{-1}　　④ 0

해설 Chapter 10 – 02 – (2)

$\phi(t) = e^{At}$ $(t = 0)$

$\phi(0) = I$ (여기서, $I = \begin{bmatrix} 1 & 0 \\ 0 & 1 \end{bmatrix}$ 단위 행렬)

13

상태방정식 $\dot{x}(t) = Ax(t)$ 의 해는 어느 것인가? (단, $x(0)$는 초기 상태 벡터이다.)

① $e^{At}x(0)$
② $e^{-At}x(0)$
③ $Ae^{At}x(0)$
④ $Ae^{-At}x(0)$

해설 Chapter 10 – 02 – (2)

$\phi(t) = e^{At}$ $(t = 0)$

$\phi(0) = I$ (여기서, $I = \begin{bmatrix} 1 & 0 \\ 0 & 1 \end{bmatrix}$ 단위 행렬)

정답 09 ① 10 ① 11 ② 12 ② 13 ①

제4과목 ✦ 제어공학

14

계수행렬(또는 동반행렬) A 가 다음과 같이 주어지는 제어계가 있다. 천이행렬을 구하면?

$$A=\begin{bmatrix}0 & 1\\ -1 & -2\end{bmatrix}$$

① $\begin{bmatrix}(t+1)e^{-t} & te^{-t}\\ -te^{-t} & (-t+1)e^{-t}\end{bmatrix}$

② $\begin{bmatrix}(t+1)e^{t} & te^{t}\\ -te^{-t} & (t+1)e^{t}\end{bmatrix}$

③ $\begin{bmatrix}(t+1)e^{-t} & -te^{-t}\\ te^{-t} & (t+1)e^{-t}\end{bmatrix}$

④ $\begin{bmatrix}(t+1)e^{-t} & 0\\ 0 & (-t+1)e^{-t}\end{bmatrix}$

해설 Chapter 10 – 02 – (1)

$$\begin{bmatrix}S & 0\\ 0 & S\end{bmatrix}-\begin{bmatrix}0 & 1\\ -1 & -2\end{bmatrix}=\begin{bmatrix}S & -1\\ 1 & S+2\end{bmatrix}$$

$$(SI-A)^{-1}=\frac{1}{S(S+2)+1}\begin{bmatrix}S+2 & 1\\ -1 & S\end{bmatrix}$$

$$=\frac{1}{S^2+2S+1}\begin{bmatrix}S+2 & 1\\ -1 & S\end{bmatrix}$$

$$=\begin{bmatrix}\frac{S+2}{(S+1)^2} & \frac{1}{(S+1)^2}\\ \frac{-1}{(S+1)^2} & \frac{S}{(S+1)^2}\end{bmatrix}$$

$$\phi(t)=\mathcal{L}^{-1}\{(SI-A)^{-1}\}$$

$$\therefore\begin{bmatrix}(t+1)\,e^{-t} & te^{-t}\\ -te^{-t} & (-t+1)\,e^{-t}\end{bmatrix}$$

15

다음은 어떤 선형계의 상태방정식이다. 상태천이행렬 $\phi(t)$ 는?

$$x(t)=\begin{bmatrix}-2 & 0\\ 0 & -2\end{bmatrix}x(t)+\begin{bmatrix}0\\ 1\end{bmatrix}U$$

① $\phi(t)=\begin{bmatrix}e^{-2t} & 0\\ 0 & 0\end{bmatrix}$ ② $\phi(t)=\begin{bmatrix}e^{2t} & 0\\ 0 & e^{-2t}\end{bmatrix}$

③ $\phi(t)=\begin{bmatrix}e^{-2t} & 0\\ 0 & e^{-2t}\end{bmatrix}$ ④ $\phi(t)=\begin{bmatrix}e^{-2t} & 0\\ 0 & e^{2t}\end{bmatrix}$

해설 Chapter 10 – 02 – (1)

$$|SI-A|=\begin{bmatrix}S+2 & 0\\ 0 & S+2\end{bmatrix}$$

$$|SI-A|^{-1}=\frac{1}{(S+2)^2}\begin{bmatrix}S+2 & 0\\ 0 & S+2\end{bmatrix}$$

$$=\begin{bmatrix}\frac{1}{S+2} & 0\\ 0 & \frac{1}{S+2}\end{bmatrix}$$

$$\therefore\ \mathcal{L}^{-1}[SI-A]^{-1}=\begin{bmatrix}e^{-2t} & 0\\ 0 & e^{-2t}\end{bmatrix}$$

16

어떤 시불변계의 상태방정식이 다음과 같다. 상태천이행렬 $\phi(t)$ 는?

$$A=\begin{pmatrix}0 & 0\\ -1 & -2\end{pmatrix},\ B=\begin{pmatrix}1\\ 1\end{pmatrix},\ \dot{x}(t)=Ax(t)+Bu(t)$$

① $\begin{bmatrix}1 & 0\\ (e^{-2t}-1) & 1\end{bmatrix}$

② $\begin{bmatrix}1 & 0\\ (e^{-2t}-1) & e^{-2t}\end{bmatrix}$

③ $\begin{bmatrix}1 & 0\\ 2(e^{-2t}-1) & e^{-2t}\end{bmatrix}$

④ $\begin{bmatrix}1 & 0\\ (e^{-2t}-1)/2 & e^{-2t}\end{bmatrix}$

해설

$$[SI-A]=\begin{bmatrix}S & 0\\ +1 & S+2\end{bmatrix}$$

$$[SI-A]=\frac{1}{S(S+2)-0}\begin{bmatrix}S+2 & 0\\ -1 & S\end{bmatrix}$$

$$=\frac{1}{S(S+2)}\begin{bmatrix}S+2 & 0\\ -1 & S\end{bmatrix}$$

$$=\begin{bmatrix}\frac{1}{S} & 0\\ -\frac{1}{S(S+2)} & \frac{1}{S+2}\end{bmatrix}$$

$$\therefore\ \mathcal{L}^{-1}[SI-A]^{-1}$$

$$=\begin{bmatrix}1 & 0\\ \frac{1}{2}(e^{-2t}-1) & e^{-2t}\end{bmatrix}$$

정답 14 ① 15 ③ 16 ④

17

다음 계통의 상태천이행렬 $\Phi(t)$ 를 구하면?

$$\begin{bmatrix} \dot{X_1} \\ \dot{X_2} \end{bmatrix} = \begin{bmatrix} 0 & 1 \\ -2 & -3 \end{bmatrix} \begin{bmatrix} X_1 \\ X_2 \end{bmatrix}$$

① $\begin{bmatrix} 2e^{-t}-e^{2t} & e^{-t}-e^{2t} \\ -2e^{-t}+2e^{2t} & -e^{t}+2e^{-2t} \end{bmatrix}$

② $\begin{bmatrix} 2e^{t}+e^{2t} & -e^{-t}-e^{-2t} \\ 2e^{t}-2e^{2t} & e^{-t}-2e^{-2t} \end{bmatrix}$

③ $\begin{bmatrix} -2e^{-t}+e^{-2t} & -e^{-t}-e^{-2t} \\ -2e^{-t}-2e^{-2t} & -e^{-t}-e^{-2t} \end{bmatrix}$

④ $\begin{bmatrix} 2e^{-t}-e^{-2t} & e^{-t}-e^{-2t} \\ -2e^{-t}+2e^{-2t} & -e^{-t}+2e^{-2t} \end{bmatrix}$

해설 Chapter 10 – 02 – (1)

$|SI-A| = \begin{bmatrix} S & -1 \\ 2 & S+3 \end{bmatrix}$

$|SI-A|^{-1}$

$= \dfrac{1}{S(S+3)+2} \begin{bmatrix} S+3 & 1 \\ -2 & S \end{bmatrix}$

$= \begin{bmatrix} \dfrac{S+3}{(S+1)(S+2)} & \dfrac{1}{(S+1)(S+2)} \\ \dfrac{-2}{(S+1)(S+2)} & \dfrac{S}{(S+1)(S+2)} \end{bmatrix}$

$\therefore \mathcal{L}^{-1}[sI-A]^{-1}$

$= \begin{bmatrix} 2e^{-t}-e^{-2t} & e^{-t}-e^{-2t} \\ -2e^{-t}+2e^{-2t} & -e^{-t}+2e^{-2t} \end{bmatrix}$

18

다음 그림의 전달함수 $\dfrac{Y(z)}{R(z)}$ 는 다음 중 어느 것인가?

r(t) → 이상적 표본기 (ideal sampler) → 시간지연 T → G(s) → y

① $G(z)Tz^{-1}$　　② $G(z)Tz$

③ $G(z)z^{-1}$　　④ $G(z)z$

해설

$G(z) = \dfrac{Y(z)}{R(z)} = G(z)z^{-1}$

19

T 를 샘플 주기라고 할 때 $z-$ 변환은 라플라스 변환 함수의 s 대신 다음의 어느 것을 대입하여야 하는가?

① $\dfrac{1}{T}ln\dfrac{1}{z}$　　② $\dfrac{1}{T}lnz$

③ $T\ln z$　　④ $T\ln\dfrac{1}{z}$

해설

z 변환에서는 s 대신 $\dfrac{1}{T}\ln z$ 를 대입한다.

20

신호 $x(t)$ 가 다음과 같을 때의 z 변환함수는 어느 것인가? (단, 신호 $x(t)$ 는 $x(t)=0$: $t<0$ $x(t)=e^{-at}$: $t \geq 0$ 이면 이상 샘플러의 샘플 주기는 $T[\mathrm{s}]$ 이다.)

① $(1-e^{-aT})z/(z-1)(z-e^{-aT})$

② $z/(z-1)$

③ $z/(z-e^{-aT})$

④ $Tz/(z-1)^2$

해설 Chapter 10 – 04

$e^{-at} \xrightarrow{\mathcal{L}} \dfrac{1}{s+a} \xrightarrow{z} \dfrac{z}{z-e^{-aT}}$

21

단위 계단 함수의 라플라스 변환과 z 변환 함수는?

① $\dfrac{1}{s}, \dfrac{1}{z}$　　② $s, \dfrac{z}{1-z}$

③ $\dfrac{1}{s}, \dfrac{z}{z-1}$　　④ $s, \dfrac{1}{z+1}$

해설 Chapter 10 – 04

$u(t) \xrightarrow{\mathcal{L}} \dfrac{1}{s} \xrightarrow{z} \dfrac{z}{z-1}$

정답 17 ④ 18 ③ 19 ② 20 ③ 21 ③

제4과목 ✦ 제어공학

22

z 변환함수 $z/(z-e^{-at})$에 대응하는 시간함수는? (단, T는 이상 샘플러의 샘플주기이다.)

① te^{-at} ② $\sum_{n=0}^{\infty}\delta(t-nT)$

③ $1-e^{-at}$ ④ e^{-at}

해설 Chapter 10 – 04

$$e^{-at} \xrightarrow{\mathcal{L}} \frac{1}{s+a} \xrightarrow{z} \frac{z}{z-e^{-aT}}$$

23

다음은 단위계단함수 $u(t)$의 라플라스 혹은 Z 변화 쌍을 나타낸 것이다. 이 중 옳은 것은 어느 것인가?

① $\mathcal{L}[u(t)]=1$ ② $\mathcal{L}[u(t)]=1/Z$

③ $\mathcal{L}[u(t)]=1/s^2$ ④ $\mathcal{L}[u(t)]=Z/(Z-1)$

해설 Chapter 10 – 04

$$u(t) \xrightarrow{\mathcal{L}} \frac{1}{s} \xrightarrow{z} \frac{z}{z-1}$$

24

$e(t)$의 초깃값은 $e(t)$의 z 변환을 $E(z)$라 했을 때 다음 어느 방법으로 얻어지는가?

① $\lim_{z\to 0} zE(s)$ ② $\lim_{z\to 0} E(s)$

③ $\lim_{z\to\infty} zE(z)$ ④ $\lim_{z\to\infty} E(z)$

해설 Chapter 10 – 04 – (2)

$$\lim_{t\to 0} e(t) = \lim_{s\to\infty} S\cdot E(s) = \lim_{z\to\infty} E(z)$$

Tip Z 변환식에는 Z를 곱하지 않는다.

25

z평면상의 원점에 중심을 둔 단위 원주상에 사상되는 것은 s평면의 어느 성분인가?

① 양의 반평면 ② 음의 반평면

③ 실수축 ④ 허수축

해설 Chapter 10 – 04 – (1)

s평면 허수측($j\omega$) ⇒ 원점에 중심을 둔 단위 원주상에 사상

26

샘플러의 주기를 T라 할 때 s평면상의 모든 식 $z=e^{sT}$에 의하여 z 평면상에 사상된다. s 평면의 좌반평면상의 모든 점은 z 평면상 단위원의 어느 부분으로 사상되는가?

① 내점 ② 외점

③ 원주상의 점 ④ z평면 전체

해설 Chapter 10 – 04 – (1)

S 평면의 좌반평면 ⇒ 원점에 중심을 둔 단위원 내점에 사상

27

z 변환법을 사용한 샘플값 제어계가 안정하려면 $1+GH(z)=0$의 근의 위치는?

① z 평면의 좌반면에 존재하여야 한다.

② z 평면의 우반면에 존재하여야 한다.

③ $|z|=1$인 단위원 내에 존재하여야 한다.

④ $|z|=1$인 단위원 밖에 존재하여야 한다.

해설 Chapter 10 – 04 – (1)

전체 전달함수에 모든 극점이 원점에 중심을 둔 단위원 내부에 사상되어야 안정하다.

정답 22 ④ 23 ④ 24 ④ 25 ④ 26 ① 27 ③

28

샘플값 제어 계통이 안정되기 위한 필요충분조건은?

① 전체(over-all)전달 함수의 모든 극점이 z 평면의 원점에 중심을 둔 단위원 내부에 위치해야 한다.
② 전체 전달함수의 모든 영점이 z 평면의 원점에 중심을 둔 단위원 내부에 위치해야 한다.
③ 전체 전달함수의 모든 영점이 z 평면의 좌반면에 위치해야 한다.
④ 전체 전달함수의 모든 영점이 z 평면의 우반면에 위치해야 한다.

해설 Chapter 10 – 04 – (1)
전체 전달함수에 모든 극점이 원점에 중심을 둔 단위원 내부에 사상되어야 안정하다.

29

z 변환법을 사용한 샘플치 제어계의 안정을 옳게 설명한 것은?

① 폐루프 전달함수의 모든 극이 z 평면상의 원점에 중심을 둔 단위원 안쪽에 위치하여야 한다.
② 특성방정식의 모든 특성근의 절댓값이 1보다 커야 한다.
③ 폐루프 전달함수의 모든 극이 z 평면상의 원점에 중심을 둔 단위원 외부에 위치하고 특성근의 절댓값이 1보다 커야 한다.
④ 폐루프 전달함수의 모든 극이 z 평면상의 원점에 중심을 둔 단위원 외부에 위차하고 특성근의 절댓값이 1보다 작아야 한다.

해설 Chapter 02 – 04 – (1)
전체 전달함수에 모든 극점이 원점에 중심을 둔 단위원 내부에 사상되어야 안정하다.

정답 28 ① 29 ①

시퀀스 제어

01 시퀀스 제어

미리 정해놓은 순서 또는 일정한 논리에 의하여 정해진 순서에 따라 제어의 각 단계를 순차적으로 진행하는 제어

02 논리시퀀스 회로

(1) AND[직렬연결 = 곱셈]

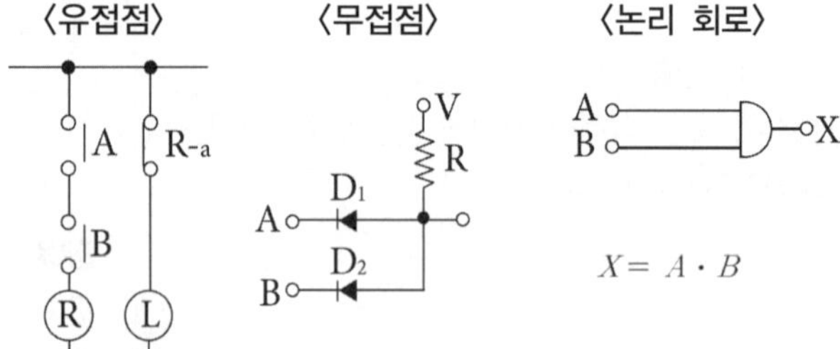

〈논리표〉

A	B	X
0	0	0
0	1	0
1	0	0
1	1	1

(2) OR[병렬연결 = 덧셈]

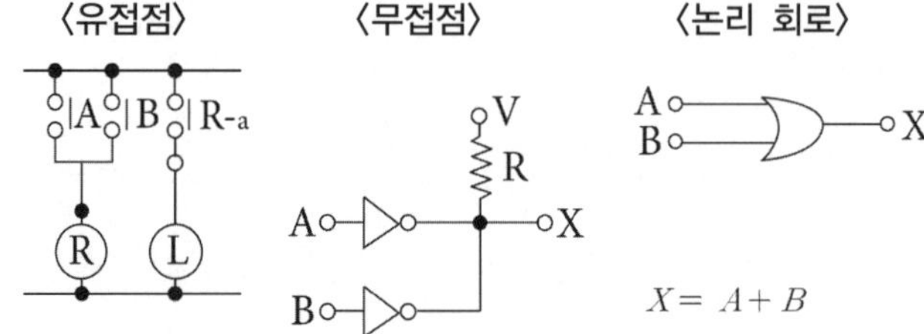

〈논리표〉

A	B	X
0	0	0
0	1	1
1	0	1
1	1	1

(3) NOT[부정]

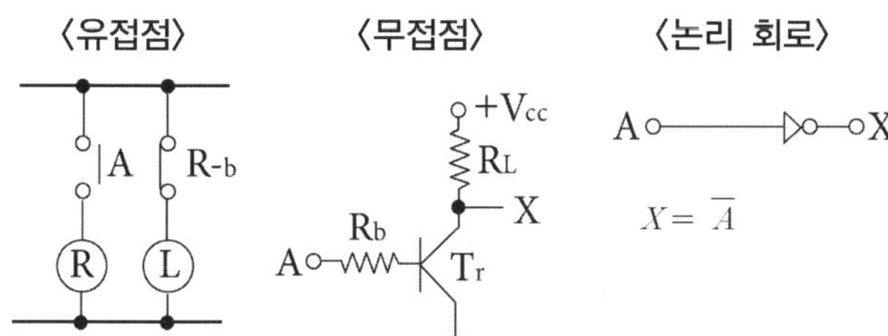

〈논리표〉

A	X
0	1
1	0

(4) NAND[AND의 부정]

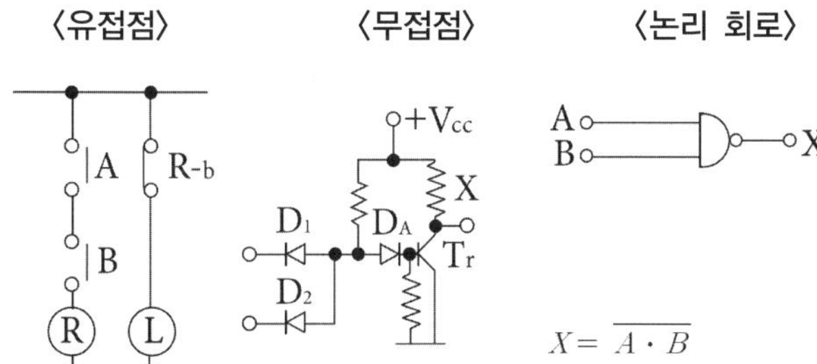

〈논리표〉

A	B	X
0	0	1
0	1	1
1	0	1
1	1	0

(5) NOR[OR의 부정]

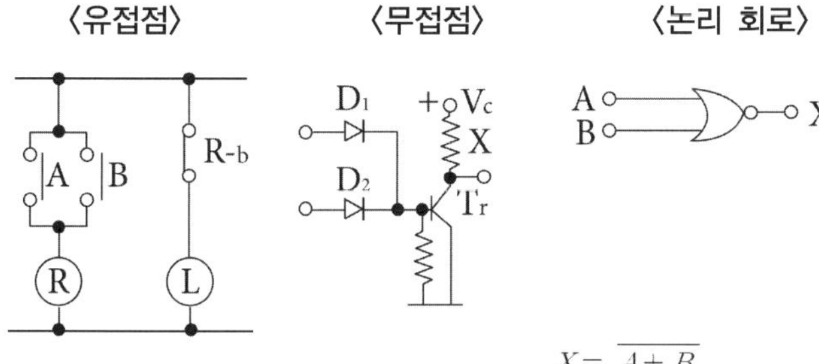

$X=\overline{A+B}$

〈논리표〉

A	B	X
0	0	1
0	1	0
1	0	0
1	1	0

(6) exclusive-OR 회로(배타적 OR 회로)

〈논리 회로〉

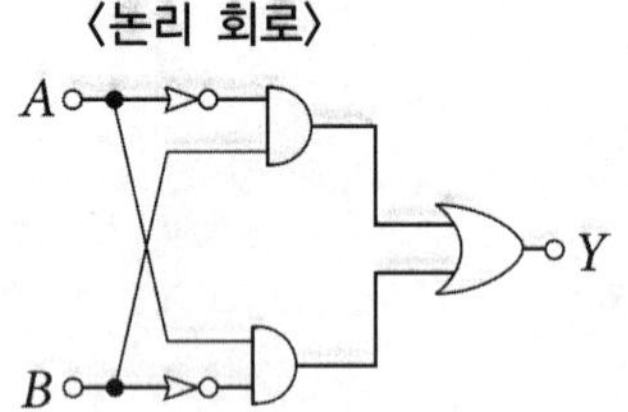

〈논리표〉

A	B	X
0	0	0
0	1	1
1	0	1
1	1	0

$X=\overline{A}\cdot B+A\cdot\overline{B}$

$=A\oplus B$

03 드모르강의 정리

(1) $\overline{A\cdot B}=\overline{A}+\overline{B}$

(2) $\overline{A+B}=\overline{A}\cdot\overline{B}$

04 불 대수

(1) 2진수 "0", "1", 접점 a, b 및 단락, 단선에 대하여
"1" ⇒ "a" ⇒ 단락, "0" ⇒ "b" ⇒ 단선의 의미를 갖는다.

(2) A, B, C가 논리 변수일 때 다음 식이 성립한다.

① 교환법칙 $A+B=B+A$, $A\cdot B=B\cdot A$

② 결합법칙 $(A+B)+C=A+(B+C)$

$(A\cdot B)\cdot C=A\cdot(B\cdot C)$

③ **분배법칙** $A \cdot (B+C) = A \cdot B + A \cdot C$

$A + (B \cdot C) = (A+B) \cdot (A+C)$

(3) 2진수 "0", "1" 및 논리변수 A, B일 때 다음이 성립된다.

① $A+0=A,\ A \cdot 1 = A$

② $A+A=A,\ A \cdot A = A$

③ $A+1=1,\ A+\overline{A}=1$

④ $A \cdot 0 = 0,\ A \cdot \overline{A} = 0$

(4) 부정의 법칙

① $\overline{\overline{A}} = A$

② $\overline{\overline{A \cdot B}} = A \cdot B$

③ $\overline{\overline{A+B}} = A+B$

④ $\overline{A} \cdot B = \overline{\overline{\overline{A} \cdot B}}$

(5) "0" 과 "1"의 연산

① $0+0=0$

② $0+1=1$

③ $\overline{0}=1$

④ $1 \cdot 1 = 1$

⑤ $0 \cdot 1 = 0$

⑥ $\overline{1}=0$

05 카르노도 맵 작성

논리식을 간소화 할 때 사용한다.

논리식 $Y = \overline{A}B\overline{C}\overline{D} + \overline{A}BC\overline{D} + AB\overline{C}\overline{D} + ABC\overline{D}$ 가 있다고 가정하면

(1) 카르노도를 작성하여 논리식값이 있으면 1로 표현하고 논리식값이 없으면 0으로 표현한다.

	$\overline{CD}$	$\overline{C}D$	$C\overline{D}$	$C\overline{D}$
$\overline{AB}$	0	0	0	0
$\overline{A}B$	1	0	0	1
AB	1	0	0	1
$A\overline{B}$	0	0	0	0

(2) 카로노도에서 1이 있는 부분만 2^n ($n = 0, 1, 2, 3...$)의 최대 묶음 ($2^2 = 4$개)으로 묶는다.

	$\overline{C}\overline{D}$	$\overline{C}D$	CD	$C\overline{D}$
$\overline{A}\overline{B}$	0	0	0	0
$\overline{A}B$	1	0	0	1
AB	1	0	0	1
$A\overline{B}$	0	0	0	0

(3) 묶음 안에서 공통성분만 남기고 긍정 및 부정은 없어진다.

⇒ 세로축에서 $\overline{A}$ 와 A 는 상쇄되어 없어지고 공통성분 B 는 남는다.

⇒ 가로축에서 $\overline{C}$ 와 C 는 상쇄되어 없어지고 공통성분 $\overline{D}$ 는 남는다.

그러므로 $Y = B\overline{D}$ 가 된다.

Chapter 11 출제예상문제

01

논리 회로의 종류에서 설명이 잘못된 것은?

① AND 회로 : 입력 신호 A, B, C의 값이 모두 1일 때에만 출력 신호 Z의 값이 1이 되는 신호로 논리식은 A·B·C = Z로 표시한다.
② OR 회로 : 입력 신호 A, B, C 중 어느 한 값이 1이면 출력 신호 Z의 값이 1이 되는 회로로 논리식은 A + B + C = Z로 표시한다.
③ NOT 회로 : 입력 신호 A와 출력 신호 Z가 서로 반대로 되는 회로로, 논리식은 $\overline{A} = Z$로 표시한다.
④ NOR 회로 : AND 회로의 부정 회로로, 논리식은 A + B = C로 표시한다.

해설 Chapter 11 – 02 – (5)
NOR 회로 : OR 회로의 부정회로로, 논리식은 $X = \overline{A+B}$ 이다.

02

논리식 $A + AB$를 간단히 계산한 결과는?

① A　② $\overline{A} + B$
③ $A + \overline{B}$　④ $A + B$

해설 Chapter 11 – 04
흡수의 법칙 $A + A \cdot B = A(1+B) = A$

03

논리식 $f = X + \overline{X} \cdot Y$를 간단히 한 식은?

① X　② $\overline{X}$
③ $X + Y$　④ $\overline{X} + Y$

해설 Chapter 11 – 04
$f = X + \overline{X} \cdot Y = (X + \overline{X})(X + Y) = X + Y$

04

무접점 릴레이의 장점이 아닌 것은?

① 동작속도가 빠르다.
② 온도의 변화에 강하다.
③ 고빈도 사용에 견디며 수명이 길다.
④ 소형이고 가볍다.

해설
무접점 릴레이라고 하면 반도체 소자로 구성된 것이므로 온도의 영향을 민감하게 받는다.

05

시퀀스(sequence) 제어에서 다음 중 옳지 않은 것은?

① 조합 논리회로(組合論理回路)도 사용된다.
② 기계적 계전기도 사용된다.
③ 전체 계통에 연결된 스위치가 일시에 동작할 수도 있다.
④ 시간지연요소도 사용된다.

해설 Chapter 11 – 01
시퀀스제어는 순차제어로서 일시에 동작하지 않는다.

06

그림과 같은 계전기 접점회로의 논리식은?

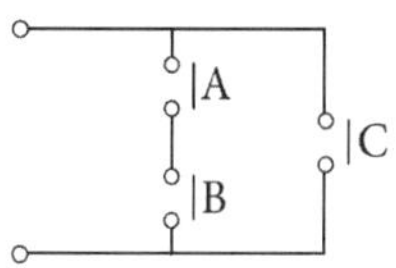

① $A + B + C$　② $(A + B) + C$
③ $A \cdot B + C$　④ $A \cdot B \cdot C$

해설 Chapter 11 – 02
직렬 : 곱(×), 병렬 : 합(+)
∴ $A \cdot B + C$

정답 01 ④ 02 ① 03 ③ 04 ② 05 ③ 06 ③

07

다음 논리 회로의 출력 X_0 는?

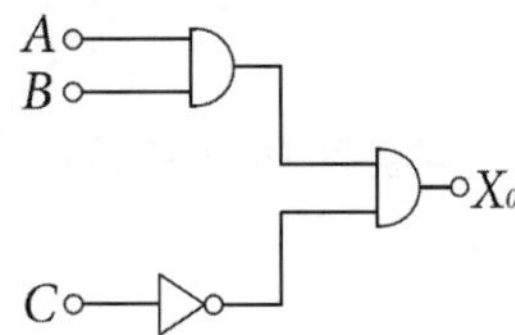

① $A \cdot B + \overline{C}$ ② $(A+B)\overline{C}$
③ $A+B+\overline{C}$ ④ $AB\overline{C}$

해설 Chapter 11 – 02
AND : 곱(×), OR : 합(+), NOT : 부정
$\therefore A \cdot B \cdot \overline{C}$

08

그림의 논리 회로의 출력 y 를 옳게 나타내지 못한 것은?

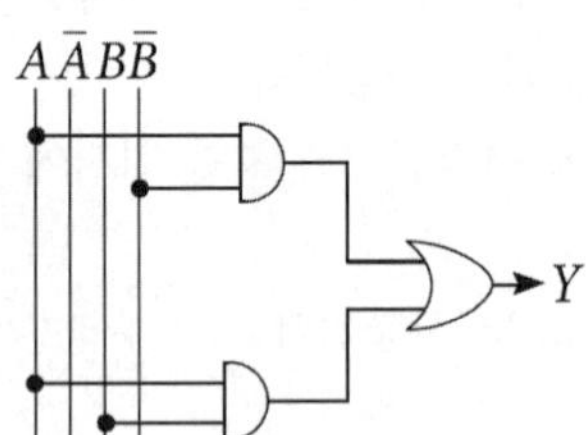

① $y = A\overline{B} + AB$ ② $y = A(\overline{B}+B)$
③ $y = A$ ④ $y = B$

해설 Chapter 11 – 02
AND : 곱(×), OR : 합(+)
$\therefore A \cdot \overline{B} + A \cdot B = A(\overline{B}+B) = A \cdot 1 = A$

09

그림과 같은 논리 회로의 출력을 구하면?

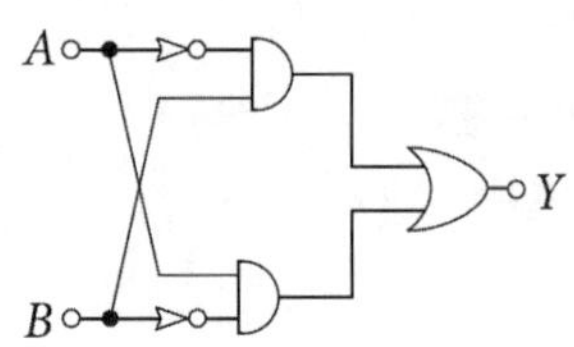

① $y = A\overline{B} + \overline{A}B$ ② $y = \overline{A}\overline{B} + \overline{A}B$
③ $y = A\overline{B} + \overline{A}\overline{B}$ ④ $y = \overline{A} + \overline{B}$

해설 Chapter 11 – 02
출력 $y = \overline{A} \cdot B + A \cdot \overline{B}$

10

$\overline{A} + \overline{B} \cdot \overline{C}$ 와 동일한 것은?

① $\overline{A+BC}$ ② $\overline{A(B+C)}$
③ $\overline{A} \cdot \overline{B+C}$ ④ $\overline{A} \cdot \overline{B} + C$

해설 Chapter 11 – 02
부정의 부정은 긍정이므로
$\overline{\overline{\overline{A} + (\overline{B} \cdot \overline{C})}} = \overline{\overline{\overline{A}} \cdot (\overline{\overline{\overline{B} \cdot \overline{C}}})}$
$= \overline{A \cdot (\overline{\overline{B}} + \overline{\overline{C}})} = \overline{A \cdot (B+C)}$

11

그림의 게이트(gate) 명칭은 어떻게 되는가?

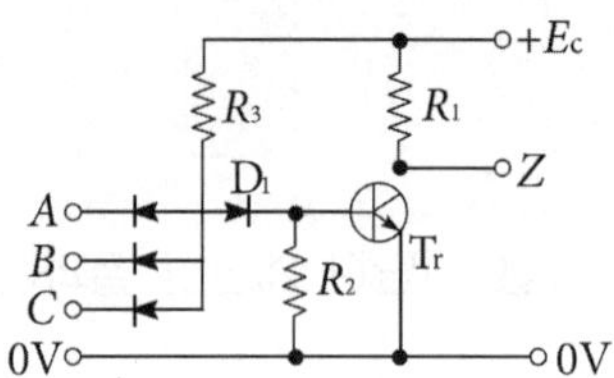

① AND gate ② OR gate
③ NAND gate ④ NOR gate

해설 Chapter 11 – 02 – (4)
세 입력 NAND 게이트 회로로서 논리식은 $Z = \overline{A \cdot B \cdot C}$ 이고, A, B, C에 입력이 모두 가해지면 트랜지스터 T_1 이 동작하여 출력단자 Z 의 출력값이 "0"이 된다.

12

다음 식 중 드모르강의 정리를 나타낸 식은?

① $A+B = B+A$
② $A \cdot (B \cdot C) = (A \cdot B) \cdot C$

정답 07 ④ 08 ④ 09 ① 10 ② 11 ③ 12 ④

③ $\overline{A\cdot B}=\overline{A}\cdot\overline{B}$
④ $\overline{A\cdot B}=\overline{A}+\overline{B}$

해설 Chapter 11 – 03 – (1)

13

다음은 2차 논리계를 나타낸 것이다. 출력 y 는?

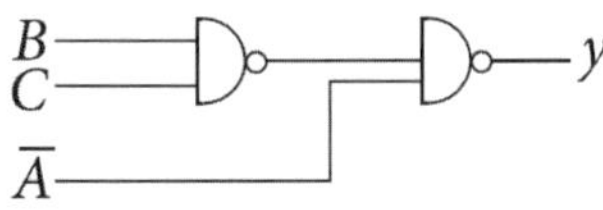

① $y=A+B\cdot C$ ② $y=B+A\cdot C$
③ $y=\overline{A}+B\cdot C$ ④ $y=B+\overline{A}\cdot C$

해설 Chapter 11 – 02

$Y=\overline{\overline{B\cdot C}\cdot\overline{A}}$ 드모르강의 법칙에 의해

$=\overline{\overline{B\cdot C}}+\overline{\overline{A}}$ 부정의 부정은 긍정이므로

$\therefore\ Y=B\cdot C+A$

14

다음의 불 대수 계산에서 옳지 않은 것은?

① $\overline{A\cdot B}=\overline{A}+\overline{B}$ ② $\overline{A+B}=\overline{A}\cdot\overline{B}$
③ $A+A=A$ ④ $A+A\overline{B}=1$

해설 Chapter 11 – 04

$A+A\overline{B}=A(1+\overline{B})=A\cdot 1=A$

15

논리식 $L=\overline{X}\cdot\overline{Y}+\overline{X}\cdot Y+X\cdot Y$ 를 간단히 한 것은?

① $X+Y$ ② $\overline{X}+Y$
③ $X+\overline{Y}$ ④ $\overline{X}\cdot\overline{Y}$

해설 Chapter 11 – 04

$L=\overline{X}\cdot\overline{Y}+\overline{X}\cdot Y+X\cdot Y$
$=\overline{X}(\overline{Y}+Y)+XY$
$=\overline{X}+X\cdot Y=(\overline{X}+X)(\overline{X}+Y)$
$=\overline{X}+Y$

16

다음 카르노(Karnaugh) 도를 간략히 하면?

	$\overline{C}\,\overline{D}$	$\overline{C}D$	CD	$C\overline{D}$
$\overline{A}\,\overline{B}$	0	0	0	0
$\overline{A}B$	1	0	0	1
AB	1	0	0	1
$A\overline{B}$	0	0	0	0

① $Y=\overline{C}\,\overline{D}+BCCD$
② $Y=B\overline{D}$
③ $Y=A+\overline{A}B$
④ $Y=A+B\overline{C}D$

해설 Chapter 11 – 05

AB \ CD	00	01	11	10
00				
01	1			1
11	1			1
10				

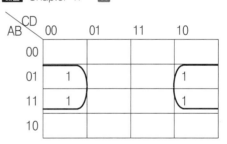

4개로 묶으면 공통적인 것은 $B\overline{D}$ 가 된다.

17

다음 논리식을 간단히 하면?

$$X=\overline{A}\,\overline{B}C+A\overline{B}\,\overline{C}+A\overline{B}C$$

① $\overline{B}(A+C)$ ② $\overline{C}(A+B)$
③ $\overline{A}(B+C)$ ④ $C(A+\overline{B})$

해설 Chapter 11 – 04

$X=\overline{A}\,\overline{B}C+A\overline{B}\,\overline{C}+A\overline{B}C$
$=\overline{B}(\overline{A}C+A\overline{C}+AC)$
$=\overline{B}(\overline{A}C+A(\overline{C}+C))=\overline{B}(\overline{A}C+A)$
$=\overline{B}(\overline{A}+A)(A+C)=\overline{B}(A+C)$

정답 13 ① 14 ④ 15 ② 16 ② 17 ①

전기기사
·
산업기사
정용걸
전기기사

제 5 과목

전기설비기술기준

핵심이론편

Chapter 01 한국전기설비규정

01 목적

전기설비기술기준은 (전선로), (보안통신선로)를 말한다.

02 전압의 구분

(1) **저압** : 교류 1[kV] 이하, 직류 1.5[kV] 이하

(2) **고압** : 7[kV] 이하

(3) **특고압** : 7[kV] 초과

03 용어의 정의

(1) **개폐소** : 전로를 개폐하는곳

(2) **급전소** : 전력계통의 운용지시

(3) **전로** : 항시 전기가 흐르고 있는 곳

(4) **전선로** : 전선과 지지하는 수용물

(5) **지지물** : 전선류를 지지하는 것

(6) **조상설비** : 무효전력을 조정

(7) **가공인입선** : 지지물 ⇒ 수용가

(8) **연접인입선** : 수용가 ⇒ 수용가

(9) **관등회로** : 방전등용 안정기

(10) **2차 접근상태** : 3[m] 미만

(11) **지중관로** : 수관, 가스관(매설지선×)

(12) **계통접지** : 중성점과 대지의 관계

(13) **보호접지** : 외함접지

(14) **특별저압**
교류 50[V] 이하, 직류 120[V] 이하
(SEVL : 비접지, PELV : 접지)

04 가공인입선

(1) **전선의 굵기**

① **저압** : 2.6[mm] 이상(단, 경간이 15[m] 이하시 2.0[mm]도 가능하다)

② **고압** : 5.0[mm] 이상

(2) 전선의 지표상높이

항목	저압	고압
도로횡단	5[m]	6[m]
철도횡단	6.5[m]	6.5[m]
횡단보도교	3[m]	위험표시(3.5[m])

05 연접인입선

(1) 시설기준

① 분기점으로부터 100[m] 넘는 지역에 미치지 말 것
② 폭 5[m] 넘는 도로횡단 불가
③ 옥내 관통할 수 없다.
④ 저압만 가능
⑤ 2.6[mm] 이상, 단, 경간이 15[m] 이하라면 2.0[mm] 이상

06 옥측전선로(100[kV] 이하)

(1) **사용가능공사** : 합성수지관

(2) **사용불가능**
목조형조영물(버스, 금속)

(3) **고압** : 케이블 사용(조영재 2[m]마다 지지, 그 외 6[m] 이하)

07 옥상전선로(특고압시설불가)

(1) **전선의 굵기** : 2.6[mm]

(2) **지지점간의 간격** : 15[m] 이하

(3) **조영재와의 이격거리** : 2[m]

08 전선

(1) 색상

상(문자)	색상
L1	갈색
L2	흑색
L3	회색
N	청색
보호도체	녹색-노란색

(2) 전선의 접속

① 전선의 세기를 20[%] 이상 감소시키지 말 것(80[%] 이상 유지할 것)
② 두 개 이상의 전선의 병렬로 연결시 동 50[mm^2], 알루미늄 70[mm^2]
③ 전선 각각에 퓨즈설치 불가

09 전로의 절연

(1) 절연생략조건

① 접지점
② 시험용 변압기, 전기로

10 저압전로의 절연성능

(1) 누설전류 $=$ 최대공급전류 $\times \frac{1}{2000}$

(2) 절연저항값

전로의 사용전압[V]	DC시험 전압[V]	절연저항 [MΩ]
SELV 및 PELV	250	0.5
FELV, 500[V] 이하	500	1.0
500[V] 초과	1,000	1.0

(3) 단, 절연저항 측정이 곤란한 경우 누설전류는 1[mA] 이하

11 절연내력시험전압(권선과 대지 10분간)

접지방식		시험전압	최저전압
비접지	7[kV] 이하	1.5배	500[V]
	7[kV] 초과	1.25배	10500[V]
접지식		1.1배	75000[V]
다중접지식		0.92배	X
직접접지식	170[kV] 이하	0.72배	X
	170[kV] 초과	0.64배	X

단, 연료전지 및 태양전지 모듈의 절연내력시험전압은 직류 1.5배, 교류 1배

12 접지시스템

(1) 접지의 종류

① 계통접지
② 보호접지
③ 피뢰시스템 접지

(2) 접지시스템의 종류

① 단독접지(전기, 통신, 피뢰 별도)
② 공통접지(전기만 공통)
③ 통합접지(전기, 통신, 피뢰 통합)

(3) 접지시스템의 구성

① 접지극
② 접지도체
③ 보호도체
④ 기타설비

(4) 접지극의 매설기준

① 접지극은 지하 75[cm] 이상 깊이매설
② 접지도체는 철주나 금속체를 따라 시설시 철주의 매설깊이보다는 0.3[m] 이상 금속체와는 1[m] 이상 이격
③ 접지도체는 지하 0.75[m]부터 지표상 2[m]까지 합성수지관 또는 절연몰드로 덮을 것
④ 발판 볼트의 높이 1.8[m] 이상

(5) 수도관 및 철골접지

① **수도관 접지** : 3[Ω] 이하
② **철골 접지** : 2[Ω] 이하

(6) 접지도체의 최소단면적

① 구리 6[mm^2]
② 철제 50[mm^2]
단, 접지도체에 피뢰시스템이 접속시 구리는 16[mm^2] 이상
③ 고압 및 특고압 전기설비용 접지도체 6[mm^2] 이상 연동선
④ 중성점 접지용 접지도체 16[mm^2]
(단, 22.9[kV] - 저 또는 고압 - 저압 인 경우 6[mm^2] 이상)

(7) 보호도체의 단면적

선도체의 단면적 S (mm^2, 구리)	보호도체의 최소 단면적([mm^2], 구리)
	보호도체의 재질
	선도체와 같은 경우
S ≤ 16	S
16 < S ≤ 35	16
S > 35	S/2

보호도체, 본딩도체로 사용하여서는 안되는 금속부분

① 금속수도관
② 인화성 물질을 포함하는 금속관
③ 응력을 받는 구조물
④ 가요성 금속배관, 전선관

(8) 보호도체의 단면적보강

① 구리 10[mm^2], 알루미늄 16[mm^2]

(9) 주접지단자에 접속하는 도체들

① 접지도체
② 보호도체
③ 등전위본딩도체
④ 기능성 접지도체

(10) 변압기 중성점 접지

접지저항 $R = \dfrac{150, 300, 600}{1선지락전류} [\Omega]$

① 150[V] : 아무 조건이 없다.
② 300[V] : 2초 이내에 자동차단한다.
③ 600[V] : 1초 이내에 자동차단한다.

(11) 등전위 본딩도체의 최소굵기

① 구리 6[mm^2]
② 알루미늄 16[mm^2]
③ 강철 50[mm^2]

13 피뢰시스템

(1) 적용범위

① 지상으로부터 높이가 20[m] 이상인 것

② 전기설비 및 전자설비 중 낙뢰로부터 보호가 필요한 설비

(2) 피뢰시스템의 구성

외부피뢰시스템 ⇒ 직격뢰보호

내부피뢰시스템 ⇒ 간접뢰 유도뢰보호

(3) 외부피뢰시스템의 종류

① 수뢰부

② 인하도선

③ 접지

(4) 수뢰부시스템의 선정

① 돌침

② 수평도체

③ 메시도체

14 저압전기설비

(1) 제1문자(전원과 계통)

① T : 한점을 대지와 접속

② I : 대지와 절연 또는 임피던스로 접속

(2) 제2문자(외함의 관계)

① T : 외함과 대지를 직접연결

② N : 외함을 전원측 접지점 연결

(3) 제3문자

① S : 중성선과 보호도체 별도

② C : 중성선과 보호기능의 한 개의 도체로 겸용

(4) 주택 등 저압 수용장소 접지

저압 수용장소의 접지가 TN-C-S 라면

중성선 겸용 보호도체는 구리 10[mm^2], 알루미늄 16[mm^2] 이상

(5) TT계통은 누전차단기를 사용하여 보호

(6) 심벌의 의미

기호	설명
(심벌)	중성선(N), 중간도체(M)
(심벌)	보호도체(PE)
(심벌)	중성선과 보호도체겸용(PEN)

15 누전차단기의 시설

금속제 외함을 가지는 사용전압이 50[V]를 초과하는 저압기계기구에 전기를 공급하는 선로

16 SELV와 PELV를 적용한 특별저압의 보호

(1) 특별저압 교류 50[V], 직류 120[V] 이하

(2) SELV와 PELV의 전원

안전절연변압기 및 이와 동등한 절연의 전원, 축전지 또는 디젤발전기 등

(3) 건조한 상태에서 기본보호를 하지 않아도 되는 경우

교류 25[V], 직류 60[V]를 초과하지 않는 경우

(4) 기본보호를 하지 않는 경우

교류 12[V], 직류 30[V]를 초과하지 않는 경우

17 과전류에 대한 보호

(1) 보호장치의 종류

① 과부하전류 전용
② 과부하, 단락전류 겸용
③ 단락전용

(2) 과부하 보호장치 설치 위치

분기점에 설치하나 도중 콘센트 접속이 없다면 3[m]까지 이동설치

18 가공공동지선

(1) 접지선의 굵기 : 4[mm] 이상

(2) 경간 : 200[m] 이하

(3) **직경, 양쪽, 지름** : 400[m] 이하

(4) **가공공동지선과 대지사이의 합성전기저항은 1[km] 지름으로 규정하는 접지저항을 갖을 것**

19 가공지선(뇌격시 전선로보호, 유도장해방지)

(1) **고압** : 4[mm] 이상

(2) **특고압** : 5[mm] 이상

20 특고압과 고압의 혼촉에 의한 위험방지

특고압전로에 결합되는 고압전로는 사용전압 3배 이하인 전압이 가하여진 경우 방전하는 장치를 설치한다.

21 전로의 중성점 접지의 목적

(1) **보호장치의 확실한 동작 확보**

(2) **이상 전압의 억제**

(3) **대지전압의 저하**

22 기계기구의 지표상높이

(1) **고압**

① **시가지외** : 4[m] 이상
② **시가지** : 4.5[m] 이상

(2) **특고압**

5[m] 이상

23 특고압 배전용변압기의 시설

(1) **전압의 한도**

① 1차 35[kV] 이하 2차 저압 또는 고압

(2) **특고압측의 보호설비**

개폐기 및 과전류차단기

24 아크발생 기구와의 이격거리

고압 1[m] 이상

25 고주파전기설비의 장해 방지

-30[dB]일 것

26 개폐기 시설시 특이사항(개로부분)

(1) 부하전류 유무 표시장치

(2) 전화기 기타 지령장치

(3) 터블렛 등을 사용

중력에 의해 자동력으로 동작할 우려가 있다면 자물쇠장치를 한다.

27 기계기구의 외함에 접지 생략조건

(1) 직류 300[V] 이하, 교류 대지전압이 150[V] 이하인 기계기구를 건조한 장소시설

(2) 기계기구를 목재 또는 이와 유사한 절연성 물건 위에 올려놓은 경우

(3) 인체 감전보호용 누전차단기 정격감도전류 30[mA] 이하, 동작시간 0.03초인 전류동작형 누전차단기를 시설하는 경우

28 과전류차단기

(1) 저압용 퓨즈

정격전류의 구분	시간	정격전류의 배수	
		불용단전류	용단전류
4[A] 이하	60분	1.5배	2.1배
16[A] 미만	60분	1.5배	1.9배
63[A] 이하	60분	1.25배	1.6배
160[A] 이하	120분	1.25배	1.6배
400[A] 이하	180분	1.25배	1.6배
400[A] 초과	240분	1.25배	1.6배

(2) 배선용 차단기

① 산업용

정격전류의 구분	시간	정격전류의 배수 (모든 극에 통전)	
		부동작 전류	동작 전류
63[A] 이하	60분	1.05배	1.3배
63[A] 초과	120분	1.05배	1.3배

② 주택용

정격전류의 구분	시간	정격전류의 배수 (모든 극에 통전)	
		부동작 전류	동작 전류
63[A] 이하	60분	1.13배	1.45배
63[A] 초과	120분	1.13배	1.45배

(3) 전동기 과부하 보호장치 생략조건

① 0.2[kW] 이하

② 단상 전동기로서 과전류 차단기의 정격전류가 16[A], 배선용차단기 20[A] 이하인 경우

(4) 고압용 퓨즈

① **포장형 퓨즈**

정격 1.3배 견디고 2배의 전류로 120분 이내 용단

② **비포장형 퓨즈**

정격 1.25배 견디고 2배의 전류로 2분 이내 용단

(5) 과전류 차단기시설제한장소

① 접지공사의 접지도체

② 다선식 전로의 중성선

③ 전로일부에 접지공사를 한 저압 가공전선로의 접지측 전선

29 피뢰기의 시설

(1) 시설장소

① 발전소, 변전소 또는 이에 준하는 장소의 가공전선 인입구 및 인출구

② 고압 및 특고압 가공전선로로부터 공급을 받는 수용장소의 인입구

③ 가공전선로와 지중전선로의 접속점

④ 특고압 가공전선로에 접속하는 배전용 변압기의 고압 및 특고압측

(2) 접지저항 : 10[Ω] 이하

출제예상문제

01

전기 설비 기술 기준에 관한 규칙은 발전, 송전, 변전, 배전 또는 전기를 사용하기 위하여 설치하는 기계, 기구, (　), (　), 기타의 공작물의 기술 기준을 규정한 것이다. (　) 속에 맞는 내용은?

① 급전소, 개폐소
② 전선로, 보안 통신 선로
③ 궤전선로, 약전류 전선로
④ 옥내 배선, 옥외 배선

해설 Chapter 01 – 01
용어정리 – 전기설비기술기준

02

제2차 접근상태란 가공전선의 위쪽 또는 옆쪽에서 수평거리로 최대 몇 [m] 미만인 곳인가?

① 1　② 4.2　③ 3　④ 4

해설 Chapter 01 – 03 – (10)
2차 접근상태
1차 접근상태 : 3[m] 이상, 2차 접근상태 : 3[m] 미만

03

다음 저압 연접 인입선의 시설 규정 중 틀린 것은?

① 경간이 20[m]인 곳에 직경 2.0[mm] DV 전선을 사용하였다.
② 인입선에서 분기하는 점으로부터 100[m]를 넘지 않았다.
③ 폭 4.5[m]의 도로를 횡단하였다.
④ 옥내를 통과하지 않도록 했다.

해설 Chapter 01 – 05
연접 인입선 시설규정
경간이 15[m] 이하일 경우 2.0[mm] 전선을 사용한다.

04

고압 인입선 등의 시설 기준에 맞지 않은 것은?

① 고압 가공인입선 아래에 위험표시를 하고 지표상 3.5[m] 높이에 설치하였다.
② 전선은 5.0[mm] 경동선의 고압 절연전선을 사용하였다.
③ 애자사용공사로 시설하였다.
④ 15[m] 떨어진 다른 수용가에 고압 연접인입선을 시설하였다.

해설 Chapter 01 – 05
연접인입선 : 저압에서만 사용

05

전선을 접속한 경우 접속 부분의 인장 세기는 전선 인장 몇 [%] 이상이어야 하는가?

① 20　② 60　③ 80　④ 100

해설 Chapter 01 – 08
전선의 접속시 80[%] 이상 강도 유지

06

저압의 전선로 중 절연 부분의 전선과 대지간의 절연저항은 사용 전압에 대한 누설전류가 최대 공급전류의 몇 분의 1을 넘지 않도록 유지하는가?

① $\frac{1}{1,000}$　② $\frac{1}{2,000}$
③ $\frac{1}{3,000}$　④ $\frac{1}{4,000}$

해설 Chapter 01 – 10
최대 공급전류의 $\frac{1}{2,000}$ 를 넘지 않도록 유지

정답 01 ② 02 ③ 03 ① 04 ④ 05 ③ 06 ②

07

전로의 절연 원칙에 따라 반드시 절연하여야 하는 것은?

① 전로의 중성점에 접지 공사를 하는 경우의 접지점
② 계기용 변성기의 2차측 전로의 접지점
③ 저압 가공전선로의 접지측 전선
④ 22.9[kVA] 중성선의 다중 접지의 접지점

해설 Chapter 01 – 09
전로의 절연 예외 규정

08

고압 및 특고압의 전로에 절연내력 시험을 하는 경우 시험전압을 연속 얼마 동안 가하는가?

① 10초 ② 1분
③ 5분 ④ 10분

해설 Chapter 01 – 11
절연내력 시험 : 연속 10분간 시험을 한다.

09

220[V]용 전동기의 절연내력 시험시 시험 전압은 몇 [V]인가?

① 300 ② 330
③ 450 ④ 500

해설 Chapter 01 – 11
비접지식 7,000[V] 이하는 최대 사용전압의 1.5배 전압을 견디어야 한다.
절연내력 시험전압 = 220×1.5 = 330[V]
∴ 최저 시험전압 500[V]

10

어떤 변압기의 1차 전압 탭(tap)이 6,900[V], 6,300[V], 6,000[V], 5,700[V]로 되어 있다. 절연내력 시험전압은 얼마인가?

① 7,590[V] ② 8,550[V]
③ 8,625[V] ④ 10,350[V]

해설 Chapter 01 – 11
변압기 절연내력 시험전압은 최대 사용전압을 기준으로 시험한다.
절연내력 시험전압 = 6,900×1.5 = 10,350[V]

11

최대 사용전압이 7,000[V]를 넘는 회전기의 절연내력 시험은 최대 사용전압의 ( )배의 전압에서 10분간 견디어야 한다. ( )안에 알맞은 말은?

① 0.92 ② 1.25 ③ 1.5 ④ 2

해설 Chapter 01 – 11
비접지 7,000[V] 초과시 최대 사용전압의 1.25배

12

최대 사용전압이 7,200[V]인 중성점 비접지식 변압기의 절연내력 시험전압[V]은?

① 9,000 ② 10,500
③ 12,500 ④ 20,500

해설 Chapter 01 – 11
비접지식 7,000[V] 초과시 최대 사용전압의 1.25배 전압을 견디어야 한다.
절연내력 시험전압 = 7,200×1.25 = 9,000
∴ 최저 시험전압 10,500[V]

정답 07 ③ 08 ④ 09 ④ 10 ④ 11 ② 12 ②

13

배전선로의 전압 22,900[V]이며 중선선에 다중접지하는 전선로의 절연내력 시험전압은 얼마인가?

① 28,625　　② 22,900
③ 21,068　　④ 16,488

해설 Chapter 01 – 11
절연내력 시험전압
= 최대 사용전압 × 0.92배
= 22,900 × 0.92 = 21,068

14

변압기 고압측전로의 1선 지락전류가 5[A]일 때 중성점 접지 저항값의 최댓값[Ω]은?
(단, 혼촉에 의한 대지 전압은 150[V]이다.)

① 25　　② 30
③ 35　　④ 40

해설 Chapter 01 – 12
접지공사 저항값

$$R = \frac{150}{1\text{선 지락전류}} = \frac{150}{5} = 30\,[\Omega]$$

15

고저압 혼촉시에 저압 전로의 대지전압이 150[V]를 넘는 경우에 2초 이내에 자동차단장치가 있는 고압전로의 1선 지락전류가 30[A]인 경우에 이에 결합된 변압기 저압측의 접지 저항값[Ω]은 최대 얼마 이하로 유지하여야 하는가?

① 5　　② 6.6
③ 10　　④ 16.6

해설 Chapter 01 – 12
접지공사 저항값

$$R = \frac{300}{1\text{선 지락전류}} = \frac{300}{30} = 10\,[\Omega]$$

2초 이내 자동차단장치시설 : 300[V]

16

변압기에 의하여 특고압 전로에 결합되는 고압전로에는 어느 전압의 3배 이하에서 방전하는 장치를 변압기의 단자에 가까운 1극에 시설하여야 하는가?

① 최대전압　　② 최저전압
③ 정격전압　　④ 사용전압

해설 Chapter 01 – 13
정전방전기(방전장치) = 사용전압 × 3배

17

전로의 중성점을 접지하는 목적에 해당되지 않는 것은?

① 보호 장치의 확실한 동작을 확보
② 이상전압의 억제
③ 부하 전류의 일부를 대지로 흐르게 함으로써 전선을 절약
④ 대지전압의 저하

해설 Chapter 01 – 22
전로의 중성점 접지 목적 : 이상전압 억제, 대지전압 저하, 보호계전기 확실한 동작

18

접지공사를 가공접지선을 써서 변압기의 시설 장소로부터 몇 [m]까지 떼어 놓을 수 있는가?

① 50[m]　　② 57[m]
③ 100[m]　　④ 200[m]

해설 Chapter 01 – 18
변압기 시설 장소로부터 200[m] 이내, 지름 400[m] 이내 시설한다.

정답 13 ③ 14 ② 15 ③ 16 ④ 17 ③ 18 ④

19

변압기의 시설 장소에 접지공사를 시행하기 곤란하여 가공 공동지선으로 접지공사를 시행하는 경우, 각 변압기를 중심으로 하여 직경 몇 [m] 미만의 지역에 시설하여야 되는가?

① 400　② 500
③ 350　④ 250

해설 Chapter 01 – 18
변압기 시설 장소로부터 200[m] 이내, 지름 400[m] 이내 시설한다.

20

고·저압 혼촉 사고시에 대비하여 시설한 접지공사로서 가공 공동지선을 쓰는 경우의 그 지름[mm]은 얼마 이상인가?

① 2.6　② 3.2
③ 4　④ 5

해설 Chapter 01 – 12 – (6)
가공 공동지선 : 4.0[mm] 이상 또는 인장강도 5.26[kN] 금속선

21

고압 가공전선로에 접속하는 변압기를 시가지에서 전주 위에 설치하는 경우 지표상 높이의 최소값[m]은?

① 4.0　② 4.5
③ 5.0　④ 5.5

해설 Chapter 01 – 22
고압 : 시가지 – 4.5[m] 이상, 시가지 외 – 4[m] 이상
특고압 : 5[m] 이상에 시설

22

접지공사에 접지극은 지하 몇 [cm] 이상의 깊이에 매설하는가?

① 30　② 50
③ 75　④ 100

해설 Chapter 01 – 12 – (4)
접지극은 지하 75[cm] 이상 깊이에 매설

23

접지공사에 사용되는 접지선을 사람이 닿을 우려가 있는 장소에 철주 등에 시설하는 경우 접지극을 그 금속체로부터 지중에서 몇 [cm] 이상 이격시켜야 하는가?

① 150　② 125
③ 100　④ 75

해설 Chapter 01 – 12 – (4)
접지극은 지중에서 금속체와 1[m] 이상 이격

24

수용 장소의 인입구에 있어서 저압 전로의 중성선에 시설하는 접지선의 굵기[mm]는?

① 2.5[mm^2]　② 4[mm^2]
③ 6[mm^2]　④ 10[mm^2]

해설
수용장소 인입구 추가접지 : 접지선 굵기 : 6[mm^2] 이상 연동선

정답 19 ① 20 ③ 21 ② 22 ③ 23 ③ 24 ③

25

다음 중 특고압 배전용 변압기의 특별 고압측에 시설하는 기기는 어느 것인가?

① 개폐기 및 과전류 차단기
② 방전기를 설치하고 제1종 접지공사
③ 계기용 변류기
④ 계기용 변압기

해설 Chapter 01 – 23
특고압 배전용 변압기 1차측에 개폐기 및 과전류 차단기 시설

26

특고압 옥외 배전용 변압기 시설에 있어서 변압기의 1차 전압의 최고 한도[V]는?

① 3,500　② 25,000
③ 35,000　④ 100,000

해설 Chapter 01 – 23
특고압 옥외용 배전용 변압기 1차 : 35,000[V] 이하,
2차 : 저압·고압일 것

27

고압 또는 특별 고압용의 개폐기, 차단기, 피뢰기, 기타 이와 유사한 기구는 목재의 벽 또는 천장, 기타 가연성 물질로부터 고압용의 것은 몇 [m] 이상 떨어져야 하는가?

① 0.3　② 0.5
③ 1.0　④ 2.0

해설 Chapter 01 – 24
아아크를 발생하는 기계기구 : 고압 1[m],
특고압 2[m] 이상 이격

28

그림의 ①, ②, ③, ④의 ×는 과전류 차단기를 시설한 곳이며, 이 중에서 "전기 설비 기술 기준에 관한 규칙"에 위배되는 곳은 어디인가?

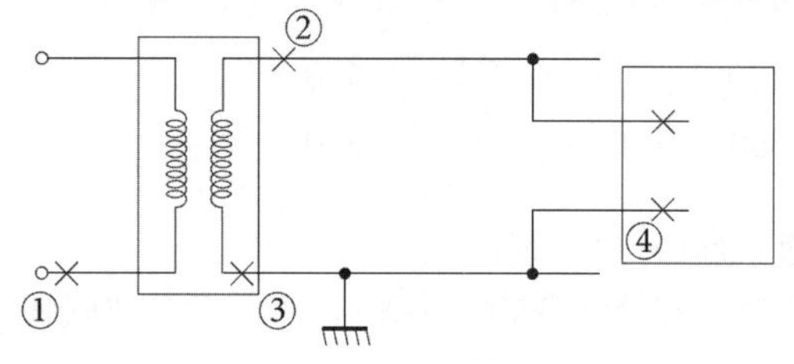

① ①　② ②
③ ③　④ ④

해설 Chapter 01 – 28 – (5)
접지공사 접지선 및 접지측 전선은 과전류 차단기를 생략할 수 있다.

29

고압전로에 사용하는 포장 퓨즈는 정격 전류의 몇 배에 견뎌야 하는가?

① 1.1　② 1.25　③ 1.3　④ 2

해설 Chapter 01 – 28 – (4)
포장 퓨즈는 정격전류의 1.3배에 견디고 2배의 전류로 120분 안에 용단되어야 한다.

30

다음 중 피뢰기를 시설하지 아니하여도 되는 것은?

① 발·변전소로부터 가공인입구
② 특고압 가공전선로로부터 공급을 받는 인입구
③ 습뢰 빈도가 적은 지역으로서 방출 보호통을 장치한 곳
④ 특고압 옥외용 변압기의 특별 고압측 및 고압측

정답 25 ① 26 ③ 27 ③ 28 ③ 29 ③ 30 ③

해설 Chapter 01 – 29
방출보호통은 시설조건에 해당되지 않는다.

31

피뢰기의 시설을 해야 되는 경우 아래 도면에서 피뢰기 시설장소의 수는?

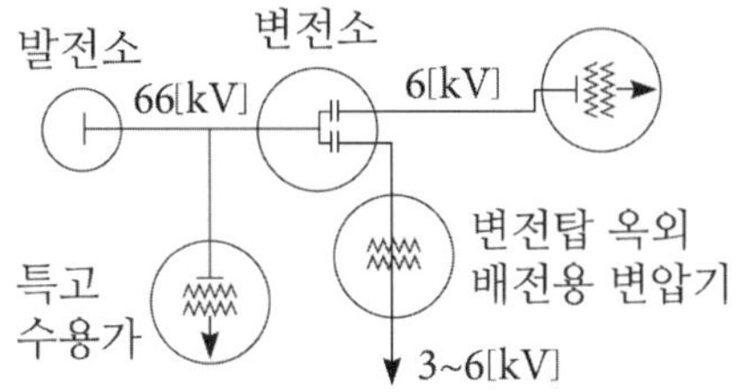

① 7 ② 6
③ 5 ④ 4

해설 Chapter 01 – 29
피뢰기 시설기준
㉠ (발・변전소)에 준하는 인입구 및 인출구
㉡ (고압) 및 (특고압)으로부터 수전받는 수용가의 인입구
㉢ 가공전선과 지중전선의 접속점
㉣ 배전용 변압기의 (고압측) 및 (특고압측)

32

가공전선로의 지지물에는 취급자가 오르고 내리는 데 사용하는 발판못 등을 지표상 몇 [m] 이상인 곳부터 시설하는가?

① 1.0 ② 1.5
③ 1.8 ④ 2.0

해설 Chapter 01 – 12 – (4)
발판못 높이 : 1.8[m] 이상

33

특고압 옥측전선로의 사용제한전압[V]은 얼마인가?

① 10,000 ② 17,000
③ 100,000 ④ 170,000

해설 Chapter 01 – 06
옥측전선로 특고압 시설시 최대 사용전압 100[KV] 이하

34

저압 옥상전선로의 시설에 대한 설명이다. 옳지 못한 시설 방법은?

① 전선은 절연전선을 사용하였다
② 전선은 지름 2.6[mm]의 경동선을 사용하였다.
③ 전선의 지지점간의 거리를 20[m]로 하였다.
④ 전선과 식물과의 이격거리를 20[cm] 이상으로 유지시켰다.

해설 Chapter 01 – 07
저압 옥상전선로 지지점간 이격거리 15[m] 이하

정답 31 ① 32 ③ 33 ③ 34 ③

Chapter 02 발 · 변전소 울타리 담 등의 시설

01 울타리 및 담 등의 높이

(1) 울타리의 최소높이 2[m] 이상

(2) 지표면과 울타리, 담등의 하단사이 간격 0.15[m] 이하

(3) 울타리 담등으로부터 충전부까지의 거리

① 35[kV] 이하 a+b = 5[m] 이상

② 160[kV] 이하 a+b = 6[m] 이상

③ 160[kV] 초과 $6+(x-16)\times 0.12$[m] ( )부분은 절상한다.

(4) 울타리는 45[m] 이내 마다 접지한다.

02 특고압 전로의 상 표시

(1) 특고압전로에는 상표시를 하여야 한다.

(2) 모의모선이 경우 단모선 2회선은 제외

03 발전기의 등의 보호장치(자동차단장치)

(1) **과전류** : 용량에 관계없다.

(2) **풍차** : 100[kVA] 이상

(3) **수차** : 500[kVA] 이상

(4) **베어링 온도상승** : 2000[kVA] 이상

(5) **내부고장, 베어링 마모** : 10000[kVA] 이상

04 변압기(내부고장)보호장치 : 자동또는경보

(1) **5000[kVA] 이상 10000[kVA] 미만**
경보장치 또는 자동차단장치

(2) **10000[kVA] 이상**
자동차단장치

(3) **타냉식 변압기의 냉각장치 고장**
경보장치

05 조상설비 보호장치

(1) **전력용콘덴서, 분로리액터**

① 500[kVA] 넘고 15000[kVA] 미만
내부고장, 과전류

② 15000[kVA] 이상
내부고장, 과전류, 과전압

(2) 동기조상기

15000[kVA] 이상

06 계측장치

(1) 발전소(발전기, 변압기)

전압계, 전류계, 전력계, 온도계

(2) 변전소(변압기)

전압계, 전류계, 전력계, 온도계

(3) 동기조상기

전압계, 전류계, 전력계, 온도계,
동기검정장치(용량이 현저히 작을 경우 생략가능)

07 발전기 등의 기계적강도

발전기, 변압기, 모선 또는 이를 지지하는 애자는 단락전류에 견디는 강도를 가져야 한다.

08 수소냉각식 발전기 등의 시설

(1) 수소가 대기압에서 폭발하는 경우 압력에 견디어야 할 것
(2) 누설된 수소를 외부로 안전하게 방출할 수 있을 것
(3) 수소의 누설 및 공기의 혼합이 없을 것
(4) 수소 내부의 순도가 85[%] 이하시 경보장치 시설

09 압축공기계통

(1) 시험압력

수압 : 1.5배, 기압 : 1.25배 10분간 견딜 것

(2) 공기의 보급없이 최소 1회 이상 차단 및 투입이 가능할 것

(3) 압력계의 눈금은 1.5배 이상 3배 이하

10 절연유 유출 방지설비

(1) 100[kV] 이상

(2) 절연유유출방지설비의 용량은 50[%] 이상일 것

Chapter 02 출제예상문제

01

345[kV]의 옥외 변전소에 있어서 울타리의 높이와 울타리에서 충전 부분까지 거리 [m]의 합계는?

① 6.48　② 8.16
③ 8.40　④ 8.28

해설 Chapter 02 – 01

높이와 충전 부분까지의 거리의 합계
= 6 + (34.5 − 16) × 0.12 = 8.28[m]
※ 괄호( )는 소숫점 이하 절상한다.

02

154[KV] 울타리의 높이와 울타리에서 충전부분까지의 거리의 합계는 몇 [m] 이상이어야 하는가?

① 5　② 5.5
③ 6　④ 6.5

해설 Chapter 02 – 01

높이와 충전부분까지의 거리의 합계 : 160[kV] 이하시 6[m]이다.

03

20[kV]급 전로에 접속한 전력용 콘덴서 장치에 울타리를 하고자 한다. 울타리의 높이를 2[m]로 하면 울타리로부터 콘덴서 장치의 최단 충전부까지의 거리[m]는 얼마인가?

① 2　② 3
③ 4　④ 5

해설 Chapter 02 – 01

높이와 충전부분 합계 : 35[kV] 이하시 5[m]
그러므로 5[m] − 높이 2[m] = 3[m]

04

발전기, 변압기, 조상기, 계기용 변성기, 모선 또는 이를 지지하는 애자는 어느 전류에 의하여 생기는 기계적 충격에 견디는 강도를 가져야 하는가?

① 정격전류　② 단락전류
③ 1.25×정격전류　④ 과부하전류

해설 Chapter 02 – 07

단락전류시 발생하는 충격에 견딜 수 있어야 한다.

05

발전기의 보호장치에 있어서 그 발전기를 구동하는 수차의 압유장치의 유압이 현저히 저하한 경우, 자동차단시켜야 하는 발전기 용량은 얼마 이상으로 되어 있는가?

① 500[kVA]　② 1,000[kVA]
③ 5,000[kVA]　④ 10,000[kVA]

해설 Chapter 02 – 03

발전기 보호장치에서 수차의 압유장치 : 500[kVA]

06

정격출력 ( )[kW]를 넘는 증기 터빈에 있어서 그의 스러스트 베어링이 현저하게 마모되거나 온도가 현저히 상승한 경우, 그 발전기를 전로로부터 차단하는 자동장치가 필요하다. 다음에서 괄호에 알맞은 것은?

① 500[kW]　② 2,000[kW]
③ 5,000[kW]　④ 10,000[kW]

해설 Chapter 02 – 03

발전기의 보호장치에서 스라스트 베어링 온도가 현저히 상승한 경우 : 10,000[kW]

정답 01 ④ 02 ③ 03 ② 04 ② 05 ① 06 ④

07

과전압이 생긴 경우 자동적으로 전로로부터 차단하는 장치를 하여야 하는 전력용 콘덴서의 최소 뱅크용량 [kVA]은?

① 500　② 5,000
③ 10,000　④ 15,000

해설 Chapter 02 – 05
조상기의 보호장치 : 15,000[kVA]
전력용 콘덴서의 경우 15,000[kVA] 이상시 내부고장, 과전류, 과선압에 대한 보호가 필요하다.

08

특별 고압용 변압기로서 내부 고장이 발생할 경우 경보만 하여도 좋은 것은 어느 범위의 용량인가?

① 500[kVA] 이상 10,000[kVA] 미만
② 10,000[kVA] 이상 5,000[kVA] 미만
③ 5,000[kVA] 이상 10,000[kVA] 미만
④ 10,000[kVA] 이상 15,000[kVA] 미만

해설 Chapter 02 – 04
변압기 5,000[kVA] 이상 10,000[kVA] 미만 : 경보장치, 자동차단장치

09

송유풍냉식 및 타냉식 변압기의 특별 고압용 변압기의 송풍기가 고장이 생길 경우에 어느 보호장치가 필요한가?

① 경보장치　② 자동차단장치
③ 전압계전기　④ 속도조정장치

해설 Chapter 02 – 04
송풍기 고장시 경보장치 시설

10

수소냉각식 발전기 안의 수소순도가 어느 경우에 경보하여야 하는가?

① 65[%] 이하　② 65[%] 이상
③ 85[%] 이하　④ 85[%] 이상

해설 Chapter 02 – 08
수소순도 85[%] 이하시 경보하는 장치

11

가공전선로에 사용하는 지지물의 강도계산에 적용하는 병종 풍압하중은 갑종 풍압하중의 몇 [%]를 기초로 하여 계산한 것인가?

① 110　② 80
③ 50　④ 30

해설 Chapter 02 – 01
병종 풍압하중 : 갑종 풍압하중의 50[%]

정답 07 ④ 08 ③ 09 ① 10 ③ 11 ③

Chapter 03 전선로

01 풍압하중

(1) 풍압하중의 종류

갑종, 을종, 병종

(2) 적용기준

① 빙설이 많은 지방 이외
　㉮ 고온지방 : 갑종, ㉯ 저온지방 : 병종

② 빙설이 많은 지방
　㉮ 고온지방 : 갑종, ㉯ 저온지방 : 을종

(3) 갑종풍압하중

① 지지물
　㉮ 목주, 철주, 철근콘크리트주 588[Pa]
　㉯ 철탑 1255[Pa]

② 전선
　㉮ 복도체(다도체) : 666[Pa]
　㉯ 단도체(기타) : 745[Pa]

③ 애자 1039[Pa]

④ 완금(완철) 1196[Pa]

(4) 을종풍압하중(갑종의 50[%] 적용)

두께 6[mm], 비중 0.9의 빙설이 부착된 경우

(5) 병종풍압하중(갑종의 50[%] 적용)

인구가 밀집된 시가지 35[kV] 이하

02 지지물

(1) 기초안전률 : 2 이상

(2) 이상시 상정하중에 대한 철탑의 안전율 1.33

① 이상시 상정하중이란 직각방향과 전선로 방향으로 가하여지는 경우의 큰 응력이 작용하는 하중을 채택

② 이상시 상정하중의 종류가 아닌 것은 좌굴하중

(3) 지지물의 매설깊이

① 6.8[kN] 이하(기본매설깊이)

㉮ 15[m] 이하의 경우

전장의 길이 $\times \frac{1}{6}$ 이상

㉯ 15[m]를 초과하는 경우 2.5[m]

② 9.8[kN] 이하

기본매설깊이에 + 0.3[m] 가산

③ 14.72[kN] 이하

기본매설깊이에 0.5[m] 가산

단, 19, 20[m] 지지물의 경우 3.2[m] 이상

03 지선(지지물이 아니다.)

(1) 철탑의 경우 지선으로 그 강도를 분담하지 않는다.

(2) 시설기준

① 안전율 2.5 이상

② 허용최저인장하중 4.31[kN] 이상

③ 소선수 3가닥 이상

④ 소선지름 2.6[mm] 이상

⑤ 지선이 도로횡단시 5[m] 이상 단, 교통에 지장을 줄 우려가 없다면 4.5[m] 이상

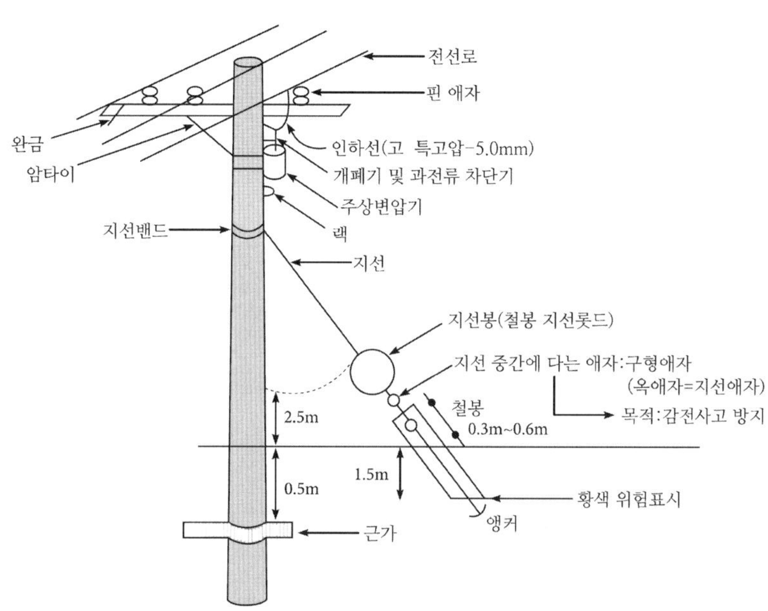

04 유도장해 방지

(1) 저압 또는 고압가공전선로는 가공약전류전선로에 대해 유도작용에 의한 통신상의 장해가 발생하지 않도록 2[m] 이상 이격

(2) 가공전선로의 유도장해 방지

① 60[kV] 이하 12[km]마다 2[μA]를 넘지 않도록 한다.

② 60[kV] 초과 40[km]마다 3[μA]를 넘지 않도록 한다.

05 가공케이블의 시설

(1) 행거로 시설시 0.5[m] 이하 시설

(2) 금속테이프 등으로 지지시 0.2[m] 이하

(3) 굵기

22[mm^2] 이상

06 가공전선

(1) 전선의 안전율

① **경동선, 내열동합금선** : 2.2 이상

② 기타 2.5 이상

(2) 전선의 굵기

① **400[V] 이하**

㉮ 나전선 : 3.2[mm] 이상

㉯ 절연전선 : 2.6[mm] 이상

② **400[V] 초과 저압**

㉮ 시가지 외 : 4[mm] 이상

㉯ 시가지 : 5[mm] 이상

③ **고압 5[mm] 이상**

④ **특고압**(시가지 외는 22[mm^2])

시가지의 경우

㉮ 100[kV] 미만 : 55[mm^2]

㉯ 100[kV] 이상 : 150[mm^2]

㉰ 170[kV] 초과 : 240[mm^2]

(3) 전선의 지표상 높이

구분	저, 고압	특고압 (시가지외)	특고압 (시가지)
도로횡단	6[m]	6[m]	
철도횡단	6.5[m]	6.5[m]	
횡단 보도교	3.5[m](단, 절연전선 또는 케이블인 경우 3[m]	35[kV] 이하 4[m] (단, 절연전선, 케이블) 160[kV] 이하 5[m] (단, 케이블)	
이외장소	지표상 5[m] 이상 단, 절연전선, 케이블이며 교통의 지장이 없는 경우 4[m] 이상	35[kV] 이하 5[m] 160[kV] 이하 6[m] (단, 산지의 경우 5[m]) 160[kV] 초과시 6(5) + (X−16) × 0.12	35[kV] 이하 10[m] 이상 (단, 절연전선의 경우 8[m]) 35[kV] 초과시 10(8) + (X−3.5) × 0.12

① **시가지 외**

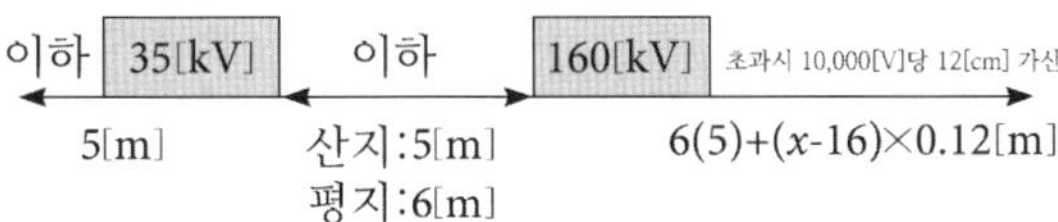

② **시가지**

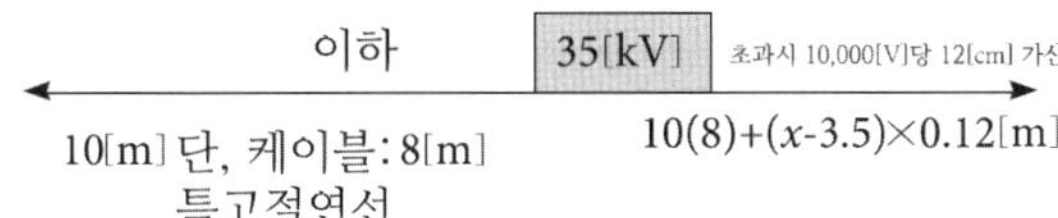

07 가공전선 지지용 목주의 강도

(1) 목주의 풍압하중에 대한 안전율

① **저압** : 1.2 이상

② **고압** : 1.3 이상

③ **특고압** : 1.5 이상

08 가공전선로의 경간의 제한

지지물의 종류	경간[m]
목주, A종 철주 또는 A종 철근 콘크리트주	150
B종 철주 또는 B종 철근 콘크리트주	250
철탑	600

09 시가지의 특고압 가공전선로의 시설(목주는 사용불가)

(1) 특고압 가공전선의 애자장치

① 130[kV] 이하의 경우
50[%]의 충격섬락전압 값에 110[%]

② 130[kV] 초과의 경우
50[%]의 충격섬락전압 값에 105[%]

(2) 경간

지지물의 종류	경간
A종 철주 또는 A종 철근 콘크리트주	75[m]
B종 철주 또는 B종 철근 콘크리트주	150[m]
철탑	400[m] 단, 전선이 수평으로 2이상 있는 경우에 전선 상호 간의 간격이 4[m] 미만인 때에는 250[m]

(3) 100[kV]를 초과하는 가공전선로의 경우 지락 및 단락에 1초 이내 자동 차단하는 장치를 시설(단, 보안공사시 +1)

(4) 특고압 가공전선과 지지물과의 이격거리

사용전압	이격거리[m]
15[kV] 미만	0.15
15[kV] 이상 25[kV] 미만	0.2
25[kV] 이상 35[kV] 미만	0.25
35[kV] 이상 50[kV] 미만	0.3
50[kV] 이상 60[kV] 미만	0.35
60[kV] 이상 70[kV] 미만	0.4

10 보안공사

(1) 저, 고압보안공사

① **400[V] 이하** : 4[mm] 이상

② **400[V] 초과 고압** : 5[mm] 이상

(2) 제1종 특고압 보안공사(목주, A종불가)

① 35[kV] 초과 2차접근상태로 시설

② 전선의 굵기

㉮ 100[kV] 미만 : 55[mm^2] 이상

㉯ 100[kV] 이상 : 150[mm^2] 이상

㉰ 300[kV] 이상 : 200[mm^2]

(3) 제2종 특고압 보안공사(목주안전률 2)

35[kV] 이하 2차접근상태로 시설, 또는 전압이 주어지지 않으며 2차 접근상태로 시설

(4) 제3종 특고압 보안공사

35[kV] 이하 1차접근상태로 시설

(5) 보안공사시 경간

보안공사	저, 고압	제1종 특고압	제2종 특고압	제3종 특고압
목주 및 A종	100[m]	시설불가	100[m]	100[m]
B종	150[m]	150[m]	200[m]	200[m]
철탑	400[m]	400[m]	400[m]	400[m]

(6) 400[kV] 이상 전선로의 시설

① 전계 3.5[kV/m] 초과하지 말 것

② 자계 83.3[μT] 초과하지 말 것

③ 가공전선과 건조물 상부 수직거리 28[m] 이상

11 철탑의 종류

(1) 직선형 : 3도 이하

(2) 각도형 : 3도 초과

(3) 인류형 : 전 가섭선 인류

(4) 내장형 : 경간에 차가 큰 곳 또는 직선형 철탑이 연속하여 10기 이상시 10기 이하마다 1기씩 건설

(5) 보강형

12 가공전선과 건조물과의 이격거리

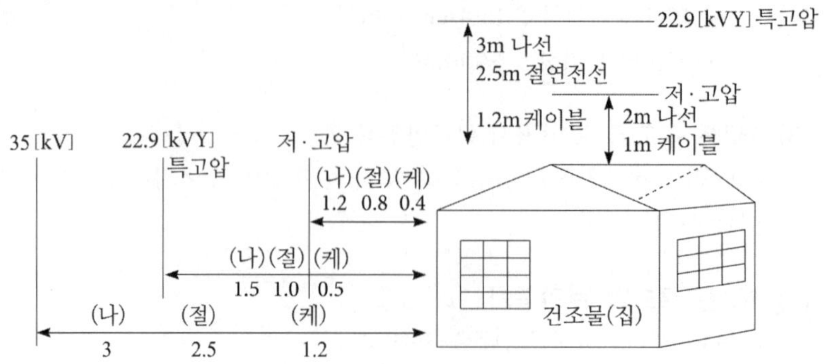

13 가공전선과 타 시설물과의 이격거리

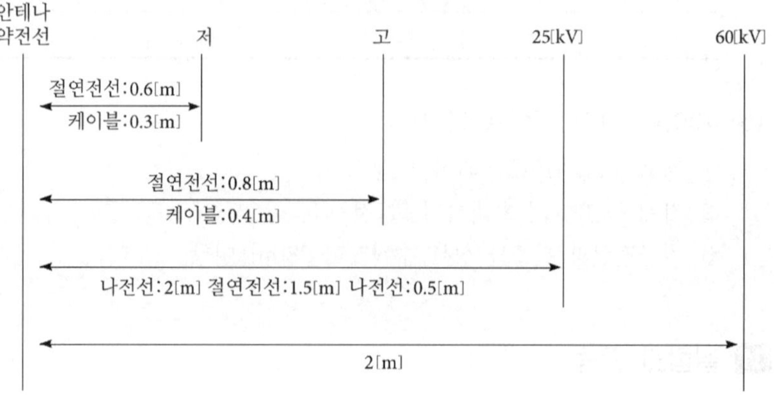

14 가공전선과 식물 또는 수목과의 이격거리

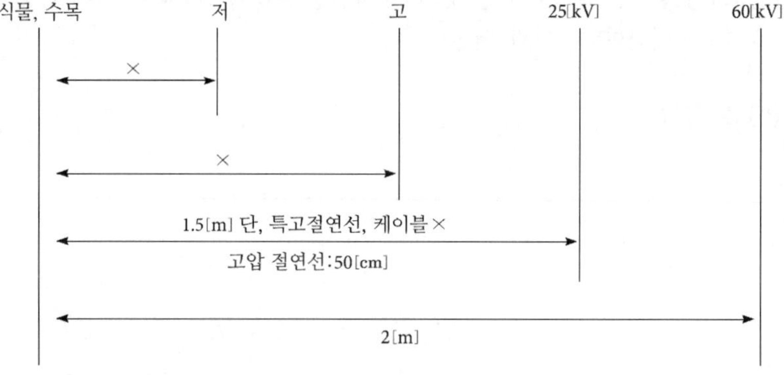

15 가공전선의 병행설치

동일한 지지물에 전력선과 전력선이 동시시설 : 100[kV] 미만

(1) 35[kV] 이하

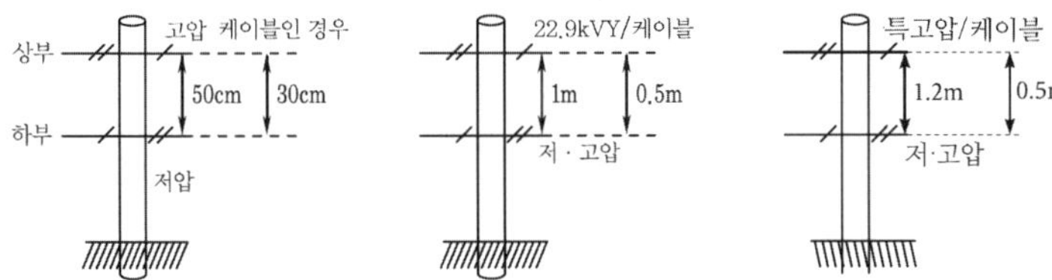

(2) 35.1 ~ 100[kV]

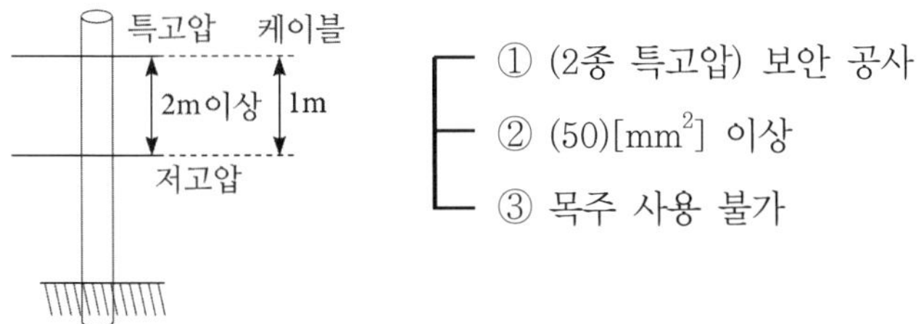

16 가공전선과 가공약전류 전선의 공용설치

동일 지지물에 전력선과 약전선이 동시시설 : 35[kV] 이하

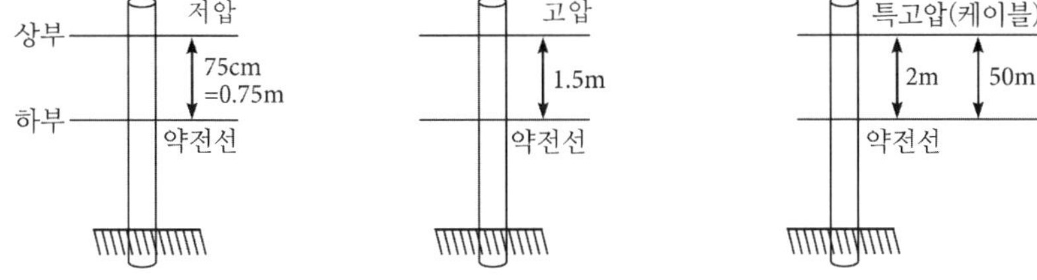

※ 특고압과 약전선 시설시 전선은 50[mm^2] 이상, 제2종 특고압보안공사, 목주 사용 가능

17 농사용 저압 가공전선로(저압만 가능)

(1) 전선의 굵기 2[mm] 이상

(2) 지지점 간의 거리 30[m] 이하(구내 저압가공전선로의 경간과 같다.)

(3) 전선의 지표상 높이 3.5[m] 이상 단, 사람이 쉽게 접촉할 우려가 없는 경우 3[m] 이상

18 25[kV] 이하 다중접지의 시설기준

(1) 접지선의 굵기 6[mm^2] 이상

(2) 특고압 다중접지의 중성선은 저압 가공전선에 준하여 시설한다.

(3) **대지 사이의 합성저항**

전압	각 접지점의 대지 전기저항 값	1[km]마다의 합성 전기저항 값
15[kV] 이하	300[Ω]	30[Ω]
25[kV] 이하	300[Ω]	15[Ω]

19 지중전선로(케이블사용)

(1) **매설방법**

직접매설식, 관로식, 암거식

① 직접매설식

㉮ 차량 및 중량물의 압력을 받을 우려가 있는 장소 1[m] 이상

㉯ 기타 장소 0.6[m] 이상

㉰ **트라프를 시설하지 않아도되는 케이블** : 콤바인 덕트케이블

② 관로식

㉮ 매설깊이 1.0[m] 이상

㉯ 중량물의 압력을 받을 우려가 없다면 0.6[m] 이상

(2) **지중함의 시설기준**

① 그 안에 고인 물을 제거할수 있는 구조

② 크기가 1[m^3] 이상

③ 조명 및 세척장치가 필요없다.

(3) **가압장치**

① **수압** : 1.5배 10분간

② **기압** : 1.25배 10분간

(4) **지중약전류 전선의 유도장해 방지**

누설전류에 의한 유도작용을 주지 말아야 한다.

(5) 지중전선과 지중약전류 전선 등의 접근

① 지중전선과 지중전선

㉮ **저 - 고압** : 0.15[m]

㉯ **저, 고압 - 특고압** : 0.3[m]

② 지중전선과 약전선

㉮ **저, 고압 - 약전선** : 0.3[m]

㉯ **특고압 - 약전선** : 0.6[m]

(6) 특고압 지중전선과 유독성 내포 관과 접근 1[m] 이상 이격

20 터널안 전선로

(1) 저압

① **굵기** : 2.6[mm] 이상

② **높이** : 2.5[m] 이상

(2) 고압

① **굵기** : 4.0[mm] 이상

② **높이** : 3.0[m] 이상

21 수상전선로

(1) 전선의 종류

① **저압** : 클로로프렌 캡타이어 케이블

② **고압** : 캡타이어 케이블

(2) 전선의 접속점

① **육상** : 5[m] 이상
단, 저압의 경우 도로 이외의 곳 4[m] 이상

② 수상

㉮ **저압** : 4[m] 이상

㉯ **고압** : 5[m] 이상

22 교량에 시설하는 전선로(높이 5[m] 이상)

(1) 저압

① **굵기** : 2.6[mm]

② **전선과 조영재** : 0.3[m] 이상 이격

(2) 고압

① **굵기** : 5.0[mm]

② **전선과 조영재** : 0.6[m] 이상 이격

Chapter 03

출제예상문제

01

가공전선로의 지지물에 시설하는 지선의 시설기준에 대한 설명 중 맞는 것은?

① 지선의 안전율은 2.0 이상일 것
② 소선 5조 이상의 연선일 것
③ 지중부분 및 지표상 60[cm]까지의 부분은 아연도금 철봉 등 부식하기 어려운 재료를 사용할 것
④ 자동차 왕래가 많은 도로를 횡단하여 시설하는 지선의 높이는 지표상 5[m] 이상으로 할 것

해설 Chapter 03 – 03
지선높이 : 도로 횡단시 5[m], 교통에 지장이 없는 도로는 4.5[m]

02

고압 가공전선로와 가공 약전류 전선로가 병행하는 경우, 유도 작용에 의하여 통신상의 장해가 미치지 아니하도록 하기 위한 최소 이격거리[m]는?

① 0.5 ② 1.0 ③ 1.5 ④ 2.0

해설 Chapter 03 – 04
저·고압 가공전선과 기설 약전류 전선 이격거리는 2[m] 이상 이격시킨다.

03

사용전압 60,000[V] 이하의 특별고압 가공전선로에서 전화 선로의 길이 12[km]마다의 유도전류는 몇 [μA]로 제한하였는가?

① 1 ② 1.5 ③ 2 ④ 3

해설 Chapter 03 – 04
60,000(V) 이하 선로길이 12[km]마다 2[μA] 이하

04

사용전압 60,000[V]를 넘는 특고압 가공전선로에서 상시정전유도는 전화 선로의 길이 40[km]마다 유도전류[μA]가 얼마를 넘지 아니하여야 하는가?

① 1 ② 2
③ 3 ④ 4

해설 Chapter 03 – 04
60,000(V) 초과 선로길이 40[km]마다 3[μA] 이하

05

특고압 가공전선로 중 지지물로 하여 직선형의 철탑을 계속하여 10기 이상 사용하는 부분에는 10기 이하마다 내장 애자장치를 가지는 철탑 또는 이와 동등 이상의 강도를 가지는 철탑 몇 기를 시설하여야 하는가?

① 1기 ② 3기
③ 6기 ④ 8기

해설 Chapter 03 – 11
철탑 : 10기 이하마다 1기씩 내장형 철탑 시설

06

철주, 콘크리트주 또는 철탑을 사용한 전선로에서 지지물 양측의 경간의 차가 큰 곳에 사용하는 지지물은?

① 직선형 ② 인류형
③ 내장형 ④ 보강형

해설 Chapter 03 – 11
경간의 차가 큰 곳 : 내장형 지지물 시설

정답 01 ④ 02 ④ 03 ③ 04 ③ 05 ① 06 ③

07

특고압 가공전선로의 B종 철주 중 각도형은 전선로 중 몇 [°]를 넘는 수평각도를 이루는 곳에 사용되는가?

① 1° ② 2° ③ 3° ④ 5°

해설 Chapter 03 – 11

각도형 3° 초과

08

고압 가공전선이 경동선 또는 내열동 합금선인 경우 안전율의 최소값은?

① 2.2 ② 2.5 ③ 3.0 ④ 2.0

해설 Chapter 03 – 06 – (1)

경동선 및 내열동 합금선 안전율은 2.2이고 기타는 2.5이다.

09

시가지에 시설되는 69,000[V] 가공 송전선로 경동연선의 최소 굵기[mm^2]는?

① 22 ② 35 ③ 55 ④ 100

해설 Chapter 03 – 06

특고압 시가지 100[kV] 미만 55[mm^2],
100[kV] 이상 150[mm^2]

10

횡단보도교 위에 시설하는 경우에는 저압 가공전선이 600[V] 비닐 절연전선의 경우 그 노면상 높이의 최저는 몇 [m]인가?

① 3 ② 3.5 ③ 4 ④ 5

해설 Chapter 03 – 06 – (3)

횡단보도교 저·고압시 3.5[m]이나 절연전선이므로 3[m]의 높이에 시설

11

22,900[V]의 전선로를 시가지에 시설하는 경우 그 전선의 지표상의 최소 높이[m]는?

① 5 ② 6
③ 8 ④ 10

해설 Chapter 03 – 06 – (3)

특고압 가공전선 시가지에서 지표상 높이 : 35[kV] 이하시 10[m]
단, 절연전선 시설시 8[m]이다.

12

사용전압 154,000[V]의 가공전선을 시가지에 시설하는 경우에 케이블인 경우를 제외하고 전선의 지표상의 최소 높이[m]는?

① 9.44 ② 10.8
③ 11.44 ④ 12.8

해설 Chapter 03 – 06 – (3)

특고압 가공전선 시가지에서 지표상 높이
35[kV] 초과시 : $10 + (15.4 - 3.5) \times 0.12 = 11.44$
※ 괄호( )는 절상한다.

13

345[kV] 특고압 송전선을 사람이 용이하게 들어가지 않는 산지에 시설할 때 전선의 최소 높이는 지표상 얼마인가?

① 7.28[m] ② 7.85[m]
③ 8.28[m] ④ 28[m]

해설 Chapter 03 – 06 – (3)

특고압 가공전선 시가지 외에서 지표상 높이
160[kV] 초과시 (산지) : $5 + (34.5 - 16) \times 0.12 = 7.28$
※ 괄호( )는 절상한다.

정답 07 ③ 08 ① 09 ③ 10 ① 11 ④ 12 ③ 13 ①

14

농사용 220[V] 가공전선로의 전선으로 지름 2[mm]의 경동선을 사용하려면 전선로의 지지물의 경간은 몇 [m] 이하로 하는가?

① 30 ② 40 ③ 50 ④ 100

해설 Chapter 03 – 17
농사용 전선로 경간 30[m] 이내

15

방직공장의 구내도로에 400[V] 미만의 조명등용 저압 가공전선로를 설치하고자 한다. 전선로의 최대경간은 몇 [m]인가?

① 20 ② 30 ③ 40 ④ 50

해설 Chapter 03 – 17
400[V] 미만 방직공장 구내도로 경간 30[m] 이내

16

특고압 가공전선로를 시가지에 A종 철주를 사용하는 경우 경간의 최대는 몇 [m]인가?

① 100 ② 75 ③ 150 ④ 200

해설 Chapter 03 – 08
가공전선로 시가지 시설시 A종 지지물 표준경간 75[m] 이하

17

시가지에 시설하는 철탑 사용 특별고압 가공전선로의 전선이 수평 배치이고, 또한 전선 상호간의 간격이 4[m] 미만이면 전선로의 경간[m]은 얼마 이하이어야 하는가?

① 400 ② 350 ③ 300 ④ 250

해설 Chapter 03 – 08
가공전선로의 시가지등 시설시 2개연 수평배열 시설시 4[m] 미만일 경우 250[m] 이하

18

제1종 특고압 보안공사에 의하여 시설한 154[kV] 가공 송전선로는 전선에 지기가 생긴 경우에 몇 초 안에 자동적으로 이를 전로로부터 차단하는 장치를 시설하는가?

① 0.5 ② 1.0 ③ 2.0 ④ 3.0

해설 Chapter 03 – 09 – (3)
제1종 특고압 보안공사시 지락차단기 시설 100[kV] 미만 : 3초 이내,
100[kV] 이상 : 2초 이내

19

154[kV] 특고압 가공전선로를 경동연선으로 시가지에 시설하려고 한다. 애자장치는 50[%] 충격섬락전압의 값이 다른 부분의 몇 [%] 이상으로 되어야 하는가?

① 100 ② 115 ③ 110 ④ 105

해설 Chapter 03 – 09
130[kV] 초과시 애자장치의 50[%] 충격일 때 다른 부분 충격섬락전압 105[%] 이상일 것

20

154[kV] 가공전선로에는 전선로에 지기가 생긴 경우 몇 초 안에 자동적으로 이를 전선로로부터 차단하는 장치를 시설하는가?

① 1 ② 2 ③ 3 ④ 5

해설 Chapter 03 – 09 – (3)
100[kV] 이상시 1초 이내 차단

정답 14 ① 15 ② 16 ② 17 ④ 18 ③ 19 ④ 20 ①

21

고압 가공전선로용 지지물로서 시가지에 시설하여서는 안 되는 것은?

① 철탑 ② 철근 콘크리트주
③ B종 철주 ④ 목주

해설 Chapter 03 – 09
목주는 시가지에서 사용할 수 없다.

22

고압 보안공사에 있어서 A종 철근 콘크리이트주의 최대 경간은?

① 75[m] ② 100[m]
③ 150[m] ④ 200[m]

해설 Chapter 03 – 10
목주, A종 보안공사시 100[m] 이하

23

특고압 가공전선로의 철탑의 경간은 얼마 이하로 하여야 하는가?

① 400[m] ② 500[m]
③ 600[m] ④ 800[m]

해설 Chapter 03 – 09
가공전선로의 시가지외 철탑 표준경간 600[m] 이하

24

B종 철근 콘크리트주를 사용하는 특별고압 가공전선로의 표준 경간[m]의 한도는?

① 100 ② 150 ③ 250 ④ 300

해설 Chapter 03 – 09
가공전선로의 시가지 외 B종 지지물 표준 경간 250[m] 이하

25

사용전압이 35[kV] 이하인 특고압 가공전선이 건조물과 제2차 접근상태에 시설되는 경우의 보안공사는?

① 고압 보안공사
② 제1종 특고압 보안공사
③ 제2종 특고압 보안공사
④ 제3종 특고압 보안공사

해설 Chapter 03 – 10
35[kV] 이하, 제2차 접근상태일 때 : 제2종 특고압 보안공사

26

목주를 사용하는 제2종 특고압 보안공사의 시설 기준에서 잘못된 것은?

① 전선은 연선일 것
② 목주의 풍압 하중에 대한 안전율은 2 이상일 것
③ 지지물의 경간은 150[m] 이하일 것
④ 전선은 바람 또는 눈에 의한 요동에 의하여 단락될 우려가 없도록 시설할 것

해설 Chapter 03 – 10
제2종 특고압 보안공사시 A종(목주) 경간 100[m] 이하

27

제1종 특고압 보안공사에 의해서 시설하는 전선로의 지지물로 사용할 수 없는 것은?

① 철탑
② B종 철주
③ B종 철근 콘크리이트주
④ A종 철근 콘크리이트주

해설 Chapter 03 – 10
목주와 A종 지지물은 사용할 수 없다.

정답 21 ④ 22 ② 23 ③ 24 ③ 25 ③ 26 ③ 27 ④

28

제3종 특고압 보안공사는 다음의 어느 경우에 해당하는 것인가?

① 특고압 가공전선이 건조물과 제1차 접근상태로 시설되는 경우
② 35[kV] 이하인 특고압 가공전선이 건조물과 제2차 접근상태로 시설되는 경우
③ 35[kV]를 넘고 170[kV] 미만의 특고압 가공전선이 건조물과 제2차 접근상태로 시설되는 경우
④ 170[kV] 이상의 특고압 가공전선이 건조물과 제2차 접근상태로 시설되는 경우

해설 Chapter 03 – 10
제3종 특고압 보안공사 – 제1차 접근상태

29

사용전압이 35,000[V] 이하인 특고압 가공전선이 건조물과 제2차 접근상태로 시설된 경우의 기준으로 틀린 것은?

① 특고압 가공전선로는 제2종 특고압 보안고압 보안공사로 시설한다.
② 특고압 가공전선과 건조물과 이격거리는 3[m] 이상으로 시설한다.
③ 특고압 가공전선으로 케이블을 사용하여 건조물의 상부조영재에서 위쪽에 시설하는 경우 건조물과 조영재 사이의 이격거리는 1.2[m] 이상으로 시설한다.
④ 지지물로 사용하는 목주의 풍압하중에 대한 안전율은 1.5 이상으로 한다.

해설 Chapter 03 – 10
제2종 특고압 보안공사 – 목주의 안전율 2 이상

30

특고압 가공전선이 삭도와 제2차 접근상태로 시설할 경우에 특고압 가공전선로는 어느 보안공사를 하여야 하는가?

① 고압 보안공사
② 제1종 특고압 보안공사
③ 제2종 특고압 보안공사
④ 제3종 특고압 보안공사

해설 Chapter 03 – 10
제2차 접근상태일 때 제2종 특별고압 보안공사에 의해 시설

31

사용전압 22,000[V]의 특고압 가공전선과 그 지지물과의 최소값[cm]은?

① 15
② 20
③ 25
④ 30

해설 Chapter 03 – 09 – (4)
특고압 가공전선과 그 지지물 이격거리 25[kV] 미만 → 20[cm] 이상

32

특고압 가공전선이 건조물과 제1차 접근상태로 시설되는 경우에 특고압 가공전선로는 몇 종 특고압 보안공사를 하여야 하는가?

① 제1종
② 제2종
③ 제3종
④ 고압 보안공사

해설 Chapter 03 – 10
제1차 접근상태 : 제3종 특고압 보안공사

33

154[kV]전선로에서 제1종 보안공사를 시설할 경우 경동선의 최소 굵기는 몇 [mm²] 이상인가?

① 100
② 150
③ 200
④ 300

정답 28 ① 29 ④ 30 ③ 31 ② 32 ③ 33 ②

해설 Chapter 03 – 10
제1종 특별고압 보안공사시 100[kV]를 넘고 300[kV] 미만 : 150[mm^2]

34

고압 가공전선과 건조물의 상부 조영재와의 옆쪽 이격거리는 일반적인 경우 최소 몇 [m] 이상이어야 하는가?

① 1.5 ② 1.2
③ 0.9 ④ 0.6

해설 Chapter 03 – 12
옆쪽에서 건조물과 이격거리 저·고압일 때
나전선, 절연전선 1.2[m] 이상

35

600[V] 비닐절연전선을 사용한 저압 가공전선이 위쪽에서 상부 조영재와 접근하는 경우의 전선과 상부 조영재 상호간의 최소 이격거리[m]는?

① 1.0 ② 1.2
③ 2.0 ④ 2.5

해설 Chapter 03 – 12
위쪽에서 건조물과 이격거리 저·고압일 때 나전선, 절연전선 2[m] 이상

36

중성점을 다중 접지한 22.9[kV] 3상 4선식 가공전선로를 건조물의 위쪽에서 접근상태로 시설하는 경우 가공전선과 건조물의 최소 이격거리는 얼마인가?

① 1.2[m] ② 2.0[m]
③ 2.5[m] ④ 3.0[m]

해설 Chapter 03 – 12
위쪽에서 건조물과 이격거리 22.9[kV]일 때
나전선 3[m] 이상

37

전압 22,900[V]의 특별고압 가공전선이 건조물과 제1차 접근상태로 시설되는 경우 특고압 가공전선과 건조물 사이의 이격거리는 몇 [m] 이상이어야 하는가?

① 3 ② 6
③ 9 ④ 12

해설 Chapter 03 – 12
22,900[V] 가공전선과 건축물 이격거리 나전선일 경우 3[m] 이상

38

최대 사용전압이 161[kV]인 가공전선로를 건조물과 접근해서 시설하는 경우 가공전선과 건조물과의 최소 이격거리[m]는?

① 약 4.5 ② 약 4.9
③ 약 5.3 ④ 약 5.7

해설 Chapter 03 – 12
특고압 가공전선과 건조물 이격거리
35[KV] 초과 : $3+(16.1-3.5)\times0.15 ≒ 4.9$
※ 괄호( )는 절상한다.

39

22.9[kV] 배전선로(나전선)와 건조물에 설치된 안테나의 최소 수평 이격거리[m]는?

① 1 ② 1.25
③ 1.5 ④ 2.0

해설 Chapter 03 – 13
25[kV] 이하 나전선은 2[m], 절연전선은 1.5[m], 케이블은 0.5[m]이다.

정답 34 ② 35 ③ 36 ④ 37 ① 38 ② 39 ④

40

6,600[V]의 가공 배전선로와 식물과의 최소 이격거리[m]는?

① 0.3　　② 0.6
③ 1.0　　④ 접촉하지 않도록 시설

해설 Chapter 03 – 14
저압, 고압 모두 상시 부는 바람에 의해 접촉되지 않으면 된다.

41

고압 가공전선과 가공 약전류 전선과의 이격거리는 다음 중 어느 것인가?

① 0.8[m] 이상　　② 1[m] 이상
③ 2.5[m] 이상　　④ 3[m] 이상

해설 Chapter 03 – 16
고압 가공전선과 약전선 이격거리 0.8[m] 이상

42

사용전압 154[KV]의 가공전선과 식물 사이의 이격거리는 최소 몇 [m] 이상이어야 하는가?

① 2　　② 2.6
③ 3.2　　④ 3.6

해설 Chapter 03 – 14
가공전선과 식물, 수목과의 이격거리
60[kV] 초과 : $2+(15.4-6)\times 0.12 \fallingdotseq 3.2$
※ 괄호( )는 절상한다.

43

345[KV]의 가공송전선과 154[KV] 가공송전선과의 이격거리는 최소 몇 [m] 이상이어야 하는가?

① 4.40　　② 5.00
③ 5.48　　④ 6.00

해설 Chapter 03 – 13
가공전선과 가공전선 이격거리
60[kV] 초과 : $2+(34.5-16)\times 0.12 \fallingdotseq 5.48$
※ 괄호( )는 절상한다.

44

고저압 가공전선을 병가할 경우 고압전선과 저압전선과의 최소 이격거리[cm]는?

① 50　　② 60　　③ 70　　④ 80

해설 Chapter 03 – 15
고 저압 병가시 0.5[m] = 50[cm] 이상

45

사용 전압 66,000[V]의 가공전선로에 고압선을 병가하는 경우에 이 특고압 가공전선로는 어느 종류의 보안공사를 하여야 하는가?

① 고압 보안공사
② 제1종 특고압 보안공사
③ 제2종 특고압 보안공사
④ 제3종 특고압 보안공사

해설 Chapter 03 – 15
35[KV] 초과 병가시 제2종 특별고압 보안공사

46

사용전압이 66[kV]인 특고압 가공전선과 고압 전차선이 병가하는 경우, 상호 이격거리는 최소 몇 [m]인가?

① 0.5　　② 1.0　　③ 2.0　　④ 2.5

해설 Chapter 03 – 15
35[kV] 초과 병가시 이격거리 2[m] 이상

정답 40 ④ 41 ① 42 ③ 43 ③ 44 ① 45 ③ 46 ③

47

중성점 접지식 22.9[kV] 가공전선과 직류 1,500[V] 전차선이 동일 지지물에 병가하는 경우의 상호 이격거리[m]는 얼마인가?

① 1 ② 1.2
③ 1.5 ④ 2

해설 Chapter 03 – 15
22.9[kV] 병가시 이격거리 1[m] 이상

48

고압 가공전선과 가공 약전류 전선을 동일 지지물에 공가할 경우, 상호간의 최소 이격거리[m]는 얼마인가? (단, 다중접지된 중성선을 제외한다.)

① 0.5 ② 0.75
③ 1 ④ 1.5

해설 Chapter 03 – 16
고압 전선과 약전류 전선 공가시 이격거리 1.5[m] 이상

49

가공전선의 지지물에 약전류 전선을 공가할 수 없는 사용전압[V]은 얼마인가?

① 15,000 ② 25,000
③ 35,000 ④ 50,000

해설 Chapter 03 – 16
공가할 수 있는 최대전압 : 35[kV] 이하

50

35,000[V]의 특별 고압 가공전선과 가공 약전류 전선을 동일 지지물에 공가하는 경우, 다음 보안공사의 종류 중 해당되는 것은?

① 특고압 가공선로는 제2종 특고압 보안공사에 의하여 시설한다.
② 특고압 가공선로는 고압 보안공사에 의하여 시설한다.
③ 특고압 가공선로는 제1종 특고압 보안공사에 의하여 시설한다.
④ 특고압 가공선로는 제3종 특고압 보안공사에 의하여 시설한다.

해설 Chapter 02 – 20
35[kV] 이하 특고압과 약전선 공가시 : 제2종 특고압 보안공사, 전선 55[mm^2] 이상

51

22.9[kV] 배전선로 중성선 다중 접지 계통에서 1[km] 마다 중성선과 대지간 합성전기의 최대 저항값[Ω]은?

① 5 ② 10
③ 15 ④ 30

해설 Chapter 03 – 18 – (3)
25,000[V] 이하 15[Ω] / [km]

52

고압 지중케이블로서 직접 매설식에 의하여 콘크리트제 기타 견고한 관 또는 트라프에 넣지 않고 부설할 수 있는 케이블은?

① 비닐 외장케이블
② 고무 외장케이블
③ 크로로프렌 외장케이블
④ 콤바인덕트 케이블

해설 Chapter 03 – 19 – (1)
CD 케이블 = 콤바인덕트 케이블

정답 47 ① 48 ④ 49 ④ 50 ① 51 ③ 52 ④

53

특고압 지중전선이 유독성의 유체를 내포하는 관과 접근하거나 교차하는 경우에 상호간에 견고한 내화성 격벽을 설치하지 않으면 안 되는 최대 이격거리는?

① 30[cm] ② 60[cm]
③ 80[cm] ④ 100[cm]

해설 Chapter 03 – 19 – (6)
유독성 유체를 내포하는 관과 이격거리 1[m] 이상

54

특고압 지중전선과 고압 지중전선과 서로 교차할 때의 최소 이격거리[m]는?

① 0.3 ② 0.6
③ 1.0 ④ 1.2

해설 Chapter 03 – 19 – (6)
저·고압 지중전선과 특고압 지중전선 이격거리 0.3[m] 이상

55

지중전선로에 사용하는 지중함의 시설기준이 아닌 것은?

① 견고하고 차량 기타 중량물의 압력에 견딜 수 있을 것
② 그 안의 고인물을 제거할 수 있는 구조일 것
③ 뚜껑은 시설자 이외의 자가 쉽게 열 수 없도록 할 것
④ 조명 및 세척이 가능한 장치를 하도록 할 것

해설 Chapter 03 – 19 – (2)
지중함 크기 1[m^3] 이상, 조명, 세척장치는 시설하지 않는다.

56

터널 내 전선로공사 중 규정에 적합하지 않은 사항은?

① 저압전선은 직경 2.0[mm]의 경동선이나 이와 동등 이상의 세기 및 굵기의 절연선을 사용하였다.
② 고압전선은 케이블공사로 하였다.
③ 저압전선을 애자사용공사에 의하여 시설하고 이를 궤조면상 또는 노면상 2.5[m] 이상으로 하였다.
④ 저압전선을 가요 전선관 공사에 의하여 시설하였다.

해설 Chapter 03 – 20
저압 터널 안 전선로 전선굵기 2.6[mm] 이상

57

다음 중 저압 수상전선로에 사용되는 전선은 어느 것인가?

① 600[V] 비닐절연전선
② 옥외비닐케이블
③ 600[V] 고무절연전선
④ 클로로프렌 캡타이어 케이블

해설 Chapter 03 – 21
저압 수상전선로 전선은 클로로프렌 캡타이어 케이블 사용

정답 53 ④ 54 ① 55 ④ 56 ① 57 ④

Chapter 04

전력보안통신설비

01 요구사항

(1) 송전선로(안전상 특히 필요한 경우 적당한 곳)

(2) 배전선로(구간, 분산형, 신배전, 스마트그리그 구현)

(3) **발전소, 변전소**

① 2 이상의 급전소 상호간과 이들을 총합 운용하는 급전소
② 중앙급전사령실
③ 정보통신실

02 전력보안통신케이블 시설기준

(1) **종류** : 광, 동축, 차폐용 실드케이블

03 전력보안통신선의 높이 및 이격거리

(1) 가공통신선의 높이

항목	지표상높이
도로에 시설 시	5.0[m] 이상(단, 교통에 지장을 줄 우려가 없는 경우 4.5[m])
철도 또는 궤도 횡단 시	6.5[m] 이상
횡단보도교 위	3.0[m] 이상

(2) 첨가통신선 높이

구분	이격거리
도로를 횡단시	6[m] 이상(단, 저, 고압이며 교통에 지장을 줄 우려가 없다면 5[m])
철도 또는 궤도 횡단시	6.5[m] 이상
횡단보도교 위	5[m] 단, 저, 고압의 경우 3.5[m] 여기서 절연전선, 또는 케이블을 사용시 3[m]

(3) 이격거리

① **저압과 중성선 또는 고압** ⇔ 첨가
0.6[m] 이상

② **특고압** ⇔ 첨가 1.2[m] 이상
단, 22.9[kV] 전력선의 경우 0.75[m] 이상
여기서, 저고압, 특고압 가공전선이 절연전선, 통신선이 절연전선과 동등 이상의 것이라면 0.3[m] 이상

04 특고압가공전선로의 지지물에 시설하는 통신선

(1) **절연전선** : 4[mm] 이상(16mm^2)

(2) **경동선** : 5[mm] 이상(25mm^2)

(3) **통신선과 가공 약전류 전선과의 이격거리** 0.8[m], 단 케이블 0.4[m] 이상 이격거리

05 조가용선의 시설기준

(1) **굵기** : 38[mm^2] 이상

(2) **시설높이**

항목	통신선 지상고
도로(인도)에 시설시	5.0[m] 이상
도로 횡단 시	6.0[m] 이상

06 전력유도방지

전력보안통신선로는 정전유도, 전자유도작용에 의한 위험이 없어야 한다.

07 무선용 안테나

(1) 무선용 안테나 지지물의 안전율 1.5 이상

(2) 무선용 안테나의 시설 이유 : 전선로 주위 상태 감시

출제예상문제

01

전력보안 통신용 전화설비를 시설하여야 하는 곳은?

① 원격감시제어가 되는 발전소
② 3 이상의 발전소 상호간
③ 원격감시제어가 되는 변전소
④ 2 이상의 급전소 상호간

해설 Chapter 04 – 01
원격감시가 되지 않는 발・변전소, 2 이상 급전소 상호간

02

중성점을 다중 접지한 22.9[kV] 3상 4선식 가공전선로에 첨가하는 전력 보안통신선은 중성선에서 몇 [cm] 이상 이격시켜야 하는가?

① 120 ② 100
③ 75 ④ 60

해설 Chapter 04 – 03 – (3)
첨가통신선과 22.9[KV] 중성선과 이격거리 60[cm] 이상

03

특고압 가공전선로의 지지물에 시설하는 통신선 또는 이에 직접 접속하는 통신선이 도로, 횡단보도교, 철도, 궤도, 삭도 또는 교류전차선 등과 교차하는 경우에 통신선과 삭도 또는 다른 가공 약전류 전선 등 사이의 이격거리는 몇 [cm] 이상으로 하여야 하는가? (단, 통신선은 광섬유 케이블이라고 한다.)

① 30 ② 40
③ 50 ④ 60

해설 Chapter 04 – 04
통신선이 케이블 또는 광섬유 케이블일 경우 40[cm] 이상

04

사용전압이 22.9[KV]의 첨가통신선과 철도가 교차하는 경우 경동선을 첨가통신선으로 사용할 경우 최소 굵기[mm]는 얼마인가?

① 3.2 ② 4.0
③ 4.5 ④ 5.0

해설 Chapter 04 – 04
저・고압 2.6[mm],
특고압 절연전선 4.0[mm],
경동선 5.0[mm]

05

교통에 지장을 줄 우려가 없는 경우 가공통신선의 지표상 최저 높이[m]는 얼마인가?

① 4.0 ② 4.5
③ 5.0 ④ 5.5

해설 Chapter 04 – 03 – (1)
가공통신선 높이 5[m]
단) 교통에 지장을 줄 우려가 없을 경우 4.5[m] 이상

정답 01 ④ 02 ④ 03 ② 04 ④ 05 ②

옥내배선

01 저압옥내배선

(1) 굵기

① **연동선** : 2.5[mm^2] 이상

② **소세력**(전광표시, 제어회로용이라면 1.5[mm^2] 이상
단, 캡타이어케이블 0.75[mm^2])

02 나전선의 시설가능

(1) 애자공사(전기로, 피복의 절연물이 부식)

(2) 버스덕트

(3) 라이팅덕트

(4) 접촉전선

03 고주파 전류의 장해방지

(1) 정전용량 0.006[μF] 이상 0.5[μF] 이하 커패시터 설치
단, 글로우 램프에 병렬접속시 0.006[μF] 이상 0.01[μF] 이하

04 옥내배선 가능공사

(1) **고압**(전선 : 6[mm^2] 이상)

① 애자

② 케이블

③ 케이블트레이

④ 이동전선 : 고압용의 캡타이어케이블

(2) **특고압**(100[kV] 이하)

① 케이블

② 케이블트레이 공사

05 애자사용 배선(인입용비닐절연전서 제외)

(1) 이격거리

전압	전선상호 이격거리	전선과 조영재 이격거리
400[V] 이하	0.06[m]	25[mm]
400[V] 초과	0.06[m]	45[mm](건조한 장소 25[mm])
고압	0.08[m]	50[mm]

(2) 전선의 지지점 간 거리 2[m] 이하

단, 400[V] 초과로 조영재를 따라 시설하는 것을 제외한다면 6[m]

06 몰드공사

(1) 합성수지몰드공사

① 홈의 폭 깊이 35[mm] 이하, 단, 사람이 접촉할 우려 없도록 시설 시 폭이 50[mm] 이하

② 몰드 안에서 접속점이 없도록 할 것

(2) 금속몰드공사

① 몰드 안에서 접속점이 없도록 할 것

② 400[V] 이하 옥내 전개된 장소, 점검할 수 있는 은폐장소 시설가능

07 관공사

(1) 합성수지관 공사

① **시설조건**

㉮ 단면적 10[mm^2] 이하

㉯ 관내에서 접속점이 없도록 할 것

② **부속품선정**

㉮ 두께 2[mm]

㉯ 관상호, 관 박스 접속시 삽입깊이 1.2배
접착제 사용시 0.8배

㉰ 지지점 간의 거리 1.5[m] 이하

(2) 금속관 공사

① **시설조건**

㉮ 단면적 10[mm^2] 이하

㉯ 관내에서 접속점이 없도록 할 것

② **부속품선정**

㉮ 콘크리트의 매설시 관의 두께 1.2[mm]

(3) 가요전선관 공사

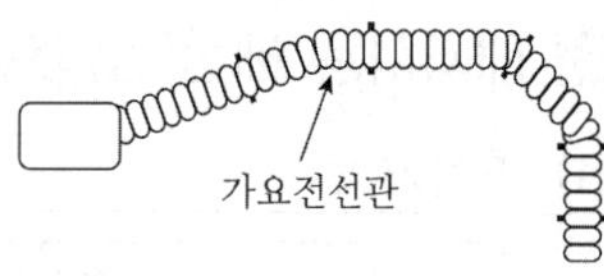

① 단면적 10[mm^2] 이하

② 관내에서 접속점이 없도록 할 것

③ 1종가요전선관의 두께 0.8[mm]

08 덕트공사

(1) 금속덕트

① 덕트 안에는 전선에 접속점이 없도록 할 것

② 덕트를 조영재에 붙이는 경우 3[m] 이하마다 지지(수직으로 이는 경우 6[m])

③ 덕트 끝 부분은 막는다.

④ 덕트 물이 고이는 부분, 먼지 침입방지

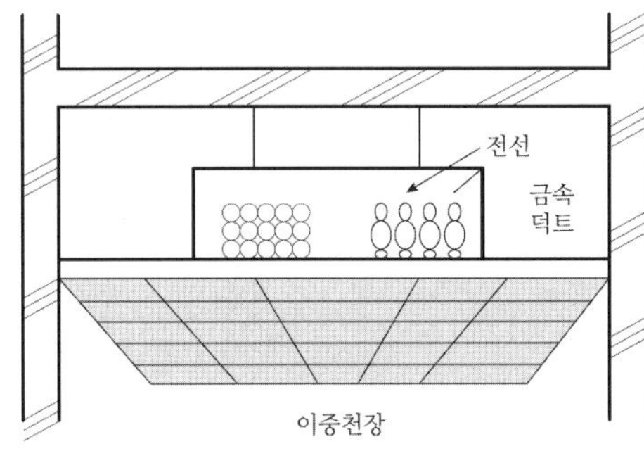

(2) 버스덕트

① 조영재를 따라 붙이는 경우 3[m] 이하마다 지지, 수직으로 붙이는 경우 6[m]

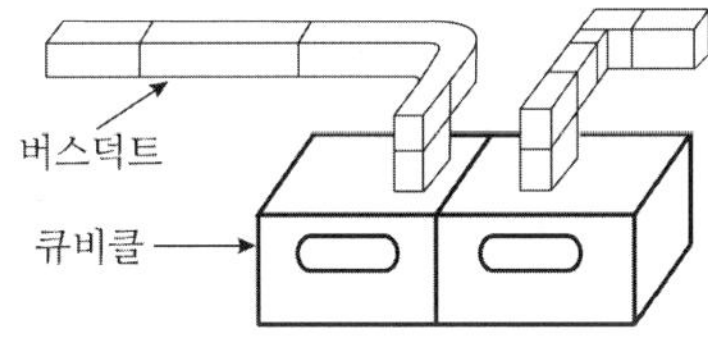

(3) 라이팅덕트

① 지지점 간의 간격 2[m] 이하

② 덕트는 조영재를 관통하여 시설하지 아니할 것

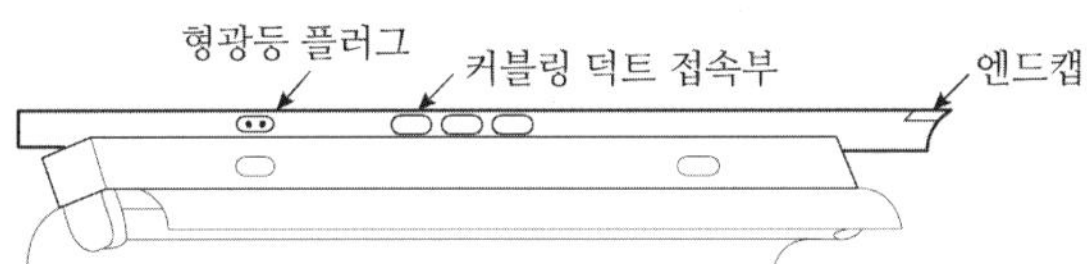

(4) 플로어덕트

① 전선의 단면적 : 10[mm^2] 이하

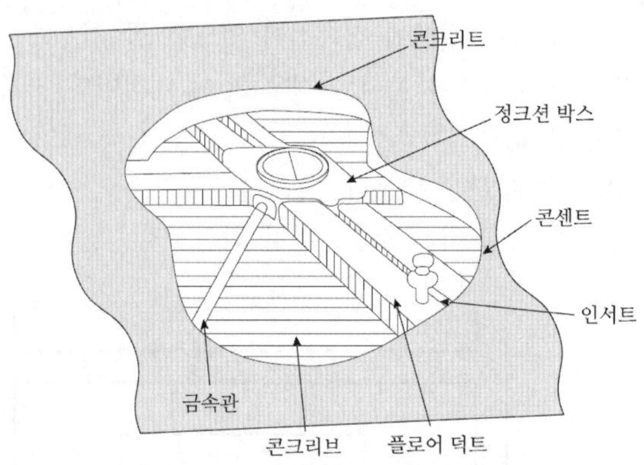

09 케이블배선

조영재를 따라 시설시 2[m] 이하(사람 접촉 우려 없으며 수직 6[m] 이하), 단 캡타이어 케이블의 경우 1[m] 이하

10 케이블 트레이배선

(1) 안전율 1.5

(2) 난연성 재료일 것

(3) **종류** : 사다리형, 펀칭형, 메시형, 바닥밀폐형

11 조명기구

(1) 전구선 및 이동전선 0.75[mm^2] 이상 코드 또는 캡타이어 케이블

(2) 점멸기의 시설

① 타임스위치

㉮ 호텔 : 1분

㉯ 주택, 아파트 : 3분

(3) 진열장안의 배선

① 0.75[mm^2] 이상 코드 또는 캡타이어 케이블

② 지지점 간 거리 1[m] 이하

(4) 출퇴표시등

1차 대지전압 300[V] 이하, 2차 60[V] 이하

(5) 수중조명등

① 절연변압기(2차 비접지)
　㉮ 1차 전압 : 400[V] 이하, 2차 : 150[V] 이하
　㉯ 2차전압 30[V] 이하시 금속제 혼촉방지판시설
　㉰ 2차전압 30[V] 초과시 누전차단기설치

(6) 교통신호등(300[V] 이하)

150[V]를 넘는 경우 누전차단기설치

12 특수시설

(1) 전기울타리

① 사용전압 : 250[V] 이하
② 전선 굵기 : 2.0[mm](1.38[kN]) 이상
③ 수목과의 이격거리 0.3[m] 이상

(2) 전기욕기

① 사용전압 10[V] 이하
② 전극간 거리 : 1[m] 이상

(3) 전기온상, 도로등의 전열

① 발열선의 온도 80℃

(4) 전격살충기

① 높이 3.5[m] 이상(자동차단장치 있는 경우 1.8[m])

(5) 유희용 전차

① 직류 60[V] 이하, 교류 40[V] 이하

(6) 전기부식방지시설

① 사용전압 : 직류 60[V] 이하
② 양극의 매설깊이 : 0.75[m] 이상
③ 수중의 시설하는 양극의 전위차 10[V]를 넘으면 안 된다.
④ 지표 또는 수중에서는 5[V]를 넘지 않아야 한다.

(7) 분진의 위험장소

① 폭연성 분진

㉮ 금속관

㉯ 케이블

② 가연성 분진

㉮ 금속관

㉯ 케이블

㉰ 합성수지관

(8) 위험물 제조, 저장소(석유류 등)

① 금속관

② 케이블

③ 합성수지관

(9) 화약류 저장소 등의 설비

① 전기기계기구는 전폐형

② 케이블을 통하여 지중으로 시설

(10) 사람이 상시 통행하는 터널안 배선

① 전선의 굵기 2.5[mm^2]

② **높이** : 2.5[m]

(11) 의료장소

① **절연변압기**(2차측 비접지)

㉮ 2차 250[V] 이하

㉯ 단상 2선식 10[kVA] 이하

㉰ 의료장소의 비상전원

㉠ 절환시간 0.5초 이내(그룹1 또는 그룹2 필수 조명)

㉡ 절환시간 15초 이내(그룹 2의 최소 50[%] 조명)

㉢ 절환시간 15초 초과(병원유지 그밖의 조명)

Chapter 05

출제예상문제

01

백열전등 또는 방전등 및 이에 부속하는 전선은 사람이 접촉할 우려가 없는 경우 대지전압은 최대 몇 [V]인가?

① 100 ② 150
③ 300 ④ 450

해설 Chapter 05
전등회로 대지전압 300[V] 이하

02

옥내의 저압전선으로 나전선의 사용이 기본적으로 허용되지 않는 경우는?

① 전기로용 전선
② 이동 기중기용 접촉전선
③ 제분공장의 전선
④ 전선 피복 절연물이 부식하는 장소에 시설하는 전선

해설 Chapter 05 – 02
제분공장은 분진에 의한 화재 위험이 있다.

03

다음 배전공사 중 전선이 반드시 절연선이 아니라도 상관없는 것은?

① 합성수지관공사
② 금속관공사
③ 버스덕트공사
④ 플로어덕트공사

해설 Chapter 05 – 02
버스덕트, 라이팅덕트공사 : 나전선 사용가능

04

옥내 저압 배선용 전선의 굵기는 연동선을 사용할 때 원칙적으로 몇 [mm^2] 이상으로 규정되고 있는가?

① 2.5 ② 4
③ 6 ④ 10

해설 Chapter 05 – 01
저압 옥내 배선용 절연전선 2.5[mm^2] 이상

05

단상 220[V]로 수전하여 사용하고 있는 그림과 같은 주택이 있다. 본 건물과 떨어져 있는 창고측에 인입구 개폐기의 시설을 생략할 수 있는 거리(l)의 최대치는 몇 [m]인가? (단, 본 건물의 분기회로에는 정격전류 20[A]인 배선용 차단기를 사용하고 있다.)

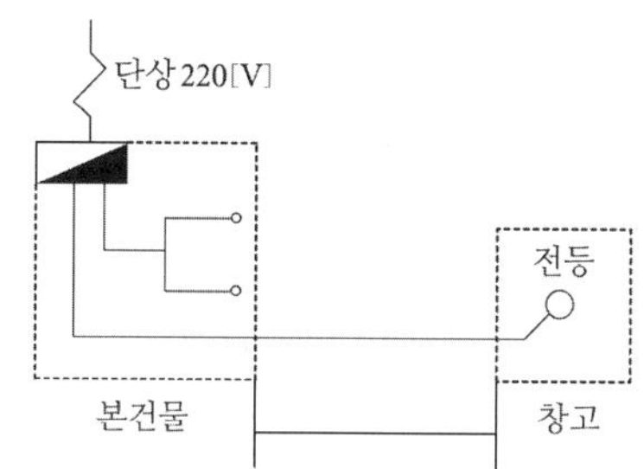

① 15[m] ② 20[m]
③ 30[m] ④ 50[m]

해설
15[m] 이하 개폐기 생략할 수 있다.

정답 01 ③ 02 ③ 03 ③ 04 ① 05 ①

06

예열시동식 형광 방전등에 무선 설비에 대한 고주파 전류에 의한 장해 방지용으로 글로우 램프와 병렬로 접속하는 콘덴서의 정전용량[μF]은 얼마인가?

① 0.1 ~ 1　② 0.06 ~ 0.1
③ 0.006 ~ 0.01　④ 0.6 ~ 10

해설 Chapter 05 – 03
예열시동식 0.006 ~ 0.01[μF]

07

저압 옥내간선의 전원측 전로에 그 저압 옥내간선을 보호할 목적으로 어느 것을 시설하여야 하는가?

① 접지선　② 과전류 차단기
③ 방전 장치　④ 단로기

해설 Chapter 01 – 28
과전류 차단기 : 전선 및 기계기구 보호 목적

08

일반 주택 및 아파트 각 호실의 조명용 백열전등을 설치할 때 사용하는 타임스위치는 몇 [분] 이내에 소등되는 것을 시설하여야 하는가?

① 1[분]　② 3[분]
③ 10[분]　④ 20[분]

해설 Chapter 05 – 11 – (2)
호텔 : 1분 이내　주택, 아파트 : 3분 이내

09

호텔 각 객실의 입구에 조명용 백열전등을 설치할 경우 몇 분 이내에 소등되는 타임스위치를 시설하여야 하는가?

① 1분　② 2분
③ 3분　④ 5분

해설 Chapter 05 – 11 – (2)
호텔 : 1분 이내　주택, 아파트 : 3분 이내

10

다음 공사 방법 중 고압 옥내 배선을 할 수 있는 것은?

① 애자사용공사　② 금속관공사
③ 합성수지관공사　④ 덕트공사

해설 Chapter 05 – 04
고압 옥내 배선 : 애자사용공사, 케이블공사, 케이블트레이공사

11

애자사용공사에 대하여 시설한 고압 옥내 배선과 전화선의 최소 이격거리[cm]는?

① 6　② 12
③ 15　④ 30

해설
고압 15[cm] 이상, 특고압 60[cm] 이상

12

특별고압 옥내 배선과 고저압선과의 이격거리[cm]는?

① 15　② 30
③ 45　④ 60

해설
고압 15[cm] 이상, 특고압 60[cm] 이상

정답 06 ③ 07 ② 08 ② 09 ① 10 ① 11 ③ 12 ④

13

저압 옥내 배선에서, 점검할 수 없는 은폐 장소에 시설할 수 없는 공사는 어느 것인가?

① 셀룰라덕트공사　② 금속관공사
③ 케이블공사　④ 애자사용공사

해설 Chapter 05 – 05
애자사용공사시 점검할 수 있는 전계된 장소에 시설

14

점검할 수 있는 은폐장소로서 건조한 곳에 시설하는 애자사용노출 공사에 있어서 사용전압 440[V]의 경우 전선과 조영재와의 이격거리는?

① 2.5[cm] 이상　② 3[cm] 이상
③ 4.5[cm] 이상　④ 5[cm] 이상

해설 Chapter 05 – 05
400[V] 초과 전선과 조영재 이격거리 : 4.5[cm] 이상
단) 건조한 장소 : 2.5[cm] 이상

15

사용전압 220[V]인 경우에 애자사용공사에서 전선과 조영재와의 이격거리는 최소 몇 [cm] 이상이어야 하는가?

① 2.5　② 4.5
③ 6　④ 8

해설 Chapter 05 – 05
400[V] 이하 전선과 조영재 이격거리 : 2.5[cm] 이상

16

습기가 많은 장소에서 440[V] 애자사용공사의 전선과 조영재와의 최소 이격거리[cm]는?

① 2　② 2.5
③ 4.5　④ 6

해설 Chapter 05 – 05
400[V] 초과 전선과 조영재 이격거리 : 4.5[cm] 이상
단) 건조한 장소 : 2.5[cm] 이상

17

다음 중 고압 옥내 배선의 시설에 있어서 적당하지 않은 것은?

① 애자사용공사에 사용하는 애자는 난연성일 것
② 고압 옥내 배선과 저압 옥내 배선을 다르게 하기 위하여 색깔 있는 것을 사용할 것
③ 전선이 관통할 때 절연관에 넣을 것
④ 전선과 조영재와의 이격거리는 4.5[cm]로 할 것

해설 Chapter 05 – 05
고압 애자사용공사시 전선상호간 간격 8[cm] 이상
전선과 조영재의 이격거리는 5[cm] 이상

18

절연전선을 사용하는 고압 옥내 배선을 애자사용공사에 의하여 조영재면에 따라 시설하는 경우에 전선 지점 간의 거리[m]는 얼마 이하이어야 하는가?

① 5　② 4
③ 3　④ 2

해설 Chapter 05 – 05
전선 지지점 간 이격거리 6[m] 이하
단) 조영재 면 따라 지지시 2[m] 이하

정답 13 ④ 14 ① 15 ① 16 ③ 17 ④ 18 ④

제5과목 ✦ 전기설비기술기준

19

고압 옥내 배선 공사 중 애자사용공사에 있어서 전선 지지점간의 최대 거리[m]는? (단, 전선은 조영재의 면에 따라 시설하지 않았다.)

① 2　② 4
③ 4.5　④ 6

해설 Chapter 05 – 05
전선 지지점 간 이격거리 6[m] 이하
단) 조영재면 따라 지지시 2[m] 이하

20

애자사용공사에 의한 고압 옥내 배선시 연동선의 최소 굵기[mm^2]는?

① 2.5[mm^2]　② 4[mm^2]
③ 6[mm^2]　④ 10[mm^2]

해설 Chapter 05 – 04
고압 애자사용공사시 6[mm^2]

21

특별고압선을 옥내에 시설하는 경우 그 사용전압의 최대한도는?

① 100[kV]
② 170[kV]
③ 350[kV]
④ 사용전압에 제한없음

해설 Chapter 05 – 04
특고압 옥내 배선 공사시 사용전압 100[kV] 이하

22

저압 옥내 배선에서 합성수지관을 넣을 수 있는 연동선의 최대 굵기[mm^2]는?

① 2.5[mm^2]　② 4[mm^2]
③ 10[mm^2]　④ 25[mm^2]

해설 Chapter 05 – 07 – (1)
합성수지관에 시설시 연동선 10[mm^2],
알루미늄 16[mm^2] 이하

23

합성수지관 공사시 관 상호간과 박스와의 접속은 관의 삽입하는 깊이를 관 바깥지름의 몇 배 이상으로 하여야 하는가?

① 0.5배　② 0.9배
③ 1.0배　④ 1.2배

해설 Chapter 05 – 07 – (1)
합성수지관 공사시 관 삽입깊이 : 바깥지름 1.2배 이상

24

다음 중에서 합성수지관 공사의 시공 방법에 해당되는 것은?

① 합성수지관 안에 전선의 접속점이 있어야 한다.
② 전선은 반드시 옥외용 절연전선을 사용하여야 한다.
③ 합성수지관 내 10[mm^2] 연동선을 넣을 수 있다.
④ 합성수지관의 지지점 간의 거리는 3[m]로 한다.

해설 Chapter 05 – 07 – (1)
합성수지관에 시설시 단선 최대굵기 : 연동선 10[mm^2],
알루미늄 16[mm^2] 이하

정답 19 ④ 20 ③ 21 ① 22 ③ 23 ④ 24 ③

25

금속관에 의한 저압 옥내 배선에서 금속관을 콘크리트에 매설한다면 관 두께와 사용전선의 종류로 적합한 것은?

① 관 두께 : 1.0[mm] 이상, 전선 : 옥외용 비닐절연전선
② 관 두께 : 1.2[mm] 이상, 전선 : 450/750 단심 비닐절연전선
③ 관 두께 : 1.0[mm] 이상, 전선 : 450/750 단심 비닐절연전선
④ 관 두께 : 1.2[mm] 이상, 전선 : 옥외용 비닐절연전선

해설 Chapter 05 – 07 – (2)
금속관 공사 콘크리트 매설시 1.2[mm] 이상, 450/750 단심 비닐절연전선

26

금속덕트공사에 적당하지 않는 것은?

① 덕트의 종단부에는 개방시킬 것
② 덕트 내부에는 돌기가 없을 것
③ 덕트 재료에 아연 도금할 것
④ 분기점 이외에 전선은 접속하지 말 것

해설 Chapter 05 – 08 – (1)
덕트 종단부는 폐쇄해야 한다.

27

제어 회로용 절연전선을 금속덕트공사에 의하여 시설하고자 한다. 절연 피복을 포함한 전선의 총면적은 덕트의 내부 단면적의 몇 [%]까지 할 수 있는가?

① 20　② 30
③ 40　④ 50

해설
전광표시, 제어회로는 50[%] 이하

28

라이팅덕트공사에 의한 저압 옥내 배선은 덕트의 지지점 간의 거리는 몇 [m] 이하로 하여야 하는가?

① 2　② 3
③ 4　④ 5

해설 Chapter 05 – 08 – (3)
라이팅덕트 지지점 간 거리 2[m] 이하

29

플로어덕트공사에 의한 저압 옥내 배선에서 절연전선으로 연선을 사용하지 않아도 되는 것은 전선의 굵기가 몇 [mm^2] 이하의 경우인가?

① 2.5[mm^2]　② 4[mm^2]
③ 6[mm^2]　④ 10[mm^2]

해설 Chapter 05 – 08 – (4)
플로어덕트공사시 전선 최대 굵기 : 연동선 10[mm^2], 알루미늄 16[mm^2] 이하

30

캡타이어 케이블을 조영재의 측면에 따라 붙이는 경우에 전선 지지점간의 거리의 최댓값은 얼마인가?

① 60[cm]　② 1[m]
③ 1.5[m]　④ 2[m]

해설 Chapter 05 – 09
캡타이어 케이블 조영재면 따라 지지할 경우 1[m] 이하

정답 25 ② 26 ① 27 ④ 28 ① 29 ④ 30 ②

31

케이블을 지지하기 위하여 사용하는 금속제 또는 불연성 재료로 제작된 유니트의 집합체를 케이블 트레이라 한다. 케이블 트레이 종류가 아닌 것은?

① 사다리형　② 통풍 트러프형
③ 통풍 채널형　④ 통풍 밀폐형

해설 Chapter 05 – 10
케이블 트레이 공사 : 사다리형, 통풍 트러프형, 통풍 채널형, 바닥 밀폐형이 있다.

32

다음 케이블 트레이의 안전율은 얼마인가?

① 1.2　② 1.3　③ 1.4　④ 1.5

해설 Chapter 05 – 10
케이블 트레이 공사 안전율 : 1.5 이상

33

옥내에 시설하는 전구선의 최소 굵기[mm^2]는?

① 1.25　② 1.00　③ 0.75　④ 0.5

해설
옥내 전구선 : 0.75[mm^2] 이상

34

폭연성 분진 또는 화학류의 분말이 존재하는 곳의 저압 옥내 배선은 어느 공사에 의하는가?

① 애자사용공사 또는 가요전선관공사
② 캡타이어 케이블 공사
③ 합성수지관공사
④ 금속관공사

해설 Chapter 05 – 12 – (7)
폭연성 분진이 존재하는 장소 : 금속관, 케이블공사

35

소맥분, 전분, 기타의 가연성 분진이 존재하는 곳의 저압 옥내 배선으로 적합하지 않은 공사 방법은?

① 합성수지관공사　② 가요전선관공사
③ 금속관공사　④ 케이블공사

해설 Chapter 05 – 12 – (7)
가연성 분진이 존재하는 장소 : 합성수지관, 금속관, 케이블 공사

36

석유류를 저장하는 장소의 전등 배선에서 사용할 수 없는 방법은?

① 애자사용공사　② 케이블공사
③ 금속관공사　④ 경질비닐관공사

해설 Chapter 05 – 12 – (13)
석유류 저장 장소 : 합성수지관, 금속관, 케이블공사

37

쇼윈도 안의 저압 배선공사로서 옳지 않은 것은?

① 건조한 상태에서 시설할 것
② 전선은 단면적이 0.75[mm^2] 이상인 코드 또는 캡타이어 케이블일 것
③ 코드선의 지지점 간의 간격은 2[m]로 할 것
④ 전선은 건조한 목재, 콘크리트, 석재 등의 조영재에 그 피복을 손상하지 아니하도록 적당한 기구로 붙일 것

해설 Chapter 05 – 11 – (3)
쇼윈도, 쇼케이스 지지점 간 이격거리 1[m] 이하

정답 31 ④ 32 ④ 33 ③ 34 ④ 35 ② 36 ① 37 ③

38

쇼윈도 또는 쇼케이스 안의 저압 옥내 배선에서 사용 전압[V]은 얼마 이하인가?

① 100 ② 200
③ 400 ④ 600

해설 Chapter 05 – 11 – (3)
쇼윈도, 쇼케이스 사용전압 400[V] 이하

39

화약류 저장소의 전기 설비 시설에 있어서 틀린 사항은 다음 중 어느 것인가?

① 전용 개폐기 및 과전류 차단기는 화약류 저장소 밖에 둔다.
② 전용 개폐기 및 과전류 차단기는 화약류 저장소 안에 둔다.
③ 과전류 차단기에서 저장소 인입구까지의 배선에는 케이블을 사용한다.
④ 케이블은 지하에 시설한다.

해설 Chapter 05 – 12 – (14)
개폐기, 차단기 저장소 밖에 시설

40

화약류 저장장소에 있어서의 전기 설비의 시설이 적당하지 않은 것은?

① 전용 개폐기 또는 과전류 차단장치를 시설할 것
② 전기 기계기구는 개방형일 것
③ 지락차단장치 또는 경보장치를 시설할 것
④ 전로의 대지전압은 300[V] 이하일 것

해설 Chapter 05 – 12 – (14)
화약류 저장장소는 전폐형시설

41

전용 개폐기 또는 과전류 차단기에서 화약류 저장소의 인입구까지의 저압 배선은 어떻게 시설하는가?

① 합성수지관공사에 의하여 가공으로 시설한다.
② 케이블을 사용하여 가공으로 시설한다.
③ 애자사용공사에 의하여 시설한다.
④ 케이블을 사용하여 지중으로 시설한다.

해설 Chapter 05 – 12 – (14)
화약류 저장장소는 지중으로 케이블 공사에 의할 것

42

전기 울타리의 시설에 관한 다음 사항 중 틀린 것은?

① 사람이 쉽게 출입하지 아니하는 곳에 시설한다.
② 전선은 2[mm]의 경동선 또는 동등 이상의 것을 사용할 것
③ 수목과의 이격거리는 30[cm] 이상일 것
④ 전로의 사용 전압은 600[V] 이하일 것

해설 Chapter 05 – 12 – (1)
전기울타리 사용전압 250[V] 이하

43

목장에서 가축의 탈출을 방지하기 위하여 전기 울타리를 다음과 같이 시설하였다. 적합하지 않은 것은?

① 전선은 지름 1.6[mm]의 경동선을 사용하였다.
② 전선과 수목 간의 이격거리는 30[cm] 이상으로 유지시켰다.
③ 전기장치에 전기를 공급하는 전로의 사용전압은 250[V]로 하였다.
④ 전선과 이를 지지하는 기둥과의 이격거리는 2.5[cm] 이상으로 하였다.

해설 Chapter 05 – 12 – (1)
전기울타리 전선굵기 2.0[mm] 이상 경동선 사용

정답 38 ③ 39 ② 40 ② 41 ④ 42 ④ 43 ①

44

전기온상용 발연선의 최고사용온도는 몇 [℃]인가?

① 50　② 60
③ 80　④ 100

해설 Chapter 05 – 12 – (3)
전기온상 발열선 온도 80[℃] 이하

45

전기온돌 등의 전열 장치를 시설할 때 발열선을 도로, 주차장 또는 조영물의 조영재에 고정시켜 시설하는 경우 발열선에 전기를 공급하는 전로의 대지전압은 몇 [V] 이하이어야 하는가?

① 150　② 300
③ 380　④ 440

해설 Chapter 05 – 12 – (3)
전기온돌 대지전압 300[V] 이하

46

풀용 수중 조명등에 전기를 공급하기 위하여 사용되는 절연 변압기 1차측 및 2차측 전로의 사용전압은 각각 최대 몇 [V]인가?

① 300, 100　② 400, 150
③ 200, 150　④ 600, 300

해설 Chapter 05 – 11 – (5)
풀용 수중 조명등 1차측 전압 400[V] 이하, 2차측 전압 150[V] 이하

47

출퇴근 표시등 회로에 전기를 공급하기 위한 변압기는 1차측 전로의 대지전압이 300[V] 이하이고, 2차측 전로의 사용전압이 몇 [V] 이하인 절연 변압기이어야 하는가?

① 40　② 60
③ 100　④ 150

해설 Chapter 05 – 11 – (4)
소세력 회로 : 60[V] 이하

48

출퇴근 표시등 회로의 시설에서 전기를 공급하기 위한 변압기는 1차측 전로의 대지전압이 몇 [V] 이하, 2차측 전로의 사용전압이 몇 [V] 이하인 절연 변압기로 사용하여야 하는가?

① 150[V], 30[V]　② 150[V], 60[V]
③ 300[V], 30[V]　④ 300[V], 60[V]

해설 Chapter 05 – 11 – (5)
출퇴표시, 전광표시, 제어회로 1차 300[V] 이하, 2차 60[V] 이하일 것

49

전기욕기의 전원 변압기의 2차측 전압의 최대 한도는 몇 [V]인가?

① 6　② 10
③ 12　④ 15

해설 Chapter 05 – 12 – (2)
전기욕기 2차 전압 10[V] 이하, 유도코일 시설시 파고치 30[V] 이하

정답 44 ③ 45 ② 46 ② 47 ② 48 ④ 49 ②

50

공사 현장 등에서 사용하는 이동용 전기 아크 용접기용 절연 변압기의 1차측 대지전압은 얼마 이하이어야 하는가?

① 150　② 230
③ 300　④ 480

해설 Chapter 05
용접기 1차 전압 300[V] 이하

51

유원지에 시설된 유희용 전차의 공급전압은 교류 몇 [V] 이하인가?

① 40　② 60
③ 80　④ 100

해설 Chapter 05 – 12 – (5)
유희용 전차 사용 전압 직류 60[V], 교류 40[V]

52

2차측 개방전압이 1만 볼트인 절연 변압기를 사용한 전격 살충기는 전격 격자가 지표상 또는 마루 위 몇 [m] 이상의 높이에 설치하여야 하는가?

① 3.5　② 3.0
③ 2.8　④ 2.5

해설 Chapter 05 – 12 – (4)
전격살충기 시설 높이 3.5[m] 이상

53

교통신호등 회로의 사용전압은 최대 몇 [V]인가?

① 100　② 200
③ 300　④ 400

해설 Chapter 05 – 11 – (6)
교통신호등 전압 300[V] 이하

정답 50 ③ 51 ① 52 ① 53 ③

전기기사
·
산업기사
정용걸
전기기사

전기기사

기출문제 및 해설

기출문제편

2016년 1회 기출문제

제1과목 | 전기자기학

01

송전선의 전류가 0.01[초] 사이에 10[kA] 변화될 때 이 송전선에 나란한 통신선에 유도되는 유도전압은 몇 [V]인가?(단, 송전선과 통신선 간의 상호유도계수는 0.3[mH]이다.)

① 30　② 3×10^2
③ 3×10^3　④ 3×10^4

해설 Chapter 10 – 01

유도전압

$$e_2 = \left|-M\cdot\frac{di}{dt}\right|$$

$$= 0.3\times10^{-3}\times\frac{10\times10^3}{0.01} = 3\times10^2\ [\text{V}]$$

02

전류가 흐르고 있는 도체와 직각방향으로 자계를 가하게 되면 도체 측면에 정·부의 전하가 생기는 것을 무슨 효과라 하는가?

① 톰슨(Thomson) 효과　② 펠티에(Peltier) 효과
③ 제벡(Seebeck) 효과　④ 홀(Hall) 효과

해설 Chapter 06 – 05

- 톰슨(Thomson) 효과 : 동일한 금속도체에 두 점 간에 온도차를 주고 전류를 흘리면 열의 발생 또는 흡수가 생기는 현상
- 펠티에(Peltier) 효과 : 두 종류의 금속으로 폐회로를 만들어 전류를 흘리면 양 접속점에서 열이 흡수되거나 발생하는 현상
- 제벡(Seebeck) 효과 : 두 종류의 금속을 접속하여 폐회로를 만들어 금속 접속면에 온도차가 생기면 열 기전력이 발생하는 효과

03

극판 간격 d[m], 면적 $S[\text{m}^2]$, 유전율 ε[F/m]이고, 정전 용량이 C[F]인 평행판 콘덴서에 $v = V_m\sin\omega t$[V]의 전압을 가할 때의 변위전류[A]는?

① $\omega CV_m\cos\omega t$
② $CV_m\sin\omega t$
③ $-CV_m\sin\omega t$
④ $-\omega CV_m\cos\omega t$

해설 Chapter 11 – 01

$V = V_m\sin\omega t$ 일 때 변위전류밀도

$$i_d = \frac{\partial D}{\partial t} = \frac{\partial}{\partial t}\frac{\varepsilon}{d}V_m\sin\omega t$$

$$= \frac{\varepsilon}{d}V_m\times\omega\cos\omega t$$

$$= \omega\frac{\varepsilon}{d}V_m\cos\omega t\ [\text{A/m}^2]$$

변위전류 $I_d = i_d\times S = \omega\frac{\varepsilon S}{d}V_m\cos\omega t$

04

인덕턴스가 20[mH]인 코일에 흐르는 전류가 0.2[초] 동안에 2[A] 변화했다면 자기유도현상에 의해 코일에 유기되는 기전력은 몇 [V]인가?

① 0.1　② 0.2
③ 0.3　④ 0.4

해설 Chapter 10 – 01

코일에 유기되는 기전력

$$e = -L\frac{di}{dt}[\text{V}]$$

$$= 20\times10^{-3}\times\frac{2}{0.2}$$

$$= 0.2[\text{V}]$$

정답 01 ② 02 ④ 03 ① 04 ②

05

한 변의 길이가 l[m]인 정삼각형 회로에 전류 I[A]가 흐르고 있을 때 삼각형 중심에서의 자계의 세기[AT/m]는?

① $\frac{\sqrt{2}I}{3\pi l}$　　② $\frac{9I}{\pi l}$

③ $\frac{2\sqrt{2}I}{3\pi l}$　　④ $\frac{9I}{2\pi l}$

해설 Chapter 07 – 02 – (7)

도선에 전류가 흐를때 자계의 세기를 구하는 문제

정삼각형 중심 $H_3 = \frac{9I}{2\pi l}$

정사각형 중심 $H_4 = \frac{2\sqrt{2}I}{\pi l}$

정육각형 중심 $H_6 = \frac{\sqrt{3}I}{\pi l}$

n각형 $H_n = \frac{nI}{2\pi R} \times \tan\frac{\pi}{n}$

06

변위전류밀도와 관계없는 것은?

① 전계의 세기　　② 유전율

③ 자계의 세기　　④ 전속밀도

해설 Chapter 11 – 01

변위전류밀도 : $i_d = \frac{\partial D}{\partial t} = \frac{\partial(\varepsilon E)}{\partial t}$ [A/m²]

여기서, D : 전속밀도[C/m²]

E : 전계의 세기[V/m²]

ε : 유전율[F/m]

07

벡터 $\overrightarrow{A} = 5e^{-r}\cos\phi\overrightarrow{a_r} - 5\cos\phi\overrightarrow{a_z}$ 가 원통좌표계로 주어졌다. 점$(2, \frac{3\pi}{2}, 0)$에서의 $\nabla \times A$를 구하였다. 방향의 $\overrightarrow{a_z}$ 계수는?

① 2.5　　② −2.5

③ 0.34　　④ −0.34

08

대지면 높이 h[m]로 평행하게 가설된 매우 긴 선전하(선전하 밀도 λ[C/m])가 지면으로부터 받는 힘[N/m]은?

① h에 비례한다.

② h에 반비례한다.

③ h^2에 비례한다.

④ h^2에 반비례한다.

해설 Chapter 05 – 03

영상전하법 – 대지면과 선전하

$F = \frac{-\lambda^2}{4\pi\epsilon_0 h} = -9\times10^9\times\frac{\lambda^2}{h}$

09

비투자율 800, 원형 단면적 10[cm²], 평균자로의 길이 30[cm]인 환상철심에 600회의 권선을 감은 코일이 있다. 여기에 1[A]의 전류가 흐를 때 코일 내에 생기는 자속은 약 몇 [Wb]인가?

① 1×10^{-3}

② 1×10^{-4}

③ 2×10^{-3}

④ 2×10^{-4}

해설 Chapter 08 – 04

전기회로에서 옴의 법칙

$I = \frac{V}{R}$ [A]

자기회로에서 옴의 법칙

$\phi = \frac{F}{R_m} = \frac{\mu SNI}{l}$

$= \frac{4\pi\times10^{-7}\times800\times10\times10^{-4}\times600\times1}{0.3}$

$= 2\times10^{-3}$[Wb]

정답 05 ④ 06 ③ 07 ④ 08 ② 09 ③

10

내부저항이 $r[\Omega]$인 전지 M개를 병렬로 연결했을 때, 전지로부터 최대 전력을 공급받기 위한 부하저항 $[\Omega]$은?

① $\frac{r}{M}$　　② Mr

③ r　　④ $M^2 r$

해설

최대전력 공급조건은 입력 측, 임피던스와 부하측 임피던스가 같을 때 최대전력이 공급된다. 같은 저항 M개 병렬연결이므로 합성 입력측 임피던스 $R_0 = \frac{r}{M}$ 이므로,

$R_L = R_0 = \frac{r}{M}$일 때 최대전력이 공급된다.

11

서로 멀리 떨어져 있는 두 도체를 각각 $V_1(\mathrm{V})$, $V_2(\mathrm{V})$ $(V_1 > V_2)$의 전위로 충전한 후 가느다란 도선으로 연결 하였을 때 그 도선에 흐르는 전하 Q[C]는?(단, C_1, C_2는 두 도체의 정전용량이다.)

① $\frac{C_1 C_2 (V_1 - V_2)}{C_1 + C_2}$

② $\frac{2 C_1 C_2 (V_1 - V_2)}{C_1 + C_2}$

③ $\frac{C_1 C_2 (V_1 - V_2)}{2(C_1 + C_2)}$

④ $\frac{C_1 C_2 (V_1 - V_2)}{C_1 C_2}$

해설

도선으로 연결하기 전에 전하를 각각 Q_1, Q_2,

도선으로 연결한 후의 전하를 Q_1', Q_2'라 하면,

도선으로 연결한 후의 공통전위

$V = \frac{C_1 V_1 + C_2 V_2}{C_1 + C_2}$[V]

그러므로 도체를 흐르는 전하량 Q[C]는

$$\therefore Q = Q_1 - Q'_1 = C_1 V_1 - C_1 V$$
$$= C_1 V_1 - C_1 \times \frac{C_1 V_1 - C_2 V_2}{C_1 + C_2}$$
$$= \frac{C_1 C_2 (V_1 - V_2)}{C_1 + C_2}[\mathrm{C}]$$

12

자속밀도가 10[Wb/m²]인 자계 내에 길이 4[cm]의 도체를 자계와 직각으로 놓고 이 도체를 0.4초 동안 1[m]씩 균일하게 이동하였을 때 발생하는 기전력은 몇 [V]인가?

① 1　② 2　③ 3　④ 4

해설 Chapter 07 – 09 – (4)

유도기전력

$e = vBl\sin\theta$ [V]에서

$(\text{속도 } v = \frac{1}{0.4}[\mathrm{m/s}] = 2.5)$

$= 2.5 \times 10 \times 4 \times 10^{-2} \times \sin 90^\circ$

$= 1[\mathrm{V}]$

13

반지름이 3[m]인 구에 공간전하밀도가 1[C/m³]가 분포되어 있을 경우 구의 중심으로부터 1[m]인 곳의 전위는 몇 [V]인가?

① $\frac{1}{2\varepsilon_0}$　　② $\frac{1}{3\varepsilon_0}$

③ $\frac{1}{4\varepsilon_0}$　　④ $\frac{1}{5\varepsilon_0}$

해설 Chapter 02 – 21

전하량=체적전하밀도×체적이므로

$Q = \rho \times v = \rho \times \frac{4}{3}\pi a^3$[C]

구 내부의 전계

$$V = \frac{Q}{4\pi\varepsilon_0 a} = \frac{\frac{4}{3}\pi a^3 \rho}{4\pi\varepsilon_0 a} = \frac{\rho}{3\varepsilon_0 2^2} = \frac{1}{3\varepsilon_0 \times 1^2} = \frac{1}{3\varepsilon_0}$$

정답 10 ① 11 ① 12 ① 13 ②

14

한 변의 길이가 3[m]인 정삼각형의 회로에 2[A]의 전류가 흐를 때 정삼각형 중심에서의 자계의 크기는 몇 [AT/m]인가?

① $\frac{1}{\pi}$ ② $\frac{2}{\pi}$ ③ $\frac{3}{\pi}$ ④ $\frac{4}{\pi}$

해설 Chapter 07 – 02 – (7)

한변의 길이가 l인 정삼각형 중심의 자계세기

$H_3 = \frac{9I}{2\pi l} = \frac{9\times 2}{2\pi\times 3} = \frac{3}{\pi}$[AT/m]

15

전선을 균일하게 2배의 길이로 당겨 늘였을 때 전선의 체적이 불변이라면 저항은 몇 배가 되는가?

① 2 ② 4 ③ 6 ④ 8

해설 Chapter 06 – 02

(체적 $V = S\times l = \frac{S}{2}\times 2l$, 즉 길이를 2배하면 면적은 $\frac{1}{2}$배가 된다.)

저항 : $R = \rho\frac{l}{S}$

길이 2배, 면적 $\frac{1}{2}$배일 때 저항 :

$R' = \rho\times\frac{2l}{\frac{S}{2}} = 2^2\rho\frac{l}{A}$

그러므로 저항이 2^2배가 된다.

16

반지름 a[m]인 구대칭 전하에 의한 구내외의 전계의 세기가 해당되는 것은?

①

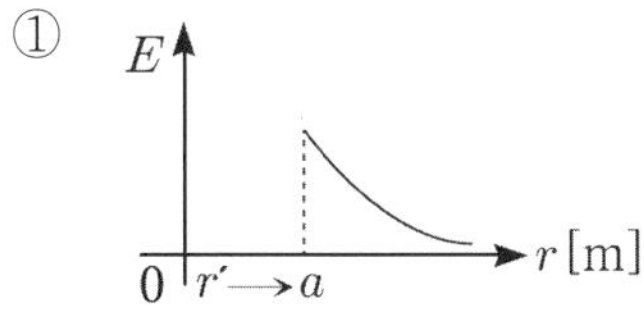

②

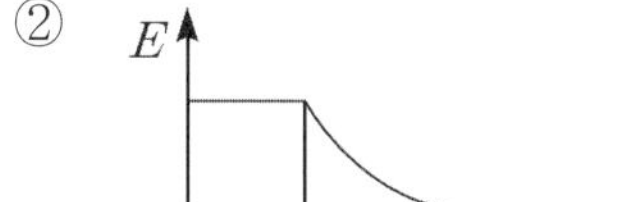

③

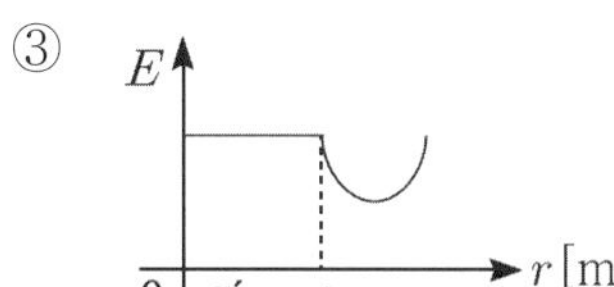

④

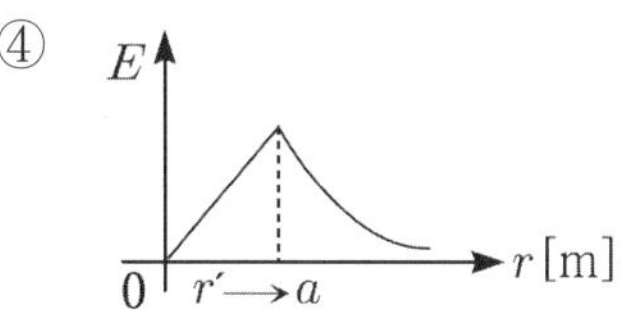

해설 Chapter 02 – 02 – (1)

구외부 : $E = \frac{Q}{4\pi\varepsilon_0 r^2}$[V]

구내부 : $E = \frac{Q}{4\pi\varepsilon_0 r^2}\times\frac{V'}{V}$

$= \frac{r\cdot Q}{4\pi\varepsilon_0 a^3}$=[V/m]

문제에서 전하가 균일한지 도체표면에만 존재하는지 조건이 없어 복수 정답으로 인정

17

무한히 넓은 평면 자성체의 앞 a[m] 거리의 경계면에 평행하게 무한히 긴 전선 전류 I[A]가 흐를 때, 단위 길이 당 작용력은 몇 [N/m]인가?

① $\frac{\mu_0}{4\pi a}\left(\frac{\mu+\mu_0}{\mu-\mu_0}\right)I^2$

② $\frac{\mu_0}{2\pi a}\left(\frac{\mu+\mu_0}{\mu-\mu_0}\right)I^2$

③ $\frac{\mu_0}{4\pi a}\left(\frac{\mu-\mu_0}{\mu+\mu_0}\right)I^2$

④ $\frac{\mu_0}{2\pi a}\left(\frac{\mu-\mu_0}{\mu+\mu_0}\right)I^2$

정답 14 ③ 15 ② 16 ①, ④ 17 ③

18

전기 쌍극자에 관한 설명으로 틀린 것은?

① 전계의 세기는 거리의 세제곱에 반비례한다.
② 전계의 세기는 주위 매질에 따라 달라진다.
③ 전계의 세기는 쌍극자모멘트에 비례한다.
④ 쌍극자의 전위는 거리에 반비례한다.

해설 Chapter 02 – 04

전기 쌍극자

전위와 전계의 세기 :

$V=\frac{M\cos\theta}{4\pi\epsilon_0 r^2}$ [V]

$E=\frac{M}{4\pi\epsilon_0 r^3}\sqrt{1+3\cos^2\theta}$ [V/m]

($M=ml[Wb\cdot m]$: 자기쌍극자 모멘트)

19

그림과 같이 공기 중에서 무한평면도체의 표면으로부터 2[m]인 곳에 점전하 4[C]이 있다. 전하가 받는 힘은 몇 [N]인가?

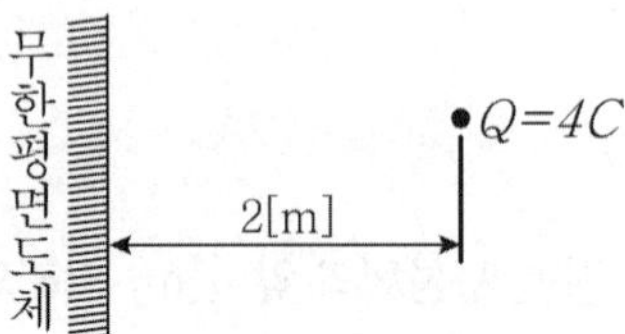

① 3×10^9　② 9×10^9
③ 1.2×10^{10}　④ 3.6×10^{10}

해설 Chapter 05 – 01

영상전하법을 이용해서 구한다.

$F=\frac{Q^2}{4\pi\epsilon_0(2a)^2}$

$=9\times10^9\times\frac{4^2}{(2\times2)^2}$

$=9\times10^9$[N]

20

판 간격이 d인 평행판 공기콘덴서 중에 두께 t이고, 비유전율이 ε_s인 유전체를 삽입하였을 경우에 공기의 절연파괴를 발생하지 않고 가할 수 있는 판 간의 전위차는?(단, 유전체가 없을 때 가할 수 있는 전압을 V라 하고 공기의 절연내력은 E_0라 한다.)

① $V\left(1-\frac{t}{\varepsilon_s d}\right)$
② $\frac{Vt}{d}\left(1-\frac{1}{\varepsilon_s}\right)$
③ $V\left(1+\frac{t}{\varepsilon_s d}\right)$
④ $V\left(1-\frac{t}{d}\left(1-\frac{1}{\varepsilon_s}\right)\right)$

정답 18 ④ 19 ② 20 ④

제2과목 | 전력공학

21

150[kVA] 단상변압기 3대를 $\Delta-\Delta$ 결선으로 사용하다가 1대의 고장으로 V-V 결선하여 사용하면 약 몇 [kVA] 부하까지 걸 수 있겠는가?

① 200[kVA] ② 220[kVA]
③ 240[kVA] ④ 260[kVA]

해설 Chapter 04 – 02 – (1)
V 결선 시 출력 $P_V=$ 1대 용량 $\times\ \sqrt{3}$ 이므로
$P_V= 150\times\ \sqrt{3}\ =\ 260$ [kVA]

22

송전계통의 안정도를 증진시키는 방법이 아닌 것은?

① 전압변동을 적게 한다.
② 제동저항기를 설치한다.
③ 직렬리액턴스를 크게 한다.
④ 중간조상기방식을 채용한다.

해설 Chapter 06 – 03
송전계통의 안정도를 증진시키는 방법
1) 직렬리액턴스를 작게 할 것(기기의 리액턴스를 작게할 것, 계통 연계)
2) 전력을 평형하게 할 것(제동저항기 설치)
3) 전압의 크기를 평형하게 할 것(초속응여자기 설치, 중간조상방식)
4) 고장을 신속 차단할 것(고속도차단기, 고속도계전기)

23

연간 전력량이 E[kWh]이고, 연간 최대전력이 W[kW]인 연부하율은 몇 [%]인가?

① $\dfrac{E}{W}\times 100$ ② $\dfrac{\sqrt{3}\,W}{E}\times 100$
③ $\dfrac{8760\,W}{E}\times 100$ ④ $\dfrac{E}{8760\,W}\times 100$

해설 Chapter 10 – 02 – (3)
부하율

$$연부하율\ =\frac{평균수용전력}{최대수용전력}\times 100$$
$$=\frac{\dfrac{사용전력량}{8,760}}{최대수용전력}\times 100$$

24

차단기의 정격 차단시간은?

① 고장 발생부터 소호까지의 시간
② 가동접촉자 시동부터 소호까지의 시간
③ 트립코일 여자부터 소호까지의 시간
④ 가동접촉자 개구부터 소호까지의 시간

해설 Chapter 08 – 02 – (4)
정격차단시간 : 트립코일 여자부터 아크소호까지의 시간(개극시간 + 아크시간)으로 3 ~ 8[Hz]이다.

25

3상 결선 변압기의 단상 운전에 의한 소손방지 목적으로 설치하는 계전기는?

① 단락 계전기 ② 결상 계전기
③ 지락 계전기 ④ 과전압 계전기

해설
역상계전기, 결상 계전기

26

인터록(interlock)의 기능에 대한 설명으로 맞는 것은?

① 조작자의 의중에 따라 개폐되어야 한다.
② 차단기가 열려 있어야 단로기를 닫을 수 있다.
③ 차단기가 닫혀 있어야 단로기를 닫을 수 있다.
④ 차단기와 단로기를 별도로 닫고, 열 수 있어야 한다.

해설 Chapter 08 – 02 – (3)
인터록 : 차단기가 열려 있어야 단로기를 닫을 수 있다.

정답 21 ④ 22 ③ 23 ④ 24 ③ 25 ② 26 ②

27

그림과 같은 22[kV] 3상 3선식 전선로의 P점에 단락이 발생하였다면 3상 단락전류는 약 몇 [A]인가?(단, %리액턴스는 8[%]이며 저항분은 무시한다.)

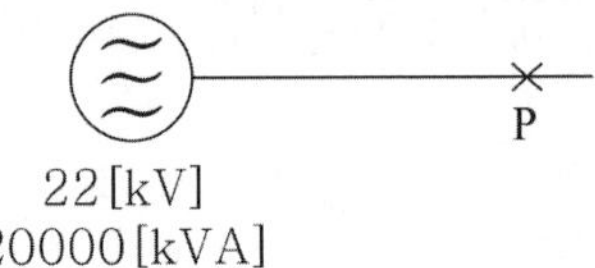

① 6,561 ② 8,560 ③ 11,364 ④ 12,684

해설

$I_S = \frac{100}{\%Z} I_N = \frac{100}{8} \times \frac{20{,}000}{\sqrt{3} \times 22}$

$= 6{,}560.7[\text{A}]$

28

전력계통에서 내부 이상전압의 크기가 가장 큰 경우는?

① 유도성 소전류 차단시
② 수차발전기의 부하 차단시
③ 무부하 선로 충전전류 차단시
④ 송전선로의 부하 차단기 투입시

해설

이상전압
외부 : 직격뢰, 유도뢰
내부 : 개폐서지 ① 무부하 충전선로 개방서지(4~6배)
② 지속성 이상전압서지

29

화력발전소에서 재열기의 목적은?

① 급수 예열 ② 석탄 건조
③ 공기 예열 ④ 증기 가열

해설 Chapter 02 – 04 – (2)
재열기 목적 : 고압터빈의 모든 증기를 추출하여 보일러에서 재가열하여 증기온도를 높여 효율 향상

30

송전선로의 각 상전압이 평형되어 있을 때 3상 1회선 송전선의 작용정전용량[μF/km]을 옳게 나타낸 것은? (단, r은 도체의 반지름[m], D는 도체의 등가선로거리[m]이다.)

① $\frac{0.02413}{\log_{10}\frac{D}{r}}$ ② $\frac{0.2413}{\log_{10}\frac{D}{r}}$

③ $\frac{0.02413}{\log_{10}\frac{D^2}{r}}$ ④ $\frac{0.2413}{\log_{10}\frac{D^2}{r}}$

해설

작용전정용량 $= \frac{0.02413}{\log_{10}\frac{D}{r}}$

31

플리커 경감을 위한 전력 공급측의 방안이 아닌 것은?

① 공급 전압을 낮춘다.
② 전용 변압기로 공급한다.
③ 단독 공급 계통을 구성한다.
④ 단락 용량이 큰 계통에서 공급한다.

해설

플리커 경감 대책
① 전력 공급측 : 공급전압 승압, 단락용량이 큰 계통에서 공급, 전용 변압기로 공급
② 수용가 측 : 전압강하 보상, 리액터 보상, 부하의 무효전력 변동분을 흡수

32

송전선로에서 송전전력, 거리, 전력손실율과 전선의 밀도가 일정하다고 할 때, 전선 단면적 A[mm²]는 전압 V[V]와 어떤 관계에 있는가?

① V에 비례한다. ② V^2에 비례한다.

③ $\frac{1}{V}$에 비례한다. ④ $\frac{1}{V^2}$에 비례한다.

정답 27 ① 28 ③ 29 ④ 30 ① 31 ① 32 ④

해설

$$K = \frac{P_l}{P} = \frac{3I^2R}{\sqrt{3}\ VI\cos\theta}$$

$$= \frac{P_{pl}}{V^2\cos^2\theta A}$$

$$\therefore \frac{1}{V^2} \propto A$$

33

동기조상기에 관한 설명으로 틀린 것은?

① 동기전동기의 V특성을 이용하는 설비이다.
② 동기전동기를 부족여자로 하여 컨덕터로 사용한다.
③ 동기전동기를 과여자로 콘덴서로 사용한다.
④ 송전계통의 전압을 일정하게 유지하기 위한 설비이다.

해설

① 동기 전동기의 V특성을 이용하는 설비
② 동기전동기를 부족여자로 하여 리액터로 사용
③ 동기전동기를 과여자로 하여 콘덴서로 사용
④ 송전계통의 전압을 일정하게 유지

34

비등수형 원자로의 특색이 아닌 것은?

① 열교환기가 필요하다.
② 기포에 의한 자기 제어성이 있다.
③ 방사능 때문에 증기는 완전히 기수분리를 해야 한다.
④ 순환펌프로서는 급수펌프뿐이므로 펌프동력이 작다.

해설 Chapter 03 – 02 – (1)

비등수형 원자로(BWR)	원자로에 의해 가열된 증기가 직접 터빈을 가동
• 열교환기 불필요 • 연료 : 저농축우라늄 • 감속재, 냉각재 : 경수	

35

그림과 같은 단거리 배전선로의 송전단 전압 6600[V], 역률은 0.9이고 수전단 전압 6100[V], 역률 0.8일 때 회로에 흐르는 전류 I[A]는?(단, E_s 및 E_r은 송·수전단 대지전압이며, $r = 20[\Omega]$, $x = 10[\Omega]$이다.)

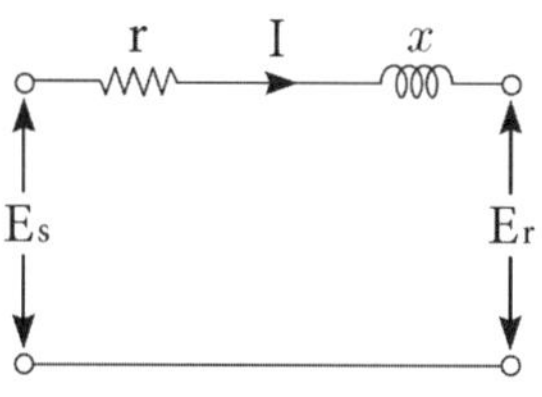

① 20　　② 35
③ 53　　④ 65

해설 Chapter 03 – 01

$P_s = P_r + P_l \quad P_l = P_s - P_r$

$$I^2R = E_sI\cos\theta_s - E_rI\cos\theta_r$$

$$I = \frac{E_s\cos\theta_s - E_r\cos\theta_r}{R}$$

$$= \frac{6600 \times 0.9 - 6100 \times 0.8}{20}$$

$$= 53[\text{A}]$$

36

피뢰기의 제한전압이란?

① 충격파의 방전개시전압
② 상용주파수의 방전개시전압
③ 전류가 흐르고 있을 때의 단자전압
④ 피뢰기 동작 중 단자전압의 파고값

해설 Chapter 07 – 04 – (4)

피뢰기 제한전압 : 뇌전류 방전 중 피뢰기 양단자에 나타나는 전압으로 절연협조의 기준이 된다.

정답 33 ② 34 ① 35 ③ 36 ④

37

단락용량 5000[MVA]인 모선의 전압이 154[kV]라면 등가 모선임피던스는 약 몇 [Ω]인가?

① 2.54 ② 4.74
③ 6.34 ④ 8.24

해설

$Z \Rightarrow I_s = \frac{E_a}{Z_1}$

$P_s = \sqrt{3} \times V \times I_s$

$I_s = \frac{P_s}{\sqrt{3}\,V}$

$$Z = \frac{E}{I_s} \Rightarrow \frac{E}{\frac{P_s}{\sqrt{3}\,V}} = \frac{\frac{V}{\sqrt{3}}}{\frac{P_s}{\sqrt{3}\,V}}$$

$$Z = \frac{V^2}{P_s}$$

$$Z = \frac{154000^2}{5000 \times 10^6} = 4.74[\Omega]$$

38

피뢰기가 그 역할을 잘하기 위하여 구비되어야 할 조건으로 틀린 것은?

① 속류를 차단할 것
② 내구력이 높을 것
③ 충격방전 개시전압이 낮을 것
④ 제한전압은 피뢰기의 정격전압과 같게 할 것

해설 Chapter 07 – 04

피뢰기의 구비조건

- 충격방전 개시전압이 낮을 것
- 상용주파 방전 개시전압이 높을 것
- 제한전압은 낮을 것
- 속류의 차단능력이 클 것

39

저압 배전선로에 대한 설명으로 틀린 것은?

① 저압 뱅킹 방식은 전압변동을 경감할 수 있다.
② 밸런서(balancer)는 단상 2선식에 필요하다.
③ 배전 선로의 부하율이 F일 때 손실계수는 F와 F^2의 중간 값이다.
④ 수용률이란 최대수용전력을 설비용량으로 나눈 값을 퍼센트로 나타낸 것이다.

해설

밸런서(balancer)는 단상 3선식에 필요하다.

40

그림과 같은 전력계통의 154[kV] 송전선로에서 고장 지락 임피던스 Z_{gf}를 통해서 1선 지락 고장이 발생되었을 때 고장점에서 본 영상 %임피던스는?(단, 그림에 표시한 임피던스는 모두 동일용량, 100[MVA] 기준으로 환산한 %임피던스임)

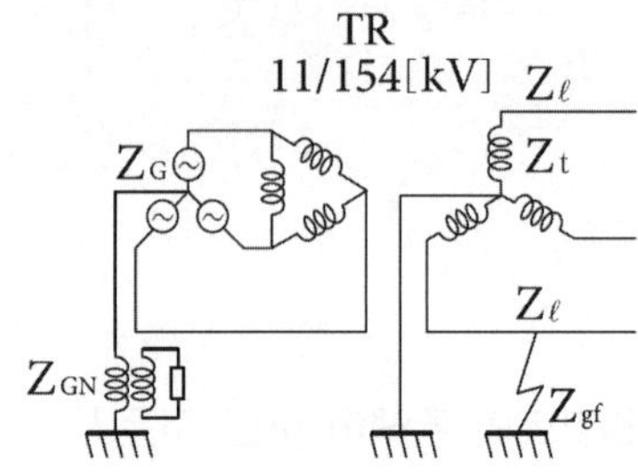

① $Z_0 = Z_\ell + Z_t + Z_G$
② $Z_0 = Z_\ell + Z_t + Z_{gf}$
③ $Z_0 = Z_\ell + Z_t + 3Z_{gf}$
④ $Z_0 = Z_\ell + Z_t + 3Z_{gf} + Z_G + Z_{GN}$

해설

고장 지락 임피던스 Z_{gf}를 통해 3상의 영상전류가 흐르므로 1상에 대한 영상 임피던스 $Z_0 = Z_\ell + Z_t + 3 \cdot Z_{gf}$
영상분은 대지로 빠진다.

정답 37 ② 38 ④ 39 ② 40 ③

제3과목 | 전기기기

41

정전압 계통에 접속된 동기발전기의 여자를 약하게 하면?

① 출력이 감소한다.
② 전압이 강하한다.
③ 앞선 무효전류가 증가한다.
④ 뒤진 무효전류가 증가한다.

해설 Chapter 06 – 02

$I_f \downarrow \ \ \phi \downarrow \ \ E \downarrow$

무효분이 감소되어 역률이 좋아진다. →
앞선 무효전류 증가

42

다이오드를 사용하는 정류 회로에서 과대한 부하 전류로 인하여 다이오드가 소손될 우려가 있을 때 가장 적절한 조치는 어느 것인가?

① 다이오드를 병렬로 추가한다.
② 다이오드를 직렬로 추가한다.
③ 다이오드 양단에 적당한 값의 저항을 추가한다.
④ 다이오드 양단에 적당한 값의 콘덴서를 추가한다.

해설 Chapter 01 – 05

다이오드의 보호 방법
① 직렬연결 : 과전압으로부터 보호
② 병렬연결 : 과전류로부터 보호

43

직류 발전기의 외부 특성곡선에서 나타내는 관계로 옳은 것은?

① 계자전류와 단자전압
② 계자전류와 부하전류
③ 부하전류와 단자전압
④ 부하전류와 유기기전력

해설 Chapter 06 – 01

발전기 특성곡선
① 무부하 특성곡선 : 계자전류와 유기기전력의 관계 곡선
② 부하 특성곡선 : 계자전류와 단자전압의 관계 곡선
③ 외부 특성곡선 : 부하전류와 단자전압의 관계 곡선
④ 내부 특성곡선 : 부하전류와 유기기전력의 관계 곡선

44

직류기의 전기자 반작용에 의한 영향이 아닌 것은?

① 자속이 감소하므로 유기기전력이 감소한다.
② 발전기의 경우 회전방향으로 기하학적 중성축이 형성된다.
③ 전동기의 경우 회전방향과 반대방향으로 기하학적 중성축이 형성된다.
④ 브러시에 의해 단락된 코일에는 기전력이 발생하므로 브러시 사이의 유기기전력이 증가한다.

해설 Chapter 03 – 01

전기자 반작용의 영향
① 편자작용 → 중성축 이동 →
브러쉬 이동 ─┬ 발전기 : 회전방향
　　　　　　 └ 전동기 : 회전반대방향
② 감자작용
③ 불꽃(섬락) 발생

45

어떤 정류기의 부하 전압이 2000[V]이고 맥동률이 3[%]이면 교류분의 진폭[V]은?

① 20　　② 30
③ 50　　④ 60

해설 Chapter 01 – 05

교류분의 전압 : 직류분의 전압(부하전압) ×맥동률
$= 2000 \times 0.03 = 60[V]$

정답 41 ③ 42 ① 43 ③ 44 ④ 45 ④

46

3상 3300[V], 100[kVA]의 동기발전기의 정격 전류는 약 몇 [A]인가?

① 17.5 ② 25
③ 30.3 ④ 33.3

해설

$P_n = \sqrt{3}\, V_n I_n$

$I_n = \dfrac{P_n}{\sqrt{3}\, V_n} = \dfrac{100 \times 10^3}{\sqrt{3} \times 3300} \fallingdotseq 17.5[A]$

47

4극 3상 유도전동기가 있다. 전원전압 200[V]로 전부하를 걸었을 때 전류는 21.5[A]이다. 이 전동기의 출력은 약 몇 [W]인가?(단, 전부하 역률 86[%], 효율 85[%]이다.)

① 5029 ② 5444
③ 5820 ④ 6103

해설

$P = \sqrt{3}\, VI \cdot \cos\theta \cdot \eta$
$= \sqrt{3} \times 200 \times 21.5 \times 0.86 \times 0.85$
$\fallingdotseq 5444\,[W]$

48

변압비 3000/100[V]인 단상변압기 2대의 고압측을 그림과 같이 직렬로 3300[V] 전원에 연결하고, 저압측에 각각 5[Ω], 7[Ω]의 저항을 접속하였을 때, 고압측의 단자 전압 E_1은 약 몇 [V]인가?

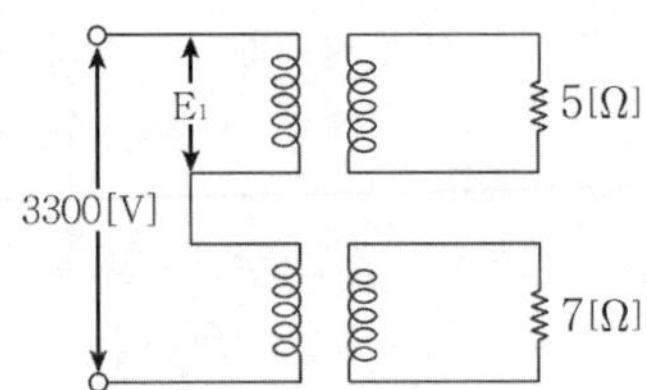

① 471 ② 660 ③ 1375 ④ 1925

해설

$E_1 = \dfrac{5}{5+7} \times 3300 = 1375[V]$

$E_2 = \dfrac{7}{5+7} \times 3300 = 1925[V]$

$1375 + 1925 = 3300[V]$

49

교류기에서 유기기전력의 특정 고조파분을 제거하고 또 권선을 절약하기 위하여 자주 사용되는 권선법은?

① 전절권 ② 분포권
③ 집중권 ④ 단절권

해설 Chapter 02 – 03

단절권의 특징 : 권선을 절약
고조파를 제거하여 기전력의 파형을 개선
분포권의 특징 : 고조파를 제거하여 기전력의 파형을 개선
누설리액턴스 감소

50

12극의 3상 동기발전기가 있다. 기계각 15°에 대응하는 전기각은?

① 30 ② 45 ③ 60 ④ 90

해설 Chapter 03 – 01

전기각=기하각(기계각)$\times \dfrac{P}{2}$

$= 15^\circ \times \dfrac{12}{2} = 90^\circ$

51

4극 60[Hz]의 유도전동기가 슬립 5[%]로 전부하 운전하고 있을 때 2차 권선의 손실이 94.25[W]라고 하면 토크는 약 몇 [N · m]인가?

① 1.02 ② 2.04 ③ 10.0 ④ 20.0

정답 46 ① 47 ② 48 ③ 49 ④ 50 ④ 51 ③

해설 Chapter 10 – 03

$$T = 0.975\frac{P_2}{N_s}\times 9.8[\text{N}\cdot\text{m}]$$

$$= 0.975\times\frac{1,885}{1,800}\times 9.8 = 10[\text{N}\cdot\text{m}]$$

$$P_2 = \frac{P_{c2}}{S} = \frac{94.25}{0.05} = 1,885[\text{W}]$$

52

단상 변압기에 정현파 유기기전력을 유기하기 위한 여자전류의 파형은?

① 정현파 ② 삼각파
③ 왜형파 ④ 구형파

해설

변압기에서 여자전류의 파형은 왜형파이다.

53

회전형전동기와 선형전동기(Linear Motor)를 비교한 설명 중 틀린 것은?

① 선형의 경우 회전형에 비해 공극의 크기가 작다.
② 선형의 경우 직접적으로 직선운동을 얻을 수 있다.
③ 선형의 경우 회전형에 비해 부하관성의 영향이 크다.
④ 선형의 경우 전원의 상 순서를 바꾸어 이동방향을 변경한다.

해설

선형의 경우 회전형에 비해 공극의 크기가 크다. ⇒ 성능이 떨어진다.

54

변압기의 전일 효율이 최대가 되는 조건은?

① 하루 중의 무부하손의 합 = 하루 중의 부하손의 합
② 하루 중의 무부하손의 합 < 하루 중의 부하손의 합
③ 하루 중의 무부하손의 합 > 하루 중의 부하손의 합
④ 하루 중의 무부하손의 합 = 2 × 하루 중의 부하손의 합

해설 Chapter 09 – 02

$24P_i = t\cdot P_c$

$P_i = P_c$

55

유도전동기를 정격상태로 사용 중, 전압이 10[%] 상승하면 다음과 같은 특성의 변화가 있다. 틀린 것은? (단, 부하는 일정 토크라고 가정한다.)

① 슬립이 작아진다.
② 효율이 떨어진다.
③ 속도가 감소한다.
④ 히스테리시스손과 와류손이 증가한다.

해설 Chapter 16 – 02

$N = (1-s)\times N_s$ 슬립이 작아지면 속도는 증가한다.

$\eta = (1-s)$로서 슬립이 작아지면 효율은 증가한다.

56

대칭 3상 권선에 평형 3상 교류가 흐르는 경우 회전 자계의 설명으로 틀린 것은?

① 발생 회전 자계 방향 변경 가능
② 발생 회전 자계는 전류와 같은 주기
③ 발생 회전 자계 속도는 동기 속도보다 늦음
④ 발생 회전 자계 세기는 각 코일 최대 자계의 1.5배

해설 Chapter 16 – 02

회전자계속도=동기속도

57

직류기 권선법에 대한 설명 중 틀린 것은?

① 단중 파권은 균압환이 필요하다.
② 단중 중권의 병렬회로 수는 극수와 같다.
③ 저전류·고전압 출력은 파권이 유리하다.
④ 단중 파권의 유기전압은 단중 중권의 $\frac{p}{2}$ 이다.

정답 52 ③ 53 ① 54 ① 55 ②, ③ 56 ③ 57 ①

해설 Chapter 02 - 01

단중 파권은 균압환이 불필요하다.

58

스테핑 모터의 일반적인 특징으로 틀린 것은?

① 기동·정지 특성은 나쁘다.
② 회전각은 입력펄스 수에 비례한다.
③ 회전속도는 입력펄스 주파수에 비례한다.
④ 고속 응답이 좋고, 고출력의 운전이 가능하다.

해설 Chapter 02 - 03

회전속도는 스테핑 주파수에 비례, 기동·정지 특성이 좋다.(가·감속이 용이하다)

59

철손 1.6[kW] 전부하동손 2.4[kW]인 변압기에는 약 몇 [%] 부하에서 효율이 최대로 되는가?

① 82　② 95
③ 97　④ 100

해설 Chapter 09 - 02

$$\frac{1}{n} = \sqrt{\frac{P_i}{P_c}}$$

$$= \sqrt{\frac{1.6}{2.4}} \times 100$$

$$\fallingdotseq 82[\%]$$

60

동기 발전기의 제동권선의 주요 작용은?

① 제동작용
② 난조방지작용
③ 시동권선작용
④ 자려작용(自勵作用)

해설 Chapter 04 - 03

제동권선의 효과

- 기동토크발생
- 기난조발생방지
- 기전압전류의 파형개선
- 기이상전압방지

정답 58 ① 59 ① 60 ②

제4과목 | 회로이론 · 제어공학

61

제어오차가 검출될 때 오차가 변화하는 속도에 비례하여 조작량을 조절하는 동작으로 오차가 커지는 것을 사전에 방지하는 제어 동작은?

① 미분동작제어 ② 비례동작제어
③ 적분동작제어 ④ 온-오프(ON-OFF)제어

해설 Chapter 01 - 02 - (3)
미분동작제어 : 오차가 커지는 것을 미연에 방지
비례동작제어 : 사이클링은 없으나 오프셋(잔류편차)을 일으킴
적분동작제어 : 잔류의 오차가 없도록 제어
온-오프(ON-OFF)제어 : 사이클링(cycling), 오프셋(잔류편차)을 일으킴, 불연속 제어

62

다음과 같은 상태방정식으로 표현되는 제어계에 대한 설명으로 틀린 것은?

$$\dot{x} = \begin{bmatrix} 0 & 1 \\ -2 & -3 \end{bmatrix} x + \begin{bmatrix} 1 & 1 \\ 0 & -2 \end{bmatrix}$$

① 2차 제어계이다.
② x는 (2×1)의 벡터이다.
③ 특성방정식은 $(s+1)(s+2)=0$이다.
④ 제어계는 부족제동(under damped)된 상태에 있다.

해설 Chapter 05 - 04

$SI-A=0$

$\begin{pmatrix} S & 0 \\ 0 & S \end{pmatrix} - \begin{pmatrix} 0 & 1 \\ -2 & -3 \end{pmatrix} = 0$

$\begin{pmatrix} S & -1 \\ 2 & S+3 \end{pmatrix} = 0$

$S(S+3)+1\times 2=0$

$S^2+3S+2=0$

$(S+1)(S+2)=0$

$S^2+2\delta\omega_n S+\omega_n^2 = S^2+3S+2$

$\omega_n^2=2$, $\omega_m=\sqrt{2}$, $2\delta\omega_n=3$

$\delta=\dfrac{3}{2\omega_n}=\dfrac{3}{2\sqrt{2}}=1.06$

$\delta>1$이므로 과제동

63

벡터 궤적이 다음과 같이 표시되는 요소는?

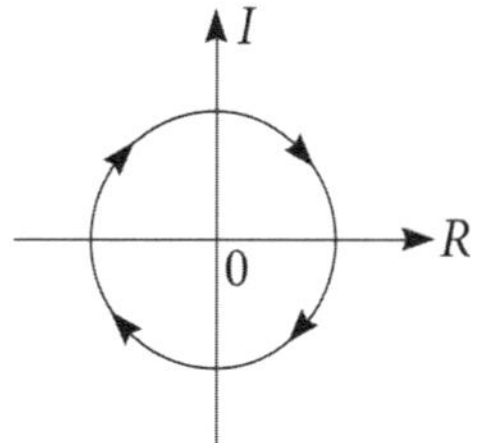

① 비례요소 ② 1차 지연요소
③ 2차 지연요소 ④ 부동작 시간요소

해설 Chapter 07 - 02 - (2)
부동작 시간 요소는 크기는 1이고, 벡터궤적은 원이다.

64

그림과 같은 이산치계의 z변환 전달함수 $\dfrac{C(z)}{R(z)}$를 구하면?(단, $Z\left[\dfrac{1}{s+a}\right]=\dfrac{z}{z-e^{-at}}$ 임)

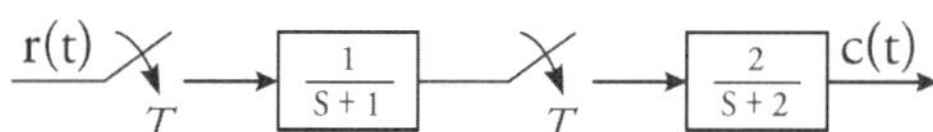

① $\dfrac{C(z)}{R(z)}=\dfrac{2z}{z-e^{-T}}-\dfrac{2z}{z-e^{-2T}}$

② $\dfrac{C(z)}{R(z)}=\dfrac{2z^2}{(z-e^{-T})(z-e^{-2T})}$

③ $\dfrac{C(z)}{R(z)}=\dfrac{2z}{z-e^{-2T}}-\dfrac{2z}{z-e^{-T}}$

④ $\dfrac{C(z)}{R(z)}=\dfrac{2z}{(z-e^{-T})(z-e^{-2T})}$

정답 61 ① 62 ④ 63 ④ 64 ②

해설 Chapter 10 – 04

전달함수

$$G(S)=\frac{1}{S+1}\times\frac{2}{S+2}$$

$$g(t)=e^{-t}\times 2(e^{-2t})$$

$$G(Z)=\frac{Z}{Z-e^{-t}}\times\frac{2\cdot Z}{Z-e^{-2t}}$$

65

다음의 논리 회로를 간단히 하면?

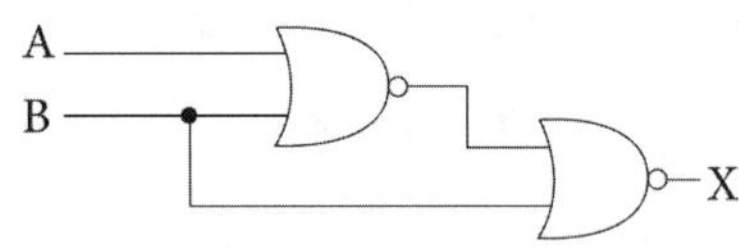

① $X=AB$　② $X=A\overline{B}$

③ $X=\overline{A}B$　④ $X=\overline{AB}$

해설 Chapter 11 – 03

$$X=\overline{\overline{A+B}+B}$$
$$=\overline{\overline{A+B}}\cdot\overline{B}$$
$$=(A+B)\cdot\overline{B}$$
$$=A\overline{B}+B\overline{B}$$
$$=A\overline{B}\ (B\overline{B}=0)$$

66

그림과 같은 신호 흐름 선도에서 $C(s)/R(s)$의 값은?

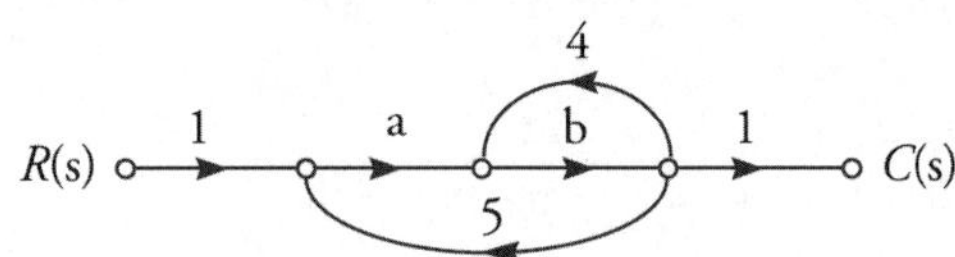

① $\dfrac{ab}{1-4b-5ab}$　② $\dfrac{ab}{1+4b-5ab}$

③ $\dfrac{ab}{1-4b+5ab}$　④ $\dfrac{ab}{1+4b+5ab}$

해설 Chapter 04 – 02 – (3)

$$G_s=\frac{\Sigma P}{1-\Sigma L}=\frac{ab}{1-4b-5ab}$$

67

단위계단 입력에 대한 응답특성이 아래와 같이 나타나는 제어계는?

$$c(t)=1-e^{-\frac{1}{T}t}$$

① 비례제어계　② 적분제어계

③ 1차 지연제어계　④ 2차 지연제어계

해설

$$R(s)=\mathcal{L}[u(t)]=\frac{1}{s}$$

$$C(s)=\mathcal{L}\left[1-e^{-\frac{1}{T}t}\right]=\frac{1}{s}-\frac{1}{s+\frac{1}{T}}$$

$$\therefore G(s)=\frac{C(s)}{R(s)}=\frac{\left(\frac{1}{s}-\frac{1}{s+\frac{1}{T}}\right)}{\left(\frac{1}{s}\right)}$$

$$=1-\frac{s}{s+\frac{1}{T}}=1-\frac{sT}{sT+1}=\frac{1}{Ts+1}$$

즉, 1차 지연제어계이다.

68

$G(s)H(s)=\dfrac{K(s+1)}{s^2(s+2)(s+3)}$ **에서 근궤적의 수는?**

① 1　② 2

③ 3　④ 4

정답 65 ② 66 ① 67 ③ 68 ④

해설 Chapter 09 – 03

$$G(s)\,H(s) = \frac{k(s+1)}{s^2(s+2)(s+3)}$$

영점 : $k(s+1)=0,\ s=-1$

극점 : $s^2(s+2)(s+3)=0,\ s=0$
$s=-2$
$s=-3$

영점의 수가 1개, 극점의 수가 4개이므로 근궤적수는 개수가 큰 극점의 수와 같다.

69

주파수 응답에 의한 위치제어계의 설계에서 계통의 안정도 척도와 관계가 적은 것은?

① 공진치　　② 위상여유
③ 이득여유　　④ 고유주파수

해설

주파수 응답에서 안정도의 척도 : 공진치, 위상여유, 이득여유

70

나이퀴스트(Nyquist) 선도에서의 임계점$(-1,\ j0)$에 대응하는 보드선도에서의 이득과 위상은?

① 1[dB], 0°　　② 0[dB], −90°
③ 0[dB], 90°　　④ 0[dB], −180°

해설 Chapter 07 – 03 – (1)

이득 : $g = 20\log|G(j\omega)| = 20\log 10^0 = 0$[dB]
위상 : -180°

71

평형 3상 △결선 회로에서 선간전압(E_ℓ)과 상전압(E_p)의 관계로 옳은 것은?

① $E_\ell = \sqrt{3}\,E_p$　　② $E_\ell = 3E_p$
③ $E_\ell = E_p$　　④ $E_\ell = \frac{1}{\sqrt{3}}E_p$

해설 Chapter 07 – 01

① Y결선　　② △결선
$V_l = \sqrt{3}\cdot V_p$　　$V_l = V_p$
$I_l = I_p$　　$I_l = \sqrt{3}\cdot I_p$

72

정격전압에서 1[kW]의 전력을 소비하는 저항에 정격의 80[%] 전압을 가할 때의 전력[W]은?

① 320　　② 540
③ 640　　④ 860

해설 Chapter 03 – 01

$P = VI = I^2R = \frac{V^2}{R}$ 에서

전력은 전압의 제곱에 비례하므로

$100^2 : 80^2 = 1000 : P'$

$100^2 \times P' = 80^2 \times 1000$

$P' = \frac{80^2 \times 1000}{100^2} = 640$ [W]

73

그림에서 t=0에서 스위치 S를 닫았다. 콘덴서에 충전된 초기전압 $V_c(0)$가 1[V]이었다면 전류 $i(t)$를 변환한 값 $I(s)$는?

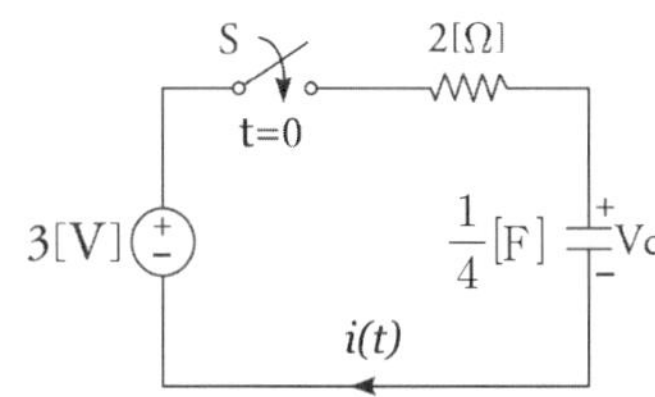

① $\frac{3}{2s+4}$　　② $\frac{3}{s(2s+4)}$
③ $\frac{2}{s(s+2)}$　　④ $\frac{1}{s+2}$

정답 69 ④ 70 ④ 71 ③ 72 ③ 73 ④

해설 Chapter 14 – 02

R–C 직렬회로에서 과도전류 :

$$i(t)=\frac{E}{R}e^{-\frac{1}{RC}t}=\frac{3-1}{2}e^{-\frac{1}{2\times\frac{1}{4}}t}=e^{-2t}$$

라플라스 역변환하면

$$I(s)=\frac{1}{s+2}$$

74

그림과 같은 회로에서 i_x는 몇 [A]인가?

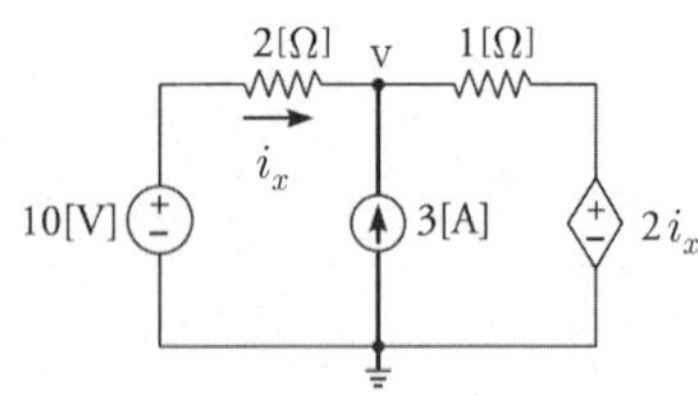

① 3.2　　② 2.6
③ 2.0　　④ 1.4

해설

중첩의 원리에 의하여 전류원을 개방 : $i_x{}'$

$$i_x{}'=\frac{10-2i_x{}'}{2+1}\ ,\ i_x{}'=2\,[\text{A}]$$

중첩의 원리에 의하여 전압원을 단락 : $i_x{}''$

$$i_x{}''+3=\frac{v-2i_x{}''}{1}\ \cdots\cdots\cdots\cdots\ ①$$

$$i_x{}''=-\frac{v}{2},\ v=-2i_x{}''\ \cdots\cdots\ ②$$

①, ②에서,

$$5i_x{}''=-3$$

$$i_x{}''=-\frac{3}{5}=-0.6[\text{A}]$$

그러므로 중첩의 원리에서

$$i_x=i_x{}'+i_x{}''=2-0.6=1.4\,[\text{A}]$$

75

그림과 같이 전압 V와 저항 R로 구성되는 회로 단자 A–B간에 적당한 저항 R_L을 접속하여 R_L에서 소비되는 전력을 최대로 하게 했다. 이때 R_L에서 소비되는 전력 P는?

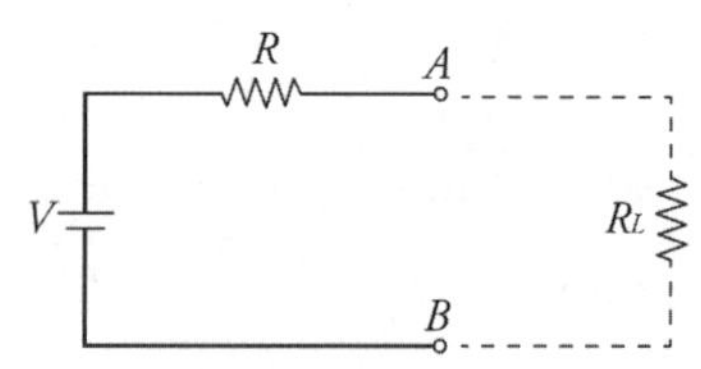

① $\frac{V^2}{4R}$　　② $\frac{V^2}{2R}$
③ R　　④ $2R$

해설 Chapter 03 – 04

최대전력공급조건 :

부하측 임피던스 = 입력측 임피던스

$$P_{\max}=I^2R=(\frac{V}{R+R_L})^2R=(\frac{V}{R+R})^2R$$

$$=\frac{V^2}{4R}[\text{W}]$$

76

다음의 T형의 4단자망 회로에서 $A\ B\ C\ D$ 파라미터 사이의 성질 중 성립되는 대칭조건은?

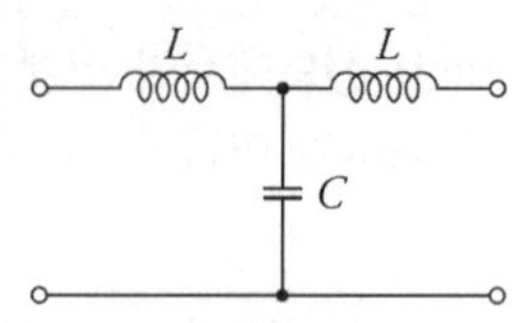

① $A=D$　　② $A=C$
③ $B=C$　　④ $B=A$

해설 Chapter 11 – 04

$$A=1+\frac{j\omega L}{\frac{1}{j\omega C}}$$

$$D=1+\frac{j\omega L}{\frac{1}{j\omega C}}$$

좌우 대칭인 회로에서 항상 A=D인 관계가 있다.

정답 74 ④ 75 ① 76 ①

77

분포정수 회로에서 선로의 특성 임피던스를 Z_0, 전파정수를 γ라 할 때 무한장 선로에 있어서 송전단에서 본 직렬임피던스는?

① $\frac{Z_0}{\gamma}$ ② $\sqrt{\gamma Z_0}$ ③ γZ_0 ④ $\frac{\gamma}{Z_0}$

해설 Chapter 12

특성 임피던스 $Z_0 = \sqrt{\frac{Z}{Y}}$

전파정수 $\gamma = \sqrt{ZY}$ 이므로

선로의 직렬 임피던스

$Z = \gamma Z_0$

선로의 병렬 어드미턴스

$Y = \gamma \frac{1}{Z_0}$

78

그림의 RLC 직병렬회로를 등가 병렬회로로 바꿀 경우, 저항과 리액턴스는 각각 몇 [Ω]인가?

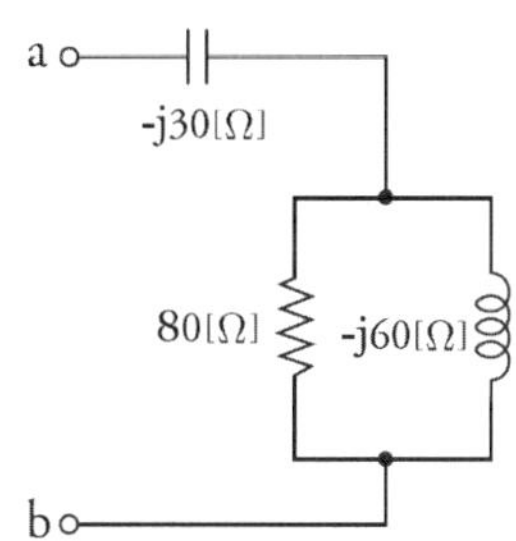

① 46.23, j87.67
② 46.23, j107.15
③ 31.25, j87.67
④ 31.25, j107.15

해설

임피던스

$$Z = -j30 + \frac{80 \times (j60)}{80 + j60} = 28.8 + j8.4$$

어드미턴스

$$Y = \frac{1}{Z} = \frac{1}{28.8 + j8.4} = 0.032 - j9.33 \times 10^{-3}$$

$$\frac{1}{R} = 0.032$$

저항 $R = \frac{1}{0.032} = 31.25$

$$\frac{1}{X} = 9.33 \times 10^{-3}$$

리액턴스 $X = \frac{1}{9.33 \times 10^{-3}} = 107.14$

79

$F(s) = \frac{5s + 3}{s(s+1)}$ **일 때 $f(t)$의 정상값은?**

① 5 ② 3
③ 1 ④ 0

해설 Chapter 13 – 06

최종값 정리 :

$$F(s) = \frac{5s+3}{s(s+1)}$$

$$\lim_{t \to \infty} f(t) = \lim_{s \to 0} s \cdot F(s) = \frac{3}{1} = 3$$

80

선간전압이 200[V], 선전류가 $10\sqrt{3}$[A], 부하역률이 80[%]인 평형 3상회로의 무효전력[Var]은?

① 3,600 ② 3,000
③ 2,400 ④ 1,800

해설 Chapter 07 – 01 – (3)

(역률 $\cos\theta = 0.8$이면 무효율 $\sin\theta = 0.6$)

3상무효전력

$$P_r = \sqrt{3}\, V_l I_l \sin\theta$$
$$= \sqrt{3} \times 200 \times 10\sqrt{3} \times 0.6$$
$$= 3600[\text{Var}]$$

정답 77 ③ 78 ④ 79 ② 80 ①

제5과목 | 전기설비기술기준

81

동일 지지물에 고압 가공전선과 저압 가공전선을 병가할 경우 일반적으로 양 전선 간의 이격거리는 몇 [cm] 이상인가?

① 50[cm] ② 60[cm]
③ 70[cm] ④ 80[cm]

해설 Chapter 03 – 15
고・저압 병가시 0.5[m] = 50[cm] 이상

82

저압 옥상전선로의 시설에 대한 설명으로 틀린 것은?

① 전선은 절연 전선을 사용한다.
② 전선은 지름 2.6[mm] 이상의 경동선을 사용한다.
③ 전선과 옥상전선로를 시설하는 조영재와의 이격거리를 0.5[m]로 한다.
④ 전선은 상시 부는 바람 등에 의하여 식물에 접촉하지 않도록 시설한다.

해설 Chapter 01 – 07
옥상전선로
조영재와의 이격거리는 2[m] 이상

83

저압 및 고압 가공전선의 높이에 대한 기준으로 틀린 것은?

① 철도를 횡단하는 경우는 레일면상 6.5[m] 이상이다.
② 횡단 보도교 위에 시설하는 경우는 저압의 경우는 그 노면 상에서 3[m] 이상이다.
③ 횡단 보도교 위에 시설하는 경우는 고압의 경우는 그 노면 상에서 3.5[m] 이상이다.
④ 다리의 하부 기타 이와 유사한 장소에 시설하는 저압의 전기철도용 급전선은 지표상 3.5[m]까지로 감할 수 있다.

해설 Chapter 03 – 06 – (3)
저압 가공전선의 높이
횡단 보도교 위에 시설시 3.5[m] 이상

84

35[kV] 기계 기구, 모선 등을 옥외에 시설하는 변전소의 구내에 취급자 이외의 사람이 들어가지 않도록 울타리를 시설하는 경우에 울타리의 높이와 울타리로부터 충전 부분까지의 거리의 합계는 몇 [m]인가?

① 5 ② 6 ③ 7 ④ 8

해설 Chapter 02 – 01
발・변전소 울타리 담 등의 시설
35[kV] 시설시 5[m] 이상

85

최대사용전압이 22,900[V]인 3상4선식 중성선 다중접지식 전로와 대지 사이의 절연내력 시험전압은 몇 [V]인가?

① 21,068 ② 25,229
③ 28,752 ④ 32,510

해설 Chapter 01 – 11
중성선 다중접지식 = 22,900 × 0.92 = 21,068[V]

86

고압 가공전선과 건조물의 상부 조영재와의 옆쪽 이격거리는 몇 [m] 이상인가? (단, 전선에 사람이 쉽게 접촉할 우려가 있고 케이블이 아닌 경우이다.)

① 1.0 ② 1.2 ③ 1.5 ④ 2.0

해설 Chapter 03 – 12
이격거리
고압가공전선과 상부 조영재와의 옆쪽 이격거리는 1.2[m] 이상 이격시켜야 한다.

정답 81 ① 82 ③ 83 ② 84 ① 85 ① 86 ②

87

특고압용 제2종 보안 장치 또는 이에 준하는 보안 장치 등이 되어 있지 않은 25[kV] 이하인 특고압 가공 전선로의 지지물에 시설하는 통신선 또는 이에 직접 접속하는 통신선으로 사용할 수 있는 것은?

① 광섬유 케이블
② CN/CV 케이블
③ 캡타이어 케이블
④ 지름 2.6[mm] 이상의 절연 전선

해설 Chapter 04 – 04

88

765[kV] 가공전선 시설 시 2차 접근 상태에서 건조물을 시설하는 경우 건조물 상부와 가공전선 사이의 수직거리는 몇 [m] 이상인가?(단, 전선의 높이가 최저상태로 사람이 올라갈 우려가 있는 개소를 말한다.)

① 15 ② 20 ③ 25 ④ 28

해설 Chapter 03 – 10 – (6)
400[kV] 이상의 특고압 가공 전선이 건조물과 2차 접근시(사람이 올라갈 우려가 있는 개소)는 수직거리가 28[m] 이상일 것

89

배선공사 중 전선이 반드시 절연전선이 아니라도 상관없는 공사방법은?

① 금속관 공사 ② 합성수지관 공사
③ 버스 덕트 공사 ④ 플로어 덕트 공사

해설 Chapter 05 – 02
나전선 사용 가능한 공사

90

폭발성 또는 연소성의 가스가 침입할 우려가 있는 것에 시설하는 지중전선로의 지중함은 그 크기가 최소 몇 [m^3] 이상인 경우에는 통풍장치 기타 가스를 방산시키기 위한 적당한 장치를 시설하여야 하는가?

① 1 ② 3 ③ 5 ④ 10

해설 Chapter 03 – 19 – (2)
지중함 크기 : 1.0[m^3] 이상

91

가공 전선로의 지지물에 시설하는 지선의 안전율은 일반적인 경우 얼마 이상이어야 하는가?

① 2.0 ② 2.2 ③ 2.5 ④ 2.7

해설 Chapter 03 – 03
지선 안전율 : 2.5, 허용 인장하중 : 4.31[kN] 이상

92

저압 가공전선로의 지지물에 시설하는 통신선 또는 이에 직접 접속하는 가공 통신선이 도로를 횡단하는 경우, 일반적으로 지표상 몇 [m] 이상의 높이로 시설하여야 하는가?

① 6.0 ② 4.0 ③ 5.0 ④ 3.0

해설 Chapter 04 – 03
가공 통신선의 높이

93

사용전압이 22.9[kV]인 특고압 가공전선이 도로를 횡단하는 경우, 지표상 높이는 최소 몇 [m] 이상인가?

① 4.5 ② 5 ③ 5.5 ④ 6

해설 Chapter 03 – 06 – (3)
가공전선의 지표상 높이
특고압의 경우 6[m] 이상이다.

※ 한국전기설비규정(KEC) 개정에 따라 삭제된 문제가 있어 100문항이 되지 않습니다.

정답 87 ① 88 ④ 89 ③ 90 ① 91 ③ 92 ① 93 ④

전기기사 기출문제

2016년 2회 기출문제

제1과목 | 전기자기학

01

자기 모멘트 9.8×10^{-5}[Wb · m]의 막대자석을 지구 자계의 수평 성분 10.5[AT/m]인 곳에서 지자기 자오면으로부터 90° 회전시키는 데 필요한 일은 약 몇 [J]인가?

① 1.03×10^{-3}[Wb · m]
② 1.03×10^{-5}[Wb · m]
③ 9.03×10^{-3}[Wb · m]
④ 9.03×10^{-5}[Wb · m]

해설 Chapter 07 – 08
회전시키는 데 필요한 일은

$$W = \int T d\theta = \int_0^{90} MH \cdot \sin\theta \, d\theta$$
$$= MH[-\cos\theta]_0^{90}$$
$$= MH[0+1] = 9.8 \times 10^{-5} \times 10.5$$
$$= 1.029 \times 10^{-3}[\text{J}]$$

02

두 종류의 유전율(ε_1, ε_2)을 가진 유전체 경계면에 진전하가 존재하지 않을 때 성립하는 경계조건을 옳게 나타낸 것은?(단, θ_1, θ_2는 각각 유전체 경계면의 법선벡터와 E_1, E_2가 이루는 각이다.)

① $E_1\sin\theta_1 = E_2\sin\theta_2$
$D_1\sin\theta_1 = D_2\sin\theta_2$, $\dfrac{\tan\theta_1}{\tan\theta_2} = \dfrac{\varepsilon_2}{\varepsilon_1}$

② $E_1\cos\theta_1 = E_2\cos\theta_2$
$D_1\sin\theta_1 = D_2\sin\theta_2$, $\dfrac{\tan\theta_1}{\tan\theta_2} = \dfrac{\varepsilon_2}{\varepsilon_1}$

③ $E_1\sin\theta_1 = E_2\sin\theta_2$
$D_1\cos\theta_1 = D_2\cos\theta_2$, $\dfrac{\tan\theta_1}{\tan\theta_2} = \dfrac{\varepsilon_1}{\varepsilon_2}$

④ $E_1\cos\theta_1 = E_2\cos\theta_2$
$D_1\cos\theta_1 = D_2\cos\theta_2$, $\dfrac{\tan\theta_1}{\tan\theta_2} = \dfrac{\varepsilon_1}{\varepsilon_2}$

해설 Chapter 04 – 02
$D_1 \cdot \cos\theta_1 = D_2 \cdot \cos\theta_2$ (법선)
$E_1 \cdot \sin\theta_1 = E_2 \cdot \sin\theta_2$ (접선)
$\dfrac{\tan\theta_2}{\tan\theta_1} = \dfrac{\varepsilon_2}{\varepsilon_1}$

03

무한히 넓은 두 장의 평면판 도체를 간격 d[m]로 평행하게 배치하고 각각의 평면판에 면전하밀도 $\pm\sigma$[C/m²]로 분포되어 있는 경우 전기력선은 면에 수직으로 나와 평행하게 발산한다. 이 평면판 내부의 전계의 세기는 몇 [V/m]인가?

① $\dfrac{\sigma}{\varepsilon_0}$ ② $\dfrac{\sigma}{2\varepsilon_0}$ ③ $\dfrac{\sigma}{2\pi\varepsilon_0}$ ④ $\dfrac{\sigma}{4\varepsilon_0}$

해설 Chapter 02 – 02 – (3)
평행판의 전계의 세기 : $E = \dfrac{\sigma}{\varepsilon_0}$[V/m]
무한 평면의 전계의 세기 :
$E = \dfrac{\sigma}{2\varepsilon_0} \times 2 = \dfrac{\sigma}{\varepsilon_0}$[V/m]

04

단면적 S[m²], 단위 길이 당 권수가 n_0[회/m]인 무한히 긴 솔레노이드의 자기인덕턴스[H/m]를 구하면?

① $\mu S n_0$ ② $\mu S n_0^2$
③ $\mu S^2 n_0$ ④ $\mu S^2 n_0^2$

정답 01 ① 02 ③ 03 ① 04 ②

해설 Chapter 10 – 02

인덕턴스

$L = \frac{N}{I}\phi \qquad (\phi = \frac{NI}{R_m})$

$= \frac{N^2}{R_m}$[H] $\quad (R_m = \frac{Z}{\mu S})$

$= \frac{\mu S N^2}{l}$[H] $\quad (N = nl)$

$= \mu S n^2 l$[H]

$= \mu S n^2$[H/m] $\quad (S = \pi a^2)$

$= \mu \pi a^2 n^2$[H/m]

05

평행판 콘덴서에 어떤 유전체를 넣었을 때 전속밀도가 4.8×10^{-7}[C/m²]이고 단위체적당 정전에너지가 5.3×10^{-3}[J/m³]이었다. 이 유전체의 유전율은 몇 [F/m]인가?

① 1.15×10^{-11}[F/m] ② 2.17×10^{-11}[F/m]
③ 3.19×10^{-11}[F/m] ④ 4.21×10^{-11}[F/m]

해설

$W = \frac{1}{2}\varepsilon E^2 = \frac{D^2}{2\varepsilon} = \frac{1}{2}ED$[J/m³]

$W = \frac{D^2}{2\varepsilon}$

$\epsilon = \frac{D^2}{2 \cdot W} = \frac{(4.8 \times 10^{-7})^2}{2 \times 5.3 \times 10^{-3}}$

$= 2.17 \times 10^{-11}$[F/m]

06

자유공간 중에 $x = 2,\ z = 4$인 무한장 직선상에 ρ_L [C/m]인 균일한 선전하가 있다. 점(0, 0, 4)의 전계 E[V/m]는?

① $E = \frac{-\rho_L}{4\pi\varepsilon_0}a_x$ ② $E = \frac{\rho_L}{4\pi\varepsilon_0}a_x$

③ $E = \frac{-\rho_L}{2\pi\varepsilon_0}a_x$ ④ $E = \frac{\rho_L}{2\pi\varepsilon_0}a_x$

해설 Chapter 02 – 03

거리 : $r = (0, 0, 4) - (2, 0, 4) = (-2, 0, 0)$

$= -2i$

크기 : $E = \frac{\rho_L}{2\pi\varepsilon_0 r}$

방향 : $\frac{\vec{E}}{|\vec{E}|} = \frac{\vec{r}}{|\vec{r}|}$

$\vec{E} = 크기 \times 방향 = \frac{\rho_L}{2\pi\varepsilon_0 r} \times \frac{\vec{r}}{|\vec{r}|}$

$= \frac{\rho_L}{2\pi\varepsilon_0 \times 2} \times \frac{-2i}{2}$

$= -\frac{\rho_L}{4\pi\varepsilon_0}i$[V/m]

여기서 $i = a_x,\ j = a_y,\ k = a_z$

07

전자파의 특성에 대한 설명으로 틀린 것은?

① 전자파의 속도는 주파수와 무관하다.
② 전파 E_x를 고유임피던스로 나누면 자파 H_y가 된다.
③ 전파 E_x와 자파 H_y의 진동 방향은 진행 방향에 수평인 종파이다.
④ 매질이 도전성을 갖지 않으면 전파 E_x와 자파 H_y는 동위상이 된다.

해설

① 특성 임피던스 $\eta = \frac{E_x}{H_y}$, 자파 $H_y = \frac{E_x}{\eta}$
② 전파 E_x 와 자파 H_y 는 동위상이다.
③ 전파 E_x 와 자파 H_y 의 진동방향은 진행방향에 수직인 횡파이다.
④ 전자파 속도 : $v = \frac{1}{\sqrt{\varepsilon\mu}}$ [m/sec]

08

전위 $V = 3xy + z + 4$일 때 전계 E는?

① $i3x + j3y + k$ ② $-i3y + j3x + k$
③ $i3x + j3y - k$ ④ $-i3y - j3x - k$

정답 05 ② 06 ① 07 ③ 08 ④

해설 Chapter 02 – 09

$E = -grad V = -\nabla \cdot V$

$= -(\frac{\partial V}{\partial x}i + \frac{\partial V}{\partial y}j + \frac{\partial V}{\partial z}k)$

$= -(3yi + 3xj + k) = -3yi - 3xj - k$

09

쌍극자모멘트가 M[C · m]인 전기쌍극자에서 점 P의 전계는 $\theta = \frac{\pi}{2}$에서 어떻게 되는가?(단, θ는 전기쌍극자의 중심에서 축 방향과 점 $P = \pi : 2$를 잇는 선분의 사이 각이다.)

① 0 ② 최소 ③ 최대 ④ $-\infty$

해설 Chapter 02 – 07

$V = \frac{M \cdot \cos\theta}{4\pi\varepsilon_0 r^2}$[V]

$E = \frac{M}{4\pi\varepsilon_0 r^3}\sqrt{1 + 3 \cdot \cos^2\theta}$ [V/m]

$M = \theta \cdot \delta$[C · m]

$\theta = 0°$: 최대
$\theta = 90°$: 최소

10

감자력이 0인 것은?

① 구 자성체 ② 환상 철심
③ 타원 자성체 ④ 굵고 짧은 막대 자성체

해설

환상철심은 감자율이 없으므로 **감자력**이 0이다.

11

그림과 같이 반지름 10[cm]인 반원과 그 양단으로부터 직선으로 된 도선에 10[A]의 전류가 흐를 때, 중심 O에서의 자계의 세기와 방향은?

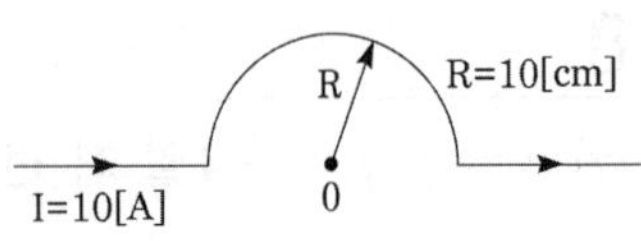

① 2.5[AT/m], 방향 ⊙
② 25[AT/m], 방향 ⊙
③ 2.5[AT/m], 방향 ⊗
④ 25[AT/m], 방향 ⊗

해설 Chapter 07 – 02 – (4)

반무한장 직선의 자계세기

$H_1 = H_3 = 0$

전체전계의 세기는 반원형코일의 전계의 세기와 같다.

$H = H_2 = \frac{I}{2a} \times \frac{1}{2} = \frac{I}{4a}$

$= \frac{10}{4 \times 0.1} = 25$[AT/m], 방향 ⊗

12

W_1과 W_2의 에너지를 갖는 두 콘덴서를 병렬연결한 경우의 총 에너지 W와의 관계로 옳은 것은?(단, $W_1 \neq W_2$이다.)

① $W_1 + W_2 = W$ ② $W_1 + W_2 > W$
③ $W_1 - W_2 = W$ ④ $W_1 + W_2 < W$

해설 Chapter 03 – 05 – (5)

콘덴서를 병렬연결하면 에너지는 감소

1) $W_1 \neq W_2$, $W_1 + W_2 > W$

2) $W_1 = W_2$, $W_1 + W_2 = W$
비눗방울을 합치면 에너지는 증가
$W_1 + W_2 < W$

13

한 변이 L[m]되는 정사각형의 도선회로에 전류 I[A]가 흐르고 있을 때 회로중심에서의 자속밀도는 몇 [Wb/m^2]인가?

① $\frac{2\sqrt{2}}{\pi}\mu_0\frac{L}{I}$ ② $\frac{\sqrt{2}}{\pi}\mu_0\frac{L}{I}$
③ $\frac{2\sqrt{2}}{\pi}\mu_0\frac{I}{L}$ ④ $\frac{4\sqrt{2}}{\pi}\mu_0\frac{I}{L}$

정답 09 ② 10 ② 11 ④ 12 ② 13 ③

해설 Chapter 07 – 02 – (7)

$$H_3 = \frac{9I}{2\pi l} \quad H_4 = \frac{2\sqrt{2}I}{\pi l}$$

$$H_6 = \frac{\sqrt{3}I}{\pi l} \quad H_n = \frac{nI}{2\pi R} \cdot \tan\frac{\pi}{n}$$

$(B = \mu H)$

$$B = \mu_0 \cdot H_4 = \mu_0 \cdot \frac{2\sqrt{2}I}{\pi L}$$

여기서 H_3 : 정삼각형 중심, H_4 : 정사각형 중심

H_6 : 정육각형 중심, H_n : n각형

14

그림과 같은 원통상 도선 한 가닥이 유전율 ε[m]인 매질 내에 지상 h[m] 높이로 지면과 나란히 가선되어 있을 때 대지와 도선간의 단위 길이당 정전용량 [F/m]은?

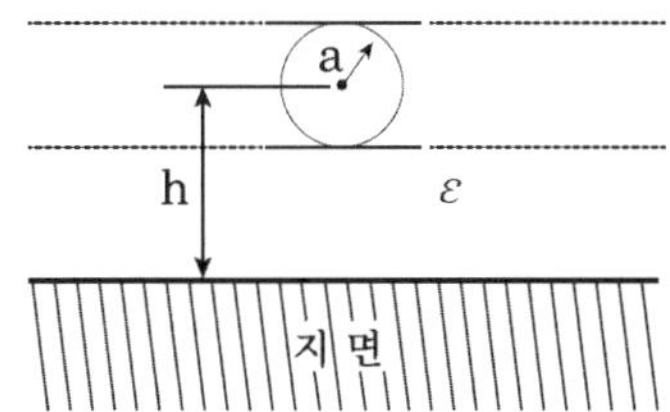

① $\dfrac{2\pi\varepsilon}{\sinh^{-1}\frac{h}{a}}$ ② $\dfrac{\pi\varepsilon}{\sinh^{-1}\frac{h}{a}}$

③ $\dfrac{2\pi\varepsilon}{\cosh^{-1}\frac{h}{a}}$ ④ $\dfrac{\pi\varepsilon}{\cosh^{-1}\frac{h}{a}}$

15

환상 철심에 권선 수 20인 A코일과 권선 수 80인 B 코일이 감겨 있을 때, A코일의 자기 인덕턴스가 5[mH]라면 두 코일의 상호 인덕턴스는 몇 [mH]인가?(단, 누설자속은 없는 것으로 본다.)

① 20[mH] ② 1.25[mH]

③ 0.8[mH] ④ 0.05[mH]

해설 Chapter 10 – 02 – (3)

인덕턴스와 권수

$$\frac{N_A^2}{L_A} = \frac{N_B^2}{L_B} = \frac{N_A N_B}{M}$$

$$\frac{N_A^2}{L_A} = \frac{N_A N_B}{M}$$

$$M = \frac{N_B}{N_A} \times L_A = \frac{80}{20} \times 5 = 20[\text{mH}]$$

16

자기 회로에서 키르히호프의 법칙에 대한 설명으로 옳은 것은?

① 임의의 결합점으로 유입하는 자속의 대수합은 0이다.

② 임의의 폐자로에서 자속과 기자력의 대수합은 0이다.

③ 임의의 폐자로에서 자기저항과 기자력의 대수합은 0이다.

④ 임의의 폐자로에서 각 부의 자기저항과 자속의 대수합은 0이다.

해설

임의의 폐자로에 있어서 각 부의 자기저항과 자속과의 곱의 합은 폐자로에 있는 기자력의 총합과 같다.

전기회로(기르히호프 제1법칙)

$I_1 + I_0 + \cdots = 0$, $\Sigma I = 0$, $\Sigma I_{in} = \Sigma I_{out}$

자기회로

$\phi_1 + \phi_0 + \cdots = 0$, $\Sigma\phi = 0$, $\Sigma\phi_{in} = \Sigma\phi_{out}$, $\Sigma NI = \Sigma\phi R_m$

17

다음 식 중에서 틀린 것은?

① 가우스의 정리 : $div\, D = \rho$

② 포아송의 방정식 : $\nabla^2 V = \dfrac{\rho}{\varepsilon}$

③ 라플라스의 방정식 : $\nabla^2 V = 0$

④ 발산의 정리 : $\oint_s A \cdot ds = \int_v div\, A\, dv$

정답 14 ③ 15 ① 16 ① 17 ②

해설

가우스정리 : 가우스정리의미분형 $div D = \rho$

포아송의방정식 $\nabla^2 V = -\frac{\rho}{\epsilon_0}$

라플라스방정식 $\nabla^2 V = 0$

18

표피효과에 대한 설명으로 옳은 것은?

① 주파수가 높을수록 침투깊이가 얇아진다.
② 투자율이 크면 표피효과가 적게 나타난다.
③ 표피효과에 따른 표피저항은 단면적에 비례한다.
④ 도전율이 큰 도체에는 표피효과가 적게 나타난다.

해설 Chapter 09 – 02

$\delta = \sqrt{\frac{2}{\omega\sigma\mu}}$

※ 주파수(f)가 증가하면

① 침투깊이

$(\delta \propto \frac{1}{\sqrt{f}})$ (감소)

② 표피효과

$(\frac{1}{\delta} \propto \sqrt{f})$ (증가)

③ 저항 : $R = \rho \cdot \frac{l}{S}$

$R \propto \sqrt{f}$

19

패러데이관에 대한 설명으로 틀린 것은?

① 관내의 전속수는 일정하다.
② 관의 밀도는 전속밀도와 같다.
③ 진전하가 없는 점에서 불연속이다.
④ 관 양단에 양(+), 음(−)의 단위전하가 있다.

해설 Chapter 04 – 05

진전하가 없는 점에서 연속이다.

20

압전효과를 이용하지 않은 것은?

① 수정발진기 ② 마이크로 폰
③ 초음파 발생기 ④ 자속계

해설

수정, 전기석, 로셸염 등의 압전기가 수정 발진자, 마이크로폰, 초음파 발진자, crystal pick-up 등 여러 방면에 이용되고 있다.

정답 18 ① 19 ③ 20 ④

제2과목 | 전력공학

21

3상 3선식 송전선로의 선간거리가 각각 50[cm], 60[cm], 70[cm]인 경우 기하학적 평균 선간거리는 약 몇 [cm]인가?

① 50.4　　② 59.4
③ 62.8　　④ 64.8

해설

$D' = \sqrt[3]{50 \times 60 \times 70}$
$= 59.4[\text{cm}]$

22

송전계통에서 자동재폐로 방식의 장점이 아닌 것은?

① 신뢰도 향상
② 공급 지장시간의 단축
③ 보호계전방식의 단순화
④ 고장상의 고속도 차단, 고속도 재투입

해설

자동재폐로 방식의 장점
- 신뢰도 향상
- 고장상의 고속도 차단, 고속도 재투입
- 공급 지장시간의 단축

23

수력발전소에서 흡출관을 사용하는 목적은?

① 압력을 줄인다.
② 유효낙차를 늘린다.
③ 속도 변동률을 작게 한다.
④ 물의 유선을 일정하게 한다.

해설 Chapter 08 – 02 – (2)

흡출관 : 반동수차 러너출구 ~ 방수면까지 접속관 충동수차에는 없다.

24

초고압용 차단기에 개폐 저항기를 사용하는 주된 이유는?

① 차단속도 증진　　② 차단전류 감소
③ 이상전압 억제　　④ 부하설비 증대

해설

이상전압 억제

25

송전단 전압이 66[kV]이고, 수전단 전압이 62[kV]로 송전 중이던 선로에서 부하가 급격히 감소하여 수전단 전압이 63.5[kV]가 되었다. 전압강하율은 약 몇 [%]인가?

① 2.28　　② 3.94
③ 6.06　　④ 6.45

해설

$\delta = \dfrac{V_S - V_r}{V_r} \times 100 = \dfrac{66 - 63.5}{63.5} \times 100$
$= 3.94[\%]$

26

이상전압에 대한 방호장치가 아닌 것은?

① 피뢰기　　② 가공지선
③ 방전코일　　④ 서지흡수기

해설

방전코일 : 콘덴서의 잔류전하를 방전

27

154[kV] 송전선로의 전압을 345[kV]로 승압하고 같은 손실률로 송전한다고 가정하면 송전 전력은 승압 전의 약 몇 배 정도인가?

① 2　　② 3　　③ 4　　④ 5

정답 21 ②　22 ③　23 ②　24 ③　25 ②　26 ③　27 ④

해설 Chapter 03 – 01 – (1)

전력손실률 일정 시

$$K=\frac{P_l}{P}=\frac{3I^2R}{\sqrt{3}\,VI\cos\theta}=\frac{P\cdot R}{V^2\omega^2\theta}$$

$P \propto V^2$ 이므로 $P=\left(\frac{345}{154}\right)^2=5$

28

초고압 송전선로에 단도체 대신 복도체를 사용할 경우 틀린 것은?

① 전선의 작용인덕턴스를 감소시킨다.
② 선로의 작용정전용량을 증가시킨다.
③ 전선 표면의 전위경도를 저감시킨다.
④ 전선의 코로나 임계전압을 저감시킨다.

해설

L은 작아지고 C는 커진다.
전선의 코로나 임계전압은 커진다.

29

그림과 같이 정수가 서로 같은 평행 2회선 송전선로의 4단자 정수 중 B에 해당되는 것은?

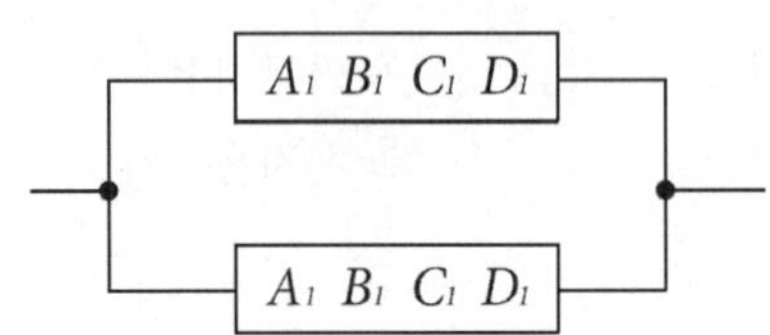

① $4B_1$　　② $2B_1$
③ $\frac{1}{2}B_1$　　④ $\frac{1}{4}B_1$

해설

1회선에서 2회선으로 바꾼 것으로 전압비[A]와 전류비(D)는 1이고 임피던스(B)는 병렬연결이 된 것이라, $\frac{B}{2}$가 된다.

30

송전 계통에서 1선 지락 시 유도장해가 가장 적은 중성점 접지방식은?

① 비접지 방식　　② 저항접지 방식
③ 직접접지 방식　　④ 소호 리액터접지 방식

해설 Chapter 04 – 02 – (2)

직접 접지방식 특징

- 장점 : 전위상승 최소, 변압기 단절연 가능, 계전기 동작 신속 확실
- 단점 : 지락전류 최대, 유도장해 최대, 과도 안정도가 나쁘다.

지락 전류가 가장 큰 것은 직접 접지방식
지락 전류가 가장 작은 것은 소호리액터 방식

31

송전전압 154[kV], 2회선 선로가 있다. 선로 길이가 240[km]이고 선로의 작용 정전용량이 0.02[μF/km]라고 한다. 이것을 자기 여자를 일으키지 않고 충전하기 위해서는 최소한 몇 [MVA] 이상의 발전기를 이용하여야 하는가?(단, 주파수는 60[Hz]이다.)

① 78　　② 86　　③ 89　　④ 95

해설

$$\begin{aligned}Q_G&=3\cdot E\cdot I_c\\&=3\cdot E\cdot\omega CE\\&=3\times\frac{V}{\sqrt{3}}\cdot\omega C\frac{V}{\sqrt{3}}=\omega CV^2\times l\times 2\\&=2\pi f\times 0.02\times 10^{-6}\times(15400)^2\times 240\times 2\\&=86000000\times 10^{-6}=86[\text{MVA}]\end{aligned}$$

32

방향성을 갖지 않는 계전기는?

① 전력 계전기　　② 과전류 계전기
③ 비율차동 계전기　　④ 선택 지락 계전기

해설

OCR계전기(과전류 계전기)

정답 28 ④　29 ③　30 ④　31 ②　32 ②

33

22.9[kV-Y] 3상 4선식 중성선 다중접지계통의 특성에 대한 내용으로 틀린 것은?

① 1선 지락 사고 시 1상 단락전류에 해당하는 큰 전류가 흐른다.
② 전원의 중성점과 주상변압기의 1차 및 2차를 공통의 중성선으로 연결하여 접지한다.
③ 각 상에 접속된 부하가 불평형일 때도 불완전 1선 지락고장의 검출감도가 상당히 예민하다.
④ 고저압 혼촉사고 시에는 중성선에 막대한 전위상승을 일으켜 수용가에 위험을 줄 우려가 있다.

해설
부하가 불평형일 때에 1선 지락전류가 매우 크므로 보호계전기가 빠른속도로 동작한다.(검출감도가 예민하지 않다.)

34

선로 전압 강하 보상기(LDC)에 대한 설명으로 옳은 것은?

① 승압기로 저하된 전압을 보상하는 것
② 분로 리액터로 전압 상승을 억제하는 것
③ 선로의 전압 강하를 고려하여 모선 전압을 조정하는 것
④ 직렬 콘덴서로 선로의 리액턴스를 보상하는 것

해설
선로 전압강하 보상기(LDC) : 선로의 전압 강하를 고려하여 모선 전압을 조정하는 것

35

송전선로의 현수 애자련 연면 섬락과 가장 관계가 먼 것은?

① 댐퍼 ② 철탑 접지 저항
③ 현수 애자련의 개수 ④ 현수 애자련의 소손

해설 Chapter 03 – 03 – (3)
분로 리액터 : 페란티 현상 방지
댐퍼 : 전선의 진동방지

36

각 전력계통을 연계선으로 상호 연결하면 여러 가지 장점이 있다. 틀린 것은?

① 경제급전이 용이하다.
② 주파수의 변화가 작아진다.
③ 각 전력계통의 신뢰도가 증가한다.
④ 배후전력(back power)이 크기 때문에 고장이 적으며 그 영향의 범위가 작아진다.

해설
$P_s = \frac{100}{\%Z} P_n$
$\uparrow P_s = \frac{1}{\%Z\downarrow}$ 이므로, 고장이 많아진다.

37

**유효낙차 100[m], 최대사용수량 20[m^3/s]인 발전소의 최대 출력은 약 몇 [kW]인가?
(단, 수차 및 발전기의 합성효율은 85[%]라 한다.)**

① 14160 ② 16660
③ 24990 ④ 33320

해설
$P_G[KW] = 9.8QH\eta_T$[kW]
$= 9.8 \times 20 \times 100 \times 0.85$
$= 16660$[kW]

38

3상 3선식 송전선로에서 연가의 효과가 아닌 것은?

① 작용 정전용량의 감소
② 각 상의 임피던스 평형
③ 통신선의 유도장해 감소
④ 직렬공진의 방지

정답 33 ③ 34 ③ 35 ① 36 ④ 37 ② 38 ①

기출문제 ✦ 2016년 2회

해설 Chapter 02 – 01 – (3)

연가의 효과

① 직렬 공진의 방지
② 통신선의 유도장해 감소
③ 선로정수의 평형

39

각 수용가의 수용 설비 용량이 50[kW], 100[kW], 80[kW], 60[kW], 150[kW]이며, 각각의 수용률이 0.6, 0.6, 0.5, 0.5, 0.4일 때 부하의 부등률이 1.3이라면 변압기의 용량은 약 몇 [kVA]가 필요한가?(단, 평균 부하 역률은 80[%]라고 한다.)

① 142 ② 165
③ 183 ④ 212

해설

kVA

$= \frac{\text{각수용가최대의 전력의합}}{\text{부등률}}$

$= \frac{(50\times0.6)+(100\times0.6)+(80\times0.5)+(60\times0.5)+(150\times0.4)}{1.3\times0.8}$

$=212[\text{kVA}]$

40

그림과 같은 주상 변압기 2차측 접지공사의 목적은?

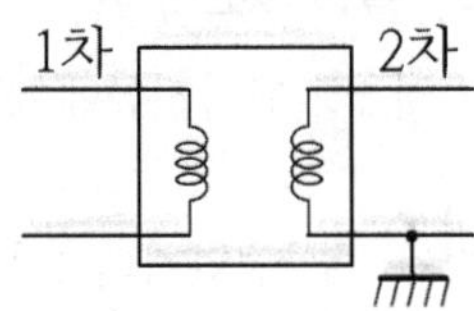

① 1차측 과전류 억제
② 2차측 과전류 억제
③ 1차측 전압상승 억제
④ 2차측 전압상승 억제

해설

2차측 접지공사 목적

1차와 2차가 혼촉됐을 때 높은 쪽에서 낮은 쪽에 전압이 인가되면 높은 전압에 의해 감전되기 때문에 전위 상승 방지가 목적이다.

정답 39 ④ 40 ④

제3과목 | 전기기기

41

계자 권선이 전기자에 병렬로만 연결된 직류기는?

① 분권기　② 직권기
③ 복권기　④ 타여자기

해설 Chapter 13 – 04
직권 : 계자와 전기자가 직렬
분권 : 계자와 전기자가 병렬

42

정격출력 10,000[kVA], 정격전압 6,600[V], 정격 역률 0.6인 3상 동기 발전기가 있다. 동기 리액턴스 0.6[p.u]인 경우의 전압 변동률[%]은?

① 21　② 31　③ 40　④ 52

해설 Chapter 05 – 02

$$\varepsilon = \frac{V_0 - V_n}{V_n} \times 100 \quad V_0 = E$$

$$E = \sqrt{\cos\theta^2 + (\sin + X_s)^2}\,[PU]$$

$$= \sqrt{0.6^2 + (0.8 + 0.6)^2} = 1.52$$

$$\varepsilon = \frac{1.52 - 1}{1} \times 100 = 52[\%]$$

43

직류 분권발전기에 대한 설명으로 옳은 것은?

① 단자전압이 강하하면 계자전류가 증가한다.
② 부하에 의한 전압의 변동이 타여자발전기에 비하여 크다.
③ 타여자발전기의 경우보다 외부특성 곡선이 상향으로 된다.
④ 분권권선의 접속방법에 관계없이 자기여자로 전압을 올릴 수가 있다.

해설 Chapter 05 – 01
분권 발전기는 타여자 발전기에 비하여 전압변동률이 크다.

44

3상 유도전압 조정기의 동작원리 중 가장 적당한 것은?

① 두 전류 사이에 작용하는 힘이다.
② 교번자계의 전자유도작용을 이용한다.
③ 충전된 두 물체 사이에 작용하는 힘이다.
④ 회전자계에 의한 유도 작용을 이용하여 2차 전압의 위상전압 조정에 따라 변화한다.

해설 Chapter 16 – 14
3상 유도전압 조정기 원리 : 회전자계를 이용하여 2차 위상(회전각)을 조정
3상은 회전자계 단상은 교번자계

45

정격용량 100[kVA]인 단상 변압기 3대를 $\Delta - \Delta$ 결선하여 300[kVA]의 3상 출력을 얻고 있다. 한 상에 고장이 발생하여 결선을 V결선으로 하는 경우 (a) 뱅크 용량[kVA], (b) 각 변압기의 출력[kVA]은?

① (a) 253, (b) 126.5
② (a) 200, (b) 100
③ (a) 173, (b) 86.6
④ (a) 152, (b) 75.6

해설 Chapter 14 – 07

$$P_v = \sqrt{3} \cdot P_1$$
$$= \sqrt{3} \times 100 = 173$$

각 변압기 출력 $P_n = \frac{P_V}{2} = \frac{1732}{2} = 86.6[\mathrm{kVA}]$

정답 41 ① 42 ④ 43 ② 44 ④ 45 ③

46

직류기의 전기자 반작용 결과가 아닌 것은?

① 주자속이 감소한다.
② 전기적 중성축이 이동한다.
③ 주자속에 영향을 미치지 않는다.
④ 정류자편 사이의 전압이 불균일하게 된다.

해설 Chapter 03 – 01

전기자 반작용 : 주자속에 영향을 주는 현상
㉠ 주자속이 감소한다.
㉡ 전기적 중성축이 이동한다.
㉢ 정류자편 사이에 전압이 불균일하게 되어 국부적으로 섬락현상이 발생한다.

47

자극수 p, 파권, 전기자 도체수가 z인 직류 발전기를 N[rpm]의 회전속도로 무부하 운전할 때 기전력이 E[V]이다. 1극당 주자속[Wb]은?

① $\dfrac{120E}{pzN}$　② $\dfrac{120z}{pEN}$
③ $\dfrac{120zN}{pE}$　④ $\dfrac{120pz}{EN}$

해설 Chapter 01 – 01

$E = \dfrac{P}{a}Z\phi\dfrac{N}{60}$ 파권이므로 $a=2$

$\phi = \dfrac{E \cdot 120}{PZN}$

48

동기 발전기의 단락비를 계산하는 데 필요한 시험은?

① 부하 시험과 돌발 단락 시험
② 단상 단락 시험과 3상 단락 시험
③ 무부하 포화 시험과 3상 단락 시험
④ 정상, 역상, 영상 리액턴스의 측정 시험

해설

무부하 시험과 3상 단락 시험

49

SCR에 관한 설명으로 틀린 것은?

① 3단자 소자이다.
② 스위칭 소자이다.
③ 직류 전압만을 제어한다.
④ 적은 게이트 신호로 대전력을 제어한다.

해설 Chapter 01 – 05

SCR – 역저지 3단자,
SSS – 2방향성 2단자
SCS – 역저지 4단자,
TRIAC – 2방향성 2단자 사이리스터
SCR – 직류 교류 전압제어

50

3상 유도전동기의 기동법 중 $Y-\Delta$ 기동법으로 기동 시 1차 권선의 각 상에 가해지는 전압은 기동 시 및 운전시 각각 정격전압의 몇 배가 가해지는가?

① $1, \dfrac{1}{\sqrt{3}}$　② $\dfrac{1}{\sqrt{3}}, 1$
③ $\sqrt{3}, \dfrac{1}{\sqrt{3}}$　④ $\dfrac{1}{\sqrt{3}}, \sqrt{3}$

해설 Chapter 11 – 03

기동시 $\dfrac{1}{\sqrt{3}}$, 운전시 1

51

유도전동기의 최대토크를 발생하는 슬립을 S_p, 최대 출력을 발생하는 슬립을 S_t라 하면 대소 관계는?

① $S_p = S_t$　② $S_p > S_t$
③ $S_p < S_t$　④ 일정치 않다.

해설

$S_p < S_t$ 최대토크 발생시 슬립이 최대 출력을 발생하는 슬립보다 크다.

정답 46 ③ 47 ① 48 ③ 49 ③ 50 ② 51 ③

52

단권변압기 2대를 V결선하여 선로 전압 3000[V]를 3300[V]로 승압하여 300[kVA]의 부하에 전력을 공급하려고 한다. 단권변압기 1대의 자기 용량은 몇 [kVA]인가?

① 9.09　② 15.72
③ 21.72　④ 31.50

해설

$$\frac{자기용량}{부하용량} = \frac{2}{\sqrt{3}} \cdot \frac{Vh - Vl}{Vh}$$

$$자기용량 = \frac{2}{\sqrt{3}} \cdot \frac{Vh - Vl}{Vh} \times 부하용량$$

$$= \frac{2}{\sqrt{3}} \cdot \frac{3300 - 3000}{3300} \times 300$$

$= 31.5$[kVA]/2

$= 15.72$[kVA]

53

단상 전파정류에서 공급전압이 E일 때, 무부하 직류 전압의 평균값은?(단, 브리지 다이오드를 사용한 전파 정류회로이다.)

① $0.90E$　② $0.45E$
③ $0.75E$　④ $1.17E$

해설 Chapter 01 – 05

단상전파　단상반파
$Ed = 0.9E$　$Ed = 0.45E$

54

3상 권선형 유도전동기의 토크-속도 곡선이 비례추이 한다는 것은 그 곡선이 무엇에 비례해서 이동하는 것을 말하는가?

① 슬립　② 회전수
③ 2차 저항　④ 공급전압의 크기

해설 Chapter 16 – 09

권선형 유도 전동기의 기동법
2차저항법
2차저항에 비례해서 이동하는 것을 말한다.
$S \propto r_2$

55

평형 3상 회로의 전류를 측정하기 위해서 변류비 200 : 5의 변류기를 그림과 같이 접속하였더니 전류계의 지시가 1.5[A]이었다. 1차 전류는 몇 [A]인가?

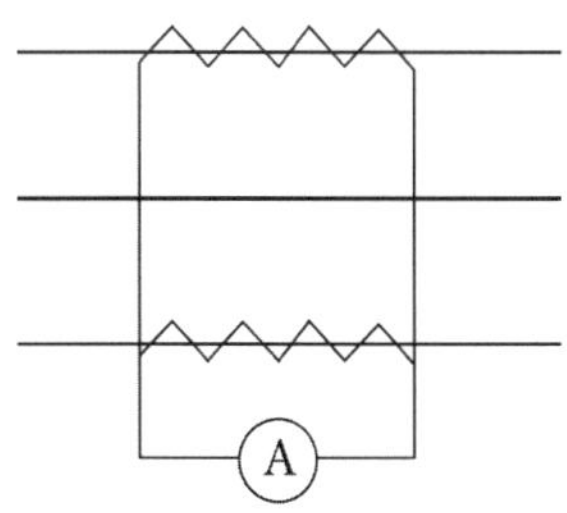

① 60　② $60\sqrt{3}$
③ 30　④ $30\sqrt{3}$

해설

$I_1 = I_2 \times CT$비
$= 1.5 \times \frac{200}{5}$
$= 60$[A]

56

동기 조상기의 구조상 특이점이 아닌 것은?

① 고정자는 수차발전기와 같다.
② 계자 코일이나 자극이 대단히 크다.
③ 안전 운전용 제동권선이 설치된다.
④ 전동기 축은 동력을 전달하는 관계로 비교적 굵다.

해설 Chapter 15 – 04

동기 조상기는 동기 선동기를 무부하로 운전시키는 기기이다.

정답 52 ② 53 ① 54 ③ 55 ① 56 ④

57

정격 200[V], 10[kW] 직류 분권발전기의 전압변동률은 몇 [%]인가?(단, 전기자 및 분권 계자 저항은 각각 0.1[Ω], 100[Ω]이다.)

① 2.6 ② 3.0
③ 3.6 ④ 4.5

해설 Chapter 05 – 01

$$\epsilon = \frac{V_0 - V_n}{V_n} \times 100 = \frac{I_a \cdot R_a}{V_n} \times 100$$

$$= \frac{205.2 - 200}{200} \times 100 = 2.6[\%]$$

$$V_0 = E = V + I_a \cdot R_a$$

$$= 200 + 52 \times 0.1 = 205.2[\text{V}]$$

$$I_a = I + If = \frac{P}{V} + \frac{V}{Rf} = \frac{10 \times 10^3}{200} + \frac{200}{100}$$

$$= 52[\text{A}]$$

58

VVVF(variable voltage variable frequency)는 어떤 전동기의 속도 제어에 사용되는가?

① 동기 전동기
② 유도 전동기
③ 직류 복권전동기
④ 직류 타여자전동기

해설 Chapter 07 – 31

농형 유도 전동기 속도제어법 :
주파수 변환(제어)법 (VVVF 제어법)
극수 제어법
전압 제어법
전압제어와 주파수제어가 들어가 있기 때문에 유도 전동기 속도제어다.

59

그림은 단상 직권 정류자 전동기의 개념도이다. C를 무엇이라고 하는가?

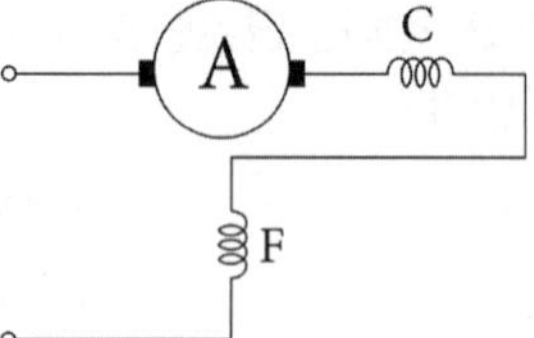

① 제어권
② 보상권
③ 보극권
④ 단층권선

해설 Chapter 03 – 01

A는 전기자, C는 보상권선, F는 계자권선이다.

60

3300/200[V], 10[kVA] 단상 변압기의 2차를 단락하여 1차측에 300[V]를 가하니 2차에 120[A]의 전류가 흘렀다. 이 변압기의 임피던스 전압[V] 및 %임피던스 강하는 약 얼마인가?

① 125[V], 3.8[%] ② 125[V], 3.5[%]
③ 200[V], 4.0[%] ④ 200[V], 4.2[%]

해설 Chapter 05 – 02

$$\%Z = \frac{I_{1n} \cdot Z_1}{V_{1n}} \times 100 = \frac{V_{1s}}{V_{1n}} \times 100$$

$$Z_1 = \frac{V_1}{I_1} = \frac{300}{7.27} = 41.3$$

$$= 41.3[\Omega]$$

$$V_{1s} = I_{1n} \cdot Z_1 = \frac{10 \times 10^3}{3300} \times 41.3 = 125[\text{V}]$$

$$\searrow\ a = \frac{I_2}{I_1} \quad I_1 = \frac{I_2}{a} = \frac{120}{16.5} = 7.27[\text{A}]$$

여기서 $a = \frac{V_1}{V_2} = \frac{3300}{200} = 16.5$

$$\%Z = \frac{V_{1s}}{V_{1n}} \times 100$$

$$= \frac{125}{3300} \times 100$$

$$= 3.8[\%]$$

정답 57 ① 58 ② 59 ② 60 ①

제4과목 | 회로이론 · 제어공학

61

Nyquist 판정법의 설명으로 틀린 것은?

① 안정성을 판정하는 동시에 안정도를 제시해 준다.
② 계의 안정도를 개선하는 방법에 대한 정보를 제시해 준다.
③ Nyquist 선도는 제어계의 오차 응답에 관한 정보를 준다.
④ Routh-Hurwitz 판정법과 같이 계의 안정여부를 직접 판정해 준다.

해설
Nyquist 선도는 주파수 응답에 관한 정보를 준다.

62

그림의 신호 흐름 선도에서 $\dfrac{y_2}{y_1}$ 은?

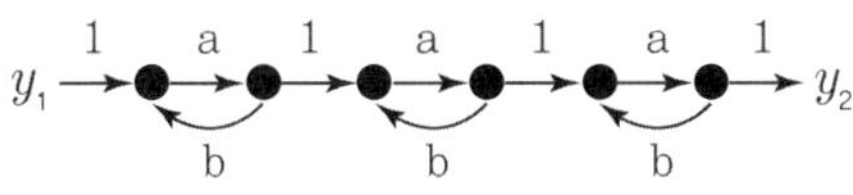

① $\dfrac{a^3}{1-3ab}$ ② $\dfrac{a^3}{(1-ab)^3}$

③ $\dfrac{a^3}{1-3ab+ab}$ ④ $\dfrac{a^3}{1-3ab+2ab}$

해설 Chapter 04 – 03
신호 흐름 선도

$$G(s)=(\frac{a}{1-ab})\times(\frac{a}{1-ab})\times(\frac{a}{1-ab})$$
$$=\frac{a^3}{(1-ab)^3}$$

63

폐루프 시스템의 특징으로 틀린 것은?

① 정확성이 증가한다.
② 감쇠폭이 증가한다.
③ 발진을 일으키고 불안정한 상태로 되어 갈 가능성이 있다.
④ 계의 특성 변화에 대한 입력 대 출력비의 감도가 증가한다.

해설
피드백(폐루프) 제어계의 특징
- 정확성이 증가
- 감대폭이 증가(감쇠폭=감대폭=대역폭)
- 발진을 일으키고 불안정한 상태로 되어 가는 경향성
- 계의 특성 변화에 대한 입력 대 출력비의 감도 감소

64

2차 제어계 $G(s)H(s)$의 나이퀴스트 선도의 특징이 아닌 것은?

① 이득 여유는 ∞이다.
② 교차량 $|GH|=0$이다.
③ 모두 불안정한 제어계이다.
④ 부의 실축과 교차하지 않는다.

해설
모든 이득에 대해서 2차 시스템은 안정하다.

65

다음과 같은 상태 방정식의 고유값 $\lambda_1,\ \lambda_2$는?

$$\begin{pmatrix}\dot{x}_1\\ \dot{x}_2\end{pmatrix}=\begin{pmatrix}1 & -2\\ -3 & 2\end{pmatrix}\begin{pmatrix}x_1\\ x_2\end{pmatrix}+\begin{pmatrix}2 & -3\\ -4 & 3\end{pmatrix}\begin{pmatrix}r_1\\ r_2\end{pmatrix}$$

① 4, −1 ② −4, 1 ③ 6, −1 ④ −6, 1

해설 Chapter 10 – 03

계수행렬 : $A=\begin{bmatrix}1 & -2\\ -3 & 2\end{bmatrix}$

특성방정식 : $[sI-A]=0$

$$\begin{bmatrix}s & 0\\ 0 & s\end{bmatrix}-\begin{bmatrix}1 & -2\\ -3 & 2\end{bmatrix}=0$$
$$\begin{bmatrix}s-1 & 2\\ 3 & s-2\end{bmatrix}=0$$
$$(s-1)(s-2)-2\times3=0$$
$$s^2-3s-4=0$$
$$(s-4)(s+1)=0$$
$$s=4,\ s=-1$$

정답 61 ③ 62 ② 63 ④ 64 ③ 65 ①

66

단위 계단 함수 $u(t)$를 z변환하면?

① 1 ② $\frac{1}{z}$ ③ 0 ④ $\frac{z}{z-1}$

해설 Chapter 10 – 04

	$F(s)$	$F(z)$
$\delta(t)$	1	1
$u(t)$	$\frac{1}{s}$	$\frac{z}{z-1}$
e^{-at}	$\frac{1}{s+a}$	$\frac{z}{z-e^{-at}}$

67

그림과 같은 블록선도로 표시되는 제어계는 무슨 형인가?

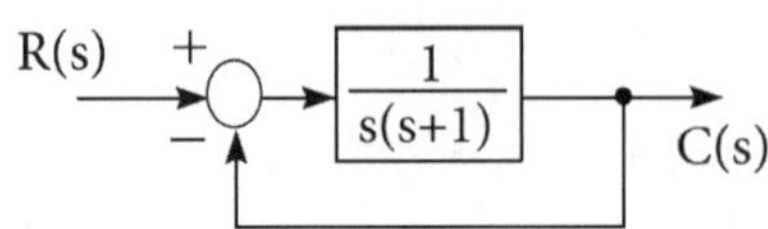

① 0 ② 1
③ 2 ④ 3

해설 Chapter 05 – 03

$$G(s)=\frac{1}{s(s+1)}=\frac{1}{s}=\frac{1}{s^1}$$

$$1 \gg s$$

분모의 차수가 1이므로 1형 제어계이다.

68

제어기에서 미분제어의 특성으로 가장 적합한 것은?

① 대역폭이 감소한다.
② 제동을 감소시킨다.
③ 작동오차의 변화율에 반응하여 동작한다.
④ 정상상태의 오차를 줄이는 효과를 갖는다.

해설

미분동작제어는 작동오차의 변화율에 반응하여 동작한다.

69

다음의 설명 중 틀린 것은?

① 최소 위상 함수는 양의 위상 여유이면 안정하다.
② 이득 교차 주파수는 진폭비가 1이 되는 주파수이다.
③ 최소 위상 함수는 위상 여유가 0이면 임계안정하다.
④ 최소 위상 함수의 상대 안정도는 위상각의 증가와 함께 작아진다.

해설

최소 위상 함수(위상이 시계 반대 방향으로 진행되는 함수)

- 위상 여유, 이득 여유가 전부 양(+)이어야 안정
- 이득 교차 주파수는 진폭비가 1, 0이 되는 주파수
- 상대 안정도는 위상각의 증가와 함께 커지게 된다.

70

다음 논리회로의 출력 X는?

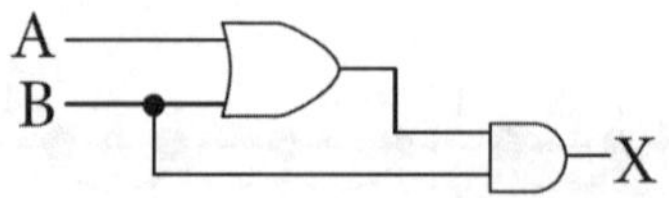

① A ② B ③ $A+B$ ④ $A \cdot B$

해설 Chapter 11 – 04 – (2)

$$\begin{aligned}X&=(A+B)\cdot B\\&=A\cdot B+B\cdot B\\&=A\cdot B+B\\&=B(A+1)\\&=B\end{aligned}$$

71

$v=100\sqrt{2}\sin(\omega t+\frac{\pi}{3})$[V]를 복소수로 나타내면?

① $25+j25\sqrt{3}$ ② $50+j25\sqrt{3}$
③ $25+j50\sqrt{3}$ ④ $50+j50\sqrt{3}$

해설 Chapter 01 – 06

$$\begin{aligned}V&=100\angle\frac{\pi}{3}\\&=50+j50\sqrt{3}\end{aligned}$$

정답 66 ④ 67 ② 68 ③ 69 ④ 70 ② 71 ④

72

인덕턴스 0.5[H], 저항 2[Ω]의 직렬회로에 30[V]의 직류전압을 급히 가했을 때 스위치를 닫은 후 0.1초 후의 전류의 순시값 i[A]와 회로의 시정수 τ[s]는?

① $i = 4.95,\ \tau = 0.25$

② $i = 12.75,\ \tau = 0.35$

③ $i = 5.95,\ \tau = 0.45$

④ $i = 13.95,\ \tau = 0.25$

해설 Chapter 14 − 01

$R-L$ 직렬회로의 과도전류 :

$$i(t) = \frac{E}{R}(1 - e^{-\frac{R}{L}t})$$

$R-L$ 직렬회로의 시정수 :

$$\tau = \frac{L}{R} = \frac{0.5}{2} = 0.25$$

$$i(t) = \frac{30}{2} \times (1 - e^{-\frac{1}{0.25} \times 0.1})$$

$$= 4.95$$

73

다음 회로의 4단자 정수는?

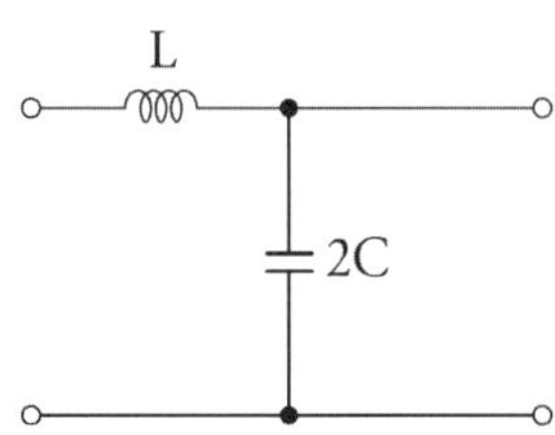

① $A = 1 + 2\omega^2 LC,\ B = j2\omega C,\ C = j\omega L,\ D = 0$

② $A = 1 - 2\omega^2 LC,\ B = j\omega L,\ C = j2\omega C,\ D = 1$

③ $A = 2\omega^2 LC,\ B = j\omega L,\ C = j2\omega C,\ D = 1$

④ $A = 2\omega^2 LC,\ B = j2\omega C,\ C = j\omega L,\ D = 0$

해설 Chapter 11 − 03

$$A = 1 + \frac{j\omega L}{\frac{1}{j2\omega C}} = 1 + j^2 2\omega^2 LC$$

$$= 1 - 2\omega^2 LC$$

$$B = Z_1 = j\omega L$$

$$C = \frac{1}{Z_2} = j2\omega C$$

$$D = 1 + \swarrow = 1 + 0 = 1$$

(Tip A 나 D는 반드시 1이 있어야 한다.)

74

전압의 순시값이 다음과 같을 때 실효값은 약 몇 [V]인가?

$$v = 3 + 10\sqrt{2}\sin\omega t + 5\sqrt{2}\sin(3\omega t - 30°)[V]$$

① 11.6 ② 13.2
③ 16.4 ④ 20.1

해설 Chapter 09 − 03

비정현파의 실효값

$$V = \sqrt{V_0^2 + V_1^2 + V_3^2}$$

$$= \sqrt{3^2 + 10^2 + 5^2}$$

$$= 11.6[V]$$

75

한상의 임피던스가 $6 + j8$[Ω]인 Δ부하에 대칭 선간전압 200[V]를 인가할 때 3상 전력[W]은?

① 2400 ② 4160
③ 7200 ④ 10800

정답 72 ① 73 ② 74 ① 75 ③

해설 Chapter 07 – 01 – (3)

$3\phi(\Delta)$

$Z = 6 + j8$

$V_\ell = 200$

$I_p = \dfrac{V_p}{Z} = \dfrac{200}{10} = 20[A]$

($\because$ $Z = \sqrt{6^2 + 8^2} = 10$, Δ 결선이므로

$V_\ell = V_p = 200$)

$P = 3I_p^2 \cdot R = 3 \times 20^2 \times 6 = 7{,}200[W]$

76

그림과 같이 $R = 1[\Omega]$인 저항을 무한히 연결할 때 a–b에서의 합성저항은?

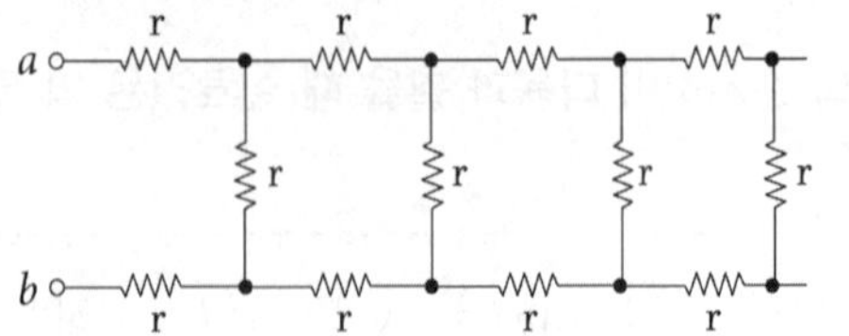

① $1 + \sqrt{3}$　② $\sqrt{3}$

③ $1 + \sqrt{2}$　④ ∞

해설

저항 2r이 직렬연결이 있을 때 :

$R_0 = (\sqrt{3} + 1)R$일 때

저항 2r이 직렬연결이 없을 때 :

$R_0 = (\sqrt{3} - 1)R$일 때

77

3상 불평형 전압에서 역상 전압이 35[V]이고, 정상 전압이 100[V], 영상 전압이 10[V]라고 할 때 전압의 불평형률은?

① 0.1　② 0.25

③ 0.35　④ 0.45

해설 Chapter 08 – 04

$$\text{불평형률} = \frac{\text{역상분}}{\text{정상분}}$$

$$= \frac{35}{100} \times 100 = 35[\%]$$

78

분포정수회로에서 선로의 단위 길이 당 저항을 100[Ω], 인덕턴스를 200[mH], 누설 컨덕턴스를 0.5[℧]라 할 때 일그러짐이 없는 조건을 만족하기 위한 정전 용량은 몇 [μF]인가?

① 0.001[μF]　② 0.1[μF]

③ 10[μF]　④ 1000[μF]

해설 Chapter 12 – 01 – (2)

무왜형선로 조건 $\dfrac{R}{L} = \dfrac{G}{C}$

$C = \dfrac{L}{R} \times G = \dfrac{200 \times 10^{-3}}{100} \times 0.5 \times 10^6$

$= 1000[\mu F]$

79

$f(t) = u(t-a) - u(t-b)$의 라플라스 변환 $F(s)$는?

① $\dfrac{1}{s^2}(e^{-as} - e^{-bs})$　② $\dfrac{1}{s}(e^{-as} - e^{-bs})$

③ $\dfrac{1}{s^2}(e^{as} - e^{bs})$　④ $\dfrac{1}{s}(e^{as} - e^{bs})$

해설 Chapter 13 – 05

$f(t) = u(t-a) - u(t-b)$

$F(s) = \dfrac{1}{s} \cdot e^{-as} - \dfrac{1}{s} \cdot e^{-bs} = \dfrac{1}{s}(e^{-as} - e^{-bs})$

80

4단자 정수 A, B, C, D중에서 어드미턴스 차원을 가진 정수는?

① A　② B　③ C　④ D

해설 Chapter 11 – 03

A = 전압비 B = 임피던스

C = 어드미턴스 D = 전류비

정답 76 ① 77 ③ 78 ④ 79 ② 80 ③

제5과목 | 전기설비기술기준

81

발전소 · 변전소 또는 이에 준하는 곳의 특고압전로에 대한 접속 상태를 모의모선의 사용 또는 기타의 방법으로 표시하여야 하는데, 그 표시의 의무가 없는 것은?

① 전선로의 회선수가 3회선 이하로서 복모선
② 전선로의 회선수가 2회선 이하로서 복모선
③ 전선로의 회선수가 3회선 이하로서 단일모선
④ 전선로의 회선수가 2회선 이하로서 단일모선

해설 Chapter 02 – 02
모의모선은 단선 2회선 단일모선은 생략할 수 있다.

82

ACSR 전선을 사용전압 직류 1500[V]의 가공 급전선으로 사용할 경우 안전율은 얼마 이상이 되는 이도로 시설하여야 하는가?

① 2.0 ② 2.1 ③ 2.2 ④ 2.5

해설 Chapter 03 – 06 – (1)
경동선 – 2.2 / 연동선, 알루미늄 – 2.5

83

154[kV] 가공전선과 가공 약전류 전선이 교차하는 경우에 시설하는 보호망을 구성하는 금속선 중 가공전선의 바로 아래에 시설되는 것 이외의 다른 부분에 시설되는 금속선은 지름 몇 [mm] 이상의 아연도 철선이어야 하는가?

① 2.6 ② 3.2 ③ 4.0 ④ 5.0

84

사용전압이 161[kV]인 가공전선로를 시가지 내에 시설할 때 전선의 지표상의 높이는 몇 [m] 이상이어야 하는가?

① 8.65 ② 9.56
③ 10.47 ④ 11.56

해설 Chapter 03 – 06 – (3)
시가지
전선 10
절연전선 8
$10(8)+(X-3.5)\times0.12$
$\therefore 10+(16.1-3.5)\times0.12=11.56$ [m]

85

특고압 가공 전선이 삭도와 제2차 접근 상태로 시설할 경우에 특고압 가공 전선로의 보안공사는?

① 고압 보안공사
② 제1종 특고압 보안공사
③ 제2종 특고압 보안공사
④ 제3종 특고압 보안공사

해설
③ 제2종 특고압 보안공사
④ 제3종 특고압 보안공사

해설 Chapter 03 – 10
제2차 접근상태 – 제2종 특고압 보안공사
제1차 접근상태 – 제3종 특고압 보안공사

86

갑종 풍압하중을 계산할 때 강관에 의하여 구성된 철탑에서 구성재의 수직 투영면적 1[m^2]에 대한 풍압하중은 몇 [Pa]를 기초로 하여 계산한 것인가?(단, 단주는 제외한다.)

① 588 ② 1117
③ 1255 ④ 2157

해설 Chapter 03 – 01
갑종 풍압하중

정답 81 ④ 82 ④ 83 ③ 84 ④ 85 ③ 86 ③

87

설계하중이 6.8[kN]인 철근 콘크리트주의 길이가 17[m]라 한다. 이 지지물을 지반이 연약한 곳 이외의 곳에서 안전율을 고려하지 않고 시설하려고 하면 땅에 묻히는 깊이는 몇 [m] 이상으로 하여야 하는가?

① 2.0 ② 2.3 ③ 2.5 ④ 2.8

해설 Chapter 03 – 02 – (3)
6.8[kN] 이하의 17~20[m]의 경우 2.8[m] 이상

88

특고압 가공전선로에서 발생하는 극저주파 전자계는 자계의 경우 지표상 1[m]에서 측정 시 몇 [μT] 이하인가?

① 28.0 ② 46.5 ③ 70.0 ④ 83.3

해설 Chapter 03 – 10 – (6)
특고압 가공전선로에서 발생하는 극저주파 전자계는 지표상 1[m]에서 자계 83.3[μT] 이하가 되도록 시설하여야 한다.

89

전로를 대지로부터 반드시 절연하여야 하는 것은?

① 시험용 변압기
② 저압 가공전선로의 접지측 전선
③ 전로의 중성점에 접지공사를 하는 경우의 접지점
④ 계기용변성기의 2차측 전로에 접지공사를 하는 경우의 접지점

해설 Chapter 01 – 09
접지공사가 빠져있기 때문에 절연을 해야 한다.

90

가공전선과 첨가 통신선과의 시공방법으로 틀린 것은?

① 통신선은 가공전선의 아래에 시설할 것
② 통신선과 고압 가공전선 사이의 이격거리는 60[cm] 이상일 것
③ 통신선과 특고압 가공전선로의 다중접지한 중성선 사이의 이격거리는 1.2[m] 이상일 것
④ 통신선은 특고압 가공전선로의 지지물에 시설하는 기계기구에 부속되는 전선과 접촉할 우려가 없도록 지지물 또는 완금류에 견고하게 시설할 것

해설 Chapter 04 – 03 – (3)
통신선과 특고압 가공전선로의 다중접지 한 중성선 사이의 이격거리는 60[cm] 이상일 것(케이블 사용 시 30[cm])

91

일반주택 및 아파트 각 호실의 현관등은 몇 분 이내에 소등되도록 타임스위치를 시설하여야 하는가?

① 3 ② 4
③ 5 ④ 6

해설 Chapter 05 – 11 – (1)
관광업 및 숙박업 : 1분 이내
주택, 아파트 : 3분 이내

92

전기 울타리의 시설에 사용되는 전선은 지름 몇 [mm] 이상의 경동선인가?

① 2.0 ② 2.6
③ 3.2 ④ 4.0

해설 Chapter 05 – 12 – (1)
전기울타리의 시설
사용전압 : 250[V] 이하
전선의 굵기 : 2[mm] 이상 경동선
전선과 수목과의 이격거리 : 30[cm] 이상
전선의 지지 기둥과 이격거리 : 2.5[cm] 이상
농사용, 연접 인입선 등 가까운 곳은 2.0[mm]이다.

정답 87 ④ 88 ④ 89 ② 90 ③ 91 ① 92 ①

93

애자사용공사에 의한 저압 옥내배선시 전선 상호간의 간격은 몇 [cm] 이상인가?

① 2 ② 4
③ 6 ④ 8

해설 Chapter 05 – 05
고압 – 8[cm]
저압 – 6[cm]

94

철도 또는 궤도를 횡단하는 저고압 가공전선의 높이는 레일면상 몇 [m] 이상인가?

① 5.5 ② 6.5
③ 7.5 ④ 8.5

해설 Chapter 03 – 06 – (3)
가공통신선 철도횡단시 높이 : 레일면상 6.5[m] 이상

95

지중전선로는 기설 지중 약전류 전선로에 대하여 다음의 어느 것에 의하여 통신상의 장해를 주지 아니하도록 기설 약전류 전선로로부터 충분히 이격시키는가?

① 충전전류 또는 표피작용
② 누설전류 또는 유도작용
③ 충전전류 또는 유도작용
④ 누설전류 또는 표피작용

해설 Chapter 03 – 19 – (4)
지중전선로
지중 약전류 전선로에 대하여 (누설전류), (유도작용)에 대하여 통신상의 장해를 주지 않도록 충분히 이격

96

발전소의 계측요소가 아닌 것은?

① 발전기의 고정자 온도
② 저압용 변압기의 온도
③ 발전기의 전압 및 전류
④ 주요 변압기의 전류 및 전압

해설 Chapter 02 – 06
저압용 변압기 – 배전반
발전소의 계측장치
① 발전기의 전압 및 전류 또는 전력
② 발전기의 베어링 및 고정자의 온도
③ 주요 변압기의 전압 및 전류 또는 전력
④ 특고압용의 변압기의 유온

※ 한국전기설비규정(KEC) 개정에 따라 삭제된 문제가 있어 100문항이 되지 않습니다.

정답 93 ③ 94 ② 95 ② 96 ②

전기기사 기출문제

2016년 3회 기출문제

제1과목 | 전기자기학

01

반지름이 a[m]이고, 단위 길이에 대한 권수가 n인 무한장 솔레노이드의 단위 길이 당 자기인덕턴스는 몇 [H/m]인가?

① $\mu\pi a^2 n^2$ ② $\mu\pi an$

③ $\dfrac{an}{2\mu\pi}$ ④ $4\mu\pi a^2 n^2$

해설 Chapter 10 – 02

$L = \dfrac{\mu S N^2}{l}$[H] $= \dfrac{\mu S (nl)^2}{l}$

$= \mu S n^2 l$ [H]

$= \mu S n^2$ [H/m] $(S = \pi a^2)$

$= \mu \cdot \pi a^2 \cdot n^2$ [H/m]

02

선전하밀도 ρ[C/m]를 갖는 코일이 반원형의 형태를 취할 때, 반원의 중심에서 전계의 세기를 구하면 몇 [V/m]인가?(단, 반지름은 r[m]이다.)

① $\dfrac{\rho}{8\pi\varepsilon_0 r^2}$

② $\dfrac{\rho}{4\pi\varepsilon_0 r}$

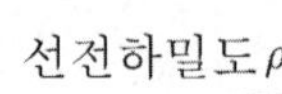

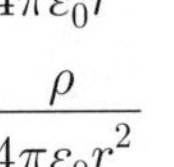

③ $\dfrac{\rho}{4\pi\varepsilon_0 r^2}$

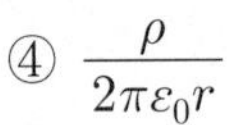

④ $\dfrac{\rho}{2\pi\varepsilon_0 r}$

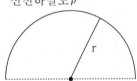

해설 Chapter 02 – 02

점전하 : $E = \dfrac{Q}{4\pi\varepsilon_0 r^2}$[V/m]

선전하 : $E = \dfrac{\rho}{2\pi\varepsilon_0 r}$[V/m]

면전하 : $E = \dfrac{\rho}{2\varepsilon_0}$[V/m]

03

비투자율 μ_s는 역자성체에서 다음 어느 값을 갖는가?

① $\mu_s = 0$ ② $\mu_s < 1$

③ $\mu_s > 1$ ④ $\mu_s = 1$

해설 Chapter 08

상자성체 : $\mu_s > 1$

강자성체 : $\mu_s \gg 1$

역자성체 : $\mu_s < 1$

04

도전율 σ, 투자율 μ인 도체에 교류전류가 흐를 때 표피효과의 영향에 대한 설명으로 옳은 것은?

① σ가 클수록 작아진다.

② μ가 클수록 작아진다.

③ μ_s가 클수록 작아진다.

④ 주파수가 높을수록 커진다.

해설 Chapter 09 – 02

$\delta = \sqrt{\dfrac{2}{\omega\sigma\mu}}$ [m]

※ 주파수(f)가 증가하면

① 침투깊이

$(\delta \propto \dfrac{1}{\sqrt{f}})$ (감소)

② 표피효과

$(\dfrac{1}{\delta} \propto \sqrt{f})$ (증가)

③ 저항 : (R) $\delta\sqrt{f}$ (증가) $R = \rho \cdot \dfrac{l}{S}$

정답 01 ① 02 ④ 03 ② 04 ④

05

자계와 전류계의 대응으로 틀린 것은?

① 자속 ↔ 전류
② 기자력 ↔ 기전력
③ 투자율 ↔ 유전율
④ 자계의 세기 ↔ 전계의 세기

해설 Chapter 08

① $I = \dfrac{V}{R}$, $\phi = \dfrac{F}{R_m}$

② V, F

③ $R = \rho \cdot \dfrac{l}{S} = \dfrac{l}{kS}$, $R_m = \dfrac{l}{\mu S}$
　투자율 ↔ 도전율

06

다음의 관계식 중 성립할 수 없는 것은?(단, μ는 투자율, μ_0는 진공의 투자율, χ는 자화율, J는 자화의 세기이다.)

① $\mu = \mu_0 + \chi$　　② $J = \chi B$
③ $\mu_s = 1 + \dfrac{\chi}{\mu_0}$　　④ $B = \mu H$

해설 Chapter 08 – 01

$$J = \mu_0(\mu_s - 1)H$$
$$= \chi \cdot H = B\left(1 - \frac{1}{\mu_s}\right)$$

07

베이클라이트 중의 전속 밀도가 D[C/m²]일 때의 분극의 세기는 몇 [C/m²]인가?(단, 베이클라이트의 비유전율은 ε_s이다.)

① $D(\varepsilon_s - 1)$　　② $D\left(1 + \dfrac{1}{\varepsilon_s}\right)$
③ $D\left(1 - \dfrac{1}{\varepsilon_s}\right)$　　④ $D(\varepsilon_s + 1)$

해설 Chapter 04 – 01

$$P = \varepsilon_0(\varepsilon_s - 1)E$$
$$= \chi \cdot E = D\left(1 - \frac{1}{\varepsilon_s}\right)\text{[C/m}^2\text{]}$$

08

철심부의 평균길이가 l_2, 공극의 길이가 l_1, 단면적이 S인 자기회로이다. 자속밀도를 B[Wb/m²]로 하기 위한 기자력[AT]은?

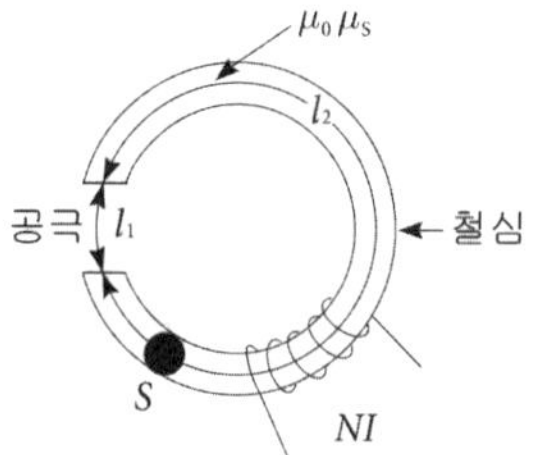

① $\dfrac{\mu_0}{B}\left(l_1 + \dfrac{\mu_s}{l_2}\right)$　　② $\dfrac{B}{\mu_0}\left(l_2 + \dfrac{l_1}{\mu_s}\right)$
③ $\dfrac{\mu_0}{B}\left(l_2 + \dfrac{\mu_s}{l_1}\right)$　　④ $\dfrac{B}{\mu_0}\left(l_1 + \dfrac{l_2}{\mu_s}\right)$

해설 Chapter 08 – 06

$$F = \phi \cdot R_m' = B \cdot S \times \left(\frac{l_1}{\mu_0 S} + \frac{l_2}{\mu S}\right)$$
$$= \frac{B}{\mu_0}\left(l_1 + \frac{l_2}{\mu_s}\right)$$

09

자성체의 자화의 세기 $J = 8$[kA/m], 자화율 $\chi_m = 0.02$일 때 자속밀도는 약 몇 [T]인가?

① 7000　　② 7500
③ 8000　　④ 8500

해설 Chapter 08 – 01

자화의 세기

$$J = \mu_0(\mu_s - 1)H$$
$$= \mu_0\mu_s H - \mu_0 H = B - \mu_0 H \text{에서}$$
$$B = \mu_0 H + J\left(J = \chi_m H \to H = \frac{J}{\chi_m}\right)$$
$$\therefore B = \mu_0 \frac{J}{\chi_m} + J = J\left(\frac{\mu_0}{\chi_m} + 1\right)$$
$$= 8000 \times \left(\frac{4\pi \times 10^{-7}}{0.02} + 1\right)$$
$$= 8000\text{[T]}\ (1\text{[Wb/m}^2\text{]} = 1\text{[T]})$$

정답 05 ③ 06 ② 07 ③ 08 ④ 09 ③

10

진공중의 자계 10[AT/m]인 점에 5×10^{-3}[Wb]의 자극을 놓으면 그 자극에 작용하는 힘[N]은?

① 5×10^{-2}　② 5×10^{-3}
③ 2.5×10^{-2}　④ 2.5×10^{-3}

해설 Chapter 07 – 02 – (1)

$H=\frac{F}{m}\ (E=\frac{F}{Q})$

$F=mH=5\times10^{-3}\times10=5\times10^{-2}$

11

전계와 자계와의 관계에서 고유 임피던스는?

① $\sqrt{\varepsilon\mu}$　② $\sqrt{\frac{\mu}{\varepsilon}}$
③ $\sqrt{\frac{\varepsilon}{\mu}}$　④ $\frac{1}{\sqrt{\varepsilon\mu}}$

해설 Chapter 11 – 02

$Z=\frac{E}{H}=\sqrt{\frac{\mu}{\varepsilon}}$

12

자성체 $3\times4\times20$[cm³]가 자속밀도 B=130[mT]로 자화되었을 때 자기모멘트가 48[A · m²]이었다면 자화의 세기 J는 몇 [A · m]인가?

① 10^4　② 10^5
③ 2×10^4　④ 2×10^5

해설 Chapter 08 – 01

체적 : $v=3\times4\times20[\text{cm}^3]$

$=3\times4\times20\times10^{-6}[\text{m}^2]$

자화의 세기 : $J=\frac{M}{v}$

$=\frac{48[\text{A m}^2]}{3\times4\times20\times10^{-6}[\text{m}^3]}$

$=2\times10^5$[A · m]

13

그림과 같은 평행판 콘덴서에 극판의 면적이 S[m²], 진전하 밀도를 σ[C/m²], 유전율이 각각 $\varepsilon_1=4$, $\varepsilon_2=2$인 유전체를 채우고 a, b 양단에 V[V]의 전압을 인가할 때 ε_1, ε_2인 유전체 내부의 전계의 세기 E_1, E_2와의 관계식은?

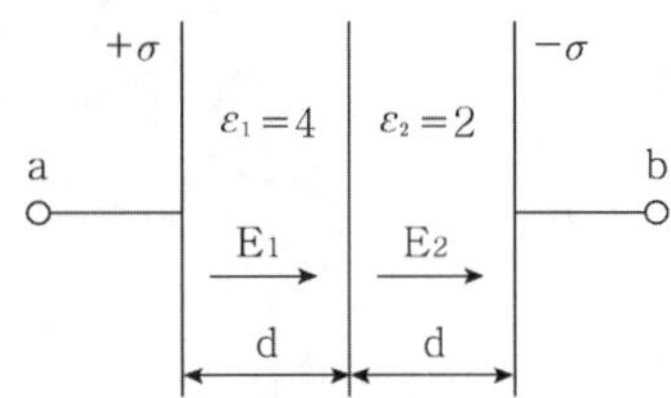

① $E_1=2E_2$　② $E_1=4E_2$
③ $2E_1=E_2$　④ $E_1=E_2$

해설 Chapter 04 – 02

직렬연결 : 전하량 일정 (전속밀도 일정)

$D_1=D_2$
$\varepsilon_1 E_1=\varepsilon_2 E_2$
$4E_1=2E_2$
$E_2=2E_1$

14

쌍극자 모멘트가 M[C · m]인 전기 쌍극자에 의한 임의의 점 P에서의 전계의 크기는 전기 쌍극자의 중심에서 축방향과 점 P를 잇는 선분 사이의 각이 얼마일 때 최대가 되는가?

① 0　② $\frac{\pi}{2}$　③ $\frac{\pi}{3}$　④ $\frac{\pi}{4}$

해설 Chapter 02 – 07

$V=\frac{M\cdot\cos\theta}{4\pi\varepsilon_0 r^2}$[V]

$E=\frac{M}{4\pi\varepsilon_0 r^3}\sqrt{1+3\cdot\cos^2\theta}$[V/m]

$M=Q\cdot\delta$[C · m] : 전기쌍극자모멘트

$Q=0°$: 최대
$Q=90°$: 최소

정답 10 ① 11 ② 12 ④ 13 ③ 14 ①

15

원점에 +1[C], 점(2,0)에 −2[C]의 점전하가 있을 때 전계의 세기가 0인 점은?

① $-3-2\sqrt{2}$, 0　② $-3+2\sqrt{2}$, 0
③ $-2-2\sqrt{2}$, 0　④ $-2+2\sqrt{2}$, 0

해설 Chapter 02 − 02

$E_1 = E_2$

$$\frac{1}{4\pi\varepsilon_0 x^2} = \frac{2}{4\pi\varepsilon_0 (2+x)^2}$$

$$\frac{1}{x^2} = \frac{2}{(2+x)^2}$$

$$2x^2 = (2+x)^2$$

$$\sqrt{2}x = 2+x$$

$$\sqrt{2}x - x = 2$$

$$(\sqrt{2}-1)x = 2$$

$$x = \frac{2}{\sqrt{2}-1} \times \frac{\sqrt{2}+1}{\sqrt{2}+1}$$

$= 2(\sqrt{2}+1)$

$= 2\sqrt{2}+2$ 원점으로부터 왼쪽이므로

$= -2-2\sqrt{2}$, 0

16

반지름 2[mm], 간격 1[m]의 평행왕복 도선이 있다. 도체 간에 전압 6[kV]를 가했을 때 단위길이당 작용하는 힘은 몇 [N/m]인가?

① 8.06×10^{-5}　② 8.06×10^{-6}
③ 6.87×10^{-5}　④ 6.87×10^{-6}

해설 Chapter 03 − 05

평행도선간의 정전용량

$$C = \frac{\pi\varepsilon_0}{\ln\frac{d}{a}} \text{[F/m]}$$

에너지

$$W = \frac{1}{2}CV^2 = \frac{1}{2}\left(\frac{\pi\varepsilon}{\ln\frac{d}{a}}\right)V^2 \text{[J/m]}$$

작용하는 힘

$$F = \frac{dW}{dt}$$

$$= \frac{d}{dt}\frac{1}{2}\left(\frac{\pi\varepsilon_0}{\ln\frac{d}{a}}\right)V^2$$

$$= \frac{\pi\varepsilon_0 V^2}{2d(\ln\frac{d}{a})^2}$$

$$= \frac{\pi \times 8.855 \times 10^{-12} \times 6000^2}{2 \times 1 \times (\ln\frac{1}{2\times 10^{-3}})^2}$$

$= 1.3 \times 10^{-5}$ [N/m]

17

유전율이 ε_1, ε_2인 유전체 경계면에 수직으로 전계가 작용할 때 단위면적당에 작용하는 수직력은?

① $2\left(\frac{1}{\varepsilon_2} - \frac{1}{\varepsilon_1}\right)E^2$

② $2\left(\frac{1}{\varepsilon_2} - \frac{1}{\varepsilon_1}\right)D^2$

③ $\frac{1}{2}\left(\frac{1}{\varepsilon_2} - \frac{1}{\varepsilon_1}\right)E^2$

④ $\frac{1}{2}\left(\frac{1}{\varepsilon_2} - \frac{1}{\varepsilon_1}\right)D^2$

해설 Chapter 04 − 02 − (6)

단위 면적당 작용하는 힘은

$f_n = f_2 - f_1 = \frac{D_2^2}{2\varepsilon_2} - \frac{D_1^2}{2\varepsilon_1}$ [N/m²]인데,

경계면에서 수직으로 입사되므로, 법선과 이루는 각이 0°이므로 입사각과 굴절각 $\theta_1 = \theta_2 = 0^\circ$로

$D_1 = D_2 = D$

$$f_n = \frac{1}{2}\left(\frac{1}{\varepsilon_2} - \frac{1}{\varepsilon_1}\right)D^2 \text{[N/m}^2\text{]}$$

정답 15 ③ 16 전항 정답 17 ④

18

진공 중에서 $+q$[C]과 $-q$[C]의 점전하가 미소거리 a[m] 만큼 떨어져 있을 때 이 쌍극자가 P점에 만드는 전계[V/m]와 전위[V]의 크기는?

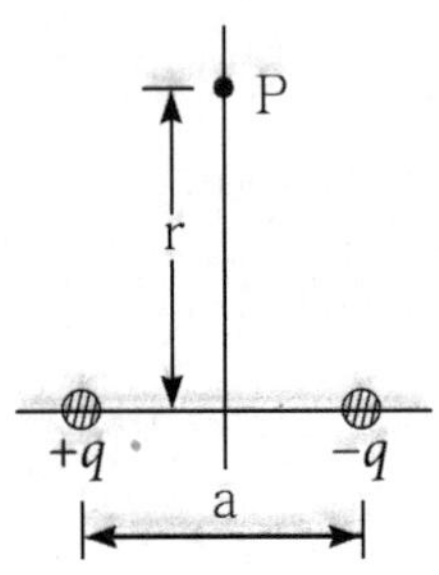

① $E=\dfrac{qa}{4\pi\varepsilon_0 r^2}$, $V=0$

② $E=\dfrac{qa}{4\pi\varepsilon_0 r^3}$, $V=0$

③ $E=\dfrac{qa}{4\pi\varepsilon_0 r^2}$, $V=\dfrac{qa}{4\pi\varepsilon_0 r}$

④ $E=\dfrac{qa}{4\pi\varepsilon_0 r^3}$, $V=\dfrac{qa}{4\pi\varepsilon_0 r^2}$

해설 Chapter 07 – 07

$$V=\frac{M\cdot\cos\theta}{4\pi\varepsilon_0 r^2}\text{[V]}\quad(\cos 90^\circ=0)$$

$$E=\frac{M}{4\pi\varepsilon_0 r^3}\sqrt{1+3\cdot\cos^2\theta}\text{ [V/m]}$$

$$=\frac{q\cdot a}{4\pi\varepsilon_0 r^3}\quad(M=Q\delta\text{[C/m]})$$

19

반지름 a[m]인 원형코일에 전류 I[A]가 흘렀을 때 코일 중심에서의 자계의 세기[AT/m]는?

① $\dfrac{I}{4\pi a}$　② $\dfrac{I}{2\pi a}$

③ $\dfrac{I}{4a}$　④ $\dfrac{I}{2a}$

해설 Chapter 07 – 04

원형코일 중심의 자계의 세기

$$H=\frac{NI}{2a}=\frac{I}{2a}\text{[AT/m]}$$

20

손실 유전체에서 전자파에 관한 전파정수 γ로서 옳은 것은?

① $j\omega\sqrt{\mu\varepsilon}\sqrt{j\dfrac{\sigma}{\omega\varepsilon}}$

② $j\omega\sqrt{\mu\varepsilon}\sqrt{1-j\dfrac{\sigma}{2\omega\varepsilon}}$

③ $j\omega\sqrt{\mu\varepsilon}\sqrt{1-j\dfrac{\sigma}{\omega\varepsilon}}$

④ $j\omega\sqrt{\mu\varepsilon}\sqrt{1-j\dfrac{\omega\varepsilon}{\sigma}}$

해설

$\gamma^2=j\omega\mu(\sigma+j\omega\varepsilon)$ 에서

전파정수

$$\gamma=\sqrt{j\omega\mu(\sigma+j\omega\varepsilon)}$$

$$=j\omega\sqrt{\varepsilon\mu}\sqrt{1-j\frac{\sigma}{\omega\varepsilon}}$$

$$\therefore r=\sqrt{j\omega\mu(\sigma+j\omega\varepsilon)}=j\omega\sqrt{\varepsilon\mu}\sqrt{1-j\frac{\sigma}{\omega\varepsilon}}$$

정답 18 ② 19 ④ 20 ③

제2과목 | 전력공학

21

송전거리, 전력, 손실률 및 역률이 일정하다면 전선의 굵기는?

① 전류에 비례한다.
② 전류에 반비례한다.
③ 전압의 제곱에 비례한다.
④ 전압의 제곱에 반비례한다.

해설 Chapter 03 – 01 – (1)

전력손실 $P_\ell = \dfrac{P^2 \rho \ell}{A V^2 \cos^2\theta}$ 에서 $A \propto \dfrac{1}{V^2}$

22

보호계전기의 보호방식 중 표시선 계전방식이 아닌 것은?

① 방향 비교 방식 ② 위상 비교 방식
③ 전압 반향 방식 ④ 전류 순환 방식

해설

위상 비교 방식은 사용하지 않는다.

23

중성점 직접 접지방식에 대한 설명으로 틀린 것은?

① 계통의 과도 안정도가 나쁘다.
② 변압기의 단절연이 가능하다.
③ 1선 지락 시 건전상의 전압은 거의 상승하지 않는다.
④ 1선 지락전류가 적어 차단기의 차단능력이 감소된다.

해설 Chapter 04 – 01 – (2)

중성점 직접 접지 방식
전위 상승이 최소가 되며, 단절연, 저감 절연이 가능하다.
또한 보호계전기의 동작이 확실하다.
아주 큰 전류가 차단기의 차단능력이 감소된다.

24

단상 변압기 3대를 Δ 결선으로 운전하던 중 1대의 고장으로 V결선 한 경우 V결선과 Δ 결선의 출력비는 약 몇 [%]인가?

① 52.2 ② 57.7
③ 66.7 ④ 86.6

해설

$\dfrac{\sqrt{3}\,P}{3P} \times 100 = 57.7[\%]$

25

전력선에 영상전류가 흐를 때 통신선로에 발생되는 유도장해는?

① 고조파 유도장해
② 전력 유도장해
③ 전자 유도장해
④ 정전 유도장해

해설

정전유도 – 평상시. 고장 상태가 아님
전자유도 – $3I_0 \Rightarrow \omega Ml(3I_0)$
고조파유도

26

변압기의 결선 중에서 1차에 제3고조파가 있을 때 2차에 제3고조파 전압이 외부로 나타나는 결선은?

① $Y-Y$ ② $Y-\Delta$
③ $\Delta-Y$ ④ $\Delta-\Delta$

해설

$Y-Y$

정답 21 ④ 22 ② 23 ④ 24 ② 25 ③ 26 ①

27

3상 3선식의 전선 소요량에 대한 3상 4선식의 전선 소요량의 비는 얼마인가?(단, 배전거리, 배전전력 및 전력손실은 같고, 4선식의 중성선의 굵기는 외선의 굵기와 같으며, 외선과 중성선간의 전압은 3선식의 선간전압과 같다.)

① $\frac{4}{9}$ ② $\frac{2}{3}$

③ $\frac{3}{4}$ ④ $\frac{1}{3}$

해설

$$\frac{\frac{1}{3}}{\frac{3}{4}}=\frac{4}{9}$$

28

수전단의 전력원 방정식이 $P_r^2+(Q_r+400)^2=250000$ 으로 표현되는 전력계통에서 가능한 최대로 공급할 수 있는 부하전력(P_r)과 이때 전압을 일정하게 유지하는 데 필요한 무효전력(Q_r)은 각각 얼마인가?

① $P_r=500,\ Q_r=-400$

② $P_r=400,\ Q_r=500$

③ $P_r=300,\ Q_r=100$

④ $P_r=200,\ Q_r=-300$

해설

$P_r=500\ \ Q_r=-400$

29

그림과 같이 부하가 균일한 밀도로 도중에서 분기되어 선로전류가 송전단에 이를수록 직선적으로 증가할 경우 선로의 전압강하는 이 송전단 전류와 같은 전류의 부하가 선로의 말단에만 집중되어 있을 경우의 전압강하보다 어떻게 되는가?(단, 부하역률은 모두 같다고 한다.)

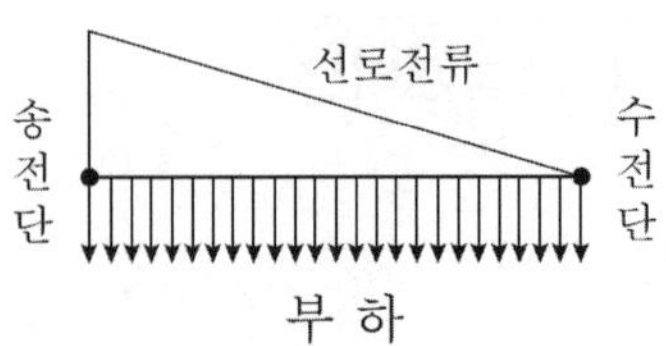

① $\frac{1}{3}$ ② $\frac{1}{2}$ ③ 1 ④ 2

해설

E	P_l
1	1
$\frac{1}{2}$	$\frac{1}{3}$
$\frac{1}{3}$	$\frac{1}{5}$

30

컴퓨터에 의한 전력조류 계산에서 슬랙(slack) 모선의 지정값은?(단, 슬랙 모선을 기준모선으로 한다.)

① 유효전력과 무효전력

② 모선 전압의 크기와 유효전력

③ 모선 전압의 크기와 무효전력

④ 모선 전압의 크기와 모선 전압의 위상각

해설

모선 전압의 크기와 모선 전압의 위상각

31

동일 모선에 2개 이상의 급전선(Feeder)을 가진 비접지 배전계통에서 지락사고에 대한 보호계전기는?

① OCR ② OVR

③ SGR ④ DFR

해설

지락보호시 필요 계전기 : 선택 접지 계전기(SGR) ➡ 2회선 방식에 사용

정답 27 ① 28 ① 29 ② 30 ④ 31 ③

32

차단기의 차단능력이 가장 가벼운 것은?

① 중성점 직접접지계통의 지락 전류 차단
② 중성점 저항접지계통의 지락 전류 차단
③ 송전선로의 단락사고시의 단락사고 차단
④ 중성점을 소호리액터로 접지한 장거리 송전선로의 지락전류 차단

해설

차단기의 차단능력이 가장 가벼운 것 – 비접지, 소호리액터 접지

33

한류리액터의 사용 목적은?

① 누설전류의 제한
② 단락전류의 제한
③ 접지전류의 제한
④ 이상전압 발생의 방지

해설

리액터의 종류

- 분로리액터 : 페란티 현상 방지
- 직렬리액터 : 제5 고조파 제거
- 한류리액터 : 단락전류의 제한

34

통신선과 평행인 주파수 60[Hz]의 3상 1회선 송전선이 있다. 1선 지락 때문에 영상전류가 100[A] 흐르고 있다면 통신선에 유도되는 전자유도전압은 약 몇 [V]인가?(단, 영상전류는 전 전선에 걸쳐서 같으며, 송전선과 통신선과의 상호인덕턴스는 0.06[mH/km], 그 평행 길이는 40[km]이다.)

① 156.6　　② 162.8
③ 230.2　　④ 271.4

해설

$E_n = \omega Ml(3I_0)$

$= 2\pi f \times l \times (3 \times 100) = 271.4$

35

중거리 송전선로의 특성은 무슨 회로로 다루어야 하는가?

① RL 집중 정수 회로
② RLC 집중 정수 회로
③ 분포 정수 회로
④ 특성 임피던스 회로

해설 Chapter 03 – 01 – (3)

단거리 송전선로 : 집중 정수 회로
중거리 송전선로 : 집중 정수 회로(T형, π형)
장거리 송전선로 : 분포 정수 회로

36

전력용 콘덴서의 사용전압을 2배로 증가시키고자 한다. 이때 정전용량을 변화시켜 동일용량 [kVar]으로 유지하려면 승압전의 정전용량보다 어떻게 변화하면 되는가?

① 4배로 증가　　② 2배로 증가
③ $\frac{1}{2}$로 감소　　④ $\frac{1}{4}$로 감소

해설

$\frac{1}{4}$로 감소

$Q_C = WCV^2$

$C = \frac{Q_C}{WV^2}$ 따라서 $C \times \frac{1}{V^2}$이므로

$\frac{1}{4}$배로 감소한다.

정답 32 ④ 33 ② 34 ④ 35 ② 36 ④

37

발전기의 단락비가 작은 경우의 현상으로 옳은 것은?

① 단락전류가 커진다.
② 안정도가 높아진다.
③ 전압 변동률이 커진다.
④ 선로를 충전할 수 있는 용량이 증가한다.

해설

단락비
1) 안정도가 높다.
2) 동기 임피던스가 작다.
3) 전압 변동률이 작다.
4) 단락전류가 크다.

38

송전선로에서 1선 지락 시에 건전상의 전압상승이 가장 적은 접지방식은?

① 비접지 방식 ② 직접 접지방식
③ 저항 접지방식 ④ 소호 리액터 접지방식

해설

전압 상승이 가장 적은 접지방식 – 직접 접지방식

39

배전 선로의 손실을 경감하기 위한 대책으로 적절하지 않은 것은?

① 누전 차단기 설치
② 배전 전압의 승압
③ 전력용 콘덴서 설치
④ 전류 밀도의 감소와 평형

해설

배전 선로 전력 손실 경감 대책
- 승압
- 전류 밀도 평형
- 역률 개선(전력용 콘덴서의 설치)

40

댐의 부속설비가 아닌 것은?

① 수로 ② 수조
③ 취수구 ④ 흡출관

해설

흡출관 – 유효낙차를 늘리기 위해 출구에서 방수로 수면까지 연결하는 관을 말한다.

정답 37 ③ 38 ② 39 ① 40 ④

제3과목 | 전기기기

41

정격 출력이 7.5[kW]의 3상 유도 전동기가 전부하 운전에서 2차 저항손이 300[W]이다. 슬립은 약 몇 [%]인가?

① 3.85　② 4.61
③ 7.51　④ 9.42

해설 Chapter 09 – 03

$S=\frac{P_{2c}}{P_2}=\frac{300}{7500+300}\times 100=3.85[\%]$

42

직류 분권 발전기를 병렬 운전을 하기 위해서는 발전기 용량 P와 정격전압 V는?

① P와 V 모두 달라도 된다.
② P는 같고, V는 달라도 된다.
③ P와 V가 모두 같아야 한다.
④ P는 달라도 V는 같아야 한다.

해설 Chapter 04 – 01

직류 발전기 병렬 운전 조건

- 극성이 일치해야 한다.
- 단자전압, 정격전압이 같아야 한다.
- 외부특성곡선이 수하특성이어야 한다.
- 균압선을 설치해야 한다.

43

권선형 유도 전동기 기동 시 2차측에 저항을 넣는 이유는?

① 회전수 감소
② 기동전류 증대
③ 기동토크 감소
④ 기동전류 감소와 기동 토크 증대

해설 Chapter 07 – 03

$I=\frac{V}{R}$ 전류값을 제한할 목적으로 2차 저항을 사용한다.

44

변압기에서 철손을 구할 수 있는 시험은?

① 유도시험　② 단락시험
③ 부하시험　④ 무부하시험

해설 Chapter 08 – 02

변압기 손실
무부하시험 : 철손, 여자전류, 여자 어드미턴
단락시험 : 임피던스 와트(동손), 임피던스 전압

45

권선형 유도전동기의 2차권선의 전압 sE_2와 같은 위상의 전압 E_c를 공급하고 있다. E_c를 점점 크게 하면 유도 전동기의 회전방향과 속도는 어떻게 변하는가?

① 속도는 회전자계와 같은 방향으로 동기속도까지만 상승한다.
② 속도는 회전자계와 반대 방향으로 동기속도까지만 상승한다.
③ 속도는 회전자계와 같은 방향으로 동기속도 이상으로 회전할 수 있다.
④ 속도는 회전자계와 반대 방향으로 동기속도 이상으로 회전할 수 있다.

해설 Chapter 07 – 03

두 개의 방향이 같은 방향이면 속도 상승, 반대 방향이면 속도가 감소한다.

46

주파수 60[Hz], 슬립 0.2인 경우 회전자 속도가 720[rpm]일 때 유도전동기의 극수는?

① 4　② 6　③ 8　④ 12

정답 41 ① 42 ④ 43 ④ 44 ④ 45 ③ 46 ③

해설 Chapter 16 – 02

$N=(1-S)\cdot N_S$

$N_s=\frac{N}{1-S}=\frac{720}{1-0.1}=900$[rpm]

$N_s=\frac{120f}{P}$ $P=\frac{120f}{N_s}=\frac{120\times 60}{900}=8$[극]

47

단락비가 큰 동기기에 대한 설명으로 옳은 것은?

① 안정도가 높다.
② 기계가 소형이다.
③ 전압변동률이 크다.
④ 전기자 반작용이 크다.

해설 Chapter 06 – 02

단락비가 큰 경우
- 안정도는 높고, 전기자반작용과 전압변동률은 작아진다.
- 효율이 나빠지고 동기 임피던스가 작아진다.
- 용량이 커진다.

48

유도 전동기의 1차 전압 변화에 의한 속도 제어에서 SCR을 사용하여 변화시키는 것은?

① 토크 ② 전류
③ 주파수 ④ 위상각

해설 Chapter 07 – 03

SCR : 위상 제어 방식

49

비철극형 3상 동기발전기의 동기 리액턴스 $X_s=10[\Omega]$, 유도기전력 $E=6000$[V], 단자전압 $V=5000$[V], 부하각 $\delta=30°$일 때 출력은 몇 [kW]인가?(단, 전기자 권선저항은 무시한다.)

① 1500 ② 3500
③ 4500 ④ 5500

해설 Chapter 15 – 03

$P=\frac{E\cdot V}{X_s}sin\delta\times 10^{-3}\times 3$

$=\frac{6000\times 5000}{10}\times\sin 30\times 10^{-3}\times 3$

$=4500$[kW]

50

3상 유도전동기 원선도에서 역률[%]을 표시하는 것은?

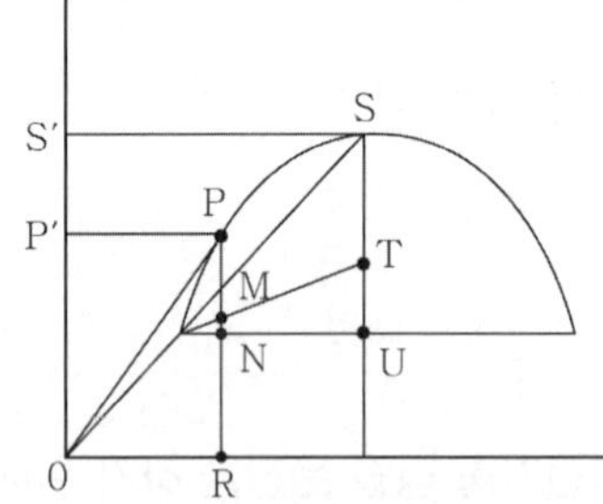

① $\frac{\overline{OS'}}{\overline{OS}}\times 100$ ② $\frac{\overline{SS'}}{\overline{OS}}\times 100$

③ $\frac{\overline{OP'}}{\overline{OP}}\times 100$ ④ $\frac{\overline{OS}}{\overline{OP}}\times 100$

해설 Chapter 16 – 13

역률 $=\frac{\overline{OP'}}{\overline{OP}}\times 100$

51

상수 m, 매극 매상당 슬롯수 q인 동기 발전기에서 n차 고조파분에 대한 분포계수는?

① $(qsin\frac{n\pi}{mq})/(\sin\frac{n\pi}{m})$

② $(\sin\frac{n\pi}{m})/(qsin\frac{n\pi}{mq})$

③ $(\sin\frac{\pi}{2m})/(qsin\frac{n\pi}{2mq})$

④ $(\sin\frac{n\pi}{2m})/(q\sin\frac{n\pi}{2mq})$

정답 47 ① 48 ④ 49 ③ 50 ③ 51 ④

해설 Chapter 02 – 03

$$kd = \frac{\sin\frac{n\pi}{2m}}{q\sin\frac{n\pi}{2mq}}$$

n차 고조파

52

유도 전동기 1극의 자속 및 2차 도체에 흐르는 전류와 토크와의 관계는?

① 토크는 1극의 자속과 2차 유효전류의 곱에 비례한다.
② 토크는 1극의 자속과 2차 유효전류의 제곱에 비례한다.
③ 토크는 1극의 자속과 2차 유효전류의 곱에 반비례한다.
④ 토크는 1극의 자속과 2차 유효전류의 제곱에 반비례한다.

해설
토크는 1극의 자속과 2차 유효전류의 곱에 비례한다.
$T = k\phi I_2 \cdot \cos\theta_2$

53

동기 전동기의 기동법 중 자기동법에서 계자권선을 저항을 통해서 단락시키는 이유는?

① 기동이 쉽다.
② 기동 권선으로 이용한다.
③ 고전압의 유도를 방지한다.
④ 전기자 반작용을 방지한다.

해설 Chapter 15 – 04
동기 전동기
자기동법으로 제동권선을 사용하며, 계자권선을 단락하는 경우 고전압의 유도를 방지하기 위함이다.

54

슬롯수 36의 고정자 철심이 있다. 여기에 3상 4극의 2층권으로 권선할 때 매극 매상의 슬롯수와 코일 수는?

① 3과 18　② 9와 36
③ 3과 36　④ 8과 18

해설 Chapter 02 – 03

$$q = \frac{S}{P \times m}$$
$$= \frac{36}{4 \times 3} = 3$$
$$\text{총 코일수} = \frac{\text{총 슬롯수} \times \text{층수}}{2} = \frac{36 \times 2}{2} = 36$$

55

3단자 사이리스터가 아닌 것은?

① SCR　② GTO
③ SCS　④ TRIAC

해설
- SCS : 단방향 4단자
- SCR : 단방향 3단자
- GTO : 단방향 3단자
- TRIAC : 쌍방향 3단자

56

단상 변압기를 병렬 운전할 경우 부하 전류의 분담은?

① 용량에 비례하고 누설 임피던스에 비례
② 용량에 비례하고 누설 임피던스에 반비례
③ 용량에 반비례하고 누설 리액턴스에 비례
④ 용량에 반비례하고 누설리액턴스의 제곱에 비례

정답 52 ① 53 ③ 54 ③ 55 ③ 56 ②

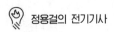

해설 Chapter 12 – 02

$$\frac{P_a}{P_b} = \frac{P_A}{P_B} \times \frac{\%Z_b}{\%Z_a}$$

용량은 비례하고, 누설 임피던스는 반(역) 비례

57

6극 직류 발전기의 정류자 편수가 132, 유기기전력이 210[V], 직렬 도체수가 132개이고 중권이다. 정류자 편간 전압은 약 몇 [V]인가?

① 4 ② 9.5
③ 12 ④ 16

해설 Chapter 13 – 01

$$e_k = \frac{PE}{K} = \frac{6 \times 210}{132} = 9.5[\text{V}]$$

58

직류 발전기의 전기자 반작용의 영향이 아닌 것은?

① 주자속이 증가한다.
② 전기적 중성축이 이동한다.
③ 정류작용에 악영향을 준다.
④ 정류자편 사이의 전압이 불균일하게 된다.

해설 Chapter 03 – 01

전기자 반작용 : 주자속에 영향을 주는 현상
① 편자작용 → 중성축 이동 →
브러쉬 이동 ─ 발전기 : 회전방향
　　　　　　└ 전동기 : 회전반대방향
② 감자작용
③ 불꽃(섬락) 발생

59

3000[V]의 단상 배전선 전압을 3300[V]로 승압하는 단권 변압기의 자기용량은 약 몇 [kVA]인가?(단, 여기서 부하 용량은 100[kVA]이다.)

① 2.1 ② 5.3
③ 7.4 ④ 9.1

해설 Chapter 14 – 09

$$\frac{\text{자기용량}}{\text{부하용량}} = \frac{Vh - Vl}{Vh}$$

$$\text{자기용량} = \frac{Vh - Vl}{Vh} \times \text{부하용량}$$

$$= \frac{3300 - 3000}{3300} \times 100 = 9.1[\text{kVA}]$$

60

변압기 운전에 있어 효율이 최대가 되는 부하는 전부하의 75[%]였다고 하면 전부하에서의 철손과 동손의 비는?

① 4 : 3 ② 9 : 16
③ 10 : 15 ④ 18 : 30

해설 Chapter 08 – 02

$$\frac{1}{m_\eta} = \sqrt{\frac{P_i}{P_c}}$$

정답 57 ② 58 ① 59 ④ 60 ②

제4과목 | 회로이론 · 제어공학

61

단위 피드백 제어계의 개루프 전달함수가 $G(s)=\dfrac{1}{(s+1)(s+2)}$ 일 때 단위계단 입력에 대한 정상 편차는?

① $\dfrac{1}{3}$　② $\dfrac{2}{3}$

③ 1　④ $\dfrac{4}{3}$

해설 Chapter 06 – 02

$G(s)=\dfrac{1}{(s+1)(s+2)}$

입력이 단위계단함수, 정상위치편차를 의미하므로

$$e_{ssp}=\frac{1}{1+k_p}=\frac{1}{1+\frac{1}{2}}=\frac{1}{\frac{3}{2}}=\frac{2}{3}$$

$$K_p=\lim_{s\to 0}G(s)=\lim_{s\to 0}\frac{1}{1\times 2}=\frac{1}{2}$$

62

$G(s)H(s)=\dfrac{K(s+1)}{s^2(s+2)(s+3)}$ 에서 점근선의 교차점을 구하면?

① $-\dfrac{5}{6}$　② $-\dfrac{1}{5}$

③ $-\dfrac{4}{3}$　④ $-\dfrac{1}{3}$

해설 Chapter 09 – 06

영점 : $K(s+1)=0$　　$s=-1$

극점 : $s^2(s+2)(s+3)=0$

$s=0,\ s=-2,\ s=-3$

$$\sigma=\frac{\sum P-\sum Z}{P-Z}=\frac{-5+1}{4-1}=\frac{-4}{3}$$

63

그림의 블록선도에서 K에 대한 폐루프 전달함수 $T=\dfrac{C(s)}{H(s)}$의 감도 S_K^T는?

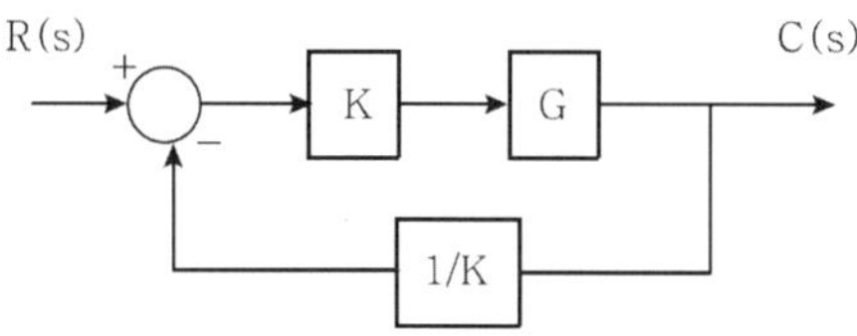

① −1　② −0.5

③ 0.5　④ 1

해설 Chapter 06 – 04

$$S_K^T=\frac{K}{T}\frac{dT}{dK}=\frac{K}{\frac{KG}{1+G}}\times\frac{G}{1+G}=1$$

$$\left(T=\frac{\Sigma P}{1-\Sigma L}=\frac{KG}{1+G},\ \frac{dT}{dK}=\frac{G}{1+G}\right)$$

64

다음의 전달함수 중에서 극점이 $-1\pm j2$, 영점이 -2인 것은?

① $\dfrac{s+2}{(s+1)^2+4}$　② $\dfrac{s-2}{(s+1)^2+4}$

③ $\dfrac{s+2}{(s-1)^2+4}$　④ $\dfrac{s-2}{(s-1)^2+4}$

해설 회로 Chapter 10 – 01

① $G(s)=\dfrac{s+2}{(s+1)^2+4}$

영점 : $(s+2)=0$, $s=-2$

극점 : $(s+1)^2+4=0$

$(s+1)^2=-4$

$s+1=\pm\sqrt{-4}$

$s+1=\pm 2j$

$s=-1\pm 2j$

정답 61 ② 62 ③ 63 ④ 64 ①

65

비례요소를 나타내는 전달함수는?

① $G(s)=K$ ② $G(s)=Ks$

③ $G(s)=\frac{K}{s}$ ④ $G(s)=\frac{K}{Ts+1}$

해설 Chapter 03 – 04

비례요소: $G(s)=K$

미분요소: $G(s)=Ks$

적분요소: $G(s)=\frac{K}{s}$

1차 지연요소: $G(s)=\frac{K}{Ts+1}$

66

다음의 논리 회로를 간단히 하면?

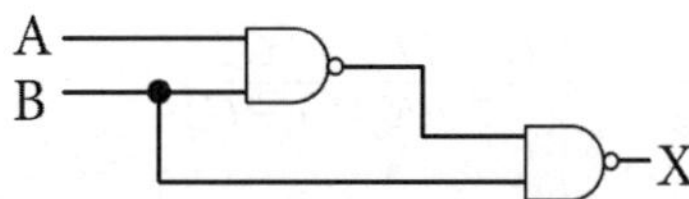

① $\overline{A}+B$ ② $A+\overline{B}$

③ $\overline{A}+\overline{B}$ ④ $A+B$

해설

$$X=\overline{\overline{A\cdot B}\cdot B}=\overline{\overline{A\cdot B}}+\overline{B}$$
$$=A\cdot B+\overline{B}$$
$$=(A+\overline{B})\cdot(B+\overline{B})=A+\overline{B}$$

67

근궤적에 대한 설명 중 옳은 것은?

① 점근선은 허수축에서만 교차한다.

② 근궤적이 허수축을 끊는 K의 값은 일정하다.

③ 근궤적은 절대 안정도 및 상대 안정도와 관계가 없다.

④ 근궤적의 개수는 극점의 수와 영점의 수 중에서 큰 것과 일치한다.

해설 Chapter 09 – 03

근궤적의 개수는 극점의 수와 영점의 수 중에서 큰 것과 일치한다.

68

$F(s)=s^3+4s^2+2s+K=0$에서 시스템이 안정하기 위한 K의 범위는?

① $0<K<8$ ② $-8<K<0$

③ $1<K<8$ ④ $-1<K<8$

해설 Chapter 08 – 01

$F(s)=s^3+4s^2+2s+K=0$

$K>0$

s^3	1	2
s^2	4	K
s^1	$\frac{8-K}{4}$	
s^0	k	

$\frac{8-K}{4}>0$

$8-K>0$

$8>K$에서

$0<K<8$

69

전달함수 $G(s)=\frac{C(s)}{R(s)}=\frac{1}{(s+a)^2}$인 제어계의 임펄스 응답 $c(t)$는?

① e^{-at} ② $1-e^{-at}$

③ te^{-at} ④ $\frac{1}{2}t^2$

해설 Chapter 05 – 01

$G(s)=\frac{1}{(s+a)^2}$

$G(s)=\frac{C(s)}{R(s)}$

$C(s)=G(s)\cdot R(s)=\frac{1}{(s+a)^2}$

$C(t)=t\cdot e^{-at}$

정답 65 ① 66 ② 67 ④ 68 ① 69 ③

70

$\mathcal{L}^{-1}\left[\frac{s}{(s+1)^2}\right]$는?

① $e^{t}-te^{-t}$ ② $e^{-t}-te^{-t}$
③ $e^{-t}+te^{-t}$ ④ $e^{-t}+2te^{-t}$

해설 Chapter 02 – 04

$$F(s)=\frac{s}{(s+1)^2}=\frac{(s+1)-1}{(s+1)^2}=\frac{s+1}{(s+1)^2}+\frac{-1}{(s+1)^2}=\frac{1}{s+1}+\frac{-1}{(s+1)^2}$$

$$\therefore f(t)=e^{-t}-t\cdot e^{-t}$$

71

전하보존의 법칙과 가장 관계가 있는 것은?

① 키르히호프의 전류법칙
② 키르히호프의 전압법칙
③ 옴의 법칙
④ 렌츠의 법칙

해설

- **전하보존의 법칙** : 전하는 새로이 생성되거나 소멸하지 않고 **항상 처음의 전하량을 유지**한다.
- **키르히호프의 전류법칙** : 전기회로의 한 접속점에서 유입하는 전류는 유출하는 전류와 같으므로 **회로에 흐르는 전하량은 항상 일정**하다.

72

그림과 같은 직류 전압의 라플라스 변환을 구하면?

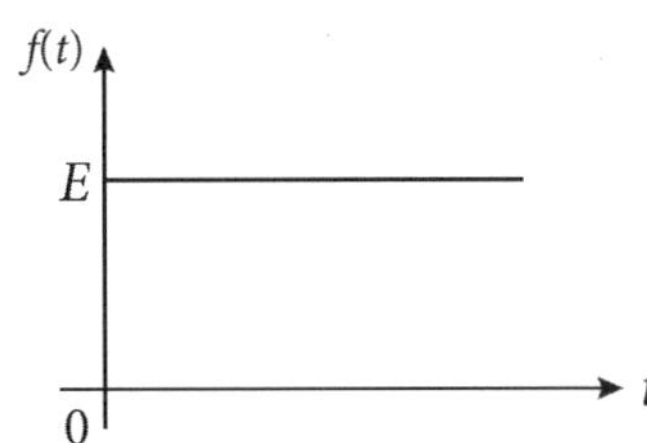

① $\frac{E}{s-1}$ ② $\frac{E}{s+1}$
③ $\frac{E}{s}$ ④ $\frac{E}{s^2}$

해설 Chapter 13 – 01

$$f(t)=E\cdot u(t)$$

$$F(s)=\frac{E}{s}$$

73

$i=3t^2+2t$[A]의 전류가 도선을 30초간 흘렀을 때 통과한 전체 전기량[Ah]은?

① 4.25 ② 6.75
③ 7.75 ④ 8.25

해설 Chapter 01 – 01

$$I=\frac{Q}{t}$$

$$Q=I\cdot t=\int i\,dt$$

$$Q=\int i\,dt=\int_0^{30}(3t^2+2t)dt$$

$$=\left|3\cdot\frac{t^3}{3}+2\cdot\frac{t^2}{2}\right|_0^{30}$$

$$=(30^3+30^2)\times\frac{1}{3600}=7.75\text{ [Ah]}$$

74

인덕턴스 $L=20$[mH]인 코일에 실효값 $E=50$[V], 주파수 $f=60$[Hz]인 정현파 전압을 인가했을 때 코일에 축적되는 평균 자기에너지는 약 몇 [J]인가?

① 6.3 ② 4.4 ③ 0.63 ④ 0.44

해설 Chapter 02

$$W=\frac{1}{2}LI^2=\frac{1}{2}L\left(\frac{V}{\omega L}\right)^2$$

$$=\frac{1}{2}\times 20\times 10^{-3}\times\left(\frac{50}{2\pi\times 60\times 20\times 10^{-3}}\right)^2$$

$$=0.44\text{[J]}$$

정답 70 ② 71 ① 72 ③ 73 ③ 74 ④

75

그림의 사다리꼴 회로에서 부하전압 V_L의 크기는 몇 [V]인가?

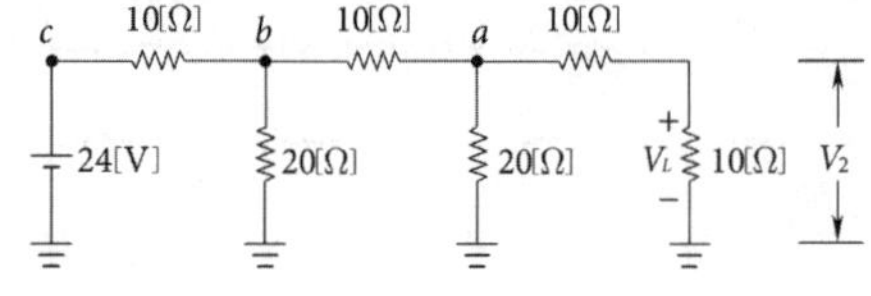

① 3.0 ② 3.25 ③ 4.0 ④ 4.15

해설

Tip 전원 24[V]가 병렬회로로 분기될 때마다 $\frac{1}{2}$ 배로 줄어든다.

$V_L = 10 \times I$
$= 10 \times 0.3$
$= 3$[V]

$I_0 = \dfrac{V}{R} = \dfrac{24}{20} = 1.2$[A]

76

전압비 10^6을 데시벨[dB]로 나타내면?

① 20 ② 60 ③ 100 ④ 120

해설 제어공학 Chapter 07 – 03 – (1)

$g = 20\log \cdot 10^6$
$= 20 \times 6 = 120$[dB]

77

상전압이 120[V]인 평형 3상 Y결선의 전원에 Y결선 부하를 도선으로 연결하였다. 도선의 임피던스는 $1+j$[Ω]이고 부하의 임피던스는 $20+j10$[Ω]이다. 이때 부하에 걸리는 전압은 약 몇 [V]인가?

① $67.18 \angle -25.4°$ ② $101.62 \angle 0°$
③ $113.14 \angle -1.1°$ ④ $118.42 \angle -30°$

해설

$Z = Z_l + Z_L = 1 + j1 + 20 + j10 = 21 + j11$

$I_p = \dfrac{V_p}{Z} = \dfrac{120}{21 + j10} = 4.48 - j2.35$[A]

$V_L = Z_L \times I = (20 + j10) \times (4.48 - j2.35)$
$= 113 \angle -1.1°$

78

전송선로의 특성 임피던스가 100[Ω]이고, 부하저항이 400[Ω]일 때 전압 정재파비 S는 얼마인가?

① 0.25 ② 0.6 ③ 1.67 ④ 4.0

해설 Chapter 12 – 04

반사계수와 정재파비

반사계수 : $\rho = \dfrac{Z_L - Z_0}{Z_L + Z_0} = \dfrac{400 - 100}{400 + 100} = \dfrac{3}{5} = 0.6$

정재파비 : $S = \dfrac{1+\rho}{1-\rho} = \dfrac{1 + \frac{3}{5}}{1 - \frac{3}{5}} = 4$

79

구동점 임피던스 함수에 있어서 극점은?

① 개방회로 상태를 의미한다.
② 단락회로 상태를 의미한다.
③ 아무 상태도 아니다.
④ 전류가 많이 흐르는 상태를 의미한다.

해설 Chapter 10 – 01

영점 : 회로의 단락 상태
극점 : 회로의 개방 상태를 의미한다.

80

그림과 같은 파형의 파고율은 얼마인가?

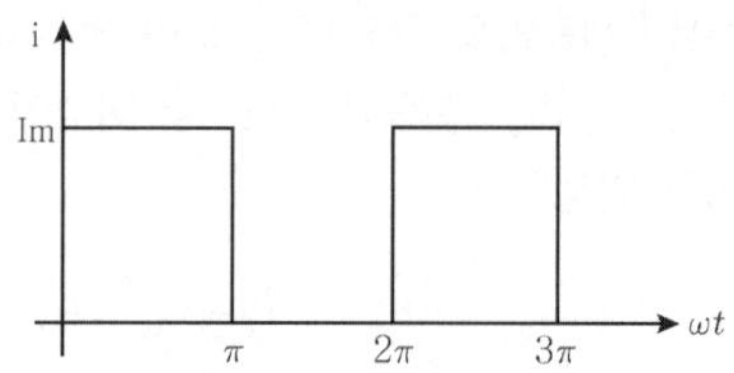

① 0.707 ② 1.414 ③ 1.732 ④ 2.000

해설 Chapter 01 – 04

파형률 = $\dfrac{\text{실효값}}{\text{평균값}}$ 파고율 = $\dfrac{\text{최대값}}{\text{실효값}}$

구형 반파의 파고율 = $\dfrac{\text{최대값}}{\text{실효값}} = \dfrac{I_m}{\frac{I_m}{\sqrt{2}}} = \sqrt{2} = 1.414$

정답 75 ① 76 ④ 77 ③ 78 ④ 79 ① 80 ②

제5과목 | 전기설비기술기준

81

태양전지 발전소에 시설하는 태양전지 모듈, 전선 및 개폐기의 시설에 대한 설명으로 틀린 것은?

① 전선은 공칭단면적 2.5[mm^2] 이상의 연동선을 사용할 것
② 태양전지 모듈에 접속하는 부하측 전로에는 개폐기를 시설할 것
③ 태양전지 모듈을 병렬로 접속하는 전로에 과전류차단기를 시설할 것
④ 옥측에 시설하는 경우 금속관공사, 합성수지관공사, 애자사용공사로 배선할 것

해설
옥측에 시설하는 경우 금속관, 합성수지관, 가요전선관 공사로 배선할 것

82

가공전선로의 지지물에 시설하는 지선의 시방 세목을 설명한 것 중 옳은 것은?

① 안전율은 1.2 이상일 것
② 허용 인장하중의 최저는 5.26[kN]으로 할 것
③ 소선은 지름 1.6[mm] 이상인 금속선을 사용할 것
④ 지선에 연선을 사용할 경우 소선 3가닥 이상의 연선일 것

해설 Chapter 03 – 03
안전율은 2.5 이상일 것
허용 인장하중의 최저는 4.31[kN]으로 할 것
소선은 지름 2.6[mm] 이상인 금속선을 사용할 것

83

시가지 내에 시설하는 154[kV] 가공전선로에 지락 또는 단락이 생겼을 때 몇 초 안에 자동적으로 이를 전로로부터 차단하는 장치를 시설하여야 하는가?

① 1　② 3　③ 5　④ 10

해설 Chapter 03 – 09
100[kV] 이상 가공전선로에 지락 또는 단락시 1초 이내 자동차단하는 장치 시설
보안공사일 경우 : 2초
보안공사가 아닐 경우 : 1초

84

발전소, 변전소, 개폐소의 시설부지조성을 위해 산지를 전용할 경우에 전용하고자 하는 산지의 평균 경사도는 몇 도 이하이어야 하는가?

① 10　② 15　③ 20　④ 25

해설
경사면 25° 이하

85

가공전선로에 사용하는 지지물의 강도 계산에 적용하는 갑종 풍압 하중을 계산할 때 구성재의 수직 투영 면적 1[m^2]에 대한 풍압 값[Pa]의 기준으로 틀린 것은?

① 목주 : 588[Pa]
② 원형 철주 : 588[Pa]
③ 원형 철근 콘크리트주 : 1038[Pa]
④ 강관으로 구성된 철탑(단주는 제외) : 1255[Pa]

해설 Chapter 02 – 01
원형 철근 콘크리트주 : 588

86

특고압 가공전선이 도로, 횡단보도교, 철도 또는 궤도와 제 1차 접근상태로 시설되는 경우 특고압 가공전선로는 제 몇 종 보안공사에 의하여야 하는가?

① 제1종 특고압 보안공사
② 제2종 특고압 보안공사
③ 제3종 특고압 보안공사
④ 제4종 특고압 보안공사

정답 81 ④ 82 ④ 83 ① 84 ④ 85 ③ 86 ③

해설 Chapter 03 – 10

35000[V] 초과 – 제2차 접근상태 – 제1종 특고압 보안공사
35000[V] 이하 – 제2차 접근상태 – 제2종 특고압 보안공사
35000[V] 이하 – 제1차 접근상태 – 제3종 특고압 보안공사

87

통신선과 저압 가공전선 또는 특고압 가공전선로의 다중 접지를 한 중성선 사이의 이격거리는 몇 [cm] 이상인가?

① 15 ② 30 ③ 60 ④ 90

해설 Chapter 04 – 03 – (3)

절연전선 – 60[cm], 케이블 – 30[cm]

88

철탑의 강도계산에 사용하는 이상 시 상정하중이 가하여지는 경우의 그 이상 시 상정 하중에 대한 철탑의 기초에 대한 안전율은 얼마 이상이어야 하는가?

① 1.2 ② 1.33 ③ 1.5 ④ 2.5

해설 Chapter 03 – 02

지지물
이상시 상정하중에 대한 철탑의 기초 안전율은 1.33 이상
일반 지지물 안전율 – 2.0

89

사용전압 22.9[kV]인 가공 전선과 지지물과의 이격거리는 일반적으로 몇 [cm] 이상이어야 하는가?

① 5 ② 10 ③ 15 ④ 20

해설 Chapter 03 – 09 – (4)

특고압 가공전선과 지지물 등 사이의 이격거리
15[kV] 미만 15[cm] 이상 이격
25[kV] 미만 20[cm] 이상 이격
35[kV] 미만 25[cm] 이상 이격
50[kV] 미만 30[cm] 이상 이격
60[kV] 미만 35[cm] 이상 이격
70[kV] 미만 40[cm] 이상 이격

90

수소 냉각식 발전기 또는 이에 부속하는 수소냉각장치에 관한 시설 기준으로 틀린 것은?

① 발전기 안의 수소의 온도를 계측하는 장치를 시설할 것
② 조상기 안의 수소의 압력 계측 장치 및 압력 변동에 대한 경보 장치를 시설할 것
③ 발전기 안의 수소의 순도가 70[%] 이하로 저하할 경우에 경보하는 장치를 시설할 것
④ 발전기는 기밀 구조의 것이고 또한 수소가 대기압에서 폭발하는 경우에 생기는 압력에 견디는 강도를 가지는 것일 것

해설 Chapter 02 – 08

수소 누설시 누설된 수소 가스를 안전하게 외부에 방출할 수 있는 장치를 할 것
발전기 안의 수소의 순도가 85[%] 이하로 저하할 경우에 경보하는 장치를 시설할 것

91

전동기의 절연내력시험은 권선과 대지 간에 계속하여 시험전압을 가할 경우, 최소 몇 분간은 견디어야 하는가?

① 5 ② 10 ③ 20 ④ 30

해설 Chapter 01 – 11

회전기 및 정류기 절연 내력시험
10분간 가한다.

92

고압 가공전선이 안테나와 접근상태로 시설되는 경우에 가공전선과 안테나 사이의 수평 이격거리는 최소 몇 [cm] 이상이어야 하는가?(단, 가공 전선으로는 케이블을 사용하지 않는다고 한다.)

① 60 ② 80 ③ 100 ④ 120

정답 87 ③ 88 ② 89 ④ 90 ③ 91 ② 92 ②

해설 Chapter 03 – 13
절연전선 – 80[cm], 케이블 – 40[cm]

93

주택의 옥내를 통과하여 그 주택 이외의 장소에 전기를 공급하기 위한 옥내배선을 공사하는 방법이다. 사람이 접촉할 우려가 없는 은폐된 장소에서 시행하는 공사의 종류가 아닌 것은?(단, 주택의 옥내전로의 대지전압은 300[V]이다.)

① 금속관 공사　② 케이블 공사
③ 금속덕트 공사　④ 합성 수지관 공사

해설
주택을 통과하며 그 주택 이외의 장소에 전기를 공급시 은폐장소의 경우 케이블, 금속관, 합성수지관 공사에 의한다.

94

전기 울타리의 시설에 관한 규정 중 틀린 것은?

① 전선과 수목 사이의 이격거리는 50[cm] 이상이어야 한다.
② 전기울타리는 사람이 쉽게 출입하지 아니하는 곳에 시설하여야 한다.
③ 전선은 인장강도 1.38[kN] 이상의 것 또는 지름 2[mm] 이상의 경동선이어야 한다.
④ 전기울타리용 전원 장치에 전기를 공급하는 전로의 사용전압은 250[V] 이하이어야 한다.

해설 Chapter 05 – 12 – (1)
전선과 수목 사이의 이격거리는 30[cm] 이상이어야 한다.

95

주택 등 저압 수용 장소에서 고정 전기설비에 TN-C-S 접지방식으로 접지공사 시 중성선 겸용 보호도체(PEN)를 알루미늄으로 사용할 경우 단면적은 몇 $[mm^2]$ 이상이어야 하는가?

① 2.5　② 6
③ 10　④ 16

해설 Chapter 01 – 14
보호도체(PEN)
– 동 : $10[mm^2]$
– 알루미늄 : $16[mm^2]$

96

유도장해의 방지를 위한 규정으로 사용전압 60[kV] 이하인 가공 전선로의 유도전류는 전화선로의 길이 12[km]마다 몇 $[\mu A]$를 넘지 않도록 하여야 하는가?

① $1[\mu A]$　② $2[\mu A]$
③ $3[\mu A]$　④ $4[\mu A]$

해설 Chapter 03 – 04
유도장해
사용전압이 60[kV] 이하인 경우 선로길이가 12[km]마다 유도전류가 $2[\mu A]$ 넘지 말 것
사용전압이 60[kV] 초과인 경우 선로길이가 40[km]마다 유도전류가 $3[\mu A]$ 넘지 말 것

※ 한국전기설비규정(KEC) 개정에 따라 삭제된 문제가 있어 100문항이 되지 않습니다.

정답 93 ③ 94 ① 95 ④ 96 ②

2017년 1회 기출문제

제1과목 | 전기자기학

01

평행평판 공기콘덴서의 양 극판에 $+\sigma$[C/m²], $-\sigma$[C/m²]의 전하가 분포되어 있다. 이 두 전극 사이에 유전율 ε[F/m]인 유전체를 삽입한 경우의 전계 [V/m]는?(단, 유전체의 분극전하밀도를 $+\sigma'$[C/m²], $-\sigma'$[C/m²]이라 한다.)

① $\dfrac{\sigma}{\varepsilon_0}$　② $\dfrac{\sigma+\sigma'}{\varepsilon_0}$

③ $\dfrac{\sigma}{\varepsilon_0}-\dfrac{\sigma'}{\varepsilon}$　④ $\dfrac{\sigma-\sigma'}{\varepsilon_0}$

해설 Chapter 04 – 01

분극의 세기(전속밀도)

$D=\rho=\varepsilon_0 E$

$E=\dfrac{\rho}{\varepsilon_0}$

$E=\dfrac{\sigma-\sigma'}{\varepsilon_0}$

02

자계와 직각으로 놓인 도체에 I[A]의 전류를 흘릴 때 f[N]의 힘이 작용하였다. 이 도체를 v[m/s]의 속도로 자계와 직각으로 운동시킬 때의 기전력 e[V]는?

① $\dfrac{fv}{I^2}$　② $\dfrac{fv}{I}$　③ $\dfrac{fv^2}{I}$　④ $\dfrac{fv}{2I}$

해설 Chapter 09 – 01

작용하는 힘

$F=IB\ell\sin\theta$[N]

기전력 $e=vB\ell\sin\theta$[V]

$=v\times\dfrac{F}{I}$[V]

$(B\ell\sin\theta=\dfrac{F}{I})$

03

폐회로에 유도되는 유도기전력에 관한 설명으로 옳은 것은?

① 유도기전력은 권선수의 제곱에 비례한다.

② 렌쯔의 법칙은 유도기전력의 크기를 결정하는 법칙이다.

③ 자계가 일정한 공간 내에서 폐회로가 운동하여도 유도 기전력이 유도된다.

④ 전계가 일정한 공간 내에서 폐회로가 운동하여도 유도 기전력이 유도된다.

해설

① 유도기전력 $e=-N\dfrac{d\phi}{dt}$ 권수에 비례한다.

② 크기를 결정하는 것은 페러데이 법칙이다.

③ $e=vB\ell\sin\theta$[V]

자계가 일정한 공간 내에서 폐회로가 운동하여도 유도 기전력이 유도된다.

04

반지름 a, b 두 개의 구 형상 도체 전극이 도전율 k인 매질 속에 중심거리 r 만큼 떨어져 있다. 양 전극 간의 저항은?(단, $r\gg a, b$이다.)

① $4\pi k(\dfrac{1}{a}+\dfrac{1}{b})$　② $4\pi k(\dfrac{1}{a}-\dfrac{1}{b})$

③ $\dfrac{1}{4\pi k}(\dfrac{1}{a}+\dfrac{1}{b})$　④ $\dfrac{1}{4\pi k}(\dfrac{1}{a}-\dfrac{1}{b})$

해설 Chapter 06 – 03

전기저항과 정전용량

$R=R_1+R_2$

$=\dfrac{\rho\varepsilon}{C_1}+\dfrac{\rho\varepsilon}{C_2}=\dfrac{\rho\varepsilon}{4\pi\varepsilon a}+\dfrac{\rho\varepsilon}{4\pi\varepsilon b}$

$=\dfrac{\rho}{4\pi}(\dfrac{1}{a}+\dfrac{1}{b})$　$k=\dfrac{1}{\rho}$이므로

$=\dfrac{1}{4\pi k}(\dfrac{1}{a}+\dfrac{1}{b})$

정답 01 ④ 02 ② 03 ③ 04 ③

05

그림과 같이 반지름 a인 무한장 평행도체 A, B가 간격 d로 놓여 있고, 단위 길이당 각각 $+\lambda, -\lambda$의 전하가 균일하게 분포되어 있다. A, B도체 간의 전위차[V]는?(단, $d \gg a$이다.)

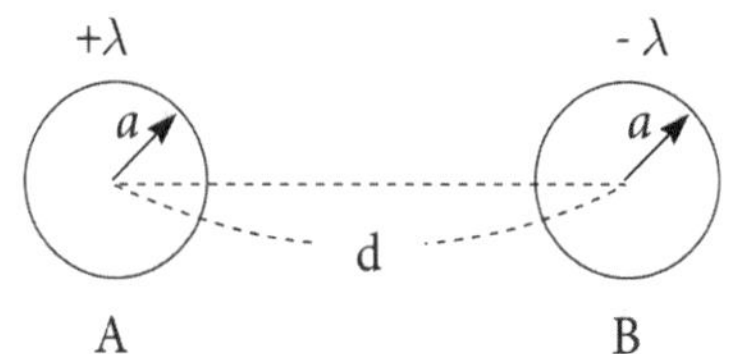

① $\dfrac{\lambda}{\pi\varepsilon_0}\ln\dfrac{d-a}{a}$　② $\dfrac{\lambda}{2\pi\varepsilon_0}\ln\dfrac{d}{a}$

③ $\dfrac{\lambda}{\pi\varepsilon_0}\ln\dfrac{a}{d}$　④ $\dfrac{\lambda}{2\pi\varepsilon_0}\ln\dfrac{a}{d}$

해설 Chapter 04 – 04

평행도선

$$V=\int_a^{d-a} E dx$$

$$=\int_a^{d-a} \frac{\lambda}{2\pi\varepsilon_0 x}+\frac{\lambda}{2\pi\varepsilon_0(d-x)}dx$$

$$=\frac{\lambda}{2\pi\varepsilon_0}(\ln\frac{d-a}{a})^2$$

$$=\frac{\lambda}{\pi\varepsilon_0}\ln\frac{d-a}{a}[V]$$

06

매질 1(ε_1)은 나일론(비유전율 $\varepsilon_s=4$)이고 매질 2(ε_2)는 진공일 때 전속밀도 D가 경계면에서 각각 θ_1, θ_2의 각을 이룰 때, $\theta_2=30^\circ$라면 θ_1의 값은?

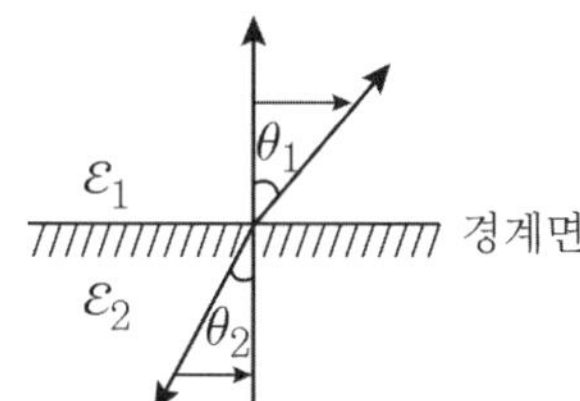

① $\tan^{-1}\dfrac{4}{4\sqrt{3}}$　② $\tan^{-1}\dfrac{\sqrt{3}}{4}$

③ $\tan^{-1}\dfrac{\sqrt{3}}{2}$　④ $\tan^{-1}\dfrac{\sqrt{2}}{3}$

해설 Chapter 04 – 02

경계조건

$$\frac{\tan\theta_2}{\tan\theta_1}=\frac{\varepsilon_2}{\varepsilon_1}$$

$$\tan\theta_1=\frac{\varepsilon_1}{\varepsilon_2}\times\tan\theta_2$$

$$=\frac{4\varepsilon_0}{\varepsilon_0}\times\tan30^\circ=\frac{4}{\sqrt{3}}$$

$$\theta=\tan^{-1}\frac{4}{\sqrt{3}}$$

07

자기회로에 관한 설명으로 옳은 것은?

① 자기회로의 자기저항은 자기회로의 단면적에 비례한다.

② 자기회로의 기자력은 자기저항과 자속의 곱과 같다.

③ 자기저항 R_{m1}과 R_{m2}을 직렬연결 시 합성 자기저항은 $\dfrac{1}{R_m}=\dfrac{1}{R_{m1}}+R_{m2}$이다.

④ 자기회로의 자기저항은 자기회로의 길이에 반비례한다.

해설 Chapter 08 – 03

자기저항

$$R_m=\frac{\ell}{\mu S}$$

$F=\phi R_m=NI$

직렬연결에서 자기저항 : $R_m=R_{m1}+R_{m2}$

08

두 개의 콘덴서를 직렬접속하고 직류전압을 인가 시 설명으로 옳지 않은 것은?

① 정전용량이 작은 콘덴서에 전압이 많이 걸린다.

② 합성 정전용량은 각 콘덴서의 정전용량의 합과 같다.

③ 합성 정전용량은 각 콘덴서의 정전용량보다 작아진다.

④ 각 콘덴서의 두 전극에 정전유도에 의하여 정·부의 동일한 전하가 나타나고 전하량은 일정하다.

정답 05 ① 06 ① 07 ② 08 ②

해설 Chapter 03 – 03 – (1)

$V_1 = \frac{C_2}{C_1 + C_2} \times V,\ V_2 = \frac{C_1}{C_1 + C_2} \times V$

$\frac{1}{C} = \frac{1}{C_1} + \frac{1}{C_2}$

콘덴서의 직렬연결에서 전하량이 일정하다.

09

길이가 1[cm], 지름이 5[mm]인 동선에 1[A]의 전류를 흘렸을 때 전자가 동선을 흐르는 데 걸리는 평균 시간은 약 몇 초인가?(단, 동선에 전자밀도는 1×10^{28}[개/m^3]이다.)

① 3 ② 31

③ 314 ④ 3147

해설 Chapter 06 – 01

전류밀도

밀도 1×10^{28}

개수 n = 밀도 × 체적

$V = S \cdot \ell = \pi a^2 \ell$

$= \pi \times (2.5 \times 10^{-3})^2 \times 1 \times 10^{-2}$

$= 1.96 \times 10^{-7}$[m^3]

$n = 1 \times 10^{28} \times 1.96 \times 10^{-7}$

$= 1.96 \times 10^{21}$

$Q = ne = I \cdot t$

$t = \frac{ne}{I} = \frac{1.96 \times 10^{21} \times 1.602 \times 10^{-19}}{1}$

$= 314$

10

일반적인 전자계에서 성립되는 기본방정식이 아닌 것은?(단, i는 전류밀도, ρ는 공간전하밀도이다.)

① $\nabla \times H = i + \frac{\partial D}{\partial t}$ ② $\nabla \times E = -\frac{\partial B}{\partial t}$

③ $\nabla \cdot D = \rho$ ④ $\nabla \cdot B = \mu H$

해설 Chapter 11 – 05

전파방정식

$rot\,H = i + \frac{\partial D}{\partial t}$

$rot\,E = -\frac{\partial B}{\partial t}$

$div\,D = \nabla D = \rho$

$div\,B = \nabla B = 0$

11

전계 E[V/m], 자계 H[AT/m]의 전자계가 평면파를 이루고, 자유공간으로 단위 시간에 전파될 때 단위 면적당 전력밀도[W/m^2]의 크기는?

① EH^2 ② EH ③ $\frac{1}{2}EH^2$ ④ $\frac{1}{2}EH$

해설 Chapter 11 – 04

포인팅 벡터

$P = E \times H$

$= EH$

$= 377H^2$

$= \frac{1}{377}E^2$

$= \frac{W}{S}$[W/m^2]

12

옴의 법칙을 미분형태로 표시하면?(단, i는 전류밀도이고, ρ는 저항률, E는 전계이다.)

① $i = \frac{1}{\rho}E$ ② $i = \rho E$

③ $i = divE$ ④ $i = \nabla \times E$

해설 Chapter 06 – 01

전류밀도

$I = \frac{V}{R}$[A]

$i = \frac{I}{S} = kE = \frac{1}{\rho}E$[A/m^2]

정답 09 ③ 10 ④ 11 ② 12 ①

13

0.2[μF]인 평행판 공기 콘덴서가 있다. 전극간에 그 간격이 절반 두께의 유리판을 넣었다면 콘덴서의 용량은 약 몇 [μF]인가?(단, 유리의 비유전율은 10이다.)

① 0.26 ② 0.36
③ 0.46 ④ 0.56

해설 Chapter 03 – 04 – (5)
평행판 콘덴서의 정전용량
콘덴서의 직렬연결

$$C=\frac{\epsilon_1\epsilon_2 S}{\epsilon_1 d_2+\epsilon_2 d_1}=\frac{\epsilon_0\times 10\epsilon_0\times S}{(\epsilon_0+10\epsilon_0)\frac{d}{2}}$$

$$=\frac{10\epsilon_0 S}{11\times\frac{d}{2}}$$

$$=\frac{10\times 2}{11}\times C=\frac{10\times 2}{11}\times 0.02$$

$$=0.36[\mu F]$$

14

한 변의 길이가 $\sqrt{2}$[m]인 정사각형의 4개 꼭짓점에 $+10^{-9}$[C]의 점전하가 각각 있을 때 이 사각형의 중심에서의 전위[V]는?

① 0 ② 18
③ 36 ④ 72

해설 Chapter 02 – 03
사각형 중심에서의 전위

$$V=\frac{Q}{4\pi\varepsilon_0 r}\times 4$$

$$=9\times 10^9\times\frac{10^{-9}}{1}\times 4=36[\text{V}]$$

15

기계적인 변형력을 가할 때, 결정체의 표면에 전위차가 발생되는 현상은?

① 볼타 효과 ② 전계 효과
③ 압전 효과 ④ 파이로 효과

해설
압전효과 : 기계적인 압력을 가하면 전압이 발생하고, 전압을 가하면 기계적인 변형이 발생하는 현상을 의미한다.

16

면적이 S[m^2]인 금속판 2매를 간격이 d[m]되게 공기 중에 나란하게 놓았을 때 두 도체 사이의 정전용량 [F]은?

① $\frac{S}{d}\varepsilon_0$ ② $\frac{d}{S}\varepsilon_0$
③ $\frac{d}{S^2}\varepsilon_0$ ④ $\frac{S^2}{d}\varepsilon_0$

해설 Chapter 03 – 04 – (5)
평행판 콘덴서의 정전용량

$$C=\frac{\varepsilon_0}{d}S$$

17

면전하 밀도가 ρ_s[C/m^2]인 무한히 넓은 도체판에서 R[m]만큼 떨어져 있는 점의 전계의 세기[V/m]는?

① $\frac{\rho_s}{\varepsilon_0}$ ② $\frac{\rho_s}{2\varepsilon_0}$
③ $\frac{\rho_s}{2R}$ ④ $\frac{\rho_s}{4\pi R^2}$

해설 Chapter 02 – 03
면전하

$$E=\frac{\rho_s}{2\varepsilon_0}[\text{V/m}]$$

정답 13 ② 14 ③ 15 ③ 16 ① 17 ②

18

300회 감은 코일에 3[A]의 전류가 흐를 때의 기자력 [AT]은?

① 10 ② 90 ③ 100 ④ 900

해설 Chapter 08 – 03

기자력

$F = NI = 300 \times 3 = 900$[AT]

19

구리로 만든 지름 20[cm]의 반구에 물을 채우고 그 중에 지름 10[cm]의 구를 띄운다. 이 때에 두 개의 구가 동심구라면 두 구 사이의 저항은 약 몇 [Ω]인가? (단, 물의 도전율은 10^{-3}[℧/m]라 하고, 물이 충만되어 있다고 한다.)

① 1590 ② 2590

③ 2800 ④ 3180

해설 Chapter 06 – 03

전기저항과 정전용량

$$C = \frac{2\pi\varepsilon}{\frac{1}{a} - \frac{1}{b}} \quad a = 5[\text{cm}],\ b = 10[\text{cm}]$$

$$R = \frac{\rho\varepsilon}{C} = \frac{\rho\varepsilon}{\frac{2\pi\varepsilon}{\frac{1}{a} - \frac{1}{b}}} = \frac{\rho}{2\pi}\left(\frac{1}{a} - \frac{1}{b}\right)$$

$$= \frac{1}{2\pi k}\left(\frac{1}{a} - \frac{1}{b}\right)$$

$$= \frac{1}{2\pi \times 10^{-3}}\left(\frac{1}{0.05} - \frac{1}{0.1}\right)$$

$$= 1590[\Omega]$$

20

자기회로에서 철심의 투자율을 μ라 하고 회로의 길이를 ℓ이라 할 때 그 회로의 일부에 미소공극 ℓ_g를 만들면 회로의 자기저항은 처음의 몇 배인가? (단, $\ell_g \ll \ell$, 즉 $\ell - \ell_g \fallingdotseq \ell$이다.)

① $1 + \frac{\mu\ell_g}{\mu_0\ell}$ ② $1 + \frac{\mu\ell}{\mu_0\ell_g}$

③ $1 + \frac{\mu_0\ell_g}{\mu\ell}$ ④ $1 + \frac{\mu_0\ell}{\mu\ell_g}$

해설 Chapter 08 – 06

미소공극이 있는 철심회로의 합성자기저항

$$\frac{R_m'}{R_m} = \frac{R_m + R_0}{R_m} = 1 + \frac{\ell_g}{\ell} \cdot \frac{\mu}{\mu_0} = 1 + \frac{\mu_s \ell_g}{\ell}$$

정답 18 ④ 19 ① 20 ①

제2과목 | 전력공학

21

초고압 송전계통에 단권변압기가 사용되는데 그 이유로 볼 수 없는 것은?

① 효율이 높다.
② 단락전류가 적다.
③ 전압변동률이 적다.
④ 자로가 단축되어 재료를 절약할 수 있다.

해설 Chapter 11 – 02
승압기
단권변압기는 권수 $N\downarrow$ $Z\downarrow$ $I_s\uparrow$ 이 된다.

22

피뢰기의 구비조건이 아닌 것은?

① 상용주파 방전개시 전압이 낮을 것
② 충격방전 개시전압이 낮을 것
③ 속류 차단능력이 클 것
④ 제한전압이 낮을 것

해설 Chapter 07 – 04
피뢰기
피뢰기의 구비조건
① 상용주파 방전개시 전압이 높을 것
② 충격방전 개시전압이 낮을 것
③ 속류 차단능력이 클 것
④ 제한전압이 낮을 것

23

어떤 화력 발전소의 증기조건이 고온원 540℃, 저온원 30℃ 일 때 이 온도 간에서 움직이는 카르노 사이클의 이론 열효율[%]은?

① 85.2 ② 80.5
③ 75.3 ④ 62.7

해설 Chapter 13
화력발전의 열효율

$$\eta = \frac{T_1 - T_2}{T_1} \times 100$$

$$= \frac{813k - 303k}{813k} \times 100 = 62.7[\%]$$

$$\eta = (1 - \frac{T_2}{T_1}) \times 100$$

T_1, T_2 =절대온도
절대온도 $T = ℃ + 273$
$T_1 = 540 + 273 = 813k$
$T_2 = 30℃ + 273 = 303k$

24

그림과 같은 회로의 영상, 정상, 역상 임피던스 Z_0, Z_1, Z_2는?

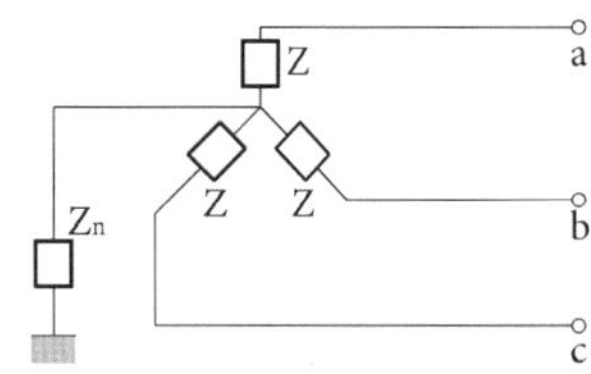

① $Z_0 = Z + 3Z_n$, $Z_1 = Z_2 = Z$
② $Z_0 = 3Z_n$, $Z_1 = Z$, $Z_2 = 3Z$
③ $Z_0 = 3Z + Z_n$, $Z_1 = 3Z$, $Z_2 = Z$
④ $Z_0 = Z + Z_n$, $Z_1 = Z_2 = Z + 3Z_n$

해설 Chapter 05 – 02 – (1)
영상, 정상, 역상 임피던스 모두 1상만 계산한다.
영상 임피던스(Z_0)는
$Z_0 = Z + 3Z_n$

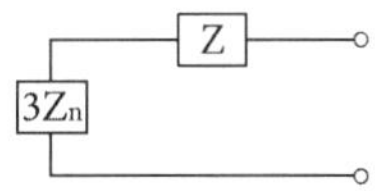

정상 임피던스와 역상 임피던스는 변압기와 선로가 정지상태이므로 같다.
$\therefore Z_1 = Z_2 = Z$

정답 21 ② 22 ① 23 ④ 24 ①

25

비접지식 송전선로에 있어서 1선 지락고장이 생겼을 경우 지락점에 흐르는 전류는?

① 직류 전류
② 고장상의 영상전압과 동상의 전류
③ 고장상의 영상전압보다 90도 빠른 전류
④ 고장상의 영상전압보다 90도 늦은 전류

해설 Chapter 04 – 02
비접지 방식
지락점에 흐르는 전류는 고장상의 영상전압보다 90도 빠른 전류가 흐른다.

$$I_g = \frac{E}{\dfrac{1}{\omega Cs}}$$

26

가공전선로에 사용하는 전선의 굵기를 결정할 때 고려할 사항이 아닌 것은?

① 절연저항　② 전압강하
③ 허용전류　④ 기계적 강도

해설 Chapter 01 – 01
전선의 굵기의 결정요소
허용전류, 전압강하, 기계적 강도

27

조상설비가 아닌 것은?

① 정지형무효전력 보상장치
② 자동고장구분개폐기
③ 전력용콘덴서
④ 분로리액터

해설 Chapter 03 – 03
조상설비
동기조상기, 전력용콘덴서, 분로리액터, 정지형무효전력 보상장치

28

코로나현상에 대한 설명이 아닌 것은?

① 전선을 부식시킨다.
② 코로나 현상은 전력의 손실을 일으킨다.
③ 코로나 방전에 의하여 전파 장해가 일어난다.
④ 코로나 손실은 전원 주파수의 2/3 제곱에 비례한다.

해설 Chapter 02 – 02
코로나

$$P = \frac{241}{\delta}(f+25)\sqrt{\frac{d}{2D}}(E-E_0)^2 \times 10^{-5} [\text{kw/km/l}]$$

29

다음 (㉮), (㉯), (㉰)에 들어갈 내용으로 옳은 것은?

> 원자력이란 일반적으로 무거운 원자핵이 핵분열하여 가벼운 핵으로 바뀌면서 발생하는 핵분열 에너지를 이용하는 것이고, (㉮)발전은 가벼운 원자핵을(과) (㉯)하여 무거운 핵으로 바꾸면서 (㉰) 전후의 질량결손에 해당하는 방출 에너지를 이용하는 방식이다.

① ㉮ 원자핵융합　㉯ 융합　㉰ 결합
② ㉮ 핵결합　㉯ 반응　㉰ 융합
③ ㉮ 핵융합　㉯ 융합　㉰ 핵반응
④ ㉮ 핵반응　㉯ 반응　㉰ 결합

해설 Chapter 14
원자력발전

30

경간 200[m], 장력 1000[kg], 하중 2[kg/m]인 가공전선의 이도(dip)는 몇 [m]인가?

① 10　② 11
③ 12　④ 13

정답 25 ③ 26 ① 27 ② 28 ④ 29 ③ 30 ①

해설 Chapter 01 – 01 – (7)

이도

$$D = \frac{WS^2}{8T} = \frac{2 \times 200^2}{8 \times 1000} = 10[\mathrm{m}]$$

31

영상 변류기를 사용하는 계전기는?

① 과전류 계전기 ② 과전압 계전기
③ 부족전압 계전기 ④ 선택지락 계전기

해설 Chapter 08 – 01 – (3)

보호 계전기의 기능상 분류

영상 변류기(ZCT) : 영상전류 검출

선택지락 계전기(SGR) : 영상전류를 판정

32

전력계통의 안정도 향상 방법이 아닌 것은?

① 선로 및 기기의 리액턴스를 낮게 한다.
② 고속도 재폐로 차단기를 채용한다.
③ 중성점 직접접지방식을 채용한다.
④ 고속도 AVR을 채용한다.

해설 Chapter 06 – 01 – (3)

안정도 향상 대책

직접접지의 경우 계통에 주는 충격이 크다.

33

증식비가 1보다 큰 원자로는?

① 경수로 ② 흑연로
③ 중수로 ④ 고속증식로

해설 Chapter 13

원자력발전의 증식비

고속증식로 1.2～1.3

34

송전용량이 증가함에 따라 송전선의 단락 및 지락전류도 증가하여 계통에 여러 가지 장해요인이 되고 있다. 이들의 경감대책으로 적합하지 않은 것은?

① 계통의 전압을 높인다.
② 고장 시 모선 분리 방식을 채용한다.
③ 발전기와 변압기의 임피던스를 작게 한다.
④ 송전선 또는 모선 간에 한류리액터를 삽입한다.

해설 Chapter 06 – 01 – (3)

안정도 향상 대책

발전기와 변압기의 임피던스는 커야 한다.

$I_s \downarrow$, $Z \uparrow$

35

송배전 선로에서 선택지락 계전기(SGR)의 용도는?

① 다회선에서 접지 고장 회선의 선택
② 단일 회선에서 접지 전류의 대소 선택
③ 단일 회선에 접지 전류의 방향 선택
④ 단일 회선에서 접지 사고의 지속 시간 선택

해설 Chapter 08 – 01 – (3)

SGR

다회선에서 접지 고장 회선을 선택한다.

36

그림과 같은 회로의 일반 회로정수가 아닌 것은?

Es Z Er

① $B = Z + 1$ ② $A = 1$
③ $C = 0$ ④ $D = 1$

정답 31 ④ 32 ③ 33 ④ 34 ③ 35 ① 36 ①

해설 Chapter 03 – 01

4단자정수

$A = D = 1$

$B = Z$

$C = 0$

37

송전선로의 중성점을 접지하는 목적이 아닌 것은?

① 송전 용량의 증가
② 과도 안정도의 증진
③ 이상 전압 발생의 억제
④ 보호 계전기의 신속, 확실한 동작

해설 Chapter 04 – 01

중성점 접지의 목적
① 과도 안정도의 증진
② 이상 전압 발생의 억제
③ 보호 계전기의 신속, 확실한 동작
④ 1선지락시 전위상승을 억제하여 기계기구의 절연보호

38

부하전류가 흐르는 전로는 개폐할 수 없으나 기기의 점검이나 수리를 위하여 회로를 분리하거나, 계통의 접속을 바꾸는 데 사용하는 것은?

① 차단기　② 단로기
③ 전력용 퓨즈　④ 부하 개폐기

해설 Chapter 08 – 02

단로기(DS) : 무부하 전류 개폐 →
기기 보수, 점검시 전원으로부터 분리

39

보호 계전기와 그 사용 목적이 잘못된 것은?

① 비율차동 계전기 : 발전기 내부 단락 검출용
② 전압평형 계전기 : 발전기 출력측 PT퓨즈 단선에 의한 오작동 방지
③ 역상과전류 계전기 : 발전기 부하불평형 회전자 과열소손
④ 과전압 계전기 : 과부하 단락사고

해설 Chapter 08 – 01 – (3)

보호 계전기의 기능상 분류
과전압 계전기 : 과전압 검출
과부하/단락보호 : OCR(과전류 계전기)

40

송전선로의 정상임피던스를 Z_1, 역상임피던스를 Z_2, 영상임피던스를 Z_0라 할 때 옳은 것은?

① $Z_1 = Z_2 = Z_0$　② $Z_1 = Z_2 < Z_0$
③ $Z_1 > Z_2 = Z_0$　④ $Z_1 < Z_2 = Z_0$

해설 Chapter 05 – 02 – (1)

영상, 정상, 역상임피던스

$Z_1 = Z_2 < Z_0$

정답 37 ① 38 ② 39 ④ 40 ②

제3과목 | 전기기기

41

그림과 같은 회로에서 전원전압의 실효치 200[V], 점호각 30°일 때 출력전압은 약 몇 [V]인가?(단, 정상상태이다.)

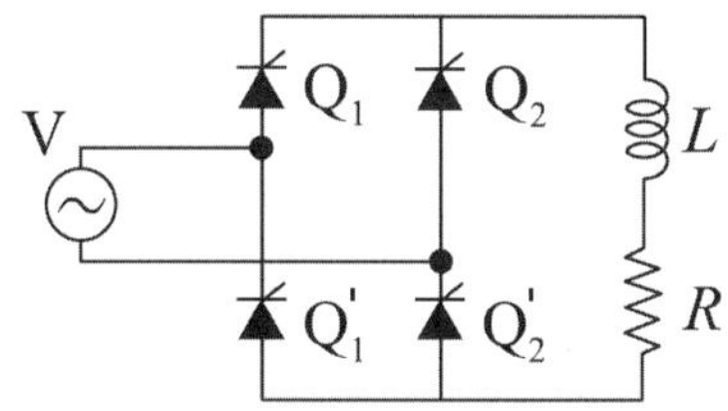

① 157.8 ② 168.0
③ 177.8 ④ 187.8

해설 Chapter 01 – 05
정류기

단상 전파 $E_d = 0.9E \times (\frac{1+\cos\alpha}{2})$

$= 0.9 \times 200 \times (\frac{1+\cos 30}{2})$

$= 168[\text{V}]$

42

분권 발전기의 회전 방향을 반대로 하면 일어나는 현상은?

① 전압이 유기된다.
② 발전기가 소손된다.
③ 잔류자기가 소멸된다.
④ 높은 전압이 발생한다.

해설 Chapter 13 – 04 – (7)
분권 발전기
회전의 방향을 반대로 하면 잔류자기가 소멸된다.

43

극수가 24일 때, 전기각 180°에 해당되는 기계각은?

① 7.5° ② 15°
③ 22.5° ④ 30°

해설

전기각 $=$ 기하각$\times \frac{P}{2}$

기하각 $= \frac{2}{P} \times$ 전기각

$= \frac{2}{24} \times 190^\circ = 15^\circ$

44

단락비가 큰 동기기의 특징으로 옳은 것은?

① 안정도가 떨어진다.
② 전압변동률이 크다.
③ 선로 충전용량이 크다.
④ 단자 단락 시 단락 전류가 적게 흐른다.

해설 Chapter 06 – 02 – (5)
단락비
① 안정도가 크다.
② 전압변동률이 작다.
③ 선로 충전용량이 크다.
④ 단자 단락 시 단락 전류가 크게 흐른다.

45

단상 직권 정류자 전동기에서 보상권선과 저항도선의 작용을 설명한 것 중 틀린 것은?

① 보상권선은 역률을 좋게 한다.
② 보상권선은 변압기의 기전력을 크게 한다.
③ 보상권선은 전기자 반작용을 제거해 준다.
④ 저항도선은 변압기 기전력에 의한 단락전류를 작게 한다.

정답 41 ② 42 ③ 43 ② 44 ③ 45 ②

해설 Chapter 03 – 01

보상권선을 설치하면 변압기의 기전력을 작게 해서 정류작용을 개선시키고 역률을 좋게 한다.

46

5[kVA], 3000/200[V]의 변압기의 단락시험에서 임피던스 전압 120[V], 동손 150[W]라 하면 %저항강하는 약 몇 [%]인가?

① 2 ② 3 ③ 4 ④ 5

해설 Chapter 05 – 03

변압기 전압변동률

% 저항강하율 $= P$

$$\% R = P = \frac{I_{1n} R_1}{V_{1n}} \times 100 = \frac{P_c}{P_n} \times 100$$

$$= \frac{150}{5 \times 10^3} \times 100 = 3[\%]$$

47

변압기의 규약 효율 산출에 필요한 기본요건이 아닌 것은?

① 파형은 정현파를 기준으로 한다.
② 별도의 지정이 없는 경우 역률은 100% 기준이다.
③ 부하손은 40℃를 기준으로 보정한 값을 사용한다.
④ 손실은 각 권선에 대한 부하손의 합과 무부하손의 합이다.

해설 Chapter 09 – 02

변압기 규약효율

부하손은 75℃를 기준으로 보정한 값이다.

48

직류기의 보극을 설치하는 목적은?

① 정류 개선 ② 토크의 증가
③ 회전수 일정 ④ 기동토크의 증가

해설 Chapter 13 – 03

정류

보극의 설치목적은 정류의 개선 목적이다. (전압정류)

49

4극3상 동기기가 48개의 슬롯을 가진다. 전기자 권선 분포 계수 K_d를 구하면 약 얼마인가?

① 0.923 ② 0.945
③ 0.957 ④ 0.969

해설 Chapter 02 – 03 – (1)

분포권

$$k_d = \frac{\sin\frac{\pi}{2m}}{q\sin\frac{\pi}{2mq}} = \frac{\frac{1}{2}}{4\sin\frac{\pi}{24}} = \frac{1}{8\sin 7.5}$$

$$= 0.957$$

$$q = \frac{S}{P \times m} = \frac{48}{4 \times 3} = 4$$

50

슬립 s_t에서 최대 토크를 발생하는 3상 유도 전동기에 2차측 한 상의 저항을 r_2라 하면 최대 토크로 기동하기 위한 2차측 한 상에 외부로부터 가해 주어야 할 저항[Ω]은?

① $\frac{1-s_t}{s_t} r_2$ ② $\frac{1+s_t}{s_t} r_2$

③ $\frac{r_2}{1-s_t}$ ④ $\frac{r_2}{s_t}$

해설 Chapter 16 – 09

등가저항

2차출력정수 = 등가저항

$$R = r_2\left(\frac{1}{s} - 1\right) = r_2\left(\frac{1-s}{s}\right)$$

정답 46 ② 47 ③ 48 ① 49 ③ 50 ①

51

어떤 단상변압기의 2차 무부하 전압이 240[V]이고, 정격 부하시의 2차 단자 전압이 230[V]이다. 전압 변동률은 약 몇 [%]인가?

① 4.35 ② 5.15
③ 6.65 ④ 7.35

해설 Chapter 05 – 03
변압기 전압변동률

$$\epsilon = \frac{V_{20}-V_{2n}}{V_{2n}} \times 100$$
$$= \frac{240-230}{230} \times 100$$
$$= 4.35[\%]$$

52

일반적인 농형 유도전동기에 비하여 2중 농형 유도전동기의 특징으로 옳은 것은?

① 손실이 적다.
② 슬립이 크다.
③ 최대 토크가 크다.
④ 기동 토크가 크다.

해설
2중 농형 유도전동기는 일반적인 농형 유도전동기에 비해서 기동전류는 적고 기동토크는 큰 효과는 있지만 특성은 떨어지는 단점이 있다.

53

유도전동기의 안정 운전의 조건은?(단, T_m : 전동기 토크, T_L : 부하 토크, n : 회전수)

① $\frac{dT_m}{dn} < \frac{dT_L}{dn}$
② $\frac{dT_m}{dn} < \frac{dT_L^2}{dn}$
③ $\frac{dT_m}{dn} > \frac{dT_L}{dn}$
④ $\frac{dT_m}{dn} \neq \frac{dT_L^2}{dn}$

해설 Chapter 06 – 01 – (4)
전동기 안정 운전 조건
$$\frac{dT_m}{dn} < \frac{dT_L}{dn}$$
T_L : 부하 토크
T_M : 전동기 토크

54

사이리스터에서 게이트 전류가 증가하면?

① 순방향 저지전압이 증가한다.
② 순방향 저지전압이 감소한다.
③ 역방향 저지전압이 증가한다.
④ 역방향 저지전압이 감소한다.

해설
게이트전류가 증가하면 순방향 저지전압이 감소한다.

55

60[Hz]인 3상 8극 및 2극의 유도전동기를 차동 종속으로 접속하여 운전할 때의 무부하속도[rpm]는?

① 720 ② 900
③ 1000 ④ 1200

해설 Chapter 07 – 03 – (3)
종속제어법
$$N = \frac{120}{P_1 - P_2} f$$
$$= \frac{120}{8-2} \times 60 = 1200[\text{rpm}]$$

정답 51 ① 52 ④ 53 ① 54 ② 55 ④

56

원통형 회전자를 가진 동기발전기는 부하각 δ가 몇 도일 때 최대 출력을 낼 수 있는가?

① 0° ② 30°
③ 60° ④ 90°

해설 Chapter 15 – 03
동기기의 출력
$P=\dfrac{EV}{X_s}\sin\delta \quad \delta=90°$ 최대
단, 돌극기의 경우 60° 최대가 된다.

57

직류발전기의 병렬운전에 있어서 균압선을 붙이는 발전기는?

① 타여자발전기
② 직권발전기와 분권발전기
③ 직권발전기와 복권발전기
④ 분권발전기와 복권발전기

해설 Chapter 04 – 01
직류기 병렬운전조건
균압선 : 직권, 복권발전기

58

변압기의 절연내력시험 방법이 아닌 것은?

① 가압시험 ② 유도시험
③ 무부하시험 ④ 충격전압시험

해설 Chapter 14 – 03
절연내력시험 방법
① 가압시험
② 유도시험
③ 충격전압시험

59

직류발전기의 유기기전력이 230[V], 극수가 4, 정류자 편수가 162인 정류자 편간 평균전압은 약 몇 [V]인가?(단, 권선법은 중권이다.)

① 5.68 ② 6.28
③ 9.42 ④ 10.2

해설 Chapter 13 – 01
직류기 정류자 편간 전압

$$e_a=\frac{PE}{k}=\frac{4\times230}{162}=5.68[V]$$

60

동기발전기의 단자 부근에서 단락이 일어났다고 하면 단락전류는 어떻게 되는가?

① 전류가 계속 증가한다.
② 큰 전류가 증가와 감소를 반복한다.
③ 처음에는 큰 전류이나 점차 감소한다.
④ 일정한 큰 전류가 지속적으로 흐른다.

해설 Chapter 06 – 02
동기기의 3상 단락
단락시 처음에는 큰 전류이나 점차 감소한다.

정답 56 ④ 57 ③ 58 ③ 59 ① 60 ③

제4과목 | 회로이론 · 제어공학

61

다음과 같은 시스템에 단위계단입력 신호가 가해졌을 때 지연시간에 가장 가까운 값[sec]은?

$$\frac{C(s)}{R(s)}=\frac{1}{s+1}$$

① 0.5 ② 0.7
③ 0.9 ④ 1.2

62

그림에서 ①에 알맞은 신호 이름은?

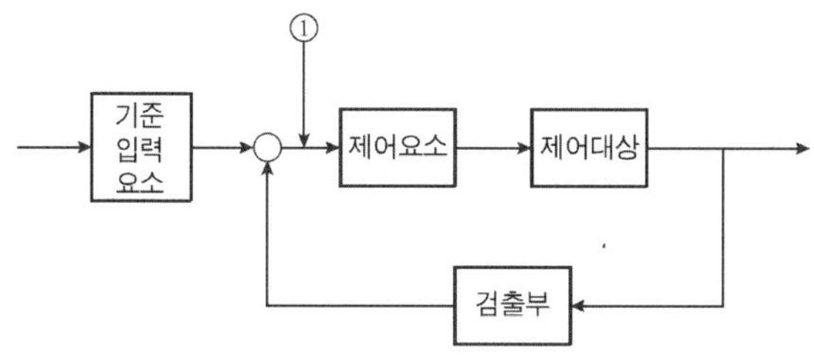

① 조작량 ② 제어량
③ 기준입력 ④ 동작신호

해설 Chapter 01 – 02
자동제어계의 분류
동작신호 : 기준 입력과 주궤환량과의 차로서 제어계의 동작을 일으키는 원인이 되는 신호

63

드모르간의 정리를 나타낸 식은?

① $\overline{A+B}=A\cdot B$ ② $\overline{A+B}=\overline{A}+\overline{B}$
③ $\overline{A\cdot B}=\overline{A}\cdot\overline{B}$ ④ $\overline{A+B}=\overline{A}\cdot\overline{B}$

해설 Chapter 11 – 03
드모르간의 정리
$\overline{A\cdot B}=\overline{A}+\overline{B}$
$\overline{A+B}=\overline{A}\cdot\overline{B}$

64

다음 단위 궤환 제어계의 미분방정식은?

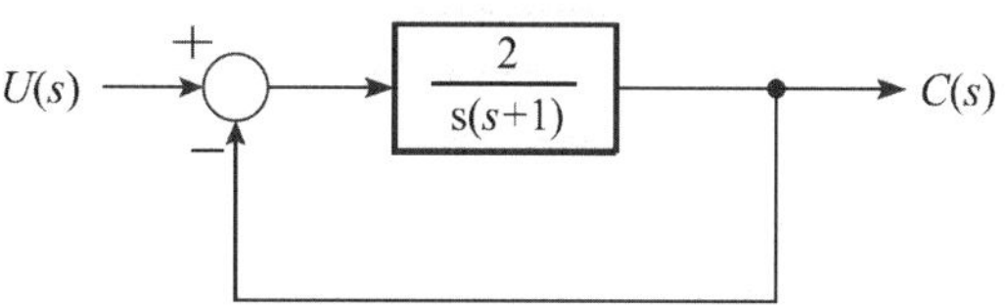

① $\dfrac{d^2c(t)}{dt^2}+\dfrac{dc(t)}{dt}+c(t)=2u(t)$

② $\dfrac{d^2c(t)}{dt^2}+\dfrac{dc(t)}{dt}+2c(t)=u(t)$

③ $\dfrac{d^2c(t)}{dt^2}+\dfrac{dc(t)}{dt}+2c(t)=5u(t)$

④ $\dfrac{d^2c(t)}{dt^2}+\dfrac{dc(t)}{dt}+2c(t)=2u(t)$

해설 Chapter 03
전달함수

$$G(s)=\frac{\sum P}{1-\sum L}=\frac{\frac{2}{s(s+1)}}{1+\frac{2}{s(s+1)}}$$

$$=\frac{2}{s(s+1)+2}$$

$$\frac{C(s)}{u(s)}=\frac{2}{s^2+s+2}$$

$$(s^2+s+2)C(s)=2u(s)$$

$$\frac{d^2c(t)}{dt^2}+\frac{dc(t)}{dt}+2c(t)=2u(t)$$

정답 61 ② 62 ④ 63 ④ 64 ④

65

특성방정식이 다음과 같다. 이를 z 변환하여 z평면도에 도시할 때 단위 원 밖에 놓을 근은 몇 개인가?

$$(s+1)(s+2)(s-3)=0$$

① 0　　② 1
③ 2　　④ 3

66

다음 진리표의 논리소자는?

입력		출력
A	B	C
0	0	1
0	1	0
1	0	0
1	1	0

① OR　　② NOR
③ NOT　　④ NAND

해설 Chapter 11 – 02 – (3)
NOR회로

67

근궤적이 s 평면의 $j\omega$ 축과 교차할 때 폐루프의 제어계는?

① 안정하다.　　② 알 수 없다.
③ 불안정하다.　　④ 임계상태이다.

해설 Chapter 09
근궤적

68

특성방정식 $s^3+2s^2+(k+3)s+10=0$ 에서 Routh 안정도 판별법으로 판별시 안정하기 위한 k의 범위는?

① $k>2$　　② $k<2$
③ $k>1$　　④ $k<1$

해설 Chapter 08 – 01
루스 안정 판별법
$s^3+2s^2+(k+3)s+10=0$
$k+3>0$

s^3	1	$k+3$
s^2	2	10
s^1	$\frac{2(k+3)-1\times 10}{2}$	
s^0	10	

$\frac{2(k+3)-1\times 10}{2}>0$
$k+3>5$
$k>2$

69

그림과 같은 신호흐름 선도에서 전달함수 $\frac{Y(s)}{X(s)}$ 는 무엇인가?

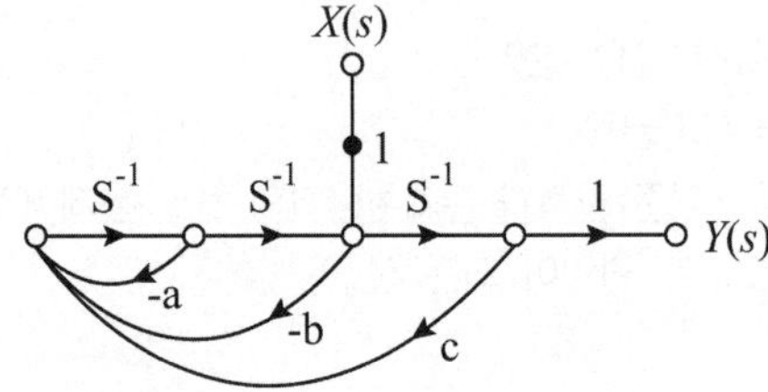

① $\frac{s+a}{s^2+as-b^2}$　　② $\frac{-bcs^2+s}{s^2+as+b}$
③ $\frac{-bcs^2+s+a}{s^2+as}$　　④ $\frac{-bcs^2+s+a}{s^2+as+b}$

정답 65 ② 66 ② 67 ④ 68 ① 69 ④

70

$G(s)H(s) = \dfrac{2}{(s+1)(s+2)}$ 의 이득여유[dB]는?

① 20　② −20
③ 0　④ ∞

해설 Chapter 07 – 03
이득여유

$$G(j\omega)H(j\omega) = \frac{2}{(j\omega+1)(j\omega+2)} = \frac{2}{2} = 1$$

$$= 20\log\frac{1}{|GH(j\omega)|} = 20\log\frac{1}{1} = 20\log 1$$

$$= 20\log 10^0 = 0 \times 20 = 0$$

71

$R_1 = R_2 = 100[\Omega]$이며 $L_1 = 5$[H]인 회로에서 시정수는 몇 [sec]인가?

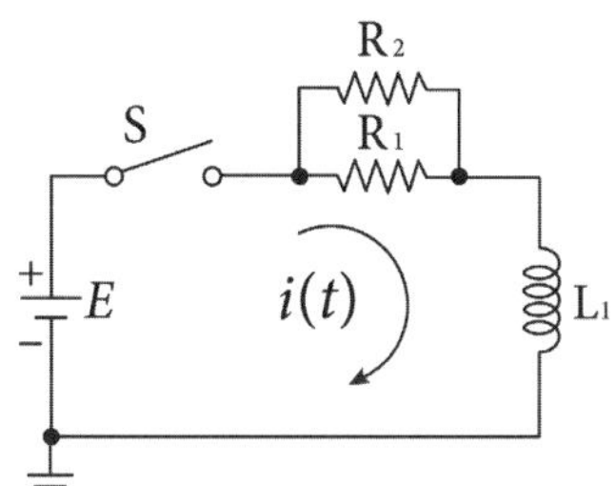

① 0.001　② 0.01
③ 0.1　④ 1

해설 Chapter 14 – 01
R–L 회로의 시정수

$$R = \frac{100}{2} = 50$$

$$\tau = \frac{L}{R} = \frac{5}{50} = 0.1$$

72

최대값이 10[V]인 정현파 전압이 있다. $t = 0$에서의 순시값이 5[V]이고 이 순간에 전압이 증가하고 있다. 주파수가 60[Hz]일 때, $t = 2$[m/s]에서 전압의 순시값[V]은?

① $10\sin 30°$　② $10\sin 43.2°$
③ $10\sin 73.2°$　④ $10\sin 103.2°$

해설 Chapter 01 – 03
최대값

$$v = V_m \sin(\omega t + \theta)$$

$$5 = 10\sin\theta$$

$$\sin\theta = \frac{5}{10} = \frac{1}{2}$$

$$\theta = 30°$$

$$v = V_m \sin(\omega t + \theta)$$
$$= 10\sin(43.2 + 30) = 10\sin 73.2°$$
$$(\omega t = 2\pi f t = 2\pi \times 60 \times 2 \times 10^{-3} = 43.2°)$$

73

비접지 3상 Y회로에서 전류 $I_a = 15 + j2$[A], $I_b = -20 - j14$[A]일 경우 I_c[A]는?

① $5 + j12$　② $-5 + j12$
③ $5 - j12$　④ $-5 - j12$

해설 Chapter 07
다상 교류
비접지의 경우 $I_a + I_b + I_c = 0$

$$I_c = -(I_a + I_b) = 5 + j12$$

정답　70 ③　71 ③　72 ③　73 ①

74

그림과 같은 회로의 구동점 임피던스 Z_{ab}는?

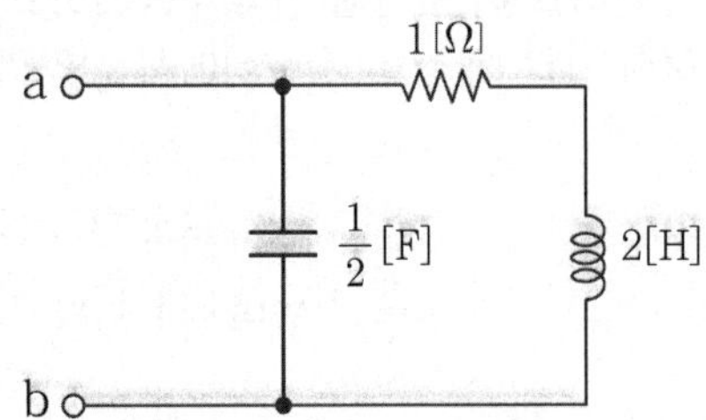

① $\dfrac{2(2s+1)}{2s^2+s+2}$　② $\dfrac{2s+1}{2s^2+s+2}$

③ $\dfrac{2(2s-1)}{2s^2+s+2}$　④ $\dfrac{2s^2+s+2}{2(2s+1)}$

해설 Chapter 10

$$Z_1 = \frac{1}{Cs} = \frac{1}{\frac{1}{2}s} = \frac{2}{s}$$

$$Z_2 = R + Ls = 1 + 2s$$

$$Z = \frac{Z_1 Z_2}{Z_1 + Z_2} = \frac{\frac{2}{s}(1+2s)}{\frac{2}{s}+1+2s}$$

$$= \frac{2(1+2s)}{2s^2+s+2}$$

75

콘덴서 C[F]에 단위 임펄스의 전류원을 접속하여 동작시키면 콘덴서의 전압 $V_c(t)$는? (단, $u(t)$는 단위 계단 함수이다.)

① $V_c(t) = C$　② $V_c(t) = Cu(t)$

③ $V_c(t) = \dfrac{1}{C}$　④ $V_c(t) = \dfrac{1}{C}u(t)$

76

그림과 같은 구형파의 라플라스 변환은?

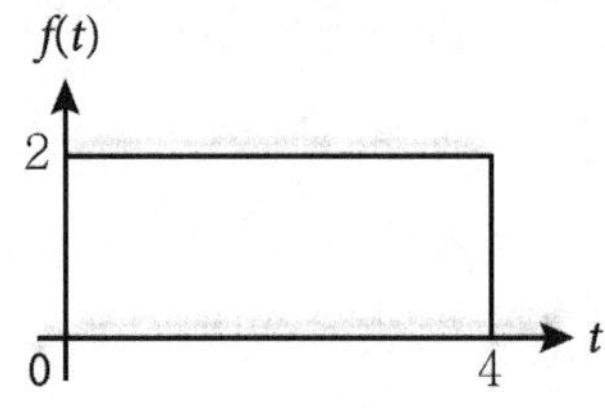

① $\dfrac{2}{s}(1-e^{4s})$　② $\dfrac{2}{s}(1-e^{-4s})$

③ $\dfrac{4}{s}(1-e^{4s})$　④ $\dfrac{4}{s}(1-e^{-4s})$

해설 Chapter 13

라플라스 변환

$$f(t) = 2u(t) - 2u(t-4)$$

$$F(s) = 2\frac{1}{s} - 2\frac{1}{s}e^{-4s}$$

$$= \frac{2}{s}(1-e^{-4s})$$

77

그림과 같은 회로의 콘덕턴스 G_2에 흐르는 전류 i는 몇 [A]인가?

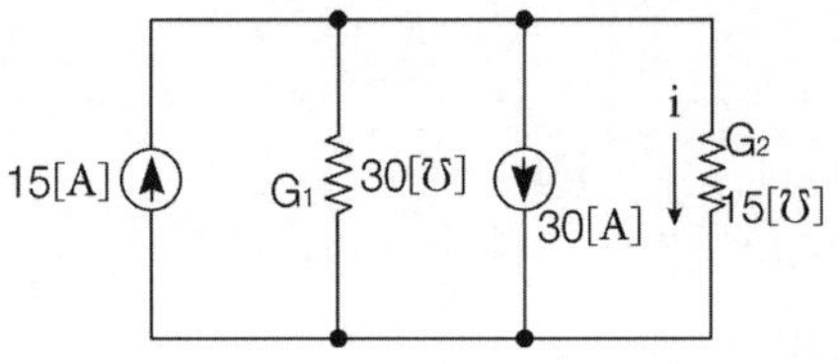

① −5　② 5

③ −10　④ 10

정답 74 ① 75 ④ 76 ② 77 ①

해설 Chapter 02 - 01

기본교류회로

$I=30-15=15$

$i=-\frac{G_2}{G_1+G_2}\times 15$

$=-\frac{15}{30+15}\times 15$

$=-5[\text{A}]$

78

분포정수 전송회로에 대한 설명이 아닌 것은?

① $\frac{R}{L}=\frac{G}{C}$인 회로를 무왜형 회로라 한다.

② $R=G=0$인 회로를 무손실 회로라 한다.

③ 무손실 회로와 무왜형 회로의 감쇠정수는 $\sqrt{RG}$이다.

④ 무손실 회로와 무왜형 회로에서의 위상속도는 $\frac{1}{\sqrt{LC}}$이다.

해설 Chapter 12

무손실 선로와 무왜형 선로

무손실 $\alpha=0$

무왜형 $\alpha=\sqrt{RG}$

79

다음 회로에서 절점 a와 절점 b의 전압이 같은 조건은?

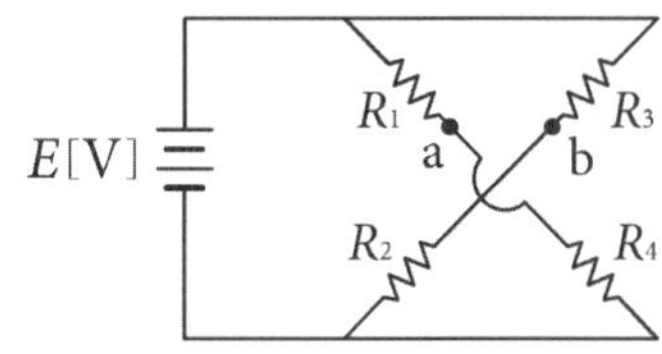

① $R_1R_3=R_2R_4$

② $R_1R_2=R_3R_4$

③ $R_1+R_3=R_2+R_4$

④ $R_1+R_2=R_3+R_4$

해설

등가회로로 그리면

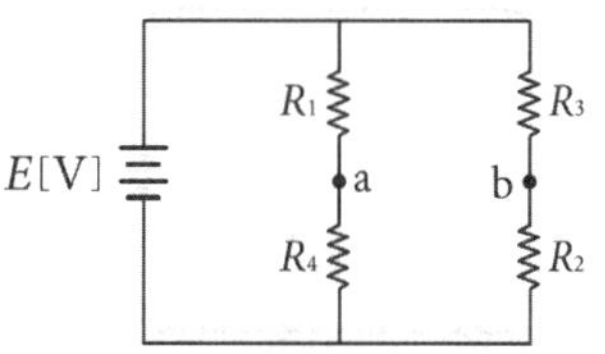

평형조건에서 $R_1R_2=R_3R_4$

80

그림과 같은 파형의 파고율은?

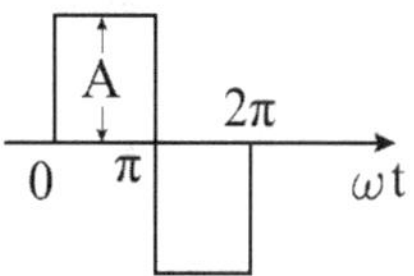

① 1 ② 2

③ $\sqrt{2}$ ④ $\sqrt{3}$

해설 Chapter 01 - 04

파형률과 파고율

$\text{파고율}=\frac{\text{최대값}}{\text{실효값}}=\frac{I_m}{I}=\frac{A}{A}=1$

정답 78 ③ 79 ② 80 ①

제5과목 | 전기설비기술기준

81

가섭선에 의하여 시설하는 안테나가 있다. 이 안테나 주위에 경동연선을 사용한 고압 가공전선이 지나가고 있다면 수평 이격거리는 몇 [cm] 이상이어야 하는가?

① 40　② 60
③ 80　④ 100

해설 Chapter 03 – 13
가공전선과 가공전선, 안테나 및 약전선등과의 이격거리
고압의 경우 80[cm] 이상(단, 케이블의 경우 0.4[m] 이상이 된다.)

82

지중에 매설되어 있는 금속제 수도관로를 각종 접지공사의 접지극으로 사용하려면 대지와의 전기저항 값이 몇 [Ω] 이하의 값을 유지하여야 하는가?

① 1　② 2
③ 3　④ 5

해설 Chapter 01 – 12 – (5)
수도관접지
3[Ω] 이하

83

가공전선로의 지지물에 시설하는 지선으로 연선을 사용할 경우에는 소선이 최소 몇 가닥 이상이어야 하는가?

① 3　② 4
③ 5　④ 6

해설 Chapter 03 – 03
지선의 시설기준
소선수는 3가닥 이상

84

옥내의 저압전선으로 나전선 사용이 허용되지 않는 경우는?

① 금속관공사에 의하여 시설하는 경우
② 버스덕트공사에 의하여 시설하는 경우
③ 라이팅덕트공사에 의하여 시설하는 경우
④ 애자사용공사에 의하여 전기된 곳에 전기로용 전선을 시설하는 경우

해설 Chapter 05 – 02
저압옥내배선공사시 나전선 사용기준
애자, 버스덕트, 라이팅덕트 및 접촉전선 등이 있다.

85

가공전선로의 지지물에 취급자가 오르고 내리는 데 사용하는 발판 볼트 등은 지표상 몇 [m] 미만에 시설하여서는 아니 되는가?

① 1.2　② 1.5　③ 1.8　④ 2.0

해설 Chapter 01 – 12 – (4)
지지물에 시설되는 발판 볼트의 높이 1.8[m]

86

철도 · 궤도 또는 자동차도의 전용터널 안의 전선로의 시설방법으로 틀린 것은?

① 고압전선은 케이블공사로 하였다.
② 저압전선을 가요전선관공사에 의하여 시설하였다.
③ 저압전선으로 지름 2.0[mm]의 경동선을 사용하였다.
④ 저압전선을 애자사용공사에 의하여 시설하고 이를 레일면상 또는 노면상 2.5[m] 이상의 높이로 유지하였다.

해설 Chapter 03 – 20
터널안 전선로
저압의 경우 지름 2.6[mm] 이상의 전선을 사용한다.

정답 81 ③ 82 ③ 83 ① 84 ① 85 ③ 86 ③

87

수소냉각식 발전기 등의 시설기준으로 틀린 것은?

① 발전기 안의 수소의 온도를 계측하는 장치를 시설할 것
② 수소를 통하는 관은 수소가 대기압에서 폭발하는 경우에 생기는 압력에 견디는 강도를 가질 것
③ 발전기 안의 수소의 순도가 95[%] 이하로 저하한 경우에 이를 경보하는 장치를 시설할 것
④ 발전기 안의 수소의 압력을 계측하는 장치 및 그 압력이 현저히 변동한 경우에 이를 경보하는 장치를 시설할 것

해설 Chapter 02 – 08
수소냉각식 발전기
수소의 순도는 85[%] 이하시 이를 경보하는 장치를 시설한다.

88

조상기의 내부에 고장이 생긴 경우 자동적으로 전로로부터 차단하는 장치는 조상기의 뱅크용량이 몇 [kVA] 이상이어야 시설하는가?

① 5000　② 10000
③ 15000　④ 20000

해설 Chapter 02 – 05
조상기 보호장치
15000[kVA]

89

발열선을 도로, 주차장 또는 조영물의 조영재에 고정시켜 시설하는 경우 발열선에 전기를 공급하는 전로의 대지전압은 몇 [V] 이하이어야 하는가?

① 100　② 150
③ 200　④ 300

해설 Chapter 05 – 12 – (3)
온돌 등의 전열장치의 대지전압
300[V] 이하

90

사람이 접촉할 우려가 있는 경우 고압 가공전선과 상부 조영재의 옆쪽에서의 이격거리는 몇 [m] 이상이어야 하는가?(단, 전선은 경동연선이라고 한다.)

① 0.6　② 0.8
③ 1.0　④ 1.2

해설 Chapter 03 – 12
가공전선과 건조물과의 이격거리
고압 가공전선이 상부 조영재 옆쪽 접근시
나(1.2m), 절(0.8m), 케(0.4m) 이상이다.

91

특고압 가공전선로에서 사용전압이 60[kV]를 넘는 경우, 전화선로의 길이 몇 [km]마다 유도전류가 3[μA]를 넘지 않도록 하여야 하는가?

① 12　② 40
③ 80　④ 100

해설 Chapter 03 – 04
유도장해
60[kV] 초과시 선로의 길이 40[km]마다 3[μA] 이하가 되어야 한다.

92

직선형의 철탑을 사용한 특고압 가공전선로가 연속하여 10기 이상 사용하는 부분에는 몇 기 이하마다 내장애자장치가 되어 있는 철탑 1기를 시설하여야 하는가?

① 5　② 10
③ 15　④ 20

해설 Chapter 03 – 11
내장형 철탑
직선형 철탑이 연속하여 10기 이상일 경우 내장형 철탑을 1기씩 건설한다.

정답 87 ③ 88 ③ 89 ④ 90 ④ 91 ② 92 ②

93

옥외용 비닐절연전선을 사용한 저압가공전선이 횡단 보도교 위에 시설되는 경우에 그 전선의 노면상 높이는 몇 [m] 이상으로 하여야 하는가?

① 2.5　② 3.0
③ 3.5　④ 4.0

해설 Chapter 03 – 06 – (3)
가공전선의 지표상높이
횡단 보도교 횡단시 3.5[m] 이상(단, 절, 케의 경우 3.0[m])

94

애자사용 공사를 습기가 많은 장소에 시설하는 경우 전선과 조영재 사이의 이격거리는 몇 [cm] 이상이어야 하는가?(단, 사용전압은 440[V]인 경우이다.)

① 2.0　② 2.5
③ 4.5　④ 6.0

해설 Chapter 05 – 05
애자사용공사
전선과 조영재의 거리
400[V] 이하 : 2.5[cm]
400[V] 초과 저압 : 4.5[cm]

95

터널 등에 시설하는 사용전압이 220[V]인 전구선이 0.6/1[kV] EP고무 절연 클로로프렌 캡타이어 케이블일 경우 단면적은 최소 몇 [mm^2] 이상이어야 하는가?

① 0.5　② 0.75
③ 1.25　④ 1.4

해설 Chapter 03 – 03
캡타이어 케이블 최소 굵기
0.75[mm^2] 이상

※ 한국전기설비규정(KEC) 개정에 따라 삭제된 문제가 있어 100문항이 되지 않습니다.

정답 93 ② 94 ③ 95 ②

전기기사 기출문제

2017년 2회 기출문제

제1과목 | 전기자기학

01

원통 좌표계에서 전류밀도 $j = Kr^2 a_z$[A/m^2]일 때 암페어의 법칙을 사용한 자계의 세기 H[AT/m]는?(단, K는 상수이다.)

① $H = \dfrac{K}{4} r^4 a_\phi$　　② $H = \dfrac{K}{4} r^3 a_\phi$

③ $H = \dfrac{K}{4} r^4 a_z$　　④ $H = \dfrac{K}{4} r^3 a_z$

02

최대 정전용량 C_0[F]인 그림과 같은 콘덴서의 정전용량이 각도에 비례하여 변화한다고 한다. 이 콘덴서를 전압 V[V]로 충전했을 때 회전자에 작용하는 토크는?

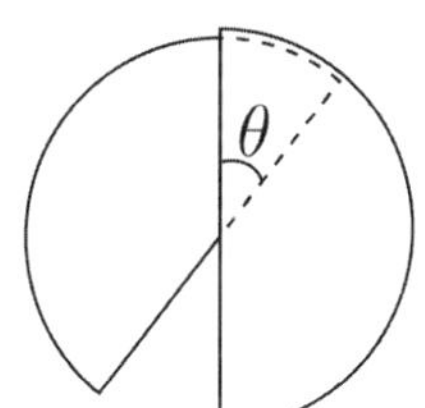

① $\dfrac{C_0 V^2}{2}$[N・m]　　② $\dfrac{C_0^2 V}{2\pi}$[N・m]

③ $\dfrac{C_0 V^2}{2\pi}$[N・m]　　④ $\dfrac{C_0 V^2}{\pi}$[N・m]

해설 Chapter 03 – 04

정전용량

$C = \dfrac{\varepsilon S}{d}$

$= \dfrac{\theta}{180} \times C_0 = \dfrac{\theta}{\pi} C_0$

$W = \dfrac{1}{2} CV^2 = \dfrac{1}{2} \dfrac{\theta}{\pi} C_0 V^2$[J]

$T = \dfrac{\partial W}{\partial \theta} = \dfrac{C_0 V^2}{2\pi}$[N・m]

03

내부도체 반지름이 10[mm], 외부도체의 내반지름이 20[mm]인 동축케이블에서 내부도체 표면에 전류 I가 흐르고, 얇은 외부도체에 반대방향인 전류가 흐를 때 단위 길이당 외부 인덕턴스는 약 몇 [H/m]인가?

① 0.27×10^{-7}　　② 1.39×10^{-7}

③ 2.03×10^{-7}　　④ 2.78×10^{-7}

해설 Chapter 10 – 02 – (4)

동축원통의 인덕턴스

$L = \dfrac{\mu_0 \ell}{2\pi} \ln \dfrac{b}{a}$[H](외부)

$L = \dfrac{4\pi \times 10^{-7}}{2\pi} \times \ln \dfrac{20 \times 10^{-3}}{10 \times 10^{-3}}$

$= 1.39 \times 10^{-7}$[H/m]

04

무한 평면에 일정한 전류가 표면에 한 방향으로 흐르고 있다. 평면으로부터 r만큼 떨어진 점과 $2r$만큼 떨어진 점과의 자계의 비는 얼마인가?

① 1　② $\sqrt{2}$　③ 2　④ 4

해설

도체의 전류가 표면에만 흐르면 내부자계는 0이다. 무한평판은 수직거리에 관계없이 일정.

05

어떤 공간의 비유전율은 2이고, 전위 $V(x, y) = \dfrac{1}{x} + 2xy^2$이라고 할 때 점 $(\dfrac{1}{2}, 2)$에서의 전하밀도 ρ는 약 몇 [pC/m^3]인가?

① −20　　② −40

③ −160　　④ −320

정답 01 ② 02 ③ 03 ② 04 ① 05 ④

해설 Chapter 02 – 10

포아송 방정식

$\nabla^2 V = -\frac{\rho}{\varepsilon}$

$\frac{\partial^2 V}{\partial x^2} + \frac{\partial^2 V}{\partial y^2} + \frac{\partial^2 V}{\partial z^2} = -\frac{\rho}{\varepsilon}$

$\frac{1}{2x^3} + 4x = -\frac{\rho}{\varepsilon}$

$\frac{1}{(\frac{1}{2})^3} + 4 \times \frac{1}{2} = -\frac{\rho}{\varepsilon}$

$16 + 2 = -\frac{\rho}{\varepsilon}$

$\rho = -18\varepsilon_0\varepsilon_s - 18 \times 8.855 \times 10^{-12} \times 2 \times 10^{12}$
$= -320[pC/m^3]$

06

그림과 같은 히스테리시스 루프를 가진 철심이 강한 평등자계에 의해 매초 60[Hz]로 자화할 경우 히스테리시스 손실은 몇 [W]인가?(단, 철심의 체적은 20[cm^3], B_r = 5[Wb/m^2], H_c = 2[AT/m]이다.)

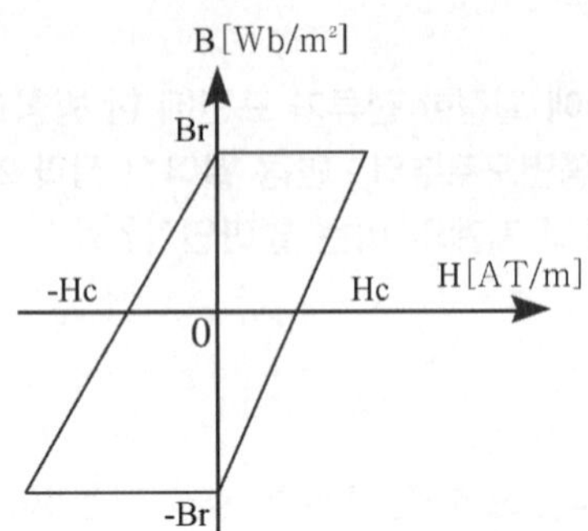

① 1.2×10^{-2}　② 2.4×10^{-2}
③ 3.6×10^{-2}　④ 4.8×10^{-2}

해설

히스테리시스 곡선전체면적 = 단위체적당 에너지

$W = 2H_c \times 2B_r \times f$
$= 2 \times 2 \times 2 \times 5 \times 60 = 2400$[J/m^3]

히스테리시스 손실

$W = w \times$ 체적 $= 2400 \times 20 \times 10^{-6}$
$= 4.8 \times 10^{-2}$[W]

07

그림과 같이 직각 코일이 $B = 0.05\frac{a_x + a_y}{\sqrt{2}}$[T]인 자계에 위치하고 있다. 코일에 5[A] 전류가 흐를 때 z축에서의 토크는 약 몇 [N·m]인가?

① $2.66 \times 10^{-4} a_x$
② $5.66 \times 10^{-4} a_x$
③ $2.66 \times 10^{-4} a_z$
④ $5.66 \times 10^{-4} a_z$

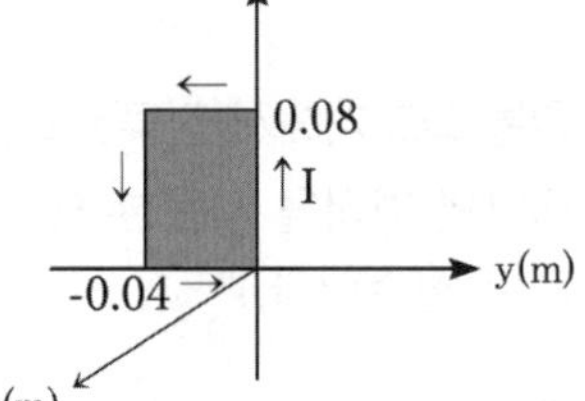

해설 Chapter 07 – 08

토크 T

$T = r \times F = \begin{vmatrix} a_x & a_y & a_z \\ 0 & -0.04 & 0 \\ -0.014 & 0.014 & 0 \end{vmatrix} = 5.6 \times 10^{-4} a_z$

08

그림과 같이 무한평면 도체 앞 a[m] 거리에 점전하 Q[C]가 있다. 점 0에서 x[m]인 P점의 전하밀도 σ[C/m^2]는?

① $\frac{Q}{4\pi} \cdot \frac{a}{(a^2 + x^2)^{\frac{3}{2}}}$

② $\frac{Q}{2\pi} \cdot \frac{a}{(a^2 + x^2)^{\frac{3}{2}}}$

③ $\frac{Q}{4\pi} \cdot \frac{a}{(a^2 + x^2)^{\frac{2}{3}}}$

④ $\frac{Q}{2\pi} \cdot \frac{a}{(a^2 + x^2)^{\frac{2}{3}}}$

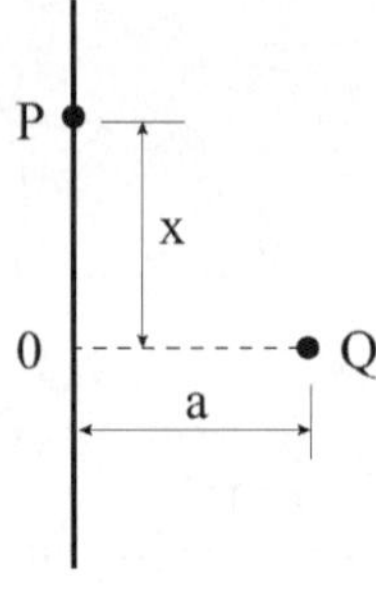

해설 Chapter 05 – 01

무한평면과 점전하

$E = \frac{aQ}{2\pi\varepsilon_0(a^2 + x^2)^{\frac{3}{2}}}$[V/m]

$\rho = D = -\epsilon_0 E = -\frac{aQ}{2\pi(a^2 + x^2)^{\frac{3}{2}}}$

$\rho_{max} = -\frac{Q}{2\pi a^2}$

정답 06 ④ 07 ④ 08 ②

09

유전율 $\varepsilon_0 = 8.855 \times 10^{-12}$[F/m]인 진공 중에 전자파가 전파할 때 진공 중의 투자율[H/m]은?

① 7.58×10^{-5} ② 7.58×10^{-7}
③ 12.56×10^{-5} ④ 12.56×10^{-7}

해설
유전율과 투자율
$\varepsilon_0 = 8.855 \times 10^{-12}$[F/m]
$\mu_0 = 4\pi \times 10^{-7} = 12.56 \times 10^{-7}$[H/m]

10

막대자석 위쪽에 동축도체 원판을 놓고 회로의 한 끝은 원판의 주변에 접촉시켜 회전하도록 해놓은 그림과 같은 패러데이 원판 실험을 할 때 검류계에 전류가 흐르지 않는 경우는?

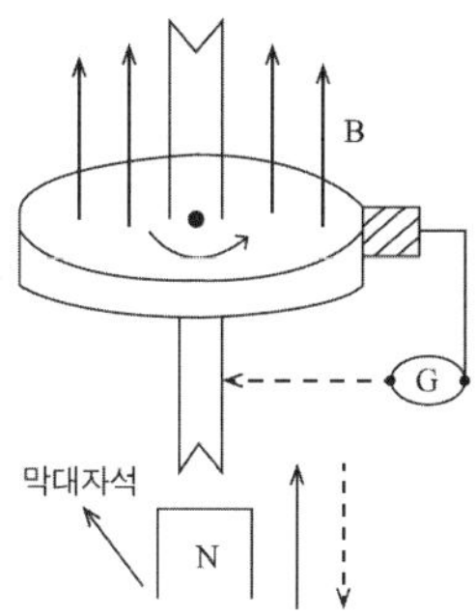

① 자석만을 일정한 방향으로 회전시킬 때
② 원판만을 일정한 방향으로 회전시킬 때
③ 자석을 축 방향으로 전진시킨 후 후퇴시킬 때
④ 원판과 자석을 동시에 같은 방향, 같은 속도로 회전시킬 때

해설
자석이 같은 방향 같은 속도일 때 자속의 변화량 $d\phi = 0$이므로 $e = -N \cdot \frac{d\phi}{dt} = 0$
유기기전력이 0이므로 전류가 흐르지 않는다.

11

점전하에 의한 전계의 세기 [V/m]를 나타내는 식은?(단, r은 거리, Q는 전하량, λ는 선전하 밀도, σ는 표면전하밀도이다.)

① $\frac{1}{4\pi\varepsilon_0} - \frac{Q}{r^2}$ ② $\frac{1}{4\pi\varepsilon_0} - \frac{\sigma}{r^2}$
③ $\frac{1}{2\pi\varepsilon_0} - \frac{Q}{r^2}$ ④ $\frac{1}{2\pi\varepsilon_0} - \frac{\sigma}{r^2}$

해설 Chapter 02 – 02
전계의 세기
점전하 $E = \frac{Q}{4\pi\varepsilon_0 r^2}9$
선전하 $E = \frac{\lambda}{2\pi\varepsilon_0 r}$
면전하 $E = \frac{\rho}{2\varepsilon_0}$

12

유전율 ε, 투자율 μ인 매질에서의 전파 속도 v는?

① $\frac{1}{\sqrt{\varepsilon\mu}}$ ② $\sqrt{\varepsilon\mu}$
③ $\sqrt{\frac{\varepsilon}{\mu}}$ ④ $\sqrt{\frac{\mu}{\varepsilon}}$

해설 Chapter 11 – 03
전파속도
$v = \frac{1}{\sqrt{\varepsilon\mu}}$[m/s]

13

전계 E[V/m], 전속밀도 D[C/m^2], 유전율 $\epsilon = \varepsilon_0\varepsilon_s$[F/m], 분극의 세기 P[C/m^2] 사이의 관계는?

① $P = D + \varepsilon_0 E$ ② $P = D - \varepsilon_0 E$
③ $P = \frac{D+E}{\varepsilon_0}$ ④ $P = \frac{D-E}{\varepsilon_0}$

정답 09 ④ 10 ④ 11 ① 12 ① 13 ②

해설 Chapter 04 – 01

분극의 세기

$$P=\varepsilon_0(\varepsilon_s-1)E$$
$$=\chi E$$
$$=D(1-\frac{1}{\varepsilon_s})$$
$$P=\varepsilon_0\varepsilon_s E-\varepsilon_0 E$$
$$=D-\varepsilon_0 E$$

14

서로 결합하고 있는 두 코일 C_1과 C_2의 자기인덕턴스가 각각 L_{c1}, L_{c2}라고 한다. 이 둘을 직렬로 연결하여 합성인덕턴스 값을 얻은 후 두 코일 간 상호인덕턴스의 크기($|M|$)를 얻고자 한다. 직렬로 연결할 때, 두 코일 간 자속이 서로 가해져서 보강되는 방향의 합성인덕턴스의 값이 L_1, 서로 상쇄되는 방향의 합성인덕턴스의 값이 L_2일 때, 다음 중 알맞은 식은?

① $L_1 < L_2$, $|M|=\frac{L_2+L_1}{4}$

② $L_1 > L_2$, $|M|=\frac{L_1+L_2}{4}$

③ $L_1 < L_2$, $|M|=\frac{L_2-L_1}{4}$

④ $L_1 > L_2$, $|M|=\frac{L_1-L_2}{4}$

해설 Chapter 10 – 03

인덕턴스의 직렬접속

$$L_1=L_{c1}-L_{c2}+2M$$
$$L_2=L_{c1}+L_{c2}-2M$$
$$L_1-L_2=4M$$
$$M=\frac{L_1-L_2}{4}$$

15

정전용량이 C_0[F]인 평행판 공기콘덴서가 있다. 이것의 극판에 평행으로 판 간격 d[m]의 $\frac{1}{2}$ 두께인 유리판을 삽입하였을 때의 정전용량[F]은? (단, 유리판의 유전율은 ε[F/m]이라 한다.)

① $\dfrac{2C_0}{1+\frac{1}{\varepsilon}}$　② $\dfrac{C_0}{1+\frac{1}{\varepsilon}}$

③ $\dfrac{2C_0}{1+\frac{\varepsilon_0}{\varepsilon}}$　④ $\dfrac{C_0}{1+\frac{\varepsilon}{\varepsilon_0}}$

해설 Chapter 03 – 04 – (5)

평행판 콘덴서

$$C=\frac{\varepsilon_0 S}{d}$$
$$=\frac{C_1C_2}{C_1+C_2}=\frac{\varepsilon_1\varepsilon_2 S}{\varepsilon_1 d_2+\varepsilon_2 d_1}$$
$$=\frac{\varepsilon_0\varepsilon S}{(\varepsilon_0+\varepsilon)\times\frac{1}{2}d}$$
$$=\frac{\varepsilon}{(\varepsilon_0+\varepsilon)\times\frac{1}{2}}\times C_0$$
$$=\frac{2C_0}{\frac{\varepsilon_0}{\varepsilon}+1}$$

16

벡터 포텐샬 $A=3x^2ya_x+2xa_y-z^3a_z$[Wb/m]일 때의 자계의 세기 H[AT/m]는? (단, μ는 투자율이라 한다.)

① $\frac{1}{\mu}(2-3x^2)a_y$　② $\frac{1}{\mu}(3-2x^2)a_y$

③ $\frac{1}{\mu}(2-3x^2)a_z$　④ $\frac{1}{\mu}(3-2x^2)a_z$

해설 Chapter 11 – 05

전파방정식

$$B=rot A=\nabla\times A$$
$$=\begin{vmatrix} i & j & k \\ \frac{\partial}{\partial x} & \frac{\partial}{\partial y} & \frac{\partial}{\partial z} \\ 3x^2y & 2x & -z^3 \end{vmatrix}$$
$$=i(0-0)+j(0-0)+k(2-3x^2)$$
$$=(2-3x^2)a_z$$
$$B=\mu H$$
$$H=\frac{1}{\mu}(2-3x^2)a_z$$

정답 14 ④ 15 ③ 16 ③

17

자기회로에서 자기저항의 관계로 옳은 것은?

① 자기회로의 길이에 비례
② 자기회로의 단면적에 비례
③ 자성체의 비투자율에 비례
④ 자성체의 비투자율의 제곱의 비례

해설 Chapter 08 – 03

자기저항

$R=\rho\dfrac{\ell}{S}=\dfrac{\ell}{kS}$

$R_m=\dfrac{\ell}{\mu S}$

18

그림과 같은 길이가 1[m]인 동축 원통 사이의 정전용량[F/m]은?

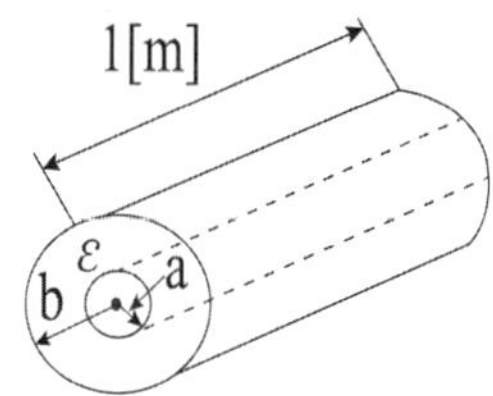

① $C=\dfrac{2\pi}{\varepsilon \ln\dfrac{b}{a}}$　② $C=\dfrac{\varepsilon}{2\pi\ln\dfrac{b}{a}}$

③ $C=\dfrac{2\pi\varepsilon}{\ln\dfrac{b}{a}}$　④ $C=\dfrac{2\pi\varepsilon}{\ln\dfrac{a}{b}}$

해설 Chapter 03 – 04 – (3)

동축원통의 정전용량

$C=\dfrac{2\pi\varepsilon}{\ln\dfrac{b}{a}}$[F/m]

19

철심이 든 환상 솔레노이드의 권수는 500회, 평균 반지름은 10[cm], 철심의 단면적은 10[cm^2], 비투자율 4000이다. 이 환상 솔레노이드에 2[A]의 전류를 흘릴 때 철심 내의 자속[Wb]은?

① 4×10^{-3}　② 4×10^{-4}

③ 8×10^{-3}　④ 8×10^{-4}

해설 Chapter 08 – 04

자속

$H=\dfrac{NI}{2\pi a}$

$B=\mu H=\mu_0\mu_s H$

$\phi=B\cdot S=\mu_0\mu_s HS=\mu_0\mu_s\dfrac{NI}{2\pi a}\times S$

$=4\pi\times10^{-7}\times4000\times\dfrac{500\times2}{2\pi\times0.1}\times10\times10^{-4}$

$=8\times10^{-3}$

20

그림과 같은 정방형관 단면의 격자점 ⑥의 전위를 반복법으로 구하면 약 몇 [V]인가?

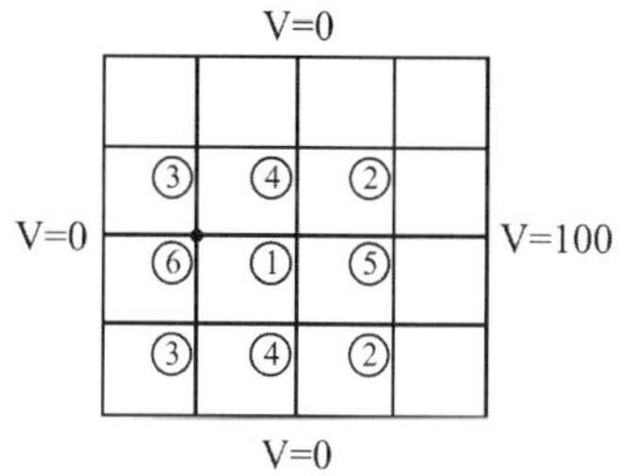

① 6.3[V]　② 9.4[V]

③ 18.8[V]　④ 53.2[V]

해설

①의 전위 $V_1=\dfrac{100+0+0+0}{4}=25$

③의 전위 $V_1=\dfrac{25+0+0+0}{4}=6.25$

⑥의 전위 $V_1=\dfrac{25+6.25+6.25+0}{4}=9.4$

정답 17 ① 18 ③ 19 ③ 20 ②

제2과목 | 전력공학

21

동기조상기[A]와 전력용 콘덴서[B]를 비교한 것으로 옳은 것은?

① 시충전 : [A] 불가능, [B] 가능
② 전력손실 : [A] 작다, [B] 크다
③ 무효전력 조정 : [A] 계단적, [B] 연속적
④ 무효전력 : [A] 진상·지상용, [B] 진상용

해설 Chapter 03 – 03
조상설비
동기조상기[A] : 진상·지상 모두 가능
전력용 콘덴서(B) : 진상
분로리액터 : 지상

22

어떤 공장의 소모전력이 100[kW]이며, 이 부하의 역률이 0.6일 때, 역률을 0.9로 개선하기 위한 전력용 콘덴서의 용량은 약 몇 [kVA]인가?

① 75 ② 80 ③ 85 ④ 90

해설 Chapter 10 – 03
콘덴서 용량
$Q_c = P(\tan\theta_1 - \tan\theta_2)$
$\theta_1 = \cos^{-1}0.8 = 36.87°$
$\theta_2 = \cos^{-1}0.9 = 25.84°$
$Q_c = 100 \times (\tan 36.87° - \tan 25.84°)$
$= 84.9[\text{kVA}] = 85[\text{kVA}]$

23

수력발전소에서 사용되는 수차 중 15[m] 이하의 저낙차에 적합하여 조력발전용으로 알맞은 수차는?

① 카플란 수차 ② 펠톤 수차
③ 프란시스 수차 ④ 튜블러 수차

해설 Chapter 12
수력발전
조력에 적합한 발전은 튜블러 수차이다.

24

어떤 화력발전소에서 과열기 출구의 증기압이 169[kg/cm^2]이다. 이것은 약 몇 [atm]인가?

① 127.1 ② 163.6
③ 1650 ④ 12850

해설 Chapter 13
화력발전
1atm $= 1.0332[\text{kg/cm}^2]$
$= \dfrac{169}{1.0332} = 163.6[\text{atm}]$

25

가공 송전선로를 가선할 때에는 하중조건과 온도조건을 고려하여 적당한 이도(dip)를 주도록 하여야 한다. 이도에 대한 설명으로 옳은 것은?

① 이도의 대소는 지지물의 높이를 좌우한다.
② 전선을 가선할 때 전선을 팽팽하게 하는 것을 이도가 크다고 한다.
③ 이도가 작으면 전선이 좌우로 크게 흔들려서 다른 상의 전선에 접촉하여 위험하게 된다.
④ 이도가 작으면 이에 비례하여 전선의 장력이 증가되며, 너무 작으면 전선 상호간이 꼬이게 된다.

해설 Chapter 01 – 01 – (7)
이도 : 지지물의 높이 및 대소관계 결정
이도의 특징
- 이도는 장력에 반비례한다.
- 이도가 크게 되면 전선이 좌우로 크게 흔들린다.
- 전선을 가설할 때 팽팽하게 하면 이도는 작아진다.

정답 21 ④ 22 ③ 23 ④ 24 ② 25 ①

26

승압기에 의하여 전압 V_e에서 V_h로 승압할 때, 2차 정격전압 e, 자기용량 W인 단상 승압기가 공급할 수 있는 부하용량은?

① $\dfrac{V_h}{e}\times W$　　② $\dfrac{V_e}{e}\times W$

③ $\dfrac{V_e}{V_h - V_e}\times W$　　④ $\dfrac{V_h - V_e}{V_e}\times W$

해설 Chapter 11 – 01

승압기 용량

부하용량 $= \dfrac{V_h}{e}\times W$(자기용량)

27

일반적으로 부하의 역률을 저하시키는 원인은?

① 전등의 과부하

② 선로의 충전전류

③ 유도전동기의 경부하 운전

④ 동기전동기의 중부하 운전

해설

유도전동기의 경부하 운전시 동손이 적어진다↓

이에 역률도 저하된다.

28

송전단 전압을 V_s, 수전단 전압을 V_r, 선로의 리액턴스를 X라 할 때 정상 시의 최대 송전전력의 개략적인 값은?

① $\dfrac{V_s - V_r}{X}$　　② $\dfrac{V_s^2 - V_r^2}{X}$

③ $\dfrac{V_s(V_s - V_r)}{X}$　　④ $\dfrac{V_s V_r}{X}$

해설 Chapter 06 – 01 – (2)

정태안정극한전력 $P_s = \dfrac{V_s V_r}{X}\sin\delta$

29

가공지선의 설치 목적이 아닌 것은?

① 전압강하의 방지

② 직격뢰에 대한 차폐

③ 유도뢰에 대한 정전차폐

④ 통신선에 대한 전자유도 장해 경감

해설 Chapter 07 – 02

가공지선의 경우 전압강하와는 무관하다.

30

피뢰기가 방전을 개시할 때의 단자전압의 순시값을 방전 개시전압이라 한다. 방전 중의 단자 전압의 파고값을 무엇이라고 하는가?

① 속류　　② 제한전압

③ 기준충격 절연강도　　④ 상용주파 허용단자전압

해설 Chapter 07 – 04

피뢰기 제한전압 : 피뢰기 동작중(방전중) 단자전압의 파고치(절연협조의 기본이 되는 전압)

31

송전계통의 한 부분이 그림과 같이 3상 변압기로 1차측은 Δ로, 2차측은 Y로 중성점이 접지되어 있을 경우, 1차측에 흐르는 영상전류는?

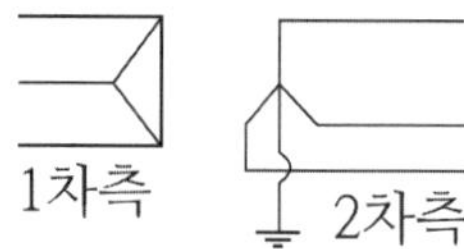

① 1차측 선로에서 ∞ 이다.

② 1차측 선로에서 반드시 0이다.

③ 1차측 변압기 내부에서는 반드시 0이다.

④ 1차측 변압기 내부와 1차측 선로에서 반드시 0이다.

정답 26 ① 27 ③ 28 ④ 29 ① 30 ② 31 ②

해설 Chapter 05 – 02 – (1)

영상전류

Δ결선시 0이다.

32

배전선로에 관한 설명으로 틀린 것은?

① 밸런서는 단상 2선식에 필요하다.
② 저압뱅킹방식은 전압 변동을 경감할 수 있다.
③ 배전선로의 부하율이 F일 때 손실계수는 F와 F^2의 사이의 값이다.
④ 수용률이란 최대수용전력을 설비용량으로 나눈 값을 퍼센트로 나타낸다.

해설 Chapter 09 – 02

전기방식

밸런서는 단상 3선식에 필요하다.

33

수차 발전기에 제동권선을 설치하는 주된 목적은?

① 정지시간 단축
② 회전력의 증가
③ 과부하 내량의 증대
④ 발전기 안정도의 증진

해설

제동권선은 난조를 방지하여 발전기의 안정도를 증진한다.

34

3상 3선식 가공송전선로에서 한 선의 저항은 15[Ω], 리액턴스 20[Ω]이고, 수전단 선간전압은 30[kV], 부하역률은 0.8(뒤짐)이다. 전압강하율을 10[%]라 하면, 이 송전선로는 몇 [kW]까지 수전할 수 있는가?

① 2500 ② 3000
③ 3500 ④ 4000

해설 Chapter 03 – 01

송전특성

$$P = \sqrt{3}\,VI\cos\theta$$
$$= \sqrt{3} \times 30000 \times 72.16 \times 0.8 \times 10^{-3}$$
$$= 3000[\text{kW}]$$
$$e = \sqrt{3}\,I(R\cos\theta + X\sin\theta)$$
$$= V_s - V_r = 33000 - 30000 = 3000[\text{V}]$$
$$I = \frac{3000}{\sqrt{3} \times (15 \times 0.8 + 20 \times 0.6)} = 72.16[\text{A}]$$
$$\epsilon = \frac{V_s - V_r}{V_r}$$
$$0.1 = \frac{V_s - 30}{30}$$
$$V_s = 33[\text{kV}]$$

35

송전선로에서 사용하는 변압기 결선에 Δ결선이 포함되어 있는 이유는?

① 직류분의 제거 ② 제3고조파의 제거
③ 제5고조파의 제거 ④ 제7고조파의 제거

해설

Δ결선

제3고조파의 제거

36

교류송전방식과 비교하여 직류송전방식의 설명이 아닌 것은?

① 전압변동률이 양호하고 무효전력에 기인하는 전력손실이 생기지 않는다.
② 안정도의 한계가 없으므로 송전용량을 높일 수 있다.
③ 전력변환기에서 고조파가 발생한다.
④ 고전압, 대전류의 차단이 용이하다.

해설 Chapter 01 – 03 – (4)

직류송전방식

고전압, 대전류 차단이 용이한 방식은 교류송전방식을 말한다.

정답 32 ① 33 ④ 34 ② 35 ② 36 ④

37

전압 66000[V], 주파수 60[Hz], 길이 15[km], 심선 1선당 작용정전용량 0.3587[μF/km]인 한 선당 지중 전선로의 3상 무부하 충전전류는 약 몇 [A]인가?(단, 정전용량 이외의 선로정수는 무시한다.)

① 62.5 ② 68.2 ③ 73.6 ④ 77.3

해설 Chapter 02 – 01 – (2)

충전전류

$$I_c = \frac{E}{Z} = \frac{E}{\frac{1}{\omega C}} = \omega CE\ell = 2\pi f CE\ell$$

$$= 2\pi \times 60 \times 0.3587 \times 10^{-6} \times 15 \times \frac{66000}{\sqrt{3}}$$

$$= 77.3[A]$$

38

전력계통에서 사용되고 있는 GCB(Gas Circuit Breaker)용 가스는?

① N_2 가스

② SF_6 가스

③ 알곤 가스

④ 네온 가스

해설 Chapter 08 – 02 – (3)

GCB

소호매질 SF_6 가스

39

차단기와 아크 소호원리가 바르지 않은 것은?

① OCB : 절연유에 분해 가스 흡부력 이용

② VCB : 공기 중 냉각에 의한 아크 소호

③ ABB : 압축공기를 아크에 불어 넣어서 차단

④ MBB : 전자력을 이용하여 아크를 소호실내로 유도하여 냉각

해설 Chapter 08 – 02 – (3)

소호매질

VCB의 경우 전자의 확산과 소멸원리를 이용하여 진공 중 냉각에 의해 아크를 소호한다.

차단기 소호매질에 의한 분류

① 유입 차단기(OCB) : 절연유 사용, 방음 창치는 필요 없다. (소음이 없다.)
붓싱 변류기 사용.

② 공기차단기(ABB) : 10기압 이상의 압축공기를 이용. (차단만 가능) 10~30[kg/m^2]

※ 차단과 투입 모두 압축공기를 이용 → 임펄스 차단기

③ 가스차단기(GCB) : SF_6가스 사용, 소음이 작다. ⇒ 154[KV]급 이상 변전소에 사용
(SF_6가스 : 무색, 무미, 무취, 무해이고 불연성이며 소호능력 및 절연내력이 크다.)
보호 장치 : 가스 압력계, 가스 밀도 검출계, 조작 압력계

④ 진공차단기(VCB) : 진공상태에서 전류개폐, 소음이 작다.
⇒ 현재 가장 많이 사용

⑤ 자기차단기(MBB) : 전자력을 이용. (주파수에 영향을 받지 않는다.)

40

네트워크 배전방식의 설명으로 옳지 않은 것은?

① 전압 변동이 적다.

② 배전 신뢰도가 높다.

③ 전력손실이 감소한다.

④ 인축의 접촉사고가 적어진다.

해설 Chapter 09 – 01 – (4)

네크워크 배전방식

인축의 접촉사고가 많아진다.

정답 37 ④ 38 ② 39 ② 40 ④

제3과목 | 전기기기

41

정류회로에 사용되는 환류다이오드(free wheeling diode)에 대한 설명으로 틀린 것은?

① 순저항 부하의 경우 불필요하게 된다.
② 유도성 부하의 경우 불필요하게 된다.
③ 환류다이오드 동작 시 부하출력 전압을 0[V]가 된다.
④ 유도성 부하의 경우 부하전류의 평활화에 유용하다.

해설
환류다이오드는 유도성 부하전류의 통로를 만든다.

42

3상 변압기를 병렬 운전하는 경우 불가능한 조합은?

① $\Delta - Y$ 와 $Y - \Delta$
② $\Delta - \Delta$ 와 $Y - Y$
③ $\Delta - Y$ 와 $\Delta - Y$
④ $\Delta - Y$ 와 $\Delta - \Delta$

해설 Chapter 04 – 02
변압기 병렬운전 불가능 조건

43

3상 직권 정류자 전동기에 중간(직렬)변압기가 쓰이고 있는 이유가 아닌 것은?

① 정류자 전압의 조정
② 회전자 상수의 감소
③ 실효 권수비 선정 조정
④ 경부하 때 속도의 이상 상승 방지

44

직류 분권전동기를 무부하로 운전 중 계자회로에 단선이 생긴 경우 발생하는 현상으로 옳은 것은?

① 역전한다.
② 즉시 정지한다.
③ 과속도로 되어 위험하다.
④ 무부하이므로 서서히 정지한다.

해설 Chapter 13 – 08
분권전동기
정격운전시 무여자(계자권선의 단선)가 될 경우 위험속도에 도달한다.

45

변압기에 있어서 부하와는 관계없이 자속만을 발생시키는 전류는?

① 1차 전류 ② 자화 전류
③ 여자 전류 ④ 철손 전류

해설 Chapter 14 – 01 – (1)
자속을 발생시키는 전류는 자화전류이다.

46

직류전동기의 규약효율을 나타낸 식으로 옳은 것은?

① $\dfrac{\text{출력}}{\text{입력}} \times 100[\%]$

② $\dfrac{\text{입력}}{\text{입력}+\text{손실}} \times 100[\%]$

③ $\dfrac{\text{출력}}{\text{출력}+\text{손실}} \times 100[\%]$

④ $\dfrac{\text{입력}-\text{손실}}{\text{입력}} \times 100[\%]$

해설 Chapter 09 – 01
직류기 전동기의 규약효율

$$\eta_{\text{전}} = \frac{\text{입력}-\text{손실}}{\text{입력}} \times 100[\%]$$

정답 41 ② 42 ④ 43 ② 44 ③ 45 ② 46 ④

47

직류전동기에서 정속도(Constant Speed) 전동기라고 볼 수 있는 전동기는?

① 직권 전동기　　② 타여자 전동기
③ 화동복권 전동기　　④ 차동복권 전동기

해설
타여자 전동기
외부에서 자속을 공급받으므로 항상 일정한 속도로 회전하는 전동기가 된다.

48

단상 유도전동기의 기동방법 중 기동토크가 가장 큰 것은?

① 반발 기동형
② 분상 기동형
③ 세이딩 코일형
④ 콘덴서 분상 기동형

해설 Chapter 11 - 03 - (3)
단상 유도전동기의 기동토크 대소관계
반발 기동형 → 반발유도형 → 콘덴서 기동형 → 분상 기동형 → 세이딩 코일형

49

부흐홀쯔 계전기에 대한 설명으로 틀린 것은?

① 오동작의 가능성이 많다.
② 전기적 신호로 동작한다.
③ 변압기의 보호에 사용한다.
④ 변압기의 주탱크와 콘서베이터를 연결하는 관중에 설치한다.

해설 Chapter 14 - 10
변압기 보호계전기
부흐홀쯔 계전기 : 기계적 보호계전기

50

직류기에서 정류코일의 자기인덕턴스를 L이라 할 때 정류코일의 전류가 정류주기 T_c 사이에 I_c에서 $-I_c$로 변한다면 정류코일의 리액턴스전압[V]의 평균값은?

① $L\dfrac{T_c}{2I_c}$　　② $L\dfrac{I_c}{2T_c}$
③ $L\dfrac{2I_c}{T_c}$　　④ $L\dfrac{I_c}{T_c}$

해설 Chapter 13 - 03
리액턴스전압

$$e_L = L\frac{2I_c}{T_c}$$

51

일반적인 전동기에 비하여 리니어 전동기(linear motor)의 장점이 아닌 것은?

① 구조가 간단하여 신뢰성이 높다.
② 마찰을 거치지 않고 추진력이 얻어진다.
③ 원심력에 의한 가속제한이 없고 고속을 쉽게 얻을 수 있다.
④ 기어, 벨트 등 동력 변환기구가 필요 없고 직접 원운동이 얻어진다.

해설
리니어 전동기의 경우 기어, 벨트 등 동력 변환기구가 필요 있다.

52

직류를 다른 전압의 직류로 변환하는 전력변환기기는?

① 초퍼　　② 인버터
③ 사이클로 컨버터　　④ 브리지형 인버터

해설 Chapter 01 - 05 - (6)
초퍼제어
직류전압제어

정답 47 ② 48 ① 49 ② 50 ③ 51 ④ 52 ①

53

와전류 손실을 패러데이 법칙으로 설명한 과정 중 틀린 것은?

① 와전류가 철심으로 흘러 발열
② 유기전압 발생으로 철심에 와전류가 흐름
③ 시변 자속으로 강자성체 철심에 유기전압 발생
④ 와전류 에너지 손실량은 전류 경로 크기에 반비례

해설
와전류손 에너지 손실량은 전류 경로에 크기에 비례

54

주파수가 정격보다 3[%] 감소하고 동시에 전압이 정격보다 3[%] 상승된 전원에서 운전되는 변압기가 있다. 철손이 fB_m^2 에 비례한다면 이 변압기 철손은 정격상태에 비하여 어떻게 달라지는가?(단, f : 주파수, B_m : 자속밀도 최대치이다.)

① 약 8.7[%] 증가　② 약 8.7[%] 감소
③ 약 9.4[%] 증가　④ 약 9.4[%] 감소

해설 Chapter 08 – 02
변압기 손실

$$P_i \propto \frac{1}{f} \propto B \propto \phi = \frac{V^2}{f} = \frac{(1.03V)^2}{0.97f}$$

$$= 1.0937\frac{V^2}{f}$$

$= 9.45[\%]$ 증가

55

교류정류자기에서 갭의 자속분포가 정현파로 $\phi_m = 0.14$[Wb], $P=2, a=1, Z=200, N=1200$[rpm]인 경우 브러시 축이 자극 축과 $30°$라면 속도 기전력의 실효값 E_s는 약 몇 [V]인가?

① 160　② 400
③ 560　④ 800

해설

$$E = \frac{1}{\sqrt{2}} \times \frac{P}{a} Z\phi \frac{N}{60}\sin\alpha$$

$$= \frac{1}{\sqrt{2}} \times \frac{2}{1} \times 200 \times 0.14 \times \frac{1200}{60}\sin 30°$$

$= 396[V]$

56

역률 0.85의 부하 350[kW]에 50[kW]를 소비하는 동기전동기를 병렬로 접속하여 합성 부하의 역률을 0.95로 개선하려면 전동기의 진상 무효전력은 약 몇 [kVar]인가?

① 68　② 72
③ 80　④ 85

해설
콘덴서 용량

$$Q_1 = P_1 \tan\theta_1$$

$$= 350 \times \frac{\sqrt{1-0.85^2}}{0.85} = 216.9[\text{kVar}]$$

$$Q_2 = 400 \times \frac{\sqrt{1-0.95^2}}{0.95} = 131.4[\text{kVar}]$$

$$Q = Q_1 - Q_2 = 216.9 - 131.4 = 85.5[\text{kVar}]$$

57

변압기의 무부하시험, 단락시험에서 구할 수 없는 것은?

① 철손　② 동손
③ 절연내력　④ 전압변동률

해설 Chapter 08 – 02
변압기 무부하시험과 단락시험
무부하시험 : 철손, 여자전류
동손시험 : 동손, 임피던스전압

정답 53 ④ 54 ③ 55 ② 56 ④ 57 ③

58

3상 동기발전기의 단락곡선이 직선으로 되는 이유는?

① 전기자 반작용으로
② 무부하 상태이므로
③ 자기포화가 있으므로
④ 누설 리액턴스가 크므로

해설 Chapter 06 – 02
동기기의 특성곡선
3상곡선이 직선이 되는 이유는 전기자 반작용 때문이다.

59

정격출력 5000[kVA], 정격전압 3.3[kV], 동기 임피던스가 매상 1.8[Ω]인 3상 동기발전기의 단락비는 약 얼마인가?

① 1.1　　② 1.2
③ 1.3　　④ 1.4

해설 Chapter 06 – 02 – (4)

단락비 $k_s = \frac{V^2}{PZ_s}$

$$= \frac{3300^2}{5000 \times 10^3 \times 1.8} = 1.21$$

$$= 1.2$$

60

동기기의 회전자에 의한 분류가 아닌 것은?

① 원통형　　② 유도자형
③ 회전계자형　　④ 회전 전기자형

해설 Chapter 15
동기기
원통형의 경우 형태에 따른 분류가 된다.

정답 58 ① 59 ② 60 ①

제4과목 | 회로이론 · 제어공학

61

기준 입력과 주궤환량과의 차로서, 제어계의 동작을 일으키는 원인이 되는 신호는?

① 조작 신호
② 동작 신호
③ 주궤환 신호
④ 기준 입력 신호

해설 Chapter 01 – 01
폐회로 제어계의 구성
동작 신호 : 기준 입력과 주궤환량과의 차로서 제어계의 동작을 일으키는 원인이 되는 신호를 말한다.

62

페루프 전달함수 $C(s)/R(s)$가 다음과 같은 2차 제어계에 대한 설명 중 틀린 것은?

$$\frac{C(s)}{R(s)} = \frac{\omega_n^2}{s^2 + 2\delta\omega_n s + \omega_n^2}$$

① 최대 오버슈트는 $e^{-\pi\delta/\sqrt{1-\delta^2}}$ 이다.
② 이 페루프계의 특성방정식은 $s^2 + 2\delta\omega_n s + \omega_n^2$ 이다.
③ 이 계는 $\delta = 0.1$ 일 때 부족 제동된 상태에 있게 된다.
④ δ값을 작게 할수록 제동은 많이 걸리게 되나 비교 안정도는 향상된다.

해설 Chapter 05 – 04 – (2)
제동비에 따른 제동조건
δ 값이 작을수록 제동이 적게 걸리고, δ 값이 클수록 제동이 많이 걸린다.
$\delta < 1$: 부족제동
$\delta > 1$: 과제동
$\delta = 1$: 임계제동
$\delta = 0$: 무제동

63

3차인 이산치 시스템의 특성방정식의 근이 -0.3, -0.2, $+0.5$로 주어져 있다. 이 시스템의 안정도는?

① 이 시스템은 안정한 시스템이다.
② 이 시스템은 불안정한 시스템이다.
③ 이 시스템은 임계 안정한 시스템이다.
④ 위 정보로서는 이 시스템의 안정도를 알 수 없다.

해설 Chapter 08
안정도
근이 z평면의 –1, 1 사이이므로 안정

64

다음의 특성방정식을 Routh-Hurwitz 방법으로 안정도를 판별하고자 한다. 이때 안정도를 판별하기 위하여 가장 잘 해석한 것은 어느 것인가?

$$q(s) = s^5 + 2s^4 + 2s^3 + 4s^2 + 11s + 10$$

① s 평면의 우반면에 근은 없으나 불안정하다.
② s 평면의 우반면에 근이 1개 존재하여 불안정하다.
③ s 평면의 우반면에 근이 2개 존재하여 불안정하다.
④ s 평면의 우반면에 근이 3개 존재하여 불안정하다.

해설 Chapter 08 – 01 – (2)
안정판별법

s^5	1	2	11
s^4	2	4	10
s^3	$\frac{4-4}{2}=0$	$\frac{22-10}{2}=6$	
s^2	$\lim_{e\to0}\frac{4e-12}{e}=-\infty$	$\frac{10e^{-12}}{e}$	
s^1	11		
s^0	10		

정답 61 ② 62 ④ 63 ① 64 ③

65

전달함수 $G(s)H(s) = \frac{K(s+1)}{s(s+1)(s+2)}$ 일 때 근궤적의 수는?

① 1 ② 2 ③ 3 ④ 4

해설 Chapter 05 – 03

근궤적수는 영점의 개수와 극점의 개수 중 큰수값과 같다.
극점 : 0, −1, −2
영점 : 0, −1

66

다음의 미분 방정식을 신호 흐름 선도에 옳게 나타낸 것은?

$$2\frac{dc(t)}{dt} + 5c(t) = r(t)$$

(단, $c(t) = X_1(t)$, $X_2(t) = \frac{d}{dt}X_1(t)$로 표시한다.)

①
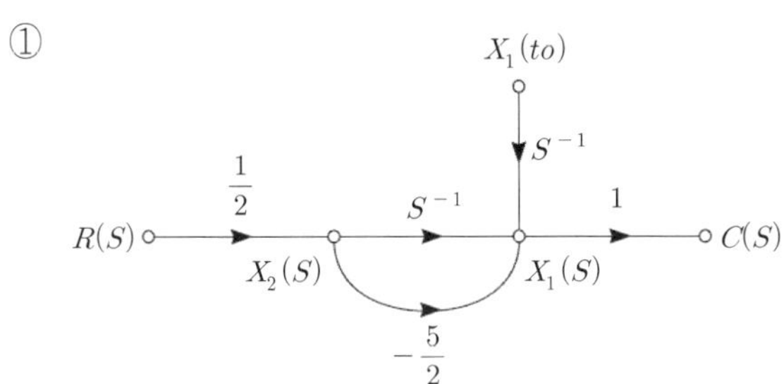

②
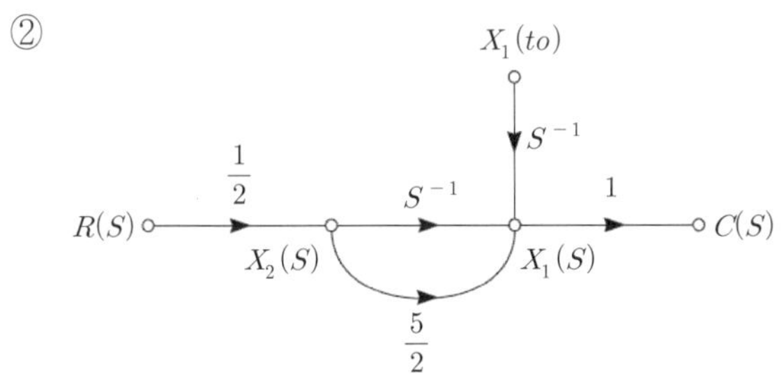

③
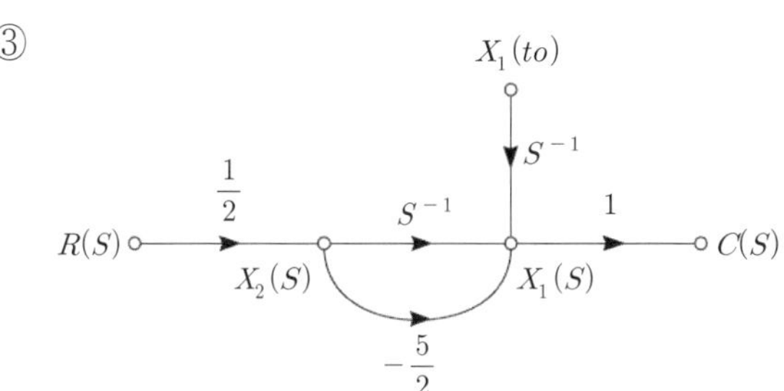

④
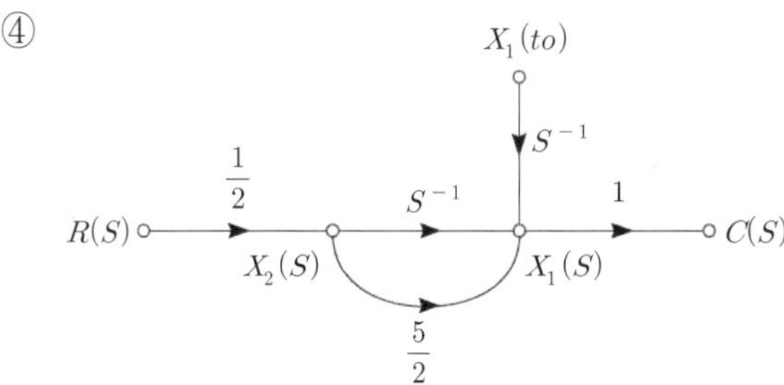

해설

$$G(s) = \frac{C(s)}{R(s)} = \frac{\frac{1}{2s}}{1+\frac{5}{2s}} = \frac{\frac{1}{2s}\times 2s}{(1+\frac{5}{2s})\times 2s} = \frac{1}{2s+5}$$

$$= 2sC(s) + 5C(s) = R(s)$$

$$= 2\frac{d}{dt}c(t) + 5c(t) = r(t)$$

67

다음 블록선도의 전체전달함수가 1이 되기 위한 조건은?

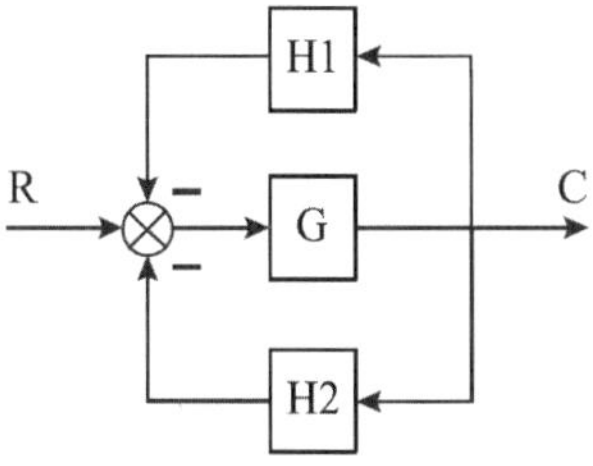

① $G = \frac{1}{1-H1-H2}$ ② $G = \frac{1}{1+H1+H2}$

③ $G = \frac{-1}{1-H1-H2}$ ④ $G = \frac{-1}{1+H1+H2}$

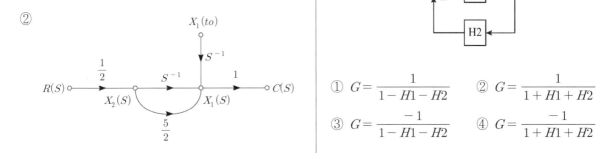

정답 65 ③ 66 ① 67 ①

해설 Chapter 04

전달함수

$$\frac{G}{1+GH1+GH2}=1$$

$$G=1+GH1+GH2$$

$$G(1-H1-H2)=1$$

$$G=\frac{1}{1-H1-H2}$$

68

특성방정식의 모든 근이 s복소평면의 좌반면에 있으면 이 계는 어떠한가?

① 안정 ② 준안정
③ 불안정 ④ 조건부안정

해설 Chapter 08

안정도

좌반면 : 안정

우반면 : 불안정

허수축 : 임계상태

69

그림의 회로는 어느 게이트(gate)에 해당되는가?

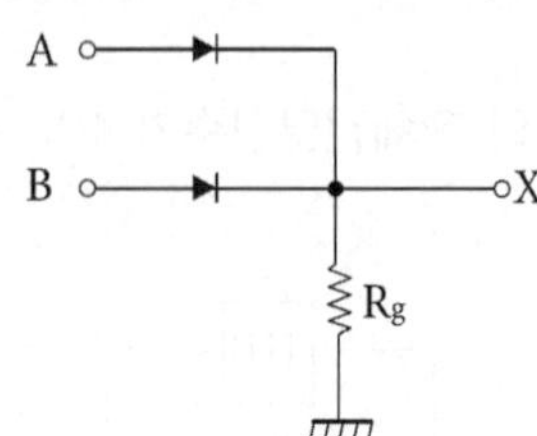

① OR ② AND ③ NOT ④ NOR

해설 Chapter 11 – 02

OR게이트

70

전달함수가 $G(s)=\frac{Y(s)}{X(s)}=\frac{1}{s^2(s+1)}$로 주어진 시스템의 단위 임펄스 응답은?

① $y(t)=1-t+e^{-t}$ ② $y(t)=1+t+e^{-t}$
③ $y(t)=t-1+e^{-t}$ ④ $y(t)=t-1-e^{-t}$

해설

$$c(t)=\mathcal{L}^{-1}G(s)R(s)=\mathcal{L}^{-1}\frac{1}{s^2(s+1)}$$

$$=\frac{k_1}{s+1}+\frac{k_2}{s^2}+\frac{k_3}{s}$$

$$k_1=\lim_{s\to 0}\frac{1}{s+1}=1$$

$$k_2=\lim_{s\to -1}\frac{1}{s^2}=1$$

$$k_3=\lim_{s\to 0}\frac{d}{ds}\frac{1}{s+1}=\frac{-1}{(s+1)^2}=-1$$

$$c(t)=\frac{1}{s+1}+\frac{1}{s^2}-\frac{1}{s}$$

$$y(t)=e^{-t}+t-1$$

71

다음과 같은 회로망에서 영상파라미터(영상전달정수) θ는?

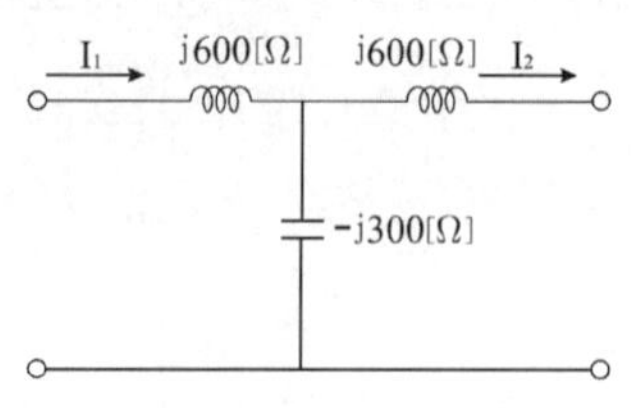

① 10 ② 2 ③ 1 ④ 0

해설 Chapter 11 – 05

영상 전달정수

$$\theta=\ln(\sqrt{AD}+\sqrt{BC})$$

$$=\cosh^{-1}\sqrt{AD}=\cosh^{-1}\sqrt{(-1)^2}$$

$$=\cosh^{-1}1=0^\circ$$

$$=\sin^{-1}\sqrt{BC}$$

$$(A=D=1+\searrow=1+\frac{j600}{-j300}=1-2=-1)$$

$$\theta=\cosh^{-1}\sqrt{AD}=\cosh^{-1}\sqrt{(-1)^2}$$

$$=\cosh^{-1}1=0^\circ$$

정답 68 ① 69 ① 70 ③ 71 ④

72

Δ 결선된 대칭 3상 부하가 있다. 역률이 0.8(지상)이고 소비전력이 1800[W]이다. 선로의 저항 0.5[Ω]에서 발생하는 선로 손실이 50[W]이면 부하단자 전압[V]은?

① 627 ② 525 ③ 326 ④ 225

해설 Chapter 07 – 01 – (2)

Δ결선

$P_\ell = 3I^2R$

$I = \sqrt{\frac{P_\ell}{3R}} = \sqrt{\frac{50}{3\times 0.5}} = 5.77[\text{A}]$

$P = \sqrt{3}\, VI\cos\theta$

$V = \frac{P}{\sqrt{3}\, I\cos\theta} = \frac{1800}{\sqrt{3}\times 5.77\times 0.8}$

$= 225[\text{W}]$

73

$E = 40 + j30$[V]의 전압을 가하면 $I = 30 + j10$[A] 전류가 흐르는 회로의 역률은?

① 0.949 ② 0.831 ③ 0.764 ④ 0.651

해설 Chapter 03 – 02

복소전력

$P_a = \overline{E}\cdot I = (40 - j30)(30 + j10)$

$= 1500 - j500$

$\cos\theta = \frac{P}{P_a} = \frac{1500}{\sqrt{1500^2 + 500^2}} = 0.949$

74

그림과 같은 회로에서 스위치 S를 닫았을 때, 과도분을 포함하지 않기 위한 $R[\Omega]$은?

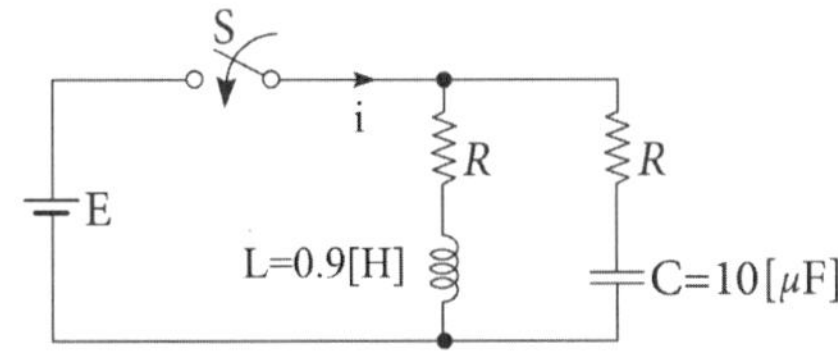

① 100 ② 200

③ 300 ④ 400

해설 Chapter 10 – 03

정저항회로

$Z_1 \cdot Z_2 = R^2$

$j\omega L \times \frac{1}{j\omega C} = R^2$

$R = \sqrt{\frac{L}{C}} = \sqrt{\frac{0.9}{10\times 10^{-6}}} = 300$

75

분포정수회로에서 직렬임피던스를 Z, 병렬어드미턴스를 Y라 할 때, 선로의 특성 임피던스 Z_0는?

① ZY ② $\sqrt{ZY}$

③ $\sqrt{\frac{Y}{Z}}$ ④ $\sqrt{\frac{Z}{Y}}$

해설 Chapter 12 – 01

특성임피던스

$Z_0 = \sqrt{\frac{Z}{Y}}$

76

다음과 같은 회로의 공진시 어드미턴스는?

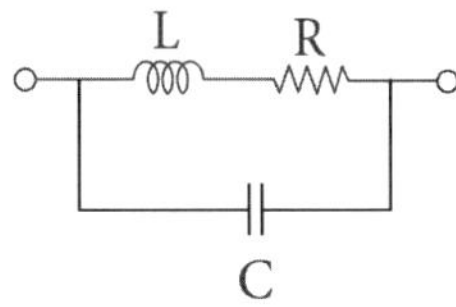

① $\frac{RL}{C}$ ② $\frac{RC}{L}$

③ $\frac{L}{RC}$ ④ $\frac{R}{LC}$

해설 Chapter 02 – 10

공진

$Y = \frac{C}{L}R$

정답 72 ④ 73 ① 74 ③ 75 ④ 76 ②

77

그림과 같은 회로에서 전류 I[A]는?

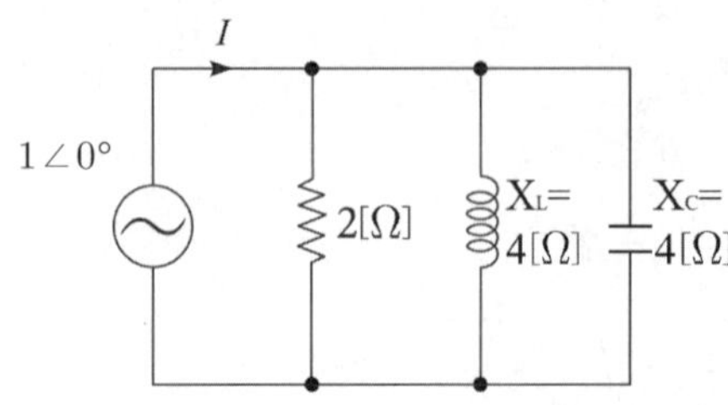

① 0.2　② 0.5
③ 0.7　④ 0.9

해설 Chapter 02 – 01
R만의 회로
L, C공진이므로
$I=\frac{V}{R}=\frac{1}{2}=0.5$[A]

78

$F(s)=\frac{s+1}{s^2+2s}$ **로 주어졌을 때** $F(s)$**의 역변환은?**

① $\frac{1}{2}(1+e^{t})$

② $\frac{1}{2}(1+e^{-2t})$

③ $\frac{1}{2}(1-e^{-t})$

④ $\frac{1}{2}(1-e^{-2t})$

해설 Chapter 13
라플라스역변환

$$F(s)=\frac{s+1}{s^2+2s}=\frac{s+1}{s(s+2)}$$

$$k_1=F(s)\times s|_{s=0}=\left.\frac{s+1}{s+2}\right|_{s=0}=\frac{1}{2}$$

$$k_2=F(s)\times(s+2)|_{s=-2}=\frac{s+1}{s}=\frac{-2+1}{-2}$$

$$f(t)=\frac{1}{2}(1+e^{-2t})$$

79

$e(t)=100\sqrt{2}\sin\omega t+150\sqrt{2}\sin3\omega t+260\sqrt{2}\sin5\omega t$ **[V]인 전압을 R-L직렬 회로에 가할 때에 제5고조파 전류의 실효값은 약 몇 [A]인가? (단,** $R=12[\Omega]$**,** $\omega L=1[\Omega]$**이다.)**

① 10　② 15　③ 20　④ 25

해설 Chapter 09 – 03
비정현파의 실효값

$$I_5=\frac{V_5}{Z_5}=\frac{V_5}{R+j5\omega L}$$

$$=\frac{V_5}{\sqrt{R^2+(5\omega L)^2}}$$

$$=\frac{260}{\sqrt{12^2\times(5\times1)^2}}=20[\text{A}]$$

80

그림과 같은 파형의 전압 순시값은?

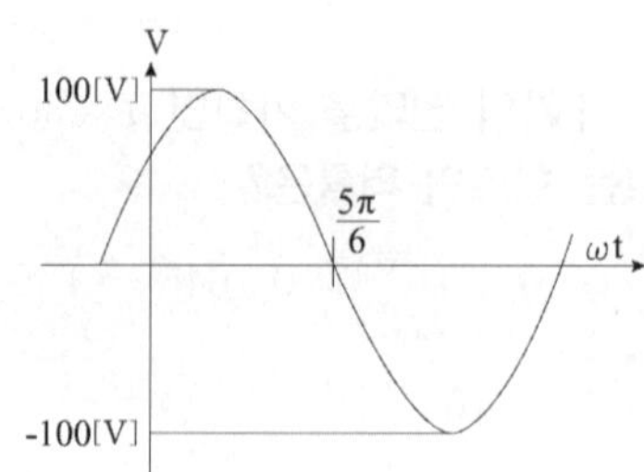

① $100\sin(\omega t+\frac{\pi}{6})$

② $100\sqrt{2}\sin(\omega t+\frac{\pi}{6})$

③ $100\sin(\omega t-\frac{\pi}{6})$

④ $100\sqrt{2}\sin(\omega t-\frac{\pi}{6})$

해설 Chapter 01 – 05
위상 및 위상차

$$v=V_m\sin(\omega t+\theta)$$

$$V_m=100 \qquad \theta=2\pi-\frac{5}{6}\pi=\frac{\pi}{6}$$

$$=100\sin(\omega t+\frac{\pi}{6})$$

정답 77 ② 78 ② 79 ③ 80 ①

제5과목 | 전기설비기술기준

81

가공전선로의 지지물에 시설하는 지선에 관한 사항으로 옳은 것은?

① 소선은 지름 2.0[mm] 이상인 금속선을 사용한다.
② 도로를 횡단하여 시설하는 지선의 높이는 지표상 6.0[m] 이상이다.
③ 지선의 안전율은 1.2 이상이고 허용인장하중의 최저는 4.31[kN]으로 한다.
④ 지선에 연선을 사용할 경우에는 소선은 3가닥 이상의 연선을 사용한다.

해설 Chapter 03 – 03
지선의 시설규정
- 소선은 3가닥 이상의 연선을 사용한다.
- 소선의 지름이 2.6[mm] 이상의 금속선 사용(단, 2[mm] 이상인 아연도강연선 인장강도 6.8[kN/mm²] 이상)
- 지중부분 및 지표상 30[cm]까지의 부분에는 내식성 있는 것(아연도금을 한 철봉 사용하여 근가에 견고하게 붙일 것)
- 도로를 횡단할 경우 지선의 높이는 5[m] 이상(교통에 지장을 안 줄 경우 4.5[m] 이상)
- 인도일 경우 2.5[m] 이상

82

154[kV] 가공 송전선로를 제1종 특고압 보안공사로 할 때 사용되는 경동연선의 굵기는 몇 [mm²] 이상이어야 하는가?

① 100 ② 150
③ 200 ④ 250

해설 Chapter 03 – 10
제1종 특고압 보안공사시 전선의 굵기
100[kV] 초과 300[kV] 미만 150[mm²]

83

전동기의 과부하 보호 장치의 시설에서 전원측 전로에 시설한 배선용 차단기의 정격 전류가 몇 [A] 이하의 것이면 이 전로에 접속하는 단상 전동기에는 과부하 보호 장치를 생략할 수 있는가?

① 15 ② 20
③ 30 ④ 50

해설 Chapter 01 – 28 – (3)
전동기 과부하 보호장치를 생략할 수 있는 경우
단상전동기로서 16[A] 이하 과전류차단기 또는 20[A] 이하 배선용 차단기 보호시

84

사용전압이 35[kV] 이하인 특고압 가공전선과 가공약전류 전선 등을 동일 지지물에 시설하는 경우, 특고압 가공전선로는 어떤 종류의 보안공사로 하여야 하는가?

① 고압보안공사
② 제1종 특고압 보안공사
③ 제2종 특고압 보안공사
④ 제3종 특고압 보안공사

해설 Chapter 03 – 16
공용설치
공가의 경우 제2종 특고압 보안공사로 시설한다.

전압	표준	케이블 사용
저압~약전선	0.75[m] 이상	0.3[m] 이상
고압~약전선	1.5[m] 이상	0.5[m] 이상
특고압~약전선	2.0[m] 이상	0.5[m] 이상

정답 81 ④ 82 ② 83 ② 84 ③

85

사용전압이 고압인 전로의 전선으로 사용할 수 없는 케이블은?

① MI 케이블
② 연피 케이블
③ 비닐외장 케이블
④ 폴리에틸렌외장 케이블

해설 Chapter 05 – 01
MI 케이블의 경우 저압만 가능하다.

86

금속관공사에서 절연부싱을 사용하는 가장 주된 목적은?

① 관의 끝이 터지는 것을 방지
② 관내 해충 및 이물질 출입 방지
③ 관의 단구에서 조영재의 접촉 방지
④ 관의 단구에서 전선 피복의 손상 방지

해설
부싱의 경우 관의 단구에서 전선 피복의 손상을 방지한다.

87

최대사용전압이 3.3[kV]인 차단기 전로의 절연내력 시험전압은 몇 [V]인가?

① 3036 ② 4125
③ 4950 ④ 6600

해설 Chapter 01 – 11
절연내력시험
7[kV] 이하 비접지의 경우
$V \times 1.5 = 3300 \times 1.5 = 4950$

88

가반형(이동형)의 용접전극을 사용하는 아크 용접장치를 시설할 때 용접변압기의 1차측 전로의 대지전압은 몇 [V] 이하이어야 하는가?

① 200 ② 250
③ 300 ④ 600

해설 Chapter 05
이동용 전기 아크 용접기
대지전압 300[V] 이하

89

사용전압이 22.9[kV]인 특고압 가공전선과 그 지지물 · 완금류 · 지주 또는 지선 사이의 이격거리는 몇 [cm] 이상이어야 하는가?

① 15 ② 20
③ 25 ④ 30

해설 Chapter 02 – 10
특고압 가공전선과 지지물 사이의 이격거리
25[kV] 이하 20[cm] 이상

90

건조한 장소로서 전개된 장소에 고압 옥내배선을 시설할 수 있는 공사방법은?

① 덕트공사
② 금속관공사
③ 애자사용공사
④ 합성수지관공사

해설 Chapter 03 – 10
옥내배선공사
고압 옥내배선 : 애자공사, 케이블공사, 케이블트레이공사

정답 85 ① 86 ④ 87 ③ 88 ③ 89 ② 90 ③

91

고압 가공전선에 케이블을 사용하는 경우 케이블을 조가용선에 행거로 시설하고자 할 때 행거의 간격은 몇 [cm] 이하로 하여야 하는가?

① 30　　② 50
③ 80　　④ 100

해설 Chapter 02 – 23

조가용선 시설기준

① 조가용선의 굵기 : 단면적 22[mm^2] 이상인 아연도 강연선 사용
인장강도 5.93[kN] 이상의 연선 또는 22[mm^2] 이상인 아연도 철연선일 것

③ 금속테이프, 철바인드를 사용할 경우 20[cm] 이하로 할 것

④ 행거 사용할 경우 : 50[cm] 이하로 할 것

92

고압 가공전선로의 지지물에 시설하는 통신선의 높이는 도로를 횡단하는 경우 교통에 지장을 줄 우려가 없다면 지표상 몇 [m]까지로 감할 수 있는가?

① 4　　② 4.5
③ 5　　④ 6

해설 Chapter 02 – 28 – (4)

가공통신선의 높이

고압첨가통신선의 경우 도로횡단시 6[m], 단 교통에 지장을 줄 우려가 없다면 5[m]

※ 한국전기설비규정(KEC) 개정에 따라 삭제된 문제가 있어 100문항이 되지 않습니다.

정답 91 ② 92 ③

전기기사 기출문제

2017년 3회 기출문제

제1과목 | 전기자기학

01

점전하에 의한 전위 함수가 $V=\dfrac{1}{x^2+y^2}$[V]일 때 grad V는?

① $-\dfrac{ix+jy}{(x^2+y^2)^2}$ ② $-\dfrac{i2x+j2y}{(x^2+y^2)^2}$

③ $-\dfrac{i2x}{(x^2+y^2)^2}$ ④ $-\dfrac{j2y}{(x^2+y^2)^2}$

해설 Chapter 02 – 09

전위의 기울기

$V=\dfrac{1}{x^2+y^2}[V]$

$grad\,V=\nabla V=(\dfrac{\partial}{\partial x}i+\dfrac{\partial}{\partial y}j+\dfrac{\partial}{\partial z}k)V$

$=\dfrac{0-2x}{(x^2+y^2)}i+\dfrac{0-2y}{(x^2+y^2)^2}j$

$=\dfrac{-2x\,i-2yj}{(x^2+y^2)^2}$

02

면적 S[m²], 간격 d[m]인 평행판 콘덴서에 전하 Q[C]를 충전하였을 때 정전 에너지 W[J]는?

① $W=\dfrac{dQ^2}{\epsilon S}$ ② $W=\dfrac{dQ^2}{2\epsilon S}$

③ $W=\dfrac{dQ^2}{4\epsilon S}$ ④ $W=\dfrac{dQ^2}{8\epsilon S}$

해설 Chapter 02 – 05

콘덴서에 축적되는 에너지

$W=\dfrac{1}{2}CV^2=\dfrac{Q^2}{2C}=\dfrac{1}{2}QV$[J]

$=\dfrac{Q^2}{2C}\ (C=\dfrac{\epsilon S}{d})$

$W=\dfrac{dQ^2}{2\epsilon S}$[J]

03

Poisson 및 Laplace 방정식을 유도하는 데 관련이 없는 식은?

① $rot\,E=-\dfrac{\partial B}{\partial t}$ ② $E=-\,grad\,V$

③ $div\,D=\rho_v$ ④ $D=\epsilon E$

04

반지름 1[cm]인 원형코일에 전류 10[A]가 흐를 때, 코일의 중심에서 코일면에 수직으로 $\sqrt{3}$[cm] 떨어진 점의 자계의 세기는 몇 [AT/m]인가?

① $\dfrac{1}{16}\times10^3$ ② $\dfrac{3}{16}\times10^3$

③ $\dfrac{5}{16}\times10^3$ ④ $\dfrac{7}{16}\times10^3$

해설 Chapter 07 – 02 – (4)

반지름이 a인 원형코일의 자계의 세기

$H=\dfrac{a^2NI}{2(a^2+x^2)^{\frac{3}{2}}}$

$=\dfrac{(1\times10^{-2})^2\times1\times10}{2[(1\times10^{-2})^2+(\sqrt{3}\times10^{-2})^2]^{\frac{3}{2}}}$

$=\dfrac{1}{16}\times10^3$[AT/m]

05

평등자계 내에 전자가 수직으로 입사하였을 때 전자의 운동을 바르게 나타낸 것은?

① 구심력은 전자속도에 반비례한다.
② 원심력은 자계의 세기에 반비례한다.
③ 원운동을 하고 반지름은 자계의 세기에 비례한다.
④ 원운동을 하고 반지름은 전자의 회전속도에 비례한다.

정답 01 ② 02 ② 03 ① 04 ① 05 ④

해설 Chapter 07 – 09 – (5)

$F = qvB\sin 90° = \frac{mv^2}{r}$[N]

$qB = \frac{mv}{r}$[N]

$r = \frac{mv}{qB}$[m]

06

액체 유전체를 포함한 콘덴서 용량이 C[F]인 것에 V[V]의 전압을 가했을 경우에 흐르는 누설전류 [A]는?(단, 유전체의 유전율은 ϵ[F/m], 고유저항은 ρ[Ω · m]이다.)

① $\frac{\rho\epsilon}{CV}$ ② $\frac{C}{\rho\epsilon V}$

③ $\frac{CV}{\rho\epsilon}$ ④ $\frac{\rho\epsilon V}{C}$

해설 Chapter 06 – 03

전기저항과 정전용량

$I = \frac{V}{R} = \frac{CV}{\rho\epsilon}$[A]

$RC = \rho\epsilon$

$R = \frac{\rho\epsilon}{C}$

07

다이아몬드와 같은 단결정 물체에 전장을 가할 때 유도되는 분극은?

① 전자분극

② 이온분극과 배향분극

③ 전자분극와 이온분극

④ 전자분극, 이온분극, 배향분극

해설

전자분극

단결정 매질에서 전자운과 핵의 상대적인 변위에 의한다.

08

다음 설명 중 옳은 것은?

① 무한 직선 도선에 흐르는 전류에 의한 도선 내부에서 자계의 크기는 도선의 반경에 비례한다.

② 무한 직선 도선에 흐르는 전류에 의한 도선 외부에서 자계의 크기는 도선 중심과의 거리에 무관하다.

③ 무한장 솔레노이드 내부자계의 크기는 코일에 흐르는 전류의 크기에 비례한다.

④ 무한장 솔레노이드 내부자계의 크기는 단위 길이당 권수의 제곱에 비례한다.

해설 Chapter 07 – 02

자계의 세기

원주일 경우 $H = \frac{I}{2\pi r}$ 외부, $H_i = \frac{rI}{2\pi a^2}$ 내부

무한장 솔레노이드의 경우

$H = \frac{NI}{\ell} = nI$[AT/m]

09

그림과 같은 유전속 분포가 이루어질 때 ε_1과 ε_2의 크기 관계는?

① $\varepsilon_1 > \varepsilon_2$

② $\varepsilon_1 < \varepsilon_2$

③ $\varepsilon_1 = \varepsilon_2$

④ $\varepsilon_1 > 0$, $\varepsilon_2 > 0$

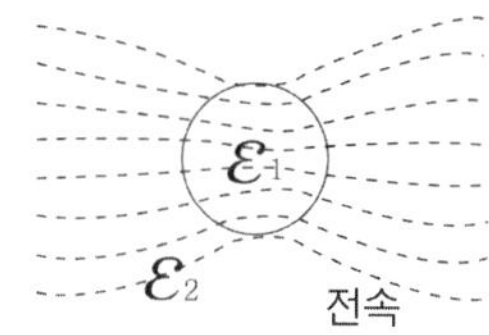

해설

전속선은 유전율이 큰 쪽으로 모이므로 $\varepsilon_1 > \varepsilon_2$이다.

10

인덕턴스의 단위 [H]와 같지 않은 것은?

① [J/A · s] ② [Ω · s]

③ [Wb/A] ④ [J/A²]

정답 06 ③ 07 ① 08 ③ 09 ① 10 ①

해설 Chapter 10

인덕턴스

$e=\left|-L\frac{di}{dt}\right|$

$L=\left|e\times\frac{dt}{di}\right|[\frac{V}{A}\cdot s]=[\Omega\cdot s]$

$LI=N\phi$

$L=\frac{N\phi}{I}$[Wb/A]

$W=\frac{1}{2}LI^2$

$L=W\times\frac{2}{I^2}$[J/A^2]

11

전계 및 자계의 세기가 각각 E, H 일 때, 포인팅벡터 P의 표시로 옳은 것은?

① $P=\frac{1}{2}\times H$　　② $P=E\ rot H$

③ $P=E\times H$　　④ $P=H\ rot E$

해설 Chapter 11 – 04

포인팅 벡터

$\vec{P}=E\times H$

$=E\cdot H=377H=\frac{1}{377}E^2=\frac{W}{S}$[W/m^2]

12

규소강판과 같은 자심재료의 히스테리시스 곡선의 특징은?

① 보자력이 큰 것이 좋다.

② 보자력과 잔류자기가 모두 큰 것이 좋다.

③ 히스테리시스 곡선의 면적이 큰 것이 좋다.

④ 히스테리시스 곡선의 면적이 작은 것이 좋다.

해설 Chapter 08 – 07

히스테리시스 곡선

종축 : 잔류자기

횡축 : 보자력

전자석 재료 : 보자력은 작고, 잔류자기가 클 것

13

커패시터를 제조하는 데 A, B, C, D와 같은 4가지의 유전재료가 있다. 커패시터 내의 전계를 일정하게 하였을 때, 단위체적당 가장 큰 에너지 밀도를 나타내는 재료부터 순서대로 나열한 것은?(단, 유전재료 A, B, C, D의 비유전율은 각각 $\varepsilon_{rA}=8$, $\varepsilon_{rB}=10$, $\varepsilon_{rC}=2$, $\varepsilon_{rD}=4$이다.)

① C>D>A>B　　② B>A>D>C

③ D>A>C>B　　④ A>B>D>C

해설 Chapter 02 – 14

대전도체의 표면에 작용하는 힘

$w=\frac{1}{2}\varepsilon E^2=\frac{D^2}{2\varepsilon}=\frac{1}{2}ED$[J/m^3]

$w=\frac{1}{2}\varepsilon E^2$[J/m^3]

따라서 B>A>D>C 가 된다.

14

투자율 μ[H/m], 자계의 세기 H[AT/m], 자속밀도 B[Wb/m^2]인 곳의 자계 에너지 밀도[J/m^3]는?

① $\frac{B^2}{2\mu}$　② $\frac{H^2}{2\mu}$　③ $\frac{1}{2}\mu H$　④ BH

해설 Chapter 08 – 05

자계 에너지

$w=\frac{1}{2}\mu H^2=\frac{B^2}{2\mu}=\frac{1}{2}HB$[J/m^3]

15

정전계 해석에 관한 설명으로 틀린 것은?

① 포아송 방정식은 가우스 정리의 미분형으로 구할 수 있다.

② 도체 표면에서의 전계의 세기는 표면에 대해 법선 방향을 갖는다.

③ 라플라스 방정식은 전극이나 도체의 형태에 관계없이 체적전하밀도가 0인 모든 점에서 $\nabla^2 V=0$을 만족한다.

④ 라플라스 방정식은 비선형 방정식이다.

정답 11 ③ 12 ④ 13 ② 14 ① 15 ④

해설

라플라스 방정식은 선형에 적용할 수 있는 방정식이다.

라플라스 방정식($\nabla^2 V = 0$)

"ps" 전속밀도의 발산 $div\,D = \rho$ [C/m³] $(\nabla \cdot D)$ $\frac{\partial D_x}{\partial x} + \frac{\partial D_y}{\partial y} + \frac{\partial D_z}{\partial z} = \rho$ [C/m³]

16

자화의 세기 단위로 옳은 것은?

① [AT/Wb] ② [AT/m²]
③ [Wb·m] ④ [Wb/m²]

해설 Chapter 08 – 01

자화의 세기

$J = \mu_0(\mu_s - 1)H$

$= \chi H$

$= B(1 - \frac{1}{\mu_s})$

$= \frac{M}{v}$ [Wb/m²]

17

중심은 원점에 있고 반지름 a[m]인 원형 선도체가 $z=0$인 평면에 있다. 도체에 선전하 밀도 ρ_L[C/m]가 분포되어 있을 때 $z=b$[m]인 점에서 전계 E[V/m]는?(단, a_r, a_z는 원통좌표계에서 r 및 z방향의 단위 벡터이다.)

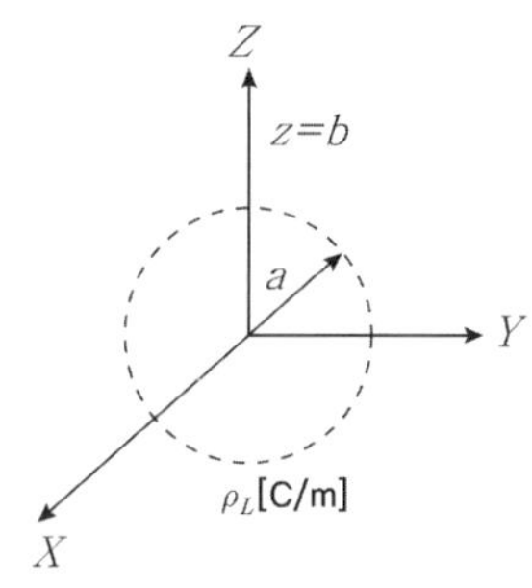

① $\frac{ab\rho_L}{2\pi\epsilon_0(a^2+b^2)}a_r$ ② $\frac{ab\rho_L}{4\pi\epsilon_0(a^2+b^2)}a_z$

③ $\frac{ab\rho_L}{2\epsilon_0(a^2+b^2)^{\frac{3}{2}}}a_z$ ④ $\frac{ab\rho_L}{4\epsilon_0(a^2+b^2)^{\frac{3}{2}}}a_z$

18

$V = x^2$[V]로 주어지는 전위 분포일 때 $x = 20$[cm]인 점의 전계는?

① $+x$ 방향으로 40[V/m] ② $-x$ 방향으로 40[V/m]
③ $+x$ 방향으로 0.4[V/m] ④ $-x$ 방향으로 0.4[V/m]

해설 Chapter 02 – 09

전위의 기울기

$E = -grad = -\nabla V$

$= -(\frac{\partial V}{\partial x}i + \frac{\partial V}{\partial y}j + \frac{\partial V}{\partial z}k)$

$= -(2i + 0j + 0k)$

$= -2xi = -0.4i$

19

공간 도체 내의 한 점에 있어서 자속이 시간적으로 변화하는 경우에 성립하는 식은?

① $\nabla \times E = \frac{\partial H}{\partial t}$ ② $\nabla \times E = -\frac{\partial H}{\partial t}$

③ $\nabla \times E = \frac{\partial B}{\partial t}$ ④ $\nabla \times E = -\frac{\partial B}{\partial t}$

해설 Chapter 11 – 05

전파방정식

$rot E = -\frac{\partial B}{\partial t}$

20

변위 전류와 가장 관계가 깊은 것은?

① 반도체 ② 유전체 ③ 자성체 ④ 도체

해설 Chapter 11 – 01

변위전류

$i_d = \frac{\partial D}{\partial t} = \varepsilon\frac{\partial E}{\partial t}$

정답 16 ④ 17 ③ 18 ④ 19 ④ 20 ②

제2과목 | 전력공학

21

전력용 콘덴서에 의하여 얻을 수 있는 전류는?

① 지상전류 ② 진상전류
③ 동상전류 ④ 영상전류

해설 Chapter 03 – 03
조상설비
전력용 콘덴서의 경우 진상전류를 얻을 수 있다.

22

부하 역률이 현저히 낮은 경우 발생하는 현상이 아닌 것은?

① 전기요금의 증가 ② 유효전력의 증가
③ 전력 손실의 증가 ④ 선로의 전압강하 증가

해설
역률 $\cos\theta = \frac{P}{P_a} \times 100[\%]$

23

배전용 변전소의 주변압기로 주로 사용되는 것은?

① 강압 변압기 ② 체승 변압기
③ 단권 변압기 ④ 3권선 변압기

해설 Chapter 11 – 02
체승 변압기 : 승압용(송전)
체강 변압기 : 강압용(배전)

24

초호각(Arcing horn)의 역할은?

① 풍압을 조절한다.
② 송전 효율을 높인다.
③ 애자의 파손을 방지한다.
④ 고주파수의 섬락전압을 높인다.

해설 Chapter 01 – 02
초호각
초호각의 경우 애자련을 보호하기 위해 사용한다.

25

$\Delta - \Delta$ 결선된 3상 변압기를 사용한 비접지 방식의 선로가 있다. 이때 1선지락 고장이 발생하면 다른 건전한 2선의 대지전압은 지락 전의 몇 배까지 상승하는가?

① $\frac{\sqrt{2}}{2}$ ② $\sqrt{3}$
③ $\sqrt{2}$ ④ 1

해설 Chapter 04 – 02 – (1)
비접지 방식의 전위상승
건전상 전위상승은 $\sqrt{3}$ 배

26

22[kV], 60[Hz], 1회선 3상 송전선에서 무부하 충전전류는 약 몇 [A]인가?(단, 송전선의 길이는 20[km]이고, 1선 1[km]당 정전용량은 0.5[μF]이다.)

① 12 ② 24
③ 36 ④ 48

해설 Chapter 03 – 01 – (2)
충전전류

$$I_c = \omega CE\ell$$
$$= 2\pi \times 60 \times 0.5 \times 10^{-6} \times \frac{22000}{\sqrt{3}} \times 20$$
$$= 48[A]$$

정답 21 ② 22 ② 23 ① 24 ③ 25 ② 26 ④

27

개폐서지의 이상전압을 감쇄할 목적으로 설치하는 것은?

① 단로기 ② 차단기
③ 리액터 ④ 개폐저항기

해설 Chapter 07

이상전압에 대한 방호

개폐저항기는 선로나 차단기 개폐시 이상전압이 발생하는 것을 낮추기 위해 설치하는 것이다.

28

모선보호용 계전기로 사용하면 가장 유리한 것은?

① 거리 방향 계전기 ② 역상 계전기
③ 재폐로 계전기 ④ 과전류 계전기

해설

모선 보호 계전 방식의 종류

- 전류 차동 보호 방식
- 전압 차동 보호 방식
- 위상 비교 방식
- 환상 모선 보호 방식
- 방향 거리 계전 방식

29

현수애자에 대한 설명으로 틀린 것은?

① 애자를 연결하는 방법에 따라 클래비스형과 볼소켓형이 있다.
② 큰 하중에 대하여는 2연 또는 3연으로 하여 사용할 수 있다.
③ 애자의 연결 개수를 가감함으로써 임의의 송전전압에 사용할 수 있다.
④ 2~4층 갓 모양의 자기편을 시멘트로 접착하고 그 자기를 주철제 베이스로 지지한다.

해설 Chapter 01 – 02

애자

④번의 경우 핀 애자에 대한 설명이다.

30

송전선로의 고장전류 계산에 영상 임피던스가 필요한 경우는?

① 1선 지락 ② 3상 단락
③ 3선 단선 ④ 선간 단락

해설 Chapter 05 – 02

대칭좌표법

영상 임피던스가 필요한 것은 지락사고를 말한다.

31

그림과 같은 3상 송전계통에서 송전단 전압은 3300[V]이다. 점 P점에서 3상 단락사고가 발생하였다면 발전기에 흐르는 단락전류는 약 몇 [A]인가?

2[Ω] 1.25[Ω] 1.75[Ω] P
0.32[Ω]
발전기

① 320 ② 330
③ 380 ④ 410

해설 Chapter 05 – 02 – (1)

단락전류

$$I_s = \frac{E}{Z} = \frac{\frac{3300}{\sqrt{3}}}{5} = 380[\text{A}]$$

$$Z = j2 + j1.25 + 0.32 + j1.75$$
$$= \sqrt{0.32^2 + (2+1.25+1.75)^2} = 5[\Omega]$$

정답 27 ④ 28 ① 29 ④ 30 ① 31 ③

32

조속기의 폐쇄시간이 짧을수록 옳은 것은?

① 수격작용은 작아진다.
② 발전기의 전압 상승률은 커진다.
③ 수차의 속도 변동률은 작아진다.
④ 수압관 내의 수압 상승률은 작아진다.

해설 Chapter 12
조속기
조속기는 발전기 속도를 일정하게 자동으로 유지하려고 하는 기기를 말한다. 조속기 폐쇄시간이 짧을수록 수차의 속도 변동률이 작아진다.

33

그림과 같은 수전단 전압 3.3[kV], 역률 0.85(뒤짐)인 부하 300[kW]에 공급하는 선로가 있다. 이때 송전단 전압은 약 몇 [V]인가?

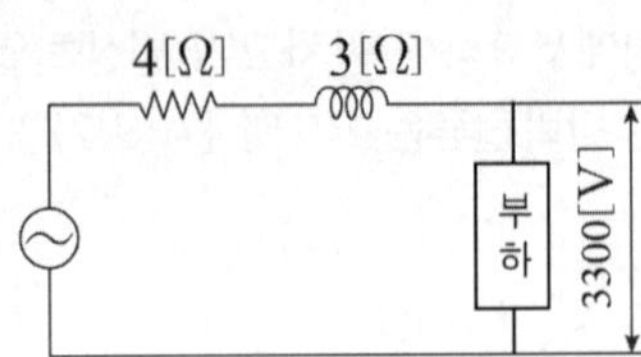

① 3430　　② 3530
③ 3730　　④ 3830

해설 Chapter 03 − 01
전압강하
송전단 전압

$$V_s = V_r + e$$
$$= 3300 + \sqrt{3} \times 61.75 \times (4 \times 0.85 + 3 \times \sqrt{1-0.85^2})$$
$$= 3830[\mathrm{V}]$$
$$e = \sqrt{3}\, I (R\cos\theta + X\sin\theta)$$
$$= \sqrt{3} \times 61.75 \times (4 \times 0.85 + 3 \times \sqrt{1-0.85^2})$$
$$I = \frac{P}{\sqrt{3}\, V\cos\theta} = \frac{300 \times 10^3}{\sqrt{3} \times 3300 \times 0.85} = 61.75[\mathrm{A}]$$

34

증기의 엔탈피란?

① 증기 1kg의 잠열
② 증기 1kg의 현열
③ 증기 1kg의 보유열량
④ 증기 1kg의 증발열을 그 온도로 나눈 것

해설 Chapter 13
증기의 엔탈피
증기 1kg의 보유열량[kcal/kg]
※ 엔탈피(enthalpy)는 각 온도에 있어 물 또는 증기의 보유열량의 뜻이다.

35

장거리 송전선로는 일반적으로 어떤 회로로 취급하여 회로를 해석하는가?

① 분포정수 회로　　② 분산부하 회로
③ 집중정수 회로　　④ 특성임피던스 회로

해설 Chapter 03 − 01
단거리 송전선로 : R, L 존재 ➡ 집중정수 회로
[3-2] 중거리 송전선로 : R, L, C 존재 ➡ T형, Π형 회로
[3-3] 장거리 송전선로 : R, L, C, G 존재, 분포정수 회로

36

4단자정수 $A = D = 0.8$, $B = j1.0$인 3상 송전로에 송전단전압 160[kV]를 인가할 때 무부하시 수전단 전압은 몇 [kV]인가?

① 154　　② 164
③ 180　　④ 200

정답 32 ③　33 ④　34 ③　35 ①　36 ④

해설 Chapter 03 – 02

4단자 정수

전파방정식 $E_s = AE_r + BI_r$

$$I_s = CE_r + DI_r$$

$$E_r = \frac{160}{0.8} = 200[\text{kV}]$$

4단자정수의 성질

A : 전압비, B : Z, C : Y, D : 전류비

37

유도장해를 방지하기 위한 전력선측의 대책으로 틀린 것은?

① 차폐선을 설치한다.
② 고속도 차단기를 사용한다.
③ 중성점 전압을 가능한 높게 한다.
④ 중성점 접지에 고저항을 넣어서 지락전류를 줄인다.

해설 Chapter 04 – 03

유도장해 방지

중성점의 잔류전압은 0을 유지하는 것이 이상적이다.

38

원자로의 감속재에 대한 설명으로 틀린 것은?

① 감속 능력이 클 것
② 원자 질량이 클 것
③ 사용재료로 경수를 사용
④ 고속 중성자를 열 중성자로 바꾸는 작용

해설 Chapter 14

감속재 : 핵분열 시 고속 중성자를 열 중성자로 감속

- 감속재는 고속 중성자를 열중성자로 바꾸는 작용을 하므로 중성자 흡수 면적이 작고 탄성 산란에 의해 감속되는 정도가 크고, 원자량이 적은 원소일수록 좋다.
- 온도계수 : 감속재 온도 1[℃] 변화에 대한 반응도의 변화
- 재료 : 경수(H_2O), 중수(D_2O), 흑연(C), 베릴륨(Be)

↳ 감속비 가장 크다.

39

송전선로에 매설 지선을 설치하는 주된 목적은?

① 철탑 기초의 강도를 보강하기 위하여
② 직격뇌로부터 송전선을 차폐보호하기 위하여
③ 현수애자 1연의 전압분담을 균일화하기 위하여
④ 철탑으로부터 송전선로의 역섬락을 방지하기 위하여

해설 Chapter 07 – 02

매설 지선

철탑의 탑각저항을 저감하여 뇌해 방지 및 역섬락 방지를 한다.

40

송전전력, 부하역률, 송전거리, 전력손실, 선간전압이 동일할 때 3상 3선식에 의한 소요전선량은 단상 2선식의 몇 [%]인가?

① 50　　② 67
③ 75　　④ 87

해설 Chapter 09 – 02 – (2)

각 전기방식별의 비교

3상 3선식의 경우 단상 2선식에 비해 전선의 중량비는 75[%]가 된다.

정답 37 ③ 38 ② 39 ④ 40 ③

제3과목 | 전기기기

41

3상 유도기에서 출력의 변환식으로 옳은 것은?

① $P_0 = P_2 + P_{2c} = \frac{N}{N_s}P_2 = (2-s)P_2$

② $(1-s)P_2 = \frac{N}{N_s}P_2 = P_0 - P_{2c} = P_0 - sP_2$

③ $P_0 = P_2 - P_{2c} = P_2 - sP_2 = \frac{N}{N_s}P_2 = (1-s)P_2$

④ $P_0 = P_2 + P_{2c} = P_2 + sP_2 = \frac{N}{N_s}P_2 = (1+s)P_2$

해설 Chapter 16 – 08

전력변환

입력 $P_2 = \frac{P_{c2}}{s}$

출력 $P_0 = (1-s)P_2$

2차동손 $P_{c2} = sP_2$

42

변압기의 보호방식 중 비율차동계전기를 사용하는 경우는?

① 고조파 발생을 억제하기 위하여
② 과여자 전류를 억제하기 위하여
③ 과전압 발생을 억제하기 위하여
④ 변압기 상간 단락 보호를 위하여

해설 Chapter 14 – 10

비율차동계전기의 경우 변압기 내부고장을 보호하며, 상간 및 층간 단락 등에 대한 보호를 한다.

43

다이오드 2개를 이용하여 전파정류를 하고, 순저항 부하에 전력을 공급하는 회로가 있다. 저항에 걸리는 직류분 전압이 90[V]라면 다이오드에 걸리는 최대 역전압[V]의 크기는?

① 90　　② 242.8
③ 254.5　　④ 282.8

해설 Chapter 01 – 05

정류기

단상 전파 $E_d = 0.9E$

최대 역전압 첨두치 $PIV = 2\sqrt{2}E$

$= 2\sqrt{2} \times \frac{90}{0.9} = 282.8[\text{V}]$

44

동기전동기에 대한 설명으로 옳은 것은?

① 기동 토크가 크다.
② 역률조정을 할 수 있다.
③ 가변속 전동기로서 다양하게 응용된다.
④ 공극이 매우 작아 설치 및 보수가 어렵다.

해설 Chapter 15 – 04

동기전동기

역률을 조정할 수 있다.

45

농형 유도전동기에 주로 사용되는 속도 제어법은?

① 극수 제어법　　② 종속 제어법
③ 2차 여자 제어법　　④ 2차 저항 제어법

해설 Chapter 07 – 03

농형 유도전동기

① 주파수 제어 – 역률이 가장 우수
인견공업의 pot 전동기, 선박의 전기추진기
② 극수 변환법
③ 전압 제어법
④ 저항제어 – 장점 : 구조간단, 조작용이

정답 41 ③ 42 ④ 43 ④ 44 ② 45 ①

46

3상 권선형 유도전동기에서 2차측 저항을 2배로 하면 그 최대토크는 어떻게 되는가?

① 불변이다. ② 2배 증가한다.
③ $\frac{1}{2}$로 감소한다. ④ $\sqrt{2}$배 증가한다.

해설 Chapter 16 – 09
비례추이
비례추이하더라도 최대토크는 변하지 않는다.

47

직류전동기의 전기자전류가 10[A]일 때 5[kg · m]의 토크가 발생하였다. 이 전동기의 계자속이 80[%]로 감소되고, 전기자전류가 12[A]로 되면 토크는 약 몇 [kg · m]인가?

① 5.2 ② 4.8
③ 4.3 ④ 3.9

해설 Chapter 10 – 01
직류전동기토크

$$T = \frac{PZ\phi I_a}{2\pi a} = k\phi I_a[\text{N} \cdot \text{m}]$$

$$5 = k \times 1 \times 12 \times \frac{1}{9.8}$$

$$k = \frac{5 \times 9.8}{10} = 4.9$$

$$T = k\phi I_a \times \frac{1}{9.8}$$

$$= 4.9 \times 0.8 \times 1.2 \times \frac{1}{9.8} = 4.8[\text{kg} \cdot \text{m}]$$

48

일반적인 변압기의 무부하손 중 효율에 가장 큰 영향을 미치는 것은?

① 와전류손 ② 유전체손
③ 히스테리시스손 ④ 여자전류 저항손

해설 Chapter 08 – 02
변압기 손실
무부하손의 경우 가장 큰 값을 갖는 손실은 히스테리시스손이다.

49

전기자 총 도체수 152, 4극, 파권인 직류발전기가 전기자 전류를 100[A]로 할 때 매극당 감자기자력[AT/극]은 얼마인가?(단, 브러시의 이동각은 10°이다.)

① 33.6 ② 52.8
③ 105.6 ④ 211.2

해설 Chapter 03 – 01
감자기자력

$$\frac{I_a Z}{2aP} \times \frac{2\alpha}{180} = \frac{100 \times 152}{2 \times 2 \times 4} \times \frac{2 \times 10^\circ}{180}$$

$$= 105.6[\text{AT/극}]$$

50

정격전압, 정격주파수가 6600/220[V], 60[Hz], 와류손이 720[W]인 단상 변압기가 있다. 이 변압기를 3300[V], 50[Hz]의 전원에 사용하는 경우 와류손은 몇 [W]인가?

① 120 ② 150
③ 180 ④ 200

해설 Chapter 08 – 02
변압기 와류손

$P_e \propto V^2$

$6600^2 : 720 = 3300^2 : P_e'$

$$P_e' = \frac{720 \times 3300^2}{6600^2} = 180$$

정답 46 ① 47 ② 48 ③ 49 ③ 50 ③

51

보극이 없는 직류발전기에서 부하의 증가에 따라 브러시의 위치를 어떻게 하여야 하는가?

① 그대로 둔다.
② 계자극의 중간에 놓는다.
③ 발전기의 회전방향으로 이동시킨다.
④ 발전기의 회전방향과 반대로 이동시킨다.

해설 Chapter 01 – 03
직류기의 전기자반작용
발전기 : 회전방향, 전동기 : 회전반대방향

52

반발기동형 단상유도전동기의 회전방향을 변경하려면?

① 전원의 2선을 바꾼다.
② 주권선의 2선을 바꾼다.
③ 브러시의 접속선을 바꾼다.
④ 브러시의 위치를 조정한다.

해설
반발기동형 단상유도전동기
반발기동형의 경우 회전방향을 변경하려면 브러시의 위치를 조정한다.

53

직류전동기의 속도제어 방법이 아닌 것은?

① 계자 제어법 ② 전압 제어법
③ 주파수 제어법 ④ 직렬 저항 제어법

해설 Chapter 07 – 01
직류기의 속도제어
전압제어, 계자제어, 저항제어

54

동기발전기의 단락비가 1.2이면 이 발전기의 % 동기 임피던스[P·U]는?

① 0.12 ② 0.25 ③ 0.52 ④ 0.83

해설 Chapter 06 – 02
동기기의 단락비

$$k_s \propto \frac{1}{\%Z_s}$$

$$\%Z_s = \frac{1}{1.2} = 0.83$$

55

다음 (　) 안에 옳은 내용을 순서대로 나열한 것은?

> "SCR"에서는 게이트 전류가 흐르면 순방향의 저지 상태에서 (　) 상태로 된다. 게이트전류를 가하여 도통 완료까지의 시간을 (　)시간이라 하고 이 시간이 길면 (　)시의 (　)이 많고 소자가 파괴된다.

① 온(On), 턴온(Turn on), 스위칭, 전력손실
② 온(On), 턴온(Turn on), 전력손실, 스위칭
③ 스위칭, 온(On), 턴온(Turn on), 전력손실
④ 턴온(Turn on), 스위칭, 온(On), 전력손실

해설 Chapter 05 – 04 – (1)
SCR : 위상 제어 방식

56

동기발전기의 안정도를 증진시키기 위한 대책이 아닌 것은?

① 속응 여자 방식을 사용한다.
② 정상 영상 임피던스를 작게 한다.
③ 역상·영상 임피던스를 작게 한다.
④ 회전자의 플라이 휠 효과를 크게 한다.

해설 Chapter 06 – 02
단락비와 안정도

$$P = \frac{EV}{X}\sin\delta$$

안정도 증진 시 정상 임피던스는 작고 역상·영상 임피던스는 커야 한다.

정답 51 ③ 52 ④ 53 ③ 54 ④ 55 ① 56 ③

57

비돌극형 동기발전기 한 상의 단자전압을 V, 유기기전력을 E, 동기리액턴스를 X_s, 부하각이 δ이고 전기자저항을 무시할 때 한상의 최대출력[W]은?

① $\frac{EV}{X_s}$　② $\frac{3EV}{X_s}$

③ $\frac{E^2V}{X_s}\sin\delta$　④ $\frac{EV^2}{X_s}\sin\delta$

해설 Chapter 15 – 03

발전기 한상의 출력

$P=\frac{EV}{X_s}\sin\delta$

58

60[Hz]의 3상 유도전동기를 동일전압으로 50[Hz]에 사용할 때 ㉮ 무부하전류, ㉯ 온도상승, ㉰ 속도는 어떻게 변하겠는가?

① ㉮ $\frac{60}{50}$으로 증가, ㉯ $\frac{60}{50}$으로 증가, ㉰ $\frac{50}{60}$으로 감소

② ㉮ $\frac{60}{50}$으로 증가, ㉯ $\frac{50}{60}$으로 감소, ㉰ $\frac{50}{60}$으로 감소

③ ㉮ $\frac{50}{60}$으로 감소, ㉯ $\frac{60}{50}$으로 증가, ㉰ $\frac{50}{60}$으로 감소

④ ㉮ $\frac{50}{60}$으로 감소, ㉯ $\frac{60}{50}$으로 증가, ㉰ $\frac{60}{50}$으로 증가

해설

변압기 주파수와 철손은 반비례하고 속도와 비례한다.
따라서 철손과 비례관계인 ㉮, ㉯는 증가하고 ㉰는 감소한다.

59

3000/200[V] 변압기의 1차 임피던스가 225[Ω]이면 2차 환산 임피던스는 약 몇 [Ω]인가?

① 1.0　② 1.5

③ 2.1　④ 2.8

해설

변압기 권수비

$a=\frac{V_1}{V_2}=\sqrt{\frac{Z_1}{Z_2}}$

$a=\frac{3000}{200}=15$

$Z_2=\frac{Z_1}{a^2}=\frac{225}{15^2}=1[\Omega]$

60

60[Hz], 1328/230[V]의 단상변압기가 있다. 무부하전류 $I=3\sin\omega t+1.1\sin(3\omega t+a_3)$[A]이다. 지금 위와 똑같은 변압기 3대로 $Y-\Delta$ 결선하여 1차에 2300[V]의 평형전압을 걸고 2차를 무부하로 하면 Δ 회로를 순환하는 전류(실효치)는 약 몇 [A]인가?

① 0.77　② 1.10

③ 4.48　④ 6.35

해설

순환전류는 3고조파이므로

$a=\frac{V_1}{V_2}=\frac{1328}{230}=5.77$

$a=\frac{I_2}{I_1}$

$I_2=aI_1=5.77\times\frac{1.1}{\sqrt{2}}=4.48$[A]

정답 57 ① 58 ① 59 ① 60 ③

제4과목 | 회로이론 · 제어공학

61

다음 블록선도의 전달함수는?

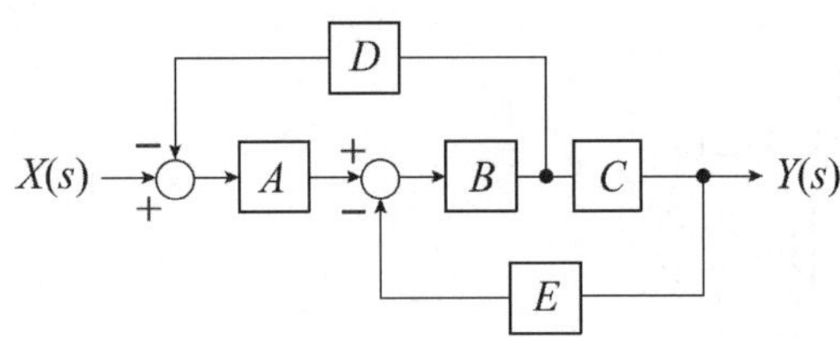

① $\dfrac{Y(s)}{X(s)} = \dfrac{ABC}{1+BCD+ABE}$

② $\dfrac{Y(s)}{X(s)} = \dfrac{ABC}{1+BCD+ABD}$

③ $\dfrac{Y(s)}{X(s)} = \dfrac{ABC}{1+BCE+ABD}$

④ $\dfrac{Y(s)}{X(s)} = \dfrac{ABC}{1+BCE+ABE}$

해설 Chapter 04

블록선도의 전달함수

출력 P=ABC

루프1 $-ABD$

루프2 $-BCE$

$$G(s) = \frac{Y(s)}{X(s)} = \frac{ABC}{1+ABD+BCE}$$

62

주파수 특성의 정수 중 대역폭이 좁으면 좁을수록 이 때의 응답속도는 어떻게 되는가?

① 빨라진다.

② 늦어진다.

③ 빨라졌다 늦어진다.

④ 늦어졌다 빨라진다.

해설

[응답속도]

대역폭이 좁으면 응답속도가 늦어진다.

63

다음 논리회로가 나타내는 식은?

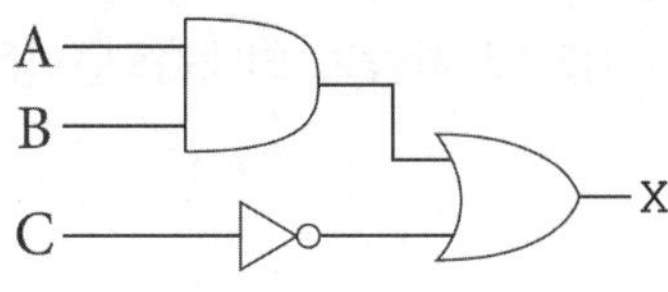

① $X=(A \cdot B)+\overline{C}$

② $X=(\overline{A \cdot B})+C$

③ $X=(\overline{A+B}) \cdot C$

④ $X=(A+B) \cdot \overline{C}$

해설 Chapter 11 – 02

논리시퀀스 회로

$X = AB+\overline{C}$

64

그림과 같은 요소는 제어계의 어떤 요소인가?

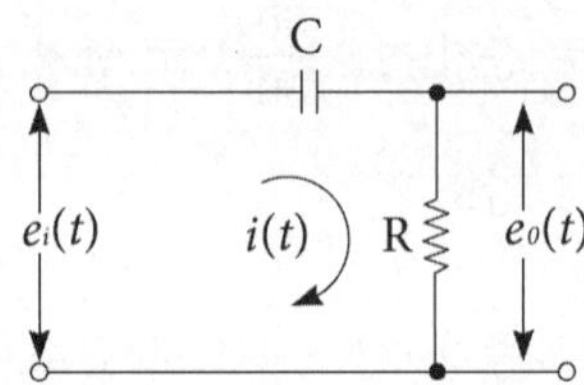

① 적분요소

② 미분요소

③ 1차 지연요소

④ 1차 지연 미분요소

해설 Chapter 01 – 03

제어계의 요소

$$G(s) = \frac{R}{R+\frac{1}{CS}} = \frac{RCs}{1+RCs}$$

$$= \frac{Ts}{1+Ts} \text{(1차 지연 미분요소)}$$

정답 61 ③ 62 ② 63 ① 64 ④

65

상태방정식으로 표시되는 제어계의 천이행렬 $\Phi(t)$는?

$$\dot{X}=\begin{bmatrix}0&1\\0&0\end{bmatrix}X+\begin{bmatrix}0\\1\end{bmatrix}U$$

① $\begin{bmatrix}0&t\\1&1\end{bmatrix}$ ② $\begin{bmatrix}1&1\\0&t\end{bmatrix}$

③ $\begin{bmatrix}1&t\\0&1\end{bmatrix}$ ④ $\begin{bmatrix}0&t\\1&0\end{bmatrix}$

해설 Chapter 10 – 02

천이행렬

$$\phi(t)=\delta^{-1}(sI-A)^{-1}$$

$$=\begin{bmatrix}s&0\\0&s\end{bmatrix}-\begin{bmatrix}0&1\\0&0\end{bmatrix}=\begin{bmatrix}s&-1\\0&s\end{bmatrix}^{-1}$$

$$=\frac{1}{s^2}\begin{bmatrix}s&1\\0&s\end{bmatrix}$$

$$=\begin{bmatrix}\frac{1}{s}&\frac{1}{s^2}\\0&\frac{1}{s}\end{bmatrix}\rightarrow\begin{bmatrix}1&t\\0&1\end{bmatrix}$$

66

제어장치가 제어대상에 가하는 제어신호로 제어장치의 출력인 동시에 제어대상의 입력인 신호는?

① 목표값 ② 조작량

③ 제어량 ④ 동작신호

해설 Chapter 01 – 02

자동제어계의 분류

67

제어기에서 적분제어의 영향으로 가장 적합한 것은?

① 대역폭이 증가한다.

② 응답 속응성을 개선한다.

③ 작동오차의 변화율에 반응하여 동작한다.

④ 정상상태의 오차를 줄이는 효과를 갖는다.

해설 Chapter 01 – 03

적분제어

오프셋(잔류편차)을 소멸시킨다.

68

$G(j\omega)=\dfrac{1}{j\omega T+1}$의 크기와 위상각은?

① $G(j\omega)=\sqrt{\omega^2T^2+1}\angle\tan^{-1}\omega T$

② $G(j\omega)=\sqrt{\omega^2T^2+1}\angle-\tan^{-1}\omega T$

③ $G(j\omega)=\dfrac{1}{\sqrt{\omega^2T^2+1}}\angle\tan^{-1}\omega T$

④ $G(j\omega)=\dfrac{1}{\sqrt{\omega^2T^2+1}}\angle-\tan^{-1}\omega T$

해설

$$G(s)=\frac{1\angle 0^\circ}{\sqrt{(\omega T)^2+1^2}\angle\tan^{-1}\frac{\omega T}{1}}$$

$$=\frac{1}{\sqrt{\omega^2T^2+1}}\angle-\tan^{-1}\omega T$$

69

Routh 안정판별표에서 수열의 제1열이 다음과 같을 때 이 계통의 특성 방정식에 양의 실수부를 갖는 근이 몇 개인가?

1
2
-1
3
1

① 전혀 없다.

② 1개 있다.

③ 2개 있다.

④ 3개 있다.

해설 Chapter 08

1열의 부호가 2번 변하므로 불안전한근 (양의 실수부)이 2개

정답 65 ③ 66 ② 67 ④ 68 ④ 69 ③

70

특성 방정식 $s^5+2s^4+2s^3+3s^2+4s+1$을 Routh-Hurwitz 판별법으로 분석한 결과로 옳은 것은?

① s평면의 우반면에 근이 존재하지 않기 때문에 안정한 시스템이다.
② s평면의 우반면에 근이 1개 존재하기 때문에 불안정한 시스템이다.
③ s평면의 우반면에 근이 2개 존재하기 때문에 불안정한 시스템이다.
④ s평면의 우반면에 근이 3개 존재하기 때문에 불안정한 시스템이다.

해설 Chapter 08

안정도

s^5	1	2	4
s^4	2	3	1
s^3	$\frac{1}{2}$	$\frac{7}{2}$	
s^2	−11	1	
s^1	$\frac{39}{11}$		
s^0	1		

1열의 부호가 2번 바뀌었으므로 우반면에 근이 2개 존재한다.
불안정 시스템

71

회로에서의 전류 방향을 옳게 나타낸 것은?

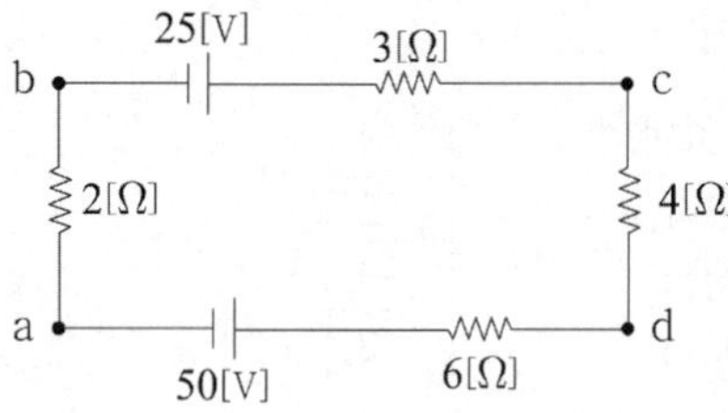

① 알 수 없다. ② 시계방향이다.
③ 흐르지 않는다. ④ 반시계방향이다.

해설

전류는 전위가 높은 곳에서 낮은 곳으로 향한다.

72

입력신호 $x(t)$와 출력신호 $y(t)$의 관계가 다음과 같을 때 전달함수는?

$$\frac{d^2}{dt^2}y(t)+5\frac{d}{dt}y(t)+6y(t)=x(t)$$

① $\frac{1}{(s+2)(s+3)}$
② $\frac{s+1}{(s+2)(s+3)}$
③ $\frac{s+4}{(s+2)(s+3)}$
④ $\frac{s}{(s+2)(s+3)}$

해설 Chapter 15

전달함수

$$\frac{d^2}{dt^2}y(t)+5\frac{d}{dt}y(t)+6y(t)=x(t)$$

$$s^2Y(s)+5sY(s)+6Y(s)=X(s)$$

$$(s^2+5s+6)Y(s)=X(s)$$

$$G(s)=\frac{Y(s)}{X(s)}=\frac{1}{s^2+5s+6}$$

$$=\frac{1}{(s+2)(s+3)}$$

73

회로에서 10[mH]의 인덕턴스에 흐르는 전류는 일반적으로 $i(t)=A+Be^{-at}$로 표시된다. a의 값은?

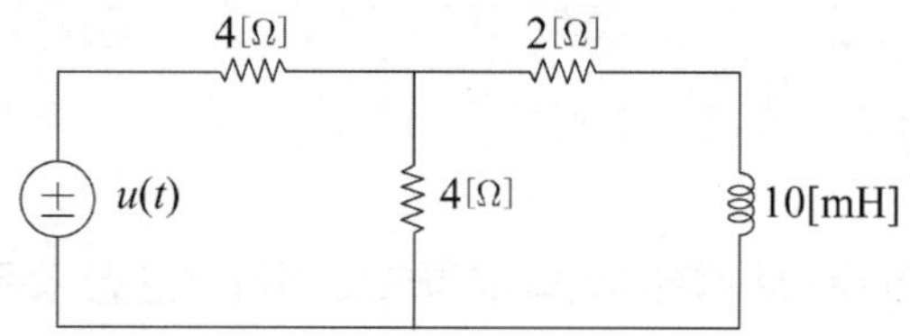

① 100 ② 200
③ 400 ④ 500

정답 70 ③ 71 ④ 72 ① 73 ③

74

RL 직렬회로에서 $e = 100\sin(120\pi t)$[V]의 전압을 인가하여 $i = 2\sin(120\pi t - 45°)$[A]의 전류가 흐르도록 하려면 저항은 몇 [Ω]인가?

① 25.0 ② 35.4
③ 50.0 ④ 70.7

해설 Chapter 02 – 04

R–L 직렬회로

$$Z = \frac{V}{I} = \frac{V_m}{I_m} = \frac{100\angle 0°}{2\angle -45°}$$
$$= 50\angle 45°$$
$$= 50(\cos 45° + j\sin 45°)$$
$$= 25\sqrt{2} + j25\sqrt{2}$$
$$= 35.4 + j35.4$$

그러므로 $R = 35.4[\Omega]$, $X_L = 35.4[\Omega]$

75

3상 Δ 부하에서 각 선전류를 I_a, I_b, I_c라 하면 전류의 영상분[A]은?(단, 회로는 평형 상태이다.)

① ∞ ② 1
③ $\frac{1}{3}$ ④ 0

해설 Chapter 07 – 01 – (2)

Δ결선(비 접지식)
전류의 영상분은 0이다.

76

정현파 교류전원 $e = E_m\sin(\omega t + \theta)$[V]가 인가된 RLC직렬회로에 있어서 $\omega L > \frac{1}{\omega C}$일 경우, 이 회로에 흐르는 전류 I[A]의 위상은 인가전압 e[V]의 위상보다 어떻게 되는가?

① $\tan^{-1}\dfrac{\omega L - \frac{1}{\omega C}}{R}$ 앞선다.

② $\tan^{-1}\dfrac{\omega L - \frac{1}{\omega C}}{R}$ 뒤진다.

③ $\tan^{-1}R(\frac{1}{\omega L} - \omega C)$ 앞선다.

④ $\tan^{-1}R(\frac{1}{\omega L} - \omega C)$ 뒤진다.

해설 Chapter 02 – 06

RLC 직렬회로

$$Z = Z_1 + Z_2 + Z_3 = R + j(\omega L - \frac{1}{\omega C})$$
$$= \sqrt{R^2 + (\omega L - \frac{1}{\omega C})^2}\angle\tan^{-1}\frac{\omega L - \frac{1}{\omega C}}{R}$$

77

그림과 같은 $R-C$ 병렬회로에서 전원전압이 $e(t) = 3e^{-5t}$인 경우 이 회로의 임피던스는?

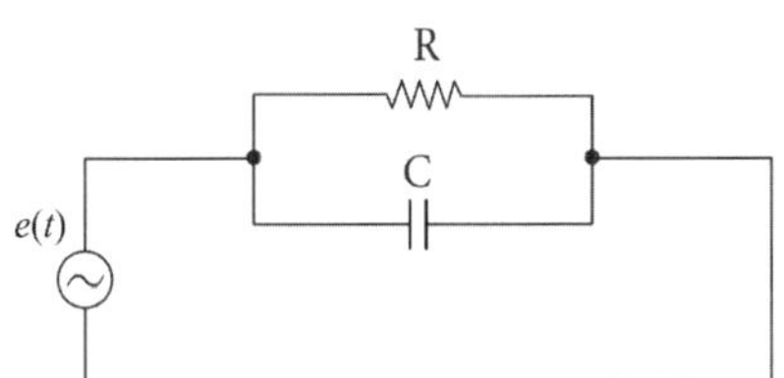

① $\dfrac{j\omega RC}{1 + j\omega RC}$ ② $\dfrac{R}{1 - 5RC}$

③ $\dfrac{R}{1 + RCs}$ ④ $\dfrac{1 + j\omega RC}{R}$

해설

$e(t) = 3e^{-5t}$

$$Z = \frac{Z_1 \cdot Z_2}{Z_1 + Z_2} = \frac{R \times \frac{1}{j\omega C}}{R + \frac{1}{j\omega C}} = \frac{R}{j\omega CR + 1}$$
$$= \frac{R}{1 - 5CR}$$

정답 74 ② 75 ④ 76 ② 77 ②

기출문제 ✦ 2017년 3회

78

분포정수 선로에서 위상정수를 β[rad/m]라 할 때 파장은?

① $2\pi\beta$ ② $\frac{2\pi}{\beta}$

③ $4\pi\beta$ ④ $\frac{4\pi}{\beta}$

해설 Chapter 12

분포정수 회로 파장

$$\lambda = \frac{2\pi}{\beta}$$

79

성형(Y)결선의 부하가 있다. 선간전압 300[V]의 3상 교류를 가했을 때 선전류가 40[A]이고, 역률이 0.8이라면 리액턴스는 약 몇 [Ω]인가?

① 1.66 ② 2.60

③ 3.56 ④ 4.33

해설 Chapter 07 – 01

Y결선

$$Z = \frac{V_p}{I_p} = \frac{\frac{300}{\sqrt{3}}}{40} = 4.33[\Omega]$$

$$R = Z \times \cos\theta = 4.33 \times 0.8$$

$$X = Z \times \sin\theta = 4.33 \times 0.6 = 2.6[\Omega]$$

80

그림의 회로에서 합성 인덕턴스는?

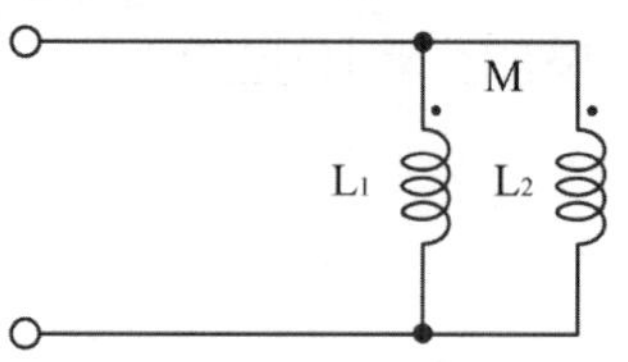

① $\frac{L_1L_2 - M^2}{L_1 + L_2 - 2M}$

② $\frac{L_1L_2 + M^2}{L_1 + L_2 - 2M}$

③ $\frac{L_1L_2 - M^2}{L_1 + L_2 + 2M}$

④ $\frac{L_1L_2 + M^2}{L_1 + L_2 + 2M}$

해설 Chapter 04 – 02

인덕턴스의 병렬연결

$$L = \frac{L_1L_2 - M^2}{L_1 + L_2 - 2M}[\text{H}]$$

정답 78 ② 79 ② 80 ①

제5과목 | 전기설비기술기준

81

가공전선로에 사용하는 지지물의 강도 계산 시 구성재의 수직 투영면적 1[m^2]에 대한 풍압을 기초로 적용하는 갑종풍압하중 값의 기준으로 틀린 것은?

① 목주 : 588[Pa]
② 원형 철주 : 588[Pa]
③ 철근콘크리트주 : 1117[Pa]
④ 강관으로 구성된 철탑(단주는 제외) : 1255[Pa]

해설 Chapter 03 – 01
갑종풍압하중
철근콘크리트주 : 588[Pa]

82

최대 사용전압 7[kV] 이하 전로의 절연내력을 시험할 때 시험전압을 연속하여 몇 분간 가하였을 때 이에 견디어야 하는가?

① 5분 ② 10분
③ 15분 ④ 30분

해설 Chapter 01 – 11
절연내력시험
시험전압을 연속하여 10분간 가한다.

구분		배수	최저전압
비접지식	7,000[V] 이하	최대사용전압 × 1.5배	500[V]
	7,000[V] 초과	최대사용전압 × 1.25배	10,500[V]
중성점 접지식	60,000[V] 초과	최대사용전압 × 1.1배	75,000[V]
중성점 다중접지식	7,000[V] 초과 25,000[V] 이하	최대사용전압 × 0.92배	×
중성점 직접접지식	170,000[V] 이하	최대사용전압 × 0.72배	×
	170,000[V] 넘는 구내에서만 적용	최대사용전압 × 0.64배	×

83

고압 인입선 시설에 대한 설명으로 틀린 것은?

① 15[m] 떨어진 다른 수용가에 고압 연접 인입선을 시설하였다.
② 전선은 5[mm] 경동선과 동등한 세기의 고압 절연전선을 사용하였다.
③ 고압 가공인입선 아래에 위험표시를 하고 지표상 3.5[m]의 높이에 설치하였다.
④ 횡단보도교 위에 시설하는 경우 케이블을 사용하여 노면상에서 3.5[m]의 높이에 시설하였다.

해설 Chapter 01 – 05
연접 인입선 : 한 수용장소의 인입구에서 분기하여 다른 지지물을 거치지 않고 다른 수용장소 인입구에 이르는 전선
연접 인입선의 시설기준
고압의 경우 연접 인입선은 시설이 불가능하다.

84

공통접지공사 적용시 상도체의 단면적이 16[mm^2]인 경우 보호도체(PE)에 적합한 단면적은?(단, 보호도체의 재질이 상도체와 같은 경우)

① 4 ② 6 ③ 10 ④ 16

해설 Chapter 01 – 12 – (7)
16[mm^2] 이하인 경우 보호도체의 재질이 상도체와 같은 경우 그 굵기가 같다.

85

절연유의 구외 유출방지 설비를 하여야 하는 변압기의 사용전압은 몇 [kV] 이상인가?

① 10 ② 50 ③ 100 ④ 150

해설 Chapter 02 – 10
절연유의 구외 유출방지 설비는 사용전압이 100[kV] 이상일 때 시설한다.

정답 81 ③ 82 ② 83 ① 84 ④ 85 ③

86

일반 변전소 또는 이에 준하는 곳의 주요 변압기에 반드시 시설하여야 하는 계측장치가 아닌 것은?

① 주파수 ② 전압 ③ 전류 ④ 전력

해설 Chapter 02 – 06

계측장치

전압계, 전류계, 전력계, 온도계

87

345[kV] 가공전선이 154[kV] 가공전선과 교차하는 경우 이들 양 전선 상호간의 이격거리는 몇 [m] 이상이어야 하는가?

① 4.48 ② 4.96 ③ 5.48 ④ 5.82

해설 Chapter 03 – 13

가공전선과 가공전선 이격거리

60[kV] 초과시 $2+(x-6)\times 0.12$

$2+(34.5-6)\times 0.12=5.48[\text{m}]$

88

애자사용공사에 의한 저압 옥내배선을 시설할 때 전선의 지지점 간의 거리는 전선을 조영재의 윗면 또는 옆면에 따라 붙일 경우 몇 [m] 이하인가?

① 1.5 ② 2 ③ 2.5 ④ 3

해설 Chapter 05 – 05

애자사용공사

조영재를 따라 지지시 2[m] 이하

89

고압 가공전선으로 경동선을 사용하는 경우 안전율은 얼마 이상이 되는 이도(弛度)로 시설하여야 하는가?

① 2.0 ② 2.2 ③ 2.5 ④ 4.0

해설 Chapter 03 – 06 – (1)

전선의 안전율

경동선, 내열동 합금선 : 2.2

기타 : 2.5 이상

90

백열전등 또는 방전등에 전기를 공급하는 옥내전로의 대지전압을 몇 [V] 이하인가?

① 120 ② 150 ③ 200 ④ 300

해설 Chapter 05

전등회로

대지전압 300[V] 이하

91

특수장소에 시설하는 전선로의 기준으로 틀린 것은?

① 교량의 윗면에 시설하는 저압전선로는 교량 노면상 5[m] 이상으로 할 것
② 교량에 시설하는 고압전선로에서 전선과 조영재 사이의 이격거리는 20[cm] 이상일 것
③ 저압전선로와 고압전선로를 같은 벼랑에 시설하는 경우 고압전선과 저압전선 사이의 이격거리는 50[cm] 이상일 것
④ 벼랑과 같은 수직부분에 시설하는 전선로는 부득이한 경우에 시설하며, 이때 전선의 지지점간의 거리는 15[m] 이하로 할 것

해설

전선과 조영재와의 이격거리는 0.3[cm] 이상일 것

92

고압 옥내배선의 시설 공사로 할 수 없는 것은?

① 케이블 공사
② 가요전선관 공사
③ 케이블 트레이 공사
④ 애자사용 공사(건조한 장소로서 전개된 장소)

정답 86 ① 87 ③ 88 ② 89 ② 90 ④ 91 ② 92 ②

해설 Chapter 05 – 04
옥내배선공사
고압 : 애자, 케이블, 케이블 트레이 공사

93

사용전압 154[kV]의 특고압 가공전선로를 시가지에 시설하는 경우 지표상 몇 [m] 이상에 시설하여야 하는가?

① 7 ② 8 ③ 9.44 ④ 11.44

해설 Chapter 03 – 06 – (3)
가공전선의 높이
시가지 시설시 35[kV] 초과시
$10(8)+(x-3.5)\times 0.12$
$10+(15.4-3.5)\times 0.12=11.44$

94

가공전선로 지지물 기초의 안전율은 일반적으로 얼마 이상인가?

① 1.5 ② 2 ③ 2.2 ④ 2.5

해설 Chapter 03 – 02
지지물의 기초 안전률 2**(이상시 상정하중에 대한 철탑 : 1.33)**
※ 지지물 : 목주, 철주, 철근 콘크리트주, 철탑 시설물로서 전선, 약전류 전선을 지지해주는 시설물을 말한다.

95

"지중관로"에 대한 정의로 가장 옳은 것은?

① 지중전선로·지중 약전류 전선로와 지중매설지선 등을 말한다.
② 지중전선로·지중 약전류 전선로와 복합케이블선로·기타 이와 유사한 것 및 이들에 부속되는 지중함을 말한다.
③ 지중전선로·지중 약전류 전선로·지중에 시설하는 수관 및 가스관과 지중매설지선을 말한다.
④ 지중전선로·지중 약전류 전선로·지중 광섬유 케이블 선로·지중에 시설하는 수관 및 가스관과 기타 이와 유사한 것 및 이들에 부속하는 지중함 등을 말한다.

해설 Chapter 01 – 03 – (11)
지중관로
지중전선로·지중 약전류 전선로·지중 광섬유 케이블 선로·지중에 시설하는 수관 및 가스관과 기타 이와 유사한 것 및 이들에 부속하는 지중함 등을 말한다.

96

가공 전선로의 지지물에 시설하는 지선의 시설기준으로 옳은 것은?

① 지선의 안전율은 1.2 이상일 것
② 소선은 최소 5가닥 이상의 연선일 것
③ 도로를 횡단하여 시설하는 지선의 높이는 일반적으로 지표상 5[m] 이상으로 할 것
④ 지중부분 및 지표상 60[cm]까지의 부분은 아연도금을 한 철봉 등 부식하기 어려운 재료를 사용할 것

해설 Chapter 02 – 03
지선의 시설기준
지선이 도로를 횡단하는 경우 5[m] 이상, 단, 교통에 지장이 없는 도로 **4.5[m]**
1) 안 전 율 : **(2.5)** (목주 및 A종지지물 : 1.5)
2) 인장하중 : **(4.31)**[KN] = **(440)**[Kg]
3) 소 선 수 : **(3)**가닥 이상의 연선
4) 금 속 선 : **(2.6)**[mm] 이상
5) 지중 및 지표상 **(30)[cm]**까지 내식성이 있거나 아연도금봉 사용

※ 한국전기설비규정(KEC) 개정에 따라 삭제된 문제가 있어 100문항이 되지 않습니다.

정답 93 ④ 94 ② 95 ④ 96 ③

2018년 1회 기출문제

제1과목 | 전기자기학

01

평면도체 표면에서 r[m]의 거리에 점전하 Q[C]이 있을 때 이 전하를 무한원까지 운반하는 데 필요한 일은 몇 [J]인가?

① $\frac{Q^2}{4\pi\varepsilon_0 r}$　② $\frac{Q^2}{8\pi\varepsilon_0 r}$

③ $\frac{Q^2}{16\pi\varepsilon_0 r}$　④ $\frac{Q^2}{32\pi\varepsilon_0 r}$

해설 Chapter 05 – 01

전기영상법에 의해 전하를 무한원까지 운반하는 데 필요한 일(에너지)은

$$W = Fr = \frac{Q^2}{16\pi\varepsilon_0 r^2} \times r = \frac{Q^2}{16\pi\varepsilon_0 r}[J]$$

02

역자성체에서 비투자율(μ_s)은 어느 값을 갖는가?

① $\mu_s = 1$　② $\mu_s < 1$

③ $\mu_s > 1$　④ $\mu_s = 0$

해설 Chapter 08 – 07

강자성체 : $\mu_s \gg 1$, 상자성체 : $\mu_s > 1$,

역자성체(반자성체) : $\mu_s < 1$

03

비유전율 ε_{r1}, ε_{r2}인 두 유전체가 나란히 무한평면으로 접하고 있고, 이 경계면에 평행으로 유전체의 비유전율 ε_{r1} 내에 경계면으로부터 d[m]인 위치에 선전하 밀도 ρ[C/m]인 선상전하가 있을 때, 이 선전하와 유전체 ε_{r2}간의 단위 길이당의 작용력은 몇 [N/m]인가?

① $9 \times 10^9 \times \frac{\rho^2}{\varepsilon_{r2} d} \times \frac{\varepsilon_{r1} + \varepsilon_{r2}}{\varepsilon_{r1} - \varepsilon_{r2}}$

② $2.25 \times 10^9 \times \frac{\rho^2}{\varepsilon_{r2} d} \times \frac{\varepsilon_{r1} - \varepsilon_{r2}}{\varepsilon_{r1} + \varepsilon_{r2}}$

③ $9 \times 10^9 \times \frac{\rho^2}{\varepsilon_{r2} d} \times \frac{\varepsilon_{r1} - \varepsilon_{r2}}{\varepsilon_{r1} + \varepsilon_{r2}}$

④ $2.25 \times 10^9 \times \frac{\rho^2}{\varepsilon_{r1} d} \times \frac{\varepsilon_{r1} - \varepsilon_{r2}}{\varepsilon_{r1} + \varepsilon_{r2}}$

해설 Chapter 04

경계면에 두 매질 ε_{r1}, ε_{r2}에 무한평면에서 선전하가 거리 d[m] 떨어진 위치에 선전하 밀도 ρ[C/m]일 때 작용력 힘 $F = \frac{\rho^2}{4\pi\varepsilon_0\varepsilon_{r1} d}$[N/m]이다. 여기에 전기영상법의 매질 값을 넣으면

$$F = \frac{\rho^2}{4\pi\varepsilon_0\varepsilon_{r1} d} \times \frac{\varepsilon_{r1} - \varepsilon_{r2}}{\varepsilon_{r1} + \varepsilon_{r2}}$$

$$= 9 \times 10^9 \times \frac{\rho^2}{\varepsilon_{r1} d} \times \frac{\varepsilon_{r1} - \varepsilon_{r2}}{\varepsilon_{r1} + \varepsilon_{r2}}\text{[N/m]이다.}$$

04

점전하에 의한 전계는 쿨롱의 법칙을 사용하면 되지만 분포되어 있는 전하에 의한 전계를 구할 때는 무엇을 이용하는가?

① 렌츠의 법칙

② 가우스의 정리

③ 라플라스 방정식

④ 스토크스의 정리

해설 Chapter 02

가우스의 정리 : 전계와 전하와의 상관 관계를 알 수 있으며 전계의 세기를 구하는 정리이다.

정답 01 ③ 02 ② 03 ③ 04 ②

05

패러데이관(Faraday tube)의 성질에 대한 설명으로 틀린 것은?

① 패러데이관 중에 있는 전속수는 그 관속에 진전하가 없으면 일정하며 연속적이다.
② 패러데이관의 양단에는 양 또는 음의 단위 진전하가 존재하고 있다.
③ 패러데이관 한 개의 단위 전위차 당 보유에너지는 1/2[J]이다.
④ 패러데이관의 밀도는 전속밀도와 같지 않다.

해설 Chapter 04 – 05
패러데이관의 성질
① 패러데이관 수는 전속 수와 같다.
② 패러데이관 밀도는 전속밀도와 같다.
③ 진전하가 없는 곳은 일정하며 연속이다.
④ 관 양단에 양 또는 음의 단위 진전하가 존재한다.
⑤ 패러데이관 한 개의 단위 전위차 당 보유에너지는 1/2[J]이다.

06

공기 중에 있는 지름 6[cm]인 단일 도체구의 정전용량은 몇 [pF]인가?

① 0.34 ② 0.67
③ 3.34 ④ 6.71

해설 Chapter 03 – 04
공기 중의 단일 도체구의 정전용량
$C = 4\pi\varepsilon_0 a$[F]이며 지름이 6[cm]이므로
반지름은 3[cm]이다.
그러므로

$$C = 4\pi\varepsilon_0 a = \frac{a}{9\times10^9} = \frac{3\times10^{-2}}{9\times10^9}$$
$$= 0.333\times10^{-11}$$
$$= 3.3\times10^{-12}[\text{F}]$$

07

유전율이 ε_1, ε_2[F/m]인 유전체 경계면에 단위면적당 작용하는 힘은 몇 [N/m^2]인가?(단, 전계가 경계면에 수직인 경우이며, 두 유전체의 전속밀도 $D_1 = D_2 = D$이다.)

① $2\left(\frac{1}{\varepsilon_1} - \frac{1}{\varepsilon_2}\right)D^2$ ② $2\left(\frac{1}{\varepsilon_1} + \frac{1}{\varepsilon_2}\right)D^2$
③ $\frac{1}{2}\left(\frac{1}{\varepsilon_1} + \frac{1}{\varepsilon_2}\right)D^2$ ④ $\frac{1}{2}\left(\frac{1}{\varepsilon_2} - \frac{1}{\varepsilon_1}\right)D^2$

해설 Chapter 04 – 02 – (6)
경계면에 수직인 경우의 단위 면적당 작용하는 힘
$F = \frac{D^2}{2\varepsilon}$[N/m^2]이다.
두 유전율의 크기가 없으므로 힘의 공식 유형으로 되어 있는 것은
$F = \frac{1}{2}\left(\frac{1}{\varepsilon_2} - \frac{1}{\varepsilon_1}\right)D^2$이다.

08

진공 중에 균일하게 대전된 반지름 a[m]인 선전하 밀도 λ_l[C/m]의 원환이 있을 때, 그 중심으로부터 중심축상 x[m]의 거리에 있는 점의 전계의 세기는 몇 [V/m]인가?

① $\dfrac{a\lambda_l x}{2\varepsilon_0(a^2+x^2)^{\frac{3}{2}}}$ ② $\dfrac{a\lambda_l x}{\varepsilon_0(a^2+x^2)^{\frac{3}{2}}}$
③ $\dfrac{a\lambda_l x}{2\varepsilon_0(a^2+x^2)}$ ④ $\dfrac{a\lambda_l x}{\varepsilon_0(a^2+x^2)}$

해설 Chapter 02
반지름 a[m]인 선전하 밀도 λ_l[C/m]인 원환의 중심에서 x[m]만큼 떨어진 지점의 전계의 세기는

$$E = \frac{a\lambda_l x}{2\varepsilon_0(a^2+x^2)^{\frac{3}{2}}}[\text{V/m}]$$

정답 05 ④ 06 ③ 07 ④ 08 ①

09

내압 1000V 정전용량 1[μF], 내압 750[V], 정전용량 2[μF], 내압 500[V], 정전용량 5[μF]인 콘덴서 3개를 직렬로 접속하고 인가전압을 서서히 높이면 최초로 파괴되는 콘덴서는?

① 1[μF] ② 2[μF]
③ 5[μF] ④ 동시에 파괴된다.

해설 Chapter 03 – 03

콘덴서 직렬 연결 후 전압을 서서히 증가시 최초 파괴 콘덴서는 $Q=CV$[C]값이 작은 것부터 최초 파괴한다.

$Q_1 = C_1V_1 = 1\times10^{-6}\times1000 = 1000[\mu C]$

$Q_2 = C_2V_2 = 2\times10^{-6}\times750 = 1500[\mu C]$

$Q_3 = C_3V_3 = 5\times10^{-6}\times500 = 2500[\mu C]$

그러므로 1[μF]이 최초 파괴된다.

10

내부장치 또는 공간을 물질로 포위시켜 외부자계의 영향을 차폐시키는 방식을 자기차폐라 한다. 다음 중 자기차폐에 가장 좋은 것은?

① 비투자율이 1보다 작은 역자성체
② 강자성체 중에서 비투자율이 큰 물질
③ 강자성체 중에서 비투자율이 작은 물질
④ 비투자율에 관계없이 물질의 두께에만 관계되므로 되도록 두꺼운 물질

해설 Chapter 08

자기차폐는 내부장치 또는 공간을 물질로 포위시켜 외부 자계의 영향을 차폐시키는 방식으로서 강자성체 중에서 비투자율이 큰 물질을 사용한다.

11

40[V/m]인 전계 내의 50[V]되는 점에서 1[C]의 전하가 전계 방향으로 80[cm] 이동하였을 때, 그 점의 전위는 몇 [V]인가?

① 18 ② 22
③ 35 ④ 65

해설 Chapter 02 – 05 – (3)

임의의 한점에서 전계 방향으로 이동했을 때 그 점의 전위는

$V_B = V_A - Ed = 50 - 40\times0.8 = 50 - 32$

$= 18[V]$

12

그림과 같이 반지름 a[m]의 한번 감긴 원형코일이 균일한 자속밀도 B[Wb/m^2]인 자계에 놓여 있다. 지금 코일 면을 자계와 나란하게 전류 I[A]를 흘리면 원형코일이 자계로부터 받는 회전 모멘트는 몇 [N·m/rad]인가?

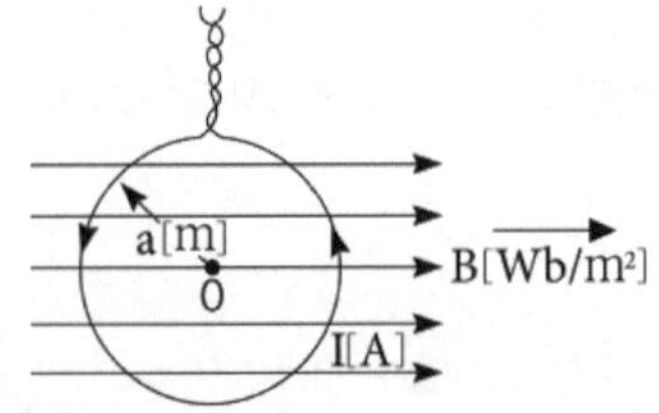

① πaBI
② $2\pi aBI$
③ πa^2BI
④ $2\pi a^2BI$

해설 Chapter 07 – 08 – (2)

평판코일의 자계로부터 받는 회전력 토크는

$T = NBSI\cos\theta$[Nm/rad]이다.

이때 권수 N=1, 자계와 나란하게 전류가 흐르므로

$\cos0^\circ = 1$,

원형코일이므로 원면적 $S=\pi r^2$[m^2]을 적용하면

토크 $T = NBSI\cos\theta = 1\times B\times\pi a^2\times I\times1$

$= \pi a^2BI$[Nm/rad]

정답 09 ① 10 ② 11 ① 12 ③

13

다음 조건들 중 초전도체에 부합되는 것은?(단, μ_r은 비투자율, x_m은 비자화율, B는 자속밀도이며 작동온도는 임계온도 이하라 한다.)

① $\chi_m=-1,\ \mu_0=0,\ B=0$

② $\chi_m=0,\ \mu_0=0,\ B=0$

③ $\chi_m=1,\ \mu_0=0,\ B=0$

④ $\chi_m=-1,\ \mu_0=1,\ B=0$

해설 Chapter 08

초전도체 비투자율 $\mu_r=0$, 비자화율 $\chi_m=-1$, 자속밀도 B=0인 상태일 때 초전도체의 부합조건이 된다.

14

x=0인 무한평면을 경계면으로 하여 x<0인 영역에는 비유전율 ε_{r1}=2, x>0인 영역에는 ε_{r2}=4인 유전체가 있다. ε_{r1}인 유전체내에서 전계 $E_1=20a_x-10a_y+5a_z$[V/m]일 때 x>0인 영역에 있는 ε_{r2}인 유전체 내에서 전속밀도 D_2[C/m^2]는?(단, 경계면상에는 자유전하가 없다고 한다.)

① $D_2=\varepsilon_0(20a_x-40a_y+5a_z)$

② $D_2=\varepsilon_0(40a_x-40a_y+20a_z)$

③ $D_2=\varepsilon_0(80a_x-20a_y+10a_z)$

④ $D_2=\varepsilon_0(40a_x-20a_y+20a_z)$

해설 Chapter 04

경계조건에서 $x<0$인 영역에서 비유전율 $\varepsilon_{r1}=2$, $x>0$인 영역에서 $\varepsilon_{r2}=4$이고 이때 전계 $E_1=20a_x-10a_y+5a_z$[V/m]이다.

두 경계면의 전계는 유전율에 반비례하며 x축에 대한 변화이므로

$$\frac{E_2}{E_1}=\frac{\varepsilon_1}{\varepsilon_2},\ E_2=\frac{20\times 2}{4}a_x-10a_y+5a_z$$

$=10a_x-10a_y+5a_z$이므로

$$D_2=\varepsilon_0\varepsilon_{r2}E_2=\varepsilon_0\times 4(10a_x-10a_y+5a_z)$$
$$=\varepsilon_0\times(40a_x-40a_y+20a_z)\text{[C/m}^2\text{]}$$ 이다.

15

평면파 전파가 $E=30\cos(10^9t+20z)j$ [V/m]로 주어졌다면 이 전자파의 위상속도는 몇 [m/s]인가?

① 5×10^7 ② $\frac{1}{3}\times10^8$

③ 10^9 ④ $\frac{2}{3}$

해설 Chapter 11 - 03

전자파의 위상속도

$$v=\lambda f=\frac{2\pi}{\beta}f=\frac{\omega}{\beta}=\frac{10^9}{20}=5\times10^7\text{[m/s]}$$

16

자속밀도 10[Wb/m^2] 자계 중에 10[cm] 도체를 자계와 30°의 각도로 30[m/s]로 움직일 때, 도체에 유기되는 기전력은 몇 [V]인가?

① 15 ② $15\sqrt{3}$

③ 1500 ④ $1500\sqrt{3}$

해설 Chapter 07 - 09 - (4)

플레밍의 오른손 법칙의 유기기전력

$$e=vBl\sin\theta=30\times10\times0.1\times\sin30°$$
$$=30\times\frac{1}{2}$$
$$=15\text{[V]}$$

17

그림과 같이 단면적 S=10[cm^2], 자로의 길이 $L=20\pi$[cm], 비투자율 μ_s=1000인 철심에 $N_1=N_2=100$인 두 코일을 감았다. 두 코일 사이의 상호 인덕턴스는 몇 [mH]인가?

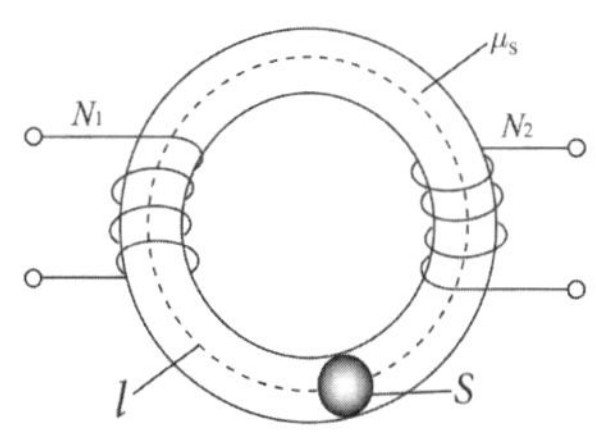

정답 13 ① 14 ② 15 ① 16 ① 17 ④

① 0.1　　② 1
③ 2　　④ 20

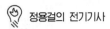

해설 Chapter 10 – 02 – (3)

환상솔레노이드의 상호 인덕턴스는

$$M = \frac{\mu S N_1 N_2}{l} = \frac{\mu_0 \mu_s S N_1 N_2}{l}$$

$$= \frac{4\pi \times 10^{-7} \times 100 \times 10 \times 10^{-4} \times 100 \times 100}{20\pi \times 10^{-2}} \times 10^3$$

$$= 20[\text{mH}]$$

18

1[μA]의 전류가 흐르고 있을 때, 1초 동안 통과하는 전자수는 약 몇 개인가?
(단, 전자 1개의 전하는 1.602×10^{-19}[C]이다.)

① 6.24×10^{10}
② 6.24×10^{11}
③ 6.24×10^{12}
④ 6.24×10^{13}

해설 Chapter 06 – 01

전하 $Q = ne = It$[C]에서 전자의 수

$$n = \frac{It}{e} = \frac{1 \times 10^{-6} \times 1}{1.602 \times 10^{-19}} = 6.24 \times 10^{12}[\text{개}]$$

19

균일하게 원형단면을 흐르는 전류 I[A]에 의한, 반지름 a[m], 길이 l[m], 비투자율 μ_s 인 원통도체의 내부 인덕턴스는 몇 [H]인가?

① $10^{-7}\mu_s \ell$　　② $3\mu_s 10^{-7}\mu_s \ell$
③ $\frac{1}{4a}\mu_s 10^{-7}\mu_s \ell$　　④ $\frac{1}{2}\mu_s 10^{-7}\mu_s \ell$

해설 Chapter 10 – 02 – (4)

원통도체의 내부 인덕턴스는

$L = \frac{\mu l}{8\pi}$[H]이므로

$$L = \frac{\mu_0 \mu_s l}{8\pi} = \frac{4\pi \times 10^{-7} \times \mu_s l}{8\pi}$$

$$= \frac{1}{2}\mu_s 10^{-7}\mu_s l[\text{H}]$$

20

한 변의 길이가 10[cm]인 정사각형 회로에 직류전류 10[A]가 흐를 때, 정사각형의 중심에서의 자계 세기는 몇 [A/m]인가?

① $\frac{100\sqrt{2}}{\pi}$　　② $\frac{200\sqrt{2}}{\pi}$
③ $\frac{300\sqrt{2}}{\pi}$　　④ $\frac{400\sqrt{2}}{\pi}$

해설 Chapter 07 – 02 – (7)

정사각형의 중심 자계

$$H = \frac{2\sqrt{2}\,I}{\pi l} = \frac{2\sqrt{2} \times 10}{\pi \times 10 \times 10^{-2}}$$

$$= \frac{200\sqrt{2}}{\pi}[\text{A/m}]$$

정답 18 ③　19 ④　20 ②

제2과목 | 전력공학

21

송전선에서 재폐로 방식을 사용하는 목적은?

① 역률 개선 ② 안정도 증진
③ 유도장해의 경감 ④ 코로나 발생방지

해설 Chapter 06 – 01 – (3)
안정도 향상 대책
1) 계통의 리액턴스를 작게 한다.
2) 전압변동을 작게 한다.
3) 계통에 주는 충격을 작게 한다. (재폐로 방식의 채용)
4) 고장에 따른 전력변동의 억제

22

설비용량이 360[kW], 수용률 0.8, 부등률 1.2일 때 최대수용전력은 몇 [kW]인가?

① 120 ② 240 ③ 360 ④ 480

해설 Chapter 10 – 02
최대수용전력

$$= \frac{\text{설비용량} \times \text{수용률}}{\text{부등률}} = \frac{360 \times 0.8}{1.2}$$

$= 240[\text{kW}]$

23

배전계통에서 사용하는 고압용 차단기의 종류가 아닌 것은?

① 기중차단기(ACB) ② 공기차단기(ABB)
③ 진공차단기(VCB) ④ 유입차단기(OCB)

해설 Chapter 08 – 02 – (3)
소호매질에 따른 차단기의 분류
공기차단기, 진공차단기, 유입차단기의 경우 특고압 차단기에 해당한다.
다만, 기중차단기의 경우 저압용 차단기를 말한다.

24

SF_6 가스차단기에 대한 설명으로 틀린 것은?

① SF_6 가스 자체는 불활성 기체이다.
② SF_6 가스는 공기에 비하여 소호능력이 약 100배 정도이다.
③ 절연거리를 적게 할 수 있어 차단기 전체를 소형, 경량화할 수 있다.
④ SF_6 가스를 이용한 것으로서 독성이 있으므로 취급에 유의하여야 한다.

해설 Chapter 08 – 02 – (3)
SF_6 가스의 특징
1) 무색, 무취, 무독성이며 무해한 가스이다.
2) 절연내력이 크다.
3) 소호능력이 크다.
4) 불연성 가스이다.

25

송전선로의 일반회로 정수가 A=0.7, B=j190, D=0.9일 때 C의 값은?

① $-j1.95 \times 10^{-3}$ ② $j1.95 \times 10^{-3}$
③ $-j1.95 \times 10^{-4}$ ④ $j1.95 \times 10^{-4}$

해설 Chapter 03 – 01 – (2)
4단자 정수의 성질

$AD - BC = 1$

$BC = AD - 1$

$$C = \frac{AD-1}{B}$$

$$= \frac{0.7 \times 0.9 - 1}{j190} = j1.95 \times 10^{-3}$$

26

부하역률이 0.8인 선로의 저항손실은 0.9인 선로의 저항손실에 비해서 약 몇 배 정도 되는가?

① 0.97 ② 1.1 ③ 1.27 ④ 1.5

정답 21 ② 22 ② 23 ① 24 ④ 25 ② 26 ③

해설 Chapter 03 – 01 – (4)

전력손실

$$P_\ell \propto \frac{1}{\cos^2\theta} = \frac{\frac{1}{0.8^2}}{\frac{1}{0.9^2}} = (\frac{0.9}{0.8})^2 = 1.27$$

27

단상변압기 3대에 의한 △결선에서 1대를 제거하고 동일전력을 V결선으로 보낸다면 동손은 약 몇 배가 되는가?

① 0.67 ② 2.0 ③ 2.7 ④ 3.0

해설

$\Delta \rightarrow V$ 결선시 동손(동일전력)

동손 I^2R이므로

$$(\frac{1}{0.577})^2 \times \frac{2}{3} = 2.0$$

28

피뢰기의 충격방전 개시전압은 무엇으로 표시하는가?

① 직류전압의 크기 ② 충격파의 평균치
③ 충격파의 최대치 ④ 충격파의 실효치

해설 Chapter 07 – 04

피뢰기

충격방전 개시전압은 충격파의 최대치로 표시한다.

29

단상 2선식 배전선로의 선로임피던스가 2+j5[Ω]이고 무유도성 부하전류 10[A]일 때 송전단 역률은?(단, 수전단 전압의 크기는 100V이고, 위상각은 0°이다.)

① $\frac{5}{12}$ ② $\frac{5}{13}$
③ $\frac{11}{12}$ ④ $\frac{12}{13}$

해설

송전단의 역률

수전단의 임피던스 $Z = \frac{V}{I} = \frac{100}{10} = 10[\Omega]$

전체 임피던스 $Z = (2+10) + j5$

$$\cos = \frac{R}{Z} = \frac{12}{\sqrt{12^2+5^2}} = \frac{12}{13}$$

30

그림과 같이 전력선과 통신선 사이에 차폐선을 설치하였다. 이 경우에 통신선의 차폐계수(K)를 구하는 관계식은?(단, 차폐선을 통신선에 근접하여 설치한다.)

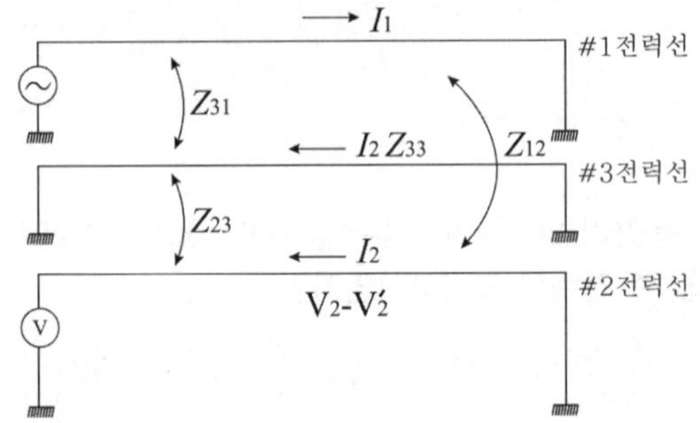

① $K = (1 + \frac{Z_{31}}{Z_{12}})$

② $K = (1 - \frac{Z_{31}}{Z_{33}})$

③ $K = (1 - \frac{Z_{23}}{Z_{33}})$

④ $K = (1 + \frac{Z_{23}}{Z_{33}})$

해설

차폐선의 차폐계수 $\lambda(K)$

차폐계수 $K = (1 - \frac{Z_{31}Z_{23}}{Z_{12}Z_{33}})$

여기서 차폐선을 통신선으로 근접시 $Z_{12} \fallingdotseq Z_{31}$이 되므로

차폐계수 $K = 1 - \frac{Z_{23}}{Z_{33}}$가 된다.

정답 27 ② 28 ③ 29 ④ 30 ③

31

모선 보호에 사용되는 계전방식이 아닌 것은?

① 위상 비교방식
② 선택접지 계전방식
③ 방향거리 계전방식
④ 전류차동 보호방식

해설 Chapter 08 – 03
보호계전기의 기능상 분류
선택 접지 계전방식의 경우 다회선의 지락사고를 보호한다.

32

%임피던스와 관련된 설명으로 틀린 것은?

① 정격전류가 증가하면 %임피던스는 감소한다.
② 직렬리액터가 감소하면 %임피던스도 감소한다.
③ 전기기계의 %임피던스가 크면 차단기의 용량은 작아진다.
④ 송전계통에서는 임피던스의 크기를 옴값 대신에 %값으로 나타내는 경우가 많다.

해설 Chapter 05 – 01
%임피던스
$\%Z = \dfrac{I_n Z}{E}$
정격의 전류가 증가시 %임피던스는 증가한다.

33

A, B 및 C상 전류를 각각 I_a, I_b 및 I_c라 할 때 $I_x = \dfrac{1}{3}(I_a + a^2 I_b + a I_c)$, $a = -\dfrac{1}{2} + j\dfrac{\sqrt{3}}{2}$으로 표시되는 것은 어떤 전류인가?

① 정상전류
② 역상전류
③ 영상전류
④ 역상전류와 영상전류의 합

해설 Chapter 05 – 02
역상전류
$I_x = \dfrac{1}{3}(I_a + a^2 I_b + a I_c)$의 경우 역상전류를 말한다.

34

그림과 같이 "수류가 고체에 둘러싸여 있고 A로부터 유입되는 수량과 B로부터 유출되는 수량이 같다"고 하는 이론은?

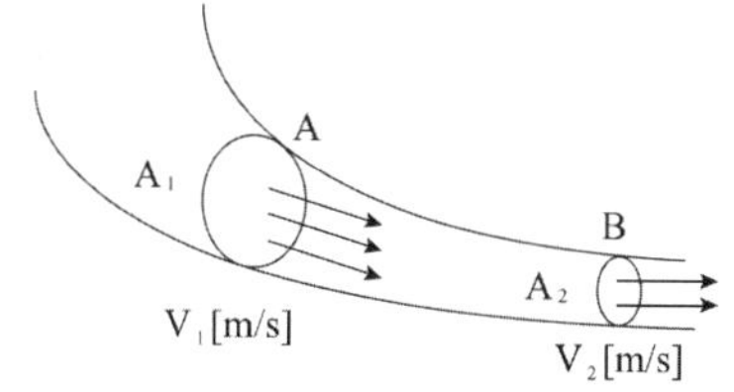

① 수두이론 ② 연속의 원리
③ 베르누이의 정리 ④ 토리첼리의 정리

해설 Chapter 01 – 02
수력발전의 연속의 원리
연속의 원리 : 유체가 관을 통해 흐르게 될 경우 각 점을 통과하는 유량은 같다.
$Q = A_1 V_1 = A_2 V_2$

35

4단자 정수가 A, B, C, D인 선로에 임피던스가 $\dfrac{1}{Z_r}$인 변압기가 수전단에 접속된 경우 계통의 4단자 정수 중 D_0는?

① $D_0 = \dfrac{C + DZ_r}{Z_r}$
② $D_0 = \dfrac{C + AZ_r}{Z_r}$
③ $D_0 = \dfrac{D + DZ_r}{Z_r}$
④ $D_0 = \dfrac{B + AZ_r}{Z_r}$

정답 31 ② 32 ① 33 ② 34 ② 35 ①

해설 Chapter 03 - 01 - (2)

4단자 정수

$$\begin{bmatrix} A_0 & B_0 \\ C_0 & D_0 \end{bmatrix} = \begin{bmatrix} A & B \\ C & D \end{bmatrix} \begin{bmatrix} 1 & \frac{1}{Z_T} \\ 0 & 1 \end{bmatrix}$$

$$D_0 = \frac{C}{Z_T} + D = \frac{C + Z_T D}{Z_T}$$

36

대용량 고전압의 안정권선(△권선)이 있다. 이 권선의 설치 목적과 관계가 먼 것은?

① 고장전류 저감 ② 제3고조파 제거
③ 조상설비 설치 ④ 소내용 전원 공급

해설 Chapter 06 - 01

3권선 변압기의 역할
1) 제3고조파의 제거
2) 조상설비의 설치
3) 소내용 전원의 공급

37

한류리액터를 사용하는 가장 큰 목적은?

① 충전전류의 제한
② 접지전류의 제한
③ 누설전류의 제한
④ 단락전류의 제한

해설 Chapter 03 - 03 - (4)

한류리액터 : 단락전류의 크기를 제한한다.

38

변압기 등 전력설비 내부 고장 시 변류기에 유입하는 전류와 유출하는 전류의 차로 동작하는 보호계전기는?

① 차동계전기 ② 지락계전기
③ 과전류계전기 ④ 역상전류계전기

해설 Chapter 08 - 03

보호계전기의 기능상 분류
변압기 내부고장을 검출하고 양쪽의 전류의 차로 동작하는 계전기는 차동계전기를 말한다.

39

3상 결선 변압기의 단상운전에 의한 소손방지 목적으로 설치하는 계전기는?

① 차동계전기 ② 역상계전기
③ 단락계전기 ④ 과전류계전기

해설

역상계전기
3상 운전 중 단상운전에 의해 소손을 방지하는 목적으로 사용되는 계전기는 역상계전기를 말한다.

40

송전 선로의 정전용량은 등가 선간거리 D가 증가하면 어떻게 되는가?

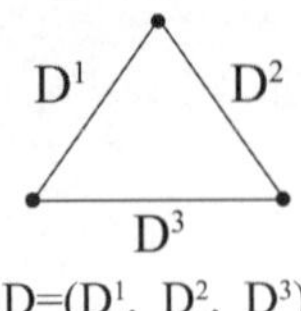

D=(D¹, D², D³)

① 증가한다.
② 감소한다.
③ 변하지 않는다.
④ D^2에 반비례하여 감소한다.

해설 Chapter 02 - 01 - (2)

정전용량

$C = \dfrac{0.02414}{\log_{10}\dfrac{D}{r}} [\mu F/km]$로서

D↑ 시 C↓ 한다.

정답 36 ① 37 ④ 38 ① 39 ② 40 ②

제3과목 | 전기기기

41

단상 직권 정류자 전동기의 전기자 권선과 계자권선에 대한 설명으로 틀린 것은?

① 계자권선의 권수를 적게 한다.
② 전기자 권선의 권수를 크게 한다.
③ 변압기 기전력을 적게 하여 역률 저하를 방지한다.
④ 브러시로 단락되는 코일 중의 단락전류를 많게 한다.

해설
브러시로 단락되는 코일 중의 단락전류를 작게 하여 정류의 불량을 방지할 수 있다.

42

단상 직권 전동기의 종류가 아닌 것은?

① 직권형 ② 아트킨손형
③ 보상직권형 ④ 유도보상직권형

해설
단상 직권 전동기의 종류
1) 직권형
2) 보상직권형
3) 유도보상직권형

43

동기조상기의 여자전류를 줄이면?

① 콘덴서로 작용 ② 리액터로 작용
③ 진상전류로 됨 ④ 저항손의 보상

해설 Chapter 06 – 02
위상특성 곡선
동기조상기의 부족여자 운전시 지상전류를 흘릴 수 있다.
동기조상기의 과여자 운전시 진상전류를 흘릴 수 있다.

44

권선형 유도전동기에서 비례추이에 대한 설명으로 틀린 것은?(단, Sm은 최대토크 시 슬립이다.)

① r_2를 크게 하면 Sm은 커진다.
② r_2를 삽입하면 최대토크가 변한다.
③ r_2를 크게 하면 기동토크도 커진다.
④ r_2를 크게 하면 기동전류는 감소한다.

해설 Chapter 16 – 09
비례추이
$s \propto r_2$ 단 T_m은 일정하다.

45

전기자저항 r=0.2[Ω], 동기리액턴스 X=20[Ω]인 Y 결선의 3상 동기발전기가 있다. 3상 중 1상의 단자전압 V=4,400[V], 유도기전력 E=6,600[V]이다. 부하각=30[°]라고 하면 발전기의 출력은 약 몇 [kW]인가?

① 2178 ② 3251
③ 4253 ④ 5532

해설 Chapter 15 – 03
동기기의 출력

$$P = \frac{EV}{X_s}\sin\delta$$

$$= 3 \times \frac{6,600 \times 4,400}{20}\sin 30^\circ \times 10^{-3}$$

$$= 2178[\text{kW}]$$

46

반도체 정류기에 적용된 소자 중 첨두 역방향 내전압이 가장 큰 것은?

① 셀렌 정류기 ② 실리콘 정류기
③ 게르마늄 정류기 ④ 아산화동 정류기

정답 41 ④ 42 ② 43 ② 44 ② 45 ① 46 ②

해설

실리콘 정류기
역방향 내전압이 매우 우수하다.

47

동기전동기에서 전기자 반작용을 설명한 것 중 옳은 것은?

① 공급전압보다 앞선 전류는 감자작용을 한다.
② 공급전압보다 뒤진 전류는 감자작용을 한다.
③ 공급전압보다 앞선 전류는 교차자화작용을 한다.
④ 공급전압보다 뒤진 전류는 교차자화작용을 한다.

해설 Chapter 03 – 02

동기전동기의 전기자 반작용
공급전압보다 앞선 전류가 흐른 경우 감자작용을 한다.
공급전압보다 뒤진 전류가 흐른 경우 증자작용을 한다.

48

변압기 결선방식 중 3상에서 6상으로 변환할 수 없는 것은?

① 2중 성형　② 환상 결선
③ 대각 결선　④ 2중6각 결선

해설

변압기의 결선방식
3상에서 6상 변환 결선방식
1) 2중 성형결선
2) 환상 결선
3) 대각 결선

49

실리콘 제어정류기(SCR)의 설명 중 틀린 것은?

① P-N-P-N 구조로 되어 있다.
② 인버터 회로에 이용될 수 있다.
③ 고속도의 스위치 작용을 할 수 있다.
④ 게이트에 (+)와 (-)의 특성을 갖는 펄스를 인가하여 제어한다.

50

직류발전기가 90[%] 부하에서 최대효율이 된다면 이 발전기의 전부하에 있어서 고정손과 부하손의 비는?

① 1.1　② 1.0
③ 0.9　④ 0.81

해설 Chapter 08

$\frac{1}{m}$ 부하시 손실

$P_i + P_c(\frac{1}{m})^2$

최대 효율 조건 $P_i = P_c(\frac{1}{m})^2$

$$\frac{P_i}{P_c} = (\frac{1}{m})^2 = 0.9^2 = 0.81$$

51

150[kVA]의 변압기의 철손이 1[kW], 전부하동손이 2.5[kW]이다. 역률 80[%]에 있어서의 최대효율은 약 몇 [%]인가?

① 95　② 96
③ 97.4　④ 98.5

해설 Chapter 09 – 02

변압기의 효율

$$\eta = \frac{\text{출력} \times \frac{1}{m}}{\text{출력} \times \frac{1}{m} + \text{철손} + \text{동손}(\frac{1}{m})^2} \times 100$$

$$= \frac{150 \times 0.8 \times 0.63}{(150 \times 0.8 \times 0.63) + 1 + (2.5 \times 0.63^2)} \times 100$$

$$= 97.4[\%]$$

$$\frac{1}{m} = \sqrt{\frac{P_i}{P_c}} = \sqrt{\frac{1}{2.5}} = 0.63$$

정답 47 ① 48 ④ 49 ④ 50 ④ 51 ③

52

정격 부하에서 역률 0.8(뒤짐)로 운전될 때, 전압 변동률이 12[%]인 변압기가 있다. 이 변압기에 역률 100[%]의 정격 부하를 걸고 운전할 때의 전압 변동률은 약 몇 [%]인가?(단, %저항강하는 %리액턴스강하의 1/12이라고 한다.)

① 0.909 ② 1.5 ③ 6.85 ④ 16.18

해설 Chapter 05 – 03

변압기의 전압 변동률

$\varepsilon = p\cos\theta + q\sin\theta$

$12 = 0.8p + 0.6 \times 12p$

$12 = 8p$

$p = \dfrac{12}{8} = 1.5[\%]$

조건에서 $p = q \times \dfrac{1}{12}$ 이므로

$q = 12p$가 된다.

53

권선형 유도전동기 저항제어법의 단점 중 틀린 것은?

① 운전 효율이 낮다.
② 부하에 대한 속도 변동이 작다.
③ 제어용 저항기는 가격이 비싸다.
④ 부하가 적을 때는 광범위한 속도 조정이 곤란하다.

해설 Chapter 07 – 03

권선형 유도전동기의 저항제어법

부하 변동에 대한 속도변동이 작은 것은 장점에 해당된다.

54

부하 급변 시 부하각과 부하 속도가 진동하는 난조 현상을 일으키는 원인이 아닌 것은?

① 전기자 회로의 저항이 너무 큰 경우
② 원동기의 토크에 고조파가 포함된 경우
③ 원동기의 조속기 감도가 너무 예민한 경우
④ 자속의 분포가 기울어져 자속의 크기가 감소한 경우

해설 Chapter 04 – 03

동기기의 난조의 원인

1) 전기자 회로의 저항이 너무 큰 경우
2) 조속기의 감도가 너무 예민한 경우
3) 원통기의 토크에 고조파가 포함된 경우

55

단상변압기 3대를 이용하여 3상 △–Y결선을 했을 때 1차와 2차 전압의 각 변위(위상차)는?

① 0° ② 60°
③ 150° ④ 180°

해설

$\Delta - Y$ 결선의 각 변위차

감극성이면 30° 또는 가극성이면 150° 이므로 위 조건에서는 30°가 없으므로 가극성으로 해석한다.

56

권선형 유도전동기의 전부하 운전 시 슬립이 4[%]이고 2차 정격전압이 150[V]이면 2차 유도기전력은 몇 [V]인가?

① 9 ② 8
③ 7 ④ 6

해설 Chapter 16 – 05

유도전동기의 유도기전력

$s = \dfrac{E_{2s}}{E_2}$

$E_{2s} = s\,E_2 = 0.04 \times 150 = 6[\mathrm{V}]$

정답 52 ② 53 ② 54 ④ 55 ③ 56 ④

57

3상 유도전동기의 슬립이 s일 때 2차 효율[%]은?

① $(1-s)\times 100$
② $(2-s)\times 100$
③ $(3-s)\times 100$
④ $(4-s)\times 100$

해설 Chapter 09 – 03
유도전동기의 2차 효율
$\eta_2 = (1-s)$

58

직류전동기의 회전수를 $\frac{1}{2}$로 하자면 계자자속을 어떻게 해야 하는가?

① $\frac{1}{4}$로 감소시킨다.
② $\frac{1}{2}$로 감소시킨다.
③ 2배로 증가시킨다.
④ 4배로 증가시킨다.

해설
자속과 속도
$E = k\phi N$
조건에서 회전수를 $\frac{1}{2}$로 하자고 하였으므로
$\phi = \frac{E}{N}$
$N = \frac{1}{2\phi}$가 된다.

59

사이리스터 2개를 사용한 단상 전파정류 회로에서 직류전압 110[V]를 얻으려면 PIV가 약 몇 [V]인 다이오드를 사용하면 되는가?

① 111 ② 141
③ 222 ④ 314

해설 Chapter 01 – 05 – (4)
전파정류회로
$E_d = 0.9E$
$PIV = 2\sqrt{2}\,E = 2\sqrt{2}\times 111 = 314[\mathrm{V}]$
$E = \frac{100}{0.9} = 111[\mathrm{V}]$

60

교류발전기의 고조파 발생을 방지하는 방법으로 틀린 것은?

① 전기자 반작용을 크게 한다.
② 전기자 권선을 단절권으로 감는다.
③ 전기자 슬롯을 스큐 슬롯으로 한다.
④ 전기자 권선의 결선을 성형으로 한다.

해설 Chapter 02 – 03
동기기의 고조파 발생 방지
1) 분포권, 단절권 채택
2) 성형 결선
보기의 ①의 경우 전기자 반작용은 작게 해야만 한다.

정답 57 ① 58 ③ 59 ④ 60 ①

제4과목 | 회로이론 · 제어공학

61

개루프 전달함수 $G(s)$가 다음과 같이 주어지는 단위 부궤환계가 있다. 단위 계단입력이 주어졌을 때, 정상상태 편차가 0.05가 되기 위해서는 K의 값은 얼마인가?

$$G(s) = \frac{6K(s+1)}{(s+2)(s+3)}$$

① 19　② 20　③ 0.95　④ 0.05

해설 Chapter 06 – 01

단위계단입력의 정상상태 편차 $e = \frac{1}{1+K_p}$ 이므로, 편차상수 $K_P = \lim_{s \to 0} G(s)$

$= \frac{6K(s+1)}{(s+2)(s+3)}|_{s=0} = \frac{6K}{6} = K$ 이며 이때

$e = \frac{1}{1+K_p} = 0.05$가 되기 위해서

$e = \frac{1}{1+K} = 0.05,\ K = 19$일 때

62

제어량의 종류에 따른 분류가 아닌 것은?

① 자동조정　② 서보기구
③ 적응제어　④ 프로세스제어

해설 Chapter 01 – 02
제어량의 종류는 서보기구, 프로세스제어, 자동조정이 있다.

63

개루프 전달함수 $G(s)H(s) = \frac{K(s-5)}{s(s-1)^2(s+2)^2}$ 일 때 주어지는 계에서 점근선 교차점은?

① −(3/2)　② −(7/4)
③ 5/3　④ −(1/5)

해설 Chapter 09 – 01 – (6)
근궤적의 점근선의 교차점 = $\frac{\text{극점의총합} - \text{영점의 총합}}{\text{극점수} - \text{영점수}}$이므로
극점은 0, 1, 1, −2, −2이고 영점은 5이다.
그러므로 교차점 = $\frac{(0+1+1+(-2)+(-2))-5}{5\text{개} - 1\text{개}} = \frac{-7}{4}$

64

단위계단함수의 라플라스변환과 z변환함수는?

① $\frac{1}{s}, \frac{z}{z-1}$　② $s, \frac{z}{z-1}$
③ $\frac{1}{s}, \frac{z-1}{z}$　④ $s, \frac{z-1}{z}$

해설 Chapter 10 – 04
단위계단함수는 $u(t)$이므로 라플라스변환 값은 $\frac{1}{s}$,
z변환 값은 $\frac{z}{z-1}$이다.

65

다음 방정식으로 표시되는 제어계가 있다. 이 계를 상태 방정식 $\dot{x}(t) = Ax(t) + Bu(t)$로 나타내면 계수 행렬 A는?

$$\frac{d^3}{dt^3}c(t) + 5\frac{d^2}{dt^2}c(t) + \frac{d}{dt}c(t) + 2c(t) = r(t)$$

① $\begin{bmatrix} 0 & 1 & 0 \\ 0 & 0 & 1 \\ -2 & -1 & -5 \end{bmatrix}$　② $\begin{bmatrix} 0 & 1 & 0 \\ 1 & 0 & 0 \\ 5 & 1 & 2 \end{bmatrix}$

③ $\begin{bmatrix} 0 & 1 & 0 \\ 1 & 0 & 0 \\ 1 & 5 & 2 \end{bmatrix}$　④ $\begin{bmatrix} 0 & 1 & 0 \\ 0 & 0 & 1 \\ -2 & -1 & 0 \end{bmatrix}$

정답 61 ① 62 ③ 63 ② 64 ① 65 ①

해설 Chapter 10 – 01

상태방정식의 A계수 행렬은 미분방정식의 좌항 값을 0차수부터 부호 변화하여 제일 밑 열에 나열하는 것이므로

$$\frac{d^3c(t)}{dt^3}+5\frac{d^2c(t)}{dt^2}+\frac{dc(t)}{dt}+2c(t) \Rightarrow \begin{bmatrix} 0 & 1 & 0 \\ 0 & 0 & 1 \\ -2 & -1 & -5 \end{bmatrix}$$

66

안정한 제어계에 임펄스 응답을 가했을 때 제어계의 정상상태 출력은?

① 0 ② +∞ 또는 −∞

③ +의 일정한 값 ④ −의 일정한 값

해설 Chapter 05 – 01

응답

안정한 제어계의 임펄스 응답을 가할 때 정상상태 출력은 0이여야 한다.

67

그림과 같은 블록선도에서 C(s)/R(s) 값은?

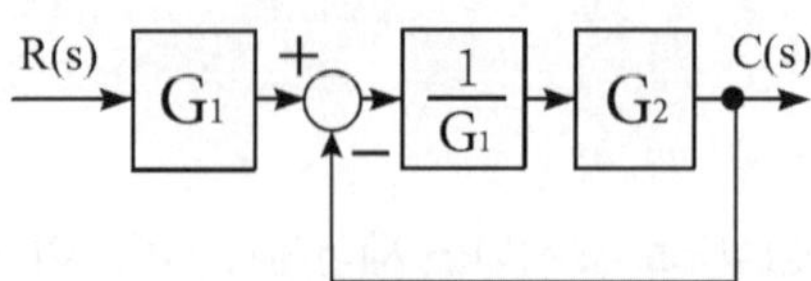

① $\dfrac{G_1}{G_1-G_2}$ ② $\dfrac{G_2}{G_1-G_2}$

③ $\dfrac{G_2}{G_1+G_2}$ ④ $\dfrac{G_1G_2}{G_1+G_2}$

해설 Chapter 04 – 02

블록선도의 전달함수

$$G(s)=\frac{C(s)}{R(s)}=\frac{\sum 전향이득}{1-\sum 폐루프이득}$$

$$=\frac{G_1\times\frac{1}{G_1}\times G_2}{1-(-\frac{1}{G_1}\times G_2)}$$

$$=\frac{G_2}{1+\frac{G_2}{G_1}}$$

$$=\frac{G_2}{1+\frac{G_2}{G_1}}\times\frac{G_1}{G_1}$$

$$=\frac{G_1G_2}{G_1+G_2}$$

68

신호흐름선도에서 전달함수 $\dfrac{C}{R}$를 구하면?

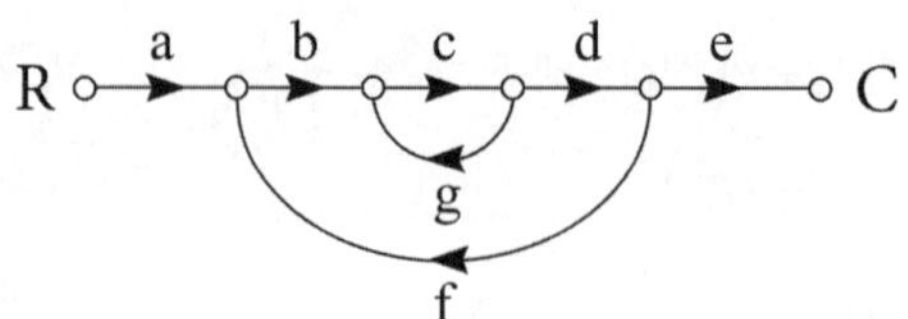

① $\dfrac{abcdg}{1-abcde}$ ② $\dfrac{abcde}{1-cg-bcdf}$

③ $\dfrac{abcde}{1-cg-cgf}$ ④ $\dfrac{abcde}{1+cg+cgf}$

해설 Chapter 04 – 03

신호흐름선도의 전달함수도 블록선도와 같으므로

$$G=\frac{C}{R}=\frac{\sum 전향이득}{1-\sum 폐루프이득}=\frac{abcde}{1-(cg+bcdf)}$$

$$=\frac{abcde}{1-cg-bcdf}$$

69

특성방정식이 $s^3+2s^2+Ks+5=0$가 안정하기 위한 K의 값은?

① $K>0$ ② $K<0$

③ $K>\dfrac{5}{2}$ ④ $K<\dfrac{5}{2}$

정답 66 ① 67 ④ 68 ② 69 ③

해설 Chapter 08 – 01

루드의 안정도 판별법

$s^3+2s^2+Ks+5=0$의 루드표는

$$\begin{array}{c|cc} s^3 & 1 & K \\ s^2 & 2 & 5 \\ s^1 & \frac{2K-5}{2} & 0 \\ s^0 & 5 & \end{array}$$

1열의 부호변화가 없어야 안정하므로

$2K-5>0$이므로 $K>\frac{5}{2}$가 된다.

70

다음과 같은 진리표를 갖는 회로의 종류는?

입력		출력
A	B	
0	0	0
0	1	1
1	0	1
1	1	0

① AND ② NOR

③ NAND ④ EX–OR

해설 Chapter 11 – 02

주어진 진리표의 출력이 0, 1, 1, 0이므로 배타적 논리합(EX–OR)회로이다.

71

대칭좌표법에서 대칭분을 각 상전압으로 표시한 것 중 틀린 것은?

① $E_0=\frac{1}{3}(E_a+E_b+E_c)$

② $E_0=\frac{1}{3}(E_a+aE_b+a^2E_c)$

③ $E_0=\frac{1}{3}(E_a+a^2E_b+aE_c)$

④ $E_0=\frac{1}{3}(E_a^2+E_b^2+E_c^2)$

해설 Chapter 08 – 01

대칭좌표법에 의해 ①번은 영상전압, ②번은 정상전압, ③번은 역상전압이다.

72

R–L 직렬회로에서 스위치 S가 1번 위치에 오랫동안 있다가 $t=0^+$에서 위치 2번으로 옮겨진 후, $\frac{L}{R}$[s] 후에 L에 흐르는 전류[A]는?

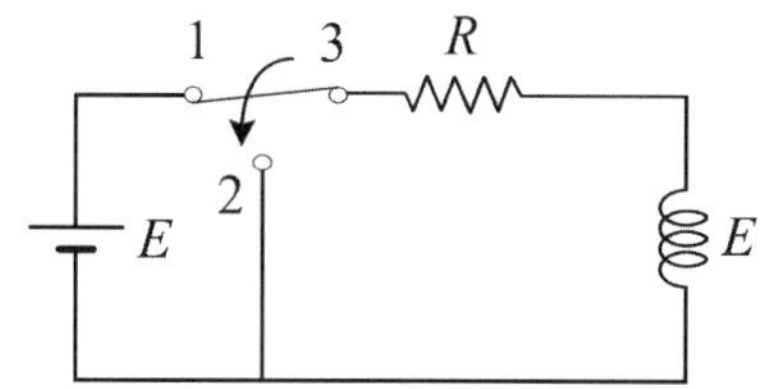

① $\frac{E}{R}$

② $0.5\frac{E}{R}$

③ $0.368\frac{E}{R}$

④ $0.632\frac{E}{R}$

해설 Chapter 11 – 01 – (5)

R–L직렬회로의 과도현상이므로 문제의 그림에서 스위치 1번에서 2번으로 옮기면 스위치 개방이 되고 이때 시간 $t=\frac{L}{R}$[s] 일 때

전류 $i(t)=\frac{E}{R}e^{-\frac{R}{L}t}=\frac{E}{R}e^{-\frac{R}{L}\times\frac{L}{R}}$

$=0.368\frac{E}{R}$[A]이다.

정답 70 ④ 71 ④ 72 ③

73

분포 정수회로에서 선로정수가 R, L, C, G이고 무왜형 조건이 RC=GL과 같은 관계가 성립될 때 선로의 특성 임피던스 Z_0는?(단, 선로의 단위길이당 저항을 R, 인덕턴스를 L, 정전용량을 C, 누설컨덕턴스를 G라 한다.

① $Z_0 = \frac{1}{\sqrt{CL}}$

② $Z_0 = \sqrt{\frac{L}{C}}$

③ $Z_0 = \sqrt{CL}$

④ $Z_0 = \sqrt{RG}$

해설 Chapter 12 – 02

무왜형 선로의 조건 RC = LG에서 특성 임피던스

$Z_0 = \sqrt{\frac{L}{C}}$

74

그림과 같은 4단자 회로망에서 하이브리드 파라미터 H_{11}은?

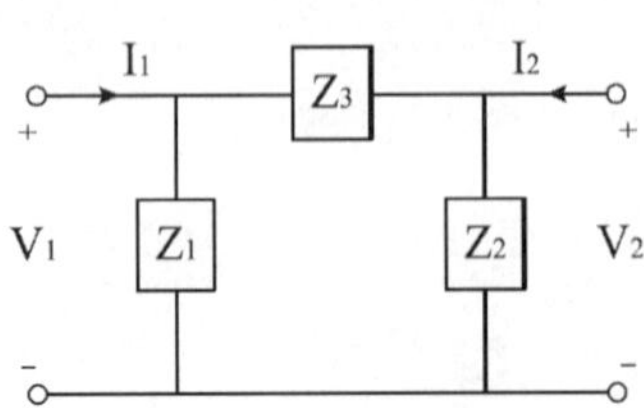

① $\frac{Z_1}{Z_1+Z_3}$　　② $\frac{Z_1}{Z_1+Z_2}$

③ $\frac{Z_1Z_3}{Z_1+Z_3}$　　④ $\frac{Z_1Z_2}{Z_1+Z_2}$

해설 Chapter 11

하이브리드 파라미터 H_{11}은 입력측에서 분기되는 두 임피던스와 곱의 관계이므로

$H_{11} = \frac{Z_1Z_3}{Z_1+Z_3}$

75

내부저항 0.1[Ω]인 건전지 10개를 직렬로 접속하고 이것을 한 조로 하여 5조 병렬로 접속하면 합성 내부저항은 몇 [Ω]인가?

① 5　　② 1

③ 0.5　　④ 0.2

해설 Chapter 06

전지를 10개 직렬 접속을 하면 내부저항

$r' = nr = 10 \times 0.1 = 1[\Omega]$이 되고

이것을 한 조하여 5조 병렬하면 합성내부저항은

$r_T = \frac{r'}{m} = \frac{1}{5} = 0.2[\Omega]$이 된다.

76

함수 $f(t)$의 라플라스 변환은 어떤 식으로 정의되는가?

① $\int_o^\infty f(t)e^{st}dt$　　② $\int_o^\infty f(t)e^{-st}dt$

③ $\int_o^\infty f(-t)e^{st}dt$　　④ $\int_o^\infty f(-t)e^{-st}dt$

해설 Chapter 13

라플라스 변환 정의식은

$\mathcal{L}[f(t)] = \int_0^\infty f(t)e^{-st}dt = F(s)$

77

대칭좌표법에서 불평형률을 나타내는 것은?

① $\frac{영상분}{정상분}\times 100$　　② $\frac{정상분}{역상분}\times 100$

③ $\frac{정상분}{영상분}\times 100$　　④ $\frac{역상분}{정상분}\times 100$

해설 Chapter 08 – 04

대칭좌표법의 불평형률$=\frac{역상분}{정상분}\times 100[\%]$

정답 73 ② 74 ③ 75 ④ 76 ② 77 ④

78

그림의 왜형파를 푸리에 급수로 전개할 때, 옳은 것은?

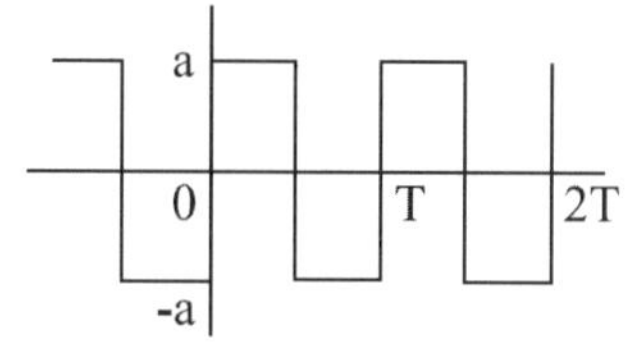

① 우수파만 포함한다.
② 기수파만 포함한다.
③ 우수파, 기수파 모두 포함한다.
④ 푸리에의 급수로 전개할 수 없다.

해설 Chapter 09 – 02

문제 그림과 같이 구형파의 비정현파 함수는

$f(t) = -f(-t)\, f(t) = -f(t+\frac{T}{2})$ 이므로 기수파(기함수)만 포함하며 이때 직류분과 여현파는 0이다.

79

최대값이 E_m 인 반파 정류 정현파의 실효값은 몇 [V]인가?

① $\frac{2E_m}{\pi}$　② $\sqrt{2}\,E_m$

③ $\frac{E_m}{\sqrt{2}}$　④ $\frac{E_m}{2}$

해설 Chapter 01 – 03

반파 정류 정현파의 실효값은 $V_a = \frac{E_m}{2}$ [V]

80

그림과 같이 R[Ω]의 저항을 Y결선으로 하여 단자의 a, b 및 c에 비대칭 3상 전압을 가할 때, a 단자의 중성점 N에 대한 전압은 약 몇 [V]인가?
(단, $V_{ab} = 210$[V], $V_{bc} = -90 - j180$[V], $V_{ca} = -120 + j180$[V])

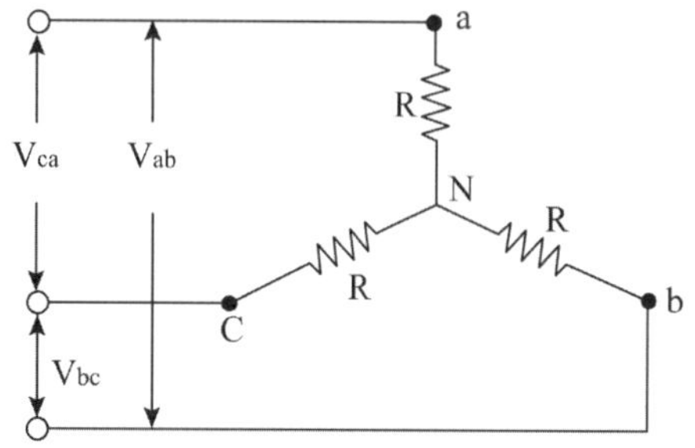

① 100　② 116

③ 121　④ 125

해설 Chapter 07 – 01

3상 Y결선에서 비대칭 3상 전압을 가할 때 a단자의 중성점 N에 대한 전압은 a단자에 걸리는 상전압을 말하며 이때 a상 전압은 V_{ab}, V_{ca}의 선간전압 중 큰 전압이 되므로

$V_{ab} = \sqrt{3}\,V,\ V = \frac{V_{ab}}{\sqrt{3}} = \frac{210}{\sqrt{3}} = 121$[V],

$V_{ca} = \sqrt{3}\,V,\ V = \frac{V_{ca}}{\sqrt{3}} = \frac{\sqrt{120^2 + 180^2}}{\sqrt{3}}$

$= 124.9$[V]

그러므로 125[V]가 된다.

정답 78 ② 79 ④ 80 ④

제5과목 | 전기설비기술기준

81

태양전지 모듈의 시설에 대한 설명으로 옳은 것은?

① 충전부분은 노출하여 시설할 것
② 출력배선은 극성별로 확인 가능토록 표시할 것
③ 전선은 공칭단면적 1.5[mm^2] 이상의 연동선을 사용할 것
④ 전선을 옥내에 시설할 경우에는 애자사용 공사에 준하여 시설할 것

해설

태양전지 모듈의 시설기준
1) 전선은 2.5[mm^2] 이상의 연동선을 사용한다.
2) 충전 부분은 노출되지 않도록 시설한다.
3) 애자사용공사를 시설할 수 없다.
4) 출력배선은 극성별로 확인 가능토록 표기한다.

82

저압 옥상전선로 전개된 장소에 시설하는 내용으로 틀린 것은?

① 전선은 절연전선일 것
② 전선은 지름 2.5[mm^2] 이상의 경동선의 것
③ 전선과 그 저압 옥상전선로을 시설하는 조영재와의 이격거리는 2[m] 이상일 것
④ 전선은 조영재에 내수성이 있는 애자를 사용하여 지지하고 그 지지점 간의 거리는 15[m] 이하일 것

해설 Chapter 01 – 07
옥상전선로의 시설기준
전선의 경우 2.6[mm] 이상의 전선을 사용한다.

83

과전류차단기로 시설하는 퓨즈 중 고압전로에 사용하는 포장퓨즈는 정격전류의 몇 배의 전류에 견디어야 하는가?

① 1.1 ② 1.25 ③ 1.3 ④ 1.6

해설 Chapter 01 – 29 – (3)
고압용 퓨즈
포장 퓨즈의 경우 정격전류에 1.3배 견디고 2배의 전류로 120분 이내에 용단되는 특징의 것이어야만 한다.
비포장 퓨즈의 경우 정격전류에 1.25배 견디고 2배의 전류로 2분 이내에 용단되는 특징의 것이어야만 한다.

84

터널 안 전선로의 시설방법으로 옳은 것은?

① 저압전선은 지름 2.6[mm]의 경동선의 절연전선을 사용하였다.
② 고압전선은 절연전선을 사용하여 합성수지관 공사로 하였다.
③ 저압전선을 애자사용 공사에 의하여 시설하고 이를 레일면상 또는 노면상 2.2[m]의 높이로 시설하였다.
④ 고압전선을 금속관공사에 의하여 시설하고 이를 레일면상 또는 노면상 2.4[m]의 높이로 시설하였다.

해설 Chapter 03 – 20
터널 안 전선로
저압 터널 안 전선로는 2.6[mm] 이상의 전선을 사용하며 노면상의 높이는 2.5[m] 이상이어야만 한다.

85

저압 옥측전선로에서 목조의 조영물에 시설할 수 있는 공사 방법은?

① 금속관공사
② 버스덕트공사
③ 합성수지관공사
④ 연피 또는 알루미늄 케이블공사

정답 81 ② 82 ② 83 ③ 84 ① 85 ③

해설 Chapter 01 – 06
옥측 전선로의 시설기준
합성수지관공사의 경우 조영물이 어떠한 형태이든 시설이 가능하다.

86

특고압을 직접 저압으로 변성하는 변압기를 시설하여서는 아니 되는 변압기는?

① 광산에서 물을 양수하기 위한 양수기용 변압기
② 전기로 등 전류가 큰 전기를 소비하기 위한 변압기
③ 교류식 전기철도용 신호회로에 전기를 공급하기 위한 변압기
④ 발전소·변전소·개폐소 또는 이에 준하는 곳의 소내용 변압기

해설
특고압을 저압으로 변성되는 변압기의 시설기준
1) 전기로 등 전류가 큰 전기를 소비하기 위한 변압기
2) 교류식 전기철도용 신호회로에 전기를 공급하기 위한 변압기
3) 발전소·변전소·개폐소 또는 이에 준하는 곳의 소내용 변압기

87

케이블 트레이공사에 사용하는 케이블 트레이의 시설기준으로 틀린 것은?

① 케이블 트레이 안전율은 1.3 이상이어야 한다.
② 비금속제 케이블 트레이는 난연성 재료의 것이어야 한다.
③ 전선의 피복 등을 손상시킬 돌기 등이 없이 매끈해야 한다.
④ 저압옥내배선의 사용전압이 400[V] 미만인 경우에는 금속제 트레이에 접지공사를 하여야 한다.

해설 Chapter 05 – 10
케이블 트레이의 시설기준
안전율은 1.5 이상이어야만 한다.

88

전로에 대한 설명 중 옳은 것은?

① 통상의 사용 상태에서 전기를 절연한 곳
② 통상의 사용 상태에서 전기를 접지한 곳
③ 통상의 사용 상태에서 전기가 통하고 있는 곳
④ 통상의 사용 상태에서 전기가 통하고 있지 않은 곳

해설 Chapter 01 – 03
전로
전기가 다니는 길로서 통상의 사용 상태에서 전기가 통하고 있는 곳을 말한다.

89

최대 사용전압 23[kV]의 권선으로 중성점접지식 전로(중성선을 가지는 것으로 그 중성선에 다중접지를 하는 전로)에 접속되는 변압기는 몇 [V]의 절연내력 시험전압에 견디어야 하는가?

① 21160　② 25300
③ 38750　④ 34500

해설 Chapter 01 – 11
절연내력 시험전압
중성점 다중접지식의 경우 $V \times 0.92$
따라서 $22900 \times 0.92 = 21160$[V]가 된다.

90

고압 가공전선으로 경동선 또는 내열 동합금선을 사용할 때 그 안전율을 최소 얼마 이상이 되는 이도로 시설하여야 하는가?

① 2.0　② 2.2　③ 2.5　④ 3.3

해설 Chapter 03 – 06 – (1)
전선의 안전율
경동선 및 내열동 합금선의 경우 2.2 이상이어야만 한다.

정답 86 ① 87 ① 88 ③ 89 ① 90 ②

기출문제 ✦ 2018년 1회

91

고압 보안공사에서 지지물이 A종 철주인 경우 경간은 몇 [m] 이하인가?

① 100 ② 150
③ 250 ④ 400

해설 Chapter 03 – 10
보안공사시 경간
고압 보안공사의 경우 A종 지지물을 사용시 경간은 100[m] 이하이어야 한다.

92

가공전선로 지지물의 승탑 및 승주방지를 위한 발판 볼트는 지표상 몇 [m] 미만에 시설하여서는 아니 되는가?

① 1.2 ② 1.5
③ 1.8 ④ 2.0

해설 Chapter 01 – 12 – (4)
발판못, 풀스텝의 높이
1.8[m] 이상이어야 한다.

93

사용전압이 60[kV] 이하인 경우 전화선로의 길이 12[km]마다 유도전류는 몇 [μA]를 넘지 않도록 하여야 하는가?

① 1 ② 2 ③ 3 ④ 5

해설 Chapter 02 – 04
유도장해의 방지 대책
60[kV] 이하의 경우 12[km]마다 유도전류는 2[μA] 이하이어야만 한다.

94

발전소 · 변전소 · 개폐소 또는 이에 준하는 곳에서 개폐기 또는 차단기에 사용하는 압축공기장치의 공기압축기는 최고 사용압력의 1.5배의 수압을 연속하여 몇 분간 가하여 시험을 하였을 때에 이에 견디고 또한 새지 아니하여야 하는가?

① 5 ② 10
③ 15 ④ 20

해설 Chapter 02 – 09
압축공기장치의 압력시험
수압 1.5배, 기압 1.25의 압력으로 10분 이상 견디어야만 한다.

95

금속덕트 공사에 의한 저압 옥내배선공사 시설에 대한 설명으로 틀린 것은?

① 저압 옥내배선의 사용전압이 400[V] 미만인 경우에는 덕트에 접지공사를 한다.
② 금속덕트는 두께 1.0[mm] 이상인 철판으로 제작하고 덕트 상호간에 완전하게 접속한다.
③ 덕트를 조영재에 붙이는 경우 덕트 지지점간의 거리를 3m 이하로 견고하게 붙인다.
④ 금속덕트에 넣은 전선의 단면적의 합계가 덕트의 내부 단면적의 20[%] 이하가 되도록 한다.

해설 Chapter 05 – 08
금속덕트 공사의 경우 두께는 1.2[mm] 이상이어야 한다.

정답 91 ① 92 ③ 93 ② 94 ② 95 ②

96

그림은 전력선 반송통신용 결합장치의 보안장치를 나타낸 것이다. S의 명칭으로 옳은 것은?

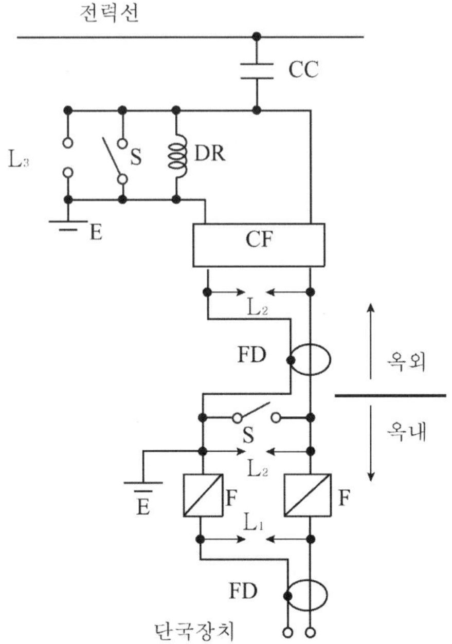

① 동축 케이블　　② 결합 콘덴서
③ 접지용 개폐기　　④ 구상용 방전갭

※ 한국전기설비규정(KEC) 개정에 따라 삭제된 문제가 있어 100문항이 되지 않습니다.

정답 96 ③

전기기사 기출문제

2018년 2회 기출문제

제1과목 | 전기자기학

01

매질 1의 μ_{s1} =500, 매질 2의 μ_{s2} =1000 이다. 매질 2에서 경계면에 대하여 45° 각도로 자계가 입사한 경우 매질 1에서 경계면과 자계의 각도에 가장 가까운 것은?

① 20° ② 30° ③ 60° ④ 80°

해설 Chapter 08 – 02

굴절의 법칙에 의하여

$\frac{\tan\theta_1}{\tan\theta_2} = \frac{\mu_1}{\mu_2} = \frac{\mu_{s1}}{\mu_{s2}}$ 에 의해

$\frac{\tan\theta_1}{\tan 45^\circ} = \frac{500}{1000}$ 이므로

$\tan\theta_1 = \frac{1}{2}\tan 45^\circ = \frac{1}{2}$

$\rightarrow \theta_1 = \tan^{-1}\frac{1}{2} = 26.57^\circ$

입사각 θ_1 과 굴절각 θ_2 는 경계면의 법선에 대한 각도를 나타내므로 매질1에서 경계면과 이루는

각도 $\theta = 90^\circ - \theta_1 = 90^\circ - 26.57^\circ = 63.43^\circ$

02

대지의 고유저항이 ρ[Ω · m]일 때 반지름 a[m]인 그림과 같은 반구 접지극의 접지저항[Ω]은?

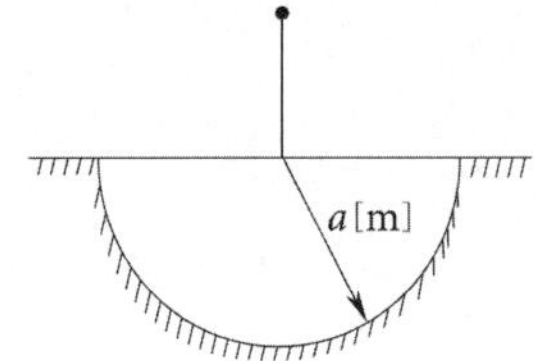

① $\frac{\rho}{4\pi a}$ ② $\frac{\rho}{2\pi a}$ ③ $\pi\frac{2\rho}{a}$ ④ $2\pi\rho a$

해설 Chapter 06 – 03

반구 접지극의 접지 저항

$$R = \frac{\rho\varepsilon}{C} = \frac{\rho\varepsilon}{2\pi\varepsilon a} = \frac{\rho}{2\pi a}[\Omega]$$

03

히스테리시스 곡선에서 히스테리시스 손실에 해당하는 것은?

① 보자력의 크기
② 잔류자기의 크기
③ 보자력과 잔류자기의 곱
④ 히스테리시스 곡선의 면적

해설 Chapter 08 – 07

히스테리시스 곡선에서 손실에 해당하는 것은 히스터리시스 곡선의 면적이다.

04

다음 (가), (나)에 대한 법칙을 알맞은 것은?

전자유도에 의하여 회로에 발생되는 기전력은 쇄교 자속수의 시간에 대한 감소비율에 비례한다는 (가)에 따르고 특히, 유도된 기전력의 방향은 (나)에 따른다.

① (가) 패러데이의 법칙, (나) 렌츠의 법칙
② (가) 렌츠의 법칙, (나) 패러데이의 법칙
③ (가) 플레밍의 왼손법칙, (나) 패러데이의 법칙
④ (가) 패러데이의 법칙, (나) 플레밍의 왼손법칙

해설 Chapter 09 – 01

패러데이법칙은 전자유도에 의하여 회로에 발생되는 기전력은 쇄교 자속수의 시간에 대한 감소율에 비례하며 유기기전력의 크기를 결정하고, 렌츠 법칙은 유도된 기전력의 방향을 결정한다.

05

N회 감긴 환상코일의 단면적이 S[m^2]이고 평균 길이가 l[m]이다. 이 코일의 권수를 2배로 늘이고 인덕턴스를 일정하게 하려고 할 때, 다음 중 옳은 것은?

정답 01 ③ 02 ② 03 ④ 04 ① 05 ②

① 길이를 2배로 한다.

② 단면적을 $\frac{1}{4}$로 한다.

③ 비투자율을 $\frac{1}{2}$로 한다.

④ 전류의 세기를 4배로 한다.

해설 Chapter 10 – 02

환상솔레노이드의 인덕턴스 $L=\frac{\mu SN^2}{l}$[H]이므로 권수를 2배로 늘리면 $L=\frac{\mu SN^2}{l}=\frac{\mu S(2N)^2}{l}=\frac{\mu S\times 4N^2}{l}$이 된다. 다시 일정하게 즉, 원래식이 되려면 투자율을 1/4배, 면적을 1/4배, 권수를 1/2배, 길이를 1/4배 중 어느 하나를 바꾸면 된다.

06

무한장 솔레노이드에 전류가 흐를 때 발생되는 자장에 관한 설명으로 옳은 것은?

① 내부 자장은 평등자장이다.
② 외부 자장은 평등자장이다.
③ 내부 자장의 세기는 0이다.
④ 외부와 내부의 자장의 세기는 같다.

해설 Chapter 07 – 02 – (6)

무한장 솔레노이드의 내부 자장은 평등 자장이다.

07

자기회로에서 키르히호프의 법칙으로 알맞은 것은? (단, R : 자기저항, ϕ : 자속, N : 코일 권수, I : 전류이다.)

① $\sum_{i=1}^{n}\phi_i=\infty$　② $\sum_{i=1}^{n}N_i\phi_i=0$

③ $\sum_{i=1}^{n}R_i\phi_i=\sum_{i=1}^{n}N_iI_i$　④ $\sum_{i=1}^{n}R_i\phi_i=\sum_{i=1}^{n}N_iL_i$

해설 Chapter 08

자기회로의 키르히호프 법칙은 기자력을 의미하므로 기자력 $F=NI=\phi R_m$[AT]

$\Sigma\phi_i=\Sigma\phi_0,\ \Sigma\phi=0$
$\Sigma NI=\Sigma\phi R_m$

08

전하밀도 ρ_s[C/m^2]인 무한 판상 전하분포에 의한 임의 점의 전장에 대하여 틀린 것은?

① 전장의 세기는 매질에 따라 변한다.
② 전장의 세기는 거리 r에 반비례한다.
③ 전장은 판에 수직방향으로만 존재한다.
④ 전장의 세기는 전하밀도 ρ_s에 비례한다.

해설 Chapter 02 – 02 – (3)

무한평면(무한판상)의 전계 $E=\frac{\rho_s}{2\varepsilon}$[V/m]이므로 거리와는 무관하다.

09

한 변의 길이가 l[m]인 정사각형 도체 회로에 전류 I[A]를 흘릴 때 회로의 중심점에서 자계의 세기는 몇 [AT/m]인가?

① $\frac{2I}{\pi l}$　② $\frac{I}{\sqrt{2}\pi l}$

③ $\frac{\sqrt{2}I}{\pi l}$　④ $\frac{2\sqrt{2}I}{\pi l}$

해설 Chapter 07 – 02 – (7)

정사각형 도체의 중심의 자계의 세기

$H=\frac{2\sqrt{2}I}{\pi l}$[A/m]

10

반지름 a[m]의 원형 단면을 가진 도선에 전도전류 $i_c=I_c\sin 2\pi ft$[A]가 흐를 때 변위전위 밀도의 최대값 J_d는 몇 [A/m^2]가 되는가?(단, 도전율은 σ[S/m]이고, 비유전율은 ε_r이다.)

① $\frac{f\varepsilon_r I_c}{4\pi f\times 10^9\sigma a^2}$　② $\frac{\varepsilon_r I_c}{4\pi f\times 10^9\sigma a^2}$

③ $\frac{f\varepsilon_r I_c}{9\pi f\times 10^9\sigma a^2}$　④ $\frac{f\varepsilon_r I_c}{18\pi f\times 10^9\sigma a^2}$

정답 06 ① 07 ③ 08 ② 09 ④ 10 ④

해설 Chapter 11

변위전류 밀도 $i_d = \frac{\partial D}{\partial t}$

$= \frac{\partial}{\partial t}(\varepsilon E = \varepsilon \frac{V}{d} = \varepsilon \frac{i_c R}{d} = \varepsilon \frac{i_c \frac{l}{\sigma S}}{d} = \frac{\varepsilon i_c}{\sigma S} = \frac{\varepsilon i_c}{\sigma \pi a^2})$

이므로 ($l = d$[m])

$i_d = \frac{\partial}{\partial t}(\frac{\varepsilon \times I_c \sin 2\pi ft}{\sigma \pi a^2})$

$= \varepsilon_0 \varepsilon_r \frac{I_c 2\pi f \cos 2\pi ft}{\sigma \pi a^2}$

$= \frac{10^{-9}}{36\pi} \times \frac{\varepsilon_r I_c 2\pi f \cos 2\pi ft}{\sigma \pi a^2}$

$= \frac{\varepsilon_r I_c f}{18\pi \times 10^9 \sigma a^2} \cos 2\pi ft$[A/m2]

변위전류밀도의 최대값은 $\frac{\varepsilon_r I_c f}{18\pi \times 10^9 \sigma a^2}$이다.

11

대전 도체 표면전하밀도는 도체 표면의 모양에 따라 어떻게 분포하는가?

① 표면전하밀도는 뾰족할수록 커진다.
② 표면전하밀도는 평면일 때 가장 크다.
③ 표면전하밀도는 곡률이 크면 작아진다.
④ 표면전하밀도는 표면의 모양과 무관하다.

해설 Chapter 02 – 05

대전 도체 표면의 모양에 따라 뾰족할수록 전하 분포는 커진다. 곡률이 크면 커지며 곡률 반지름이 작아지면 커진다.

12

일전전압의 직류전원에 저항을 접속하여 전류를 흘릴 때, 저항값을 20[%] 감소시키면 흐르는 전류는 처음 저항에 흐르는 전류의 몇 배가 되는가?

① 1.0배　② 1.1배
③ 1.25배　④ 1.5배

해설 Chapter 06

저항과 전류는 반비례 관계이므로 저항값을 20[%] 감소시키면 전류 $I \propto \frac{1}{R} = \frac{1}{0.8} = 1.25$배가 된다.

13

유전율이 ε인 유전체 내에 있는 점전하 Q에서 발산되는 전기력선의 수는 총 몇 개인가?

① Q　② $\frac{Q}{\varepsilon_0 \varepsilon_s}$　③ $\frac{Q}{\varepsilon_s}$　④ $\frac{Q}{\varepsilon_0}$

해설 Chapter 02 – 05 – (7)

유전율이 ε일 때 점전하의 전기력선 수

$N = \frac{Q}{\varepsilon} = \frac{Q}{\varepsilon_0 \varepsilon_s}$

14

내부도체의 반지름이 a[m]이고, 외부도체의 내반지름이 b[m], 외반지름이 c[m]인 동축케이블의 단위길이당 자기 인덕턴스 몇 [H/m]인가?

① $\frac{\mu_0}{2\pi} \ln \frac{b}{a}$　② $\frac{\mu_0}{\pi} \ln \frac{b}{a}$
③ $\frac{2\pi}{\mu_0} \ln \frac{b}{a}$　④ $\frac{\pi}{\mu_0} \ln \frac{b}{a}$

해설 Chapter 10 – 02 – (4)

동축 케이블의 단위길이당 자기 인덕턴스는

$L = \frac{\mu_0}{2\pi} \ln \frac{b}{a}$[H/m]

15

공기 중에서 1[m] 간격을 가진 두 개의 평행 도체 전류의 단위길이에 작용하는 힘은 몇 [N]인가?(단, 전류는 1[A]라고 한다.)

① 2×10^{-7}　② 4×10^{-7}
③ $2\pi \times 10^{-7}$　④ $4\pi \times 10^{-7}$

해설 Chapter 07 – 09 – (2)

평행 도선의 단위길이당 작용하는 힘

$F = \frac{2 I_1 I_2}{r} \times 10^{-7}$[N/m]이므로

$F = \frac{2 \times 1 \times 1}{1} \times 10^{-7} = 2 \times 10^{-7}$

정답 11 ① 12 ③ 13 ② 14 ① 15 ①

16

공기 중에서 코로나방전이 3.5[kV/mm] 전계에서 발생한다고 하면, 이때 도체의 표면에 작용하는 힘은 약 몇 [N/m²]인가?

① 27 ② 54 ③ 81 ④ 108

해설 Chapter 02 – 14

단위 면적당 작용하는 힘

$F=\frac{1}{2}\varepsilon_0 E^2=\frac{1}{2}\times 8.855\times 10^{-12}\times 3.5\times 10^6$

$=54$[N/m²]

여기서 3.5[kV/mm]= 3.5[10³V/10⁻³m]

$=3.5\times 10^6$[V/m]

17

무한장 직선 전류에 의한 자계의 세기[AT/m]는?

① 거리 r에 비례한다.

② 거리 r^2에 비례한다.

③ 거리 r에 반비례한다.

④ 거리 r^2에 반비례한다.

해설 Chapter 07 – 02 – (2)

무한장 직선 전류의 자계의 세기

$H=\frac{I}{2\pi r}$[A/m]이므로 거리에 반비례한다.

18

전계 $E=\sqrt{2}E_e\sin\omega\left(t-\frac{x}{c}\right)$[V/m]의 평면 전자파가 있다. 진공 중에서 자계의 실효값은 몇 [A/m]인가?

① $0.707\times 10^{-3}E_e$ ② $1.44\times 10^{-3}E_e$

③ $2.65\times 10^{-3}E_e$ ④ $5.37\times 10^{-3}E_e$

해설 Chapter 11 – 02

전자파의 공기 중에서 전계와 자계의 관계는

$E=377H,\ H=\frac{1}{377}E=2.65\times 10^{-3}E$ 의 관계이다.

19

Biot–Savart의 법칙에 의하면, 전류소에 의해서 임의의 한 점(P)에 생기는 자계의 세기를 구할 수 있다. 다음 중 설명으로 틀린 것은?

① 자계의 세기는 전류의 크기에 비례한다.

② MKS 단위계를 사용할 경우 비례상수는 $\frac{1}{4\pi}$이다.

③ 자계의 세기는 전류소와 점 P와의 거리에 반비례한다.

④ 자계의 방향은 전류소 및 이 전류소와 점 P를 연결하는 직선을 포함하는 면에 법선방향이다.

해설 Chapter 07

비오–사바르 법칙은 $dH=\frac{Idl}{4\pi r^2}\sin\theta$이므로 거리의 제곱에 반비례한다.

20

$x>0$인 영역에 $\varepsilon_1=3$인 유전체, $x<0$인 영역에 $\varepsilon_2=5$인 유전체가 있다. 유전율 ε_2인 영역에서 전계가 $E_2=20a_x+30a_y-40a_z$[V/m]일 때, 유전율 ε_1인 영역에서의 전계 E_1[V/m]은?

① $\frac{100}{3}a_x+30a_y-40a_Z$

② $20a_x+90a_y-40a_Z$

③ $100a_x+10a_y-40a_Z$

④ $60a_x+30a_y-40a_Z$

해설 Chapter 04

경계 조건에서 전계와 매질은 반비례하므로

$E_1=\frac{E_2\varepsilon_2}{\varepsilon_1}$이며 이때 x축의 값만 변화시키면

$E_1=\frac{20\times 5}{3}a_x+30a_y-40a_z$

$=\frac{100}{3}a_x+30a_y-40a_z$[V/m]이다.

정답 16 ② 17 ③ 18 ③ 19 ③ 20 ①

제2과목 | 전력공학

21

1[kWh]를 열량으로 환산하면 약 몇 [kcal]인가?

① 80 ② 256
③ 539 ④ 860

해설 Chapter 11
화력발전의 열량
1[kwh] = 3.6×10^6[J] = 860[kcal]

22

22.9[kV], Y결선된 자가용 수전설비의 계기용변압기의 2차측 정격전압은 몇 [V]인가?

① 110 ② 220
③ $110\sqrt{3}$ ④ $220\sqrt{3}$

해설 Chapter 08 – 03
보호계전기의 기능상 분류
계기용 변압기(PT)의 2차측 정격전압은 110[V]가 된다.

23

순저항 부하의 부하전력 P[kW], 전압 E[V], 선로의 길이 ℓ[m], 고유저항 ρ[Ω · mm²/m]인 단상 2선식 선로에서 선로 손실을 q[W]라 하면, 전선의 단면적 [mm²]은 어떻게 표현되는가?

① $\dfrac{\rho\ell P^2}{qE^2}\times 10^6$ ② $\dfrac{2\rho\ell P^2}{qE^2}\times 10^6$
③ $\dfrac{\rho\ell P^2}{2qE^2}\times 10^6$ ④ $\dfrac{2\rho\ell P^2}{q^2E}\times 10^6$

해설 Chapter 03 – 01 – (4)
전력손실

$$q = 2I^2R = 2I^2\times\rho\frac{\ell}{A}$$

$$P = EI\times 10^{-3}$$

$$I = \frac{P}{E\times 10^{-3}}$$

$$A = 2\left(\frac{P}{E\times 10^{-3}}\right)^2\cdot\rho\frac{\ell}{q}$$

$$= \frac{2P^2\rho\ell}{E^2\times q}\times 10^6$$

24

동작전류의 크기가 커질수록 동작시간이 짧게 되는 특성을 가진 계전기는?

① 순한시 계전기
② 정한시 계전기
③ 반한시 계전기
④ 반한시 정한시 계전기

해설 Chapter 08 – 01 – (2)
보호계전기의 동작시간 분류
반한시 계전기는 시간과 전류가 반대로 동작이 된다.

25

소호리액터를 송전계통에 사용하면 리액터의 인덕턴스와 선로의 정전용량이 어떤 상태로 되어 지락전류를 소멸시키는가?

① 병렬공진 ② 직렬공진
③ 고임피던스 ④ 저임피던스

해설 Chapter 04 – 02 – (4)
소호리액터 접지방식
L–C의 병렬공진을 이용하여 지락전류를 제거한다.

정답 21 ④ 22 ① 23 ② 24 ③ 25 ①

26

동기조상기에 대한 설명으로 틀린 것은?

① 시충전이 불가능하다.
② 전압 조정이 연속적이다.
③ 중부하시에는 과여자로 운전하여 앞선 전류를 취한다.
④ 경부하시에는 부족여자로 운전하여 뒤진 전류를 취한다.

해설 Chapter 03 – 03 – (2)
동기조상기
동기조상기의 경우 전압 조정이 연속적이며 경우에 따라 과여자와 부족여자 운전을 통해 연속운전이 가능하며, 선로의 시충전이 가능하다.

27

화력발전소에서 가장 큰 손실은?

① 소내용 동력 ② 송풍기 손실
③ 복수기에서의 손실 ④ 연도 배출가스 손실

해설 Chapter 13 – 04 – (2)
화력발전소의 부속설비
화력발전설비에서 가장 큰 손실은 복수기에서 발생된다.

28

정전용량 0.01[μF/km], 길이 173.2[km], 선간전압 60[kV], 주파수 60[Hz]인 3상 송전선로의 충전전류는 약 몇 [A]인가?

① 6.3 ② 12.5
③ 22.6 ④ 37.2

해설 Chapter 02 – 01 – (2)
충전전류

$$I_c = \omega cE\ell$$

$$= 2\pi \times 60 \times 0.01 \times 10^{-6} \times 173.2 \times \frac{60000}{\sqrt{3}}$$

$$= 22.6[\text{A}]$$

29

발전용량 9800[kW]의 수력발전소 최대사용 수량이 10[m³/s]일 때, 유효낙차는 몇 [m]인가?

① 100 ② 125
③ 150 ④ 175

해설 Chapter 01 – 04
수력발전소의 출력

$$P = 9.8QH[kW] = 9800[\text{kW}]$$

$$H = \frac{9800}{9.8 \times 10} = 100[\text{m}]$$

30

차단기의 정격 차단시간은?

① 고장 발생부터 소호까지의 시간
② 트립코일 여자부터 소호까지의 시간
③ 가동 접촉자의 개극부터 소호까지의 시간
④ 가동 접촉자의 동작시간부터 소호까지의 시간

해설 Chapter 08 – 02 – (4)
차단기의 정격 차단시간
트립코일 여자부터 소호까지의 시간을 말한다.

31

부하전류의 차단능력이 없는 것은?

① DS ② NFB
③ OCB ④ VCB

해설 Chapter 08 – 01
단로기
단로기의 경우 전류 차단 능력이 없다.

정답 26 ① 27 ③ 28 ③ 29 ① 30 ② 31 ①

32

전선의 굵기가 균일하고 부하가 송전단에서 말단까지 균일하게 분포되어 있을 때 배전선 말단에서 전압강하는?(단, 배전선 전체저항 R, 송전단의 부하전류는 I이다.)

① $\frac{1}{2}RI$　② $\frac{1}{\sqrt{2}}RI$

③ $\frac{1}{\sqrt{3}}RI$　④ $\frac{1}{3}RI$

해설 Chapter 10 – 01

말단의 전압 강하

$e' = \frac{1}{2}IR$

33

역률 개선용 콘덴서를 부하와 병렬로 연결하고자 한다. △결선방식과 Y결선방식을 비교하면 콘덴서의 정전용량(F)의 크기는 어떠한가?

① △결선방식과 Y결선방식은 동일하다.

② Y결선방식이 △결선방식의 $\frac{1}{2}$이다.

③ △결선방식이 Y결선방식의 $\frac{1}{3}$이다.

④ Y결선방식이 △결선방식의 $\frac{1}{\sqrt{3}}$이다.

해설

정전용량의 크기

△결선방식이 Y결선방식의 $\frac{1}{3}$이 된다.

34

송전선로에서 고조파 제거 방법이 아닌 것은?

① 변압기를 △결선한다.

② 능동형 필터를 설치한다.

③ 유도전압 조정장치를 설치한다.

④ 무효전력 보상장치를 설치한다.

해설

고조파 제거 방법

유도전압 조정장치는 배전 선로의 전압 조정장치를 말한다.

35

송전선로에 댐퍼(Damper)를 설치하는 주된 이유는?

① 전선의 진동방지

② 전선의 이탈방지

③ 코로나현상의 방지

④ 현수애자의 경사방지

해설 Chapter 01 – 01 – (9)

댐퍼

댐퍼의 설치 목적은 전선의 진동을 방지한다.

36

400[kVA] 단상변압기 3대를 △–△결선으로 사용하다가 1대의 고장으로 V–V결선을 하여 사용하면 약 몇 [kVA] 부하까지 걸 수 있겠는가?

① 400　② 566

③ 693　④ 800

해설 Chapter 04 – 02

V결선의 출력

$P_V = \sqrt{3}P_n = 400 \times \sqrt{3} = 693$[kVA]

37

직격뢰에 대한 방호설비로 가장 적당한 것은?

① 복도체　② 가공지선

③ 서지흡수기　④ 정전방전기

해설 Chapter 07 – 02

가공지선

직격뇌, 유도뢰를 차폐하여 선로를 방호한다.

정답 32 ① 33 ③ 34 ③ 35 ① 36 ③ 37 ②

38

선로정수를 평형되게 하고, 근접 통신선에 대한 유도장해를 줄일 수 있는 방법은?

① 연가를 시행한다.
② 전선으로 복도체를 사용한다.
③ 전선로의 이도를 충분하게 한다.
④ 소호리액터 접지를 하여 중성점 전위를 줄여준다.

해설 Chapter 02 – 01 – (3)
연가
선로를 3등분하여 각상의 위치를 바꾸어 선로정수를 평형으로 한다.

39

직류 송전방식에 대한 설명으로 틀린 것은?

① 선로의 절연이 교류방식보다 용이하다.
② 리액턴스 또는 위상각에 대해서 고려할 필요가 없다.
③ 케이블 송전일 경우 유전손이 없기 때문에 교류방식보다 유리하다.
④ 비동기 연계가 불가능하므로 주파수가 다른 계통간의 연계가 불가능하다.

해설 Chapter 01 – 05 – (4)
직류송전방식
직류송전방식의 장점으로 비동계 계통의 연계가 가능하다.

40

저압배전계통으로 구성하는 방식 중, 캐스케이딩(cascading)을 일으킬 우려가 있는 방식은?

① 방사상방식
② 저압뱅킹방식
③ 저압네트워크방식
④ 스포트네트워크방식

해설 Chapter 09 – 01 – (3)
저압 뱅킹방식
저압 뱅킹방식의 경우 캐스케이딩 현상을 발생시킬 우려가 있다.

정답 38 ① 39 ④ 40 ②

제3과목 | 전기기기

41

동기발전기의 전기자권선을 분포권으로 하면 어떻게 되는가?

① 난조를 방지한다.
② 기전력의 파형이 좋아진다.
③ 권선의 리액턴스가 커진다.
④ 집중권에 비하여 합성 유기기전력이 증가한다.

해설 Chapter 02 – 03
분포권
기전력의 파형을 개선하고 누설리액턴스를 감소시킨다.

42

부하전류가 2배로 증가하면 변압기의 2차측 동손은 어떻게 되는가?

① $\frac{1}{4}$로 감소한다.
② $\frac{1}{2}$로 감소한다.
③ 2배로 증가한다.
④ 4배로 증가한다.

해설 Chapter 08 – 02
변압기의 동손
$P_c = I^2 R$
$2^2 R = 4R$이 된다.

43

동기전동기에서 출력이 100[%]일 때 역률이 1이 되도록 계자전류를 조정한 다음에 공급전압 V 및 계자전류 I를 일정하게 하고, 전부하 이하에서 운전하면 동기전동기의 역률은?

① 뒤진 역률이 되고, 부하가 감소할수록 역률은 낮아진다.
② 뒤진 역률이 되고, 부하가 감소할수록 역률은 좋아진다.
③ 앞선 역률이 되고, 부하가 감소할수록 역률은 낮아진다.
④ 앞선 역률이 되고, 부하가 감소할수록 역률은 좋아진다.

해설 Chapter 06 – 02 – (8)
동기전동기의 역률
앞선 역률이 되며, 부하가 감소할수록 역률은 낮아진다.

44

유도기전력의 크기가 서로 같은 A, B 2대의 동기발전기를 병렬운전할 때, A발전기의 유기기전력 위상이 B보다 앞설 때 발생하는 현상이 아닌 것은?

① 동기화력이 발생한다.
② 고조파 무효순환전류가 발생된다.
③ 유효전류인 동기화전류가 발생된다.
④ 전기자 동손을 증가시키며 과열의 원인이 된다.

해설 Chapter 04 – 03
동기발전기의 병렬운전조건
동기기의 병렬운전 중 기전력의 파형이 다른 경우 고조파 무효순환전류가 흐르게 된다.

45

직류기의 철손에 관한 설명으로 틀린 것은?

① 성층철심을 사용하면 와전류손이 감소한다.
② 철손에는 풍손과 와전류손 및 저항손이 있다.
③ 철에 규소를 넣게 되면 히스테리시스손이 감소한다.
④ 전기자 철심에는 철손을 작게하기 위해 규소강판을 사용한다.

정답 41 ② 42 ④ 43 ③ 44 ② 45 ②

해설 Chapter 08 – 01

직류기의 철손

철손이란 히스테리스시손과 와류손의 합을 말한다.

46

직류 분권발전기의 극수 4, 전기자 총 도체수 600으로 매분 600회전할 때 유기기전력이 220[V]라 한다. 전기자 권선이 파권일 때 매극당 자속은 약 몇 [Wb]인가?

① 0.0154 ② 0.0183
③ 0.0192 ④ 0.0199

해설 Chapter 01 – 01 – (1)

직류기의 유기기전력

$$E = \frac{PZ\phi N}{60a}$$

$$\phi = \frac{E \times 60a}{PZN}$$

$$= \frac{220 \times 60 \times 2}{4 \times 600 \times 600} = 0.0183[\text{Wb}]$$

47

어떤 정류회로의 부하전압이 50[V]이고 맥동률 3[%]이면 직류 출력전압에 포함된 교류 분은 몇 [V]인가?

① 1.2 ② 1.5 ③ 1.8 ④ 2.1

해설 Chapter 01 – 05

정류회로의 맥동전압

$$E = E_d \times 맥동률$$

$$= 50 \times 0.03 = 1.5[\text{V}]$$

48

3상 수은 정류기의 직류 평균 부하전류가 50[A]가 되는 1상 양극 전류 실효값은 약 몇 [A]인가?

① 9.6 ② 17
③ 29 ④ 87

해설 Chapter 01 – 05 – (2)

수은정류기의 전류 실효값

$$\frac{I}{I_d} = \frac{1}{\sqrt{m}}$$

$$I = \frac{1}{\sqrt{m}} \times I_d$$

$$= \frac{50}{\sqrt{3}} = 29[\text{A}]$$

49

그림은 동기발전기의 구동 개념도이다. 그림에서 2를 발전기라 할 때 3의 명칭으로 적합한 것은?

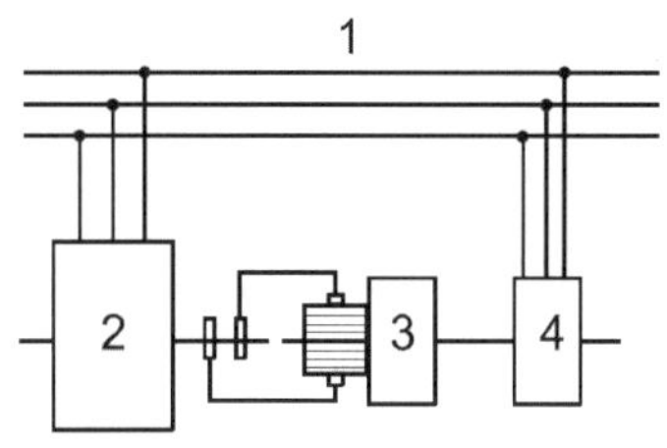

① 전동기 ② 여자기
③ 원동기 ④ 제동기

50

유도전동기의 2차 회로에 2차 주파수와 같은 주파수로 적당한 크기와 적당한 위상의 전압을 외부에서 가해주는 속도제어법은?

① 1차 전압 제어
② 2차 저항 제어
③ 2차 여자 제어
④ 극수 변환 제어

해설 Chapter 07 – 03

2차 여자법

회전자 기전력과 같은 슬립 주파수전압을 인가

정답 46 ② 47 ② 48 ③ 49 ② 50 ③

51

변압기의 1차측을 Y결선, 2차측을 △결선으로 한 경우 1차와 2차간의 전압의 위상차는?

① 0°　　② 30°
③ 45°　　④ 60°

해설 Chapter 14

변압기 위상차

1차 Y, 2차 Δ 결선의 경우 30° 위상차가 발생한다.

52

이상적인 변압기의 무부하에서 위상관계로 옳은 것은?

① 자속과 여자전류는 동위상이다.
② 자속은 인가전압 보다 90° 앞선다.
③ 인가전압은 1차 유기기전력보다 90° 앞선다.
④ 1차 유기기전력과 2차 유기기전력의 위상은 반대이다.

53

정격출력 50[kW], 4극 220[V], 60[Hz]인 3상 유도전동기가 전부하 슬립 0.04, 효율 90[%]로 운전되고 있을 때 다음 중 틀린 것은?

① 2차 효율 = 96[%]
② 1차 입력 = 55.56[kW]
③ 회전자입력 = 47.9[kW]
④ 회전자동손 = 2.08[kW]

해설 Chapter 09 – 03

유도기의 효율

1) $\eta_2 = (1-s) \times 100 = 96[\%]$

2) 2차 출력 $P_0 = (1-s)P_2$

회전자 입력 $P_2 = \dfrac{P_0}{1-s}$

$= \dfrac{50}{0.96} = 52.08$

3) 2차 동손 $P_{c2} = P_2 - P_0$

$= 52.08 - 50 = 2.08$

54

저항부하를 갖는 정류회로에서 직류분 전압이 200[V]일 때 다이오드에 가해지는 첨두역전압(PIV)의 크기는 약 몇 [V]인가?

① 346　② 628　③ 692　④ 1038

해설 Chapter 01 – 05 – (3)

반파정류의 역전압 첨두치

$PIV = \sqrt{2}E = 444 \times \sqrt{2} = 628.539[\mathrm{V}]$

$E_d = 0.45E$

$E = \dfrac{E_d}{0.45} = \dfrac{200}{0.45} = 444[\mathrm{V}]$

55

3상 변압기를 1차 Y, 2차 △로 결선하고 1차에 선간전압 3300[V]를 가했을 때의 무부하 2차 선간전압은 몇 [V]인가?(단, 전압비는 30 : 1이다.)

① 63.5　　② 110
③ 173　　④ 190.5

해설

변압기의 2차측 선간전압

1차측 상전압 $V_{1P} = \dfrac{3300}{\sqrt{3}} = 1905[\mathrm{V}]$

$a = \dfrac{V_1}{V_2}$

$V_2 = \dfrac{1905}{30} = 63.5[\mathrm{V}]$

56

직류발전기의 유기기전력과 반비례하는 것은?

① 자속　　② 회전수
③ 전체 도체수　　④ 병렬 회로수

정답 51 ② 52 ① 53 ③ 54 ② 55 ① 56 ④

해설 Chapter 01 – 01

직류기의 유기기전력

$E = \frac{PZ\phi N}{60a}$

$E \propto \frac{1}{a(\text{병렬회로수})}$

57

일반적인 3상 유도전동기에 대한 설명 중 틀린 것은?

① 불평형 전압으로 운전하는 경우 전류는 증가하나 토크는 감소한다.
② 원선도 작성을 위해서는 무부하시험, 구속시험, 1차 권선저항 측정을 하여야 한다.
③ 농형은 권선형에 비해 구조가 견고하며 권선형에 비해 대형전동기로 널리 사용된다.
④ 권선형 회전자의 3선 중 1선이 단선되면 동기속도의 50[%]에서 더 이상 가속되지 못하는 현상을 게르게스현상이라 한다.

해설

유도전동기의 특징

농형의 경우 중소형 기기에 적용되며, 권선형은 대형기기에 적용된다.

58

변압기 보호장치의 주된 목적이 아닌 것은?

① 전압 불평형 개선
② 절연내력 저하 방지
③ 변압기 자체 사고의 최소화
④ 다른 부분으로의 사고 확산 방지

해설 Chapter 14 – 10

변압기의 보호장치

보호장치의 경우 전압 불평형을 개선하는 것과는 거리가 멀다.

59

직류기에서 기계각의 극수가 P인 경우 전기각과의 관계는 어떻게 되는가?

① 전기각 × 2P　　② 전기각 × 3P
③ 전기각 $\times \frac{2}{P}$　　④ 전기각 $\times \frac{3}{P}$

해설 Chapter 03 – 01

$\text{전기각} = \text{기계각} \times \frac{P}{2}$

$\text{기계각} = \frac{\text{전기각} \times 2}{P}$

60

3상 권선형 유도전동기의 전부하 슬립 5[%], 2차 1상의 저항 0.5[Ω]이다. 이 전동기의 기동토크를 전부하 토크와 같도록 하려면 외부에서 2차에 삽입할 저항[Ω]은?

① 8.5　　② 9
③ 9.5　　④ 10

해설 Chapter 16 – 09

유도전동기의 2차 삽입저항

$R = r_2(\frac{1}{s} - 1)$

$= 0.5 \times (\frac{1}{0.05} - 1) = 9.5[\Omega]$

정답 57 ③ 58 ① 59 ③ 60 ③

제4과목 | 회로이론 · 제어공학

61

$G(s) = \dfrac{1}{0.005s(0.1s+1)^2}$ 에서 ω =10[rad/s]일 때의 이득 및 위상각은?

① 20dB, −90°
② 20dB, −180°
③ 40dB, −90°
④ 40dB, −180°

해설 Chapter 07 − 03

주파수응답에서 $G(s) = \dfrac{1}{0.005s(0.1s+1)^2}$ 이고 $\omega = 10$ 일 때 $s = j\omega = j10$을 대입해서 정리하면 이득은

$G(j\omega) \fallingdotseq \dfrac{1}{0.1} = 10,\ 20\log|G(j\omega)| = 20\log 10 = 20[dB]$,

위상각은 −180°

62

그림과 같은 논리회로는?

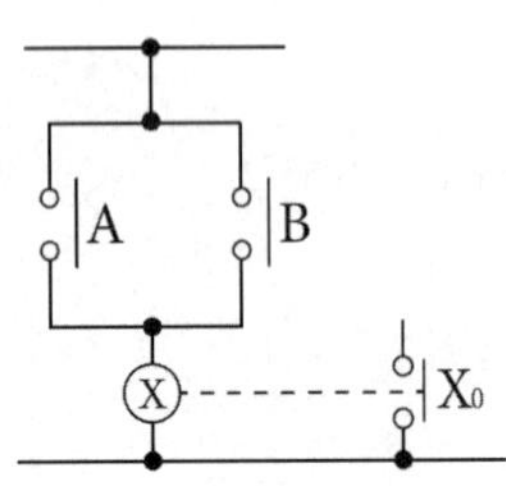

① OR 회로
② AND 회로
③ NOT 회로
④ NOR 회로

해설 Chapter 11 − 02

시퀀스회로에서 출력 $X = A + B$임으로 OR 회로이다.

63

그림은 제어계와 그 제어계의 근궤적을 작도한 것이다. 이것으로부터 결정된 이득여유 값은?

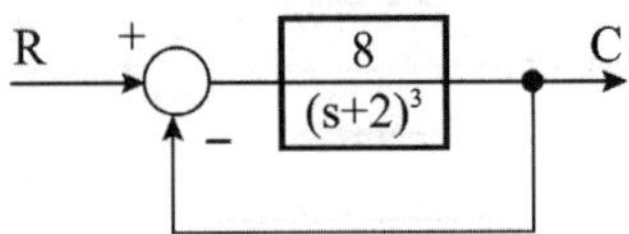

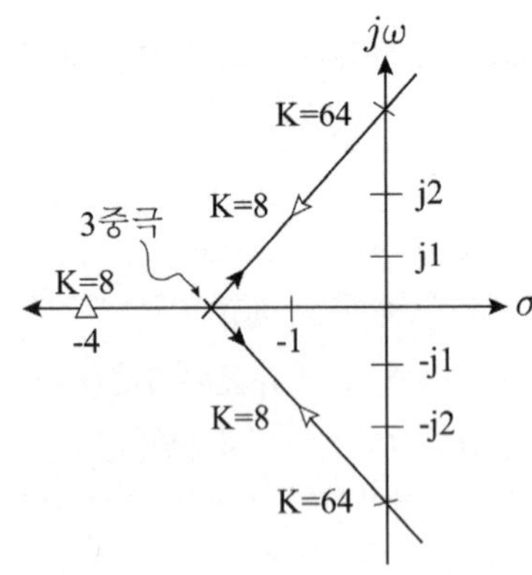

① 2
② 4
③ 8
④ 64

해설 Chapter 07

이득의 여유 $= \dfrac{\text{교차점의 } K\text{의 값}}{K\text{의 설계값}} = \dfrac{64}{8} = 8$

64

그림과 같은 스프링 시스템을 전기적 시스템으로 변환했을 때 이에 대응하는 회로는?

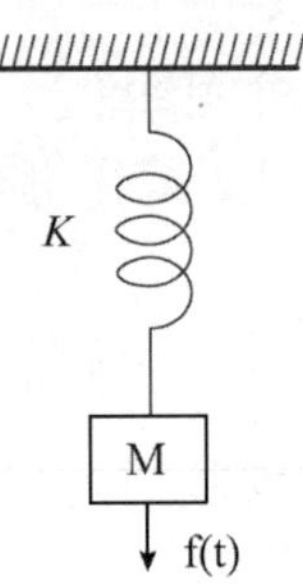

정답 61 ② 62 ① 63 ③ 64 ③

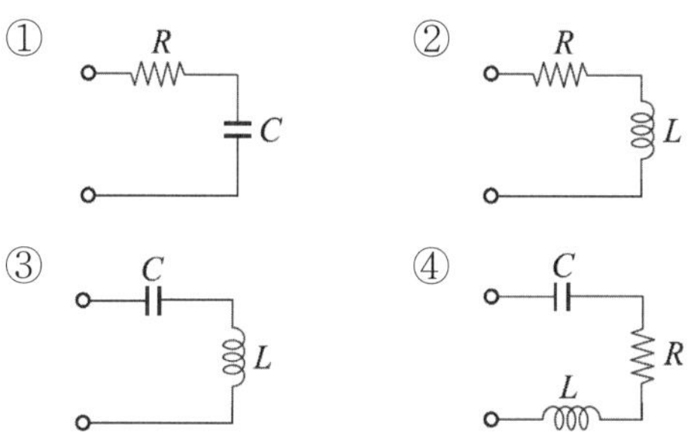

해설 Chapter 03 – 05

전달함수에서 운동계 중 직선운동계와 전기계의 대응관계임으로 직선운동의 스프링상수 K는 전기계의 정전용량 C와 직선운동의 질량 M은 전기계의 인덕턴스 L과 같다.

65

$\frac{d^2}{dt^2}c(t)+5\frac{d}{dt}c(t)+4c(t)=r(t)$와 같은 함수를 상태함수로 변환하였다. 벡터 A, B의 값으로 적당한 것은?

$$\frac{d}{dt}X(t)=AX(t)+Br(t)$$

① $A=\begin{bmatrix}0 & 1\\ -5 & -4\end{bmatrix},\ B=\begin{bmatrix}0\\1\end{bmatrix}$

② $A=\begin{bmatrix}0 & 1\\ 5 & 4\end{bmatrix},\ B=\begin{bmatrix}0\\1\end{bmatrix}$

③ $A=\begin{bmatrix}0 & 1\\ -4 & -5\end{bmatrix},\ B=\begin{bmatrix}0\\1\end{bmatrix}$

④ $A=\begin{bmatrix}0 & 1\\ 4 & 5\end{bmatrix},\ B=\begin{bmatrix}0\\1\end{bmatrix}$

해설 Chapter 10 – 01

상태 방정식에서 A계수 행렬과 B계수 행렬 관계는 A계수 행렬은 제일 밑 열에 0차수부터 각 차수 상수를 부호 변환하여 기록하며 B계수 행렬은 제일 밑 열에 상수를 기록한다. 그러므로 A 행렬은 0차수 상수는 4, 1차수 상수는 5를 부호변환하여 밑 열에 기록, B 행렬은 상수가 1인 값을 밑열에 기록한다.

66

전달함수 $G(s)=\frac{1}{s+1}$일 때, 이 계의 임펄스응답 c(t)를 나타내는 것은?(단, a는 상수이다.)

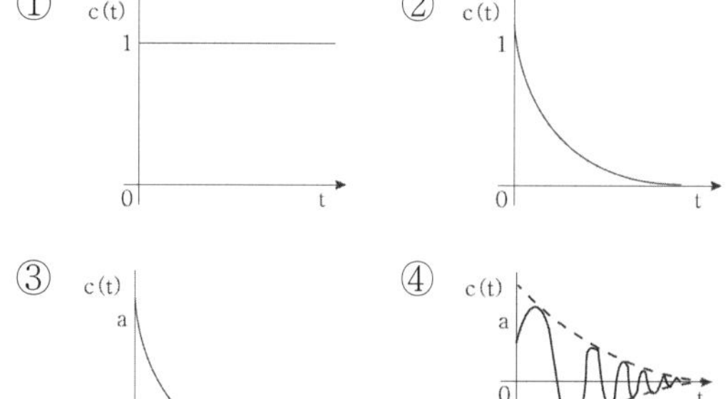

해설 Chapter 03

$c(t)=e^{-at}$이다. 이때 $t=0$일 때 $c(t)=1$, $t=\infty$일 때 $c(t)=0$이 되는 진동 없는 그래프가 된다.

67

궤환(Feed back) 제어계의 특징이 아닌 것은?

① 정확성이 증가한다.
② 대역폭이 증가한다.
③ 구조가 간단하고 설치비가 저렴하다.
④ 계(系)의 특성 변화에 대한 입력대 출력비의 감도가 감소한다.

해설 Chapter 01 – 01

피드백 제어계의 특징
① 정확성이 증가한다.
② 대역폭이 증가한다.
③ 구조가 복잡하고 설치비가 비싸다.
④ 계의 특성 변화에 대한 입력대 출력비의 감도가 감소한다.

정답 65 ③ 66 ② 67 ③

68

이상 시스템(Discrete data system)에서의 인정도 해석에 대한 설명 중 옳은 것은?

① 특성방정식의 모든 근이 z 평면의 음의 반평면에 있으면 안정하다.
② 특성방정식의 모든 근이 z 평면의 양의 반평면에 있으면 안정하다.
③ 특성방정식의 모든 근이 z 평면의 단위원 내부에 있으면 안정하다.
④ 특성방정식의 모든 근이 z 평면의 단위원 외부에 있으면 안정하다.

해설 Chapter 10 – 04
이산 시스템은 z변환이므로 특성방정식의 모근 근이 z 평면의 단위원 내부에 있으면 안정하고, 외부에 있으면 불안정하며 원주에 사상되면 임계가 된다.

69

노내 온도를 제어하는 프로세스 제어계에서 검출부에 해당하는 것은?

① 노 ② 밸브
③ 증폭기 ④ 열전대

해설 Chapter 01
노내 온도를 제어하는 프로세스 제어에서 검출부에 해당하는 것은 열전대이다.

70

단위 부궤환 제어시스템의 루프전달함수 $G(s)H(s)$가 다음과 같이 주어져 있다. 이득여유가 20[dB]이면 이때의 K의 값은?

$$G(s)H(s) = \frac{K}{(s+1)(s+3)}$$

① 3/10 ② 3/20
③ 1/20 ④ 1/40

해설 Chapter 07 – 03
이득여유 $G(s)H(s)|_{\omega=0}=$ 상수,

$20\log\frac{1}{|상수|}[dB]$ 이므로

$\frac{K}{(s+1)(s+3)}|_{\omega=0} = \frac{K}{3}$ 이 된다.

이득여유가 20[dB]이 되려면 $\frac{1}{\left|\frac{K}{3}\right|}=\frac{3}{K}$ 의

값이 10이 되어야 하므로 $\frac{3}{K}=10,\ K=\frac{3}{10}$

71

R=100[Ω], X_C=100[Ω]이고 L만을 가변할 수 있는 RLC 직렬회로가 있다. 이때 $f<$ 500[Hz], $E=$100[V]를 인가하여 L을 변화시킬 때 L의 단자전압 E_L의 최대값은 몇 [V]인가?(단, 공진회로이다.)

① 50 ② 100
③ 150 ④ 200

해설 Chapter 02 – 10
RLC직렬회로의 공진조건은

$\omega L = \frac{1}{\omega C},\ X_L = X_C = 100[\Omega]$이며

전류 $I=\frac{V}{R}=\frac{100}{100}=1[A]$이다.

그러므로 L의 단자전압

$E_L = X_L \times I = 100\times 1 = 100[V]$

72

어떤 회로에 전압을 115[V] 인가하였더니 유효전력이 230[W], 무효전력이 345[Var]를 지시한다면 회로에 흐르는 전류는 약 몇 [A]인가?

① 2.5 ② 5.6
③ 3.6 ④ 4.5

정답 68 ③ 69 ④ 70 ① 71 ② 72 ③

해설 Chapter 03 − 01

유효전력과 무효전력을 알면 피상전력을 알 수 있으므로

$P_a = VI = \sqrt{P^2 + P_r^2}$,

$I = \dfrac{\sqrt{P^2+P_r^2}}{V} = \dfrac{\sqrt{230^2+345^2}}{115}$

$= 3.6[\text{A}]$

73

시정수의 의미를 설명한 것 중 틀린 것은?

① 시정수가 작으면 과도현상이 짧다.
② 시정수가 크면 정상상태에 늦게 도달한다.
③ 시정수는 τ로 표기하며 단위는 초(sec)이다.
④ 시정수는 과도 기간 중 변화해야 할 양의 0.632[%]가 변화하는데 소요된 시간이다.

해설 Chapter 14 − 01

시정수가 작으면 과도현상이 짧고 크면 정상상태에 늦게 도달한다. 시정수의 단위는 [sec].
과도 기간 중 변화해야 할 양의 0.632 또는 63.2[%]가 변화하는데 소요된 시간이다.

74

무손실 선로에 있어서 감쇠정수 α, 위상정수를 β라 하면 α와 β의 값은?(단, R, G, L, C 는 선로 단위 길이당의 저항, 컨덕턴스, 인덕턴스 커패시턴스이다.)

① $\alpha = \sqrt{RG},\ \beta = 0$
② $\alpha = 0,\ \beta = \dfrac{1}{\sqrt{LC}}$
③ $\alpha = 0,\ \beta = \omega\sqrt{LC}$
④ $\alpha = \sqrt{RG},\ \beta = \omega\sqrt{LC}$

해설 Chapter 12 − 01

무손실 선로의 전파 정수

$r = \alpha + j\beta = 0 + j\omega\sqrt{LC}$ 이다.

75

어떤 소자에 걸리는 전압이 $100\sqrt{2}\cos\left(314t - \dfrac{\pi}{6}\right)$[V]이고, 흐르는 전류가 $3\sqrt{2}\cos\left(314t + \dfrac{\pi}{6}\right)$[A]일 때 소비되는 전력[W]은?

① 100　　② 150
③ 250　　④ 300

해설 Chapter 03 − 01

소비전력

$P = VI\cos\theta = 100 \times 3 \times \cos 60^\circ = 300 \times \dfrac{1}{2}$

$= 150[\text{W}]$

전압과 전류의 위상차는 60도임.

76

그림(a)와 그림(b)가 역회로 관계에 있으려면 L의 값은 몇 [mH]인가?

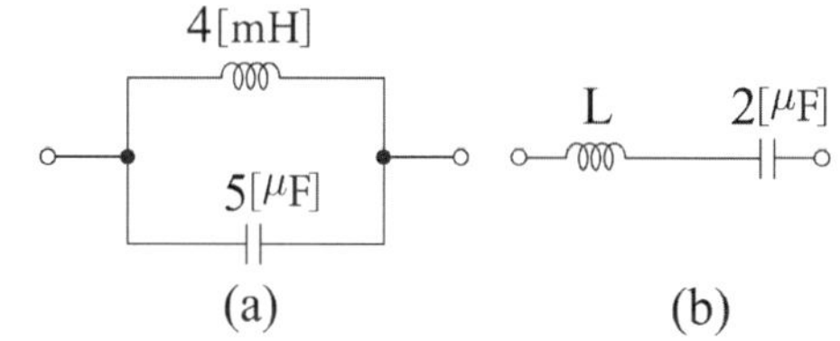

① 1　　② 2
③ 5　　④ 10

해설 Chapter 10 − 02

역회로 관계식에 의해

$L_1 = 4, C_1 = 2, C_2 = 5$ 이므로

$\dfrac{L_1}{C_1} = \dfrac{L_2}{C_2} = k^2,\ L_2 = \dfrac{L_1}{C_1}C_2 = \dfrac{4}{2} \times 5 = 10[\text{mH}]$

정답 73 ④ 74 ③ 75 ② 76 ④

77

2개의 전력계로 평형 3상 부하의 전력을 측정하였더니 한쪽의 지시가 다른 쪽 전력계 지시의 3배였다면 부하의 역률은 약 얼마인가?

① 0.46　　② 0.56
③ 0.65　　④ 0.76

해설 Chapter 07 – 04
2전력계법의 역률

$$\cos\theta = \frac{P_1+P_2}{2\sqrt{P_1^2+P_2^2-P_1P_2}} = \frac{P+3P}{2\sqrt{P^2+(3P)^2-(P\times3P)}} = \frac{4P}{2\sqrt{10P^2-3P^2}} = \frac{2}{\sqrt{7}} = 0.76$$

78

$F(s) = \dfrac{1}{s(s+1)}$ 의 라플라스 역변환은?

① e^{-at}　　② $1-e^{-at}$
③ $a(1-e^{-at})$　　④ $\dfrac{1}{a}(1-e^{-at})$

해설 Chapter 13 – 09

$F(s) = \dfrac{k_1}{s} + \dfrac{k_2}{s+a}$ 에서

$k_1 = \dfrac{1}{s(s+a)}\times s = \dfrac{1}{s+a}|_{s=0} = \dfrac{1}{a}$,

$k_2 = \dfrac{1}{s(s+a)}\times(s+a) = \dfrac{1}{s}|_{s=-a} = -\dfrac{1}{a}$

$\therefore F(s) = \dfrac{\frac{1}{a}}{s} + \dfrac{-\frac{1}{a}}{s+a} = \dfrac{1}{a}(\dfrac{1}{s} - \dfrac{1}{s+a})$ 이다.

시간함수로 변환하면 $f(t) = \dfrac{1}{a}(1-e^{-at})$

79

선간전압의 200[V]인 대칭 3상 전원에 평형 3상 부하가 접속되어 있다. 부하 1상의 저항은 10[Ω], 유도리액턴스 15[Ω], 용량리액턴스 5[Ω]가 직렬로 접속된 것이다. 부하가 △결선일 경우, 선로전류[A]와 3상 전력[W]은 약 얼마인가?

① $I_\ell = 10\sqrt{6}$, $P_3 = 6000$
② $I_\ell = 10\sqrt{6}$, $P_3 = 8000$
③ $I_\ell = 10\sqrt{3}$, $P_3 = 6000$
④ $I_\ell = 10\sqrt{3}$, $P_3 = 8000$

해설 Chapter 07 – 01 – (2)
부하 한상의 임피던스
$Z = 10 + j(15-5) = 10 + j10$,
크기 $Z = 10 + j(15-5) = 10 + j10$, [Ω]
△결선일 경우 선간전압과 상전압은 일정,
선로전류 $I_l = \sqrt{3}I_p$이므로

$I_p = \dfrac{V_p}{Z} = \dfrac{200}{10\sqrt{2}} = 10\sqrt{2}$ [A]

선전류 $I_l = \sqrt{3}I_p = \sqrt{3}\times10\sqrt{2} = 10\sqrt{6}$ [A],
3상 전력 $P = 3I_p^2R = 3\times(10\sqrt{2})^2\times10 = 6000$[W]

80

공간적으로 서로 $\dfrac{2\pi}{n}$[rad]의 각도를 두고 배치한 n개의 코일에 대칭 n상 교류를 흘리면 그 중심에 생기는 회전자계의 모양은?

① 원형 회전자계　　② 타원형 회전자계
③ 원통형 회전자계　　④ 원추형 회전자계

해설 Chapter 08
대칭 다상 : 원형 회전자계
비대칭 다상 : 타원형 회전자계

정답 77 ④ 78 ④ 79 ① 80 ①

제5과목 | 전기설비기술기준

81

애자사용 공사에 의한 저압 옥내배선 시설 중 틀린 것은?

① 전선은 인입용 비닐 절연전선일 것
② 전선 상호 간의 간격은 6[cm] 이상일 것
③ 전선의 지지점 간의 거리는 전선을 조영재의 윗면에 따라 붙일 경우에는 2[m] 이하일 것
④ 전선과 조영재 사이의 이격거리는 사용전압이 400[V] 미만인 경우에는 2.5[cm] 이상일 것

해설 Chapter 05 – 05
애자사용공사
DV(인입용비닐절연전선)은 제외한다.

82

저압 및 고압 가공전선의 높이는 도로를 횡단하는 경우와 철도를 횡단하는 경우에 각각 몇 [m] 이상이어야 하는가?

① 도로 : 지표상 5, 철도 : 레일면상 6
② 도로 : 지표상 5, 철도 : 레일면상 6.5
③ 도로 : 지표상 6, 철도 : 레일면상 6
④ 도로 : 지표상 6, 철도 : 레일면상 6.5

해설 Chapter 06 – 06 – (4)
저·고압 가공전선의 지표상 높이
도로 횡단시 지표상 5[m], 철도 횡단시 레일면상 6.5[m] 이상 높이에 시설한다.

83

사용전압이 몇 [V] 이상의 중성점 직접접지식 전로에 접속하는 변압기를 설치하는 곳에는 절연유의 구외 유출 및 지하 침투를 방지하기 위하여 절연유 유출 방지설비를 하여야 하는가?

① 25000　　② 50000
③ 75000　　④ 100000

해설 Chapter 02 – 10
절연유의 구외 유출방지설비
100[kV] 이상일 경우 시설한다.

84

발전용 수력 설비에서 필댐의 축제재료로 필댐의 본체에 사용하는 토질재료로 적합하지 않은 것은?

① 묽은 진흙으로 되지 않을 것
② 댐의 안정에 필요한 강도 및 수밀성이 있을 것
③ 유기물을 포함하고 있으며 광물성분은 불용성일 것
④ 댐의 안정에 지장을 줄 수 있는 팽창성 또는 수축성이 없을 것

85

전기울타리용 전원 장치에 전기를 공급하는 전로의 사용전압은 몇 [V] 이하이어야 하는가?

① 150　　② 200
③ 250　　④ 300

해설 Chapter 05 – 12 – (1)
전기울타리의 시설
사용전압은 250[V] 이하이어야만 한다.

86

사용전압이 22.9[kV]인 특고압 가공전선로(중성선 다중접지식의 것으로서 전로에 지락이 생겼을 때에 2초 이내에 자동적으로 이를 전로로부터 차단하는 장치가 되어 있는 것에 한한다.)가 상호 간 접근 또는 교차하는 경우 사용전선이 양쪽 모두 케이블인 경우 이격거리는 몇 [m] 이상인가?

① 0.25　　② 0.5
③ 0.75　　④ 1.0

정답 81 ① 82 ④ 83 ④ 84 ③ 85 ③ 86 ②

해설 Chapter 03 – 13

25[kV] 이하 특고압 다중접지방식의 가공전선의 이격거리
25[kV] 이하 특고압 다중접지 가공전선의 경우 상호 이격거리는 케이블을 사용할 경우 0.5[m] 이상 이격시킨다.

87

전력계통의 일부가 전력계통의 전원과 전기적으로 분리된 상태에서 분산형전원에 의해서만 가압되는 상태를 무엇이라 하는가?

① 계통연계　② 접속설비
③ 단독운전　④ 단순 병렬운전

해설

분산형 전원
분산형 전원의 경우 계통과 분리되어 운전되는 것을 단독운전이라고 한다.

88

고압 가공인입선이 케이블 이외의 것으로서 그 전선의 아래쪽에 위험표시를 하였다면 전선의 지표상 높이는 몇 [m]까지로 감할 수 있는가?

① 2.5　② 3.5
③ 4.5　④ 5.5

해설 Chapter 01 – 04

고압 가공인입선의 지표상 높이
위험표시의 경우 3.5[m] 이상 높이에 시설한다.

89

특고압의 기계기구 · 모선 등을 옥외에 시설하는 변전소의 구내에 취급자 이외의 자가 들어가지 못하도록 시설하는 울타리 · 담 등의 높이는 몇 [m] 이상으로 하여야 하는가?

① 2　② 2.2
③ 2.5　④ 3

해설 Chapter 02 – 01

발 · 변전소의 울타리 · 담 등의 시설기준
울타리 · 담 등의 높이는 2[m] 이상이어야만 한다.

90

가반형의 용접 전극을 사용하는 아크용접장치의 용접변압기의 1차측 전로의 대지전압은 몇 [V] 이하이어야 하는가?

① 60　② 150　③ 300　④ 400

해설 Chapter 05

아크 용접기
1차 전압은 300[V] 이하이어야 한다.

91

특고압을 옥내에 시설하는 경우 그 사용 전압의 최대 한도는 몇 [kV] 이하인가?(단, 케이블 트레이공사는 제외)

① 25　② 80　③ 100　④ 160

해설 Chapter 05 – 04 – (2)

특고압 옥내배선의 시설제한 전압 100[kV] 이하

92

샤워시설이 있는 욕실 등 인체가 물에 젖어있는 상태에서 전기를 사용하는 장소에 콘센트를 시설할 경우 인체감전보호용 누전차단기의 정격감도전류는 몇 [mA] 이하인가?

① 5　② 10　③ 15　④ 30

해설 Chapter 05

욕실에 시설되는 누전차단기의 감도전류
정격 감도전류 15[mA] 이하이어야만 한다.

정답 87 ③ 88 ② 89 ① 90 ③ 91 ③ 92 ③

93

( ) 안에 들어갈 내용으로 옳은 것은?

> 유희용 전차에 전기를 공급하는 전로의 사용전압으로 직류의 경우는 (Ⓐ)[V] 이하, 교류의 경우는 (Ⓑ)[V] 이하이여야 한다.

① Ⓐ 60, Ⓑ 40
② Ⓐ 40, Ⓑ 60
③ Ⓐ 30, Ⓑ 60
④ Ⓐ 60, Ⓑ 30

해설 Chapter 05 – 12 – (5)
유희용 전차의 시설기준
유희용 전차에 전기를 공급하는 전로의 사용전압으로 직류의 경우는 (60)[V] 이하, 교류의 경우는 (40)[V] 이하이여야 한다.

94

철탑의 강도계산을 할 때 이상 시 상정하중이 가하여지는 경우 철탑의 기초에 대한 안전율은 얼마 이상이어야 하는가?

① 1.33 ② 1.83
③ 2.25 ④ 2.75

해설 Chapter 03 – 02
지지물의 안전율
철탑의 경우 이상시 상정하중에 대한 철탑의 안전율은 1.33 이상이어야 한다.

95

발전기를 자동적으로 전로로부터 차단하는 장치를 반드시 시설하지 않아도 되는 경우는?

① 발전기에 과전류나 과전압이 생긴 경우
② 용량 5000[kVA] 이상인 발전기의 내부에 고장이 생긴 경우
③ 용량 500[kVA] 이상의 발전기를 구동하는 수차의 압유 장치의 유압이 현저히 저하한 경우
④ 용량 2000[kVA] 이상인 수차 발전기의 스러스트 베어링의 온도가 현저히 상승하는 경우

해설 Chapter 02 – 03
발전기의 보호장치
내부고장의 경우 10000[kVA] 이상인 발전기의 경우에 해당한다.

※ 한국전기설비규정(KEC) 개정에 따라 삭제된 문제가 있어 100문항이 되지 않습니다.

정답 93 ① 94 ① 95 ②

전기기사 기출문제

2018년 3회 기출문제

제1과목 | 전기자기학

01

전계 E의 E의, x, y, z 성분을 E_x, E_y, E_z라 할 때 $divE$는?

① $\frac{\partial E_x}{\partial x}+\frac{\partial E_y}{\partial y}+\frac{\partial E_z}{\partial z}$

② $i\frac{\partial E_x}{\partial x}+j\frac{\partial E_y}{\partial y}+k\frac{\partial E_z}{\partial z}$

③ $\frac{\partial^2 E_x}{\partial x^2}+\frac{\partial^2 E_y}{\partial y^2}+\frac{\partial^2 E_z}{\partial z^2}$

④ $i\frac{\partial^2 E_x}{\partial x^2}+j\frac{\partial^2 E_y}{\partial y^2}+k\frac{\partial^2 E_z}{\partial z^2}$

해설 Chapter 01 – 04

$divE=\nabla(E_x i+E_y j+E_z k)$

$=(\frac{\partial}{\partial x}i+\frac{\partial}{\partial y}j+\frac{\partial}{\partial z}k)\cdot(E_x i+E_y j+E_z k)$

$=\frac{\partial E_x}{\partial x}+\frac{\partial E_y}{\partial y}+\frac{\partial E_z}{\partial z}$

02

동심 구형 콘덴서의 내외 반지름을 각각 5배로 증가시키면 정전 용량은 몇 배로 증가하는가?

① 5 ② 10 ③ 15 ④ 20

해설 Chapter 03 – 04

동심구의 정전용량 $C=\frac{4\pi\varepsilon_0 ab}{b-a}$[F]이고

내외 반지름을 각각 5배 증가시키면

$C=\frac{4\pi\varepsilon_0\times 5a\times 5b}{5b-5a}=\frac{4\pi\varepsilon_0\times 5a\times 5b}{5(b-a)}$

$=\frac{5\times 4\pi\varepsilon_0 ab}{b-a}$[F]이 되므로 5배가 된다.

03

자성체 경계면에 전류가 없을 때의 경계 조건으로 틀린 것은?

① 자계 H의 접선 성분 $H_{1r}=H_{2r}$

② 자속밀도 B의 법선 성분 $B_{1N}=B_{2N}$

③ 경계면에서의 자력선의 굴절 $\frac{\tan\theta_1}{\tan\theta_2}=\frac{\mu_1}{\mu_2}$

④ 전속밀도 D의 법선 성분 $D_{1N}=D_{2N}=\frac{\mu_2}{\mu_1}$

해설 Chapter 04 – 02, 08 – 02

전속 밀도 D의 법선 성분은 $D_{1N}=D_{2N}$이다.

04

도체나 반도체에 전류를 흘리고 이것과 직각 방향으로 자계를 가하면 이 두 방향과 직각 방향으로 기전력이 생기는 현상을 무엇이라 하는가?

① 홀 효과 ② 핀치 효과

③ 볼타 효과 ④ 압전 효과

해설 Chapter 06

홀 효과는 도체나 반도체에 전류를 흘리고 이것과 직각방향으로 자계를 가하면 이 두 방향과 직각 방향으로 기전력이 생기는 현상

05

판자석의 세기가 0.01[Wb/m] 반지름이 5[cm]인 원형 자석판이 있다. 자석의 중심에서 축항 10[cm]인 점에서의 자위의 세기는 몇 [AT]인가?

① 100 ② 175

③ 370 ④ 420

정답 01 ① 02 ① 03 ④ 04 ① 05 ④

해설 Chapter 07 – 05

판자석의 자위의 세기는 $U=\frac{M}{4\pi\mu_0}\omega$[AT],

입체각 $\omega=2\pi(1-\cos\theta)$이다.

$$U=\frac{M}{4\pi\mu_0}\omega=\frac{M}{4\pi\mu_0}2\pi(1-\cos\theta)$$
$$=\frac{M}{2\mu_0}(1-\frac{x}{\sqrt{a^2+x^2}})$$
$$=\frac{0.01}{2\times4\pi\times10^{-7}}(1-\frac{10}{\sqrt{5^2+10^2}})$$
$$=420\text{[AT]}$$

06

평면도체 표면에서 d[m] 거리에 점전하 Q[C]이 있을 때 이 전하를 무한원점까지 운반하는 데 필요한 일[J]은?

① $\frac{Q^2}{4\pi\epsilon_0 d}$　② $\frac{Q^2}{8\pi\epsilon_0 d}$

③ $\frac{Q^2}{16\pi\epsilon_0 d}$　④ $\frac{Q^2}{32\pi\epsilon_0 d}$

해설 Chapter 05 – 01

전기영상법에서 무한 평면에서 거리 d[m]에 점전하 Q[C]이 있을 때 이 전하를 무한원점까지 운반하는 데 필요한 일

$W=\frac{Q^2}{16\pi\varepsilon_0 d}$[J]

07

유전율 ε, 전계의 세기 E인 유전체의 단위체적에 축적되는 에너지는?

① $\frac{E}{2\varepsilon}$　② $\frac{\varepsilon E}{2}$

③ $\frac{\varepsilon E^2}{2}$　④ $\frac{\varepsilon^2E^2}{2}$

해설 Chapter 02 – 14

단위 체적에 축적되는 에너지

$W=\frac{1}{2}\varepsilon E^2=\frac{D^2}{2\varepsilon}=\frac{1}{2}ED$[J/m³]

08

길이 ℓ[m], 지름 d[m]인 원통의 길이 방향으로 균일하게 자화되어 자화의 세기가 J[Wb/m²]인 경우 원통 양단에서의 전자극의 세기[Wb]는?

① πd^2J　② πdJ

③ $\frac{4J}{\pi d^2}$　④ $\frac{\pi d^2J}{4}$

해설 Chapter 08 – 01

자화의 세기에서 전자극의 세기

$m=sJ=\pi r^2J=\frac{\pi d^2}{4}J$[Wb]

09

자기인덕턴스 L_1, L_2와 상호 인덕턴스 M 사이의 결합계수는?(단, 단위는 H이다.)

① $\frac{M}{L_1,L_2}$　② $\frac{L_1,L_2}{M}$

③ $\frac{M}{\sqrt{L_1,L_2}}$　④ $\frac{\sqrt{L_1,L_2}}{M}$

해설 Chapter 10 – 03

상호인덕턴스 $M=k\sqrt{L_1L_2}$[H]이므로

결합계수 $k=\frac{M}{\sqrt{L_1L_2}}$

10

진공 중에서 선전하 밀도 $\rho_1=6\times10^{-8}$[C/m]인 무한히 긴 직선상 선전하가 x축과 나란하고 z=2[m] 점을 지나고 있다. 이 선전하에 의하여 반지름 5[m]인 원점에 중심을 둔 구표면 S_0를 통과하는 전기력선수는 약 몇 [V/m]인가?

① 3.1×10^4　② 4.8×10^4

③ 5.5×10^4　④ 6.2×10^4

정답 06 ③ 07 ③ 08 ④ 09 ③ 10 ④

해설 Chapter 02

구 내부의 직선길이 $\ell = 2l = 2\times\sqrt{5^2-2^2}$
$=2\sqrt{21}$ 여기서 $l=\sqrt{5^2-2^2}$

총 전하량 $Q=\rho_l\times\ell = 6.8\times10^{-8}\times2\sqrt{21}$
$=5.49\times10^{-7}$[C]

전기력선수 $N=\dfrac{Q}{\epsilon_0}=\dfrac{5.49\times10^{-7}}{8.855\times10^{-12}}$
$=6.2\times10^4$[V/m]

11

대지면에 높이 h[m]로 평행하게 가설된 매우 긴 선전하가 지면으로부터 받는 힘은?

① h에 비례 ② h에 반비례
③ h^2에 비례 ④ h^2에 반비례

해설 Chapter 05 – 03

무한평면(대지면)과 선전하에 의한 전기영상법의 힘

$F=\dfrac{-\lambda^2}{4\pi\varepsilon_0 h}$ 이므로

힘과 높이 h[m]는 $F\propto\dfrac{1}{h}$ 이다.

12

정전에너지, 전속밀도 및 유전상수 ε_r의 관계에 대한 설명 중 틀린 것은?

① 굴절각이 큰 유전체는 ε_r이 크다.
② 동일 전속밀도에서는 ε_r이 클수록 정전에너지는 작아진다.
③ 동일 정전에너지에서는 ε_r이 클수록 전속밀도가 커진다.
④ 전속은 매질에 축적되는 에너지가 최대가 되도록 분포된다.

해설 Chapter 07

전속은 매질에 축적되는 에너지가 최소가 되도록 분포된다.

13

$\sigma=1[\Omega/\text{m}]$, $\varepsilon_s=6$, $\mu=\mu_0$인 유전체에 교류전압을 가할 때 변위전류와 전도전류의 크기가 같아지는 주파수는 약 몇 [Hz]인가?

① 3.0×10^9 ② 4.2×10^9
③ 4.7×10^9 ④ 5.1×10^9

해설 Chapter 11

변위전류와 전도전류의 크기가 같아지는 주파수

임계주파수 $f=\dfrac{\sigma}{2\pi\varepsilon}=\dfrac{1}{2\pi\times8.855\times10^{-12}\times6}$
$=3\times10^9$[Hz]

14

그 양이 증가함에 따라 무한장 솔레노이드의 자기인덕턴스 값이 증가하지 않는 것은 무엇인가?

① 철심의 반경 ② 철심의 길이
③ 코일의 권수 ④ 철심의 투자율

해설 Chapter 10 – 02

솔레노이드의 자기 인덕턴스 $L=\dfrac{\mu SN^2}{l}$[H]에서 투자율, 면적, 권수에는 비례하고 길이는 반비례한다.

15

단면적 $S[\text{m}^2]$, 단위 길이당 권수가 n_0[회/m]인 무한히 긴 솔레노이드의 자기 인덕턴스[H/m]는?

① μSn_0 ② $\mu Sn_0{}^2$
③ μS^2n_0 ④ $\mu S^2n_0{}^2$

해설 Chapter 10 – 02

단위 길이당 권수가 n_0[회/m]인 무한장 솔레노이드의 자기 인덕턴스 $L=\mu Sn_0^2$[H/m]

정답 11 ② 12 ④ 13 ① 14 ② 15 ②

16

비투자율 1000인 철심이 든 환상솔레노이드의 권수가 600회, 평균지름 20[cm], 철심의 단면적 10[cm^2]이다. 이 솔레노이드에 2[A]의 전류가 흐를 때 철심 내의 자속은 약 몇 [Wb]인가?

① 1.2×10^{-3}　　② 1.2×10^{-4}

③ 2.4×10^{-3}　　④ 2.4×10^{-4}

해설 Chapter 08 – 04

환상 솔레노이드의 자속 $\phi = \frac{\mu SNI}{l}$[Wb],

이때 반지름은 10[cm]이다.

$$\phi = \frac{\mu SNI}{l} = \frac{\mu SNI}{2\pi a}$$
$$= \frac{4\pi \times 10^{-7} \times 1000 \times 10 \times 10^{-4} \times 600 \times 2}{2\pi \times 0.1}$$
$$= 2.4 \times 10^{-3}\text{[Wb]}$$

17

3개의 점전하 Q_1=3C, Q_2=1C, Q_3=−3C을 점 P_1(0,0,0), P_2(2,0,0), P_3(3,0,0)에 어떻게 놓으면 원점에서의 전계의 크기가 최대가 되는가?

① P_1에 Q_1, P_2에 Q_2, P_3에 Q_3

② P_1에 Q_2, P_2에 Q_3, P_3에 Q_1

③ P_1에 Q_3, P_2에 Q_1, P_3에 Q_2

④ P_1에 Q_3, P_2에 Q_2, P_3에 Q_1

해설 Chapter 02

원점에서의 전계의 세기 크기가 최대가 되려면 원점에서 P_1점에 가장 큰 전하를 P_2점에는 P_1점의 전하와 부호가 같은 작은 전하를 두고 P_3점은 부호가 반대인 전하를 놓으면 가장 큰 전계를 얻는다.

18

맥스웰의 전자방정식에 대한 의미를 설명한 것으로 틀린 것은?

① 자계의 회전은 전류밀도와 같다.

② 자계는 발산하며, 자극은 단독으로 존재한다.

③ 전계의 회전은 자속밀도의 시간적 감소율과 같다.

④ 단위체적 당 발산 전속 수는 단위체적 당 공간전하 밀도와 같다.

해설 Chapter 11 – 05

맥스웰 전자방정식에 의해 고립 자극은 존재할 수 없으며 항상 N,S 공존하며 일정하다. 즉, $div B = 0$

19

전기력선의 설명 중 틀린 것은?

① 전기력선은 부전하에서 시작하여 정전하에서 끝난다.

② 단위 전하에서는 $1/\varepsilon_0$개의 전기력선이 출입한다.

③ 전기력선은 전위가 높은 점에서 낮은 점으로 향한다.

④ 전기력선의 방향은 그 점의 전계의 방향과 일치하며 밀도는 그 점에서의 전계의 크기와 같다.

해설 Chapter 02 – 05

전기력선은 정(+)전하에서 시작하여 부(−)전하에서 끝난다.

20

유전율이 $\varepsilon = 4\varepsilon_0$이고 투자율이 μ_0인 비도전성 유전체에서 전자파의 전계의 세기가 $E(z,t) = a_y 377\cos(10^9 t - BZ)$[V/m]일 때의 자계의 세기 H는 몇 [A/m]인가?

① $-a_z 2\cos(10^9 t - BZ)$

② $-a_x 2\cos(10^9 t - BZ)$

③ $-a_z 7.1 \times 10^4 \cos(10^9 t - BZ)$

④ $-a_x 7.1 \times 10^4 \cos(10^9 t - BZ)$

해설 Chapter 11

전자파의 $\frac{E}{H} = \sqrt{\frac{\mu}{\varepsilon}} = \sqrt{\frac{\mu_0 \mu_s}{\varepsilon_0 \varepsilon_s}} = 377\sqrt{\frac{1}{4}} = \frac{377}{2}$ 이므로

자계의 세기는 전계와 수직관계이므로 a_x 반대 진행 방향이다.

$$\frac{E}{H} = \frac{377}{2},\ H = \frac{2E}{377} = \frac{2a_y 377\cos(10^9 t - \beta Z)}{377}$$
$$= -a_x 2\cos(10^9 t - \beta Z)\text{[A/m]}$$

정답 16 ③ 17 ① 18 ② 19 ① 20 ②

제2과목 | 전력공학

21

변류기 수리 시 2차측을 단락시키는 이유는?

① 1차측 과전류 방지
② 2차측 과전류 방지
③ 1차측 과전압 방지
④ 2차측 과전압 방지

해설 Chapter 08 – 03
CT의 점검시 2차측의 단락 이유
2차측 과전압 유기에 따른 절연파괴를 방지한다.

22

1년 365일 중 185일은 이 양 이하로 내려가지 않는 유량은?

① 평수량 ② 풍수량
③ 고수량 ④ 저수량

해설 Chapter 11 – 03
하천유량과 낙차
평수량이란 1년 365일 중 185일은 이 양 이하로 내려가지 않는 유량을 말한다.

23

배전선의 전압조정장치가 아닌 것은?

① 승압기
② 리클로저
③ 유도전압조정기
④ 주상변압기 탭 절환장치

해설 Chapter 11 – 01
배전전압 조정장치
1) 승압기
2) 유도전압조정기
3) 주상변압기 탭절환

24

발전기 또는 주변압기의 내부고장 보호용으로 가장 널리 쓰이는 것은?

① 거리계전기 ② 과전류계전기
③ 비율차동계전기 ④ 방향단락계전기

해설 Chapter 08 – 01 – (3)
보호계전기의 기능상 분류
발전기 또는 변압기 내부고장을 보호하기 위해 사용되는 계전기는 비율차동계전기에 해당한다.

25

그림과 같은 선로의 등가선간거리는 몇 [m]인가?

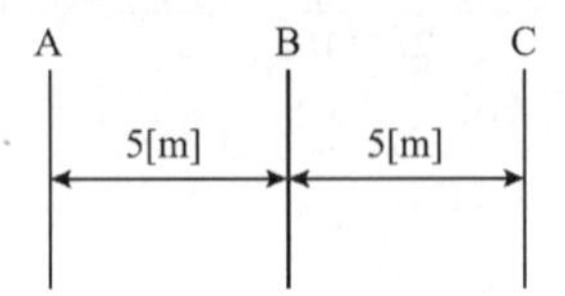

① 5 ② $5\sqrt{2}$ ③ $5\sqrt[3]{2}$ ④ $10\sqrt[3]{2}$

해설 Chapter 02 – 01 – (1)
수평배열시 등가선간거리
$D' = D\sqrt[3]{2} = 5\sqrt[3]{2}$

26

서지파(진행파)가 서지 임피던스 Z_1의 선로측에서 서지 임피던스 Z_2의 선로측으로 입사할 때 투과계수(투과파 전압÷입사파전압) b를 나타내는 식은?

① $b = \dfrac{Z_2 - Z_1}{Z_1 + Z_2}$ ② $b = \dfrac{2Z_2}{Z_1 + Z_2}$
③ $b = \dfrac{Z_1 - Z_2}{Z_1 + Z_2}$ ④ $b = \dfrac{2Z_1}{Z_1 + Z_2}$

해설 Chapter 07 – 03
진행파의 투과계수

$$b = \frac{2Z_2}{Z_1 + Z_2}$$

정답 21 ④ 22 ① 23 ② 24 ③ 25 ③ 26 ②

27

3상 송전선로에서 선간단락이 발생하였을 때 다음 중 옳은 것은?

① 역상전류만 흐른다.
② 정상전류와 역상전류가 흐른다.
③ 역상전류와 영상전류가 흐른다.
④ 정상전류와 영상전류가 흐른다.

해설 Chapter 05 – 02 – (3)
선간단락에 대한 해석
영상분은 존재하지 않으며 정상, 역상전류가 흐른다.

28

송전계통의 안정도 향상 대책이 아닌 것은?

① 전압 변동을 적게 한다.
② 고속도 재폐로 방식을 채용한다.
③ 고장시간, 고장전류를 적게 한다.
④ 계통의 직렬 리액턴스를 증가시킨다.

해설 Chapter 06 – 01 – (3)
안정도 향상 대책
계통의 직렬 리액턴스를 작게 해야만 한다.

29

배전선로에서 사고범위의 확대를 방지하기 위한 대책으로 적당하지 않은 것은?

① 선택접지계전방식 채택
② 자동고장 검출장치 설치
③ 진상콘덴서를 설치하여 전압보상
④ 특고압의 경우 자동구분개폐기 설치

해설
사고의 확대 방지대책
진상콘덴서를 설치하여 전압을 보상하는 것은 사고의 확대의 방지와 거리가 멀다.

30

화력발전소에서 재열기의 사용 목적은?

① 증기를 가열한다.
② 공기를 가열한다.
③ 급수를 가열한다.
④ 석탄을 건조한다.

해설 Chapter 11 – 04 – (2)
재열기
터빈에서 팽창하여 압력이 저하한 증기를 재가열한다.

31

송전전력, 송전거리, 전선의 비중 및 전력손실률이 일정하다고 하면 전선의 단면적 A[mm^2]와 송전전압 V[kV]와의 관계로 옳은 것은?

① $A \propto V$　② $A \propto V^2$
③ $A \propto \frac{1}{\sqrt{V}}$　④ $A \propto \frac{1}{V^2}$

해설 Chapter 03 – 01 – (1)
전선의 단면적과 송전전압과의 관계
$A \propto \frac{1}{V^2}$

32

선로에 따라 균일하게 부하가 분포된 선로의 전력 손실은 이들 부하가 선로의 말단에 집중적으로 접속되어 있을 때보다 어떻게 되는가?

① $\frac{1}{2}$로 된다.　② $\frac{1}{3}$로 된다.
③ 2배로 된다.　④ 3배로 된다.

해설 Chapter 10 – 01 – (3)
부하별 전압강하와 전력손실
전력손실의 경우 균일하게 분산된 경우 $\frac{1}{3}$배가 된다.

정답 27 ② 28 ④ 29 ③ 30 ① 31 ④ 32 ②

33

반지름 r[m]이고 소도체 간격 S인 4 복도체 송전선로에서 A, B, C가 수평으로 배열되어 있다. 등가선간거리가 D[m]로 배치되고 완전 연가 된 경우 송전선로의 인덕턴스는 몇 [mH/km]인가?

① $0.4605\log_{10}\frac{D}{\sqrt{rS^2}}+0.0125$

② $0.4605\log_{10}\frac{D}{\sqrt[2]{rS}}+0.025$

③ $0.4605\log_{10}\frac{D}{\sqrt[3]{rS^2}}+0.0167$

④ $0.4605\log_{10}\frac{D}{\sqrt[4]{rS^3}}+0.0125$

해설 Chapter 02 – 01 – (1)

복도체 방식의 인덕턴스

$$L=\frac{0.05}{n}+0.4605\log_{10}\frac{D}{\sqrt[n]{r\cdot S^{n-1}}}$$

$$=0.0125+0.4605\log_{10}\frac{D}{\sqrt[4]{rS^3}}$$

34

최소 동작 전류 이상의 전류가 흐르면 한도를 넘은 양(量)과는 상관없이 즉시 동작하는 계전기는?

① 순한시 계전기 ② 반한시 계전기
③ 정한시 계전기 ④ 반한시 정한시 계전기

해설 Chapter 08 – 01 – (2)

보호계전기의 동작시간에 의한 분류

순한시 계전기는 최소 동작전류인가시 그 양과 관계없이 즉시 동작하는 계전기의 특성을 말한다.

35

최근에 우리나라에서 많이 채용되고 있는 가스 절연 개폐 설비(GIS)의 특징으로 틀린 것은?

① 대기 절연을 이용한 것에 비해 현저하게 소형화할 수 있으나 비교적 고가이다.
② 소음이 적고 충전부가 완전한 밀폐형으로 되어 있기 때문에 안정성이 높다.
③ 가스 압력에 대한 엄중 감시가 필요하며 내부 점검 및 부품 교환이 번거롭다.
④ 한랭지, 산악 지방에서도 액화 방지 및 산화 방지 대책이 필요 없다.

해설 Chapter 08 – 02 – (3)

sF_6가스의 특성

GIS의 경우 sF_6가스를 이용한 개폐설비로서 절연내력과 소호능력이 우수하나 가격이 고가이며 한랭지에 적용시 액화대책이 요구된다.

36

송전선로에 복도체를 사용하는 주된 목적은?

① 인덕턴스를 증가시키기 위하여
② 정전용량을 감소시키기 위하여
③ 코로나 발생을 감소시키기 위하여
④ 전선 표면의 전위경도를 증가시키기 위하여

해설 Chapter 02 – 03

복도체의 특징

코로나 발생을 방지한다.

37

송배전 선로의 전선 굵기를 결정하는 주요 요소가 아닌 것은?

① 전압강하 ② 허용전류
③ 기계적 강도 ④ 부하의 종류

해설 Chapter 01 – 01 – (6)

전선의 굵기 선정요소

1) 허용전류
2) 전압강하
3) 기계적 강도

정답 33 ④ 34 ① 35 ④ 36 ③ 37 ④

38

기준 선간전압 23[kV], 기준 3상 용량 5,000[kVA], 1선의 유도 리액턴스가 15[Ω]일 때 %리액턴스는?

① 28.36[%]　② 14.18[%]
③ 7.09[%]　④ 3.55[%]

해설 Chapter 05 – 01 – (1)
%리액턴스

$$\%X = \frac{PX}{10V^2} = \frac{5000 \times 15}{10 \times 23^2} = 14.18[\%]$$

39

망상(Network)배전방식에 대한 설명으로 옳은 것은?

① 전압 변동이 대체로 크다.
② 부하 증가에 대한 융통성이 적다.
③ 방사상 방식보다 무정전 공급의 신뢰도가 더 높다.
④ 인축에 대한 감전사고가 적어서 농촌에 적합하다.

해설 Chapter 09 – 01 – (4)
네트워크 배전방식
무정전 공급 신뢰도가 가장 우수한 방식이다.

40

3상용 차단기의 정격전압은 170[kV]이고 정격차단전류가 50[kA]일 때 차단기의 정격차단용량은 약 몇 [MVA]인가?

① 5000　② 10000
③ 15000　④ 20000

해설 Chapter 08 – 02 – (5)
차단기의 정격차단기의 용량

$$P_s = \sqrt{3}\,V_n I_s = \sqrt{3} \times 170 \times 50 = 15000[\text{MVA}]$$

정답 38 ② 39 ③ 40 ③

제3과목 | 전기기기

41

3상 직권 정류자전동기에 중간 변압기를 사용하는 이유로 적당하지 않은 것은?

① 중간 변압기를 이용하여 속도 상승을 억제할 수 있다.
② 회전자 전압을 정류작용에 맞는 값으로 선정할 수 있다,
③ 중간 변압기를 사용하여 누설 리액턴스를 감소할 수 있다.
④ 중간 변압기의 권수비를 바꾸어 전동기 특성을 조정할 수 있다.

해설

3상 직권 정류자전동기에 중간 변압기의 사용이유
1) 정류자전압의 조정
2) 속도 이상상승 방지
3) 실효권수비의 조정
4) 회전자상수의 증가

42

변압기의 권수를 N이라고 할 때 누설리액턴스는?

① N에 비례한다. ② N^2에 비례한다.
③ N에 반비례한다. ④ N^2에 반비례한다.

해설 Chapter 02 – 02
변압기의 권수비 N과 누설리액턴스의 관계
$L \propto N^2$

43

직류기의 온도상승 시험 방법 중 반환부하법의 종류가 아닌 것은?

① 카프법 ② 홉킨스법
③ 스코트법 ④ 블론델법

해설 Chapter 13 – 07
직류기의 온도시험법
1) 카프법, 블론델법, 호킨스법

44

단상 직권 정류자전동기에서 보상권선과 저항도선의 작용을 설명한 것으로 틀린 것은?

① 역률을 좋게 한다.
② 변압기 기전력을 크게 한다.
③ 전기자 반작용을 감소시킨다.
④ 저항도선은 변압기 기전력에 의한 단락전류를 적게 한다.

해설
보상권선과 저항도선의 작용
변압기의 기전력을 크게 한다와는 거리가 멀다.

45

일반적인 변압기의 손실 중에서 온도상승에 관계가 가장 적은 요소는?

① 철손 ② 동손
③ 와류손 ④ 유전체손

해설 Chapter 08 – 02
변압기의 손실
일반적으로 변압기의 손실에는 철손과 동손, 그 외에 유전체손이 있으나 유전체손의 경우 그 크기가 미미하다.

46

직류발전기의 병렬 운전에서 부하 분담의 방법은?

① 계자전류와 무관하다.
② 계자전류를 증가하면 부하분담은 감소한다.
③ 계자전류를 증가하면 부하분담은 증가한다.
④ 계자전류를 감소하면 부하분담은 증가한다.

정답 41 ③ 42 ② 43 ③ 44 ② 45 ④ 46 ③

해설 Chapter 12 – 01

직류기의 부하분담

계자전류 I_f↑, 자속 ϕ↑, 유기기전력 E↑, 출력 P↑이 되며 부하분담은 증가한다.

47

1차 전압 6600[V], 2차 전압 220[V], 주파수 60[Hz], 1차 권수 1000회의 변압기가 있다. 최대 자속은 약 몇 [Wb]인가?

① 0.020 ② 0.025
③ 0.030 ④ 0.032

해설 Chapter 01 – 02

변압기의 기전력

$E_1 = 4.44 f \phi_1 N$

$$\phi = \frac{E_1}{4.44 f N_1} = \frac{6600}{4.44 \times 60 \times 1000} = 0.0247[\text{Wb}]$$

48

역률 100[%]일 때의 전압 변동률 ε은 어떻게 표시되는가?

① %저항강하 ② %리액턴스강하
③ %서셉턴스강하 ④ %임피던스강하

해설 Chapter 05 – 03 – (2)

역률 100[%]일 때의 전압변동률

$\varepsilon = P = \%R$이 된다.

49

3상 농형 유도전동기의 기동방법으로 틀린 것은?

① $Y-\Delta$ 기동
② 전전압 기동
③ 리액터 기동
④ 2차 저항에 의한 기동

해설 Chapter 11 – 03

농형 유도전동기의 기동방법

1) 전전압 기동
2) $Y-\Delta$ 기동
3) 리액터 기동
4) 기동보상기법

50

직류 복권발전기의 병렬운전에 있어 균압선을 붙이는 목적은 무엇인가?

① 손실을 경감한다.
② 운전을 안정하게 한다.
③ 고조파의 발생을 방지한다.
④ 직권계자 간의 전류증가를 방지한다.

해설 Chapter 04 – 01

균압선

직권과 복권발전기의 병렬운전시 안정운전을 위하여 설치한다.

51

2방향성 3단자 사이리스터는 어느 것인가?

① SCR ② SSS ③ SCS ④ TRIAC

해설

반도체 소자

TRIAC는 쌍방향(양방향)성 3단자 사이리스터를 말한다.

52

15[kVA], 3000/200[V] 변압기의 1차측 환산 등가 임피던스가 $5.4 + j6[\Omega]$일 때, %저항강하 p와 %리액턴스강하 q는 각각 약 몇 [%]인가?

① p=0.9, q=1 ② p=0.7, q=1.2
③ p=1.2, q=1 ④ p=1.3, q=0.9

정답 47 ② 48 ① 49 ④ 50 ② 51 ④ 52 ①

해설 Chapter 05 – 03 – (9)

%저항강하와 %리액턴스강하

1) $p=\frac{I_1R_{21}}{E_1}\times 100$

$=\frac{5\times 5.4}{3000}\times 100=0.9[\%]$

2) $q=\frac{I_1X_{21}}{E_1}$

$=\frac{5\times 6}{3000}\times 100=1[\%]$

$I_{1n}=\frac{P}{V_{1n}}=\frac{15\times 10^3}{3000}=5[\text{A}]$

53

유도전동기의 2차 여자제어법에 대한 설명으로 틀린 것은?

① 역률을 개선할 수 있다.
② 권선형 전동기에 한하여 이용된다.
③ 동기속도의 이하로 광범위하게 제어할 수 있다.
④ 2차 저항손이 매우 커지며 효율이 저하된다.

54

직류발전기를 3상 유도전동기에서 구동하고 있다. 이 발전기에 55[kW]의 부하를 걸 때 전동기의 전류는 약 몇 [A]인가?(단, 발전기의 효율은 88[%], 전동기의 단자전압은 400[V], 전동기의 효율은 88[%], 전동기의 역률은 82[%]로 한다.)

① 125　　② 225
③ 325　　④ 425

해설

전동기의 전류

$$I=\frac{\frac{55\times 10^3}{0.88}}{\sqrt{3}\times 400\times 0.88\times 0.82}=125[\text{A}]$$

55

동기기의 기전력의 파형 개선책이 아닌 것은?

① 단절권　　② 집중권
③ 공극조정　　④ 자극모양

해설 Chapter 02 – 03

동기기의 권선법

기전력의 파형을 개선하기 위하여 집중권과 분포권중 분포권을 채택하며, 전절권과 단절권중 단절권을 채택한다.

56

유도자형 동기발전기의 설명으로 옳은 것은?

① 전기자만 고정되어 있다.
② 계자극만 고정되어 있다.
③ 회전자가 없는 특수 발전기이다.
④ 계자극과 전기자가 고정되어 있다.

해설

유도자형 동기발전기

유도자형 동기발전기란 계자와 전기자가 고정되어 있으며 수백, 수천 사이클의 고주파 발전기로 사용된다.

57

200[V], 10[kW][의 직류 분권 전동기가 있다. 전기자저항은 0.2[Ω], 계자저항은 40[Ω]이고 정격전압에서 전류가 15[A]인 경우 5[kg · m]의 토크를 발생한다. 부하가 증가하여 전류가 25[A]로 되는 경우 발생 토크[kg · m]는?

① 2.5　　② 5
③ 7.5　　④ 10

정답 53 ④ 54 ① 55 ② 56 ④ 57 ④

해설 Chapter 10 – 01 – (4)

분권전동기의 토크

$T \propto I_a$

$5 : 15 = T' : 30$

$T' = 10$[kg·m]가 된다.

$I_a = I_f + I$

$5 + 25 = 30$[A]

$I_f = \dfrac{V}{R_f} = \dfrac{200}{40} = 5$[A]

58

50[Ω]의 계자저항을 갖는 직류 분권발전기가 있다. 이 발전기의 출력이 5.4[kW]일 때 단자전압은 100[V], 유기기전력은 115[V]이다. 이 발전기의 출력이 2[kW]일 때 단자전압이 125[V]라면 유기기전력은 약 몇 [V]인가?

① 130 ② 145

③ 152 ④ 159

해설 Chapter 13 – 04 – (4)

분권발전기의 유기기전력

$E = V + I_a R_a$

$115 = 100 + 56 R_a$

$R_a = 0.26$[Ω]

$I_a = I + I_f$이므로

$= \dfrac{5400}{100} + \dfrac{100}{50} = 56$[A]가 된다.

2[kW], 단자전압이 125[V]라면

$E = 125 + I_a \times 0.26$

$= 125 + 18.5 \times 0.26 = 129.81$[V]가 된다.

$I_a = \dfrac{2000}{125} + \dfrac{125}{50} = 18.5$[A]

59

돌극형 동기발전기에서 직축 동기리액턴스를 X_d, 횡축 동기리액턴스를 X_q라 할 때의 관계는?

① $X_d < X_q$ ② $X_d > X_q$

③ $X_d = X_q$ ④ $X_d \ll X_q$

해설 Chapter 15 – 03

돌극형 기기의 리액턴스

$X_d > X_q$

60

10극 50[Hz] 3상 유도전동기가 있다. 회전자도 3상이고 회전자가 정지할 때 2차 1상간의 전압이 150[V]이다. 이것을 회전자계와 같은 방향으로 400[rpm]으로 회전시킬 때 2차 전압은 몇 [V]인가?

① 50 ② 75

③ 100 ④ 150

해설 Chapter 16 – 04

회전지 2차 전압

$E_{2s} = sE_2$

$= 0.33 \times 150 = 50$[V]

$s = \dfrac{N_s - N}{N_s}$

$s = \dfrac{600 - 400}{600} = 0.33$

정답 58 ① 59 ② 60 ①

제4과목 | 회로이론 · 제어공학

61

다음의 회로를 블록선도로 그린 것 중 옳은 것은?

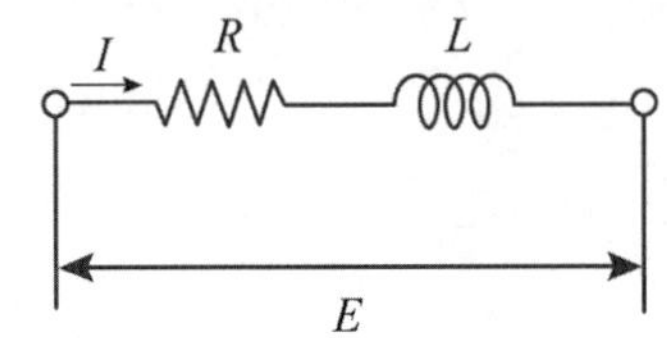

①
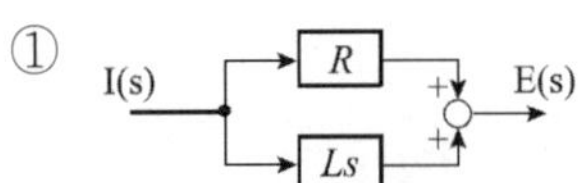

②
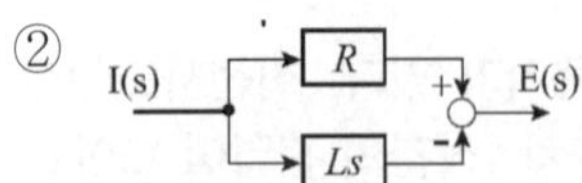

③
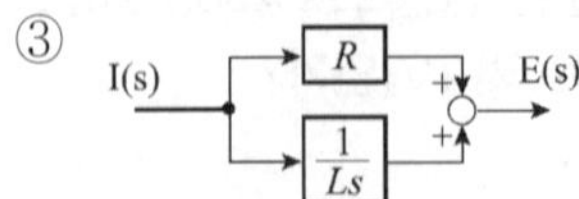

④
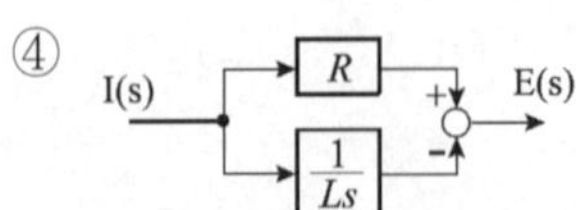

해설 Chapter 04 – 02

블록선도의 임피던스는 $Z(s) = R + Ls[\Omega]$과 같은 신호 연산은 직렬은 곱하고 병렬은 더하므로 병렬 블록 선도이어야 한다.

62

특성방정식 $s^2 + 2\zeta\omega_n s + \omega_n^2 = 0$에서 감쇄진동을 하는 제동비 ζ의 값은?

① $\zeta > 1$　② $\zeta = 1$
③ $\zeta = 0$　④ $0 < \zeta < 1$

해설 Chapter 05 – 04

과도 응답에서 제동비가 감쇠 진동(부족 제동)의 조건은 $0 < \zeta < 1$이다.

63

다음 그림의 전달함수 $\dfrac{Y(z)}{R(z)}$는 다음 중 어느 것인가?

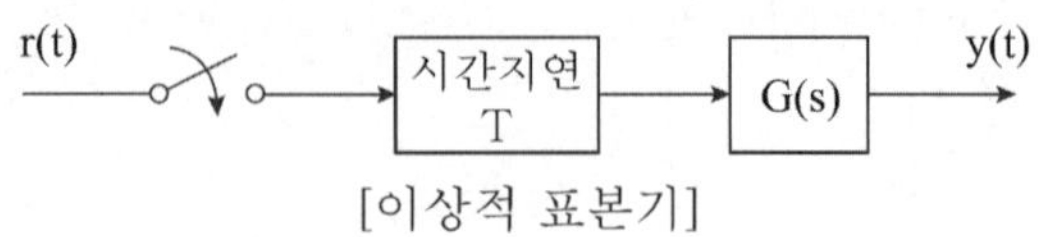

[이상적 표본기]

① $G(z)z$　② $G(z)z^{-1}$
③ $G(z)Tz^{-1}$　④ $G(z)Tz$

해설 Chapter 10

z변환 전달함수이므로 $G(z)z^{-1}$

64

일정 입력에 대해 잔류 편차가 있는 제어계는?

① 비례 제어계
② 적분 제어계
③ 비례 적분 제어계
④ 비례 적분 미분 제어계

해설 Chapter 01 – 03

잔류 편차가 있는 제어계는 비례(P) 제어계이다.

65

일반적인 제어시스템에서 안정의 조건은?

① 입력이 있는 경우 초기값에 관계없이 출력이 0으로 간다.
② 입력이 없는 경우 초기값에 관계없이 출력이 무한대로 간다.
③ 시스템이 유한한 입력에 대해서 무한한 출력을 얻는 경우
④ 시스템이 유한한 입력에 대해서 유한한 출력을 얻는 경우

정답 61 ① 62 ④ 63 ② 64 ① 65 ④

해설
시스템이 유한한 입력에 대해서 유한한 출력을 얻는 경우가 일반적인 제어시스템의 안정 조건이다.

66

개루프 전달함수 $G(s)H(s)$가 다음과 같이 주어지는 부궤환계에서 근궤적 점근선의 실수축과의 교차점은?

$$G(s)H(s) = \frac{K}{s(s+4)(s+5)}$$

① 0　② −1
③ −2　④ −3

해설 Chapter 09 − 01 − (6)
근궤적의 교차점
$= \frac{\text{극점의 총합} - \text{영점의 총합}}{\text{극점수} - \text{영점수}}$,
영점은 없으며 극점은 0, −4, −5
교차점 $= \frac{(0+(-4)+(-5))-0}{3\text{개}-0} = -3$

67

$s^3+11s^2+2s+40=0$에는 양의 실수부를 갖는 근은 몇 개 있는가?

① 1　② 2
③ 3　④ 없다

해설 Chapter 08 − 02
루드의 판별법으로

s^3	1	2
s^2	11	40
s^1	$\frac{22-40}{11}$	0
s^0	40	

제 1열의 11의 −1.64, −1.64에서 40으로 부호변화가 두 번이 되므로 양의 실수를 갖는 근은 두 개이다.

68

논리식 $L = \overline{x} \cdot \overline{y} + \overline{x} \cdot y + x \cdot y$ 를 간략화한 것은?

① $x+y$　② $\overline{x}+y$
③ $x+\overline{y}$　④ $\overline{x}+\overline{y}$

해설 Chapter 11
논리식 간략화를 하면
$L = \overline{x}\,\overline{y} + \overline{x}\,y + xy = \overline{x}(\overline{y}+y) + xy = \overline{x} + xy$
$= \overline{x} + y$

69

그림과 같은 블록선도에서 전달함수 $\frac{C(s)}{R(s)}$ 를 구하면?

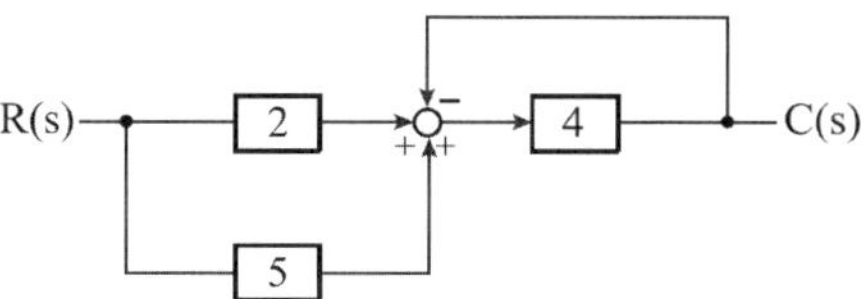

① $\frac{1}{8}$　② $\frac{5}{28}$　③ $\frac{28}{5}$　④ 8

해설 Chapter 04 − 02 − (3)
블록선도의 전달함수
$G(s) = \frac{C(s)}{R(s)} = \frac{2\times4+5\times4}{1-(-4)} = \frac{28}{5}$

70

$G(j\omega) = \frac{K}{j\omega(j\omega+1)}$ 에 있어서 진폭 A 및 위상각 θ는?

$$\lim_{\omega\to\infty} G(j\omega) = A\angle\theta$$

① $A=0,\ \theta=-90^\circ$　② $A=0,\ \theta=-180^\circ$
③ $A=\infty,\ \theta=-90^\circ$　④ $A=\infty,\ \theta=-180^\circ$

정답 66 ④ 67 ② 68 ② 69 ③ 70 ②

해설 Chapter 07 – 02

$G(j\omega)=\dfrac{K}{j\omega(j\omega+1)}=\dfrac{K}{j^2\omega^2+j\omega}$

$=\dfrac{K}{-\omega^2+j\omega}|_{\omega=\infty}=\dfrac{K}{\infty}=0$ 진폭은 0이 되며 위상각은 분모에 j의 차수가 j^2이므로 $-180°$이다.

71

R=100[Ω], C=30[μF]의 직렬회로에 $f=60$[Hz], V=100[V]의 교류전압을 인가할 때 전류는 약 몇 [A]인가?

① 0.42　② 0.64
③ 0.75　④ 0.87

해설 Chapter 02 – 05

R–C직렬회로의 $Z=R-j\dfrac{1}{\omega C}$,

크기 $Z=\sqrt{R^2+(\dfrac{1}{\omega C})^2}$

$=\sqrt{100^2+(\dfrac{1}{2\pi\times60\times30\times10^{-6}})^2}$

$=133.5[\Omega]$

전압이 V=100[V]이므로

전류 $I=\dfrac{V}{Z}=\dfrac{100}{133.5}=0.75$[A]

72

무손실 선로의 정상상태에 대한 설명으로 틀린 것은?

① 전파정수 γ은 $j\omega\sqrt{LC}$이다.

② 특성 임피던스 $Z_0=\sqrt{\dfrac{C}{L}}$이다.

③ 진행파의 전파속도 $v=\dfrac{1}{\sqrt{LC}}$이다.

④ 감쇠정수 a=0, 위상정수 $\beta=\omega\sqrt{LC}$이다.

해설 Chapter 12 – 01

무손실 선로의 특성 임피던스 $Z_0=\sqrt{\dfrac{L}{C}}$이다.

73

그림과 같은 파형의 Laplace 변환은?

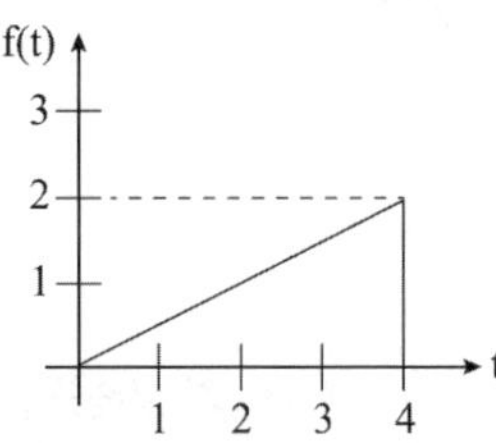

① $\dfrac{1}{2s^2}(1-e^{-4s}-se^{-4s})$

② $\dfrac{1}{2s^2}(1-e^{-4s}-4e^{-4s})$

③ $\dfrac{1}{2s^2}(1-se^{-4s}-4e^{-4s})$

④ $\dfrac{1}{2s^2}(1-e^{-4s}-4se^{-4s})$

해설 Chapter 13

기울기 함수의 라플라스 변환은 경사 함수

$f(t)=\dfrac{2}{4}t=\dfrac{1}{2}t$ 함수이므로 라플라스 변환하면

$F(s)=\dfrac{1}{2s^2}$이며 문제 그림과 같은 도형을 만들려면 4의 위치에서 시간추이함수를 빼면 된다.

즉 $F(s)=\dfrac{1}{2s^2}-\dfrac{1}{2s^2}e^{-4s}-\dfrac{2}{s}e^{-4s}$

$=\dfrac{1}{2s^2}(1-e^{-4s}-4se^{-4s})$

74

2전력계법으로 평형 3상 전력을 측정하였더니 한쪽의 지시가 700[W], 다른 쪽의 지시가 1400[W]이었다. 피상전력은 약 몇 [VA]인가?

① 2425　② 2771
③ 2873　④ 2974

정답 71 ③ 72 ② 73 ④ 74 ①

해설 Chapter 07 – 04

2전력계법의 피상전력

$$P_a = 2\sqrt{P_1^2 + P_2^2 - P_1 P_2}$$
$$= 2\sqrt{700^2 + 1400^2 - 700 \times 1400}$$
$$= 2424.8[\text{VA}]$$

75

최대값이 I_m 인 정현파 교류의 반파정류 파형의 실효값은?

① $\frac{I_m}{2}$　② $\frac{I_m}{\sqrt{2}}$

③ $\frac{2I_m}{\pi}$　④ $\frac{\pi I_m}{2}$

해설 Chapter 01 – 03

정현파 교류의 반파 정류 파형의 실효값은

$$I = \frac{I_m}{2}$$

76

그림과 같은 파형의 파고율은?

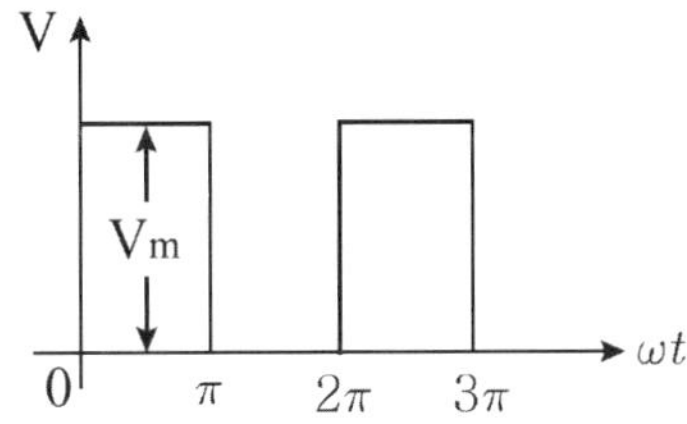

① 1　② $\frac{1}{\sqrt{2}}$

③ $\sqrt{2}$　④ $\sqrt{3}$

해설 Chapter 01 – 04

구형반파의 파고율

$$= \frac{\text{최대값}}{\text{실효값}} = \frac{V_m}{\frac{V_m}{\sqrt{2}}} = \sqrt{2}$$

77

그림과 같이 10[Ω]의 저항에 권수비가 10 : 1의 결합회로로 연결했을 때 4단자정수 A, B, C, D는?

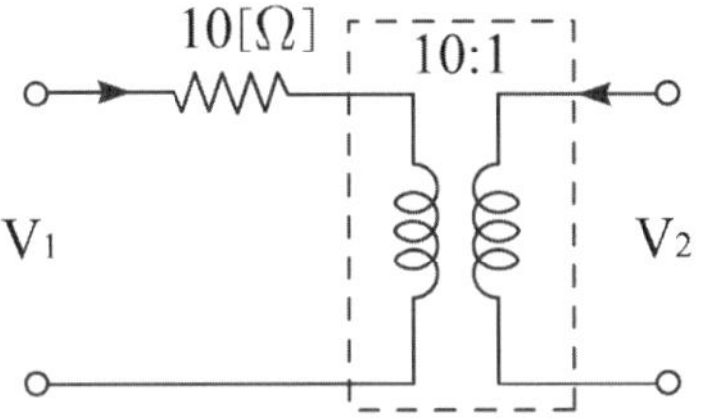

① A=1, B=10, C=0, D=10

② A=10, B=1, C=0, D=10

③ A=10, B=0, C=1, D=$\frac{1}{10}$

④ A=10, B=1, C=0, D=$\frac{1}{10}$

해설 Chapter 11 – 03, 04

10[Ω]의 저항이 권수비 10 : 1에 종속되어 있으므로

$$\begin{bmatrix} A & B \\ C & D \end{bmatrix} = \begin{bmatrix} 1 & 10 \\ 0 & 1 \end{bmatrix} \begin{bmatrix} 10 & 0 \\ 0 & \frac{1}{10} \end{bmatrix} = \begin{bmatrix} 10 & 1 \\ 0 & \frac{1}{10} \end{bmatrix}$$

78

그림과 같은 RC 회로에서 스위치를 넣은 순간 전류는?(단, 초기조건은 0이다.)

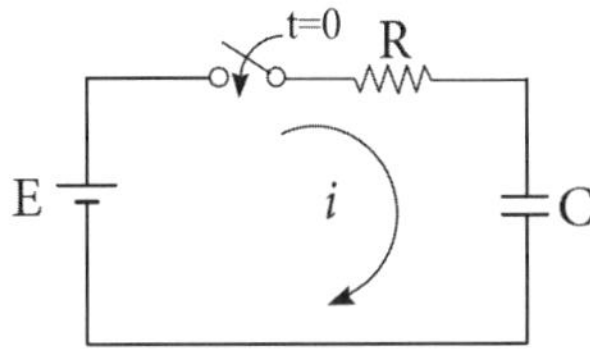

① 불변전류이다.

② 진동전류이다.

③ 증가함수로 나타난다.

④ 감쇠함수로 나타난다.

정답 75 ① 76 ③ 77 ④ 78 ④

해설 Chapter 14 – 02 – (1)

RC직렬회로에서 스위치를 넣는 순간 전류는 과도현상에 의해 $i(t)=\frac{E}{R}e^{-\frac{1}{RC}t}$[A]이므로 지수함수에 의해 감쇠함수로 나타난다.

79

회로에서 저항 R에 흐르는 전류 I[A]는?

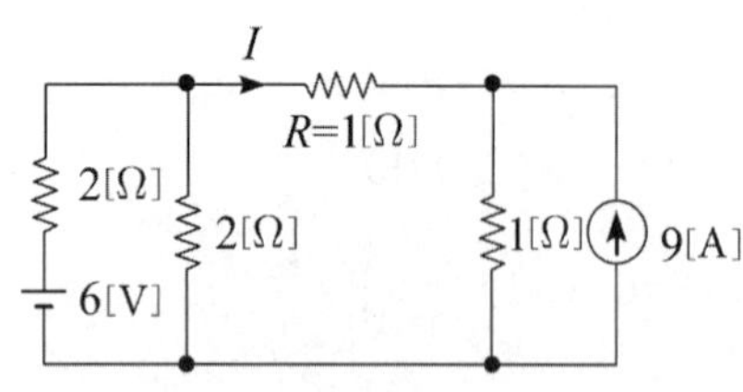

① -1 ② -2
③ 2 ④ 4

해설 Chapter 06

중첩의 원리에 의해 R에 흐르는 전류

$I=I'+I''$[A]이므로

1) 전류원 개방 – $I'=\frac{2}{2+2}\times(\frac{6}{2+1})=1$[A]

2) 전압원 단락 – $I''=\frac{1}{2+1}\times 9=3$[A]이다.

이때 전류방향이 반대이므로 $I''=-3$[A]

그러므로 $I=I'+I''=1+(-3)=-2$[A]

80

전류의 대칭분을 I_0, I_1, I_2 유기기전력을 E_a, E_b, E_c 단자전압의 대칭분을 V_0, V_1, V_2라 할 때 3상 교류 발전기의 기본식 중 정상분 V_1 값은?(단, Z_0, Z_1, Z_2는 영상, 정상, 역상 임피던스이다.)

① $-Z_0I_0$ ② $-Z_2I_2$
③ $E_a-Z_1I_1$ ④ $E_b-Z_2I_2$

해설 Chapter 08 – 03

교류발전기의 기본식

영상분 $V_0=-Z_0I_0$

정상분 $V_1=E_a-Z_1I_1$

역상분 $V_2=-Z_2I_2$

정답 79 ② 80 ③

제5과목 | 전기설비기술기준

81

최대사용전압이 220[V]인 전동기의 절연내력시험을 하고자 할 때 시험 전압은 몇 [V]인가?

① 300　② 330
③ 450　④ 500

해설 Chapter 01 – 11
절연내력 시험전압
비접지이며 7[kV] 이하이므로 $V \times 1.5$배
220×1.5=330[V] 계산전압은 330[V]이나 최저전압이 500[V]이므로 500[V]를 가한다.

82

발전소의 개폐기 또는 차단기에 사용하는 압축공기장치의 주 공기탱크에 시설하는 압력계의 최고 눈금의 범위로 옳은 것은?

① 사용압력의 1배 이상 2배 이하
② 사용압력의 1.15배 이상 2배 이하
③ 사용압력의 1.5배 이상 3배 이하
④ 사용압력의 2배 이상 3배 이하

해설 Chapter 02 – 09
압축공기장치의 시설
압력계의 눈금은 1.5배 이상 3배 이하

83

고압 가공전선로의 지지물로서 사용하는 목주의 풍압하중에 대한 안전율은 얼마 이상이어야 하는가?

① 1.2　② 1.3
③ 2.2　④ 2.5

해설 Chapter 03 – 07
가공전선 지지용 목주의 안전율
고압 가공전선로의 경우 1.3 이상

84

다음 그림에서 L1은 어떤 크기로 동작하는 기기의 명칭인가?

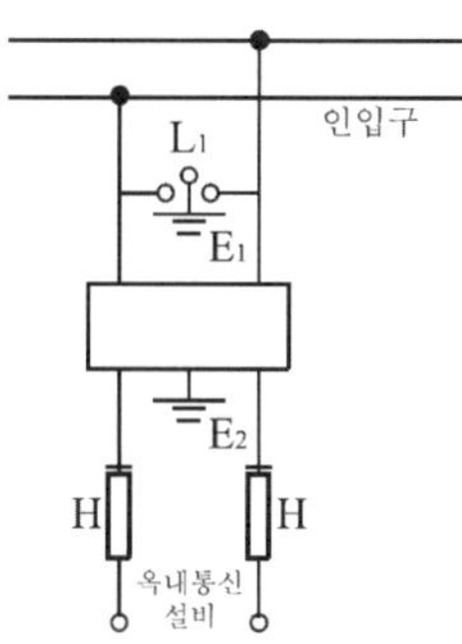

① 교류 1000[V] 이하에서 동작하는 단로기
② 교류 1000[V] 이하에서 동작하는 피뢰기
③ 교류 1500[V] 이하에서 동작하는 단로기
④ 교류 1500[V] 이하에서 동작하는 피뢰기

85

지중전선로에 있어서 폭발성 가스가 침입할 우려가 있는 장소에 시설하는 지중함은 크기가 몇 [m^3] 이상일 때 가스를 방산시키기 위한 장치를 시설하여야 하는가?

① 0.25　② 0.5
③ 0.75　④ 1.0

해설 Chapter 03 – 19 – (2)
지중에 시설되는 지중함의 크기
1[m^3] 이상일 경우 가스를 방산시키는 장치를 시설해야만 한다.

86

최대사용전압 22.9[kV]인 3상 4선식 다중접지방식의 지중 전선로의 절연내력시험을 직류로 할 경우 시험전압은 몇 [V]인가?

① 16448　② 21068
③ 32796　④ 42136

해설 Chapter 01 – 11
절연내력 시험전압
다중접지식의 경우 $V \times 0.92$배이나 단 직류의 경우 시험전압에 두배가 된다.
$22.9 \times 0.92 \times 2 = 42136$[V]

정답 81 ④ 82 ③ 83 ② 84 ② 85 ④ 86 ④

87

특고압용 타냉식 변압기의 냉각장치에 고장이 생긴 경우를 대비하여 어떤 보호장치를 하여야 하는가?

① 경보장치　② 속도조정장치
③ 온도시험장치　④ 냉매흐름장치

해설 Chapter 02 – 04
타냉식변압기의 냉각장치에 고장에 따른 보호 대책경보장치를 시설한다.

88

금속덕트 공사에 적당하지 않은 것은?

① 전선은 절연전선을 사용한다.
② 덕트의 끝부분은 항시 개방시킨다.
③ 덕트 안에는 전선의 접속점이 없도록 한다.
④ 덕트의 안쪽 면 및 바깥 면에는 산화 방지를 위하여 아연도금을 한다.

해설 Chapter 05 – 08
덕트공사시 규정
덕트의 끝부분은 개방시키는 것이 아니라 폐쇄시켜야 한다.

89

특고압 옥외 배전용 변압기가 1대일 경우 특고압측에 일반적으로 시설하여야 하는 것은?

① 방전기
② 계기용 변류기
③ 계기용 변압기
④ 개폐기 및 과전류차단기

해설 Chapter 01 – 23
옥외 배전용 변압기의 시설기준
특고압 측에는 개폐기 및 과전류차단기를 시설해야 한다.

90

가공 전선로에 사용하는 지지물의 강도계산에 적용하는 갑종 풍압하중을 계산할 때 구성재의 수직 투영면적 1[m^2]에 대한 풍압의 기준으로 틀린 것은?

① 목주 : 588[Pa]
② 원형 철투 : 588[Pa]
③ 원형 철근콘크리트주 : 882[Pa]
④ 강관으로 구성(단주는 제외)된 철탑 : 1255[Pa]

해설 Chapter 02 – 01
지지물의 갑종 풍압하중
원형 철근콘크리트주의 갑종 풍압하중은 588[Pa]이 기준이다.

91

3상 4선식 22.9[kV], 중성선 다중접지 방식의 특고압 가공전선 아래에 통신선을 첨가하고자 한다. 특고압 가공전선과 통신선과의 이격거리는 몇 [cm] 이상인가?

① 60　② 75
③ 100　④ 120

해설 Chapter 04 – 03 – (3)
전력선과 첨가통신선의 이격거리
22.9[kV]전력선과 첨가 통신선의 이격거리는 0.75[m]가 된다.

92

옥내에 시설하는 고압용 이동전선으로 옳은 것은?

① 6[mm] 연동선
② 비닐외장케이블
③ 옥외용 비닐절연전선
④ 고압용의 캡타이어케이블

해설 Chapter 05 – 04
고압용 이동용 전선
고압용 캡타이어케이블을 사용한다.

정답 87 ① 88 ② 89 ④ 90 ③ 91 ② 92 ④

93

교통에 번잡한 도로를 횡단하여 저압 가공전선을 시설하는 경우 지표상 높이는 몇 [m] 이상으로 하여야 하는가?

① 4.0　　② 5.0
③ 6.0　　④ 6.5

해설 Chapter 06 – 06 – (4)
가공전선의 지표상 높이
저압 가공전선의 도로를 횡단할 경우 지표상 6[m] 이상 높이에 시설하여야 한다.

94

방전등용 안정기를 저압의 옥내배선과 직접 접속하여 시설할 경우 옥내전로의 대지전압은 최대 몇 [V]인가?

① 100　　② 150
③ 300　　④ 450

해설 Chapter 05
방전등용 안정기의 시설
방전등용 안정기의 시설시 옥내배선과 직접접속시 대지전압은 300[V] 이하이어야 한다.

95

사용 전압이 22.9[kV]인 특고압 가공전선이 도로를 횡단하는 경우, 지표상 높이는 최소 몇 [m] 이상인가?

① 4.5　　② 5
③ 5.5　　④ 6

해설 Chapter 03 – 06 – (4)
가공전선의 지표상 높이
특고압 가공전선이 도로를 횡단할 경우 지표상 6[m] 이상 높이에 시설하여야만 한다.

96

관광숙박업 또는 숙박업을 하는 객실의 입구등에 조명용 전등을 설치할 때는 몇 분 이내에 소등되는 타임스위치를 시설하여야 하는가?

① 1　　② 3
③ 5　　④ 10

해설 Chapter 05 – 11 – (2)
점멸장치와 타임스위치의 시설
관광 또는 숙박업의 객실에 시설되는 타임스위치는 1분 이내에 소등되는 것이어야만 한다.

※ 한국전기설비규정(KEC) 개정에 따라 삭제된 문제가 있어 100문항이 되지 않습니다.

정답 93 ③　94 ③　95 ④　96 ①

전기기사 기출문제

2019년 1회 기출문제

제1과목 | 전기자기학

01

평행판 콘덴서에 어떤 유전체를 넣었을 때 전속밀도가 2.4×10^{-7}[C/m²]이고, 단위 체적 중의 에너지가 5.3×10^{-3}[J/m³]이었다. 이 유전체의 유전율은 약 몇 [F/m]인가?

① 2.7×10^{-11}　　② 5.43×10^{-11}
③ 5.17×10^{-12}　　④ 5.43×10^{-12}

해설 Chapter 02 – 14
단위체적당 에너지

$$\omega=\frac{1}{2}\varepsilon_0E^2=\frac{D^2}{2\varepsilon_0}=\frac{1}{2}ED[\text{J/m}^3]$$

$$\omega=\frac{D^2}{2\varepsilon}$$

$$\varepsilon=\frac{D^2}{2\omega}=\frac{(2.4\times10^{-7})^2}{2\times5.3\times10^{-3}}=5.43\times10^{-12}$$

02

서로 다른 두 유전체 사이의 경계면에 전하분포가 없다면 경계면 양쪽에서의 전계 및 전속밀도는?

① 전계 및 전속밀도의 접선성분은 서로 같다.
② 전계 및 저속밀도의 법선성분은 서로 같다.
③ 전계의 법선성분이 서로 같고, 전속밀도의 접선성분이 서로 같다.
④ 전계의 접선성분이 서로 같고, 전속밀도의 법선성분이 서로 같다.

해설 Chapter 04 – 02
경계조건

1) $D_1\cos\theta_1=D_2\cos\theta_2$(전속밀도의 법선성분은 같다.)
2) $E_1\sin\theta_1=E_2\sin\theta_2$(전계의 접선성분은 같다.)
3) $\dfrac{\tan\theta_2}{\tan\theta_1}=\dfrac{\epsilon_2}{\epsilon_1}$(굴절의 법칙)

03

와류손에 대한 설명으로 틀린 것은?(단, f : 주파수, B_m : 최대자속밀도, t : 두께, ρ : 저항률이다.)

① t^2에 비례한다.　　② f^2에 비례한다.
③ ρ^2에 비례한다.　　④ B_m^2 에 비례한다.

해설 Chapter 08
히스테리시스손과 와류손

$P_h=fB_m^{1.6}$(히스테리시스손)

$P_e=f^2t^2B_m^2$ (와류손)

04

$x>0$인 영역에 비유전율 $\varepsilon_{r1}=3$인 유전체, $x<0$인 영역에 비유전율 $\varepsilon_{r2}=5$인 유전체가 있다. $x<0$인 영역에서 전계 $E_2=20a_x+30a_y-40a_z$[V/m]일 때 $x>0$인 영역에서의 전속밀도는 몇 [C/m²]인가?

① $10(10a_x+9a_y-12a_z)\varepsilon_0$
② $20(5a_x-10a_y+6a_z)\varepsilon_0$
③ $50(2a_x+a_y-4a_z)\varepsilon_0$
④ $50(2a_x-3a_y+4a_z)\varepsilon_0$

해설 Chapter 04 – 02
전속밀도

$$D_2=\varepsilon_2E_2=\varepsilon_0\varepsilon_{r2}E_2$$
$$=5\varepsilon_0(20a_x+30a_y-40a_z)$$
$$=\varepsilon_0(100a_x+150a_y-200a_z)$$

경계조건에서

$D_{1x}=D_{2x},E_{1y}=E_{2y},E_{1z}=E_{2z}$

$D_{1x}=D_{2x}$에서 $\varepsilon_{1x}E_{1x}=\varepsilon_{2x}E_{2x}$,

$$E_{1x}=\frac{\varepsilon_{2x}E_{2x}}{\varepsilon_{1x}}=\frac{5\varepsilon_0\times20}{3\varepsilon_0}=\frac{100}{3}$$

정답 01 ④ 02 ④ 03 ③ 04 ①

$D_1 = \varepsilon_1 E_1 = \varepsilon_0 \varepsilon_{r1} E_1$

$= 3\varepsilon_0 (\frac{100}{3} a_x + 30a_y - 40a_z)$

$= 10(10a_x + 9a_y - 12a_z)\varepsilon_0$

05

q[C]의 전하가 진공 중에서 v[m/s]의 속도로 운동하고 있을 때, 이 운동방향과 θ의 각으로 r[m] 떨어진 점의 자계의 세기[AT/m]는?

① $\frac{q\sin\theta}{4\pi r^2 v}$　② $\frac{v\sin\theta}{4\pi r^2 q}$

③ $\frac{qv\sin\theta}{4\pi r^2}$　④ $\frac{v\sin\theta}{4\pi r^2 q^2}$

해설 Chapter 07 – 09 – (3)

자계 내에서 전하입자에 작용하는 힘

$dH = \frac{Id\ell\sin\theta}{4\pi r^2}$

$H = \frac{I\ell\sin\theta}{4\pi r^2} = \frac{qv\sin\theta}{4\pi r^2}$가 된다.

$F = IB\ell\sin\theta$[N]

$I\ell = qv$이므로

$F = qvB\sin\theta$[N]

06

원형 선전류 I[A]의 중심축상 점 P의 자위[A]를 나타내는 식은?(단, θ는 점 P점에서 원형전류를 바라보는 평면각이다.)

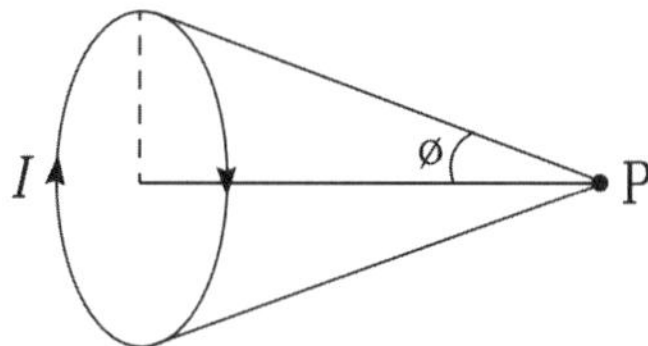

① $\frac{I}{2}(1-\cos\theta)$　② $\frac{I}{4}(1-\cos\theta)$

③ $\frac{I}{2}(1-\sin\theta)$　④ $\frac{I}{4}(1-\sin\theta)$

해설 Chapter 07

입체각

$\omega = 2\pi(1-\cos\theta) = 2\pi(1-\frac{x}{\sqrt{a^2+x^2}})$

자위

$U = \frac{I}{4\pi}\omega = \frac{I}{4\pi} \times 2\pi(1-\frac{x}{\sqrt{a^2+x^2}})$

$= \frac{I}{2}(1-\frac{x}{\sqrt{a^2+x^2}})$[AT]

07

진공 중에서 무한장 직선도체에 선전하밀도 $\rho_L = 2\pi \times 10^{-3}$[C/m]가 균일하게 분포된 경우 직선도체에서 2[m]와 4[m] 떨어진 두 점 사이의 전위차는 몇 [V]인가?

① $\frac{10^{-3}}{\pi\epsilon_0}\ln 2$　② $\frac{10^{-3}}{\epsilon_0}\ln 2$

③ $\frac{1}{\pi\epsilon_0}\ln 2$　④ $\frac{1}{\epsilon_0}\ln 2$

해설 Chapter 02 – 06 – (4)

무한장 직선전하로부터 r_1, r_2[m] 떨어진 두 점 사이의 전위차

$V = \int_{r_1}^{r_2} E dx - \frac{\lambda}{2\pi\epsilon_0}\ln\frac{r_2}{r_1}$

$V = \frac{\lambda}{2\pi\epsilon_0}\ln\frac{b}{a}$

$= \frac{2\pi \times 10^{-3}}{2\pi\epsilon_0}\ln\frac{4}{2}$

$= \frac{10^{-3}}{\epsilon_0}\ln 2$

08

균일한 자장 내에 놓여 있는 직선도체에 전류 및 길이를 각각 2배로 하면 이 도선에 작용하는 힘은 몇 배가 되는가?

① 1　② 2　③ 4　④ 8

정답 05 ③　06 ①　07 ②　08 ③

해설 Chapter 07 – 09 – (1)

$F = IB\ell\sin\theta$[N]

$F' = 2IB2\ell\sin\theta = 4F$

09

환상 철심에 권선 수 3000회 A코일과 권선 수 200회 B코일이 감겨져 있다. A코일의 자기 인덕턴스가 360[mH]일 때, A, B 두 코일의 상호 인덕턴스는 몇 [mH]인가? (단, 결합계수는 1이다.)

① 16　　② 24
③ 36　　④ 72

해설 Chapter 10 – 02 – (2)

상호 인덕턴스

$$\frac{N_A^2}{L_A} = \frac{N_B^2}{L_B} = \frac{N_A N_B}{M}$$

$$M = \frac{N_B}{N_A} \times L_A$$

$$= \frac{200}{3000} \times 360 = 24[\text{mH}]$$

10

맥스웰방정식 중 틀린 것은?

① $\oint_s B \cdot dS = \rho_s$

② $\oint_s D \cdot dS = \int_v \rho dv$

③ $\oint_c E \cdot d\ell = -\int_s \frac{\partial B}{\partial t} \cdot dS$

④ $\oint_c H \cdot d\ell = I + \int_s \frac{\partial D}{\partial t} \cdot dS$

해설 Chapter 11 – 06

맥스웰의 전계와 자계에 대한 방정식

1) 패러데이 법칙

(1) 미분형 $\mathrm{rot}\,E = -\frac{\partial B}{\partial t}$

(2) 적분형 $\oint_c E \cdot dl = -\int_s \frac{\partial B}{\partial t} \cdot dS$

2) 암페어 주회적분 법칙

(1) 미분형 $\mathrm{rot}\,H = J + \frac{\partial D}{\partial t}$

(2) 적분형 $\oint_c H \cdot dl = I + \int_s \frac{\partial D}{\partial t} \cdot dS$

3) 가우스법칙

(1) 미분형 $\mathrm{div}\,D = \rho$

(2) 적분형 $\oint_s D \cdot dS = \int_v \rho dv = Q$

4) 가우스법칙

(1) 미분형 $\mathrm{div}\,B = 0$

(2) 적분형 $\oint_s B \cdot dS = 0$

11

자기회로의 자기저항에 대한 설명으로 옳은 것은?

① 투자율에 반비례한다.
② 자기회로의 단면적에 비례한다.
③ 자기회로의 길이에 반비례한다.
④ 단면적에 반비례하고, 길이의 제곱에 비례한다.

해설 Chapter 08 – 03

자기저항 $R_m = \frac{\ell}{\mu S}$

12

접지된 구도체와 점전하 간에 작용하는 힘은?

① 항상 흡인력이다.
② 항상 반발력이다.
③ 조건적 흡인력이다.
④ 조건적 반발력이다.

해설 Chapter 05 – 02 – (3)

접지도체구와 점전하

작용하는 힘 $F = \dfrac{QQ'}{4\pi\epsilon_0\left(\dfrac{d^2 - a^2}{d}\right)^2}$(항상 흡인력)

정답 09 ② 10 ① 11 ① 12 ①

13

그림과 같이 전류가 흐르는 반원형 도선이 평면 $Z=0$ 상에 놓여있다. 이 도선이 자속밀도 $B=0.6a_x-0.5a_y+a_z$[Wb/m^2]인 균일 자계 내에 놓여 있을 때 도선의 직선 부분에 작용하는 힘[N]은?

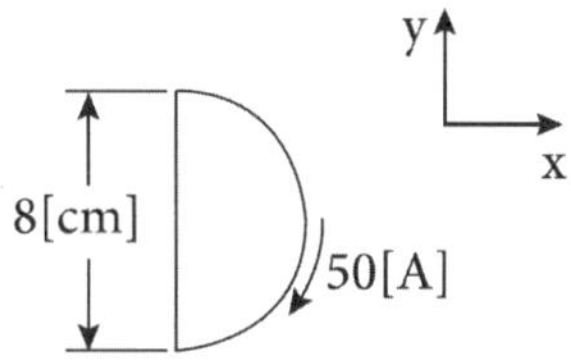

① $4a_x+2.4a_z$　② $4a_x-2.4a_z$

③ $5a_x-3.5a_z$　④ $-5a_x+3.5a_z$

해설 Chapter 09 – 01

직선도체에 작용하는힘

$F=(I\times B)\ell$[N] 반원직선부분 전류 $I=50a_y$[A]

$$I\times B=\begin{vmatrix} a_x & a_y & a_z \\ 0 & 50 & 0 \\ 0.6 & 0.5 & 1 \end{vmatrix}=50a_x-30a_z$$

$(I\times B)\cdot\ell=(50a_x-30a_z)\times0.08=4a_x-2.4a_z$[N]

14

평행한 두 도선 간의 전자력은?(단, 두 도선 간의 거리는 r[m]라 한다.)

① r에 비례　② r^2에 비례

③ r에 반비례　④ r^2에 반비례

해설 Chapter 07 – 09 – (2)

평행도선 간에 작용하는힘

$$F=\frac{\mu_0 I_1 I_2}{2\pi r}=\frac{2I_1I_2}{r}\times10^{-7}[\text{N/m}]$$

따라서 r에 반비례한다.

15

다음의 관계식 중 성립할 수 없는 것은?(단, μ는 투자율, χ는 자화율, μ_0는 진공의 투자율, J는 자화의 세기이다.)

① $J=\chi B$　② $B=\mu H$

③ $\mu=\mu_0+\chi$　④ $\mu_s=1+\dfrac{\chi}{\mu_0}$

해설 Chapter 08 – 01

자화의 세기

$$J=\mu_0(\mu_s-1)H$$
$$=\chi H$$
$$=B(1-\frac{1}{\mu_s})$$
$$=\frac{M}{v}[\text{Wb/m}^2]$$

16

평행판 콘덴서의 극판 사이에 유전율 ϵ, 저항률 ρ인 유전체를 삽입하였을 때, 두 전극 간의 저항 R과 정전용량 C의 관계는?

① $R=\rho\epsilon C$　② $RC=\dfrac{\epsilon}{\rho}$

③ $RC=\rho\epsilon$　④ $RC\rho\epsilon=1$

해설 Chapter 06 – 03

전기 저항과 정전용량

$RC=\rho\epsilon$

17

비투자율 $\mu_s=1$, 비유전율 $\epsilon_s=90$인 매질내의 고유임피던스는 약 몇 [Ω]인가?

① 32.5　② 39.7

③ 42.3　④ 45.6

정답 13 ② 14 ③ 15 ① 16 ③ 17 ②

해설 Chapter 11 – 02

고유(파동, 특성)임피던스

$$Z_0 = \frac{E}{H} = \sqrt{\frac{\mu}{\epsilon}} = \sqrt{\frac{\mu_0}{\epsilon_0}} \times \sqrt{\frac{\mu_s}{\epsilon_s}}$$

$$= 120\pi \times \sqrt{\frac{\mu_s}{\epsilon_s}}$$

$$= 120\pi \times \sqrt{\frac{1}{90}} = 39.7[\Omega]$$

18

사이클로트론에서 양자가 매초 3×10^{15} 개의 비율로 가속되어 나오고 있다. 양자가 15MeV의 에너지를 가지고 있다고 할 때, 이 사이클로트론은 가속용 고주파 전계를 만들기 위해서 150[kW]의 전력을 필요로 한다면 에너지 효율[%]은?

① 2.8 ② 3.8
③ 4.8 ④ 5.8

해설 Chapter 06

에너지

$W = QV = Pt\eta$에서 효율

$$\eta = \frac{QV}{Pt} = \frac{neV}{Pt}$$

$$= \frac{3 \times 10^{15} \times 1.602 \times 10^{-19} \times 15 \times 10^6 \times 10^{-3}}{150 \times 1} \times 100$$

$$= 4.8[\%]$$

19

단면적 4[cm²]의 철심에 6×10^{-4}[Wb]의 자속을 통하게 하려면 2800[AT/m]의 자계가 필요하다. 이 철심의 비투자율은 약 얼마인가?

① 346 ② 375
③ 407 ④ 426

해설 Chapter 08 – 04

자속

$$B = \frac{\phi}{S}$$

$\phi = BS = \mu H \cdot S = \mu_0 \mu_s HS$이므로

$$\mu_s = \frac{\phi}{\mu_0 \times H \times S}$$

$$= \frac{6 \times 10^{-4}}{4\pi \times 10^{-7} \times 2800 \times 4 \times 10^{-4}} = 426$$

20

대전된 도체의 특징으로 틀린 것은?

① 가우스정리에 의해 내부에는 전하가 존재한다.
② 전계는 도체 표면에 수직인 방향으로 진행된다.
③ 도체에 인가된 전하는 도체 표면에만 분포한다.
④ 도체 표면에서의 전하밀도는 곡률이 클수록 높다.

해설 Chapter 02 – 05

전기력선의 성질

대전, 평형 상태시 전하는 표면에만 분포한다.

따라서 내부에는 전하가 존재하지 않는다.

내부 : $E = 0$

내부 : $V = \frac{Q}{4\pi\epsilon_0 a}$(등전위체적)

정답 18 ③ 19 ④ 20 ①

제2과목 | 전력공학

21

송배전 선로에서 도체의 굵기는 같게 하고 도체 간의 간격을 크게 하면 도체의 인덕턴스는?

① 커진다.
② 작아진다.
③ 변함이 없다.
④ 도체의 굵기 및 도체 간의 간격과는 무관하다.

해설 Chapter 02 – 01 – (1)
인덕턴스
$L = 0.05 + 0.4605\log_{10}\dfrac{D}{r}$[mH/km]가 되므로 $D\uparrow$ 시 L은 증가한다.

22

동일전력을 동일선간전압, 동일역률로 동일거리에 보낼 때 사용하는 전선의 총 중량이 같으면 3상 3선식인 때와 단상 2선식일 때는 전력손실비는?

① 1 ② $\dfrac{3}{4}$ ③ $\dfrac{2}{3}$ ④ $\dfrac{1}{\sqrt{3}}$

해설 Chapter 09 – 02 – (2)
각 전기방식별 비교
1) 단상 2선식을 기준으로 전력손실비를 비교하면
(1) 단상 3선식의 경우 $\dfrac{3}{8}(37.5)$
(2) 3상 3선식의 경우 $\dfrac{3}{4}(75)$
(3) 3상 4선식의 경우 $\dfrac{1}{3}(33.3)$

23

배전반에 접속되어 운전 중인 계기용 변압기(PT) 및 변류기(CT)의 2차측 회로를 점검할 때 조치사항으로 옳은 것은?

① CT만 단락시킨다.
② PT만 단락시킨다.
③ CT와 PT 모두를 단락시킨다.
④ CT와 PT 모두를 개방시킨다.

해설 Chapter 08 – 01 – (3)
보호계전기의 기능상 분류
CT는 대전류를 소전류로 변류하는 기계로서 2차측 점검시 단락시켜야 한다. 이유는 2차측에 과전압이 유기되어 절연이 파괴될 우려가 있기 때문이다.

24

배전선로의 역률 개선에 따른 효과로 적합하지 않는 것은?

① 선로의 전력손실 경감
② 선로의 전압강하의 감소
③ 전원측 설비의 이용률 향상
④ 선로 절연의 비용 절감

해설 Chapter 10 – 03
배전선로의 역률 개선
1) 역률 개선시
(1) $P_\ell \propto \dfrac{1}{\cos^2\theta}$로서 전력손실이 경감된다.
(2) $e = \dfrac{P}{V}(R + X\tan\theta)$ 배전선로의 역률의 개선은 전압강하의 감소와 그 연관성이 매우 크다.
(3) 역률 개선에 따라 전원측 설비의 이용률이 증대된다.

25

총 낙차 300[m], 사용수량 20[m³/s]인 수력발전소의 발전기 출력은 약 몇 [kW]인가?(단, 수차 및 발전기 효율은 각각 90[%], 98[%]라 하고, 손실낙차는 총 낙차의 6[%]라고 한다.)

① 48750 ② 51860
③ 54170 ④ 54970

정답 21 ① 22 ② 23 ① 24 ④ 25 ①

해설 Chapter 01 – **04**

발전소의 출력

$P = 9.8\,QH$[kW]

$= 9.8 \times 20 \times 282 \times 0.9 \times 0.98 = 48750$[kW]

유효낙차 = 총낙차 – 손실낙차

$= 300 - 300 \times 0.06 = 282$[m]

26

수전단을 단락한 송전단에서 본 임피던스가 $330[\Omega]$이고, 수전단을 개방한 경우 송전단에서 본 어드미턴스가 1.875×10^{-3}℧일 때 송전단의 임피던스는 약 몇 Ω인가?

① 120 ② 220
③ 320 ④ 420

해설 Chapter 03 – **01** – (3)

장거리송전선로의 특성임피던스

$$Z_0 = \sqrt{\frac{Z}{Y}} = \sqrt{\frac{300}{1.875 \times 10^{-3}}} = 420[\Omega]$$

27

다중접지 계통에 사용되는 재폐로 기능을 갖는 일종의 차단기로서 과부하 또는 고장 전류가 흐르면 순시동작하고, 일정시간 후에는 자동적으로 재폐로 하는 보호기기는?

① 라인퓨즈
② 리클로저
③ 섹셔널라이저
④ 고장구간 자동개폐기

해설 Chapter 08

보호계전기 및 개폐기

배전선로의 대표적 보호장치로서 재폐로 계전기 + 차단기가 조합된 장치는 리클로저가 된다.

28

송전선 중간에 전원이 없을 경우에 송전단의 전압 $E_s = AE_R + BI_R$이 된다. 수전단의 전압 E_R의 식으로 옳은 것은?(단, I_s, I_R는 송전단 및 수전단의 전류이다.)

① $E_R = AE_s + CI_s$ ② $E_R = BE_s + AI_s$
③ $E_R = DE_s - BI_s$ ④ $E_R = CE_s - DI_s$

해설 Chapter 03 – **01** – (2)

전파방정식

$\begin{bmatrix} E_s \\ I_s \end{bmatrix} = \begin{bmatrix} A & B \\ C & D \end{bmatrix} \begin{bmatrix} E_r \\ I_r \end{bmatrix}$이므로

$\begin{bmatrix} E_r \\ I_r \end{bmatrix} = \begin{bmatrix} A & B \\ C & D \end{bmatrix}^{-1} \begin{bmatrix} E_s \\ I_s \end{bmatrix}$가 된다.

$\begin{bmatrix} E_r \\ I_r \end{bmatrix} = \begin{bmatrix} D & -B \\ -C & A \end{bmatrix} \begin{bmatrix} E_s \\ I_s \end{bmatrix}$가 된다.

따라서 $E_r = DE_s - BI_s$가 된다.

29

비접지식 3상 송배전계통에서 1선 지락고장 시 고장전류를 계산하는 데 사용되는 정전용량은?

① 작용정전용량 ② 대지정전용량
③ 합성정전용량 ④ 선간정전용량

해설 Chapter 02 – **01** – (2)

정전용량

$C = C_s + 3C_m$(3상)에서 C_s 대지 정전용량은 비접지 지락전류 계산시 필요하다.

30

비접지 계통의 지락사고 시 계전에 영상전류를 공급하기 위하여 설치하는 기기는?

① PT ② CT ③ ZCT ④ GPT

해설 Chapter 08 – **01** – (3)

보호계전기의 기능상 분류

ZCT는 영상전류를 검출하여 지락계전기(GR)에 공급한다.

정답 26 ④ 27 ② 28 ③ 29 ② 30 ③

31

이상전압의 파고값을 저감시켜 전력사용설비를 보호하기 위하여 설치하는 것은?

① 초호환 ② 피뢰기
③ 계전기 ④ 접지봉

해설 Chapter 07 – 01 – (2)
이상전압의 방호장치
피뢰기의 경우 이상전압 내습시 즉시 방전하여 기계기구의 절연을 보호한다.

32

임피던스 Z_1, Z_2 및 Z_3을 그림과 같이 접속한 선로의 A쪽에서 전압파 E가 진행해 왔을 때 접속점 B점에서 무반사로 되기 위한 조건은?

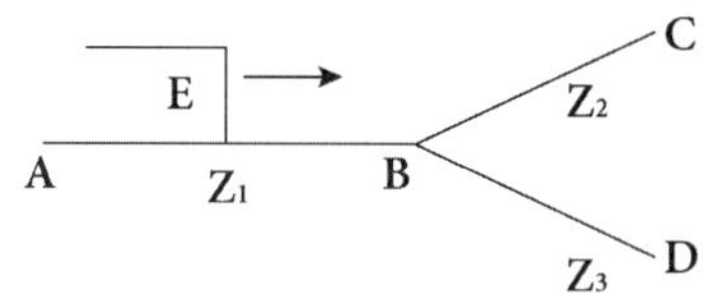

① $Z_1 = Z_2 + Z_3$ ② $\frac{1}{Z_3} = \frac{1}{Z_2} + \frac{1}{Z_1}$
③ $\frac{1}{Z_1} = \frac{1}{Z_2} + \frac{1}{Z_3}$ ④ $\frac{1}{Z_2} = \frac{1}{Z_1} + \frac{1}{Z_3}$

해설 Chapter 07 – 03
진행파의 특성
1) 무반사 조건
$Z_1 = Z_2$이므로
$\frac{1}{Z_1} = \frac{1}{Z_2} + \frac{1}{Z_3}$가 된다.

33

저압뱅킹방식에서 저전압의 고장에 의하여 건전한 변압기의 일부 또는 전부가 차단되는 현상은?

① 아킹(Arcing) ② 플리커(Flicker)
③ 밸런스(Balance) ④ 캐스케이딩(Cascading)

해설 Chapter 09 – 01 – (3)
저압뱅킹방식
배전선로의 변압기 2대를 이상으로 하여 저압측에 병렬운전하는 방식이다. 다만 저압선의 고장에 따라 건전한 변압기 일부 또는 전부가 차단되는 캐스케이딩 현상이 일어날 우려가 있는 방식이다.

34

변전소의 가스차단기에 대한 설명으로 틀린 것은?

① 근거리 차단에 유리하지 못하다.
② 불연성이므로 화재의 위험성이 적다.
③ 특고압 계통의 차단기로 많이 사용된다.
④ 이상전압의 발생이 적고, 절연회복이 우수하다.

해설 Chapter 08 – 02 – (3)
가스차단기(GCB) 특징
1) 절연내력이 높다.
2) 소호능력이 우수하다.
3) 무색, 무취, 무해하다.
4) 불연성이다.

35

켈빈(Kelvin)의 법칙이 적용되는 경우는?

① 전압 강하를 감소시키고자 하는 경우
② 부하 배분의 균형을 얻고자 하는 경우
③ 전력 손실량을 축소시키고자 하는 경우
④ 경제적인 전선의 굵기를 선정하고자 하는 경우

해설 Chapter 01 – 01 – (1) – ⑥
켈빈법칙
경제적인 전선의 굵기를 선정하는 경우

정답 31 ② 32 ③ 33 ④ 34 ① 35 ④

36

보호계전기의 반한시·정한시 특성은?

① 동작전류가 커질수록 동작시간이 짧게 되는 특성
② 최소 동작전류 이상의 전류가 흐르면 즉시 동작하는 특성
③ 동작전류의 크기에 관계없이 일정한 시간에 동작하는 특성
④ 동작전류가 커질수록 동작시간에 짧아지며, 어떤 전류 이상이 되면 동작전류의 크기에 관계없이 일정한 시간에 동작하는 특성

해설 Chapter 08 – 01 – (2)
보호계전기의 한시 특성
반한시, 정한시 계전기 특성
반한시와 정한시의 특성을 결합한 계전기로서 동작전류가 커질수록 동작시간이 짧으며, 어떤 전류의 이상이 되면 동작전류의 크기에 관계없이 일정한 시간에 의해 동작하는 특성의 계전기를 말한다.

37

단도체 방식과 비교할 때 복도체 방식의 특징이 아닌 것은?

① 안정도가 증가된다.
② 인덕턴스가 감소된다.
③ 송전용량이 증가된다.
④ 코로나 임계전압이 감소된다.

해설 Chapter 02 – 03
복도체의 특징

1) $P=\frac{E_sE_r}{X}\sin\delta$로서 복도체 사용시 인덕턴스가 감소하여 $X\downarrow$ $P\uparrow$ 하여 안정도가 증가한다.
2) $L=\frac{0.05}{n}+0.4605\log_{10}\frac{D}{\sqrt[n]{r\cdot{}^{n-1}}}$ 로서 인덕턴스가 감소한다.
3) $P=\frac{E_sE_r}{X}\sin\delta$ P의 증대로 송전용량 증대
4) 코로나 임계전압은 증가한다.
$E_m=24.3m_0m_1\delta d\log_{10}\frac{D}{r}[kV]$ d의 증대로 E_m이 증가한다.

38

1선 지락 시에 지락전류가 가장 작은 송전계통은?

① 비접지식　　② 직접접지식
③ 저항접지식　　④ 소호리액터접지식

해설 Chapter 04 – 02 – (4)
소호리액터 접지방식
1선지락시 지락전류가 가장 적은 방식이다.

39

수차의 캐비테이션 방지책으로 틀린 것은?

① 흡출수두를 증대시킨다.
② 과부하 운전을 가능한 한 피한다.
③ 수차의 비속도를 너무 크게 잡지 않는다.
④ 침식에 강한 금속재료로 러너를 제작한다.

해설 Chapter 02
캐비테이션
1) 캐비테이션 방지책
(1) 특유속도(비속도)를 너무 크게 잡지 않는다.
(2) 흡출고(수두)의 높이를 너무 크게 잡지 않는다.
(3) 러너의 재료를 침식에 강한 스테인레스강으로 제작한다.
(4) 과도부하 운전을 회피한다.

40

선간전압이 154[kV]이고, 1상당의 임피던스가 j8[Ω]인 기기가 있을 때, 기준용량을 100[MVA]로 하면 % 임피던스는 약 몇 [%]인가?

① 2.75　　② 3.15
③ 3.37　　④ 4.25

해설 Chapter 05 – 01
%임피던스

$$\%Z=\frac{PZ}{10V^2}=\frac{100\times10^3\times8}{10\times154^2}=3.37[\%]$$

정답 36 ④ 37 ④ 38 ④ 39 ① 40 ③

제3과목 | 전기기기

41

3상 비돌극형 동기발전기가 있다. 정격출력 5000[kVA], 정격전압 6000[V], 정격역률 0.8이다. 여자를 정격 상태로 유지할 때 이 발전기의 최대출력은 약 몇 [kW]인가?(단, 1상당의 동기리액턴스는 0.8[PU]이며 저항은 무시한다.)

① 7500　　② 10000
③ 11500　　④ 12500

해설 Chapter 05 – 02
동기발전기의 최대출력

$E=\sqrt{(\cos\theta)^2+(\sin\theta+X[PU])^2}$

$=\sqrt{(0.8)^2+(0.6+0.8)^2}=1.6$

여기서 $P=5000$[kVA]가 1[PU]기준이며,
V역시 1[PU]가 되므로

$P=\dfrac{EV}{X}\sin\delta=\dfrac{1.6\times1}{0.8}=2$

$=2\times5000=10000$[kVA]가 된다.

42

직류기의 손실 중에서 기계손으로 옳은 것은?

① 풍손　　② 와류손
③ 표류 부하손　　④ 브러시의 전기손

해설 Chapter 08 – 01
직류기의 기계손
마찰손, 베어링손, 풍손이 해당한다.

43

다음 (　　)안에 알맞은 것은?

> 직류발전기에서 계자권선이 전기자에 병렬로 연결된 직류기는 (Ⓐ) 발전기라 하며, 전기자권선과 계자권선에 직렬로 접속된 직류기는 (Ⓑ) 발전기라 한다.

① Ⓐ 분권, Ⓑ 직권
② Ⓐ 직권, Ⓑ 분권
③ Ⓐ 복권, Ⓑ 분권
④ Ⓐ 자여자, Ⓑ 타여자

해설 Chapter 13 – 04
직권과 분권
1) 직권 : 계자와 전기자가 직렬로 연결된 발전기
2) 분권 : 계자와 전기자가 병렬로 연결된 발전기

44

1차 전압 6600[V], 2차 전압 220[V], 주파수 60[Hz], 1차 권수 1200회의 경우 변압기의 최대 자속[Wb]은?

① 0.36　　② 0.63
③ 0.012　　④ 0.021

해설 Chapter 01 – 02
변압기의 기전력

$E=4.44f\phi N$

$\phi=\dfrac{E_1}{4.44fN_1}=\dfrac{6600}{4.44\times60\times1200}$

$=0.0206$[Wb]

45

직류발전기의 정류 초기에 전류변화가 크며 이때 발생되는 불꽃정류로 옳은 것은?

① 과정류　　② 직선정류
③ 부족정류　　④ 정현파정류

해설 Chapter 13 – 03
정류곡선
과정류의 경우 정류초기에 발생되는 불꽃정류를 말한다.

정답 41 ② 42 ① 43 ① 44 ④ 45 ①

46

3상 유도전동기의 속도제어법으로 틀린 것은?

① 1차 저항법 ② 극수 제어법
③ 전압 제어법 ④ 주파수 제어법

해설 Chapter 07 – 03
유도전동기의 속도제어
1) 주파수제어
2) 극수제어
3) 전압제어

47

60[Hz]의 변압기에 50[Hz]의 동일전압을 가했을 때의 자속밀도는 60[Hz] 때와 비교하였을 경우 어떻게 되는가?

① $\frac{5}{6}$로 감소 ② $\frac{6}{5}$으로 증가
③ $(\frac{6}{5})^{16}$로 감소 ④ $(\frac{6}{5})^{16}$으로 증가

해설 Chapter 08 – 02
변압기의 자속과 주파수와의 관계
$\phi \propto B \propto \frac{1}{f}$로서 주파수가 감소하였으므로 $(\frac{60}{50})$으로 증대된다.

48

2대의 변압기로 V결선하여 3상 변압하는 경우 변압기 이용률은 약 몇 [%]인가?

① 57.8 ② 66.6
③ 86.6 ④ 100

해설 Chapter 14 – 07
V결선의 이용률
V결선의 이용률은 86.6[%]가 된다.

49

3상 유도전동기의 기동법 중 전전압 기동에 대한 설명으로 틀린 것은?

① 기동 시에 역률이 좋지 않다.
② 소용량으로 기동시간이 길다.
③ 소용량 농형 전동기의 기동법이다.
④ 전동기 단자에 직접 정격전압을 가한다.

해설 Chapter 11 – 03
전전압기동
전전압 기동이란 기동시 직접 전원전압을 인가한 방식으로 소용량이며, 기동시간이 짧다.

50

동기발전기의 전기자 권선법 중 집중권인 경우 매극 매상의 홈(slot)수는?

① 1개 ② 2개 ③ 3개 ④ 4개

해설 Chapter 02 – 03
동기기의 전기자 권선법
집중권이란 매극 매상의 홈수가 1개인 권선법을 말한다.

51

유도전동기의 속도제어를 인버터방식으로 사용하는 경우 1차 주파수에 비례하여 1차 전압을 공급하는 이유는?

① 역률을 제어하기 위해
② 슬립을 증가시키기 위해
③ 자속을 일정하게 하기 위해
④ 발생토크를 증가시키기 위해

해설 Chapter 07 – 03
유도전동기의 속도제어
주파수 변환법의 경우 인버터 시스템을 활용한다. 이 방법은 자속을 일정하게 유지하기 위한 방식이다.

정답 46 ① 47 ② 48 ③ 49 ② 50 ① 51 ③

52

3상 유도전압조정기의 원리를 응용한 것은?

① 3상 변압기　　② 3상 유도전동기
③ 3상 동기발전기　　④ 3상 교류자전동기

해설 Chapter 16 – 14
3상 유도전압조정기
3상 유도전동기원리로서 회전자계를 이용한다.

53

정류회로에서 상의 수를 크게 했을 경우 옳은 것은?

① 맥동 주파수와 맥동률이 증가한다.
② 맥동률과 맥동 주파수가 감소한다.
③ 맥동 주파수는 증가하고 맥동률은 감소한다.
④ 맥동률과 주파수는 감소하나 출력이 증가한다.

해설 Chapter 01 – 05
맥동률과 맥동주파수
상수가 증대시 맥동주파수는 증대되고 맥동률은 감소한다.

항목	단상반파	단상전파	3상 반파	3상 전파
맥동주파수	f	2f	3f	6f
맥동률	121[%]	48[%]	17[%]	4[%]

54

동기전동기의 위상특성곡선(V곡선)에 대한 설명으로 옳은 것은?

① 출력을 일정하게 유지할 때 부하전류와 전기자전류의 관계를 나타낸 곡선
② 역률을 일정하게 유지할 때 계자전류와 전기자전류의 관계를 나타낸 곡선
③ 계자전류를 일정하게 유지할 때 전기자전류와 출력 사이의 관계를 나타낸 곡선
④ 공급전압 V와 부하가 일정할 때 계자전류의 변화에 대한 전기자전류의 변화를 나타낸 곡선

해설 Chapter 06 – 02 – (9)
동기전동기의 위상특선곡선
위상특선곡선이란 전압과 부하가 일정할 때 계자전류와 전기자전류와의 관계곡선을 말한다.

55

유도전동기의 기동시 공급하는 전압을 단권변압기에 의해서 일시 강하시켜서 기동전류를 제한하는 기동방법은?

① $Y-\Delta$ 기동　　② 저항기동
③ 직접기동　　④ 기동 보상기에 의한 기동

해설 Chapter 11 – 03 – (1)
농형유도전동기의 기동법
기동보상기법이란 기동시 공급전압을 단권변압기로 저감후 기동하는 방법을 말한다.

56

그림과 같은 회로에서 V(전원전압의 실효치) = 100[V], 점호각 $\alpha = 30°$인 때의 부하시의 직류전압 E_{dc}[V]는 약 얼마인가?(단, 전류가 연속하는 경우이다.)

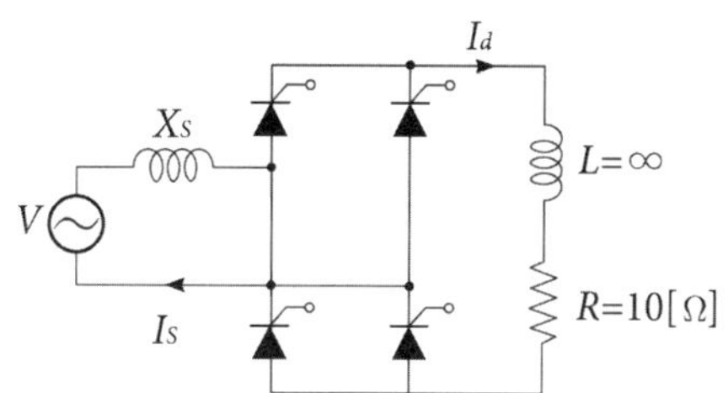

① 90　　② 86
③ 77.9　　④ 100

해설 Chapter 01 – 05
직류전압
전류가 연속하는 경우 직류전압

$$E_d = \frac{2\sqrt{2}}{\pi}E \cdot \cos\alpha$$

$$= \frac{2\sqrt{2}}{\pi} \times 100 \times \cos 30° = 77.96[\text{V}]$$

정답 52 ② 53 ③ 54 ④ 55 ④ 56 ③

57

직류 분권전동기가 전기자 전류 100[A]일 때 50[kg · m]의 토크를 발생하고 있다. 부하가 증가하여 전기자 전류가 120[A]로 되었다면 발생 토크[kg · m]는 얼마인가?

① 60 ② 67 ③ 88 ④ 160

해설 Chapter 10 – 01 – (3)

직류전동기의 토크

$T \propto I_a$

100 : 50 = 120 : T

$T = \frac{120 \times 50}{100} = 60[kg \cdot m]$

58

비례추이와 관계있는 전동기로 옳은 것은?

① 동기전동기 ② 농형 유도전동기형
③ 단상정류자전동기 ④ 권선형 유도전동기

해설 Chapter 16 – 09

비례추이

2차측의 저항을 조정하는 방식으로 권선형 유도전동기를 말한다.

59

동기발전기의 단락비가 적을 때의 설명으로 옳은 것은?

① 동기 임피던스가 크고 전기자 반작용이 작다.
② 동기 임피던스가 크고 전기자 반작용이 크다.
③ 동기 임피던스가 작고 전기자 반작용이 작다.
④ 동기 임피던스가 작고 전기자 반작용이 크다.

해설 Chapter 06 – 02 – (5)

단락비

단락비가 적은 경우

1) 동기임피던스가 크다.
2) 전기자 반작용이 크다.
3) 안정도가 나쁘다

60

3/4 부하에서 효율이 최대인 주상변압기의 전부하 시 철손과 동손의 비는?

① 8 : 4 ② 4 : 8
③ 9 : 16 ④ 16 : 9

해설 Chapter 09 – 02

변압기의 효율

$\frac{1}{m} = \sqrt{\frac{P_i}{P_c}}$

$(\frac{3}{4})^2 = \frac{P_i}{P_c}$

정답 57 ① 58 ④ 59 ② 60 ③

제4과목 | 회로이론 · 제어공학

61

다음의 신호 흐름 선도를 메이슨의 공식을 이용하여 전달함수를 구하고자 한다. 이 신호 흐름 선도에서 루프(Loop)는 몇 개인가?

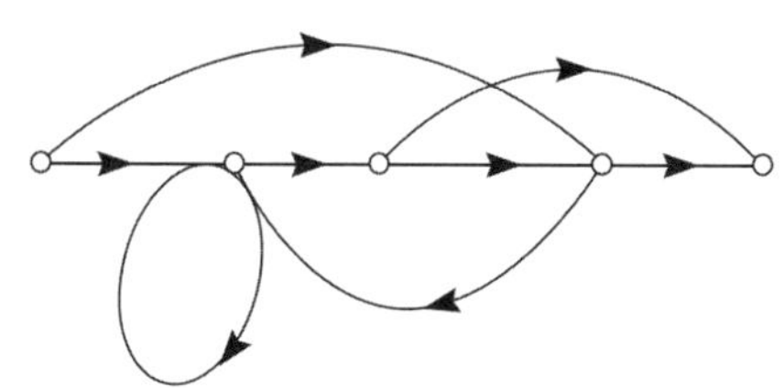

① 0 ② 1
③ 2 ④ 3

해설 Chapter 04 – 03
신호흐름선도
루프는 신호 경로의 화살표를 따라 중간에 접속점이 없이 폐호로가 이루어지는 것을 말하므로 아래 두 부분만 폐루프가 된다.

62

특성 방정식 중에서 안정된 시스템인 것은?

① $2s^3+3s^2+4s+5=0$
② $s^4+3s^3-s^2+s+10=0$
③ $s^5+s^3+2s^2+4s+3=0$
④ $s^4-2s^3-3s^2+4s+5=0$

해설 Chapter 08 – 01 – (1)
특성방정식의 안정 필요조건은 모든 차수가 존재, 모든 부호가 동일인 두 조건을 모두 만족할 때 안정 또는 불안정을 판별하며 하나라도 불만족시 무조건 불안정이 된다.
②와 ④는 부호가 동일하지 않으며, ③은 차수가 없으므로 모두 불안정하다.
①은 안정 조건에 맞으며 이를 판별하면
$(3\times4)-(2\times5)>0$이 되어 0보다 크므로 안정하다.

63

타이머에서 입력신호가 주어지면 바로 동작하고, 입력신호가 차단된 후에는 일정시간이 지난 후에 출력이 소멸되는 동작형태는?

① 한시동작 순시복귀 ② 순시동작 순시복귀
③ 한시동작 한시복귀 ④ 순시동작 한시복귀

해설 Chapter 11 – 04
off delay 타이머
오프 딜레이 타이머의 경우 순시동작 후 한시복귀하는 동작형태를 갖는다.

64

단위 궤환 제어시스템의 전향경로 전달함수가 $G(s)=\dfrac{K}{s(s^2+5s+4)}$ 일 때, 이 시스템이 안정하기 위한 K의 범위는?

① $K<-20$ ② $-20<K<0$
③ $0<K<20$ ④ $20<K$

해설 Chapter 08 – 01 – (2)
안정한 K의 범위를 알기 위해 단위 피드백 전달함수는
$G(s)=\dfrac{K}{s(s^2+5s+4)}$이다.
특성방정식은 전달함수의 분모를 0으로 놓는 방정식이므로
$s(s^2+5s+4)+K=0,\ s^3+5s^2+4s+K=0$
모든 부호가 동일해야 하므로 $K>0$이며
$(5\times4)-(1\times K)>0,\ 20>K$가 되므로 $0<K<20$

65

$R(z)=\dfrac{(1-e^{-aT})z}{(z-1)(z-e^{-aT})}$ 의 역변환은?

① te^{aT} ② te^{-aT} ③ $1-e^{-aT}$ ④ $1+e^{-aT}$

해설 Chapter 10 – 04
Z변환 $z[1-e^{-aT}]=\dfrac{(1-e^{aT})z}{(z-1)(z-e^{-aT})}$

정답 61 ③ 62 ① 63 ④ 64 ③ 65 ③

66

시간영역에서 자동제어계를 해석할 때 기본 시험 입력에 보통 사용되지 않는 입력은?

① 정속도 입력 ② 정현파 입력
③ 단위계단 입력 ④ 정가속도 입력

해설 Chapter 05 – 01 – (3)
시간영역에서 기본입력은 단위계단 입력, 속도 입력, 가속도 입력이 있다.

67

$G(s)H(s)=\dfrac{K(s-1)}{s(s+1)(s-4)}$ 에서 점근선의 교차점을 구하면?

① -1 ② 0 ③ 1 ④ 2

해설 Chapter 09 – 01 – (6)
점근선의 교차점 $\dfrac{\sum \text{극점의 합} - \sum \text{영점의 합}}{\text{극점수} - \text{영점수}}$ 이므로
극점 : 0, -1, 4 영점 : 1
교차점 $=\dfrac{(0+(-1)+4)-1}{3\text{개}-1\text{개}}=\dfrac{2}{2}=1$

68

n차 선형 시불변 시스템의 상태방정식을 $\dfrac{d}{dt}X(t)=AX(t)+Br(t)$로 표시할 때 상태천이 행렬 $\Phi(t)(n\times n\text{행렬})$에 관하여 틀린 것은?

① $\Phi(t)=e^{At}$
② $\dfrac{d\Phi(t)}{dt}=A\cdot\Phi(t)$
③ $\Phi(t)=\mathcal{L}^{-1}[(sI-A)^{-1}]$
④ $\Phi(t)$는 시스템의 정상상태응답을 나타낸다.

해설 Chapter 10 – 02
상태천이행렬
$\Phi(t)$는 선형시스템의 과도응답을 나타낸다.

69

다음의 신호 흐름 선도에서 C/R는?

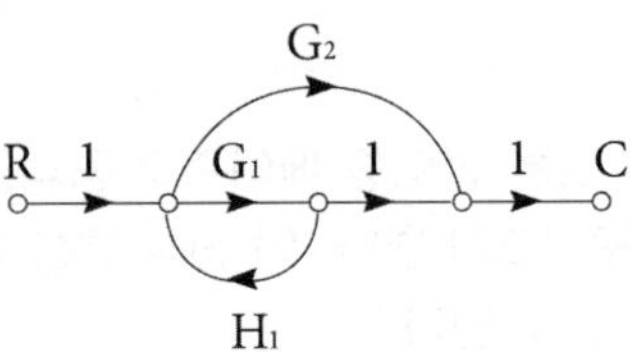

① $\dfrac{G_1+G_2}{1-G_1H_1}$ ② $\dfrac{G_1G_2}{1-G_1H_1}$
③ $\dfrac{G_1+G_2}{1+G_1H_1}$ ④ $\dfrac{G_1G_2}{1+G_1H_1}$

해설 Chapter 04 – 03 – (1)
신호흐름선도
1) 전향이득 G_1+G_2
2) 폐루프이득 G_1H_1
전달함수
$$G=\frac{\text{전향이득}}{1-\sum \text{폐루프이득}}=\frac{G_1+G_2}{1-G_1H_1}$$

70

PD 조절기와 전달함수 $G(s)=1.2+0.02s$의 영점은?

① -60 ② -50 ③ 50 ④ 60

해설 Chapter 01 – 02 – (3)
전달함수의 영점
$1.2+0.02s=0,\ 0.02s=-1.2,$
$s=\dfrac{-1.2}{0.02}=-60$

71

$e=100\sqrt{2}\sin\omega t+75\sqrt{2}\sin3\omega t+20\sqrt{2}\sin5\omega t[V]$ 인 전압을 RL직렬회로에 가할 때 제3고조파 전류의 실효값은 몇 A인가?(단, $R=4\Omega,\ \omega L=1\Omega$이다.)

① 15 ② $15\sqrt{2}$ ③ 20 ④ $20\sqrt{2}$

정답 66 ② 67 ③ 68 ④ 69 ① 70 ① 71 ①

해설 Chapter 09 – 03

비정현파의 실효값전류

제3고조파 전류

$$I_3=\frac{V_3}{Z_3}=\frac{V_3}{R+j3\omega L}=\frac{V_3}{\sqrt{R^2+(3\omega L)^2}}$$
$$=\frac{75}{\sqrt{4^2+(3\times 1)^2}}$$
$$=15[\text{A}]$$

72

전원과 부하가 Δ 결선된 3상 평형회로가 있다. 전원 전압이 200[V], 부하 1상의 임피던스가 $6+j8[\Omega]$일 때 선전류[A]는?

① 20 ② $20\sqrt{3}$ ③ $\frac{20}{\sqrt{3}}$ ④ $\frac{\sqrt{3}}{20}$

해설 Chapter 07 – 01

Δ결선의 상전류

$$I_P=\frac{V_P}{Z}=\frac{200}{\sqrt{6^2+8^2}}=20[\text{A}]$$

Δ결선의 선전류 $I_\ell=\sqrt{3}\,I_P=20\sqrt{3}$

73

분포정수 선로에서 무왜형 조건이 성립하면 어떻게 되는가?

① 감쇠량이 최소로 된다.
② 전파속도가 최대로 된다.
③ 감쇄량은 주파수에 비례한다.
④ 위상정수가 주파수에 관계없이 일정하다.

해설 Chapter 12

무왜형 선로

무왜형 선로에서는 감쇠량이 최소가 된다.

74

회로에서 $V=10\,V$, $R=10\Omega$, $L=1H$, $C=10\mu F$ 그리고 $V_c(0)=0$일 때 스위치 K를 닫은 직후 전류의 변화율 $\frac{di}{dt}(0^+)$의 값[A/sec]은?

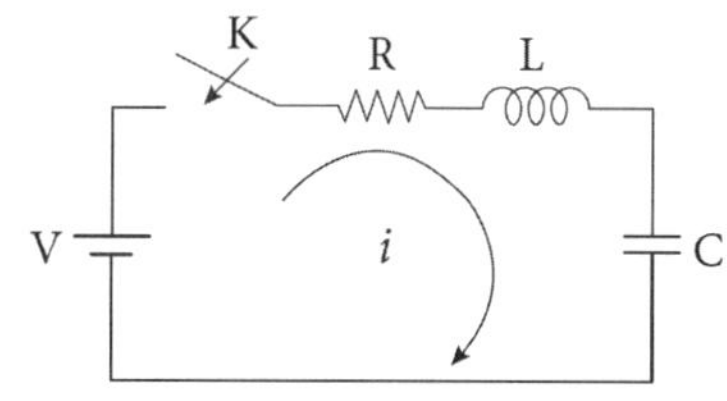

① 0 ② 1
③ 5 ④ 10

해설 Chapter 14

과도현상

$$i=\frac{E}{\beta L}e^{-at}\sin\beta t,$$
$$\frac{di}{dt}=\frac{E}{\beta L}e^{-at}(-\alpha\sin\beta t+\beta\cos\beta t)$$
$$\left.\frac{di}{dt}\right|_{t=0}=\frac{E}{L}=\frac{10}{1}=10[\text{A/sec}]$$

75

$F(s)=\dfrac{2s+15}{s^3+s^2+3s}$일 때 $f(t)$의 최종값은?

① 2 ② 3 ③ 5 ④ 15

해설 Chapter 13 – 06

최종값 정리

$$\lim_{t\to\infty}f(t)=\lim_{s\to 0}F(s)=\lim_{s\to 0}s\times\frac{2s+15}{s(s^2+s+3)}=\frac{15}{3}=5$$

76

대칭 5상 교류 성형결선에서 선간전압과 상전압 간의 위상차는 몇 도인가?

① 27° ② 36° ③ 54° ④ 72°

해설 Chapter 07 – 02

n상 교류의 위상차

$$\theta=\frac{\pi}{2}-\frac{\pi}{n}=\frac{\pi}{2}-\frac{\pi}{5}=54^\circ$$

정답 72 ② 73 ① 74 ④ 75 ③ 76 ③

기출문제 ✦ 2019년 1회

77

정현파 교류 $V = V_m \sin\omega t$의 전압을 반파정류 하였을 때의 실효값은 몇 [V]인가?

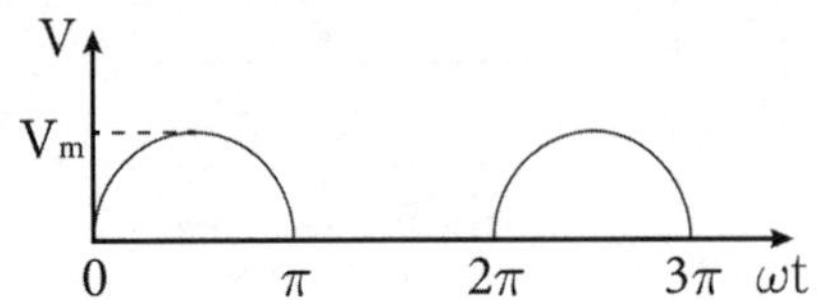

① $\frac{V_m}{\sqrt{2}}$　　② $\frac{V_m}{2}$

③ $\frac{V_m}{2\sqrt{2}}$　　④ $\sqrt{2}\,V_m$

해설 Chapter 01 – 03

정현반파의 실효값

1) 실효값 $V = \frac{V_m}{2}$

2) 평균값 $V_{av} = \frac{V_m}{\pi}$

78

회로망 출력단자 a–b에서 바라본 등가 임피던스는? (단, $V_1 = 6$[V], $V_2 = 3$[V], $I_1 = 10$[A], $R_1 = 15[\Omega]$, $R_2 = 10[\Omega]$, $L = 2H$, $j\omega = s$이다.)

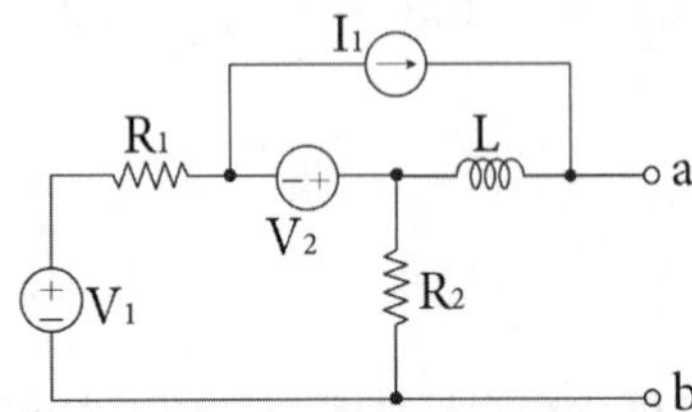

① $s+15$　　② $2s+6$

③ $\frac{3}{s+2}$　　④ $\frac{1}{s+3}$

해설 Chapter 06

임피던스를 구할 때 전압원은 단락, 전류원은 개방

$$Z_{ab} = j\omega L + \frac{R_1 \times R_2}{R_1 + R_2} = Ls + \frac{15 \times 10}{15 + 10}$$

$$= 2s + 6[\Omega]$$

79

대칭 3상 전압이 a상 V_a, b상 $V_b = a^2 V_a$, $V_c = a V_a$일 때 a상을 기준으로 한 대칭분 전압 중 정상분 V_1[V]은 어떻게 표시되는가?

① $\frac{1}{3} V_a$　　② V_a

③ $a V_a$　　④ $a^2 V_a$

해설 Chapter 08 – 01

정상분 전압

$$V_1 = \frac{1}{3}(V_a + a V_b + a^2 V_c)$$

$$= \frac{V_a}{3}(1 + a^3 + a^3) = V_a[\text{V}]$$

80

다음과 같은 비정현파 기전력 및 전류에 의한 평균전력을 구하면 몇 [W]인가?

$$e = 100\sin\omega t - 50\sin(3\omega t + 30^\circ) + 20\sin(5\omega t + 45^\circ)[\text{V}]$$

$$I = 20\sin\omega t + 50\sin(3\omega t - 30^\circ) + 20\sin(5\omega t - 45^\circ)[\text{A}]$$

① 825　　② 875

③ 925　　④ 1175

해설 Chapter 09 – 03

비정현파의 전력

$$P = P_1 + P_2 + P_3$$

$$= V_1 I_1 \cos\theta_1 + V_3 I_3 \cos\theta_3 + V_5 I_5 \cos\theta_5$$

$$= \frac{100}{\sqrt{2}} \times \frac{20}{\sqrt{2}} \times \cos 0^\circ + \frac{-50}{\sqrt{2}} \times \frac{10}{\sqrt{2}} \times \cos 60^\circ + \frac{20}{\sqrt{2}} \times \frac{5}{\sqrt{2}} \times \cos 90^\circ$$

$$= 875[\text{W}]$$

정답 77 ② 78 ② 79 ② 80 ②

제5과목 | 전기설비기술기준

81

지중 전선로의 매설방법이 아닌 것은?

① 관로식　　② 인입식
③ 암거식　　④ 직접 매설식

해설 Chapter 03 – 19 – (1)
지중전선로의 매설방법
직접 매설식, 관로식, 암거식

82

특고압용 변압기로서 그 내부에 고장이 생긴 경우에 반드시 자동 차단되어야 하는 변압기의 뱅크용량은 몇 [kVA] 이상인가?

① 5000　　② 10000
③ 50000　　④ 100000

해설 Chapter 02 – 04
변압기 내부고장 보호장치
내부고장의 경우 5000[kVA] 이상 10000[kVA] 미만 경보장치 또는 자동차단장치
10000[kVA] 이상 자동차단장치

83

저고압 가공전선과 가공약전류 전선 등을 동일 지지물에 시설하는 기준으로 틀린 것은?

① 가공전선을 가공약전류전선 등의 위로하고 별개의 완금류에 시설할 것
② 전선로의 지지물로서 사용하는 목주의 풍압하중에 대한 안전율은 1.5이상일 것
③ 가공전선과 가공약전류전선 등 사이의 이격거리는 저압과 고압 모두 75[cm] 이상일 것
④ 가공전선이 가공약전류전선에 대하여 유도작용에 의한 통신상의 장해를 줄 우려가 있는 경우에는 가공전선을 적당한 거리에서 연가할 것

해설 Chapter 03 – 16
공가의 시설기준
공가시 저압 가공전선과 약전류전선의 경우 75[cm] 이상
고압 가공전선과 약전류전선의 경우 150[cm] 이상

84

풀용 수중조명등에 사용되는 절연 변압기의 2차측 전로의 사용전압이 몇 [V]를 초과하는 경우에는 그 전로에 지락이 생겼을 때에 자동적으로 전로를 차단하는 장치를 하여야 하는가?

① 30　　② 60　　③ 150　　④ 300

해설 Chapter 05 – 11 – (5)
풀용 수중조명등
2차측 전로의 사용전압이 30[V] 초과시 지락차단장치를 시설하여야만 한다.

85

석유류를 저장하는 장소의 전등배선에 사용하지 않는 공사방법은?

① 케이블 공사　　② 금속관 공사
③ 애자사용 공사　　④ 합성수지관 공사

해설 Chapter 05 – 12 – (3)
셀룰로이드, 성냥, 석유류 등 위험물을 제조 또는 저장하는 장소의 시설공사
1) 합성수지관 공사
2) 금속관 공사
3) 케이블 공사

86

사용전압이 154[kV]인 가공 송전선의 시설에서 전선과 식물과의 이격거리는 일반적인 경우에 몇 [m] 이상으로 하여야 하는가?

① 2.8　　② 3.2　　③ 3.6　　④ 4.2

정답 81 ② 82 ② 83 ③ 84 ① 85 ③ 86 ②

해설 Chapter 03 – 14
가공전선과 식물, 수목과의 이격거리
60[kV] 초과시 $2+(x-6)\times0.12$이므로
$2+(15.4-6)\times0.12=3.2$[m]가 된다.

87

농사용 저압 가공전선로의 시설 기준으로 틀린 것은?

① 사용전압이 저압일 것
② 전선로의 경간은 40[m] 이하일 것
③ 저압 가공전선의 인장강도는 1.38[kN] 이상일 것
④ 저압 가공전선의 지표상 높이는 3.5[m] 이상일 것

해설 Chapter 03 – 17
농사용전선로의 시설기준
1) 사용전압은 저압일 것
2) 경간은 30[m] 이하일 것
3) 전선의 경우 2[mm] 이상일 것
4) 지표상 높이는 3.5[m] 이상일 것

88

고압 옥측전선로에 사용할 수 있는 전선은?

① 케이블 ② 나경동선
③ 절연전선 ④ 다심형 전선

해설 Chapter 01 – 06
고압옥측전선로
사용전선은 케이블이어야 한다.

89

발전기를 전로로부터 자동적으로 차단하는 장치를 시설하여야 하는 경우에 해당되지 않는 것은?

① 발전기에 과전류가 생긴 경우
② 용량이 5000[kVA] 이상인 발전기의 내부에 고장이 생긴 경우
③ 용량이 500[kVA] 이상의 발전기를 구동하는 수차의 압유장치의 유압이 현저히 저하한 경우
④ 용량이 100[kVA] 이상의 발전기를 구동하는 풍차의 압유장치의 유압, 압축공기장치의 공기압이 현저히 저하한 경우

해설 Chapter 02 – 03
발전기의 보호장치
발전기 내부고장의 경우 10000[kVA] 이상에 해당한다.

90

고압 옥내배선이 수관과 접근하여 시설되는 경우에는 몇 [cm] 이상 이격시켜야 하는가?

① 15 ② 30
③ 45 ④ 60

해설 Chapter 05
옥내배선공사
고압 옥내배선과 관과의 접근시 이격거리는 15[cm] 이상이어야 한다.

91

최대사용전압이 22900[V]인 3상 4선식 중성선 다중 접지식 전로와 대지 사이의 절연내력 시험전압은 몇 [V]인가?

① 32510 ② 28752
③ 25229 ④ 20168

해설 Chapter 01 – 11
절연내력시험전압
다중접지의 경우 $V\times0.92$배가 되어야 한다.
$22900\times0.92=21068$[V]가 된다.

정답 87 ② 88 ① 89 ② 90 ① 91 ④

92

라이팅덕트공사에 의한 저압 옥내배선 공사 시설 기준으로 틀린 것은?

① 덕트의 끝부분은 막을 것
② 덕트는 조영재에 견고하게 붙일 것
③ 덕트는 조영재를 관통하여 시설할 것
④ 덕트의 지지점 간의 거리는 2[m] 이하로 할 것

해설 Chapter 05 – 08 – (3)
라이팅덕트공사
덕트는 조영재를 관통하여서 시설하여서는 아니 된다.

93

금속덕트 공사에 의한 저압 옥내배선에서, 금속덕트에 넣는 전선의 단면적의 합계는 일반적으로 덕트 내부 단면적의 몇 [%] 이하이어야 하는가?(단, 전광표시 장치 등 기타 이와 유사한 장치 또는 제어회로 등의 배선만을 넣는 경우에는 50[%])

① 20　　② 30
③ 40　　④ 50

해설
덕트공사시 전선의 내부 단면적의 합계
금속덕트에 넣는 전선의 단면적의 합계는 일반적인 경우 20[%] 이하가 되어야 한다. 다만 전광표시, 제어회로용의 경우 50[%] 이하

94

지중 전선로에 사용하는 지중함의 시설기준으로 틀린 것은?

① 조명 및 세척이 가능한 적당한 장치를 시설할 것
② 견고하고 차량 기타 중량물의 압력에 견디는 구조일 것
③ 그 안의 고인 물을 제거할 수 있는 구조로 되어 있을 것
④ 뚜껑은 시설자 이외의 자가 쉽게 열수 없도록 시설할 것

해설 Chapter 03 – 19 – (2)
지중함의 시설기준
별도의 조명 및 세척이 가능한 장치가 필요가 없다.

95

철탑의 강도계산에 사용하는 이상 시 상정하중을 계산하는 데 사용되는 것은?

① 미진에 의한 요동과 철구조물의 인장하중
② 뇌가 철탑을 가하여졌을 경우의 충격하중
③ 이상전압이 전선로에 내습하였을 때 생기는 충격하중
④ 풍압이 전선로에 직각방향으로 가하어지는 경우의 하중

해설 Chapter 03 – 02 – (2)
이상시 상정하중
이상시 상정하중이란 풍압하중에 의한 하중을 말한다.

※ 한국전기설비규정(KEC) 개정에 따라 삭제된 문제가 있어 100문항이 되지 않습니다.

정답 92 ③ 93 ① 94 ① 95 ④

전기기사 기출문제

2019년 2회 기출문제

제1과목 | 전기자기학

01

진공 중에서 한 변이 a[m]인 정사각형 단일 코일이 있다. 코일에 I[A]의 전류를 흘릴 때 정사각형 중심에서 자계의 세기는 몇 [AT/m]인가?

① $\frac{2\sqrt{2}I}{\pi a}$　② $\frac{I}{\sqrt{2}a}$

③ $\frac{I}{2a}$　④ $\frac{4I}{a}$

해설 Chapter 07 – 02 – (7)

자계의 세기

1) 정삼각형의 중심 $H=\frac{9I}{2\pi\ell}$[AT/m]

2) 정사각형(정방형) 중심

$H=\frac{2\sqrt{2}I}{\pi\ell}$[AT/m]

3) 정육각형 중심 $H=\frac{\sqrt{3}I}{\pi\ell}$[AT/m]

4) 반지름이 R인 원에 내접하는 정 n각형 중심

$H=\frac{nI}{2\pi R}\tan\frac{\pi}{n}$

02

단면적 S, 길이 ℓ, 투자율 μ인 자성체의 자기회로에 권선을 N회 감아서 I의 전류를 흐르게 할 때 자속은?

① $\frac{\mu SI}{N\ell}$　② $\frac{\mu NI}{S\ell}$

③ $\frac{NI\ell}{\mu S}$　④ $\frac{\mu SNI}{\ell}$

해설 Chapter 08 – 04

자속

$\phi=\frac{F}{R_m}=\frac{NI}{\frac{\ell}{\mu S}}=\frac{\mu SNI}{\ell}[Wb]$

03

자속밀도가 0.3[Wb/m2]인 평등자계 내에 5[A]의 전류가 흐르는 길이 2[m]인 직선도체가 있다. 이 도체를 자계 방향에 대하여 60°의 각도로 놓았을 때 이 도체가 받는 힘은 약 몇 [N]인가?

① 1.3　② 2.6　③ 4.7　④ 5.2

해설 Chapter 07 – 09 – (1)

직선도체에 작용하는 힘

$F=IB\ell\sin\theta=5\times0.3\times0.2\times\sin60^{\circ}=2.6$

04

어떤 대전체가 진공 중에서 전속이 Q[C]이었다. 이 대전체를 비유전율 10인 유전체 속으로 가져갈 경우에 전속[C]은?

① Q　② $10Q$　③ $\frac{Q}{10}$　④ $10\epsilon_0 Q$

해설 Chapter 02 – 05 – (7)

전속

1) 전기력선수 $\frac{Q}{\epsilon_0}$　2) 전속수 $=Q$

05

30[V/m]의 전계내의 80[V]되는 점에서 1[C]의 전하를 전계 방향으로 80[cm] 이동한 경우, 그 점의 전위[V]는?

① 9　② 24　③ 30　④ 56

해설 Chapter 02 – 05 – (3)

전기력선의 성질(전기력선은 전위가 높은 곳에서 낮은 곳으로 향한다.)

$V_B=V_A-V'=V_A-E\cdot d$

$=80-30\times0.8=56[V]$

정답 01 ① 02 ④ 03 ② 04 ① 05 ④

06

다음 중 스토크스(stokes)의 정리는?

① $\oint H \cdot ds = \iint_s (\nabla \cdot H) \cdot ds$

② $\int B \cdot ds = \int_s (\nabla \times H) \cdot ds$

③ $\oint_c H \cdot ds = \int (\nabla \times H) \cdot d\ell$

④ $\oint_c H \cdot d\ell = \int_s (\nabla \times H) \cdot ds$

해설 Chapter 01 – 06

1) 스토크스의 정리(선적분과 면적 적분의 변환식)

(1) $\int E d\ell = \int_s rot E ds = \int_s (\nabla \times E) ds$

2) 가우스의 발산정리(면적적분과 체적 적분의 변환식)

(1) $\int_s E ds = \int_v div E dv = \int_v (\nabla \cdot E) dv$

07

그림과 같이 평행한 무한장 직선도선에 I[A], $4I$[A]인 전류가 흐른다. 두 선 사이의 점 P에서 자계의 세기가 0이라고 하면 $\frac{a}{b}$는?

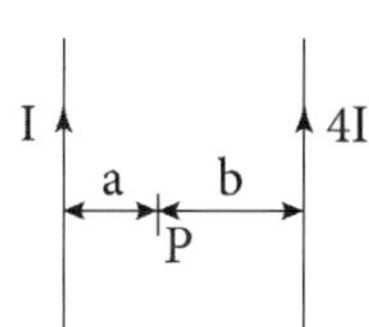

① 2 ② 4 ③ $\frac{1}{2}$ ④ $\frac{1}{4}$

해설 Chapter 07 – 02 – (2)

무한장 직선의 자계의 세기

$H = \frac{I}{2\pi r}$ $H_1 = H_2$ 0이 되는 조건

$\frac{I}{2\pi a} = \frac{4I}{4\pi b}$

$\frac{1}{a} = \frac{4}{b}$

$\frac{a}{b} = \frac{1}{4}$ 이 된다.

08

정상전류계에서 옴의 법칙에 대한 미분형은?(단, i는 전류밀도, k는 도전율, ρ는 고유저항, E는 전계의 세기이다.)

① $i = kE$ ② $i = \frac{E}{k}$

③ $i = \rho E$ ④ $i = -kE$

해설 Chapter 06 – 01

옴의 법칙

$i = kE = k\frac{V}{\ell}$ [A/m²]

09

진공 내의 점(3, 0, 0)[m]에 4×10^{-9}[C]의 전하가 있다. 이때 점(6, 4, 0)[m]의 전계의 크기는 약 몇 [V/m]이며, 전계의 방향을 표시하는 단위벡터는 어떻게 표시되는가?

① 전계의 크기 : $\frac{36}{25}$, 단위벡터 : $\frac{1}{5}(3a_x + 4a_y)$

② 전계의 크기 : $\frac{36}{125}$, 단위벡터 : $3a_x + 4a_y$

③ 전계의 크기 : $\frac{36}{25}$, 단위벡터 : $a_x + a_y$

④ 전계의 크기 : $\frac{36}{125}$, 단위벡터 : $\frac{1}{5}(3a_x + a_y)$

해설 Chapter 02 – 03

전계의 벡터 표시법

1) 크기 $E = \frac{Q}{4\pi\epsilon_0 r^2} = 9 \times 10^9 \times \frac{Q}{r^2}$

$= 9 \times 10^9 \times \frac{4 \times 10^{-9}}{5^2} = \frac{36}{25}$

2) 방향 $\frac{\vec{E}}{|\vec{E}|} = \frac{\vec{r}}{|\vec{r}|} = \frac{3a_x + 4a_y}{5}$

$r = (3,4,0)$ 이므로 $\vec{r} = 3a_x + 4a_y$, $|\vec{r}| = \sqrt{3^2 + 4^2} = 5$

정답 06 ④ 07 ④ 08 ① 09 ①

10

전속밀도 $D = X^2 i + Y^2 j + Z^2 k$[C/m²]를 발생시키는 점(1,2,3)에서의 체적 전하밀도는 몇 [C/m³]인가?

① 12 ② 13 ③ 14 ④ 15

해설 Chapter 04 – 03

체적전하밀도

1) $div = \rho$

2) $\nabla \cdot D = \rho$

$$\frac{\partial}{\partial x}(D_x) + \frac{\partial}{\partial y}(D_y) + \frac{\partial}{\partial z}(D_z) = \rho$$

$2x + 2y + 2z = \rho$ $x = 1,\ y = 2,\ z = 3$ 대입

$2 \times 1 + 2 \times 2 + 2 \times 3 = 12$

11

다음 식 중에서 틀린 것은?

① $E = -grad\ V$

② $\int_s E \cdot nds = \frac{Q}{\epsilon_0}$

③ $grad\ V = i\frac{\partial^2 V}{\partial x^2} + j\frac{\partial^2 V}{\partial y^2} + k\frac{\partial^2 V}{\partial z^2}$

④ $V = \int_p^\infty E \cdot d\ell$

해설 Chapter 02 – 09

$$grad\ V = i\frac{\partial V}{\partial x} + j\frac{\partial V}{\partial y} + k\frac{\partial V}{\partial z}$$

12

도전율 σ인 도체에서 전장 E에 의해 전류밀도 J가 흘렀을 때 이 도체에서 소비되는 전력을 표시한 식은?

① $\int_v E \cdot Jdv$ ② $\int_v E \times Jdv$

③ $\frac{1}{\sigma}\int_v E \cdot Jdv$ ④ $\frac{1}{\sigma}\int_v E \times Jdv$

해설 Chapter 06

전류밀도 J $J = i = \sigma E$

$$E = \frac{V}{\ell} \quad P = \int_v E \cdot Jdv = \sigma E^2 = \frac{E^2}{\rho}$$

13

자극의 세기가 8×10^{-6}[Wb], 길이가 3[cm]인 막대자석을 120[AT/m]의 평등자계 내에 자력선과 30°의 각도로 놓으면 이 막대자석이 받는 회전력은 몇 [N·m]인가?

① 1.44×10^{-4} ② 1.44×10^{-5}

③ 3.02×10^{-4} ④ 3.02×10^{-5}

해설 Chapter 07 – 08 – (1)

막대자석의 회전력

$T = MH\sin\theta$

$= m\ell H\sin\theta$

$= 8 \times 10^{-6} \times 3 \times 10^{-2} \times 120 \times \sin 30^\circ$

$= 1.44 \times 10^{-5}$[N·m]

14

자기회로와 전기회로의 대응으로 틀린 것은?

① 자속 ↔ 전류 ② 기자력 ↔ 기전력

③ 투자율 ↔ 유전율 ④ 자계의 세기 ↔ 전계의 세기

해설 Chapter 08 – 03

자기저항의 비교

1) 자기저항 $R_m = \frac{\ell}{\mu S}$

전기저항 $R = \rho\frac{\ell}{S} = \frac{\ell}{kS}$

15

자기인덕턴스의 성질을 옳게 표현한 것은?

① 항상 0이다.

② 항성 정(正)이다.

③ 항상 부(負)이다.

④ 유도되는 기전력에 따라 정(正)도 되고 부(負)도 된다.

해설 Chapter 10

자기인덕턴스

자기인덕턴스는 항상 정이다.

정답 10 ① 11 ③ 12 ① 13 ② 14 ③ 15 ②

16

진공 중에서 빛의 속도와 일치하는 전자파의 전파속도를 얻기 위한 조건으로 옳은 것은?

① $\epsilon_r = 0, \mu_r = 0$　② $\epsilon_r = 1, \mu_r = 1$
③ $\epsilon_r = 0, \mu_r = 1$　④ $\epsilon_r = 1, \mu_r = 0$

해설 Chapter 11 – 03

전파속도

$$v = \frac{1}{\sqrt{\varepsilon\mu}} = \frac{1}{\sqrt{\varepsilon_0\mu_0} \times \sqrt{\varepsilon_r\mu_r}} = \frac{3\times10^8}{\sqrt{\varepsilon_r\mu_r}} = 3\times10^8$$

$\varepsilon_r = 1$이고 $\mu_r = 1$이다.

17

4[A]전류가 흐르는 코일과 쇄교하는 자속수가 4[Wb]이다. 이 전류 회로에 축적되어 있는 자기 에너지 [J]는?

① 4　② 2　③ 8　④ 16

해설 Chapter 10 – 04

자계의 에너지

$$W = \frac{1}{2}LI^2 = \frac{1}{2}\frac{N\phi}{I}I^2$$

$LI = N\phi$이므로 $L = \frac{N\phi}{I} = \frac{1}{2}N\phi I = \frac{1}{2}\times1\times4\times4 = 8$[J]

18

유전율이 ϵ, 도전율이 σ, 반경이 r_1, $r_2\ (r_1 < r_2)$, 길이가 ℓ인 동축케이블에서 저항 R은 얼마인가?

① $\dfrac{2\pi r\ell}{\ln\frac{r_2}{r_1}}$　② $\dfrac{2\pi\epsilon\ell}{\frac{1}{r_1}-\frac{1}{r_2}}$

③ $\dfrac{1}{2\pi\sigma\ell}\ln\dfrac{r_2}{r_1}$　④ $\dfrac{1}{2\pi r\ell}\ln\dfrac{r_2}{r_1}$

해설 Chapter 06 – 03

전기저항과 정전용량

$$RC = \rho\epsilon \qquad R = \frac{\rho\epsilon}{C} = \frac{\rho\epsilon}{\frac{2\pi\epsilon\ell}{\ln\frac{r_2}{r_1}}}$$

$$= \frac{\rho}{2\pi\ell}\ln\frac{r_2}{r_1} = \frac{1}{2\pi\sigma\ell}\ln\frac{r_2}{r_1}[\Omega]$$

동축원통의 경우 $C = \dfrac{2\pi\epsilon\ell}{\ln\frac{b}{a}}$[F]

19

어떤 환상 솔레노이드의 단면적이 S이고, 자로의 길이가 ℓ, 투자율이 μ라고 한다. 이 철심에 균등하게 코일을 N회 감고 전류를 흘렀을 때 자기 인덕턴스에 대한 설명으로 옳은 것은?

① 투자율 μ에 반비례한다.
② 권선수 N^2에 비례한다.
③ 자로의 길이 ℓ에 비례한다.
④ 단면적 S에 반비례한다.

해설 Chapter 10 – 02

인덕턴스의 계산 $L = \dfrac{\mu SN^2}{\ell}$[H]　$L \propto N^2$

20

상이한 매질의 경계면에서 전자파가 만족해야 할 조건이 아닌 것은?(단, 경계면은 두 개의 무손실 매질 사이이다.)

① 경계면의 양측에서 전계의 접선성분은 서로 같다.
② 경계면의 양측에서 자계의 접선성분은 서로 같다.
③ 경계면의 양측에서 자속밀도의 접선성분은 서로 같다.
④ 경계면의 양측에서 전속밀도의 법선성분은 서로 같다.

해설 Chapter 04 – 02

경계조건

1) $D_1\cos\theta_1 = D_2\cos\theta_2$(전속밀도의 법선성분은 같다.)(자속밀도)
2) $E_1\sin\theta_1 = E_2\sin\theta_2$(전계의 접선성분은 같다.)(자계)
3) $\dfrac{\tan\theta_2}{\tan\theta_1} = \dfrac{\epsilon_2}{\epsilon_1}$ (굴절의 법칙)

정답 16 ② 17 ③ 18 ③ 19 ② 20 ③

제2과목 | 전력공학

21

단도체 방식과 비교하여 복도체 방식의 송전선로를 설명한 것으로 틀린 것은?

① 선로의 송전용량이 증가된다.
② 계통의 안정도를 증진시킨다.
③ 전선의 인덕턴스가 감소하고, 정전용량이 증가된다.
④ 전선 표면의 전위경도가 저감되어 코로나 임계전압을 낮출 수 있다.

해설 Chapter 02 – 03
복도체의 특징
1) 송전용량 증대(L감소, C증가)
2) 코로나 방지(전위경도 감소되며 임계전압이 증대된다.)

22

유효낙차 100[m] 최대사용수량 20[m³/s], 수차효율 70[%]인 수력발전소의 연간 발전전력량은 약 몇 [kWh]인가?(단, 발전기의 효율은 85[%]라고 한다.)

① 2.5×10^7　② 5×10^7
③ 10×10^7　④ 20×10^7

해설 Chapter 01 – 04
수력발전소의 출력
$P=9.8\times QH\eta t$
$=9.8\times20\times100\times0.7\times0.85\times365\times24$
$=10\times10^7$[kWh]

23

부하역률이 $\cos\theta$인 경우 배전선로의 전력손실은 같은 크기의 부하전력으로 역률이 인 경우의 전력손실에 비하여 어떻게 되는가?

① $\dfrac{1}{\cos\theta}$　② $\dfrac{1}{\cos^2\theta}$
③ $\cos\theta$　④ $\cos^2\theta$

해설 Chapter 03 – 01 – (1) – ④
전력손실과 역률과의 관계
$P_\ell \propto \dfrac{1}{\cos^2\theta}$

24

선택 지락 계전기의 용도를 옳게 설명한 것은?

① 단일 회선에서 지락고장 회선의 선택 차단
② 단일 회선에서 지락전류의 방향 선택 차단
③ 병행 2회선에서 지락고장 회선의 선택 차단
④ 병행 2회선에서 지락고장의 지속시간 선택 차단

해설 Chapter 08 – 01 – (3)
보호계전기의 기능상 분류
SGR(선택지락계전기)는 2회선 방식에 사용한다.

25

직류 송전방식에 관한 설명으로 틀린 것은?

① 교류 송전방식보다 안정도가 낮다.
② 직류계통과 연계 운전 시 교류계통의 차단용량은 작아진다.
③ 교류 송전방식에 비해 절연계급을 낮출 수 있다.
④ 비동기 연계가 가능하다.

해설 Chapter 01 – 05
직류송전방식의 특징
1. 절연을 $\dfrac{1}{\sqrt{2}}$배로 감소시킬 수 있다.
2. 리액턴스와 상차각을 고려할 필요가 없으므로 안정도가 높다.
3. 단락용량이 작아진다.
4. 비동기 계통을 연계할 수 있다.
5. 장거리 송전선로에 유리하다.

정답 21 ④　22 ③　23 ②　24 ③　25 ①

26

터빈(turbine)의 임계속도란?

① 비상조속기를 동작시키는 회전수
② 회전자의 고유 진동수와 일치하는 위험 회전수
③ 부하를 급히 차단하였을 때의 순간 최대 회전수
④ 부하 차단 후 자동적으로 정정된 회전수

해설 Chapter 02
터빈의 임계속도
터빈의 임계속도란 회전자의 고유진동수와 일치하는 위험 회전속도가 된다.

27

변전소, 발전소 등에 설치하는 피뢰기에 대한 설명 중 틀린 것은?

① 방전전류는 뇌충격전류의 파고값으로 표시한다.
② 피뢰기의 직렬갭은 속류를 차단 및 소호하는 역할을 한다.
③ 정격전압은 상용주파수 정현파 전압의 최고 한도를 규정한 순시값이다.
④ 속류란 방전현상이 실직적으로 끝난 후에도 전력계통에서 피뢰기에 공급되어 흐르는 전류를 말한다.

해설 Chapter 07 – 03 – (4)
피뢰기의 정격전압
피뢰기의 정격전압이란 속류를 차단하는 교류의 최고전압으로 실효값으로 표기한다.

28

아킹혼(Arcing Horn)의 설치 목적은?

① 이상전압 소멸 ② 전선의 진동방지
③ 코로나 손실방지 ④ 섬락사고에 대한 애자보호

해설 Chapter 01 – 02 – (3)
애지련의 보호
아킹혼(Arcing Horn)
섬락에 의한 애자련의 보호 및 애자의 전압 분포를 개선한다.

29

일반 회로정수가 A, B, C, D이고 송전단 전압이 E_s인 경우 무부하시 수전단 전압은?

① $\frac{E_s}{A}$ ② $\frac{E_s}{B}$ ③ $\frac{A}{C}E_s$ ④ $\frac{C}{A}E_s$

해설 Chapter 03 – 01 – (2) – ⑥
무부하시 수전단 전압

$E_s = AE_r + BI_r$ 무부하이므로 $I_r = 0$ $E_r = \frac{E_s}{A}$

30

10000[kVA] 기준으로 등가 임피던스가 0.4[%]인 발전소에 설치될 차단기의 차단용량은 몇 [MVA]인가?

① 1000 ② 1500 ③ 2000 ④ 2500

해설 Chapter 05 – 01 – (3)
차단기의 차단용량

$$P_s = \frac{100}{\%Z}P_n$$

$$= \frac{100}{0.4} \times 10000 \times 10^{-3} = 2500[\text{MVA}]\text{가 된다.}$$

31

변전소에서 접지를 하는 목적으로 적절하지 않은 것은?

① 기기의 보호
② 근무자의 안전
③ 차단 시 아크의 소호
④ 송전시스템의 중성점 접지

해설 Chapter 04 – 01 – (1)
접지의 목적
1) 기계기구의 보호
2) 보호계전기의 확실한 동작확보
3) 감전보호

정답 26 ② 27 ③ 28 ④ 29 ① 30 ④ 31 ③

32

중거리 송전선로의 T형 회로에서 송전단 전류 I_s는?(단, Z, Y는 선로의 직렬 임피던스와 병렬 어드미턴스이고, E_r은 수전단 전압, I_r은 수전단 전류이다.)

① $E_r(1+\frac{ZY}{2})+ZI_r$

② $I_r(1+\frac{ZY}{2})+E_rY$

③ $E_r(1+\frac{ZY}{2})+ZI_r(1+\frac{ZY}{4})$

④ $I_r(1+\frac{ZY}{2})+E_rY(1+\frac{ZY}{4})$

해설 Chapter 03 – 01 – (2)
T형 회로
전파 방정식
$E_s=(1+\frac{ZY}{2})E_r+Z(1+\frac{ZY}{4})I_r$
$I_s=YE_r+(1+\frac{ZY}{2})I_r$이 된다.
여기서 송전단 전류를 물어 보았으므로
$I_s=YE_r+(1+\frac{ZY}{2})I_r$가 된다.

33

한 대의 주상변압기에 역률(뒤짐) $\cos\theta_1$, 유효전력 P_1[kW]의 부하와 역률(뒤짐) $\cos\theta_2$, 유효전력 P_2[kW]의 부하가 병렬로 접속되어 있을 때 주상변압기 2차 측에서 본 부하의 종합역률은 어떻게 되는가?

① $\dfrac{P_1+P_2}{\dfrac{P_1}{\cos\theta_1}+\dfrac{P_2}{\cos\theta_2}}$

② $\dfrac{P_1+P_2}{\dfrac{P_1}{\sin\theta_1}+\dfrac{P_2}{\sin\theta_2}}$

③ $\dfrac{P_1+P_2}{\sqrt{(P_1+P_2)^2+(P_1\tan\theta_1+P_2\tan\theta_2)^2}}$

④ $\dfrac{P_1+P_2}{\sqrt{(P_1+P_2)^2+(P_1\sin\theta_1+P_2\sin\theta_2)^2}}$

해설 Chapter 10 – 03
종합 역률
$$\cos\theta=\frac{P}{P_a}=\frac{P_1+P_2}{\sqrt{(P_1+P_2)^2+(P_1\tan\theta_1+P_2\tan\theta_2)^2}}$$

34

33[kV] 이하의 단거리 송배전선로에 적용되는 비접지 방식에서 지락전류는 다음 중 어느 것을 말하는가?

① 누설전류 ② 충전전류
③ 뒤진전류 ④ 단락전류

해설 Chapter 04 – 02 – (1)
비접지 방식
지락전류 $I_g=3\omega C_sE$[A]로서 충전전류를 말한다.

35

옥내배선의 전선 굵기를 결정할 때 고려해야 할 사항으로 틀린 것은?

① 허용전류 ② 전압강하
③ 배선방식 ④ 기계적 강도

해설 Chapter 01 – 01 – (1) – ⑥
전선의 굵기 결정요소
1) 허용전류
2) 기계적 강도
3) 전압강하

36

고압 배전선로 구성방식 중, 고장 시 자동적으로 고장개소의 분리 및 건전선로에 폐로하여 전력을 공급하는 개폐기를 가지며, 수요 분포에 따라 임의의 분기선으로부터 전력을 공급하는 방식은?

① 환상식 ② 망상식
③ 뱅킹식 ④ 가지식(수지식)

정답 32 ② 33 ③ 34 ② 35 ③ 36 ①

해설 Chapter 03 – 06 – (1) – ②

환상식(Loop)

환상식은 고장개소의 분리 조작이 용이하며 수요 분포에 따라 임의의 분기선으로부터 전력을 공급하는 방식을 말한다.

37

그림과 같은 2기 계통에 있어서 발전기에서 전동기로 전달되는 전력 P는?(단, $X = X_G + X_L + X_M$이고 E_G, E_M은 각각 발전기 및 전동기의 유기기전력, δ는 E_G와 E_M간의 상차각이다.)

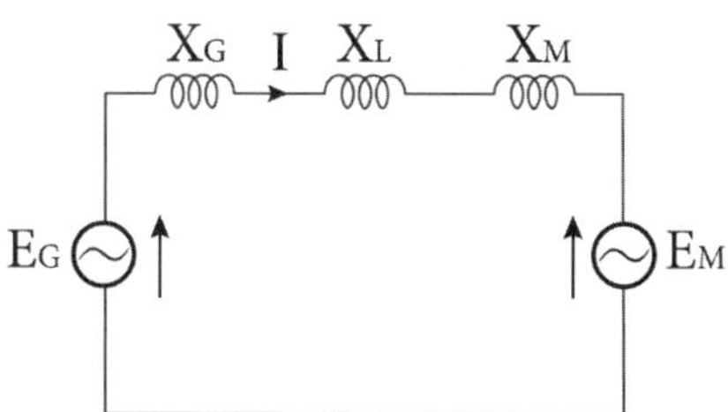

① $P = \dfrac{E_G}{XE_M}\sin\delta$

② $P = \dfrac{E_G E_M}{X}\sin\delta$

③ $P = \dfrac{E_G E_M}{X}\cos\delta$

④ $P = XE_G E_M \cos\delta$

해설 Chapter 06 – 01

2기계통의 정태안정극한전력

$P = \dfrac{E_G E_M}{X}\sin\delta$

38

전력계통 연계시의 특징으로 틀린 것은?

① 단락전류가 감소한다.

② 경제 급전이 용이하다.

③ 공급신뢰도가 향상된다.

④ 사고 시 다른 계통으로의 영향이 파급될 수 있다.

해설 Chapter 06 – 01 – (3)

계통의 연계

계통의 연계시 전압변동을 억제할 수 있으며 안정도가 향상되나 연계시 $Z\downarrow$ 가 되면서 단락전류가 커진다.

$(I_s = \dfrac{100}{\%Z} I_n)$

39

공통 중성선 다중 접지방식의 배전선로에서 Recloser(R), Sectionalizer(S), Line fuse(F)의 보호협조가 가장 적합한 배열은?(단, 보호협조는 변전소를 기준으로 한다.)

① S – F – R ② S – R – F

③ F – S – R ④ R – S – F

해설 Chapter 08 – 02

개폐장치

배전선로의 보호협조 순서 R – S – F

40

송전선의 특성임피던스와 전파정수는 어떤 시험으로 구할 수 있는가?

① 뇌파시험

② 정격부하시험

③ 절연강도 측정시험

④ 무부하시험과 단락시험

해설 Chapter 03 – 01 – (3)

장거리송전선로의 특성임피던스와 전파정수

무부하시험과 단락시험을 통하여 구할 수 있다.

정답 37 ② 38 ① 39 ④ 40 ④

제3과목 | 전기기기

41

단상 변압기의 병렬운전 시 요구사항으로 틀린 것은?

① 극성이 같을 것
② 정격출력이 같을 것
③ 정격전압과 권수비가 같을 것
④ 저항과 리액턴스의 비가 같을 것

해설 Chapter 04 – 02
변압기 병렬운전조건
1) 극성이 같을 것
2) 정격전압과 권수비가 같을 것
3) 저항과 리액턴스의 비가 같을 것
4) %임피던스가 같을 것

42

유도전동기로 동기전동기를 기동하는 경우, 유도전동기의 극수는 동기전동기의 극수보다 2극 적은 것을 사용하는 이유로 옳은 것은?(단, s는 슬립이며 N_s는 동기속도이다.)

① 같은 극수의 유도전동기는 동기속도보다 sN_s 만큼 늦으므로
② 같은 극수의 유도전동기는 동기속도보다 sN_s 만큼 빠르므로
③ 같은 극수의 유도전동기는 동기속도보다 $(1-s)N_s$ 만큼 늦으므로
④ 같은 극수의 유도전동기는 동기속도보다 $(1-s)N_s$ 만큼 빠르므로

해설 Chapter 16 – 02
유도전동기와 동기속도
$N = N_s - sN_s$로서 유도전동기의 속도는 동기속도보다 sN_s만큼 늦기 때문에 2극을 적게 설계한다.

43

동기발전기에 회전계자형을 사용하는 경우에 대한 이유로 틀린 것은?

① 기전력의 파형을 개선한다.
② 전기자가 고정자이므로 고압 대전류용에 좋고, 절연하기 쉽다.
③ 계자가 회전자지만 저압 소용량의 직류이므로 구조가 간단하다.
④ 전기자보다 계자극을 회전자로 하는 것이 기계적으로 튼튼하다.

해설 Chapter 15 – 01
동기발전기가 회전계자형을 사용하는 이유
1) 절연용이, 기계적 튼튼
2) 직류저전압으로 소요전력이 작다.
3) 전기자권선은 고전압으로 결선이 복잡하다.

44

3상 동기발전기의 매극 매상의 슬롯수를 3이라 할 때 분포권 계수는?

① $6\sin\dfrac{\pi}{18}$　② $3\sin\dfrac{\pi}{36}$
③ $\dfrac{1}{6\sin\dfrac{\pi}{18}}$　④ $\dfrac{1}{12\sin\dfrac{\pi}{36}}$

해설 Chapter 02 – 03 – (1)
분포권 계수 k_d

$$k_d = \frac{\sin\dfrac{\pi}{2m}}{q\sin\dfrac{\pi}{2mq}} = \frac{\sin\dfrac{180}{2\times3}}{3\times\dfrac{180}{2\times3\times3}} = \frac{1}{6\sin\dfrac{\pi}{18}}$$

정답 41 ② 42 ① 43 ① 44 ③

45

변압기의 누설리액턴스를 나타낸 것은?(단, N은 권수이다.)

① N에 비례 ② N^2에 반비례
③ N^2에 비례 ④ N에 반비례

해설 Chapter 02 – 02

변압기의 리액턴스 $L \propto N^2$

46

가정용 재봉틀, 소형공구, 영사기, 치과의료용, 엔진 등에 사용하고 있으며, 교류, 직류 양쪽 모두에 사용되는 만능전동기는?

① 전기 동력계 ② 3상 유도전동기
③ 차동 복권전동기 ④ 단상 직권정류자전동기

해설

교류, 직류 양쪽 모두에 사용되는 만능형전동기는 단상 직권정류자전동기가 된다.

47

정격전압 220[V], 무부하 단자전압 230[V], 정격출력이 40[kW]인 직류 분권발전기의 계자저항이 22[Ω], 전기자 반작용에 의한 전압강하가 5[V]라면 전기자 회로의 저항 [Ω]은 약 얼마인가?

① 0.026 ② 0.028
③ 0.035 ④ 0.042

해설 Chapter 13 – 04 – (3)

분권 발전기

$E = V + I_a R_a + e$

$R_a = \dfrac{E - V - e}{I_a}[\Omega]$

$= \dfrac{230 - 220 - 5}{191.81} = 0.026[\Omega]$

$I_a = I + I_f$

$= \dfrac{P}{V} + \dfrac{V}{R_f} = \dfrac{40 \times 10^3}{220} + \dfrac{220}{22} = 191.81[A]$

48

전력용 변압기에서 1차에 정현파 전압을 인가하였을 때, 2차에 정현파 전압이 유기되기 위해서는 1차에 흘러들어가는 여자전류는 기본파 전류 외에 주로 몇 고조파 전류가 포함되는가?

① 제2고조파 ② 제3고조파
③ 제4고조파 ④ 제5고조파

해설 Chapter 14 – 01

변압기의 여자전류

변압기의 여자전류는 기본파 이외에 제3고조파 전류가 포함되어 있다.

49

스텝각이 2°인, 스테핑주파수(pulse rate)가 1800 pps인 스테핑모터의 축속도(rps)는?

① 8 ② 10 ③ 12 ④ 14

해설

스테핑 모터의 속도

$1800 \times 2° = 3600°$

초당 속도는 $\dfrac{3600°}{360°} = 10$

50

변압기에서 사용되는 변압기유의 구비조건으로 틀린 것은?

① 점도가 높을 것 ② 응고점이 낮을 것
③ 인화점이 높을 것 ④ 절연내력이 클 것

해설 Chapter 14 – 02

변압기유의 구비조건

1) 절연내력이 클 것
2) 점도는 낮을 것
3) 인화점은 높고 응고점은 낮을 것
4) 고온에서 산화하지 말고, 석출물이 생기지 말 것

정답 45 ③ 46 ④ 47 ① 48 ② 49 ② 50 ①

51

동기발전기의 병렬운전 중 위상차가 생기면 어떤 현상이 발생하는가?

① 무효 횡류가 흐른다.
② 무효 전력이 생긴다.
③ 유효 횡류가 흐른다.
④ 출력이 요동하고 권선이 가열한다.

해설 Chapter 04 – 03
동기발전기의 병렬운전 조건
1) 기전력의 크기가 같을 것 →
다른 경우 무효순환전류가 흐른다.
2) 기전력의 위상이 같을 것 →
다를 경우 유효순환전류가 흐른다.
3) 기전력의 주파수가 같을 것 →
다를 경우 난조발생
4) 기전력의 파형이 같을 것 →
고조파 무효순환전류가 흐른다.

52

단상 유도전동기의 토크에 대한 2차 저항을 어느 정도 이상으로 증가시킬 때 나타나는 현상으로 옳은 것은?

① 역회전 가능 ② 최대토크 일정
③ 기동토크 증가 ④ 토크는 항상 (+)

해설
단상 유도전동기의 토크
2차 저항이 변하는 경우 2차 저항을 증가시킬 경우 역회전이 가능하다.

53

직류기에 관련된 사항으로 잘못 짝지어진 것은?

① 보극 – 리액턴스 전압 감소
② 보상권선 – 전기자 반작용 감소
③ 전기자 반작용 – 직류전동기 속도 감소
④ 정류기간 – 전기자 코일이 단락되는 기간

해설 Chapter 13
직류기의 구성요소
전기자 반작용은 전기자의 전류에 의한 전기자 기자력이 계자 기자력에 영향을 주는 현상으로서 자속이 감소한다. 이 경우 전동기의 자속과 속도는 반비례하므로 속도는 증가한다.

54

그림은 전원전압 및 주파수가 일정할 때의 다상 유도전동기의 특성을 표시하는 곡선이다. 1차 전류를 나타내는 곡선은 몇 번 곡선인가?

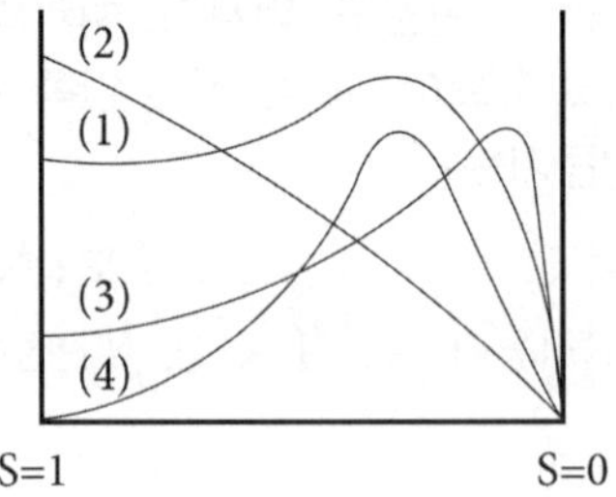

① (1) ② (2)
③ (3) ④ (4)

55

직류발전기의 외부 특성곡선에서 나타내는 관계로 옳은 것은?

① 계자전류와 단자전압 ② 계자전류와 부하전류
③ 부하전류와 단자전압 ④ 부하전류와 유기기전력

해설 Chapter 06 – 01
발전기 특성곡선
1) 무부하 특성곡선 : 유기기전력과 계자전류와의 관계곡선
2) 부하 특성곡선 : 정격전압(단자전압)과 계자전류와의 관계곡선
3) 외부 특성곡선 : 정격전압(단자전압)과 부하전류와의 관계곡선
4) 내부 특성곡선 : 유기기전력과 부하전류와의 관계곡선

정답 51 ③ 52 ① 53 ③ 54 ② 55 ③

56

동기전동기가 무부하 운전 중에 부하가 걸리면 동기전동기의 속도는?

① 정지한다.
② 동기속도와 같다.
③ 동기속도보다 빨라진다.
④ 동기속도 이하로 떨어진다.

해설
동기전동기의 무부하 운전중 부하가 걸릴 경우 동기전동기의 속도는 동기속도와 같게 된다.

57

100[V], 10[A], 1500[rpm]인 직류 분권발전기의 정격 시의 계자전류는 2[A]이다. 이때 계자회로에 10[Ω]의 외부저항이 삽입되어 있다. 계자권선의 저항[Ω]은?

① 20 ② 40
③ 80 ④ 100

해설 Chapter 13 – 04 – (3)
분권발전기
$V = I_f \times (10 + R_f)$
$100 = 2 \times (10 + R_f)$
$50 = 10 + R_f$
$R_f = 40[\Omega]$

58

50[Hz]로 설계된 3상 유도전동기를 60[Hz]에 사용하는 경우 단자전압을 110[%]로 높일 때 일어나는 현상으로 틀린 것은?

① 철손불변
② 여자전류감소
③ 온도상승증가
④ 출력이 일정하면 유효전류 감소

해설
유도전동기의 특성
1) 철손 $P_i \propto \frac{V^2}{f} = \frac{1.1^2}{1.2} \fallingdotseq 1$
2) 여자전류 $I = \frac{V}{X_L} = \frac{V}{\omega L} = \frac{V}{2\pi f L}$로서 여자전류는 감소한다.
3) $N_s = \frac{120}{P} f$로서 주파수가 상승할 경우 속도가 증가한다. 따라서 냉각효과는 증가된다.

59

직류기발전기에서 양호한 정류(整流)를 얻는 조건으로 틀린 것은?

① 정류주기를 크게 할 것
② 리액턴스 전압을 크게 할 것
③ 브러시의 접촉저항을 크게 할 것
④ 전기자 코일의 인덕턴스를 작게 할 것

해설 Chapter 13 – 03 – (4)
양호한 정류의 조건
1) 보극, 탄소브러쉬 설치
2) 리액턴스 전압을 줄인다. (L감소)
3) 브러쉬의 접촉저항을 크게한다.

60

상전압 200[V]의 3상 반파정류회로의 각 상에 SCR을 사용하여 정류제어 할 때 위상각을 $\frac{\pi}{6}$로 하면 순저항부하에서 얻을 수 있는 직류전압[V]은?

① 90 ② 180 ③ 203 ④ 234

해설 Chapter 01 – 05 – (3)
3상 반파의 직류전압 $E_d = 1.17E \cdot \cos\alpha$
$= 1.17 \times 200 \times \cos 30° = 203[V]$
($\frac{\pi}{6} = 30°$ 이므로)

정답 56 ② 57 ② 58 ③ 59 ② 60 ③

제4과목 | 회로이론 · 제어공학

61

폐루프 전달함수 $\frac{G(s)}{1+G(s)H(s)}$의 극의 위치를 개루프 전달함수 $G(s)H(s)$의 이득상수 K의 함수로 나타내는 기법은?

① 근궤적법　　② 보드 선도법
③ 이득 선도법　　④ Nyguist 판정법

해설 Chapter 09 – 01
근궤적법
폐루프 전달함수의 극의 위치를 개루프 전달함수의 이득상수 K의 함수로 나타내는 기법은 근궤적법이라고 한다.

62

블록선도 변환이 틀린 것은?

①

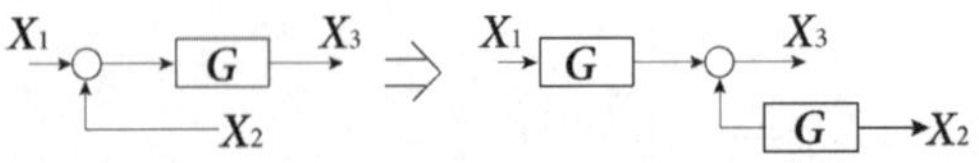

②

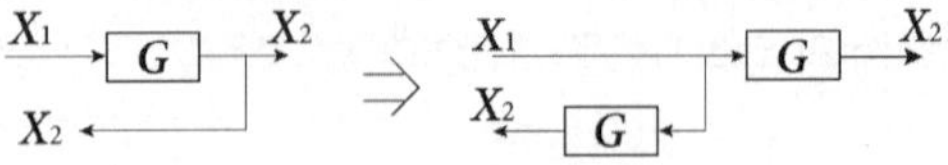

③

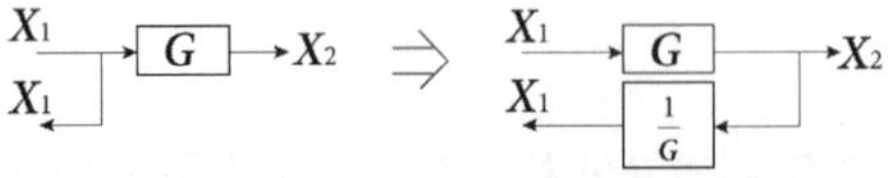

④

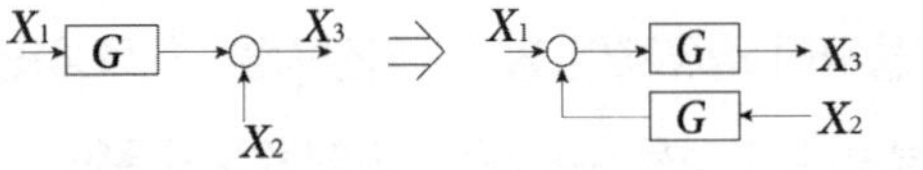

해설 Chapter 04 – 02
블록선도
1) $(X_1+X_2)G=X_3$
　$=$ 변환 $X_1G+X_2G=X_3$
2) $X_1G=X_2$ $=$ 변환 $X_2=X_1G$
3) $X_2=X_1G$ $=$ 변환 $X_2=X_1G$
4) $X_1G+X_2-X_3$
　$\neq$ 변환 $(X_1+X_2G)G=X_3$가 된다.

63

다음 회로망에서 입력전압을 $V_1(t)$, 출력전압을 $V_2(t)$라 할 때, $\frac{V_2(s)}{V_1(s)}$에 대한 고유주파수 ω_n과 제동비 ξ의 값은?(단, $R=100[\Omega]$, $L=2[\text{H}]$, $C=200[\mu\text{F}]$이고, 모든 초기전하는 0이다.)

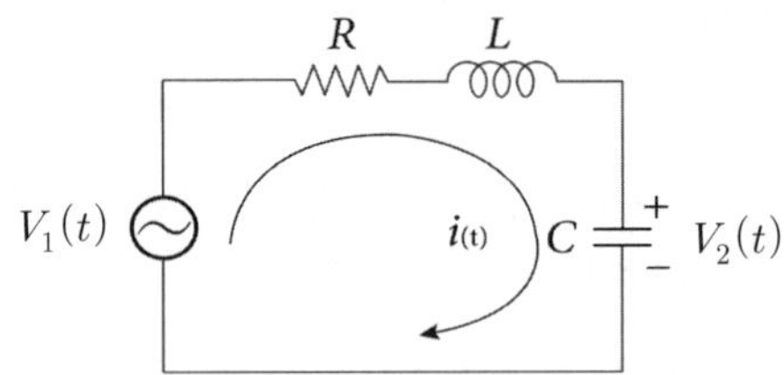

① $\omega_n=50,\ \xi=0.5$　　② $\omega_n=50,\ \xi=0.7$
③ $\omega_n=250,\ \xi=0.5$　　④ $\omega_n=250,\ \xi=0.7$

해설 Chapter 05 – 04
고유주파수와 제동비

전달함수 $G(s)=\dfrac{\frac{1}{Cs}}{R+Ls+\frac{1}{Cs}}$ 이므로

$=\dfrac{1}{LCs^2+RCs+1}$

$=\dfrac{\frac{1}{LC}}{s^2+\frac{R}{L}s+\frac{1}{LC}}$ 가 된다.

① $\omega_n^2=\frac{1}{LC}$이 되어야 하므로

$\omega_n=\sqrt{\frac{1}{LC}}$

$=\sqrt{\frac{1}{2\times200\times10^{-6}}}=50$

② $2\delta\omega_n=\frac{R}{L}$이 되어야 하므로

$2\delta\omega_n=\frac{R}{L}$

$\delta=\frac{R}{2\omega_nL}$

$=\frac{100}{2\times50\times2}=0.5$

정답 61 ① 62 ④ 63 ①

64

다음 신호 흐름선도의 일반식은?

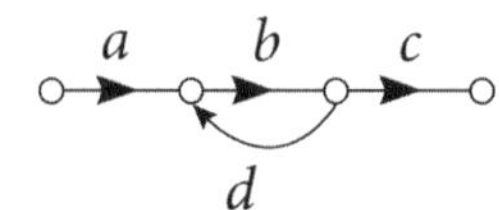

① $G = \dfrac{1-bd}{abc}$　② $G = \dfrac{1+bd}{abc}$

③ $G = \dfrac{abc}{1+bd}$　④ $G = \dfrac{abc}{1-bd}$

해설 Chapter 15

전달함수

$$G(s) = \frac{\sum 전향경로이득}{1-\sum 루프이득} = \frac{abc}{1-bd}$$

65

다음 중 이진 값 신호가 아닌 것은?

① 디지털 신호
② 아날로그 신호
③ 스위치의 On-Off 신호
④ 반도체 소자의 동작, 부동작 상태

해설 Chapter 11 – 04

2진수

이진 값 신호는 불연속 제어로서 아날로그 신호는 연속제가 된다.

66

보드 선도에서 이득여유에 대한 정보를 얻을 수 있는 것은?

① 위상곡선 0°에서의 이득과 0dB과의 차이
② 위상곡선 180°에서의 이득과 0dB과의 차이
③ 위상곡선 –90°에서의 이득과 0dB과의 차이
④ 위상곡선 –180°에서의 이득과 0dB과의 차이

해설 Chapter 07 – 03

보드 선도와 이득의 여유

이득여유란 위상곡선 –180°에서의 이득과 0dB과의 차이를 말한다.

67

단위 궤환제어계의 개루프 전달함수가 $G(s) = \dfrac{K}{s(s+2)}$ 일 때, K가 $-\infty$로부터 $+\infty$까지 변하는 경우 특성방정식의 근에 대한 설명으로 틀린 것은?

① $-\infty < K < 0$에 대하여 근은 모드 실근이다.
② $0 < K < 1$에 대하여 2개의 근은 모두 음의 실근이다.
③ $K=0$에 대하여 $s_1 = 0$, $s_2 = -2$의 근은 $G(s)$의 극점과 일치한다.
④ $1 < K < \infty$에 대하여 2개의 근은 음의 실수부 중근이다.

해설

개루프 전달함수의 특성 방정식

$= s(s+2)+K=0$

$= s^2+2s+K=0$

$s = \dfrac{-b \pm \sqrt{b^2-4ac}}{2a}$

$= -1 \pm \sqrt{1-K}$가 된다.

K가 1보다 크면 복소근을 갖게 된다.

68

2차계 과도응답에 대한 특성 방정식의 근은 $s_1,\ s_2 = \pm\zeta\omega_n \pm j\omega_n\sqrt{1-\zeta^2}$ 이다. 감쇠비 ζ가 $0 < \zeta < 1$사이에 존재할 때 나타나는 현상은?

① 과제동　② 무제동

③ 부족제동　④ 임계제동

해설 Chapter 05 – 04 – (2)

제동비에 따른 제동조건

제동비(감쇠비) δ

$\delta > 1$ (과제동)

$\delta = 1$ (임제동)

$0 < \delta < 1$(부제동)

$\delta =$ 무제동

정답 64 ④　65 ②　66 ④　67 ④　68 ③

69

그림의 시퀀스 회로에서 전자접촉기 X에 의한 A접점(Normal open contact)의 사용 목적은?

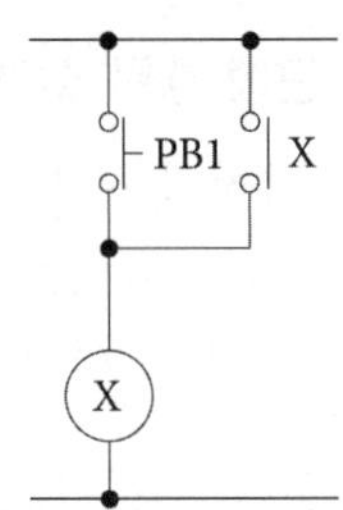

① 자기유지회로
② 지연회로
③ 우선 선택회로
④ 인터록(interlock)회로

해설 Chapter 11 – 02
논리 시퀀스 회로
그림은 푸쉬버튼의 손을 놓더라도 전자접촉기 X가 계속 여자가 되는 회로로서 자기유지 목적으로 사용된다.

70

다음의 블록선도에서 특성방정식의 근은?

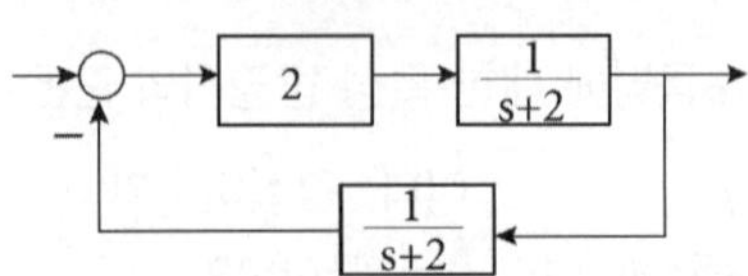

① −2, −5 ② 2, 5
③ −3, −4 ④ 3, 4

해설 Chapter 05 – 03
자동제어계의 과도응답(특성방정식)
개루프 전달함수 $G \cdot H = \dfrac{2}{(s+2)\times(s+5)}$
특성방정식 $=(s+2)(s+5)+2=0$
$=s^2+7s+12=0$이므로
$=(s+3)(s+4)=0$이므로
$s=-3, -4$

71

평형 3상 3선식 회로에서 부하는 Y결선이고, 선간전압이 $173.2\angle 0°$[V]일 때 선전류는 $20\angle -120°$[A]이었다면 Y결선된 부하 한상의 임피던스는 약 몇 [Ω]인가?

① $5\angle 60°$
② $5\angle 90°$
③ $5\sqrt{3}\angle 60°$
④ $5\sqrt{3}\angle 90°$

해설 Chapter 07 – 01
Y결선의 임피던스
$V_\ell = 100\sqrt{3}\angle 0°$, $V_P = 100\angle -30°$
$I_\ell = 20\angle -120°$, $I_P = 20\angle -120°$
$Z = \dfrac{V_\ell}{I_P} = \dfrac{100\angle -30°}{20\angle -120°}$ $5\angle 90°$
Y결선시 $V_\ell = \sqrt{3}\,V_P\angle +30°$
$I_\ell = I_P$

72

그림과 같은 RC 저역통과 필터회로에 단위 임펄스를 입력으로 가했을 때 응답 $h(t)$는?

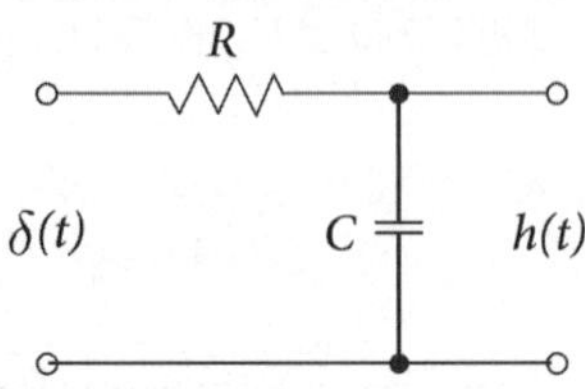

① $h(t) = RCe^{-\frac{t}{RC}}$
② $h(t) = \dfrac{1}{RC}e^{-\frac{t}{RC}}$
③ $h(t) = \dfrac{R}{1+j\omega RC}$
④ $h(t) = \dfrac{1}{RC}e^{-\frac{C}{R}t}$

정답 69 ① 70 ③ 71 ② 72 ②

해설 Chapter 15

전달함수

$$G(s)=\frac{h(t)}{\delta(t)}=\frac{\frac{1}{Cs}}{R+\frac{1}{Cs}}=\frac{1}{RCs+1}$$

$$h(t)=\mathcal{L}^{-1}[\frac{1}{RCs+1}]=\frac{\frac{1}{RC}}{s+\frac{1}{RC}}$$

$$h(t)=\frac{1}{RC}e^{-\frac{t}{RC}}$$

73

2전력계법으로 평형 3상 전력을 측정하였더니 한 쪽의 지시가 500[W], 다른 한 쪽의 지시가 1500[W]이었다. 피상전력은 약 몇 [VA]인가?

① 2000 ② 2310
③ 2646 ④ 2771

해설 Chapter 07 – 04

2전력계법

$$\cos\theta=\frac{P}{P_a}=\frac{P_1+P_2}{2\sqrt{P^2{}_1+P^2{}_2-P_1\times P_2}}$$

피상전력

$$P_a=2\sqrt{P_1^2+P_2^2-P_1P_2}$$
$$=2\times\sqrt{500^2+1500^2-500\times1500}$$
$$=2646[\mathrm{W}]$$

74

회로에서 4단자 정수 A, B, C, D의 값은?

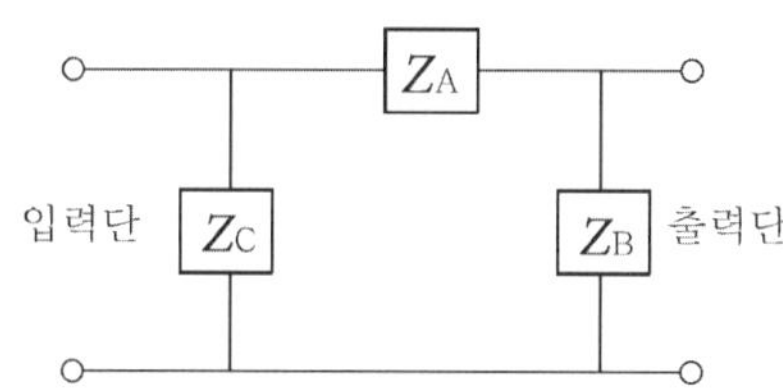

① $A=1+\frac{Z_A}{Z_B}$, $B=Z_A$, $C=\frac{1}{Z_B}$, $D=1+\frac{Z_B}{Z_B}$

② $A=1+\frac{Z_A}{Z_B}$, $B=Z_A$, $C=\frac{1}{Z_A}$, $D=1+\frac{Z_A}{Z_B}$

③ $A=1+\frac{Z_A}{Z_B}$, $B=Z_A$, $C=\frac{Z_A+Z_B+Z_C}{Z_BZ_C}$, $D=\frac{1}{Z_BZ_C}$

④ $A=1+\frac{Z_A}{Z_B}$, $B=Z_A$, $C=\frac{Z_A+Z_B+Z_C}{Z_BZ_C}$, $D=1+\frac{Z_A}{Z_C}$

해설 Chapter 11 – 03

4단자 회로망

$A=1+\frac{Z_A}{Z_B}$, $B=Z_A$,

$C=\frac{Z_A+Z_B+Z_C}{Z_BZ_C}$, $D=1+\frac{Z_A}{Z_C}$가 된다.

75

길이에 따라 비례하는 저항 값을 가진 어떤 전열선에 E_0[V]의 전압을 인가하면 P_0[W]의 전력이 소비된다. 이 전열선을 잘라 원래 길이의 $\frac{2}{3}$로 만들고 E[V]의 전압을 가한다면 소비전력 P[W]는?

① $P=\frac{P_0}{2}(\frac{E}{E_0})^2$ ② $P=\frac{3P_0}{2}(\frac{E}{E_0})^2$

③ $P=\frac{2P_0}{3}(\frac{E}{E_0})^2$ ④ $P=\frac{\sqrt{2}P_0}{2}(\frac{E}{E_0})^2$

해설

1) $R_1,\ E_0 = P_0=\frac{E_0^2}{R}$

2) $\frac{2}{3}R,\ E=P\frac{E}{\frac{2}{3}R}=\frac{E^2}{\frac{2}{3}R}$이므로

$$\frac{P}{P_0}=\frac{\frac{E^2}{\frac{2}{3}R}}{\frac{E_0^2}{R}}=\frac{E^2}{\frac{2}{3}E_0^2}$$

$$P=\frac{3P_0}{2}(\frac{E}{E_0})^2$$

정답 73 ③ 74 ④ 75 ②

76

$f(t)=e^{j\omega t}$의 라플라스 변환은?

① $\dfrac{1}{s-j\omega}$ ② $\dfrac{1}{s+j\omega}$

③ $\dfrac{1}{s^2+\omega^2}$ ④ $\dfrac{\omega}{s^2+\omega^2}$

해설 Chapter 13 – 02

라플라스 변환

$$\mathcal{L}[e^{j\omega t}]=\frac{1}{s}\Big|_{s=s-j\omega}$$

$$\frac{1}{s-j\omega}$$

77

1[km]당 인덕턴스 25[mH], 정전용량 0.005[μF]의 선로가 있다. 무손실 선로라고 가정한 경우 진행파의 위상(전파) 속도는 약 몇 [km/s]인가?

① 8.95×10^4 ② 9.95×10^4

③ 89.5×10^4 ④ 99.5×10^4

해설 Chapter 12 – 03

전파속도 v

$$v=\frac{\omega}{\beta}=\frac{1}{\sqrt{LC}}\,[\text{m/s}]$$

$$=\frac{1}{\sqrt{LC}}=\frac{1}{\sqrt{25\times10^{-3}\times0.005\times10^{-6}}}=8.95\times10^4$$

78

그림과 같은 순 저항회로에서 대칭 3상 전압을 가할 때 각 선에 흐르는 전류가 같으려면 R의 값은 몇 [Ω]인가?

① 8 ② 12

③ 16 ④ 20

해설 Chapter 07 – 03

임피던스 변환

$\Delta-Y$변환시

$$R_a=\frac{R_{ab}\cdot R_{ca}}{R_{ab}+R_{bc}+R_{ca}}=\frac{40\times40}{40+40+120}=8[\Omega]$$

$$R_b=R_c=\frac{40\times120}{40+40+120}=24$$

각상의 임피던스가 같으려면

$R+R_a=R_b=R_c$이므로

$R=R_b-R_a=24-8=16[\Omega]$이 된다.

79

전류 $I=30\sin\omega t+40\sin(3\omega t+45°)$[A]의 실효값[A]은?

① 25 ② $25\sqrt{2}$

③ 50 ④ $50\sqrt{2}$

해설 Chapter 09 – 03

비정현파의 실효값

$$I=\sqrt{I_1^2+I_3^2}=\sqrt{\left(\frac{30}{\sqrt{2}}\right)^2+\left(\frac{40}{\sqrt{2}}\right)^2}=25\sqrt{2}$$

80

어떤 콘덴서를 300[V]로 충전하는 데 9[J]의 에너지가 필요하였다. 이 콘덴서의 정전용량은 몇 [μF]인가?

① 100 ② 200

③ 300 ④ 400

해설 Chapter 02

콘덴서의 에너지

$$W=\frac{1}{2}CV^2$$

$$C=W\times\frac{2}{V^2}$$

$$=9\times\frac{2}{300^2}\times10^6=200[\mu\text{F}]$$

정답 76 ① 77 ① 78 ③ 79 ② 80 ②

제5과목 | 전기설비기술기준

81

고압용 기계기구를 시설하여서는 안 되는 경우는?

① 시가지 외로서 지표상 3[m]인 경우
② 발전소, 변전소, 개폐소 또는 이에 준하는 곳에 시설하는 경우
③ 옥내에 설치한 기계기구를 취급자 이외의 사람이 출입할 수 없도록 설치한 곳에 시설하는 경우
④ 공장 등의 구내에서 기계기구의 주위에 사람이 쉽게 접촉할 우려가 없도록 적당한 울타리를 설치하는 경우

해설 Chapter 01 – 22
고압기계기구의 시설기준
시가지 외의 경우 지표상 높이는 4[m] 이상 높이에 시설하여야만 한다.

82

어떤 공장에서 케이블을 사용하는 사용전압이 22[kV]인 가공전선을 건물 옆쪽에서 1차 접근상태로 시설하는 경우, 케이블과 건물의 조영재 이격거리는 몇 [cm] 이상이어야 하는가?

① 50 ② 80 ③ 100 ④ 120

해설 Chapter 03 – 13
가공전선과 건조물과의 이격거리
22[kV] 가공전선이 건조물의 옆쪽 접근시 케이블을 사용하는 경우 0.5[m] 이상 이격시켜야만 한다.

83

옥내에 시설하는 전동기가 소손되는 것을 방지하기 위한 과부하 보호 장치를 하지 않아도 되는 것은?

① 정격 출력이 7.5[kW] 이상인 경우
② 정격 출력이 0.2[kW] 이하인 경우
③ 정격 출력이 2.5[kW]이며, 과전류 차단기가 없는 경우
④ 전동기 출력이 4[kW]이며, 취급자가 감시할 수 없는 경우

해설 Chapter 03 – 06
전동기 과부하 보호장치 생략 조건
1) 정격출력 0.2[kW] 이하
2) 단상전동기로서 16[A] 이하 과전류차단기, 20[A] 이하 배선용 차단기로 보호시

84

사용전압 66[kV]의 가공전선로를 시가지에 시설할 경우 전선의 지표상 최소 높이는 몇 [m]인가?

① 6.48 ② 8.36 ③ 10.48 ④ 12.36

해설 Chapter 01 – 28 – (3)
특고압 가공전선로의 시가지 시설시 지표상 높이
1) 35[kV] 이하 10[m] 이상
(단, 전선이 절연전선 또는 케이블의 경우 8[m])
2) 35[kV] 초과 $10+(x-3.5)\times 0.12$
$10+(6.6-3.5)\times 0.12=10.48$이 된다.
(　)부분은 절상한다.

85

저압 옥상전선로의 시설에 대한 설명으로 틀린 것은?

① 전선은 절연전선을 사용한다.
② 전선은 지름 2.6[mm] 이상의 경동선을 사용한다.
③ 전선은 상시 부는 바람 등에 의하여 식물에 접촉하지 않도록 시설한다.
④ 전선과 옥상 전선로를 시설하는 조영재와의 이격거리는 0.5[m]로 한다.

해설 Chapter 01 – 17
옥상전선로
전선과 옥상전선로의 조영재와의 이격거리는 2[m] 이상으로 한다.

정답 81 ① 82 ① 83 ② 84 ③ 85 ④

86

가공전선로의 지지물에 취급자가 오르고 내리는 데 사용하는 발판 볼트 등은 지표상 몇 [m] 미만에 시설하여서는 아니 되는가?

① 1.2　　② 1.8
③ 2.2　　④ 2.5

해설 Chapter 01 – 12 – (4)
발판못의 풀스텝의 높이는 1.8[m] 이상

87

고압 가공전선로에 사용하는 가공지선으로 나경동선을 사용할 때의 최소 굵기[mm]는?

① 3.2　　② 3.5
③ 4.0　　④ 5.0

해설 Chapter 01 – 19
가공지선
1) 고압 : 4[mm] 이상
2) 특고압 : 5[mm] 이상

88

특고압용 변압기의 보호장치인 냉각장치에 고장이 생긴 경우 변압기의 온도가 현저하게 상승한 경우에 이를 경보하는 장치를 반드시 하지 않아도 되는 경우는?

① 유입 풍냉식　　② 유입 자냉식
③ 송유 풍냉식　　④ 송유 수냉식

해설 Chapter 02 – 04 – (3)
변압기 보호장치
타냉식 변압기의 경우 냉각장치 고장시 경보장치를 시설하여야만 한다. 다만 유입 자냉식의 경우 별도의 냉각장치가 없으므로 필요가 없다.

89

빙설의 정도에 따라 풍압하중을 적용하도록 규정하고 있는 내용 중 옳은 것은?(단, 빙설이 많은 지방 중 해안지방 기타 저온계절에 최대풍압이 생기는 지방은 제외한다.)

① 빙설이 많은 지방에서는 고온계절에는 갑종 풍압하중, 저온계절에는 을종 풍압하중을 적용한다.
② 빙설이 많은 지방에서는 고온계절에는 을종 풍압하중, 저온계절에는 갑종 풍압하중을 적용한다.
③ 빙설이 적은 지방에서는 고온계절에는 갑종 풍압하중, 저온계절에는 을종 풍압하중을 적용한다.
④ 빙설이 적은 지방에서는 고온계절에는 을종 풍압하중, 저온계절에는 갑종 풍압하중을 적용한다.

해설 Chapter 03 – 01
풍압하중의 적용
빙설이 많은 지방의 경우 고온계절에는 갑종 풍압하중, 저온계절에는 을종 풍압하중을 적용한다.

90

가공전선로의 지지물에 시설하는 지선의 시설 기준으로 옳은 것은?

① 지선의 안전율은 2.2 이상이어야 한다.
② 연선을 사용할 경우에는 소선(素膳) 3가닥 이상이어야 한다.
③ 도로를 횡단하여 시설하는 지선의 높이는 지표상 4[m] 이상으로 하여야 한다.
④ 지중부분 및 지표상 20[cm]까지의 부분에는 내식성이 있는 것 또는 아연도금을 한다.

해설 Chapter 03 – 03
지선의 시설기준
1) 안전율 2.5 이상
2) 허용최저인장하중 4.31[kN]
3) 소선수 3가닥 이상
4) 금속선 2.6[mm]
5) 도로횡단시 5[m] 이상

정답 86 ② 87 ③ 88 ② 89 ① 90 ②

91

무선용 안테나 등을 지지하는 철탑의 기초 안전율은 얼마 이상이어야 하는가?

① 1.0　　② 1.5
③ 2.0　　④ 2.5

해설 Chapter 04 – 07
무선용 안테나 지지물의 안전율 1.5 이상

92

조상설비의 조상기(調相機) 내부에 고장이 생긴 경우에 자동적으로 전로로부터 차단하는 장치를 시설해야 하는 뱅크용량[kVA]으로 옳은 것은?

① 1000　　② 1500
③ 10000　　④ 15000

해설 Chapter 02 – 05
조상기 보호장치
용량이 15000[kVA] 이상의 조상기의 경우 내부고장시 이를 전로로부터 자동차단하는 장치를 하여야만 한다.

93

특고압 가공전선로의 지지물로 사용하는 B종 철주에서 각도형은 전선로 중 몇 도를 넘는 수평 각도를 이루는 곳에 사용되는가?

① 1　　② 2
③ 3　　④ 5

해설 Chapter 03 – 11
각도형 지지물
수평각도가 3°를 초과하는 부분의 적용한다.

※ 한국전기설비규정(KEC) 개정에 따라 삭제된 문제가 있어 100문항이 되지 않습니다.

정답 91 ② 92 ④ 93 ③

전기기사 기출문제 2019년 3회 기출문제

제1과목 | 전기자기학

01

도전도 $k = 6\times10^{17}$[℧/m], 투자율 $\mu = \frac{6}{\pi}\times10^{-7}$[H/m]인 평면도체 표면에 10[kHz]의 전류가 흐를 때, 침투깊이 δ[m]는?

① $\frac{1}{6}\times10^{-7}$ ② $\frac{1}{8.5}\times10^{-7}$

③ $\frac{36}{\pi}\times10^{-6}$ ④ $\frac{36}{\pi}\times10^{-10}$

해설 Chapter 09 – 02

침투깊이

$$\delta = \sqrt{\frac{1}{\omega k\mu}} = \sqrt{\frac{1}{2\pi\times10\times10^3\times6\times10^{17}\times\frac{6}{\pi}\times10^{-7}}}$$

$$= \frac{1}{6}\times10^{-7}[\text{m}]$$

02

강자성체의 세 가지 특성에 포함되지 않는 것은?

① 자기포화 특성 ② 와전류 특성

③ 고투자율 특성 ④ 히스테리시스 특성

해설 Chapter 08 – 07

강자성체 특성

1) 자기포화 특성
2) 고투자율 특성
3) 히스테리시스 특성

03

송전선의 전류가 0.01초 사이에 10[kA]변화될 때 이 송전선에 나란한 통신선에 유도되는 유도 전압은 몇 [V]인가?(단, 송전선과 통신선 간의 상호유도계수는 0.3[mH]이다.)

① 30 ② 300 ③ 3000 ④ 30000

해설 Chapter 10 – 01

유도전압

$$e_2 = -M\frac{di}{dt} = \left|-0.3\times10^{-3}\times\frac{10\times10^3}{0.01}\right|$$

$$= 300[\text{V}]$$

04

단면적 15[cm^2]의 자석 근처에 같은 단면적을 가진 철편을 놓을 때 그 곳을 통하는 자속이 3×10^{-4}[Wb]이면 철편에 작용하는 흡인력은 약 몇 N인가?

① 12.2 ② 23.9

③ 36.6 ④ 48.8

해설 Chapter 08 – 05

에너지밀도

$$f = \frac{1}{2}\mu H^2 = \frac{B^2}{2\mu}\times S$$

$$= \frac{0.2^2}{2\times4\pi\times10^{-7}}\times15\times10^{-4} = 23.9[\text{N}]$$

$$B = \frac{\phi}{S} = \frac{3\times10^{-4}}{15\times10^{-4}} = 0.2$$

05

단면적이 s[m^2], 단위 길이에 대한 권수가 n[회/m]인 무한히 긴 솔레노이드의 단위 길이당 자기인덕턴스[H/m]는?

① $\mu\cdot s\cdot n$ ② $\mu\cdot s\cdot n^2$

③ $\mu\cdot s^2\cdot n$ ④ $\mu\cdot s^2\cdot n^2$

해설 Chapter 10 – 02

인덕턴스의 계산

단위 길이당 인덕턴스 $=\mu sn^2$[H/m]가 된다.

정답 01 ① 02 ② 03 ② 04 ② 05 ②

06

다음 금속 중 저항률이 가장 작은 것은?

① 은 ② 철 ③ 백금 ④ 알루미늄

해설
주어진 조건하에 가장 작은 저항률은 갖는 금속은 은이 된다.
은 < 구리 < 알루미늄 < 마그네슘 < 아연 < 니켈 < 철 < 백금

07

무한장 직선형 도선에 I[A]의 전류가 흐를 경우 도선으로부터 R[m] 떨어진 점의 자속밀도 B[Wb/m^2]는?

① $B=\dfrac{\mu I}{2\pi R}$ ② $B=\dfrac{I}{2\pi\mu R}$

③ $B=\dfrac{\mu I}{4\pi R}$ ④ $B=\dfrac{I}{4\pi\mu R}$

해설 Chapter 07 – 02 – (2)
무한장 직선 전류 $B=\mu_0 H=\mu_0\times\dfrac{I}{2\pi r}$

08

전하 q[C]가 진공 중의 자계 H[AT/m]에 수직방향으로 v[m/s]의 속도로 움직일 때 받는 힘은 몇 [N]인가?(단, 진공 중의 투자율은 μ_0이다.)

① qvH ② $\mu_0 qH$

③ πqvH ④ $\mu_0 qvH$

해설 Chapter 07 – 09 – (3)
자계내에서 전하입자에 작용하는 힘
$F=q(v\times B)$
$=qvB\sin\theta \quad qv\mu_0 H\sin 90^\circ$ (수직이므로)

09

원통 좌표계에서 일반적으로 벡터가 $A=5r\sin\phi a_z$로 표현될 때 점(2, $\dfrac{\pi}{2}$, 0)에서 curlA를 구하면?

① $5a_r$ ② $5\pi a_\phi$ ③ $-5a_\phi$ ④ $-5\pi a_\phi$

해설

$curl\,A=\nabla\times A=\dfrac{1}{r}\begin{vmatrix} a_r & ra_\phi & a_z \\ \dfrac{\partial}{\partial r} & \dfrac{\partial}{\partial \phi} & \dfrac{\partial}{\partial z} \\ A_r & rA_\phi & A_z \end{vmatrix}$가 된다.

$$=a_r\left(\frac{\partial A_z}{r\partial_\phi}-\frac{\partial A_\phi}{\partial z}\right)+a_\phi\left(\frac{\partial A_r}{\partial z}-\frac{\partial A_z}{\partial r}\right)$$
$$=a_r\left(\frac{\partial 5r\sin\phi}{r\partial\phi}\right)+a_\phi\left(-\frac{\partial 5r\sin\phi}{\partial r}\right)$$
$$=-5a_\phi$$

10

전기 저항에 대한 설명으로 틀린 것은?

① 저항의 단위는 옴[Ω]을 사용한다.
② 저항률(ρ)의 역수를 도전율이라고 한다.
③ 금속선의 저항 R의 길이 ℓ에 반비례한다.
④ 전류가 흐르고 있는 금속선에 있어서 임의 두 점간의 전위차는 전류에 비례한다.

해설 Chapter 06 – 02
도체의 저항 $R=\rho\dfrac{\ell}{A}$ 길이에 비례하고 단면적에 반비례한다.

11

자계의 벡터포텐셜을 A라 할 때 자계의 시간적 변화에 의하여 생기는 전계의 세기 E는?

① $E=rot\,A$ ② $rot\,E=A$

③ $E=-\dfrac{\partial A}{\partial t}$ ④ $rot\,E=-\dfrac{\partial A}{\partial t}$

해설 Chapter 11 – 05
전파방정식
$rot\,E=-\dfrac{\partial B}{\partial t}$
$B=rot A$
$rot\,E=-\dfrac{\partial}{\partial t}(rot\,A)$
$E=-\dfrac{\partial A}{\partial t}$

정답 06 ① 07 ① 08 ④ 09 ③ 10 ③ 11 ③

12

환상철심의 평균 자계의 세기가 3000[AT/m]이고, 비투자율이 600인 철심 중의 자화의 세기는 약 몇 [Wb/m²]인가?

① 0.75 ② 2.26 ③ 4.52 ④ 9.04

해설 Chapter 08 – 01

자화의 세기

$J = \mu_0(\mu_s - 1)H$

$= 4\pi \times 10^{-7} \times (600-1) \times 3000 = 2.26$

13

평행판 콘덴서의 극간 전압이 일정한 상태에서 극간에 공기가 있을 때의 흡인력을 F_1, 극판 사이에 극판 간격의 $\frac{2}{3}$ 두께의 유리판($\epsilon_r = 10$)을 삽입할 때의 흡인력을 F_2라 하면 $\frac{F_2}{F_1}$는?

① 0.6 ② 0.8 ③ 1.5 ④ 2.5

해설

평행판 콘덴서 $C = \frac{\epsilon_0 S}{d}$

$\epsilon_r = 10$이며 $\frac{2}{3}$이므로 $C = 15C$가 된다.

또한 $\epsilon = 1$이며 간격이 $\frac{1}{3}$은 $C = 3C$가 되므로

$\frac{3C \cdot 15C}{3C + 15C} = \frac{15}{6}C$가 되므로 $2.5C$가 된다.

따라서 정전용량이 2.5배가 증가하여 흡인력도 2.5배가 된다.

14

전자파의 특성에 대한 설명으로 틀린 것은?

① 전자파의 속도는 주파수와 무관하다.
② 전파 E_x를 고유임피던스로 나누면 자파 H_y가 된다.
③ 전파 E_x와 자파 H_y의 진동방향은 진행 방향에 수평인 종파이다.
④ 매질이 도전성을 갖지 않으면 전파 E_x와 자파 H_y는 동위상이 된다.

해설

전파 E_x와 자파 H_y의 진동방향은 진행 방향의 수직인 횡파이다.

15

진공 중에서 점 $P(1, 2, 3)$ 및 점 $Q(2, 0, 5)$에 각각 300[μC], −100[μC]인 점전하가 놓여 있을 때 점전하 −100[μC]에 작용하는 힘은 몇 N인가?

① $10i - 20j + 20k$ ② $10i + 20j - 20k$
③ $-10i + 20j + 20k$ ④ $-10i + 20j - 20k$

해설

$F = 9 \times 10^9 \times \frac{Q_1 Q_2}{r^2} a_r$

$= 9 \times 10^9 \times \frac{300 \times 10^{-6} \times (-100 \times 10^{-6})}{3^2} \times$

$\frac{i - 2j + 2k}{3}$이 된다.

$= -10i + 20j - 20k$

$\vec{r} = 1i - 2j + 2k$가 되므로

$= \sqrt{1^2 + 2^2 + 3^2} = 3$

16

반지름 a[m]의 구 도체에 전하 Q[C]가 주어질 때 구 도체 표면에 작용하는 정전응력은 몇 [N/m²]인가?

① $\frac{9Q^2}{16\pi^2 \epsilon_0 a^6}$ ② $\frac{9Q^2}{32\pi^2 \epsilon_0 a^6}$
③ $\frac{Q^2}{16\pi^2 \epsilon_0 a^4}$ ④ $\frac{Q^2}{32\pi^2 \epsilon_0 a^4}$

해설 Chapter 02 – 14

작용하는 힘

$F = \frac{1}{2}\epsilon E^2 = \frac{1}{2} \times \epsilon_0 \times (\frac{Q}{4\pi\epsilon_0 a^2})^2$

구의 경우 $E = \frac{Q}{4\pi\epsilon_0 a^2} = \frac{Q^2}{32\pi^2 \epsilon_0 a^4}$

정답 12 ② 13 ④ 14 ③ 15 ④ 16 ④

17

정전용량이 각각 C_1, C_2 그 사이의 상호 유도계수가 M인 절연된 두 도체가 있다. 두 도체를 가는 선으로 연결할 경우, 정전용량은 어떻게 표현되는가?

① C_1+C_2-M ② C_1+C_2+M
③ C_1+C_2+2M ④ $2C_1+2C_2+M$

해설 Chapter 03 – 02

$Q_1 = q_{11}V_1 + q_{12}V_2$ [F]

$Q_2 = q_{21}V_1 + q_{22}V_2$ [F]

식에서 $q_{11} = C_1$, $q_{22} = C_2$

$q_{12} = q_{21} = M$이고, $V_1 = V_2 = V$을 대입하면

$Q_1 = (q_{11}+q_{12})V = (C_1+M)V$[C]

$Q_2 = (q_{21}+q_{22})V = (M+C_2)V$[C]가 되어,

구하는 정전 용량 C는

$$C = \frac{Q_1+Q_2}{V} = \frac{(C_1+M)V+(M+C_2)V}{V}$$
$$= C_1+C_2+2M$$

18

길이 ℓ[m]인 동축 원통 도체의 내외원통에 각각 $+\lambda$, $-\lambda$[C/m]의 전하가 분포되어 있다. 내외원통 사이에 유전율 ϵ인 유전체가 채워져 있을 때, 전계의 세기[V/m]는?(단, V는 내외원통 간의 전위차, D는 전속밀도이고, a, b는 내외원통의 반지름이며, 원통 중심에서의 거리 r은 $a<r<b$인 경우이다.)

① $\dfrac{V}{r \cdot \ln\frac{b}{a}}$ ② $\dfrac{V}{\epsilon \cdot \ln\frac{b}{a}}$
③ $\dfrac{D}{r \cdot \ln\frac{b}{a}}$ ④ $\dfrac{D}{\epsilon \cdot \ln\frac{b}{a}}$

19

정전용량이 1[μF]이고 판의 간격이 d인 공기콘덴서가 있다. 두께 $\frac{1}{2}d$, 비유전율 $\epsilon_r = 2$유전체를 그 콘덴서의 한 전극면에 접촉하여 넣었을 때 전체의 정전용량[μF]은?

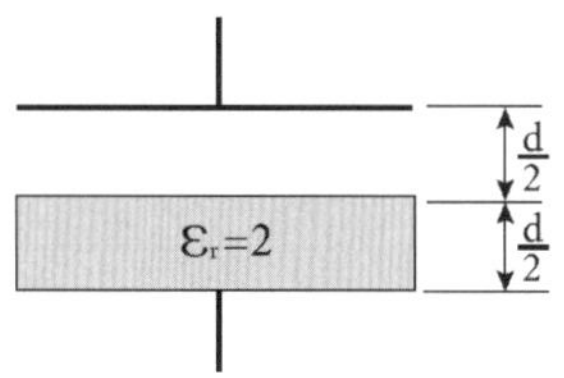

① 2 ② $\frac{1}{2}$
③ $\frac{4}{3}$ ④ $\frac{5}{3}$

해설 Chapter 03 – 04 – (5)

평행판 콘덴서의 정전용량

$$C_0 = \frac{\epsilon_0 S}{d} = 1[\mu F]$$

직렬 연결이므로

$$C = \frac{\epsilon_1\epsilon_2 S}{\epsilon_1 d_2 + \epsilon_2 d_1} = \frac{\epsilon_0 \cdot 2\epsilon_0 S}{(\epsilon_0 + 2\epsilon_0)\times\frac{d}{2}}$$
$$= \frac{2\times 2}{3}\times\frac{\epsilon_0 S}{d} = \frac{4}{3}C_0$$

20

변위전류와 가장 관계가 깊은 것은?

① 도체 ② 반도체
③ 유전체 ④ 자성체

해설 Chapter 11 – 04

변위전류

$i_d = \frac{\partial D}{\partial t}$이며 $rot H = i_c + \frac{\partial D}{\partial t}$가 되어 변위전류는 유전체를 통하여 흐르는 전류를 말하며 지계를 발생시킨다.

정답 17 ③ 18 ① 19 ③ 20 ③

제2과목 | 전력공학

21

역률 80[%], 500[kVA]의 부하설비에 100[kVA]의 진상용 콘덴서를 설치하여 역률을 개선하면 수전점에서의 부하는 약 몇 [kVA]가 되는가?

① 400 ② 425
③ 450 ④ 475

해설 Chapter 10 – 03
역률개선용 콘덴서 용량

$$\cos\theta_2 = \frac{P}{P_a} = \frac{400}{\sqrt{400^2 + (300-100)^2}} = 0.9$$

이므로 450[kVA]가 된다.

22

가공지선에 대한 설명 중 틀린 것은?

① 유도뢰 서지에 대하여도 그 가설구간 전체에 사고방지의 효과가 있다.
② 직격뢰에 대하여 특히 유효하며 탑 상부에 시설하므로 뇌는 주로 가공지선에 내습한다.
③ 송전선의 1선 지락 시 지락전류의 일부가 가공지선에 흘러 차폐작용을 하므로 전자유도장해를 적게 할 수 있다.
④ 가공지선 때문에 송전선로의 대지정전용량이 감소하므로 대지사이에 방전할 때 유도전압이 특히 커서 차폐효과가 좋다.

해설 Chapter 07 – 02 – (1)
가공지선
가공지선은 뇌해를 방지하며 차폐선의 역할을 겸한다. 다만 유도전압이 작아지므로 차폐효과가 커진다.

23

부하전류의 차단에 사용되지 않는 것은?

① DS ② ACB ③ OCB ④ VCB

해설 Chapter 08 – 02
단로기
단로기의 경우 무부하전류를 개폐한다.

24

플리커 경감을 위한 전력 공급측의 방안이 아닌 것은?

① 공급전압을 낮춘다.
② 전용 변압기로 공급한다.
③ 단독 공급계통을 구성한다.
④ 단락용량이 큰 계통에서 공급한다.

해설
플리커란 부하의 임피던스에 의한 전압동요현상으로 전압이 0.9~1.1[pu]정도로 진동한다.
대책은
1) 공급전압을 승압한다.
2) 전용의 변압기 공급
3) 단독 공급계통을 구성
4) 단락용량이 큰 계통에서 공급

25

3상 무부하시 발전기의 1선 지락 고장 시에 흐르는 지락전류는?(단, E는 접지된 상의 무부하 기전력이고 Z_0, Z_1, Z_2는 발전기의 영상, 정상, 역상 임피던스이다.)

① $\dfrac{E}{Z_0+Z_1+Z_2}$ ② $\dfrac{\sqrt{3}E}{Z_0+Z_1+Z_2}$

③ $\dfrac{3E}{Z_0+Z_1+Z_2}$ ④ $\dfrac{E^2}{Z_0+Z_1+Z_2}$

해설 Chapter 05 – 02 – (3)
1선 지락고장시 지락전류

$$I_g = \frac{3E}{Z_0+Z_1+Z_2}$$

정답 21 ③ 22 ④ 23 ① 24 ① 25 ③

26

수력발전소의 분류 중 낙차를 얻는 방법에 의한 분류 방법이 아닌 것은?

① 댐식 발전소　② 수로식 발전소
③ 양수식 발전소　④ 유역 변경식 발전소

해설 Chapter 01

수력발전의 낙차에 의한 분류
1) 댐식
2) 수로식
3) 댐 수로식
4) 유역 변경식

27

변성기의 정격부담을 표시하는 단위는?

① W　② S
③ dyne　④ VA

해설 Chapter 08 – 03

CT의 정격부담
정격부담이란 변성기 2차측에 접속되는 부하의 한도를 말하며 VA로 표현한다.

28

원자로의 중성자가 원자로 외부로 유출되어 인체에 위험을 주는 것을 방지하고 방열의 효과를 주기 위한 것은?

① 제어재　② 차폐재
③ 반사체　④ 구조재

해설 Chapter 03 – 06

원자로의 차폐재
원자로 외부로 유출되어 인체에 위험을 주는 것을 방지하고 방열의 효과를 주기 위한 것은 차폐재를 말하며 주로 콘크리트를 사용한다.

29

연가에 의한 효과가 아닌 것은?

① 직렬공진의 방지
② 대지정전용량의 감소
③ 통신선의 유도장해 감소
④ 선로정수의 평형

해설 Chapter 02 – 01 – (3)

연가
연가의 효과는 선로정수를 평형으로 하여 유도장해를 방지하고 직렬 공진을 방지한다.

30

각 전력계통의 연계선으로 상호 연결하였을 때 장점으로 틀린 것은?

① 건설비 및 운전경비를 절감하므로 경제급전이 용이하다.
② 주파수의 변화가 작아진다.
③ 각 전력계통의 신뢰도가 증가된다.
④ 선로 임피던스가 증가되어 단락전류가 감소된다.

해설 Chapter 06 – 03

계통을 연계
계통을 연계할 경우 안정도가 향상이 된다. 다만 이 경우 임피던스는 감소하여 단락전류가 증가한다.

31

전압요소가 필요한 계전기가 아닌 것은?

① 주파수 계전기
② 동기탈조 계전기
③ 지락 과전류 계전기
④ 방향성 지락 과전류 계전기

정답 26 ③ 27 ④ 28 ② 29 ② 30 ④ 31 ③

해설 Chapter 08

보호계전기

지락과전류 계전기의 경우 지락전류의 크기에 동작되며 전압의 요소와 관계가 없다.

32

수력발전설비에서 흡출관을 사용하는 목적으로 옳은 것은?

① 압력을 줄이기 위하여
② 유효낙차를 늘리기 위하여
③ 속도변동률을 적게 하기 위하여
④ 물의 유선을 일정하게 하기 위하여

해설 Chapter 01

흡출관

흡출관이란 러너의 출구와 방수면을 연결한 관으로 반동수차에서 유효낙차를 늘리기 위해서 사용한다.

33

인터록(interlock)의 기능에 대한 설명으로 옳은 것은?

① 조작자의 의중에 따라 개폐되어야 한다.
② 차단기가 열려 있어야 단로기를 닫을 수 있다.
③ 차단기가 닫혀 있어야 단로기를 닫을 수 있다.
④ 차단기와 단로기를 별도로 닫고, 열 수 있어야 한다.

해설 Chapter 07 – 02 – (6)

인터록

차단기가 열려 있어야만 단로기를 닫을 수 있다.

34

같은 선로와 같은 부하에서 교류 단상 3선식은 단상 2선식에 비하여 전압강하와 배전효율은 어떻게 되는가?

① 전압강하는 적고, 배전효율은 높다.
② 전압강하는 크고, 배전효율은 낮다.
③ 전압강하는 적고, 배전효율은 낮다.
④ 전압강하는 크고, 배전효율은 높다.

해설 Chapter 09 – 02

단상 3선식과 단상 2선식

단상 3선식 대비 단상 2선식을 비교하여 보면 전압강하는 적고, 배전선로의 효율은 증가한다.

전압강하 $e \propto \frac{1}{V}$, 전력손실 $P_\ell \propto \frac{1}{V^2}$

35

전력 원선도에서는 알 수 없는 것은?

① 송수전 할 수 있는 최대전력
② 선로 손실
③ 수전단 역률
④ 코로나손실

해설 Chapter 03 – 02

전력원선도

구할 수 없는 것은 코로나손실, 과도안정극한전력

36

가공선 계통은 지중선 계통보다 인덕턴스 및 정전용량이 어떠한가?

① 인덕턴스, 정전용량이 모두 작다.
② 인덕턴스, 정전용량이 모두 크다.
③ 인덕턴스는 크고, 정전용량이 작다.
④ 인덕턴스는 작고, 정전용량이 크다.

해설 Chapter 01 – 01

가공전선로

정답 32 ② 33 ② 34 ① 35 ④ 36 ③

37

송전선의 특성임피던스는 저항과 누설 컨덕턴스를 무시하면 어떻게 표현되는가?(단, L은 선로의 인덕턴스, C는 선로의 정전용량이다.)

① $\sqrt{\frac{L}{C}}$ ② $\sqrt{\frac{C}{L}}$
③ $\frac{L}{C}$ ④ $\frac{C}{L}$

해설 Chapter 03 – 01 – (3)
특성임피던스

$Z_0 = \sqrt{\frac{L}{C}}\,[\Omega]$

38

다음 중 송전선로의 코로나 임계전압이 높아지는 경우가 아닌 것은?

① 날씨가 맑다.
② 기압이 높다.
③ 상대공기밀도가 낮다.
④ 전선의 반지름과 선간거리가 크다.

해설 Chapter 02 – 02
코로나 개시전압

$E_0 = 24.3 m_0 m_1 \delta d \log_{10}\frac{D}{r}\,[\text{kV}]$

여기서 m_0 : 전선계수
m_1 : 날씨계수
δ : 상대공기밀도를 말한다.

39

어느 수용가의 부하설비는 전등설비가 500[W], 전열설비가 600[W], 전동기 설비가 400[W], 기타설비가 100[W]이다. 이 수용가의 최대수용전력이 1200[W]이면 수용률은 몇 [%]인가?

① 55 ② 65
③ 75 ④ 85

해설 Chapter 10 – 02 – (1)
수용률

$$수용률 = \frac{최대전력}{설비용량} = \frac{1200}{500+600+400+100}\times 100 = 75[\%]$$

40

케이블의 전력 손실과 관계가 없는 것은?

① 철손
② 유전체손
③ 시스손
④ 도체의 저항손

해설 Chapter 01 – 05 – (1)
케이블의 손실
1) 저항손
2) 유전체손
3) 시스손

정답 37 ① 38 ③ 39 ③ 40 ①

제3과목 | 전기기기

41

동기발전기의 돌발 단락시 발생되는 현상으로 틀린 것은?

① 큰 과도전류가 흘러 권선 소손
② 단락전류는 전기자 저항으로 제한
③ 코일 상호간 큰 전자력에 의한 코일 파손
④ 큰 단락전류 후 점차 감소하여 지속 단락전류 유지

해설

단락전류 $I_s = \dfrac{E}{Z_s} = \dfrac{E}{X_s}$ 로서 순간이나 돌발 단락전류를 제한하는 요소는 누설리액턴스이다.

42

SCR의 특징으로 틀린 것은?

① 과전압에 약하다.
② 열용량이 적어 고온에 약하다.
③ 전류가 흐르고 있을 때의 양극 전압강하가 크다.
④ 게이트에 신호를 인가할 때부터 도통할 때까지의 시간이 짧다.

해설 Chapter 01 – 05
SCR
SCR의 경우 통전이 되고있는 경우 전압강하가 매우 적다.

43

터빈 발전기의 냉각을 수소냉각방식으로 하는 이유로 틀린 것은?

① 풍손이 공기 냉각 시의 약 1/10로 줄어든다.
② 열전도율이 좋고 가스냉각기의 크기가 작아진다.
③ 절연물의 산화작용이 없으므로 절연열화가 작아서 수명이 길다.
④ 반폐형으로 하기 때문에 이물질의 침입이 없고 소음이 없고 감소한다.

해설 Chapter 15
동기발전기의 수소 냉각방식
수소 냉각 방식의 경우 폭발할 우려가 있기 때문에 반폐형이 아닌 전폐형으로 한다.

44

단상 유도전동기의 특징을 설명한 것으로 옳은 것은?

① 기동 토크가 없으므로 기동장치가 필요하다.
② 기계손이 있어도 무부하 속도는 동기속도보다 크다.
③ 권선형은 비례추이가 불가능하며, 최대 토크는 불변이다.
④ 슬립은 $0 > s > -1$이고 2보다 작고 0이 되기 전에 토크가 0이 된다.

해설 Chapter 16
단상유도전동기
단상유도전동기는 기동토크가 없어 별도의 기동시 기동장치가 필요하다.

45

몰드변압기의 특징으로 틀린 것은?

① 자기 소화성이 우수하다.
② 소형 경량화가 가능하다.
③ 건식변압기에 비해 소음이 적다.
④ 유입변압기에 비해 절연레벨이 낮다.

해설
몰드변압기의 특징
몰드변압기는 유입변압기 대비 절연레벨이 높다.

정답 41 ② 42 ③ 43 ④ 44 ① 45 ④

46

유도전동기의 회전속도를 N[rpm], 동기속도를 N_s[rpm]이라 하고 순방향 회전자계의 슬립을 s라고 하면, 역방향 회전자계에 대한 회전자 슬립은?

① $s-1$ ② $1-s$
③ $s-2$ ④ $2-s$

해설 Chapter 16 – 01
유도기의 슬립의 범위
역회전시 슬립 $s=2-s$

47

직류발전기에 직결한 3상 유도전동기가 있다. 발전기의 부하 100[kW], 효율이 90[%]이며 전동기 단자전압 3300[V], 효율 90[%], 역률 90[%]이다. 전동기에 흘러 들어가는 전류는 약 몇 [A]인가?

① 2.4 ② 4.8
③ 19 ④ 24

해설
3상 유도전동기의 전류
$P=\sqrt{3}\,VI\cos\theta\,\eta$이므로

$$I=\frac{P}{\sqrt{3}\,V\cos\theta\eta}=\frac{\frac{P}{\eta_{발}}}{\sqrt{3}\times\cos\theta\times\eta_{전}}$$

$$=\frac{\frac{100\times10^3}{0.9}}{\sqrt{3}\times3300\times0.9\times0.9}=24[A]$$

48

유도발전기의 동작특성에 관한 설명 중 틀린 것은?

① 병렬로 접속된 동기발전기에서 여자를 취해야 한다.
② 효율과 역률이 낮으며 소출력의 자동수력발전기와 같은 용도에 사용된다.
③ 유도발전기의 주파수를 증가하려면 회전속도를 동기속도 이상으로 회전시켜야 한다.
④ 선로에 단락이 생긴 경우에는 여자가 상실되므로 단락전류는 동기발전기 비해 적고 지속시간도 짧다.

49

단상 변압기를 병렬 운전하는 경우 각 변압기의 부하분담이 변압기의 용량에 비례하려면 각각의 변압기의 %임피던스는 어느 것에 해당되는가?

① 어떠한 값이라도 좋다.
② 변압기 용량에 비례하여야 한다.
③ 변압기 용량에 반비례하여야 한다.
④ 변압기 용량에 관계없이 같아야 한다.

해설 Chapter 12 – 02
변압기의 부하분담용량

$$\frac{P_a}{P_b}=\frac{P_A}{P_B}\times\frac{\%Z_B}{\%Z_A}$$

변압기의 부하분담비는 용량에는 비례하게 되려면 %임피던스는 용량에 반비례하여야 한다.

50

그림은 여러 직류전동기의 속도 특성곡선을 나타낸 것이다. 1부터 4까지 차례로 옳은 것은?

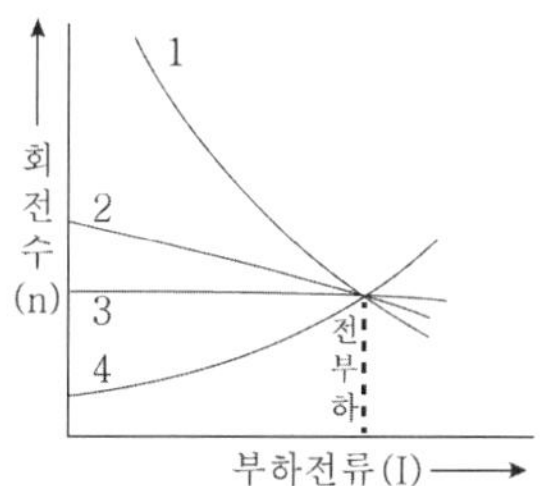

① 차동복권, 분권, 가동복권, 직권
② 직권, 가동복권, 분권, 차동복권
③ 가동복권, 차동복권, 직권, 분권
④ 분권, 직권, 가동복권, 차동복권

정답 46 ④ 47 ④ 48 ③ 49 ③ 50 ②

해설 Chapter 06 – 01 – (3)

속도 특성곡선

순서 : 직 → 가 → 분 → 차

51

전력변환기기로 틀린 것은?

① 컨버터 ② 정류기
③ 인버터 ④ 유도전동기

해설 Chapter 01 – 05 – (6)

전력변환기기

컨버터 : 교류 – 직류

정류기 : 교류 – 직류

인버터 : 직류 – 교류

52

농형 유도전동기에 주로 사용되는 속도제어법은?

① 극수 변환법 ② 종속 접속법
③ 2차 저항제어법 ④ 2차 여자제어법

해설 Chapter 07 – 03

농형유도전동기의 속도제어

1) 주파수제어
2) 극수제어
3) 전압제어

53

정격전압 100[V], 정격전류 50[A]인 분권발전기의 유기기전력은 몇 [V]인가?(단, 전기자 저항 0.2[Ω], 계자전류 및 전기자반작용은 무시한다.)

① 110 ② 120
③ 125 ④ 127.5

해설 Chapter 13 – 04 – (3)

분권발전기의 유기기전력

$E = V + I_a R_a$

$= 100 + 50 \times 0.2 = 110[V]$

54

그림과 같은 변압기 회로에서 부하 R_2에 공급되는 전력이 최대로 되는 변압기의 권수비 a는?

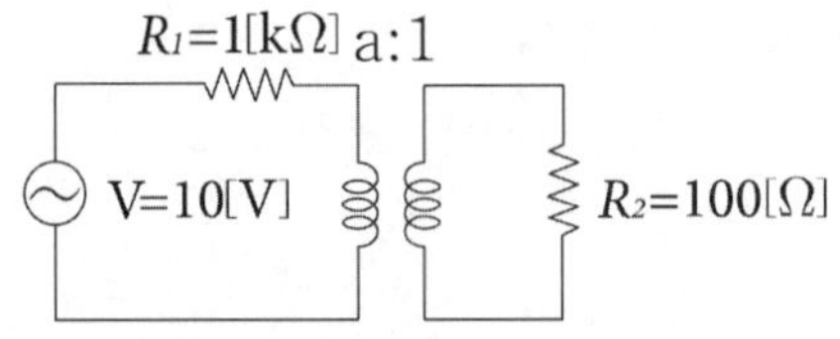

① $\sqrt{5}$ ② $\sqrt{10}$
③ 5 ④ 10

해설 Chapter 14

변압기의 권수비

$a = \sqrt{\frac{R_1}{R_2}}$

$= \sqrt{\frac{1000}{100}} = \sqrt{10}$

55

변압기의 백분율 저항강하가 3[%], 백분율 리액턴스 강하가 4[%]일 때 뒤진 역률 80[%]인 경우의 전압변동률[%]은?

① 2.5 ② 3.4
③ 4.8 ④ −3.6

해설 Chapter 05 – 03

변압기의 전압변동률

$\epsilon = p\cos\theta + q\sin\theta$

$3 + 0.8 + 4 \times 0.6 = 4.8[\%]$

정답 51 ④ 52 ① 53 ① 54 ② 55 ③

56

정류자형 주파수변환기의 회전자에 주파수 f_1의 교류를 가할 때 시계방향으로 회전자계가 발생하였다. 정류자 위의 브러시 사이에 나타나는 주파수 f_c를 설명한 것 중 틀린 것은?(단, n : 회전자의 속도, n_s : 회전자계의 속도, s : 슬립이다.)

① 회전자를 정지시키면 $f_c = f_1$인 주파수가 된다.
② 회전자를 반시계방향으로 $n = n_s$의 속도로 회전시키면, $f_c = 0[Hz]$가 된다.
③ 회전자를 반시계방향으로 $n < n_s$의 속도로 회전시키면, $f_c = sf_1[Hz]$가 된다.
④ 회전자를 시계방향으로 $n < n_s$의 속도로 회전시키면, $f_c < f_1$인 주파수가 된다.

57

동기발전기의 3상 단락곡선에서 단락전류가 계자전류에 비례하여 거의 직선이 되는 이유로 가장 옳은 것은?

① 무부하 상태이므로
② 전기자 반작용으로
③ 자기포화가 있으므로
④ 누설 리액턴스가 크므로

해설 Chapter 06 - 02 - (1)
단락곡선
3상 단락곡선이 직선이 되는 이유는 전기자 반작용 때문이다.

58

1차 전압 V_1, 2차 전압 V_2인 단권변압기를 Y결선했을 때, 등가용량과 부하용량의 비는?(단, $V_1 > V_2$이다.)

① $\dfrac{V_1 - V_2}{\sqrt{3}\,V_1}$　② $\dfrac{V_1 - V_2}{V_1}$
③ $\dfrac{V_1^2 - V_2^2}{\sqrt{3}\,V_1 V_2}$　④ $\dfrac{\sqrt{3}(V_1 - V_2)}{2V_1}$

해설 Chapter 14 - 09
단권변압기의 Y결선
$$\frac{\text{자기용량}}{\text{부하용량}} = \frac{V_1 - V_2}{V_1}$$

59

변압기의 보호에 사용되지 않는 것은?

① 온도계전기　② 과전류계전기
③ 임피던스계전기　④ 비율차동계전기

해설 Chapter 14 - 10
변압기 보호계전기
과전류, 비율차동, 온도계전기 모두 변압기 보호에 사용되나 임피던스계전기는 선로보호에 사용한다.

60

E를 전압, r을 1차로 환산한 저항, x를 1차로 환산한 리액턴스라고 할 때 유도전동기의 원선도에서 원의 지름을 나타내는 것은?

① $E \cdot r$　② $E \cdot x$
③ $\dfrac{E}{x}$　④ $\dfrac{E}{r}$

해설 Chapter 16 - 11
원선도의 원의 지름
$$\frac{E}{X}$$

정답 56 ④ 57 ② 58 ② 59 ③ 60 ③

제4과목 | 회로이론 · 제어공학

61

그림의 벡터 궤적을 갖는 계의 주파수 전달함수는?

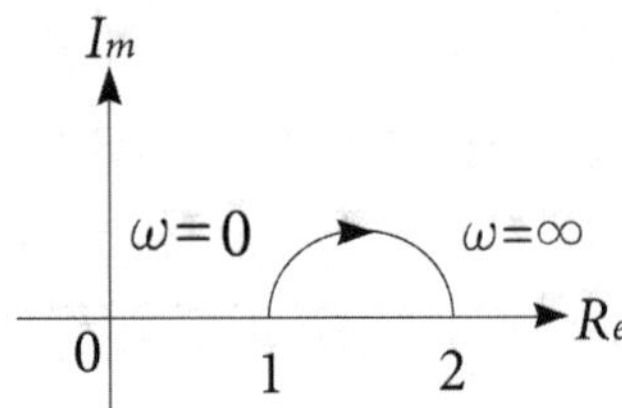

① $\dfrac{1}{j\omega+1}$　　② $\dfrac{1}{j2\omega+1}$

③ $\dfrac{j\omega+1}{j2\omega+1}$　　④ $\dfrac{j2\omega+1}{j\omega+1}$

해설 Chapter 07 – 02

벡터궤적

$\omega=0$일 경우 1이며, $\omega=\infty$일 경우 2이므로

전달함수 $G(s)=\dfrac{j2\omega+1}{j\omega+1}$가 된다.

62

근궤적에 관한 설명으로 틀린 것은?

① 근궤적은 실수축에 대하여 상하 대칭으로 나타난다.

② 근궤적의 출발점은 극점이고 근궤적의 도착점은 영점이다.

③ 근궤적의 가지수는 극점의 수와 영점의 수 중에서 큰 수와 같다.

④ 근궤적이 s평면의 우반면에 위치하는 K의 범위는 시스템이 안정하기 위한 조건이다.

해설 Chapter 09 – 01

근궤적의 작도법

근궤적이 s평면의 우반면에 존재하면 K의 범위는 시스템이 불안정한 조건이 된다.

안정 조건이 되려면 좌반면이 되어야 한다.

63

제어시스템에서 출력이 얼마나 목표값을 잘 추종하는지를 알아볼 때, 시험용으로 많이 사용되는 신호로 다음 식의 조건을 만족하는 것은?

$$u(t-a)=\begin{cases}0, & t<a\\ 1, & t\geq a\end{cases}$$

① 사인함수　　② 임펄스함수

③ 램프함수　　④ 단위계단함수

해설

$\mathcal{L}[u(t)]$는 $\dfrac{1}{s}$는 단위계단 함수를 말한다.

64

특성방정식 $s^2+Ks+2K-1=0$인 계가 안정하기 위한 K의 범위는?

① $K>0$　　② $K>\dfrac{1}{2}$

③ $K<\dfrac{1}{2}$　　④ $0<K<\dfrac{1}{2}$

해설 Chapter 08 – 01

루드 안정 판별법

s^2　1　$2K-1$

s^1　K

s^0　$2K-1$가 되므로 $K>\dfrac{1}{2}$가 되어야 안정조건이 된다.

65

상태공간 표현식 $\begin{matrix}\dot{X}=Ax+Bu\\ y=Cx\end{matrix}$로 표현되는 선형 시스템에서 $A=\begin{bmatrix}0&1&0\\0&0&1\\-2&-9&-8\end{bmatrix}$, $B=\begin{bmatrix}0\\0\\5\end{bmatrix}$, $C=[1,0,0]$, $x=\begin{bmatrix}x_1\\x_2\\x_3\end{bmatrix}$이면 시스템 전달함수 $\dfrac{Y(s)}{U(s)}$는?

정답 61 ④　62 ④　63 ④　64 ②　65 ③

① $\dfrac{1}{s^3+8s^2+9s+2}$　② $\dfrac{1}{s^3+2s^2+9s+8}$

③ $\dfrac{5}{s^3+8s^2+9s+2}$　④ $\dfrac{5}{s^3+2s^2+9s+8}$

해설 Chapter 10 － 01

상태방정식

$\dot{X}=Ax+Bu$

$$\begin{bmatrix}\dot{X}_1\\ \dot{X}_2\\ \dot{X}_3\end{bmatrix}=\begin{bmatrix}0 & 1 & 0\\ 0 & 0 & 1\\ -2 & -9 & -8\end{bmatrix}\begin{bmatrix}X_1\\ X_2\\ X_3\end{bmatrix}+\begin{bmatrix}0\\ 0\\ 5\end{bmatrix}u$$

$\dot{X}_1=X_2$

$\dot{X}_3=-2X_1-9X_2-8X_3+5u$가 된다.

$X_1=Y(t)$

$\dot{X}_1=\dfrac{d}{dt}X_1=\dfrac{d}{dt}Y(t)=X_2$

$\dot{X}_2=\dfrac{d}{dt}X_2=\dfrac{d^2}{dt^2}Y(t)=X_3$

$\dot{X}_3=\dfrac{d}{dt}X_3=\dfrac{d^3}{dt^3}Y(t)$

$\dfrac{d^3}{dt^3}Y(t)+8\dfrac{d^2}{dt^2}Y(t)+9\dfrac{d}{dt}Y(t)+2Y(t)=5U(t)$

$G(s)=\dfrac{Y(s)}{U(s)}=\dfrac{5}{s^3+8s^2+9s+2}$

66

Routh-Hurwitz 표에서 제1열의 부호가 변하는 횟수로부터 알 수 있는 것은?

① s-평면의 좌반면에 존재하는 근의 수
② s-평면의 우반면에 존재하는 근의 수
③ s-평면의 허수축에 존재하는 근의 수
④ s-평면의 원점에 존재하는 근의 수

해설 Chapter 08 － 01

루드의 안정 판별법

1열의 요소가 부호가 부호가 변하는 경우 불안정 근 개수와 우반면에 존재하는 근의 개수를 알수 있다.

67

그림의 블록선도에 대한 전달함수 $\dfrac{C}{R}$ 는?

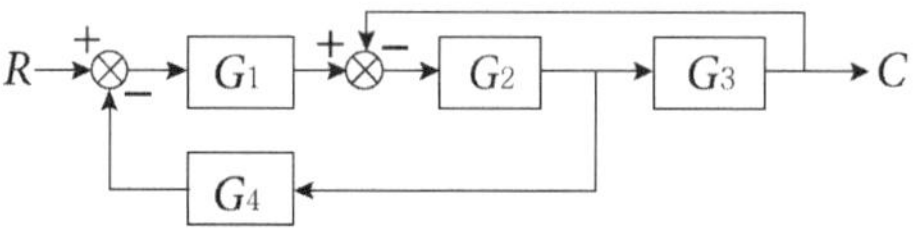

① $\dfrac{G_1G_2G_4}{1+G_1G_2+G_1G_2G_4}$

② $\dfrac{G_1G_2G_3}{1+G_1G_2+G_1G_2G_3}$

③ $\dfrac{G_1G_2G_4}{1+G_2G_3+G_1G_2G_4}$

④ $\dfrac{G_1G_2G_3}{1+G_2G_3+G_1G_2G_3}$

해설 Chapter 15 － 03

피드백 제어계의 전달함수

$G(s)=\dfrac{\sum P}{1\mp\sum L}=\dfrac{G_1\cdot G_2\cdot G_3}{1+G_2G_3+G_1G_2G_4}$

68

신호흐름선도의 전달함수 $T(s)=\dfrac{C(s)}{R(s)}$ 로 옳은 것은?

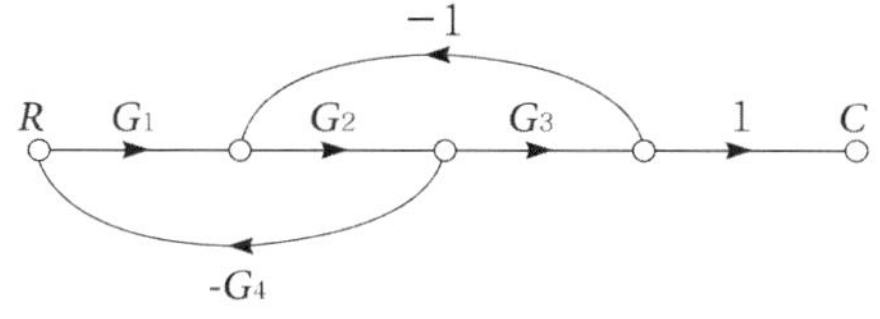

① $\dfrac{G_1G_2G_3}{1-G_2G_3+G_1G_2G_3}$

② $\dfrac{G_1G_2G_3}{1+G_1G_2G_4+G_2G_3}$

③ $\dfrac{G_1G_2G_3}{1+G_1G_3-G_1G_2G_4}$

④ $\dfrac{G_1G_2G_3}{1-G_1G_3-G_1G_2G_4}$

정답 66 ② 67 ③ 68 ②

해설 Chapter 15 – 03

신호흐름선도의 전달함수

$$G(s)=\frac{\sum P}{1\mp\sum L}=\frac{G_1\cdot G_2\cdot G_3}{1+G_2G_3+G_1G_2G_4}$$

69

부울 대수식 중 틀린 것은?

① $A\cdot\overline{A}=1$　② $A+1=1$
③ $A+A=A$　④ $A\cdot A=A$

해설 Chapter 11 – 04

부울 대수 1) $A\cdot\overline{A}=0$이 된다.

70

함수 e^{-at}의 z 변환으로 옳은 것은?

① $\frac{z}{z-e^{-aT}}$　② $\frac{z}{z-a}$　③ $\frac{1}{z-e^{-aT}}$　④ $\frac{1}{z-a}$

해설 Chapter 10 – 04

z변환

f(t)	F(s)	F(z)
$\delta(t)$	1	1
$u(t)$	$\frac{1}{s}$	$\frac{z}{z-1}$
e^{-at}	$\frac{1}{s+a}$	$\frac{z}{z-e^{-aT}}$

71

4단자 회로망에서 4단자 정수가 A, B, C, D일 때, 영상임피던스 $\frac{Z_{01}}{Z_{02}}$은?

① $\frac{D}{A}$　② $\frac{B}{C}$　③ $\frac{C}{B}$　④ $\frac{A}{D}$

해설 Chapter 11 – 05

영상임피던스와 전달정수

$$Z_{01}\cdot Z_{02}=\frac{B}{C}$$

$$\frac{Z_{01}}{Z_{02}}=\frac{A}{D}$$

72

R–L 직렬회로에서 $R=20[\Omega]$, $L=40$[mH]일 때, 이 회로의 시정수[sec]는?

① 2×10^{3}　② 2×10^{-3}
③ $\frac{1}{2\times10^{3}}$　④ $\frac{1}{2\times10^{-3}}$

해설 Chapter 14 – 01

R–L 직렬회로의 과도현상

1) 시정수 $\tau=\frac{L}{R}=\frac{40\times10^{-3}}{20}=2\times10^{-3}$

73

비정현파 전류가 $i(t)=56\sin\omega t+20\sin2\omega t+30\sin(3\omega t+30°)+40\sin(4\omega t+60°)$로 표현될 때, 왜형률은 약 얼마인가?

① 1.0　② 0.96　③ 0.55　④ 0.11

해설 Chapter 09 – 03

왜형률 $D=\frac{\sqrt{V_2^2+V_3^2+\cdots}}{V_1}$

$$=\frac{\sqrt{20^2+30^2+40^2}}{56^2}=0.96$$

74

대칭 6상 성형(star)결선에서 선간전압 크기와 상전압 크기의 관계로 옳은 것은?(단, V_ℓ : 선간전압 크기, V_P : 상전압 크기)

① $V_\ell=V_P$　② $V_\ell=\sqrt{3}\,V_P$
③ $V_\ell=\frac{1}{\sqrt{3}}V_P$　④ $V_\ell=\frac{2}{\sqrt{3}}V_P$

해설 Chapter 07 – 02

다상교류 $V_\ell=(2\sin\frac{\pi}{n})\times V_P=2\times(\sin\frac{\pi}{6})\times V_P$

$$=2\times\frac{1}{2}\times V_P=V_P$$

정답 69 ① 70 ① 71 ④ 72 ② 73 ② 74 ①

75

3상 불평형 전압 V_a, V_b, V_c가 주어진다면, 정상분 전압은?(단, $a = e^{j2\pi/3} = 1\angle 120°$ 이다.)

① $V_a + a^2 V_b + a V_c$

② $V_a + a V_b + a^2 V_c$

③ $\frac{1}{3}(V_a + a^2 V_b + a V_c)$

④ $\frac{1}{3}(V_a + a V_b + a^2 V_c)$

해설 Chapter 08 – 01

대칭좌표법

1) 영상분 전압 $V_0 = \frac{1}{3}(V_a + V_b + V_c)$

2) 정상분 전압 $V_1 = \frac{1}{3}(V_a + a V_b + a^2 V_c)$

3) 역상분 전압 $V_2 = \frac{1}{3}(V_a + a^2 V_b + a V_c)$

76

송전선로가 무손실 선로일 때, $L = 96$[mH]이고, $C = 0.6$[μF]이면 특성임피던스[Ω]는?

① 100 ② 200 ③ 400 ④ 600

해설 Chapter 12 – 01

무손실 선로의 특성임피던스(R=G=0)

$$Z_0 = \sqrt{\frac{Z}{Y}} = \sqrt{\frac{L}{C}}$$

$$= \sqrt{\frac{96 \times 10^{-3}}{0.6 \times 10^{-6}}} = 400[\Omega]$$

77

커패시터와 인덕터에서 물리적으로 급격히 변화할 수 없는 것은?

① 커패시터와 인덕터에서 모두 전압

② 커패시터와 인덕터에서 모두 전류

③ 커패시터에서 전류, 인덕터에서 전압

④ 커패시터에서 전압, 인덕터에서 전류

해설 Chapter 02

기본정리

$v = L \cdot \frac{di}{dt}$(인덕턴스는 전류)

$i = C \cdot \frac{dv}{dt}$(커패시터는 전압)

78

2전력계법을 이용한 평형 3상회로의 전력이 각각 500[W] 및 300[W]로 측정되었을 때, 부하의 역률은 약 몇 [%]인가?

① 70.7 ② 87.7 ③ 89.2 ④ 91.8

해설 Chapter 07 – 04

2전력계법 $\cos\theta = \frac{P}{P_a} = \frac{P_1 + P_2}{2\sqrt{P_1^2 + P_2^2 - P_1 P_2}}$

$= \frac{500 + 300}{2 \times \sqrt{500^2 + 300^2 - 500 \times 300}} \times 100$

$= 91.8[\%]$

79

인덕턴스가 0.1[H]인 코일에 실효값 100[V], 60[Hz], 위상 30도인 전압을 가했을 때 흐르는 전류의 실효값 크기는 약 몇 [A]인가?

① 43.7 ② 37.7 ③ 5.46 ④ 2.65

해설 Chapter 02

기초 정리 $I = \frac{V}{R} = \frac{V}{Z} = \frac{V}{\omega L} = \frac{100}{2\pi \times 60 \times 0.1} = 2.65[A]$

80

$f(t) = \delta(t - T)$의 라플라스 변환 $F(s)$는?

① e^{Ts} ② e^{-Ts} ③ $\frac{1}{s}e^{Ts}$ ④ $\frac{1}{s}e^{-Ts}$

해설 Chapter 13 – 05

라플라스 변환

$\mathcal{L}[u(t)] = \frac{1}{s}$ $\mathcal{L}[u(t-a)] = \frac{1}{s}e^{-as}$

$\mathcal{L}[\delta(t)] = 1$ $\mathcal{L}[\delta(t-T)] = e^{-Ts}$

정답 75 ④ 76 ③ 77 ④ 78 ④ 79 ④ 80 ②

제5과목 | 전기설비기술기준

81

고압 가공전선로의 지지물로 철탑을 사용한 경우 최대경간은 몇 [m] 이하이어야 하는가?

① 300 ② 400
③ 500 ④ 600

해설 Chapter 03 – 08
가공전선로의 표준경간(시가지외)
목주, A종 150[m] 이하
B종 250[m] 이하
철탑 600[m] 이하

82

폭발성 또는 연소성의 가스가 침입할 우려가 있는 것에 시설하는 지중함으로서 그 크기가 몇 [m^3] 이상의 것은 통풍장치 기타 가스를 방산시키기 위한 적당한 장치를 시설하여야 하는가?

① 0.9 ② 1.0
③ 1.5 ④ 2.0

해설 Chapter 03 – 19 – (2)
지중함의 크기
폭발성 또는 연소성 가스가 침입할 우려가 있는 것에 시설되는 지중함의 크기는 1[m^3] 이상의 것은 통풍장치 기타 가스를 방산하는 적당한 장치를 시설하여야 한다.

83

사용전압 35000[V]인 기계기구를 옥외에 시설하는 개폐소의 구내에 취급자 이외의 자가 들어가지 않도록 울타리를 설치할 때 울타리와 특고압의 충전부분의 접근하는 경우에는 울타리의 높이와 울타리로부터 충전부분까지의 거리의 합은 최소 몇 [m] 이상이어야 하는가?

① 4 ② 5
③ 6 ④ 7

해설 Chapter 02 – 01
발, 변전소 울타리 담 등의 높이와 충전부까지의 거리 35[kV] 이하의 경우 5[m] 이상이어야 한다.

84

다음의 ⓐ, ⓑ에 들어갈 내용으로 옳은 것은?

> 과전류차단기로 시설하는 퓨즈 중 고압전로에 사용하는 비포장퓨즈는 정격전류의 (ⓐ)배의 전류에 견디고 또한 2배의 전류로 (ⓑ)분 안에 용단되는 것이어야 한다.

① ⓐ 1.1 ⓑ 1 ② ⓐ 1.2 ⓑ 1
③ ⓐ 1.25 ⓑ 2 ④ ⓐ 1.3 ⓑ 2

해설 Chapter 01 – 28 – (4)
고압용퓨즈
비포장 퓨즈의 경우 정격전류에 1.25배 견디고 2배의 전류로 2분 안에 용단되는 것이어야만 한다.

85

저압 가공전선이 건조물의 상부 조영재 옆쪽으로 접근하는 경우 저압 가공전선과 건조물의 조영재 사이의 이격거리는 몇 [m] 이상이어야 하는가?(단, 전선에 사람이 쉽게 접촉할 우려가 없도록 시설한 경우와 전선이 고압 절연전선, 특고압 절연전선 또는 케이블인 경우는 제외한다.)

① 0.6 ② 0.8
③ 1.2 ④ 2.0

해설 Chapter 03 – 13
가공전선과 건조물과의 이격거리
저, 고압 가공전선이 조영재 옆쪽으로 접근시 이격거리는 1.2[m] 이상 이격시켜야 한다.

정답 81 ④ 82 ② 83 ② 84 ③ 85 ③

86

변압기의 고압측 전로와의 혼촉에 의하여 저압측 전로의 대지전압이 150[V]를 넘는 경우에 2초 이내에 고압전로를 자동 차단하는 장치가 되어 있는 6600/220[V] 배전선로에 있어서 1선 지락전류가 2[A]이면 접지저항 값의 최대는 몇 [Ω]인가?

① 50 ② 75
③ 150 ④ 300

해설 Chapter 01 – 12 – (10)
접지공사

종 접지저항값 $R_2 = \frac{150, 300, 600}{1\text{선지락전류}}[\Omega]$

1) 150[V] : 아무조건이 없는 경우
2) 300[V] : 2초 이내에 자동차단 장치가 있는 경우
3) 600[V] : 1초 이내에 자동차단 장치가 있는 경우

87

저압 옥내간선은 특별한 경우를 제외하고 다음 중 어느 것에 의하여 그 굵기가 결정되는가?

① 전기방식 ② 허용전류
③ 수전방식 ④ 계약전력

해설
전선의 굵기 산정시 가장 중요한 요소는 먼저 허용전류를 고려한다.

88

폭연성 분진 또는 화약류의 분말이 존재하는 곳의 저압 옥내배선은 어느 공사에 의하는가?

① 금속관 공사 ② 애자사용 공사
③ 합성수지관 공사 ④ 캡타이어 케이블 공사

해설 Chapter 05 – 12 – (7)
폭연성 분진의 전기시설공사
금속관, 케이블공사

89

지중 전선로는 기설 지중 약전류 전선로에 대하여 다음의 어느 것에 의하여 통신상의 장해를 주지 아니하도록 기설 약전류 전선로로부터 충분히 이격시키는가?

① 충전전류 또는 표피작용
② 충전전류 또는 유도작용
③ 누설전류 또는 표피작용
④ 누설전류 또는 유도작용

해설 Chapter 03 – 19 – (4)
지중전선로는 지중 약전류 전선로에 대하여 누설전류, 유도작용에 대하여 통신상에 장해를 주지 않도록 충분히 이격시킨다.

90

특고압 전로에 사용하는 수밀형 케이블에 대한 설명으로 틀린 것은?

① 사용전압이 25[kV] 이하일 것
② 도체는 경알루미늄선을 소선으로 구성한 원형압축 연선일 것
③ 내부 반도전층은 절연층과 완전 밀착되는 압출 반도전층으로 두께의 최소값은 0.5[mm] 이상일 것
④ 외부 반도전층은 절연층과 밀착되어야 하고, 또한 절연층과 쉽게 분리되어야 하며, 두께의 최소값은 1[mm] 이상일 것

해설
수밀형 케이블의 경우 외부 반도전층의 두께의 최소값은 0.5[mm] 이상일 것

91

일반주택 및 아파트 각 호실의 형광등은 몇 분 이내에 소등되는 타임스위치를 시설하여야 하는가?

① 1분 ② 3분
③ 5분 ④ 10분

정답 86 ② 87 ② 88 ① 89 ④ 90 ④ 91 ②

해설 Chapter 05 – **11** – (2)
점멸장치와 타임스위치의 시설
1) 주택, 아파트 : 3분
2) 관광업 및 숙박시설 : 1분

92

발전소에서 장치를 시설하여 계측하지 않아도 되는 것은?

① 발전기의 회전자 온도
② 특고압용 변압기의 온도
③ 발전기의 전압 및 전류 또는 전력
④ 주요 변압기의 전압 및 전류 또는 전력

해설 Chapter 02 – **06**
발전소의 계측 장치
1) 발전기의 전압 및 전류 또는 전력
2) 발전기의 베어링 및 고정자의 온도
3) 주요 변압기의 전압 및 전류 또는 전력
4) 특고압용의 변압기의 유온

93

백열전등 또는 방전등에 전기를 공급하는 옥내전로의 대지전압은 몇 [V] 이하이어야 하는가?

① 440 ② 300
③ 380 ④ 100

해설 Chapter 05
백열전등 방전등의 옥내전로의 대지전압
대지전압은 300[V] 이하이어야 한다.

96

저압 또는 고압의 가공 전선로와 기설 가공 약전류 전선로가 병행할 때 유도작용에 의한 통신상의 장해가 생기지 않도록 전선과 기설 약전류 전선간의 이격거리는 몇 [m] 이상이어야 하는가?(단, 전기철도용 급전선로는 제외한다.)

① 2 ② 3
③ 4 ④ 6

해설 Chapter 02 – **04**
유도장해의 방지
저압 또는 고압의 가공 전선로와 기설 가공 약전류 전선로가 병행할 때 유도작용에 의한 통신상의 장해가 생기지 않도록 전선과 기설 약전류 전선간의 이격거리는 2[m] 이상으로 하여야 한다.

95

가공전선로의 지지물에 하중이 가하여지는 경우에 그 하중을 받는 지지물의 기초 안전율은 특별한 경우를 제외하고 최소 얼마 이상인가?

① 1.5 ② 2
③ 2.5 ④ 3

해설 Chapter 02 – **02**
지지물의 기초 안전율
지지물의 기초 안전율은 2 이상으로 한다.

※ 한국전기설비규정(KEC) 개정에 따라 삭제된 문제가 있어 100문항이 되지 않습니다.

정답 92 ① 93 ② 94 ① 95 ②

전기기사 기출문제

2020년 1회 · 2회 통합 기출문제

제1과목 | 전기자기학

01

면적이 매우 넓은 두 개의 도체 판을 d[m]간격으로 수평하게 평행 배치하고, 이 평행 도체 판 사이에 놓인 전자가 정지하고 있기 위해서 그 도체 판 사이에 가하여야 할 전위차(V)는?(단, g는 중력 가속도이고, m은 전자의 질량이고, e는 전자의 전하량이다.)

① $mged$　② $\dfrac{ed}{mg}$

③ $\dfrac{mgd}{e}$　④ $\dfrac{mge}{d}$

해설 Chapter 02 – 02

$F=eE=e\cdot\dfrac{V}{d}=mg$[N]

$V=\dfrac{mgd}{e}$[V]

02

자기회로에서 자기저항의 크기에 대한 설명으로 옳은 것은?

① 자기회로의 길이에 비례

② 자기회로의 단면적에 비례

③ 자성체의 투자율에 비례

④ 자성체의 비투자율의 제곱에 비례

해설 Chapter 08 – 03

자기회로와 전기회로

1) 전기저항 $R=\rho\dfrac{\ell}{S}=\dfrac{\ell}{kS}$

2) 자기저항 $R_m=\dfrac{F}{\phi}=\dfrac{\ell}{\mu S}$

03

전위함수 $V=x^2+y^2(V)$일 때 점 $(3,4)(m)$에서의 등전위선의 반지름은 몇 [m]이며, 전기력선 방정식은 어떻게 되는가?

① 등전위선의 반지름 : 3,
전기력선 방정식 : $y=\dfrac{3}{4}x$

② 등전위선의 반지름 : 4,
전기력선 방정식 : $y=\dfrac{4}{3}x$

③ 등전위선의 반지름 : 5,
전기력선 방정식 : $y=\dfrac{4}{3}x$

④ 등전위선의 반지름 : 5,
전기력선 방정식 : $y=\dfrac{3}{4}x$

해설

1) 원의 방정식의 반지름 $a=\sqrt{x^2+y^2}$

$a=\sqrt{3^2+4^2}=5$

2) 전기력선의 방정식

$\dfrac{dx}{Ex}=\dfrac{dy}{Ey}=\dfrac{dz}{Ez}$

$E=-grad=\nabla V$

$=-(\dfrac{\partial V}{\partial x}i+\dfrac{\partial V}{\partial y}j+\dfrac{\partial V}{\partial z}k)$

$=-(2xi+2yj)$

$=-2xi-2yj$

$\dfrac{dx}{-2x}=\dfrac{dy}{-2y}$

$\dfrac{1}{x}dx=\dfrac{1}{y}dy$

$\int\dfrac{1}{x}dx=\int\dfrac{1}{y}dy$

$\ln x=\ln y+\ln c$

$\ln x-\ln y=\ln c$

$\ln\dfrac{x}{y}=\ln c$　　$c=\dfrac{x}{y}=\dfrac{3}{4}$

$x=\dfrac{3}{4}y$　　$y=\dfrac{4}{3}x$

정답 01 ③ 02 ① 03 ③

04

10[mm]의 지름을 가진 동선에 50[A]의 전류가 흐르고 있을 때 단위시간 동안 동선의 단면을 통과하는 전자의 수는 약 몇 개인가?

① 7.85×10^{16} ② 20.45×10^{15}

③ 31.21×10^{19} ④ 50×10^{19}

해설 Chapter 06 – 01

전자의 수

$Q = ne = I \cdot t = CV$[C]

$n = \dfrac{I \cdot t}{e}$

$= \dfrac{50 \times 1}{1.602 \times 10^{-19}}$

$= 31.21 \times 10^{19}$

05

자기 인덕턴스와 상호 인덕턴스와의 관계에서 결합계수 k의 범위는?

① $0 \le k \le \dfrac{1}{2}$ ② $0 \le k \le 1$

③ $1 \le k \le 2$ ④ $1 \le k \le 10$

해설 Chapter 10

인덕턴스의 결합계수

$M = k\sqrt{L_1 L_2}$

이상적인 결합의 경우 $0 \le k \le 1$

06

면적이 S[m²]이고 극간의 거리가 d[m]인 평행판 콘덴서에 비유전율이 ε_r인 유전체를 채울 때 정전용량(F)은?(단, ε_0는 진공의 유전율이다.)

① $\dfrac{2\varepsilon_0\varepsilon_r S}{d}$ ② $\dfrac{\varepsilon_0\varepsilon_r S}{\pi d}$

③ $\dfrac{\varepsilon_0\varepsilon_r S}{d}$ ④ $\dfrac{2\pi\varepsilon_0\varepsilon_r S}{d}$

해설 Chapter 03 – 04 – (5)

평행판 콘덴서의 정전용량

$C = \dfrac{\varepsilon_0\varepsilon_r S}{d}$[F]

07

반자성체의 비투자율(μ_r) 값의 범위는?

① $\mu_r = 1$ ② $\mu_r < 1$

③ $\mu_r > 1$ ④ $\mu_r = 0$

해설 Chapter 07 – 07

강자성체와, 상자성체, 역(반)자성체

반자성체의 경우 $\mu_r < 1$

08

반지름 r[m]인 무한장 원통형 도체에 전류가 균일하게 흐를 때 도체 내부에서 자계의 세기[AT/m]는?

① 원통 중심축으로부터 거리에 비례한다.

② 원통 중심축으로부터 거리에 반비례한다.

③ 원통 중심축으로부터 거리의 제곱에 비례한다.

④ 원통 중심축으로부터 거리의 제곱에 반비례한다.

해설 Chapter 07 – 02

전류가 균일하게 흐를 때 내부자계 $H_i = \dfrac{rI}{2\pi a^2}$[AT/m]

09

정전계 해석에 관한 설명으로 틀린 것은?

① 포아송 방정식은 가우스 정리의 미분형으로 구할 수 있다.

② 도체 표면에서의 전계의 세기는 표면에 대해 법선 방향을 갖는다.

③ 라플라스 방정식은 전극이나 도체의 형태에 관계없이 체적전하밀도가 0인 모든 점에서 $\nabla^2 V = 0$을 만족한다.

④ 라플라스 방정식은 비선형 방정식이다.

정답 04 ③ 05 ② 06 ③ 07 ② 08 ① 09 ④

10

비유전율 ε_r이 4인 유전체의 분극률은 진공의 유전율 ε_0의 몇 배인가?

① 1　② 3　③ 9　④ 12

해설 Chapter 04 – 01

분극률

$P = \varepsilon_0(\varepsilon_r - 1)E = \chi E$

$\chi = \varepsilon_0(\varepsilon_r - 1)$

$\varepsilon_0(4-1) = 3\varepsilon_0$

11

공기 중에 있는 무한히 긴 직선 도선에 10[A]의 전류가 흐르고 있을 때 도선으로부터 2[m] 떨어진 점에서의 자속밀도는 몇 [Wb/m²]인가?

① 10^{-5}　② 0.5×10^{-6}

③ 10^{-6}　④ 2×10^{-5}

해설 Chapter 07 – 02 – (2)

자속밀도 B

$H = \dfrac{NI}{2\pi r}$ 이므로

$B = \mu_0 H = \mu_0 \cdot \dfrac{I}{2\pi r}$

$= 4\pi \times 10^{-7} \times \dfrac{10}{2\pi \times 2}$

$= 10^{-6}$

12

그림에서 N=1000회, l=100[cm], S=10[cm²]인 환상 철심의 자기 회로에 전류 I=10[A]를 흘렸을 때 축적되는 자계 에너지는 몇 [J]인가?(단, 비투자율 μ_r=100이다.)

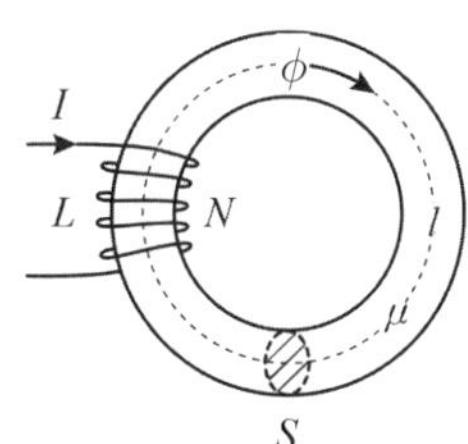

① $2\pi \times 10^{-3}$　② $2\pi \times 10^{-2}$

③ $2\pi \times 10^{-1}$　④ 2π

해설 Chapter 10 – 04

축적되는 에너지

$W = \dfrac{1}{2}LI^2 = \dfrac{1}{2} \times 4\pi \times 10^{-2} \times 10^2 = 2\pi$[J]

$L = \dfrac{\mu S N^2}{\ell} = \dfrac{\mu_0 \mu_s S N^2}{\ell}$

$= \dfrac{4\pi \times 10^{-7} \times 100 \times 10^{-4} \times 1000^2}{1}$

$= 4\pi \times 10^{-2}$

13

자기유도계수 L의 계산 방법이 아닌 것은?(단, N : 권수, ϕ : 자속[Wb], I : 전류[A], A : 벡터 퍼텐셜[Wb/m], i : 전류밀도[A/m²], B : 자속밀도[Wb/m²], H : 자계의 세기[AT/m]이다.)

① $L = \dfrac{N\phi}{I}$　② $L = \dfrac{\int_v A \cdot i dv}{I^2}$

③ $L = \dfrac{\int_v B \cdot H dv}{I^2}$　④ $L = \dfrac{\int_v A \cdot i dv}{I}$

14

20℃에서 저항의 온도계수가 0.002인 니크롬선의 저항이 100[Ω]이다. 온도가 60℃로 상승되면 저항은 몇 [Ω]이 되겠는가?

① 108　② 112　③ 115　④ 120

해설 Chapter 06 – 02

저항 R

$R_2 = R_1[1 + \alpha_1(T_2 - T_1)]$

$R_{60} = R_{20}[1 + \alpha_{20}(60 - 20)]$

$100 \times [1 + 0.002 \times 40] = 108[\Omega]$

정답 10 ② 11 ③ 12 ④ 13 ④ 14 ①

15

전계 및 자계의 세기가 각각 E[V/m], H[AT/m]일 때, 포인팅 벡터 P[W/m²]의 표현으로 옳은 것은?

① $P=\frac{1}{2}E\times H$

② $P=ErotH$

③ $P=E\times H$

④ $P=HrotE$

해설 Chapter 11 – 04

포인팅 벡터

$P=E\times H$

$=E\cdot H$

$=377H^2$

$=\frac{1}{377}E^2$

$=\frac{W}{S}$[W/m²]

16

평등자계 내에 전자가 수직으로 입사하였을 때 전자의 운동에 대한 설명으로 옳은 것은?

① 원심력은 전자속도에 반비례한다.

② 구심력은 자계의 세기에 반비례한다.

③ 원운동을 하고, 반지름은 자계의 세기에 비례한다.

④ 원운동을 하고, 반지름은 전자의 회전속도에 비례한다.

해설 Chapter 07 – 08 – (5)

$F=qvB\sin 90=\frac{mv^2}{r}$[N]

$qB=\frac{mv^2}{r}$[N]

$r=\frac{mv}{qB}$[m]

17

진공 중 3m 간격으로 두 개의 평행한 무한 평판 도체에 각각 +4[C/m²], −4[C/m²]의 전하를 주었을 때, 두 도체 간의 전위차는 약 몇 [V]인가?

① 1.5×10^{11}　② 1.5×10^{12}

③ 1.36×10^{11}　④ 1.36×10^{12}

해설 Chapter 02 – 02 – (3)

무한평면의 전위차

$E=\frac{\rho}{2\epsilon_0}\times2=\frac{\rho}{\epsilon_0}$

$V=E\cdot d=\frac{\rho}{\epsilon_0}\times d=\frac{4\times3}{8.855\times10^{-12}}=1.36\times10^{12}$

18

자속밀도 B[Wb/m²]의 평등 자계 내에서 길이 l[m]인 도체 ab가 속도 v[m/s]로 그림과 같이 도선을 따라서 자계와 수직으로 이동할 때, 도체 ab에 의해 유기된 기전력의 크기 e[V]와 폐회로 abcd 내 저항 R에 흐르는 전류의 방향은?(단, 폐회로 abcd 내 도선 및 도체의 저항은 무시한다.)

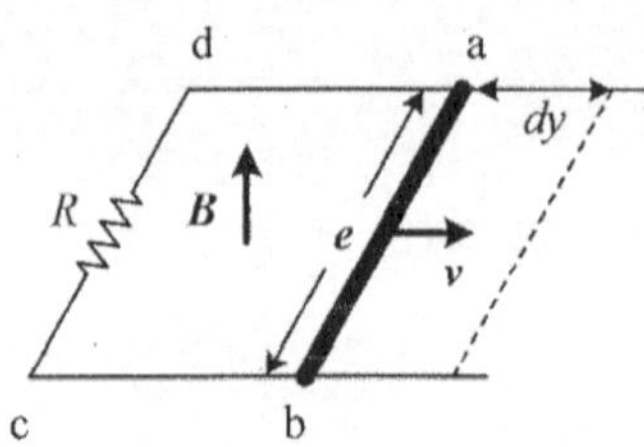

① $e=Blv$, 전류방향 : $c\rightarrow d$

② $e=Blv$, 전류방향 : $d\rightarrow c$

③ $e=Blv^2$, 전류방향 : $c\rightarrow d$

④ $e=Blv^2$, 전류방향 : $d\rightarrow c$

해설 Chapter 07 – 09 – (4)

기전력

플레밍 오른손 $e=vB\ell\sin\theta$

엄지 : v[m/s], 검지=인지 : B[Wb/m²], 중지 : e[V]

정답 15 ③ 16 ④ 17 ④ 18 ①

19

그림과 같이 내부 도체구 A에 $+Q$[C], 외부 도체구 B에 $-Q$[C]를 부여한 동심 도체구 사이의 정전용량 C[F]는?

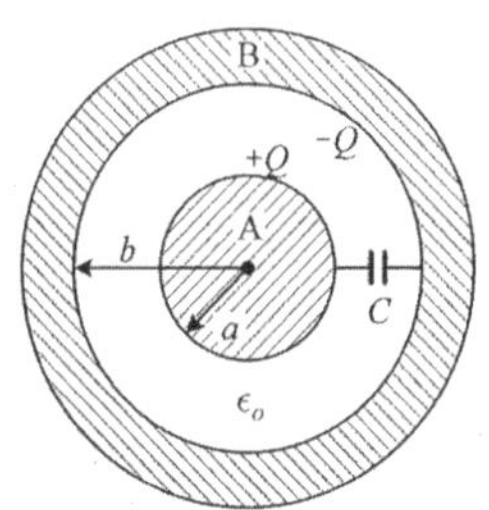

① $4\pi\epsilon_0(b-a)$

② $\dfrac{4\pi\epsilon_0 ab}{b-a}$

③ $\dfrac{ab}{4\pi\epsilon_0(b-a)}$

④ $4\pi\epsilon_0(\dfrac{1}{a}-\dfrac{1}{b})$

해설 Chapter 03 – 04 – (2)

동심구의 정전용량

$$C=\frac{4\pi\epsilon_0}{\frac{1}{a}-\frac{1}{b}}=\frac{4\pi\epsilon_0 ab}{b-a}\text{[F]}$$

20

유전율이 ϵ_1, ϵ_2 [F/m]인 유전체 경계면에 단위 면적당 작용하는 힘의 크기는 몇 [N/m^2]인가?(단, 전계가 경계면에 수직인 경우이며, 두 유전체에서의 전속밀도는 $D_1=D_2=D$[C/m^2]이다.)

① $2(\dfrac{1}{\epsilon_1}-\dfrac{1}{\epsilon_2})D^2$

② $2(\dfrac{1}{\epsilon_1}+\dfrac{1}{\epsilon_2})D^2$

③ $\dfrac{1}{2}(\dfrac{1}{\epsilon_1}+\dfrac{1}{\epsilon_2})D^2$

④ $\dfrac{1}{2}(\dfrac{1}{\epsilon_2}-\dfrac{1}{\epsilon_1})D^2$

해설 Chapter 04 – 02 – (4)

경계조건

$$D_1\cos\theta_1=D_2\cos\theta_2$$

$$E_1\sin\theta_1=E_2\sin\theta_2$$

$$\frac{\tan\theta_2}{\tan\theta_1}=\frac{\epsilon_2}{\epsilon_1}$$

$$F=F_2-F_1=\frac{D^2}{2\epsilon_2}-\frac{D^2}{2\epsilon_1}$$

$$\frac{1}{2}(\frac{1}{\epsilon_2}-\frac{1}{\epsilon_1})D^2$$

정답 19 ② 20 ④

제2과목 | 전력공학

21

중성점 직접접지방식의 발전기가 있다. 1선 지락 사고시 지락전류는?(단, Z_1, Z_2, Z_0는 각각 정상, 역상, 영상 임피던스이며, E_a는 지락된 상의 무부하 기전력이다.)

① $\dfrac{E_a}{Z_0+Z_1+Z_2}$　② $\dfrac{Z_1E_a}{Z_0+Z_1+Z_2}$

③ $\dfrac{3E_a}{Z_0+Z_1+Z_2}$　④ $\dfrac{Z_0E_a}{Z_0+Z_1+Z_2}$

해설

$$I_g=\frac{3E_a}{Z_0+Z_1+Z_2}$$

22

다음 중 송전계통의 절연협조에 있어서 절연레벨이 가장 낮은 기기는?

① 피뢰기　② 단로기

③ 변압기　④ 차단기

해설 Chapter 07 – 04 – (4)

피뢰기 제한전압

절연협조의 기준전압

23

화력발전소에서 절탄기의 용도는?

① 보일러에 공급되는 급수를 예열한다.

② 포화증기를 과열한다.

③ 연소용 공기를 예열한다.

④ 석탄을 건조한다.

해설 Chapter 02

절탄기

배기가스의 여열을 이용하여 급수를 가열한다.

24

3상 배전선로의 말단에 역률 60[%](늦음), 60[kW]의 평형 3상 부하가 있다. 부하점에 부하와 병렬로 전력용 콘덴서를 접속하여 선로손실을 최소로 하고자 할 때 콘덴서 용량[kVA]은?(단, 부하단의 전압은 일정하다.)

① 40　② 60　③ 80　④ 100

해설 Chapter 10 – 03

역률개선용 콘덴서 용량

$Q_c=P(\tan\theta_1-\tan\theta_2)$

선로손실이 최대가 되는 것은 역률을 1로 개선하는 것으로

$Q_c=P(\tan\theta_1)$

$60\times\dfrac{0.8}{0.6}=80[\text{kVA}]$

25

송배전 선로에서 선택지락계전기(SGR)의 용도는?

① 다회선에서 접지 고장 회선의 선택

② 단일 회선에서 접지 전류의 대소 선택

③ 단일 회선에서 접지 전류의 방향 선택

④ 단일 회선에서 접지 사고의 지속 시간 선택

해설 Chapter 08 – 01 – (3)

보호계전기의 기능상 분류

SGR 다회선에서 접지 고장 회선을 선택하여 보호한다.

26

정격전압 7.2[kV], 정격차단용량 100[MVA]인 3상 차단기의 정격 차단전류는 약 몇 [kA]인가?

① 4　② 6　③ 7　④ 8

해설 Chapter 08 – 02 – (5)

차단기의 정격차단용량

$P_s=\sqrt{3}\,V_nI_s$

$I_s=\dfrac{P_s}{\sqrt{3}\,V_n}=\dfrac{100}{\sqrt{3}\times 7.2}=8[\text{kA}]$

정답 21 ③ 22 ① 23 ① 24 ③ 25 ① 26 ④

27

고장 즉시 동작하는 특성을 갖는 계전기는?

① 순시 계전기
② 정한시 계전기
③ 반한시 계전기
④ 반한시성 정한시 계전기

해설 Chapter 08 – 01 – (2)
동작시간의 분류
순한시 계전기 : 고장 즉시 동작

28

30000[kW]의 전력을 51[km] 떨어진 지점에 송전하는데 필요한 전압은 약 몇 [kV]인가?(단, Still의 식에 의하여 산정한다.)

① 22 ② 33
③ 66 ④ 100

해설 Chapter 05 – 02
경제적인 송전전압

$$V_s = 5.5\sqrt{0.6\ell + 0.01P}$$

$$= 5.5\sqrt{0.6\times 51 + 0.01\times 30000} = 100[\text{kV}]$$

29

댐의 부속설비가 아닌 것은?

① 수로 ② 수조
③ 취수구 ④ 흡출관

해설 Chapter 01
수력발전
흡출관 : 반동수차 방식에서 낙차를 늘리기 위해 사용된다.

30

3상3선식에서 전선 한 가닥에 흐르는 전류는 단상2선식의 경우의 몇 배가 되는가?(단, 송전전력, 부하역률, 송전거리, 전력손실 및 선간전압이 같다.)

① $\dfrac{1}{\sqrt{3}}$ ② $\dfrac{2}{3}$
③ $\dfrac{3}{4}$ ④ $\dfrac{4}{9}$

해설 Chapter 09 – 02
각 전기방식의 분류
단상 2선식과 3상3선식의 전류비

$$VI_1\cos\theta = \sqrt{3}\,VI_3\cos\theta$$

$$I_3 = \frac{1}{\sqrt{3}}I_1$$

31

사고, 정전 등의 중대한 영향을 받는 지역에서 정전과 동시에 자동적으로 예비전원용 배전선로로 전환하는 장치는?

① 차단기
② 리클로저(Recloser)
③ 섹셔널라이저(Sectionalizer)
④ 자동 부하 전환개폐기(Auto Load Transfer Switch)

해설
ATLS : 자동부하전환개폐기를 말하며, 주 선로의 정전시 예비선로로 전환되어 수용가에 전원을 공급한다.

32

전선의 표피효과에 대한 설명으로 알맞은 것은?

① 전선이 굵을수록, 주파수가 높을수록 커진다.
② 전선이 굵을수록, 주파수가 낮을수록 커진다.
③ 전선이 가늘수록, 주파수가 높을수록 커진다.
④ 전선이 가늘수록, 주파수가 낮을수록 커진다.

해설 Chapter 01 – 01 – (1) – ⑤
표피효과
주파수가 클수록, 바깥지름이 클수록 크며, 전압제곱에 비례한다.

정답 27 ① 28 ④ 29 ④ 30 ① 31 ④ 32 ①

33

일반회로정수가 같은 평행 2회선에서 A, B, C, D는 각각 1회선의 경우의 몇 배로 되는가?

① A : 2배, B : 2배, C : $\frac{1}{2}$배, D : 1배

② A : 1배, B : 2배, C : $\frac{1}{2}$배, D : 1배

③ A : 1배, B : $\frac{1}{2}$배, C : 2배, D : 1배

④ A : 1배, B : $\frac{1}{2}$배, C : 2배, D : 2배

해설 Chapter 03 – 02 – (5)

평행 2회선 4단자 정수

$A \rightarrow A$

$B \rightarrow \frac{1}{2}B$

$C \rightarrow 2C$

$D \rightarrow D$

34

변전소에서 비접지 선로의 접지보호용으로 사용되는 계전기에 영상전류를 공급하는 것은?

① CT ② GPT

③ ZCT ④ PT

해설 Chapter 08 – 01 – (3)

기능상 분류

비접지 계전기의 영상전류를 공급하는 것은 ZCT가 된다.

35

단로기에 대한 설명으로 틀린 것은?

① 소호장치가 있어 아크를 소멸시킨다.

② 무부하 및 여자전류의 개폐에 사용된다.

③ 사용회로수에 의해 분류하면 단투형과 쌍투형이 있다.

④ 회로를 분리 또는 계통의 접속 변경시 사용한다.

해설 Chapter 08 – 02

개폐장치

단로기는 전류 차단능력이 없어 무부하 전류 및 여자전류만 개폐 가능하다.

36

4단자 정수 $A = 0.9918 + j0.0042$, $B = 34.17 + j50.38$, $C = (-0.006 + j3247) \times 10^{-4}$인 송전 선로의 송전단에 66kV를 인가하고 수전단을 개방하였을 때 수전단 선간전압은 약 몇 [kV]인가?

① $\frac{66.55}{\sqrt{3}}$ ② 62.5

③ $\frac{62.5}{\sqrt{3}}$ ④ 66.55

해설 Chapter 04 – 02

전파방정식

$E_s = AE_r + BI_r$

$I_s = CE_r + DI_r$

개방이므로 $I_r = 0$

$E_s = AE_r$

$E_r = \frac{1}{A}E_s = \frac{66}{\sqrt{0.9918^2 + 0.0042^2}}$

$= 66.55$

37

증기터빈 출력을 P[kW], 증기량을 W[t/h], 초압 및 배기의 증기 엔탈피를 각각 i_0, i_1[kcal/kg]이라 하면 터빈의 효율 η_T[%]는?

① $\frac{860P \times 10^3}{W(i_0 - i_1)} \times 100$

② $\frac{860P \times 10^3}{W(i_1 - i_0)} \times 100$

③ $\frac{860P}{W(i_0 - i_1) \times 10^3} \times 100$

④ $\frac{860P}{W(i_1 - i_0) \times 10^3} \times 100$

정답 33 ③ 34 ③ 35 ① 36 ④ 37 ③

해설 Chapter 02

화력발전

터빈의 효율 $\eta_T = \dfrac{860P}{W(i_0 - i_1) \times 10^3} \times 100$

38

송전선로에서 가공지선을 설치하는 목적이 아닌 것은?

① 뇌(雷)의 직격을 받을 경우 송전선 보호
② 유도뢰에 의한 송전선의 고전위 방지
③ 통신선에 대한 전자유도장해 경감
④ 철탑의 접지저항 경감

해설 Chapter 07 – 01 – (2)

가공지선

직격뇌와 유도뢰를 방지하며 통신선에 유도장해를 경감한다.

39

수전단의 전력원 방정식이 $P_r^2+(Q_r+400)^2=250000$ 으로 표현되는 전력계통에서 조상설비 없이 전압을 일정하기 유지하면서 공급할 수 있는 부하전력은? (단, 부하는 무유도성이다.)

① 200 ② 250 ③ 300 ④ 350

해설 Chapter 03 – 02

전력원선도

$P_r^2 + (Q_r + 400)^2 = 250000$에서 무유도성은 $Q_r = 0$

$P_r^2 + 400^2 = 250000$

$P_r = 300$

40

전력설비의 수용률을 나타낸 것은?

① 수용률 $= \dfrac{\text{평균전력}(kW)}{\text{부하설비용량}(kW)} \times 100[\%]$

② 수용률 $= \dfrac{\text{부하설비용량}(kW)}{\text{평균전력}(kW)} \times 100[\%]$

③ 수용률 $= \dfrac{\text{최대수용전력}(kW)}{\text{부하설비용량}(kW)} \times 100[\%]$

④ 수용률 $= \dfrac{\text{부하설비용량}(kW)}{\text{최대수용전력}(kW)} \times 100[\%]$

해설 Chapter 10 – 02

수요와 부하

수용률 $= \dfrac{\text{최대수용전력}(kW)}{\text{부하설비용량}(kW)} \times 100[\%]$

기출문제 ✦ 2020년 1회·2회

정답 38 ④ 39 ③ 40 ③

제3과목 | 전기기기

41

전원전압이 100[V]인 단상 전파정류에서 점호각이 30° 일 때 직류 평균전압은 약 몇 [V]인가?

① 54 ② 64 ③ 84 ④ 94

해설 Chapter 01 – 01 – (5)
정류기
단상 전파의 경우 $E_d = 0.9E(\frac{1+\cos\alpha}{2})$
$= 0.9 \times 100 \times (\frac{1+\cos 30°}{2}) = 84[V]$

42

단상 유도전동기의 기동 시 브러시를 필요로 하는 것은?

① 분상 기동형
② 반발 기동형
③ 콘덴서 분상 기동형
④ 셰이딩 코일 기동형

해설 Chapter 11 – 03 – (3)
단상유도전동기
기동시 브러쉬를 필요로 하는 전동기는 반발기동형을 말한다.

43

3선 중 2선의 전원 단자를 서로 바꾸어서 결선하면 회전방향이 바뀌는 기기가 아닌 것은?

① 회전변류기
② 유도전동기
③ 동기전동기
④ 정류자형 주파수 변환기

해설
3선 중 2선의 방향을 바꾸어 결선시 회전방향과 관련이 없는 기기는 정류자형 주파수 변환기가 해당된다.

44

단상 유도전동기의 분상 기동형에 대한 설명으로 틀린 것은?

① 보조권선은 높은 저항과 낮은 리액턴스를 갖는다.
② 주권선은 비교적 낮은 저항과 높은 리액턴스를 갖는다.
③ 높은 토크를 발생시키려면 보조권선에 병렬로 저항을 삽입한다.
④ 전동기가 기동하여 속도가 어느 정도 상승하면 보조권선을 전원에서 분리해야 한다.

해설 Chapter 11 – 03 – (3)
분상기동형 전동기
기동권선(보조권선) 저항이 작으며, 리액턴스가 크다. 전동기가 기동하면 기동권선을 전원에서 분리한다.

45

변압기의 %Z가 커지면 단락전류는 어떻게 변화하는가?

① 커진다. ② 변동없다.
③ 작아진다. ④ 무한대로 커진다.

해설 Chapter 05 – 03 – (7)
단락전류
$I_s = \frac{100}{\%Z} I_n$ 이므로 $\%Z$가 커지면 단락전류는 작아진다.

46

정격전압 6600[V]인 3상 동기발전기가 정격출력(역률=1)으로 운전할 때 전압 변동률이 12[%]이었다. 여자전류와 회전수를 조정하지 않은 상태로 무부하 운전하는 경우 단자전압[V]은?

① 6433 ② 6943
③ 7392 ④ 7842

정답 41 ③ 42 ② 43 ④ 44 ③ 45 ③ 46 ③

해설 Chapter 05 – 02

동기기의 전압변동률

$$\epsilon = \frac{V_0 - V}{V} \times 100[\%]$$

$$V_0 = V_n \times (\epsilon + 1)$$
$$= 6600 \times (0.12 + 1)$$
$$= 7392[\text{V}]$$

47

계자권선이 전기자에 병렬로만 연결된 직류기는?

① 분권기 ② 직권기
③ 복권기 ④ 타여자기

해설 Chapter 13 – 04

여자 방식

계자권선과 전기자 권선이 병렬로만 연결된 직류기는 분권기를 말한다.

48

3상 20000[kVA]인 동기발전기가 있다. 이 발전기는 60[Hz]일 때 200[rpm], 50[Hz]일 때는 약 167[rpm]으로 회전한다. 이 동기발전기의 극수는?

① 18극 ② 36극
③ 54극 ④ 72극

해설 Chapter 07 – 02

동기발전기의 극수

$$N_s = \frac{120}{P} f$$

$$P = \frac{120f}{N_s} = \frac{120 \times 60}{200} = 36[\text{극}]$$

49

1차 전압 6600[V], 권수비 30인 단상변압기로 전등부하에 30[A]를 공급할 때의 입력[kW]은?(단, 변압기의 손실은 무시한다.)

① 4.4 ② 5.5
③ 6.6 ④ 7.7

해설

변압기의 입력

$$P = V_1 I_1 \cos\theta \times 10^{-3} = 6600 \times 1 \times 1 \times 10^{-3} = 6.6[\text{kW}]$$

$$a = \frac{I_2}{I_1}$$

$$I_1 = \frac{I_2}{a} = \frac{30}{30} = 1[\text{A}]$$

50

스텝 모터에 대한 설명으로 틀린 것은?

① 가속과 감속이 용이하다.
② 정·역 및 변속이 용이하다.
③ 위치제어 시 각도 오차가 작다.
④ 브러시 등 부품수가 많아 유지보수 필요성이 크다.

51

출력이 20[kW]인 직류발전기의 효율이 80[%]이면 전 손실은 약 몇 [kW]인가?

① 0.8 ② 1.25
③ 5 ④ 45

해설 Chapter 09 – 01

직류기의 손실

$$\eta = \frac{\text{출력}}{\text{입력}}$$

$$\text{입력} = \frac{\text{출력}}{\eta} = \frac{20}{0.8} = 25[\text{kW}]$$

손실 = 입력 − 출력 = 25 − 20 = 5

정답 47 ① 48 ② 49 ③ 50 ④ 51 ③

52

동기전동기의 공급 전압과 부하를 일정하게 유지하면서 역률을 1로 운전하고 있는 상태에서 여자전류를 증가시키면 전기자전류는?

① 앞선 무효전류가 증가
② 앞선 무효전류가 감소
③ 뒤진 무효전류가 증가
④ 뒤진 무효전류가 감소

해설 Chapter 06 – 02 – (8)
위상특성곡선
전압과 부하전류가 일정하게 유지하려면 앞선 여자전류가 증가하게 된다.

53

전압변동률이 작은 동기발전기의 특성으로 옳은 것은?

① 단락비가 크다.
② 속도변동률이 크다.
③ 동기 리액턴스가 크다.
④ 전기자 반작용이 크다.

해설 Chapter 06 – 02 – (6)
단락비
전압변동률이 작은 동기발전기는 단락비가 큰 발전기에 해당한다.

54

직류발전기에 P(N·m/s)의 기계적 동력을 주면 전력은 몇 W로 변환되는가?(단, 손실은 없으며, i_a는 전기자 도체의 전류, e는 전기자 도체의 유도기전력, Z는 총 도체수이다.)

① $P=i_a e Z$
② $P=\dfrac{i_a e}{Z}$
③ $P=\dfrac{i_a Z}{e}$
④ $P=\dfrac{eZ}{i_a}$

해설
전력 $P=E\cdot I_a$
$=e\times Z\times i_a$

55

도통(on)상태에 있는 SCR을 차단(off)상태로 만들기 위해서는 어떻게 하여야 하는가?

① 게이트 펄스전압을 가한다.
② 게이트 전류를 증가시킨다.
③ 게이트 전압이 부(−)가 되도록 한다.
④ 전원전압의 극성이 반대가 되도록 한다.

해설
SCR을 차단상태로 하려면 전원전압의 극성을 반대로 한다.

56

직류전동기의 워드레오나드 속도제어 방식으로 옳은 것은?

① 전압제어 ② 저항제어
③ 계자제어 ④ 직병렬제어

해설 Chapter 07 – 01
속도제어
워드레오나드 속도제어는 전압제어방식을 말한다.

57

단권변압기의 설명으로 틀린 것은?

① 분로권선과 직렬권선으로 구분된다.
② 1차 권선과 2차 권선의 일부가 공통으로 사용된다.
③ 3상에는 사용할 수 없고 단상으로만 사용한다.
④ 분로권선에서 누설자속이 없기 때문에 전압변동률이 작다.

정답 52 ① 53 ① 54 ① 55 ④ 56 ① 57 ③

해설 Chapter 14 – 09

단권변압기

단상 및 3상 모두 사용가능하며 초고압 승압 강압, 배전선로의 전압조정이나 전동기의 기동보상용으로 사용된다.

58

유도전동기를 정격상태로 사용 중, 전압이 10[%] 상승할 때 특성변화로 틀린 것은?(단, 부하는 일정 토크라고 가정한다.)

① 슬립이 작아진다.
② 역률이 떨어진다.
③ 속도가 감소한다.
④ 히스테리시스손과 와류손이 증가한다.

해설 Chapter 10 – 03 – (6)

유도기의 토크

$s \propto \frac{1}{V^2}$

$N=(1-s)N_s$로서 전압 상승시 슬립이 감소하므로 속도는 증가한다.

59

단자전압 110[V], 전기자 전류 15[A], 전기자회로의 저항 2[Ω], 정격속도 1800[rpm]으로 전부하에서 운전하고 있는 직류 분권전동기의 토크는 약 몇 [N·m]인가?

① 6.0 ② 6.4
③ 10.08 ④ 11.14

해설 Chapter 10 – 01

직류기의 토크

$$T=\frac{60I_a(V-I_aR_a)}{2\pi N}=\frac{60\times15\times(110-15\times2)}{2\pi\times1800}$$
$$=6.4[\text{N}\cdot\text{m}]$$

60

용량 1[kVA], 3000/200[V]의 단상변압기를 단권변압기로 결선해서 3000/3200[V]의 승압기로 사용할 때 그 부하용량[kVA]은?

① $\frac{1}{16}$ ② 1
③ 15 ④ 16

해설 Chapter 14 – 09

단권변압기

단상의 경우 $\frac{\text{자기용량}}{\text{부하용량}}=\frac{V_h-V_\ell}{V_h}$

$$\frac{1}{\text{부하용량}}=\frac{3200-3000}{3200}$$

부하용량 = 16[kVA]

정답 58 ③ 59 ② 60 ④

제4과목 | 회로이론 · 제어공학

61

특성방정식이 $s^2+2s^2+Ks+10=0$으로 주어지는 제어시스템이 안정하기 위한 K의 범위는?

① $K>0$　② $K>5$
③ $K<0$　④ $0<K<5$

해설 Chapter 08 – 01

안정 판별법

s^3	1	K	0
s^2	2	10	0
s^1	$\frac{2K-10}{2}$	$\frac{0-0}{2}=0$	0
s^0	10		

$K>5$가 되어야 1열에서 부호변화가 없으므로 안정하게 된다.

62

제어시스템의 개루프 전달함수가 $G(s)H(s)=\dfrac{K(s+30)}{s^4+s^3+2s^2+s+7}$로 주어질 때, 다음 중 $K>0$인 경우 근궤적의 점근선이 실수축과 이루는 각(°)은?

① 20°　② 60°
③ 90°　④ 120°

해설 Chapter 09 – 05

점극선의 각도

$\alpha_k=\dfrac{(2K+1)\pi}{P-Z}=\dfrac{(2k+1)\times 180^\circ}{4-1}$

$k=0$이라면 $\alpha_k=60^\circ$

P는 극점의 수, Z는 영점의 수

극점의 수 $P=4$

영점의 수 $Z=1$

63

z변환된 함수 $F(z)=\dfrac{3z}{(z-e^{-3T})}$에 대응되는 라플라스 변환 함수는?

① $\dfrac{1}{(s+3)}$　② $\dfrac{3}{(s-3)}$
③ $\dfrac{1}{(s-3)}$　④ $\dfrac{3}{(s+3)}$

해설 Chapter 10 – 04

Z변환

$f(t)=3e^{-3t}$

$F(s)=\dfrac{3}{s+3}$

64

그림과 같은 제어시스템의 전달함수 $\dfrac{C(s)}{R(s)}$는?

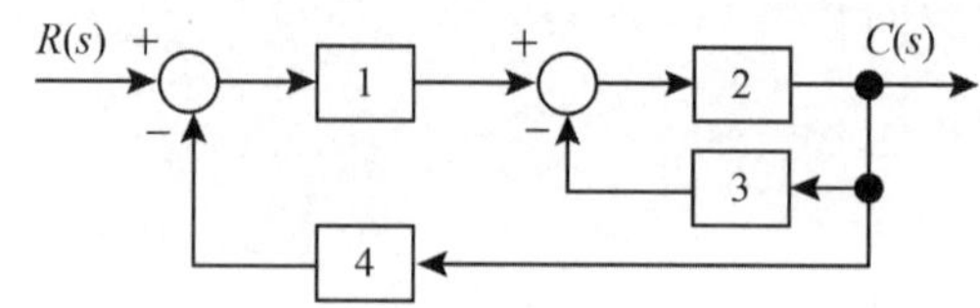

① $\dfrac{1}{15}$　② $\dfrac{2}{15}$
③ $\dfrac{3}{15}$　④ $\dfrac{4}{15}$

해설 Chapter 04 – 03

전달함수

$G(s)=\dfrac{\sum 전향경로이득}{1-\sum 루프이득}$

$=\dfrac{1\times 2}{1+(2\times 3)+(1\times 2\times 4)}=\dfrac{2}{15}$

정답 61 ② 62 ② 63 ④ 64 ②

65

전달함수가 $G_C(s) = \dfrac{2s+5}{7s}$ 인 제어기가 있다. 이 제어기는 어떤 제어기인가?

① 비례 미분 제어기
② 적분 제어기
③ 비례 적분 제어기
④ 비례 적분 미분 제어기

해설

$G_C(s) = \dfrac{2s+5}{7s} = \dfrac{2}{7} + \dfrac{5}{7s}$ 가 되므로 비례 적분 제어기가 된다.

66

단위 피드백 제어계에서 개루프 전달함수 $G(s)$가 다음과 같이 주어졌을 때 단위 계단 입력에 대한 정상상태 편차는?

$$G(s) = \frac{5}{s(s+1)(s+2)}$$

① 0 ② 1 ③ 2 ④ 3

해설 Chapter 06 – 02 – (1)

정상위치편차

$e_{ssp} = \dfrac{1}{1+K_P} = \dfrac{1}{1+\infty} = 0$

$KP = \lim\limits_{s=0} G(s) = \infty$

67

그림과 같은 논리회로의 출력 Y는?

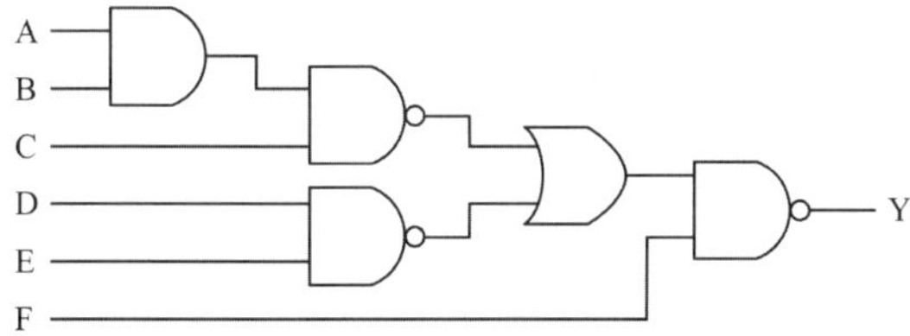

① $ABCDE + \overline{F}$
② $\overline{A}\,\overline{B}\,\overline{C}\,\overline{D}\,\overline{E} + F$
③ $\overline{A} + \overline{B} + \overline{C} + \overline{D} + \overline{E} + F$
④ $A + B + C + D + E + \overline{F}$

해설 Chapter 11 – 02

논리시퀀스 회로

위 부분을 정리하면 $(\overline{\overline{ABC} + \overline{DE}}) \cdot F$

이를 다시 드모르강의 정리하면

$\overline{\overline{ABC}} \cdot \overline{\overline{DE}} + \overline{F}$

$ABCDE + \overline{F}$

68

그림의 신호흐름선도에서 전달함수 $\dfrac{C(s)}{R(s)}$ 는?

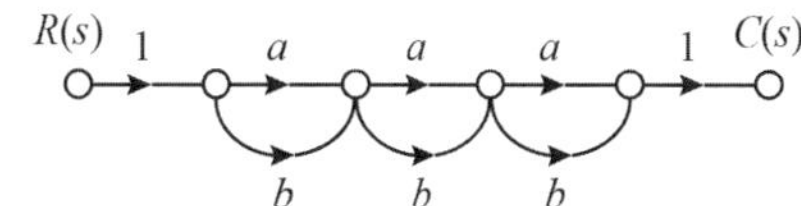

① $\dfrac{a^3}{(1-ab)^3}$

② $\dfrac{a^3}{(1-3ab+a^2b^2)}$

③ $\dfrac{a^3}{1-3ab}$

④ $\dfrac{a^3}{1-3ab+2a^2b^2}$

해설 Chapter 04 – 03

신호흐름선도

$$G(s) = \frac{1 \times a \times a \times a \times 1}{1-(ab+ab+ab-ab \times ab)} = \frac{a^3}{1-3ab+a^2b^2}$$

정답 65 ③ 66 ① 67 ① 68 ②

69

다음과 같은 미분방정식으로 표현되는 제어시스템의 시스템 행렬 A는?

$$\frac{d^2c(t)}{dt^2}+5\frac{dc(t)}{dt}+3c(t)=r(t)$$

① $\begin{bmatrix}-5 & -3\\ 0 & 1\end{bmatrix}$　　② $\begin{bmatrix}-3 & -5\\ 0 & 1\end{bmatrix}$

③ $\begin{bmatrix}0 & 1\\ -3 & -5\end{bmatrix}$　　④ $\begin{bmatrix}0 & 1\\ -5 & -3\end{bmatrix}$

70

안정한 제어시스템의 보드 선도에서 이득여유는?

① −20 ~ 20[dB] 사이에 있는 크기[dB] 값이다.
② 0 ~ 20[dB] 사이에 있는 크기 선도의 길이다.
③ 위상이 0°가 되는 주파수에서 이득 크기[dB]이다.
④ 위상이 −180°가 되는 주파수에서 이득의 크기[dB]이다.

해설 Chapter 07 – 03 – (1)
이득과 위상
이득여유란 위상이 −180°가 되는 주파수에서 이득의 크기를 말한다.

71

3상전류가 $I_a=10+j3$[A], $I_b=5-j2$[A], $I_c=-3+j4$[A]일 때 정상분 전류의 크기는 약 몇 [A]인가?

① 5　　② 6.4
③ 10.5　　④ 13.34

해설 Chapter 08 – 01
대칭좌표법

$I_0=\frac{1}{3}(I_a+I_b+I_c)$

$I_1=\frac{1}{3}(I_a+aI_b+a^2I_c)$

$=\frac{1}{3}[(10+j3)+(1\angle 120^\circ)\times(5-j2)+$
$(1\angle -120^\circ)\times(-3+j4)]=6.4$[A]

$I_2=\frac{1}{3}(I_0+a^2I_b+aI_c)$

72

그림의 회로에서 영상 임피던스 Z_{01}이 6[Ω]일 때, 저항 R의 값은 몇 [Ω]인가?

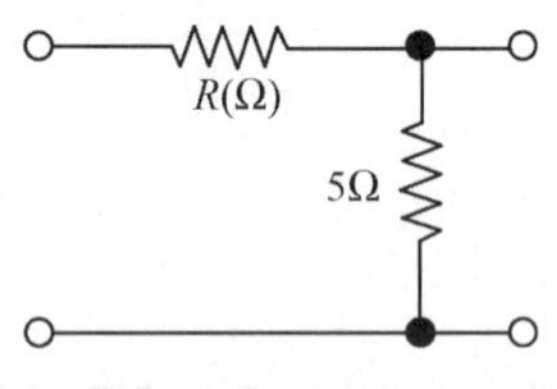

① 2　　② 4
③ 6　　④ 9

해설 Chapter 11 – 04
T형회로

$Z_{01}=\sqrt{\frac{AB}{CD}},\ Z_{02}=\sqrt{\frac{BD}{AC}}$

$A=A+\frac{R}{5}=\frac{5+5}{5}$

$B=R$

$C=\frac{1}{5}$

$D=1$

$6=\sqrt{\frac{\frac{5+R}{5}\times R}{\frac{1}{5}\times 1}}$

$6=\sqrt{(5+R)R}$

$36=(5+R)R=R^2+5R$

$R^2+5R-36=0$

$(R+9)(R-4)=0$

$\therefore R=4,\ R=-9$

저항은 양수이므로, $R=4$

정답 69 ③ 70 ④ 71 ② 72 ②

73

Y결선의 평형 3상 회로에서 선간전압 V_{ab}와 상전압 V_{an}의 관계로 옳은 것은?
(단, $V_{bn} = V_{an}e^{-j(2\pi/3)}$, $V_{cn} = V_{bn}e^{-j(2\pi/3)}$)

① $V_{ab} = \dfrac{1}{\sqrt{3}}e^{j(\pi/6)}V_{an}$

② $V_{ab} = \sqrt{3}\,e^{j(\pi/6)}V_{an}$

③ $V_{ab} = \dfrac{1}{\sqrt{3}}e^{-j(\pi/6)}V_{an}$

④ $V_{ab} = \sqrt{3}\,e^{-j(\pi/6)}V_{an}$

해설 Chapter 07 – 01

Y결선과 Δ결선

1) Y결선 $I_\ell = I_P$

$V_\ell = V_P \angle 30^\circ$

$V_{ab} = \dfrac{1}{\sqrt{3}}e^{-j(\pi/6)}V_{an}$

2) Δ결선 $I_\ell = I_P \angle -30^\circ$

$V_\ell = V_P$

74

$f(t) = t^2 e^{-at}$를 라플라스 변환하면?

① $\dfrac{2}{(s+a)^2}$　② $\dfrac{3}{(s+a)^2}$

③ $\dfrac{2}{(s+a)^3}$　④ $\dfrac{3}{(s+a)^3}$

해설 Chapter 13 – 01

라플라스 변환

$\mathcal{L}[t^2] = \dfrac{2!}{s^{2+1}}$

$\mathcal{L}[e^{-at}] = \dfrac{1}{s}\Big|_{s=s+a}$

$\mathcal{L}[t^2 \cdot e^{-at}] = \dfrac{2}{s^{2+1}}\Big|_{s=s+a}$

$= \dfrac{2}{(s+a)^3}$

75

선로의 단위 길이당 인덕턴스, 저항, 정전용량, 누설 컨덕턴스를 각각 L, R, C, G라 하면 전파정수는?

① $\dfrac{\sqrt{(R+j\omega L)}}{(G+j\omega C)}$

② $\sqrt{(R+j\omega L)(G+j\omega C)}$

③ $\sqrt{\dfrac{(R+j\omega C)}{(G+j\omega L)}}$

④ $\sqrt{\dfrac{(G+j\omega C)}{(R+j\omega L)}}$

해설 Chapter 12

특성임피던스와 전파정수

특성임피던스 $Z_0 = \sqrt{\dfrac{Z}{Y}}$

전파정수 $\gamma = \sqrt{ZY} = \sqrt{(R+j\omega L)(G+j\omega C)}$

76

회로에서 0.5[Ω] 양단 전압 (V)은 약 몇 [V]인가?

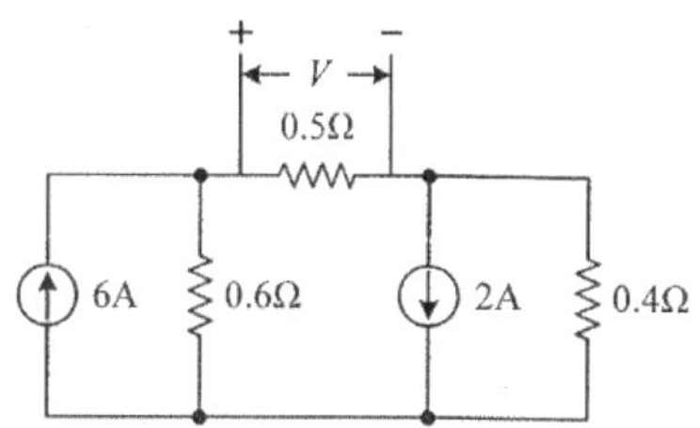

① 0.6　② 0.93

③ 1.47　④ 1.5

해설 Chapter 06 – 01

중첩의 원리

1) 6A만 단독으로 존재시

$I_1 = \dfrac{0.6}{0.6+0.9} \times 6 = \dfrac{3.6}{1.5}$

정답 73 ② 74 ③ 75 ② 76 ③

2) 2A만 단독으로 존재시

$I_2 = \frac{0.4}{1.1+0.4} \times 2 = \frac{0.8}{1.5}$

$I = I_1 + I_2 = \frac{3.6}{1.5} + \frac{0.8}{1.5} = \frac{4.4}{1.5}$

$V = 0.5 \times I$

$0.5 \times \frac{4.4}{1.5} = 1.47$[V]

77

RLC 직렬회로의 파라미터가 $R^2 = \frac{4L}{C}$의 관계를 가진다면, 이 회로에 직류 전압을 인가하는 경우 과도 응답특성은?

① 무제동 ② 과제동
③ 부족제동 ④ 임계제동

해설 Chapter 14 – 03

과도 응답특성

$R^2 > 4\frac{L}{C}$: 비진동

$R^2 = 4\frac{L}{C}$: 임계진동

$R^2 < 4\frac{L}{C}$: 진동

78

$v(t) = 3 + 5\sqrt{2}\sin\omega t + 10\sqrt{2}\sin(3\omega t - \frac{\pi}{3})$[V]의 실효값 크기는 약 몇 [V]인가?

① 9.6 ② 10.6
③ 11.6 ④ 12.6

해설 Chapter 09 – 03

실효값의 크기

$I = \sqrt{I_0^2 + I_1^2 + I_3^2}$

$= \sqrt{3^2 + 5^2 + 10^2} = 11.6$[A]

79

그림과 같이 결선된 회로의 단자(a, b, c)에 선간전압이 V[V]인 평형 3상 전압을 인가할 때 상전류 I[A]의 크기는?

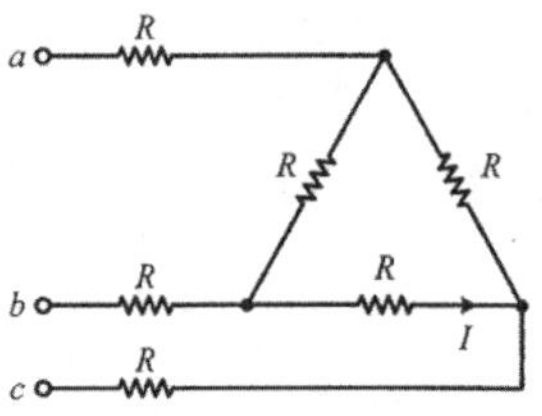

① $\frac{V}{4R}$ ② $\frac{3V}{4R}$
③ $\frac{\sqrt{3}V}{4R}$ ④ $\frac{V}{4\sqrt{3}R}$

해설 Chapter 07 – 01

Δ결선의 상전류

델타결선의 $I_P = \frac{I_\ell}{\sqrt{3}} = \frac{V}{4R}$[A]

$\Delta \to Y$ 변환시 $I_P = \frac{V_P}{Z} = \frac{\frac{V}{\sqrt{3}}}{\frac{4}{3}R} = \frac{\sqrt{3}V}{4R}$[A]

80

$8 + j6[\Omega]$인 임피던스에 $13 + j20$[V]의 전압을 인가할 때 복소전력은 약 몇 [VA]인가?

① $12.7 + j34.1$ ② $12.7 + j55.5$
③ $45.5 + j34.1$ ④ $45.5 + j55.5$

해설 Chapter 07 – 01

Δ결선의 상전류

$I = \frac{V}{Z} = \frac{13 + j20}{8 + j6}$

$= 2.74 + j0.82$

$P = V \cdot \bar{I} = (13 + j20)(2.74 - j0.82)$

$= 45.5 + j34.1$

정답 77 ④ 78 ③ 79 ① 80 ③

제5과목 | 전기설비기술기준

81

지중 전선로를 직접 매설식에 의하여 시설할 때, 중량물의 압력을 받을 우려가 있는 장소에 저압 또는 고압의 지중전선을 견고한 트라프 기타 방호물에 넣지 않고도 부설할 수 있는 케이블은?

① PVC 외장 케이블
② 콤바인덕트 케이블
③ 염화비닐 절연 케이블
④ 폴리에텔렌 외장 케이블

해설 Chapter 03 – 19
직접매설식
트라프를 시설하지 않아도 부설가능한 케이블 : 콤바인덕트 케이블

82

수소냉각식 발전기 등의 시설기준으로 틀린 것은?

① 발전기안 또는 조상기안의 수소의 온도를 계측하는 장치를 시설할 것
② 발전기축의 밀봉부로부터 수소가 누설될 때 누설된 수소를 외부로 방출하지 않을 것
③ 발전기안 또는 조상기안의 수소의 순도가 85% 이하로 저하한 경우에 이를 경보하는 장치를 시설할 것
④ 발전기 또는 조상기는 수소가 대기압에서 폭발하는 경우에 생기는 압력에 견디는 강도를 가지는 것일 것

해설 Chapter 02 – 08
수소냉각식 발전기 등의 시설
(1) 수소가 대기압에서 폭발하는 경우 압력에 견디어야 할 것
(2) 누설된 수소를 외부로 안전하게 방출할 수 있을 것
(3) 수소의 누설 및 공기의 혼합이 없을 것
(4) 수소 내부의 순도가 85[%] 이하시 경보장치 시설

83

어느 유원지의 어린이 놀이기구인 유희용전차에 전기를 공급하는 전로의 사용전압은 교류인 경우 몇 [V] 이하이어야 하는가?

① 20 ② 40 ③ 60 ④ 100

해설 Chapter 05 – 12
특수장소의 시설
유희용 전차 : 직류 60[V] 이하, 교류 40[V] 이하

84

연료전치 및 태양전지 모듈의 절연내력시험을 하는 경우 충전부분과 대지 사이에 인가하는 시험전압은 얼마인가?(단, 연속하여 10분간 가하여 견디는 것이어야 한다.)

① 최대사용전압의 1.25배의 직류전압 또는 1배의 교류전압(500[V] 미만으로 되는 경우에는 500[V])
② 최대사용전압의 1.25배의 직류전압 또는 1.25배의 교류전압(500[V] 미만으로 되는 경우에는 500[V])
③ 최대사용전압의 1.5배의 직류전압 또는 1배의 교류전압(500[V] 미만으로 되는 경우에는 500[V])
④ 최대사용전압의 1.5배의 직류전압 또는 1.25배의 교류전압(500[V] 미만으로 되는 경우에는 50[V])

해설 Chapter 01 – 11
연료전지 및 태양전지 모듈의 절연내력시험전압 직류 1.5배, 교류 1배

85

전개된 장소에서 저압 옥상전선로의 시설기준으로 적합하지 않은 것은?

① 전선은 절연전선을 사용하였다.
② 전선 지지점 간의 거리를 20[m]로 하였다.
③ 전선은 지름 2.6[mm]의 경동선을 사용하였다.
④ 저압 절연전선과 그 저압 옥상 전선로를 시설하는 조영재와의 이격거리를 2[m]로 하였다.

정답 81 ② 82 ② 83 ② 84 ③ 85 ②

해설 Chapter 01 – 07

옥상전선로(특고압시설불가)
(1) 전선의 굵기 : 2.6[mm]
(2) 지지점간의 간격 : 15[m] 이하
(3) 조영재와의 이격거리 : 2[m]

86

저압 수상전선로에 사용되는 전선은?

① 옥외 비닐케이블
② 600[V] 비닐절연전선
③ 600[V] 고무절연전선
④ 클로로프렌 캡타이어 케이블

해설 Chapter 03 – 21

수상전선로
1) 전선의 종류
(1) 저압 : 클로로프렌 캡타이어 케이블
(2) 고압 : 캡타이어 케이블

87

케이블 트레이 공사에 사용하는 케이블 트레이에 적합하지 않은 것은?

① 비금속제 케이블 트레이는 난연성 재료가 아니어도 된다.
② 금속재의 것은 적절한 방식처리를 한 것이거나 내식성 재료의 것이어야 한다.
③ 금속제 케이블 트레이 계통은 기계적 및 전기적으로 완전하게 접속하여야 한다.
④ 케이블 트레이가 방화구획의 벽 등을 관통하는 경우에 관통부는 불연성의 물질로 충전하여야 한다.

해설 Chapter 05 – 10

케이블 트레이배선
1) 안전율 1.5
2) 난연성 재료일 것
3) 종류 : 사다리형, 펀칭형, 메시형, 바닥밀폐형

88

가공전선로의 지지물의 강도계산에 적용하는 풍압하중은 빙설이 많은 지방 이외의 지방에서 저온계절에는 어떤 풍압하중을 적용하는가?(단, 인가가 연접되어 있지 않다고 한다.)

① 갑종풍압하중
② 을종풍압하중
③ 병종풍압하중
④ 을종과 병종풍압하중을 혼용

해설 Chapter 03 – 01

풍압하중
1) 풍압하중의 종류
갑종, 을종, 병종
2) 적용기준
(1) 빙설이 많은 지방 이외
① 고온지방 : 갑종, ② 저온지방 : 병종
(2) 빙설이 많은 지방
① 고온지방 : 갑종, ② 저온지방 : 을종

89

백열전등 또는 방전등에 전기를 공급하는 옥내전로의 대지전압은 몇 [V] 이하이어야 하는가?(단, 백열전등 또는 방전등 및 이에 부속하는 전선은 사람이 접촉할 우려가 없도록 시설한 경우이다.)

① 60 ② 110 ③ 220 ④ 300

해설 Chapter 05

옥내배선
백열전등 또는 방전등에 전기를 공급하는 옥내전로의 대지전압은 300[V] 이하이어야만 한다.

90

특고압 가공전선로의 지지물에 첨가하는 통신선 보안장치에 사용되는 피뢰기의 동작전압은 교류 몇 [V] 이하인가?

① 300 ② 600 ③ 1000 ④ 1500

정답 86 ④ 87 ① 88 ③ 89 ④ 90 ③

91

태양전지 발전소에 시설하는 태양전지 모듈, 전선 및 개폐기 기타 기구의 시설기준에 대한 내용으로 틀린 것은?

① 충전부분은 노출되지 아니하도록 시설할 것
② 옥내에 시설하는 경우에는 전선을 케이블 공사로 시설할 수 있다.
③ 태양전지 모듈의 프레임은 지지물과 전기적으로 완전하게 접속하여야 한다.
④ 태양전지 모듈을 병렬로 접속하는 전로에는 과전류 차단기를 시설하지 않아도 된다.

92

가공전선로의 지지물에 시설하는 지선으로 연선을 사용할 경우 소선은 최소 몇 가닥 이상이어야 하는가?

① 3 ② 5 ③ 7 ④ 9

해설 Chapter 03 – 03

지선(지지물이 아니다.)

1) 철탑의 경우 지선으로 그 강도를 분담하지 않는다.
2) 시설기준
   (1) 안전율 2.5 이상
   (2) 허용최저인장하중 4.31[kN] 이상
   (3) 소선수 3가닥 이상
   (4) 소선지름 2.6[mm] 이상
   (5) 지선이 도로횡단시 5[m] 이상 단, 교통에 지장을 줄 우려가 없다면 4.5[m] 이상

93

저압 가공전선로 또는 고압 가공전선로와 기설 가공 약전류 전선로가 병행하는 경우에는 유도작용에 의한 통신상의 장해가 생기지 아니하도록 전선과 기설 약전류 전선 간의 이격거리는 몇 [m] 이상이어야 하는가?(단, 전기철도용 급전선로는 제외한다.)

① 2 ② 4 ③ 6 ④ 8

해설 Chapter 03 – 04

유도장해 방지

1) 저압 또는 고압가공전선로는 가공약전류전선로에 대해 유도작용에 의한 통신상의 장해가 발생하지 않도록 2[m] 이상 이격

94

출퇴표시등 회로에 전기를 공급하기 위한 변압기는 1차측 전로의 대지전압이 300[V] 이하, 2차측 전로의 사용전압은 몇 [V] 이하인 절연변압기이어야 하는가?

① 60 ② 80
③ 100 ④ 150

해설 Chapter 05 – 11

조명기구

4) 출퇴표시등
   1차 대지전압 300[V] 이하, 2차 60[V] 이하

95

중성점 직접 접지식 전로에 접속되는 최대사용전압 161[kV]인 3상 변압기 권선(성형결선)의 절연내력시험을 할 때 접지시켜서는 안 되는 것은?

① 철심 및 외함
② 시험되는 변압기의 부싱
③ 시험되는 권선의 중성점 단자
④ 시험되지 않는 각 권선(다른 권선이 2개 이상 있는 경우에는 각 권선)의 임의의 1단자

※ 한국전기설비규정(KEC) 개정에 따라 삭제된 문제가 있어 100문항이 되지 않습니다.

정답 91 ④ 92 ① 93 ① 94 ① 95 ②

전기기사 기출문제

2020년 3회 기출문제

제1과목 | 전기자기학

01

분극의 세기 P, 전계 E, 전속밀도 D의 관계를 나타낸 것으로 옳은 것은?(단, ε_0는 진공의 유전율이고, ε_r은 유전체의 비유전율이고, ε은 유전체의 유전율이다.)

① $P=\varepsilon_0(\varepsilon+1)E$ ② $E=\dfrac{D+P}{\varepsilon_0}$

③ $P=D-\varepsilon_0$ ④ $\varepsilon_0=D-E$

해설 Chapter 04 – 01

분극의 세기

$P=\varepsilon_0(\varepsilon_r-1)E$

$=\chi E$

$=D(1-\dfrac{1}{\varepsilon_r})$

$=\dfrac{M}{v}$[C/m²]

02

그림과 같은 직사각형의 평면 코일이 $B=\dfrac{0.05}{\sqrt{2}}(a_x+a_y)$[Wb/m²]인 자계에 위치하고 있다. 이 코일에 흐르는 전류가 5A일 때 z축에 있는 코일에서의 토크는 약 몇 [N·m]인가?

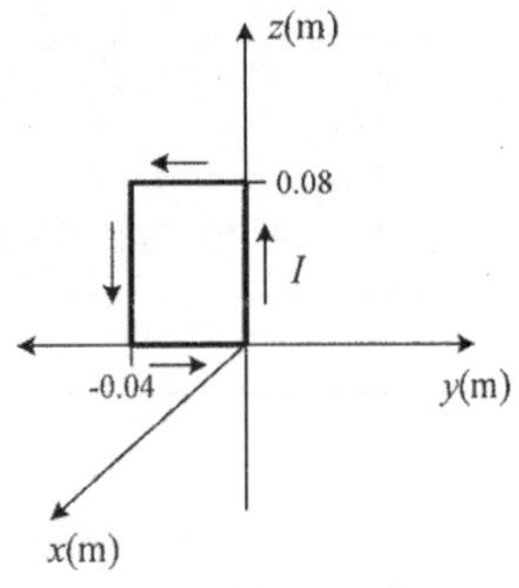

① $2.66\times10^{-4}a_x$

② $5.66\times10^{-4}a_x$

③ $2.66\times10^{-4}a_z$

④ $5.66\times10^{-4}a_z$

해설 Chapter 07 – 08

토크 T

$$T=r\times F=\begin{vmatrix} a_x & a_y & a_z \\ 0 & -0.04 & 0 \\ -0.014 & 0.014 & 0 \end{vmatrix}=5.6\times10^{-4}a_z$$

$F=IB\ell\sin\theta$

여기서

$I=5a_z$[A], $B=0.035a_x+0.035a_y$[Wb/m²]

$$(I\times B)=\begin{vmatrix} a_x & a_y & a_z \\ 0 & 0 & 5 \\ 0.035 & 0.035 & 0 \end{vmatrix}=-0.175a_x+0.175a_y \text{ 이므로}$$

$(I\times B)\ell=(-0.175a_x+0.175a_y)\times0.08$

$=-0.014a_x+0.014a_y$

$r=-0.04a_y$

03

내부 장치 또는 공간을 물질로 포위시켜 외부자계의 영향을 차폐시키는 방식을 자기차폐라 한다. 다음 중 자기차폐에 가장 적합한 것은?

① 비투자율이 1보다 작은 역자성체
② 강자성체 중에서 비투자율이 큰 물질
③ 강자성체 중에서 비투자율이 작은 물질
④ 비투자율에 관계없이 물질의 두께에만 관계되므로 되도록 두꺼운 물질

해설 Chapter 08 – 07

강자성체

자계차폐에서 가장 적합한 것은 강자성체에서 비투자율이 큰 물질에 해당한다.

정답 01 ③ 02 ④ 03 ②

04

주파수가 100[MHz]일 때 구리의 표피두께(skin depth)는 약 몇 [mm]인가?(단, 구리의 도전율은 5.9×10^7[℧/m]이고, 비투자율은 0.99이다.)

① 3.3×10^{-2} ② 6.6×10^{-2}
③ 3.3×10^{-3} ④ 6.6×10^{-3}

해설 Chapter 09 – 02

표피효과 침투깊이 δ

$$\delta=\sqrt{\frac{2}{\omega k\mu}}$$
$$=\sqrt{\frac{2}{2\pi\times100\times10^6\times5.9\times10^7\times4\pi\times10^{-7}\times0.99}}\times10^{-3}$$
$$=6.6\times10^{-3}$$

05

압전기 현상에서 전기 분극이 기계적 응력에 수직한 방향으로 발생하는 현상은?

① 종효과 ② 횡효과
③ 역효과 ④ 직접효과

해설

분극이 수직한 방향으로 발생하는 현상을 횡효과라 하며, 동일한 빙향의 경우 종효과라 한다.

06

구리의 고유저항은 20℃에서 1.69×10^{-8} [Ω·m]이고 온도계수는 0.00393이다. 단면적이 2[mm²]이고 100[m]인 구리선의 저항값은 40℃에서 약 몇 [Ω]인가?

① 0.91×10^{-3} ② 1.89×10^{-3}
③ 0.91 ④ 1.89

해설 Chapter 06 – 02 – (2)

도제의 저항

$$R=\rho\frac{\ell}{A}=1.822\times10^{-8}\times\frac{100}{2\times10^{-6}}=0.91\Omega$$

$$\rho_2=\rho_1[1+\alpha_1(T_2-T_1)]$$
$$=1.69\times10^{-8}[1+0.000393\times(40-20)]$$
$$=1.822\times10^{-8}$$

07

전위경도 V와 전계 E의 관계식은?

① $E=grad\,V$ ② $E=div\,V$
③ $E=-grad\,V$ ④ $E=-div\,V$

해설 Chapter 02 – 09

전위의 기울기와 전계와의 관계

$E=-grad\,V=-\nabla V$

08

정전계에서 도체에 정(+)의 전하를 주었을 때의 설명으로 틀린 것은?

① 도체 표면의 곡률 반지름이 작은 곳에 전하가 많이 분포한다.
② 도체 외측의 표면에만 전하가 분포한다.
③ 도체 표면에서 수직으로 전기력선이 출입한다.
④ 도체 내에 있는 공동면에도 전하가 골고루 분포한다.

09

평행 도선에 같은 크기의 왕복 전류가 흐를 때 두 도선 사이에 작용하는 힘에 대한 설명으로 옳은 것은?

① 흡인력이다.
② 전류의 제곱에 비례한다.
③ 주위 매질의 투자율에 반비례한다.
④ 두 도선 사이 간격의 제곱에 반비례한다.

해설 Chapter 07 – 09 – (2)

평행도선 간에 작용하는 힘

$F=\frac{2I_1I_2}{r}\times10^{-7}$[N/m]이므로 전류의 제곱에 비례한다.

정답 04 ④ 05 ② 06 ③ 07 ③ 08 ④ 09 ②

10

비유전율 3, 비투자율 3인 매질에서 전자기파의 진행 속도 v[m/s]와 진공에서의 속도 v_0[m/s]의 관계는?

① $v=\frac{1}{9}v_0$ ② $v=\frac{1}{3}v_0$
③ $v=3v_0$ ④ $v=9v_0$

해설 Chapter 11 – 03

전파속도

1) 진공 중의 전파속도 $v_0=\frac{1}{\sqrt{\epsilon_0\mu_0}}$

2) 매질의 전파속도

$$v=\frac{1}{\sqrt{\epsilon_0\mu_0}}\times\frac{1}{\sqrt{\epsilon_s\mu_s}}=v_0\times\frac{1}{\sqrt{3\times3}}$$
$$=\frac{1}{3}v_0$$

11

대지의 고유저항이 $\rho[\Omega\cdot\text{m}]$일 때 반지름이 a[m]인 그림과 같은 반구 접지극의 접지저항 [Ω]은?

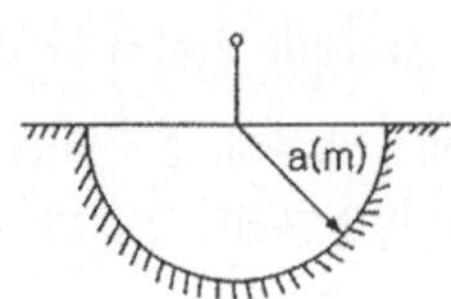

① $\frac{\rho}{4\pi a}$ ② $\frac{\rho}{2\pi a}$
③ $\frac{2\pi\rho}{a}$ ④ $2\pi\rho a$

해설 Chapter 06 – 03

전기저항과 정전용량

$$RC=\rho\epsilon=\frac{\rho\epsilon}{2\pi\epsilon a}=\frac{\rho}{2\pi a}[\Omega]$$

12

공기 중에서 2[V/m]의 전계의 세기에 의한 변위전류 밀도의 크기를 2[A/m²]으로 흐르게 하려면 전계의 주파수는 약 몇 [MHz]가 되어야 하는가?

① 9000 ② 18000 ③ 36000 ④ 72000

해설 Chapter 11 – 01

변위전류밀도

$$i_d=\frac{\partial D}{\partial t}$$
$$i_d=\omega\varepsilon E_m$$
$$=2\pi f\varepsilon E_m$$
$$f=\frac{i_d}{2\pi\varepsilon E_m}=\frac{2}{2\pi\times8.855\times10^{-12}\times2}\times10^{-6}$$
$$=17973.45[\text{MHz}]$$

13

2장의 무한 평판 도체를 4[cm]의 간격으로 놓은 후 평판 도체 간에 일정한 전계를 인가하였더니 평판 도체 표면에 2μ[C/m²]의 전하밀도가 생겼다. 이때 평행 도체 표면에 작용하는 정전응력은 약 몇 [N/m²]인가?

① 0.057 ② 0.226
③ 0.57 ④ 2.26

해설 Chapter 02 – 14

대전 도체 표면에 작용하는 힘

$$f=\frac{1}{2}\varepsilon_0E^2=\frac{D^2}{2\varepsilon_0}=\frac{1}{2}ED[\text{N/m}^2]$$
$$=\frac{(2\times10^{-6})^2}{2\times8.855\times10^{-12}}=0.2258[\text{N/m}^2]$$

14

자성체 내의 자계의 세기가 H[AT/m]이고 자속밀도가 B[Wb/m²]일 때, 자계 에너지 밀도[J/m³]는?

① HB ② $\frac{1}{2\mu}H^2$ ③ $\frac{\mu}{2}B^2$ ④ $\frac{1}{2\mu}B^2$

해설 Chapter 08 – 05

단위 체적당 에너지

$$\omega=\frac{1}{2}\mu H^2=\frac{B^2}{2\mu}=\frac{1}{2}HB[\text{J/m}^3]$$

정답 10 ② 11 ② 12 ② 13 ② 14 ④

15

임의의 방향으로 배열되었던 강자성체의 자구가 외부 자기장의 힘이 일정치 이상이 되는 순간에 급격히 회전하여 자기장의 방향으로 배열되고 자속밀도가 증가하는 현상을 무엇이라 하는가?

① 자기여효(magnetic aftereffect)
② 바크하우젠 효과(Barkhausen effect)
③ 자기왜현상(magneto-striction effect)
④ 핀치 효과(Pinch effect)

16

반지름이 5[mm], 길이가 15[mm], 비투자율이 50인 자성체 막대에 코일을 감고 전류를 흘려서 자성체 내의 자속밀도를 50[Wb/m^2]으로 하였을 때 자성체 내에서의 자계의 세기는 몇 [A/m]인가?

① $\dfrac{10^7}{\pi}$ ② $\dfrac{10^7}{2\pi}$ ③ $\dfrac{10^7}{4\pi}$ ④ $\dfrac{10^7}{8\pi}$

해설 Chapter 07 - 06

자계의 세기

$B=\mu H$ 이므로

$$H=\frac{B}{\mu_0\mu_s}=\frac{50}{4\pi\times10^{-7}\times50}=\frac{10^7}{4\pi}$$

17

반지름이 30[cm]인 원판 전극의 평행판 콘덴서가 있다. 전극의 간격이 0.1[cm]이며 전극 사이 유전체의 비유전율이 4.0이라 한다. 이 콘덴서의 정전용량은 약 몇 [μF]인가?

① 0.01 ② 0.02 ③ 0.03 ④ 0.04

해설 Chapter 03 - 04 - (5)

평행판 콘덴서의 정전용량

$$C=\frac{\epsilon S}{d}=\frac{\epsilon_0\epsilon_s S}{d}$$

$$=\frac{8.855\times10^{-12}\times4\times\pi\times(0.3)^2}{0.1\times10^{-2}}\times10^6=0.01[\mu\text{F}]$$

$S=\pi r^2$

18

한 변의 길이가 l[m]인 정사각형 도체 회로에 전류 I[A]를 흘릴 때 회로의 중심점에서의 자계의 세기는 몇 [AT/m]인가?

① $\dfrac{2I}{\pi l}$ ② $\dfrac{I}{\sqrt{2}\pi l}$ ③ $\dfrac{\sqrt{2}I}{\pi l}$ ④ $\dfrac{2\sqrt{2}I}{\pi l}$

해설 Chapter 07 - 02 - (7)

정사각형 중심점의 자계의 세기 $H=\dfrac{2\sqrt{2}I}{\pi l}$[AT/m]

19

정전용량이 각각 $C_1=1$[μF], $C_2=2$[μF]인 도체에 전하 $Q_1=-5$[μC], $Q_2=2$[μC]을 각각 주고 각 도체를 가는 철사로 연결하였을 때 C_1에서 C_2로 이동하는 전하 Q[μC]는?

① -4 ② -3.5 ③ -3 ④ -1.5

해설

각 도체를 철사로 연결시 전위가 같아지므로

$$Q=\frac{Q_1C_2-Q_2C_1}{C_1+C_2}=\frac{(-5\times2)-(2\times1)}{1+2}=-4[\mu\text{C}]$$

20

정전용량이 0.03[μF]인 평행판 공기 콘덴서의 두 극판 사이에 절반 두께의 비유전율 10인 유리판을 극판과 평행하게 넣었다면 이 콘덴서의 정전용량은 약 몇 [μF]이 되는가?

① 1.83 ② 18.3 ③ 0.055 ④ 0.55

해설 Chapter 04 - 03

콘덴서의 연결

직렬연결 개념으로 $C=\dfrac{\epsilon_1\epsilon_2 S}{\epsilon_1 d_2+\epsilon_2 d_1}$ 이므로 절반의 두께이므로 $d_1=\dfrac{d}{2}$, $d_2=\dfrac{d}{2}$

따라서 $C=\dfrac{2\epsilon_s}{1+\epsilon_s}C_0=\dfrac{2\times10}{1+10}\times0.03=0.054$

정답 15 ② 16 ③ 17 ① 18 ④ 19 ① 20 ③

제2과목 | 전력공학

21

3상 전원에 접속된 Δ 결선의 커패시터를 Y결선으로 바꾸면 진상 용량 $Q_Y(kVA)$는?(단, Q_Δ는 Δ 결선된 커패시터의 진상용량이고, Q_Y는 Y결선된 커패시터의 진상 용량이다.)

① $Q_Y = \sqrt{3}\,Q_\Delta$　② $Q_Y = \frac{1}{3}Q_\Delta$

③ $Q_Y = 3Q_\Delta$　④ $Q_Y = \frac{1}{\sqrt{3}}Q_\Delta$

해설 Chapter 02 – 01 – (2)

진상용량

$Q_\Delta = 3Q_Y$가 되므로

$\Delta \to Y$로 변환시 $Q_Y = \frac{1}{3}Q_\Delta$

22

교류 배전선로에서 전압강하 계산식은 $V_d = k(R\cos\theta + X\sin\theta)I$로 표현된다. 3상 3선식 배전선로인 경우에 k는?

① $\sqrt{3}$　② $\sqrt{2}$

③ 3　④ 2

해설 Chapter 03 – 01 – (1)

전압강하

3상 3선식의 경우 $e = \sqrt{3}\,I(R\cos\theta + X\sin\theta)$

23

송전선에서 뇌격에 대한 차폐 등을 위해 가선하는 가공지선에 대한 설명으로 옳은 것은?

① 차폐각은 보통 15~30° 정도로 하고 있다.
② 차폐각이 클수록 벼락에 대한 차폐효과가 크다.
③ 가공지선을 2선으로 하면 차폐각이 적어진다.
④ 가공지선으로 연동선을 주로 사용한다.

해설 Chapter 07 – 02 – (1)

가공지선

가공지선의 차폐각은 적을수록 보호효과가 크며, 이를 2선으로 하면 차폐각이 작아진다.

24

배전선의 전력손실 경감 대책이 아닌 것은?

① 다중접지 방식을 채용한다.
② 역률을 개선한다.
③ 배전 전압을 높인다.
④ 부하의 불평형을 방지한다.

해설 Chapter 03 – 01 – (1) – ④

전력손실

전력손실 $P_\ell \propto \frac{1}{V^2} \propto \frac{1}{\cos^2\theta}$이며, 부하불평형을 방지하면 전력손실이 경감된다.

25

그림과 같은 이상 변압기에서 2차측에 5[Ω]의 저항 부하를 연결하였을 때 1차측에 흐르는 전류(I)는 약 몇 [A]인가?

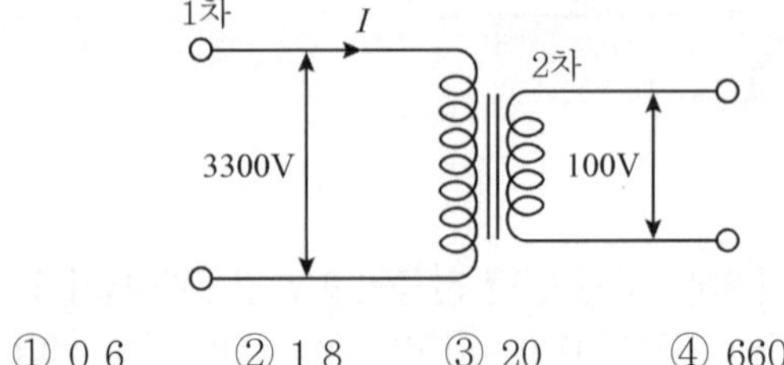

① 0.6　② 1.8　③ 20　④ 660

해설

1차측의 전류

$a = \frac{V_1}{V_2} = \frac{I_2}{I_1}$이므로

$a = \frac{3300}{100} = 33$

$I_2 = \frac{V_2}{R} = \frac{100}{5} = 20$

따라서 $I_1 = \frac{20}{33} = 0.606$[A]

정답 21 ② 22 ① 23 ③ 24 ① 25 ①

26

전압과 유효전력이 일정할 경우 부하 역률이 70%인 선로에서의 저항 손실($P_{70\%}$)은 역률이 90%인 선로에서의 저항 손실($P_{90\%}$)과 비교하면 약 얼마인가?

① $P_{70\%} = 0.6P_{90\%}$ ② $P_{70\%} = 1.7P_{90\%}$
③ $P_{70\%} = 0.3P_{90\%}$ ④ $P_{70\%} = 2.7P_{90\%}$

해설 Chapter 03 – 01 – (4)

전력손실 $P_{\ell} \propto \frac{1}{\cos^2\theta}$ 의 관계를 가지므로

$(\frac{0.9}{0.7})^2 = 1.653$배가 된다.

따라서 약 $P_{70\%} = 1.7P_{90\%}$ 가 된다.

27

3상 3선식 송전선에서 L을 작용 인덕턴스라 하고, L_e 및 L_m은 대지를 귀로로 하는 1선의 자기 인덕턴스 및 상호 인덕턴스라고 할 때 이들 사이의 관계식은?

① $L = L_m - L_e$ ② $L = L_e - L_m$
③ $L = L_m + L_e$ ④ $L = \frac{L_m}{L_e}$

해설 Chapter 02 – 01 – (1)

인덕턴스 $L = L_e - L_m$

28

표피효과에 대한 설명으로 옳은 것은?

① 표피효과는 주파수에 비례한다.
② 표피효과는 전선의 단면적에 반비례한다.
③ 표피효과는 전선의 비투자율에 반비례한다.
④ 표피효과는 전선의 도전율에 반비례한다.

해설 Chapter 01 – 01 – (1) – ⑤

표피효과

주파수가 클수록, 바깥지름이 클수록 크며, 전압의 제곱에 비례한다.

29

배전선로의 전압을 3[kV]에서 6[kV]로 승압하면 전압강하율(δ)은 어떻게 되는가?(단, δ_{3kV}는 전압이 3[kV]일 때 전압강하율이고, δ_{6kV}는 전압이 6[kV]일 때 전압강하율이고, 부하는 일정하다고 한다.)

① $\delta_{6kV} = \frac{1}{2}\delta_{3kV}$ ② $\delta_{6kV} = \frac{1}{4}\delta_{3kV}$
③ $\delta_{6kV} = 2\delta_{3kV}$ ④ $\delta_{6kV} = 4\delta_{3kV}$

해설 Chapter 03 – 01 – (2)

전압강하율 δ

$\delta \propto \frac{1}{V^2}$ 의 관계를 같으므로 전압이 2배 상승하였으므로

$\delta_{6kV} = \frac{1}{4}\delta_{3kV}$가 된다.

30

계통의 안정도 증진대책이 아닌 것은?

① 발전기나 변압기의 리액턴스를 작게 한다.
② 선로의 회선수를 감소시킨다.
③ 중간 조상 방식을 채용한다.
④ 고속도 재폐로 방식을 채용한다.

해설 Chapter 06 – 01 – (3)

안정도 향상 대책

1) 계통의 직렬리액턴스를 작게 해야 하므로 선로의 회선수를 증대시키면 병렬 회선수가 증대되므로 X는 작아진다.

31

1상의 대지 정전용량이 0.5[μF], 주파수가 60[Hz]인 3상 송전선이 있다. 이 선로에 소호리액터를 설치한다면, 소호리액터의 공진 리액턴스는 약 몇 [Ω]이면 되는가?

① 970 ② 1370
③ 1770 ④ 3570

정답 26 ② 27 ② 28 ① 29 ② 30 ② 31 ③

해설 Chapter 04 - 02 - (4)
소호리액터의 공진리액턴스
$X_L = \frac{1}{3\omega C_s} = \frac{1}{3 \times 2\pi \times 60 \times 0.5 \times 10^{-6}}$
$= 1768.38[\Omega]$

32

배전선로의 고장 또는 보수 점검 시 정전구간을 축소하기 위하여 사용되는 것은?

① 단로기 ② 컷아웃스위치
③ 계자저항기 ④ 구분개폐기

해설 Chapter 09 - 01
배전방식
배전선로의 고장구간을 축소하기 위해 사용되는 것은 구분개폐기가 해당한다.

33

수전단 전력 원선도의 전력 방정식이 $P_r^2 + (Q_r + 400)^2 = 250000$으로 표현되는 전력계통에서 가능한 최대로 공급할 수 있는 부하전력(P_r)과 이때 전압을 일정하게 유지하는 데 필요한 무효전력(Q_r)은 각각 얼마인가?

① $P_r = 500,\ Q_r = -400$
② $P_r = 400,\ Q_r = 500$
③ $P_r = 300,\ Q_r = 100$
④ $P_r = 200,\ Q_r = -300$

해설 Chapter 03 - 02
전력원선도
최대로 공급하는 전력이 되므로 $Q_r = 0$이 되어야 한다.
따라서 $P_r^2 = 250000$이 되어야 한다.
따라서 $P_r = 500,\ Q_r = -400$이 되어야 한다.

34

수전용 변전설비의 1차측 차단기의 차단용량은 주로 어느 것에 의하여 정해지는가?

① 수전 계약용량
② 부하설비의 단락용량
③ 공급측 전원의 단락용량
④ 수전전력의 역률과 부하율

해설 Chapter 05 - 01 - (3)
차단기의 차단용량
수전설비의 1차측 차단기의 차단용량은 공급측 전원의 단락용량에 의해 결정된다.

35

프란시스 수차의 특유속도[m · kW]의 한계를 나타내는 식은?(단, H[m]은 유효낙차이다.)

① $\frac{13000}{H+50} + 10$ ② $\frac{13000}{H+50} + 30$
③ $\frac{20000}{H+20} + 10$ ④ $\frac{20000}{H+20} + 30$

해설 Chapter 01
수차의 특유속도
프란시스 수차의 경우 특유속도의 경우
$\frac{20000}{H+20} + 30$

36

정격전압 6600[V], Y결선, 3상 발전기의 중성점을 1선 지락 시 지락전류를 100[A]로 제한하는 저항기로 접지하려고 한다. 저항기의 저항 값은 약 몇 [Ω]인가?

① 44 ② 41 ③ 38 ④ 35

해설
저항기의 저항 $R = \frac{E}{I} = \frac{\frac{6600}{\sqrt{3}}}{100} = 38.01[\Omega]$

정답 32 ④ 33 ① 34 ③ 35 ④ 36 ③

37

송전 철탑에서 역섬락을 방지하기 위한 대책은?

① 가공지선의 설치 ② 탑각 접지저항의 감소
③ 전력선의 연가 ④ 아크혼의 설치

해설 Chapter 06 – 02 – (2)
매설지선
매설지선은 철탑의 탑각 저항을 저감하여 역섬락을 방지한다.

38

조속기의 폐쇄시간이 짧을수록 나타나는 현상으로 옳은 것은?

① 수격작용은 작아진다.
② 발전기의 전압 상승률은 커진다.
③ 수차의 속도 변동률은 작아진다.
④ 수압관 내의 수압 상승률은 작아진다.

해설 Chapter 01
수력발전
조속기의 폐쇄시간이 짧을수록 속도 변동률이 작아진다.

39

주변압기 등에서 발생하는 제5고조파를 줄이는 방법으로 옳은 것은?

① 전력용 콘덴서에 직렬리액터를 연결한다.
② 변압기 2차측에 분로리액터를 연결한다.
③ 모선에 방전코일을 연결한다.
④ 모선에 공심 리액터를 연결한다.

해설 Chapter 03 – 03
조상설비
직렬리액터의 설치 목적은 제5고조파를 제거한다.

40

복도체에서 2본의 전선이 서로 충돌하는 것을 방지하기 위하여 2본의 전선 사이에 적당한 간격을 두어 설치하는 것은?

① 아모로드 ② 댐퍼
③ 아킹혼 ④ 스페이서

해설 Chapter 02 – 03
복도체 특징
소도체 간 흡인력에 의한 충돌방지로 스페이서를 설치한다.

정답 37 ② 38 ③ 39 ① 40 ④

제3과목 | 전기기기

41

정격전압 120[V], 60[Hz]인 변압기의 무부하 입력 80W, 무부하 전류 1.4[A]이다. 이 변압기의 여자 리액턴스는 약 몇 [Ω]인가?

① 97.6 ② 103.7
③ 124.7 ④ 180

해설 Chapter 14 – 01

변압기 자화전류

$$I_\phi = \sqrt{I_0^2 - (\frac{P_i}{V_1})^2}$$

$$= \sqrt{1.4^2 - (\frac{80}{120})^2} = 1.23$$

여자 리액턴스 $X = \frac{V_1}{I_\phi} = \frac{120}{1.23} = 97.56[\Omega]$

42

서보모터의 특징에 대한 설명으로 틀린 것은?

① 발생토크는 입력신호에 비례하고, 그 비가 클 것
② 직류 서보모터에 비하여 교류 서보모터의 시동 토크가 매우 클 것
③ 시동 토크는 크나 회전부의 관성모멘트가 작고, 전기적 시정수가 짧을 것
④ 빈번한 시동, 정지, 역전 등의 가혹한 상태에 견디도록 견고하고, 큰 돌입전류에 견딜 것

43

3상 변압기 2차측의 E_W상만을 반대로 하고 $Y-Y$ 결선을 한 경우, 2차 상전압이 $E_U = 70\,V$, $E_V = 70\,V$, $E_W = 70\,V$라면 2차 선간전압은 약 몇 [V]인가?

① $V_{U-V} = 121.2\,V$, $V_{V-W} = 70\,V$, $V_{W-U} = 70\,V$
② $V_{U-V} = 121.2\,V$, $V_{V-W} = 210\,V$, $V_{W-U} = 70\,V$
③ $V_{U-V} = 121.2\,V$, $V_{V-W} = 121.2\,V$, $V_{W-U} = 70\,V$
④ $V_{U-V} = 121.2\,V$, $V_{V-W} = 121.2\,V$, $V_{W-U} = 121.2\,V$

44

극수 8, 중권 직류기의 전기자 총 도체 수 960, 매극 자속 0.04[Wb], 회전수 400[rpm]이라면 유기기전력은 몇 [V]인가?

① 256 ② 327
③ 425 ④ 625

해설 Chapter 01 – 01

직류기의 유기기전력 E

$$E = \frac{PZ\phi N}{60a} = \frac{8 \times 960 \times 0.04 \times 400}{60 \times 8} \fallingdotseq 256[V]$$

45

3상 유도전동기에서 2차측 저항을 2배로 하면 그 최대토크는 어떻게 변하는가?

① 2배로 커진다. ② 3배로 커진다.
③ 변하지 않는다. ④ $\sqrt{2}$ 배로 커진다.

해설 Chapter 10 – 03

유도전동기의 최대토크

2차측의 저항을 2배로 하여도 최대토크는 변하지 않는다.

정답 41 ① 42 ② 43 ① 44 ① 45 ③

46

동기전동기에 일정한 부하를 걸고 계자전류를 0A에서부터 계속 증가시킬 때 관련 설명으로 옳은 것은? (단, I_a는 전기자전류이다.)

① I_a는 증가하다가 감소한다.
② I_a가 최소일 때 역률이 1이다.
③ I_a가 감소상태일 때 앞선 역률이다.
④ I_a가 증가상태일 때 뒤진 역률이다.

해설 Chapter 06 – 02 – (8)
동기전동기의 위상특성곡선
I_a가 최소일 때 역률은 1이다.

47

3[kVA], 3000/200[V]의 변압기의 단락시험에서 임피던스전압 120[V], 동손 150[W]라 하면 %저항강하는 몇 [%]인가?

① 1　　② 3
③ 5　　④ 7

해설 Chapter 05 – 03 – (8)
%저항강하

$$\%P = \frac{I \times R}{E} \times 100 = \frac{P_c}{P} \times 100$$
$$= \frac{150}{3 \times 10^3} \times 100 = 5[\%]$$

48

정격출력 50[kW], 4극 220[V], 60[Hz]인 3상 유도전동기가 전부하 슬립 0.04, 효율 90[%]로 운전되고 있을 때 다음 중 틀린 것은?

① 2차 효율 = 92[%]
② 1차 입력 = 55.56[kW]
③ 회전자 동손 = 2.08[kW]
④ 회전자 입력 = 52.08[kW]

해설 Chapter 16 – 08
유도기
1) 2차 효율 $\eta = (1-s) = 1 - 0.04 = 0.96$

49

단상 유도전동기를 2전동기설로 설명하는 경우 정방향 회전자계의 슬립이 0.2이면, 역방향 회전자계의 슬립은 얼마인가?

① 0.2　　② 0.8
③ 1.8　　④ 2.0

해설 Chapter 16 – 01
유도기의 슬립
역방향 회전자계의 슬립 $s' = 2 - s$
$2 - 0.2 = 1.8$

50

직류 가동복권발전기를 전동기로 사용하면 어느 전동기가 되는가?

① 직류 직권전동기　② 직류 분권전동기
③ 직류 가동복권전동기　④ 직류 차동복권전동기

해설
가동복권발전기의 경우 전동기로 사용시 차동복권전동기가 된다.

51

동기발전기를 병렬운전 하는 데 필요하지 않은 조건은?

① 기전력의 용량이 같을 것
② 기전력의 파형이 같을 것
③ 기전력의 크기가 같을 것
④ 기전력의 주파수가 같을 것

정답 46 ② 47 ③ 48 ① 49 ③ 50 ④ 51 ①

해설 Chapter 04 – 03
동기발전기의 병렬운전
1) 기전력의 크기가 같을 것
2) 기전력의 위상이 같을 것
3) 기전력의 주파수가 같을 것
4) 기전력의 파형이 같을 것
5) 상회전방향이 같을 것

52

IGBT(Insulated Gate Bipolar Transistor)에 대한 설명으로 틀린 것은?

① MOSFET와 같이 전압제어 소자이다.
② GTO 사이리스터와 같이 역방향 전압저지 특성을 갖는다.
③ 게이트와 에미터 사이의 입력 임피던스가 매우 낮아 BJT보다 구동하기 쉽다.
④ BJT처럼 on-drop이 전류에 관계없이 낮고 거의 일정하며, MOSFET보다 훨씬 큰 전류를 흘릴 수 있다.

해설
④ BJT처럼 on-drop이 전류에 관계없이 낮고 거의 일정하며, MOSFET보다 훨씬 큰 전류를 흘릴 수 있다.

53

유도전동기에서 공급 전압의 크기가 일정하고 전원 주파수만 낮아질 때 일어나는 현상으로 옳은 것은?

① 철손이 감소한다.
② 온도상승이 커진다.
③ 여자전류가 감소한다.
④ 회전속도가 증가한다.

해설 Chapter 16
유도기의 특성
주파수가 낮아지는 경우 철손은 증가한다. 따라서 온도상승이 커진다. 여자전류는 증가하며, 속도는 감소한다.
속도 $N=(1-s)N_s=(1-s)\dfrac{120}{P}f$

54

용접용으로 사용되는 직류발전기의 특성 중에서 가장 중요한 것은?

① 과부하에 견딜 것
② 전압변동률이 적을 것
③ 경부하일 때 효율이 좋을 것
④ 전류에 대한 전압특성이 수하특성일 것

해설 Chapter 04 – 01
용접으로 사용되는 직류발전기
전압변동이 크며, 수하특성이다.

55

동기발전기에 설치된 제동권선의 효과로 틀린 것은?

① 난조 방지
② 과부하 내량의 증대
③ 송전선의 불평형 단락 시 이상전압 방지
④ 불평형 부하 시의 전류, 전압 파형의 개선

해설 Chapter 04 – 03 – (3)
제동권선의 효과
난조를 방지하며, 이상전압 및 불평형시 파형을 개선한다.

56

3300/220[V] 변압기 A, B의 정격용량이 각각 400[kVA], 300[kVA]이고, %임피던스 강하가 각각 2.4[%], 3.6[%]일 때 그 2대의 변압기에 걸 수 있는 합성부하용량은 몇 [kVA]인가?

① 550 ② 600 ③ 650 ④ 700

해설 Chapter 12 – 02
변압기의 부하분담
$\dfrac{P_a}{P_b}=\dfrac{P_A}{P_B}\times\dfrac{\%Z_b}{\%Z_a}=\dfrac{400}{300}\times\dfrac{3.6}{2.4}=2$
$P_a=\dfrac{1}{2}P_b$
$P_a=400,\ P_b=200$
따라서 $P=400+200=600$

정답 52 ③ 53 ② 54 ④ 55 ② 56 ②

57

동작모드가 그림과 같이 나타나는 혼합브리지는?

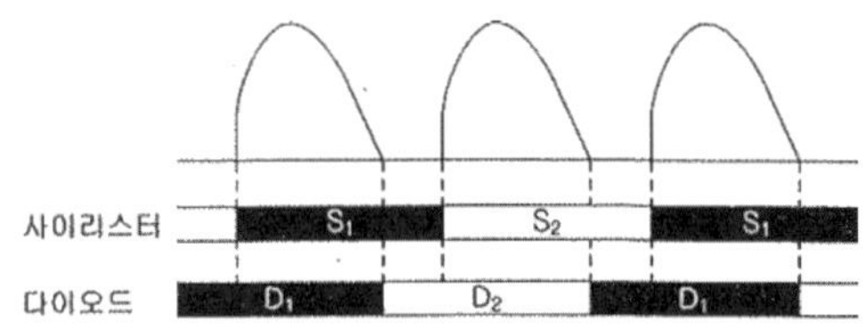

①
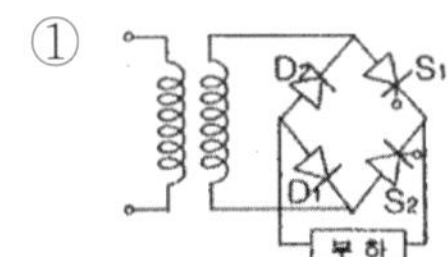

②
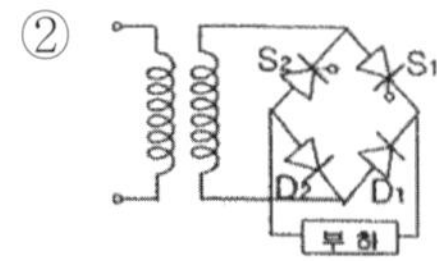

③
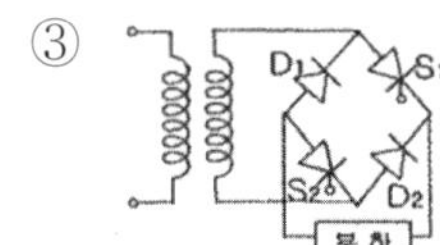

④
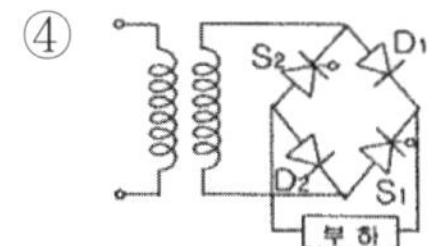

58

동기기의 전기자 저항을 r, 전기자 반작용 리액턴스를 X_a, 누설 리액턴스를 X_ℓ라고 하면 동기임피던스를 표시하는 식은?

① $\sqrt{r^2+(\frac{X_a}{X_\ell})^2}$　② $\sqrt{r^2+X_\ell^2}$

③ $\sqrt{r^2+X_a^2}$　④ $\sqrt{r^2+(X_a+X_\ell)^2}$

해설 Chapter 03 – 02

동기임피던스 $Z_s=\sqrt{r^2+(X_a+X_\ell)^2}$

59

단상 유도전동기에 대한 설명으로 틀린 것은?

① 반발 기동형 : 직류전동기와 같이 정류자와 브러시를 이용하여 기동한다.

② 분상 기동형 : 별도의 보조권선을 사용하여 회전자계를 발생시켜 기동한다.

③ 커패시터 기동형 : 기동전류에 비해 기동토크가 크지만, 커패시터를 설치해야 한다.

④ 반발 유도형 : 기동 시 농형권선과 반발전동기의 회전자 권선을 함께 이용하나 운전 중에는 농권선만을 이용한다.

60

직류전동기의 속도제어법이 아닌 것은?

① 계자 제어법　② 전력 제어법

③ 전압 제어법　④ 저항 제어법

해설 Chapter 07 – 01

직류전동기의 속도제어

1) 전압제어

2) 계자제어

3) 저항제어

정답 57 ①　58 ④　59 ④　60 ②

제4과목 | 회로이론 · 제어공학

61

그림과 같은 피드백 제어시스템에서 입력이 단위계단함수일 때 정상상태 오차상수인 위치상수(K_p)는?

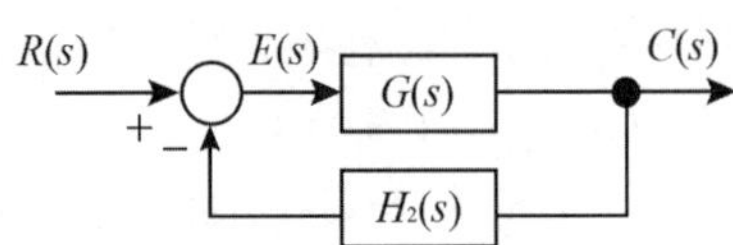

① $K_p = \lim\limits_{s \to 0} G(s)H(s)$　② $K_p = \lim\limits_{s \to 0} \dfrac{G(s)}{H(s)}$

③ $K_p = \lim\limits_{s \to \infty} G(s)H(s)$　④ $K_p = \lim\limits_{s \to \infty} \dfrac{G(s)}{H(s)}$

해설 Chapter 06 – 01

정상편차

$K_p = \lim\limits_{s \to 0} G(s)H(s)$

62

적분 시간 4[sec], 비례 감도가 4인 비례적분 동작을 하는 제어 요소에 동작신호 $z(t) = 2t$를 주었을 때 이 제어 요소의 조작량은?(단, 조작량의 초기 값은 0이다.)

① $t^2 + 8t$　② $t^2 + 2^t$

③ $t^2 - 8t$　④ $t^2 - 2^t$

해설 Chapter 01 – 03 – (5)

비례적분 동작

$G(s) = K_p(1 + \dfrac{1}{T_i s}) = \dfrac{Y(s)}{Z(s)}$

$= 4(1 + \dfrac{1}{4s})$

$= 4 + \dfrac{1}{s}$

$Y(s) = \dfrac{2}{s^2}(4 + \dfrac{1}{s})$

$= \dfrac{8}{s^2} + \dfrac{2}{s^3}$

이를 다시 역변환하면 $y(t) = 8t + t^2$

63

시간함수 $f(t) = \sin\omega t$의 z 변환은?(단, T는 샘플링 주기이다.)

① $\dfrac{z\sin\omega T}{z^2 + 2z\cos\omega T + 1}$

② $\dfrac{z\sin\omega T}{z^2 - 2z\cos\omega T + 1}$

③ $\dfrac{z\cos\omega T}{z^2 - 2z\sin\omega T + 1}$

④ $\dfrac{z\cos\omega T}{z^2 + 2z\sin\omega T + 1}$

64

다음과 같은 신호흐름선도에서 $\dfrac{C(s)}{R(s)}$의 값은?

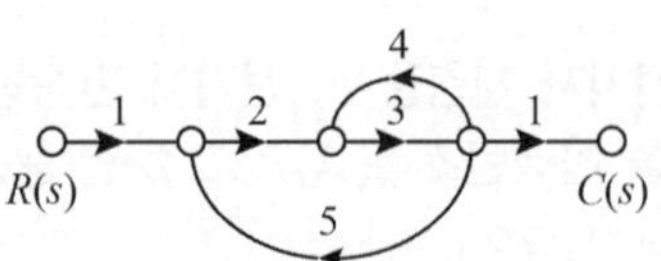

① $-\dfrac{1}{41}$　② $-\dfrac{3}{41}$

③ $-\dfrac{6}{41}$　④ $-\dfrac{8}{41}$

해설 Chapter 04 – 02 – (3)

블록선도

$G(s) = \dfrac{\sum 전향경로이득}{1 - \sum 루프이득}$

$= \dfrac{1 \times 2 \times 3 \times 1}{1 - 2 \times 3 \times 5 - 3 \times 4} = -\dfrac{6}{41}$

정답 61 ① 62 ① 63 ② 64 ③

65

Routh－Hurwitz 방법으로 특성방정식이 $s^4+2s^3+s^2+4s+2=0$인 시스템의 안정도를 판별하면?

① 안정 ② 불안정
③ 임계안정 ④ 조건부 안정

해설 Chapter 08 － 01
루드의 안정 판별법

66

제어시스템의 상태방정식이 $\frac{dx(t)}{dt}=Ax(t)+Bu(t)$, $A=\begin{bmatrix} 0 & 1 \\ -3 & 4 \end{bmatrix}$, $B=\begin{bmatrix} 1 \\ 1 \end{bmatrix}$일 때, 특성방정식을 구하면?

① $s^2-4s-3=0$
② $s^2-4s+3=0$
③ $s^2+4s+3=0$
④ $s^2+4s-3=0$

해설 Chapter 10 － 01
상태방정식
$|sI-A|=0$
따라서 $s\begin{bmatrix} 1 & 0 \\ 0 & 1 \end{bmatrix}-\begin{bmatrix} 0 & 1 \\ -3 & 4 \end{bmatrix}$
$=\begin{bmatrix} s & 0 \\ 0 & s \end{bmatrix}-\begin{bmatrix} 0 & 1 \\ -3 & 4 \end{bmatrix}=\begin{bmatrix} s & -1 \\ 3 & s-4 \end{bmatrix}$
$=s^2-4s-(-3)=s^2-4s+3=0$

67

어떤 제어시스템의 개루프 이득 $G(s)H(s)=\frac{K(s+2)}{s(s+1)(s+3)(s+4)}$일 때 이 시스템이 가지는 근궤적의 가지(branch) 수는?

① 1 ② 3
③ 4 ④ 5

해설 Chapter 09 － 03
근궤적의 가지수
다항식 최고차항의 차수가 s^4 즉 4차항으로 가지수는 4개가 된다.

68

다음 회로에서 입력 전압 $v_1(t)$에 대한 출력 전압 $v_2(t)$의 전달함수 $G(s)$는?

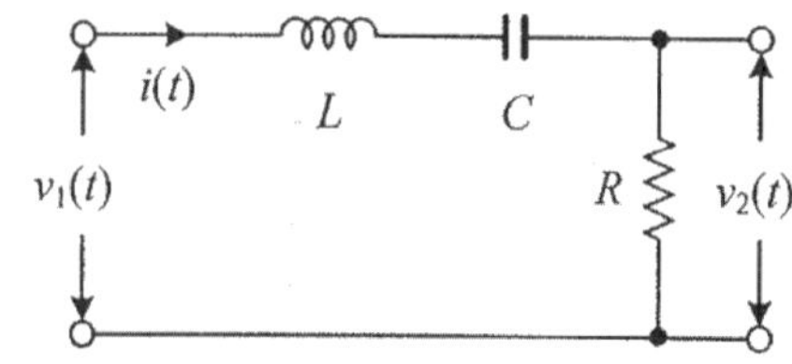

① $\frac{RCs}{LCs^2+RCs+1}$ ② $\frac{RCs}{LCs^2-RCs-1}$
③ $\frac{Cs}{LCs^2+RCs+1}$ ④ $\frac{Cs}{LCs^2-RCs-1}$

해설 Chapter 03 － 01
전달함수 $G(s)=\frac{C(s)}{R(s)}$

$$=\frac{R}{Ls+\frac{1}{Cs}+R}\times\frac{Cs}{Cs}$$

$$=\frac{RCs}{LCs^2+RCs+1}$$

69

특성방정식의 모든 근이 s평면(복소평면)의 $j\omega$축(허수축)에 있을 때 이 제어시스템의 안정도는?

① 알 수 없다. ② 안정하다.
③ 불안정하다. ④ 임계안정이다.

해설 Chapter 05 － 03
특성방정식의 근이 좌반부에 존재시 안정, 우반부에 존재하면 불안정하다. 다만 허수축일 경우 임계안정이다.

정답 65 ② 66 ② 67 ③ 68 ① 69 ④

70

논리식 $((AB+A\overline{B})+AB)+\overline{A}B$를 간단히 하면?

① $A+B$　② $\overline{A}+B$
③ $A+\overline{B}$　④ $A+A\cdot B$

해설 Chapter 11 – **04**

불대수

$((AB+A\overline{B})+AB)+\overline{A}B$ 이므로

$=(A(B+\overline{B})+AB)+\overline{A}B$

$=(A+AB)+\overline{A}B$

$=A+\overline{A}B$

$=A+B$가 된다.

71

선간 전압이 V_{ab}[V]인 3상 평형 전원에 대칭 부하 $R[\Omega]$인 그림과 같이 접속되어 있을 때, a, b 두 상간에 접속된 전력계의 지시 값이 W[W]라면 C상 전류의 크기[A]는?

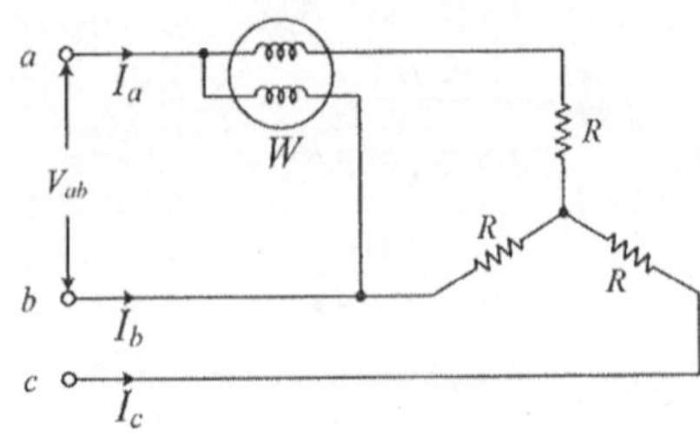

① $\dfrac{W}{3V_{ab}}$　② $\dfrac{2W}{3V_{ab}}$
③ $\dfrac{2W}{\sqrt{3}V_{ab}}$　④ $\dfrac{\sqrt{3}W}{V_{ab}}$

해설

전력계가 1개이므로 $P=2W=\sqrt{3}VI\cos\theta$

$I=\dfrac{2W}{\sqrt{3}V\cos\theta}$

72

불평형 3상 전류가 $I_a=15+j2$[A], $I_b=-20-j14$[A], $I_c=-3+j10$[A]일 때, 역상분 전류 I_2[A]는?

① $1.91+j6.24$　② $15.74-j3.57$
③ $-2.67-j0.67$　④ $-8-j2$

해설 Chapter 08 – **01**

역상전류 I_2

$I_2=\dfrac{1}{3}(I_a+a^2I_b+aI_c)$

$=\dfrac{1}{3}[(15+j2)+(-20-j14)\angle-120°+(-3+j10)\angle120°]=1.91+j6.24$

73

회로에서 20[Ω]의 저항이 소비하는 전력은 몇 [W]인가?

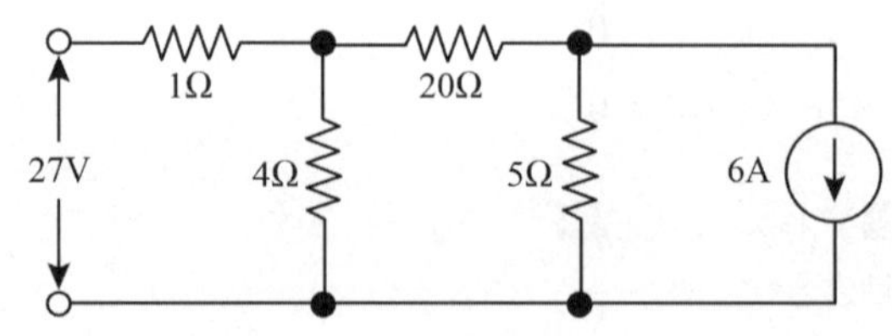

① 14　② 27
③ 40　④ 80

74

RC 직렬회로에서 직류전압 $V(V)$가 인가되었을 때, 전류 $i(t)$에 대한 전압 방정식(KVL)이 $V=Ri(t)+\dfrac{1}{C}\int i(t)dt(V)$이다. 전류 $i(t)$의 라플라스 변환인 $I(s)$는?(단, C에는 초기 전하가 없다.)

정답 70 ① 71 ③ 72 ① 73 ④ 74 ③

① $I(s)=\dfrac{V}{R}\dfrac{1}{s-\dfrac{1}{RC}}$

② $I(s)=\dfrac{C}{R}\dfrac{1}{s+\dfrac{1}{RC}}$

③ $I(s)=\dfrac{V}{R}\dfrac{1}{s+\dfrac{1}{RC}}$

④ $I(s)=\dfrac{R}{C}\dfrac{1}{s-\dfrac{1}{RC}}$

해설 Chapter 13

라플라스 변환

전류를 라플라스 변환하면

$V\dfrac{1}{s}=RI(s)+\dfrac{1}{C}\dfrac{1}{s}I(s)$

$I(s)=\dfrac{V}{s(R+\dfrac{1}{Cs})}$

$=\dfrac{V}{sR+\dfrac{1}{C}}$

$=\dfrac{V}{R}\dfrac{1}{s+\dfrac{1}{RC}}$

75

선간 전압이 100[V]이고, 역률이 0.6인 평형 3상 부하에서 무효전력이 $Q=10$[kvar]일 때, 선전류의 크기는 약 몇 [A]인가?

① 57.7 ② 72.2

③ 96.2 ④ 125

해설 Chapter 07 – 01 – (3)

3상 무효전력

$Q_c=\sqrt{3}\,VI\sin\theta$[Var]

$I=\dfrac{Q_c}{\sqrt{3}\,V\sin\theta}=\dfrac{10\times10^3}{\sqrt{3}\times100\times0.8}$

$=72.2$[A]

76

그림과 같은 T형 4단자 회로망에서 4단자 정수 A와 C는?(단, $Z_1=\dfrac{1}{Y_1}$, $Z_2=\dfrac{1}{Y_2}$, $Z_3=\dfrac{1}{Y_3}$)

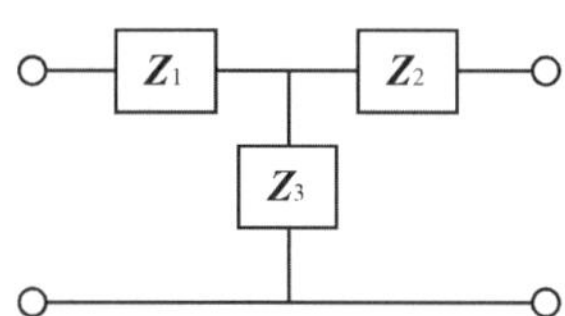

① $A=1+\dfrac{Y_3}{Y_1}$, $C=Y_2$

② $A=1+\dfrac{Y_3}{Y_1}$, $C=\dfrac{1}{Y_3}$

③ $A=1+\dfrac{Y_3}{Y_1}$, $C=Y_3$

④ $A=1+\dfrac{Y_1}{Y_3}$, $C=(1+\dfrac{Y_1}{Y_3})\dfrac{1}{Y_3}+\dfrac{1}{Y_2}$

해설 Chapter 11 – 03

F–P

$A=1+\dfrac{Z_1}{Z_3}=1+\dfrac{Y_3}{Y_1}$

$C=\dfrac{1}{Z_3}=Y_3$

77

어떤 회로의 유효전력이 300[W], 무효전력이 400[var]이다. 이 회로의 복소전력의 크기(VA)는?

① 350 ② 500

③ 600 ④ 700

해설 Chapter 03 – 02

복소전력

$P_a=\sqrt{P^2+Q^2}=\sqrt{300^2+400^2}=500$[VA]

정답 75 ② 76 ③ 77 ②

78

$R=4[\Omega]$, $\omega L=3[\Omega]$의 직렬회로에 $e=100\sqrt{2}\sin\omega t+50\sqrt{2}\sin 3\omega t$를 인가할 때 이 회로의 소비전력은 약 몇 [W]인가?

① 1000 ② 1414
③ 1560 ④ 1703

해설 Chapter 09 – 03
비정현파의 실효값과 전력
$P=I^2R=20.63^2+4=1703[\text{W}]$
$Z_1=4+j\omega L=4+j3=5[\Omega]$
$Z_3=R+j3\omega L=4+j9=9.84[\Omega]$
$I_1=\dfrac{V_1}{Z_1}=\dfrac{100}{5}=20[\text{A}]$
$I_3=\dfrac{50}{9.84}=5.07$
$I=\sqrt{I_1^2+I_3^2}=\sqrt{20^2+5.07^2}=20.63[\text{A}]$

79

단위 길이당 인덕턴스가 L[H/m]이고, 단위 길이당 정전용량이 C[F/m]인 무손실선로에서의 진행파 속도[m/s]는?

① $\sqrt{LC}$ ② $\dfrac{1}{\sqrt{LC}}$
③ $\sqrt{\dfrac{C}{L}}$ ④ $\sqrt{\dfrac{L}{C}}$

해설 Chapter 12 – 01
무손실선로
$v=\dfrac{1}{\sqrt{LC}}=\lambda f[\text{m/s}]$

80

$t=0$에서 스위치(S)를 닫았을 때 $t=0^+$에서의 $i(t)$는 몇 A인가?(단, 커패시터에 초기 전하는 없다.)

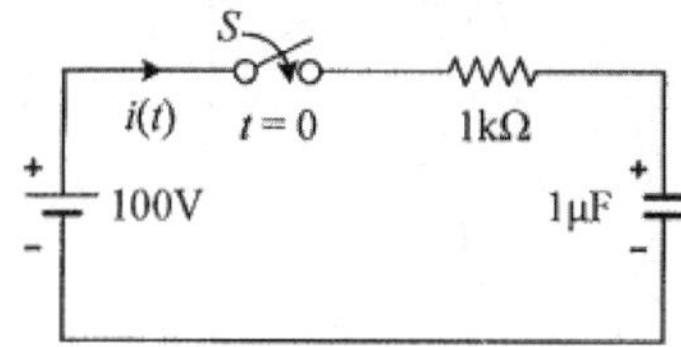

① 0.1 ② 0.2
③ 0.4 ④ 1.0

해설 Chapter 14 – 02
R-C 직렬회로
$i(t)=\dfrac{E}{R}e^{-\frac{1}{RC}t}$ $t=0$이므로
$=\dfrac{E}{R}=\dfrac{100}{1000}=0.1[\text{A}]$

정답 78 ④ 79 ② 80 ①

제5과목 | 전기설비기술기준

81

345[kV] 송전선을 사람이 쉽게 들어가지 않는 산지에 시설할 때 전선의 지표상 높이는 몇 [m] 이상으로 하여야 하는가?

① 7.28 ② 7.56 ③ 8.28 ④ 8.56

해설 Chapter 03 – 06

가공전선의 지표상 높이

160[kV] 초과시 $6(5)+(x-16)\times 0.12$

산지이므로 $5+(34.5-16)\times 0.12=7.28[m]$

82

변전소에서 오접속을 방지하기 위하여 특고압 전로의 보기 쉬운 곳에 반드시 표시해야 하는 것은?

① 상별표시 ② 위험표시
③ 최대전류 ④ 정격전압

해설 Chapter 02 – 02

특고압 전로의 상표시

(1) 특고압전로에는 상표시를 하여야 한다.

83

전력 보안 가공통신선의 시설 높이에 대한 기준으로 옳은 것은?

① 철도의 궤도를 횡단하는 경우에는 레일면상 5[m] 이상
② 횡단보도교 위에 시설하는 경우에는 그 노면상 3[m] 이상
③ 도로(차도와 도로의 구별이 있는 도로는 차도) 위에 시설하는 경우에는 지표상 2[m] 이상
④ 교통에 지장을 줄 우려가 없도록 도로(차도와 도로의 구별이 있는 도로는 차도) 위에 시설하는 경우에는 지표상 2[m]까지 감할 수 있다.

해설 Chapter 04 – 03

전력보안통신선의 높이 및 이격거리

1) 가공통신선의 높이

항목	지표상높이
도로에 시설 시	5.0[m] 이상(단, 교통에 지장을 줄 우려가 없는 경우 4.5[m])
철도 또는 궤도 횡단 시	6.5[m] 이상
횡단보도교 위	3.0[m] 이상

84

가반형의 용접전극을 사용하는 아크 용접장치의 용접 변압기의 1차측 전로의 대지전압은 몇 [V] 이하이어야 하는가?

① 60 ② 150 ③ 300 ④ 400

해설 Chapter 05

아크 용접장치의 대지전압은 300[V] 이하이어야 한다.

85

전기온상용 발열선은 그 온도가 몇 [℃]를 넘지 않도록 시설하여야 하는가?

① 50 ② 60 ③ 80 ④ 100

해설 Chapter 05 – 12

특수시설

3) 전기온상, 도로등의 전열

발열선의 온도는 80[℃] 이상일 것

86

사용전압이 154[kV]인 가공전선로를 제1종 특고압 보안공사로 시설할 때 사용되는 경동연선의 단면적은 몇 [mm^2] 이상이어야 하는가?

① 52 ② 100 ③ 150 ④ 200

해설 Chapter 03 – 10

보안공사

2) 제1종 특고압 보안공사(목주, A종 불가)

(1) 35[kV] 초과 2차접근상태로 시설

(2) 전선의 굵기

① 100[kV] 미만 : 55[mm^2] 이상

② 100[kV] 이상 : 150[mm^2] 이상

정답 81 ① 82 ① 83 ② 84 ③ 85 ③ 86 ③

87

고압용 기계기구를 시가지에 시설할 때 지표상 몇 [m] 이상의 높이에 시설하고, 또한 사람이 쉽게 접촉할 우려가 없도록 하여야 하는가?

① 4.0　　② 4.5　　③ 5.0　　④ 5.5

해설 Chapter 01 – 22
기계기구의 지표상 높이
(1) 고압 ① 시가지외 : 4[m] 이상
② 시가지 : 4.5[m] 이상
(2) 특고압 5[m] 이상

88

발전기, 전동기, 조상기, 기타 회전기(회전변류기 제외)의 절연내력시험전압은 어느 곳에 가하는가?

① 권선과 대지 사이　　② 외함과 권선 사이
③ 외함과 대지 사이　　④ 회전자와 고정자 사이

해설 Chapter 01 – 11
절연내력시험전압(권선과 대지 10분간)

89

특고압 지중전선이 지중 약전류전선 등과 접근하거나 교차하는 경우에 상호 간의 이격거리가 몇 [cm] 이하인 때에는 두 전선이 직접 접촉하지 아니하도록 하여야 하는가?

① 15　　② 20　　③ 30　　④ 60

해설 Chapter 03 – 19
지중전선로(케이블사용)
5) 지중전선과 지중약전류 전선 등의 접근
(1) 지중전선과 지중전선
① 저 – 고압 : 0.15[m]
② 저, 고압 – 특고압 : 0.3[m]
(2) 지중전선과 약전선
① 저, 고압 – 약전선 : 0.3[m]
② 특고압 – 약전선 : 0.6[m]

90

고압 옥내배선의 공사방법으로 틀린 것은?

① 케이블공사
② 합성수지관공사
③ 케이블 트레이공사
④ 애자사용공사(건조한 장소로서 전개된 장소에 한한다.)

해설
1) 고압(전선 : 6[mm^2] 이상)
(1) 애자
(2) 케이블
(3) 케이블트레이
(4) 이동전선 : 고압용의 캡타이어 케이블

91

조상설비에 내부고장, 과전류 또는 과전압이 생긴 경우 자동적으로 차단되는 장치를 해야 하는 전력용 커패시터의 최소 뱅크용량은 몇 [kVA]인가?

① 10000　　② 12000　　③ 13000　　④ 15000

해설 Chapter 02 – 05
조상설비 보호장치
(1) 전력용콘덴서, 분로리액터
① 500[kVA] 넘고 15000[kVA] 미만
내부고장, 과전류
② 15000[kVA] 이상
내부고장, 과전류, 과전압

92

사용전압이 440[V]인 이동기중기용 접촉전선을 애자사용 공사에 의하여 옥내의 전개된 장소에 시설하는 경우 사용하는 전선으로 옳은 것은?

① 인장강도가 3.44[kN] 이상인 것 또는 지름 2.6[mm]의 경동선으로 단면적이 8[mm^2] 이상인 것
② 인장강도가 3.44[kN] 이상인 것 또는 지름 3.2[mm]의 경동선으로 단면적이 18[mm^2] 이상인 것

정답 87 ② 88 ① 89 ④ 90 ② 91 ④ 92 ③

③ 인장강도가 11.2[kN] 이상인 것 또는 지름 6[mm]의 경동선으로 단면적이 28[mm^2] 이상인 것
④ 인장강도가 11.2[kN] 이상인 것 또는 지름 8[mm]의 경동선으로 단면적이 18[mm^2] 이상인 것

93

옥내에 시설하는 사용 전압이 400[V] 이상 1000[V] 이하인 전개된 장소로서 건조한 장소가 아닌 기타의 장소의 관등회로 배선공사로서 적합한 것은?

① 애자사용공사 ② 금속몰드공사
③ 금속덕트공사 ④ 합성수지몰드공사

해설 Chapter 05
관등회로 배선
400[V] 이상 1000[V] 이하의 관등회로 배선은 애자사용공사로 한다.

94

저압 가공전선으로 사용할 수 없는 것은?

① 케이블 ② 절연전선
③ 다심형 전선 ④ 나동복 강선

95

가공전선로의 지지물에 시설하는 지선의 시설기준으로 틀린 것은?

① 지선의 안전율을 2.5 이상으로 할 것
② 소선은 최소 5가닥 이상의 강심알루미늄연선을 사용할 것
③ 도로를 횡단하여 시설하는 지선의 높이는 지표상 5[m] 이상으로 할 것
④ 지중부분 및 지표상 30[cm]까지의 부분에는 내식성이 있는 것을 사용할 것

해설 Chapter 03 – 03
지선(지지물이 아니다.)
1) 철탑의 경우 지선으로 그 강도를 분담하지 않는다.
2) 시설기준
(1) 안전율 2.5 이상
(2) 허용최저인장하중 4.31[kN] 이상
(3) 소선수 3가닥 이상
(4) 소선지름 2.6[mm] 이상
(5) 지선이 도로횡단시 5[m] 이상 단, 교통에 지장을 줄 우려가 없다면 4.5[m] 이상

96

특고압 가공전선로 중 지지물로서 직선형의 철탑을 연속하여 10기 이상 사용하는 부분에는 몇 기 이하마다 내장 애자장치가 되어 있는 철탑 또는 이와 동등이상의 강도를 가지는 철탑 1기를 시설하여야 하는가?

① 3 ② 5 ③ 7 ④ 10

해설 Chapter 03 – 11
철탑의 종류
1) 직선형 : 3도 이하
2) 각도형 : 3도 초과
3) 인류형 : 전 가섭선 인류
4) 내장형 : 경간에 차가 큰 곳 또는 직선형 철탑이 연속하여 10기 이상시 10기 이하마다 1기씩 건설
5) 보강형

※ 한국전기설비규정(KEC) 개정에 따라 삭제된 문제가 있어 100문항이 되지 않습니다.

정답 93 ① 94 ④ 95 ② 96 ④

기출문제 ✦ 2020년 3회

2020년 4회 기출문제

제1과목 | 전기자기학

01

환상 솔레노이드 철심 내부에서 자계의 세기[AT/m]는?(단, N은 코일 권선수, r은 환상 철심의 평균 반지름, I는 코일에 흐르는 전류이다.)

① NI ② $\frac{NI}{2\pi r}$ ③ $\frac{NI}{2r}$ ④ $\frac{NI}{4\pi r}$

해설 Chapter 07 – 02 – (5)
환상 솔레노이드 내부의 자계의 세기
$H = \frac{NI}{2\pi r}$[AT/m]

02

전류 I가 흐르는 무한 직선 도체가 있다. 이 도체로부터 수직으로 0.1[m] 떨어진 점에서 자계의 세기가 180 [AT/m]이다. 도체로부터 수직으로 0.3[m] 떨어진 점에서 자계의 세기[AT/m]는?

① 20 ② 60 ③ 180 ④ 540

해설 Chapter 07 – 02 – (2)
무한장 직선전류의 자계의 세기
$H = \frac{NI}{\ell} = \frac{I}{2\pi r}$
$I = 2\pi r H = 2\pi \times 0.1 \times 180 = 36\pi$
$H = \frac{I}{2\pi r} = \frac{36\pi}{2\pi \times 0.3} = 60$[AT/m]

03

길이가 l[m], 단면적의 반지름이 a[m]인 원통이 길이 방향으로 균일하게 자화되어 자화의 세기가 J[Wb/m^2]인 경우, 원통 양단에서의 자극의 세기 m[Wb]은?

① alJ ② $2\pi alJ$
③ $\pi a^2 J$ ④ $\frac{J}{\pi a^2}$

해설 Chapter 08 – 01
자화의 세기 J
$J = \mu_0(\mu_s - 1)H$
$= \chi H$
$= B(1 - \frac{1}{\mu_s})$
$= \frac{M}{v} = \frac{ml}{\pi a^2 l}$
$m = J\pi a^2$

04

임의의 형상의 도선에 전류 I[A]가 흐를 때, 거리 r[m]만큼 떨어진 점에서의 자계의 세기, H[AT/m]를 구하는 비오 – 사바르의 법칙에서, 자계의 세기 H[AT/m]와 거리 r[m]의 관계로 옳은 것은?

① r에 반비례 ② r에 비례
③ r^2에 반비례 ④ r^2에 비례

해설 Chapter 07
비오사바르 법칙
$dH = \frac{Id\ell \sin\theta}{4\pi r^2}$

05

진공 중에서 전자파의 전파속도[m/s]는?

① $C_0 = \frac{1}{\sqrt{\epsilon_0 \mu_0}}$ ② $C_0 = \sqrt{\epsilon_0 \mu_0}$
③ $C_0 = \frac{1}{\sqrt{\epsilon_0}}$ ④ $C_0 = \frac{1}{\sqrt{\mu_0}}$

정답 01 ② 02 ② 03 ③ 04 ③ 05 ①

해설 Chapter 11 – 03

전파속도

$$v = \frac{1}{\sqrt{\epsilon_0 \mu_0}} = 3 \times 10^8$$

06

영구자석 재료로 사용하기에 적합한 특성은?

① 잔류자기와 보자력이 모두 큰 것이 적합하다.
② 잔류자기는 크고 보자력은 작은 것이 적합하다.
③ 잔류자기는 작고 보자력은 큰 것이 적합하다.
④ 잔류자기의 보자력이 모두 작은 것이 적합하다.

해설 Chapter 08 – 07

히스테리시스곡선

영구자석은 잔류자기가 크고, 보자력도 큰 것이 적합하다.

07

변위전류와 관계가 가장 깊은 것은?

① 도체 ② 반도체
③ 자성체 ④ 유전체

해설 Chapter 11 – 01

변위전류

$$i_d = \frac{\partial D}{\partial t} \quad D = \epsilon E$$

08

자속밀도가 10[Wb/m^2]인 자계 내에 길이 4[cm]의 도체를 자계와 직각으로 놓고 이 도체를 0.4초 동안 1m씩 균일하게 이동하였을 때 발생하는 기전력은 몇 [V]인가?

① 1 ② 2 ③ 3 ④ 4

해설 Chapter 07 – 09 – (4)

유도기전력 e

$$e = vB\ell \sin\theta = 2.5 \times 10 \times 4 \times 10^{-2} \sin 90^\circ = 1[\text{V}]$$

$$v = \frac{1}{0.4} = 2.5[\text{m/s}]$$

09

내부 원통의 반지름이 a, 외부 원통의 반지름이 b인 동축 원통 콘덴서의 내외 원통 사이에 공기를 넣었을 때 정전용량이 C_1이었다. 내외 반지름을 모두 3배로 증가시키고 공기 대신 비유전율이 3인 유전체를 넣었을 경우의 정전용량 C_2는?

① $C_2 = \frac{C_1}{9}$ ② $C_2 = \frac{C_1}{3}$
③ $C_2 = 3C_1$ ④ $C_2 = 9C_1$

해설 Chapter 03 – 04 – (3)

원주일 경우 정전용량

$$C = \frac{2\pi\epsilon\ell}{\ln\frac{b}{a}}$$

$$C_1 = \frac{2\pi\epsilon_0\ell}{\ln\frac{b}{a}}$$

$$C_2 = \frac{2\pi\epsilon_0\epsilon_s\ell}{\ln\frac{3b}{3a}}$$

$$C_2 = 3C_1$$

10

다음 정전계에 관한 식 중에서 틀린 것은?(단, D는 전속밀도, V는 전위, ρ는 공간(체적)전하밀도, ϵ은 유전율이다.)

① 가우스의 정리 : $div D = \rho$
② 포아송의 방정식 : $\nabla^2 V = \frac{\rho}{\epsilon}$
③ 라플라스의 방정식 : $\nabla^2 V = 0$
④ 발산의 정리 : $\oint_S D \cdot ds = \int_v div D dv$

해설 Chapter 02 – 10

포아송의 방정식

$$\nabla^2 V = -\frac{\rho}{\epsilon}$$

정답 06 ① 07 ④ 08 ① 09 ③ 10 ②

기출문제 ✦ 2020년 4회

11

질량[m]이 10^{-10}[kg]이고, 전하량[Q]이 10^{-8}[C]인 전하가 전기장에 의해 가속되어 운동하고 있다. 가속도가 $a=10^2 i+10^2 j$[m/s²]일 때 전기장의 세기 E[V/m]는?

① $E=10^4 i+10^6 j$ ② $E=i+10j$
③ $E=i+j$ ④ $E=10^{-6} i+10^{-4} j$

해설

$F=ma=QE$[N] $E=\dfrac{m}{Q}a$[V/m]

12

유전율이 ϵ_1, ϵ_2인 유전체 경계면에 수직으로 전계가 작용할 때 단위 면적당 수직으로 작용하는 힘[N/m²]은?(단, E는 전계[V/m]이고, D는 전속밀도[C/m²]이다.)

① $2(\dfrac{1}{\epsilon_2}-\dfrac{1}{\epsilon_1})E^2$ ② $2(\dfrac{1}{\epsilon_2}-\dfrac{1}{\epsilon_1})D^2$
③ $\dfrac{1}{2}(\dfrac{1}{\epsilon_2}-\dfrac{1}{\epsilon_1})E^2$ ④ $\dfrac{1}{2}(\dfrac{1}{\epsilon_2}-\dfrac{1}{\epsilon_1})D^2$

해설 Chapter 04 – 02 – (6)
경계조건
수직으로 작용하는 힘 $f=\dfrac{1}{2}(\dfrac{1}{\epsilon_2}-\dfrac{1}{\epsilon_1})D^2$

13

진공 중에서 2[m] 떨어진 두 개의 무한 평행 도선에 단위 길이당 10^{-7}[N]의 반발력이 작용할 때 각 도선에 흐르는 전류의 크기와 방향은?(단, 각 도선에 흐르는 전류의 크기는 같다.)

① 각 도선에 2[A]가 반대 방향으로 흐른다.
② 각 도선에 2[A]가 같은 방향으로 흐른다.
③ 각 도선에 1[A]가 반대 방향으로 흐른다.
④ 각 도선에 1[A]가 같은 방향으로 흐른다.

해설 Chapter 07 – 09 – (2)
평행도선에 작용하는힘
$F=\dfrac{2I^2}{r}\times 10^{-7}$[N/m]
$I^2=1$
반발력이 작용하므로 각 도선에 1[A]가 반대 방향으로 흐른다.

14

자기 인덕턴스(self inductance) L[H]을 나타낸 식은?(단, N은 권선수, I는 전류[A], ϕ는 자속[Wb], B는 자속밀도[Wb/m²], H는 자계의 세기[AT/m], A는 벡터 퍼텐셜[Wb/m], J는 전류밀도[A/m²]이다.)

① $L=\dfrac{N\phi}{I^2}$ ② $L=\dfrac{1}{2I^2}\int B\cdot H dv$
③ $L=\dfrac{1}{I^2}\int A\cdot J dv$ ④ $L=\dfrac{1}{I}\int B\cdot H dv$

15

반지름이 a[m], b[m]인 두 개의 구 형상 도체전극이 도전율 k인 매질 속에 거리 r[m] 만큼 떨어져 있다. 양 전극 간의 저항[Ω]은?(단, $r\gg a$, $r\gg b$)이다.)

① $4\pi k(\dfrac{1}{a}+\dfrac{1}{b})$ ② $4\pi k(\dfrac{1}{a}-\dfrac{1}{b})$
③ $\dfrac{1}{4\pi k}(\dfrac{1}{a}+\dfrac{1}{b})$ ④ $\dfrac{1}{4\pi k}(\dfrac{1}{a}-\dfrac{1}{b})$

해설 Chapter 06
양극 간의 저항
$RC=\rho\varepsilon$
$R_1=\dfrac{\rho\varepsilon}{4\pi\varepsilon a}$, $R_2=\dfrac{\rho\varepsilon}{4\pi\varepsilon b}$
$R=R_1+R_2$이므로
$=\dfrac{\rho}{4\pi}(\dfrac{1}{a}+\dfrac{1}{b})$
$=\dfrac{1}{4\pi k}(\dfrac{1}{a}+\dfrac{1}{b})$

정답 11 ③ 12 ④ 13 ③ 14 ③ 15 ③

16

정전계 내 도체 표면에서 전계의 세기가 $E=\dfrac{a_x-2a_y+2a_z}{\varepsilon_0}$[V/m]일 때 도체 표면상의 전하 밀도 ρ_s[C/m^2]를 구하면?(단, 자유공간이다.)

① 1　② 2　③ 3　④ 5

해설 Chapter 02 – 12

표면전하밀도

$$D=\rho=\varepsilon_0 E=\varepsilon_0\times\frac{a_x-2a_y+2a_z}{\varepsilon_0}$$

$$=a_x-2a_y+2a_z$$

$$D=\sqrt{1^2+2^2+2^2}=3$$

17

저항의 크기가 1[Ω]인 전선이 있다. 전선의 체적을 동일하게 유지하면서 길이를 2배로 늘였을 때 전선의 저항[Ω]은?

① 0.5　② 1　③ 2　④ 4

해설 Chapter 06 – 02

저항 $R=\rho\dfrac{\ell}{S}[\Omega]$ 체적이 동일하므로

$V=S\cdot\ell$ 길이를 2배로 하면

$$R'=\rho\frac{2\ell}{\frac{1}{2}S}=2^2$$

$$=2^2\times1=4$$

18

반지름이 3[cm]인 원형 단면을 가지고 있는 환상 연철심에 코일을 감고 여기에 전류를 흘려서 철심 중의 자계 세기가 400[AT/m]가 되도록 여자할 때, 철심 중의 자속 밀도는 약 몇 [Wb/m^2]인가?(단, 철심의 비투자율은 400이라고 한다.)

① 0.2　② 0.8　③ 1.6　④ 2.0

해설 Chapter 07 – 06

자속밀도

$$B=\mu H=\mu_0\mu_s H$$

$$=4\pi\times10^{-7}\times400\times400=0.2[\text{Wb/m}^2]$$

19

자기회로와 전기회로에 대한 설명으로 틀린 것은?

① 자기저항의 역수를 컨덕턴스라 한다.
② 자기회로의 투자율은 전기회로의 도전율에 대응된다.
③ 전기회로의 전류는 자기회로의 자속에 대응된다.
④ 자기저항의 단위는 AT/Wb이다.

해설 Chapter 08 – 03

자기저항

자기저항의 역수를 지멘스라 한다.

$$R_m=\frac{\ell}{\mu s}=\frac{F}{\phi}[\text{AT/Wb}]$$

20

서로 같은 2개의 구 도체에 동일양의 전하로 대전시킨 후 20[cm] 떨어뜨린 결과 구 도체에 서로 8.6×10^{-4}[N]의 반발력이 작용하였다. 구 도체에 주어진 전하는 약 몇 [C]인가?

① 5.2×10^{-8}　② 6.2×10^{-8}
③ 7.2×10^{-8}　④ 8.2×10^{-8}

해설 Chapter 02 – 01

쿨롱의 법칙

$$F=\frac{Q_1Q_2}{4\pi\epsilon_0 r^2}=9\times10^9\times\frac{Q^2}{r^2}$$

$$Q=\sqrt{\frac{F\times r^2}{9\times10^9}}=\sqrt{\frac{8.6\times10^{-4}\times0.2^2}{9\times10^9}}$$

$$=6.2\times10^{-8}$$

정답 16 ③ 17 ④ 18 ① 19 ① 20 ②

제2과목 | 전력공학

21

전력원선도에서 구할 수 없는 것은?

① 송·수전할 수 있는 최대 전력
② 필요한 전력을 보내기 위한 송·수전단 전압 간의 상차각
③ 선로 손실과 송전 효율
④ 과도극한전력

해설 Chapter 03 – 02
전력원선도
구할 수 없는 값 : 코로나 손실, 과도극한전력

22

다음 중 그 값이 항상 1 이상인 것은?

① 부등률　② 부하율
③ 수용률　④ 전압강하율

해설 Chapter 10 – 02
수요와 부하
항상 그 값이 1 이상이 되는 것은 부등률을 말한다.
부등률 $= \dfrac{\text{각각의 최대 수용전력의 합}}{\text{합성 최대 수용전력}} \geq 1$

23

송전전력, 송전거리, 전선로의 전력손실이 일정하고, 같은 재료의 전선을 사용한 경우 단상 2선식에 대한 3상 4선식의 1선당 전력비는 약 얼마인가?(단, 중성선은 외선과 같은 굵기이다.)

① 0.7　② 0.87
③ 0.94　④ 1.15

해설 Chapter 09 – 02
전기방식의 전력비
$P = \sqrt{3}\, VI\cos\theta$
1선당 공급전력이 되므로
$= \dfrac{\sqrt{3}\, VI\cos\theta}{4} = 0.43\, VI$
단상 2선식과 비교하면 $= \dfrac{0.43\, VI}{0.5\, VI} = 0.87$배가 된다.

24

3상용 차단기의 정격 차단용량은?

① $\sqrt{3}$ × 정격전압 × 정격차단전류
② $\sqrt{3}$ × 정격전압 × 정격전류
③ 3 × 정격전압 × 정격차단전류
④ 3 × 정격전압 × 정격전류

해설 Chapter 08 – 02 – (5)
정격차단용량
$P_s = \sqrt{3}$ × 정격전압 × 정격차단전류

25

개폐서지의 이상전압을 감쇄할 목적으로 설치하는 것은?

① 단로기　② 차단기
③ 리액터　④ 개폐저항기

해설 Chapter 07 – 01 – (1)
개폐저항기
개폐서지의 이상전압을 감쇄할 목적으로 설치한다.

26

부하의 역률을 개선할 경우 배전선로에 대한 설명으로 틀린 것은?(단, 다른 조건은 동일하다.)

① 설비용량의 여유 증가
② 전압강하의 감소
③ 선로전류의 증가
④ 전력손실의 감소

정답 21 ④ 22 ① 23 ② 24 ① 25 ④ 26 ③

해설 Chapter 03 – 03

역률 개선시 효과

1) 전력손실감소
2) 전압강하감소
3) 설비용량의 여유 증가

27

수력발전소의 형식을 취수방법, 운용방법에 따라 분류할 수 있다. 다음 중 취수방법에 따른 분류가 아닌 것은?

① 댐식 ② 수로식
③ 조정지식 ④ 유역 변경식

해설 Chapter 01

수력발전소

1) 낙차에 의한 분류
   (1) 수로식
   (2) 댐식
   (3) 댐식 수로식
   (4) 유역변경식

28

한류리액터를 사용하는 가장 큰 목적은?

① 충전전류의 제한 ② 접지전류의 제한
③ 누설전류의 제한 ④ 단락전류의 제한

해설 Chapter 03 – 03 – (4)

한류리액터

단락전류를 제한하여 차단용량을 경감한다.

29

66/22[kV], 2000[kVA] 단상변압기 3대를 1뱅크로 운전하는 변전소로부터 전력을 공급받는 어떤 수전점에서의 3상단락전류는 약 몇 [A]인가?(단, 변압기의 %리액턴스는 7이고 선로의 임피던스는 0이다.)

① 750 ② 1570 ③ 1900 ④ 2250

해설 Chapter 05 – 01 – (2)

단락전류 I_s

$$I_s = \frac{100}{\%Z} I_n = \frac{100}{7} \times \frac{2000 \times 3}{\sqrt{3} \times 22} = 2250[\text{A}]$$

30

반지름 0.6[cm]인 경동선을 사용하는 3상 1회선 송전선에서 선간거리를 2[m]로 정삼각형 배치할 경우, 각 선의 인덕턴스[mH/km]는 약 얼마인가?

① 0.81 ② 1.21
③ 1.51 ④ 1.81

해설 Chapter 02 – 01 – (1)

인덕턴스

$$L = 0.05 + 0.4605\log_{10}\frac{D}{r}$$

$$= 0.05 + 0.4605\log_{10}\frac{200}{0.6} = 1.21[\text{mH/km}]$$

31

파동임피던스 $Z_1 = 500[\Omega]$인 선로에 파동임피던스 $Z_2 = 1{,}500[\Omega]$인 변압기가 접속되어 있다. 선로로부터 600[kV]의 전압파가 들어왔을 때, 접속점에서의 투과파 전압[kV]은?

① 300 ② 600
③ 900 ④ 1200

해설 Chapter 07 – 03

투과파 전압

$$e_3 = \frac{2Z_2}{Z_1 + Z_2} e_1$$

$$= \frac{2 \times 1500}{500 + 1500} \times 600 = 900[\text{kV}]$$

정답 27 ③ 28 ④ 29 ④ 30 ② 31 ③

32

원자력발전소에서 비등수형 원자로에 대한 설명으로 틀린 것은?

① 연료료 농축 우라늄을 사용한다.
② 냉각재로 경수를 사용한다.
③ 물을 원자로 내에서 직접 비등시킨다.
④ 가압수형 원자로에 비해 노심의 출력밀도가 높다.

해설 Chapter 03
원자력발전소
비등수형 원자로의 경우 가압수형 원자로에 비해 노심의 출력밀도가 낮다.

33

송배전선로의 고장전류 계산에서 영상 임피던스가 필요한 경우는?

① 3상 단락 계산 ② 선간 단락 계산
③ 1선 지락 계산 ④ 3선 단선 계산

해설 Chapter 05 – 02
대칭좌표법
영상분의 경우 회로에서 대지로 가는 것을 말하며 1선 지락 계산시 필요하다.

34

증기 사이클에 대한 설명 중 틀린 것은?

① 랭킨사이클의 열효율은 초기 온도고 및 초기 압력이 높을수록 효율이 크다.
② 재열사이클은 저압터빈에서 증기가 포화상태에 가까워졌을 때 증기를 다시 가열하여 고압터빈으로 보낸다.
③ 재생사이클은 증기 원동기 내에서 증기의 팽창 도중에서 증기를 추출하여 급수를 예열한다.
④ 재열재생사이클은 재생사이클과 재열사이클을 조합하여 병용하는 방식이다.

해설 Chapter 02
화력발전의 사이클의 특징
재열사이클이란 고압터빈에서 압력이 저하한 증기를 추출하여 재열기로 가열하여 가열도를 향상시킨 사이클을 말한다.

35

다음 중 송전선로의 역섬락을 방지하기 위한 대책으로 가장 알맞은 방법은?

① 가공지선 설치 ② 피뢰기 설치
③ 매설지선 설치 ④ 소호각 설치

해설 Chapter 07 – 02 – (2)
매설지선
철탑의 탑각저항을 저감하여 역섬락을 방지한다.

36

전원이 양단에 있는 환상선로의 단락보호에 사용되는 계전기는?

① 방향거리 계전기 ② 부족전압 계전기
③ 선택접지 계전기 ④ 부족전류 계전기

해설 Chapter 08 – 03
보호계전기의 기능상 분류
환상선로의 단락보호용에 사용되는 계전기는 방향거리 계전기를 말한다.

37

전력계통을 연계시켜서 얻는 이득이 아닌 것은?

① 배후 전력이 커져서 단락용량이 작아진다.
② 부하 증가 시 종합첨두부하가 저감된다.
③ 공급 예비력이 절감된다.
④ 공급 신뢰도가 향상된다.

해설
계통을 연계시 $Z\downarrow$ 때문에 단락용량 $P_s\uparrow$ 한다.

정답 32 ④ 33 ③ 34 ② 35 ③ 36 ① 37 ①

38

배전선로에 3상 3선식 비접지 방식을 채용할 경우 나타나는 현상은?

① 1선 지락 고장 시 고장 전류가 크다
② 1선 지락 고장 시 인접 통신선의 유도장해가 크다.
③ 고저압 혼촉고장 시 저압선의 전위상승이 크다.
④ 1선 지락 고장 시 건전상의 대지 전위상승이 크다.

해설 Chapter 04 – 02 – (1)
비접지 방식의 특성
1선 지락시 지락전류가 작으며, 유도장해가 작으나, 건전상의 전위상승이 커진다.

39

선간전압이 V[kV]이고 3상 정격용량이 P[kVA]인 전력계통에서 리액턴스가 X[Ohm]라고 할 때, 이 리액턴스를 %리액턴스로 나타내면?

① $\dfrac{XP}{10V}$　　② $\dfrac{XP}{10V^2}$

③ $\dfrac{XP}{V^2}$　　④ $\dfrac{10V^2}{XP}$

해설 Chapter 05 – 01 – (1)
%리액턴스

$$\%X = \frac{PX}{10V^2}$$

40

전력용콘덴서를 변전소에 설치할 때 직렬리액터를 설치하고자 한다. 직렬리액터의 용량을 결정하는 계산식은?(단, f_0는 전원의 기본주파수, C는 역률 개선용 콘덴서의 용량, L은 직렬리액터의 용량이다.)

① $L = \dfrac{1}{(2\pi f_0)^2 C}$

② $L = \dfrac{1}{(5\pi f_0)^2 C}$

③ $L = \dfrac{1}{(6\pi f_0)^2 C}$

④ $L = \dfrac{1}{(10\pi f_0)^2 C}$

해설 Chapter 03 – 03
직렬리액턴스

$$5\omega L = \frac{1}{5\omega C}$$

$$L = \frac{1}{(5\omega)^2 C} = \frac{1}{(10\pi f)^2 C}$$

정답 38 ④ 39 ② 40 ④

제3과목 | 전기기기

41

동기발전기 단절권의 특징이 아닌 것은?

① 코일 간격이 극 간격보다 작다.
② 전절권에 비해 합성 유기 기전력이 증가한다.
③ 전절권에 비해 코일 단이 짧게 되므로 재료가 절약된다.
④ 고조파를 제거해서 전절권에 비해 기전력의 파형이 좋아진다.

해설 Chapter 02 – 03 – (2)
단절권
단절권의 경우 전절권 대비 합성 유기기전력은 감소한다.

42

3상 변압기의 병렬운전 조건으로 틀린 것은?

① 각 군의 임피던스가 용량에 비례할 것
② 각 변압기의 백분율 임피던스 강하가 같을 것
③ 각 변압기의 권수비가 같고 1차와 2차의 정격전압이 같을 것
④ 각 변압기의 상회전 방향 및 1차와 2차 선간전압의 위상 변위가 같을 것

해설 Chapter 04 – 02
3상 변압기 병렬운전 조건
1) 극성이 같을 것
2) 권수비 및 1, 2차 정격전압이 같을 것
3) %임피던스가 같을 것
4) 상회전 방향 및 각 변위가 같을 것

43

210/105[V]의 변압기를 그림과 같이 결선하고 고압측에 200[V]의 전압을 가하면 전압계의 지시는 몇 [V]인가?(단, 변압기는 가극성이다.)

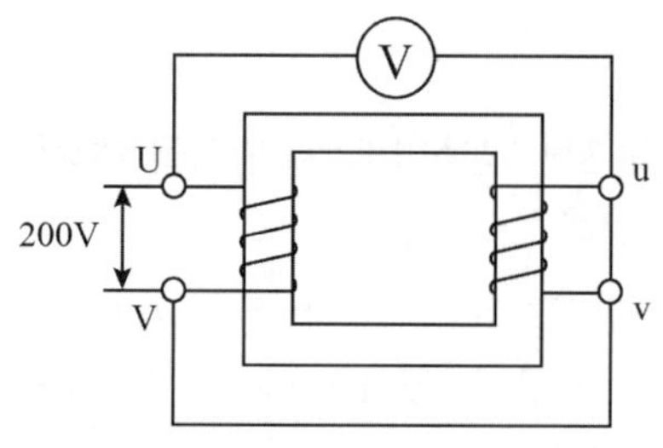

① 100 ② 200
③ 300 ④ 400

해설 Chapter 14 – 06
가극성 변압기
전압계의 전압 $V = V_1 + V_2$
$= 200 + 100 = 300$

$$a = \frac{V_1}{V_2} = \frac{210}{105} = 2$$

$$V_2 = \frac{V_1}{a} = \frac{200}{2} = 100[\mathrm{V}]$$

44

직류기의 권선을 단중 파권으로 감으면 어떻게 되는가?

① 저압 대전류용 권선이다.
② 균압환을 연결해야 한다.
③ 내부 병렬 회로수가 극수만큼 생긴다.
④ 전기자 병렬 회로수가 극수에 관계없이 언제나 2이다.

해설 Chapter 02 – 01
직류기의 단중 파권
고전압 소전류 용이며 $a = 2 = b$가 된다.
내부 병렬 회로수가 극수만큼 생기는 방법은 중권을 말한다.

45

2상 교류 서보모터를 구동하는 데 필요한 2상 전압을 얻는 방법으로 널리 쓰이는 방법은?

① 2상 전원을 직접 이용하는 방법
② 환상 결선 변압기를 이용하는 방법
③ 여자권선에 리액터를 삽입하는 방법
④ 증폭기 내에서 위상을 조정하는 방법

정답 41 ② 42 ① 43 ③ 44 ③ 45 ④

46

4극 중권, 총 도체수 500, 극당 자속이 0.01[Wb]인 직류발전기가 100[V]의 기전력을 발생시키는 데 필요한 회전수는 몇 [rpm]인가?

① 800 ② 1000
③ 1200 ④ 1600

해설 Chapter 01 – 01
직류기의 유기기전력 E

$$E = \frac{PZ\phi N}{60a}$$

$$N = \frac{E60a}{PZ\phi} = \frac{100 \times 60 \times 4}{4 \times 500 \times 0.01} = 1200[\text{rpm}]$$

47

3상 분권 정류자전동기에 속하는 것은?

① 톰슨 전동기 ② 데리 전동기
③ 시라게 전동기 ④ 에트킨슨 전동기

48

동기기의 안정도를 증진시키는 방법이 아닌 것은?

① 단락비를 크게 할 것
② 속응여자방식을 채용할 것
③ 정상 리액턴스를 크게 할 것
④ 영상 및 역상 임피던스를 크게 할 것

해설 Chapter 06 – 03 – (6)
안정도 증진대책
1) 속응 여자방식 채용
2) 단락비 크게
3) 관성모멘트를 크게 한다.
4) 영상 및 역상 임피던스를 크게 한다.
5) 정상 임피던스는 작게 한다.

49

3상 유도전동기의 기계적 출력 P[kW], 회전수 N[rpm]인 전동기의 토크 [N · m]는?

① $0.46\frac{P}{N}$ ② $0.855\frac{P}{N}$
③ $975\frac{P}{N}$ ④ $9549.3\frac{P}{N}$

해설 Chapter 10 – 03
유도전동기의 토크

$$T = 975\frac{P}{N}[\text{kg} \cdot \text{m}]$$

$$= 975 \times \frac{P}{N} \times 9.8[\text{N} \cdot \text{m}] = 9549.3\frac{P}{N}$$

50

취급이 간단하고 기동시간이 짧아서 섬과 같이 전력계통에서 고립된 지역, 선박 등에 사용되는 소용량 전원용 발전기는?

① 터빈 발전기 ② 엔진 발전기
③ 수차 발전기 ④ 초전도 발전기

51

평형 6상 반파정류회로에서 297[V]의 직류전압을 얻기 위한 입력측 각 상전압은 약 몇 [V]인가?(단, 부하는 순수 저항부하이다.)

① 110 ② 220
③ 380 ④ 440

해설 Chapter 01 – 05
3상 전파(6상 반파) 정류

$$E_d = 1.35E$$

$$E = \frac{297}{1.35} = 220[\text{V}]$$

정답 46 ③ 47 ③ 48 ③ 49 ④ 50 ② 51 ②

52

단면적 10[cm^2]인 철심에 200회의 권선을 감고, 이 권선에 60[Hz], 60[V]인 교류전압을 인가하였을 때 철심의 최대자속밀도는 약 몇 [Wb/m^2]인가?

① 1.126×10^{-3} ② 1.126
③ 2.252×10^{-3} ④ 2.252

해설 Chapter 01 – 02
변압기의 기전력
$E = 4.44 f\phi N = 4.44 f B_m \cdot SN$

$$B_m = \frac{60}{4.44 \times 60 \times 200 \times 10 \times 10^{-4}} = 1.126[\text{Wb/m}^2]$$

53

전력의 일부를 전원측에 반환할 수 있는 유도전동기의 속도제어법은?

① 극수 변환법
② 크레머 방식
③ 2차 저항 가감법
④ 세르비우스 방식

54

직류발전기를 병렬운전 할 때 균압모선이 필요한 직류기는?

① 직권발전기, 분권발전기
② 복권발전기, 직권발전기
③ 복권발전기, 분권발전기
④ 분권발전기, 단극발전기

해설 Chapter 04 – 01 – (3)
균압선
직권, 복권 발전기의 병렬 운전시 안정운전을 위해서 설치한다.

55

전부하로 운전하고 있는 50[Hz], 4극의 권선형 유도전동기가 있다. 전부하에서 속도를 1440[rpm]에서 1000[rpm]으로 변화시키자면 2차에 약 몇 [Ω]의 저항을 넣어야 하는가?(단, 2차 저항은 0.02[Ω]이다.)

① 0.147 ② 0.18
③ 0.02 ④ 0.024

해설

$$N_s = \frac{120}{P} f = \frac{120}{4} \times 50 = 1500[\text{rpm}]$$

$N = 1440[\text{rpm}] \rightarrow 1000[\text{rpm}]$

$$s = \frac{1500 - 1440}{1500} = 0.04$$

$$s' = \frac{1500 - 1000}{1500} = 0.333$$

$$\frac{r_2}{s} = \frac{r_2 + R}{s'}$$

$$\frac{0.02}{0.04} = \frac{0.02 + R}{0.333}$$

$R = 0.5 \times 0.333 - 0.02 = 0.147[\Omega]$

56

권선형 유도전동기 2대를 직렬종속으로 운전하는 경우 그 동기속도는 어떤 전동기의 속도와 같은가?

① 두 전동기 중 적은 극수를 갖는 전동기
② 두 전동기 중 많은 극수를 갖는 전동기
③ 두 전동기의 극수의 합과 같은 극수를 갖는 전동기
④ 두 전동기의 극수의 합의 평균과 같은 극수를 갖는 전동기

해설 Chapter 07 – 03 – (3)
종속법

직렬종속 $N = \dfrac{120}{P_1 + P_2} f$

정답 52 ② 53 ④ 54 ② 55 ① 56 ③

57

GTO 사이리스터의 특징으로 틀린 것은?

① 각 단자의 명칭은 SCR 사이리스터와 같다.
② 온(On) 상태에서는 양방향 전류특성을 보인다.
③ 온(On) 드롭(Drop)은 약 2~4[V]가 되어 SCR 사이리스터 보다 약간 크다.
④ 오프(Off) 상태에서는 SCR 사이리스터처럼 양방향 전압저지능력을 갖고 있다.

해설
온상태에서는 단방향 전류특성을 보인다.

58

포화되지 않는 직류발전기의 회전수가 4배로 증가되었을 때 기전력을 전과 같은 값으로 하려면 자속을 속도 변화 전에 비해 얼마로 하여야 하는가?

① $\dfrac{1}{2}$ ② $\dfrac{1}{3}$
③ $\dfrac{1}{4}$ ④ $\dfrac{1}{8}$

해설 Chapter 01 – 01
직류발전기의 기전력
$E = k\phi N$이며 회전수가 4배시 기전력의 값을 전과 같은 값으로 하려면 자속을 $\dfrac{1}{4}$배로 하여야 한다.

59

동기발전기의 단자부근에서 단락 시 단락전류는?

① 서서히 증가하여 큰 전류가 흐른다.
② 처음부터 일정한 큰 전류가 흐른다.
③ 무시할 정도의 작은 전류가 흐른다.
④ 단락된 순간은 크나, 점차 감소한다.

해설
단락 시 처음에는 큰 전류이나 점차 감소한다.

60

단권변압기에서 1차 전압 100[V], 2차 전압 110[V]인 단권변압기의 자기용량과 부하용량의 비는?

① $\dfrac{1}{10}$ ② $\dfrac{1}{11}$
③ 10 ④ 11

해설 Chapter 14 – 09
단권변압기

$$\frac{\text{자기용량}}{\text{부하용량}} = \frac{V_h - V_\ell}{V_\ell}$$

$$= \frac{110-100}{110} = 0.09$$

정답 57 ② 58 ③ 59 ④ 60 ②

제4과목 | 회로이론 · 제어공학

61

그림과 같은 블록선도의 제어시스템에서 속도 편차 상수 K_v는 얼마인가?

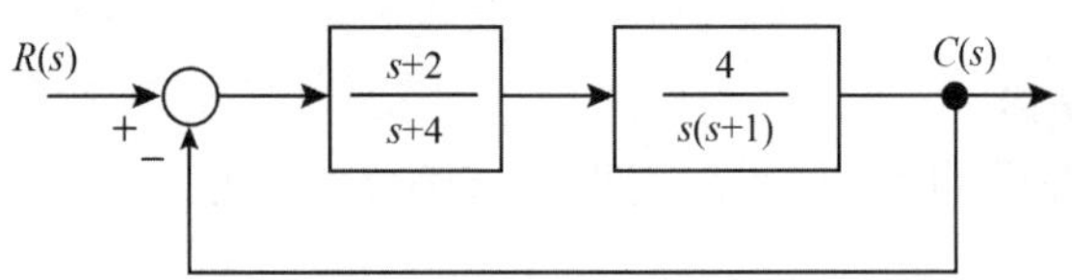

① 0　　② 0.5
③ 2　　④ ∞

해설 Chapter 06 − 02

속도편차 상수 K_v

$K_v = \lim_{s=0} sG(s) = 2$

개루프 전달함수 $= \dfrac{4(s+2)}{s(s+1)(s+4)}$

62

근궤적의 성질 중 틀린 것은?

① 근궤적은 실수축을 기준으로 대칭이다.
② 점근선의 허수축 상에서 교차한다.
③ 근궤적의 가지 수는 특정방정식의 차수와 같다.
④ 근궤적은 개루프 전달함수의 극점으로부터 출발한다.

해설 Chapter 09

근궤적

점근선은 실수축 상에서 교차한다.

63

Routh–Hurwitz 안정도 판별법을 이용하여 특성방정식이 $s^3+3s^2+3s+1+K=0$으로 주어진 제어시스템이 안정하기 위한 K의 범위를 구하면?

① $-1 \le K < 8$　　② $-1 < K \le 8$
③ $-1 < K < 8$　　④ $K < -1$ 또는 $K > 8$

해설 Chapter 08 − 01

루드의 안정 판별법

s^3	1	3	0
s^2	3	$1+K$	0
s^1	$\dfrac{8-K}{3}=a$		0
s^0	$\dfrac{a(1+K)}{a}$		

따라서 $a=\dfrac{8-K}{3}>0$

$1+K>0$

$K>-1$, $K<8$이 되어야 한다.

64

$e(t)$는 z변환을 $E(z)$라고 했을 때 $e(t)$의 초기값 $e(0)$는?

① $\lim_{z\to 1} E(z)$　　② $\lim_{z\to\infty} E(z)$
③ $\lim_{z\to 1}(1-z^{-1})E(z)$　　④ $\lim_{z\to\infty}(1-z^{-1})E(z)$

해설 Chapter 10 − 04 − (2)

z변환의 초기치 정리

$\lim_{t=0} e(t) = \lim_{z\to\infty} E(z)$

65

그림의 신호흐름선도에서 $\dfrac{C(s)}{R(s)}$는?

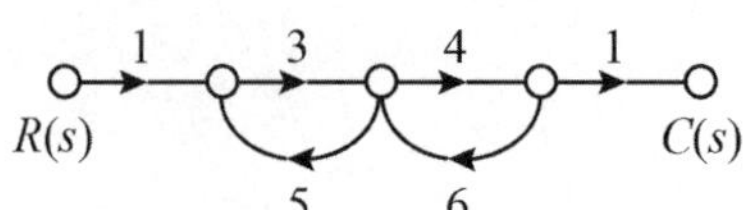

① $-\dfrac{2}{5}$　　② $-\dfrac{6}{19}$
③ $-\dfrac{12}{29}$　　④ $-\dfrac{12}{37}$

정답 61 ③ 62 ② 63 ③ 64 ② 65 ②

해설 Chapter 04 – 03

신호흐름선도

$$G(s)=\frac{\sum \text{전향경로이득}}{1-\sum \text{루프이득}}$$

$$=\frac{1\times3\times4\times1}{1-(3\times5)-(4\times6)}=-\frac{12}{38}=-\frac{6}{19}$$

66

전달함수가 $G(s)=\dfrac{10}{s^2+3s+2}$으로 표현되는 제어 시스템에서 직류 이득은 얼마인가?

① 1　② 2
③ 3　④ 5

해설 Chapter 07 – 03

이득

$G(s)=\dfrac{10}{2}=5$

$s=j\omega=2\pi f$가 된다. 직류이므로 $f=0$

따라서 $s=0$

67

전달함수가 $\dfrac{C(s)}{R(s)}=\dfrac{25}{s^2+6s+25}$인 2차 제어시스템의 감쇠 진동 주파수($\omega_d$)는 몇 [rad/sec]인가?

① 3　② 4
③ 5　④ 6

해설 Chapter 05 – 04

2차계의 과도응답

$G(s)=\dfrac{\omega_n^2}{s^2+2\delta\omega_n s+\omega_n{}^2}$이므로

$\omega_n^2=25$이므로 $\omega_n=5$

$2\delta\omega_n=6$이므로 $\delta=0.6$이 된다.

과도진동 주파수 $\omega=\omega_n\sqrt{1-\delta^2}$

$=5\times\sqrt{1-0.6^2}=4$[rad/sec]

68

다음 논리식을 간단히 한 것은?

$$Y=\overline{A}B C\overline{D}+\overline{A}BCD+\overline{A}\,\overline{B}C\overline{D}+\overline{A}\,\overline{B}CD$$

① $Y=\overline{A}C$　② $Y=A\overline{C}$
③ $Y=AB$　④ $Y=BC$

해설 Chapter 11 – 03

논리식

$=\overline{A}BC(\overline{D}+D)+\overline{A}\,\overline{B}C(\overline{D}+D)$

$=\overline{A}BC+\overline{A}\,\overline{B}C$

$=\overline{A}C$

69

폐루프 시스템에서 응답의 잔류 편차 또는 정상상태 오차를 제거하기 위한 제어 기법은?

① 비례 제어　② 적분 제어
③ 미분 제어　④ on – off 제어

해설 Chapter 11 – 02 – (3)

제어동작에 따른 분류

적분제의 경우 오프셋(잔류편차)을 소멸시킨다.

70

시스템행렬 A가 다음과 같을 때 상태천이행렬을 구하면?

$$A=\begin{bmatrix}0 & 1\\ -2 & -3\end{bmatrix}$$

① $\begin{bmatrix}2e^{t}-e^{2t} & -e^{t}+e^{2t}\\ 2e^{t}-2e^{2t} & -e^{t}+2e^{2t}\end{bmatrix}$

② $\begin{bmatrix}2e^{-t}-e^{-2t} & -e^{-t}-e^{-2t}\\ -2e^{-t}+2e^{-2t} & -e^{-t}+2e^{2t}\end{bmatrix}$

정답 66 ④　67 ④　68 ①　69 ②　70 ④

③ $\begin{bmatrix} 2e^{-t}-e^{-2t} & -e^{-t}+e^{-2t} \\ 2e^{-t}-2e^{-2t} & -e^{-t}-2e^{-2t} \end{bmatrix}$

④ $\begin{bmatrix} 2e^{-t}-e^{-2t} & -e^{-t}-e^{-2t} \\ -2e^{-t}+2e^{-2t} & -e^{t}+2e^{-2t} \end{bmatrix}$

해설 Chapter 10 – 02

상태천이행렬

$= \begin{bmatrix} s & 0 \\ s & 0 \end{bmatrix} - \begin{bmatrix} 0 & 1 \\ -2 & -3 \end{bmatrix}$

$= \begin{bmatrix} s & -1 \\ 2 & s+3 \end{bmatrix}$

$\phi(t) = \mathcal{L}^{-1}[sI-A]^{-1}$

$= \dfrac{1}{s(s+3)+2}\begin{bmatrix} s+3 & 1 \\ -2 & s \end{bmatrix}$

$= \dfrac{1}{s^2+3s+2}\begin{bmatrix} s+3 & 1 \\ -2 & s \end{bmatrix}$

$= \dfrac{1}{(s+1)(s+2)}\begin{bmatrix} s+3 & 1 \\ -2 & s \end{bmatrix}$

$= \begin{bmatrix} \dfrac{s+3}{(s+1)(s+2)} & \dfrac{1}{(s+1)(s+2)} \\ \dfrac{-2}{(s+1)(s+2)} & \dfrac{s}{(s+1)(s+2)} \end{bmatrix}$

$\mathcal{L}^{-1} = \begin{bmatrix} 2e^{-t}-e^{-2t} & -e^{-t}-e^{-2t} \\ -2e^{-t}+2e^{-2t} & -e^{t}+2e^{-2t} \end{bmatrix}$

71

대칭 3상 전압이 공급되는 3상 유도 전동기에서 각 계기의 지시는 다음과 같다. 유도전동기의 역률은 약 얼마인가?

> 전력계 W_1 : 2.84[kW], 전력계 W_2 : 6.00[kW], 전압계[V] : 200V, 전류계[A] : 30[A]

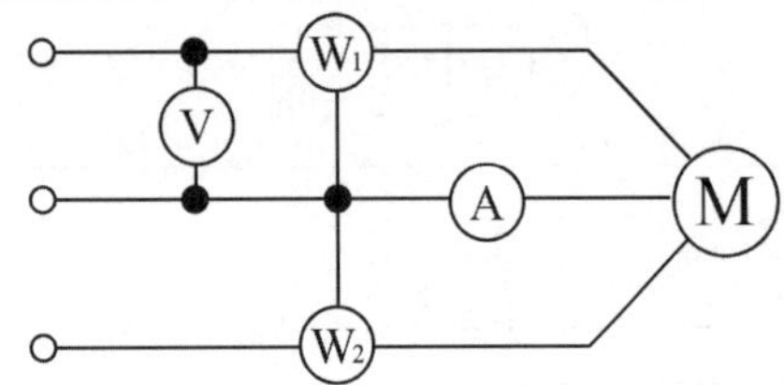

① 0.70　　② 0.75
③ 0.80　　④ 0.85

해설 Chapter 07 – 04

2전력계법

$P = P_1 + P_2 = \sqrt{3}\,VI\cos\theta$

역률 $\cos\theta = \dfrac{P_1+P_2}{\sqrt{3}\,VI}$

$= \dfrac{(2.84+6)\times 10^3}{\sqrt{3}\times 200\times 30} = 0.85$

72

불평형 3상 전류 $I_a = 25 + j4$[A], $I_b = -18 - j16$[A], $I_c = 7 + j15$[A]일 때 영상전류 I_0[A]는?

① $2.67 + j$　　② $2.67 + j2$
③ $4.67 + j$　　④ $4.67 + j2$

해설 Chapter 08 – 01

대칭좌표법

$I_0 = \dfrac{1}{3}(I_a + I_b + I_c)$

$= \dfrac{1}{3}[(25+j4)+(-18-j16)+(7+j15)]$

$= 4.67 + j$

73

Δ결선으로 운전 중인 3상 변압기에서 하나의 변압기 고장에 의해 V결선으로 운전하는 경우, V결선으로 공급할 수 있는 전력은 고장 전 Δ결선으로 공급할 수 있는 전력에 비해 약 몇 [%]인가?

① 86.6　　② 75.0
③ 66.7　　④ 57.7

해설 Chapter 07 – 05

V결선

V결선의 고장전 전력대비 출력비

$= \dfrac{\sqrt{3}P}{3P} = 0.577$

정답 71 ④ 72 ③ 73 ④

74

분포정수회로에서 직렬 임피던스를 Z, 병렬 어드미턴스를 Y라 할 때, 선로의 특성임피던스 Z_o는?

① ZY
② $\sqrt{ZY}$
③ $\sqrt{\dfrac{Y}{Z}}$
④ $\sqrt{\dfrac{Z}{Y}}$

해설 Chapter 12

특성임피던스

$$Z_0 = \sqrt{\frac{Z}{Y}}$$

75

4단자 정수 A, B, C, D 중에서 전압이득의 차원을 가진 정수는?

① A
② B
③ C
④ D

해설 Chapter 11 – 03

F–P

$$V_1 = AV_2 + BI_2$$

$$I_1 = CV_2 + DI_2$$

$$A = \left.\frac{V_1}{V_2}\right|_{I_2=0}$$

76

그림과 같은 회로의 구동점 임피던스[Ω]는?

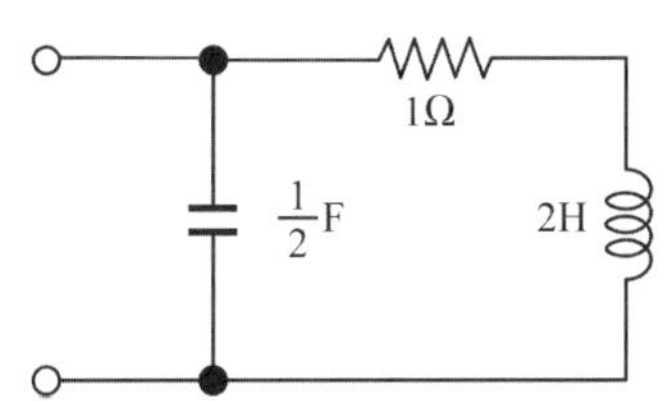

① $\dfrac{2(2s+1)}{2s^2+s+2}$

② $\dfrac{2s^2+s-2}{-2(2s+1)}$

③ $\dfrac{-2(2s+1)}{2s^2+s-2}$

④ $\dfrac{2s^2+s+2}{2(2s+1)}$

해설

$$Z_1 = \frac{1}{Cs} = \frac{1}{\frac{1}{2}s} = \frac{2}{s}$$

$$Z_2 = 1 + 2s$$

$$Z = \frac{Z_1 Z_2}{Z_1 + Z_2} = \frac{\frac{2}{s} \times (2s+1)}{\frac{2}{s} + (2s+1)} = \frac{2(2s+1)}{2s^2+s+2}$$

77

회로의 단자 a, b 사이에 나타나는 전압 V_{ab}는 몇 [V]인가?

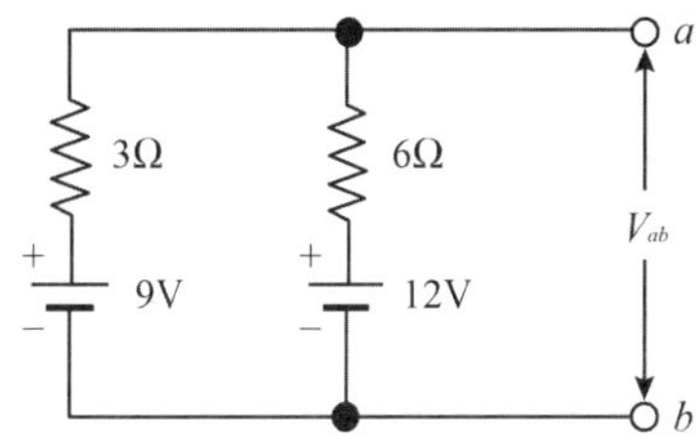

① 3
② 9
③ 10
④ 12

해설 Chapter 06 – 03

밀만의 정리

$$V_{ab} = \frac{\frac{V_1}{R_1} + \frac{V_2}{R_2}}{\frac{1}{R_1} + \frac{1}{R_2}} = \frac{\frac{9}{3} + \frac{12}{6}}{\frac{1}{3} + \frac{1}{6}} = 10[\text{V}]$$

정답 74 ④ 75 ① 76 ① 77 ③

78

RL 직렬회로에 순시치 전압 $v(t)=20+100\sin\omega t+40\sin(3\omega t+60°)+40\sin 5\omega t$[V]를 가할 때 제5고조파 전류의 실효값 크기는 약 몇 A인가? (단, $R=4[\Omega]$, $\omega L=1[\Omega]$이다.)

① 4.4　② 5.66
③ 6.25　④ 8.0

해설 Chapter 09 – 03

비정현파의 실효값과 전력

$$I_5=\frac{V_5}{Z_5}=\frac{V_5}{R+j5\omega L}$$

$$=\frac{40}{\sqrt{4^2+(5\times1)^2}}=6.25[\text{A}]$$

79

그림의 교류 브리지 회로가 평형이 되는 조건은?

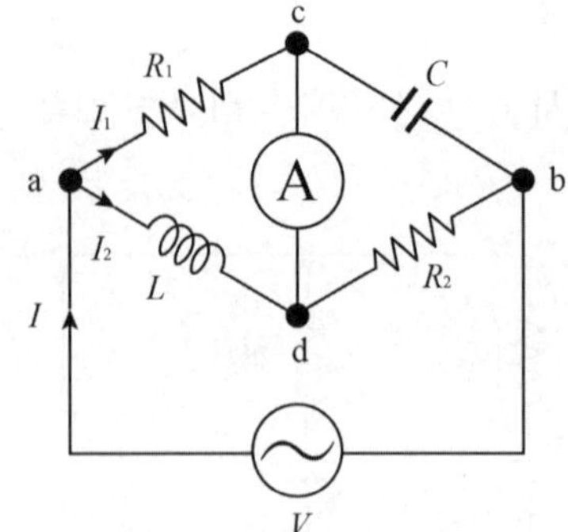

① $L=\dfrac{R_1R_2}{C}$　② $L=\dfrac{C}{R_1R_2}$
③ $L=R_1R_2C$　④ $L=\dfrac{R_2}{R_1}C$

해설

$Z_1Z_2=Z_3Z_4$

$R_1R_2=j\omega L\cdot\dfrac{1}{j\omega C}$

$R_1R_2=\dfrac{L}{C}$

$L=R_1R_2C$

80

$f(t)=t^n$의 라플라스 변환 식은?

① $\dfrac{n}{s^n}$　② $\dfrac{n+1}{s^{n+1}}$
③ $\dfrac{n!}{s^{n+1}}$　④ $\dfrac{n+1}{s^{n!}}$

해설 Chapter 13 – 01

$\mathcal{L}[t^n]=\dfrac{n!}{s^{n+1}}$

정답 78 ③ 79 ① 80 ③

제5과목 | 전기설비기술기준

81

과전류차단기로 시설하는 퓨즈 중 고압전로에 사용하는 비포장 퓨즈는 정격전류 2배 전류 시 몇 분 안에 용단되어야 하는가?

① 1분 ② 2분 ③ 5분 ④ 10분

해설 Chapter 01 – 28

과전류차단기

(4) 고압용 퓨즈

① 포장형 퓨즈

정격 1.3배 견디고 2배의 전류로 120분 이내 용단

② 비포장형 퓨즈

정격 1.25배 견디고 2배의 전류로 2분 이내 용단

82

옥내에 시설하는 저압전선에 나전선을 사용할 수 있는 경우는?

① 버스덕트 공사에 의하여 시설하는 경우

② 금속덕트 공사에 의하여 시설하는 경우

③ 합성수지관 공사에 의하여 시설하는 경우

④ 후강전선관 공사에 의하여 시설하는 경우

해설 Chapter 05 – 02

나전선의 시설가능

1) 애자공사(전기로, 피복의 절연물이 부식)

2) 버스덕트

3) 라이팅덕트

4) 접촉전선

83

고압 가공전선로에 사용하는 가공지선은 지름 몇 [mm] 이상의 나경동선을 사용하여야 하는가?

① 2.6 ② 3.0 ③ 4.0 ④ 5.0

해설 Chapter 01 – 18

가공공동지선

(1) 접지선의 굵기 : 4[mm] 이상

(2) 경간 : 200[m] 이하

(3) 직경, 양쪽, 지름 : 400[m] 이하

(4) 가공공동지선과 대지사이의 합성전기저항은 1[km] 지름으로 규정하는 접지저항을 갖을 것

84

사용전압이 35000[V] 이하인 특고압 가공전선과 가공약전류 전선을 동일 지지물에 시설하는 경우, 특고압 가공전선로의 보안공사로 적합한 것은?

① 고압 보안공사

② 제1종 특고압 보안공사

③ 제2종 특고압 보안공사

④ 제3종 특고압 보안공사

해설 Chapter 03 – 10

보안공사

3) 제2종 특고압 보안공사(목주안전률 2)

35[kV] 이하 2차접근상태로 시설, 또는 전압이 주어지지 않으며 2차접근상태로 시설

85

그림은 전력선 반송통신용 결합장치의 보안장치이다. 여기에서 CC는 어떤 커패시터인가?

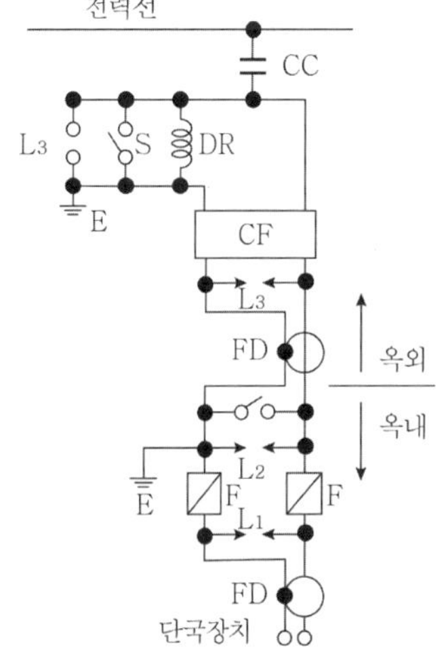

정답 81 ② 82 ① 83 ③ 84 ③ 85 ①

① 결합 커패시터
② 전력용 커패시터
③ 정류용 커패시터
④ 축전용 커패시터

86

수소냉각식 발전기 및 이에 부속하는 수소냉각장치의 시설에 대한 설명으로 틀린 것은?

① 발전기 안의 수소의 밀도를 계측하는 장치를 시설할 것
② 발전기 안의 수소의 순도가 85% 이하로 저하한 경우에 이를 경보하는 장치를 시설할 것
③ 발전기 안의 수소의 압력을 계측하는 장치 및 그 압력이 현저히 변동한 경우에 이를 경보하는 장치를 시설할 것
④ 발전기는 기밀구조의 것이고 또한 수소가 대기압에서 폭발하는 경우에 생기는 압력에 견디는 강도를 가지는 것일 것

해설 Chapter 02 – 08
수소냉각식 발전기 등의 시설
(1) 수소가 대기압에서 폭발하는 경우 압력에 견디어야 할 것
(2) 누설된 수소를 외부로 안전하게 방출할 수 있을 것
(3) 수소의 누설 및 공기의 혼합이 없을 것
(4) 수소 내부의 순도가 85[%] 이하시 경보장치 시설

87

목장에서 가축의 탈출을 방지하기 위하여 전기울타리를 시설하는 경우 전선은 인장강도가 몇 [kN] 이상의 것이어야 하는가?

① 1.38 ② 2.78 ③ 4.43 ④ 5.93

해설 Chapter 15 – 12
특수시설
1) 전기울타리
(1) 사용전압 : 250[V] 이하
(2) 전선 굵기 : 2.0[mm](1.38[kN]) 이상

88

다음 ( )에 들어갈 내용으로 옳은 것은?

> 전차선로는 무선설비의 기능에 계속적이고 또한 중대한 장해를 주는 ( )가 생길 우려가 있는 경우에는 이를 방지하도록 시설하여야 한다.

① 전파 ② 혼촉 ③ 단락 ④ 정전기

89

최대사용전압이 7[kV]를 초과하는 회전기의 절연내력 시험은 최대사용전압의 몇 배의 전압(10500[V] 미만으로 되는 경우에는 10500[V])에서 10분간 견디어야 하는가?

① 0.92 ② 1 ③ 1.1 ④ 1.25

해설 Chapter 01 – 11
절연내력시험전압(권선과 대지 10분간)

접지방식		시험전압	최저전압
비접지	7[kV] 이하	1.5배	500[V]
	7[kV] 초과	1.25배	10500[V]

90

교량의 윗면에 시설하는 고압 전선로는 전선의 높이를 교량의 노면상 몇 [m] 이상으로 하여야 하는가?

① 3 ② 4 ③ 5 ④ 6

해설 Chapter 03 – 22
교량에 시설하는 전선로(높이 5[m] 이상)
1) 저압
(1) 굵기 : 2.6[mm]
(2) 전선과 조영재 : 0.3[m] 이상 이격
2) 고압
(1) 굵기 : 5.0[mm]
(2) 전선과 조영재 : 0.6[m] 이상 이격

정답 86 ① 87 ① 88 ① 89 ④ 90 ③

91

저압의 전선로 중 절연부분의 전선과 대지간의 절연저항은 사용전압에 대한 누설전류가 최대공급전류의 얼마를 넘지 않도록 유지하여야 하는가?

① $\frac{1}{1000}$ ② $\frac{1}{2000}$

③ $\frac{1}{3000}$ ④ $\frac{1}{4000}$

해설 Chapter 01 – 10

저압전로의 절연성능

(1) 누설전류 $=$ 최대공급전류 $\times \frac{1}{2000}$

92

지중전선로에 사용하는 지중함의 시설기준으로 틀린 것은?

① 지중함은 견고하고 차량 기타 중량물의 압력에 견디는 구조일 것

② 지중함은 그 안의 고인 물을 제거할 수 있는 구조로 되어 있을 것

③ 지중함의 뚜껑은 시설자 이외의 자가 쉽게 열 수 없도록 시설할 것

④ 폭발성의 가스가 침입할 우려가 있는 것에 시설하는 지중함으로 그 크기가 0.5[m^3] 이상인 것에 통풍장치 기타 가스를 방산시키기 위한 적당한 장치를 시설할 것

해설 Chapter 03 – 19

지중전선로(케이블사용)

2) 지중함의 시설기준

(1) 그 안에 고인 물을 제거할 수 있는 구조

(2) 크기가 1[m^3] 이상

93

사람이 상시 통행하는 터널 안의 배선(전기기계기구 안의 배선, 관등회로의 배선, 소세력 회로의 전선 및 출퇴표시등 회로의 전선은 제외)의 시설기준에 적합하지 않은 것은?(단, 사용전압이 저압의 것에 한한다.)

① 합성수지관 공사로 시설하였다.

② 공칭단면적 2.5[mm^2]의 연동선을 사용하였다.

③ 애자사용공사 시 전선의 높이는 노면상 2[m]로 시설하였다.

④ 전로에는 터널의 입구 가까운 곳에 전용 개폐기를 시설하였다.

해설 Chapter 15 – 12

특수시설

15) 사람이 상시 통행하는 터널 안 배선

(1) 전선의 굵기 2.5[㎟]

(2) 높이 : 2.5[m]

94

발전소에서 계측하는 장치를 시설하여야 하는 사항에 해당하지 않는 것은?

① 특고압용 변압기의 온도

② 발전기의 회전수 및 주파수

③ 발전기의 전압 및 전류 또는 전력

④ 발전기의 베어링(수중 메탈을 제외한다) 및 고정자의 온도

해설 Chapter 02 – 06

계측장치

(1) 발전소(발전기, 변압기)

전압계, 전류계, 전력계, 온도계

정답 91 ② 92 ④ 93 ③ 94 ②

95

가공전선로의 지지물에 하중이 가하여지는 경우에 그 하중을 받는 지지물의 기초 안전율은 얼마 이상이어야 하는가?(단, 이상 시 상정하중은 무관)

① 1.5 ② 2.0
③ 2.5 ④ 3.0

해설 Chapter 03 – 02
지지물
1) 기초안전률 : 2 이상

96

금속제 외함을 가진 저압의 기계기구로서 사람이 쉽게 접촉될 우려가 있는 곳에 시설하는 경우 전기를 공급받는 전로에 지락이 생겼을 때 자동적으로 전로를 차단하는 장치를 설치하여야 하는 기계기구의 사용전압이 몇 [V]를 초과하는 경우인가?

① 30 ② 50
③ 100 ④ 150

해설 Chapter 01 – 15
누전차단기의 시설
금속제 외함을 가지는 사용전압이 50[V]를 초과하는 저압 기계기구에 전기를 공급하는 선로

※ 한국전기설비규정(KEC) 개정에 따라 삭제된 문제가 있어 100문항이 되지 않습니다.

정답 95 ② 96 ②

2021년 1회 기출문제

제1과목 | 전기자기학

01

평등 전계중에 유전체 구에 의한 전속 분포가 그림과 같이 되었을 때 ε_1과 ε_2의 크기 관계는?

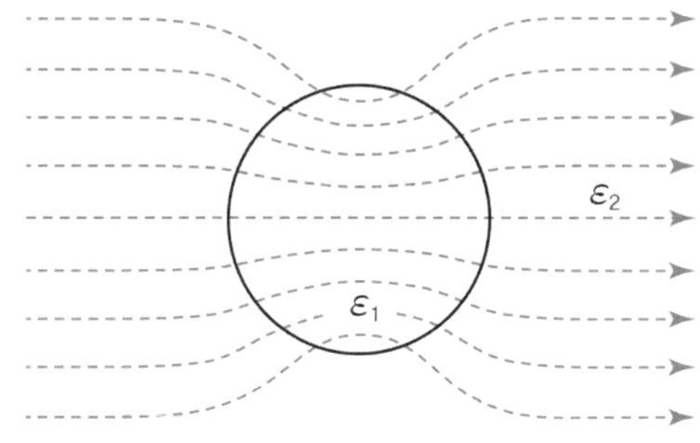

① $\varepsilon_1 > \varepsilon_2$ ② $\varepsilon_1 < \varepsilon_2$
③ $\varepsilon_1 = \varepsilon_2$ ④ $\varepsilon_1 \le \varepsilon_2$

해설 Chapter 04 – 02
전속(선)은 유전율이 큰 쪽으로 모이므로, $\varepsilon_1 > \varepsilon_2$

02

커패시터를 제조하는 데 4가지(A, B, C, D)의 유전재료가 있다. 커패시터 내의 전계를 일정하게 하였을 때, 단위체적당 가장 큰 에너지 밀도를 나타내는 재료부터 순서대로 나열한 것은?(단, 유전재료 A, B, C, D의 비유전율은 각각 $\varepsilon_{rA} = 8$, $\varepsilon_{rB} = 10$, $\varepsilon_{rC} = 2$, $\varepsilon_{rD} = 4$이다.)

① C > D > A > B
② B > A > D > C
③ D > A > C > B
④ A > B > D > C

해설 Chapter 02 – 14
단위 체적당 에너지 $W = \frac{1}{2}\varepsilon E^2$[J/m³]에서 전계가 일정하므로 에너지는 유전율에 비례한다.
∴ B > A > D > C

03

정상전류계에서 $\nabla \cdot i = 0$에 대한 설명으로 틀린 것은?

① 도체 내에 흐르는 전류는 연속이다.
② 도체 내에 흐르는 전류는 일정하다.
③ 단위 시간당 전하의 변화가 없다.
④ 도체 내에 전류가 흐르지 않는다.

해설 Chapter 06
정상전류계에선 도체 내에 전류가 흐른다.

04

진공 내의 전 (2, 2, 2)에 10^{-9}[C]의 전하가 놓여있다. 점 (2, 5, 6)에서의 전계 E는 약 몇 [V/m]인가?(단, a_y, a_z는 단위벡터이다.)

① $0.278a_y + 2.888a_z$ ② $0.216a_y + 0.288a_z$
③ $0.288a_y + 0.216a_z$ ④ $0.291a_y + 0.288a_z$

해설 Chapter 02 – 03

05

방송국 안테나 출력이 W[W]이고 이로부터 진공 중에 r[m]떨어진 점에서 자계의 세기의 실효치는 약 몇 [A/m]인가?

① $\frac{1}{r}\sqrt{\frac{W}{377\pi}}$ ② $\frac{1}{2r}\sqrt{\frac{W}{377\pi}}$
③ $\frac{1}{2r}\sqrt{\frac{W}{188\pi}}$ ④ $\frac{1}{r}\sqrt{\frac{2W}{377\pi}}$

정답 01 ① 02 ② 03 ④ 04 ② 05 ②

해설 Chapter 11 – 04

포인팅벡터

$$P = E \times H = EH = 377H^2 = \frac{W}{S}$$

$= \frac{W}{4\pi r^2}$ 이므로,

$\therefore H^2 = \frac{1}{377} \times \frac{W}{4\pi r^2} \rightarrow$

$H = \sqrt{\frac{1}{377} \times \frac{W}{4\pi r^2}} = \frac{1}{2r}\sqrt{\frac{W}{377\pi}}$ [A/m]

06

반지름이 a[m]인 원형 도선 2개의 루프가 z축 상에 그림과 같이 놓인 경우 I[A]의 전류가 흐를 때 원형 전류 중심 축 상의 자계 H[A/m]는?(단, a_z, a_ϕ는 단위벡터이다.)

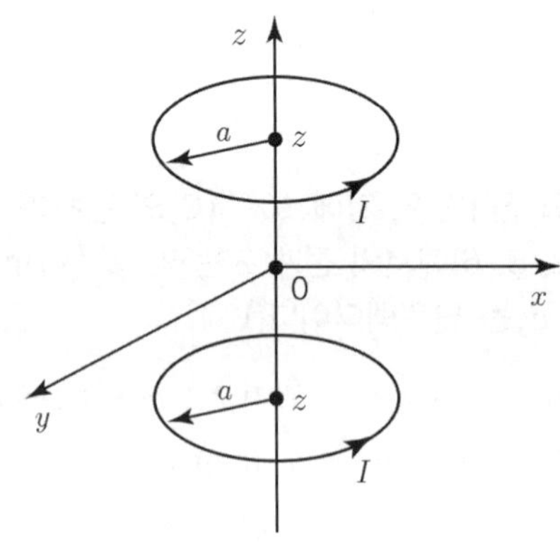

① $H = \frac{a^2 I}{(a^2+z^2)^{3/2}} a_\phi$

② $H = \frac{a^2 I}{(a^2+z^2)^{3/2}} a_z$

③ $H = \frac{a^2 I}{2(a^2+z^2)^{3/2}} a_\phi$

④ $H = \frac{a^2 I}{2(a^2+z^2)^{3/2}} a_z$

해설 Chapter 07

07

직교하는 무한 평판도체와 점전하에 의한 영상전하는 몇 개 존재하는가?

① 2　② 3　③ 4　④ 5

해설 Chapter 05

영상전하의 개수

$$n = \frac{360}{\theta} - 1 = \frac{360}{90} - 1 = 4 - 1 = 3$$

08

전하 e[C], 질량 m[kg]인 전자가 전계 E[V/m] 내에 있을 때 최초에 정지하고 있었다면 t초 후에 전자의 속도[m/s]는?

① $\frac{meE}{t}$　② $\frac{me}{E}t$

③ $\frac{mE}{e}t$　④ $\frac{Ee}{m}t$

해설 Chapter 02 – 03

$F = QE = eE = ma = m\frac{v}{t}$ 이므로,

$\therefore v = \frac{t}{m} \times eE = \frac{Ee}{m}t$ [m/s]

09

그림과 같은 환상 솔레노이드 내의 철심 중심에서의 자계의 세기H[AT/m]는?(단, 환상 철심의 평균 반지름은 r[m], 코일의 권수는 N회, 코일에 흐르는 전류는 I[A]이다.)

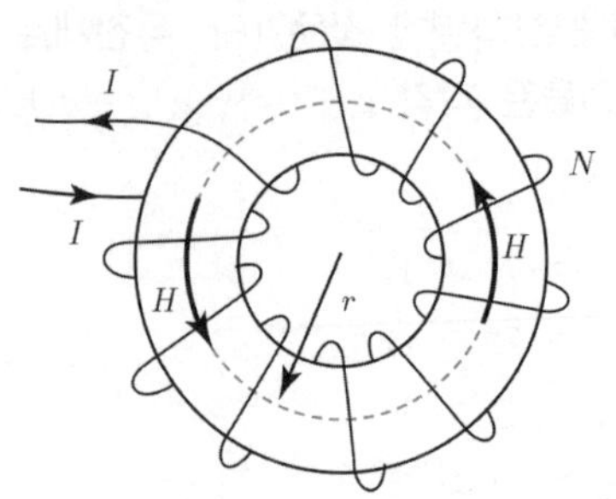

정답 06 ② 07 ② 08 ④ 09 ②

① $\frac{NI}{\pi r}$ ② $\frac{NI}{2\pi r}$

③ $\frac{NI}{4\pi r}$ ④ $\frac{NI}{2r}$

해설 Chapter 07 – 02 – (5)

$H=\frac{NI}{l}$에서 l은 환상 솔레노이드의 자로의 길이가 되므로 $l=2\pi r$이 된다.

$\therefore H=\frac{NI}{2\pi r}$[AT/m]

10

환상 솔레노이드의 단면적이 S, 평균 반지름이 r, 권선수가 N이고 누설자속이 없는 경우 자기 인덕턴스의 크기는?

① 권선수 및 단면적에 비례한다.
② 권선수의 제곱 및 단면적에 비례한다.
③ 권선수의 제곱 및 평균 반지름에 비례한다.
④ 권선수의 제곱에 비례하고 단면적에 반비례한다.

해설 Chapter 10 – 02

자기인덕턴스는 $L=\frac{\mu SN^2}{l}$이므로 권선수의 제곱에 비례하고 단면적에 비례한다.

11

다음 중 비투자율[μ_r]이 가장 큰 것은?

① 금 ② 은 ③ 구리 ④ 니켈

해설 Chapter 08 – 07

강자성체($\mu_r \gg 1$) : 니켈, 코발트, 망간, 규소, 철(니코 망규철)
반자성체($\mu_r > 1$) : 공기, 주석, 산소, 백금, 알루미늄(공주산소 백알)
역자성체($\mu_r < 1$) : 비스무트, 아연, 구리, 납, 은(비아 구납은)

12

한 변의 길이가 l[m]인 정사각형 도체에 전류 I[A]가 흐르고 있을 때 중심점 P에서의 자계의 세기는 몇 [A/m]인가?

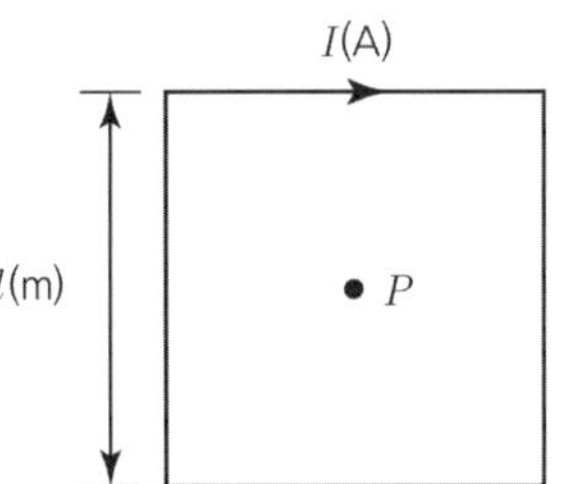

① $16\pi lI$ ② $4\pi lI$

③ $\frac{\sqrt{3}\pi}{2l}I$ ④ $\frac{2\sqrt{2}}{\pi l}I$

해설 Chapter 07 – 02 – (7)

정삼각형 중심점의 자계의 세기 :

$H_3=\frac{9I}{2\pi l}$[A/m]

정사각형 중심점의 자계의 세기 :

$H_4=\frac{2\sqrt{2}I}{\pi l}$[A/m]

정육각형 중심점의 자계의 세기 :

$H_6=\frac{\sqrt{3}I}{\pi l}$[A/m]

반경이 r[m]인 정 n각형의 중심점의 자계의 세기 :

$H_r=\frac{nI}{2\pi r}\tan\frac{\pi}{n}$[A/m]

13

간격이 3[cm]이고 면적이 30[cm²]인 평판의 공기 콘덴서에 220[V]의 전압을 가하면 두 판 사이에 작용하는 힘은 약 몇 [N]인가?

① 6.3×10^{-6}
② 7.14×10^{-7}
③ 8×10^{-5}
④ 5.75×10^{-4}

정답 10 ② 11 ④ 12 ④ 13 ②

해설 Chapter 03 – 05 – (3)

$$F=\frac{\partial W}{\partial d}=\frac{W}{d}=\frac{\varepsilon_0 SV^2}{2d^2}$$
$$=\frac{8.855\times10^{-12}\times30\times10^{-4}\times220^2}{2\times(3\times10^{-2})^2}$$
$$=7.14\times10^{-7}[\text{N}]$$
$$C=\frac{\varepsilon_0 S}{d}[\text{F}],\ W=\frac{1}{2}CV^2=\frac{\varepsilon_0 SV^2}{2d}[\text{J}]$$

14

비유전율이 2이고, 비투자율이 2인 매질 내에서의 전자파의 전파속도 v[m/s]와 진공 중의 빛의 속도 v_0[m/s] 사이 관계는?

① $v=\frac{1}{2}v_0$ ② $v=\frac{1}{4}v_0$
③ $v=\frac{1}{6}v_0$ ④ $v=\frac{1}{8}v_0$

해설 Chapter 11 – 03
전파속도
$$v=\frac{1}{\sqrt{\varepsilon\mu}}=\frac{3\times10^8}{\sqrt{\varepsilon_s\mu_s}}=\frac{v_0}{\sqrt{2\times2}}=\frac{1}{2}v_0[\text{m/s}]$$

15

영구자석의 재료로 적합한 것은?

① 잔류 자속밀도(B_r)는 크고, 보자력(H_c)은 작아야 한다.
② 잔류 자속밀도(B_r)는 작고, 보자력(H_c)은 커야 한다.
③ 잔류 자속밀도(B_r)와 보자력(H_c) 모두 작아야 한다.
④ 잔류 자속밀도(B_r)와 보자력(H_c) 모두 커야 한다.

해설 Chapter 08 – 07
영구자석은 잔류자기와 보자력 모두 커야 한다.
cf 잔류자기 : 히스테리시스 곡선이 종축과 만나는 지점
보자력 : 히스테리시스 곡선이 횡축과 만나는 지점

16

전계 E[V/m], 전속밀도 D[C/m²], 유전율 $\varepsilon=\varepsilon_0\varepsilon_r$[F/m], 분극의 세기 P[C/m²] 사이의 관계를 나타낸 것으로 옳은 것은?

① $P=D+\varepsilon_0 E$ ② $P=D-\varepsilon_0 E$
③ $P=\frac{D+E}{\varepsilon_0}$ ④ $P=\frac{D-E}{\varepsilon_0}$

해설 Chapter 04 – 01
분극의 세기
$P=\varepsilon_0(\varepsilon_s-1)E=\varepsilon_0\varepsilon_s E-\varepsilon_0 E=D-\varepsilon E$
cf $D=\varepsilon E=\varepsilon_0\varepsilon_s E$

17

동일한 금속 도선의 두 점 사이에 온도차를 주고 전류를 흘렸을 때 열의 발생 또는 흡수가 일어나는 현상은?

① 펠티에(Peltier) 효과
② 볼타(Volta) 효과
③ 제벡(Seebeck) 효과
④ 톰슨(Thomson) 효과

해설 Chapter 06 – 05
펠티에효과 : 전류 → 열(서로 다른 금속)
톰슨효과 : 전류 → 열(동일한 두 금속)
제벡효과 : 열 → 전류

18

강자성체가 아닌 것은?

① 코발트 ② 니켈
③ 철 ④ 구리

해설 Chapter 08 – 07
강자성체($\mu_r \gg 1$) : 니켈, 코발트, 망간, 규소, 철(니코 망규철)
구리는 역자성체이다.

정답 14 ① 15 ④ 16 ② 17 ④ 18 ④

19

내구의 반지름이 2[cm], 외구의 반지름이 3[cm]인 동심 구 도체 간에 고유저항이 1.884×10^2 [Ω · m]인 저항 물질로 채워져 있을 때, 내외구 간의 합성 저항은 약 몇 [Ω]인가?

① 2.5 ② 5.0
③ 250 ④ 500

해설 Chapter 06 – 03

$RC=\rho\varepsilon$에서 동심구의 정전용량은

$C=\dfrac{4\pi\varepsilon}{\dfrac{1}{a}-\dfrac{1}{b}}$ 이므로,

$$R=\frac{\rho\varepsilon}{C}=\frac{\rho\varepsilon}{\dfrac{4\pi\varepsilon}{\dfrac{1}{a}-\dfrac{1}{b}}}=\frac{\rho}{4\pi}\left(\frac{1}{a}-\frac{1}{b}\right)$$

$$=\frac{1.884\times10^2}{4\pi}\left(\frac{1}{2\times10^{-2}}-\frac{1}{3\times10^{-2}}\right)$$

$$=500[\Omega]$$

20

비투자율 $\mu_r=800$, 원형 단면적이 $S=10[\text{cm}^2]$ 평균 자로 길이 $l=16\pi\times10^{-2}$[m]의 환상 철심에 600회의 코일을 감고 이 코일에 1[A]의 전류를 흘리면 환상 철심 내부의 자속은 몇 [Wb]인가?

① 1.2×10^{-3}

② 1.2×10^{-5}

③ 2.4×10^{-3}

④ 2.4×10^{-5}

해설 Chapter 08 – 04

$$\phi=\frac{F}{R_m}=\frac{\mu SNI}{l}$$

$$=\frac{4\pi\times10^{-7}\times800\times10\times10^{-4}\times600\times1}{16\pi\times10^{-2}}$$

$$=1.2\times10^{-3}[\text{Wb}]$$

정답 19 ④ 20 ②

제2과목 | 전력공학

21

그림과 같은 유황곡선을 가진 수력지점에서 최대사용수량 OC로 1년간 계속 발전하는 데 필요한 저수지의 용량은?

① 면적 OCPBA
② 면적 OCDBA
③ 면적 DEB
④ 면적 PCD

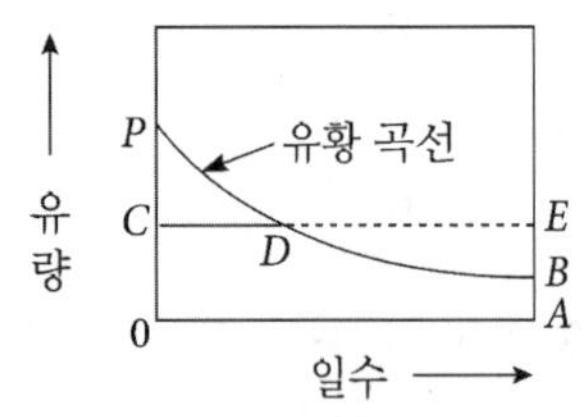

해설 Chapter 01 - 03 - (2)
유황곡선
최대 사용 수량 OC로 1년간 계속 발전할 때, 부족 수량은 면적 DEB에 상당한 수량이므로, 이 면적에 상당한 수량만큼 저수해 주면 된다.

22

고장전류의 크기가 커질수록 동작시간이 짧게 되는 특성을 가진 계전기는?

① 순한시 계전기 ② 정한시 계전기
③ 반한시 계전기 ④ 반한시 정한시 계전기

해설 Chapter 08 - 01 - (2)
동작시간의 분류
고장전류의 크기가 커질수록 동작시간이 짧게 되는 특성의 계전기는 반한시성 계전기를 말한다.

23

접지봉으로 탑각의 접지저항 값을 희망하는 접지저항 값까지 줄일 수 없을 때 사용하는 것은?

① 가공지선 ② 매설지선
③ 크로스본드선 ④ 차폐선

해설 Chapter 07 - 02 - (2)
매설지선
철탑의 탑각의 접지저항을 줄여 역섬락을 방지한다.

24

3상 3선식 송전선에서 한 선의 저항이 10[Ω], 리액턴스가 20[Ω]이며, 수전단의 선간전압이 60[kV], 부하역률이 0.8인 경우에 전압강하율이 10%라 하면 이 송전선로로는 약 몇 [kW]까지 수전할 수 있는가?

① 10000 ② 12000
③ 14400 ④ 18000

해설 Chapter 03 - 01
수전전력 P_r

$$P_r = \sqrt{3}\,V_r I\cos\theta$$
$$= \sqrt{3}\times 60\times 173.21\times 0.8 = 14400.42[\text{kW}]$$

$\epsilon = \dfrac{V_s - V_r}{V_r}$ $\epsilon = 0.1$이므로

$0.1 = \dfrac{V_s - 60}{60}$ 이므로 $V_s = 66[\text{kV}]$

따라서 $e = 6000[\text{V}]$가 된다.

$$e = \sqrt{3}\,I(R\cos\theta + X\sin\theta)$$
$$I = \frac{6000}{\sqrt{3}\times(10\times 0.8 + 20\times 0.6)} = 173.21[\text{A}]$$

25

배전선로의 주상변압기에서 고압측 - 저압측에 주로 사용되는 보호장치의 조합으로 적합한 것은?

① 고압측 : 컷아웃 스위치, 저압측 : 캐치홀더
② 고압측 : 캐치홀더, 저압측 : 컷아웃 스위치
③ 고압측 : 리클로저, 저압측 : 라인퓨즈
④ 고압측 : 라인퓨즈, 저압측 : 리클로저

해설
주상변압기의 보호장치
1차측 : 컷아웃 스위치, 2차측 : 캐치홀더

정답 21 ③ 22 ③ 23 ② 24 ③ 25 ①

26

%임피던스에 대한 설명으로 틀린 것은?

① 단위를 갖지 않는다.
② 절대량이 아닌 기준량에 대한 비를 나타낸 것이다.
③ 기기 용량의 크기와 관계없이 일정한 범위의 값을 갖는다.
④ 변압기나 동기기의 내부 임피던스에만 사용할 수 있다.

해설 Chapter 05 – 01

%임피던스

변압기나 동기기의 내부 임피던스만 사용하는 것이 아닌 선로등에도 적용이 가능하다.

27

연료의 발열량이 430[kcal/kg]일 때, 화력발전소의 열효율[%]은?(단, 발전기 출력은 P_G[kW], 시간당 연료의 소비량은 B[kg/h]이다.)

① $\frac{P_G}{B}\times 100$　② $\sqrt{2}\times\frac{P_G}{B}\times 100$

③ $\sqrt{3}\times\frac{P_G}{B}\times 100$　④ $2\times\frac{P_G}{B}\times 100$

해설 Chapter 02 – 05

화력발전소의 열효율

$\eta=\frac{860\,W}{BH}$　여기서 $H=430$[kcal/kg]이므로

$=\frac{2P}{B}$

28

수용가의 수용률을 나타낸 식은?

① $\frac{\text{합성최대수용전력}[kW]}{\text{평균전력}[kW]}\times 100[\%]$

② $\frac{\text{평균전력}[kW]}{\text{합성최대수용전력}[kW]}\times 100[\%]$

③ $\frac{\text{부하설비합계}[kW]}{\text{최대수용전력}[kW]}\times 100[\%]$

④ $\frac{\text{최대수용전력}[kW]}{\text{부하설비합계}[kW]}\times 100[\%]$

해설 Chapter 10 – 02

수용률

수용률$=\frac{\text{최대수용전력}[kW]}{\text{부하설비합계}[kW]}\times 100[\%]$

29

화력발전소에서 증기 및 급수가 흐르는 순서는?

① 절탄기 → 보일러 → 과열기 → 터빈 → 복수기
② 보일러 → 절탄기 → 과열기 → 터빈 → 복수기
③ 보일러 → 과열기 → 절탄기 → 터빈 → 복수기
④ 절탄기 → 과열기 → 보일러 → 터빈 → 복수기

해설 Chapter 02

증기 및 급수가 흐르는 순서

절탄기 → 보일러 → 과열기 → 터빈 → 복수기

30

역률 0.8, 출력 320[kW]인 부하에 전력을 공급하는 변전소에 역률 개선을 위해 전력용 콘덴서 140[kVA]를 설치했을 때 합성역률은?

① 0.93　② 0.95
③ 0.97　④ 0.99

해설 Chapter 10 – 03

역률 개선용 콘덴서의 합성 역률

$\cos\theta=\frac{P}{P_a}=\frac{320}{\sqrt{320^2+(240-140)^2}}=0.953$

부하의 지상 무효분

$=\frac{320}{0.8}\times 0.6=240$[kVar]

정답 26 ④ 27 ④ 28 ④ 29 ① 30 ②

31

용량 20[kVA]인 단상 주상 변압기에 걸리는 하루 동안의 부하가 처음 14시간 동안은 20[kW], 다음 10시간 동안은 10[kW]일 때, 이 변압기에 의한 하루 동안의 손실량[Wh]은?(단, 부하의 역률은 1로 가정하고, 변압기의 전 부하동손은 300[W], 철손은 100[W]이다.)

① 6850　　② 7200
③ 7350　　④ 7800

해설
변압기의 손실(철손 + 동손)
1) 철손 $100 \times 24 = 2400$[Wh]
2) 동손 : $(\frac{20}{20})^2 \times 14 \times 300 + (\frac{10}{20})^2 \times 10 \times 300$
$= 4950$
3) 전손실 : $2400 + 4950 = 7350$[Wh]

32

통신선과 평행인 주파수 60[Hz]의 3상 1회선 송전선이 있다. 1선 지락 때문에 영상전류가 100[A]흐르고 있다면 통신선에 유도되는 전자유도전압[V]은 약 얼마인가?(단, 영상전류는 전 전선에 걸쳐서 같으며, 송전선과 통신선과의 상호 인덕턴스는 0.06[mH/km], 그 평행 길이는 40[km]이다.)

① 156.6　　② 162.8
③ 230.2　　④ 271.4

해설 Chapter 04 – 03
통신선에 유도되는 전자유도전압
$E_m = -j\omega M\ell 3I_0$
$= 2\pi \times 60 \times 0.06 \times 10^{-3} \times 40 \times 3 \times 100$
$= 271.43$[V]

33

케이블 단선사고에 의한 고장점까지의 거리를 정전용량측정법으로 구하는 경우, 건전상의 정전용량이 C, 고장점까지의 정전용량이 C_x, 케이블의 길이가 l일 때 고장점까지의 거리를 나타내는 식으로 알맞은 것은?

① $\frac{C}{C_x}l$　　② $\frac{2C_x}{C}l$
③ $\frac{C_x}{C}l$　　④ $\frac{C_x}{2C}l$

해설
정전용량 측정법
$L = \frac{C_x(\text{고장상})}{C(\text{건전상})}l$

34

전력 퓨즈(Power Fuse)는 고압, 특고압기기의 주로 어떤 전류의 차단을 목적으로 설치하는가?

① 충전전류　　② 부하전류
③ 단락전류　　④ 영상전류

해설 Chapter 08 – 02
전력퓨즈
주된 목적으로 단락전류를 차단한다.

35

송전선로에서 1선 지락 시에 건전상의 전압 상승이 가장 적은 접지방식은?

① 비접지방식
② 직접접지방식
③ 저항접지방식
④ 소호리액터접지방식

해설 Chapter 04 – 02 – (2)
직접접지
건전상의 전위상승이 가장 적은 방식은 중성점 직접접지 방식을 말한다.

정답 31 ③ 32 ④ 33 ③ 34 ③ 35 ②

36

기준 선간전압 23[kV], 기준 3상 용량 5000[kVA], 1선의 유도 리액턴스가 15[Ω]일 때 %리액턴스는?

① 28.36% ② 14.18%
③ 7.09% ④ 3.55%

해설 Chapter 05 – 01

%리액턴스

$$\%X = \frac{PX}{10V^2}$$

$$= \frac{5000 \times 15}{10 \times 23^2} = 14.178[\%]$$

37

전력원선도의 가로축과 세로축을 나타내는 것은?

① 전압과 전류 ② 전압과 전력
③ 전류와 전력 ④ 유효전력과 무효전력

해설 Chapter 03 – 02

전력원선도

가로축은 유효전력, 세로축은 무효전력을 말한다.

38

송전선로에서의 고장 또는 발전기 탈락과 같은 큰 외란에 대하여 계통에 연결된 각 동기기가 동기를 유지하면서 계속 안정적으로 운전할 수 있는지를 판별하는 안정도는?

① 동태안정도(dynamic stability)
② 정태안정도(steady-state stability)
③ 전압안정도(voltage stability)
④ 과도안정도(transient stability)

해설 Chapter 06 – 01

과도안정도

계통이 부하의 급변 또는 사고시 동기운전을 지속하는 정도를 과도안정도라 한다.

39

정전용량이 C_1이고, V_1의 전압에서 Q_r의 무효전력을 발생하는 콘덴서가 있다. 정전용량을 변화시켜 2배로 승압된 전압($2V_1$)에서도 동일한 무효전력 Q_r을 발생시키고자 할 때, 필요한 콘덴서의 정전용량 C_2는?

① $C_2 = 4C_1$ ② $C_2 = 2C_1$
③ $C_2 = \frac{1}{2}C_1$ ④ $C_2 = \frac{1}{4}C_1$

해설

정전용량 $Q \propto V^2$이므로 전압이 2배가 되므로 동일한 무효전력이 되려면 $C_2 = \frac{1}{4}C_1$가 된다.

40

송전선로의 고장전류 계산에 영상 임피던스가 필요한 경우는?

① 1선 지락 ② 3상 단락
③ 3선 단선 ④ 선간 단락

해설 Chapter 05 – 02 – (3)

각 사고별 대칭 좌표법의 해석

지락의 경우 영상, 정상, 역상분이 모두 필요하다.

정답 36 ② 37 ④ 38 ④ 39 ④ 40 ①

제3과목 | 전기기기

41

3300/220[V] 단상 변압기 3대를 $\Delta - Y$결선하고 2차측 선간에 15[kW]의 단상 전열기를 접속하여 사용하고 있다. 결선을 $\Delta - \Delta$로 변경하는 경우 이 전열기의 소비전력은 몇 [kW]로 되는가?

① 5 ② 12
③ 15 ④ 21

해설

$\Delta - Y$결선

$Y \to \Delta$변환시 소비전력은 $\frac{1}{3}$배가 된다. 따라서 5[kW]가 된다.

42

히스테리시스 전동기에 대한 설명으로 틀린 것은?

① 유도전동기와 거의 같은 고정자이다.
② 회전자 극은 고정자 극에 비하여 항상 각도 δ_h만큼 앞선다.
③ 회전자가 부드러운 외면을 가지므로 소음이 적으며, 순조롭게 회전시킬 수 있다.
④ 구속 시부터 동기속도만을 제외한 모든 속도 범위에서 일정한 히스테리시스 토크를 발생한다.

43

직류기에서 계자자속을 만들기 위하여 전자석의 권선에 전류를 흘리는 것을 무엇이라 하는가?

① 보극 ② 여자
③ 보상권선 ④ 자화작용

해설 Chapter 01 – 01

계자

전자석의 권선에 전류를 흘리는 것을 여자라고 한다.

44

사이클로 컨버터(Cyclo Converter)에 대한 설명으로 틀린 것은?

① DC – DC buck 컨버터와 동일한 구조이다.
② 출력주파수가 낮은 영역에서 많은 장점이 있다.
③ 시멘트공장의 분쇄기 등과 같이 대용량 저속 교류전동기 구동에 주로 사용된다.
④ 교류를 교류로 직접변환하면서 전압과 주파수를 동시에 가변하는 전력변환기이다.

해설 Chapter 05 – 06

사이클로 컨버터

교류 → 교류로 변환하는 주파수 변환기를 말한다.

45

1차 전압은 3300[V]이고 1차측 무부하 전류는 0.15[A], 철손은 330[W]인 단상 변압기의 자화전류는 약 몇 [A]인가?

① 0.112 ② 0.145 ③ 0.181 ④ 0.231

해설 Chapter 02 – 04

변압기의 자화전류 I_ϕ

$$I_\phi = \sqrt{I_0^2 - (\frac{P_i}{V_1})^2}$$

$$= \sqrt{0.15^2 - (\frac{330}{3300})^2} = 0.1118[A]$$

46

유도전동기의 안정 운전의 조건은?(단, T_m : 전동기 토크, T_L : 부하 토크, n : 회전수)

① $\frac{dT_m}{dn} < \frac{dT_L}{dn}$ ② $\frac{dT_m}{dn} = \frac{dT_L^2}{dn}$
③ $\frac{dT_m}{dn} > \frac{dT_L}{dn}$ ④ $\frac{dT_m}{dn} \neq \frac{dT_L^2}{dn}$

정답 41 ① 42 ② 43 ② 44 ① 45 ① 46 ①

해설

유도전동기의 안정운전조건

$\frac{dT_m}{dn} < \frac{dT_L}{dn}$

47

3상 권선형 유도전동기 기동 시 2차측에 외부 가변저항을 넣는 이유는?

① 회전수 감소
② 기동전류 증가
③ 기동토크 감소
④ 기동전류 감소와 기동토크 증가

해설 Chapter 04 – 10

비례 추이

기동전류를 감소하고, 기동토크를 증가하기 위해서를 말한다.

48

극수 4이며 전기자 권선은 파권, 전기자 도체수가 250인 직류발전기가 있다. 이 발전기가 1200[rpm]으로 회전할 때 600[V]의 기전력을 유기하려면 1극당 자속은 몇 [Wb]인가?

① 0.04　　② 0.05
③ 0.06　　④ 0.07

해설 Chapter 01 – 03

직류발전기의 유기기전력 E

$E = \frac{PZ\phi N}{60a}$ 단, 파권이므로 $a = 2$

$\phi = \frac{E \times 60a}{PZN}$

$= \frac{600 \times 60 \times 2}{4 \times 250 \times 1200} = 0.06[\text{Wb}]$

49

발전기 회전자에 유도자를 주로 사용하는 발전기는?

① 수차발전기
② 엔진발전기
③ 터빈발전기
④ 고주파발전기

해설

유도자형 발전기 전기자와 계자가 고정되어있는 고주파발전기를 말한다.

50

BJT에 대한 설명으로 틀린 것은?

① Bipolar Junction Thyristor의 약자이다.
② 베이스 전류로 컬렉터 전류를 제어하는 전류제어 스위치이다.
③ MOSFET, IGBT 등의 전압제어 스위치보다 훨씬 큰 구동전력이 필요하다.
④ 회로기호 B, E, C는 각각 베이스(Base), 에미터(Emitter), 컬렉터(Collector)이다.

51

3상 유도전동기에서 회전자가 슬립 s로 회전하고 있을 때 2차 유기전압 E_{2s} 및 2차 주파수 f_{2s}와 s와의 관계는?(단, E_2는 회전자가 정지하고 있을 때 2차 유기전력이며 f_1은 1차 주파수이다.)

① $E_{2s} = sE_2,\ f_{2s} = sf_1$
② $E_{2s} = sE_2,\ f_{2s} = \frac{f_1}{s}$
③ $E_{2s} = \frac{E_2}{s},\ f_{2s} = \frac{f_1}{s}$
④ $E_{2s} = (1-s)E_2,\ f_{2s} = (1-s)f_1$

정답 47 ④ 48 ③ 49 ④ 50 ① 51 ①

해설 Chapter 04 – 01

슬립 s

$$s=\frac{E_{2s}}{E_2}=\frac{f_{2s}}{f_2}$$

$E_{2s}=sE_2$, $f_{2s}=sf_1$가 된다.

52

전류계를 교체하기 위해 우선 변류기 2차측을 단락시켜야 하는 이유는?

① 측정오차 방지 ② 2차측 절연 보호
③ 2차측 과전류 보호 ④ 1차측 과전류 방지

해설

CT 2차측 단락보호하기 위해서는 2차측을 단락한다. 이유는 2차측의 절연을 보호한다.

53

단자전압 220[V], 부하전류 50[A]인 분권발전기의 유도 기전력은 몇 [V]인가?(단, 여기서 전기자 저항은 0.2[Ω]이며, 계자전류 및 전기자 반작용은 무시한다.)

① 200 ② 210
③ 220 ④ 230

해설 Chapter 01 – 06 – (2)

분권발전기의 유도기전력

$E=V+I_aR_a \quad I_a=I+I_f$,

여기서 I_f를 무시하므로 $I_a=I$가 된다.

$=220+50\times0.2=230$[V]

54

기전력(1상)이 E_0이고 동기임피던스(1상)가 Z_s인 2대의 3상 동기발전기를 무부하로 병렬 운전시킬 때 각 발전기의 기전력 사이에 δ_s의 위상차가 있으면 한쪽 발전기에서 다른 쪽 발전기로 공급되는 1상당의 전력[W]은?

① $\dfrac{E_0}{Z_s}\sin\delta_s$ ② $\dfrac{E_0}{Z_s}\cos\delta_s$
③ $\dfrac{E_0^2}{2Z_s}\sin\delta_s$ ④ $\dfrac{E_0^2}{2Z_s}\cos\delta_s$

해설 Chapter 03 – 12

수수전력

$$P=\frac{E_0^2}{2Z_s}\sin\delta_s$$

55

전압이 일정한 모선에 접속되어 역률 1로 운전하고 있는 동기전동기를 동기조상기로 사용하는 경우 여자전류를 증가시키면 이 전동기는 어떻게 되는가?

① 역률은 앞서고, 전기자 전류는 증가한다.
② 역률은 앞서고, 전기자 전류는 감소한다.
③ 역률은 뒤지고, 전기자 전류는 증가한다.
④ 역률은 뒤지고, 전기자 전류는 감소한다.

해설 Chapter 02 – 04

동기전동기의 위상특성곡선

여자전류를 증가시키면 역률은 앞서고, 전기자 전류가 증가한다.

56

직류발전기의 전기자 반작용에 대한 설명으로 틀린 것은?

① 전기자 반작용으로 인하여 전기적 중성축을 이동시킨다.
② 정류자 편간 전압이 불균일하게 되어 섬락의 원인이 된다.
③ 전기자 반작용이 생기면 주자속이 왜곡되고 증가하게 된다.
④ 전기자 반작용이란, 전기자 전류에 의하여 생긴 자속이 계자에 의해 발생되는 주자속에 영향을 주는 현상을 말한다.

정답 52 ② 53 ④ 54 ③ 55 ① 56 ③

해설 Chapter 01 – 04
전기자 반작용
전기자 반작용의 경우 주자속이 왜곡되고 주자속이 감소한다.

57

단상 변압기 2대를 병렬운전할 경우, 각 변압기의 부하전류를 I_a, I_b, 1차측으로 환산한 임피던스를 Z_a, Z_b, 백분율 임피던스 강하를 z_a, z_b, 정격용량을 P_{an}, P_{bn}이라 한다. 이때 부하분담에 대한 관계로 옳은 것은?

① $\frac{I_a}{I_b}=\frac{Z_a}{Z_b}$　② $\frac{I_a}{I_b}=\frac{P_{bn}}{P_{an}}$

③ $\frac{I_a}{I_b}=\frac{Z_b}{Z_a}\times\frac{P_{an}}{P_{bn}}$　④ $\frac{I_a}{I_b}=\frac{Z_a}{Z_b}\times\frac{P_{an}}{P_{bn}}$

해설 Chapter 02 – 08
변압기 병렬운전시 부하분담비
전력과 전류분담이 비례하므로 전류분담으로 표시하면
$\frac{I_a}{I_b}=\frac{Z_b}{Z_a}\times\frac{P_{an}}{P_{bn}}$

58

단상 유도전압조정기에서 단락권선의 역할은?

① 철손 경감　② 절연 보호
③ 전압강하 경감　④ 전압조정 용이

해설 Chapter 03 – 01
단상 유도전압조정기의 단락권선
누설리액턴스에 의한 전압강하를 경감한다.

59

동기리액턴스 $X_s=10[\Omega]$, 전기자 권선저항 $r_a=0.1[\Omega]$, 3상 중 1상의 유도기전력 $E=6400[V]$, 단자전압 $V=4000[V]$, 부하각 $\delta=30°$이다. 비철극기인 3상 동기발전기의 출력은 약 몇 [kW]인가?

① 1280　② 3840
③ 5560　④ 6650

해설 Chapter 03 – 07
동기발전기의 3상 출력

$$P=3\times\frac{EV}{X_s}\sin\delta$$
$$=3\times\frac{6400\times4000}{10}\times\sin30°\times10^{-3}$$
$$=3840[kW]$$

60

60[Hz], 6극의 3상 권선형 유도전동기가 있다. 이 전동기의 정격 부하시 회전수는 1140[rpm]이다. 이 전동기를 같은 공급전압에서 전부하 토크로 기동하기 위한 외부저항은 몇 [Ω]인가?(단, 회전자 권선은 Y결선이며 슬립링 간의 저항은 0.1[Ω]이다.)

① 0.5　② 0.85
③ 0.95　④ 1

해설 Chapter 07 – 04
등가저항
슬립링간의 저항이 0.1[Ω](두선을 기준)이므로 한선당의 저항을 구하면 $\frac{0.1}{2}=0.05[\Omega]$

$$R=r_2\left(\frac{1}{s}-1\right)=0.05\times\left(\frac{1}{0.05}-1\right)=0.95$$
$$s=\frac{N_s-N}{N}=\frac{1200-1140}{1200}=0.05$$

정답 57 ③ 58 ③ 59 ② 60 ③

제4과목 | 회로이론 · 제어공학

61

개루프 전달함수 $G(s)H(s)$로부터 근궤적을 작성할 때 실수축에서의 점근선의 교차점은?

$$G(s)H(s)=\frac{K(s-2)(s-3)}{s(s+1)(s+2)(s+4)}$$

① 2 ② 5 ③ -4 ④ -6

해설

극점(분모=0인 값) → $s=0,-1,-2,-4$로 $p=4$개

영점(분자=0인 값) → $s=2,3$으로 $z=2$개

교차점 $\sigma=\frac{\Sigma p-\Sigma z}{p-z}$

$=\frac{(0+(-1)+(-2)+(-4))-(2+3)}{4-2}$

$=-6$

62

특성 방정식이 $2s^4+10s^3+11s^2+5s+K=0$으로 주어진 제어시스템이 안정하기 위한 조건은?

① $0<K<2$ ② $0<K<5$

③ $0<K<6$ ④ $0<K<10$

해설

루드표를 작성하면

s^4	2	11	K
s^3	10	5	0
s^2	$\frac{110-10}{10}=10$	$\frac{10K-0}{10}=K$	0
s^1	$\frac{50-10K}{10}=X$	$\frac{0-0}{10}=0$	0
s^0	$\frac{XK-0}{X}=K$		

이와 같이 표현되며 1열의 값이 부호변화가 없어야 안정하다고 할 수 있으므로, $X=\frac{50-10K}{10}>0$, $K>0$이어야 한다. 따라서, $50-10K>0$ → $5>K$ $\therefore 0<K<5$

63

신호흐름선도에서 전달함수 $\left(\frac{C(s)}{R(s)}\right)$는?

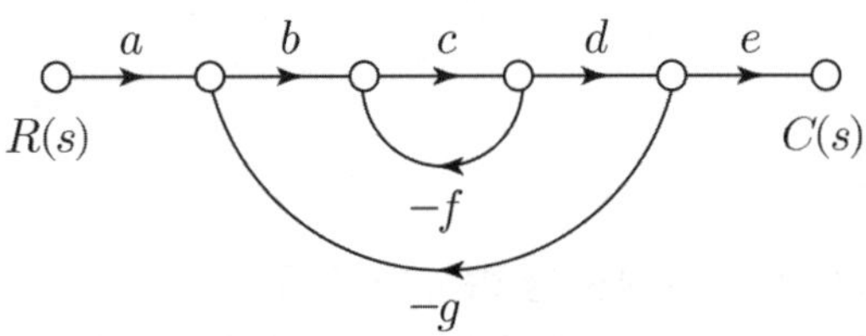

① $\frac{abcde}{1-cg-bcdg}$ ② $\frac{abcde}{1-cf+bcdg}$

③ $\frac{abcde}{1+cf-bcdg}$ ④ $\frac{abcde}{1+cf+bcdg}$

해설 Chapter 15 − 03

$G(s)=\frac{\Sigma P}{1-\Sigma L}=\frac{abcde}{1-(-cf-bcdg)}$

$=\frac{abcde}{1+cf+bcdg}$

64

적분 시간 3sec, 비례 감도가 3인 비례적분 동작을 하는 제어 요소가 있다. 이 제어 요소에 동작신호 $x(t)=2t$를 주었을 때 조작량은 얼마인가?(단, 초기 조작량 $y(t)$는 0으로 한다.)

① t^2+2t ② t^2+4t

③ t^2+6t ④ t^2+8t

해설

적분시간을 t_i, 비례감도를 K_P라고 할 때,

$G(s)=K_P\left(1+\frac{1}{t_i s}\right)=3\left(1+\frac{1}{3s}\right)=\frac{9s+3}{3s}=\frac{Y(s)}{X(s)}$

$Y(s)=X(s)\times G(s)=\frac{9s+3}{3s}\times 2\times\frac{1}{s^2}=\frac{6}{s^2}+\frac{2}{s^3}$

$=6\times\frac{1}{s^2}+\frac{2}{s^3}$

$\therefore y(t)=\mathcal{L}^{-1}Y(s)=\mathcal{L}^{-1}[6\cdot\frac{1}{s^2}\times\frac{2}{s^3}]=6t+t^2$

정답 61 ④ 62 ② 63 ④ 64 ③

65

$\overline{A}+\overline{B}\cdot\overline{C}$와 등가인 논리식은?

① $\overline{A\cdot(B+C)}$

② $\overline{A+B\cdot C}$

③ $\overline{A\cdot B+C}$

④ $\overline{A\cdot B}+C$

해설

드모르간 정리에 의해

$\overline{A}+\overline{B}\cdot\overline{C}=\overline{\overline{\overline{A}+\overline{B}\cdot\overline{C}}}=\overline{A\cdot(B+C)}$

66

블록선도와 같은 단위 피드백 제어시스템의 상태방정식은?(단, 상태변수는 $x_1(t)=c(t)$, $x_2(t)=\dfrac{d}{dt}c(t)$로 한다.)

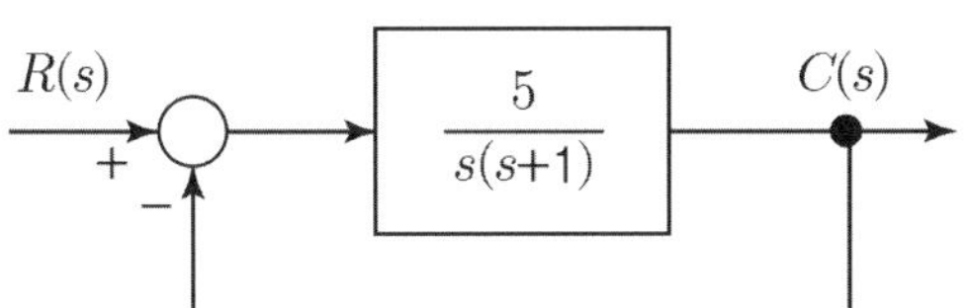

① $\dot{x}_1(t)=x_2(t)$, $\dot{x}_2(t)=-5x_1(t)-x_2(t)+5r(t)$

② $\dot{x}_1(t)=x_2(t)$, $\dot{x}_2(t)=-5x_1(t)-x_2(t)-5r(t)$

③ $\dot{x}_1(t)=-x_2(t)$, $\dot{x}_2(t)=5x_1(t)+x_2(t)-5r(t)$

④ $\dot{x}_1(t)=-x_2(t)$, $\dot{x}_2(t)=-5x_1(t)-x_2(t)+5r(t)$

해설

$$G(s)=\frac{C(s)}{R(s)}=\frac{\Sigma\text{전향경로이득}}{1-\Sigma\text{루프이득}}$$

$$=\frac{\dfrac{5}{s(s+1)}}{1+\dfrac{5}{s(s+1)}}\times\frac{s(s+1)}{s(s+1)}$$

$$=\frac{5}{s(s+1)+5}=\frac{5}{s^2+s+5}=\frac{C(s)}{R(s)}$$ 가 되며

수식을 전개하면

$(s^2+s+5)C(s)$

$=s^2C(s)+sC(s)+5C(s)=5R(s)$가 되며,

이를 역 라플라스변환 하면

$\ddot{c}(t)+\dot{c}(t)+5c(t)=5r(t)$가 된다.

그런데

$x_1(t)=c(t)$, $x_2(t)=\dfrac{d}{dt}c(t)=\dot{c}(t)$이므로,

$\dot{c}(t)=\dot{x}_1(t)=x_2(t)$, $\dot{x}_2(t)=\ddot{x}_1(t)=\ddot{c}(t)$가

되며, 이에 대해 식을 정리해주면

$\dot{x}_2(t)+5x_1(t)+x_2(t)=5r(t)$ →

$\dot{x}_2(t)=-5x_1(t)-x_2(t)+5r(t)$

67

2차 제어시스템의 감쇠율(damping ratio, ζ)이 $\zeta<0$인 경우 제어시스템의 과도응답 특성은?

① 발산　② 무제동
③ 임계제동　④ 과제동

해설

감쇠율이 0보다 작은 경우는 발산의 특성을 보인다.

68

$e(t)$의 z변환을 $e(t)$의 최종값 $e(\infty)$은?

① $\lim_{z\to 1}E(z)$　② $\lim_{z\to\infty}E(z)$

③ $\lim_{z\to 1}(1-z^{-1})E(z)$　④ $\lim_{z\to\infty}(1-z^{-1})E(z)$

해설

z변환의 최종값 정리는

$\lim_{t\to\infty}e(t)=\lim_{z\to 1}E(z)(1-z^{-1})$

정답 65 ① 66 ① 67 ① 68 ③

69

블록선도의 제어시스템은 단위 램프 입력에 대한 정상상태 오차(정상편차)가 0.01이다. 이 제어시스템의 제어요소인 $G_{C1}(s)$의 k는?

$$G_{C1}(s) = k,\ G_{C2}(s) = \frac{1+0.1s}{1+0.2s},$$
$$G_P(s) = \frac{200}{s(s+1)(s+2)}$$

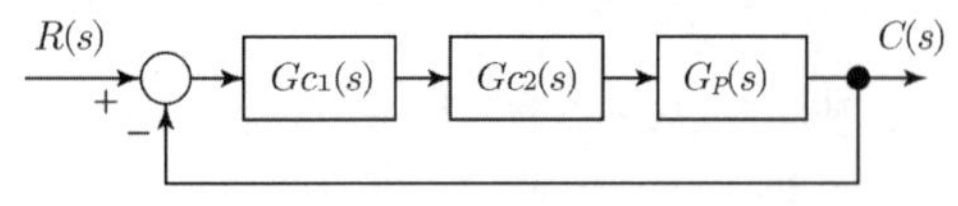

① 0.1 ② 1 ③ 10 ④ 100

해설

개루프 전달함수 $GH = G_{C1}G_{C2}G_P$

$= k \times \frac{1+0.1s}{1+0.2s} \times \frac{200}{s(s+1)(s+2)}$

$= \frac{200k(1+0.1s)}{s(s+1)(s+2)(1+0.2s)}$

속도편차상수

$K_v = sGH|_{s=0} = \frac{200k(1+0.1s)}{(s+1)(s+2)(1+0.2s)}|_{s=0} = 100k$

정상속도편차 $e_{ssv} = \frac{1}{K_v} = \frac{1}{100k} = 0.01 \quad \therefore k = 1$

70

블록선도의 전달함수 $\left(\frac{C(s)}{R(s)}\right)$는?

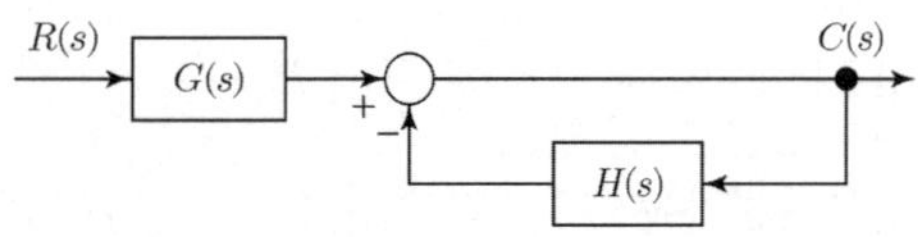

① $\frac{G(s)}{1+H(s)}$ ② $\frac{G(s)}{1+G(s)H(s)}$

③ $\frac{1}{1+H(s)}$ ④ $\frac{1}{1+G(s)H(s)}$

해설 Chapter 15 − 03

$G(s) = \frac{\Sigma P}{1-\Sigma L} = \frac{G(s)}{1-(1\cdot(-H(s)))}$

$= \frac{G(s)}{1-(1\cdot(-H(s)))} = \frac{G(s)}{1+H(s)}$

71

특성 임피던스가 400[Ω]인 회로 말단에 1200[Ω]의 부하가 연결되어 있다. 전원 측에 20[kV]의 전압을 인가할 때 반사파의 크기[kV]는?(단, 선로에서의 전압 감쇠는 없는 것으로 간주한다.)

① 3.3 ② 5 ③ 10 ④ 33

해설 Chapter 12 − 04

반사계수 $\rho = \frac{Z_L - Z_0}{Z_L + Z_0} = \frac{1200-400}{1200+400} = 0.5$

반사파 크기 $= V \times \rho = 20 \times 0.5 = 10[\mathrm{kV}]$

72

그림과 같은 H형의 4단자 회로망에서 4단자 정수(전송 파라미터) A는?(단, V_1은 입력전압이고, V_2는 출력전압이고, A는 출력 개방 시 회로망의 전압이득 $\left(\frac{V_1}{V_2}\right)$이다.)

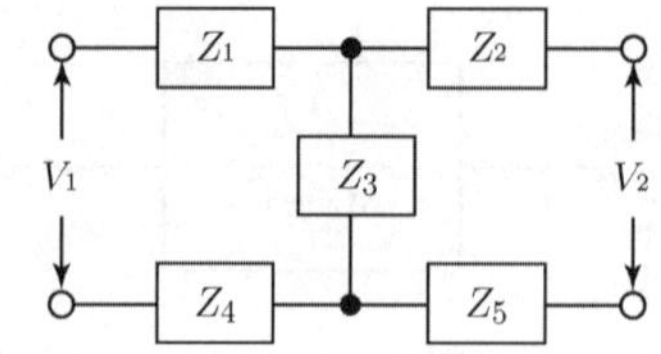

① $\frac{Z_1+Z_2+Z_3}{Z_3}$ ② $\frac{Z_1+Z_3+Z_4}{Z_3}$

③ $\frac{Z_2+Z_3+Z_5}{Z_3}$ ④ $\frac{Z_3+Z_4+Z_5}{Z_3}$

해설 Chapter 11 − 03

아래와 같이 등가 회로망으로 변경할 수 있다.

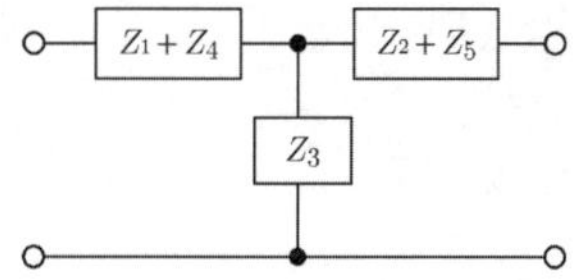

이때 4단자 정수 A는

$\therefore A = 1 + \searrow = 1 + \frac{Z_1+Z_4}{Z_3} = \frac{Z_1+Z_3+Z_4}{Z_3}$

정답 69 ② 70 ① 71 ③ 72 ②

73

$F(s)=\dfrac{2s^2+s-3}{s(s^2+4s+3)}$ 의 라플라스 역변환은?

① $1-e^{-t}+2e^{-3t}$　② $1-e^{-t}-2e^{-3t}$
③ $-1-e^{-t}-2e^{-3t}$　④ $-1+e^{-t}+2e^{-3t}$

해설 Chapter 13 – 09
4번을 라플라스 변환해 보면

$$\mathcal{L}[-1+e^{-t}+2e^{-3t}]=-\frac{1}{s}+\frac{1}{s+1}+\frac{2}{s+3}$$

$$=\frac{-(s+1)(s+3)+s(s+3)+2s(s+1)}{s(s+1)(s+3)}$$

$$=\frac{2s^2+s-3}{s(s+1)(s+3)}$$

74

Δ 결선된 평형 3상 부하로 흐르는 선전류가 I_a, I_b, I_c 일 때, 이 부하로 흐르는 영상분 전류 I_0[A]는?

① $3I_a$　② I_a
③ $\frac{1}{3}I_a$　④ 0

해설 Chapter 08 – 01

영상전류 $I_0=\frac{1}{3}(I_a+I_b+I_c)$ 이나, 3상 평형 상태에선 영상분은 0이 된다.

75

저항 $R=15[\Omega]$과 인덕턴스 $L=3[\text{mH}]$를 병렬로 접속한 회로의 서셉턴스의 크기는 약 몇 [℧]인가? (단, $\omega=2\pi\times10^5$)

① 3.2×10^{-2}　② 8.6×10^{-3}
③ 5.3×10^{-4}　④ 4.9×10^{-5}

해설 Chapter 02 – 07

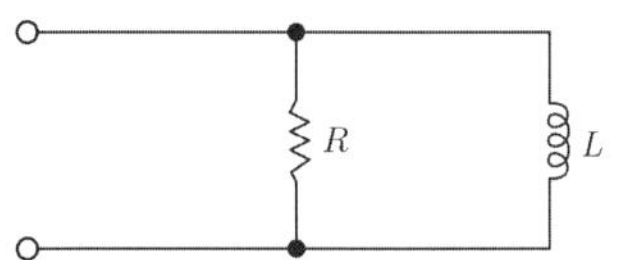

합성 어드미턴스 $Y=Y_1+Y_2=\frac{1}{R}-j\frac{1}{\omega L}$ 에서 $\frac{1}{\omega L}$ 이 서셉턴스가 되므로, $\therefore B=\frac{1}{\omega L}=\frac{1}{2\pi\times10^5\times3\times10^{-3}}$ $=5.3\times10^{-4}[℧]$

76

그림과 같이 Δ 회로를 Y회로로 등가변환하였을 때 임피던스 $Z_a[\Omega]$는?

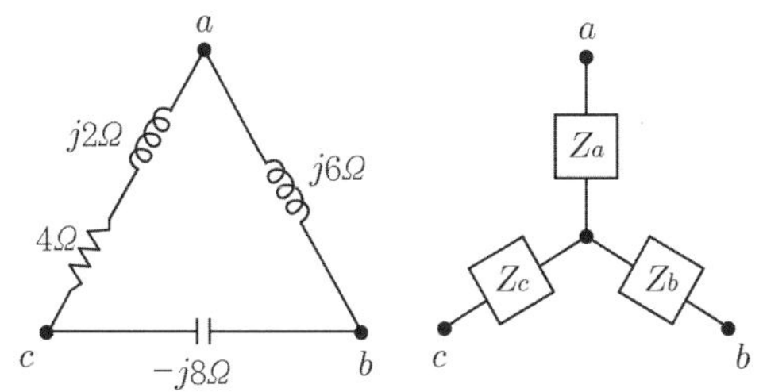

① 12　② $-3+j6$
③ $4-j8$　④ $6+j8$

해설 Chapter 07 – 03
$\Delta\rightarrow Y$ 변형시

$$Z_a=\frac{(4+j2)\times j6}{4+j2+j6-j8}=-3+j6$$

77

회로에서 $t=0$초일 때 닫혀 있는 스위치 S를 열었다. 이때 $\dfrac{dv(0^+)}{dt}$의 값은?(단, C의 초기 전압은 0[V]이다.)

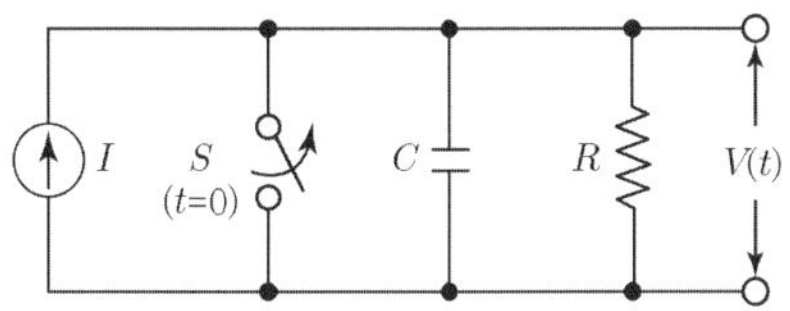

① $\dfrac{1}{RI}$　② $\dfrac{C}{I}$　③ RI　④ $\dfrac{I}{C}$

정답 73 ④ 74 ④ 75 ③ 76 ② 77 ④

78

회로에서 전압 V_{ab}[V]는?

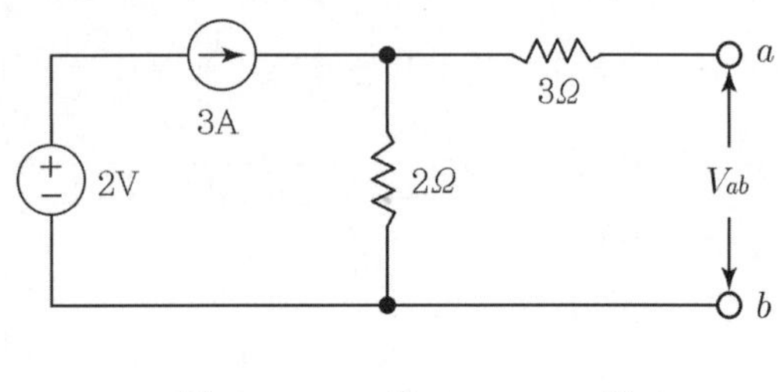

① 2　② 3　③ 6　④ 9

해설 Chapter 06 – 02

2[Ω]에 흐르는 전류를 구하기 위해 중첩의 정리를 사용하면

case 1) 전압원 단락

3[Ω]으로 가는 회로는 개방이 됐기 때문에 2[Ω]으로 3[A]의 전류가 모두 흐른다.

$\therefore I_1 = 3[A]$

case 2) 전류원 개방

전류원을 개방하면 회로가 형성이 되지 못하기 때문에 전류는 흐르지 않는다.

$\therefore I_2 = 0$

따라서 총 전류는

$I = I_1 + I_2 = 3 + 0 = 3[A]$

또한, 2[Ω]에 걸리는 전압이 테브난 등가전압 V_{ab}이므로

$\therefore V_{ab} = I \times R = 3 \times 2 = 6[V]$

79

전압 및 전류가 다음과 같을 때 유효전력[W] 및 역률[%]은 각각 약 얼마인가?

$$v(t) = 100\sin\omega t - 50\sin(3\omega t + 30^\circ) + 20\sin(5\omega t + 45^\circ)(V)$$
$$i(t) = 20\sin(\omega t + 30^\circ) + 10\sin(3\omega t - 30^\circ) + 5\cos 5\omega t[A]$$

① 825W, 48.6%　② 776.4W, 59.7%
③ 1120W, 77.4%　④ 1850W, 89.6%

해설 Chapter 09 – 03

전압의 실효값

$$V = \sqrt{V_1^2 + V_3^2 + V_5^2} = \sqrt{\left(\frac{100}{\sqrt{2}}\right)^2 + \left(\frac{50}{\sqrt{2}}\right)^2 + \left(\frac{20}{\sqrt{2}}\right)^2} = 80.31[V]$$

전류의 실효값

$$I = \sqrt{I_1^2 + I_3^2 + I_5^2} = \sqrt{\left(\frac{20}{\sqrt{2}}\right)^2 + \left(\frac{10}{\sqrt{2}}\right)^2 + \left(\frac{5}{\sqrt{2}}\right)^2} = 16.20[A]$$

전력

$$P = P_1 + P_3 + P_5 = V_1 I_1 \cos\theta_1 + V_3 I_3 \cos\theta_3 + V_5 I_5 \cos\theta_5$$

이므로,

$$\therefore P = V_1 I_1 \cos\theta_1 + V_3 I_3 \cos\theta_3 + V_5 I_5 \cos\theta_5 = \frac{100}{\sqrt{2}} \times \frac{20}{\sqrt{2}} \times \cos 30^\circ + \frac{-50}{\sqrt{2}} \times \frac{10}{\sqrt{2}} \times \cos 60^\circ + \frac{20}{\sqrt{2}} \times \frac{5}{\sqrt{2}} \times \cos 45^\circ = 776.4[W]$$

$$\therefore \cos\theta = \frac{P}{P_a} = \frac{P}{VI} = \frac{776.4}{80.31 \times 16.20} = 0.597 = 59.7[\%]$$

80

Δ 결선된 대칭 3상 부하가 0.5[Ω]인 저항만의 선로를 통해 평형 3상 전압원에 연결되어 있다. 이 부하의 소비전력이 1800[W]이고 역률이 0.8(지상)일 때, 선로에서 발생하는 손실이 50[W]이면 부하의 단자전압[V]의 크기는?

① 627　② 525
③ 326　④ 225

정답 78 ③　79 ②　80 ④

제5과목 | 전기설비기술기준

81

사용전압이 22.9[kV]인 가공전선로의 다중접지한 중성선과 첨가통신선의 이격거리는 몇 [cm] 이상이어야 하는가?(단, 특고압 가공전선로는 중성선 다중접지식의 것으로 전로에 지락이 생긴 경우 2초 이내에 자동적으로 이를 전로로부터 차단하는 장치가 되어 있는 것으로 한다.)

① 60 ② 75
③ 100 ④ 120

해설 Chapter 04 – 03
전력보안통신선의 이격거리
22.9[kV] 가공전선과 첨가통신선의 경우 0.75[m] 이상 이격시킨다. 다만 중성선의 경우라면 0.6[m] 이상이어야만 한다.

82

다음 ( )에 들어갈 내용으로 옳은 것은?

> 지중전선로는 기설 지중약전류전선로에 대하여 (ⓐ) 또는 (ⓑ)에 의하여 통신상에 장해를 주지 않도록 기설 약전류전선로로부터 충분히 이격시키거나 기타 적당한 방법으로 시설하여야 한다.

① ⓐ 누설전류, ⓑ 유도작용
② ⓐ 단락전류, ⓑ 유도작용
③ ⓐ 단락전류, ⓑ 정전작용
④ ⓐ 누설전류, ⓑ 정전작용

해설 Chapter 03 – 19 – (4)
지중약전류 전선의 유도장해 방지
지중전선로는 기설 지중약전류전선로에 대하여 누설전류 또는 유도작용에 의하여 통신상에 장해를 주지 않도록 하여야 한다.

83

전격살충기의 전격격자는 지표 또는 바닥에서 몇 [m] 이상의 높은 곳에 시설하여야 하는가?

① 1.5 ② 2
③ 2.8 ④ 3.5

해설 Chapter 05 – 12 – (4)
전격살충기
전격격자의 높이는 3.5[m] 이상이어야 한다. 다만 자동차단 장치가 있는 경우 1.8[m] 이상

84

사용전압이 154[kV]인 모선에 접속되는 전력용 커패시터에 울타리를 시설하는 경우 울타리의 높이와 울타리로부터 충전부분까지 거리의 합계는 몇 [m] 이상 되어야 하는가?

① 2 ② 3
③ 5 ④ 6

해설 Chapter 02 – 01
발, 변전소 울타리 담등의 시설
울타리의 높이와 충전부까지의 거리의 경우
35[kV] 이하시 A + B 5[m] 이상
160[kV] 이하시 A + B 6[m] 이상
160[kV]를 초과시 6 + $(x-16) \times 0.12$[m]

85

사용전압이 22.9[kV]인 가공전선이 삭도와 제1차 접근상태로 시설되는 경우, 가공전선과 삭도 또는 삭도용 지주 사이의 이격거리는 몇 [m] 이상으로 하여야 하는가? (단, 전선으로는 특고압 절연전선을 사용한다.)

① 0.5 ② 1
③ 2 ④ 2.12

정답 81 ① 82 ① 83 ④ 84 ④ 85 ②

해설

22.9[kV]의 가공전선과 삭도와 1차 접근시 절연전선의 경우 1[m] 이상 이격시켜야만 한다.

86

사용전압이 22.9[kV]인 가공전선로를 시가지에 시설하는 경우 전선의 지표상 높이는 몇 [m] 이상인가? (단, 전선은 특고압 절연전선을 사용한다.)

① 6 ② 7 ③ 8 ④ 10

해설 Chapter 03 – 06 – (3)

가공전선의 지표상 높이

특고압 가공전선이 시가지에 시설되는 경우

35[kV] 이하의 경우 10[m] 이상(단, 절연전선의 경우 8[m] 이상)

35[kV]를 초과하는 경우 $10+(x-3.5)\times 0.12$[m]

87

저압옥내배선에 사용하는 연동선의 최소 굵기는 몇 [mm^2]인가?

① 1.5 ② 2.5 ③ 4.0 ④ 6.0

해설 Chapter 05 – 01

저압옥내배선의 최소굵기

2.5[mm^2] 이상의 연동선일 것. 단 전광표시, 제어회로용의 경우 1.5[mm^2] 이상의 연동선

88

"리플프리(Ripple–free)직류"란 교류를 직류로 변환할 때 리플성분의 실효값이 몇 [%] 이하로 포함된 직류를 말하는가?

① 3 ② 5 ③ 10 ④ 15

해설

리플프리란 교류를 직류로 변환할 때 리플성분의 실효값이 10[%] 이하로 포함된 직류를 말한다.

89

저압전로에서 정전이 어려운 경우 등 절연저항 측정이 곤란한 경우 저항성분의 누설전류가 몇 [mA] 이하이면 그 전로의 절연성능은 적합한 것으로 보는가?

① 1 ② 2

③ 3 ④ 4

해설 Chapter 01 – 10

저압전로의 절연성능

정전이 곤란하여 절연저항 측정이 어려운 경우 누설전류는 1[mA] 이하일 것

90

수소냉각식 발전기 및 이에 부속하는 수소냉각장치에 대한 시설기준으로 틀린 것은?

① 발전기 내부의 수소의 온도를 계측하는 장치를 시설할 것

② 발전기 내부의 수소의 순도가 70[%] 이하로 저하한 경우에 경보를 하는 장치를 시설할 것

③ 발전기는 기밀구조의 것이고 또한 수소가 대기압에서 폭발하는 경우에 생기는 압력에 견디는 강도를 가지는 것일 것

④ 발전기 내부의 수소의 압력을 계측하는 장치 및 그 압력이 현저히 변동한 경우에 이를 경보하는 장치를 시설할 것

해설 Chapter 02 – 08

수소냉각실 발전기의 등의 시설

수소의 순도는 85[%] 이하시 경보하는 장치를 시설하여야 한다.

91

저압 절연전선으로 「전기용품 및 생활용품 안전관리법」의 적용을 받는 것 이외에 KS에 적합한 것으로서 사용할 수 없는 것은?

정답 86 ③ 87 ② 88 ③ 89 ① 90 ② 91 ③

① 450/750[V] 고무절연전선
② 450/750[V] 비닐절연전선
③ 450/750[V] 알루미늄절연전선
④ 450/750[V] 저독성 난연 폴리올레핀절연전선

해설

저압 절연전선으로 적합한 전선
1) 450/750[V] 고무절연전선
2) 450/750[V] 비닐절연전선
3) 450/750[V] 저독성 난연 폴리올레핀절연전선
4) 450/750[V] 저독성 난연 가교 폴리올레핀절연전선

92

전기철도차량에 전력을 공급하는 전차선의 가선방식에 포함되지 않는 것은?

① 가공방식　② 강체방식
③ 제3레일방식　④ 지중조가선방식

해설

전차선의 가선방식
1) 가공방식
2) 강체방식
3) 제3레일방식

93

금속제 가요전선관 공사에 의한 저압 옥내배선의 시설기준으로 틀린 것은?

① 가요전선관 안에는 전선에 접속점이 없도록 한다.
② 옥외용 비닐절연전선을 제외한 절연전선을 사용한다.
③ 점검할 수 없는 은폐된 장소에는 1종 가요전선관을 사용할 수 있다.
④ 2종 금속제 가요전선관을 사용하는 경우에 습기 많은 장소에 시설하는 때에는 비닐 피복 2종 가요전선관으로 한다.

해설 Chapter 05 – 07 – (3)

가요전선관 공사
2종금속제 가요전선관일 것

94

터널 안의 전선로의 저압전선이 그 터널 안의 다른 저압전선(관등회로의 배선은 제외한다.)·약전류전선 등 또는 수관·가스관이나 이와 유사한 것과 접근하거나 교차하는 경우, 저압전선을 애자공사에 의하여 시설하는 때에는 이격거리가 몇 [cm] 이상이어야 하는가?(단, 전선이 나전선이 아닌 경우이다.)

① 10　② 15
③ 20　④ 25

해설

터널 안 전선로의 저압전선
터널 안 전선로의 저압전선이 다른 저압전선(관등회로의 배선은 제외한다.), 약전류전선 등 또는 수관, 가스관이나 이와 유사한 것과 접근하거나 교차할 경우, 저압전선을 애자공사에 의하여 시설하는 때에 이격거리는 10[cm] 이상이어야 한다.(단 전선의 나전선의 경우 0.3[m] 이상)

95

전기철도의 설비를 보호하기 위해 시설하는 피뢰기의 시설기준으로 틀린 것은?

① 피뢰기는 변전소 인입측 및 급전선 인출측에 설치하여야 한다.
② 피뢰기는 가능한 한 보호하는 기기와 가깝게 시설하되 누설전류 측정이 용이하도록 지지대와 절연하여 설치한다.
③ 피뢰기는 개방형을 사용하고 유효 보호거리를 증가시키기 위하여 방전개시전압 및 제한전압이 낮은 것을 사용한다.
④ 피뢰기는 가공전선과 직접 접속하는 지중케이블에서 낙뢰에 의해 절연파괴의 우려가 있는 케이블 단말에 설치하여야 한다.

정답 92 ④　93 ③　94 ①　95 ③

해설
전기철도의 설비를 보호하기 위한 피뢰기의 시설기준
피뢰기는 밀폐형을 사용하여야 한다.

96

전선의 단면적이 38[mm^2]인 경동연선을 사용하고 지지물로는 B종 철주 또는 B종 철근 콘크리트주를 사용하는 특고압 가공전선로를 제3종 특고압 보안공사에 의하여 시설하는 경우 경간은 몇 [m] 이하이어야 하는가?

① 100　② 150
③ 200　④ 250

해설 Chapter 03 – 10
보안공사시 경간
3종 특고압 보안공사의 경우 B종 지지물은 200[m] 이하이어야만 한다.

97

태양광설비에 시설하여야 하는 계측기의 계측대상에 해당하는 것은?

① 전압과 전류　② 전력과 역률
③ 전류와 역률　④ 역률과 주파수

해설
태양광설비의 계측기의 계측대상
1) 전압과 전류
2) 전압과 전력

98

교통신호등 회로의 사용전압이 몇 [V]를 넘는 경우는 전로에 지락이 생겼을 경우 자동적으로 전로를 차단하는 누전차단기를 시설하는가?

① 60　② 150
③ 300　④ 450

해설 Chapter 05 – 11 – (6)
교통신호등
사용전압이 150[V]를 넘는 경우 누전차단기를 설치하여야 한다.

99

가공전선로의 지지물에 시설하는 지선으로 연선을 사용할 경우, 소선(素線)은 몇 가닥 이상이어야 하는가?

① 2　② 3
③ 5　④ 9

해설 Chapter 03 – 03
지선의 시설
소선수는 최소 3가닥 이상이어야만 한다.

100

저압전로의 보호도체 및 중성선의 접속 방식에 따른 접지계통의 분류가 아닌 것은?

① IT 계통　② TN 계통
③ TT 계통　④ TC 계통

해설 Chapter 01 – 14
저압전기설비의 접지계통
1) TN 계통
2) TT 계통
3) IT 계통

정답 96 ③ 97 ① 98 ② 99 ② 100 ④

전기기사 기출문제

2021년 2회 기출문제

제1과목 | 전기자기학

01

두 종류의 유전율(ϵ_1, ϵ_2)을 가진 유전체가 서로 접하고 있는 경계면에 진전하가 존재하지 않을 때 성립하는 경계조건으로 옳은 것은? 단, E_1, E_2는 각 유전체에서의 전계이고, D_1, D_2는 각 유전체에서의 전속밀도이고, θ_1, θ_2는 각각 경계면의 법선벡터와 E_1, E_2가 이루는 각이다.

① $E_1\cos\theta_1 = E_2\cos\theta_2,\ D_1\sin\theta_1 = D_2\sin\theta_2,$
$\dfrac{\tan\theta_1}{\tan\theta_2} = \dfrac{\epsilon_2}{\epsilon_1}$

② $E_1\cos\theta_1 = E_2\cos\theta_2,\ D_1\sin\theta_1 = D_2\sin\theta_2,$
$\dfrac{\tan\theta_1}{\tan\theta_2} = \dfrac{\epsilon_1}{\epsilon_2}$

③ $E_1\sin\theta_1 = E_2\sin\theta_2,\ D_1\cos\theta_1 = D_2\cos\theta_2,$
$\dfrac{\tan\theta_1}{\tan\theta_2} = \dfrac{\epsilon_2}{\epsilon_1}$

④ $E_1\sin\theta_1 = E_2\sin\theta_2,\ D_1\cos\theta_1 = D_2\cos\theta_2,$
$\dfrac{\tan\theta_1}{\tan\theta_2} = \dfrac{\epsilon_1}{\epsilon_2}$

해설 Chapter 04 – 02

유전체의 경계조건

1) 전속밀도의 법선성분은 같다.
$D_1\cos\theta_1 = D_2\cos\theta_2$

2) 전계의 접선성분은 같다.
$E_1\sin\theta_1 = E_2\sin\theta_2$

3) 굴절의 법칙
$\dfrac{\tan\theta_2}{\tan\theta_1} = \dfrac{\epsilon_2}{\epsilon_1}$

02

공기 중에서 반지름 0.03[m]의 구도체에 줄 수 있는 최대 전하는 약 몇 [C]인가? 단, 이 구도체의 주위 공기에 대한 절연내력은 5×10^6[V/m]이다.

① 5×10^{-7}　② 2×10^{-6}
③ 5×10^{-5}　④ 2×10^{-4}

해설 Chapter 04 – 01

구도체의 전하 Q

$Q = CV$이므로

구도체의 경우 $C = 4\pi\epsilon_0 r$이므로

$Q = 4\pi\epsilon_0 r \times E \times r$
$= 4\pi \times 8.855\times10^{-12}\times0.03\times5\times10^6\times0.03$
$= 5\times10^{-7}$[C]

03

진공 중의 평등자계 H_0중에 반지름 a[m]이고, 투자율이 μ인 구 자성체가 있다. 이 구 자성체의 감자율은? 단, 구 자성체 내부의 자계는 $H = \dfrac{3\mu_0}{2\mu_0+\mu}H_0$이다.

① 1　② $\dfrac{1}{2}$
③ $\dfrac{1}{3}$　④ $\dfrac{1}{4}$

해설

감자율

감자율은 구자성체의 경우 $\dfrac{1}{3}$이 되며, 환상 솔레노이드의 경우 0이다.

정답 01 ④ 02 ① 03 ③

04

유전율 ϵ, 전계의 세기 E인 유전체의 단위 체적당 축적되는 정전에너지는?

① $\dfrac{E}{2\epsilon}$　② $\dfrac{\epsilon E}{2}$

③ $\dfrac{\epsilon E^2}{2}$　④ $\dfrac{\epsilon^2 E^2}{2}$

해설 Chapter 02 – 14

단위 체적당 에너지

$W = \dfrac{1}{2}\epsilon_0 E^2 = \dfrac{D^2}{2\epsilon_0} = \dfrac{1}{2}ED[J/m^3]$

05

단면적이 균일한 환상철심에 권수 N_A인 A코일과 권수 N_B인 B코일이 있을 때, B코일의 자기 인덕턴스가 L_A [H]라면 두 코일의 상호 인덕턴스[H]는?(단, 누설자속은 0이다.)

① $\dfrac{L_A N_A}{N_B}$　② $\dfrac{L_A N_B}{N_A}$

③ $\dfrac{N_A}{L_A N_B}$　④ $\dfrac{N_B}{L_A N_A}$

해설

상호인덕턴스 M

$M = \dfrac{N_A N_B}{R_m} = \dfrac{\mu S N_A N_B}{\ell} = \dfrac{L_A N_A}{N_B}$

06

비투자율이 350인 환상 철심 내부의 평균 자계의 세기가 342[AT/m]일 때 자화의 세기는 약 몇 [Wb/m²]인가?

① 0.12　② 0.15　③ 0.18　④ 0.21

해설 Chapter 08 – 01

자화의 세기

$J = \mu_0(\mu_s - 1)H$

$= 4\pi \times 10^{-7}(350-1) \times 342 = 0.15[\text{Wb/m}^2]$

07

진공 중에 놓인 Q[C]의 전하에서 발산되는 전기력선의 수는?

① Q　② ϵ_0

③ $\dfrac{Q}{\epsilon_0}$　④ $\dfrac{\epsilon_0}{Q}$

해설 Chapter 02 – 05 – (7)

전기력선수

전기력선수 $= \dfrac{Q}{\epsilon_0}$

전속수 $= Q$

08

비투자율이 50인 환상 철심을 이용하여 100[cm] 길이의 자기회로를 구성할 때 자기저항을 2.0×10^7[AT/Wb] 이하로 하기 위해서는 철심의 단면적을 약 몇 [m²] 이상으로 하여야 하는가?

① 3.6×10^{-4}　② 6.4×10^{-4}

③ 8.0×10^{-4}　④ 9.2×10^{-4}

해설 Chapter 08 – 03

자기저항 R_m

자기저항 $R_m = \dfrac{\ell}{\mu S}$

여기서 $S = \dfrac{\ell}{\mu R_m}$

$$= \frac{1}{4\pi \times 10^{-7} \times 50 \times 2 \times 10^7} = 8 \times 10^{-4}[\text{m}^2]$$

정답　04 ③　05 ①　06 ②　07 ③　08 ③

09

자속밀도가 10[Wb/m²]인 자계 중에 10[cm] 도체를 자계와 60°의 각도로 30[m/s]로 움직일 때, 이 도체에 유기되는 기전력은 몇 [V]인가?

① 15 ② $15\sqrt{3}$
③ 1500 ④ $1500\sqrt{3}$

해설 Chapter 07 – 09 – (4)
유도기전력
$e = B\ell v \sin\theta$
$= 10 \times 0.1 \times 30 \times \sin 60 = 15\sqrt{3}$

10

전기력선의 성질에 대한 설명으로 옳은 것은?

① 전기력선은 등전위면과 평행하다.
② 전기력선은 도체 표면과 직교한다.
③ 전기력선은 도체 내부에 존재할 수 있다.
④ 전기력선은 전위가 낮은 점에서 높은 점으로 향한다.

해설 Chapter 02 – 05
전기력선의 성질
1) 전기력선의 밀도는 전계의 세기와 같다.
2) 전기력선은 정(+)전하에서 부(–)전하에 그친다.
3) 전기력선은 전위가 높은 곳에서 낮은 곳으로 향한다.
4) 대전, 평형 상태 시 전하는 표면에만 분포한다.
5) 전기력선은 도체 표면에 수직한다.
6) 전하는 뾰족한 부분일수록 많이 모이려는 성질이 있다.

11

평등 자계와 직각 방향으로 일정한 속도로 발사된 전자의 원운동에 관한 설명으로 옳은 것은?

① 플레밍의 오른쪽법칙에 의한 로렌츠의 힘과 원심력의 평형 원운동이다.
② 원의 반지름은 전자의 발사속도와 전계의 세기의 곱에 반비례한다.
③ 전자의 원운동 주기는 전자의 발사속도와 무관하다.
④ 전자의 원운동 주파수는 전자의 질량에 비례한다.

해설 Chapter 07 – 09 – (5)
자계 내에 수직으로 돌입한 전자는 원운동을 한다.
$r = \dfrac{mv}{eB}$
$T = \dfrac{2\pi m}{eB}$ (여기서 m : 질량, T : 주기)

12

전계 E[V/m]가 두 유전체의 경계면에 평행으로 작용하는 경우 경계면에 단위면적당 작용하는 힘의 크기는 몇 [N/m²]인가?(단, ϵ_1, ϵ_2는 각 유전체의 유전율이다.)

① $F = E^2(\epsilon_1 - \epsilon_2)$

② $F = \dfrac{1}{E^2}(\epsilon_1 - \epsilon_2)$

③ $F = \dfrac{1}{2}E^2(\epsilon_1 - \epsilon_2)$

④ $F = \dfrac{1}{2E^2}(\epsilon_1 - \epsilon_2)$

해설 Chapter 03 – 14
대전 도체 표면에 작용하는 힘
$F = \dfrac{1}{2}\epsilon E^2 = \dfrac{D^2}{2\epsilon_0} = \dfrac{1}{2}ED$[N/m²]
여기서 전계 E가 같기 때문에
$\dfrac{1}{2}\epsilon_1 E_1^2 = \dfrac{1}{2}\epsilon_2 E_2^2$가 되므로
$F = \dfrac{1}{2}E^2(\epsilon_1 - \epsilon_2)$가 된다.

정답 09 ② 10 ② 11 ③ 12 ③

13

공기 중에서 반지름 a[m]의 독립 금속구의 정전용량은 몇 [F]인가?

① $2\pi\epsilon_0 a$ ② $4\pi\epsilon_0 a$

③ $\frac{1}{2\pi\epsilon_0 a}$ ④ $\frac{1}{4\pi\epsilon_0 a}$

해설 Chapter 03 – 04 – (1)
고립도체구의 정전용량
$C=4\pi\epsilon_0 a$[F]

14

와전류가 이용되고 있는 것은?

① 수중 음파 탐지기
② 레이더
③ 자기 브레이크(Magnetic brake)
④ 사이클로트론(cyclotron)

해설
자기브레이크
금속에 와전류를 발생시켜 추진력의 반대방향의 힘을 발생한다.

15

전계 $E=\frac{2}{x}\dot{x}+\frac{2}{y}\dot{y}$ [V/m]에서 점(3, 5)[m]를 통과하는 전기력선의 방정식은?(단, $\dot{x}$, $\dot{y}$는 단위벡터이다.)

① $x^2+y^2=12$
② $y^2-x^2=12$
③ $x^2+y^2=16$
④ $y^2-x^2=16$

해설 Chapter 02 – 11
전기력선의 방정식
$\frac{dx}{Ex}=\frac{dy}{Ey}=\frac{dz}{Ez}$
$\frac{dx}{\frac{2}{x}}=\frac{dy}{\frac{2}{y}}$
$=\frac{x}{2}dx=\frac{y}{2}dy$가 된다.

이를 양변을 적분하면 $\int\frac{x}{2}dx=\int\frac{y}{2}dy$
$\frac{1}{4}x^2=\frac{1}{4}y^2+C$가 된다.
양변에 4를 곱하여 보면 $x^2=y^2+4C$
이후 양변에 (3, 5)를 대입하면 $4C=-16$, $y^2-x^2=16$

16

전계 $E=\sqrt{2}E_e\sin\omega(t-\frac{x}{e})$[V/m]의 평면 전자파가 있다. 진공 중에서 자계의 실효값은 몇 [A/m]인가?

① $\frac{1}{4\pi}E_e$ ② $\frac{1}{36\pi}E_e$

③ $\frac{1}{120\pi}E_e$ ④ $\frac{1}{360\pi}E_e$

해설 Chapter 11 – 02
고유(파동, 특성)임피던스 Z_0
$Z_0=\frac{E}{H}=377=120\pi$
$H=\frac{E}{120\pi}$

정답 13 ② 14 ③ 15 ④ 16 ③

17

진공 중에 서로 떨어져 있는 두 도체 A, B가 있다. 도체 A에만 1[C]의 전하를 줄 때, 도체, A, B의 전위가 각각 3[V], 2[V]이었다. 지금 도체 A, B에 각각 1[C]과 2[C]의 전하를 주면 도체 A의 전위는 몇 [V]인가?

① 6 ② 7
③ 8 ④ 9

해설 Chapter 03 – 01
전위계수
A도체의 전위계수 $V_1 = P_{11}Q_1 + P_{12}Q_2$[V]
B도체의 전위계수 $V_2 = P_{21}Q_1 + P_{22}Q_2$[V]
여기서 A, B에 각각 1[C], 2[C]의 전하를 주면
(단, $P_{11} = 3, P_{12} = 2$라고 주어졌으므로)
$V_1 = 3 \times 1 + 2 \times 2 = 7$[V]

18

한 변의 길이가 4[m]인 정사각형의 루프에 1[A]의 전류가 흐를 때, 중심점에서의 자속밀도 B는 약 몇 [Wb/m²]인가?

① 2.83×10^{-7} ② 5.65×10^{-7}
③ 11.31×10^{-7} ④ 14.14×10^{-7}

해설 Chapter 07 – 02 – (7)
정사각형 중심의 자속밀도

$$B = \mu_0 H = \mu_0 \times \frac{2\sqrt{2}}{\pi \ell} I = 4\pi \times 10^{-7} \times \frac{2\sqrt{2}}{\pi \times 4} \times 1$$
$$= 2.83 \times 10^{-7}[\text{Wb/m}^2]$$

19

원점에 1[μC]의 점전하가 있을 때 점 P(2, −2, 4)[m]에서의 전계의 세기에 대한 단위벡터는 약 얼마인가?

① $0.41a_x - 0.41a_y + 0.82a_z$
② $-0.33a_x + 0.33a_y - 0.66a_z$
③ $-0.41a_x + 0.41a_y - 0.82a_y$
④ $0.33a_x - 0.33a_y + 0.66a_z$

해설 Chapter 04 – 02
벡터의 곱

$$\text{단위벡터} = \frac{\text{벡터}}{\text{크기}} = \frac{2a_x - 2a_y + 4a_z}{\sqrt{2^2 + (-2)^2 + 4^2}}$$
$$= 0.41a_x - 0.41a_y + 0.82a_z$$

20

공기 중에서 전자기파의 파장이 3[m]라면 그 주파수는 몇 [MHz]인가?

① 100 ② 300
③ 1000 ④ 3000

해설 Chapter 11 – 03
주파수 f

$f = \frac{v}{\lambda} = \frac{3 \times 10^8}{3} \times 10^{-6} = 100$[MHz] (공기 중으로 속도는 3×10^8[m/s]가 된다.)

정답 17 ② 18 ① 19 ① 20 ①

제2과목 | 전력공학

21

비등수형 원자로의 특징에 대한 설명으로 틀린 것은?

① 증기 발생기가 필요하다.
② 저농축 우라늄을 연료로 사용한다.
③ 노심에서 비등을 일으킨 증기가 직접 터빈에 공급되는 방식이다.
④ 가압수형 원자로에 비해 출력밀도가 낮다.

해설 Chapter 03 – 02
원자로의 종류
비등수형(BWR)의 경우 원자로 내의 증기와 물 분리 후 증기를 터빈에 공급하며, 열교환기(증기발생기)가 불필요하다.

22

전력계통에서 내부 이상전압의 크기가 가장 큰 경우는?

① 유도성 소전류 차단 시
② 수차발전기의 부하 차단 시
③ 무부하 선로 충전전류 차단 시
④ 송전선로의 부하 차단기 투입 시

해설 Chapter 07 – 01 – (1)
내부이상전압
무부하 충전전류 차단 시 가장 크다.

23

송전단 전압을 V_s, 수전단 전압을 V_r, 선로의 리액턴스를 X라 할 때 정상 시의 최대 송전전력의 개략적인 값은?

① $\frac{V_s - V_r}{X}$　② $\frac{V_s^2 - V_r^2}{X}$
③ $\frac{V_s(V_s - V_r)}{X}$　④ $\frac{V_s V_r}{X}$

해설 Chapter 06 – 02
최대 송전전력 P
$P = \frac{V_s V_r}{X} sin\delta$ 최대 송전전력이라는 것은 $\delta = 90°$ 가 되므로
$P = \frac{V_s V_r}{X}$

24

망상(network) 배전방식의 장점이 아닌 것은?

① 전압변동이 작다.
② 인축의 접지 사고가 적어진다.
③ 부하의 증가에 대한 융통성이 크다.
④ 무정전 공급이 가능하다.

해설 Chapter 09 – 01 – (4)
망상(네트워크) 배전방식
무정전공급이 가능하며, 인축의 접지사고가 많다. 고장 시 전류가 역류하여 네트워크 프로텍터를 설치한다.

25

500[kVA]의 단상 변압기 상용 3대를 이용하여 $\Delta - \Delta$, 예비 1대를 갖는 변전소가 있다. 부하의 증가로 인하여 예비 변압기까지 동원해서 사용한다면 응할 수 있는 최대부하[kVA]는 약 얼마인가?

① 2000　② 1730
③ 1500　④ 830

정답 21 ① 22 ③ 23 ④ 24 ② 25 ②

해설

V-V결선

변압기가 4대가 되었으므로 V결선 출력의 2배가 된다.

$P_V = \sqrt{3}\,P_n$이므로

$P_{V-V} = P_V \times 2 = \sqrt{3} \times 500 \times 2 = 1730[kVA]$

26

배전용 변전소의 주변압기로 주로 사용되는 것은?

① 강압 변압기 ② 체승 변압기
③ 단권 변압기 ④ 3권선 변압기

해설

배전용 변전소에서 사용되는 변압기

배전용 변전소의 경우 주로 전원 변전소에서 승압된 전압을 수용가에 공급하기 위해서 강압하는 역할을 하기 때문에 강압 변압기가 주로 사용된다.

27

3상용 차단기의 정격차단용량은?

① $\sqrt{3}$ × 정격전압 × 정격차단전류
② $3\sqrt{3}$ × 정격전압 × 정격전류
③ 3 × 정격전압 × 정격차단전류
④ $\sqrt{3}$ × 정격전압 × 정격전류

해설 Chapter 08 – 02 – (5)

차단기의 정격차단용량(3상기준)

$P_s = \sqrt{3}$ ×정격전압×정격차단전류

28

3상 3선식 송전선로에서 각 선의 대지 정전용량이 0.5096[μF]이고, 선간 정전용량이 0.1295[μF]일 때, 1선의 작용 정전용량은 약 몇 [μF]인가?

① 0.6 ② 0.9
③ 1.2 ④ 1.8

해설 Chapter 02 – 01 – (2)

1선당 작용 정전용량

$C_n = C_s + 3C_m$

$= 0.5096 + 3 \times 0.1295 = 0.9[\mu F]$

29

그림과 같은 송전계통에서 S점에서 3상 단락사고가 발생했을 때 단락전류[A]는 약 얼마인가?(단, 선로의 길이와 리액턴스는 각각 50[km], 0.6[Ω/km]이다.)

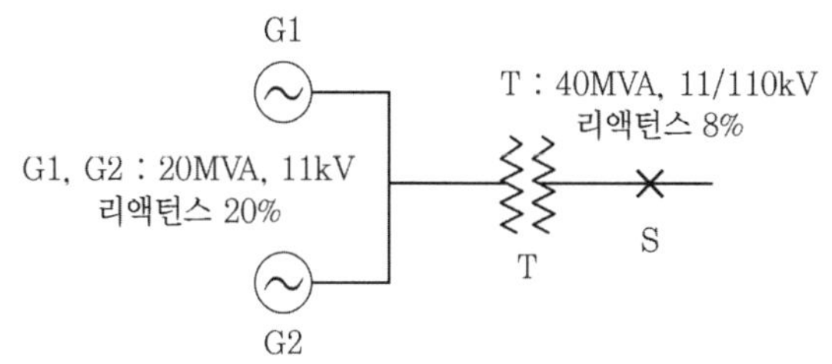

① 224 ② 324
③ 454 ④ 554

해설 Chapter 05 – 01 – (2)

단락전류 I_s

1) $I_s = \frac{100}{\%Z} I_n = \frac{100}{37.92} \times \frac{40 \times 10^6}{\sqrt{3} \times 110 \times 10^3} = 554[A]$

2) 각각의 기계가 %임피던스가 다르므로 용량이 가장 큰 변압기 용량을 기준으로 %임피던스를 환산할 시 발전기를 40[MVA]기준으로 재환산하면 $G_1 = \frac{40}{20} \times 20 = 40[\%]$

$G_2 = \frac{40}{20} \times 20 = 40[\%]$

여기서 각 발전기가 병렬회로이므로 $Z_G = \frac{40}{2} = 20[\%]$

3) 송전선로의 %임피던스를 구하여 보면

$50 \times 0.6 = 30[\Omega]$

$\% = \frac{PZ}{10V^2} = \frac{40 \times 10^3 \times 30}{10 \times (110)^2} = 9.92[\%]$가 된다.

4) 선로의 총 임피던스를 구하면 $20 + 8 + 9.92 = 37.92[\%]$

정답 26 ① 27 ① 28 ② 29 ④

30

전력계통의 전압을 조정하는 가장 보편적인 방법은?

① 발전기의 유효전력 조정
② 부하의 유효전력 조정
③ 계통의 주파수 조정
④ 계통의 무효전력 조정

해설
전력계통의 전압조정
Q-V 컨트롤이라고도하며, 계통의 전압을 조정하기 위해서 무효전력을 조정한다.

31

역률 0.8(지상)의 2,800[kW] 부하에 전력용 콘덴서를 병렬로 접속하여 합성 역률 0.9로 개선하고자 할 경우, 필요한 전력용 콘덴서의 용량[kVA]은 약 얼마인가?

① 372 ② 558
③ 744 ④ 1116

해설 Chapter 10 – 03
역률 개선용 콘덴서 용량 Q_c

$$Q_c = P(\tan\theta_1 - \tan\theta_2)$$

$$= 2{,}800 \times \left(\frac{0.6}{0.8} - \frac{\sqrt{1-0.9^2}}{0.9}\right) = 744[\text{kVA}]$$

32

컴퓨터에 의한 전력조류 계산에서 슬랙(slack)모선의 초기치로 지정하는 것은?

① 유효전력과 무효전력
② 전압크기와 유효전력
③ 전압크기와 위상각
④ 전압크기와 무효전력

해설
슬랙모선(기준모선)
슬랙모선의 경우 기지량으로 전압과 위상각을 기준으로 한다.

33

직격뢰에 대한 방호설비로 가장 적당한 것은?

① 복도체 ② 가공지선
③ 서지흡수기 ④ 정전방전기

해설 Chapter 07 – 02
외부이상전압 방호대책
가공지선은 직격뢰에 대한 방호설비를 말한다.

34

저압배전선로에 대한 설명으로 틀린 것은?

① 저압 뱅킹 방식은 전압변동을 경감할 수 있다.
② 밸런서(balancer)는 단상 2선식에 필요하다.
③ 부하율(F)와 손실계수(H) 사이에는 $1 \geq F \geq H \geq F^2 \geq 0$의 관계가 있다.
④ 수용률이란 최대수용전력을 설비용량으로 나눈 값을 퍼센트로 나타낸 것이다.

해설 Chapter 09 – 02
전기방식
밸런서의 경우 단상 2선식이 아닌 단상 3선시에 필요로 한다.

35

증기터빈 내에서 팽창 도중에 있는 증기를 일부 추기하여 그것을 갖는 열을 급수가열에 이용하는 열 사이클은?

① 랭킨사이클 ② 카르노사이클
③ 재생사이클 ④ 재열사이클

해설 Chapter 02 – 02
재생사이클
증기 일부를 추기하여 급수를 가열하는 방식을 말한다.

정답 30 ④ 31 ③ 32 ③ 33 ② 34 ② 35 ③

36

단상 2선식 배전선로의 말단에 지상역률 $\cos\theta$인 부하 P[kW]가 접속되어 있고 선로 말단의 전압 V[V]이다. 선로 한 가닥의 저항을 $R[\Omega]$이라 할 때 송전단의 공급전력 [kW]은?

① $P+\dfrac{P^2R}{V\cos\theta}\times 10^3$ ② $P+\dfrac{2P^2R}{V\cos\theta}\times 10^3$

③ $P+\dfrac{P^2R}{V^2\cos^2\theta}\times 10^3$ ④ $P+\dfrac{2P^2R}{V^2\cos^2\theta}\times 10^3$

해설 Chapter 03 – 01 – (4)

공급전력

공급전력 P_s =수전단전력 + 전력손실

$$=P+\frac{2P^2R}{V^2\cos^2\theta}\times 10^3$$

여기서 전력손실 $P_\ell=2I^2R=2(\dfrac{P}{V\cos\theta})^2R=\dfrac{2P^2R}{V^2\cos^2\theta}$

37

선로, 기기 등의 절연 수준 저감 및 전력용 변압기의 단절연을 모두 행할 수 있는 중성점 접지방식은?

① 직접접지방식 ② 소호리액터접지방식
③ 고저항접지방식 ④ 비접지방식

해설 Chapter 04 – 02 – (2)

직접접지방식

단절연 및 저감 절연이 가능하며 보호계전기의 동작이 확실하다.

38

최대수용전력이 3[kW]인 수용가가 3세대, 5[kW]인 수용가가 6세대라고 할 때, 이 수용가군에 전력을 공급할 수 있는 주상변압기의 최소 용량[kVA]은?(단, 역률은 1, 수용가간의 부등률은 1.3이다.)

① 25 ② 30
③ 35 ④ 40

해설 Chapter 10 – 02

변압기 용량

$$P=\frac{\text{설비용량[kW]}}{\text{부등률}\times\cos\theta}\text{[kVA]}$$

$$=\frac{3\times3+5\times6}{1.3\times1}=30\text{[kVA]}$$

39

부하전류 차단이 불가능한 전력개폐 장치는?

① 진공차단기 ② 유입차단기
③ 단로기 ④ 가스차단기

해설 Chapter 08 – 02 – (1)

단로기

무부하 전류 개폐만 가능하며, 고장전류의 차단능력이 없다.

40

가공 송전선로에서 총 단면적이 같은 경우 단도체와 비교하여 복도체의 장점이 아닌 것은?

① 안정도를 증대시킬수 있다.
② 공사비가 저렴하고 시공이 간편하다.
③ 전선표면의 전위경도를 감소시켜 코로나 임계전압이 높아진다.
④ 선로의 인덕턴스가 감소되고, 정전용량이 증가하여 송전용량이 증대된다.

해설 Chapter 02 – 03

복도체의 특징

1) 송전용량이 증가한다(C가 증가).
2) 코로나가 방지된다(코로나 임계전압 증가).
3) 안정도 증대($P=\dfrac{E_sE_r}{X}\sin\delta$ 여기서 X가 감소하므로 P가 증대하여 안정도가 증대된다.)

정답 36 ④ 37 ① 38 ② 39 ③ 40 ②

제3과목 | 전기기기

41

부하전류가 크기 않을 때 직류 직권전동기 발생 토크는?(단, 자기회로가 불포화인 경우이다.)

① 전류에 비례한다.
② 전류에 반비례한다.
③ 전류의 제곱에 비례한다.
④ 전류의 제곱에 반비례한다.

해설 Chapter 10 – 01 – (4)
직류직권전동기의 특징
$T \propto I_a^2 \propto \frac{1}{N^2}$ 의 특징을 갖는다.

42

동기전동기에 대한 설명으로 틀린 것은?

① 동기전동기는 주로 회전계자형이다.
② 동기전동기는 무효전력을 공급할 수 있다.
③ 동기전동기는 제동권선을 이용한 기동법이 일반적으로 많이 사용된다.
④ 3상 동기전동기의 회전방향을 바꾸려면 계자권선의 전류의 방향을 반대로 한다.

해설 Chapter 15 – 04
동기전동기의 특징
3상 동기전동기의 회전방향을 바꾸려면 3선 중 2선의 방향을 바꾸어 접속한다.

43

동기발전기에서 동기속도와 극수와의 관계를 옳게 표시한 것은?(단, N : 동기속도, P : 극수이다.)

① 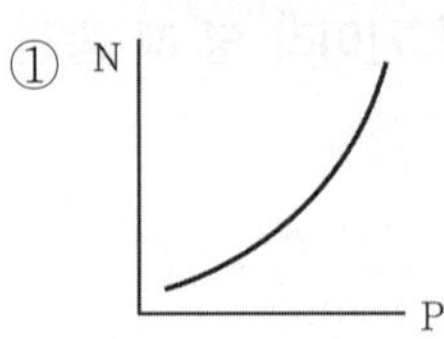

② 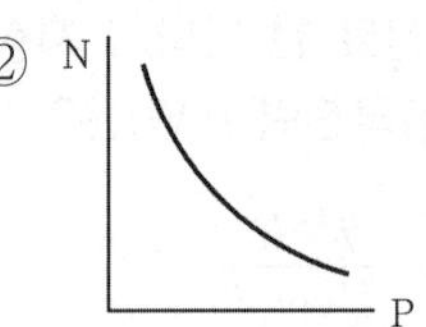

③ 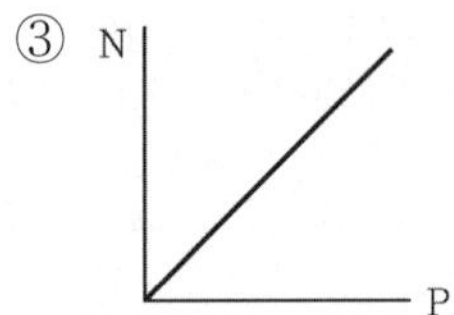

④ 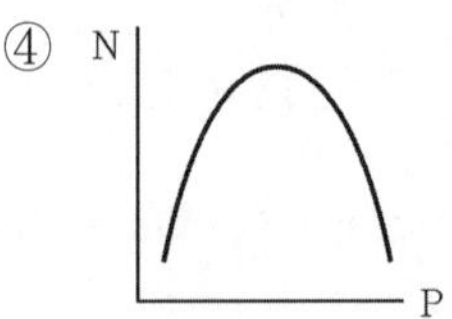

해설 Chapter 07 – 02
동기속도 N_s
$N_s = \frac{120}{P} f[rpm]$ 따라서 $N_s \propto \frac{1}{P}$ 의 관계를 갖는다.

44

어떤 직류전동기가 역기전력 200[V], 매분 1200으로 회전 시 토크를 158.76[N · m]를 발생하고 있을 때의 전기자 전류는 약 몇 [A]인가?(단, 기계손 및 철손은 무시한다.)

① 90　② 95
③ 100　④ 105

해설 Chapter 10 – 01 – (3)
직류전동기의 토크
$T = 0.975 \times \frac{E \cdot I_a}{N} \times 9.8$[N · m]가 되므로
$I_a = \frac{158.76 \times 1200}{0.975 \times 200 \times 9.8} = 99.7$[A]

정답 41 ③ 42 ④ 43 ② 44 ③

45

일반적인 DC 서보모터의 제어에 속하지 않는 것은?

① 역률제어　② 토크제어
③ 속도제어　④ 위치제어

해설
DC 서보모터 제어
1) 속도제어
2) 위치제어
3) 토크제어

46

극수가 4극이고 전기자권선이 단중 중권인 직류발전기의 전기자전류가 40[A]이면 전기자권선의 각 병렬회로에 흐르는 전류[A]는?

① 4　② 6
③ 8　④ 10

해설 Chapter 02 – 01
중권의 각전기자 권선에 흐르는 전류
중권은 전기자 병렬회로수 $a=P$의 관계를 가지므로 병렬회로수는 4개이다.
총전류는 40[A]이므로 이 전류가 4개의 권선에 흐르게 되므로 10[A]가 흐르게 된다.

47

부스트(Boost) 컨버터의 입력전압이 45[V]로 일정하고, 스위칭 주기가 20[kHz], 듀티비(Duty ratio)가 0.6, 부하저항이 10[Ω]일 때 출력 전압은 몇 [V]인가?(단, 인덕터에는 일정한 전류가 흐르고 커패시터 출력전압의 리플성분은 무시한다.)

① 27　② 67.5
③ 75　④ 112.5

해설
부스트 컨버터의 출력전압

$$V=\frac{V_{입}}{1-듀티비}=\frac{45}{1-0.6}=112.5[\text{V}]$$

48

8극, 900[rpm] 동기발전기와 병렬운전하는 6극 동기발전기의 회전수는 몇 [rpm]인가?

① 900　② 1000
③ 1200　④ 1400

해설
동기발전기의 병렬운전
8극과 6극 동기발전기는 병렬운전하려면 주파수가 일치하여야 한다. 따라서 8극으로 900[rpm]으로 회전하는 경우 주파수를 구하여 보면

$$N_s=\frac{120}{P}f[\text{rpm}],\ f=\frac{N_s\times P}{120}=\frac{900\times 8}{120}=60[\text{Hz}]$$

그러므로 6극 발전기의 회전수를 구하여 보면

$$N_s=\frac{120}{6}\times 60=1200[\text{rpm}]$$

49

변압기 단락시험에서 변압기의 임피던스 전압이란?

① 1차 전류가 여자전류에 도달했을 때의 2차 측 단자전압
② 1차 전류가 정격전류에 도달했을 때 2차 측 단자전압
③ 1차 전류가 정격전류에 도달했을 때의 변압기 내의 전압강하
④ 1차 전류가 2차 단락전류에 도달했을 때의 변압기 내의 전압강하

해설 Chapter 05 – 03 – (5)
임피던스 전압
정격전류 인가 시 변압기 내의 전압강하를 말한다.

정답 45 ① 46 ④ 47 ④ 48 ③ 49 ③

50

단상 정류자전동기의 일종인 단상 반발전동기에 해당되는 것은?

① 시라게전동기 ② 반발유도전동기
③ 아트킨손형전동기 ④ 단상 직권정류자전동기

해설

반발전동기의 종류

51

와전류 손실을 패러데이 법칙으로 설명한 과정 중 틀린 것은?

① 와전류가 철심 내에 흘러 발열 발생
② 유도기전력 발생으로 철심에 와전류가 흐름
③ 와전류 에너지 손실량은 전류밀도에 반비례
④ 시변 자속으로 강자성체 철심에 유도기전력 발생

해설

와전류손의 특징

$P_e = (tfB)^2$로서 손실량은 전류밀도에 비례한다.

52

10[kW]. 3상 380[V] 유도전동기의 전부하 전류는 약 몇 [A]인가? (단, 전동기의 효율은 85[%], 역률은 85[%]이다.)

① 15 ② 21
③ 26 ④ 36

해설

유도전동기에 흐르는 전류

$P = \sqrt{3}\, VI\cos\theta\eta$

$$I = \frac{P}{\sqrt{3}\, V\cos\theta\eta} = \frac{10\times10^3}{\sqrt{3}\times380\times0.85\times0.85} = 21[A]$$

53

변압기의 주요시험 항목 중 전압변동률 계산에 필요한 수치를 얻기 위한 필수적인 시험은?

① 단락시험 ② 내전압시험
③ 변압비시험 ④ 온도상승시험

해설 Chapter 08 – 02

변압기의 단락시험

변압기의 단락시험을 통하여 임피던스전압, 동손, 전압변동률 등을 구할 수 있다.

54

2전동기설에 의하여 단상 유도전동기의 가상적 2개의 회전자 중 정방향에 회전하는 회전자 슬립이 s라면 역방향에 회전하는 가상적 회전자의 슬립은 어떻게 표시되는가?

① $1+s$ ② $1-s$
③ $2-s$ ④ $3-s$

해설 Chapter 16 – 02

유도전동기의 역방향 슬립

$s = \dfrac{N_s-(-N)}{N_s} = 1+\dfrac{N}{N_s} = 1+(1-s) = 2-s$가 된다.

55

3상 농형 유도전동기의 전전압 기동토크는 전부하토크의 1.8배이다. 이 전동기에 기동 보상기를 사용하여 기동전압을 전전압의 2/3로 낮추어 기동하면, 기동토크는 전부하토크 T와 어떤 관계인가?

① $3.0T$ ② $0.8T$
③ $0.6T$ ④ $0.3T$

해설 Chapter 10 – 03 – (6)

유도전동기의 토크와 전압

$T\propto V^2$하므로 $1.8T\times(\frac{2}{3})^2 = 0.8T$가 된다.

정답 50 ③ 51 ③ 52 ② 53 ① 54 ③ 55 ②

56

변압기에서 생기는 철손 중 와류손(Eddy Current Loss)은 철심의 규소강판 두께와 어떤 관계가 있는가?

① 두께에 비례 ② 두께의 2승에 비례

③ 두께의 3승에 비례 ④ 두께의 $\frac{1}{2}$승에 비례

해설 Chapter 08 – 02 – (3)

와류손

$P_e \propto t^2$ (여기서 t: 철심 두께)

57

50[Hz], 12극의 3상 유도전동기가 10[HP]의 정격출력을 내고 있을 때, 회전수는 약 몇 [rpm]인가?(단, 회전자 동손은 350[W]이고, 회전자 입력은 회전자 동손과 정격 출력의 합이다.)

① 468 ② 478

③ 488 ④ 500

해설 Chapter 16 – 02

유도전동기의 회전자속도

$N = (1-s)N_s = (1-0.048) \times 500 = 478[\text{rpm}]$

$P_{c2} = sP_2$이므로

$$s = \frac{P_{c2}}{P_0 + P_{c2}} = \frac{350}{(10 \times 746) + 350} = 0.048$$

$$N_s = \frac{120}{P}f = \frac{120}{12} \times 50 = 500[\text{rpm}]$$

58

변압기의 권수를 N이라고 할 때 누설리액턴스는?

① N에 비례한다. ② N^2에 비례한다.

③ N에 반비례한다. ④ N^2에 반비례한다.

해설 Chapter 02 – 02

변압기의 권수와 누설리액턴스와의 관계

$L \propto N^2$의 관계를 갖는다.

59

동기발전기의 병렬운전 조건에서 같지 않아도 되는 것은?

① 기전력의 용량 ② 기전력의 위상

③ 기전력의 크기 ④ 기전력의 주파수

해설 Chapter 04 – 03

동기발전기의 병렬운전 조건

1) 기전력의 크기가 같을 것
2) 기전력의 위상이 같을 것
3) 기전력의 주파수가 같을 것
4) 기전력의 파형이 같을 것

60

다이오드를 사용하는 정류회로에서 과대한 부하전류로 인하여 다이오드가 소손될 우려가 있을 때 가장 적절한 조치는 어느 것인가?

① 다이오드를 병렬로 추가한다.

② 다이오드를 직렬로 추가한다.

③ 다이오드 양단에 적당한 값의 저항을 추가한다.

④ 다이오드 양단에 적당한 값의 커패시터를 추가한다.

해설

다이오드의 연결

과전류에 대하여 다이오드를 보호 시 다이오드를 병렬로 추가한다.

정답 56 ② 57 ② 58 ② 59 ① 60 ①

제4과목 | 회로이론 · 제어공학

61

전달함수가 $G(s) = \dfrac{s^2+3s+5}{2s}$인 제어기가 있다. 이 제어기는 어떤 제어기인가?

① 비례 미분 제어기 ② 적분 제어기
③ 비례 적분 제어기 ④ 비례 미분 적분 제어기

해설
비례미분적분 제어기
$G(s) = K_p(1+T_d s+\dfrac{1}{T_i s})$의 형태를 갖는다.

62

다음 논리회로의 출력 Y는?

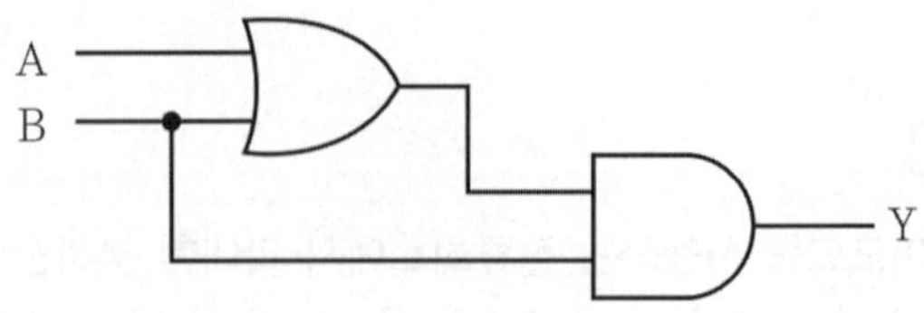

① A ② B
③ A+B ④ A・B

해설 Chapter 11 – 02
논리 시퀀스 회로
(A+B)・B = AB+BB = AB+B = (A+1)B가 되므로 B가 된다.

63

그림과 같은 제어시스템이 안정하기 위한 k의 범위는?

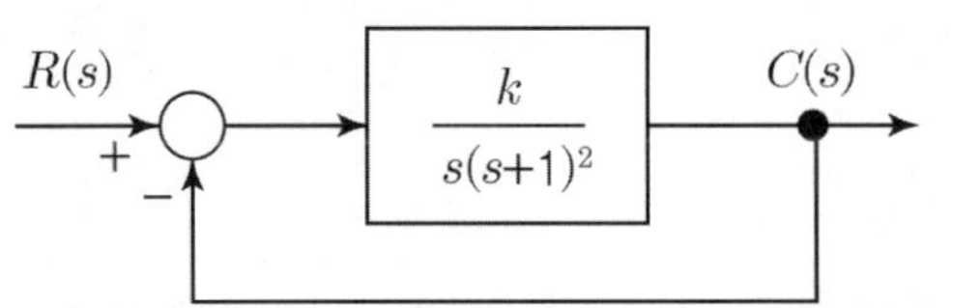

① $k>0$ ② $k>1$
③ $0<k<1$ ④ $0<k<2$

해설 Chapter 08 – 01
루드의 안정 판별법
$F(s) = s(s+1)^2+k = s^3+2s^2+s+k$

s^3	1	1
s^2	2	k
s^1	$\dfrac{2-k}{2}$	0
s^0	k	0

따라서 $0<k<2$가 된다.

64

다음과 같은 상태방정식으로 표현되는 제어시스템의 특성 방정식의 근(s_1, s_2)은?

$$\begin{bmatrix} \dot{X_1} \\ \dot{X_2} \end{bmatrix} = \begin{bmatrix} 0 & 1 \\ -2 & -3 \end{bmatrix}\begin{bmatrix} X_1 \\ X_2 \end{bmatrix} + \begin{bmatrix} 1 \\ 0 \end{bmatrix}u$$

① 1, −3 ② −1, −2
③ −2, −3 ④ −1, −3

해설 Chapter 08
특성방정식의 근

$$sI-A = \begin{bmatrix} s & 0 \\ 0 & s \end{bmatrix} - \begin{bmatrix} 0 & 1 \\ -2 & -3 \end{bmatrix} = \begin{bmatrix} s & -1 \\ 2 & s+3 \end{bmatrix}$$

$F(s) = s(s+3)+2 = 0$
$s^2+3s+2 = 0$
따라서 $(s+1)(s+2) = 0$이므로 특성 방정식의 근은 −1, −2이다.

정답 61 ④ 62 ② 63 ④ 64 ②

65

그림의 블록선도와 같이 표현되는 제어시스템에서 $A=1$, $B=1$일 때, 블록선도의 출력 C는 약 얼마인가?

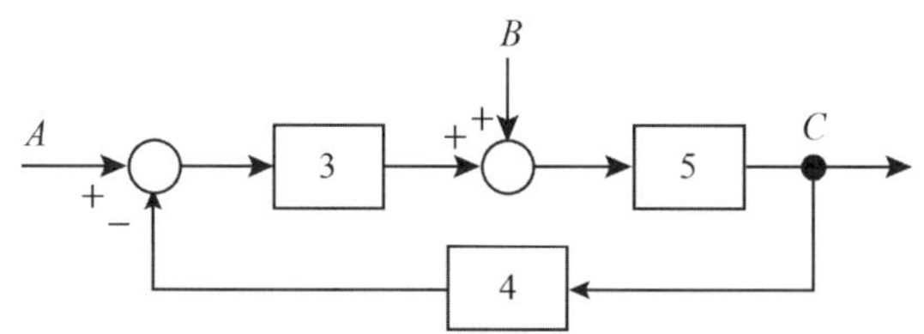

① 0.22　　② 0.33
③ 1.22　　④ 3.1

해설 Chapter 04 − 02
블록선도

$G(s)=\dfrac{C(s)}{R(s)}$가 된다.

따라서 $C(s)=G(s)\cdot R(s)$

$=\dfrac{3\times5+5}{1+3\times5\times4}=0.33$

66

제어요소가 제어대상에 주는 양은?

① 동작신호　　② 조작량
③ 제어량　　④ 궤환량

해설 Chapter 01 − 01
조작량
제어요소가 제어대상에 주는 양을 말한다.

67

전달함수가 $\dfrac{C(s)}{R(s)}=\dfrac{1}{3s^2+4s+1}$인 제어시스템의 과도 응답 특성은?

① 무제동　　② 부족제동
③ 임계제동　　④ 과제동

해설 Chapter 05 − 04
2차계의 과도응답
$3s^2+4s+1=0$이므로
$s=-1,\ -\dfrac{1}{3}$이 되므로 서로 다른 음의 실근이 되므로 과제동이 된다.

68

함수 $f(t)=e^{-at}$의 z변환 함수 $F(z)$는?

① $\dfrac{2z}{z-e^{aT}}$　　② $\dfrac{1}{z+e^{aT}}$
③ $\dfrac{z}{z+e^{-aT}}$　　④ $\dfrac{z}{z-e^{-aT}}$

해설 Chapter 10 − 04
Z변환
$e^{-at}=\dfrac{z}{z-e^{-aT}}$

69

제어시시틈의 주파수 전달함수가 $G(j\omega)=j5\omega$이고, 주파수가 $\omega=0.02$[rad/sec]일 때 이 제어시스템의 이득[dB]은?

① 20　　② 10
③ −10　　④ −20

해설 Chapter 07 − 03
이득
$20\log_{10}|G(j\omega)|=20\log_{10}0.1=-20$[dB]
$G(j\omega)=5\times0.02=0.1$

정답 65 ② 66 ② 67 ④ 68 ④ 69 ④

70

그림과 같은 제어시스템의 페루스 전달함수 $T(s)=\dfrac{C(s)}{R(s)}$에 대한 감도 S_K^T는?

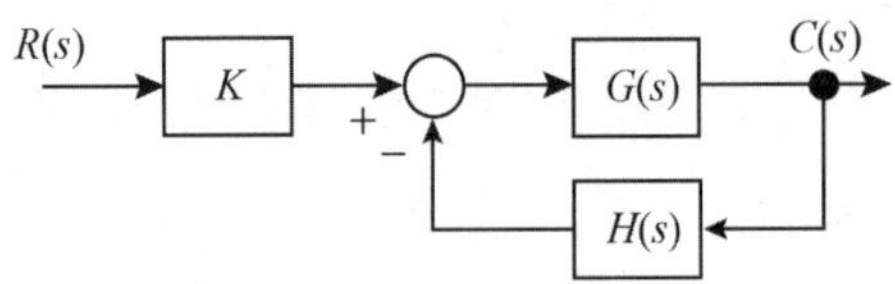

① 0.5 ② 1

③ $\dfrac{G}{1+GH}$ ④ $\dfrac{-GH}{1+GH}$

해설

감도

전달함수 $T=\dfrac{KG}{1+GH}$

감도 $S_K^T=\dfrac{K}{T}\dfrac{dT}{dK}=\dfrac{K}{1+\dfrac{KG}{GH}}\times\dfrac{d}{dK}\left(\dfrac{KG}{1+GH}\right)=1$이 된다.

71

그림 (a)와 같은 회로에 대한 구동점 임피던스의 극점과 영점이 각각 그림 (b)에 나타낸 것과 같고 $Z(0)=1$일 때, 이 회로에서 $R[\Omega]$, $L[H]$, $C[F]$의 값은?

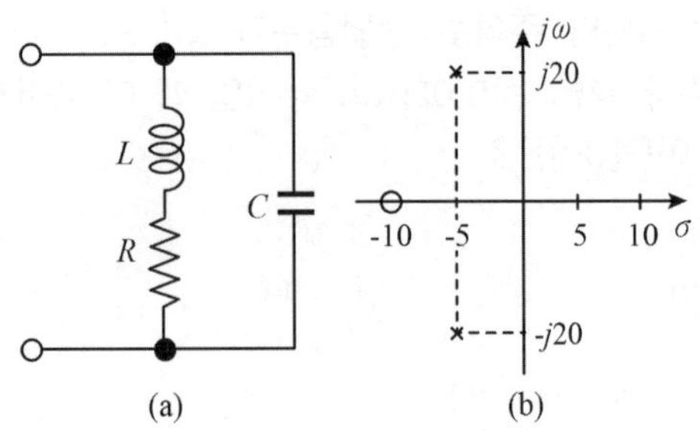

① $R=1.0\Omega,\ L=0.1H,\ C=0.0235F$

② $R=1.0\Omega,\ L=0.2H,\ C=1.0F$

③ $R=2.0\Omega,\ L=0.1H,\ C=0.0235F$

④ $R=2.0\Omega,\ L=0.2H,\ C=1.0F$

해설 Chapter 10 – 01

영점과 극점

$Z(s)=\dfrac{s+10}{(s+5-j20)(s+5+j20)}$이 되므로 극점은

$s_1=-5+j20,\ s_2=-5-j20,$

영점

$s=-10$이 된다.

$=\dfrac{s+10}{(s+5)^2-(j20)^2}=\dfrac{s+10}{s^2+10s+425}$

$Z(s)=\dfrac{1}{\dfrac{1}{R+Ls}+Cs}=\dfrac{R+Ls}{1+RCs+LCs^2}$ s에 0을 대입시 $R=1$이 된다.

$Z(s)=\dfrac{Ls+1}{LCs^2+Cs+1}$

$=\dfrac{\dfrac{s}{C}+\dfrac{1}{LC}}{s^2+\dfrac{s}{L}+\dfrac{1}{LC}}=\dfrac{s+10}{s^2+10s+425}$가 되므로

$L=0.1[\text{H}],\ C=0.0235[\text{F}]$이 된다.

72

회로에서 저항 $1[\Omega]$에 흐르는 전류 $I[\text{A}]$는?

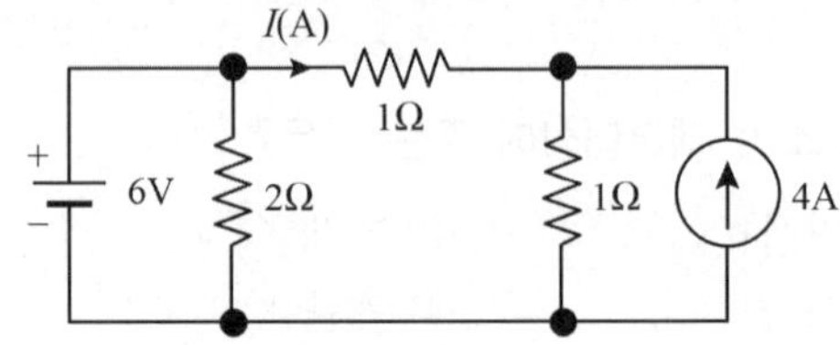

① 3 ② 2

③ 1 ④ −1

해설 Chapter 06 – 01

중첩의 원리

1) 전압원 단락 시 $I_1=\dfrac{1}{1+1}\times4=2[\text{A}]$

2) 전류원 개방 시 $I_2=\dfrac{6}{2}=3[\text{A}]$

여기서 $I=-I_1+I_2$이므로 −2+3=1[A]가 된다.

정답 70 ② 71 ① 72 ③

73

파형이 톱니파인 경우 파형률은 약 얼마인가?

① 1.155 ② 1.732
③ 1.414 ④ 0.577

해설 Chapter 01 – 03
톱니파의 파형률

$$파형률 = \frac{실효값}{평균값} = 1.155$$

74

무한장 무손실 전송선로의 임의의 위치에서 전압이 100[V]이었다. 이 선로의 인덕턴스가 7.5[μH/m]이고, 커패시터가 0.012[μF/m]일 때 이 위치에서 전류[A]는?

① 2 ② 4
③ 6 ④ 8

해설 Chapter 12 – 01
무손실 선로

전류 $I = \frac{V}{Z_0} = \frac{100}{25} = 4[A]$

$$Z_0 = \sqrt{\frac{L}{C}} = \sqrt{\frac{7.5\times10^{-6}}{0.012\times10^{-6}}} = 25[\Omega]$$

75

전압 $v(t) = 14.14\sin\omega t + 7.07\sin(3\omega t + \frac{\pi}{6})$[V]의 실효값은 약 몇 [V]인가?

① 3.87 ② 11.2
③ 15.8 ④ 21.2

해설 Chapter 09 – 03
비정현파의 실효값

$$V = \sqrt{(\frac{14.14}{\sqrt{2}})^2 + (\frac{7.07}{\sqrt{2}})^2} = 11.2[V]$$

76

그림과 같은 평형 3상회로에서 전원 전압이 $V_{ab} = 200$[V]이고, 부하 한 상의 임피던스가 $Z = 4 + j3[\Omega]$인 경우 전원과 부하 사이 선전류 I_a는 약 몇 [A]인가?

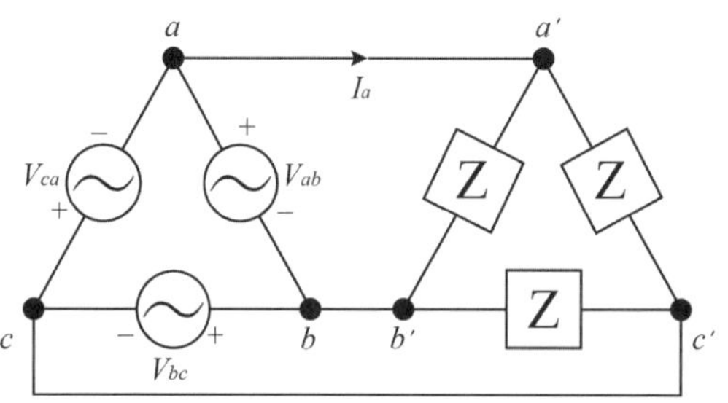

① $40\sqrt{3}\angle 36.87°$ ② $40\sqrt{3}\angle -36.87°$
③ $40\sqrt{3}\angle 66.87°$ ④ $40\sqrt{3}\angle -66.87°$

해설 Chapter 07 – 01 – (2)
Δ결선의 선전류

상전류 $I_p = \frac{V_p}{Z} = \frac{200}{5\angle 36.87°} = 40\angle -36.87°$

선전류는 상전류의 $\sqrt{3}I_p\angle -30°$이므로

$40\sqrt{3}\angle -66.87°$가 된다.

$Z = 4 + j3 = 5\angle 36.87°$

77

정상상태에서 $t = 0$초인 순간에 스위치 S를 열었다. 이때 흐르는 전류 $i(t)$는?

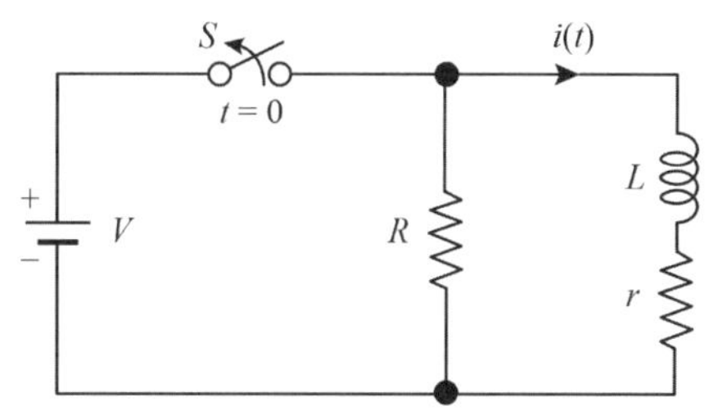

정답 73 ① 74 ② 75 ② 76 ④ 77 ②

① $\dfrac{V}{R}e^{-\frac{R+r}{L}t}$　② $\dfrac{V}{r}e^{-\frac{R+r}{L}t}$

③ $\dfrac{V}{R}e^{-\frac{L}{R+r}t}$　④ $\dfrac{V}{r}e^{-\frac{L}{R+r}t}$

해설 Chapter 14

과도현상

스위치를 열었을 때의 흐르는 전류 $i(t)=\dfrac{V}{r}e^{-\frac{R+r}{L}t}$

78

선간전압이 150[V], 선전류가 10 $\sqrt{3}$ [A], 역률이 80[%]인 평형 3상 유도성 부하로 공급되는 무효전력 [Var]은?

① 3600　② 3000

③ 2700　④ 1800

해설 Chapter 03 – 01

무효전력

$P_r = \sqrt{3}\,VI\sin\theta$

$= \sqrt{3}\times 150\times 10\sqrt{3}\times 0.6 = 2700$[Var]

79

그림과 같은 함수의 라플라스 변환은?

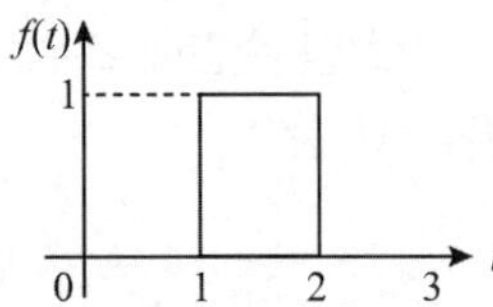

① $\dfrac{1}{s}(e^{s}-e^{2s})$　② $\dfrac{1}{s}(e^{-s}-e^{-2s})$

③ $\dfrac{1}{s}(e^{-2s}-e^{-s})$　④ $\dfrac{1}{s}(e^{-s}+e^{-2s})$

해설 Chapter 13

라플라스 변환

$f(t)=u(t-1)-u(t-2)$

$F(s)=\dfrac{1}{s}e^{-s}-\dfrac{1}{s}e^{-2s}=\dfrac{1}{s}(e^{-s}-e^{-2s})$

80

상의 순서가 a-b-c인 불평형 3상 전류가 $I_a = 15+j2$[A], $I_b =-20-j14$[A], $I_c =-3+j10$[A]일 때 영상분 전류 I_0는 약 몇 [A]인가?

① $2.67+j0.38$　② $2.02+j6.98$

③ $15.5-j3.56$　④ $-2.67-j0.67$

해설 Chapter 08 – 01

영상분전류 I_0

$I_0 = \dfrac{1}{3}(I_a+I_b+I_c)$

$= \dfrac{1}{3}(15+j2-20-j14-3+j10) =-2.67-j0.67$

정답 78 ③ 79 ② 80 ④

제5과목 | 전기설비기술기준

81

지중전선로를 직접 매설식에 의하여 기타 중량물의 압력을 받을 우려가 있는 장소에 시설하는 경우 매설 깊이는 몇 [m] 이상으로 하여야 하는가?

① 0.6 ② 1
③ 1.5 ④ 2

해설 Chapter 03 – 19
직접매설식
차량 및 중량물의 압력을 받을 우려가 있는 장소라면 1[m] 이상 단, 기타의 장소라면 0.6[m] 이상 매설한다.

82

돌침, 수평도체, 메시도체의 요소 중에서 한 가지 또는 이를 조합한 형식으로 시설하는 것은?

① 접지극시스템 ② 수뢰부시스템
③ 내부피뢰시스템 ④ 인하도선시스템

해설 Chapter 01 – 13 – (4)
수뢰부시스템의 선정
1) 돌침방식
2) 수평도체 방식
3) 메시도체 방식

83

지중전선로에 사용하는 지중함의 시설기준으로 틀린 것은?

① 조명 및 세척이 가능한 장치를 하도록 할 것
② 견고하고 차량 기타 중량물의 압력에 견디는 구조일 것
③ 그 안에 고인 물을 제거할 수 있는 구조로 되어 있을 것
④ 뚜껑은 시설자가 이외의 자가 쉽게 열 수 없도록 할 것

해설 Chapter 03 – 19 – (2)
지중함의 시설기준
별도의 조명 및 세척장치를 필요로 하지 않는다.

84

전식방지대책에서 매설금속체측의 누설전류에 의한 전식의 피해가 예상되는 곳에 고려하여야 하는 방법으로 틀린 것은?

① 절연코팅
② 배류장치 설치
③ 변전소 간 간격 축소
④ 저준위 금속체를 접속

해설
전식방지대책
1) 절연코팅
2) 저준위 금속체 접속
3) 배류장치 설치

85

일반 주택의 저압 옥내배선을 점검하였더니 다음과 같이 시설되어 있었을 경우 시설기준에 적합하지 않은 것은?

① 합성수지관의 지지점 간의 거리를 2[m]로 하였다.
② 합성수지관 안에는 전선의 접속점이 없도록 하였다.
③ 금속관공사에 옥외용 비닐절연전선을 제외한 절연전선을 사용하였다.
④ 인입구에 가까운 곳으로서 쉽게 개폐할 수 있는 곳에 개폐기를 각 극에 시설하였다.

해설 Chapter 05 – 07 – (1)
합성수지관 공사
합성수지관 공사의 경우 지지점간의 거리는 1.5[m] 이하이어야 한다.

정답 81 ① 82 ② 83 ① 84 ③ 85 ①

86

하나 또는 복합하여 시설하여야 하는 접지극의 방법으로 틀린 것은?

① 지중 금속구조물
② 토양에 매설된 기초 접기극
③ 케이블의 금속외장 및 그 밖에 금속피복
④ 대지에 매설된 강화콘크리트의 용접된 금속 보강재

해설
접지극의 시설
대지에 매설된 철근 콘크리트의 용접된 금속보강재는 접지극으로 사용이 가능하다.

87

사용전압이 154[kV]인 전선로를 제1종 특고압 보안공사로 시설할 때 경동연선의 굵기는 몇 [mm^2] 이상이어야 하는가?

① 55　　② 100
③ 150　　④ 200

해설 Chapter 03 – 10 – (2)
1종 특고압 보안공사 시 전선의 단면적
(2) 전선의 굵기
① 100[kV] 미만 : 55[mm^2] 이상
② 100[kV] 이상 : 150[mm^2] 이상

88

다음 (　)안에 들어갈 내용으로 옳은 것은?

"동일 지지물에 저압 가공전선(다중접지된 중성선은 제외한다.)과 고압 가공전선을 시설하는 경우 고압 가공전선을 저압 가공전선의 (Ⓐ)로 하고, 별개의 완금류에 시설해야 하며, 고압 가공전선과 저압 가공전선 사이의 이격거리는 (Ⓑ)[m] 이상으로 한다."

① Ⓐ 아래 Ⓑ 0.5　　② Ⓐ 아래 Ⓑ 1
③ Ⓐ 위 Ⓑ 0.5　　④ Ⓐ 위 Ⓑ 1

해설 Chapter 03 – 15
가공전선의 병행설치
동일 지지물에 고압 가공전선과 저압 가공전선을 병행설치 할 경우 고압 가공전선은 저압가공전선의 위로하고, 고압 가공전선과 저압 가공전선과의 이격거리는 0.5[m] 이상으로 하여야 한다.

89

전기설비기술기준에서 정하는 안전원칙에 대한 내용으로 틀린 것은?

① 전기설비는 감전, 화재 그 밖에 사람에게 위해를 주거나 물건에 손상을 줄 우려가 없도록 시설하여야 한다.
② 전기설비는 다른 전기설비, 그 밖의 물건의 기능에 전기적 또는 자기적인 장해를 주지 않도록 시설하여야 한다.
③ 전기설비는 경쟁과 새로운 기술 및 사업의 도입을 촉진함으로써 전기사업의 건전한 발전을 도모하도록 시설하여야 한다.
④ 전기설비는 사용목적에 적절하고 안전하게 작동하여야 하며, 그 손상으로 인하여 전기공급에 지장을 주지 않도록 시설하여야 한다.

해설
전기설비는 경쟁과 새로운 기술 및 사업의 도입을 촉진함으로써 전기사업의 건전한 발전을 도모하는 것은 전기사업의 목적의 경우 안전원칙과는 거리가 멀다.

정답 86 ④ 87 ③ 88 ③ 89 ③

90

플로어덕트공사에 의한 저압 옥내배선에서 연선을 사용하지 않아도 되는 전선(동선)의 단면적은 최대 몇 [mm^2]인가?

① 2 ② 4
③ 6 ④ 10

해설 Chapter 05 – 08 – (4)
플로어덕트공사
전선의 단면적은 10[mm^2] 이하일 것

91

풍력터빈에 설비의 손상을 방지하기 위하여 시설하는 운전상태를 계측하는 장치로 틀린 것은?

① 조도계 ② 압력계
③ 온도계 ④ 풍속계

해설
풍력설비의 계측장치
1) 회전속도계
2) 압력계
3) 온도계
4) 진동계

92

전압의 종별에서 교류 600[V]는 무엇으로 분류하는가?

① 저압 ② 고압
③ 특고압 ④ 초고압

해설
전압의 구분
저압의 경우 교류는 1[kV] 이하이므로 600[V]는 저압에 해당한다

93

옥내 배선공사 중 반드시 절연전선을 사용하지 않아도 되는 공사방법은?(단, 옥외용 비닐절연전선은 제외한다.)

① 금속관공사 ② 버스덕트공사
③ 합성수지관공사 ④ 플로어덕트공사

해설 Chapter 05 – 02
나전선의 시설 가능공사
1) 애자공사
2) 버스덕트공사
3) 라이팅덕트공사
4) 접촉전선

94

시가지에 시설하는 사용전압 170[kV] 이하인 특고압 가공전선로의 지지물이 철탑이고 전선이 수평으로 2 이상 있는 경우에 전선 상호간격이 4[m] 미만인 때에는 특고압 가공전선로의 경간은 몇 [m] 이하이어야 하는가?

① 100 ② 150
③ 200 ④ 250

해설 Chapter 03 – 09
시가지에 시설하는 지지물의 경간

지지물의 종류	경간
A종 철주 또는 A종 철근 콘크리트주	75m
B종 철주 또는 B종 철근 콘크리트주	150m
철탑	400m 단, 전선이 수평으로 2 이상 있는 경우에 전선 상호 간의 간격이 4m 미만인 때에는 250m

정답 90 ④ 91 ① 92 ① 93 ② 94 ④

95

사용전압이 170[kV] 이하의 변압기를 시설하는 변전소로서 기술원이 상주하여 감시하지는 않으나 수시로 순회하는 경우, 기술원이 상주하는 장소에 경보장치를 시설하지 않아도 되는 경우는?

① 옥내변전소에 화재가 발생한 경우
② 제어회로의 전압이 현저히 저하한 경우
③ 운전조작에 필요한 차단기가 자동적으로 차단한 후 재폐로한 경우
④ 수소냉각식 조상기는 그 조상기 안의 수소의 순도가 90% 이하로 저하한 경우

96

특고압용 타냉식 변압기의 냉각장치에 고장이 생긴 경우를 대비하여 어떤 보호장치를 하여야 하는가?

① 경보장치　② 속도조정장치
③ 온도시험장치　④ 냉매흐름장치

해설 Chapter 02 – 04
타냉식 변압기의 보호장치
냉각장치 고장 시 이를 대비하여 경보장치를 시설한다.

97

특고압 가공전선로의 지지물로 사용하는 B종 철주, B종 철근콘크리트주 또는 철탑의 종류에서 전선로의 지지물 양쪽의 경간의 차가 큰 곳에 사용하는 것은?

① 각도형　② 인류형
③ 내장형　④ 보강형

해설 Chapter 03 – 11
내장형 철탑
지지물의 양쪽의 경간의 차가 큰 곳에 사용한다.

98

아파트 세대 욕실에 "비데용 콘센트"를 시설하고자 한다. 다음의 시설방법 중 적합하지 않은 것은?

① 콘센트는 접지극이 없는 것을 사용한다.
② 습기가 많은 장소에 시설하는 콘센트는 방습장치를 하여야 한다.
③ 콘센트를 시설하는 경우에는 절연변압기(정격용량 3[kVA] 이하인 것에 한한다.)로 보호된 전로에 접속하여야 한다.
④ 콘센트를 시설하는 경우에는 인체감전보호용 누전차단기(정격감도전류 15[mA] 이하, 동작시간 0.03초 이하의 전류동작형의 것에 한한다.)로 보호된 전로에 접속하여야 한다.

해설
콘센트의 시설
콘센트는 접지극이 있는 것을 사용하여야 한다.

99

고압 가공전선로의 가공지선에 나경동선을 사용하려면 지름 몇 [mm] 이상의 것을 사용하여야 하는가?

① 2.0　② 3.0　③ 4.0　④ 5.0

해설 Chapter 01 – 19
가공지선의 시설
고압의 경우 4[mm] 이상

100

변전소의 주요 변압기에 계측장치를 시설하여 측정하여야 하는 것이 아닌 것은?

① 역률　② 전압　③ 전력　④ 전류

해설 Chapter 02 – 06
주요변압기의 측정장치
전압계, 전류계, 전력계, 온도계

정답 95 ③ 96 ① 97 ③ 98 ① 99 ③ 100 ①

전기기사 기출문제

2021년 3회 기출문제

제1과목 | 전기자기학

01

자기 인덕턴스가 각각 L_1, L_2인 두 코일의 상호 인덕턴스가 M일 때 결합 계수는?

① $\dfrac{M}{L_1L_2}$ ② $\dfrac{L_1L_2}{M}$

③ $\dfrac{M}{\sqrt{L_1L_2}}$ ④ $\dfrac{\sqrt{L_1L_2}}{M}$

해설 Chapter 10 – 04

결합계수 k

$k=\dfrac{M}{\sqrt{L_1L_2}}$

02

정상 전류계에서 J는 전류밀도, σ는 도전율, ρ는 고유저항, E는 전계의 세기일 때, 옴의 법칙의 미분형은?

① $J=\sigma E$ ② $J=\dfrac{E}{\sigma}$

③ $J=\rho E$ ④ $J=\rho\sigma E$

해설 Chapter 06 – 01

전류밀도 $J=ic=i$[A/m²]

$J=\dfrac{I}{s}=\sigma E$

03

길이가 10[cm]이고 단면의 반지름이 1[cm]인 원통형 자성체가 길이 방향으로 균일하게 자화되어 있을 때 자화의 세기가 0.5[Wb/m²]이라면 이 자성체의 자기 모멘트[Wb · m]는?

① 1.57×10^{-5} ② 1.57×10^{-4}

③ 1.57×10^{-3} ④ 1.57×10^{-2}

해설 Chapter 08 – 01

자기모멘트

자화의 세기 $J=\dfrac{M}{V}$

$M=J$[V]가 되므로 여기서 $V=JS\cdot\ell$이 된다.

따라서 $M=J\pi r^2\times\ell$

$=0.5\times\pi\times(10^{-2})^2\times10\times10^{-2}=1.57\times10^{-5}$[Wb · m]

04

그림과 같이 공기 중 2개의 동심 구도체에서 내구(A)에만 전하 Q를 주고 외구(B)를 접지하였을 때 내구(A)의 전위는?

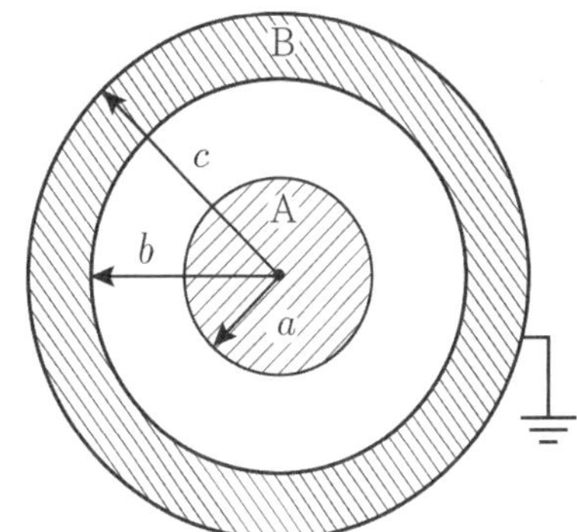

① $\dfrac{Q}{4\pi\epsilon_0}(\dfrac{1}{a}-\dfrac{1}{b}+\dfrac{1}{c})$ ② $\dfrac{Q}{4\pi\epsilon_0}(\dfrac{1}{a}-\dfrac{1}{b})$

③ $\dfrac{Q}{4\pi\epsilon_0}\cdot\dfrac{1}{c}$ ④ 0

해설 Chapter 04 – 02

동심구 도체의 전위 V_A

$V_A=\dfrac{Q}{4\pi\epsilon_0}(\dfrac{1}{a}-\dfrac{1}{b})$

정답 01 ③ 02 ① 03 ① 04 ②

05

평행판 커패시터에 어떤 유전체를 넣었을 때 전속밀도가 4.8×10^{-7}[C/m^2]이고, 단위 체적당 정전에너지가 5.3×10^{-3}[J/m^3]이었다. 이 유전체의 유전율은 약 몇 [F/m]인가?

① 1.15×10^{-11}　② 2.17×10^{-11}
③ 3.19×10^{-11}　④ 4.21×10^{-11}

해설 Chapter 02 – 14
단위 체적당 에너지

$W=\frac{1}{2}\epsilon E^2=\frac{D^2}{2\epsilon}=\frac{1}{2}ED$

따라서 $W=\frac{D^2}{2\epsilon}$ 이므로

$\epsilon=\frac{D^2}{2W}=\frac{(4.8\times10^{-7})^2}{2\times5.3\times10^{-3}}=2.17\times10^{-11}$[F/m]

06

히스테리시스 곡선에서 히스테리시스 손실에 해당하는 것은?

① 보자력의 크기
② 잔류자기의 크기
③ 보자력과 잔류자기의 곱
④ 히스테리시스 곡선의 면적

해설 Chapter 08 – 07
히스테리시스곡선
히스테리시스곡선의 손실은 곡선의 면적을 의미한다.

07

그림과 같이 극판의 면적이 S[m^2]인 평행판 커패시터에 유전율이 각각 $\epsilon_1=4$, $\epsilon_2=2$인 유전체를 채우고 a, b 양단에 V[V]의 전압을 인가했을 때 ϵ_1, ϵ_2인 유전체 내부의 전계의 세기 E_1과 E_2의 관계식은? (단, σ[C/m^2]는 면전하밀도이다.)

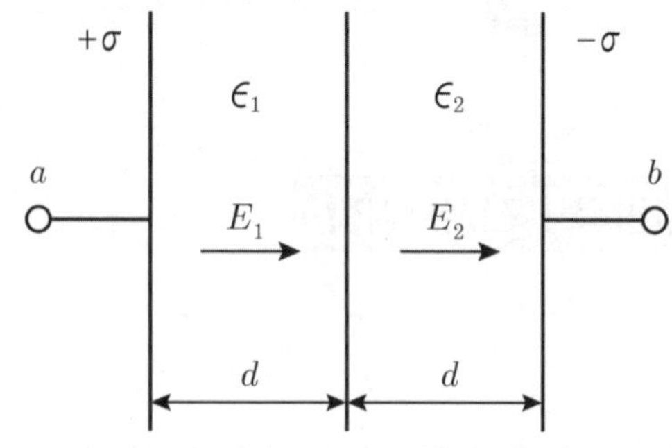

① $E_1=2E_2$　② $E_1=4E_2$
③ $2E_1=E_2$　④ $E_1=E_2$

해설 Chapter 04 – 02 – (6)
경계조건
전계가 경계면에 수직인 경우 $D_1=D_2$이므로
$\epsilon_1E_1=\epsilon_2E_2$
$4E_1=2E_2$
$2E_1=E_2$가 된다.

08

간격이 d[m]이고 면적이 S[m^2]인 평행판 패시터의 전극 사이에 유전율이 ϵ인 유전체를 넣고 전극 간에 V[V]의 전압을 가했을 때, 이 커패시터의 전극판을 떼어내는 데 필요한 힘의 크기[N]는?

① $\frac{1}{2\epsilon}\frac{V^2}{d^2S}$　② $\frac{1}{2\epsilon}\frac{dV^2}{S}$
③ $\frac{1}{2}\epsilon\frac{V}{d}S$　④ $\frac{1}{2}\epsilon\frac{V^2}{d^2}S$

해설 Chapter 02 – 14
정전응력

$f=\frac{1}{2}\epsilon E^2=\frac{D^2}{2\epsilon}=\frac{1}{2}ED$

$=\frac{1}{2}\epsilon(\frac{V}{d})^2S$

$=\frac{1}{2}\epsilon\frac{V^2}{d^2}S$가 된다.

정답 05 ② 06 ④ 07 ③ 08 ④

09

다음 중 기자력(magnetomotive force)에 대한 설명으로 틀린 것은?

① SI 단위는 암페어(A)이다.
② 전기회로의 기전력에 대응한다.
③ 자기회로의 자기저항과 자속의 곱과 동일하다.
④ 코일에 전류를 흘렸을 때 전류밀도와 코일의 권수의 곱의 크기와 같다.

해설 Chapter 08 – 08
기자력
$F = NI$로서 코일에 전류가 흘렀을 때 전류와 코일의 권수의 곱의 크기와 같다.

10

유전율 ϵ, 투자율 μ인 매질 내에서 전자파의 전파속도는?

① $\sqrt{\frac{\mu}{\epsilon}}$ ② $\sqrt{\mu\epsilon}$
③ $\sqrt{\frac{\epsilon}{\mu}}$ ④ $\frac{1}{\sqrt{\mu\epsilon}}$

해설 Chapter 11 – 03
전파속도 $v = \frac{1}{\sqrt{\epsilon\mu}}$[m/s]

11

평균 반지름(r)이 20[cm], 단면적 (S)이 6[cm²]인 환상 철심에서 권선수(N)가 500회인 코일에 흐르는 전류(I)가 4[A]일 때 철심 내부에서의 자계의 세기(H)는 약 몇 [AT/m]인가?

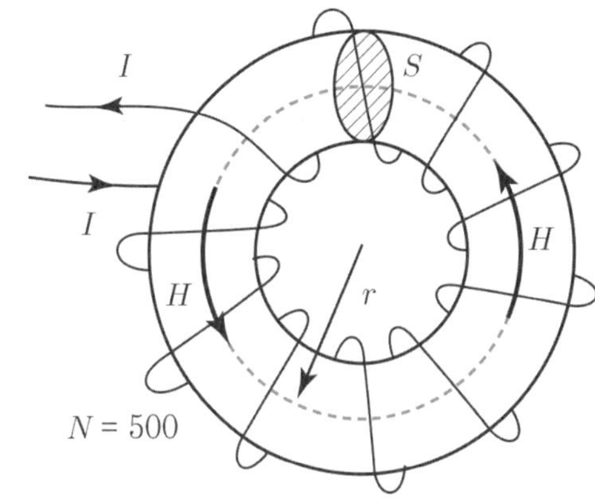

① 1590 ② 1700
③ 1870 ④ 2120

해설 Chapter 07 – 02 – (5)
환상솔레노이드의 내부의 자계의 세기

$$H = \frac{NI}{2\pi a}\text{[AT/m]}$$
$$= \frac{500 \times 4}{2\pi \times 20 \times 10^{-2}} = 1590\text{[AT/m]}$$

여기서 $a = r$[m]

12

패러데이관(Faraday tube)의 성질에 대한 설명으로 틀린 것은?

① 패러데이관 중에 있는 전속수는 그 관속에 진전하가 없으면 일정하며 연속적이다.
② 패러데이관의 양단에는 양 또는 음의 단위 진전하가 존재하고 있다.
③ 패러데이관 한 개의 단위 전위차 당 보유에너지는 $\frac{1}{2}$[J]이다.
④ 패러데이관의 밀도는 전속밀도와 같지 않다.

해설 Chapter 04 – 05
패러데이관의 성질
1) 패러데이관 내의 전속수는 일정하다.
2) 패러데이관 양단에는 정, 부 단위 전하가 있다.
3) 진 전하가 없는 점에는 패러데이관은 연속이다.
4) 패러데이관의 밀도는 전속밀도와 같다.

정답 09 ④ 10 ④ 11 ① 12 ④

13

공기 중 무한 평면도체의 표면으로부터 2[m] 떨어진 곳에 4C의 점전하가 있다. 이 점전하가 받는 힘은 몇 N인가?

① $\dfrac{1}{\pi\epsilon_0}$　② $\dfrac{1}{4\pi\epsilon_0}$

③ $\dfrac{1}{8\pi\epsilon_0}$　④ $\dfrac{1}{16\pi\epsilon_0}$

해설 Chapter 05 – 01 – (3)

무한평면도체에 작용하는 힘

$$F=-\frac{Q^2}{16\pi\epsilon_0 a^2}=-\frac{4^2}{16\pi\epsilon_0 2^2}$$

$$=-\frac{1}{4\pi\epsilon_0}$$

14

반지름이 r[m]인 반원형 전류 I[A]에 의한 반원의 중심(O)에서 자계의 세기[AT/m]는?

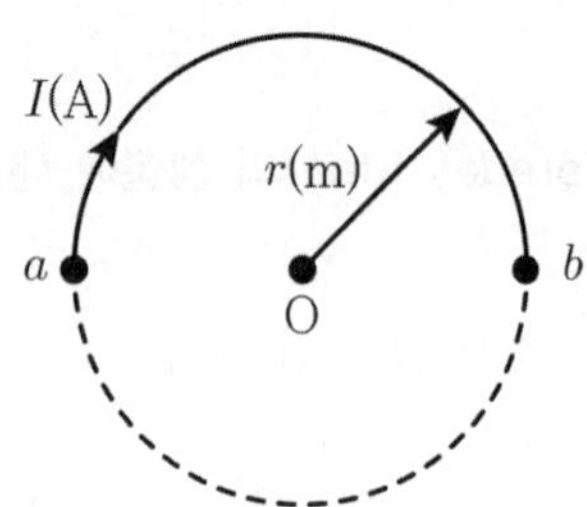

① $\dfrac{2I}{r}$　② $\dfrac{I}{r}$

③ $\dfrac{I}{2r}$　④ $\dfrac{I}{4r}$

해설 Chapter 07 – 02 – (4)

원형 코일 중심의 자계의 세기

$H=\dfrac{NI}{2a}$가 된다. 여기서 반원이라므로 $\dfrac{NI}{2a}\times\dfrac{1}{2}=\dfrac{NI}{4a}$가 된다.

$N=1$이 되면 $\dfrac{I}{4a}$가 된다.

여기서 $a=r$[m]

15

진공 중에서 점(0,1)[m]의 위치에 -2×10^{-9}[C]의 점전하가 있을 때, 점(2, 0)[m]에 있는 1[C]의 점전하에 작용하는 힘은 몇 N인가? (단, $\hat{x}$, $\hat{y}$는 단위벡터이다.)

① $-\dfrac{18}{3\sqrt{5}}\hat{x}+\dfrac{36}{3\sqrt{5}}\hat{y}$

② $-\dfrac{36}{5\sqrt{5}}\hat{x}+\dfrac{18}{5\sqrt{5}}\hat{y}$

③ $-\dfrac{36}{3\sqrt{5}}\hat{x}+\dfrac{18}{3\sqrt{5}}\hat{y}$

④ $\dfrac{36}{5\sqrt{5}}\hat{x}+\dfrac{18}{5\sqrt{5}}\hat{y}$

16

내압이 2.0[kV]이고 정전용량이 각각 0.01[μF], 0.02[μF], 0.04[μF]인 3개의 커패시터를 직렬로 연결했을 때 전체 내압은 몇 V인가?

① 1750　② 2000

③ 3500　④ 4000

해설 Chapter 03 – 03 – (1)

콘덴서의 직렬 연결 시 내압

$V=\dfrac{\dfrac{1}{C_1}+\dfrac{1}{C_2}+\dfrac{1}{C_3}}{\dfrac{1}{C_1}}V_1$이 된다. 여기서 C_1이 먼저 파괴되는 것을 말한다.

$$=\frac{\frac{1}{0.01}+\frac{1}{0.02}+\frac{1}{0.04}}{\frac{1}{0.01}}\times2\times10^3=3500[\text{V}]$$

정답 13 ② 14 ④ 15 ② 16 ③

17

그림과 같이 단면적 S[m^2]가 균일한 환상철심에 권수 N_1인 A 코일과 권수 N_2인 B코일이 있을 때, A코일의 자기 인덕턴스가 L_1[H]이라면 두 코일의 상호 인덕턴스 M[H]는?(단, 누설자속은 0이다.)

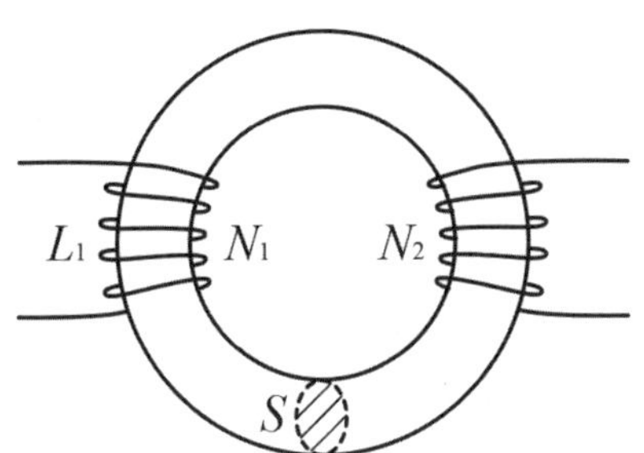

① $\dfrac{L_1N_2}{N_1}$　② $\dfrac{N_2}{L_1N_1}$

③ $\dfrac{L_1N_1}{N_2}$　④ $\dfrac{N_1}{L_1N_2}$

해설 Chapter 10 – 02 – (3)

상호인덕턴스 M

$L_1 = \dfrac{\mu SN_1^2}{\ell}$, $L_2 = \dfrac{\mu SN_2^2}{\ell}$

$M = \dfrac{N_1N_2}{R_m}$

$M = \dfrac{\mu SN_1N_2}{\ell}$ 이 된다.

18

간격 d[m], 면적 S[m^2]의 평행판 전극 사이에 유전율이 ϵ인 유전체가 있다. 전극 간에 $v[t] = V_m\sin\omega t$의 전압을 가했을 때, 유전체 속의 변위전류밀도[A/m^2]는?

① $\dfrac{\epsilon\omega V_m}{d}\cos\omega t$　② $\dfrac{\epsilon\omega V_m}{d}\sin\omega t$

③ $\dfrac{\epsilon V_m}{\omega d}\cos\omega t$　④ $\dfrac{\epsilon V_m}{\omega d}\sin\omega t$

해설 Chapter 11 – 01

변위전류밀도

$v(t) = V_m\sin\omega t$

$$i_d = \frac{\partial D}{\partial t}$$

$$= \frac{\partial}{\partial t}\frac{\epsilon}{d}V_m\sin\omega t$$

$$= \frac{\epsilon}{d}V_m \times \omega\cos\omega t$$

$$= \omega\frac{\epsilon}{d}V_m\cos\omega t[\text{A/m}^2]$$

19

속도 v의 전자가 평등자계 내에 수직으로 들어갈 때, 이 전자에 대한 설명으로 옳은 것은?

① 구면위에서 회전하고 구의 반지름은 자계의 세기에 비례한다.

② 원운동을 하고 원의 반지름은 자계의 세기에 비례한다.

③ 원운동을 하고 원의 반지름은 자계의 세기에 반비례한다.

④ 원운동을 하고 원의 반지름은 전자의 처음 속도의 제곱에 비례한다.

해설 Chapter 07 – 09 – (5)

자계 내에 수직으로 돌입한 전자는 원운동을 한다.

$r = \dfrac{mv}{eB} = \dfrac{mv}{e\mu H}$[m]

따라서 반지름은 자계의 세기에 반비례한다.

정답 17 ① 18 ① 19 ③

20

쌍극자 모멘트가 M(C · m)인 전기쌍극자에 의한 임의의 점 P에서의 전계의 크기는 전기쌍극자의 중심에서 축방향과 점 P를 잇는 선분 사이의 각이 얼마일 때 최대가 되는가?

① 0 ② $\frac{\pi}{2}$

③ $\frac{\pi}{3}$ ④ $\frac{\pi}{4}$

해설 Chapter 02 – 07

전기쌍극자 모멘트

$E=\frac{M}{4\pi\epsilon_0 r^3}\sqrt{1+3\cos^2\theta}$

$\theta=0$일 때 최대가 된다.

제2과목 | 전력공학

21

동작 시간에 따른 보호 계전기의 분류와 이에 대한 설명으로 틀린 것은?

① 순 한시 계전기는 설정된 최소동작전류 이상의 전류가 흐르면 즉시 동작한다.

② 반한 시 계전기는 동작시간이 전류값의 크기에 따라 변하는 것으로 전류값이 클수록 느리게 동작하고 반대로 전류값이 작아질수록 빠르게 동작하는 계전기이다.

③ 정한 시 계전기는 설정된 값 이상의 전류가 흘렀을 때 동작 전류의 크기와는 관계없이 항상 일정한 시간 후에 동작하는 계전기이다.

④ 반한 시 · 정한 시 계전기는 어느 전류값까지는 반한시성이지만 그 이상이 되면 정한시로 동작하는 계전기이다.

해설 Chapter 08 – 01 – (2)

보호계전기의 동작시한의 분류

반한 시 계전기는 전류의 크기가 크면 동작시간은 짧고, 반대로 전류값이 작으면 동작시간이 길다.

22

환상선로의 단락 보호에 주로 사용하는 계전방식은?

① 비율차동계전방식 ② 방향거리계전방식

③ 과전류계전방식 ④ 선택접지계전방식

해설 Chapter 08 – 01 – (3)

보호계전기의 기능상 분류

선로의 단락 보호에 사용되는 계전기는 방향거리계전방식이다.

정답 20 ① / 21 ② 22 ②

23

옥내배선을 단상 2선식에서 단상 3선식으로 변경하였을 때, 전선 1선당 공급전력은 약 몇 배 증가하는가? (단, 선간전압(단상 3선식의 경우는 중성선과 타 선간의 전압), 선로전류(중성선의 전류제외) 및 역률은 같다.)

① 0.71　　② 1.33
③ 1.41　　④ 1.73

해설 Chapter 09 – 02 – (2)
전기방식별 비교
단상 2선식을 기준으로 $P = \frac{VI}{2} = 0.5\,VI$
단상 3선식은 $P = \frac{2\,VI}{3} = 0.67\,VI$이 된다.
단상 2선식으로 비교하여 보면 1.33배가 된다.

24

3상용 차단기의 정격차단용량은 그 차단기의 정격전압과 정격차단전류와의 곱을 몇 배한 것인가?

① $\frac{1}{\sqrt{2}}$　　② $\frac{1}{\sqrt{3}}$
③ $\sqrt{2}$　　④ $\sqrt{3}$

해설 Chapter 08 – 02 – (5)
차단기의 정격 차단 용량 P_s
$P_s = \sqrt{3}\,V_n I_s$

25

유효낙차 100[m], 최대 유량 20[m³/s]의 수차가 있다. 낙차가 81[m]로 감소하면 유량[m³/s]은? (단, 수차에서 발생되는 손실 등은 무시하며 수차 효율은 일정하다.)

① 15　　② 18
③ 24　　④ 30

해설 Chapter 01 – 06
낙차의 변화에 따른 특성 변화
$\frac{Q_2}{Q_1} = (\frac{H_2}{H_1})^{\frac{1}{2}}$ 의 관계를 갖는다.

$$Q_2 = (\frac{H_2}{H_1})^{\frac{1}{2}} \times Q_1$$
$$= (\frac{81}{100})^{\frac{1}{2}} \times 20 = 18[\text{m}^3/\text{s}]$$

26

단락용량 3000[MVA]인 모선의 전압이 154[kV]라면 등가 모선 임피던스[Ω]는 약 얼마인가?

① 5.81　　② 6.21
③ 7.91　　④ 8.71

해설 Chapter 05 – 01 – (3)
단락용량 P_s
$P_s = \sqrt{3}\,VI_s$
여기서
단락전류 $I_s = \frac{P_s}{\sqrt{3}\,V} = \frac{3000 \times 10^6}{\sqrt{3} \times 154 \times 10^3} = 11247.08[\text{A}]$
단락전류 $I_s = \frac{E}{Z}$

$$Z = \frac{E}{I_s} = \frac{\frac{154 \times 10^3}{\sqrt{3}}}{11247.08} = 7.9[\Omega]$$

27

중성점 접지 방식 중 직접접지 송전방식에 대한 설명으로 틀린 것은?

① 1선 지락 사고 시 지락전류는 타 접지방식에 비하여 최대로 된다.
② 1선 지락 사고 시 지락계전기의 동작이 확실하고 선택차단이 가능하다.
③ 통신선에서의 유도장해는 비접지방식에 비하여 크다.
④ 기기의 절연레벨을 상승시킬 수 있다.

정답 23 ② 24 ④ 25 ② 26 ③ 27 ④

해설 Chapter 04 – 02 – (2)

직접접지 방식

직접접지의 경우 절연의 레벨을 저감할 수 있다.

28

송전선에 직렬콘덴서를 설치하였을 때의 특징으로 틀린 것은?

① 선로 중에서 일어나는 전압강하를 감소시킨다.
② 송전전력의 증가를 꾀할 수 있다.
③ 부하역률이 좋을수록 설치효과가 크다.
④ 단락사고가 발생하는 경우 사고전류에 의하여 과전압이 발생한다.

해설

직렬콘덴서

직렬 콘덴서는 선로의 전압 강하를 보상하며, 안정도를 증진 시킬 수 있다.

29

수압철관의 안지름이 4[m]인 곳에서의 유속이 4[m/s]이다. 안지름이 3.5[m]인 곳에서의 유속[m/s]은 약 얼마인가?

① 4.2　　② 5.2
③ 6.2　　④ 7.2

해설 Chapter 01 – 02 – (3)

연속의 원리

$d_1^2 v_1 = d_2^2 v_2$

$v_2 = (\frac{d_1}{d_2})^2 \times v_1$

$= (\frac{4}{3.5})^2 \times 4 = 5.22$[m/s]

30

경간이 200[m]인 가공 전선로가 있다. 사용 전선의 길이는 경간보다 약 몇 [m] 더 길어야 하는가? (단, 전선의 1[m]당 하중은 2[kg], 인장하중은 4000[kg]이고, 풍압하중은 무시하며, 전선의 안전율은 2이다.)

① 0.33　　② 0.61
③ 1.41　　④ 1.73

해설 Chapter 01 – 01 – (7)

전선의 실제 길이

이도 : $D = \frac{WS^2}{8T} = \frac{2 \times 200^2}{8 \times \frac{4000}{2}} = 5$[m]

전선의 실제길이 $L = S + \frac{8D^2}{3S}$

$= 200 + \frac{8 \times 5^2}{3 \times 200} = 200.33$[m]

31

송전선로에서 현수 애자련의 연면 섬락과 가장 관계가 먼 것은?

① 댐퍼
② 철탑 접지 저항
③ 현수 애자련의 개수
④ 현수 애자련의 소손

해설 Chapter 01 – 01 – (9)

댐퍼

댐퍼의 경우 전선의 진동을 방지한다.

정답 28 ③ 29 ② 30 ① 31 ①

32

전력계통의 중성점 다중 접지방식의 특징으로 옳은 것은?

① 통신선의 유도장해가 적다.
② 합성 접지 저항이 매우 높다.
③ 건전상의 전위 상승이 매우 높다.
④ 지락보호계전기의 동작이 확실하다.

해설

중성점 다중접지방식의 특성
중성점 다중접지의 경우 그 특성이 직접접지와 유사한 방식으로 접지저항이 작으며, 건전상 전위상승이 매우 적다. 이에 따라 보호계전기의 동작이 확실하다.

33

전력계통의 전압조정설비에 대한 특징으로 틀린 것은?

① 병렬콘덴서는 진상능력만을 가지며 병렬리액터는 진상능력이 없다.
② 동기조상기는 조정 단계가 불연속적이나 직렬콘덴서 및 병렬리액터는 연속적이다.
③ 동기조상기는 무효전력의 공급과 흡수가 모두 가능하여 진상 및 지상용량을 갖는다.
④ 병렬리액터는 경부하시에 계통 전압이 상승하는 것을 억제하기 위하여 초고압 송전선 등에 설치된다.

해설 Chapter 03 – 03

조상설비
동기조상기의 조정단계는 연속적이며, 직렬 콘덴서나 병렬리액터는 계단적이다.

34

변압기 보호용 비율차동계전기를 사용하여 $\Delta - Y$ 결선의 변압기를 보호하려고 한다. 이때, 변압기 1, 2차 측에 설치하는 변류기의 결선 방식은? (단, 위상 보정기능이 없는 경우이다.)

① $\Delta - \Delta$　　② $\Delta - Y$
③ $Y - \Delta$　　④ $Y - Y$

해설

비율차동계전기의 결선
변압기 내부고장을 보호하는 비율차동계전기의 경우 그 CT의 결선은 주변압기의 결선과 반대로 하여야 하므로 $Y - \Delta$ 결선이 되어야 한다.

35

송전선로에 단도체 대신 복도체를 사용하는 경우에 나타나는 현상으로 틀린 것은?

① 전선의 작용인덕턴스를 감소시킨다.
② 선로의 작용정전용량을 증가시킨다.
③ 전선 표면의 전위경도를 저감시킨다.
④ 전선의 코로나 임계전압을 저감시킨다.

해설 Chapter 02 – 03

복도체의 특징
1) 전선의 작용 정전용량이 증가하여 송전용량이 증가한다.
2) 전선의 표면 전위경도를 감소시킨다.
3) 코로나 임계전압을 증가한다.

36

어느 화력발전소에서 40000[kWh]를 발전하는 데 발열량 860[kcal/kg]의 석탄이 60톤 사용된다. 이 발전소의 열효율[%]은 약 얼마인가?

① 56.7　　② 66.7
③ 76.7　　④ 86.7

해설 Chapter 02 – 05 – (5)

화력발전소의 열효율

$$\eta = \frac{860P}{MH} \times 100[\%]$$

$$= \frac{860 \times 40000}{60 \times 10^3 \times 860} \times 100[\%] = 66.7[\%]$$

정답 32 ④ 33 ② 34 ③ 35 ④ 36 ②

37

가공송전선의 코로나 임계전압에 영향을 미치는 여러 가지 인자에 대한 설명 중 틀린 것은?

① 전선표면이 매끈할수록 임계전압이 낮아진다.
② 날씨가 흐릴수록 임계전압은 낮아진다.
③ 기압이 낮을수록, 온도가 높을수록 임계전압은 낮아진다.
④ 전선의 반지름이 클수록 임계전압은 높아진다.

해설 Chapter 02 - 02
코로나 임계전압

$E_0 = 24.3 m_0 m_1 \delta d \log_{10} \frac{D}{r}$ [kV]

여기서 m_0는 전선계수를 말하며 매끈할수록 m_0의 값이 커지므로 임계전압이 높아진다.

38

송전선의 특성 임피던스의 특징으로 옳은 것은?

① 선로의 길이가 길어질수록 값이 커진다.
② 선로의 길이가 길어질수록 값이 작아진다.
③ 선로의 길이에 따라 값이 변하지 않는다.
④ 부하용량에 따라 값이 변한다.

해설 Chapter 02 - 01 - (3)
장거리 송전선로의 특성임피던스 Z_0

$Z_0 = \sqrt{\frac{L}{C}}$ [Ω]으로서 선로의 고유 특성을 말하며, 거리와 무관하다.

39

송전 선로의 보호 계전 방식이 아닌 것은?

① 전류 위상 비교 방식
② 전류 차동 보호 계전 방식
③ 방향 비교 방식
④ 전압 균형 방식

해설
송전선로의 보호방식
1) 전류 위상 비교방식
2) 전류 차동 보호계전방식
3) 방향 비교 방식

40

선로고장 발생 시 고장전류를 차단할 수 없어 리클로저와 같이 차단 기능이 있는 후비보호 장치와 함께 설치되어야 하는 장치는?

① 배선용차단기　② 유입개폐기
③ 컷아웃스위치　④ 섹셔널라이저

해설
배전선로의 보호장치
리클로저의 후비 보호장치로 사용되는 섹셔널라이저는 고장전류의 차단 능력이 없어 리클로저의 후비에 보호장치로 사용된다.

정답 37 ① 38 ③ 39 ④ 40 ④

제3과목 | 전기기기

41

3상 변압기를 병렬 운전하는 조건으로 틀린 것은?

① 각 변압기의 극성이 같을 것
② 각 변압기의 %임피던스 강하가 같을 것
③ 각 변압기의 1차와 2차 정격전압과 변압비가 같을 것
④ 각 변압기의 1차와 2차 선간전압의 위상 변위가 다를 것

해설 Chapter 04 – 02
변압기 병렬운전조건
3상 변압기의 경우 상회전 방향과 각 변위가 같아야 한다.

42

직류 직권전동기에서 분류 저항기를 직권권선에 병렬로 접속해 여자전류를 가감시켜 속도를 제어하는 방법은?

① 저항 제어　② 전압 제어
③ 계자 제어　④ 직·병렬 제어

해설 Chapter 07 – 01
직류 전동기의 속도제어 $n = k\dfrac{V - I_a R_a}{\phi}$
여기서 ϕ(여자)를 변화시켜 속도를 제어하는 방법은 계자 제어를 말한다.

43

직류 발전기의 특성곡선에서 각 축에 해당하는 항목으로 틀린 것은?

① 외부특성곡선 : 부하전류와 단자전압
② 부하특성곡선 : 계자전류와 단자전압
③ 내부특성곡선 : 무부하전류와 단자전압
④ 무부하특성곡선 : 계자전류와 유도기전력

해설 Chapter 06 – 01
직류 발전기의 특성곡선
1) 무부하특성곡선 : 유도기전력과 계자전류
2) 부하특성곡선 : 정격전압과 계자전류
3) 내부특성곡선 : 유도기전력과 정격전류
4) 외부 특성곡선 : 정격전압과 정격전류

44

60[Hz], 600[rpm]의 동기전동기에 직결된 기동용 유도전동기의 극수는?

① 6　② 8
③ 10　④ 12

해설 Chapter 11 – 02
동기전동기의 기동용 유도전동기의 극수
동기전동기의 기동 시 사용되는 유도전동기의 극수는 2극을 적게 설계한다.

$$P = \frac{120}{N_s} f = \frac{120}{600} \times 60 = 12[\text{극}]$$

따라서 2극을 적게 설계하면 10극이 된다.

45

다이오드를 사용한 정류회로에서 다이오드를 여러 개 직렬로 연결하면 어떻게 되는가?

① 전력공급의 증대
② 출력전압의 맥동률을 감소
③ 다이오드를 과전류로부터 보호
④ 다이오드를 과전압으로부터 보호

해설
다이오드의 직렬연결
직렬 연결 시 다이오드를 과전압로부터 보호할 수 있는 효과가 있다.

정답 41 ④　42 ③　43 ③　44 ③　45 ④

46

4극 60[Hz]인 3상 유도전동기가 있다. 1725[rpm]으로 회전하고 있을 때, 2차 기전력의 주파수[Hz]는?

① 2.5 ② 5
③ 7.5 ④ 10

해설 Chapter 16 – 05
2차 주파수 f_{2s}

$$s = \frac{N_s - N}{N_s}$$

$$f_{2s} = sf_2$$
$$= \frac{1800-1725}{1800} \times 60 = 2.5[\text{Hz}]$$

47

직류 분권전동기의 전압이 일정할 때 부하토크가 2배로 증가하면 부하전류는 약 몇 배가 되는가?

① 1 ② 2
③ 3 ④ 4

해설 Chapter 10 – 01 – (4)
분권전동기의 토크와 전류의 관계
$T \propto I$하므로 토크가 2배로 증가하면 전류도 2배로 증가한다.

48

유도전동기의 슬립을 측정하려고 한다. 다음 중 슬립의 측정법이 아닌 것은?

① 수화기법
② 직류밀리볼트계법
③ 스트로보스코프법
④ 프로니브레이크법

해설
슬립 측정방법
1) 수화기법
2) 직류밀리볼트계법
3) 스트로보스코프법

49

정격출력 10000[kVA], 정격전압 6600[V], 정격역률 0.8인 3상 비돌극 동기발전기가 있다. 여자를 정격상태로 유지할 때 이발전기의 최대 출력은 약 몇 kW인가? (단, 1상의 동기 리액턴스를 0.9[pu]라 하고 저항은 무시한다.)

① 17089 ② 18889
③ 21259 ④ 23619

해설 Chapter 05 – 02
발전기의 출력

$$P = \frac{EV}{X_s}\sin\delta = 10000 \times \frac{1.7 \times 1}{0.9} = 18889[\text{kW}]$$

$$E = \sqrt{(\cos\theta)^2 + (\sin\theta + X_s)^2}$$
$$= \sqrt{0.8^2 + (0.6+0.9)^2} = 1.7$$

50

단상 반파정류회로에서 직류전압의 평균값 210[V]를 얻는데 필요한 변압기 2차 전압의 실효값은 약 몇 V인가? (단, 부하는 순 저항이고, 정류기의 전압강하 평균값은 15V로 한다.)

① 400 ② 433
③ 500 ④ 566

해설 Chapter 01 – 05 – (3)
단상 반파정류회로
직류전압 $E_d = 0.45E - e$

$$210 = 0.45E - 15$$

$$E = \frac{210+15}{0.45} = 500[\text{V}]$$

51

변압기유에 요구되는 특성으로 틀린 것은?

① 점도가 클 것 ② 응고점이 낮을 것
③ 인화점이 높을 것 ④ 절연 내력이 클 것

정답 46 ① 47 ② 48 ④ 49 ② 50 ③ 51 ①

해설 Chapter 14 – 02

절연유 구비조건

1) 절연내력이 클 것
2) 인화점은 높고 응고점은 낮을 것
3) 점도는 낮을 것
4) 냉각효과는 클 것

52

100[kVA], 2300/115[V], 철손 1[kW], 전부하동손 1.25[kW]의 변압기가 있다. 이 변압기는 매일 무부하로 10시간, $\frac{1}{2}$ 정격부하 역률 1에서 8시간, 전부하 역률 0.8(지상)에서 6시간 운전하고 있다면 전일효율은 약 몇 %인가?

① 93.3　② 94.3
③ 95.3　④ 96.3

해설 Chapter 09 – 02

변압기의 전일 효율

$$\eta = \frac{\text{출력}}{\text{출력}+\text{철손}+\text{동손}}$$

$$= \frac{880}{880+24+10} \times 100[\%] = 96.28[\%]$$

출력 $= 100 \times \frac{1}{2} \times 1 \times 8 + 100 \times 0.8 \times 6 = 880[\text{kWh}]$

철손 $= 1 \times 24 = 24[\text{kWh}]$

동손 $= (\frac{50}{100})^2 \times 8 \times 1.25 + (\frac{100}{100})^2 \times 6 \times 1.25$
$= 10[\text{kWh}]$

53

3상 유도전동기에서 고조파 회전자계가 기본파 회전방향과 역방향인 고조파는?

① 제3고조파　② 제5고조파
③ 제7고조파　④ 제13고조파

해설

제5고조파

제5고조파의 경우 기본파의 회전방향과 반대방향의 회전자계를 갖는다.

54

직류 분권전동기의 기동 시에 정격전압을 공급하면 전기자 전류가 많이 흐르다가 회전속도가 점점 증가함에 따라 전기자 전류가 감소하는 원인은?

① 전기자반작용의 증가
② 전기자권선의 저항증가
③ 브러시의 접촉저항 증가
④ 전동기의 역기전력상승

해설

분권전동기의 특성

기동 시 정격전압을 공급하면 전기자 전류가 많이 흐르다가 회전속도가 점점 증가하여 전기자 전류가 감소하는 이유는 전동기의 역기전력이 상승하기 때문이다.

55

변압기의 전압변동률에 대한 설명으로 틀린 것은?

① 일반적으로 부하변동에 대하여 2차 단자전압의 변동이 작을수록 좋다.
② 전부하시와 무부하시의 2차 단자전압이 서로 다른 정도를 표시하는 것이다.
③ 인가전압이 일정한 상태에서 무부하 2차 단자전압에 반비례한다.
④ 전압변동률은 전등의 광고, 수명, 전동기의 출력 등에 영향을 미친다.

해설 Chapter 05 – 03

변압기의 전압변동률 $\epsilon = \frac{V_{20} - V_{2n}}{V_{2n}} \times 100[\%]$

인가전압이 일정한 상태에서 무부하 2차 단자전압에 비례한다.

정답 52 ④　53 ②　54 ④　55 ③

56

1상의 유도기전력이 6000[V]인 동기발전기에서 1분간 회전수를 900[rpm]에서 1800[rpm]으로 하면 유도기전력은 약 몇 [V]인가?

① 6000 ② 12000
③ 24000 ④ 36000

해설 Chapter 01 – 03
유도기전력
동기기의 유도기전력 $E=4.44f\phi k_w N$으로서 회전수가 900에서 1800으로 상승했다는 것은 주파수가 상승했다는 것을 의미한다.
따라서 유도기전력은 주파수에 비례하므로 회전수가 2배 상승하였으므로 유도기전력도 2배 상승하게 된다. 따라서 12000[V]가 유기된다.

57

변압기 내부고장 검출을 위해 사용하는 계전기가 아닌 것은?

① 과전압 계전기 ② 비율차동 계전기
③ 부흐홀쯔 계전기 ④ 충격 압력 계전기

해설 Chapter 14 – 10
변압기 내부고장 보호계전기
1) 부흐홀쯔 계전기
2) 비율차동, 차동계전기
3) 충격 압력 계전기

58

권선형 유도전동기의 2차 여자법 중 2차 단자에서 나오는 전력을 동력으로 바꿔서 직류전동기에 가하는 방식은?

① 회생방식 ② 크레머방식
③ 플러깅방식 ④ 세르비우스방식

해설
크레머방식
권선형 유도전동기의 2차 여자법 중 2차 단자에 나오는 전력을 동력으로 바꿔 직류전동기에 가하는 방식을 말한다.

59

동기조상기의 구조상 특징으로 틀린 것은?

① 고정자는 수차발전기와 같다.
② 안전 운전용 제동권선이 설치된다.
③ 계자 코일이나 자극이 대단히 크다.
④ 전동기 축은 동력을 전달하는 관계로 비교적 굵다.

해설
동기조상기의 구조
전동기의 축은 도력을 전달하는 관계로 비교적 짧다.

60

75[W] 이하의 소출력 단상 직권정류자 전동기의 용도로 적합하지 않은 것은?

① 믹서 ② 소형공구
③ 공작기계 ④ 치과의료용

정답 56 ② 57 ① 58 ② 59 ④ 60 ③

제4과목 | 회로이론 · 제어공학

61

그림의 제어시스템이 안정하기 위한 K의 범위는?

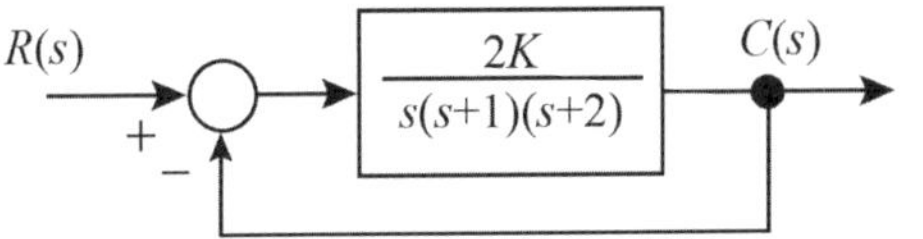

① $0 < K < 3$ ② $0 < K < 4$
③ $0 < K < 5$ ④ $0 < K < 6$

해설 Chapter 08 – 01

$$GH = \frac{2k}{s(s+1)(s+2)}$$
$$= s(s+1)(s+2) + 2k = 0$$
$$s^3 + 3s^2 + 2s + 2k = 0$$

s^3	1	2	0
s^2	3	$2k$	0
s^1	$\frac{6-2k}{3}$	0	0
s^0	$2k$		

$2k > 0 \quad k > \frac{0}{2} = 0$

$6 - 2k > 0$

$3 > k$

따라서 k는 0보다는 크고 3보다는 작아야 하므로

$0 < k < 3$

62

블록선도의 전달함수가 $\frac{C(s)}{R(s)} = 10$과 같이 되기 위한 조건은?

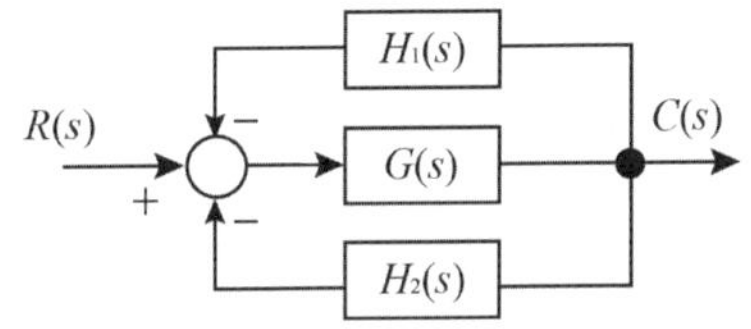

① $G(s) = \frac{1}{1 - H_1(s) - H_2(s)}$

② $G(s) = \frac{10}{1 - H_1(s) - H_2(s)}$

③ $G(s) = \frac{1}{1 - 10H_1(s) - 10H_2(s)}$

④ $G(s) = \frac{10}{1 - 10H_1(s) - 10H_2(s)}$

해설 Chapter 04 – 02 – (3)

피드백 결합

$$G(s) = \frac{\sum \text{전향경로이득}}{1 - \sum \text{루프이득}}$$
$$= \frac{G(s)}{1 + G(s)H_2(s) + G(s)H_1(s)} = 10$$
$$G(s) = 10 + G(s) \times 10(H_2(s) + H_1(s))$$
$$G(s) = \frac{10}{1 - 10H_1(s) - 10H_2(s)}$$ 가 된다.

63

주파수 전달함수가 $G(j\omega) = \frac{1}{j100\omega}$인 제어시스템에서 $\omega = 1.0$[rad/s]일 때의 이득[dB]과 위상각 (°)은 각각 얼마인가?

① 20 dB, 90° ② 40 dB, 90°
③ −20 dB, −90° ④ −40 dB, −90°

해설 Chapter 07 – 03

이득

$G(j\omega) = \frac{1}{j100\omega} = \frac{1}{j100}$이 된다. $\omega = 1$이므로

정답 61 ① 62 ④ 63 ④

$|G(j\omega)|=\frac{1}{100}$

$\theta=-90°$

이득 $g=20\log_{10}\frac{1}{100}=-40[\text{dB}]$

64

개루프 전달함수가 다음과 같은 제어시스템의 근궤적이 $j\omega$(허수)축과 교차할 때 K는 얼마인가?

$$G(s)H(s)=\frac{K}{s(s+3)(s+4)}$$

① 30 ② 48
③ 84 ④ 180

해설 Chapter 08 – 01

특성방정식

$=s(s+3)(s+4)+k$

$=s(s^2+7s+12)+k$

$=s^3+7s^2+12s+k=0$

s^3	1	12	0
s^2	7	k	0
s^1	$\frac{84-k}{7}=A$	0	0

s^0 $\frac{84-k}{7}$ 여기서

근궤적이 허수축과 교차하면 임계상태이므로 $A=0$이 되어야 한다. 따라서 $k=84$가 되어야 한다.

65

그림과 같은 신호흐름선도에서 $\frac{C(s)}{R(s)}$는?

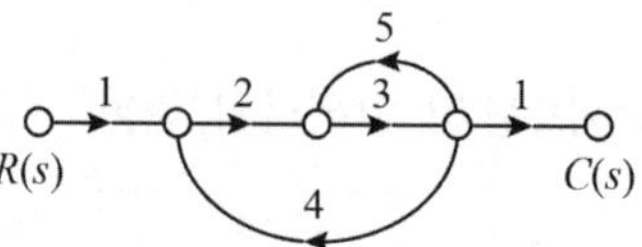

① $-\frac{6}{38}$ ② $\frac{6}{38}$
③ $-\frac{6}{41}$ ④ $\frac{6}{41}$

해설 Chapter 04 – 02 – (3)

전달함수

$$G(s)=\frac{\sum \text{전향경로이득}}{1-\sum \text{루프이득}}$$

$$=\frac{1\times2\times3\times1}{1-2\times3\times4-3\times5}=-\frac{6}{38}$$

66

단위계단 함수 $u(t)$를 z변환하면?

① $\frac{1}{z-1}$ ② $\frac{z}{z-1}$
③ $\frac{1}{Tz-1}$ ④ $\frac{Tz}{Tz-1}$

해설 Chapter 10 – 04

z변환

$u(t)$의 z변환 $\frac{z}{z-1}$

정답 64 ③ 65 ① 66 ②

67

제어요소의 표준 형식인 적분요소에 대한 전달함수는? (단, K는 상수이다.)

① Ks ② $\frac{K}{s}$

③ K ④ $\frac{K}{1+Ts}$

해설 Chapter 03 – 04

제어요소의 전달함수

1) 적분요소 $\frac{K}{s}$

2) 미분요소 Ks

3) 비례요소 K

4) 1차 지연요소 $\frac{K}{Ts+1}$

68

그림의 논리회로와 등가인 논리식은?

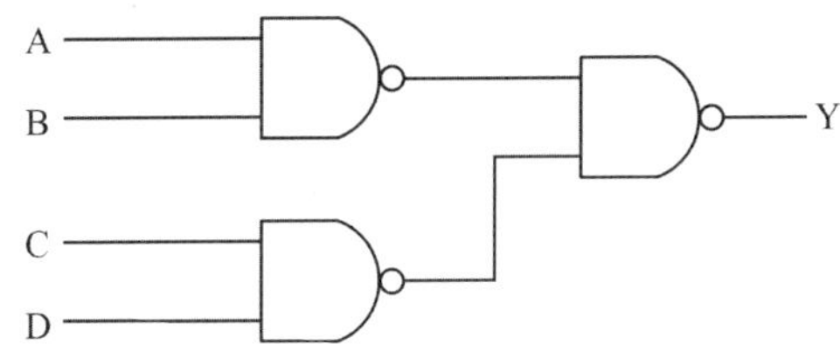

① $Y = A \cdot B \cdot C \cdot D$

② $Y = A \cdot B + C \cdot D$

③ $Y = \overline{A \cdot B} + \overline{C \cdot D}$

④ $Y = (\overline{A} + \overline{B}) \cdot (\overline{C} + \overline{D})$

해설 Chapter 11 – 02

논리시퀀스 회로

$\overline{\overline{A \cdot B} \cdot \overline{C \cdot D}}$ 가 되므로 드모르강의 정리를 이용하면

$= \overline{\overline{A \cdot B}} + \overline{\overline{C \cdot D}} = A \cdot B + C \cdot D$

69

다음과 같은 상태방정식으로 표현되는 제어시스템에 대한 특성방정식의 근(s_1, s_2)은?

$$\begin{bmatrix} \dot{x_1} \\ \dot{x_2} \end{bmatrix} = \begin{bmatrix} 0 & -3 \\ 2 & -5 \end{bmatrix} \begin{bmatrix} x_1 \\ x_2 \end{bmatrix} + \begin{bmatrix} 1 \\ 0 \end{bmatrix} u$$

① 1, −3 ② −1, −2

③ −2, −3 ④ −1, −3

해설 Chapter 10 – 01

상태방정식

$= sI - A$

$= s\begin{bmatrix} 1 & 0 \\ 0 & 1 \end{bmatrix} - \begin{bmatrix} 0 & -3 \\ 2 & -5 \end{bmatrix}$

$= \begin{bmatrix} s & 0 \\ 0 & s \end{bmatrix} - \begin{bmatrix} 0 & -3 \\ 2 & -5 \end{bmatrix}$

$= \begin{bmatrix} s & 3 \\ -2 & s+5 \end{bmatrix}$

$= s^2 + 5s - 3 \times (-2)$

$= s^2 + 5s + 6$

특성방정식 $= sI - A = 0$

$s^s + 5s + 6 = 0$

$(s+2)(s+3) = 0$

$s = -2, -3$

70

블록선도의 제어시스템의 단위 램프 입력에 대한 정상상태 오차(정상편차)가 0.01이다. 이 제어시스템의 제어요소인 $G_{C1}(s)$의 k는?

$$G_{C1}(s) = k,\ G_{C2}(s) = \frac{1+0.1s}{1+0.2s},$$
$$G_P(s) = \frac{20}{s(s+1)(s+2)}$$

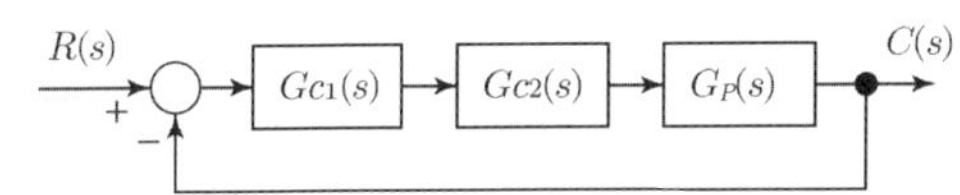

① 0.1 ② 1 ③ 10 ④ 100

정답 67 ② 68 ② 69 ③ 70 ③

해설 Chapter 06 – 01

정상편차

1) $G(s) = GH = G_{C1} \times G_{C2} \times G_P$

$$= \frac{20k(1+0.1s)}{s(s+1)(s+2)(1+0.2s)}$$

2) 속도편차 상수 $K_v = \lim_{s \to 0} sG(s) = 10k$

3) $e_{ssv} = \frac{1}{K_v} = \frac{1}{10k} = 0.01$

$k = 10$이 된다.

71

평형 3상 부하에 선간전압의 크기가 200[V]인 평형 3상 전압을 인가했을 때 흐르는 선전류의 크기가 8.6[A]이고 무효전력이 1298[Var]이었다. 이때 이 부하의 역률은 약 얼마인가?

① 0.6 ② 0.7
③ 0.8 ④ 0.9

해설 Chapter 03 – 03

역률

$P_r = \sqrt{3}\, VI\sin\theta$

$$\sin\theta = \frac{P_r}{\sqrt{3}\, VI} = \frac{1298}{\sqrt{3} \times 200 \times 8.6} = 0.436$$

$$\cos\theta = \sqrt{1-\sin^2\theta} = \sqrt{1-0.436^2} = 0.9$$

72

단위 길이당 인덕턴스 및 커패시턴스가 각각 L 및 C일 때 전송선로의 특성 임피던스는? (단, 전송선로는 무손실 선로이다.)

① $\sqrt{\frac{L}{C}}$ ② $\sqrt{\frac{C}{L}}$
③ $\frac{L}{C}$ ④ $\frac{C}{L}$

해설 Chapter 12

특성임피던스

무손실의 경우 $R = G = 0$이므로

$Z_0 = \sqrt{\frac{L}{C}}$ 가 된다.

73

각상의 전류가 $i_a(t) = 90\sin\omega t(A)$, $i_b(t) = 90\sin(\omega t - 90^\circ)(A)$, $i_c(t) = 90\sin(\omega t + 90^\circ)(A)$일 때 영상분 전류(A)의 순시치는?

① $30\cos\omega t$ ② $30\sin\omega t$
③ $90\sin\omega t$ ④ $90\cos\omega t$

해설 Chapter 08 – 01

영상분 전류

$I_0 = \frac{1}{3}(i_a + i_b + i_c)$

74

내부 임피던스가 $0.3 + j2[\Omega]$인 발전기에 임피던스가 $1.1 + j3[\Omega]$인 선로를 연결하여 어떤 부하에 전력을 공급하고 있다. 이 부하의 임피던스가 몇 $[\Omega]$일 때 발전기로부터 부하로 전달되는 전력이 최대가 되는가?

① $1.4 - j5$ ② $1.4 + j5$
③ 1.4 ④ $j5$

해설 Chapter 03 – 04

최대전력 공급조건 $Z_L = Z_g^*$

$Z_g = 0.3 + j2 + 1.1 + j3 = 1.4 + j5[\Omega]$

$Z_g^* = 1.4 - j5[\Omega]$

정답 71 ④ 72 ① 73 ② 74 ②

75

그림과 같은 파형의 라플라스 변환은?

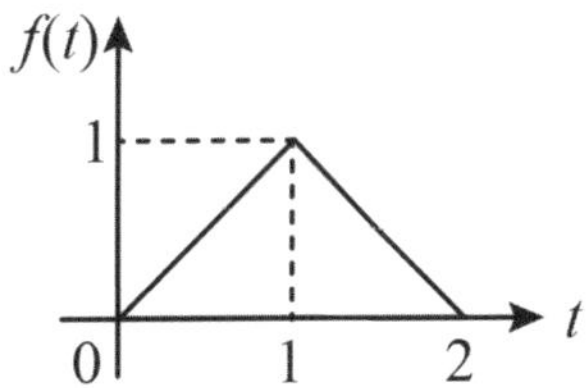

① $\frac{1}{s^2}(1-2e^{s})$

② $\frac{1}{s^2}(1-2e^{-s})$

③ $\frac{1}{s^2}(1-2e^{s}+e^{2s})$

④ $\frac{1}{s^2}(1-2e^{-s}+e^{-2s})$

76

어떤 회로에서 $t=0$초에 스위치를 닫은 후 $i=2t+3t^2$[A]의 전류가 흘렀다. 30초까지 스위치를 통과한 총 전기량[Ah]은?

① 4.25 ② 6.75
③ 7.75 ④ 8.25

해설

전기량 q

$q=\int i(t)dt$

$=\int_0^{30} 2t3t^2dt$

$=t^2+t^3|_0^{30}$

$=30^2+30^3$

$=27900[A \cdot \sec]$가 된다. 따라서 $\frac{27900}{3600}=7.75$[A・h]

77

전압 $v(t)$를 RL직렬회로에 인가했을 때 제3고조파 전류의 실효값(A)의 크기는? (단, $R=8\Omega$, $\omega L=2\Omega$, $v(t)=100\sqrt{2}\sin\omega t+200\sqrt{2}\sin 3\omega t+50\sqrt{2}\sin 5\omega t(V)$)

① 10 ② 14
③ 20 ④ 28

해설 Chapter 09 – 03

비정현파 실효값

3고조파 전류의 실효값

$I_3=\frac{V_3}{Z_3}=\frac{200}{10}=20$[A]

$Z_3=R+j3\omega L$

$=8+j3\times 2$

$=\sqrt{8^2+6^2}=10\Omega$

78

회로에서 $t=0$초에 전압 $v_1(t)=e^{-4t}$[V]를 인가하였을 때 $v_2(t)$는 몇 [V]인가? (단, $R=2[\Omega]$, $L=1$[H]이다.)

① $e^{-2t}-e^{-4t}$ ② $2e^{-2t}-2e^{-4t}$
③ $-2e^{-2t}+2e^{-4t}$ ④ $-2e^{-2t}-2e^{-4t}$

해설 Chapter 15

전달함수

$G(s)=\frac{V_0(s)}{V_i(s)}=\frac{2}{s+2}$

$V_0(s)=\frac{2}{s+2}V_i(s)$

$=\frac{2}{s+2}\times\frac{1}{s+4}$

$=\frac{2}{(s+2)(s+4)}$

$=\frac{A}{s+2}+\frac{B}{s+4}$

정답 75 ④ 76 ③ 77 ③ 78 ①

$A = V_2(s)(s+2)|_{s=-2}$

$\left.\dfrac{2}{(s+4)}\right|_{s=-2}$ 따라서 $A=1$

$B = V_2(s)(s+4)|_{s=-4}$

$\left.\dfrac{2}{(s+2)}\right|_{s=-4}$ 따라서 $B=-1$

$V_2(s) = \dfrac{1}{s+2} + \dfrac{-1}{s+4}$

이를 다시 역변환하면 $V_2(t) = e^{-2t} - e^{-4t}$

79

동일한 저항 $R[\Omega]$인 6개를 그림과 같이 결선하고 대칭 3상 전압 V[V]를 가하였을 때 전류 I[A]의 크기는?

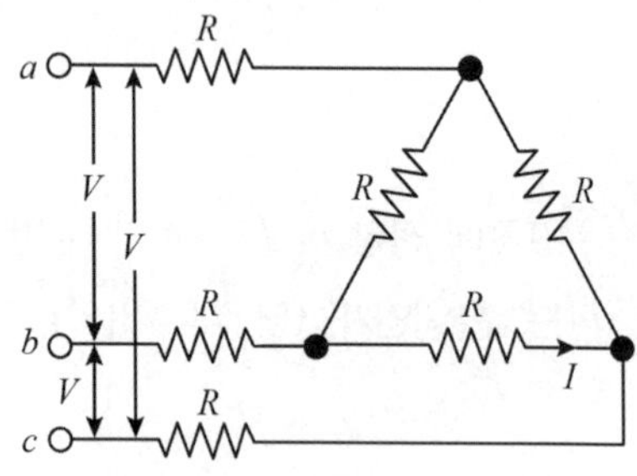

① $\dfrac{V}{R}$ ② $\dfrac{V}{2R}$

③ $\dfrac{V}{4R}$ ④ $\dfrac{V}{5R}$

해설 Chapter 07 – 04

임피던스 변환

델타를 Y로 변환하여 해석하면 $R = \dfrac{R}{3}$이 된다.

한상의 $R = \dfrac{4}{3}R$이 된다.

따라서 $I = \dfrac{E}{R} = \dfrac{\frac{V}{\sqrt{3}}}{\frac{4}{3}R} = \dfrac{\sqrt{3}\,V}{4R}$

여기서 델타결선에 흐르는 상전류를 구하는 문제이므로

$I_P = \dfrac{I}{\sqrt{3}}$

$I_P = \dfrac{\sqrt{3}\,V}{4R} \times \dfrac{1}{\sqrt{3}} = \dfrac{V}{4R}$

80

어떤 선형 회로망의 4단자 정수가 $A=8$, $B=j2$, $D=1.625+j$일 때, 이 회로망의 4단자 정수 C는?

① $24-j14$ ② $8-j11.5$

③ $4-j6$ ④ $3-j4$

해설 Chapter 11

4단자정수

1) $AD-BC=1$

2) $AD=1+BC$

$C = \dfrac{AD-1}{B} = \dfrac{8(1.625+j)-1}{j2} = 4-j6$

정답 79 ③ 80 ③

제5과목 | 전기설비기술기준

81

저압옥상전선로의 시설기준으로 틀린 것은?

① 전개된 장소에 위험의 우려가 없도록 시설할 것
② 전선은 지름 2.6[mm] 이상의 경동선을 사용할 것
③ 전선은 절연전선(옥외용 비닐절연전선은 제외)을 사용할 것
④ 전선은 상시 부는 바람 등에 의하여 식물에 접촉하지 아니하도록 시설하여야 한다.

해설

옥상전선로
전선은 절연전선을 사용하며 옥외용 비닐절연전선을 포함한다.

82

이동형의 용접 전극을 사용하는 아크 용접장치의 시설기준으로 틀린 것은?

① 용접변압기는 절연변압기일 것
② 용접변압기의 1차 측 전로의 대지전압은 300[V] 이하일 것
③ 용접변압기의 2차 측 전로에는 용접변압기에 가까운 곳에 쉽게 개폐할 수 있는 개폐기를 시설할 것
④ 용접변압기의 2차 측 전로 중 용접변압기로부터 용접전극에 이르는 부분의 전로는 용접 시 흐르는 전류를 안전하게 통할수 있는 것일 것

해설

아크 용접기의 시설
용접용 변압기의 1차 측 전로에는 용접변압기에 가까운 곳에 쉽게 개폐할 수 있는 개폐기를 시설할 것

83

사용전압이 15[kV] 초과 25[kV] 이하인 특고압 가공전선로가 상호 간 접근 또는 교차하는 경우 사용전선이 양쪽 모두 나전선이라면 이격거리는 몇 [m] 이상이어야 하는가? (단, 중성선 다중접지 방식의 것으로서 전로에 지락이 생겼을 때에 2초 이내에 자동적으로 이를 전로로부터 차단하는 장치가 되어 있다.)

① 1.0 ② 1.2
③ 1.5 ④ 1.75

해설 Chapter 03 – 13

25[kV] 이하 특고압 가공전선의 상호접근
나전선의 경우 1.5[m] 이상 이격한다.

84

최대사용전압이 1차 22000[V], 2차 6600[V]의 권선으로 중성점 비접지식 전로에 접속하는 변압기의 특고압 측 절연내력 시험전압은?

① 24000[V] ② 27500[V]
③ 33000[V] ④ 44000[V]

해설 Chapter 01 – 11

절연내력시험전압
비접지의 경우 7[kV] 초과 시 1.25배
따라서 $22000 \times 1.25 = 27500$[V]

85

가공전선로의 지지물로 볼 수 없는 것은?

① 철주 ② 지선
③ 철탑 ④ 철근 콘크리트주

해설 Chapter 03 – 03

지선
지선은 지지물의 강도를 보강한다.

정답 81 ③ 82 ③ 83 ③ 84 ② 85 ②

86

점멸기의 시설에서 센서등(타임스위치 포함)을 시설하여야 하는 곳은?

① 공장 ② 상점
③ 사무실 ④ 아파트 현관

해설 Chapter 05 – 01 – (2)
타임스위치의 시설
관광업 숙박업 및 주택 아파트 현관 등에 시설한다.

87

순시조건(t ≤ 0.5초)에서 교류 전기철도 급전시스템에서의 레일 전위의 최대 허용 접촉전압(실효값)으로 옳은 것은?

① 60V ② 65V
③ 440V ④ 670V

88

전기저장장치의 이차전지에 자동으로 전로로부터 차단하는 장치를 시설하여야 하는 경우로 틀린 것은?

① 과저항이 발생한 경우
② 과전압이 발생한 경우
③ 제어장치에 이상이 발생한 경우
④ 이차전지 모듈의 내부 온도가 급격히 상승할 경우

해설
이차전지의 자동차단장치의 시설
1) 과전압 또는 과전류가 발생한 경우
2) 제어장치의 이상이 발생한 경우
3) 이차전지 모듈의 내부 온도가 급격히 상승할 경우

89

뱅크용량이 몇 [kVA] 이상인 조상기에는 그 내부에 고장이 생긴 경우에 자동적으로 이를 전로로부터 차단하는 보호장치를 하여야 하는가?

① 10000 ② 15000
③ 20000 ④ 25000

해설 Chapter 02 – 05 – (2)
조상설비의 보호장치
조상기의 경우 15000[kVA] 이상의 경우 내부고장에 대한 보호를 필요로 한다.

90

전주외등의 시설 시 사용하는 공사방법으로 틀린 것은?

① 애자공사 ② 케이블공사
③ 금속관공사 ④ 합성수지관공사

해설
전주외등의 시설
1) 케이블공사
2) 합성수지관공사
3) 금속관공사

91

농사용 저압 가공전선로의 지지점간 거리는 몇 [m] 이하이어야 하는가?

① 30 ② 50
③ 60 ④ 100

해설 Chapter 03 – 17
농사용 저압 가공전선로
경간의 경우 30[m] 이하로 하여야 한다.

정답 86 ④ 87 ④ 88 ① 89 ② 90 ① 91 ①

92

특고압 가공전선로에서 발생하는 극저주파 전계는 지표상 1[m]에서 몇 [kV/m] 이하이어야 하는가?

① 2.0　② 2.5
③ 3.0　④ 3.5

해설 Chapter 03 – 10 – (6)
400[kV] 이상의 전선로의 시설
전계의 경우 3.5[kV/m]를 초과하지 말것

93

단면적 55[mm^2]인 경동연선을 사용하는 특고압 가공전선로의 지지물로 장력에 견디는 형태의 B종 철근 콘크리트주를 사용하는 경우, 허용 최대 경간은 몇 [m]인가?

① 150　② 250
③ 300　④ 500

해설
가공전선로의 경간
B종 철주의 경우 경간은 250[m] 이하이어야 하나 특고압의 경우 전선을 55[mm^2] 이상으로 교체할 경우 그 경간을 500[m] 이하로 증가할 수 있다.

94

저압 옥측전선로에서 목조의 조영물에 시설할 수 있는 공사 방법은?

① 금속관공사
② 버스덕트공사
③ 합성수지관공사
④ 케이블공사(무기물절연(MI)케이블을 사용하는 경우)

해설 Chapter 01 – 06
옥측전선로
합성수지관의 경우 목조형 조영물에 시설할 수 있다.

95

시가지에 시설하는 154[kV] 가공전선로를 도로와 제1차 접근상태로 시설하는 경우, 전선과 도로와의 이격거리는 몇 [m] 이상이어야 하는가?

① 4.4　② 4.8
③ 5.2　④ 5.6

해설
특고압 가공전선로와 도로의 제1차 접근 상태의 시설
35[kV]를 초과할 경우 $3+(x-3.5)\times0.15$[m]
따라서 $3+(15.4-3.5)\times0.15=4.8$[m]

96

귀선로에 대한 설명으로 틀린 것은?

① 나전선을 적용하여 가공식으로 가설을 원칙으로 한다.
② 사고 및 지락 시에도 충분한 허용전류용량을 갖도록 하여야 한다.
③ 비절연보호도체, 매설접지도체, 레일 등으로 구성하여 단권변압기 중성점과 공통접지에 접속한다.
④ 비절연보호도체의 위치는 통신유도장해 및 레일전위의 상승의 경감을 고려하여 결정하여야 한다.

97

변전소에 울타리·담등을 시설할 때, 사용전압이 345[kV]이면 울타리·담 등의 높이와 울타리·담 등으로부터 충전부분까지의 거리는 합계는 몇 [m] 이상으로 하여야 하는가?

① 8.16　② 8.28
③ 8.40　④ 9.72

해설 Chapter 02 – 01 – (3)
발, 변전소 울타리 담 등의 높이와 충전부까지의 거리
35[kV] 초과하므로 $6+(x-16)\times0.12$
따라서 $6+(34.5-16)\times0.12=8.28$[m](단, 괄호부분의 값은 절상한다.)

정답 92 ④ 93 ④ 94 ③ 95 ② 96 ① 97 ②

98

큰 고장전류가 구리 소재의 접지도체를 통하여 흐르지 않을 경우 접지도체의 최소 단면적은 몇 [mm^2] 이상이어야 하는가? (단, 접지도체에 피뢰시스템이 접속되지 않는 경우이다.)

① 0.75 ② 2.5
③ 6 ④ 16

해설 Chapter 01 – 12 – (6)
접지도체의 단면적
구리의 경우 6[mm^2] 이상이어야만 한다.

99

전력보안 가공통신선을 횡단보도교 위에 시설하는 경우 그 노면상 높이는 몇 [m] 이상인가? (단, 가공전선로의 지지물에 시설하는 통신선 또는 이에 접속하는 가공통신선은 제외한다.)

① 3 ② 4
③ 5 ④ 6

해설 Chapter 04 – 03 – (1)
전력보안 통신선의 높이
횡단보도교 위에 시설하는 경우 3[m] 이상

100

케이블트레이 공사에 사용할 수 없는 케이블은?

① 연피 케이블
② 난연성 케이블
③ 캡타이어 케이블
④ 알루미늄피 케이블

해설
케이블트레이 공사
1) 연피 케이블
2) 난연성 케이블
3) 알루미늄피 케이블

정답 98 ③ 99 ① 100 ③

단 한권으로 빠르게

합격기준 박문각 자격증

전기기사

수빼기 / 핵심이론+기출문제

초판인쇄 : 2022. 1. 20.
초판발행 : 2022. 1. 25.
편 저 자 : 정용걸
발 행 인 : 박 용
발 행 처 : (주)박문각출판
등 록 : 2015. 04. 29. 제2015-000104호
주 소 : 06654 서울시 서초구 효령로 283 서경B/D 4층
전 화 : (02) 723-6869
팩 스 : (02) 723-6870

저자와의 협의하에 인지 생략

정가 38,000원

ISBN 979-11-6704-411-2

Memo